U0102324

国家社会科学基金重大招标项目结项成果
首席专家　卜宪群

中国历史研究院学术出版资助项目

地图学史

（第二卷第二分册）

东亚与东南亚传统社会的地图学史

［美］J.B.哈利　［美］戴维·伍德沃德　主编
黄义军　译　卜宪群　审译

中国社会科学出版社

审图号：GS（2022）2957 号

图字：01－2014－1774 号

图书在版编目（CIP）数据

地图学史. 第二卷. 第二分册, 东亚与东南亚传统社会的地图学史／（美）J. B. 哈利，
（美）戴维·伍德沃德主编；黄义军译.—北京：中国社会科学出版社，2022. 11

书名原文：The History of Cartography，Vol. 2，Book 2：Cartography in the Traditional East and Southeast Asian Societies

ISBN 978－7－5227－0306－0

Ⅰ. ①地… Ⅱ. ①J…②戴…③黄 Ⅲ. ①地图—地理学史—东亚②地图—地理学史—东南亚 Ⅳ. ①P28－091

中国版本图书馆 CIP 数据核字（2022）第 092125 号

出 版 人	赵剑英
责任编辑	吴丽平
责任校对	赵雪姣
责任印制	李寡寡

出 版	中国社会科学出版社
社 址	北京鼓楼西大街甲 158 号
邮 编	100720
网 址	http：//www. csspw. cn
发 行 部	010－84083685
门 市 部	010－84029450
经 销	新华书店及其他书店

印刷装订	北京君升印刷有限公司
版 次	2022 年 11 月第 1 版
印 次	2022 年 11 月第 1 次印刷

开 本	880×1230 1/16
印 张	66. 75
字 数	1696 千字
定 价	598. 00 元

图版1 《古今形胜之图》（1555）（见原书正文第59页）

　　这幅地图展示的范围从中亚撒马尔罕到日本，从今天的蒙古国到东南亚的爪哇和苏门答腊。木雕版黑墨印制后手工上色。黄河为黄色，长江为蓝色。山脉和长城都是以绘画手法展示的。地图上的许多地方都有注记，介绍地名和行政层级的变化。这幅地图于1847年由驻菲律宾的西班牙总督送往西班牙。

　　原图尺寸：115×100厘米。

　　经塞维利亚西印度群岛档案馆（Archivo General de Indias, Seville. Seville）许可。

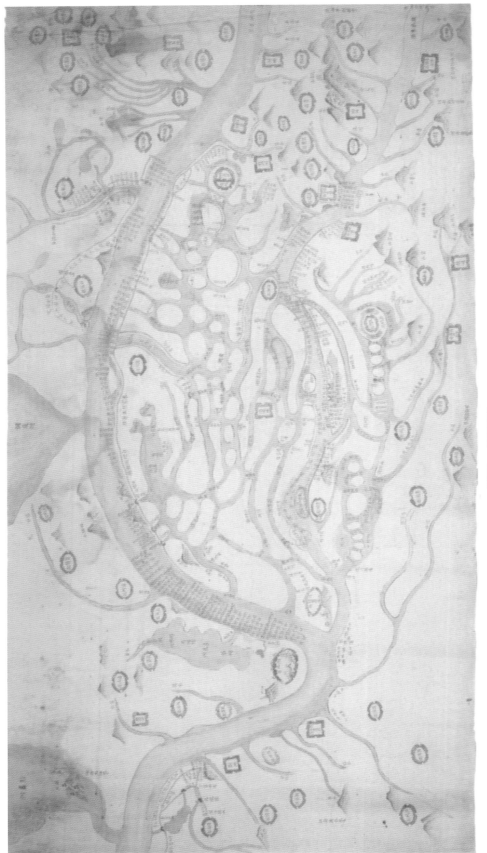

图版2 《长江图》（见原书正文第61页）

这幅地图展示了湖北省境内长江和汉水上的防洪工程。下方为北。

原图尺寸：74×140厘米。

图片由华盛顿特区美国国会图书馆地理与地图分部提供（G7822 Y3N22 18— C4 Vault）。

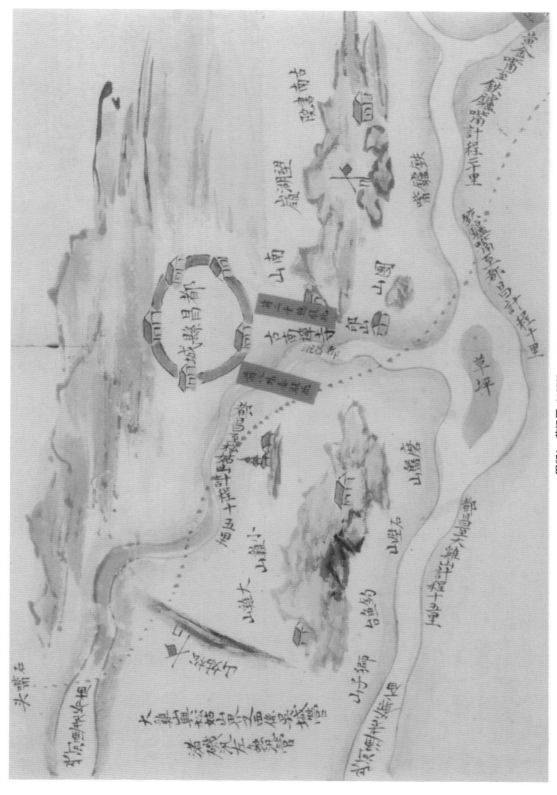

图版3 营汛图（1850）（见原书正文第61—62页）

这幅地图展示了九江府境内的营汛。地图上的红条绘出了巡逻指令、里程和支流信息。

原图尺寸：63．5×96厘米。

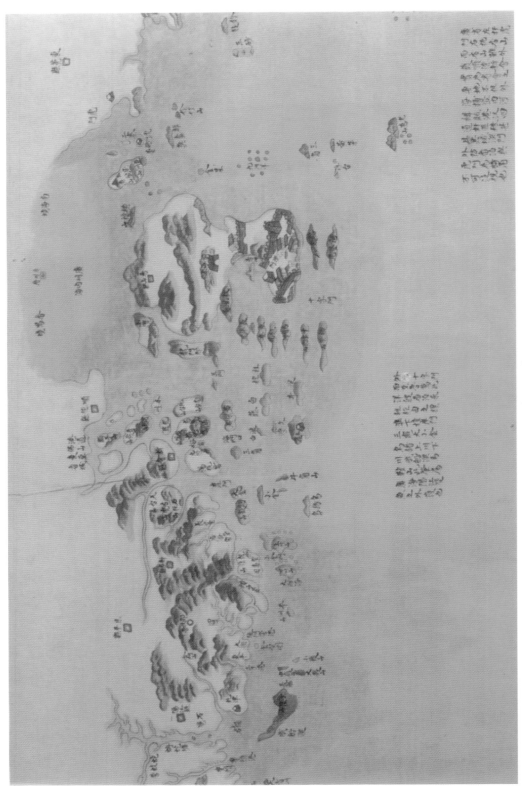

图版4　长卷中国沿海地图细部（见原书正文第62页）

这幅地图展示了从朝鲜到安南的中国沿海地区。根据配套的文字说明知，绘制这幅地图是为了辅助视察海岸和保护商业活动。地图上标出了有战略意义的地点和港口、山脉、城墙、桥梁和庙宇是用绘画手法展示的。县治以红色方框表示。

原图全图尺寸：30×900厘米。

经普鲁士文化遗产基金会柏林国立图书馆许可（E 530）。

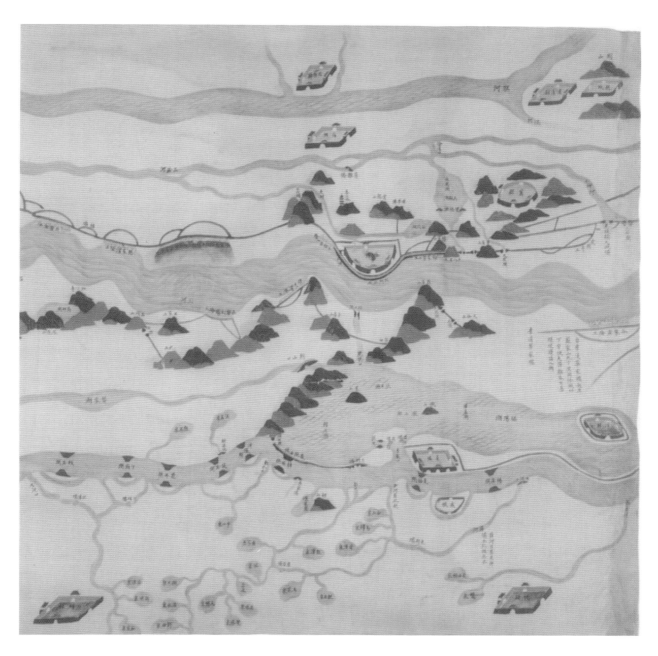

图版5　《京杭大运河图》18世纪局部 (见原书正文第101页)

　　逶迤千里的大运河被呈现于一幅卷轴图上。河道为平面展示，山脉呈现的是立面，城镇则为鸟瞰图。请与图5.2、图5.3进行对比。

　　局部图尺寸：约49×47厘米。

　　经伦敦大英博物馆许可（MS. Or. 2362）。

图版 6　清代《永定河图》（见原书正文第 102 页）

与这幅地图一同上呈皇帝的奏折，描述了沿永定河（今河北省）修建的水利工程。地图上方为北。

原图尺寸：约 95×55 厘米。

经台北故宫博物院许可。

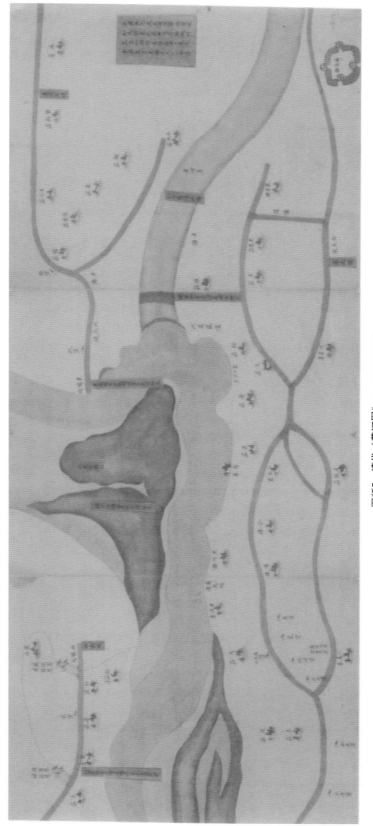

图版7　清代《黄河图》（见原书正文第102页）

这幅地图描绘了兰仪县（在今河南省）黄河段修建的水利工程。这幅图是和奏折一道上呈给皇帝的。

原图尺寸：约30×76厘米。

经台北故宫博物院许可。

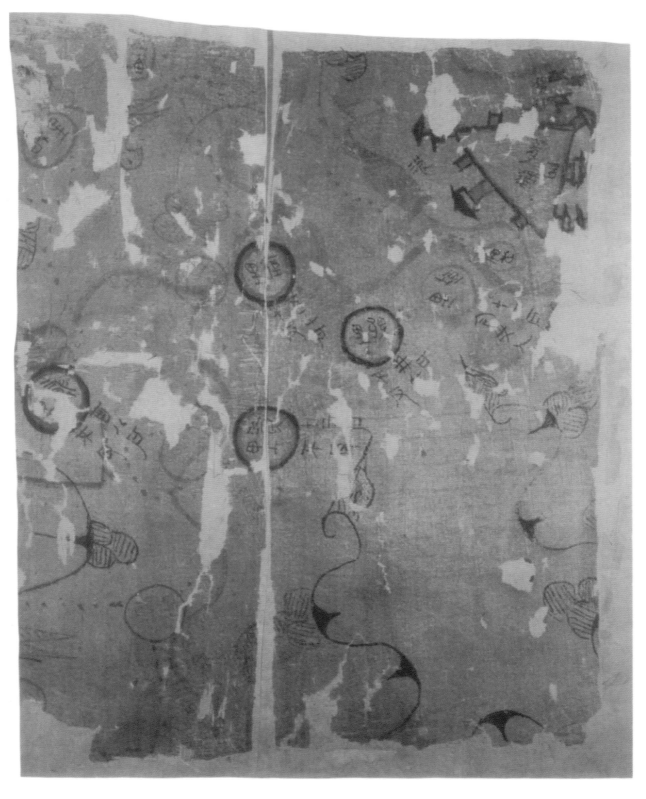

图版 8　汉代马王堆汉墓帛书地图细部 (见原书正文第 147—148 页)

这是绘于丝帛上的驻军图细部，发现于马王堆 3 号汉墓。参见图 3.10.

局部图尺寸：约 25×19 厘米。

经北京文物出版社许可。

图版9 《辋川图》细部（见原书正文第151页，图6.17）

局部图尺寸：未知。

经西雅图艺术博物馆许可（Seattle Art Museum, Eugene Fuller Memorial Collection 47 142）。

图版 10　一部 18 世纪抄本江西省地图集中的府治详图

参见正文第 152 – 153 页。

原图全图尺寸：约 40 × 53 厘米。此局部图尺寸：约 35 × 27 厘米。

经伦敦大英图书馆许可（Add. MS. 16356）。

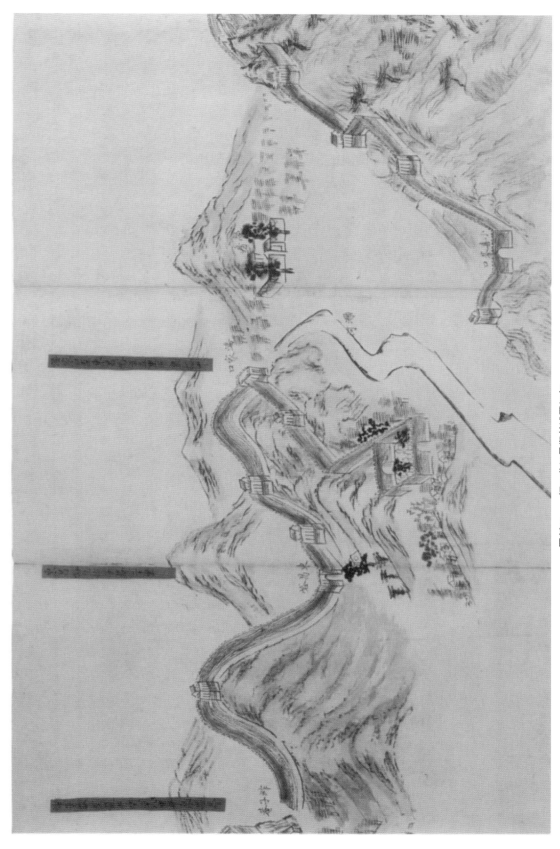

图版11 一幅19世纪早期长城图细部（见原书正文第189页）

该图绘制于明代晚期，展示了从山海关到罗文峪长约600公里的长城段。长城各烽燧之间的距离两题于粘在地图上的红签上。

原图全图尺寸：32×600厘米。

经普鲁士文化遗产基金会柏林国立图书馆许可（19 271）。

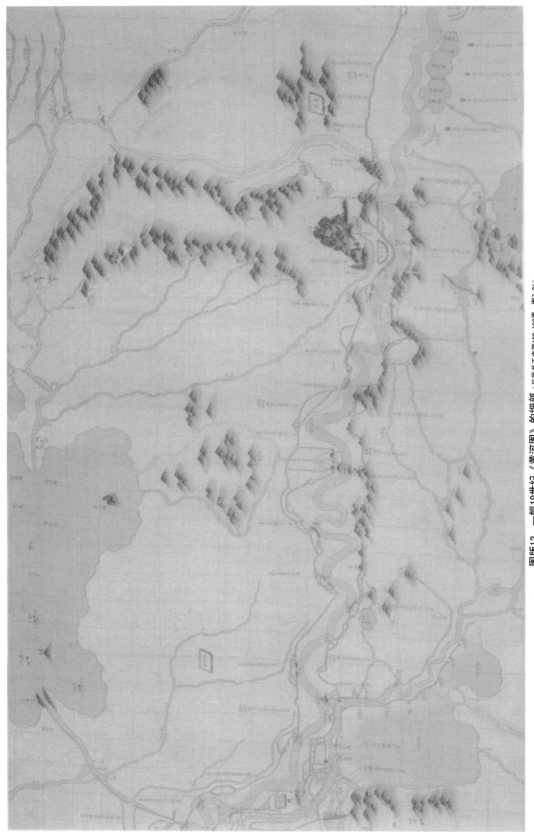

图版12 一幅19世纪《黄河图》的细部（见原书正文第189~190页，图7.21）

局部图尺寸：约38×64厘米。

图片由华盛顿特区美国国会图书馆地理与地图分部提供（G7822 Y4AS 18— H9 Vault Shelf）。

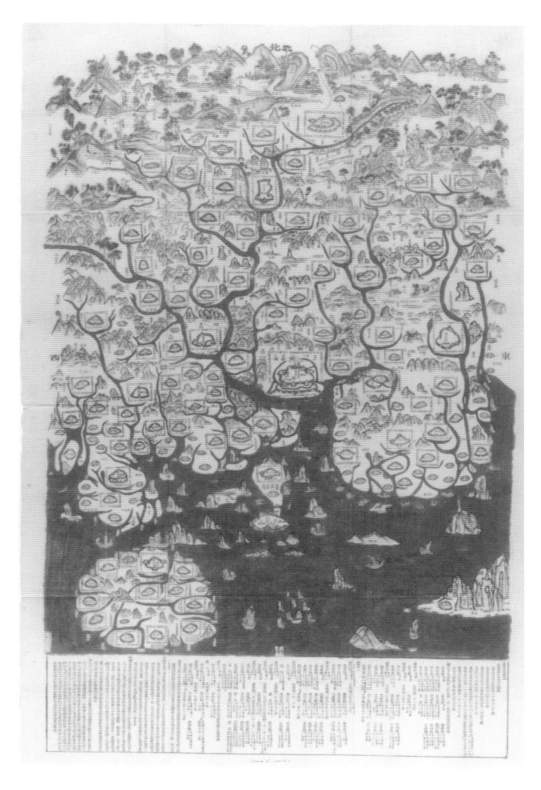

图版 13 《广东全图》（约 1739）（见原书正文第 190 页）

原图尺寸：163.5×103 厘米。

经收藏者许可。

图片由伦敦苏富比（Sotheby's，London）提供。

图版 14　晚清五台山图局部 (见原书正文第 191 页)

　　图中五台山（今山西省境内）全景尽收眼底，这幅织物地图上的暗线是木雕版留下的，其他为手工上色。图上有汉文、满文和蒙古文题记，绘制于 1846 年。此处展示的片断不到全图的四分之一。下面的著作中描述和刊载了一幅与它相近的地图：Harry Halen, *Mirrorsof the Void*：*Buddhist Art in the National Museum of Finland*（Helsinki：Museovirasto, 1987），142 – 59.

　　局部图尺寸：约 59 × 64 厘米。

　　图片由华盛顿特区美国国会图书馆地理与地图分部提供（G7822. W8 A3 1846. W8 Vault）。

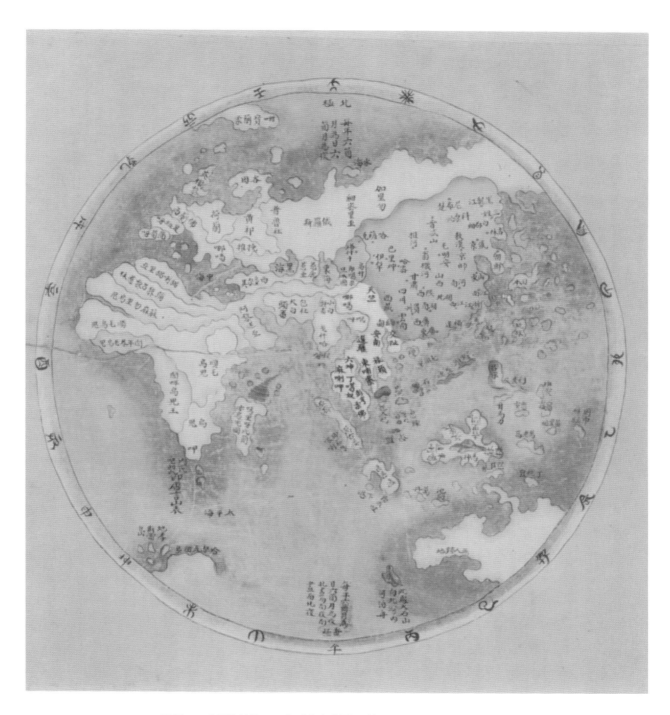

图版 15 中国绘制的 1790 年《东半球图》（约 1790）（见原书正文第 195—196 页）

这幅地图画在卷轴图的天头上，卷轴画的主要是一幅沿海地图（第 62 页、图版 4）。

原图直径：约 25 厘米？

经普鲁士文化遗产基金会柏林国立图书馆许可（E 530）。

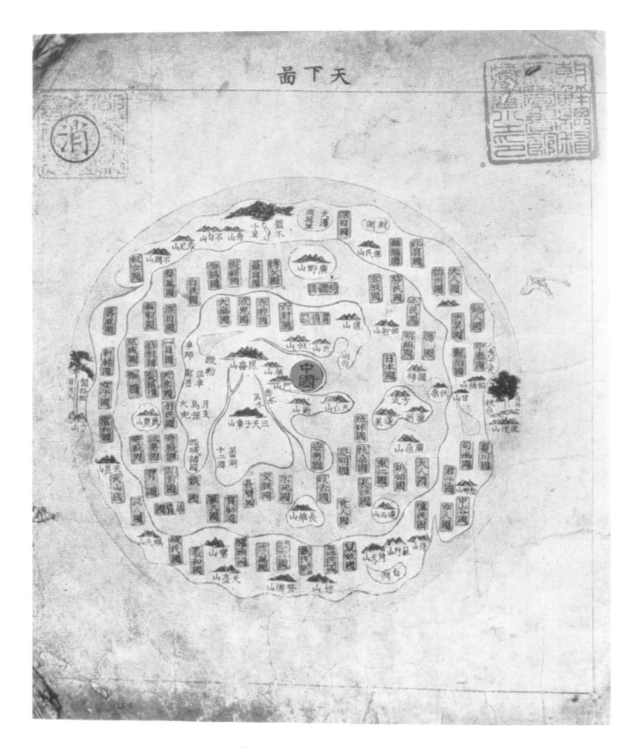

图版 16　《天下图》（见原书正文第 259 页）

　　这幅图出自一部 18 世纪前后的抄本地图集。尽管与其他《天下图》在微小细节上有所不同，但这幅地图堪称此类地图的典型范例。内圈的大陆被一片海水包围着，海上有各种传说中的小国和山脉；海的外面又围着一圈同样虚构的陆地。东边和西边的树木被标为日月出入。此外，北方的外圈陆地上也装饰着一棵树。大多数虚构的小国和山脉，以及三棵树的名称都出自中国古代地理著作《山海经》。

　　原图尺寸：36.5×33.7 厘米。

　　经首尔韩国立中央图书馆许可。

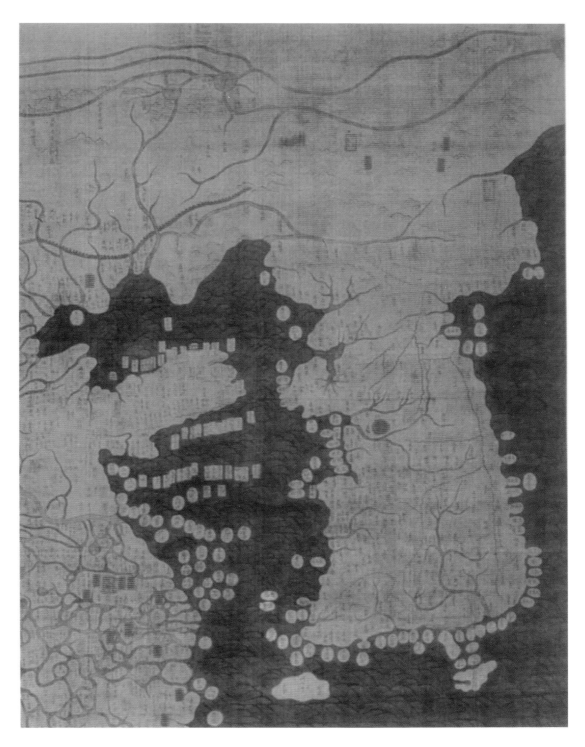

图版 17　李荟和权近《疆里图》中的朝鲜半岛（见原书正文第 283 和 289 页）

　　这是现存最古老的朝鲜人绘制的朝鲜地图，图中的海岸线在当时而言其精确程度令人称奇。同此后直到 17 世纪的很多地图一样，地图上的北方边界看起来比较平直。其上东海岸的主山（"地脉"）和另外几座山多向西延伸的山脉，使这幅地图呈现出一种简略的风水 "形势" 特点，其中一座山脉延伸到汉城地区，汉城被标注于锯齿边的圆圈中。许多海湾和港口的地名标注于椭圆圈中。根据北方边地上已有或缺失的几座邑治判断，这幅地图是 1470 年的摹本。

　　局部图尺寸约 80×60 厘米。

　　经日本京都龙谷大学图书馆许可。

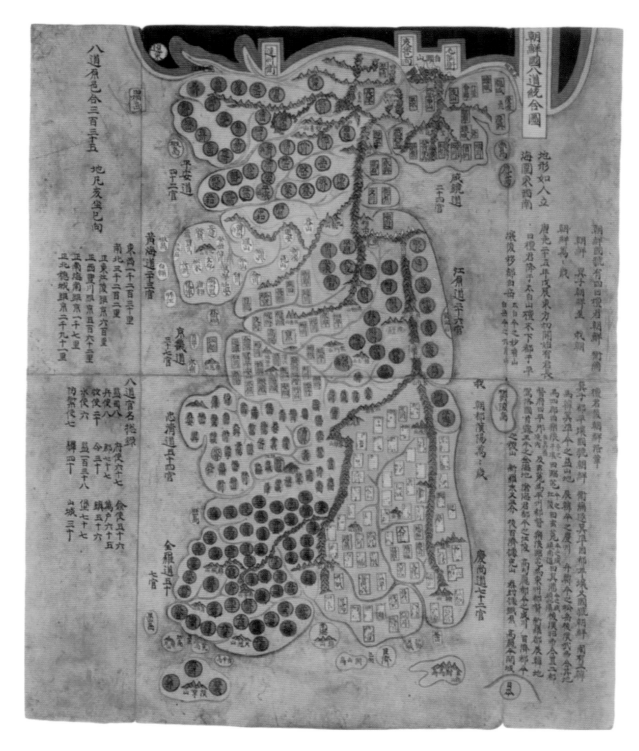

图版 18　《朝鲜国八道统合图》（见原书正文第 292 页）

平直的北方边界和以颜色各异的注记符号区分各省道地名的做法，体现了郑陟型地图的特点，但图中展示主要山脉的方式却使人联想到李荟和权近《疆里图》朝鲜部分的画法。从类型学上看，该图的年代似乎偏早，但其独特的民间画风表明它是一件 18—19 世纪的作品。左侧有全国幅员及其政区数目的信息。右边的注记讲述了朝鲜的起源，其中还有"朝鲜万万岁"的口号。

原图尺寸：50.3×40.8 厘米。

经首尔李灿许可。

图版 19　《东莱釜山古地图》(见原书正文第 329 页)

　　这幅东莱府地图出自一幅年代不明的卷轴图，是地图画的典型代表。这种画法多为郡县地图所青睐，也见于更具科学性的省道和全国地图。这幅地图有很多功用，它不仅覆盖了府境之地，而且还标明里程。地图中央是建有城墙的东莱府治，一条道路向南二十里通往釜山港的倭馆。东北方的群山后面有一处重要的朝鲜海军基地，釜山港周围还有各种各样的军事设施，它们从不同方向注视着日本。地图左边的大河是洛东江。

　　原图尺寸：133.4 ×82.7 厘米。

　　经首尔韩国国立中央图书馆许可（贵 112，古朝 61 – 41）。

图版20　无题平壤图（地图前景中有大同江庆典的参与者）（见原书正文第337页）

这幅大型屏风地图以安道（或关西）省府平壤城为背景，展示了一列船队护卫某位高级官员的情景（远处右边）。处于船队中央的一般船上挂着"关西都总管"的旗帜，这可能是逶行使的权力地图之一。许多船上搭载着兵士。这幅图可能描绘了平安道新任长官上任的庆典场景。平壤城的城墙与城门、官衙、街道和居民区在背景中一览无余。尽管对于城市地图而言，图中对庆典的描绘有点喧宾夺主，但去庆典的场景，这幅地图常用手法描绘了向东横跨大同江与绫罗岛的区域。只不过，在其中添加了一些象征性元素，以表现这位高官住宦生涯的高光时刻。

原图尺寸：125.5 × 286.6厘米。

图片由纽约克里斯蒂（Christie's, New York）提供。

图版 21　《铁瓮城全图》（见原书正文第 330 和 343 页）

从美术史的依据来看，这幅绘画式地图完成于 18 世纪，地图的最左边展示了处于药山之巅的铁瓮山城，该城有独立的城墙。从左往右看过去，可见与铁瓮城毗邻的宁边府治，这是一处重要的军事指挥部，其城墙周长超过 13 千米。地图左上方是北山城的入口，那里也有独立的防御工事。军事管理中心和府邑衙门都在地图中部偏右，城镇居民的草房聚集在南部。17 世纪的朝鲜国王投入了大量人力物力修筑此类军事堡垒（见文字说明），图中所见即为建设成果。药山以其杜鹃花闻名朝鲜。地图左边的这个区域，景色十分壮丽，每年三月末其风景更是令人陶醉。

原图尺幅：78.7×120.3 厘米。

经首尔韩国国立中央图书馆许可（古 2702 - 20）。

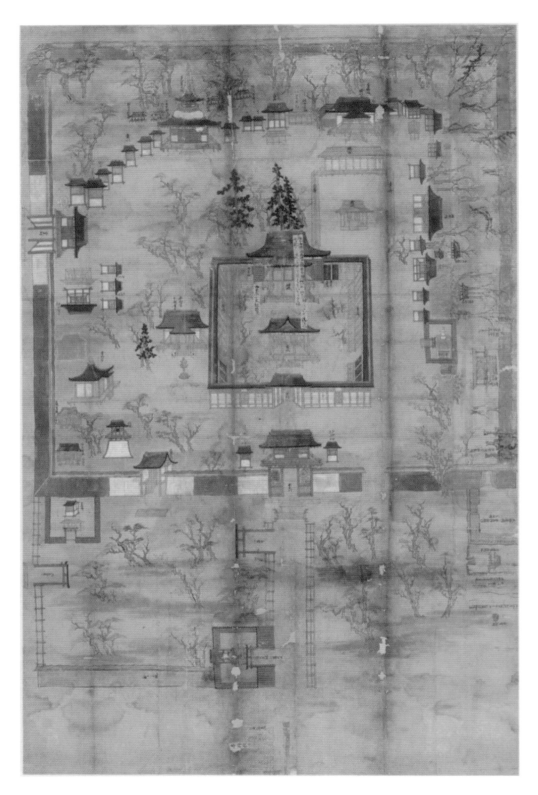

图版 22 　《祇园御社绘图》（1331）（见原书正文第 364 页）

这幅抄本地图的重点是建筑，大多数建筑都是二维俯视图。根据地图上文字的方向，可以从两个方向读图，即从上往下看，或从左侧底部往上看。

原图尺寸：167×107.5 厘米。

经京都八坂神社许可。

图版 23　17 世纪早期的《万国绘图》及其配套的二十八都市屏风 (见原书正文第 380 页)

　　地图绘制于一对八扇屏风上。这幅世界地图为最晚的南蛮型世界地图之一，推测采用了墨卡托投影，以范·登·基尔的 1609 年地图为蓝本绘制。尽管后者到现在还没有被发现，但根据 1619 年该图的修订版以及威廉·扬斯地图可以做此推测。范·登·基尔地图本自 1606－1607 年的布劳世界地图。穿着奇装异服的人民以及都市图为纯粹的西洋画风，这些图据信也复制于范·登·基尔的作品。

　　原图尺寸：177×483 厘米（地图）；178×465 厘米（其他图）

　　经东京宫内厅许可。

图版 24　涩川春海 1609 年制作的天球仪

涩川春海 1609 年制作的这台日本最早的天球仪，与他于次年制作的地球仪一起，被奉献给伊势大社。从这台天球仪上可见利玛窦世界地图的影响，特别是东南太平洋和用片假名书写的地名新几内亚。每个国家印上了不同的颜色，日本为金色。

原件直径：24 厘米。

经伊势神宫历史博物馆许可。

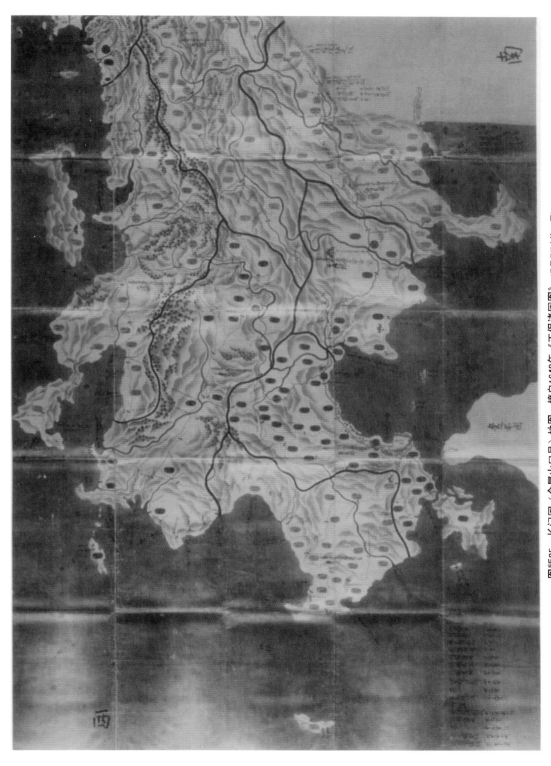

图版25 长门国（今属山口县）地图：摘自1649年《正保诸国图》（见原书正文第397页）

正保计划是德川幕府五次诸国图编绘计划的第三次。这次计划省首次发布了通过实地勘测编制地图的详细指令。在这幅抄本地图上，远离主干道的地方也标有"1里"的符号，而且城镇和村庄用不同于县的椭圆形彩色符号表示。

原图尺寸：334×480厘米。

经山口县档案馆（山口）许可。

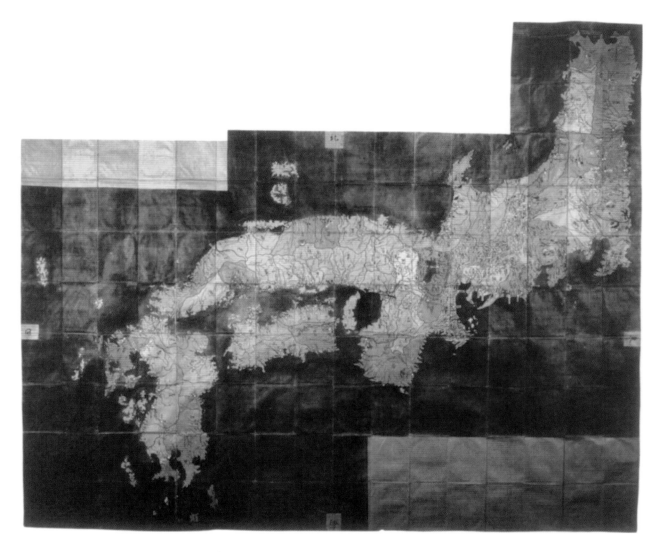

图版 26　庆长型日本地图（约 1653）（见原书正文 397 页）

　　这幅地图与启动于 1605 年的庆长计划有关，是根据三套重要信息绘制的，即 1605 年诸藩厅的位置、1639 年诸大名的名称以及 1653 年诸大名的名称。虽然不能绝对肯定，但我们认为这幅图的地理信息最可能来自庆长计划（五次计划中的第二次即宽永计划，开始于 1633 年前后），全国地图的原图完成于 1639 年前后。这幅抄本地图可能经过了修订。

　　原图尺寸：370×434 厘米。

　　经东京日本国立国会图书馆许可。

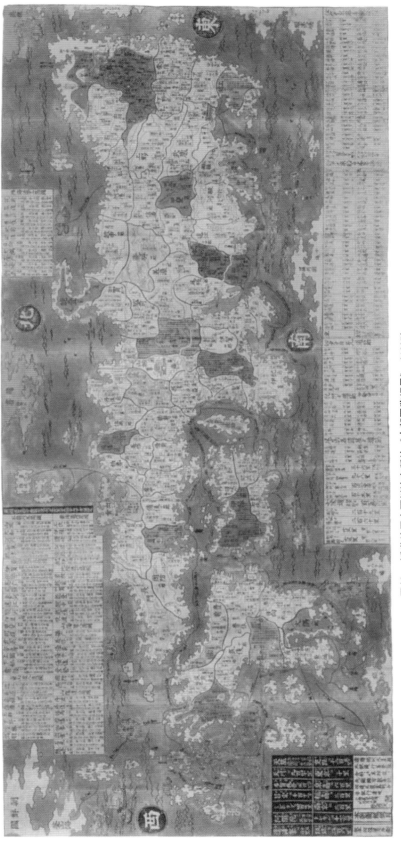

图版27 浮世绘画家石川流宣所绘《本朝图鉴纲目》（1687）（见原书正文第412页）

地图以经过修订的庆长型地图为底本绘制，但由于加上了邮驿、驿站间里程、浪花和船只，这幅刻本地图的修订版一直得到利行，根据原图绘制的此表地图统称为流宣型日本地图。这是题有石川流宣的姓名的初版日本地图。将近一个世纪以来，地图看起来更实用，也更具装饰性。

原图尺寸：58×127.7厘米。

经东京日本国立公文书馆许可。

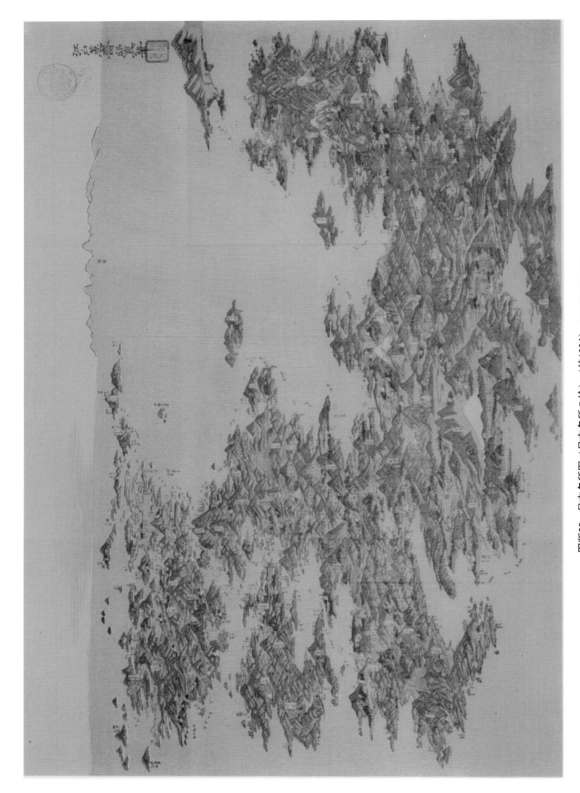

图版28　日本名所图（日本名所の绘）（约1804）（见原书正文第416页）

这幅采用斜向鸟瞰画法的本地图是由浮世绘画家葛饰北斋制作的。从前文可知，锹形似乎是第一位描绘整个日本的画家。

原图尺寸：42×59厘米。

经荷兰莱顿大学图书馆许可。

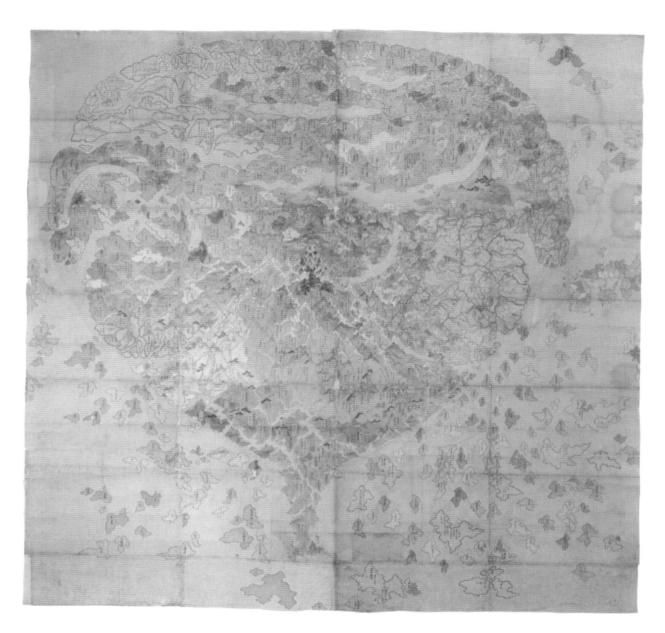

图版 29 南瞻部洲地图（约 1709）（见原书正文第 429 页）

　　这是晚期佛教世界地图的一个范例，地图吸收了欧洲地理知识，包括将欧洲置于地图的左上角。从地图的内容和基本结构来看，它很可能由佛僧画家宗觉绘制。这幅抄本地图是介于宗觉 1698 年南瞻部洲地图与浪华子 1710 年南瞻部洲地图之间的过渡作品。

　　原图尺寸：152×156 厘米。

　　经神户市博物馆（南波收藏）许可。

图版30　出使中国图 (见原书正文第496页)

　　这幅局部图所在的原图大概绘制于18世纪。此图描绘了一位越南使臣前往中国首都北京的部分路线，以及从河流两岸看到的景象（上部为东）。

　　原图尺寸：约24.5×20.5厘米。

　　经巴黎法国亚洲学会（Société Asiatique，Paris）许可（HM2182）。

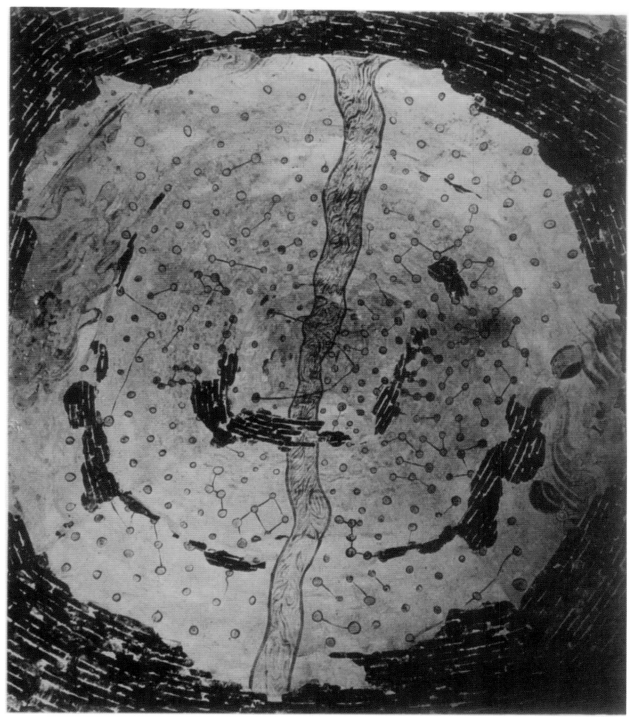

图版 31　北魏墓墓顶壁画所绘星座与银河图 (见原书正文第 531 页)

这幅壁画上最为醒目的是蓝色的银河。虽然绘图者无意表现星座的实际构形，但这是现存最早试图描绘整个可见星空的星图。

原图直径：约 3 米。

图片出自中国社会科学院考古研究所《中国古代天文文物图集》，北京：文物出版社 1980 年版，图 8（图版 6）。

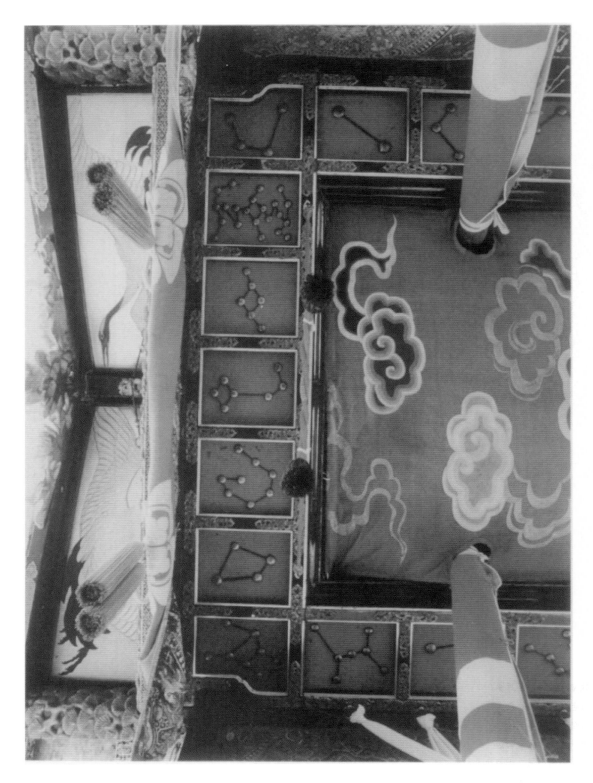

图版 32　长刀鋒星座图局部 (见原书正文第 579 页)

　　长刀鋒（马车）顶蓬上的这幅星图表现了二十八宿中的十三个星座（局部或完整的）。有人认为这辆马车建造于 1441 年前后，但不知其上的星座图是否为原作。这张照片的左边显示的是马车的前部。

　　星座图全图尺寸：350×263 厘米。

　　图片由大阪宫岛一彦提供。

图版33 缅甸—世界图（见原书正文第 723—725、731 页）

这幅地图绘制于厚重的桑树纸上，出自一份 19 世纪晚期的经折装缅甸宇宙论手稿。环绕中央山脉须弥山的是七重金山，每一重山都由红色、橘色、粉色、暗绿色的窄环带组成，并由浅绿色的环海隔开。从七重金山向外，东、南、西、北四个方向坐落着四大部洲，其上居住有长相各异的人类，他们的脸形与所在洲的形状相同。我们人类居住在梯形的南瞻部洲，其颜色是浅棕紫色，佛陀端坐其上，旁边有一株瞻部树。西边是方形的西牛贺洲，颜色是棕褐色。北俱卢州和东胜神洲分别是圆形和半圆形，颜色为黄色。每个大洲有 3 到 6 个不同的小洲，小洲的颜色与形状与大洲相同。大洲及其属洲都绘有绿色的边界。北俱卢州附近的两个大圆圈被认为是太阳（橙色）和月亮（黄色）。环绕整个一世界的是铁围山，它是宇宙的边缘，由红色、粉红、深绿和浅绿色的条带组成。所有的事物绘制在素地上。带有这幅图的那页手稿，题为"佛教、灵神信仰的喜庆之国"。手稿于 1886 年购于曼德勒。这页手稿背面是其他内容："佛教地狱的恐怖"，也图示和讨论宇宙论方面的问题。

原图尺寸：直径约为 41.5 厘米。

经伦敦大英图书馆许可（Or. 14004，foJ. 27）。

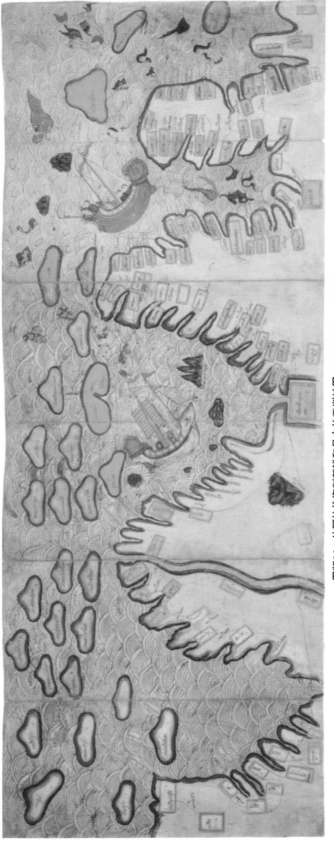

图版34 从阿拉伯海到朝鲜和日本的亚洲地图（见原书正文第741-742、745页）

这幅地图覆盖了泰国长篇宇宙论著作《三界论》系武里修订版柏林手稿中的6个页面。这幅所谓的揭子纸手稿地图完成于1776年，绘于泰国当地纸张上。图跋记录了负责绘制这幅地图的4名画家的名字。地图的方向是右为南，左为东。印度半岛靠近此地图右侧边缘的地方，印度一太平洋半岛（没有出现马来半岛）在其左侧。地图左半部分主要是中国。在此地图上方的空白地带上，有超过三分之二的空间平行分布着密集的岛屿，代表从日本到今印度尼西亚之间的群岛。

原图全图尺寸：51.8 × 3，195厘米。每个面页尺寸：51.8 × 23厘米。

经普鲁士文化遗产基金会、柏林国家博物馆、印度艺术博物馆（Museum for Indische Kunst，Staatliche Museen zu Berlin，Preussischer Kulturbesitz）许可（MIK II650/RF 4-9）。

图版 35　雍籍牙国王 1758—1759 年入侵路线的曼尼普尔河谷地图（见原书正文第 752–754 页）

　　这幅画在两块布面上的大幅地图，与缅甸人数次入侵今印度东北部的曼尼普尔邦的某次有关。地图的绘制日期尚不清楚，但可能比它所涉及的事件晚几个世代。目前尚不清楚这张地图到底是根据入侵时期的战地记录，还是根据随后收集的情报而编绘的。地图上没有固定的方向，但是我们决定将东向朝上展示这幅地图。大多数高原地物和人工建筑都展示其侧面且指向河谷中假想的观察者（与图 18.6 显示的画法相反）。地图上方（东）的第二条河流，是南 – 特维河（Nan – twee），在后来英缅外交交涉中，这条河流是否实际存在曾经是一个争论的焦点。河谷内描绘的主要地物很容易在现代地形图上找到。这幅地图的一个重要特点是它运用一致的颜色来区分曼尼普尔的定居点和作战阵列。

　　原件尺寸：203×284 厘米（地图面积为 201×264 厘米）。

　　经伦敦皇家地理学家地图室（Map Room, Royal Geographical Society, London）许可（Bunna S. 59）。

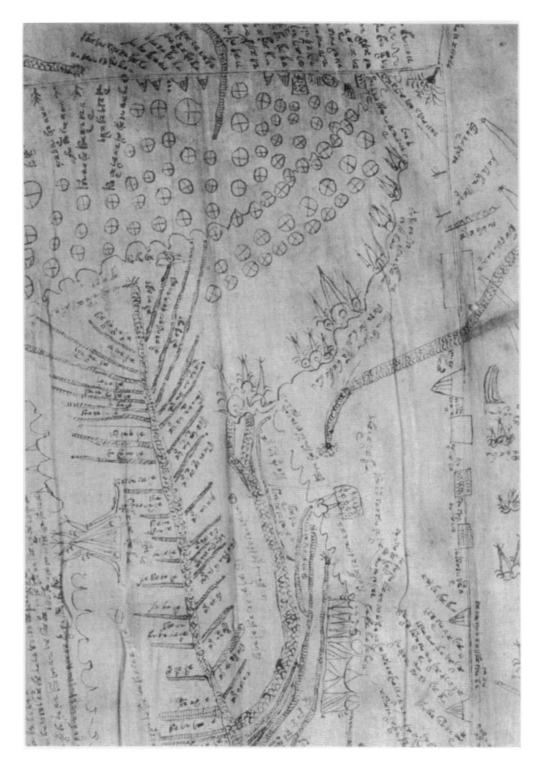

图版 36　廷班甘腾神圣地图的中央部分（见原书正文第 767 – 769 页）

　　这里节选的是图 18.18 所示地图的一部分，从中可以清楚地看到当地人是如何采用各种各样的地图符号的，但并不是所有的符号都可以清晰辨识。图中格外醒目的是位于地图左上方的奇库赖火山，火山下是奇伊拉村。地图右侧的垂线和下方的水平线表示廷班甘腾的领地范围，沿着这两条线分布着各种山峰、树木和长方形地物（水库?），它们似乎是边界标志。带有加号的圆圈，据报道表示阔叶林。

　　图片由约瑟夫·E. 施瓦茨贝格提供。

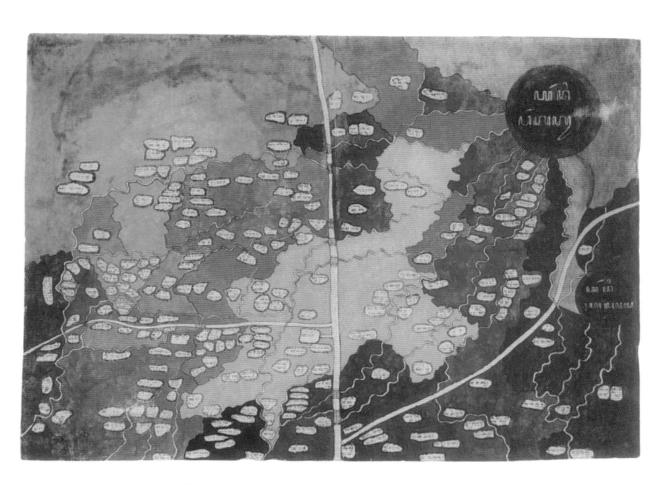

图版 37　推测为爪哇中部小块地区的行政地图（见原书正文第 773 – 775 页）

　　这张相当现代的地图（大概绘制于 19 世纪中叶）用墨水和七色水彩绘制于欧洲纸上。虽然地图方向朝南并采用爪哇语的文字说明，这幅地图仍然可能是在当地荷兰官方的授意下绘制的，有可能用来协助图中所绘 230 个左右的村庄（kampongs）征收赋税，这些定居点分布于涂有各种颜色的区域，这些区域可能是低层政区。右边的空白处有两个黑色的圆圈，大的是默巴布火山，小的是特洛莫约火山，两座火山的山顶相距 16 公里。

　　原图尺寸：37.9×53.6 厘米。

　　经巴黎法国国家图书馆许可（ace. no. Rés. Ge. D 7776）。

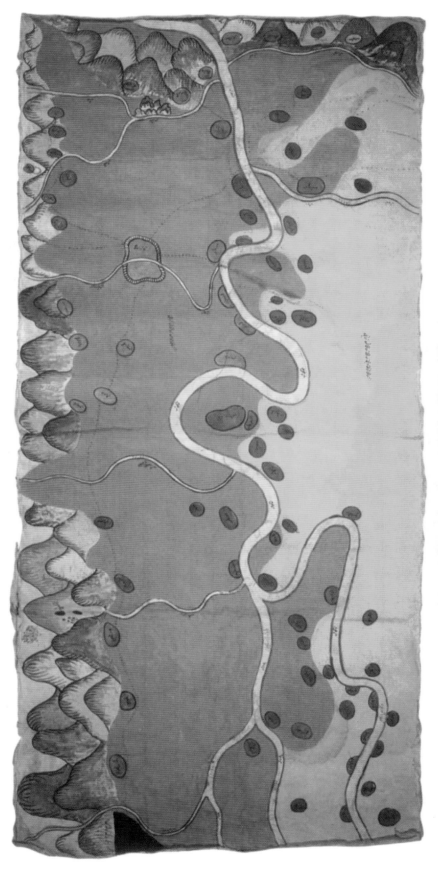

图版38　与英属缅甸中南毛河一带边界争端有关的掸人地图（见原书正文第794-795）

这幅可能绘制于1889年的地图覆盖了大约25平方公里的区域。该图采用大比例尺，相当精确。地图绘制于掸纸上，文字说明采用汉掸字，后来用铅笔添加了缅甸文注记。采用明亮的色彩区分中国（地图上半部，用黄色）和两个小臣服于英国的缅甸邦国（较大的用红色，小的是用黑色）的版图。

原图尺寸：75×163厘米。

经剑桥大学图书馆许可（Scott LR. 13. 34）。

审译者简介

卜宪群 男，安徽南陵人。历史学博士，研究方向为秦汉史。现任中国社会科学院古代史研究所研究员、所长，国务院政府特殊津贴专家。中国社会科学院大学研究生院历史系主任、博士生导师。兼任国务院学位委员会历史学科评议组成员、国家社会科学基金学科评审组专家、中国史学会副会长、中国秦汉史研究会会长等。出版《秦汉官僚制度》《中国魏晋南北朝教育史》（合著）、《与领导干部谈历史》《简明中国历史读本》（主持）、《中国历史上的腐败与反腐败》（主编）、百集纪录片《中国通史》及五卷本《中国通史》总撰稿等。在《中国社会科学》《历史研究》《中国史研究》《文史哲》《求是》《人民日报》《光明日报》等报刊发表论文百余篇。

译者简介

黄义军 女，中央民族大学历史文化学院教授。南京大学历史学学士、北京大学考古学硕士、北京大学地理学博士。哈佛燕京学社访问学者、教育部新世纪优秀人才。主持国家社科基金青年项目"宋代青白瓷考古学遗存的历史地理研究"以及国家社科基金冷门绝学项目"宋本〈历代地理指掌图〉研究"。出版专著《宋代青白瓷的历史地理研究》，发表中英文学术论文数十篇。出版学术译著 3 种，包括美国地图史学家、《地图学史》（*History of Cartography*）第 6 卷主编马克·蒙莫尼尔著《会说谎的地图》（*How to Lie with Maps*）等。主要研究领域为历史地理、地图学史和历史考古，擅长物质文化研究并注重运用多学科方法。

中译本总序

经过翻译和出版团队多年的艰苦努力，《地图学史》中译本即将由中国社会科学出版社出版，这是一件值得庆贺的事情。作为这个项目的首席专家和各册的审译，在本书出版之际，我有责任和义务将这个项目的来龙去脉及其学术价值、翻译体例等问题，向读者作一简要汇报。

一　项目缘起与艰苦历程

中国社会科学院古代史研究所（原历史研究所）的历史地理研究室成立于 1960 年，是一个有着优秀传统和深厚学科基础的研究室，曾经承担过《中国历史地图集》《中国史稿地图集》《中国历史地名大辞典》等许多国家、院、所级重大课题，是中国历史地理学研究的重镇之一。但由于各种原因，这个研究室一度出现人才青黄不接、学科萎缩的局面。为改变这种局面，2005 年之后，所里陆续引进了一些优秀的年轻学者充实这个研究室，成一农、孙靖国就是其中的两位优秀代表。但是，多年的经验告诉我，人才培养和学科建设要有具体抓手，就是要有能够推动研究室走向学科前沿的具体项目，围绕这些问题，我和他们经常讨论。大约在 2013 年，成一农（后调往云南大学历史与档案学院）和孙靖国向我推荐了《地图学史》这部丛书，多次向我介绍这部丛书极高的学术价值，强烈主张由我出面主持这一翻译工作，将这部优秀著作引入国内学术界。虽然我并不从事古地图研究，但我对古地图也一直有着浓厚的兴趣，另外当时成一农和孙靖国都还比较年轻，主持这样一个大的项目可能还缺乏经验，也难以获得翻译工作所需的各方面支持，因此我也就同意了。

从事这样一套大部头丛书的翻译工作，获得对方出版机构的授权是重要的，但更为重要的是要在国内找到愿意支持这一工作的出版社。《地图学史》虽有极高的学术价值，但肯定不是畅销书，也不是教材，赢利的可能几乎没有。丛书收录有数千幅彩色地图，必然极大增加印制成本。再加上地图出版的审批程序复杂，凡此种种，都给这套丛书的出版增添了很多困难。我们先后找到了商务印书馆和中国地图出版社，他们都对这项工作给予积极肯定与支持，想方设法寻找资金，但结果都不理想。2014 年，就在几乎要放弃这个计划的时候，机缘巧合，我们遇到了中国社会科学出版社副总编辑郭沂纹女士。郭沂纹女士在认真听取了我们对这套丛书的价值和意义的介绍之后，当即表示支持，并很快向赵剑英社长做了汇报。赵剑英社长很快向我们正式表示，出版如此具有学术价值的著作，不需要考虑成本和经济效益，中国社会科学出版社将全力给予支持。不仅出版的问题迎刃而解了，而且在赵剑英社长和郭沂纹副总编辑的积极努力下，也很快从芝加哥大学出版社获得了翻译的版权许可。

　　版权和出版问题的解决只是万里长征的第一步，接下来就是翻译团队的组织。大家知道，在目前的科研评价体制下，要找到高水平并愿意从事这项工作的学者是十分困难的。再加上为了保持文风和体例上的统一，我们希望每册尽量只由一名译者负责，这更加大了选择译者的难度。经过反复讨论和相互协商，我们确定了候选名单，出乎意料的是，这些译者在听到丛书选题介绍后，都义无反顾地接受了我们的邀请，其中部分译者并不从事地图学史研究，甚至也不是历史研究者，但他们都以极大的热情、时间和精力投入这项艰苦的工作中来。虽然有个别人因为各种原因没有坚持到底，但这个团队自始至终保持了相当好的完整性，在今天的集体项目中是难能可贵的。他们分别是：成一农、孙靖国、包甦、黄义军、刘凤。他们个人的经历与学业成就在相关分卷中都有介绍，在此我就不一一列举了。但我想说的是，他们都是非常优秀敬业的中青年学者，为这部丛书的翻译呕心沥血、百折不挠。特别是成一农同志，无论是在所里担任研究室主任期间，还是调至云南大学后，都把这项工作视为首要任务，除担当繁重的翻译任务外，更花费了大量时间承担项目的组织协调工作，为丛书的顺利完成做出了不可磨灭的贡献。包甦同志为了全心全意完成这一任务，竟然辞掉了原本收入颇丰的工作，而项目的这一点点经费，是远远不够维持她生活的。黄义军同志为完成这项工作，多年没有时间写核心期刊论文，忍受着学校考核所带来的痛苦。孙靖国、刘凤同志同样克服了年轻人上有老下有小，单位工作任务重的巨大压力，不仅完成了自己承担的部分，还勇于超额承担任务。每每想起这些，我都为他们的奉献精神由衷感动！为我们这个团队感到由衷的骄傲！没有这种精神，《地图学史》是难以按时按期按质出版的。

　　翻译团队组成后，我们很快与中国社会科学出版社签订了出版合同，翻译工作开始走向正轨。随后，又由我组织牵头，于2014年申报国家社科基金重大招标项目，在学界同仁的关心和帮助下获得成功。在国家社科基金和中国社会科学出版社的双重支持下，我们团队有了相对稳定的资金保障，翻译工作顺利开展。2019年，翻译工作基本结束。为了保证翻译质量，在云南大学党委书记林文勋教授的鼎力支持下，2019年8月，由中国社会科学院古代史研究所和云南大学主办，云南大学历史地理研究所承办的"地图学史前沿论坛暨'《地图学史》翻译工程'国际学术研讨会"在昆明召开。除翻译团队外，会议专门邀请了参加这套丛书撰写的各国学者，以及国内在地图学史研究领域卓有成就的专家。会议除讨论地图学史领域的相关学术问题之外，还安排专门场次讨论我们团队在翻译过程中所遇到的问题。作者与译者同场讨论，这大概在翻译史上也是一段佳话，会议解答了我们翻译过程中的许多困惑，大大提高了翻译质量。

　　2019年12月14日，国家社科基金重大项目"《地图学史》翻译工程"结项会在北京召开。中国社会科学院科研局金朝霞处长主持会议，清华大学刘北成教授、中国人民大学华林甫教授、上海师范大学钟翀教授、北京市社会科学院孙冬虎研究员、中国国家图书馆白鸿叶研究馆员、中国社会科学院中国历史研究院郭子林研究员、上海师范大学黄艳红研究员组成了评审委员会，刘北成教授担任组长。项目顺利结项，评审专家对项目给予很高评价，同时也提出了许多宝贵意见。随后，针对专家们提出的意见，翻译团队对译稿进一步修改润色，最终于2020年12月向中国社会科学出版社提交了定稿。在赵剑英社长及王茵副总编辑的亲自关心下，在中国社会科学出版社历史与考古出版中心宋燕鹏副主任的具体安排下，在耿晓明、刘芳、吴丽平、刘志兵、安芳、张湉编辑的努力下，在短短一年的时间里，完成了这部浩大丛书的编辑、排版、审查、审校等工作，最终于2021年年底至2022年陆续出版。

我们深知，《地图学史》的翻译与出版，除了我们团队的努力外，如果没有来自各方面的关心支持，顺利完成翻译与出版工作也是难以想象的。这里我要代表项目组，向给予我们帮助的各位表达由衷的谢意！

我们要感谢赵剑英社长，在他的直接关心下，这套丛书被列为社重点图书，调动了社内各方面的力量全力配合，使出版能够顺利完成。我们要感谢历史与考古出版中心的编辑团队与翻译团队密切耐心合作，付出了辛勤劳动，使这套丛书以如此之快的速度，如此之高的出版质量放在我们眼前。

我们要感谢那些在百忙之中帮助我们审定译稿的专家，他们是上海复旦大学的丁雁南副教授、北京大学的张雄副教授、北京师范大学的刘林海教授、莱顿大学的徐冠勉博士候选人、上海师范大学的黄艳红教授、中国社会科学院世界历史研究所的张炜副研究员、中国社会科学院世界历史研究所的邢媛媛副研究员、暨南大学的马建春教授、中国社会科学院亚太与全球战略研究院的刘建研究员、中国科学院大学人文学院的孙小淳教授、复旦大学的王妙发教授、广西师范大学的秦爱玲老师、中央民族大学的严赛老师、参与《地图学史》写作的余定国教授、中国科学院大学的汪前进教授、中国社会科学院考古研究所已故的丁晓雷博士、北京理工大学讲师朱然博士、越南河内大学院玉千金女士、马来西亚拉曼大学助理教授陈爱梅博士等。译校，并不比翻译工作轻松，除了要核对原文之外，还要帮助我们调整字句，这一工作枯燥和辛劳，他们的无私付出，保证了这套译著的质量。

我们要感谢那些从项目开始，一直从各方面给予我们鼓励和支持的许多著名专家学者，他们是李孝聪教授、唐晓峰教授、汪前进研究员、郭小凌教授、刘北成教授、晏绍祥教授、王献华教授等。他们的鼓励和支持，不仅给予我们许多学术上的关心和帮助，也经常将我们从苦闷和绝望中挽救出来。

我们要感谢云南大学党委书记林文勋以及相关职能部门的支持，项目后期的众多活动和会议都是在他们的支持下开展的。每当遇到困难，我向文勋书记请求支援时，他总是那么爽快地答应了我，令我十分感动。云南大学历史与档案学院的办公室主任顾玥女士甘于奉献，默默为本项目付出了许多辛勤劳动，解决了我们后勤方面的许多后顾之忧，我向她表示深深的谢意！

最后，我们还要感谢各位译者家属的默默付出，没有他们的理解与支持，我们这个团队也无法能够顺利完成这项工作。

二　《地图学史》的基本情况与学术价值

阅读这套书的肯定有不少非专业出身的读者，他们对《地图学史》的了解肯定不会像专业研究者那么多，这里我们有必要向大家对这套书的基本情况和学术价值作一些简要介绍。

这套由约翰·布莱恩·哈利（John Brian Harley，1932—1991）和戴维·伍德沃德（David Woodward，1942—2004）主编，芝加哥大学出版社出版的《地图学史》（*The History of Cartography*）丛书，是已经持续了近 40 年的"地图学史项目"的主要成果。

按照"地图学史项目"网站的介绍①，戴维·伍德沃德和约翰·布莱恩·哈利早在 1977 年就构思了《地图学史》这一宏大项目。1981 年，戴维·伍德沃德在威斯康星—麦迪逊大学确立了"地图学史项目"。这一项目最初的目标是鼓励地图的鉴赏家、地图学史的研究者以及致力于鉴定和描述早期地图的专家去考虑人们如何以及为什么制作和使用地图，从多元的和多学科的视角来看待和研究地图，由此希望地图和地图绘制的历史能得到国际学术界的关注。这一项目的最终成果就是多卷本的《地图学史》丛书，这套丛书希望能达成如下目的：1. 成为地图学史研究领域的标志性著作，而这一领域不仅仅局限于地图以及地图学史本身，而是一个由艺术、科学和人文等众多学科的学者参与，且研究范畴不断扩展的、学科日益交叉的研究领域；2. 为研究者以及普通读者欣赏和分析各个时期和文化的地图提供一些解释性的框架；3. 由于地图可以被认为是某种类型的文献记录，因此这套丛书是研究那些从史前时期至现代制作和消费地图的民族、文化和社会时的综合性的以及可靠的参考著作；4. 这套丛书希望成为那些对地理、艺术史或者科技史等主题感兴趣的人以及学者、教师、学生、图书管理员和普通大众的首要的参考著作。为了达成上述目的，丛书的各卷整合了现存的学术成果与最新的研究，考察了所有地图的类目，且对"地图"给予了一个宽泛的具有包容性的界定。从目前出版的各卷册来看，这套丛书基本达成了上述目标，被评价为"一代学人最为彻底的学术成就之一"。

最初，这套丛书设计为 4 卷，但在项目启动后，随着学术界日益将地图作为一种档案对待，由此产生了众多新的视角，因此丛书扩充为内容更为丰富的 6 卷。其中前三卷按照区域和国别编排，某些卷册也涉及一些专题；后三卷则为大型的、多层次的、解释性的百科全书。

截至 2018 年年底，丛书已经出版了 5 卷 8 册，即出版于 1987 年的第一卷《史前、古代、中世纪欧洲和地中海的地图学史》（*Cartography in Prehistoric, Ancient, and Medieval Europe and the Mediterranean*）、出版于 1992 年的第二卷第一分册《伊斯兰与南亚传统社会的地图学史》（*Cartography in the Traditional Islamic and South Asian Societies*）、出版于 1994 年的第二卷第二分册《东亚与东南亚传统社会的地图学史》（*Cartography in the Traditional East and Southeast Asian Societies*）、出版于 1998 年的第二卷第三分册《非洲、美洲、北极圈、澳大利亚与太平洋传统社会的地图学史》（*Cartography in the Traditional African, American, Arctic, Australian, and Pacific Societies*）②、2007 年出版的第三卷《欧洲文艺复兴时期的地图学史》（第一、第二分册，*Cartography in the European Renaissance*）③，2015 年出版的第六卷《20 世纪的地图学史》（*Cartography in the Twentieth Century*）④，以及 2019 年出版的第四卷《科学、启蒙和扩张时代的地图学史》（*Cartography in the European Enlightenment*）⑤。第五卷

---

① https：//geography. wisc. edu/histcart/.
② 约翰·布莱恩·哈利去世后主编改为戴维·伍德沃德和 G. Malcolm Lewis。
③ 主编为戴维·伍德沃德。
④ 主编为 Mark Monmonier。
⑤ 主编为 Matthew Edney 和 Mary Pedley。

《19 世纪的地图学史》（*Cartography in the Nineteenth Century*）[①] 正在撰写中。已经出版的各卷册可以从该项目的网站上下载[②]。

从已经出版的 5 卷来看，这套丛书确实规模宏大，包含的内容极为丰富，如我们翻译的前三卷共有近三千幅插图、5060 页、16023 个脚注，总共一千万字；再如第六卷，共有 529 个按照字母顺序编排的条目，有 1906 页、85 万字、5115 条参考文献、1153 幅插图，且有一个全面的索引。

需要说明的是，在 1991 年哈利以及 2004 年戴维去世之后，马修·爱德尼（Matthew Edney）担任项目主任。

在"地图学史项目"网站上，各卷主编对各卷的撰写目的进行了简要介绍，下面以此为基础，并结合各卷的章节对《地图学史》各卷的主要内容进行简要介绍。

第一卷《史前、古代、中世纪欧洲和地中海的地图学史》，全书分为如下几个部分：哈利撰写的作为全丛书综论性质的第一章"地图和地图学史的发展"（The Map and the Development of the History of Cartography）；第一部分，史前欧洲和地中海的地图学，共 3 章；第二部分，古代欧洲和地中海的地图学，共 12 章；第三部分，中世纪欧洲和地中海的地图学，共 4 章；最后的第 21 章作为结论讨论了欧洲地图发展中的断裂、认知的转型以及社会背景。本卷关注的主题包括：强调欧洲史前民族的空间认知能力，以及通过岩画等媒介传播地图学概念的能力；强调古埃及和近东地区制图学中的测量、大地测量以及建筑平面图；在希腊—罗马世界中出现的理论和实践的制图学知识；以及多样化的绘图传统在中世纪时期的并存。在内容方面，通过对宇宙志地图和天体地图的研究，强调"地图"定义的包容性，并为该丛书的后续研究划定了一个广阔的范围。

第二卷，聚焦于传统上被西方学者所忽视的众多区域中的非西方文化的地图。由于涉及的是大量长期被忽视的领域，因此这一卷进行了大量原创性的研究，其目的除了填补空白之外，更希望能将这些非西方的地图学史纳入地图学史研究的主流之中。第二卷按照区域分为三册。

第一分册《伊斯兰与南亚传统社会的地图学史》，对伊斯兰世界和南亚的地图、地图绘制和地图学家进行了综合性的分析，分为如下几个部分：第一部分，伊斯兰地图学，其中第 1 章作为导论介绍了伊斯兰世界地图学的发展沿革，然后用了 8 章的篇幅介绍了天体地图和宇宙志图示、早期的地理制图，3 章的篇幅介绍了前现代时期奥斯曼的地理制图，航海制图学则有 2 章的篇幅；第二部分则是南亚地区的地图学，共 5 章，内容涉及对南亚地图学的总体性介绍，宇宙志地图、地理地图和航海图；第三部分，即作为总结的第 20 章，谈及了比较地图学、地图学和社会以及对未来研究的展望。

第二分册《东亚与东南亚传统社会的地图学史》，聚焦于东亚和东南亚地区的地图绘制传统，主要包括中国、朝鲜半岛、日本、越南、缅甸、泰国、老挝、马来西亚、印度尼西亚，并且对这些地区的地图学史通过对考古、文献和图像史料的新的研究和解读提供了一些新的认识。全书分为以下部分：前两章是总论性的介绍，即"亚洲的史前地图学"和"东

[①]　主编为 Roger J. P. Kain。

[②]　https：// geography. wisc. edu/histcart/#resources。

亚地图学导论";第二部分为中国的地图学,包括 7 章;第三部分为朝鲜半岛、日本和越南的地图学,共 3 章;第四部分为东亚的天文图,共 2 章;第五部分为东南亚的地图学,共 5章。此外,作为结论的最后一章,对亚洲和欧洲的地图学进行的对比,讨论了地图与文本、对物质和形而上的世界的呈现的地图、地图的类型学以及迈向新的制图历史主义等问题。本卷的编辑者认为,虽然东亚地区没有形成一个同质的文化区,但东亚依然应当被认为是建立在政治(官僚世袭君主制)、语言(精英对古典汉语的使用)和哲学(新儒学)共同基础上的文化区域,且中国、朝鲜半岛、日本和越南之间的相互联系在地图中表达得非常明显。与传统的从"科学"层面看待地图不同,本卷强调东亚地区地图绘制的美学原则,将地图制作与绘画、诗歌、科学和技术,以及与地图存在密切联系的强大文本传统联系起来,主要从政治、测量、艺术、宇宙志和西方影响等角度来考察东亚地图学。

第三分册《非洲、美洲、北极圈、澳大利亚与太平洋传统社会的地图学史》,讨论了非洲、美洲、北极地区、澳大利亚和太平洋岛屿的传统地图绘制的实践。全书分为以下部分:第一部分,即第 1 章为导言;第二部分为非洲的传统制图学,2 章;第三部分为美洲的传统制图学,4 章;第四部分为北极地区和欧亚大陆北极地区的传统制图学,1 章;第五部分为澳大利亚的传统制图学,2 章;第六部分为太平洋海盆的传统制图学,4 章;最后一章,即第 15 章是总结性的评论,讨论了世俗和神圣、景观与活动以及今后的发展方向等问题。由于涉及的地域广大,同时文化存在极大的差异性,因此这一册很好地阐释了丛书第一卷提出的关于"地图"涵盖广泛的定义。尽管地理环境和文化实践有着惊人差异,但本书清楚表明了这些传统社会的制图实践之间存在强烈的相似之处,且所有文化中的地图在表现和编纂各种文化的空间知识方面都起着至关重要的作用。正是如此,书中讨论的地图为人类学、考古学、艺术史、历史、地理、心理学和社会学等领域的研究提供了丰富的材料。

第三卷《欧洲文艺复兴时期的地图学史》,分为第一、第二两分册,本卷涉及的时间为1450 年至 1650 年,这一时期在欧洲地图绘制史中长期以来被认为是一个极为重要的时期。全书分为以下几个部分:第一部分,戴维撰写的前言;第二部分,即第 1 和第 2 章,对文艺复兴的概念,以及地图自身与中世纪的延续性和断裂进行了细致剖析,还介绍了地图在中世纪晚期社会中的作用;第三部分的标题为"文艺复兴时期的地图学史:解释性论文",包括了对地图与文艺复兴的文化、宇宙志和天体地图绘制、航海图的绘制、用于地图绘制的视觉、数学和文本模型、文学与地图、技术的生产与消费、地图以及他们在文艺复兴时期国家治理中的作用等主题的讨论,共 28 章;第三部分,"文艺复兴时期地图绘制的国家背景",介绍了意大利诸国、葡萄牙、西班牙、德意志诸地、低地国家、法国、不列颠群岛、斯堪的纳维亚、东—中欧和俄罗斯等的地图学史,共 32 章。这一时期科学的进步、经典绘图技术的使用、新兴贸易路线的出现,以及政治、社会的巨大的变化,推动了地图制作和使用的爆炸式增长,因此与其他各卷不同,本卷花费了大量篇幅将地图放置在各种背景和联系下进行讨论,由此也产生了一些具有创新性的解释性的专题论文。

第四卷至第六卷虽然是百科全书式的,但并不意味着这三卷是冰冷的、毫无价值取向的字母列表,这三卷依然有着各自强调的重点。

第四卷《科学、启蒙和扩张时代的地图学史》,涉及的时间大约从 1650 年至 1800 年,通过强调 18 世纪作为一个地图的制造者和使用者在真理、精确和权威问题上挣扎的时期,本卷突破了对18世纪的传统理解，即制图变得"科学"，并探索了这一时期所有地区的广泛的绘图实践，它们的连续性和变化，以及对社会的影响。

尚未出版的第五卷《19世纪的地图学史》，提出19世纪是制图学的时代，这一世纪中，地图制作如此迅速的制度化、专门化和专业化，以至于19世纪20年代创造了一种新词——"制图学"。从19世纪50年代开始，这种形式化的制图的机制和实践变得越来越国际化，跨越欧洲和大西洋，并开始影响到了传统的亚洲社会。不仅如此，欧洲各国政府和行政部门的重组，工业化国家投入大量资源建立永久性的制图组织，以便在国内和海外帝国中维持日益激烈的领土控制。由于经济增长，民族热情的蓬勃发展，旅游业的增加，规定课程的大众教育，廉价印刷技术的引入以及新的城市和城市间基础设施的大规模创建，都导致了广泛存在的制图认知能力、地图的使用的增长，以及企业地图制作者的增加。而且，19世纪的工业化也影响到了地图的美学设计，如新的印刷技术和彩色印刷的最终使用，以及使用新铸造厂开发的大量字体。

第六卷《20世纪的地图学史》，编辑者认为20世纪是地图学史的转折期，地图在这一时期从纸本转向数字化，由此产生了之前无法想象的动态的和交互的地图。同时，地理信息系统从根本上改变了制图学的机制，降低了制作地图所需的技能。卫星定位和移动通信彻底改变了寻路的方式。作为一种重要的工具，地图绘制被全球各地和社会各阶层用以组织知识和影响公众舆论。这一卷全面介绍了这些变化，同时彻底展示了地图对科学、技术和社会的深远影响——以及相反的情况。

《地图学史》的学术价值具体体现在以下四个方面。

一是，参与撰写的多是世界各国地图学史以及相关领域的优秀学者，两位主编都是在世界地图学史领域具有广泛影响力的学者。就两位主编而言，约翰·布莱恩·哈利在地理学和社会学中都有着广泛影响力，是伯明翰大学、利物浦大学、埃克塞特大学和威斯康星—密尔沃基大学的地理学家、地图学家和地图史学者，出版了大量与地图学和地图学史有关的著作，如《地方历史学家的地图：英国资料指南》（*Maps for the Local Historian：A Guide to the British Sources*）等大约150种论文和论著，涵盖了英国和美洲地图绘制的许多方面。而且除了具体研究之外，还撰写了一系列涉及地图学史研究的开创性的方法论和认识论方面的论文。戴维·伍德沃德，于1970年获得地理学博士学位之后，在芝加哥纽贝里图书馆担任地图学专家和地图策展人。1974年至1980年，还担任图书馆赫尔蒙·邓拉普·史密斯历史中心主任。1980年，伍德沃德回到威斯康星大学麦迪逊分校任教职，于1995年被任命为亚瑟·罗宾逊地理学教授。与哈利主要关注于地图学以及地图学史不同，伍德沃德关注的领域更为广泛，出版有大量著作，如《地图印刷的五个世纪》（*Five Centuries of Map Printing*）、《艺术和地图学：六篇历史学论文》（*Art and Cartography：Six Historical Essays*）、《意大利地图上的水印的目录，约1540年至1600年》（*Catalogue of Watermarks in Italian Maps，ca. 1540－1600*）以及《全世界地图学史中的方法和挑战》（*Approaches and Challenges in a Worldwide History of Cartography*）。其去世后，地图学史领域的顶级期刊 *Imago Mundi* 上刊载了他的生平和作品目录①。

① "David Alfred Woodward（1942－2004）"，*Imago Mundi：The International Journal for the History of Cartography* 57. 1（2005）：75－83.

　　除了地图学者之外，如前文所述，由于这套丛书希望将地图作为一种工具，从而研究其对文化、社会和知识等众多领域的影响，而这方面的研究超出了传统地图学史的研究范畴，因此丛书的撰写邀请了众多相关领域的优秀研究者。如在第三卷的"序言"中戴维·伍德沃德提到："我们因而在本书前半部分的三大部分中计划了一系列涉及跨国主题的论文：地图和文艺复兴的文化（其中包括宇宙志和天体测绘；航海图的绘制；地图绘制的视觉、数学和文本模式；以及文献和地图）；技术的产生和应用；以及地图和它们在文艺复兴时期国家管理中的使用。这些大的部分，由 28 篇论文构成，描述了地图通过成为一种工具和视觉符号而获得的文化、社会和知识影响力。其中大部分论文是由那些通常不被认为是研究关注地图本身的地图学史的研究者撰写的，但他们的兴趣和工作与地图的史学研究存在密切的交叉。他们包括顶尖的艺术史学家、科技史学家、社会和政治史学家。他们的目的是描述地图成为构造和理解世界核心方法的诸多层面，以及描述地图如何为清晰地表达对国家的一种文化和政治理解提供了方法。"

　　二是，覆盖范围广阔。在地理空间上，除了西方传统的古典世界地图学史外，该丛书涉及古代和中世纪时期世界上几乎所有地区的地图学史。除了我们还算熟知的欧洲地图学史（第一卷和第三卷）和中国的地图学史（包括在第二卷第二分册中）之外，在第二卷的第一分册和第二册中还详细介绍和研究了我们以往了解相对较少的伊斯兰世界、南亚、东南亚地区的地图及其发展史，而在第二卷第三分册中则介绍了我们以往几乎一无所知的非洲古代文明，美洲玛雅人、阿兹特克人、印加人，北极的爱斯基摩人以及澳大利亚、太平洋地图各个原始文明等的地理观念和绘图实践。因此，虽然书名中没有用"世界"一词，但这套丛书是名副其实的"世界地图学史"。

　　除了是"世界地图学史"之外，如前文所述，这套丛书除了古代地图及其地图学史之外，还非常关注地图与古人的世界观、地图与社会文化、艺术、宗教、历史进程、文本文献等众多因素之间的联系和互动。因此，丛书中充斥着对于各个相关研究领域最新理论、方法和成果的介绍，如在第三卷第一章"地图学和文艺复兴：延续和变革"中，戴维·伍德沃德中就花费了一定篇幅分析了近几十年来各学术领域对"文艺复兴"的讨论和批判，介绍了一些最新的研究成果，并认为至少在地图学中，"文艺复兴"并不是一种"断裂"和"突变"，而是一个"延续"与"变化"并存的时期，以往的研究过多地强调了"变化"，而忽略了大量存在的"延续"。同时在第三卷中还设有以"文学和地图"为标题的包含有七章的一个部分，从多个方面讨论了文艺复兴时期地图与文学之间的关系。因此，就学科和知识层面而言，其已经超越了地图和地图学史本身的研究，在研究领域上有着相当高的涵盖面。

　　三是，丛书中收录了大量古地图。随着学术资料的数字化，目前国际上的一些图书馆和收藏机构逐渐将其收藏的古地图数字化且在网站上公布，但目前进行这些工作的图书馆数量依然有限，且一些珍贵的，甚至孤本的古地图收藏在私人手中，因此时至今日，对于一些古地图的研究者而言，找到相应的地图依然是困难重重。对于不太熟悉世界地图学史以及藏图机构的国内研究者而言更是如此。且在国际上地图的出版通常都需要藏图机构的授权，手续复杂，这更加大了研究者搜集、阅览地图的困难。《地图学史》丛书一方面附带有大量地图的图影，仅前三卷中就有多达近三千幅插图，其中绝大部分是古地图，且附带有收藏地点，其中大部分是国内研究者不太熟悉的；另一方面，其中一些针对某类地图或者某一时期地图的研究通常都附带有作者搜集到的相关全部地图的基本信息以及收藏地，如第一卷第十五章"拜占庭帝国的地图学"的附录中，列出了收藏在各图书馆中的托勒密《地理学指南》的近50种希腊语稿本以及它们的年代、开本和页数，这对于《地理学指南》及其地图的研究而言，是非常重要的基础资料。由此使得学界对于各类古代地图的留存情况以及收藏地有着更为全面的了解。

四是，虽然这套丛书已经出版的三卷主要采用的是专题论文的形式，但不仅涵盖了地图学史几乎所有重要的方面，而且对问题的探讨极为深入。丛书作者多关注于地图学史的前沿问题，很多论文在注释中详细评述了某些前沿问题的最新研究成果和不同观点，以至于某些论文注释的篇幅甚至要多于正文；而且书后附有众多的参考书目。如第二卷第三分册原文541页，而参考文献有35页，这一部分是关于非洲、南美、北极、澳大利亚与太平洋地区地图学的，而这一领域无论是在世界范围内还是在国内都属于研究的"冷门"，因此这些参考文献的价值就显得无与伦比。又如第三卷第一、第二两分册正文共1904页，而参考文献有152页。因此这套丛书不仅代表了目前世界地图学史的最新研究成果，而且也成为今后这一领域研究必不可少的出发点和参考书。

总体而言，《地图学史》一书是世界地图学史研究领域迄今为止最为全面、详尽的著作，其学术价值不容置疑。

虽然《地图学史》丛书具有极高的学术价值，但目前仅有第二卷第二分册中余定国（Cordell D. K. Yee）撰写的关于中国的部分内容被中国台湾学者姜道章节译为《中国地图学史》一书（只占到该册篇幅的1/4）[①]，其他章节均没有中文翻译，且国内至今也未曾发表过对这套丛书的介绍或者评价，因此中国学术界对这套丛书的了解应当非常有限。

我主持的"《地图学史》翻译工程"于2014年获得国家社科基金重大招标项目立项，主要进行该丛书前三卷的翻译工作。我认为，这套丛书的翻译将会对中国古代地图学史、科技史以及历史学等学科的发展起到如下推动作用。

首先，直至今日，我国的地图学史的研究基本上只关注中国古代地图，对于世界其他地区的地图学史关注极少，至今未曾出版过系统的著作，相关的研究论文也是凤毛麟角，仅见的一些研究大都集中于那些体现了中西交流的西方地图，因此我国世界地图学史的研究基本上是一个空白领域。因此《地图学史》的翻译必将在国内促进相关学科的迅速发展。这套丛书本身在未来很长时间内都将会是国内地图学史研究方面不可或缺的参考资料，也会成为大学相关学科的教科书或重要教学参考书，因而具有很高的应用价值。

其次，目前对于中国古代地图的研究大都局限于讨论地图的绘制技术，对地图的文化内涵关注的不多，这些研究视角与《地图学史》所体现的现代世界地图学领域的研究理论、方法和视角相比存在一定的差距。另外，由于缺乏对世界地图学史的掌握，因此以往的研究无法将中国古代地图放置在世界地图学史背景下进行分析，这使得当前国内对于中国古代地图学史的研究游离于世界学术研究之外，在国际学术领域缺乏发言权。因此《地图学史》的翻译出版必然会对我国地图学史的研究理论和方法产生极大的冲击，将会迅速提高国内地

---

① ［美］余定国：《中国地图学史》，姜道章译，北京大学出版社2006年版。

图学史研究的水平。这套丛书第二卷中关于中国地图学史的部分翻译出版后立刻对国内相关领域的研究产生了极大的冲击，即是明证①。

最后，目前国内地图学史的研究多注重地图绘制技术、绘制者以及地图谱系的讨论，但就《地图学史》丛书来看，上述这些内容只是地图学史研究的最为基础的部分，更多的则关注于以地图为史料，从事历史学、文学、社会学、思想史、宗教等领域的研究，而这方面是国内地图学史研究所缺乏的。当然，国内地图学史的研究也开始强调将地图作为材料运用于其他领域的研究，但目前还基本局限于就图面内容的分析，尚未进入图面背后，因此这套丛书的翻译，将会在今后推动这方面研究的展开，拓展地图学史的研究领域。不仅如此，由于这套丛书涉及面广阔，其中一些领域是国内学术界的空白，或者了解甚少，如非洲、拉丁美洲古代的地理知识，欧洲和中国之外其他区域的天文学知识等，因此这套丛书翻译出版后也会成为我国相关研究领域的参考书，并促进这些研究领域的发展。

三　《地图学史》的翻译体例

作为一套篇幅巨大的丛书译著，为了尽量对全书体例进行统一以及翻译的规范，翻译小组在翻译之初就对体例进行了规范，此后随着翻译工作的展开，也对翻译体例进行了一些相应调整。为了便于读者使用这套丛书，下面对这套译著的体例进行介绍。

第一，为了阅读的顺利以及习惯，对正文中所有的词汇和术语，包括人名、地名、书名、地图名以及各种语言的词汇都进行了翻译，且在各册第一次出现的时候括注了原文。

第二，为了翻译的规范，丛书中的人名和地名的翻译使用的分别是新华通讯社译名室编的《世界人名翻译大辞典》（中国对外翻译出版公司 1993 年版）和周定国编的《世界地名翻译大辞典》（中国对外翻译出版公司 2008 年版）。此外，还使用了可检索的新华社多媒体数据（http：//info. xinhuanews. com/cn/welcome. jsp），而这一数据库中也收录了《世界人名翻译大辞典》和《世界地名翻译大辞典》；翻译时还参考了《剑桥古代史》《新编剑桥中世纪史》等一些已经出版的专业翻译著作。同时，对于一些有着约定俗成的人名和地名则尽量使用这些约定俗成的译法。

第三，对于除了人名和地名之外的，如地理学、测绘学、天文学等学科的专业术语，翻译时主要参考了全国科学技术名词审定委员会发布的"术语在线"（http：//termonline. cn/index. htm）。

第四，本丛书由于涉及面非常广泛，因此存在大量未收录在上述工具书和专业著作中的名词和术语，对于这些名词术语的翻译，通常由翻译小组商量决定，并参考了一些专业人士提出的意见。

第五，按照翻译小组的理解，丛书中的注释、附录，图说中对于地图来源、藏图机构的说明，以及参考文献等的作用，是为了便于阅读者查找原文、地图以及其他参考资料，将这些内容翻译为中文反而会影响阅读者的使用，因此本套译著对于注释、附录以及图说中出现

① 对其书评参见成一农《评余定国的〈中国地图学史〉》，《"非科学"的中国传统舆图——中国传统舆图绘制研究》，中国社会科学出版社 2016 年版，第 335 页。

的人名、地名、书名、地图名以及各种语言的词汇，还有藏图机构，在不影响阅读和理解的情况下，没有进行翻译；但这些部分中的叙述性和解释性的文字则进行了翻译。所谓不影响阅读和理解，以注释中出现的地图名为例，如果仅仅是作为一种说明而列出的，那么不进行翻译；如果地图名中蕴含了用于证明前后文某种观点的含义的，则会进行翻译。当然，对此学界没有确定的标准，各卷译者对于所谓"不影响阅读和理解"的认知也必然存在些许差异，因此本丛书各册之间在这方面可能存在一些差异。

第六，丛书中存在大量英语之外的其他语言（尤其是东亚地区的语言），尤其是人名、地名、书名和地图名，如果这些名词在原文中被音译、意译为英文，同时又包括了这些语言的原始写法的，那么只翻译英文，而保留其他语言的原始写法；但原文中如果只有英文，而没有其他语言的原始写法的，在翻译时则基于具体情况决定。大致而言，除了东亚地区之外，通常只是将英文翻译为中文；东亚地区的，则尽量查找原始写法，毕竟原来都是汉字圈，有些人名、文献是常见的；但在一些情况下，确实难以查找，尤其是人名，比如日语名词音译为英语的，很难忠实的对照回去，因此保留了英文，但译者会尽量去找到准确的原始写法。

第七，作为一套篇幅巨大的丛书，原书中不可避免地存在的一些错误，如拼写错误，以及同一人名、地名、书名和地图名前后不一致等，对此我们会尽量以译者注的形式加以说明；此外对一些不常见的术语的解释，也会通过译者注的形式给出。不过，这并不是一项强制性的规定，因此这方面各册存在一些差异。还需要注意的是，原书的体例也存在一些变化，最为需要注意的就是，在第一卷以及第二卷的某些分册中，在注释中有时会出现（note＊＊），如"British Museum, Cuneiform Texts, pt. 22, pl. 49, BM 73319（note 9）"，其中的（note 9）实际上指的是这一章的注释9；注释中"参见 pp……"，其中 pp 后的数字通常指的是原书的页码。

第八，本丛书各册篇幅巨大，仅仅在人名、地名、书名、地图名以及各种语言的词汇第一次出现的时候括注英文，显然并不能满足读者的需要。对此，本丛书在翻译时，制作了词汇对照表，包括跨册统一的名词术语表和各册的词汇对照表，词条约2万条。目前各册之后皆附有本册中文和原文（主要是英语，但也有拉丁语、意大利语以及各种东亚语言等）对照的词汇对照表，由此读者在阅读丛书过程中如果需要核对或查找名词术语的原文时可以使用这一工具。在未来经过修订，本丛书的名词术语表可能会以工具书的形式出版。

第九，丛书中在不同部分都引用了书中其他部分的内容，通常使用章节、页码和注释编号的形式，对此我们在页边空白处标注了原书相应的页码，以便读者查阅，且章节和注释编号基本都保持不变。

还需要说明的是，本丛书篇幅巨大，涉及地理学、历史学、宗教学、艺术、文学、航海、天文等众多领域，这远远超出了本丛书译者的知识结构，且其中一些领域国内缺乏深入研究。虽然我们在翻译过程中，尽量请教了相关领域的学者，也查阅了众多专业书籍，但依然不可避免地会存在一些误译之处。还需要强调的是，芝加哥大学出版社，最初的授权是要求我们在2018年年底完成翻译出版工作，此后经过协调，且在中国社会科学出版社支付了额外的版权费用之后，芝加哥大学出版社同意延续授权。不仅如此，这套丛书中收录有数千幅地图，按照目前我国的规定，这些地图在出版之前必须要经过审查。因此，在短短六七年的时间内，完成翻译、出版、校对、审查等一系列工作，显然是较为仓促的。而且翻译工作本身不可避免的也是一种基于理解之上的再创作。基于上述原因，这套丛书的翻译中不可避免地存在一些"硬伤"以及不规范、不统一之处，尤其是在短短几个月中重新翻译的第一卷，在此我代表翻译小组向读者表示真诚的歉意。希望读者能提出善意的批评，帮助我们提高译稿的质量，我们将会在基于汇总各方面意见的基础上，对译稿继续进行修订和完善，以飨学界。

卜宪群

中国社会科学院古代史研究所研究员

国家社科基金重大招标项目"《地图学史》翻译工程"首席专家

译　者　序

由约翰·布莱恩·哈利(J. B. Harley) 教授和戴维·伍德沃德（David Woodward） 教授主编、芝加哥大学出版社出版的《地图学史》（*The History of Cartography*）丛书为"地图学史项目"的主要成果。该丛书由世界各国地图学史及相关领域的优秀学者共同编写，覆盖全世界各地区的地理观念和绘图实践，涵盖地图学史几乎所有重要的方面，代表着目前世界地图学史的最新研究成果。本册为已出版的这套丛书的第 2 卷第 2 分册。为方便读者使用本册，现从以下 5 个方面对本册作一介绍。

一　本册作者群

由于这套书是从 20 世纪 90 年代开始陆续出版的，时隔 20 余年，有的作者业已辞世。有必要介绍这批作者的学术领域及其成就，以示尊敬。如果没有特别说明，作者的就职机构为撰写本册时的机构。

在撰写本册时，第 1 章"亚洲的史前地图"的作者凯瑟琳·德拉诺·史密斯（Catherine Delano Smith）是英国伦敦大学历史地理研究所的研究员。除本章之外，该作者还有多种地图学史和历史地理的论著问世，代表作包括《西地中海的欧洲：新石器时代以来意大利、西班牙和法国南部的历史地理》（1979）[①]、《圣经地图（1500—1600）提要》（1991）[②]、《英国地图：一部历史》（1999）[③] 等。

第二章"东亚地图学史导论"的第一作者内森·席文（Nathan Sivin）是美国费城宾夕法尼亚大学中国文化和科学史教授，其研究领域主要有中国科技史、中国天文学史和中国医学史。有人称之为继李约瑟之后西方最知名的中国科技史专家，其代表作有《古代中国的科学：研究与反思》[④]、《道与词：早期中国与希腊的科学与医学》（合撰，2002）[⑤]、《11 世纪中国的医疗保健》（2015）[⑥] 等；第二作者伽里·莱德亚德（Gari Ledyard）同时也是第 10

---

① Delano-Smith. （1979）, *Western Mediterranean Europe：A Historical Geography of Italy, Spain, and Southern France since the Neolithic*, Academic Press.

② Delano-Smith, & Ingram, E. M. （1991）, *Maps in Bibles, 1500 – 1600：An Illustrated Catalogue*, Librairie Droz.

③ Delano-Smith, Kain, R. J. P. , & British Library, （1999）, *English Maps：A History*, University of Toronto Press.

④ Sivin, （1995）, *Science in Ancient China：Researches and Reflections*, Variorum.

⑤ Lloyd, & Sivin, N. （2002）, *The Way and the Word：Science and Medicine in Early China and Greece*, Yale University Press.

⑥ Sivin, （2015）, *Health Care in Eleventh-century China*, Springer.

章朝鲜半岛地图学史的作者，为美国纽约哥伦比亚大学的朝鲜史教授。朝鲜地图学是莱德亚德的研究领域之一，此外其研究还广泛涉及朝鲜传世文献研究、朝鲜历史、朝鲜语言、朝鲜艺术、中朝关系、朝鲜与西方交往等。

余定国（Cordell D. K. Yee）为本册的助理主编，独立撰写了本册的中国地图学史（第1—7、9章）并合撰了第 20 章全书结语（英文版第 21 章）。他于 1989 年在美国威斯康星大学麦迪逊分校获得博士学位，是安那波利斯圣约翰学院（St. John's College）的教授，其领域主要为科技史、文学史和哲学史文献研究。除本册之外，他的代表作还有《空间与地方：中西方的地图绘制》①、《世界地图学史的方法与挑战》（合著）② 等。

第 8 章中国宇宙图式的作者约翰·B. 享德森（John B. Henderson）为美国巴吞鲁日市路易斯安那州立大学的历史学教授，其研究领域为宗教和哲学。

第 11 章日本地图学史的作者海野一隆为日本大阪大学地理学荣休教授，他是日本地图学史研究的先驱人物。海野一隆著作等身，其中《地图的文化史》③ 已译为中文，为我国读者所熟知。其代表作还有《东西地图文化交涉史研究》④、《东洋地理学史研究·日本篇》⑤等，他对中国地图学史也有不少研究。

第 12 章越南地图学史的作者约翰·K. 惠特莫尔（John K. Whitmore） 就职于美国安娜堡密歇根大学研究生图书馆，他是一位越南史和东南亚史专家，有不少独撰和合撰的论著问世，对本地区地图学史也多有涉及。

第 13 章中国和朝鲜半岛星图的作者理查德·斯蒂芬森（F. Richard Stephenson） 是美国杜伦大学物理学高级研究员。第 14 章日本星图的作者宫岛一彦是日本东京同志社大学天文学与科学史教授。

第 15—19 章以及结语章（英文版 15—20 章）的作者约瑟夫·E. 施瓦茨贝格（Joseph E. Schwartzberg，1928 – 2018）为美国明尼苏达大学教授，其领域为地理学和东南亚研究。他是东南亚和南亚地图学史研究的先驱之一。早在 1978 年，他以主编和主要作者的身份出版了《南亚历史地图集》⑥，该地图集曾获美国历史学会沃土穆尔奖和美国地理学家协会杰出成就奖。本卷出版后，他仍然笔耕不已，有多种东南亚和南亚地图学史的著述问世。年近90 高龄还为《非西方文化的科技、医学史百科全书》撰写有关中国西藏和印度地图史的词条。⑦

---

① Yee, St. John's College, Elizabeth Myers Mitchell Art Gallery, & Library of Congress, (1996), *Space & place：Mapmaking East and West：Four Hundred Years of Western and Chinese Cartography from the Library of Congress, Geography and Map Division, and the collection of Leonard & Juliet Rothman*, St. John's College, the Elizabeth Myers Mitchell Art Gallery.

② Woodward, Delano – Smith, C., & Yee, C. D. K, (2001), *Plantejaments i objectius d'una història universal de la cartografia*.

③ ［日］海野一隆：《地图学的文化史》，王妙发译，新星出版社 2005 年版。

④ ［日］海野一隆：《东西地图文化交流史研究》，清文堂出版社 2003 年版。

⑤ ［日］海野一隆：《东洋地理学史研究·日本篇》，清文堂出版社 2005 年版。

⑥ Schwartzberg, Bajpai, S. G., & American Geographical Society of New York, (1992), *A Historical atlas of South Asia* (2nd impression, with additional material.), Oxford University Press.

⑦ Schwartzberg, (2016), Maps and Mapmaking in Southeast Asia. In *Encyclopaedia of the History of Science, Technology, and Medicine in Non – Western Cultures* (pp. 2678 – 2680), Springer Netherlands. https：//doi. org/10. 1007/978 – 94 – 007 – 7747 – 7_ 9781

二　本册结构

英文版正文分为21章。在对亚洲史前地图所做的简单论述之后，是对东亚地图学的导论，接下来按文化区域和内容分为五部分，第一部分为中国（实际上主要指传统中国的农业区，不同于现代中国的疆域范围）地图学史；接下来是传统时代同处汉文化圈的朝鲜半岛、日本和越南的地图学，之后穿插了东亚星图的内容，涉及中国、朝鲜半岛和日本的传统星图；再下来是喜马拉雅山周边地区的地图学史，涉及中国西藏和尼泊尔、不丹等国，同时附论蒙古高原的地图学史；再后是东南亚地区，主要论述三类地图，即地理地图、宇宙图和航海图。最后是对全书的总结。出于出版需要，删除原英文版第15章，并对其他章节的个别图表进行了删减。

三　本册主要内容

第1章"亚洲的史前地图"是这套丛书提出的广义的地图定义的成果。这个广义的地图认为，"地图是一种便于从空间上理解人类世界的事物、概念、境况、过程和事件的图形展示方式"。那么追溯地图的起源就不必拘泥于文献史料，可应从人类产生以来所留下的各种遗迹和艺术作品中识别早期人类的"制图冲动"。本章的范围涉及东亚、东南亚、南亚和中亚的一些地点。围绕岩画和墓葬所体现的地图属性，提出了一种识别史前地图的方法，以及区别史前图画式地图与绘画的要领。作者还对亚洲天文图和宇宙论地图的起源进行了有趣的探索。最后总结了识别史前地图存在的各种困难，这些困难既包括作品本身带来的困难，也包括语言、国家政策等给获取材料造成的阻碍。作者提出借鉴多学科的方法才能解读史前地图的真正内涵。本章标题虽为史前，但实际上内容并非限于原始社会，准确地说涵盖了各地区地图初兴时期的材料。

第2章"东亚地图学导论"是一篇高屋建瓴、极具方法论指导意义的纲领性导论。作者首先说明本册各章安排的学术旨趣：本册的四大分区遵照的是地图所体现的文化区域，而非国家疆界。因此，尽管习惯上人们将越南归入东南亚，但传统上它属于汉文化圈，因此，与中国汉地、朝鲜半岛和日本归入同一部分。作者对东亚地图学史研究的若干重要问题进行了评述，包括东亚地图学是否走着一条朝着科学的数理地图不断进步的线性发展道路，文字与地图的关系、绘画与地图的关系、东亚各国接受西方地图学的不同情况，以及中国文化对汉文化圈各国的实际影响等。他特别强调重视对与地图绘制相关的各个维度和观念的研究。

第3章至9章专论中国传统地图。作者改变了以年代早晚为序的叙述方式，选择了地图的政治文化功能、地图的测量技术、地图与其他艺术形式的关系、西方地图学对中国地图的影响、中国的宇宙图这5个专题进行讨论，贯穿其中的是一条主线：仅仅关注地图的数理属性将妨碍我们正确和全面地认识中国传统地图，中国传统地图有一条内在的发展主线，它是应不同的社会文化需求而产生的，而不只是技术进步的产物。如席文在导论中所言，余定国的这一研究在中国地图史研究中是一个全新的起点。余定国纠正了过去很多存在问题的观点，初步建立中国地图学史研究的新范式。[①]

将宇宙图（第 8 章）纳入中国传统地图的讨论中，同样是采用这套丛书宽泛的地图定义的结果，它使原先不为人们所注意的古代材料被纳入地图学史的研究范畴。

第 10 章专论朝鲜半岛的地图学史。本章分为导论和 6 节。作者按覆盖范围将朝鲜古地图分为四类，即世界地图、全国总图、省道地图和郡县地图。本章讨论的时段始于公元前，终于 19 世纪。根据存世古地图的数量，以 15 世纪为断限分为前后两个时期。作者从现存最早的东亚世界地图——1402 年《混一疆理历代国都之图》谈起，到圆形世界地图——《天下图》，再到 17 世纪以后源自西方的世界地图。在世界地图之后，作者论证了 15 世纪早期到 19 世纪晚期朝鲜全国地图绘制的文化和技术基础，依时间先后对四类朝鲜全国地图进行整体研究，全国之后是省道地图与郡县地图，最后以流行于 17 世纪以来的一些重要的关防图结束讨论。[②]

第 11 章讨论日本明治时代以前的地图学。导论和结语之外分为 5 节。导论部分总论日本传统地图学的特点，包括术语、比例、方向和材质，以及地图的编纂和主要收藏。第 1 节介绍江户时代以前的古代和中世的日本地图，按从小到大的尺度，从稻田图开始，到庄园图、神社图、庙宇图，再到行基型日本全图，最后是佛教世界地图。第 2 节讨论吸收欧洲地图学的早期阶段（1543—1639），这是锁国时代到来以前日本学习西方地图学的阶段。产生于这一阶段的地图包括南蛮世界地图、海图、净得型日本全图、西方地球仪的传入与制作。同时，绘制地图所需的测量工作和技术也得到相应的改进。第 4 节讨论国家对日本地图学的发展所发挥的重要作用。该节实际上回顾了中世纪以来日本政府主导下的土地丈量以及全国总图的绘制；第 5 节则探讨了民间商业发展带来的日本社会印制地图的热潮，这些地图包括利马窦世界地图的衍生作品、民间印制的各种单页地图（日本全图、诸国地图和都市图、路行图、世界地图和中国地图以及戏作地图）；第 6 节重点探讨兰学对日本地图学的影响；第 7 节讨论日本对北方边地和海岸线的测绘；结语对全书作了简短的总结。本章的附录以表格的形式列举了已知的稻田图、行基型地图、南蛮型世界地图、日本绘制的东南亚和东亚海图、早期日本地球仪、德川幕府时期编制的诸国图以及早期六大城市平面图。

第 12 章介绍前现代时期的越南地图学。作者的研究是在美国进行的，主要依靠手稿材料，没有机会亲自观摩越南地图。该章将所见越南地图分为宇宙图、大越时期的地图、大越路程图、大南地图四类。作者指出，越南地图的绘制与中央集权的统治有着密切的关系，地图绘制最频繁的时期为 15 世纪的最后 30 年、17 世纪后半段以及 19 世纪的 30 年代和 90 年代，均为官僚统治最为强有力的时期。越南地图的绘制主要是针对国内而非外部世界。

第 13 章和 14 章讨论了中国、朝鲜半岛和日本的星图和星表。在中国部分，按商代及以

---

① 本册中国部分的内容（除宇宙图和星图）曾以《中国地图学史》为书名于 2006 年由北京大学出版社出版。译者姜道章是台湾中国文化大学教授，姜教授的译文自然优美但有不少地方加入了译者自己的理解。此次重译，与作者余定国教授就书中的疑难问题多次往来通信，尽量忠实于原文且各章经过余定国教授的审定（余定国：《中国地图学史》，姜道章译，北京大学出版社 2006 年版）

② 韩国国立中央博物馆郑尚勋将本章译为韩文，并易名为《韩国古地图的历史》，由松树出版社 2011 年发行。这条信息承蒙首尔大学韩国史系博士生侯选人李好见告，他在协助我翻译第 10 章的过程中，人名、地名和历史文献的翻译参阅了韩文版。

前、西周春秋、战国、秦汉、三国至隋、唐五代、宋与同时代王朝、元朝和明朝八段，在介绍各时期天文学发展（天文观测、天文记录、天文仪器制作、知识与技术的传承与交流等）的基础上，对其中重要的星图和星表进行详尽的分析。作者提出了一些有趣的且有待后人研究的问题，如西方黄道十二宫在中国的传播，但总体上侧重的是对星图的量化分析、星图要素与谱系演变，很少涉及星图产生的社会历史背景。本章对朝鲜半岛星图的讨论篇幅较小。第 14 章讨论日本明治时代以前的日本星图。分古代与中世纪的天文图、江户时代的天文图、星曼荼罗和原住民星图四个部分，以第二部分为主，其他三部分只是简略的介绍。

第 15—19 章讨论东南亚的传统地图学。这五章分别为导论（第 15 章）、宇宙图（16章）、地理地图（17 章）、海图（18 章）和总结（19 章）。导论章介绍了东南亚地图学史的研究现状和研究材料的来源。第 16 章将东南亚宇宙图分为部落宇宙图（丧仪中的宇宙图、天文图、占卜图），佛教和印度教宇宙图（基本概念、表现宇宙论的图像，包括宇宙结构图、四大部洲与小千世界系统、宇宙局部图），天文、占星、风水和宇宙世界心象地图，对此类地图的多样化材质和多种展示手法做了分析。第 17 章讨论东南亚地理地图，从一幅包括了大半个亚洲的地图，到东南亚国家地图和主要地区的较大比例尺地图，从大陆到岛屿，然后涉及广大范围内的路线图，再到大比例尺的乡村位置地图、城市地图，最后是建筑平面图。第 18 章对海图的介绍比较简略，涉及欧洲人绘制海图上的东南亚以及以布吉人为代表的东南亚人绘制的海图，作者重点讨论了东南亚海图与欧洲的关系。

四　本册价值

同其他各卷一样，本册的诞生及其成就首先得益于《地图学史》中提出的广义的地图定义，如戴维·伍德沃德在前言所讲的那样，起初《地图学史》项目只打算将所有非西方社会的地图学放在第一卷，"这一卷内不仅要包括有关史前、古代和中世纪西方的地图以及亚洲传统地图学，而且要包括有关非洲、美洲、北极圈、澳大利亚和太平群岛原住民社会地图学的讨论。"（前言第 XXIII 页）。随着地图定义的扩大，符合新的地图定义的材料越来越多，最终为亚洲部分单独分出 1 卷 2 册。广义的地图定义将一些从未被人们视为地图的图形艺术纳入到地图史的研究范畴，史前岩画、仪式地图（东南亚丧礼）、宗教地图、宇宙图式和星图就是其中的典型代表。在本册中，读者第一次看到许多以往并不视为地图的传统社会的作品以及对它们的精彩分析。

本册是迄今为止对东亚和东南亚地图学史最全面和最权威的研究。本册所涵盖的内容，大多不为中国学术界所熟知，特别是中国以外的各区域的地图史，均系首次介绍给中国读者。余定国主笔的中国地图史部分，虽然已于 2006 年译为中文出版，但本册在方法论上的突出价值尚待深刻认识。有关朝鲜半岛地图史的研究论文有零星发表，但以较大的篇幅总论该地区传统地图学的论著尚未出现。日本传统地图在海野一隆的《地图的文化史》[①] 一书中有一些展示，但远不及本册日本部分完备和深入；至于东南亚各国的传统地图学，对于中国读者来说则几乎完全陌生。

---

① 海野一隆：《地图的文化史》，王妙发译，新星出版社 2005 年版。

本册的章节安排与研究理路贯穿了一个中心思想，即地图学作为一种方法和思想是如何在不同文化间交流与传播的。无论是对地理地图、宇宙图、天文图还是海图的讨论，各册作者都特别关注这一问题。从世界范围而言，西方地图学对东亚和东南亚各国的影响呈现出明显的地域差异，这一现象实则是各国近代化进程的一个缩影。就东亚范围内而言，各章作者都谨慎而客观地评价了汉文化对周围国家和地区的影响。

本册各章提出了一系列有趣的问题，大大扩展了我们观察传统地图的视野。比如什么叫好的地图，地图的人文性，地图与绘画的关系，图像与文字的关系等。当然，由于这是一部20多年前出版的著作，从那时到现在，也出现了不少本区域的地图史研究成果。这些成果得益于本册的启发，也深化了我们对本册提出的某些具体问题的认识。但本册所取得的成就，特别是广义的地图定义的提出，以及从地图产生的文化背景和社会功能解读传统社会地图学的研究范式，迄今仍具有非常重要的方法论意义。

同这套丛书的其他几册一样，本册卷帙浩繁，也是一部大部头的著作。英文版全书共984页，正文部分长达849页，彩色地图40幅，黑白插图504幅，表格16张，附表37张。其中500多幅地图，多出自世界各大图书馆和博物馆，有些出自并非公开的私人收藏、寺院或档案馆。图片尺幅较大且印制精良，辅以详尽的文字说明，即便是简单的翻阅，其效果也不啻于观览若干专题地图特展。书末所附长达45页的参考文献以及78页的索引词都为将来的研究打下了良好的基础。

五　本册阅读说明

读者在阅读中译本时注意以下体例：

1. 正文、附录、图版中"见某页"，指原书页码，非指中译本页码。原书页码在中译中标为边码，读者可根据边码找到原书页码。

2. 所有纪年，采用公元纪年。

3. 书名后括注的数字指成书年代，人名后括注的数字指在世年代。

4. 个别罗马拼字的日文地名、人名因存在一字多音现象，未能译出。

5. 有图名的地图一般加书名号。

6. 书末词条主要依据书后的总索引（General Index），挑选了与各国地图学史相关的较重要的人名、地名、书名、地图名。

7. 脚注的翻译以便于读者溯源为目标，罗马化的中文、日文、韩文、越南文参考文献尽量还原为初刊语言，西语一般为初刊语言，因此保持原样。脚注中说明性文字译出。脚注括注的注释号，如（注释1）指原书的注释，非中译本注释。

8. 为了配合出版，对于涉及边界、民族等的敏感词汇或句子，翻译时做了适当删减。

黄义军

目　　录

中国地图学史

朝鲜半岛、日本、越南地图学史

东亚的天文制图

东南亚地图学史

彩版目录

（本书插图系原文插附地图）

图表目录

（本书插图系原文插附地图）

xix

前　言

戴维·伍德沃德
（David Woodward）

　　这是《地图学史》第3册，在介绍本书之前，我必须为布莱恩·哈利（Brian Harley）在这套书的缘起与进展中所起的作用致谢。他的洞察力、学识、智慧以及精神推动作用，对于《地图学史》项目是至关重要的，他的这些品质影响着我们，余下的几卷将是对他永远的纪念。①

　　《地图学史》项目的酝酿有迹可循。1975年，布莱恩提议写作一部四卷本的《北美地图学史》（*Mapping of North America*）②。自他举办关于"地图中的美国革命战争"肯尼斯·内本扎尔（Kenneth Nebenzahl, Jr.）系列讲座以来，我对他已十分了解。1977年5月，我到他所任教的德文郡（Devon）埃克塞特大学（University of Exeter）拜访了他。我们一起走在一条通往海维克教堂（Highweek Church）的乡间小路上。这条小路离布莱恩在牛顿–阿伯特（Newton Abbot）的家很近。就在那次交谈中，我们说起他的美国项目。我提议能否合编一套四卷本《地图学史》取代他的四卷本《北美地图学史》。接下来的一个月，我们便开始就大纲和总体思路交换意见。同年夏天，我们致信艾伦·菲琴（Allen Fitchen），向他初步介绍这个项目，然后联系芝加哥大学出版社人文部编辑，我们的提议被热情采纳。

　　后因他事烦扰，这项实施在即的多卷本历史出版计划竟被拖延下来。直到1980年，终于写出了第一份研究计划并向国家人文基金会（National Endowment for the Humanities）申请资助。该项目于1981年8月正式启动。我们最初的意图是将所有非西方社会的地图学放在第1卷。这一卷内不仅要包括有关史前、古代和中世纪西方的地图以及亚洲传统地图学，而且要包括有关非洲、美洲、北极圈、澳大利亚和太平洋群岛原住民社会地图学的讨论。后来

---

　　① 详见以下纪念文章：David Woodward，"JohnBrian Harley，1932 – 1991," Special Libraries Association，*Geographya-nd Map Division Bulletin* 167（1992）：50 – 52；idem，"Brian Harley，1932 – 1991," *Map Collector* 58（1992）：40；idem，"J. B. Harley：A Tribute," *Imago Mundi* 44（1992）：120 – 25；William Ravenhill，"John Brian Harley," *Transactions of the Institute of British Geographers*，n. s.，17（1992）：120 – 25；Matthew H. Edney，"John Brian Harley（1932 – 1991）：Questioning Maps，Questioning Cartography，Questioning Cartographers," *Cartography and Geographic Information Systems* 19（1992）：175 – 78；Peter J. Taylor，"Politics in Maps，Maps in Politics：ATribute to Brian Harley," *Political Geography* 11（1992）：127 – 29；"John Brian Harley，1932 – 1991," *Cartographica* 28，no. 4（1991）：92 – 93。

　　② 1975年2月4日哈利（J. B. Harley）给戴维·伍德沃德的信。

（我们发现），非西方的制图传统非常丰富和多样，这个想法显然不切实际。到 1982 年，我们越来越清楚，应该为伊斯兰和亚洲社会的传统地图史留出单独的一卷（第二卷）。那时，我们以为单独留出一册给亚洲部分应该就够了。① 但是随着我们定义的"地图学"范围内的材料不断涌现，本册体量越来越大，势必将第二卷分成两册。为了将更大范围内的历史地图囊括在内，我们面临的任务远远超过了原先的计划，为此，我们的作者、工作人员及出版方也要投入更大的耐心。

同时，事实证明，我们提出的"地图"定义也是摆脱旧有的桎梏以及颠覆成说的。在第一卷的前言中，我们提出："地图是一种便于从空间上理解人类世界的事物、概念、境况、过程和事件的图形展示方式。"② 这一定义明确聚焦于地图的形式与功能，因为我们相信，这两方面是紧密关联的。我们一开始就明白，这套书并不能涵盖地理分析、地理思想和地理书写的全部历史，但是我们坚信这种研究作为物质文化的地图的方法，一定能为更加广泛的有关人类对空间与环境的理解和交流的问题增添更多的启示。我们并不认为"展示"（representations）一词是对客观世界的简单复制或照见，而是一种高度程式化（highly conventionalized）的人文构建。这里的"图形"（graphic）一词，并非指传统意义上的二维制图媒介或者是按比例的平面的展示形式。图形还应包括其他的形式，如对某种仪轨或舞蹈的记录，因为其目的也可能是传递空间信息。因此，我们采用"图形展示"（graphic representations）这个词组，旨在囊括与指示对象空间结构相呼应的任何一种视觉展示方式。这个定义的第二层意思——"便于空间理解"，强调了人类社会各种展示方式的功能。

基于上述论证，我们得以将那些曾经因不符合按比例和以方正图形展示自然世界的西方地图模式，而被忽视或边缘化的"地图"囊括进来。这一定义在《伊斯兰和南亚传统社会的地图学史》这册中产生的最为显著的效应就是，将一些表现宇宙论世界的地图包括进来。因为无论在过去还是现在，与西方地图文化中的自然世界相比，这些地图都显得不那么符合"现实"。我们对"现实"先入为主的认识，妨碍了西方人从东方人自身的角度去理解他们绘制的地图。更重要的是，这种认识还暗含着一层意思，即当下广泛运用于地形图绘制的西方范式，在所有其他地图绘制模式中都是适用的。我们对亚洲地图学史的研究表明，伴随这种西方地图学范式成功的是现代地图学之丰富性和人文性的丧失。例如，余定国（Cordell Yee）在本卷或其他地方曾经雄辩地指出，绘画在传统中国地图中始终发挥着相当核心的作用：

> 地图绘制者将艺术——诗歌、书法和绘画视为（地图绘制）不可或缺的工作。对于他们来说，地图融合了图像与文本、装饰与表述、实用与美感。20 世纪，现代数学

---

① 在突出合适的重点这一点上，我们曾被地图学通史的通常做法所误导。例如，比较一下本卷的长度与 Leo Bagrow 分配给同一地区的页数就清楚了：中国地图学占 6 页半，中亚和朝鲜半岛各占一页半，日本 3 页，东南亚 1/3 页。见 Leo Bagrow, *History of Cartography*, rev. and enl. R. A. Skelton, *trans.* D. L. Paisey（Cambridge：Harvard University Press；London：C. A. Watts, 1964；重印，Chicago：Precedent, 1985），197 – 208。

② J. B. Harley and David Woodward, eds., *The History of Cartography*（Chicago：University of Chicago Press, 1987 – ），1：xvi.

地图取代了传统技术，后者的地图思想也走向未路。这是否可称得上进步，仍然值得质疑。①

由于我们扩大了地图学史的范围，其中不仅包括自然世界的地图，还包括形而上世界的地图，这样就有必要寻求和延请从前未曾参加过传统地图学史甚至是地理学史工作的作者，以便在历史学、人类学、哲学、艺术史和文学批评等其他学科之间展示丰富的对话。这样一来，我们在构思、编辑、管理和沟通方面的任务也随之加重了。

在本书中，我们试图像往常一样建立一个在地理学和历史学两方面保持连贯性的框架，以便表现文化的相互影响。与第二卷第一分册一样，第二分册的框架基础也是地理学的。东亚〔由伽里·莱德亚德（Gari Ledyard）和内森·席文（Nathan Sivin）在前言中定义为中国、日本、朝鲜和越南〕与东南亚是分开来处理的。越南，尽管通常认为属于东南亚，在本书中与东亚放在一起，因为它们在地图学传统上有着密切的关联。另外，本书还为中国西藏及其周边地区专设一章，因为把它放在东亚或东南亚都不合适（中译本本章删节——译者注）。将复杂多样的地图学强塞进显然是人为设定的分类中，总会让人感到不那么舒适。但是，出于实际操作的需要，只能如此处理，这样才能将不断增加的大量材料放入篇幅合理的卷册中。

与这套书的前两册一样，我们也一直为缺少传世的早期（1500 年以前）地图而苦恼。例如，我们对中国地图学的诠释，就不得不依赖于一些主要从考古工作中获取的古代实物地图。对唐代地图学的了解则差不多无一例外地依靠文学典故（literary allusions）。即便我们对更为晚近的宋代地图学多一些了解，也不过是基于明清时期的复制品。更令人困惑的是，中国的历史学家常根据地图的内容而不是地图制作的时间来为地图断代：这样一来，一幅地图的内容若可上溯到宋代，就可能被说成"宋代"地图，即便这幅地图是清代制作的。而且，判断晚期复制品的真伪常常困难重重，从中分辨晚期文化对所复制地图的影响也殊为不易。原则上，只要有可能，我们尽量选择与原作年代最为接近的地图作为插图，通过这样的方式尽量保留有关其年代与来源的线索。

明清以来，单是地图的数量就让人感到无从下手，因为这些文献多为单幅地图或展示特定内容的地图，加之未曾在世界范围内对此类地图的收藏做过系统的调研，因此不容易清楚地知道，哪些地图是我们可以看到的。这样一来，我们只好倾向于依靠一些知名机构（的收藏），自然会漏掉许多地图作品。

在将亚洲文字转写为罗马字母方面，我们一直尽量遵循普遍接受的办法。中文方面，我们用汉语拼音取代韦氏拼音，因为前者的运用变得越来越广泛，1949 年以前中国学术类书籍就已采用拼音。这也是《芝加哥格式手册》（*Chicago Manual of Style*）普遍推荐的罗马拼音法。日文方面，我们根据《芝加哥格式手册》，采用了研究社的《新日英辞典》（*New Japanese English Dictionary*）。韩文方面，我们采用了标准的马库恩－赖肖尔表记法（Mc-Cune-Reischauer system）。在脚注和参考文献索引中，中文、日文、韩文和越南语著作按姓

xxv

①　Cordell D. K. Yee，" A Cartography of Introspection：Chinese Mapsas Other Than European，" *Asian Art* 5，no. 4 (1992)：29 - 47，esp. 46.

氏首字排列。脚注中，由东亚作者用西文写作的著作则按每位作者自己通常的写法排列（姓氏在首或最后）。

藏文方面，尽管威利系统拼字法（Wylie System of Orthography）被藏学家广泛运用，但是它并不能帮助非专业人士读出语音。我们在引用藏文时采用的是最常见的拼写形式，有时也在括弧中注明威利拼字。我们对藏文的拼写，充其量只是给出了大致相应的藏文读音。

至于很多东南亚的地方语言，拼字系统差别很大。我们还是大体上按照引文原作者的写法。对于同时存在梵文（Sanskrit）或巴利文（Pali）的相关人名和术语，我们倾向于采用梵文。有些地方采用巴利文更合用，我们也将其标注出来。对于藏文、东南亚和蒙古语中的人名形式，我们采用引文中最常见的拼写形式。地名则一般采用《韦伯斯特新地理学辞典》（*Webster's New Geographical Dictionary*）（一个明显的例外是，我们将中国地名按拼音写出）。

在按罗马拼音系统音译中文、日文和韩文时，容易出现歧义，为了尽可能地避免歧义，我们还在参考文献索引（作者、编者姓名，篇名）和总词条（条目如地图标题、术语和人名）中列出了与这些音译相对应的原文拼写。出于节约（版面）的考虑，正文与脚注中很少给出原文拼写。对于脚注中的古代文本，我们会给出原始页码或其他定位（线索）；如有可能，我们也会给出这些著作的现代版本。在所有的语言中，著作的标题（及其译名）和人名通常都只在第一次出现时给出全称，后来提到时采用简称。

历史学框架相对来说要更加复杂一些。本书讲到的各种文化采用不同的纪年系统，有时我们不得不保留这些系统以便保留每个文化的历史时代感。但是由于这套书主要是为西方读者设计的，将东方年表与西方读者更为熟悉的欧洲年表相关联的办法一般来说更为有用，因此，大多数的年代都写作公元前或公元后（B. C./A. D.）。

我代表布莱恩·哈利和《地图学史》项目的全体人员，感谢为本书各章节撰稿的诸位作者，我们亏欠这些专家作者很多，感谢他们在过去十年来的耐心（常常不顾极其困难的个人处境），因为本书的范围和重点发生过很大的变化。在这里提到他们的名字真的是我的荣幸：凯瑟琳·德拉诺·史密斯（Catherine Delano Smith）、约翰·B. 亨德森（John B. Henderson）、贡特拉·赫布（Guntram Herb）、伽里·莱德亚德、宫岛一彦（Kazuhiko Miyajima）、约瑟夫·E. 施瓦茨贝里（Joseph E. Schwartzberg）、内森·席文、F. 理查德·斯蒂芬森（F. Richard Stephenson）、海野一隆（Kazutaka Unno）、约翰 K. 惠特莫尔（John K. Whitmore）和余定国。他们为学术事业专注付出。只有他们知道，本书的范围扩大了多少、如何重新撰写，以及在编辑的努力下和应出版社四名审阅人的要求，如何将文稿重新打磨成形。我希望他们现在能分享我们对这一成果的骄傲之情。我们的作者也慷慨地帮助寻找另外的作者，他们还为其他章节提供了评论性的材料。有些作者，如托尼·坎布尔（Tony Campbell）、凯瑟琳·德拉诺·史密斯、G. 马尔科姆·路易斯（G. Malcolm Lewis）和约瑟夫·E. 施瓦茨贝格一开始就与我们一起工作，并且持续不断地提出明智的建议，他们一直是本项目的坚定支持者。

余定国于 1988 年成为该项目的助理主编。他的撰稿是本书的关键性内容：不仅因为他采用了一种全新的修正模式撰写了中国大陆地图学的章节，而且他还为本书编辑过程中的各个环节提供支持，参与研讨。没有他的投入，本书的中国部分恐怕会大大逊色。另一个成员的贡献虽不那么引人注目但十分重要，那就是研究专家考文·考夫曼（Kevin Kaufman），全书的要件与分章安排、表格和附录的文本都出自他之手。

特别要感谢两位项目组的全职成员：犹德·莱默尔（Jude Leimer）和苏珊·马可克勒尔，他们一直与我们在一起面对个人和职业生涯中各种令人困扰的变故。犹德·莱默尔自1982 年以来就担任管理编辑，保持了编辑和管理工作的连续性，这对于此类项目来说是至关重要的。她负责的日常工作包括，与芝加哥大学出版社以及与作者、顾问和编者保持即时联系——她的个性是如此果断和富于勇气，我不能不说，她的作用是不可或缺的。同样，负责财务与档案管理的苏珊·马可克勒尔（Susan MacKerer）也是必不可少的，她保证了我们的工作符合大学和基金资助机构的复杂规定。她的决定性作用还表现在，争取本项目可能的经费来源以及与我们不断增多的捐助者保持联系。她在东亚语言文学系的经历为本书的成形发挥了特别重要的作用。她认识余定国并积极延请他加入本项目；她还提议并竞争申请以资助东亚和东南亚研究为主的亨利·露西基金（Henry Luce Foundation，Inc.）。

布莱恩·哈利为本项目设立在密尔沃基（Milwaukee）的办公室以及美国地理学会地图史收藏办公室（Office for Map History of the American Geographical Society Collection）在他去世的次年关闭了。但是，我们还是要对爱伦·汉隆（Ellen Hanlon）和马克·沃霍斯（Mark Warhus）的支持表示感谢。他们自 1986 年以来，为本书提供了许多后勤方面的支持，那时布莱恩还在威斯康星大学密尔沃基分校（University of Wisconsin-Milwaukee）。在 1991 年圣诞节前后艰难的几周里，他们和布莱恩的家人——凯伦（Karen）、克莱儿（Claire）和萨拉（Sarah）时常陪伴着我们。

在策划这本书的早期阶段，几位学者帮助我们确定了研究方法并做了基础工作。特别要感谢徐美龄（Mei-ling Hsu），她向我们介绍了许多中国同行，还为我们拟定早期的研究材料。曹婉如、莎伦·麦丘恩（Shannon McCune，我们为他的去世深感悲痛）、钮仲勋、海野一隆、李灿都为起初的策划做出过宝贵的贡献。西蒙·波特（Simon Potter）是本书日本作者的联系人，负责编辑大型剖面图、安排翻译、查找插图出处，以及为后来非常复杂的几章提供现场支持。在本书的不同阶段，负责检查参考文献和引文的是 Chiu-chang Chou，Pin-chia Feng、Jooyoun Hahn、Ingrid Hsieh-Yee、胡邦波和 Chu-ming Luk，许多译者，如 Yuki Ishiguro、Kiyo Sakamoto、丹尼尔·萨莫斯（Daniel Samos）、阿图希·泰拉（Atsushi Taira）、Agatha Tang、Qingling Wang 和肯尼斯·怀特（Kenneth White）使我们受益很多。郑再发帮助我们解决了有关装秀制图六体的中文文献学方面的问题。

我们的插图编辑先后由甘持拉姆·赫伯（Guntram Herb）、克里斯蒂娜·丹多（Christina Dando）负责。他们二位都曾通过电子邮件、（文献）速递（或商业途径或个人途径）、传真和电话，在世界上最偏远的角落锲而不舍地查询图书馆和档案馆中的相关资料。由于他们的努力，我们始终能在非常困难的环境中选择最高质量的插图。除了作者，我们还要感谢曹婉如、哈佛燕京学社和西蒙·波特，他们为我们发现或得到一些插图提供了特别的帮助。线图和参考地图是由威斯康星大学（麦迪逊）地理系制图实验室精心准备的，这一工作由实验室副主任奥诺·布劳尔（Onno Brouwer）和他的管理人员丹尼尔·马赫（Daniel H. Maher）负责。

这套《地图学史》除了界定地图学史的研究范围和研究方法，还试图成为一部基础性的参考著作。因此需要一直密切关注参考文献的精确度。丹尼尔·马赫和接替她工作的芭芭拉·惠伦（Barbara Whalen）一直在严格审查和核对那些晦涩难懂的参考文献，有时还得敲定那些来自多种语言的模糊不清的出版物上的引文。他们总是从我们大学里出色的图书馆设施以及由朱迪恩·图希（Judith Tuohy）担任馆长的纪念图书馆（Memorial Library）高效的馆际互借中得到帮助。来自其他图书馆和办公室的凯伦·贝德尔（Karen Beidel）和查尔斯·迪恩（Charles Dean）也一直为我们提供着不必可少的帮助。

有时人们可能没有意识到，本地的研究机构为我们这类长时段项目的稳定进行发挥着主体作用。真的很高兴在此感谢威斯康星大学麦迪逊分校和密尔沃基分校地理系，以及它们的各个研究生院对本项目的支持。

如果没有许多基金机构、基金会和资助页（第 V 和 Vi 页）所列举的个人的慷慨解囊，我们的任何一项工作都是不可能展开的。我们还要特别感谢国家人文基金会和国家科学基金会（National Science Foundation）对《地图学史》的信任与慷慨支持。私人捐赠方面，我们感谢最早给予本项目资助的安德鲁·L. 梅隆基金会（Andrew W. Mellon Foundation）、国家地理学会（National Geographic Society）、盖洛德和多萝西·唐纳利基金会（Gaylord and Dorothy Donnelley Foundation）、位于纽黑文图书馆的赫蒙·邓拉普·史密斯地图史中心（Hermon Dunlap Smith Center for the History of Cartography）以及卢瑟·L. 里普洛格尔基金会（Luther I. Replogle Foundation）。

在此还要特别提及几个专门资助与东亚和东南亚相关研究的基金会。约翰逊基金会（Johnson Foundation）赞助了 1982 年 11 月在威斯康星州拉辛（Racine）温斯普利德会议中心（Wingspread Conference Center）召开的会议，这次会议为单辟一卷撰写亚洲地图史做了准备。亨利·露茜基金为本项目提供了两次慷慨的赞助，日本基金会（Japan Foundation）则为传统日本地图学史几章提供了资助。

随着本项目的发展，我们需要发现更多的私人基金资助。理查德·阿克韦（Richard Arkway），阿特·凯利（Art Kelly）、杰克·蒙克顿（Jack Monckton）和肯尼斯·内班扎尔（Kenneth Nebenzahl）在这方面提出了有益的建议。几位经营古地图的商人在他们的目录中印下了基金会的电话，这大大扩展了我们寻找基金的视野，这几位商人是：Richard B. Arkway、James E. Hess（The Antiquarian Map & Book Room）、John T. Monckton、Jonathan Potter、Thomas and Ahngsana Suarez、Michael Sweet（Antiques of the Orient Pte.，Ltd.）、Martin Torodash（Overlee Farm Books），以及 Martayan Lan and Augustyn 的公司。

与第二卷第一分册一样，我们很高兴有机会感谢芝加哥大学出版社的几位朋友。副社长佩内洛普·凯瑟利安（Penelope Kaiserlian）一直是我们最坚定的支持者，她总是奇迹般地出现在历史和地理方面的聚会上，从不缺席，以便推动本书的出版。爱丽斯·贝内特（Alice Bennett）自第一分册开始，就是我们完美的文字编辑，她提高了正文的连贯性与精确性。罗伯特·威廉姆斯（Robert Williams）是这套书的版面设计者，他最初的设计再三证明可以应对来自无数图版、插图、表格和附录带来的挑战。

前面是代表我们的团队所做的致谢，在此我还得以个人身份致谢。因此，作为编者的我们这时要换成"我"。虽然很难讲布莱恩可能会说些什么，但我知道他一定想要感谢许多朋友的帮助。他们知道自己是谁以及他们对这本书的作用何在。从我这方面讲，要感谢的人越来越多，无法一一专致谢忱。但是有一些人还是必须在此提及。感谢我在英格兰的父母马克

xxvii

斯（Max）和凯思琳（Kathleen），感谢他们所有的爱与支持；在每一卷书出版之后，他们总是以极大的期待继续关注我们的进展。我在麦迪逊的妻子罗斯（Ros）和儿子贾斯丁（Justin）以及在纽约的女儿詹妮（Jenny）现在已经学会了承受本项目所带来的挑战，并享受其中的乐趣。

对于所有帮助过本书的人们，每一个人——无论提及的还是未曾提及的，我要在此致以由衷的谢意。

第一章　亚洲的史前地图

凯瑟琳·德拉诺·史密斯
（Catherine Delano Smith）

序

众所周知，史前人类已经具备交流和绘制地图的心智与技能。① 我们也可以想当然地认为，那些保存下来的史前地图最有可能在当时的岩画以及与迁徙有关的艺术中被发现。在亚洲，与旧大陆的西部一样，人们也有望在绘画、雕刻中，或者在藏身的掩体与山洞的壁面，悬崖、岩头或巨石上琢制或"砸制"② 的图形中发现史前地图。有些史前地图可能会发现于陶器上，或作为金属器皿石板、骨质或木质手工艺品的装饰。

检索有关亚洲史前艺术的考古报告或图录等文献就会发现，那里的岩画和迁徙艺术中有着大量描绘空间或空间中物体与事件的内容。鉴于查找整个亚洲大陆考古文献是一桩无比艰巨的任务，既不容易看到这些文献，而且使用它们还存在语言方面的困难，我不可能将本章目标定得太高：只想在此重点关注几处明显存在地图思维的亚洲史前岩画的例子，为将来提供一个研究框架。我希望据此表明，史前地图并不仅仅起源于欧洲、中东和北美地区，亚洲史前地图的发现将拓展我们认识"制图冲动"（mapping impulse）这一概念的历史视野。③

史前艺术中的制图冲动

图画与地图是两个相关联的概念，它们是图形交流（graphic communication）的一体两面。④ 通常人们并不认为图画与地图可以相互转换，认为二者是非此即彼的关系，因此总是

---

① Catherine Delano Smith，"Prehistoric Maps and the History of Cartography：An Introduction，"同前，"Cartography in the Prehistoric Period in the Old World：Europe, the Middle East, and North Africa，"以及 G. Malcolm Lewis，"The Origins of Cartography，"分别见于 The History of Cartography，ed. J. B. Harley and David Woodward（Chicago：University of Chicago Press，1987 - ），1：45 - 49，54 - 101，以及 50 - 53。

② 报道主要来自印度。岩石表面颜色因砸制而改变但感觉不到粗糙。见 Douglas Hamilton Gordon，The Pre-historic Background of Indian Culture（Bombay：N. M. Tripathi，1958），114。

③ Delano Smith，"Cartography in the Prehistoric Period"（注释1）。在《地图学史》第二卷第一分册南亚部分对这一论题有简单介绍。

④ W. J. Thomas Mitchell，Iconology：Image，Text，Ideology（Chicago：University of Chicago Press，1986），9 - 10.

想在描绘一个地方的图画和地图之间画出一道界线。但是，这道界线只有在理解了艺术家最初的想法与意图的前提下才有意义。图像的形式是由其传递的信息来给定的。在研究史前艺术时，显而易见的困难是，如何重新发现其原初的功能以及解密其所传递的信息，这个信息在史前时代有某种意义，但我们现在对它已完全陌生。一定要在二者之间做出区分的结果往往是，人们可能认为这种结论过于随意，以致无法接受。但我们还是得分出图画与地图之间的界限。只是在本章中我想提出一种更加合理的区分依据，既不同于古代文献中对二者特征的描述，也不同于从前地图史学者在研究地图起源时所持的看法。贯穿本章的一个基本前提是，我们的关注点仅限于那些适于进行地图学分析的图像。其他由一两条线组成的图形，或许曾经是史前空间交流的组成部分，但由于它们保存得不够完整，或者过于破碎，无法从中得出什么合理的结论。这些材料本章弃之不用。

问题之一是如何在史前艺术中区分图画与图画式地图（picture maps）。图画式地图，如我先前所指出，是多种绘画透视法的混合体，有些元素只表现侧面，有些元素则表现为平面。[⑤] 侧视图元素多用于拟人化形象或动物图形，有时也用于建筑等景观要素（landscape

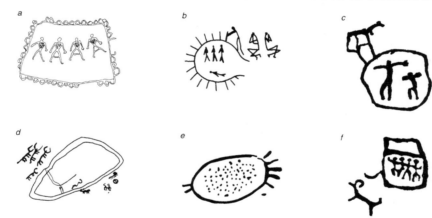

图 1.1 早期人类以平面形式表现的闭合形状

以平面形式描绘封闭形状的念头在亚洲史前时代广泛存在。下面这些例子是从考古文献中提取的。

（a）米尔扎布尔的一幅岩画，有人认为这幅画表现了在围栏内跳舞的人们。出自 Rai Sahib Manoranjan Ghosh, *Rock-Paintings and Other Antiquities of Prehistoric and Later Times*, Memoirs of the Archaeological Survey of India, No. 24（Calcutta: Government of India, Central Publication Branch, 1932；重印 Patna: I. B. Corporation, 1982），18 and pl. XXIa（fig. 2）.

（b）据称这幅发现于比姆贝特卡的中石器时代（约公元前 8000—前 2500 年）的岩画，展示的是儿童的下葬与哀伤的家人，带开口的圆圈代表坟墓的轮廓。出自 Vishnu S. Wakankar, "Bhimbetka-The Prehistoric Paradise," *Prachya Pratibha* 3, No. 2 Guly 1975）: 7 – 29, fig. 7, No. 9.

（c 和 d）岩画出自亚美尼亚的历史胜地休尼克。出自 Grigor Hovhannesi Karakhanyan and Pavel Geworgi. Safyan, *Syownik'i zhayrhapatkernč*（Yerevan, 1970）, figs. 176. 2 and 237. 2.

（e）在蒙古国伯颜 – 洪戈尔（Bayan Khongor）省 Script Valley 90 号岩石所刻骑马人和动物图形中，有一个近圆形的地物，与佛朗哥—坎塔布连（Franco-Cantabrian）旧石器和中石器的岩洞艺术中的一些地物非常相近，后者被解读为"游戏围栏"。引自 N. Ser-Odzhav, *Bayanligiyn Khadny Zurag*, ed. D. Dorj（Ulan Bator, 1987）, 118, fig. 89.

（f）中国阴山岩画，原标题称之为"一个跳舞的人，推测在小屋中"。引自 Chen Zhaofu, *Cina: L'arte rupestre preistorica*, Italiantrans. Giuliana Aldi Pompili（Milan: Jaca Books, 1988）, 178 and fig. 25。

---

⑤ Delano Smith, "Cartography in the Prehistoric Period," 62（注释 1）。

features）。平面图元素通常包括用单线或双线表现的闭合图形（enclosure）。实际上，在史前艺术中，这种闭合图形常常是地图上至关重要的符号标识，因为它通常描绘空间——一个有着地物（如房屋）分布，或事件（如捕杀动物）所发生的区域。在图画式地图中，作者兴趣的焦点可能是事件本身而不是其发生的地点。尽管如此，这种呈现方式也包含了地图的基本概念：表现（地物）分布，而且有明确的平面展示（plan representation）意识。不要忘记，史前艺术在表现空间分布时，遵循了拓扑学（topology）的一条重要原则，即邻近原则：表现一个个相互邻接的事物，同时很少或基本不考虑方向、距离和形状。[6] 史前地图在这方面可能已经相当精准了，但是在现代人眼中，它看起来是"奇形怪状"的。史前平面地图尤其如此。

亚洲史前艺术中的大量岩画或雕刻反映了上述地图学考量。例如，在米尔扎布尔（属印度北方邦）岩棚上的一幅画中，有一个由双轮廓线和扇形边饰组成的长方形围住一组站立的人物（图1.1a）。据说，这幅画表现了"四个淡红色的人在围栏内跳舞"。[7] 有人认为闭合线条只是艺术家添加的抽象边框，但我想特别强调，在欧洲岩画艺术中几乎从未发现类似的边框或边界图形。没有任何证据表明，亚洲的情况有什么不同。只有将类似的图形解读为一幅组合图画的一部分时才说得过去，尽管还没有证据表明，艺术家起初就刻意将其设计成一组连续的图画。另外一个例子是发现于印度比姆贝特卡（Bhimbetka）中石器时代岩棚上的图画（温迪亚山脉，印度中央邦）。人们认为这幅画表现了一间小屋和某种闭合空间内"儿童的丧事及其家人的哀悼"（图1.1b）。[8] 还有一个例子来自印度南部泰米纳德邦（Tamil Nadu）的科鲁尔村。据称岩画的年代为公元前一千纪晚期，这幅画被描述为表现了动物和"几根线条，让人想到某个防御地点，可能类似于原始城堡之类的东西"。[9] 类似的描绘亚美尼亚也有过报道。从前的休尼克（Syunik，今锡西安附近）的一幅岩画上有一个近圆形的围栏，内有两个线刻人物（图1.1c）。[10] 另外一处用双线画成的不规则形，这个空无一物的围栏与约旦拉朱姆－哈尼（Rajum Hani）石画上的动物圈栏非常相似（图1.1d）。[11] 有报道称，

⑥ Delano Smith，"Cartography in the Prehistoric Period，" 67 – 68（注释1）。

⑦ Rai Sahib Manoranjan Ghosh，*Rock-Paintings and Other Antiquities of Prehistoric and Later Times*，Memoirs of the Archaeological Survey of India，No. 24（Calcutta：Government of India，Central Publication Branch，1932；reprinted Patna：I. B. Corporation，1982），18 and pl. XXIa（fig. 2）.

⑧ Vishnu S. Wakankar，"Bhimbetka-The Prehistoric Paradise，" *Prachya Pratibha* 3，No. 2（July 1975）：7 – 29，esp. fig. 7，No. 9；reprinted（but without some illustration and appendix material）in *Indische Felsbilder von der Arbeitsgemeinschaft der Ge-Fe-Bi*（Graz：Gesellschaft for Vergleichende Felsbildforschung，1978），72 – 93，esp. 93 and fig. 7，No. 9. 有些半圆形的线条被解释为圈套或陷阱，如印度中央邦普特利－卡拉尔（Putli Karar）的一处中石器时代的岩画中就有一幅这样的图像，研究者将其描述为一只鹿走向"系在柱子上的圈套"。见：Erwin Neumayer，*Prehistoric Indian Rock Paintings*（Delhi：Oxford University Press，1983），fig. 26d。

⑨ N. S. Ramaswami，"Prehistoric Rock Paintings Discovered in Tamil Nadu，" *Indian News*，6 February 1984，7. 承蒙约瑟夫·施瓦茨贝格提供这条参考文献。

⑩ Grigor Hovhannesi Karakhanyan and Pavel Geworgi Safyan，*Syownik'i zhayrhapatkernere*（Rock carvings of Syunik），in Armenian with Russian and English summaries（Yerevan，1970），fig. 176. 2. 亚美尼亚岩画艺术的其他例子见：A. A. Martirosyan and A. R. Israelyan，*Naskal'nye izobrazheniya Gegamskikh gor*（The rock-carved pictures of the Gegamskiy Khrebet）（Yerevan，1971），正文为亚美尼亚文和俄文，附英文摘要，第54—66页。

⑪ Karakhanyan and Safyan，*Syownik'i zhayrhapatkernere*，fig. 237. 2（注释10）。关于拉朱姆－哈尼石画，参见 Delano Smith，"Cartography in the Prehistoric Period，" 61 and fig. 4. 3（见注释1）。

在蒙古国的一处岩壁上刻有围栏的轮廓，类似于欧洲旧石器时代被亨利·布勒依（Henri Breuil）解释为小屋或猎物围栏（图1.1e）。[12] 在中国，我们还见到内有四个人物的闭合圈，可能是小屋（图1.1f）。还有两个来自印度的例子，小屋中有一些图形，地面铺有虎皮（图1.2a，图1.2b）。在所有这些样本中，小屋的建筑都以平面来表现，就像从上往下看一样。鉴于此，可以把它们当作早期地图绘制史的组成部分。但是，在史前岩画艺术中，也有一些岩画只表现其组成部分的侧视图（剖面），如图1.2c所见。我们将这一类岩画归为图画，而不是图画地图或者图画地图的雏形。

亚洲史前岩画艺术中有两个杰出的作品应该引起足够的重视，特别是因为从中可以找到解决史前地图识别问题的办法。虽然两件作品都以侧视图表现建筑群，但其中一幅作品已然相当符合我们关于地图展示地方的标准；相应的，另一幅则大体符合我们关于以图画而不是地图展示一个地方的观点。

第一幅作品是叶尼塞河米努辛斯克（Minusinsk）的波耶尔（Boyar）岩画。它们分成两组，分别是波耶尔大岩画（Minor Boyar）和波耶尔小岩画（Minor Boyar）。[13] 在已有的研究中，前者受到更多的关注。据说它的年代为公元前一千纪。从风格看，这些岩画属于青铜器时代居住在草原环境中的哈卡斯人（Khakass）的艺术。岩画于1904年首次被考古学家发现。在伸出山顶的泥盆纪红色砂岩上琢刻出人物，由此形成连续的岩画带。从远处看时，岩画群呈现出一种"雄伟的景象"，使这个地方有一种"与众不同和独一无二的氛围"。[14]

岩画带中挤满了动物（鹿或牛）和参加各种活动的人物，还有家用器皿（如至今还用来装马奶酒的提桶或碗）（图1.3）。从中可分辨出大约16个单体建筑，都只画出轮廓。这些建筑有两种式样——一种是斜坡顶的木屋；另一种表现当地蒙古包的圆顶锥形木架帐篷。整个场景被认为是正在举行某种仪式或庆典的村庄。除了小屋，没有描绘其他的景观要素。没有任何东西是用平面来表现的。另外，我们无法确定这一组岩画到底是不是一次完成的。我们只是被告知，这些岩画"不仅是许多画面的汇集，而且是一个由许多自成一体的单个岩画组成的整体"，可是，这里所暗示的各岩画之间的关系，或多或少只是指排列整齐的建筑而已。而且，作者也承认，岩画上各种图形和人群的创作延续了一段时间，虽然延续时间不长。[15] 因此，很难将波耶尔大岩画视作图画式地图而不是一幅画，无论这幅作品所表现的真实或想象的史前聚落中传统节庆盛宴是多么引人入胜。[16] 画面上没有任何闭合线条，因此不可能断定最初这些画作是否有意展示许多分散在一个区域的建筑（似乎以三维立体的形式），抑或只是想在岩面合适的地方见缝插针地画出这些小屋而已。

---

⑫　N. Ser-Odzhav, *Bayanligiyn Khadny Zurag*（Rock drawings of Bayan-Lig），ed.，D. Dorj（Ulan Bator，1987），118（fig. 89）。感谢伦敦外交与联邦事务部远东部（Far Eastern Department of the Foreign and Commonwealth Office）的保罗·戴蒙德（Paul Dimond）以及乌兰巴托英国大使馆所提供的善意帮助，使我获得这件作品。来自步日耶（Breuil）和欧洲的其他例子，参见 Delano Smith，"Cartography in the Prehistoric Period，" esp. 68–69 and fig. 4.10（注释1）。

⑬　M. A. Devlet, *Bol'shaya Boyarskaya pisanitsa/Rock Engravings in the Middle Yenisei Basin*（Moscow：Nauka，1976），俄文和英文。

⑭　Devlet, *Rock Engravings*，14（注释13）。

⑮　Devlet, *Rock Engravings*，15（注释13）。

⑯　Devlet, *Rock Engravings*，18（注释13）。

图 1.2　印度岩画艺术中所绘的闭合图形和边界线

小屋和院落画的或是俯视图（平面图，如 a 和 b），或是地面平视图（轮廓或透视图，如 c）。有人认为图 a 中所画闭合圈是藏身地或边界，而图 c 描绘的是"一个帐篷状的建筑……前方地面上的双线可能是用来固定建筑立柱的石条。"见 Erwin Neumayer, *Prehistoric Indian Rock Paintings* (Delhi：Oxford University Press, 1983), 89。图 a 和图 b 出自撒昆达 Satkunda（中央邦）。虽然这些画可能作于历史时期早期，但其风格来自铜石并用时代（公元前最后一千纪）。图 c 的年代为中石器时代，出自拉哈乔尔（Lakhajoar）。

原画尺寸：22×35 厘米；22×34 厘米；24×38 厘米。出自 Neumayer, *Rock Paintings*，第 136 页图 128、图 129）以及第 89 页图 44。

图画式地图

相比之下，沧源（中国云南省）的崖壁画看起来更符合我们对于图画式地图的定义。[17]它的年代为公元前一千纪。乍看之下，沧源崖壁画与波耶尔岩画没有什么不同，这里也有大量的动物（狗和猪）、人和建筑，均表现轮廓。这里出现的建筑是一些小屋，有十多个，每个都由干栏支撑，具有当地传统建筑的特点。画面中间有一个单线条围成的区域，略呈椭圆形，七条或长或短的线条，分布在这个椭圆的周围或上方。所有的小屋都在这个闭合区域内。这种排列方式无可置疑地表明，椭圆形代表村庄的边界或栅栏，小路或干道从这里延伸出去。动物和人则沿着这些道路向村庄方向行进。[18]特别有意思的是，小屋都是沿着村庄边的栅栏分布的，小屋的干栏全都与闭合区的边缘相连，这样远处处于闭合区边缘的小屋只能颠倒过来画，这一做法符合拓扑学的要求。[19]因此，沧源崖壁画与波耶尔岩画不同，它的空间关系是非常明确的。而且，整个构图似乎并不是随意叠加的，从那些整齐相交的主要线条就可以发现它们在构图上的密切关系。我们可以更有把握地断言，沧源岩画就是一幅（图画式）地图。

---

[17] 汪宁生：《云南沧源壁画的发现与研究》，文物出版社 1985 年版，插图见第 35 页，描述见第 33—34 面（仅摘要为英文）。Chen Zhao Fu（陈兆复），*Cina：L'arte rupestre preistorica*, Italian trans. Giuliana Aldi Pompili (Milan：Jaca Books, 1988)，本书有这幅地图的线描图（第 102—103 页），也有整个崖壁和其他岩画组的照片（图版 14，图片 64—69）。

[18] 汪宁生：《云南沧源壁画的发现与研究》，第 33—34 页（注释 17）；Chen Zhao Fu（陈兆复），"Ancient Rock Art in China," *Bollettino del Centro Camuno di Studi Preistorici* 23 (1986)：91–98, esp. 97；云南省历史研究所调查组《云南沧源崖画》，《文物》1966 年第 2 期，第 7—16、38 页。英文概述见 Rich ard C. Rudolph, ed., *Chinese Archaeological Abstracts*, Monumenta Archaeologica, Vol. 6 (Los Angeles：Institute of Archaeology, University of California, 1978), 556（署名为 Lin Sheng）.

[19] 欧洲地图以及 17 世纪的地形画上也有与之相似的画法。例如 P. D. A. Harvey, *The History of Topographical Maps：Symbols, Pictures and Surveys* (London：Thames and Hudson, 1980), 59 (fig. 29), 96–97 (figs. 53 and 54)；约翰·奥吉尔比（John Ogilby）或伊曼纽尔·鲍恩（Emmanuel Bowen）所绘的道路图上，山丘符号被倒置，以表明从旅行者的视角所见的"上"或"下"的坡度变化。其他还有 16 世纪荷兰的例子，见 Cornelis Koeman, "Die Darstellungsmethoden von Bauten auf alten Karten," *Wolfenbütteler Forschungen* 7 (1980)：147–92。

5

图 1.3　青铜时代晚期的村落景象

　　这幅岩画位于米努辛斯克（Minusinsk）的波耶尔山脊（Boyar Ridge），在朝南的岩面刻出一个岩画带。岩画中描绘的唯一景观元素是建筑（长方形木屋，或圆形或圆锥形的蒙古包），都只画出外轮廓。展示在这里的部分岩画（是波耶尔大岩画右边的三分之二）形成一个连续的岩画带。虽然岩画给人的印象是存在某种空间视角，但很难确定作者有意采用过透视画法，也很难确定绘画者认为岩画带最上层、位于岩面的图形是否在远处。有待解决的一个问题是，岩画外是否会有一圈线条表示闭合区域的存在。画面中没有自然地物。而且，单个图形十分分散，因此，并不能确定这一组岩画是多次制作还是一次完成的。

　　原画尺寸：约 1.5×9.8 米。引自 M. A. Devlet, *Bal'shaya Bayarskaya pisanitsa/ Rock Engravings in the Middle Yenisei Basin*（Moscow：Nauka, 1976），fig. Ⅵ。

图 1.4　一处史前晚期村落的图画式地图

　　这幅图画式地图出自中国云南省沧源县，系用红色绘制于一处悬崖正面。图中的小屋下方有支撑的干栏，村庄围栏或边界周边的事物十分清晰地体现了拓扑学的邻近原则。道路通向村庄。一处或两处大型的房子处于围栏内空地的中心。1965 年在这一地区还发现了其他 9 组象形文字。

　　原画尺寸：约 175×310 厘米。引自汪宁生《云南沧源壁画的发现与研究》，文物出版社 1985 年版，第 35 页。

平面地图

6　　　　识别上述物体或景观总是存在困难，尤其是在岩画艺术中，因为所有的外部证据都是缺失的。⑳ 历史时期平面地图的识读通常通过时代背景、地图标题或其他文字，或者将地图图像与其他地图上的事物进行比对，或者借助读图者对地图所画轮廓的熟知程度。所有这些在史前地图中都不存在。解读史前图像，如上述展示某个物体或某个地方的图像，不得不主要依靠图像本身的视觉特征。只有这样，才能在与民族志材料进行排比时，找到（绘制地图的）背景证据。

为了减少古代文献中随处可见凭直觉解读平面地图的随意性，我曾经提出，从现代大型地形图系统视角分析提炼某些特定标准，以此为模型，来判读史前或其他完全"沉默"的图像所具有地图特性（cartographicness）。㉑ 我提议采用多种判读方法，其中有三种方法可以挑出来作为重点：第一，单个主题或符号组合在多大程度上是一次完成的，虽然完成过程中需要许多独立的技术操作；第二，单个主题或符号（包括景观要素）之间的相关性；第三，单个主题与元素出现的频度（单个符号，如小屋，自身并不能构成一幅地图）。牢记这三种方法后，我开始从亚洲文献中寻找可能存在的地图实例。尽管亚洲并没有报道比意大利阿尔卑斯山区㉒的贝多利纳（Bedolina）或贾迪奇（Giadighe）岩画更大型和更复杂的作品，但在叶尼塞河上游、阿尔泰山区和蒙古发现的一些较小的岩画群，与法国蒙贝戈（Mont Bego）岩画有惊人的相似之处。

穆古尔－萨尔戈（Mugur-Sargol）的岩画发现于叶尼塞上游河谷的岩石和峭壁上。其上表现了多个主题。其中最常见的是人脸，通常带有角或触须，被认为代表当地萨满的彩绘人脸或其面具。㉓ 另有几何图形，内有由长方形或近长方形及其内部标记组成的不同组合，这些组合排列有序，形成 4 种不同的符号：①填实的轮廓线（正方形或长方形），②分格的轮廓线（一般是方形），③带散点的轮廓线，④空白的轮廓线。所涉及的每幅岩画通常由一个第一种或第二种图形与一个或一个以上第二种或第三种图形组成（图 1.5）。考古学家把它们释读为当地牧民的蒙古包和牧场的平面图（图 1.6）。例如，杰列夫特在讨论图瓦（Tuva）发现的蒙古型蒙古包时指出："从平面看，这些住宅看起来像穆古尔－萨尔戈岩画中的房子。"而相似的"小屋与围栏"或"小屋与院落"的岩画在阿尔泰山也有发现。㉔ 许多岩画从未完工，另一些则由于受到侵蚀，现在已经破碎，无法对之进行有把握的破解。

蒙古岩画与叶尼塞河上游的岩画在内容和技法上都有所不同。这些岩画在外贝加尔地区和蒙古本土都有发现。岩石上有一个一个的矩形，矩形内有不规则的散点或一排排圆点

⑳　已报道的亚洲岩画中可见各种尝试以平面视图的方式描绘事物的例子，例如 Douglas Hamilton Gordon，"The Rock Engravings of Kupgallu Hill，Bellary，Madras，" *Man* 51（1951）：117 – 19，esp. 118，据说图 1a 画的是一位妇人的俯视图，她旁边的男人画的则是侧视图。Ya. A. Sher，*Petroglify Sredney i Tsentrarnoy Azii*（Petroglyphs of Middle and Central Asia）（Moscow：Nauka，1980），202 – 5，尝试分析平面与侧面表现手法在一批挽在犁或车子等移动工具上的动物画上出现的频率，发现平面表现手法只占少数（18% —25%），"加挽具的动物也是以侧视图来表现的，但是这种画法使这些动物看起来好像是放置在平面上，它们的脊背与腿是交织在一起的；我们应该称这类图为平面图"（第 202 页）。

㉑　Delano Smith，"Cartography in the Prehistoric Period，" 61 – 62（注释 1）。

㉒　Delano Smith，"Cartography in the Prehistoric Period，" 78 – 79 and figs. 4. 28，4. 29（注释 1）。

㉓　M. A. Devlet，*Petroglify Mugur-Sargola*（Petroglyphs of MugurSargol）（Moscow：Nauka，1980），e. g.，226 and 229；同前，*Petroglify Ulug-Khema*（Petroglyphs of Ulug-Khem）（Moscow：Nauka，1976），10 – 25，figs. 5，6，7，and 13.

㉔　例如，Devlet，*Petroglify Mugur-Sargola*，234；另见：Devlet，*Petroglify Ulug-Khema*，27（均见于注释23）。

7

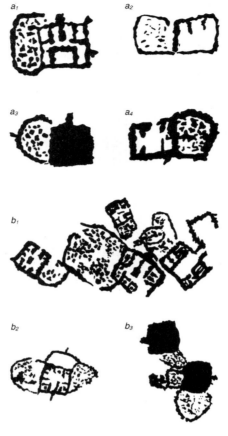

图 1.5　小屋和院落的平面图

　　这些岩画出自穆古尔－萨尔戈。填实的图形和分格的图形被解读为代表叶尼塞河中游地区典型的冬季蒙古包，带点的图形则代表近旁的畜圈。图 a 中的例子是相对简单的小屋和畜圈的组合，提示这里有图 1.6 所示的单个小屋或带畜圈的蒙古包，而图 b 中是更加复杂的安排（根据相互连接的线条判断），可能代表着一群蒙古包或有着蒙古包的村庄。引自 M. A. Devlet, *Petroglify Ulug-Khema*（Moscow：Nauka, 1976），26 – 27（parts of figs. 16 and 17）；idem, *Petroglify MugurSargola*（Moscow：Nauka, 1980），234（fig. 17. 2）。

　　（图 1.7、图 1.8）。在矩形内部或旁边，有一两个人形图像。有时还有一只展翅的鸟的上半身。有人认为这种构图是当地部落成员的墓地平面图。这些石制墓地在草原上十分显眼，每座坟墓都围有一圈直立的石板，坟墓上面铺满卵石或小石头（图 1.9）。一般认为这些坟墓的年代为青铜时代以来的某个时期。[25] 有些坟墓看上去比较新，有人解释为风蚀作用所致，风力移动了坟墓上覆盖的土层或者阻止了尘土的堆积。[26] 此类具有岩画艺术特色的墓地平面图似乎带有丰富的宗教象征意义。奥克拉德尼科夫（Okladnikov）指出，根据传统的信仰，

────────────────

　　[25]　E. A. Novgorodova, *Alte Kunst der Mongolei*, trans. Lisa Schirmer（Leipzig：E. A. Seemann, 1980），pl. 62, "Plattengrab vor der Freilegung," 同前，*Mir petroglifov Mongolii*（The World of Mongolian Petroglyphs）（Moscow：Nauka, 1984），93（fig. 34）。

　　[26]　Folke Bergman, "Travels and Archaeological Field-work in Mongolia and Sinkiang-A Diary of the Years 1927 – 1934," in *History of the Expedition in Asia*, *1927 – 1935*, 4 Vols., by Sven Anders Hedin（Stockholm：［Goteborg, Elanders Boktryckeri Aktiebolag］, 1943 – 45），4：1 – 192, esp. 4 – 6。

图1.6　蒙古包

这是从山腰上望见的一个牧民的家。当地岩画艺术家熟悉这一视角，故而产生用平面图呈现自己家园的灵感。注意蒙古包长方形的烟囱孔，围住蒙古包的畜圈，通过紧邻蒙古包的牧场繁茂的草地与远处稀疏的草地形成对比，构成岩画艺术所捕捉的富有感染力的独特景观。这个例子来自叶尼塞河上游地区。引自 M. A. Devlet, *Petroglify Mugur-Sargola*（Moscow：Nauka，1980），235。

这些小圆点代表葬在此地的人们的灵魂，鸟（或许是神鹰）则充当着保护者的角色，而通常画成两手交叉状的人形则为灵媒。[27] 一些考古学家在这一点上走得更远，例如诺夫哥罗多娃（Novgorodova）将这些画的年代定为青铜时代晚期或早期铁器时代，认为它们表现了"生者的世界与死者的世界"。[28]

[27] A. P. Okladnikov, *Der Hirsch mit dem goldenen Geweih：Vorgeschichtliche Felsbilder sibiriens*（Wiesbaden：F. A. Brockhaus，1972），148；这是 Okladnikov's *Olen' zolotye TOga*（Deer with the golden antlers）（Leningrad，1964）. 一书的译本。感谢甘特拉姆·赫伯（Guntram Herb）帮我翻译 *Der Hirsch* 这一部分。另见 A. P. Okladnikov, *Ancient Population of Siberia and Its Cultures*（Cambridge：Peabody Museum，1959），48；同上，"The Petroglyphs of Siberia," *Scientific American* 221，No. 2（1969）：78 - 82，esp. 78 - 79；D. Dorzh，"Rock 'Art Galleries' of Mongolia," *Canada Mongolia Review* 1，No. 2（1975）：49 - 55，esp. 50；and Esther Jacobson，"Siberian Roots of the Scythian Stag Image," *Journal of Asian History* 17（1983）：68 - 120，esp. 100。

[28] Novgorodova, *Aite Kunst der Mongolei*，113（注释25）。

8

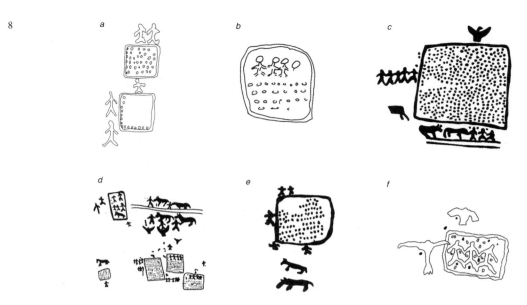

图 1.7　蒙古国几处地点发现的墓地平面图

在发现这些岩画的蒙古草原，迄今还可以见到与岩画上所表现的某种传统葬俗相同的葬地（图 1.9）。有人认为，岩画中带有圆点的长方形代表着石围墓以及其上散落的石子。图中类似人形的图像代表埋葬于此的人们或手拉手为死者赎罪的亲属。鸟在亚洲岩画中广为发现，代表着人的灵魂，鹰则与一些西伯利亚祭仪有关。

（a）自蒙古国库苏古尔－努尔（Hövsgöl-Nuur）。引自 A. P. Okladnikov, *Petroglify Mongolii*（Leningrad：Nauka, 1981），88, (fig. 2)。

（b）出自蒙古国杜楚根（Dood-chulgan）。引自 E. A. Novgorodova, *Alte Kunst der Mongolei*, trans. Lisa Schirmer（Leipzig：E. A. Seemann, 1980），pl. 72。

（c）出自蒙古国北部伊克腾盖里安（Ich-Tengerin-Am）。引自 A. P. Okladnikov and V. D. Zaporozhskaya, *Petroglify Zabaykat'ya*, 2 Vols.（Leningrad：Nauka, 1969－70），2：238（fig. 67.2）。

（d）赭色岩画，出自蒙古国加屈尔德（Gachurt），据说代表地上世界和地下世界。引自 E. A. Novgorodova, *Mir petroglifov Mongolii*（Moscow：Nauka, 1984），93（fig. 34）。

（e）赭色岩画，出自蒙古国加屈尔德，公元前第一个千纪末期。引自 Novgorodova, *Mir petroglifov Mongolii*, 92（fig. 33）。

（f）引自 Okladnikov and Zaporozhskaya, *Petroglify Zabaykal'ya*, 第 1 册封面插图。

天文图

　　在寻找早期天文图，即绘有全部或局部可见星空，甚至是某个特定星座的星图个例时，我们发现亚洲呈现出某种悖论。一方面，亚洲是最早见证天文学发展的大陆，它最早见证了贝特洛特所说的"天体生物学"（astrobiology）（利用恒星确定农时），即将天文与农业联系起来的思想与信仰。[29] 另一方面，无论在岩画艺术领域，还是在地图史研究领域，都没有人探讨过史前天文学与天文制图的贡献。[30]

---

[29]　René Berthelot, *La pensee de l'Asie et l'astrobiologie*（Paris：Payot, 1949）. 非热带地区的亚洲人总体上是根据太阳而不是星星来确定季节的。

[30]　可以找到的文献，很少论及欧洲如此常见而且最宜于解读为星图的杯形和杯环形符号。下文中提到这些符号来自 Chen（陈兆复），*Cina*, 181（注释 17）。

图 1.8　蒙古伊克腾盖里安发现的墓地平面图

　　奥克拉德尼科夫在 1972 著作中将这些平面图错误地描述成青铜时代的长方形场院，出自伊克腾里安的这些平面图与奥克拉德尼科夫在蒙古国其他地方发现的图形是一致的，其他的考古学家认为它们表示墓葬。参见 A. P. Okladnikov, *Der Hirschmit dem goldenen Geweih*：*Vorgeschichtliche Felsbilder sibiriens*［Wiesbaden：F. A. Brockhaus, 1972］, 148［fig. 41］。他早年将这些岩画描述成墓地平面图，见于 Okladnikov and Zaporozhskaya, *Petroglify Zabaykal'ya*, 2：54, drawing 4, and Okladnikov, *Ancient Population of Siberia and Its Cultures*［Cambridge：Peabody Museum, 1959］, 48.）引自 E. A. Novgorodova, *Alte Kunst der Mongolei*, trans. Lisa Schirmer（Leipzig：E. A. Seemann, 1980）, fig. 72。

　　与历史时期的部落社会一样，在史前社会中，天文观察也应该与某些基本的生活层面存在密切的关联。在一些缺乏明显地标的地区（例如戈壁沙漠，高原覆雪荒地或出海口），星星可以用来指路。[31] 在一些季节性气候不明显的地区（例如东南亚的湿热地带）某些特定星体的出没，尤其是昴宿星（Pleiade）被用来作为农历的标记。[32] 通过观念的糅合，这些恒星可能变成丰产的象征。[33] 亚洲所有的地方与世界上其他地方一样，天文学是与宇宙论是密切联系在一起的。但是，还没有对史前艺术做出类似解读的个例。可能有人泛泛讨论过，人们如何根据对某些恒星的观测以及这些恒星的位置来确定聚落的朝向和选址，确定礼仪性纪念碑的位置与摆放方法，或者讨论过与地球作为微型宇宙而非大宇宙一部分的观念存在何种相关

---

　　[31] 关于原始社会对于指路地图的需要，参见 Delano Smith, "Cartography in the Prehistoric Period," 59 以及本文的参考文献（注释 1）。

　　[32] I. C. Glover, B. Bronson, and D. T. Bayard, "Comment on 'Megaliths' in South East Asia," in *Early South East Asia*：*Essays in Archaeology, History and Historical Geography*, ed. R. B. Smith and W. Watson（New York：Oxford University Press, 1979）, 253–54, 文中提到葡属帝汶岛说英语的人群借助昴宿星确定每个稻作季开始的时间，作者认可 "尽管东南亚属于低纬度地区且季节气候变化相对不明显，但现在仍然存在天文历算"（254）。

　　[33] A. H. Christie, "The Megalithic Problem in South East Asia," in *Early South East Asia*：*Essays in Archaeology, History and Historical Geography*, ed., R. B. Smith and W. Watson（New York：Oxford University Press, 1979）, 242–52.

性。[34] 惠特利举出了一个依据宇宙模型设计都城的特例，他认为，中国第一批都市中心开始形成之际（公元前二千纪），其城市布局可能反映了这样的一种信仰，"（这种信仰）和人类自身一样古老……跟人的大脑一同起源，不可避免地与人类的思想形态交织在一起，那时人类还根本不能意识到信仰的存在"。[35] 李约瑟曾经提到，"天文学很早就成为中国最重要的科学的原因之一是，其宇宙信仰自然而然地带来了天体观察，这种观察出自（中国人）对宇宙统一体的感知。"[36] 但前人除了指出春分和二至点早在商代（前 16 世纪至前 11 世纪）就已产生，以及在公元前 3 千纪就留下了世界上最早的日食记录等外，[37] 并没有人对中国史前天文制图活动的表现形式发表过任何见解。如果说，"如此悠久且连续的天文制图传统"[38] 并没有在史前时代留下任何记录，这的确是令人惊讶的。这方面还有待找到证据。

10

图 1.9　蒙古国发现的传统葬地
墓地边缘会竖立几块大石块或围一周石条以确定其范围，墓地内通常有一具以上的尸骨。还会在墓地皮草上放一些小石块。风力会揭起墓地上堆积的土层，有时使墓地看起来与一般的牧民居住地没有什么不同。引自 E. A. Novgorodova, *Alte Kunst der Mongolei*, trans. Lisa Schirmer (Leipzig: E. A. Seemann, 1980), fig. 62。

---

[34]　有大量论著涉及关于整个历史时期宇宙信仰与城市布局之间的关系，见 Paul Wheatley, *The Pivot of the Four Quarters: A Preliminary Enquiry into the Origins and Character of the Ancient Chinese City* (Chicago: Aldine, 1971)，特别是第 5 章，"The Ancient Chinese City as a Cosmo-magical Symbol"；有关希腊‐罗马世界的初期城市，参见 Joseph Rykwerr, *The Idea of a Town: The Anthropology of Urban Form in Rome, Italy and the Ancient World* (London: Faber and Faber, 1976)；总论文艺复兴时期欧洲的城市景观，见 Denis E. Cosgrove, *Social Formation and Symbolic Landscape* (London and Sydney: Croom Helm, 1984), and also Douglas Fraser, *Village Planning in the Primitive World* (New York: George Braziller, 1968).

[35]　Wheatley, *Pivot*, 416（注释 34）。

[36]　Joseph Needham（李约瑟）, *Science and Civilisation in China* (Cambridge: Cambridge University Press, 1954 –), Vol. 3, with Wang Ling（王铃）, *Mathematics and the Sciences of the Heavens and the Earth* (1959), 171.

[37]　Needham, *Science and Civilisation in China*, 3：284 and 409（注释 36）。

[38]　Needham, *Science and Civilisation in China*, 3：265（注释 36）。

图 1.10 《金石索》中的天文示图

尽管中国文献中很早就记录过天文学的发展，但迄今为止没有报道过史前艺术中的星座或星座群。这块画像石表现了大熊座，众所周知，将点连成线表示星座的思想至迟可上溯到汉代（公元前 206 年至公元 220 年）。引出自冯云鹏、冯云鹓的《金石索》（撰于 1821 年）；现代版，2 卷本，国学基本丛书，第 157、158 册，台北：台湾商务印书馆 1968 年版，卷 2，第 164—165 页。

不过，也有几条可以追寻这些证据的线索。中国新石器时代某些陶器残片上的线条，已经被解读为某种天体符号，圆圈则被释读为代表太阳和月亮的符号。[39] 在汉代，即中国历史时期的初期，墓葬装饰中已经出现"圆球加连线"的图形，即由直线连接的圆点或圆圈（图 1.10）[40] 表示星群。亚美尼亚和邻近的中亚地区，似乎也是研究史前或历史早期天文活动需要特别关注的地区。最近在亚美尼亚山区发现的岩画，据说也描绘了"各种天体"和"独创的历法"。[41] 同时还发现了许多几何符号，代表"太阳、月亮、闪电、星星，以及带有恒星系统概念的整套复合符号"，这些符号据说"与数学和一些起源于对星空、月亮及其他星体崇拜的神话和传说直接相关"。宇宙论神话被赋予了人或动物的形象，每一种形象都与某个天体相关联。太阳被表现为"放射状的车轮"，它通常与公牛拉的战车有关。许多岩石上的标记，据说在公元前 3000 纪的陶器上也有发现，并在此后吸收到乌拉提（urati）象形

---

[39] T. I. Kashina，"Semanrika ornamenratsii neoliticheskoy keramiki Kitaya"（Semanrics of ornamenration of China's Neolithic pottery），in *U istokov tvorchestva*（At the sources of art）（Novosibirsk："Nauka"，1978），183 – 202，cited in Ildikó Ecsedy，"Far Eastern Sources on the History of the Steppe Region，"*Bulletin de l'Ecoie Française d'ExtrêmeOrient* 69（1981）：263 – 76，esp. 271 n. 18，作者反对在没有事先研究相关祭仪和文化的情况下，解读符号的内涵。

[40] Needham，*Science and Civilisation*，3：276 – 82 and figs. 90（p. 241）and 102（in pl. XXVI）（注释 36）。

[41] Miroslav Kšica，*Uměni staré Eurasie：Skalní obrazy v SSSR*（The Art of Ancienr Eurasia：Rock pictures in the Soviet Union）（Brno：Dum Umeni，［1974］），71（摘要为俄文、德文、英文和法文）。

文字中（公元前800—前600年）。[42] 中世纪发现于早期异教徒圣殿的手稿确认了各种天体符号的含义。在亚美尼亚梅萨摩（Metsamor）发掘的一座史前天文观察台，其时代可以上溯到大约公元前3000年。它的坐标轴可与现代天文台的坐标轴相吻合，其方位角指向天狼星（Sirius）。[43] 一些天体符号，如"梯形中的八角形恒星"被刻在天文台最高处的石头建筑上。虽然天文学与宇宙论仪式之间有着密切联系，但是当奥克拉德尼科夫（Okladnikov）发现一处围绕圆形平台排成射线状的青铜时代石板时，他只将这一发现与太阳神崇拜，而不是与天文学联系起来。[44]

宇宙论地图

　　已经有人注意到，在早期社会中，天体信仰与宇宙信仰之间的分界线并不明显。民族志或考古学文献都证实，历史时期和史前时期的亚洲各社会存在宇宙论信仰与末世论信仰。当考古学家们对各种符号的含义感到百思不得其解的时候，他们就不得不转而求助于民族志文献，因为这些符号一直保存在亚洲的许多地区，而且是这些地区传统艺术的重要组成部分。由这些符号构成的地图在整个亚洲地区都有发现，而且贯穿历史时期的各个时段。

　　宇宙论符号可以区分为两大组。一组包括诸如太阳神崇拜之类的普通符号；另一组包括与这些崇拜的某些特定层面相关的符号，如表现从一个世界通往另一个世界的途径。前者可能包括数量大得惊人的各种宇宙论符号。在亚洲，福西特复原了不少于32种"太阳和火焰"符号，它们总体上具有亚洲艺术的特征，其中许多是他在埃达加尔（Edakal）洞穴［印度维纳德（Wynaad）］的史前岩画中发现的，这些洞穴至今仍然是一年一度朝圣活动的中心（图1.11a、图1.11b）。[45] 这些符号从我们熟悉的四等分圆圈、十字形、卍字符号、星形符号，到蜿蜒的Y字形、S形和各种放射状的圆圈，排列得十分紧密。所以福西特评论道："想从中辨识出任何东西都需要长时间的近距离研究。"[46] 不过，对于地图史学家来说，第二组群的符号才是最具有潜在旨趣的，因为它们暗示了此世界或尘世与彼世界或天界的关系，以及各世界之间的旅程。例如，树形符号可能代表圣树，它相当于印度耆那教或佛教宇宙论中须弥山（Mount Meru）之类的世界轴心。树形符号代表生命树时，则象征最大限度的统一，此时它表达了地上世界与阴间世界结合的思想。[47] 某些中国史前随葬陶器上发现的

⑫　Martirosyan and Israelyan, N askal'nye izobrazheniya Gegamskikh gor, 58（注释10）。

⑬　A. A. Martirosyan, "Sémantique des dessins rupestres des Monts de Guégam（Arménie）"（Moscow, 1971）, 8; limited circulation, unpublished papers omitted from the proceedings: Actes du VIIIe Congrès International des Sciences Prèhistoriques et Proto-historiques, 3 Vols.（Belgrade, 1971）; David Marshall Lang, Armenia: Cradle of Civilization, 3d corrected ed.（London: George Allen and Unwin, 1980）, 263 – 64; and "Astronomical Notes from Prague," Sky and Telescope, November 1967, 297, E. S. Parsamian 在本文中公布了这些发现。

⑭　Okladnikov, Ancient Population, 24（注释27）。

⑮　F. Fawcett, "Notes on the Rock Carvings in the Edakal Cave, Wynaad," Indian Antiquary 30（1901）: 409 – 21, esp. 413.

⑯　Fawcett, "Edakal Cave," 413（注释45）。

⑰　例如，Abraham Nicolaas Jan Thomassen a Thuessink van der Hoop, Indonesische siermotieven（［Batavia］: Koninklijk Bataviaasch Genootschap van Kunsten en Wetenschappen, 1949）, 274 – 75（pl. CXXIX）, 正文为荷兰语、马来语和英语。

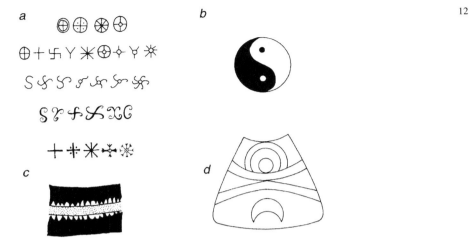

图 1.11 图绘宇宙

宇宙的性质，此世界与彼世界的关系，从此世界到达彼世界的途径，这些思想，无论对于史前还是历史时期的人们，总是萦绕于心的。比偶尔出现的地图更为常见的是一些与这些思想相关联的各种符号。下面展示的是 4 组这样的符号。

（a）一组众所周知的"太阳和火"的符号。引自 F. Fawcett, "Notes on the Rock Carvings in the Edakal Cave, Wynaad," *Indian Antiquary* 30（1901）：409 – 21, esp. 413。他还从印度的山洞和岩棚的史前岩画中发现了更多这组符号中的例子。

（b）中国的阴阳符号包含着最基本的生命法则，这一法则的拟人化表现就是以太阳为阳神，月亮和地球为女神，可以用图 a 中的符号来表示。

（c）红色与死亡和身后存在广泛的联系。在中国随葬陶器上的"死亡图案"上，中间填充小点的带状区域是红色的，表明这一区域禁止生者进入；三角形则标明了地上世界的范围。引自 Johan Gunnar Andersson, *Children of the Yellow Earth*：*Studies in Prehistoric China*, trans. from the Swedish by E. Classen（New York：Macmillan, 1934）, fig. 137。

（d）这个岩雕图案出自日本，可能"描绘了某个宇宙神话"。引自 Neil Gordon Munro, *Prehistoric Japan*（Yokohama, 1911）, 192。

"死亡图案"（death pattern）（图 1.11c），更为清晰地展示了这种观念。在两条"之"字形 13 线条之间有一个红色（或紫色）条带，据说这是专属死者的区域，禁止生人进入。[48] 同样，迷宫似的设计则表现了生者世界与死者世界之间的旅程，包含了（绘制）两个世界之间的地图的思想。[49] 迷宫式符号是亚洲各地史前艺术中最常见的图形之一。例如，它们在中印度的博帕尔（Bhopal）地区的洞穴与岩棚中占据了重要地位，这里有着（南亚）次大陆最为丰富的史前岩画艺术带，该地区 90% 的岩棚集中在温迪亚（Vindhya）山、马哈迪奥（Mahadeo）

---

[48] Johan Gunnar Andersson, *Children of the Yellow Earth*：*Studies in Prehistoric China*, trans. from the Swedish by E. Classen（New York：Macmillan, 1934）, 315 and fig. 137. 亦见 Hanna Rydh, "On Symbolism in Mortuary Ceramics," *Bulletin of the Museum of Far Eastern Antiquities* 1（1929）：71 – 120 以及图版。在这些情况下，所用红色本身就具有象征意义。红色对于生者是禁忌，专用于丧葬文化，它象征着最有力量的生命载体——血液，献给那些开启通向死者之地可怕旅程的亡人（Andersson, *Children*, 69）. Kšica, *Umění staré Eurasie*, 71（注释 41）同样谈到岩画中红色的用途，还谈到乌拉尔地区史前墓葬中撒在人骨架上的赤铁矿。

[49] Delano Smith, "Cartography in the Prehistoric Period," 87 – 88 and footnotes（注释 1）。R. K. Sharma and Rahman Ali, *Archaeology of Bhopal Region*（Delhi：Agam Kala Prakashan, 1980）, 图版 15, 图上画了一幅带有三角形装饰的迷宫图案。Vishnu S. Wakankar, "Painted Rock Shelters of India," *IPEK*：*Jahrbuch für Prähistorische und Ethnographische Kunst* 21（1964 – 65）：78 – 83, esp. pl. 59, fig. 4, 图中画了一个迷宫，其外有 7 个公牛头。

14

图 1.12   可能作为宇宙地图符号的图像

这个图案刻于山东凌阳河发现的一件陶器上。陶器年代为公元前 2900 年至前 2400 年。图案顶部的圆形一般认为是太阳。其下的新月形有人认为是月亮或云朵。下方的图形则被释读为火焰或山脉。将单个图形的释读结论排列组合，人们可能会以好几种不同的方式来解读这个图案，例如，认为它表现了天地的结合，或代表日出，或表示热。

陶器尺寸：高 62 厘米，口径 29.5 厘米。

经山东省博物馆许可。

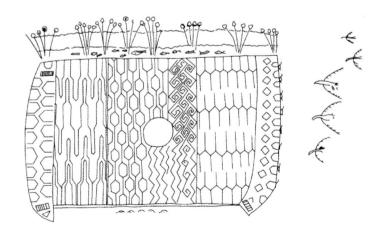

图 1.13   印度中石器时代宇宙图

原图尺寸：44 × 75 厘米。引自 Erwin Neumayer, *Prehistoric Indian Rock Paintings*（Delhi：Oxford University Press, 1983），68（fig. 26e）。

山和凯穆尔（Kaimur）山的砂岩小丘上。[50]另一个宇宙论母题是船，这是将灵魂运送到另一个世界的工具，船的母题在西伯利亚和东南亚发现尤多，另一些则发现于芬兰－波罗的海地区。这些船都没有船桨，人们认为它们仅由神力推动。[51]在希斯基诺（Shishkino，西伯利亚勒拿河上游），"一整排船（船上坐着举着双臂的人）呈一条直线飘浮在进入死者世界的圣河上"。[52]现代婆罗洲的恩加朱－达雅克人（Ngaju Dayak），也解释过他们的死者之宴（ti-wah）仪式。在仪式中，精灵 Tempon Telon 扮演一个婆罗洲冥府渡神（Bornean Charon），正好呼应了史前的船形符号。[53]船形符号装饰于青铜时代的碗，或印度尼西亚婆罗洲或其他地区青铜时代的定音鼓（Kettle drum）鼓膜上。有时，棺木本身也制成船形。[54]所有这些符号都意味着本质上相似的信仰。与古埃及棺底的地图一样[55]，所有这一切都表明，死后生命的去向以及通往另一个世界的途径，是人类普遍关注的首要问题。

　　但是，符号本身并不构成地图，它们顶多只能指向符号绘制者的宇宙论构造。在宇宙论地图中，这些符号被用来指示宇宙不同部分的位置。当然，不借助民族志材料，是无法对一个社会的宇宙论信仰的图示形式做出任何解读的。因此，如果不了解虾夷人的神话（图1.11d），那么装饰于日本史前陶罐一侧的曲线就不会被认为可能与世界起源有关。[56]类似地，"一般而言，鸟象征着天堂或上界，鱼或者海蛇则代表水或冥府"。[57]蒙古人的墓地平面图上有鹰，即使不经过实地印证，也可以推测可能与这一地区的传统信仰有关，这一点前面已经有过讨论。从民族志中，我们可以了解到，当地的宇宙信仰可能包含阶级差别。在婆罗洲的达雅克人中，从前只有上层阶级死后才可以进入天上的世界[58]，而下层阶层死后则注定去冥府。

　　在现有的材料中，只有一个史前宇宙论地图的样本（附录1.1，第2号）。在其他情况下，即便借助民族志证据，认为某件史前制品的装饰表现了宇宙论，但由于我们所知的细节

---

　　[50]　Yashodhar Mathpal, *Prehistoric Rock Paintings of Bhimbetka, Central India*（New Delhi：Abhinav Publications，1984），14.

　　[51]　Horace Geoffrey Quaritch Wales, *Prehistory and Religion in South-east Asia*（London：Bernard Quaritch，1957），51；Engkos A. Kosasih, "Rock Art in Indonesia," in *Rock Art and Prehistory：Papers Presented to Symposium G of the AURA Congress, Darwin*，1988，ed. Paul Bahn and Andree Rosenfeld（Oxford：Oxbow Books，1991），65－77，特别是最后一句关于分布情况的小结。A. L. Siikala, "Finnish Rock Art, Animal Ceremonialism and Shamanic Worldview," in *Shamanism in Eurasia*，2 Vols.，ed.，Mihaly Hoppal（Gottingen：Edition Herodot，1984），1：67－84。

　　[52]　Okladnikov, *Ancient Population*，43（注释27）。

　　[53]　Victor Goloubew, "L'Age du Bronze au Tonkin et dans le NordAnnam," *Bulletin de l'Ecole Française d'Extrême-Orient* 29（1929）：1－46，esp. 36－37. Martirosyan and Israelyan, *Naskal'nye izobrazheniya Gegamskikh gor*，59（注释10），提到亚美尼亚岩画艺术中船的形象。

　　[54]　Goloubew, "L'Age du Bronze au Tonkin," 36－37，and pl. XXIX（C）（注释53）。

　　[55]　A. F. Shore, "Egyptian Cartography," in *The History of Cartography*，ed. J. B. Harley and David Woodward（Chicago：University of Chicago Press，1987－），1：117－29，esp. 120 and pl. 2.

　　[56]　Neil Gordon Munro, *Prehistoric Japan*（Yokohama，1911），285 and fig. 85（on p. 180）. 这里提到的虾夷神话与日本和俄罗斯民间传说相似，讲到世界和其周围的海洋如何由一条鱼的脊背支撑。

　　[57]　Thomassen à Thuessink van der Hoop, *Indonesische siermotieven*，40（注释47），仅举出一个例子。

　　[58]　Wales, *Prehistory and Religion*，92（注释51）。见本书后面的第16章，特别是图16.1和图16.2。

太少，不足以对之进行界定或者将某个图像纳入宇宙图式的范畴（图 1.12）。[59] 考古学家对印度的一幅单体岩画进行了仔细的讨论，认为它描绘了中石器时代的宇宙（图 1.13）。这幅画来自马尔瓦（Malwa）高原上焦拉（Jaora，属中央邦）的一处岩棚。这幅岩画表现了宇宙的三个部分。装饰带最上部显然是以写实风格描绘了某种水生环境。有一群鱼（它们与冥府有关）在芦苇或水生植物间游动。另外还有写实风格的 5 只小鸟在主纹外飞翔，一般认为它们代表空气或上界。画面其余部分中的符号更加程式化。右下方边界上是水鸟。整个构图的中心有一个空心圆圈或圆盘，推测是太阳。从这个中心延伸出一些放射状的折线，一直到最下边。4 个精致的纹饰带填充了画面上余下的空处，有人认为代表地球。总体上看，这幅画"可以理解为对中石器时代宇宙的象征性描绘"。[60]

释读的困难

附录 1 包括 22 个亚洲史前岩画地图的样本。其中有一幅图画式地图、20 幅平面地图（大部分来自穆古尔－萨尔戈）和一幅宇宙图。相比之下，我们做过编号的史前地图仅在欧洲就多达 50 幅[61]，此表所列样本对于地域广阔的亚洲来说似乎太少了。这个表的制作只基于可找到的文献以及当地考古学家的解读，其中最明显的制约就是缺乏或不易获取此类文献。例如，尽管 17 世纪以后的文献就记录过中亚、西亚利亚和印度的岩画——而且至少从公元 4 世纪开始，中国某地就有了关于岩画的记载，但是在亚洲的大多数地区，集中力量对岩画进行认真研究还只是近二十年的事。印度的情况也大抵如此。早在 19 世纪，印度就发现带有图画的岩棚，并认识到这种艺术是史前时期当地人所作。这一发现比著名的西班牙阿尔塔米拉（Altamira）洞穴绘画还早十多年。[62] 但由于欧洲中心观和殖民地思想的盛行，印度的史前岩画艺术一直未受到重视。[63] 还有一些其他的因素使获取或认证研究所需的相关二手资料变得十分困难，同时还有语言问题造成的障碍。另外，为亚洲岩画艺术断代以及将其亚洲史前编年与欧洲纪年相对应，也是充满风险的。已经有人评述过从史前艺术中发现地图的具体困难。[64]

尽管存在这些困难，我们仍可以看到两个显而易见的基本事实。首先，亚洲有着首屈一指的史前岩画艺术的宝藏，迄今为止它们并未得到充分的研究，毫无疑问，还有更多的岩画有待发现，它们将有助于进一步完善已有的岩画分布图（图 1.14）。其次，亚洲岩画艺术在形式、主题、风格、发生、考古环境等方面，与欧洲和西方旧世界所见近似。这一点进一步证明了考古学家普遍持有的观点：（岩画）记录了人类一些最基本的思想、焦虑和认知。宇

㊙ Wales, *Prehistory and Religion*, 69（注释 51），描述了铜鼓鼓面的一个图案，这个图案表现了铜鼓象征一个微型宇宙："一条穿过天空的横线将天空分割开来，太阳和月亮在地球下面，有时对着冥界。"他陈述道，他想用这个例子解释青铜时代的东山艺术，但没有具体说到这里列举的史前时代的例子。

㊚ Neumayer, *Indian Rock Paintings*, 14 and fig. 26e，以及标题（注释 8）。

㊛ Delano Smith, "Cartography in the Prehisroric Period," 93－96（app. 4.1）（注释 1）。

㊜ Mathpal, *Rock Paintings of Bhimbetka*, 12（注释 50）。

㊝ Neumayer, *Indian Rock Paintings*, 1（注释 8）。

㊞ Delano Smith, "Cartography in the Prehistoric Period," esp. 55－63（注释 1）。

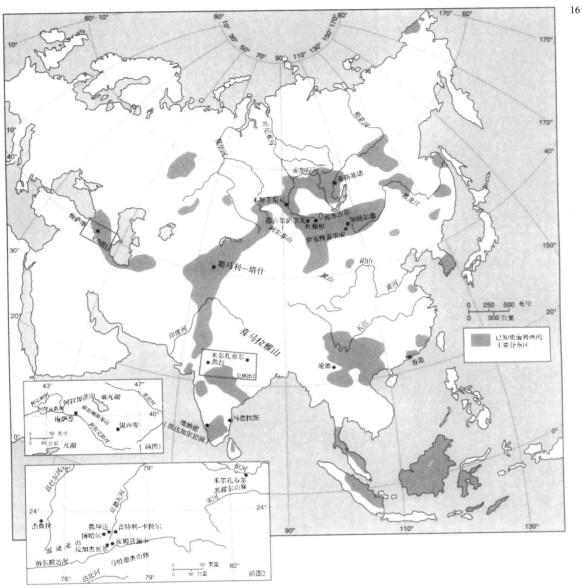

图 1.14　亚洲岩画艺术研究参考地图

这幅地图展示了附表 1.1 和本章正文中提到的许多发现岩画的地点。

宙论思想——对地上世界和天空各部分的记录，不仅在史前时期十分多见，而且贯穿了整个人类史。某些宇宙论思想在岩刻或绘图记录中都可以瞥见一二。找到解密史前思想的方法之一，就是从总体上更好地理解作为其载体的亚洲岩画的考古学与民族志背景。

我们习惯上采用欧洲编年来介绍亚洲的史前历史，将其分为生活和经济两大块。但大多数亚洲史前材料，很少给出过绝对年代或者其绝对年代存在争议，特别是史前早期的材料。另一个使事情变得复杂的因素是，史前的很多生活方式一直保留到了历史时期。旧石器时代末期和中石器时代初期的生活方式在本世纪（20 世纪——译者注）初还发现于亚洲大陆的某些地方。不过，通常认为线型文字的出现可以作为史前时代终结和历史时代开启的标志。

在一两个地区，例如埃兰（Elam），还有一个介于史前和历史时期之间的"原史"（protohis-toric）时期，这一时期的特点是出现了图画文字和楔形文字（见图 1.15）。在亚洲的大部分历史时期，同时存在非书写文化与书写文化。书写文化主要是通过宗教，后来通过商业扩张传播到亚洲大陆各地的。例如，印度教和佛教使得印度经卷东传、南传到东南亚半岛和马来群岛，儒家将中国文化带往越南、朝鲜，几乎原封不动地传到日本（6 世纪以后），伊斯兰商人则将阿拉伯经卷传到南亚和东南亚沿海地区。

17

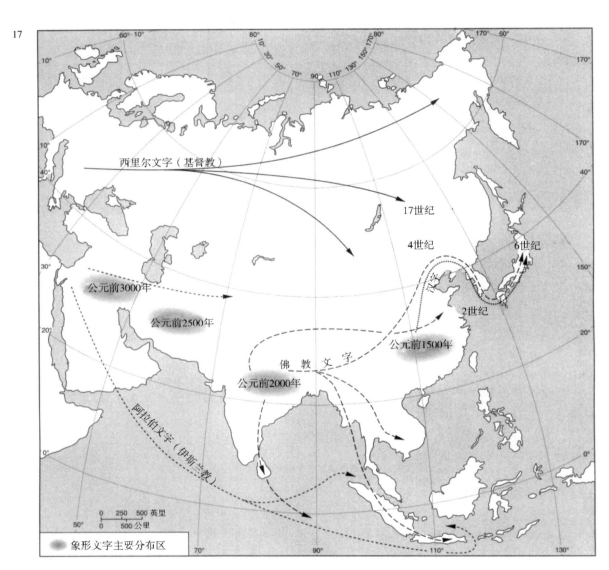

图 1.15　史前时代末期文字传播图

根据 David Diringer, *Writing*（New York：Frederick A. Praeger, 1962），162。

　　由于这样的缘故，亚洲岩画表现出一种引人入胜而又令人困惑的特点，它是史前和历史时期经济、生活方式的混合体，也是非书写文化和书写文化的混合体。史前经济和非书写文化停留最久的是那些内陆最深处，最偏远的平原最远处和外围地区。这种反差给地图学史家带来了两种主要的后果。一种是不利的，即不容易从与之相似的历史时期非书写文化中提取史前岩画艺术。[65] 另一种是有利的，即这里存在的丰富的民族志记录，不仅为了解史前生活中的岩画艺术带来启示，而且有助于解读岩画艺术中各种图案与符号可能传递的信息。

图 1.14 是亚洲岩画艺术的主要分布图。做出全亚洲的岩画分布图有助于校正以民族为单位报道考古发现的取向，那样做的缺点是只见树木不见森林。前人不太注意地图上没有岩画分布的区域，这些地区还有待进一步的田野工作或者报道已有的发现，不能以为这些地区完全不存在岩画。与我们预想的一样，在亚洲大陆的中心，即罕为人知的喜马拉雅山和青藏高原，没有标出岩画点，但在这个区域以北的中亚和西伯利亚各地都有岩画的发现。现在不时发现的一些岩画，其实早在 17 世纪就已经为西方人所了解，特别是史前岩画。岩画和图画文字常集中发现于当地高峻的、似乎难以到达的风景绝佳之处。例如，1982—1983 年首次发现于赛马利-塔什（Saimaly-Tash，费尔干纳山区）的 1 万多处岩画全都处于海拔 3200 米以上的一处被形容为地势"惊悚"的山口，这是一处典型的祭祀遗址。这个地方除北边外，三面均为无法翻越的山地所包围。[66]

喜马拉雅山以南史前岩画的分布，与印度次大陆差不多同样广泛。对这里的洞穴和岩棚绘画的研究开始于 19 世纪后半叶的 1867 年以后。1867 年，卡利勒（Carlleyle）找到了洞穴壁画与石屑层（stratified stone chippings）的关联，后者可能属于中石器时代。[67] 在这些工作 [包括科伯恩在米尔扎布尔发现的岩画] 之后，第一部岩画著作问世了，这就是有关喀拉拉岩画（Kerala，印度西南部）的著作。[68] 到 20 世纪 30 年代，戈登尝试着建立印度岩画的编年。但是，他得出的结论之一是，那些岩画的年代并不"十分古老"（与属于旧石器时代的西班牙岩画相比），这一结论强化了传统考古学观点，即认为本土艺术可能并没有对印度文化做出什么贡献。[69] 直到 1957 年，瓦坎卡尔开始对印度岩石艺术展开研究时，人们方才认真思考印度文化的史前本土来源。[70]

东南亚在地理上相当破碎，相对而言不大为外界所知。这里仅报道过不到 30 处岩画地点，它们分散在岛屿和半岛上。虽然学者们努力为岩画断代，但是各种地方类型"如此多样，

18

---

⑥⑤ 关于岩画断代技术方面的最新讨论见 Ronald I. Dorn，Margaret Nobbs，and Tom A. Cahill，"CationRatio Dating of Rock-Engravings from the DIary Province of Arid South Australia," *Antiquity* 62 (1988)：681 – 89。

⑥⑥ Grégoire Frumkin，*Archaeology in Soviet Central Asia* (Leiden：E. J. Brill，1970)，45 – 46；Kšica 发现，此类高纬度地区的星座与某些高纬度地区（如亚美尼亚）（*Uměni staré Eurasie*，72 and 71 respectively [note 41]）常见恒星符号之间存在联系。大多数星座见于刻于坚硬岩石如花岗岩、板岩、砂岩、石灰岩，甚至玄武岩上的岩画。

⑥⑦ 见 Neumayer，*Indian Rock Paintings*，1 – 4（注释 8）的摘要。阿奇博尔德·卡利勒（Archibald Carlleyle）的论断一直没有发表，直到 Vincent A. Smith 写作 "Pygmy Flints," *Indian Antiquary*，July 1906，185 – 95；Neumayer 引用了卡利勒的一些话，见第 1—2 页。

⑥⑧ John Cockburn，"On the Recent Existence of *Rhinoceros indicus* in the Nonh Western Provinces，and a Description of a Tracing of an Archaic Rock Painting from Mirzapore Representing the Hunting of This Animal," *Journal of the Asiatic Society of Bengal* 52，pt. 2 (1883)：56 – 64，同前，"Cave Drawings in the Kaimiir Range，Nonh-West Provinces," *Journal of the Royal Asiatic Society of Great Britain and Ireland*，1899，89 – 97；Fawcett，"Edakal Cave," 409 – 21（注释 45）。

⑥⑨ Gordon，*Pre-historic Background*，98（注释 2）。亦见：M. E. Gordon and Douglas Hamilton Gordon，"The Artistic Sequence of the Rock Paintings of the Mahadeo Hills," *Science and Culture* 5 (1939 – 40)：322 – 27 and 387 – 92；and Neumayer，*Indian Rock Paintings*，3（注释 8）。

⑦⓪ Vishnu S. Wakankar 所发表的文章，见于 Neumayer，*Indian Rock Paintings*，46（注释 8）一书的参考文献。亦见 Robert R. R. Brooks and Vishnu S. Wakankar，*Stone Age Painting in India*（New Haven：Yale University Press，1976）。

以至于多处岩画的年代、起源和绘画内涵等问题一直悬而未决"。[71] 这一地区虽然邻近印度，而且自史前时代起就与印度有着经常而密切的文化接触，但是与印度相邻的缅甸和印度支那岩画中并不包含任何具有南亚次大陆特色的动态绘画场景。除了到处都有的"太阳符号"外，缅甸掸人高地（Shan highlands）的洞穴绘画只表现过野牛、牡鹿和人手的轮廓。[72] 香港也报道过一些岩石艺术，但是据传大多数岩画为青铜时代的曲线图形，没有一幅可以被当作地图，尤其是那些画着曲折单线的所谓海盗地图，听起来显然是一种来自民间的解释。[73]

不过，中国内蒙古的情况与此不同。内蒙古阴山岩画上有一些似马的图形，某篇最近才引起关注的文章认为，它们大约是公元 4 世纪的作品。[74] 从那以后，仅在这一地区发现的岩画就多达一千余种。民国时期，此类艺术被认为来自"少数民族"或出自民间活动，它们与早已城市化和文化发达的内地文人的作品完全不同。[75] 在有些地区，如阴山，无论在史前时期和历史时期象形文字都是经久不衰的；在另一些地区，如黑山（甘肃省），象形文字则被认为完全源自史前。随着中国岩画研究的日益加强，已有超过 36 个大的史前绘画或岩画带或遗址被发现。[76]

在西亚，史前岩画艺术的分布与这套《地图学史》"中东"和"欧洲俄罗斯"部分所讲的区域有所重合。[77] 例如，现在大家都知道，高加索有大量岩画遗址，但在 1967 年以前这里的岩画却很少为人所知。一群考古学家曾在亚美尼亚的高加索地区进行了为期 12 个月的考察，在从阿拉加茨山（Aragats）到锡西安（Sisian）一带山区直线距离 200 公里的范围内，发现了 10 万个以上岩雕或岩画图形，据说所有图形的风格都"非常相似，或者完全相同"。[78] 至于与地图学相关的材料，这一地区似乎主要是天文图或宇宙图。据称有大量表现太阳、单个星体和天文历法的图形。[79]

重要的是，要从地图学的视角观察所有这些史前艺术的内容。在一些文献中被描述为"抽象"或"几何形"且通过仔细观察后可以判定为地图的图形，在整个岩画艺术中只占非常少的一部分。[80] 最常见的主题显然是哺乳动物（野生或家养）、鸟类和鱼，其次是人或半神半人以及人体图形的一部分（手、脸、面具），第三类最重要的主题是武器与工具。

岩画艺术的主题反映了这种艺术的功能或目的，同时也反映了环境与文化的限制。例

---

[71]　Heinrich Kusch, "Rock Art Discoveries in Southeast Asia：A Historical Summary," *Bollettino del Centro Camuno di Studi Preistorici* 23（1986）：99 – 108，引文见第 99 页。

[72]　Kusch, "Rock Art Discoveries," 106（注释 71）。

[73]　William Meacham, *Rock Carvings in Hong Kong*（Hong Kong：Christian Study Centre on Chinese Religion and Culture, 1976），33. 尽管一些岩画几百年前就已为世人所知，但不寻常的是，并没有与之相关的传说或古老的渊源。

[74]　郦道元（逝于公元 527 年）：《水经注》，成书于公元 6 世纪。参考文献见陈兆复《古代岩画艺术》第 91 页（注释 18）以及他的 *Cina*, 35（注释 17）。

[75]　Chen（陈兆复），"Ancient Rock Art," 92 – 93（注释 18）。

[76]　Chen（陈兆复），"Ancient Rock Art," 地图见于第 94 页（注释 18）。

[77]　Delano Smith, "Cartography in the Prehistoric Period," 70 – 73（注释 1）。

[78]　Martirosyan and Israelyan, *Naskal'nye izobrazheniya Gegamskikh gar*, 58（注释 10）。

[79]　Kšica, *Uměni staré Eurasie*, 71（注释 41）。

[80]　总存在这样一个问题，人们倾向于报道那些最令人赏心悦目的图画（对于动物和人类活动场景的图画尤其明显）。

如，某些地区岩画上犁或耕犁场景不如另一些地方常见，如亚洲总体上比欧洲少，可能是因为亚洲直到相当晚近还很少或根本没有使用犁。例如，直到上个世纪（19 世纪——译者注），西伯利亚的耕地范围仅限于叶尼塞河和安加拉河（Angara）流域的某些地区。在这些地区之外，在从蒙古国、外贝加尔到哈萨克斯坦、土库曼斯坦和阿富汗的草原、沙漠和山地，史前时期以来一直是游牧猎手和采集者的生活世界。在中国和印度，农业开始得非常早（公元前 5000 年或更早），但直到公元前 1000 年，农耕区主要局限于与亚洲各大文明相关的河谷地带。远离印度河和黄河的地区，如克什米尔和尼泊尔山地，以及印度中部和南部的山区，在家养畜牧业传入以前，狩猎一直是日常生活与社会结构的经济基础。

由于史前生活方式在亚洲许多地区保留的时间如此之久，地图史学家很有必要向民族志学者和考古学家求教。如果不去比照保存下来的墓葬和传统的埋葬活动，不去考虑它们与史前时代的关联，我们就无法猜测，蒙古草原岩画上那种填满圆点的轮廓图可能就是墓地图。[81] 本世纪（20 世纪——译者注）初就有人调查发现[82]，东南亚某些种植大米的部落用星座表示农时（agricultural seasons）。人类学家与考古学家发现，在印度，如孟加拉、比哈尔（Bihar）、曼德拉（Mandla）的冈德人，南部的加拉斯人（Gallas）、帕德哈德人（Pardhas）、拉特瓦斯人（Rathvas）、萨奥拉斯人（Saoras）保存至今的礼仪性质的壁画上，也有着相似的图案。[83] 这些研究者报道称，与农业丰产有关的图画上有时会画一些农事活动场景。我们发现，岩画上可找到与之相似的内容。[84] 我们知道，岩画一般是在应对某次特定的危机时制作的，它们是危机补救方案的组成部分。虽然萨满也会适时参与制作岩画的活动，但这些画也可能是由部落内有足够技巧和知识的任何一个人绘制的。[85] 我们还知道，拉特万（Rathvan）岩画中的创世神活表现了"多重活动"，有音乐、舞蹈、迷幻（trance），这些都是生产性礼仪（productive riutal）的基本组成部分。神圣之地一般留作绘画空间（考古学家通常从史前岩石艺术的个案研究中推导出这个结论）。图形都是仔细和精心绘制的，部落艺术家的观察活动，不仅可以上溯几百年，甚至可以上溯千年之久。[86] 在亚洲的其他地方，如一些气候湿热之地，岩画保存情况很差（东南亚普遍如此，印度尼西亚尤甚），这些地方的岩画侧重表现波涛纹或曲线纹母题的象征意义，如在印度尼西亚的图案中，宇宙论象征主义就是一个反复出现的主题。[87]

"地图"这个词在有关亚洲艺术的考古学或民族志文献中几乎很少出现。一些岩画被说

[81]　Hedin, *Expedition in Asia*, 1：109（注释 26）。这些坟墓被描述为"方形石围墙内放了一些较小的石头"，其中最大的尺寸是 8×4 米。关于这些符号的意义，见上文第 6—7 页，以及注释 27。

[82]　Charles Hose, "Various Methods of Computing the Time for Planting among the Races of Borneo," *Journal of the Straits Branch of the Royal Asiatic Society*, No. 42（1905）：1 – 5.

[83]　Verrier Elwin, *The Tribal Art of Middle India*：*A Personal Record*（Bombay：Geoffrey Cumberlege, Oxford University Press，1951），183 – 214；D. H. Koppar, *Tribal Art of Dangs*（Baroda：Department of Museums, 1971）；and Jyotindra Jain, *Painted Myths of Creation*：*Art and Ritual of an Indian Tribe*（New Delhi：Lalit Kala Akademi, 1984）.

[84]　Elwin, *Tribal Art of Middle India*, 191 – 92（注释 83）。

[85]　Koppar, *Tribal Art of Dangs*, 117（注释 83），也阐述道，丹格（Dang）人的绘画实际上是献给神或安抚神的祭品。他指出，"所有这些绘画并没有单一的主题，而是结合了多个主题"。

[86]　Jain, *Painted Myths*, ix – xii（注释 83）。

[87]　Thomassen à Thuessink van der Hoop, *Indonesische siermotieven*, 13（注释 47）。

成"描绘"或"表现"了带有边界或围栏的村落。[88] 古老的铜鼓鼓面或纺织品上出现的地图也被描述成"象征"宇宙中的天界或冥府。[89] 古代岩画中地图学的明显失语,可以归因于观察者对地图学的偏见。他们将"地图"的定义局限于指路工具或根据数学坐标描述某个地区。他们的头脑倾向于不去理会人类经验的全记录,这种记录虽然很少涉及传统文献,但与地图学的历史密切相关。最近地图史学界强调理解地图的社会功能,而且已经准备放弃某些时期所持的"地图就是临摹(mapping as plotting of resemblance)"的观点。[90] 与中世纪社会一样,史前社会也是神圣的,而不是世俗的。对于每一个生活在这种古老社会的个体而言,世界是"充满着启示的"。[91] 其中的一些启示与地方有关:天空、家园、田野,此世的坟墓和未知的下一个世界,亚洲的史前先民将它们绘制或雕刻于各处。我们需要以一种开放的态度,深入了解这些史前启示留下的物证,也需要了解有助于解读它们的考古学和民族志的背景。只有这样才会正确理解史前艺术与地图学史的相关性。

20

结　论

在搜寻史前地图样本的过程中,地图史学家的眼光并没有仅限于对图画形式的单独分析,他们还在探求那些贯穿整个历史并以不同方式、在不同环境中使用的一些概念的源起。搜寻本身也是对这些图像所表达的内涵的理解过程。学者对岩画艺术的结论是,岩画艺术表达了人类基本的焦虑和最关注的问题。奥克拉德尼科夫是西伯利亚史前史方面最著名和最富经验的考古学家之一,他注意到传统的雅库特人(Yakuts)和通古斯人(Tungus)对于所在地区崖壁画的高度重视,他认为这些画构成了"一种充满复杂和深远内涵的书写形式"。[92]

拉德尼科夫写道,上个世纪(19 世纪——译者注)就有人告诉维塔舍夫斯基(Vitashevskiy):

> 在纽克扎河(Nyukzha)注入奥廖马(Olekma)的河口上游(的崖壁上),有一整幅锡尔卡塔塔(*sirkaartata*),即整个地球和整个宇宙的地图。其上画出了从两天到满月的月相、太阳和大熊星(Arangas Sulus)。这些画,按当地人的观念,是由卡亚-伊奇特(*khaya-ichchite*)即本地的守护神亲自绘制的。随着时间的推移,其上所绘图像时而

---

[88]　汪宁生原话是"有的东西现在我们可以清楚地认定为村落画"(《云南沧源壁画》第33页,注释17)。感谢余定国先生帮我翻译汪宁生的这段话。

[89]　Wales, *Prehistory and Religion*, 69(注释 51);Thomassen à Thuessink van der Hoop, *Indonesische siermotieven*, 274–75(pl. CXXIX)(注释47)。

[90]　Mircea Eliade, *The Sacred and the Profane*: *The Nature of Religion*, trans. Willard R. Trask(New York: Harcourt, Brace and World, 1959), 146.

[91]　Mircea Eliade, *The Sacred and the Profane*: *The Nature of Religion*, trans. Willard R. Trask(New York: Harcourt, Brace and World, 1959), 146.

[92]　A. P. Okladnikov, *Yakutia before Its Incorporation into the Russian State*, ed., Henry N. Michael(Montreal: McGill-Queen's University Press, 1970), 212, 提到 V. Vitashevskiy, ed., "Izobrazheniya na skalkh po r. Olekme"(Drawings on the cliffs along the Olekma River), *Izvestiya Vostochno-Sibirskago Otdela Imperatorskago Russkago Geograficheskago Obshchestva*(East Siberian department of the Imperial Russian Geographical Society's News) 28, No. 4(1897)。

出现，时而消失。[93]

　　我们同意，尽管地图有属于自己的特定形式，但它与艺术和文字一样，都是社会性文书（document）。早期地图形式多样，甚至让人感到陌生，也不足为奇。那些保存有地图的岩画"本身大不同于千篇一律、枯燥乏味的绘画收藏"，岩画地图是分布于广大地域的年代最早的地图，它们有可能反映了完全相同的（社会）活动或文化偏好。[94] 表达空间关系是人类生活的伟大传统之一，尽管存在文化多样性，但对于亚洲史前艺术中地图的研究，与欧洲一样，都加深了这样一种认识。这一研究还表明，部落社会也曾经是地图学基本概念的传承者。已有的地图史和地图绘制史习惯上忽视史前地图，以及轻视历史时期非书写社会的地图产品。[95] 造成这种疏忽的原因之一是，人们过度关注地图图像的空间层面，却忽略与之同等重要的时间、个人、环境层面，以及其他可资评估的组成部分。[96] 图像，与构成它们的符号一样，应该得到研究。正如格尔兹提醒我们的一样，图像不仅是一种表达手段，而且首先是一种思想方式。[97] 应该承认，面对某种陌生的环境和不太容易立即辨识的图像，例如史前岩画与迁徙艺术中的图像，我们并不总能轻易理解其中意味深长的符号以及认识到这些图像作为陆地、天空或宇宙论思想的载体作用。

　　本章是对一些入门知识的概述，旨在指出进一步研究的方向，以及为今后的讨论提供一个构架。本章出发点是为了抛砖引玉。因为亚洲有着丰富的民族志文献，这些文献会为我们辨识史前岩画艺术资料中的地图图像带来启发。将来还可能有新的发现。但是即便仅根据我们现有的知识也可以清楚地认识到，在亚洲，与欧洲和世界上其他地方一样，人类绘制地图的冲动从极早的时期已初见端倪。

21

附录 1.1　　　　　　　　　　　**史前地图列表**

　　附件中列举了可以确定其地图展示手法的艺术作品及其地点，并标注了它们在相关文献中的具体出处和引用信息。列表中引用的只是对其地图展示内容有过讨论或评述的作品。对本书所述地图的鉴定吸取了多种学科的知识，在有些情况下，对地图的释读还存在争议。但是，现在对这些地图加以介绍也有其必要，可以为将来的讨论和细致研究打一个基础。

---

[93] Okladnikov, *Yakutia*, 212（注释 92）提及 N. B. Kyakshto, "Pisanitsa Shaman-Kamnya"（The cliff drawings of Shaman-Kamnya）, *Soobshcheniya Gosudarstvennoy Akademii Istorii Materialnoy Kul'tury*（GAIMK：Report of the State Academy for the History of Material Culture）, July 1931, 29 – 30. 奥克拉德尼科夫认定崖画为萨满石（Shaman-Kamnya），其上描绘了"动物，狩猎场景，太阳，月亮，星星，太阳上还画出人脸状的图案"。

[94] A. P. Okladnikov and A. I. Martynov, *Sokrovishcha tomskikh pisanits*（Treasures of the Tomsk petroglyphs）（Moscow, 1972）, 252. 95. 摘要见 Delano Smith, "Prehistoric Maps," 45 – 49（注释 1）。

[95] 正如下文所做的总结：Delano Smith, "Prehistoric Maps," 45 – 49（注释 1）。

[96] Joseph Michael Powell, *Mirrors of the New World：Images and Image-Makers in the Settlement Process*（Folkestone, Eng.：Dawson; Hamden, Conn.：Archon Books, 1977）, 18, 本文提出了这个观点并发展 Kenneth Ewart Boulding, *The Image*（Ann Arbor：University of Michigan Press, 1956）一书的思想。

[97] Clifford Geertz, *Local Knowledge：Further Essays in Interpretive Anthropology*（New York：Basic Books, 1983）, 120.

地图顺序，省份，地区或国家	地点（斜体字表明的是文献中常见的名称）；描述；地点性质；制作类型；地图类型；年代	尺寸	参考文献；作者；书名；图片在书中的序号（如有插图）
1 云南省，中国	沧源；崖壁；图画式地图；公元前 1000 年	1.8×3.2 米	汪宁生《云南沧源》，35；Chen, Cina, 102—3；figure 1.4
2 中央邦，博帕尔区，印度	焦拉；岩洞；绘画；宇宙图；中石器时代（公元前 8000—前 2500 年）		Neumayer, *Rock Paintings*, 14 and fig. 26e；figure 1.13
3 库苏古尔省，蒙古国	杜楚根；岩石，图画，平面地图（"墓葬平面图"）；史前时代		Novgorodova, *Alte Kunst der Mongolei*, pl. 72；figure 1.7b
4 库苏古尔省，蒙古国	杜楚根；岩石，图画，平面地图（"墓葬平面图"）；史前时代		Novgorodova, *Alte Kunst der Mongolei*, pl. 71
5 库苏古尔省，蒙古国	杜楚根；岩石，图画，平面地图（"墓葬平面图"）；史前时代		Novgorodova, *Alte Kunst der Mongolei*, 104
6 库苏古尔省，蒙古国	库苏古尔－努尔；岩石，图画，平面地图（"墓葬平面图"）；史前时代	大约 70×35 厘米	Okladnikov, *Petroglify Mongolii*, 88（fig. 2）；figure 1.7a
7 中央省，蒙古国	加屈尔德；岩石；图画；平面地图（"墓葬平面图"）；青铜时代		Novgorodova, *Mir petroglifov Mongolii*, 92（fig. 33）；figure 1.7e
8 中央省，蒙古国	加屈尔德；岩石；图画；平面地图（"墓葬平面图"）；史前时代		Novgorodova, *Mir petroglifov Mongolii*, 93（fig. 34）；figure 1.7d
9 中央省，蒙古国	伊克腾盖里安；岩石；图画；平面地图（"墓葬平面图"）；史前时代	大约 50×55 厘米	Okladnikov and Zaporozhskaya*Petroglify Zabaykafya*, 2：238（fig. 67.2）；figure 1.7c
10 中央省，蒙古国	伊克腾盖里安；岩石；图画；平面地图（"墓葬平面图"）；史前时代		Okladnikov, *Der Hirsch*, 148（fig. 41）；figure 1.8
11 未知	岩石；绘画；平面地图（"墓葬平面图"）；史前时代		Okladnikov and Zaporozhskaya, *Petroglify Zabaykafya*, cover illustration of Vol. 1；figure 1.7f
12 图瓦共和国	穆古尔－萨尔戈；石头 198；岩石；岩雕；平面地图（"房屋和院落"）；史前时代	大约 10×25 厘米	Devlet, *Petroglify Ulug-Khema*, 52；Devlet, *Petroglify Mugur-Sargola*, 143；figure 1.5a（1）
13 图瓦共和国	穆古尔－萨尔戈；石头 283；岩石；岩雕；平面地图（"房屋和院落"）；史前时代	大约 10×26 厘米	Devlet, *Petroglify Ulug-Khema*, 74；Devlet, *Petroglify Mugur-Sargola*, 205；figure 1.5a（4）
14 图瓦共和国	穆古尔－萨尔戈；石头 198；岩雕；平面地图（"房屋和院落"）；史前时代		Devlet, *Petroglify Ulug-Khema*, 52；Devlet, *Petroglify Mugur-Sargola*, 143；figure 1.5b（3）
15 图瓦共和国	穆古尔－萨尔戈；石头 257；岩雕；平面地图（"房屋和院落"）；史前时代	40×55 厘米	Devlet, *Petroglify Ulug-Khema*, 65；Devlet, *Petroglify Mugur-Sargola*, 195；图上有一条连线可能代表一条与树、驿站和其他地物排成一行的小道
16 图瓦共和国	穆古尔－萨尔戈；石头 257；岩雕；平面地图（"房屋和院落"）；史前时代	38×30 厘米	Devlet, *Petroglify Ulug-Khema*, 65；Devlet, *Petroglify Mugur-Sargola*, 195
17 图瓦共和国	穆古尔－萨尔戈；石头 283；岩雕；平面地图（"房屋和院落"）；史前时代	20×36 厘米	Devlet, *Petroglify Ulug-Khema*, 75；Devlet, *Petroglify Mugur-Sargola*, 205；figure 1.5a（2）
18 图瓦共和国	穆古尔－萨尔戈；石头 284；岩雕；平面地图（"房屋和院落"）；史前时代	15×30 厘米	Devlet, *Petroglify Ulug-Khema*, 75；Devlet, *Petroglify Mugur-Sargola*, 205
19 图瓦共和国	穆古尔－萨尔戈；石头 283；岩石；岩雕；平面地图（"房屋和院落"）；史前时代		Devlet, *Petroglify Ulug-Khema*, 73；Devlet, *Petroglify Mugur-Sargola*, 205

续表

地图顺序，省份，地区或国家	地点（斜体字表明的是文献中常见的名称）；描述；地点性质；制作类型；地图类型；年代	尺寸	参考文献；作者；书名；图片在书中的序号（如有插图）
20 图瓦共和国	穆古尔－萨尔戈；石头 283；岩雕；平面地图（"房屋和院落"）；史前时代；一个比较大的群体		Devlet, *Petroglify Ulug-Khema*, 74；Devlet, *Petroglify Mugur-Sargola*, 205；figure 1. 5*b*（*l*）
21 图瓦共和国	穆古尔－萨尔戈；石头 283；岩雕；平面地图（"房屋和院落"）；史前时代	65 ×90 厘米	Devlet, *Petroglify Ulug-Khema*, 74；Devlet, *Petroglify Mugur-Sargola*, 205；figure 1. 5*b*（2）
22 图瓦共和国	穆古尔－萨尔戈；岩石；岩雕；平面地图（"房屋和院落"）；史前时代	大约 20 ×30 厘米	Devlet, *Petroglify Ulug-Khema*, in fig. 16；Devlet, *Petroglify Mugur-Sargola*, 234（fig. 17. 2）；figure 1. 5*a*（3）

参考文献：Chen Zhao Fu, *Cina：L'arte rupestre preistorica*, Italiantrans. Giuliana Aldi Pompili（Milan：Jaca Books, 1988）；M. A. Devlet, *Petroglify Murgur-Sargola*（Moscow：Nauka, 1980）；同前, *Petroglify Ulug-Khema*（Moscow：Nauka, 1976）；Erwin Neumayer, *Prehistoric Indian Rock Paintings*（Delhi：Oxford University Press, 1983）；E. A. Novgorodova, *Alte Kunst der Mongolei*, trans. Lisa Schirmer（Leipzig：E. A. Seemann, 1980）；idem, *Mir petroglifov Mongolii*（Moscow：Nauka, 1984）；A. P. Okladnikov, *Der Hirsch mit dem goldenen Geweih：Vorgeschichtliche Felsbilder sibiriens*（Wiesbaden：F. A. Brockhaus, 1972）；idem, *Petroglify Mongolii*（Leningrad：Nauka, 1981）；A. P. Okladnikov and V. D. Zaporozhskaya, *Petroglify Zabaykal'ya*, 2 Vols.（Leningrad：Nauka, 1969 –70）；汪宁生：《云南沧源壁画的发现与研究》，文物出版社 1985 年版。

第二章　东亚地图学史导论

内森·席文　伽里·莱德亚德
（Nathan Sivin and Gari Ledyard）

范　围

　　"亚洲"是一个欧洲特有的概念。以印度人或中国人的标准来看，这个概念有点古怪。亚洲人除非接受西方思维中的分类并且根据这些分类来归类事物，否则他们很难发现亚洲一词有什么意义。亚洲一词描述的是一个并不存在的事物。亚洲并不是一个大陆；它（的内部）为地形屏障所分割，这些屏障在前现代几乎是无法穿越的；亚洲包括的社会、文化与国家类别众多；历史上的亚洲与今天一样，同时生活着世界上最富裕和最贫穷的（人群）。

　　没有任何一个词，像东亚这样，在吸收了中国制度、意识形态和技术的国家中传达一种统一的感觉。"东亚"这一术语是从西方引入的，此前它并不存在于亚洲人的任何语汇中。我们也找不到一个与"欧洲"或"西方文明"对应的词语，其所体现的某种共有的认知得到了每个人的部分认同，并超越国界。除了佛教朝圣者，流动的商人和偶尔出行的使节，东亚人——特别是统治阶级，总是安土重迁的。

　　"东亚"这一概念对于地图学史有多大价值，取决于我们如何界定它。当东亚一词泛指有着大山阻隔的亚洲东部时，它并没有任何超出地理学之外的意义。本地区的一些文化吸收了中国的制度与信条；另一些文化则受到印度的影响，如印度教和佛教。这两大（文化）区的边界在历史上时有变化。越南中部直到15世纪70年代，还有一部分属于印度文化圈中的占婆国（Champa），湄公河盆地在18世纪以前仍属于高棉的范围。"东亚"一词当然也被定义或被重新定义以适应各种地理（扩张的）野心。1940—1941年日本为实现其领土野心，提出了"大东亚共荣圈"（Greater East Asia Co-Prosperity Sphere）这一口号，推动它的人想必很乐意将印度也囊括进来。

　　"东亚"这个词，主要是作为文化标签时才是有用的。我们用它指代亚洲内部或多或少按照中国式的世袭官僚君主体制统治的那些地区。（它们之间的）联系是并不停留在政治层面。在这些国家中，本世纪（20世纪——译者注）以前的精英都接受中国经典和文学教育，使用中国的文言文并接触新儒学。根据朱熹（1130—1200年）和其他学者的教导，新儒学的追求始于修身，进而服务大众。新儒家始终强调其独立的道统，不过，这种谱系只影响到少数知识分子。上层人士普遍接受和推行自14世纪初期开始得到国家支持的正统教义，其依据的是对朱子哲学严格的权威解释。在15世纪的朝鲜和越南以及17世纪的日本，两国也开始推行这些正统教义。文盲或半文盲的大多数人，间接受到其统治者所信奉的儒家意识形态的影响。与东南亚人不同，东亚人信奉大乘佛教，其经卷用中文书写并经过有文化的法师和僧侣们的研究。

这些"东亚"特征将中国、日本、朝鲜半岛和越南连结为一个统一体，只有越南还要加上一些限定条件。尽管这些影响在距今 500 年前后还没有强烈波及现代越南疆土的最南部分，但其北部在公元前 2 世纪已经进入汉文化圈。历史上，越南北部被中原王朝反复占领，又反复脱离中国的控制。那里的精英即便在越南取得独立后，还使用汉字书写。甚至到 1884 年，当越南全境成为法国殖民地之后，仍在一段时间内继续书写汉字。

总而言之，尽管"东亚"这一概念存在地理与政治意义上的不足之处，但将它作为一个文化的指称应该是没有异议的。这样的指称符合本卷的需要。虽然有些地图是地理性质的，但地图学本身却是文化的。

正如本册的作者们所阐明的那样，以上四个国家在地图制作与使用方面虽然一直存在地方差异，但在 20 世纪以前也有一些共同特点，就像我们在欧洲看到的一样（当然，欧洲比东亚要小一些）。但是，这些"共同特点"并没有扩展到东南亚，如泰国、柬埔寨、老挝、缅甸和马来亚，所以我们这里的论述也不涉及东南亚。至于蒙古人和东北亚的满洲人以及西藏人，总体上，他们的精英无论在语言还是在统治形式上并不依赖汉地。但是，当蒙古人或满洲人统治了其富裕的农业近邻的部分或全部疆土时，其首领很快掌握了汉人的语言与官僚机构。这虽然不足以使他们变成文化意义上的东亚人，但显然我们最好还是将有关西藏和蒙古部分（更为简短）的讨论放在本卷当中。

东亚的多样性

如果认为接受中国文化使东亚变得整齐划一，则无法解释本卷中地图所揭示的存在差异的视觉世界。越南、朝鲜半岛和日本在受到中国文化影响之前，很早就有自己的文化。他们的物质文化，从食物、择居到陶瓷和金属工艺，以及古老的统治结构与祭祖仪式、崇拜自然和神灵的民间（宗教）形式，以及赖以言谈、思想和记忆的地方语言：所有这些方面都存在根本的不同。

这些国家的人民并非总是被动地接受中国的影响。他们时而悦纳中国文化，时而排斥它，[①] 而且很显然会自行判断哪些适合他们自身的环境。佛教以及其后的新儒学的确是一种文化黏合剂，但是除了通行的经典外，各地的佛教与新儒学在很多重要的方面也因地域而不同。[②] 中国民间宗教虽然对其他国家的民俗有一些影响，但是作为其专门化产物的道教（它

---

① 关于这一点，参见 Masayoshi Sugimoto and David L. Swain, *Science and Culture in Traditional Japan*：*A. D. 600 – 1854*（Cambridge：MIT Press，1978）。本书根据交替变动的时期来组织叙事，即始自中国，次自欧洲的"文化浪潮"时期，和与接触外国联系切断，吸收新思想与新技术的时期。

② 众所周知，这一点在佛教方面果真如此。对儒家的研究相对较少，尤其在 William Theodore de Bary and Irene Bloom，eds. ，*Principle and Practicality*：*Essays in Neo-Confucianism and Practical Learning*（New York：Columbia University Press，1979）一书中可以看到这一点。

广泛借鉴西藏密宗和其他佛教传统）却对其他国家无甚影响。③

　　另一个例子是，东亚各国采用中国文言文的情况也存在差异。朝鲜半岛、日本和越南将文言文视为学问的语言，这一点与欧洲人看待拉丁文十分相似，但他们用文言文记录的很多方面的内容，同时代的中国人可能无法理解。当然也很少有中国人对外国的著述存在好奇。他们用中国字转抄本国语时，会将本国语缩写或通过程式化处理，最后形成了诸如日本的假名和越南的喃字之类的语言。在朝鲜半岛，取代中国字的字母基本是独立发明的，现代越南人仍使用法国强加给他们的拼写方式。

　　这些变化并不令人惊讶。人们会很自然地认为中国是一个均质的文化与政治单位，但中国实在太大了，即便在今天也是如此。正如边远省份的人通常对王朝更替少有感觉，我们（在本册中）举出的一些例子也体现了这个国家内部存在的多样性。例如，我们可以在汉语文言文中看到自成体系的地方变体，记录下来的方言采用稀奇古怪的字形（有些在所谓官话中见不到）。就像欧洲各国历史并不是千篇一律，人们越来越清楚，"中国"太大了，历史学家的大多数概括性描述不足全面展现。④ 南方相互隔离的各省的人们操持着不同的方言，他们也从政治和商业中心选择和吸收那里的文化。

　　因此接下来我们在讲到东亚时，并不从汉文化（culturally Chinese）开始，而且也并不以汉文化作结。在讨论完古代中国的地图术语之后，我们将回到由各个文明的差异性带来的地图多样性（这个主题上）来。

术　语

25　　　直到公元前 3 世纪，中国的书面语言主要还是基于这样的理念，即单字与字形一一对应（专有名称除外）。这一点使得中国文字特别简明，但由于字形的数量有限，这就意味着可能存在一字多义的现象。为了避免产生歧义，人们将偏旁放在一起组成合成词；但在书写的最初阶段，并不是这样。那时是通过确认特定的语境来避免歧义的。为此中国的著作者采用了高超的技巧。阅读早期经典的困难通常不仅在于其用词不够清晰，而且还在于与成书时代的阅读者相比，今天的学者对于单个汉字之间的呼应知之甚少（而这正是解读文本的关键）。在四民社会（four societies）中，具备读写能力（用当代的标准定义）的人是不多的，精英们喜欢采用大量的象征和引经据典。

26　　　尽管如此，在阅读古代文献的时候，经常会碰到某个词，倘若不考虑上下文，这个词可以指代一个或多个现代语境中的事物。如果以为那个时代的语言不足以解决歧义的问题，未

---

③　除了在中国以南非大乘佛教的人群中表现明显之外。这一论题最近仅得到过人类学者的密切关注。见 Michel Strickmann, "The Tao among the Yao: Taoism and the Sinification of South China," in *Rekishi ni okeru minshu to bunka: Sakai Tadao Sensei koki shukuga kinen ronshu* (Peoples and cultures in Asiatic history: Collected essays in honor of Professor Tadao Sakai on his seventieth birthday) (Tokyo: Kokusho Kankokai, 1982), 23 - 30。作为研究对象的泰国和老挝东北的族群不是汉族，但他们来自历史时期的中国边疆。我们在这里所讲的是道教的宗教运动，非指其早期的哲学经典，后者成为东亚乃至世界的共同知识遗产的一部分。

④　应用最广的更小的单位是施坚雅（G. William Skinner）所分的地文大区。他在 "The Structure of Chinese History"（*Journal of Asian Studies* 44 (1985): 271 - 92）一文中基于这些区域提出了最为雄辩的历史学观点。

免有些偏颇。之所以会出现语言歧义，只不过因为古人区分意义的方式与现代不一样，这样的例子不胜枚举。如果我们留意古人遣词造句的适用性，而不为我们自己的观点所囿，则可以从这种一词多义现象中学到不少东西。"图"的语源学就是一个很好的例子。

在古代的著录中，"圖"一直用来指代地图，但它并不仅仅指代地图。⑤ 从"图"的字形结构，并不能得出其语源学上的结论。辞书编撰者将这个字归为"囗"部，见图2.1左端所示，形如罩在外面的盒子。偏旁体系是很晚才出现的，最早见于成书于公元100年的语源学辞书《说文解字》。偏旁通常与其字形的初始含义没有任何关联。带"囗"这个部首的字，一般与某个封闭的空间有关，但却不能由此推断，这个字一定代表某种类型的地图。"圖"在早期金文中的写法，如图2.1所示，方框内的部分变化很大，以至于无法从字形推断它描述的内容。这个字总体上看肯定不是简单的象形文字。如果它是一种表意的字（早期的辞书编撰者称之为"会意"），现有的知识尚不足以解密它的渊源。

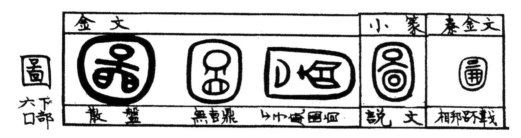

图 2.1　"图"之字形的早期形态

最左侧较小的字是用毛笔书写的"图"字的现代形态。右侧是与辞书《说文解字》有关的"小篆"中的"图"字。中间的三个出自周代金文。第一个见于公元前9世纪的散氏盘，见以下的讨论。复制于张瑄《中文常用三千字形义释》（香港：香港大学出版社1968年版），第171页。

早期辞书编撰者的知识也不足以对已经使用了接近两千年的字形做出可靠的释读，他们的解释有时是牵强附会的。例如，《说文解字》将"圖"释为"画计难也"，这个意思在此前的文献中并没有出现过。《说文》先分析外面的方框，再分析方框内的部分。按其说法，方框内的部分意为"难"。但显而易见的是，图中三个来自早期金文的字形，只有第二个稍稍近似于《说文》中所讲的字源。这个定义唯一的意义是，说明在公元2世纪，学者们将"圖"的字源与"计划"（即汉代的合成词"画计"的意思）关联起来。这个定义很有意

⑤　早期语音学的经典重建，见 Bernhard Karlgren, *Grammata Serica Recensa* (Stockholm, 1957)，重印自 *The Bulletin of the Museum of Far Eastern Antiquities* 29 (1957): 1–332, esp. 37, item 64a–c，认为其汉语古音为 *d'o（公元前700年前后）。近年的权威研究又提出其他的说法：dag (Li Fanggui)，dɔ (E. G. Pulleyblank)，da (Axel Schuessler)，d/la (William Baxter)。到公元2世纪，这个词的发音在北中国可能接近 *d'ân。中古早期（公元600年）的汉语发音为 dwo，见 Edwin G. Pulleyblank, *Lexicon of Reconstructed Pronunciation in Early Middle Chinese, Late Middle Chinese, and Early Mandarin* (Vancouver: UBC Press, 1991), 311; Axel Schuessler, *A Dictionary of Early Zhou Chinese* (Honolulu: University of Hawai'i Press, 1987), 615–17; 以及 William H. Baxter, *A Handbook of Old Chinese Phonology* (Berlin: Mouton de Gruyter, 1992), 649。

思，但没有什么意义，因为汉代学者并没有将"圖"字的渊源与画地图联系起来。⑥

不寻常的是，"圖"字这个字没有同音异形异义字，它与其他同一字形的字没有清晰的含义上的关联。几个世纪以来，聪明的辞书编撰者们对其推测不断增多，但迄今为止，还无法判断哪个含义更合适。

公元前300年"圖"字出现在书写材料中时，它有很多含义，既可以指图画、示意图，也可以指图表和表格。作为动词，"圖"还可以指规划、期待、出主意或处理某件事。如余定国在后面将要指出的，在许多文献中，单从这个字看不出它欲指何物，因为我们无法具备与古代著作者相同的背景知识，而这种背景知识是那时的阅读者所明了的。举几个例子就可以说明这个问题。年代最早的例子是一件刻写了359个字的大型青铜盘，这件盘可能铸造于公元前9世纪中叶。它是为了纪念散氏和某国之间平息疆界争端而铸造的。但这个小国名气太小，后世的地理辞书都没有关于它的记载。铭文中讲，官员们在疆土上树立界标，双方交换盟誓，表示绝不侵占对方疆土，遵守"圖"中所示界线。尽管无法得知，这里的"圖"是否确指地图，但根据上下文可以合理推断，它指的更像是某种示意图，而非文字记录。⑦

27　　将"圖"的含义与它在其他国家所对应的语词作一比较，颇具意趣。希腊后期的chartes一词是"cartography"的语源所在，指的是一页莎纸草。后期拉丁语中的"mappa"一词意思是"布"。二者都指绘制地图的材料。在前现代伊斯兰语言中我们发现有相当多的词派生自表示"form"、"draw"或"paint"的词根，至少这些词与"圖"的使用范围一样广泛。在大多数印度语言中，表示地图的词都来自阿拉伯语汇，其意思不仅指图画，也可以指一般的描述或报告。在"圖"的具体内容上，中国可能介于欧洲与印度之间。⑧它与现代欧洲语言一样，兼具"地图"和"规划"两方面的含义。

公元前4—前3世纪，名词开始越来越多地采用复合词的形式，这样一来，词语包含的信息增加，限制了产生歧义的可能。许多专门表示"地图"的术语在这一时期初期出现。其中最为流行的就是"地图"一词，它将"图"与"地"两个词结合在一起，后者表示土地或地方。⑨

复合词的出现并不意味着，从此以后我们不再困惑，有些文句讲的到底是不是地图。正

---

⑥　见许慎撰《说文解字》12：13a，张舜徽《说文解字约注》（完成于1971年，中州书画社1983年版）。卡尔格伦（Karlgren，*Grammata Serica Recensa*，item 847a－d［注释5］）提出了一个非同寻常的见解，认为"画"描绘的是一只手画着地图，即便果真如此，"画计"也显然还是指"规划"。有可能"难"只是一个双关语（paranomasia），不是取其字面意思，而是取其发音（在公元2世纪，"难"字的发音近"＊t'nân"），正好与＊d'ân相近，可能就是"图"这个字在当时的发音。

⑦　散氏盘是故宫最有名的青铜器之一，现藏于台北。《中国文化艺术宝藏：国立"故宫博物院"插图手册（第3版）》（台北："故宫博物院"1967年版）一书清晰地复制了散氏盘的铭文拓片。

⑧　见本卷前言以及Ahmet T. Karamustafa，"Introduction to Islamic Maps，" in *The History of Cartography*，ed. J. B. Harley and David Woodward（Chicago：University of Chicago Press，1987－），1：xvxxi，esp. xvi－xvii and nn. 7 and 13，and Vol. 2. 1（1992），3－11，esp. 78。

⑨　《管子》一书成书于公元前1世纪，但书中的材料来自公元前5世纪。《管子》中的一章就叫"地图"，似乎出自已佚兵书，其年代晚。英译本见于W. Allyn Rickett，trans.，Guanzi：Political，Economic，and Philosophical Essays from Early China（Princeton：Princeton University Press，1985－），1：387－91。一些注解者认为"地图"也可以指地形（这种用法很少且不仅用于此）。标题所称的"地图"可能并非仅限于地图。实际上，本卷还包括地形和许多术士们关心的内容，尽管里基特（Rickett）并没有对英译"maps"一词表示过怀疑，见他在该书第389页的评论。

如本册的作者们所阐述的那样，问题不单存在于语言方面，也存在于文化习惯方面。在中国，地图图形与文本信息是一体的，并不总是可以将二者分离，这是一个我们以后还要谈到的重要论点。

内　容

有关东亚的第3—14章采用了这套《地图学史》中特有的对地图的宽泛定义。它们包括不同的地理地图，关注中国、朝鲜半岛、日本和越南地图的宇宙和宗教意义，以及中国、日本和朝鲜半岛的星图。有关中国地理地图的各章对中国地理地图做出了引人注目的新颖解读。这种解读对于地图学史所具有的潜在的巨大价值，尚需更全面的论述与考证。要想理解中国部分的观点何以是一个新的起点，有必要停留片刻，回顾一下中国地图学的研究历史。但是我们必须强调的是，本卷的其他内容在很多方面也有很强的创新性，体现了这套丛书全新的视野和关注重心。

地图学的研究史

西方关于东亚地图学史的研究仅发轫于20世纪之初，以沙畹（Chavannes）的一篇文章为起点。[⑩] 这篇精彩的文章发表于河内，研究了当时存世最古老的两幅中国地图的绘制背景，但几十年来，这篇文章并没有引起欧洲地图学史研究者的重视。沙畹可能是那个时代最伟大的汉学家，当然也是见识最为广博的一位，但他主要不是用这幅地图去阐述宋代文化，而是将注意力放在制图精确性的问题上。他的继起者们也是如此。

在中国，17世纪以来，考据学家对古典遗产进行了大量的批评研究，这些人对古地图的好奇并不亚于其他古物遗存。[⑪] 现代的（地图学史）研究则始于1911年发表于《地学杂志》的两篇文章。[⑫] 王庸的专著《中国地图史纲》（1958）大体上界定了这一研究领域，但后来又出现了一本新的地图学通史，部分地取代了王庸的著作。[⑬]

现在已经有几位（东亚地图学史方面的）专家，除了本册各章的几位作者，最有名的 28

---

⑩　Edouard Chavannes, "Les deux plus anciens specimens de la cartographie chinoise," *Bulletin de l'Ecole Francaise d'Extreme-Orient* 3（1903）：214-47. 更早关于这一论题的著述如 William Huttman，"On Chinese and European Maps of China," *Journal of the Royal Geographical Society* 14（1844）：117-27，见解不够高明。

⑪　例如，胡渭在1697年复原了一幅《禹贡》地图；见其所撰《禹贡锥指》，见阮元、严杰编《皇清经解》（撰于1825—1829年）卷27，页53下。

⑫　张怡：《中国古代地图之比较》，《地学杂志》2，No. 5（1911）：1—8；陶懋立：《中国地图学发明之原始及改良进步之次序》，《地学杂志》2（1911）：No. 11，1—9，13，19。

⑬　王庸《中国地图史纲》（生活·读书·新知三联书店1958年版）。本书是根据王庸《中国地理学史》（1938年；重印本，台北：商务印书馆1974年版）中的两章改定的。本书的4章已译成英文，见 Donald J. Marion，"Partial Translation of *Chung-kuo ti-t'u shih kang* by Wang Yung；A Study of Early Chinese Cartography with Added Notes, an Introduction and a Bibliography"（M. A. thesis, Graduate Library School, University of Chicago, 1971）。近年有卢良志《中国地图学史》（测绘出版社1984年版）。本领域最完整的参考文献见于严敦杰编《中国古代科学论文索引（1900—1982）》（江苏科学技术出版社1986年版）第127—132、907页，截至1982年，共收入79条文献。西文出版物或东亚其他地区的出版物则须参考更多的书目。

是中国的曹婉如、美国的徐美龄（Mei-ling Hsu）、日本的船越昭生（Funakoshi Akio）和韩国的李燦（Chan Lee）。他们与本国的地图学或地理学先辈持有相同的观点，那就是，将古代的地图制作者视为现代地图制作技术的前身（特别是在中国科学史讨论方面）。东亚不止两代学者，一直致力于查阅和整理文献，将它们介绍给地图学家或其他方面的读者群。他们将这些文献视为独一无二的研究对象，只是偶尔涉及文献与社会网络的相关性。随着科学史研究机构的普遍增设，以及 20 世纪 50 年代以来重要考古发现日益频繁的出现，这种以古物学和文献学为主的成果也日渐增多。

将古代地图学视为现代技术孕育者的实证主义观点至今在中国、日本和韩国仍占主流。⑭ 文献学工作质量越来越高，为已有的（历史）记录不断增添重要资料，但（对这些工作）的评价倾向于强调其资料性和"工作成就"。这一点在中华人民共和国成立后尤其如此，从官方史观看来，科学无疑是一种进步的力量，民族主义的需要也促使历史学家（致力于）发现中国科学的领先程度。由于科学主义的存在，地图所包括的地理信息、比例尺精度以及地图符号的细化程度自然会成为关注的重点。很少有人关注（与地图相关的）社会经济、美学和道德向度。对于第 8 章中约翰·亨德森所揭示的抽象宇宙图示的历史重要性，或佛教、道教活动中十分重要的意象空间地图，更是无人问津。（见原书第 11 章关于日本佛教以及第 15 章关于西藏佛教的内容）。

在西方，对这一领域最重要的探索来自李约瑟（Joseph Needham），他的研究在东亚也影响不小。他撰于 1959 年的、长达 60 多页的论文，题为《东方与西方的计量地图学》（*Quantitative Cartography in East and West*）。（正如标题所示）这篇文章也照例带着实证主义与进步主义的倾向，而且文中的"东方"讲的就是中国。但是这篇文章在几个方面是有开创性的。李约瑟将其研究根植于对科学与文明的通盘考察。他的文章着重（将中国）与欧洲地图的绘制进行充分的比较。李约瑟的科学观包容性很大，他将宗教性宇宙观、东方与西方整合到他的探究中，尽管他并没有在这方面进行深入的研究。他对具体传播路线的好奇还引导他探索伊斯兰世界作为东西方交流的媒介作用。⑮

余定国在下文中指出了李约瑟论证中存在的根本缺陷，即认为自汉代以降，至中国制图活动为欧洲方法所取代的 17 世纪，中国的计里画方一直在稳步发展。李约瑟的文章显然是精心组织和言之有据的，旨在鼓励那些有可能验证并且超越其观点的其他研究，同时为这些研究提供便利。在这一点上，他的研究堪称成功。作为博学之作，直到写作本卷时，在某些重要的方面，李约瑟的这篇文章仍然是不可替代的。本卷的内容，不仅订正了这一先驱性著作中的一些诠释性错误，而且用一种更加便利的方法代替了它那种存在问题的研究。

地图学的手段与目的

在本卷中，好几位人文背景的作者对于将地图绘制视为绝对科学和技术的观点提出了挑

---

⑭　未知越南目前有哪些地图学史方面的研究以及出版了哪些研究成果。

⑮　Joseph Needham（李约瑟），*Science and Civilisation in China*（Cambridge：Cambridge University Press，1954 – ），Vol. 3，with Wang Ling（王铃），*Mathematics and the Sciences of the Heavens and the Earth*（1959），525 – 90.

战。正如余定国所说："欲认识中国传统的地图学，必须立足于其科技、艺术、文学、政府、经济、宗教和哲学的历史，——简言之，就是制作地图制所涉及的广博的领域"（见原书第228页）。显然，这并不是说要清除或降低地图制作中的技术向度。余定国只是将技术当作观察一幅宏大画面的向度之一。因为没有全面的视角，任何一种向度都将失去意义。

地图必然会或多或少地准确展现空间，以作为人们探索世界的向导。但正如余定国在下面指出的那样，事实上，中国地图学"与绘画和诗歌有着相同的美学原则"，这一美学原则与度量技术一样（原书第164页），足以成为地图学史的研究主题。要不偏不倚地考察地图在历史上的位置，就不能厚此薄彼。同样值得思考的是地图的功能，它们或用于教育，或用于美学鉴赏，或表达情感状态，或表现权力，或解决争端，或象征受降或臣服，或打造不朽声名。余定国认为应该研究所有这些功能，他不只是说说而已，他还通过例证说明如何具体研究这些功能，其他人也在不同程度上做到了这一点。

在全面考察地图绘制功用的过程中，余定国一再指出将地图学视为技术进步产物这一带有感情色彩和一厢情愿的想法。与前人不同的是，他并没有撇开下面这些重要的事实：现存11世纪以前的地图少之又少，据此不足以对公元后一千年来的地图绘制实践做出总结，对于更早的时代更是如此；地图上常见以立面展现的山脉和建筑，甚至一些精致的平面地图也不例外；一幅地图上采用同一连续比例尺的情况纯属例外；中国地图上的方格并不是基于坐标系统，而主要是为了便于估算点与点之间的距离；即便如此，在19世纪官方主持绘制的地图上，计里画方也仍然没有成为制图之规范（norm）。相反地，他将这些特点视为宝贵证据，用来确定地图学在其赖以产生的文化中的位置。因此，他一劳永逸地纠正了这个常见的谬论，即认为看重文学、艺术和仕途的文化不能促进技术成果的产生。

我们相信，没有人会否认，在比较两种文化的（地图学）成就之前，应该首先理解它们各自所处的环境。但是事实上，这样的工作尚未进行过，因为它要求研究者成为余定国所说的那种博学之士。余定国与另外几位作者所做的示范无疑会给其他研究者带来鼓舞。

约翰·亨德森在第8章中关于宇宙图式的讨论也具有创新性。他与余定国一样，对于帝制中国两千年来的发展变化，也怀有一种强烈的感知。他的写作为非地理地图（nongeographical maps）提供了一种讨论的模式。他对富有哲理的宇宙论的审视，与第二卷第一分册第15章中约瑟夫·E.施瓦茨贝格所展示的印度宇宙图式中想象的华美图景构成有趣的对比。在本册中，海野一隆与施瓦茨贝格揭示了日本和藏传佛教所构想的心灵宇宙图景（Buddhist visions of the spiritual macrocosm）。理查德·斯蒂芬森和宫岛一彦都是天文史学家，他们为中国、日本和朝鲜的星图提供了大量可靠的信息。伽里·莱德亚德对朝鲜地图学的考察，关注塑造地图学的文化与社会详情，也关注朝鲜地图学与中国和西方的互动。约翰·惠特莫尔则提供了在现有政治环境中可以获知的有关越南地图学的些许信息。

文本与地图

本册得出的另一个令人吃惊的结论是，在中国的传统中，地图并不总是研究地图学史的合适单元，很大程度上整个东亚也是如此。这个结论自然是认真审视东亚地图特性的结果——摆脱了狭隘视野的学者无一不会得出这样的结论，眼界狭隘则使许多科学史家将解释中国的落后性当作自己的任务。余定国及其同仁做出了扎实的个案研究，他们认为造成东亚地图之局限性的原因出于这样一个事实，即这些地图并不是单独使用，而是必须结合文本来使用的。人们常常发现，这些地图几乎不包含什么量化信息。当然，在某些情况下是由于制图者无法给出量化信息，但在另一些情况下则是有意为之，即仅以地图快捷表达空间关系，一旁附以文字说明，逐一详尽列举距离与方向。地图主要是文字描述的补充，这一点即便在晚期的地方志上也十分常见，因此这样的地图不需要比例尺。

熟悉东亚艺术的人都知道，绘画与书法、刻画与书写所用的方法、材料、体态语言以及审美（原则）都是相通的。显然，一经余定国点破，我们就发现，绘画与地图之间并没有一条严格的界线，甚至二者的画法也是如此。制图在过去并没有成为一个专业领域。任何一位地方官，只要需要，都可以绘制出一幅像样的地图，因为他曾经接受过书法和绘画方面的训练。如果要制作一幅新地图，而不是采用旧的档案，他的手下则可能外出考察，承担搜集信息的工作。这些人中可能有一位画家，但没有证据表明曾经有过专业的绘图人员，即便在中央政府内也是如此，除非实施某些特殊的项目，这时才有必要组织专门的人员。

30　　当然，对于一位没有相当经验的学者来说，达到绘制地图所需要的技术要求也并非易事。但是，只要能够将观看风景画（或者风景诗中的书法作品）的主观经验与对地方的描述融会贯通，那么，绘图者乐意将立面表现的山水与自上而下的俯瞰结合起来就不足为奇了。另一个常识是，由于中国地图的绘制通常采用多个视角，焦点透视所能发挥的作用便受到了限制。本册各章澄清了所有这些问题。我们从中得知，重要的不仅仅是看地图，而是分析地图图形与地图图例，以及地图与其所附文字说明的互动关系——更多的时候，不是文字附于地图，而是地图附于文字。

我们还将认识到，塑造东亚地图学的力量远不是完全来自中国。本土的制图实践以及来自各地的竞争性影响因素都使各国地图表现出显著的差异。

如我们上面所谈到的那样，中国的计里方格（grids）主要用来估测距离，但是在朝鲜，1791 年出现的第一套计里方格成为国家制图标准。此时，朝鲜的全国地图经过一两代人的发展，有了固定的比例尺、方向以及适用于全国的统一的计里方格，总体上减少了文字说明。在此基础上，19 世纪绘制出两幅以计里方格坐标为主的地图。这两幅地图的制作者是金正浩（Kim Chongho），他将计里方格按层（rank）与版（files）进行编号，便于读图者定位地点，同时期绘制全国地图的中国人无一能在技术上与之匹敌。其他人在绘制（朝鲜）地方地图时，也采用了与金正浩相同的坐标系统。

某些思想发源于一种文明，却在另一种文明中被创造性地利用，类似的例子不胜枚举。选址术［siting，或曰"风水"（geomancy）］研究一种极为重要的物质——气在大地上不同高程的流动，以便在动态平衡中选择居室或墓葬的建造地点。风水术起源于中国，但只有朝鲜人以风水构建全国地图。另外，明朝只将来自伊斯兰的资料用于绘制"大明"地图，而朝鲜人却用这些资料绘制出一幅真正的世界地图——《混一疆理历代国都之图》（Kangnido）。

海野一隆的文章澄清了日本佛教、神道教文化与将官僚主义和儒学正统相结合的中国、朝鲜文化在地图学上的深刻差异。另外，17 世纪以降，商人促成了日本城市及周边地区地图绘制的商业化转型。拥塞路衢的旅行者可以从数十种竞相叫卖的路线图中选择所需，这些地图都呈现五彩斑斓的江户风格。在中国和朝鲜，地图绘制很少与探险挂钩，但日本幕府委托的绘图者却能艰难地航行一程又一程，最终勾勒出北海道和库页岛（Sakhalin）的轮廓。我们对越南地图学有了足够的了解后也会发现，它同样是独具特色的。

欧洲地图学方法和概念对中国的影响其实极为有限，这是一个曾经被一厢情愿的思维所蒙蔽的认识。在17世纪早期这一满人入关、开启清朝统治的特殊时期，耶稣会士表现出他们在预测日食技术上的高超之处，因此很快接管了钦天监。传教士之所以能取得成功，是因为他们以及清朝皇帝对于什么是更高明的预测，有着同样简单的看法。

但是对于什么是最好的地图，他们并没有达成共识。中国的制图者并不觉得自己的使命在于通过严格的几何程序，将一个球状的地球投影到一个平面上。他们并不曾见到过由经线和纬线分割的地球，尽管在传教士到来之前，他们已经对经纬线之类概念耳熟能详，因为当时的数理天文学已用到黄道（ecliptic）和赤道坐标（equatorial coordinates），只是没有什么理由让他们将其投影到地面。运用到天文预测中的基本数学方法并不强求他们认定地球是平的、圆盘状的，还是球形的。说这些制图者确信地球是平的也并不准确，因为他们在工作中不会遇到这样的问题。他们只是简单地做着一件事，好似将一些点从一个很大的平面转移到一个较小的平面而已。

第七章用一种新颖的眼光审视了17世纪以降的中国地图，并说明它们受到西方新方法的影响是多么微不足道，尽管欧洲人1718年基于北京的本初子午线绘制的全国地图集代表了当时的最高水准。余定国指出，由于18世纪的耶稣会士绘制的地图严格采用标准化的比例尺，这些地图不再需要列举表示距离的文字说明。它们是中国地图中最早基本独立于文字的地图。而沈括在11世纪曾经夸口，必要时可以根据文字说明复原他所制作的中国地图，因为他所画的地图附带有地理说明书。

但是耶稣会士地图集并没有给各省和地方的制图活动带来改变，即便是晚期的官方地图也没有广泛采用经纬网（graticule）和比例尺。地方政府的地图绘制也没有出现任何标准。具有现代思想的人在传播关于世界各地的信息时，其地图信息也不是最新的，除非从国外的出版物上直接复制的地图。这些人的目标只是为了改良政策，而不是为了绘制地图。混杂了绘画模式的地图直到20世纪还普遍存在，宗教与巫术地图的流行也没有受到妨碍。考虑到帝制时代末期中国与欧洲价值观之间的差异，尤其是纯技术标准在各自价值观中的不同分量，也就不难理解上述现象了。

欧洲的制图方法对朝鲜也几乎没有什么影响，但对日本影响很大。尽管德川幕府统治时期严格规定禁止与外国接触，但西方地图还是被源源不断地输入和复制，而且销路很广。日本人对海图情有独钟，他们在葡萄牙人制作的原图上添加新的数据，并借助这些海图航行到东南亚。这些海图甚至变成文化图标，用作文凭授予即将结业的海员。

以上各国（对西方文化）反应与吸收的差异产生了一系列与文化互动相关的问题。循 31 着这一方向追索，或许可以发现一些东西，它们胜过诸如"发展"和"技术转移"等时髦概念。这些概念总是假定，自取灭亡的非理性造成（某些地区的）"无发展"或"发展水平低下"，使之无法沿着美国式道路达到应许之地。

余 论

或许有些吊诡的是，从超越科学的更广阔的视野看待地图绘制，反而会将地图学史带入科学史的主流。后者的领域在近些年已经断然摆脱了着眼于技术概念的狭窄视角以及 50 年前的标准做法，不再为无止境的进步论假想感到焦虑。现在，科学史家比以往更擅长解释各种价值观如何渗透于（科学）理论，科学实践与它之外的人类活动存在哪些共通之处，以及解释为何运用新知识的益处与风险是共存的。

同样令人感到兴奋的是，以这种大胆无畏的全新眼光审视古代地图，对于地图学史的其他领域也有着启示作用。余定国注意到，中国地图总让人嗅到"权力、责任与情感"的气息。在这个层面上，中国地图在人们心目中是缺乏个性的。的确，这种气息存在于所有（中国）地图中，无论地理地图、宇宙论地图还是宗教地图。这种气息在它们之间只有表现形式与程度的不同而已。

本书的研究表明，只有同时对地图的精度与诉求保持敏感，检讨地图的每一种维度与关联，才有可能更为充分理解包括我们这个时代在内的各个时空的地图学。还有一些零散的地图，尚需像本书中的这些地图一样，得到更为详尽的介绍和精心考察。还有多少古地图有待发现，只能留待想象和向往。本册的作者们通过富有说服力的论证阐明，仅用古物学方法或技术方法研究古代地图，只能使我们误入歧途。只有对所有证据进行更为深入的研读，才能使我们避开死胡同。这些作者告诉我们，给地图学一个更为宽泛且基于其历史的定义，我们将从中获得巨大的收益。

中国地图学史

第三章　重新解读中国传统地理地图[*]

余定国
（Gordell D. K. Yee）

在本章和接下来的 4 章中，我的兴趣将放在中国传统的地理地图——19 世纪晚期和 20 世纪早期西方化之前中国人绘制的地图。在研究这一课题时，我们首先要牢记的是，学术界过去采用的分期方法是不尽如人意的。人们习惯以中国统治家族的兴衰作为分期标准。这一做法可能有助于组织与政治制度史有关的材料，正如我们在接下来的章节所见到的那样，地图学史也的确与政治制度史紧密关联，不过地图学的发展并不与王朝变迁完全平行和同步。但是在过去，地图史学家却总是试图将地图学与王朝的变化绑定在一起，这种方法是有误导性的。例如，王庸，这位研究传统中国地图的先驱，曾经宣称，唐代（618—907）的地图学（水平）超过宋代（960—1279），尽管实际上没有任何唐代的古地图流传至今。[①] 另一些论著也曾有过类似的论断：如认为元代（1279—1368）和明代（1368—1644）代表中国地图学发展的高峰。还有人根据现有的资料，认为科学的地图学肇始于 3 世纪或者西汉时期（公元前 206—25）。鉴于目前只有少数几件作品能够满足我们对公元 1—10 世纪地图学的兴趣，上述说法似乎过于自信了。提出这些论断，至少带着两个前提：其一，历史最好被视为跨越不断抬升的一系列高峰的某种进步的过程；其二，作为这一进程必然结果的地图学史，最好被视作某种不断向数理化或定量化推进的运动并越来越接近地图学的现代形态。

在本书中，我打算对这些前提提出质疑，本书组织材料的方式本身就是质疑的结果之一。在本书的大部分章节中，我选择按主题安排材料。我认为这是检验地图和其他资料中存在问题的最好办法。但是，倘若我们头脑中一直不自觉地保留着王朝时间框架，就会妨碍对这些问题进行质疑。当然，这样的安排也并非没有缺憾。按主题进行组织，其不利之处在于，容易丢失清晰的时间感，同时也不利于保持叙事的力度与方向感。关注思想或主题，还存在忽视地图本身的风险。由于对作品的详细描述可能打断论证的连续性，至少使读者较难跟进。因此，在接下来按主题划分的各章中，我仅在论证需要时，才会详细介绍（地图）作品。

---

[*] 感谢凯文·考夫曼（Kevin Kaufman）和《地图学史》的合著者在撰写本章过程中给予的帮助。

[①] 王庸：《中国地图学史》，1938 年；台北：商务印书馆 1974 年重印版，第 70、74 页。沙畹也有过类似的主张，他说地图学的进步是在唐代取得的。见 Edouard Chavannes，"Les deux plus anciens specimens de la cartographie chinoise," *Bulletin de l'Ecole Française d'Extrême Orient* 3 (1903)：214 – 47，esp. 244。

不按年代顺序，也不多介绍地图内容的做法可能会令一些读者感到失望，特别是地图收藏家和地图编目者，因为这正是他们的兴趣所在。为了有所弥补，在这篇导论中，我打算详细介绍相关古地图，使读者对古代地图产生一点时代序列感。

我们应该记住，就某种重要意义而言，迄今并未撰成一部中国地图学史。古地图的著录存在巨大的缺环。例如，几乎找不到任何东汉（25—220）和 9 世纪末期之间的存世地图，明清时期（1644—1911）则恰恰相反，其问题在于地图的数量实在太多。这两个时期主要的地图资料超过了以往所有朝代的总和。除了宫廷档案和数以千计的方志地图外，众多的奏折与其他文献材料中也发现了大量明清行政机构使用的地图。因此，这方面存在很大的研究空间（见附录 3.1）。

14 世纪以前的存世地图数量较少，因此本章对之详加介绍。对于此后各个时期的地图，只作选择性介绍。因此这一时期的地图，特别是清代的地图，在后面考察中国地图的西方化时，还会有更全面的讨论。

本章中对地图的描述并不仅仅是为了展示古地图，或者出于编年的需要。这些都是次要的目的，主要的目的则是引入接下来各章中准备纵深探讨的主题与问题。为此，我将提到一些古地图和相关文献，说明它们如何引发地图史学家关注的核心问题，而这些问题在很大程度上是被以往的研究者忽视的。

中国的地图绘制：一种数学传统？

以往对中国传统地图学研究方法具有一种明显趋同的特点，总是试图将中国地图学解读为一种数学或量化传统，即关注比例尺、程式化的抽象符号以及规划、行政管理和军事等实用功能。如此理解的地图绘制至少有两个方面是数理的。其一，它不仅包括了量化，而且将地形要素缩简为有助于表达量化信息的符号。其二，这些地图的制作目的通常涉及数学的运用。倘若中国的地图绘制是以比例尺、抽象符号和实用功能为特征的，那么人们就会认为它构建了一套理性的地图学法则，或者说建立了地图科学。现有的研究论著认为，中国至少在西汉时期就已形成了科学的地图学，一直发展到清代早期中国地图学走向欧化。这种认为中国地图学存在一个连续发展的数理传统的论断，很大程度上是根据少数几种文献和少数几幅地图做出的，其中著名的是 1136 年的《禹迹图》（意为大禹的踪迹，大禹是传说中著名的治水帝王），沙畹（Chavannes）称之为"长期科学演进的结果"[2]。在近期的学术研究中，新近的考古发现也强化了这一论断。根据对中国传统地图学的数理或量化解读，研究者认为这些古地图体现了一种虽然不算成功，但大体按比例尺科学地绘制地图的尝试。我们接下来将对这解读的论据进行批判分析。首先我想展示一下用来支持这种解读的古地图及其文献依据。

最早的一幅地图，没有标题，但中国的研究者称之为《兆域图》，由于"图"这个字的意思比较模糊，因此这幅图可以被当作一幅陵墓地图或者是一幅规划图。这幅图发现于 1978

37

---

② Chavannes，"Les deux plus anciens specimens"，第 236 页（见注释 1）。

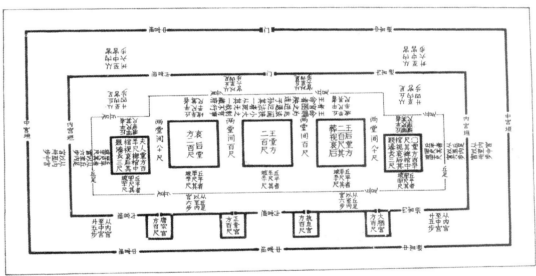

图 3.1 《兆域图》青铜版

地图上的注记以尺和步为单位给出了陵园的规模。一般认为 1 尺相当于 22—25 厘米，一步的长度在 5—7 尺之间。下方是以现代汉字标示的复原《兆域图》。原青铜版用的是古代书体。

原件尺寸：48×94 厘米（厚约 1 厘米）。经北京中国图书出版公司许可。复原图出自曹婉如等主编《中国古代地图集（一）》（文物出版社 1990 年版），图 3。

年河北平山县发掘的一座墓葬中。③ 这座墓是战国时期（公元前 403—前 221 年）的一个小国中山国的国王譽之墓。他下葬于公元前 310 年前后，因此，《兆域图》的年代不迟于公元前 4 世纪。④

---

③ 对这一发现的报道最早见于河北省文物管理处《河北省平山县中山国时期中山国墓葬发掘简报》，《文物》1979 年第 1 期，第 1—31 页。

④ 傅熹年：《战国中山国王譽墓出土的〈兆域图〉及其陵园规制的研究》，《考古学报》1980 年第 1 期，第 97—118 页，特别是第 97 页。

　　该图铸于一块青铜版上（图3.1）。图上方为南，有人认为它表现了一个191×414米的带围墙的区域。⑤ 这是一幅平面地图，其上用嵌金或嵌银的丝线标出5座祭堂，4座较小的建筑，内外两重墙体以及坟茔底部轮廓线。5座祭堂原计划筑于王𡢁、两位王后以及其他两位王室成员的陵墓之上。平山遗址已经发掘出两座墓，即王𡢁墓和哀后墓。另外三座墓并没有建成，显然是因为国王下葬后几年，中山国就为他国所灭。⑥ 所有这一切表明，《兆域图》是营造规划图而不是表现实际建筑的地图。

　　图上的文字注记中有一条中山国王颁布的诏令。诏令称规划图"其一从（葬），其一藏府"⑦，以此知该图得以存世的原因。注记还提到图中所示各地物的名称，同时给出了相关建筑的尺寸以及各个建筑之间的距离等数据。

　　另一组现存古地图由7幅地图组成，系墨绘于4块木板之上（图3.2—图3.4）。其中6幅地图绘于3块木板的正反面。这组地图于1986年发现于甘肃天水放马滩林场，随葬于一座

38

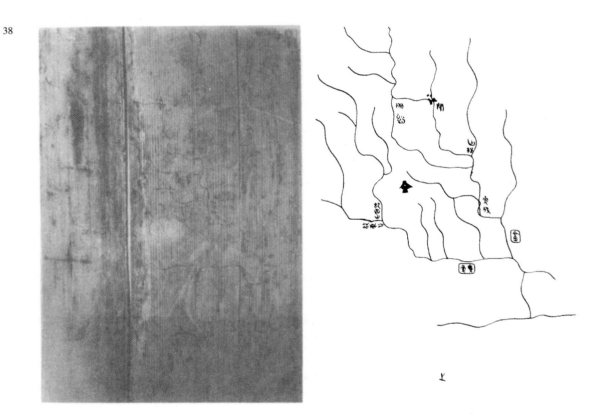

图3.2　放马滩地图，第一块木板B面

　　放马滩发现的这幅地图上表现的主要是线状地物：山脉、河溪和道路（见右侧的复原图）。地图上还一些其他地名。

　　原件尺寸：26.7×18.1厘米。经文物出版社许可。复原图出自曹婉如等主编《中国古代地图集（一）》（文物出版社1990年版），图13。

---

⑤　杨鸿勋：《战国中山王陵及兆域图研究》，《考古学报》1980年第1期，第119—138页，特别是第127—129页。

⑥　刘来成、李晓东：《试谈战国时期中山国历史上的几个问题》，《文物》1979年第1期，第32—36页，特别是第33页。

⑦　河北省文物管理处：《河北省平山县战国时期中山国墓葬发掘简报》，第5页（见注释3）。

39

图 3.3　放马滩地图，第三块木板 A 面

　　下方为复原图。原件尺寸：18.1 × 26.5 厘米。经文物出版社许可。复原图出自曹婉如等主编《中国古代地图集（一）》（文物出版社 1990 年版），图 5。

40

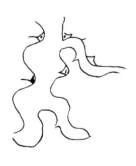

图 3.4　放马滩地图，第三块木板 B 面细部

　　这个细部大约占整块木板的四分之一（右边为复原图）。

　　原件全尺寸：18.1 × 26.5 厘米。经文物出版社许可。复原图出自曹婉如等主编《中国古代地图集（一）》（文物出版社 1990 年版），图 9。

公元前 239 年的墓葬中，墓主是一位名叫"丹"的秦国军官。⑧ 绘有地图的木板厚度都在 1 厘米左右，宽度 26.5—26.8 厘米，高度 15—18.1 厘米不等。这些地图描绘的是同一地区的各组成部分，这是一处叫"邽县"的古代政区。研究者认定地图描绘了渭水谷地以及跨越秦岭的渭水支流。包括放马滩墓地在内的这一地区，控扼由西边进入秦国心脏地带的交通线，是一处防御性关隘，战略位置十分重要。地图用墨线展示了河流及其支流，并用文字注记标明冲沟、关隘、交通检查口以及用各种各样的树木，包括松树、冷杉、雪松以及橘树。方框内标有聚落名称。各图覆盖的区域有重叠，对某些地物和地点的描绘也存在差异。⑨ 与《兆域图》一样，这批木板地图也带有关于距离的文字注记，但是并没有说明是哪些点之间的距离。地图上没有标明方向。一幅地图上的注记说明哪一面是地图上方，有人发现上方正好是北向，但另外的几幅地图的方位各不相同。

放马滩的另一个发现也值得一提。在一座断为公元前 179—前 141 年（前汉）的墓葬中，棺内墓主胸部发现了一片残纸（图 3.5）。报告中说纸片为黄色（图 3.5），其上用黑线展示了山脉、河流和道路。由于这张残片太小，无法确指它所描绘的区域，很可能就是比它更早的放马滩地图上所展示的渭水河谷地区。⑩

放马滩地图残片大致与 1973 年发现于湖南长沙市郊的马王堆汉墓所出三幅丝帛地图年代相侔。后者描绘了长沙国的部分地区。西汉早期的长沙国疆域包括今天的湖南以及湖南与广东、广西交界的部分地区。墓主显然为一位王国高级官员。⑪ 他葬于公元前 168 年，那么地图的绘制年代肯定早于这一年。

三幅地图中的一幅发现时已成碎片，这使得解读工作变得十分困难（图 3.6）。地图上半部有一个填满斜线的不规则形封闭区、一条黄线、几个方块和长方块。由于地图有缺裂，

---

⑧　对这批地图的介绍最早见于：何双全《天水放马滩秦墓出土地图初探》，《文物》1989 年第 2 期，第 12—22 页。这里采用的年代系根据何双全对墓主身份的分析。这些记录写于 8 支竹简上，何双全在《天水放马滩秦简综述》（《文物》1989 年第 2 期，第 23—31 页，特别是第 28—29 页）一文中转录了这些竹简。记录表明，（墓主）丹曾是一个军官并参加过北方的战争。他用箭伤及他人，射中面部，然后（畏罪）自杀。他被埋葬在城外，三年后死而复生。竹简上的记录提到了某个年号，但不能肯定在哪个王当政时。记录也提示统治者至少执政了十年，通过排定秦国执政时间至少有十年并且发动对北部战争的国君，可以如何双全所言，将墓葬的年代定为公元前 239 年以前。见张修桂《天水〈放马滩地图〉的绘制年代》，《复旦学报》1991 年第 1 期，第 44—48 页。

⑨　对于地图上各图像之间的关系，尚有不同的解读。何双全认为，6 幅地图可拼合成一幅该地区的总图。曹婉如则认为，其中一幅地图，即何双全放在拼合图中心的地图，是一幅本地图的总图，其他的则是该地区的局部地图。见何双全《天水放马滩秦墓出土地图初探》第 14、16 页（见注释 8）；曹婉如《有关天水放马滩秦墓出土地图的几个问题》，《文物》1989 年第 12 期，第 78—85 页，特别是 80；同上，《放马滩秦墓与马王堆汉墓出土地图比较》，《中国科学技术史国际学术讨论会论文集》（中国科学技术出版社 1992 年版）。

⑩　对这件物品的解读一直存在争议。它绘制于什么年代以及是否确实是一幅地图，也一直没有定论。本文的叙述根据甘肃省文物考古研究所、天水北道区文化馆《甘肃天水放马滩战国秦汉墓群的发掘》（《文物》1989 年第 2 期）第 1—11 页，特别是第 9 页。陈启新和李新国对这件物品的断代及其作为地图的结论提出质疑，他们认为这件东西可能是腐朽后掉到木棺里面的，还认为纸上的黑色线条可能是木棺所绘黑彩所染。见陈启新、李新国《出土类纸物非蔡伦发明以前之纸》，《中国造纸年鉴》卷 8，1990 年，第 722 页。在同一种刊物上，王菊华也对这件纸质物品的断代提出质疑，但并没有质疑它是否是一幅地图，见王菊华《造纸术发明家蔡伦》（《中国造纸年鉴》卷 8，1990 年）第 156—163 页。值得注意的是，最后两篇文章的作者，并不是在第一手观察后做出的结论。

⑪　发现这批地图的马王堆三号墓据信为长沙国丞相、轪侯利苍之子。利苍在公元前 186 年葬于马王堆二号墓。一号墓为利苍妻之墓，她葬于公元前 168 年以后不久。利苍的儿子生前可能当过将军。

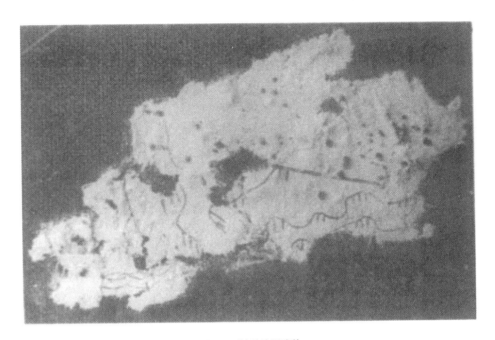

图 3.5　纸质地图残片

发现于放马滩，残片断代为公元前 179—前 141 年。

原件尺寸：2.6×5.6 厘米。经文物出版社许可。

41

图 3.6　马王堆出土的汉代帛书地图

　　这幅地图于 1973 年出土于长沙马王堆三号墓，与《导引图》绘于同一幅丝帛上。由于地图破损严重，释读十分困难。地图左下部似乎展示了一座城池（见图 3.7）。

原件尺寸：48×48 厘米。

图片由北京中国科学院自然科学史研究所曹婉如提供。

并不清楚这些符号代表什么地物。地图的下半部展示了一座带内城和外郭的城池（图3.7）。⑫

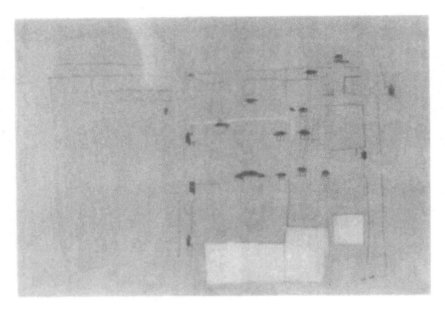

图 3.7 汉代帛书地图细部

这是图 3.6 中的地图下方中间部分的摹本。地图上画出了城市的外郭，其尺寸为 18.8×20 厘米。

图片由北京中国科学院自然科学史研究所曹婉如提供。

另外两幅地图保存状态略好。研究者对之进行了复原并公布了对它们的详细情况。⑬ 两幅地图的方向都是上部为南。其一表现长沙国南部，被称为"地形图"，因为这幅图强调山区和河道（图 3.8 与图 3.9）。图上没有给出山脉名称，但可以确认河流以及县治名称。这幅地图是用植物彩料绘制的。另一幅，即第三幅地图（图 3.10 和图 3.11）被认为表现了"地形图"中的地形，具体而言就是最南边的地形。由于这一地区与汉朝藩属国南越国接壤，因此军事意义非常重要。由于图中表现了许多军事设施和指挥部的地点，因此第三幅地图被认为具有军事用途，故有人称之为"驻军图"。这幅地图在色彩运用方面十分突出：

---

⑫ 这张地图的内容采自韩仲民的叙述，见曹婉如等主编《中国古代地图集（一）》（文物出版社 1990 年版）第 12 页。韩氏推测这幅地图大体上展示了轪侯利苍的陵墓与陵城。曹婉如则认为这幅地图描绘了长沙国南部的城镇。见 Cao Wanru（曹婉如）， "Maps 2000 Years Ago and Ancient Cartographical Rules," in *Ancient China's Technology and Science*, comp. Institute of the History of Natural Sciences, Chinese Academy of Sciences (Beijing: Foreign Languages Press, 1983), 250 – 57, esp. 251。

⑬ 有关这批汉代帛书地图的内容大部分出自以下研究：马王堆汉墓帛书整理小组《长沙马王堆三号汉墓出土地图的整理》，《文物》1975 年第 2 期，第 35—42 页；《马王堆三号墓出土驻军图整理简报》，《文物》1976 年第 1 期，第 18—23 页；谭其骧：《二千一百多年前的一幅地图》，《文物》1975 年第 2 期，第 43—48 页；詹立波：《马王堆汉墓出土的守备图探讨》，《文物》1976 年第 1 期，第 24—27 页。英语世界对这批地图的研究，见于 A. Gutkind Bulling, "Ancient Chinese Maps: Two Maps Discovered in a Han Dynasty Tomb from the Second Century B. C.," *Expedition* 20, No. 2 (1978): 16 – 25；Mei-ling Hsu（徐美龄）, "The Han Maps and Early Chinese Cartography," *Annals of the Association of American Geographers* 68 (1978): 45 – 60; and Kuei-sheng Chang（张桂生）, "The Han Maps: New Light on Cartography in Classical China," *Imago Mundi* 31 (1979): 9 – 17。

42

图 3.8　马王堆"地形图"

这幅地图和图 3.6、图 3.10 中的地图都是汉代地图，它们发现于一只漆盒中。原本折叠的地图经过长期埋葬后，折痕附近已经朽烂。部分折叠的图面粘在一起，使得复原工作十分困难。这幅地形图是由 32 块残片拼成的。根据图形的方向，上部为南。

原件尺寸：96×96 厘米。经文物出版社许可。

与军事相关的地物、道路以及部分聚落，用红色表示；河流与小溪用淡青色表示；其他地物和文字用黑色表示。地图上还有文字注记。有些聚落还标出了与其他聚落之间的距离以及聚落内房屋的数量。

以上介绍的所有地图都因其"现代性"特征而受到重视。这些地图的展示模式似乎具有平面图的性质，其描绘方式则趋于程式化，例如，对聚落、山脉和树林的描绘。因此，这些古地图被当作为按比例尺绘制地图的实例。文献中也不乏这方面的证据，如天文历算著作《周髀算经》（约成书于公元前 200 年）就描述过变换比例尺对地图尺寸的影响："凡为此图，以丈为尺，以尺为寸，以寸为分。分一千里，凡用缯方八尺一寸。今用缯方四尺五分，分为二千里。"[⑭] 现代学者倾向于根据此类提及比例尺的文献来解读汉代和汉代以前的古地图，他们竭力使人相信，按比例尺绘制地图在汉代甚至更早就已经十分普遍了。中国的研究者曾经根据早期地图上标注的尺寸，通过比较早期地图与现代地图，测算前者的比例尺。他

---

⑭ 《周髀算经》卷上之三，页 2a，四库全书本。

43

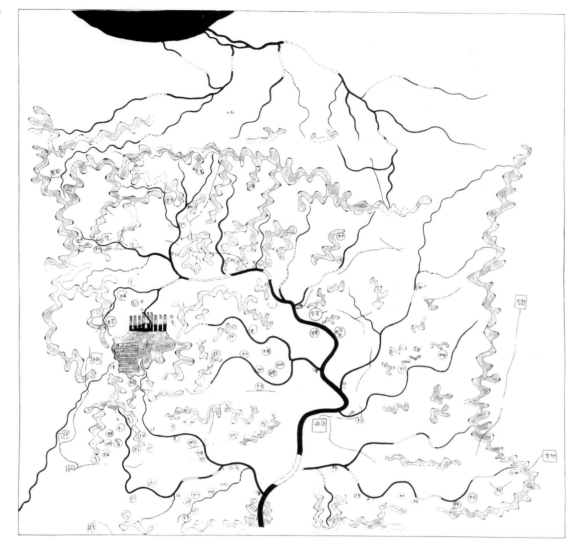

图 3.9　马王堆 "地形图" 复原

有人认为这幅地图表现了大体上位于东经 110°—112°30′、北纬 23°—26° 之间的区域。出自《古地图论文集》（文物出版社 1977 年版）。

们断定，《兆域图》底部框线内的比例尺大约是 1∶500，其外区域的比例尺则与之不同。放马滩地图的比例尺被断定大约是 1∶300000。至于马王堆地图，有人认为 "地形图" 中心部分的比例尺在 1∶150000 至 1∶200000 之间，而 "驻军图" 中心部分的比例尺则在 1∶80000 至 1∶100000 之间。一位研究者称，这只是一个 "极小" 的比例尺误差。[15]

下面一组古地图的年代约为 12 世纪的宋代，晚于马王堆地图。上面介绍的早期地图主要是地方地图。虽然据文献记载，与这些早期地图同时或稍晚的时期也曾绘制过全国地图，但唐代和唐代以前的地图没有一幅保存下来。最早的全国地图出自宋代，意味着这个时候

---

⑮　Hsu，"Han Maps，" 第 49 页（见注释 13）。

44

图 3.10　马王堆"驻军图"

这幅地图由 28 块残片拼成。上方标为"南"。

原件尺寸：98×78 厘米。

经文物出版社许可。

的地图制作已经发展到可以绘制高质量全国地图的程度了。[16] 保存至今最早的全国地图告诉我们，编绘此类地图一定是耗费时力的。它们刻于石头这种具有纪念性质的载体上，说明地图如此重要，以至于值得采用保存儒家经典的方式长期保存，而后者也通常是刻在石头上的。石刻地图立于学宫，由学者们进行研究，而且被频繁地复制。

现存最早的全国地图的实例是《九域守令图》。它于 1121 年在戎州（属今四川省）刻石，立于县学的院落中。在失传了好几个世纪之后，于 1964 年被考古学家发现。

---

⑯　据信唐代制图家贾耽（730—805）曾绘制过高质量的全国地图，但他的地图没有一幅存世。这幅《华夷图》于 1136 年刻于石上，其下有对它的描述，此图或许是根据贾耽的地图绘制的，但无法确定这幅石刻地图与其可能的底本之间有多大的吻合度。

45

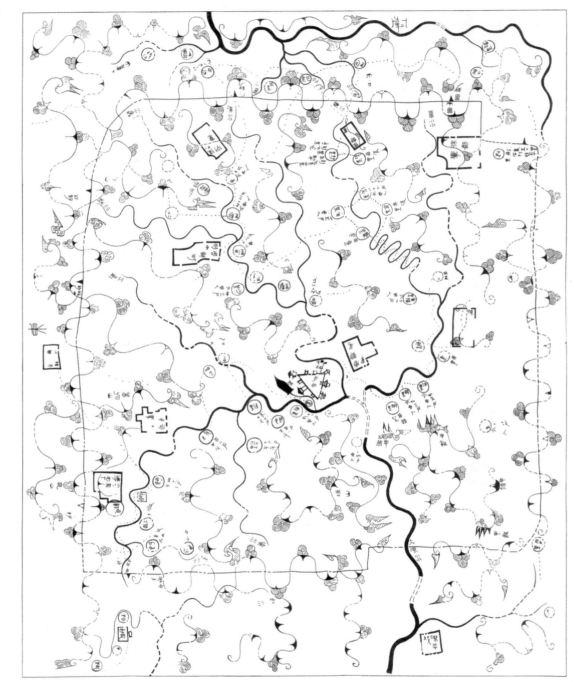

图 3.11　马王堆"驻军图"复原

采自《古地图论文集》（文物出版社 1977 年版）。

　　《九域守令图》上标有 1400 多个行政单位的名称（图 3.12）。据说其比例尺为 1:1900000。⑰ 沿海的地貌，如山东半岛、杭州湾、雷州半岛和海南岛，清晰可辨。海洋和湖

──────────────

　　⑰　见陈非亚等编《中国古代地理学史》，科学出版社 1984 年版，第 306 页。

图 3.12　《九域守令图》

该图于 1121 年刻石。

图石尺寸：130×100 厘米。

图片由北京中国科学院自然科学史研究所曹婉如提供。

泊内填以波浪线，并点缀零星的航船。以绘画手法画出山脉，用树形符号表现坡地上的草木丛林，但黄河的流向已经不符合地图刊刻时的情形。1121 年，黄河北流，在天津附近入海。《九域守令图》上表现的黄河却仍然是向东流的，在今天河北与山东交界处入海。这就提醒我们，此图可能是根据更早的地图绘制的，而绘制后者的时候黄河的确是东流入海的。（北宋时期）黄河有两个时段是东流入海的，一次是 1068—1081 年，另一次是 1094—1099 年。[18]

---

⑱　郑锡煌：《九域守令图研究》，出自曹婉如等编《中国古代地图集（一）》（文物出版社 1990 年版），第 35—40 页，特别是第 35 页。

另一幅全国地图是《华夷图》，于1136年刻石（图3.13），但地图上的信息显示，这幅图可能编绘于1117—1125年。《华夷图》上大约有500个地名，可以确指的有30条河流及其支流、4个湖泊和10条山系。有关域外的信息是以文字注记的形式给出的。地图没有明确的比例，有人认为其图像在某些方面存在缺陷，如长江与黄河的源头都画得不对，海岸线也没有充分展现辽东半岛和山东半岛。

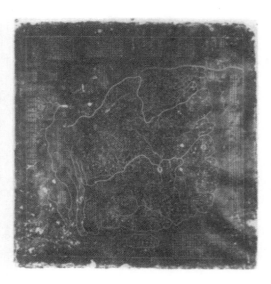

图3.13　《华夷图》

这幅于1136年刻石的地图，可能是根据唐代学者贾耽的一幅地图绘制的。左侧是原碑，右侧是（碑石）地图的拓片。碑石的另一面是1136年的《禹迹图》（见图3.14），但这幅图是倒置的。当一幅地图正放（如图3.14）时，另一地图就是倒置的，因此，不便同时展示同一块石碑上的这两幅地图。这块图石原先可能并不是用来陈列，而是供人们拓制地图的。制作拓片时将一张纸铺在图石表面，施墨于纸，这样就做出一张反白（white-on-black）的复制图。地图右下边有一行题记（当地图右侧向上时），写道："其四方蕃夷之地，唐贾魏公图所载，凡数百余国，今取其著闻者载之，又参考传记以叙其盛衰本末。"

图石尺寸：79×79厘米。

图片由北京中国科学院自然科学史研究所曹婉如提供。

刻于《华夷图》石碑背面的《禹迹图》却没有这样的缺陷。后者也于1136年刻石，但其上的证据显示，《禹迹图》绘制的时间更早，例如，图上没有设置于1100年以后的州县。在马王堆地图发现以前，这幅80厘米见方的《禹迹图》是证明中国地图学早期发展最为著名的例子之一，个中原因不难探究。该图对中国海岸线的表现与20世纪的地图相当接近，它还使人们第一次了解到中国计里画方地图的面貌。计里画方就是将一个个大小相同的正方形组成网格铺设于地图上。方格用来显示比例，即每个方格或者正方形的边长，代表固定的地面距离。一条刻于《禹迹图》上的注记称"每方折地百里"。有人据此推测，地图的比例为1∶4500000。[19]

---

⑲　曹婉如编：《中国古代地图集（一）》，第21页（见注释12）。

《禹迹图》的第二个版本在江苏镇江（图3.15），[20] 于1142年刻石，是当地府学的学官请人刊刻的。这幅地图在许多方面与1136年的版本相近，如计里画方和采用明确的比例尺，每方代表100里。两个版本的尺寸、对山脉与河流的描绘以及州县名称都相近，但二者也有所不同。1142年版《禹迹图》没有区分河流的干流与支流，其上注记证实了我们对原图编绘于1100年的推测："元符三年（1100）正月依长安本刊。"

对比《九域守令图》、《华夷图》和《禹迹图》，我们似乎可以看到中国地图制作技术的持续进步。迹象之一是将计里方格用作比例尺工具，暗示着比例尺在中国制图者意识中的重要性。计里方格自然会使《禹迹图》带上了"现代的样貌"，因为它很像现代地图中所用的经纬网（graticules），因此，《禹迹图》常被视作传统中国数理地图学发展水平的标志："任何人将这幅地图与同时代欧洲的宗教宇宙地图做一对比，都不能不为那一时期中国地理学领先于西方的程度感到惊讶。"[21]

《禹迹图》的精度是令人瞩目的，尤其是在表现河流与海岸线方面。加上没有比它年代更早的类似精确的地图流传下来，这一点更是显得突出。我们不知道这幅地图的制作者是如何达到如此精度的。我们至多只能推测《禹迹图》是根据地方志和其他地理著述中的资料绘制的，或依据了更早的全国或区域性地图，虽然这些地图并没有保存下来，但它们经常

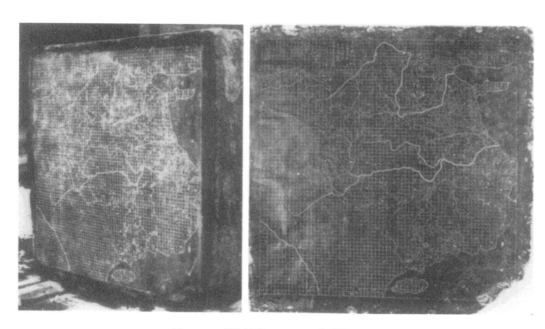

图3.14　《禹迹图》（1136）（参见图3.13）

左边为图石，右边为拓片。

原图尺寸：80×79厘米。

图片由北京中国科学院自然科学史研究所曹婉如提供。

---

⑳　有多处关于第三方《禹迹图》石碑的报道，此石曾保存在山西省稷山县，今佚。这幅地图据说带有方格网，比例尺为1方格（边长）对应100里。见卢良志《中国地图学史》（测绘出版社1984年版），第156页。

㉑　见 Joseph Needham（李约瑟），*Science and Civilisation in China*（Cambridge：Cambridge University Press，1954 – ），Vol. 3，附 Wang Ling（王铃），*Mathematics and the Sciences of the Heavens and the Earth*（1959），547。

49

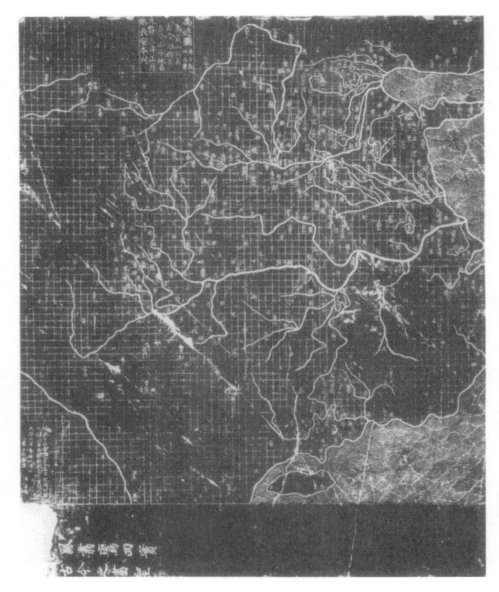

图 3.15 《禹迹图》拓片（1142）

拓片尺寸：83×79 厘米。

图片由北京中国科学院自然科学史研究所曹婉如提供。

在文献中被提及，而且，无可争议的是，在制作《禹迹图》的时代，中国人已经具备了制作数理地图的基础，数理地图就是主张量化研究的学者所说的那类地图。有一点很清楚，早在 12 世纪以前，为绘制此类地图所进行的直接或间接的测量活动所需的仪器与测量技术已经得到长足的改进（参见第 115—116 页）。

　　在主张量化方法的学者看来，我们前面介绍的古地图，为某些流传至今的有关地图绘制的文本提供了实物证据。这些文本有些是地图制作者书写的，有些是由官方历史学家书写的。与研究者对这些古地图的量化释读互为表里，这些文本被释读为提倡按比例和运用数学技术绘制地图。我将在此对之加以评述。最早有关地图学的文本，是裴秀（223—271）对"制图六体"

的论述。其论述强调了尺寸与比例对于忠实展现地理事实的重要性（见第110—113页）。包括李约瑟在内的一些学者将裴秀的这段话解读为对计里画方的提倡，但并没有给出相关的证据。在先秦和秦汉地图被发现以前，人们一直认为中国地图的数学传统始自裴秀。但是，倘若对《兆域图》和放马滩、马王堆地图的解读能被今人接受，那么，应该在裴秀的时代以前，各种测量原理已为人们所熟知。裴秀提出"制图六体"，只不过是这一传统达到顶峰的表现，而不是一种发明。然而，从现有的古地图来看，这一传统里并没有包含计里画方。

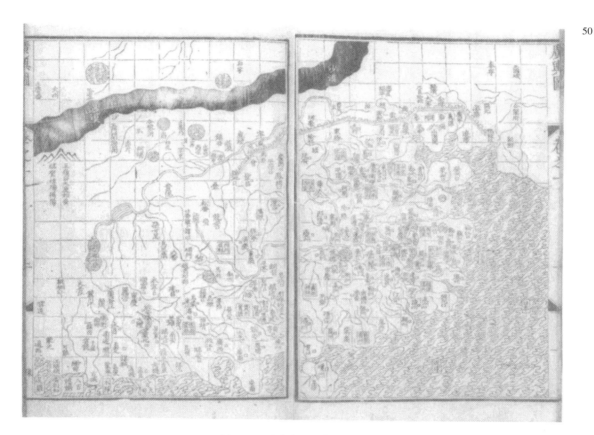

50

图 3.16　《广舆图》中的地图

　　根据书中相应的文字说明，这幅全国总图是按所谓"每方一百里"比例绘制的。《广舆图》中所有的地图都带有方格，大多数方格每边代表100里。《广舆图》中还有布政司图、海运图、漕运图以及朝鲜、越南和日本地图。这幅插图出自1799年的《广舆图》，这个版本与1579年版本完全一样。

　　原图尺寸：28.5×41厘米。

　　经伦敦大英图书馆许可（15261.e.2，1b-2a）。

　　主张数理解读的研究者提到的第二个重要人物是贾耽（730—780）。他重提裴秀对度量的关注，并引以为范。一则史料记载，贾耽曾叫人绘制一幅比例尺地图："谨令工人画《海内华夷图》一轴，广三丈，从三丈三尺，率以一寸折成百里。"[22] 有人认为，由于贾耽熟悉且欣赏裴秀的制图六体，因此他也采用了计里画方。沈括（1031—1095）也被纳入数理地

---

　　[22]　刘昫等撰《旧唐书》卷138，全16册本（中华书局1975年版），第12册，第3786页。

图学家之列。他在列举自创的地图绘制方法时，就使用了与裴秀相似的一套术语。另外，还有一位学者认为沈括曾负责绘制《禹迹图》，这样一来，沈括与"计里画方"传统的联系就更为紧密了。[23]

　　据称计里画方的传统还在16世纪罗洪先（1504—1564）的地图中得到了延续，因为其所著《广舆图》（1555年前后）中也出现了计里方格（图3.16）。罗洪先的《广舆图》是以元代地图学家朱思本（1273—1337）的《舆图》（1320）为蓝本的，他在《广舆图》的前序中称，朱思本地图采用了计里画方。而且，罗洪先著作中所保存的朱思本原序也称，他所参考的地图中有一幅是今湖北地区的石刻《禹迹图》。[24] 如果这幅《禹迹图》上也有计里方格，似乎罗与朱有意识地继承了方格地图的绘制传统。

51

图3.17　《广舆图》的图例符号

《广舆图》前序中列出了代表山、水、界、路、府、州、县、驿以及规模不等的军事单位（卫）的图例符号。编绘自罗洪先《广舆图》第6版（1579年；台北重印：学海出版社1969年版），前序页3。

　　罗洪先的地图集也引人瞩目，因为它是中国地图史上已知最早采用地图图例的地图集。在前序中，罗洪先写道："山川城邑，名状交错，书不尽言，易以省文二十有四，正误补遗，是在观者。"[25] 但是罗洪先的图例表并不全面，因为它没有将表示长城、沙漠和湖泊的符号包括在内。

　　罗洪先的地图集曾因采用了抽象符号而受到重视，被视为制图者脱离写实手法（pictorialism）的标志。王庸写道，在罗洪先之前，"绘图工作多是画家的事，地图比较形象化，如山水、城关之类，多是近于写实的绘法，不大用简单的符号。罗洪先的广舆图却是普遍而划一地引用符号"[26]。上面我说过《广舆图》因其采用的符号而一直受到重视。但我们对比一下马王堆地图就会发现，《广舆图》采用的抽象符号并非那么独一无二。

───────────────

　　[23] 曹婉如：《论沈括在地图学方面的贡献》，《科技史文集（3）》，1980年，第80—84页。曹氏的立论根据是，沈括在1080—1082年间到过长安附近，这个年份与《禹迹图》所载信息的编制时间大致吻合。她推断，由于沈括编绘过宋朝的全国地图并具备石刻地图所体现的高超制图水平，因此他有可能就是原图的作者。

　　[24] 朱思本：《舆图》原序，载罗洪先《广舆图》，第6版（1579年，台北：学海出版社1969年影印版），页1a、b、a。

　　[25] 罗洪先：《广舆图》前序，页3a（见注释24）。

　　[26] 王庸：《中国地图史纲》，生活·读书·新知三联书店1958年版，第68—69页。

马王堆地图也经常被作为地图绘制摆脱写实手法的证据加以引证。马王堆地图上没有图例，但学者们认为它们在使用符号方面已经很有经验。例如，在"地形图"中，一些符号用来指代溪流、山脉、郡县和道路。[27] 表现河流的符号从上游到下游画得越来越宽，这一点被视为制图者试图表现水量的增加。有一些人论证道，这幅地图上的展示手法，特别是对于河流和山脉的表现手法，可以与清代甚至 20 世纪相提并论，自然也可以与《禹迹图》和《广舆图》相提并论。[28] 还有很多人注意到"九嶷山图"的展示手法（图 3.18 和图 3.19）。图上有长度不等、填充三种底纹的 9 根柱子，这些柱子用来代表九座山峰的高度。

52

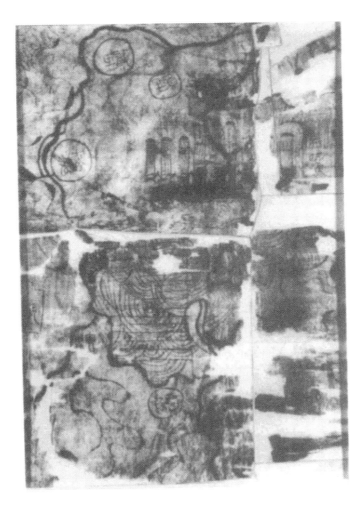

图 3.18　《九嶷山》图中的符号

图片展示的是出现在马王堆地图（图 3.8）上表示九嶷山的符号。有人认为其形状与阴影具有实际功用。阴影表现的似乎是附近的一个湖泊。这一点表明，这个符号可能曾经存在美学价值：制图者可能曾试图展示山脉在湖中的倒影。

原图尺寸：约 24×15 厘米。

经文物出版社许可。

㉗　Hsu，"Han Maps，"第 51 页（见注释 13）。

㉘　谭其骧：《二千一百多年前的一幅地图》，第 44—45、47—48 页。Chang，"Han Maps：New Light，"14（见注释 13）。

53

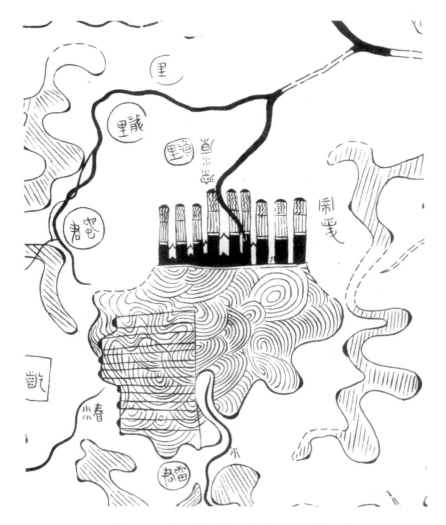

图 3.19　《九嶷山图》所用符号的复原线图

这张图上看到的阴影图像得更为清晰（对比图 3.18）。

摘自《古代地图论文集》（文物出版社 1977 年版）。

因此，有人认为这幅地形图在某种程度上是一幅等高线图。张楷生走得更远，他说，柱子内的底纹"无疑是想传递其他基础地理信息，可能是降雨量、温度或者云层"。㉙ 根据这种解释，这幅"地形图"某种程度上成为一种早期气候图。如研究者所言，（马王堆）《驻军图》在运用符号方面也同样老道，特别是用波浪线表现山脉。某个研究者认为，该图表达了"原始但基本的等高线概念，波浪线符号既是等高线，同时也描绘出制图者所看到的山体的形状和大小"。㉚

倘若主张中国存在量化传统的研究者是正确的，那么根据文献材料，按比例尺绘制地图，在中国差不多有长达 17 个世纪的历史。若以汉代以前和汉代的古地图为证据，则这一

㉙　Chang，"Han Maps：New Light，" 14（见注释 13）。但是，本文并没有提供支撑这种解读的独立证据。

㉚　Hsu，"Han Maps"，第 55 页（见注释 13）。

历史可长达约 22 个世纪。这种对传统中国地图绘制活动的解释显然也有其时代背景作支撑。正如李约瑟以及步其后尘的研究者乐于指出的那样，数理制图所需要的数学和度量基础早在裴秀以前就已经奠定了。如果以马王堆地图作为证据的话，这种基础至少在汉代就业已存在："如果没有足够的实地测量，运用相当成熟的技术，这些地图不可能画得如此详细和精准。"[31] 但是，这些测量技术的发展，并不只是出于绘制地图的需要，也是出于发展航海和天文等事业的需要，而且有关这些技术的证据通常来自后者。

中国最伟大的航海成就与郑和（1371—1433）有关，他于 1405—1433 年领导了七次航海探险，最西边到达东非海岸，最南边可能到达印度洋的凯尔盖朗群岛（Kerguelen Islands）。与郑和远航同时期的一幅海图一直保存在《武备志》中。本书由茅元仪（1594—1641 年前后）编撰于 1621 年前后。茅元仪没有提供任何关于海图资料来源或制作者的信息，但有人将这幅图追溯到郑和航海。[32] 这幅海图描绘了从南京到霍尔木兹岛，再到非洲东海岸诸港口的航线。有人认为此图最初是一幅宽 20.5 厘米、长 560 厘米的条幅，收入《武备志》时被分割成了 40 页。为适应条幅的版式，整幅海图在角度、线性和方向上都发生了变形。例如，海图的方向变化频繁（图 3.20）。根据幅面所表现的内容量，地图一部分与另一部分的比例也有变化。航海线路是用虚线表示的，同时以文字注记的形式给出航海指南。一些学者将这些注记与现代海图加以对照发现，与（示意性的）海图图像不同，注记中有关距离与方向的大部分信息都是精确的。[33] 因而，人们将这幅海图作为基于天文观察和运用磁力罗盘的航海技术成熟的明证。

天文技术（在中国古代）发展到了很高的水准。例如，人们认为中国人在唐代和元代已经进行过大地测量。唐代选择一系列观测站点进行测量，这些站点形成一条长达 3800 公里的链条。此次测量得出了很多结论，其中之一是确定，北极星每高一度，则地面上南北距

53

㉛　Hsu，"Han Maps，"第 55 页（见注释 13）。亦见杨文衡《试论长沙马王堆三号汉墓中出土地图的数理基础》，《科技史文集（3）》，1980 年，第 85—92 页，特别是第 86 页。即使我们承认在汉朝已经拥有了用于土地测量的工具和几何学知识，然而当我们讨论早期中国地图的时候，仍然必须谨慎地意识到"测量"（survey）这个词的现代含义：即通过运用相关科技手段，连贯彻底的搜集固定地区的信息。举个例子，马王堆地图所反映的很多信息可以通过直接的观察获得，但是这些信息也可以通过拼凑的方式获得。这种方式是根据一些信息来源（直接的测度、现存的记录、甚至当地有关旅行知识）一点一滴汇集的，而非系统的搜集。所有这些信息时可以被整合、比较并调整，从而制成一幅能够给出相对准确位置的地图。其准确性类似马王堆地图。在欧洲就有这样的例子。

㉜　米尔斯（Mills）认为这幅地图来自茅元仪的祖父茅坤（1512—1601）。茅坤是郑和船队的成员。米尔斯相信这幅地图是地图学家和他的助手根据更早的海图编绘的，其他人则推测该图源自阿拉伯世界。见 Ma Huan（马欢），*Ying-yai Shenglan*："*The Overall Survey of the Ocean's Shores*" ［1433J，ed. and trans. J. V. G. Mills（Cambridge：Cambridge University Press，1970）］，239 – 41。

㉝　例如，米尔斯指出，海图的细节"精确得令人吃惊"，但是他也发现有关锡兰与霍尔木兹之间的主要航程的说明是"有问题的"，并且有关沿着东非海岸航行的说明也是"初步且不充分的"。参看 Ma Huan（马欢），Ying-yai Shenglan："The Overall Survey of the Ocean's Shores" ［1433J，ed. and trans. J. V. G. Mills（Cambridge：Cambridge University Press，1970）］，248（注释 32）。徐玉虎发现有关航程和方位的说明也是准确得"令人惊奇的"。参看徐玉虎《明代郑和海图之研究》，台北：学生书局 1976 年版，第 7 页。至于 1"更"（2.4 个小时）对应多少路程还存在分歧。海图上的路程是用"更"来计算的，中国航船用每更所航行的路程表示速度。学者们估计当时的航速在 12—20 海里/更之间。中国海洋史研究会编的《郑和研究资料选编》（人民教育出版社 1985 年版）中有一组关于这幅海图的研究文章。

离相差 351 里。据推测，这一知识被用来绘制大区域地图，如《禹迹图》。[34] 元代"四海测验"范围比唐代的测绘更广，包括 27 个观测站点，覆盖了一个南北约 5000 公里、东西约 2700 公里的范围。[35] 通常是用高 12 米的日晷（图 3.21）测量正午时分的日影长度。尽管这些观测数值主要是用于校正历法，但它们也可能被运用于绘制地图。例如，根据日影的长度就可能计算出纬度。

由于这些技术无论在理论上还是实践中都可以应用于地图绘制，因此在最近中国地图学史的相关著作中，学者们总将子午线测量和航海实践视为中国地图学的数学基础。这里存在的唯一的难题是，天文技术在地图学上的运用还未被证实。最早有关航海技术运用于地图学的实例存在于《武备志》中，该书成书于 17 世纪。因此，学者们通常认为与地图学有关的实地测量证据，并不足以证明中国存在过一个持续发展的测绘制图传统。

地图学史的运用与滥用：量化方法的缺陷

只有坚持将数学与地图关联起来，才能对地图做出量化的解读，这样一来，只有那些带有度量符号的图像才会被认为是地图，而那些只与文字有关的图像则不被认为是地图。我同意，统一的比例尺对于准确描绘实际的地理状况，如表现直线距离，的确是非常重要的。如以上所言，汉代以前和汉代的古地图可以用来证明当时的人们已经具备了比例尺概念，但是这种解释也存在一些问题。例如，发掘出土的古地图保存状况很差，难以确定其比例尺：用不同的方式修复古地图时，也会产生不同的比例尺。在上面列举的马王堆地图中，有一点很值得注意，即从地图中心往外，比例尺越来越不统一。像几位研究者那样只考虑整幅地图上比例尺的绝对变量是不够的，还得考虑这种变量是如何分布的。一些中国早期地图的研究者曾经试图给出一个比例尺的范围，以此确立一个统一的比例尺，这样却忽略了地图上比例尺的变化情况。学者们并没有论证，由于地图中心是要害所在，所以这一带是按比例尺绘制的或者采用了一个变化幅度较小的比例尺，但倘若认为这幅地图是军事目的的驻军图，其外围很可能才是要害所在。在两幅马王堆地图研究上，都存在立论证据不足的问题。我们看到学者们给出的早期地图比例尺时，不应忘记，他们所讨论的实物地图中没有一幅带有明确的比例尺，因此他们大致给出的比例尺只是推定的，而不是实际存在的。[36]

---

[34] Arthur Beer et al., "An 8th-Century Meridian Line: I-Hsing's Chain of Gnomons and the Pre-history of the Metric System," *Vistas in Astronomy* 4（1961）：3 – 28, esp. 16.

[35] 《元史》（卷 48，中华书局 1976 年版，第 4 册，第 1000—1001 页）中记载了这次"四海测验"。本书还记载了当时耶律楚材（1190—1244）试图通过天体测量计算大都到撒马尔罕之间的陆地距离。耶律楚材是成吉思汗时期的一位占星家。他发现汉人历法中预测的天体现象在北京出现的时间要比撒马尔罕提早两三个小时。为了解决这一问题，耶律楚材通过调整两地观测到的天文现象之间的时差，为撒马尔罕编订了一套新的历法，但这种方法并没有运用到地图绘制当中。当然，这种方法也有可能被中国人用来测定西方人所谓的"经度"。参看《元史》卷 52，第 4 册，第 1119—1120 页。

[36] 韩仲民曾指出，学者们过于关注于马王堆地图的精度问题。他打算用不同的方法对驻军图进行复原。经他复原后的这幅地图变成 96×96 厘米的正方形，而不是原先 98×18 厘米的长方形。参看韩仲民《关于马王堆帛书古地图的整理与研究》，《中国古代地图集（一）》，文物出版社 1990 版，第 12—17 页。令人奇怪的是，韩仲民并没有说明复原的理由。不过韩仲民暗示这幅复原地图不如过去所想象的那么精确。很明显，他的复原图改变了原图与其所描绘地区之间的吻合度。

54

图 3.20　《武备志》中的海图

　　这里展示的是海图的前 6 页，覆盖了从南京地区到黄浦江南端的长江水路。这张图没有标明比例尺，但是其注记给出了罗盘方向以及不同地点间的航行时间。翻动地图，发现其方向是不断变化的。最前面的两页，从右边开始，上方为南向—东南向，而在第三、四、五页，上方大体为南向。在第六页，上方为西向。

　　每页尺寸：约 14.5×10 厘米。图片由华盛顿特区美国国会图书馆亚洲分部提供（F701. M32.1）。

　　此外，过于强调比例尺和精度，容易使研究者忽略对中国传统地图绘制中其他问题的关注。例如，我们本来可以更多地关注地图图形的绘制方法。汉末就已经奠定了绘制地图的大部分技术基础。从那时到 20 世纪，人们一直以笔墨在丝帛和纸张上绘制地图，并且将地图刊刻于各种载体上。基于这种技术上的连续性，不宜将中国地图学史按朝代进行分期。中国在图形制作方面曾经出现过一次技术革新，那就是 8 世纪雕版印刷的发展，这种工艺使得地图的复制与传播变得更为便捷。因此，10 世纪以后流传至今的地图远比此前各代总和都要多。

　　另外还需要注意的是，绘制地图的方法也同样适用于一般美术作品的绘制，这样我们就可以将地图学和其他视觉艺术联系起来。如果忽视了这种联系，就会对一大批符合我们的地图新定义的作品视而不见。这个新定义认为，地图是"从空间上理解人类社会中存在的事物、概念、环境、过程以及事件的图形"。[37] 如果带着这个概念去考察中国古代地图，就会对中国的地图绘制产生完全不同的印象，即比例尺地图只是中国地图中的一些孤例。[38] 也许有人会提出异议，认为这种地图定义过于宽泛，用它来考察古代（图绘）作品过于随意，会给它们强加一种先入之见。后面的章节还会讲到，这样一种广义的地图概念更符合历史情景，已知的古代（图绘）作品也要求我们从一个更加宽泛的角度来理解它们。盯住比例尺地图的做法不足以解释地图绘制活动的广泛性以及地图展示方式的多样性。而且，那些被当作比例尺地图的作品与那些通常并不被视作地图的作品之间也存在很多共通之处。举个例子来说，马王堆地图那种反映客观现实的展示手法，与一幅没有任何比例尺痕迹的 10 世纪墓葬选址图相比，并没有什么特别之处，它们都采用相似的曲线来展示山峰（图 3.22）。

56

图 3.21 元代的观星台

　　这是位于登封县（河南省）的观星台，这里曾有一个 12 米高的日晷。观象台北侧地面上有一条水平放置的有长度超过 36 米的带刻度的石圭，用来测量日影。

　　出自中国社会科学院考古研究所编著《中国古代天文文物图集》（文物出版社 1980 年版），第 14 页。

---

　　[37] 见 *The History of Cartography*，ed. J. B. Harley and David Woodward（Chicago：University of Chicago Press，1987 – ），1：xvi. 序言。

　　[38] 《中国古代地图集（一）》（注释 12）所搜集的地图说明了传统中国地图学风格的范畴。这套地图集中的很多地图都没有标明比例尺，而且很多地图是高度写实的。尽管如此，被研究者们挑选出来长期研究的地图大体上都是那些能够从精度和比例尺角度进行分析的地图，亦即可以用来支持中国地图学拥有量化传统这一主张的地图。这套地图集搜集了大量元代和元代以前的地图，却错失了一次对中国地图传统进行整体考察的机会。在本书中，我力图纠正这种失衡。

按量化标准挑选出来作为比例尺地图实例加以考察的地图，通常被认为是"科学"的、服务于世俗和具有实用目的的，因此它们被分成军事地形图、经济地图或行政地图等类型。然而，这样的描述多忽视了地图所存放的环境，例如许多地图出自统治阶层的墓葬。在墓葬中放置地图，似乎可以证明，至少在汉代，地图的功能是超越世俗的（见第77—80页）。当然，以下各章详细征引的文献也的确证明，地图有服务于世俗的目的，如行政管理与军事布防，但是另一些文本与实物材料也同样清楚表明，对于知识精英来说，地图还可以具有宗教功能，比如可以用来布置礼仪中所用的各种器具，确定吉祥的建筑地点，用作避邪之物驱离鬼魅，作为力量的象征保证通往冥界的安全。地图还可用来记录星象，帮助人们解读来自上天的预兆。

所有这一切提醒我们，理解早期中国地图，离不开统治精英的信仰和价值观这一背景，不能将现代的地图学概念强加其上，从而"滥用"这些地图。我在本书其他地方还会提到，中国文化中的地图不仅用于展示距离，还可用于彰显权力、教育和审美。将中国地图学设想成一门从理性和数学出发理解空间的学科，会使人们无法全方位地考察其地图学功能。这样还会导致一些反常现象的发生：设若只是以按比例尺绘图为鹄的，那么古人为何在同一块碑石上保存《华夷图》和《禹迹图》这两幅完全不一样的地图呢？这似乎有点匪夷所思。

某位学者试图用中国地图学存在"平行"发展的两大传统来解释上述现象：其一是数学或分析的传统，其二是描述的传统。[39] 前者关注度量，因而是"科学"；后者关注"资料"，因此不太准确。但是，并没有证据表明，古代的制图者认为自己是在遵循着这两种对度量关注程度截然不同的传统。对这两种传统的界定并不足以解释，为何出于两种平行传统的地图会出现在同一块石碑上。在地图学史上，当然也有许多出自不同传统但放在一起的地图。例如，在文艺复兴时期的地图集中同时收录了托勒密地图与"现代"世界地图，但两种类型的地图都体现了数学对于地图绘制的重要性。这个例子与在同一块碑石上刊刻两幅12世纪地图（《禹迹图》和《华夷图》）的情形并不相同。也有主张量化方法的学者们指出，两幅地图代表了地图绘制中量化程度的不同，其中之一量化程度更高，也更科学。因此，他们认为这两幅石刻地图是转型期的作品。

这种解释也是有问题的。10个世纪作为一个转型期，好像太长了，而且这种转型，如我们下文所见，似乎至今都没有完全实现。没有证据表明，中国传统文化中的地图展示了两种不同的传统。简言之，当时的人们并不认为《华夷图》之类的地图不如《禹迹图》。

将两幅地图刻制在同一块石碑上，说明除了与比例尺和数学方法相关的地理精度之外，地图绘制还会有其他方面的重要考量。从现存古地图所提供的大量证据来看，认为《禹迹图》为元明之际这个数理地图高峰期的奠基之作，或者认为12世纪到17世纪中国地图绘制取得了全面进步的观点，都是站不住脚的。[40] 例如，与《禹迹图》同时期的《历代地理指掌图》中的地图，并没有严格反映当时的实际地理情况。在这些地图上，中国的轮廓略呈方形，山东半岛则近乎消失（图3.23和图3.24）。此外，代表其他国家的岛屿点缀在海洋上并环绕中国。

㉟　见 Hsu，"Han Maps，"第56—59页（注释13）。

㊵　主张传统中国地图学在元明时期到达了顶峰这一观点的人有李约瑟以及近人卢良志。参看 Needham（李约瑟），*Science and Civilization in China*，3：551–56（见注释21）；卢良志《中国地图学史》，第99页（见注释20）。

57

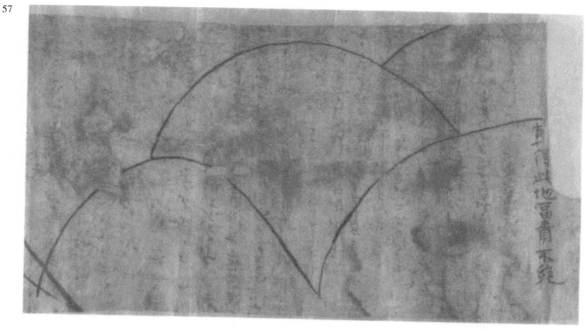

图 3.22 家族墓葬吉地图（局部）

这幅地图发现于敦煌千佛洞，大约绘制于 10 世纪。图上写着"葬得此地富贵不绝"。

原图全图尺寸：约 25×229 厘米。此处展示的局部尺寸：24×39.5 厘米。

经伦敦大英图书馆许可（Stein No. 3877［Dunhuang MS. 6971］）。

从量化的角度来看，后来的地图，如《大明一统志》（成书于 1461 年）中的那些地图，未必比此前的地图进步。据英宗皇帝（1435—1449 年、1457—1464 年在位）所作的序言，为编纂这部总志所做的资料搜集工作始于明成祖（1403—1424 年在位）时期，他曾命令学者们从各府县呈交的文件中搜集地图和文献，并将它们编汇成册。[41] 但这一工作并没有完成，直到英宗皇帝才重起炉灶，并于 1461 年最终完成。

这部总志卷首有一幅包括明帝国及邻近岛屿的总图——《大明一统之图》（图 3.25）。编纂者解释绘制这幅地图的目的在于"披图而观庶天下，疆域广轮之大了然在目，如视诸掌"。[42] 虽然为了编纂这部总志，进行了长达三十余年的资料搜集工作，但这幅总图所体现的地理信息的质量却未能充分体现编纂者的意图。以量化方法的标准看，这幅地图与两幅三百年前编绘的石刻《禹迹图》相比，反而倒退了。《大明一统之图》的内容不如《禹迹图》详细，特别是在描绘河道以及海岸线轮廓方面。前者也没有宋朝地图上的计里方格，而且居然为云南以及今西藏地区绘制了海岸线。这幅明朝地图还采用了大量的图画符号，尤其是在展示山峰的时候；而《禹迹图》只标出了这些山峰的名称。《大明一统之图》之所以如此简略，至少部分原因是它附带有补充性文字说明，而《禹迹图》以图像为主，只有很少的文字说明。虽然明朝皇帝在诏令中强调了视觉展示的重要性，但实际上，《大明一统志》中的地图只占很小的份额，这一点与《历代地理指掌图》形成鲜明对比。除上面讨论的

[41] 参看李贤等纂《大明一统志》，前序，页 1b，台北：台联国风出版社 1977 年版，第 1 册，第 2 页。

[42] 李贤等纂：《大明一统志》前序（编者撰），页 2 下，第 1 册，第 56 页（见注释 41）。

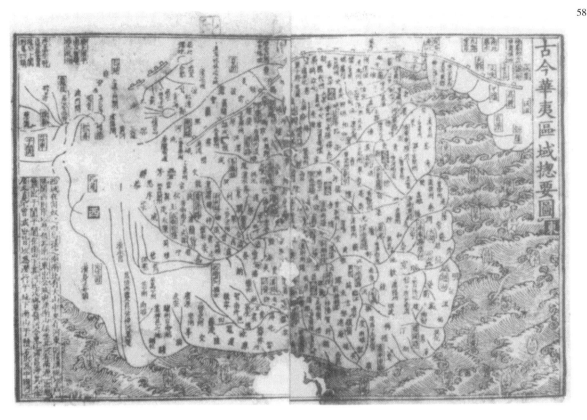

58

图 3.23　《古今华夷区域总要图》

此图出自《历代地理指掌图》。这是一部包含 44 幅历朝疆土的历史地图集，展示从传说中的商朝始祖帝喾到宋朝的历代疆土。每幅地图都有文字说明。此处展示的地图和图 3.24 出自南宋版《历代地理指掌图》。

原图尺寸：未详。

图片由中国科学院自然历史研究所曹婉如提供。

总图《大明一统之图》外，《大明一统志》中还有另外 15 幅地图。这 15 幅地图展示了总图所描绘的明代疆域政区，即两京十三布政使司，并附带有各区的文字说明。[43] 这部书总共有 2800 多页，而地图只占其中的 13 页。

中国传统地理学著作中的图文比例情况各异，但图文不成比例，文字偏多的情形并不鲜见。前文提到的《广舆图》就是一个例子。本书的大部分内容都是对地图的解说，地图约有 100 页，而注解多达 300 页左右。另一个例子是《古今形胜之图》。[44] 这幅地图于 1555 年刊刻，是与罗洪先《广舆图》同时代的作品。但与《广舆图》不同，《古今形胜之图》没有明确的比例尺，也没有方格网（图版 1）。有人或许认为这种差异与地图的功能有关。[45]《古今形胜之图》的图说主要涉及地名沿革与政区变迁。该图的图说与标题都表明，这幅地

[43]　在文字说明中，两京十三布政使司下还有次级政区，分为若干专卷，大部分内容讲各府和朝贡国。各府和朝贡国下又分为若干专题，如：当地沿革、形胜、风俗、名宦、人物、列女、仙释。这种分类形式成为后来地方志的编撰标准。

[44]　对这幅地图的描述见于任金城《西班牙藏明刻〈古今形胜之图〉》（《文献》1983 年总第 17 集，第 213—221 页）。

[45]　任金城：《西班牙藏明刻〈古今形胜之图〉》，第 214 页（注释 44）。

图主要是供历史研究之用，而不是为了让读图者感知各点之间的距离。但是这种立论存在一个问题，带有计里方格的《广舆图》也同样提供了所描绘地区的历史信息，也可以作为历史研究的参考文献，而且《广舆图》本身就是以此类学术研究为基础的。

59

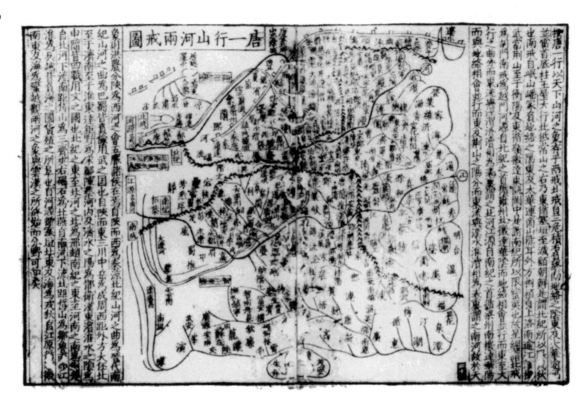

图 3.24　《唐一行山河两戒图》

　　这幅地图阐释了一行的思想，即中国的山川自然构成两条抵御外来入侵的边界。图中展示了从西向东延伸的两大山系，它们在太华山汇合后分离。其一标注为"北戒"，另一标注为"南戒"。

　　出自《历史地理指掌图》（参见图 3.23）。

　　原图尺寸：不详。图片由中国科学院自然科学史研究所曹婉如提供。

　　从《广舆图》总图上的计里方格可提出这样一个问题：拿这种方格来度量距离，究竟有多大准确性？这幅总图上的每个方格边长代表 100 里，约合 55 公里。这样，图中给出的从西安到东海岸的直线距离就是 600 里或 330 公里左右，但是，这个数字只有实际距离的三分之一。《禹迹图》（1136）上的方格每边也是 100 里，相应的，在这幅石刻地图上，西安到东海岸的距离为 2500 里，大约比实际距离多出了三分之一。如此一来，认为《广舆图》以及根据它绘制的地图上的计里方格标志着比例尺地图取得进步的观点就值得怀疑了。事实上，并不是所有的制图者都充分了解计里画方的功用。在讨论《广舆图》的某个版本时，福赫斯（Fuchs）指出，图上有些方格被拉长了，显然是为了配合更宽的书籍版式。[46] 这些

---

　　[46] 见 Walter Fuchs, *The "Mongol Atlas" of China by Chu Ssu-pen and the Kuang-yu-t'u*, Monumenta Serica Monograph 8 [Beijing：Fu Jen（Furen）University, 1946], 21。

被拉长的方格可能还被用作比例尺度量工具，但地图水平轴线与垂直轴线上的比例显然就无法统一了。

60

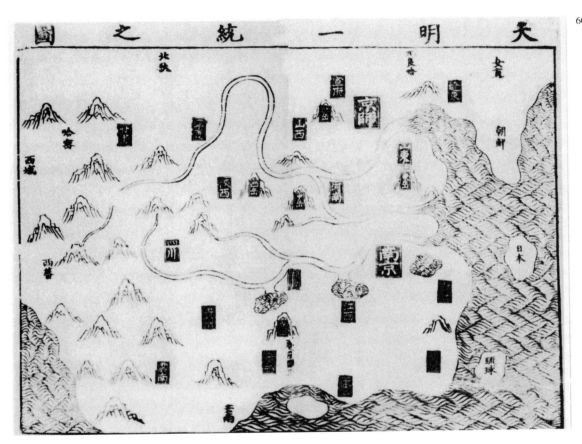

图 3.25　《大明一统之图》

每页尺寸：26×18 厘米，出自李贤等撰《大明一统志》（成书于 1461 年），序卷，无页码。复制图由哈佛燕京图书馆提供。

在上述有关计里方格的讨论中，我们还需要注意一个相反的情形：不带比例尺和方格的地图，并不一定意味着绘图者地理知识不够，甚至地图不具有实用性。一个典型的例子就是水利工程报告所附的地图。这些地图通常是地方官用毛笔和墨水绘制而成的。像大多数中国传统地图一样，这些地图往往没有计里方格或其他比例尺标识，但这并不意味着没有进行过测绘。通常的做法是将距离和范围等量化数据写在纸条上，然后将这些纸条糊在地图上（图 3.26）。为了认识到这些地图的实用价值，我们必须了解图像与文字之间相互补充的关系，文字既可以标注于地图上，也可以写在单独的页面上，与地图一起装订成册。

61

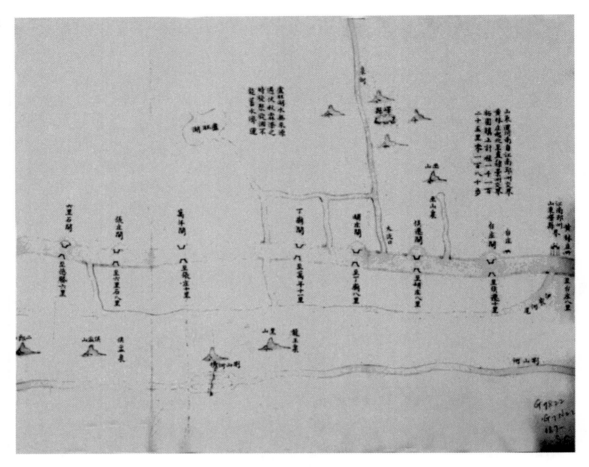

图 3.26　清代水文图上的文字与图像（局部）

此图的绘制年代约为 19 世纪 70 年代，描绘了山东境内大运河上的水闸。地图采用水彩和墨绘，上面贴有标明里程的纸签。

原图全图尺寸：23×382 厘米。图片由华盛顿特区美国国会图书馆地理与地图分部提供（G7822. G7N22 187 – . S5 Vault Shelf）。

研究中国地图的时候，我们有必要调整有关实用性的标准。两幅 19 世纪的地图有助于澄清这一观点。第一幅地图是描绘湖北境内长江以及相关水道的水文图（图版 2）。第二幅是杭州城图（图 3.27）。水文图大体属于平面地图，并且使用了测绘符号。注记中给出了某些地标之间的里程。杭州城图基本上也是平面地图。除了共有一个奇怪的特点，两幅图的其他内容都无损于量化地图的要求。这个特点就是，两张地图在展示某些地方，如山丘和建筑物时，绘图者都抛弃了平面模式，转而采用一种使人立刻联想到绘画的写实手法。事实上，水文图上采用写实展示手法至少可以追溯到元代（图 3.28）。不能将这种手法的运用视为不具实用性，或者说是出于装饰的目的。甚至《武备志》中的海图在描绘海岸地区时，也采用了一种类似风景画的手法。[47] 其他用于航海的地图也是如此（图版 3）。另外，19 世纪以

　　㊼　那些坚持量化解读方法的研究者难以解释这一问题。例如，钮仲勋认为海图将平坦和崎岖的小岛区分开来，说明海图更重视科学性而非艺术性。参看钮仲勋《郑和海图的初步研究》，中国航海史研究会编《郑和下西洋论文集》第一卷，人民交通出版社 1985 年版，第 238—248 页，特别是第 243 页。

来用于沿海防御的地图也经常采用绘画手法（图版4和图3.29）。接下来的几章中我们将尝试回答为什么会出现这种情况。令人称奇的是，即便到了帝国晚期，照理说中国传统方法已为西法取代，却仍然能够发现类似用写实手法绘制的地图。

62

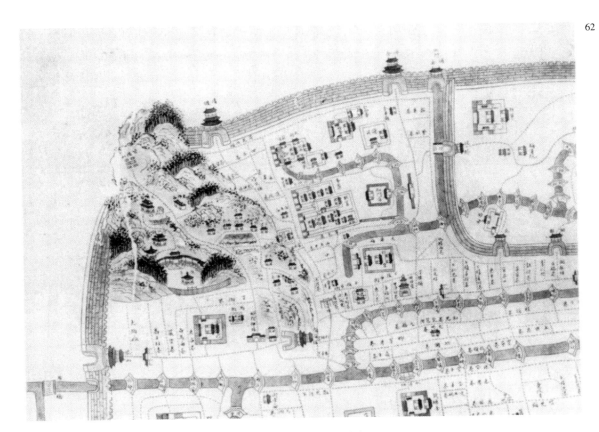

图3.27　《杭州城图》细部

　　这张杭州城图可能绘制于19世纪。右方为北。街道为平面式，建筑物、庙宇以及城门用绘画手法展示。此图展示的是城市的西南角，这里的景观主要为山丘。

　　原图全图尺寸：63×94厘米。图片由华盛顿特区美国国会图书馆地理与地图分部提供（G7824. H2A5 18 － － . H3 Vault Shelf）。

　　相反的是，用平面手法绘制的地图并不总是具有实用价值。一个典型的例子就是1171—1172年刻于桂林鹦鹉山（桂林北边的一座山）摩崖上的静江府城图（图3.30）。宋朝于1258年开始修建该城，以防御蒙古军队的进攻。静江府的城墙于1270年之前完工，之后不久就刊刻这幅摩崖地图。该城于1277年被蒙古军队攻占。这幅石刻地图的尺寸大约为340厘米×300厘米。图上刻出了静江府的一些主要街道、护城河、城墙、角楼和城门。由于该图突出了该城的重要军事设施，一些学者便认为这幅地图是用于防御，[48] 但是这种说法并不令人信服，因为这幅地图是在蒙古人向桂林推进的当头刻于城墙之外的摩崖上的，因而

　　[48]　见陈非亚等编《中国古代地理学史》，第309页（见注释17），以及卢良志《中国古代地理学史》第152页（见注释20）。

并不具备"军事"地图通常所具有的一些特性——灵活性、便携性以及机密性。将这幅地图刻制在石壁上,说明它与《禹迹图》一样,是一幅纪念性质的地图。

如果说刻于碑石往往意味着地图的珍贵,那么,显然并不是只有《禹迹图》和《华夷图》之类的平面地图才被认为值得长期保存。陕西华山有两幅石刻《太华山图》,一幅为明代,一幅为清代(图3.31和图3.32),它们可以说明这一点。这两幅地图都采用了图画符号,并且都没有明确的比例尺,它们不会为主张数理地图学传统的学者所重视,但是这两幅地图上都有地名,显然都是为了传达地方知识。运用图画符号并不一定意味着地图实用性的降低。明代《太华山图》上的题记上讲,这幅地图是为游览华山的人准备的,为此,地图上画出了登山道路、崖壁栈道以及沟壑间的桥梁。

63

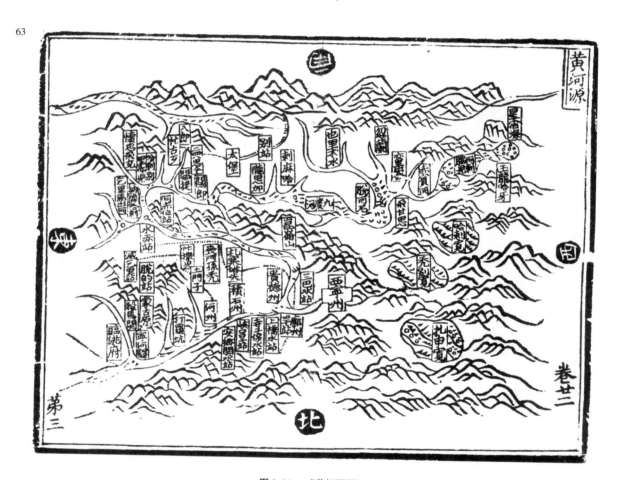

图3.28 《黄河源图》

这幅地图是根据地理学家潘昂霄(活跃于13世纪)所撰《河源志》(1315)绘制的。图的上方为南。

原图尺寸:13.5×17.4厘米。出自陶宗仪编《南村辍耕录》(成书于1366年),四部丛刊本,卷22页3a、b。

当然,图画式地图并不仅限于实用性目的。清代的《太华全图》突出了许多"超自然的"特征,如东侧峰顶上画了一个巨人手掌印,西侧峰顶上则有一个神人图像,二者之间有一条被山洞截断的瀑布。正如宗像清彦指出的那样,清代《太华全图》与明代《太华山图》的不同之处在于它们对人文事物的描绘,前者用细线条弱化人文事物,使之淹没于自

64

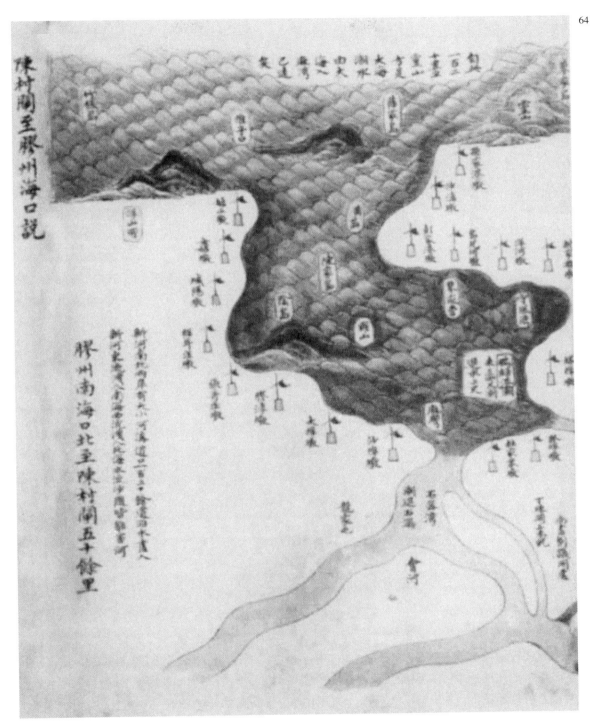

图 3.29　《万里海防图》细部（1705?）

　　《万里海防图》展示了从海南岛到辽东半岛的中国海岸。图上有关于海防设施与政策建议的注记。图上用旗杆表示要塞与军营，以图画符号表示府治与山峰。左边为北。

　　原图全图尺寸：30×274 厘米。

　　图片由华盛顿特区美国国会图书馆地理与地图分部提供（G7821. R4 1705. W3 Vault Shelf）。

65

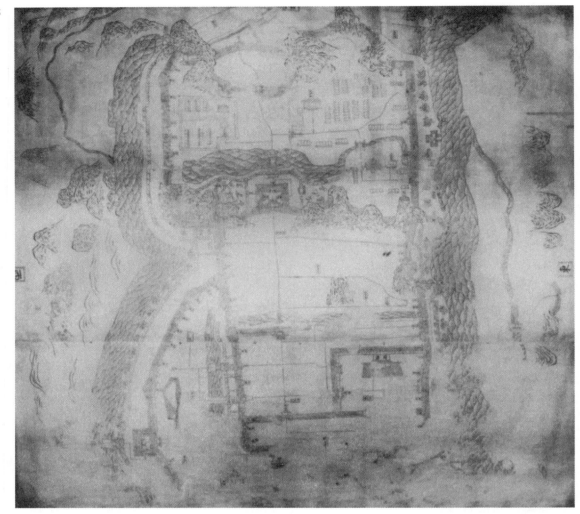

图 3.30　《静江府城图》（1271—1272）

　　原图刻于广西壮族自治区桂林北边鹦鹉山的崖壁上。此为拓片，图上方为北。这张拓片上没有展示地图上部有关城市建设、城池规模、用工与用料、工程负责人等情况的注记。

　　全图尺寸：300×340 厘米。图片由北京中国科学院自然科学史研究所曹婉如提供。

然景观之中，[49] 目的在于营造一种使人敬畏和谦卑的氛围。

　　现存古地图表明，按比例尺绘制地图并不是中国绘图者最关注的问题，尽管他们肯定了解比例尺地图的原理。文字和图像之间的紧密关联才是沟通那些体现所谓数理传统的地图与大量非数理地图的桥梁。不要忘了，《兆域图》、放马滩木质地图、马王堆帛书地图、明代海图都没有标注比例尺。这些地图都是通过地图上的注记给出里程数的，而后来的地图，例如《广舆图》，其补充性文字说明堪称连篇累牍。另外，后面的章节还会讲到，那些主张量化地图学的人其实也都承认，图像和文字之间的确存在互相补充的关系，但以往有人认为，正是这一特点，阻碍了中国地图学发展成为一门独立的科学。例如，王庸就将那些依赖文字

　　[49]　Kiyohiko Munakata, *Sacred Mountains in Chinese Art* (Urbana：University of Illinois Ptess, 1991), 57.

说明、采用图画符号以及缺少计里方格的地图归为"幼稚而落后的"地图。[50]

最近有关《武备志》中海图的研究，在谈到文字说明时也持上述立场。某学者认为，这是第一幅不借助冗长的文字说明来使用的海图，体现了现代海图的特点。[51] 这种观点是站不住脚的，因为如果没有大量的文字说明，这幅海图对于航海来说几乎没有任何作用。这幅海图的方向和比例尺是不断变化的，而文字说明则提醒读图者注意这些变化。我在后面的章节中还要谈到，文字说明对于绘制海图是必不可少的，它们非但不是落后的标志，相反，它体现了一种学术的严谨性。[52] 考虑到现存的地图中只有极少量的作品是根据比例尺绘制的，我们可以推测文字资料为《禹迹图》之类的地图提供了大量的信息来源。因此，认为制作"非度量地图"（unmeasured maps）的绘图者对于度量展示方式不感兴趣，因而将《禹迹图》之类的地图与非数理地图区分开来，这种做法似乎太牵强了。[53] 绘图者可以通过不同的方式来表达他们对于度量的关注，同样他们也可以根据不同的用途，采用不同的度量展示方式。

重新审视中国地图传统

因此，我认为对中国传统地图学的量化解读并不足以了解地图在中国文化中的真正内涵。过去有关中国地图的研究往往过于生硬地套用科学地图学这种西方模式。其实这一模式即便在西方地图学研究中也已经受到质疑。[54] 以下我将对这种解读方法提出一系列的质疑。我的质疑当然不是为了说明传统中国地图学有缺陷或者是落后的。我想说的是，认识中国地图学，需从它自身的语汇（terms）出发，在这些语汇中，知识不一定都是由数字来界定的。在后面的章节中，我打算讨论这些语汇是什么，以及它们如何对传统中国地图学产生影响。

以下章节试图通过构建传统中国地理地图学的历史场景来书写一部与以往不同的地图学史。这不仅需要检视古地图本身，而且还要研究现存的同时期文献。我打算分四步来书写这部不同以往的地图史：首先，考察中国地图绘制的政治背景；其次，研究度量和考证学的作用；再次，探讨中国传统的地图绘制与艺术之间的关系；最后，纠正那种认为在帝国晚期

---

[50]　王庸：《中国地图史纲》，50 页（注释 26）。除此之外，王庸将那些带有文字说明的地图与所谓"纯粹的地图"区分开来［《中国地理学史》，第 74 页（注释 1）］。尽管如此，最近有迹象显示，这种削弱地图图像与文字之间联系的态度可能发生了转变。韩仲民在关于马王堆地图的研究中提出，中国测量学的大部分成就并没有运用于地图的绘制，他将这归因于文字说明的使用和中国绘画的影响。可惜他并没有就此展开讨论，他仅仅是论述中国绘画对于制图的影响是否是中国漫长的"封建"历史的产物。参看韩仲民《关于马王堆帛书古地图的整理与研究》，第 16—17 页（注释 36）。韩的沉默是可以理解的，因为他是一位在不太容忍异端的政治体系中持有明显非正统观点的学者。另一位对本章的写作有启示的学者是谭其骧，在为《中国古代地图集》（注释 12）所作的序言中，他用好几段文字探讨考据学与中国地理学的关系。他指出了地图对于传统中国文书文化的重要性。关于这点请参看 73—77 页。

[51]　朱鉴秋：《郑和海图在我国海图发展史中的地位和作用》，《郑和下西洋论文集》第 1 册，第 229—237 页，特别是 231 页（注释 47）。

[52]　文本与图像的密切关系对于理解中国宗教地图的绘制尤为重要。如果不参照随图文本，很容易误读道教地图。

[53]　Hsu，"Han Maps，" 59（注释 13）。

[54]　例如，Stephen Toulmin，*Cosmopolis：The Hidden Agenda of Modernity*（New York：Macmillan，1990），and David N. Livingstone，"Science，Magic and Religion：A Contextual Reassessment of Geography in the Sixteenth and Seventeenth Centuries，" *History of Science* 26（1988）：269－94。

66

图 3.31　《太华山图》拓片（1585）

　　这幅地图用作朝拜者的登临圣山的指南。图的上方有一段献给山神的祝文。明代开国皇帝曾梦见有人将他带到华山之巅，于是他写下了这篇祝文。

　　原图尺寸：113×60 厘米。经芝加哥菲尔德自然历史博物馆（Field Museum of Natural History, Chicago）许可（244848）。

图 3. 32　《太华全图》拓片（1700）

这幅地图是为纪念一位登临太华山的清代官员而刻的。东边（左侧）峰顶的手掌印比明代地图（图 3.31）上的要大。

原图尺寸：135×69 厘米。

经芝加哥菲尔德自然历史博物馆许可（116470）。

中国地图学融入了欧洲地图学的观点。这种观点想当然地认为中国地图学是落后的，是预备着采用高级的欧洲地图学技术的。这一观点使中国地图史研究只停留在数理解读层面，这正是我在本书中要加以质疑的。我试图还原传统中国地图绘制活动的目的、功能和场景，因此我的研究方法可能说是历史主义的。反对这种方法的人可能指出，这种方法会导致相对主义。相对主义主张，思想的有效与否、正确与否，是相对于某一传统而言的，因此无法制定什么统一的标准。但是，还原历史并不必然导致相对主义，却有可能产生多元视角，即以社会、美学甚至宗教，以及科学的标准来衡量不同地图学传统的精彩之处，而欧洲地图绘制史并不能专擅所有的长处。多元化的视角提醒我们，现代地图学需要从各种不同传统中汲取精华，而不能仅仅师法欧洲。

我们对中国传统地图理解只是刚刚开始。根据本书所提出的新观点，中国人关于地图绘制的观念与欧洲人有很大不同。正是这种差别，导致中国人直到19世纪末也很难吸收欧洲地图绘制方法。这并不是说中国没有绘制过数理化地图，而是说中国地图的内涵还有数理之外的其他面向。传统的中国知识概念，不同于以往的研究者运用于传统中国地图上的概念。传统地图是学术事业的产物，因此，在中国人的知识概念中，地图具有学术价值。从这些观念出发，一幅"好"的地图不一定非得告诉人们从这里到那里有多远，但它会讲述关于权力、责任和情感等方面的内容，这一点在接下来的章节中将详加讨论。

69　　附表3.1　　　　　　　　**本章选用地图列表（按时代先后），从公元前4世纪到元代**

地图名与作者[a]	年代	尺寸（厘米）	载体	地点	文中图号
《兆域图》	公元前323—前315年间绘制	48×94	镶嵌金银青铜版	河北省文物研究所	图3.1
放马滩出土的七幅地图[b]	大约公元前239年绘制	26.7×18.1；15×26.6；18.1×26.5；16.9×26.8	木版墨绘（四块板）	甘肃省文物考古研究所	图3.2—3.4
放马滩出土的地图碎片	大约公元前179—前141年绘制	2.6×5.6	纸本墨绘	甘肃省文物考古研究所	图3.5
马王堆出土的《地形图》	公元前168年以前绘制	96×96	丝帛画墨绘	湖南省博物馆	图3.8
马王堆出土的《驻军图》	大约公元前181年绘制	98×78	丝帛画墨绘	湖南省博物馆	图3.10
马王堆出土的城市或陵墓图	公元前168年以前绘制	48×48	丝帛画墨绘	湖南省博物馆	图3.6
《宁城图》	西汉	120×318	墓葬壁画	内蒙古和林格尔	图6.13
《繁阳图》	西汉	94×80	墓葬壁画	内蒙古和林格尔	图6.12
《庄园图》	西汉	191×300	墓葬壁画	内蒙古和林格尔	图6.16
裴秀《禹贡地域图》	3世纪	不详	无存		
裴秀《方丈图》	3世纪	大约3×3米	无存		

地图名与作者[a]	年代	尺寸（厘米）	载体	地点	文中图号
《五台山图》	10 世纪	4.6×13 米	石窟壁画	甘肃敦煌	图 6.18
沈括《守令图》	11 世纪	不详	无存		
《九域守令图》	1121	130×100	碑刻	四川省博物馆	图 3.12
《华夷图》	1136	79×79	碑刻	陕西省博物馆	图 3.13
《华夷图》	1136	80×79	碑刻	陕西省博物馆	图 3.14
《禹迹图》	1142	83×79	碑刻	浙江省博物馆	图 3.15
《地理图》	1247	101×179	碑刻	苏州碑刻博物馆	图 4.11
《平江图》	1229	279×138	碑刻	苏州碑刻博物馆	图 6.6
《静江府城图》	大约 1272	340×300	摩崖石刻	广西壮族自治区，桂林北鹦鹉山	图 3.30
朱思本《舆图》	1320	大约 2.3×2.3 米	不存		

70

本章提及的大多是明代以前的地图。此附表中所列全部存世地图以及很多其他地图见于曹婉如《中国古代地图集（一）：战国—元》（文物出版社 1990 年版）。

（余定国审）

第四章　政治文化中的中国地图

余定国
（Cordell D. K. Yee）

  中国地图史的很多内容是与中国政治文化紧密关联的。这里所说的政治文化指的是由统治者以及辅佐他们的士大夫阶层共同建构的制度与实践。这一阶层是知识精英，即"劳心者"。[①] 正如白乐日所言，这些人"屈指可数"。[②] 直到 12 世纪末，中华帝国的官僚机构只有大约 42000 名官员，这些官员是从 20 万左右的读书人中挑选出来的，而这 20 万人不到当时总人口（约 12300000）的五百分之一。到了清朝（1644—1911），全国人口从 2 亿增加到 3 亿多，读书人也增加到大约 200 万。对于读书人来说，进入仕途的道路似乎越来越难了。当时的官僚体系总共只有两万个官位，外加几千个可供捐纳的官位。换句话说，每万人中大约只有一个人能够走上仕途。[③] 尽管他们人数很少，但是这些士大夫"无所不能，他们凭借自身的能力、影响、地位以及声望，掌控了所有的权力以及绝大多数的土地……他们同时充当建筑设计师、工程师、教师、行政官员以及统治者"。[④]

  东周时期（约公元前 770—前 256 年）的文献就记载了这一社会阶层与地图绘制之间的联系。东周是中国历史上的一个分裂时期。传统上将东周分为"春秋"（公元前 722—前 468 年）与"战国"（公元前 403—前 221 年），这是以这一时期的两部古史命名的。[⑤] 公元前 5—前 3 世纪，是一个思想活跃的时代。"百家"之士巡游各国为统治者进献治国之术，其中最核心的问题，就是孔子（公元前 551—前 479 年）通常所说的如何恢复西周时期（大约公元前 1027—前 771 年）的"和谐"。班固（公元 32—92 年）在《汉书》中这样形容这

---

  ① 最早是孟子（公元前 372—前 289 年）提出了这一主张。他说："或劳心，或劳力。劳心者治人，劳力者治于人。治于人者食人，治人者食于人，天下之通义也"。[《孟子》，参看《孟子引得》，哈佛燕京汉学索引，增刊，17（1941年），台北：成文出版社 1966 年重印版，第 20 页。]

  ② Etienne Balazs, *Chinese Civilization and Bureaucracy: Variations on a Theme*，翻译 H. M. Wright，ed. Arthur F. Wright（New Haven: Yale University Press, 1964），16.

  ③ 约翰·杜兰得（John D. Durand）对汉代到 20 世纪中期的中国人口做过一个汇编（"The Population Statistics of China, A. D. 2 – 1953," *Population Studies* 13, 1960, 209 – 56），梁方仲对这一时期的人口统计进行了更加细致的编订（见《中国历代户口、田地、田赋统计》，人民出版社 1980 年版）。至于明代以后的人口统计问题，读者还可以参阅 Ping-ti Ho（何炳棣），*Studies on the Population of China, 1368 – 1953*, Cambridge: Harvard University Press, 1962；以及 John W. Chaffee, *The Throny Gates of Learning in Sung China: A Social History of Examinations*, Cambridge: Cambridge University Press, 1985。

  ④ Balazs, *Chinese Civilization and Bureaucracy*, 16（注释 2）。

  ⑤ 《春秋》是一部记载公元前 722—前 480 年之间政治事件的编年史。《战国策》讲述的是公元前 403—前 221 年的历史事件。

一时期的思想氛围，"诸子……皆起于王道既微，诸侯力政，时君世主好恶殊方，是以九家之术蜂出并作，各引一端，崇其所善，以此驰说，取合诸侯"。⑥

从文字记录和古地图可以看出，东周时期的人在论及治国之术时，常会提及地图学，二者的这种关联一直延续至以后的历史时期。《左传》（《春秋左氏传》）曰："国之大事，在祀与戎"。⑦ 因而不奇怪，最早有关地图学的记载都与祭祀和战争这两类活动有关。

地图、礼仪与战争

72

《书经·洛诰》中有一条有关地图的记载。这篇文字早于孔子的时代，讲述了周公在东都洛邑（今洛阳附近）选址的情形：

> 我卜河朔黎水，我乃卜涧水东，瀍水西，惟洛食；我又卜瀍水东，亦惟洛食。伻来，以图及献卜。⑧

这段文字并未细说"图"的内容。因此，并不清楚这幅献给周王的"图"到底是类似于《道藏》中保存的那种代表无形力量的辟邪之图，还是一幅展示自然地貌的地图。但是，可以大胆地说：这幅图一定与具有国家功能的祭祀活动有关。⑨

郑玄（127—200 年）注《诗经》，认为《周颂》中的一首诗讲的就是周天子依图占卜之事。根据郑玄的解读，这首诗应为西周时期所作：

> 于皇时周！陟其高山，隳山乔岳，允犹翕河。敷天之下，裒时之对。时周之命。⑩

---

⑥　班固：《汉书》，中华书局 1962 年版，卷 30，第 6 册，第 1746 页。德效骞（Homer H. Dubs）将《汉书》的部分内容翻译成英文：Homer H. Dubs, trans. *The History of the Former Han Dynasty*, 3 Vols. Baltimore：Waverly Press, 1938–55。

⑦　《左传》（大约著于公元前 300 年），《春秋经传引得》，1937 年版，台北：成文出版社 1966 年重印版，第 1 册，第 234 页。一些学者推测《左传》最初是一部与《春秋》没有关联的著作，后人根据《春秋》对其相应内容进行了改编。

⑧　此处所引文字出自《书经》，原著英文引自高本汉（Bernhard Karlgren）翻译和编订的 *Bulletin of the Museum of Far Eastern Antiquities* 22（1950）：1—81 页。这里对高本汉的译文略作修改（第 51 页）。

⑨　在这里我们遇到了与其他地方一样的问题，汉字中的"图"字语义不明。在战国时期的文字材料中，"地"和"图"首次连在一起组成"地图"，指代地理地图。"图"字本身也可以指代地图。"图"的语义范畴并不仅仅局限于地图，使得理解上出现困难。借助上下文往往也无法确定"图"字到底指地图还是插图。作为一个动词，"图"既可以指"期望"或"希望"，还可以指"安排"或"计划"，还可包含一种负面意思"图谋"。汉代的语源学字典《说文解字》（编于公元 100 年前后）称"图"的意思是"画计难也"，参看许慎《说文解字》（丁福宝编《说文解字诂林》，台北：商务印书馆 1959 年版，卷 5，页 2722 下）。"图"作为名词有类似"方案""图谋""计划"的意思，可引申为展示计划。这样，"图"字也让人感觉带有"图画"或"图形"的意思。直到汉朝早期，"图"才明确具备"图画"或"图形"的含义。在《尔雅》这部据信编订于秦朝或者是西汉早期的字典中，"图"指的就是"图画"或"图形"。参看《尔雅引得》（1941 年版，台北：成文出版社 1966 年重印版，第 7 页）。《尔雅》中还将"谋"和"咨"列为"图"的同义字（卷 1 上，第 12 页［po 1］？）。

⑩　《诗经》，原著的英文引自高本汉（Stickholm：Museum of Far Eastern Antiquities，1950；1974 年重印），253. 高本汉的译文在原著中做了修改，基本上反映了郑玄的意思。

郑玄认为这首诗提到的图（"犹"），是用来在一座山峰上"安排"献祭之礼的，⑪ 但是，我们并不能确定这首诗提到的就是一幅地图，因为郑玄所读到的"图"字，除了地图之外，还有其他好几个意思。⑫ 郑玄在解读这首诗时，可能参照了他所生活时代的祭祀活动，虽然并不能根据郑玄解释西周时期的祭祀活动，但从中或许可知，汉朝祭祀活动是会用到地图的。

73　　虽然前面所举例子说明，有关汉代以前仪式中使用地图的证据可能是模棱两可的，但这一时期，展示地理信息的地图在军事活动中的使用却是确信无疑的。不难想象，在战争频仍的战国时期，许多文献都会提及地图与地理知识的军事价值。在《孙子》这部据信成书于公元前 4 世纪的兵书中，就专辟"地形"一章。作者认为地形知识往往是战争胜负的关键：

> 夫地形者，兵之助也。料敌制胜，计险阨远近，上将之道也。知此而用战者必胜，不知此而用战者必败。⑬

《孙子》一书并没有提到地图，我们只能从字里行间推测，地图在当时的价值应该在于其上有具体的里程信息。据信部分内容撰成于公元前 3 世纪的《管子》一书，则更为明确地记载了地图的军事用途："故兵也者，审于地图，谋十官，日量蓄积，齐勇士，遍知天下，审御机数，兵主之事也。"⑭ 《管子》"地图"篇讨论了地图的价值，认为地图对于行军布阵、避开潜在障碍以及利用地形优势都是必不可少的。

> 凡兵主者，必先审知地图。辕辕之险，滥车之水，名山、通谷、经川、陵陆、丘阜之所在，苴草、林木、蒲苇之所茂，道里之远近，城郭之大小，名邑、废邑、困殖之地，必尽知。地形之出入相错者，尽藏之。然后可以行军袭邑，举错知先后，不失地利，此地图之常也。⑮

地图在军事活动中的作用并不限于确保胜利，地图还用来象征失败或投降。《韩非子》这部成书于公元前 3 世纪的哲学著作，在驳斥小国为了求存而向大国献图的说法时，也谈到

---

⑪　《毛诗郑笺》，四部备要本，卷 19，第 17 页 b。

⑫　Bernhard Karlgren（高本汉）"Glosses on the *Ta Ya* and Sung Odes"，*Bulletin of the Museum of Far Eastern Antiquities* 18（1946）：1–198；reprinted in Bernhard Karlgren，*Glosses on the Book of Odes*（Stockholm：Museum of Far Eastern Antiquities，1964），尤其是第 172 页中对郑玄注疏提出了质疑。同样，也没有任何考古证据证明毛亨的注释。考古学家虽然发掘出了刻有文字的龟壳和骨片，但是却并没有发现这一时期的任何地图。这些甲骨上刻有"笔直的和蜿蜒的线条"，这些线条"形成一个个区间或者'兆域'"，每片文字从哪里开始，到哪里结束。参看 David N. Keightley，*Sources of Shang History：The Oracle-Bone Inscriptions of Bronze Age China*（Berkeley and Los Angeles：University of California Press，1978），53–54。Kwang-chih Chang（张光直），*Shang Civilization*（New Haven：Yale University Press，1980），31–42，202–3 也对商朝的甲骨占卜活动进行了探讨。这些甲骨上的文字并非没有地理意义。吉德炜（Keightley）用这些甲骨画出了一幅商王朝地图。参看 David N. Keightley，"The Late Shang State：When，Where and What?" in *The Origins of Chinese Civilization*，ed. David N. Keightley（Berkeley and Los Angeles：University of California Press，1983），523–64，esp. 532–39。

⑬　《孙子》卷 10，页 10a—11b，四部备要本。

⑭　《管子》卷 2，页 6b，四部备要本。

⑮　《管子》卷 10，页 7a、b。

了地图这种用法：

> 事大未必有实，则举图而委地，效玺而请兵矣。献图则地削，效玺则名卑，地削则国削，名卑则政乱矣。事大为衡，未见其利也，而亡地乱政矣。⑯

这段话说明，地图对于国家安全至关重要：向另一个国家奉献本国地图，等于让自己的国家易受他国攻击和肢解，奉献本国地图等于亡地弃国。

我们可以荆轲刺秦王这一事件来说明这个道理。《战国策》讲述了这一刺杀事件。受到强秦威胁的弱燕太子丹，派荆轲前去刺杀秦王。为了得到秦王的接见，荆轲带去了一位燕国将领的首级以及一幅燕国的富饶之地——督亢的地图来到秦国。秦王见到这些礼物，认为燕国敬畏秦国，于是高兴地在他的宫殿里接见荆轲。荆轲为秦王献图，地图展开之际，露出了一把淬过毒的匕首。荆轲抓住秦王的衣袖，抓起匕首，向他猛刺。秦王躲开了这一刺，荆轲拔腿便追。他将匕首投向秦王，但未能命中，随后荆轲被秦王的卫士斩首。为报复燕国的刺杀，秦王举兵袭燕并最终兼并六国，成功地建立起一个由秦国本土和敌对六国组成的帝国。⑰

政治文化与文书学

秦王朝（公元前221—前207年）的主要成就之一是建立了中央集权的官僚体系，这一 74 体系为后世王朝所效仿。官僚国家突出的特点之一就是对文书的重视。文书在控制广大的疆土以及维持信息传递方面起着关键的作用，而地图正是这种文书行政系统的组成部分。文书行政系统的哲学基础在战国时期就已奠定。

《论语》可能是最早提到行政地图的文献，这部编纂于公元前5—前4世纪的著作讲孔子："凶服者式之，式负版者。"⑱《论语》中并没有明确指出这些"版"究竟是什么，但是《论语》最早的注释者之一郑玄认为"版"就是"邦国之图籍"⑲。虽然我们并不知道其中是否包括地图，但有一点很清楚，即孔子停车行礼，表明了他对文书的敬意。其他政治思想家对文书也抱有同样的态度，这也是文书学能够在后世的官僚政治中得到发展的原因。

大约成书于公元前3世纪的《战国策》证实了《周礼》中提到的那些大地域地图的政治作用。《战国策》记述了士人苏秦如何劝说赵王加入反秦联盟："臣窃以天下地图案之。诸侯之地五倍于秦，料诸侯之卒十倍于秦。六国并力为一，西面而攻秦，秦必破矣。"⑳ 与此同时，政治思想家韩非子（逝于公元前233年）也指出地图对于行政管理必不可少："法

---

⑯ 《韩非子》卷49，页14，周钟灵等编《韩非子索引》，中华书局1982年版，第858页。

⑰ 《战国策》卷31，页6b—8a，四部备要本。这件事还载于司马迁《史记》，中华书局1959年版，第8册，第2526—2538页。

⑱ 《论语·乡党第十》，页18，刘宝楠（1791—1855）编《论语正义》卷13，页12b，四部备要本。

⑲ 《论语正义》卷13，页12b（注释18）。

⑳ 《战国策》卷19，页2b（注释17）。

者，编著之图籍，设之于官府，而布之于百姓者也。"[21]

儒家著名思想家荀卿所著《荀子》一书还指出，地图等文书的价值超出其行政效用：

> （大夫）循法则、度量、刑辟、图籍，不知其义，谨守其数，慎不敢损益也。父子相传，以持王公。是故三代虽亡，治法犹存。[22]

根据这条记载，地图以及其他档案材料是受到敬重的，因为保存这些文书有助于保证制度的延续性。另一部战国晚期的著作《国语》有一小段话，让我们看到地图的另一种文化价值："若启先王之遗训，省其典图刑法而观其废兴者，皆可知也。"[23] 地图和图画不仅有助于理解空间，还有助于认识道德，因为地图的部分功能就是用来引导伦理行为的。这段文字并没有说明地图是如何完成这一功能的，但是后世记载的确证实了地图在教育方面的功用（参看下文，第86—87页）。

后世的各种实践活动也体现出中华帝国对于保存文化遗产的兴趣。包括地图在内的重要文书经常被刊刻于石碑上。每个朝代的文书以地理志、职官志等专名被编入正史。政府深知保存文化遗产和控制公众舆论的好处所在，遂大力支持文学和哲学著作的整理和编修。正如儒家思想所强调的那样，关心政事是学者的本分，而关注学术也是政府的应有之义。[24] 秦汉以后的统治之所以得以连续，也许可以从学术与政治的结合中寻找原因。

汉代政治文化中的地图

秦朝认识到了文书的重要性，这一点与经典所表达的思想是一致的。例如，秦灭六国，尽收其图籍。《史记·萧何列传》也提到类似的举动，萧何（卒于公元前193年）是汉高祖刘邦（公元前256—前195年）的知交与谋士。刘邦继秦朝之后，成为西汉（公元前206—公元25年）的开国皇帝。刘邦攻占秦朝首都咸阳之后，萧何尽搜秦丞相律令、图籍，使之免于焚毁。事实证明这些图籍对于刘邦非常有用。通过它们，刘邦得以"具知天下阨塞，户口多少，强弱之处，民所疾苦者"。[25] 很明显，秦朝的图籍一直保存到公元1世纪，因为那一时期编撰的《汉书·地理志》就提到这些图籍。[26]

汉朝继承了秦朝的官僚政府机构。虽然没有足够的记载帮助我们详尽了解地图在政府运

75

---

[21]　《韩非子》卷38，第19页，《韩非子索引》，第835页（注释16）。

[22]　荀卿：《荀子》，《荀子引得》，1950年，台北：成文出版社1966年重印版，第10页。

[23]　《国语》卷3，第7页a。

[24]　有关中国学术与政治关系的简要历史探讨，见：R. Kent Guy, *The Emperor's Four Treasures: Scholars and the State in the Late Ch'ien-lung Era* (Cambridge: Council on East Asian Studies, Harvard University, 1987), 10 – 37. David McMullen, *State and Scholars in T'ang China* (Cambridge: Cambridge University Press, 1988) 则对学者与国家之间的关系做了十分详尽的研究。

[25]　司马迁：《史记》卷53，第6册，第2014页（注释17）。关于萧何的这些举动，在《汉书》第7册，第2006页（注释6）中也有记载。《汉书》中的记载与《史记》十分接近。

[26]　《汉书》，第6册，第1586和1622页。到了西晋（公元265—317），秦朝的地图都佚失了。据裴秀（公元223—271）记载，国家档案中已经没有这些地图（参看《晋书》卷35，中华书局1974年版，第4册，1039页）。

作中的实际用途，但《周礼》这部描述理想化官僚政府机构的著作提到了地图的多种行政用途。《周礼》一书最早出现于汉代文献中，该书声称记录了西周的行政制度：政府分成6个主要部门，每个部门由一个主要的卿大夫和60个属官组成。除了《周礼》，并没有其他任何证据，证明在西周时期已经建立起如此精细的政府组织。因此人们认为《周礼》只不过是汉朝用于托古改制的工具。不管怎样，这至少说明汉朝已经开始广泛使用地图。

《周礼》提到各种情形下官员所使用的地图。根据《周礼》，地图可用于经济方面。资源地"丱人"所用的是一种与资源有关的地图。这些"丱人""掌金玉锡石之地，而为之厉禁以守之"。《周礼》中还提到，当需要开掘这些资源的时候，"丱人""则物其地图而授之"。[27]"司险"所用的则是地形图，"以周知其山林川泽之阻，而达其道路"。[28]

地图还可供官僚机构用于审计和账目核算。"司会"利用地图以及其他文书上的信息考评行政以及管理政府官员的账目。[29]另一个叫"司书"的官员，利用"土地之图""以周知入出百物"。[30]其他官员则使用数种分界图。"小司徒"似乎利用某种地籍图来解决土地纠纷。[31]"冢人"的职责是绘制小范围（墓地）分界图，"辨其兆域而为之图"。[32]这句话中的动词"辨"表明，冢人绘制分界线来标明各墓地的起始界线。另一种分界图（"土地之图"）则为"遂人"用来"经田野"。[33]另外也有大范围的分界图，这些图也许是用于政治分区的。一类叫"形方氏"的官员，负责确定封国领地的范围以及采邑的边界。[34]全国地图则由"职方氏"职掌，用以控制全国疆域并区分不同行政区和部落的人口、财政、农产品以及牲畜。[35]"大司徒"的职能与职方氏相近，"掌建邦之土地之图，与其人民之数，以佐王安扰邦国"，通过地图了解各封国的领地范围、地理特点以及自然资源。[36]另一类官员"小宰"，辅佐大司徒，同样关注地理和人口统计信息。据说小宰利用人口清册与地图来管理村庄。[37]

先前的例子说明了在《周礼》所描述的政府体系中，地图对于政治控制的重要性。除此之外，还有一个默认的共识就是，统治者应当精通地理。有两位官员负责为天子提供地理情报。他们都会参加天子的巡狩，并为后者指明地形地势和历史遗迹。其中一位官员"土训"负责解释地图，另一位官员"诵训"则负责解释"方志"。[38]

---

[27]《周礼》卷3，页37a。四部丛刊本，1851年版，台北：成文出版社1969年重印版。

[28]《周礼》卷7，页26a（注释27）。

[29]《周礼》卷2，页19b（注释27）。根据郑玄的注释，这里所提到的地图是"土地形象"。无论是周礼原文还是相关注疏都没有进一步给出有关这些地图的细节内容。

[30]《周礼》卷2，页20a（注释27）。

[31]《周礼》卷3，页24b、页25a。《周礼》中还提到了一种写有私人小契约的"丹图"，郑玄的注疏认为这些契丹带有图，参看《周礼》卷9，页27b、页28a。

[32]《周礼》卷5，页45b（注释27）。在上文中讨论了一幅幸存的战国时期墓葬图（《兆域图》，第36—37页）。这幅地图与《周礼》所描述的墓地图不同，它是一幅建筑规划图，而不是业已存在的墓地示意图。

[33]《周礼》卷4，页23b（注释27）。

[34]《周礼》卷8，页30b（注释27）。

[35]《周礼》卷8，页24b（注释27）。

[36]《周礼》卷3，页10b、页11a（注释27）。

[37]《周礼》卷1，页21b（注释27）。

[38]《周礼》卷3，页34b、页35a。书中没有具体讲到这些方志的内容，甚至连书名都没有留下。汉代方志的书名有些流传下来，但现存最早的完整方志都是唐代以后编撰的。后文中将详细讨论后期的方志。

76

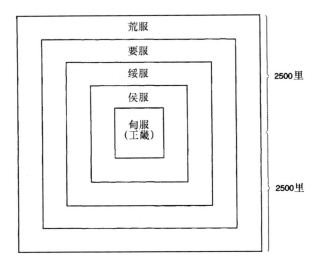

图 4.1　五服示意图

五服是《禹贡》所见政治区划。

出自 Bernhard Karlgren（高本汉），"Glosses on the Book of Documents," *Bulletin of the Museum of Far Eastern Antiquities* 20（1948）：39 – 315，esp. 159。

　　关于地理对于统治者的重要性，《禹贡》中已有经典的表述。《禹贡》是《书经》中的一篇，至迟在战国时期已经成书。[39]在讲述传说中夏朝的建立者禹的功绩时，《禹贡》描述了各地的地理特点，根据这些特点将全国分为九个区域，即"九州"。例如，兖州地处济河与黄河之间，其特点是肥沃的黑土、茂密的草地和高大的树林。《禹贡》还描述了第二套地理分区框架——"五服"。五服的划分不是根据自然地貌，而是根据政治地位：

　　　　中邦锡土、姓……五百里甸服……五百里侯服……五百里绥服……五百里要服……五百里荒服。[40]

　　人们通常用五个同心的方框来解释五服体系，其中最大的方框边长 5000 里（图 4.1）。[41]汉朝注释《禹贡》的学者似乎对这种标准化的几何图形非常感兴趣，于是乎将"九州"也重新界定为一套九个同心的方框（参看图 8.2 和第 207 页），这样一来，九州便不再根据自然地貌来划分了。

　　《禹贡》对于地理分区和政治区划的兴趣延续到了汉代。大体属于官修的《汉书》首创《地理志》。《汉书·地理志》以行政区划为叙述单元，为后世正史所效仿。它的大部分内容

---

　　[39]　顾颉刚在与顾立雅（Herrlee Glessner Creel）的一次口头交流中认为《禹贡》撰于鲁庄公（公元前 693—前 662 年在位）末年。引自 Creel，*Studies in Early Chinese Culture*，*First Series*（Baltimore：Waverly Press，1937），99 n. 2。然而顾颉刚在《古史编》中又认为《禹贡》完成于战国时代。参看《古史编》，全 7 册，1926—1941 年，香港：太平书局 1962 年重印版，第 1 册，第 206—210 页。

　　[40]　这段汉文的英译见，Karlgren（高本汉）"The Book of Document"（注释 8）。我对高本汉译文（第 18 页）稍有改动。

　　[41]　参看 Bernhard Karlgren，"Glosses on the Book of Documents," *Bulletin of the Museum of Far Eastern Antiquities* 20（1948）：39 – 315，esp. 159。《禹贡》本身并没有任何插图。理想化的对称的五服图并无实际用处。

讲的都是各个"郡""国"的地理、历史和人口状况。《汉书·地理志》虽然没有地图，但是如上文所述，班固在编写这一部分时参考了秦代的地图和《禹贡》等资料。

除了秦代的地图以外，汉代文献中还提到了其他地图，如《舆地图》。[42] 此类全图没有一幅保存下来，而且文献中也几乎没有给出有关其内容与形式的任何记载。[43] 尽管如此，我们仍然知道，这些地图一如既往地被用于行政和军事目的。《周礼》郑玄注提到，汉朝的 77 《舆地图》类似《周礼》中大司徒所用的疆域地图。[44] 光武帝（公元前5—57年）在光复汉室的战争中就携带了一幅《舆地图》。有一次，他在某地展开这幅地图并与一位将领展望未来。光武帝说道："天下郡国如是，今始乃得其一。子前言以吾虑天下不足定，何也？"[45] 诸侯国也有《舆地图》。诸侯王将它们呈献给皇帝时，会留一份在封国内。他们根据《舆地图》进行军事部署。据载，淮南王刘安（卒于公元前122年）就是按《舆地图》来部署军队的。[46]《舆地图》还用于仪式。接受分封的时候，诸侯国要向皇帝进献《舆地图》，这显然是分封仪式的一项内容。[47]

除了秦朝的地图以外，汉朝在编绘《舆地图》时应该也利用了其他一些资料。《舆地图》可能还采用了外邦进献地图上的资料。公元46年，时常袭击北中国的南匈奴为归顺汉朝，向汉朝政府进献了一幅地图。[48]《舆地图》的作者可能还利用了各郡国进呈的地图。现存汉代地图似乎都是地方政府绘制的。这些地图传递的信息包括山川地貌特征、城市位置、居民聚居地以及军事哨所。汉朝地方政府每年都要向中央政府进呈地图、人口与土地清册以及财政账目。班固在他的《东都赋》中就描写了呈送地图之事，"天子受四海之图籍"。[49] 丞相在编制国家预算时要查阅这些文书，而御史中丞也要利用它们来考核地方政府。

以上所举例子似乎让人以为汉朝政府只是被动地吸收地理信息，但有资料表明，政府也会主动搜集绘制地图所需信息。御史中丞的职责之一就是"掌图籍秘书"，[50] 有时会派人出

---

 [42] 根据唐司马贞《史记索隐》："'舆'者：天地有覆载之德，故谓天为'盖'，谓地为'舆'，故地图称'舆地图'。疑自古有此名，非始汉也。"（《史记》卷60，第6册，第2110页［注释17］）。

 [43] 汉朝的《舆地图》一直流传到六朝时期。六朝人注《汉书》时提到了《舆地图》。参看《汉书》卷6，第1册，第189页注释（注释6）。

 [44] 参看《周礼》卷3，页10下（注释27）。

 [45] 范晔：《后汉书》卷16，中华书局1965年版，第3册，第600页。

 [46] 《汉书》卷44，第7册，第2149页；《汉书》（卷53，第8册，第2417页）还记载了另外一个诸侯王拥有《舆地图》的例子。

 [47] 《史记》卷60，第6册，第2110页（注释17）。《后汉书》卷1下，第1册，第65页（注释45）。刘珍《东观汉记》（约撰于公元1世纪到2世纪）提到汉明帝（公元57—75年在位）用《舆地图》估算其皇子封地大小。（四部备要本，卷2，第4页a）。

 [48] 《后汉书》卷89，第10册，第2942页（注释45）。《汉书》还提到另一起可能是胡人向汉朝进献地图的事。公元前35年，皇帝得到了一部被杀的"胡"人首领的"图书"，"以其图书示后宫贵人"［《汉书》卷9，第1册，第295页（注释6）］。根据注疏，这是"单于土地山川之形书"。

 [49] 萧统《文选》，1809年版，京都：中文出版社1971年重印，卷1，页25b。康达维（David R. Knechtges）对该书作了注译，参看 *Wen Xuan；or，Selections of Refined Literature*（Princeton：Princeton University Press，1982 –），1：165。

 [50] 《汉书》卷19上，第3册，第725页（注释6）。虽然这段文字并没有具体说明御史中丞是否监督地图的绘制或搜集，但是它至少给出了一个明确的暗示，那就是汉代人已经清楚地认识到地图的行政价值。两汉之间的篡位者王莽（公元前42—23年）改革政府机构和行政分区时，向那些"晓知地理、图籍"的人请教。［《汉书》卷99下，第12册，第4129页（注释6）］。王莽声称他是根据《禹贡》和《周礼》进行改制的。

去搜集测绘信息。汉武帝（公元前140—前87年在位）时期，汉朝使节溯流而上到达黄河源头一片蕴藏大量宝石的山区。使节返回之后，"天子案古图书，名河所出山曰昆仑云"。[51] 军事远征同样带回了一些地理信息。李陵将军（卒于公元前74年）统领士兵五千人离开居延（在今甘肃省），向北行军三十日，并绘制了途经地区的地图。[52] 另外一位军事官员李恂（公元1世纪）前往征服"北狄"时，"所过皆图写山川、屯田、聚落百余卷，悉封奏上。肃宗嘉之"。[53]

　　如上所述，到秦汉时期，地图已经和政治文化紧密结合在一起，并被赋予礼仪的意味。疆土等同于政治权力，于是地图本身也被赋予了政治权力，特别是在与冥界有关的事情上。这就有助于我们解释，为何迄今为止发现的汉代地图都出自墓葬。随葬于地方官墓葬中的地图，似乎象征着他们曾经拥有的权力，地图为他们通向另一个世界铺平道路。在坟墓中埋葬地图可以与其他葬仪活动联系起来考虑，例如，在墓葬中放置用布包裹起来的泥块——"布土"，以及泥质农田模型和池塘模型（图4.2和图4.3）。[54] 人们相信这些物品象征着死者拥有土地，或可帮助墓主在另一个神灵世界里获取尊崇的地位。

78

图 4.2　汉墓出土的泥质农田模型

模型高13—15厘米。出自 Joseph Needham, *Science and Civilisation in China*（Cambridge：Cambridge University Press, 1954 – ），Vol. 6，Biology and Biological Technology，pt. 2，*Agriculture*，by Francesca Bray（1984），fig. 27。

---

[51] 《史记》卷123，第10册，第3173页（注释17）。《汉书》卷61也记载了这次远征（第9册，第2696页，注释6）。

[52] 《汉书》卷54，第8册，第2451页（注释6）。这段文字并没有描述这幅地图的具体内容。

[53] 《后汉书》卷51，第6册，第1683页（注释45）。像通常一样，这段文字也没有叙述这幅地图的细节。

[54] 关于这些葬仪，参看 Wang Zhongshu, *Han Civilization*, trans. Kwang-chih Chang et al.（New Haven：Yale University Press，1982），207 – 8。

图 4.3　汉墓发现的泥质池塘模型

原件尺寸：9×28×28 厘米。经文物出版社许可。

位于今陕西西安临潼的秦始皇（公元前 221—前 210 年在位）陵，其内定制的模型似乎也体现这样的用意。司马迁（约公元前 145—前 85 年）在《史记》中描述了始皇陵的形制和建造过程：

> 始皇初即位，穿治郦山，及并天下，天下徒送诣七十余万人，穿三泉，下铜而致椁，宫观百官奇器珍怪徙臧满之。令匠作机弩矢，有所穿近者，辄射之。以水银为百川江河大海，机相灌输，上具天文，下具地理。以人鱼膏为烛，度不灭者久之……树草木以象山。⑤⑤

由于秦始皇陵还未发掘，尚无法求证《史记》中有关陵寝立体图景的记载。即便陵寝得到发掘，也许我们依然很难判断《史记》相关记载的准确性，因为无法证明陵寝中的那些机械弓弩能否起到防盗作用，秦末汉初的盗墓者或许已经洗掠了墓中大部分的物品。⑤⑥ 尽管如此，有证据显示陵寝中的确灌注了水银。常勇和李同分析过陵寝一带土壤的水银含量，发现陵寝顶部的水银含量奇高（图 4.4）。他们认为这证明了《史记》关于陵寝中用水银灌

---

⑤⑤ 《史记》卷 6，第 1 册，第 265 页（注释 17）。《汉书》也记载了始皇陵，但不如《史记》详尽。[《汉书》卷 51，第 8 册，第 2328 页（注释 6）]。除了立体模型，始皇陵中还有很多殉葬者。《史记》载："二世曰：'先帝后宫非有子者，出焉不宜。'皆令从死，死者甚众。葬既已下，或言工匠为机，臧皆知之，臧重即泄。大事毕，已臧，闭中羡，下外羡门，尽闭工匠臧者，无复出者。"

⑤⑥ 根据一则关于秦朝末年盗墓活动的记载，当时有 30 万人花了一个月的时间也无法运走墓中的所有宝物。参看郦道元《水经注》卷 19（王国维编《水经注校》，人民出版社 1984 年版，第 621 页）。据说六朝时期秦始皇陵又一次遭到洗劫。参看 Li Xueqin（李学勤），*Eastern Zhou and Qin Civilization*，trans. Kwang-chih Chang（New Haven：Yale University Press，1985），254。

注，形成河海的记载。⑤

79

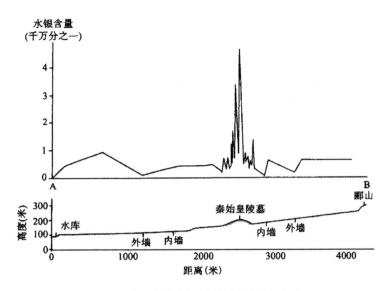

图 4.4　秦始皇陵所在地土壤水银含量变化图
陵寝正上方土壤中水银含量是周围地区土壤水银含量的 4 倍。出自常勇、李同《秦始皇陵中埋葬汞的初步研究》，
《考古》1983 年第 7 期，第 659—663 页，特别是第 663 页。

　　根据陵寝的外部规模可以推测陵寝内部所构筑的那个帝国模型的大小。始皇陵封土大约
400 米见方，封土最高处约为 43 米（图 4.5）。⑤ 陵寝中那件天地一统的立体地图并没有什
么实用价值，仅仅是为了象征秦始皇作为天子曾经拥有的权力。通过这种方式来显示权力也
许有助于秦始皇在另一个神灵世界确立自己的地位：将遗体埋葬在宇宙模型中，象征着他死
后仍然可以像活着的时候一样，做天地之间的中介者。⑤

---

　　⑤　常勇、李同：《秦始皇陵中埋藏汞的初步研究》，《考古》1983 年第 7 期，第 659—63、671 页。

　　⑤　参看 Li, *Eastern Zhou and Qin*, 251 – 54（注释 56）；Maxwell K. Hearn, "The Terracona Army of the First Emperor of
Qin（221 – 206 B. C.），" in *The Great Bronze Age of China：An Exhibition from the People's Republic of China*, ed. Wen Fong
（New York：Metropolitan Museum of Art, 1980），353 – 68, esp. 357; and Robert L. Thorp, "An Archaeological Reconstruction
of the Lishan Necropolis," in *The Great Bronze Age of China：A Symposium*, ed. George Kuwayama（Los Angeles：Los Angeles
County Museum of Art, 1983），72 – 83。

　　⑤　根据公元前 2 世纪前半叶的文物，当时的人们可能相信，灵界官员能认出皇帝的权力象征物。汉朝承袭了秦朝
的世间官僚体系，但并不清楚汉朝人心目中的灵界是否与秦朝相似，但是根据汉代文献知，秦始皇相信灵魂不朽。关于
中国人对于丧葬与生死观的研究非常多。关于中国葬仪的研究，见 Robert L. Thorp, "Burial Practices of Bronze Age China,"
in *The Great Bronze Age of China：An Exhibition from the People's Republic of China*, ed. Wen Fong（方闻）（New York：Metropol-
itan Museum of Art, 1980），51 – 64; and idem, "The Qin and Han Imperial Tombs and the Development of Mortuary Architec-
ture," in *The Quest for Eternity：Chinese Ceramic Sculptures from the People's Republic of China*, ed. Susan L. Caroselli（Los Angel-
es：Los Angeles County Museum of Art, 1987），17 – 37。关于中国人的生死观的研究，见 Albert E. Dien（丁爱博），"Chi-
nese Beliefs in the Afterworld," also in *Quest for Eternity*, 1 – 15; Michael A. N. Loewe（鲁惟一），*Ways to Paradise：The Chi-
nese Quest for Immortality*（London：George Allen and Unwin, 1979）; Ying-shih Yo（余英时），"Life and Immortality in the
Mind of Han China," *Harvard Journal of Asiatic Studies* 25（1964 – 65）：80 – 122; and idem, "'O Soul, Come Back!' A Study
in the Changing Conceptions of the Soul and Afterlife in Pre-Buddhist China," *Harvard Journal of Asiatic Studies* 47（1987）：
363 – 95。

图4.5　秦始皇陵遗址

图片由威廉·A. 丹多（William A. Dando）家族提供。

秦汉实践的传承

　　司马迁对秦始皇陵寝的描述似乎影响到后来帝王陵墓的内部设计：汉、唐（618—907）、辽（916—1125）和宋代（960—1279）的帝陵都发现过星象图，南唐（937—975）帝陵则发现了立体宇宙模型。

　　最后提到的这座帝陵的主人是南唐国的开国皇帝（937—943 年在位）。由于其在位时间很短，大约只用了 6 年时间来进行修建陵墓，而秦始皇陵的建造则花费了大约 40 年的时间。[60] 加上南唐国土狭小，国家财力和劳动力都很有限，因此南唐帝陵的规模与秦始皇陵不可同日而语。现存的这座南唐陵可能并不是完整的，因为它在 1950 年和 1951 年的考古发掘以前就已经被盗。[61]

---

　　[60]　在宋朝以前，皇帝从登基之年即开始营造陵寝。在宋朝，这种制度发生了变化，陵寝要在皇帝驾崩以后才开始修建，并且规定皇帝必须在驾崩后七个月之内下葬。这就意味着没有多的时间去精心营建秦始皇陵那样的陵寝。关于中国帝王葬仪，参看 Robert L. Thorp, *Son of Heaven：Imperial Arts of China*（Seattle：Son of Heaven Press，1988）。

　　[61]　进一步了解有关南唐二陵的信息，可参看 Zeng Zhaoyue et al.，eds.，*Report on the Excavation of Two Southern T'ang Mausoleums：A Summary in English*（Beijing：Cultural Objects Press，1957）；以及《南唐二陵发掘报告》，文物出版社 1957 年版。

80

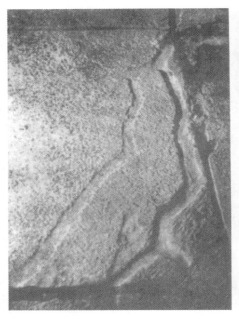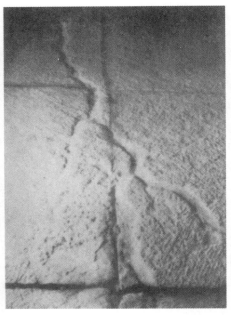

图 4.6　南唐二陵出土的浮雕模型

南唐皇帝李昪陵墓底沟槽，代表河流。左为西侧地面，右为东侧地面。

墓底尺寸：6.03×5.9 米。出自南京博物院编著《南唐二陵发掘报告》，文物出版社 1957 年版，第 34 页（第 3、4 号）。

81　　　　该陵位于南京附近祖堂山南麓，封土高约 5 米，直径 30 米。墓室由三部分组成——前室、中室、后室，各室都有放置随葬品的侧室。长方形后室长 6.03 米，宽 5.9 米，在三室中最大。它的大小与其重要程度相匹配，因为该室放置了皇帝灵柩并在其中建造了一个立体模型。

　　灵柩放置在一个从墓室后墙中部延伸出来的砖砌棺床上。棺床两侧的墓室地面上刻有两条带有分岔的曲折沟槽，似分别代表黄河与长江（图 4.6），秦始皇陵寝可能也有类似的模型。与《史记》有关始皇陵记载不同的是，李昪陵的这两条沟槽里并没有灌注水银，没有展示山峦的模型，更没有始皇陵的陵上建筑，但与始皇陵相类的是，李昪墓墓顶绘制了一幅天文图。图中描绘了各种星座，东面绘有一轮红日，西面绘有一轮满月，南北则绘有北极星和南极星（图 4.7）。与始皇陵一样，李昪陵寝内的模型也没有什么实际用途。随葬陶俑推测代表皇帝的随从，似乎是为了帮助皇帝打通前往另一个神灵世界的道路。李昪的遗体被放置于灵台上，象征他沟通天地的特殊地位。

　　除了随葬，秦汉时期行政地图的另一些用途也为后代所传承。例如，在清代，有一些专门用于展示祭坛和祭品陈列的地图，其上带有文字说明，用来描述作为天地中介者的皇帝所进行的祭祀活动（图 4.8）。到唐代，《周礼》成为儒家经典，该书有关地图行政用途的记述从此成为定论。后世的作者似乎觉得再无必要详细描述《周礼》中有关地图行政用途的内容了。与此相对应的是，唐代以后的政书中也不再出现与地图相关的新说。例如，19 世纪的地方志和丛书通常包含很多地图，其编纂者在谈到地图的行政价值与用途时都会引用《周礼》并视之为定论。一部 18 世纪的地方志（《香山县志》）序言开篇称："大志何为也？

其始肇诸周官乎?"⑫

　　强调对《周礼》的继承并非没有道理。虽然与地图有关的职官名称、政府机构随着时 82
代推进有所不同，但历史记载表明，有关地图用途的一般性描述自汉代以来并没有发生太大
的变化。与《周礼》一样，汉代以后的地图在政府中发挥着各种各样的作用。它们被用于
公共建设工程，特别是水利工程。清代文献中这方面的记载尤其丰富，呈送给皇帝的有关修
筑堤防和开挖运河的奏折通常配有地图（见第101—102页）。与《周礼》所记相近，地图
仍然被用于解决分界纠纷。

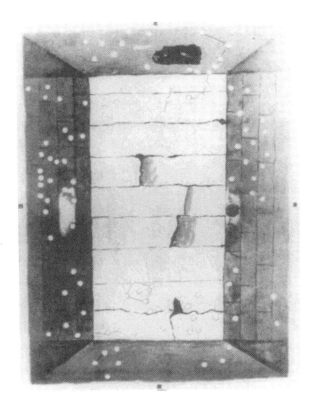

图4.7　南唐李昇陵墓顶所绘星图

　　　　图上方为北。墓顶尺寸：6.03×5.9米。出自中国社会科学院考古研究所编《中国古代天文文物图集》，文物出版
社1980年版，第74页。

　　与从前一样，在战争中仍然重视地图的使用。例如地图学家裴秀（223—271）就认为
西晋（265—317）的军事胜利部分归结于它拥有敌国的精确地图。⑬ 由于认识到地图的军
事价值，终有清一代，管理"舆地图"始终是兵部尚书的一项职责。又如，在宋朝，兵部
尚书"以天下郡县之图而周知其地域"。兵部尚书所属的职方郎中及其助手负责"掌天下

---

　　⑫　《香山县志》旧序，1750年版，台北：台湾学生书局1968年重印版，页1a。在这一章稍后将对方志做更全面的
介绍。

　　⑬　《晋书》卷35，第4册，第1040页（注释26）。裴秀所指的应该是在司马昭与诸葛瞻的战斗中地图所具有的重
要战略意义。参看《晋书》卷35，第4册，1038页（注释26）。

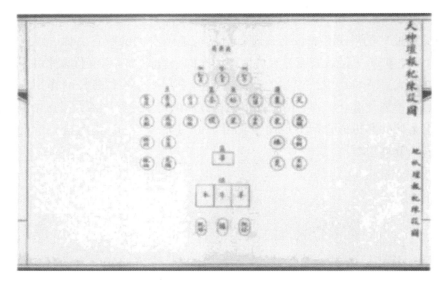

图 4.8　《天神坛报祀陈设图》

靠近图的底部有三个盒子，分别盛有猪、牛、羊三种牺牲，其他供品还包括用一个单盒盛放的丝帛和绘于圆圈中的各类谷物。

原图尺寸：20×29 厘米。出自《钦定大清会典》，全 75 册（1899），图卷 13，页 12b—页 13a。复制图由哈佛大学哈佛燕京图书馆提供。

图籍，以周知方域之广袤，及郡邑、镇砦道里之远近。"[64] 战场上的指挥官们既将地图用于实地战略部署，也用于进呈皇帝的奏报。将领们有时候还要想方设法获得敌方地图。在 1552 年明朝与瑶民的一场战斗中，茅坤（1512—1601）派探子潜入敌方，探子们用无色墨水绘制地图。根据所绘地图，茅坤制作了该地区的立体模型，部署军队攻打 17 个堡寨，并在一天内将其全部攻占。[65]

同汉朝一样，地图在后世的对外关系中也发挥着作用。朝贡国通常向中国政府呈送地图以示臣服。例如，在 648 年，将军王玄策打败了迦没路国，之后该国向唐朝皇帝进献了"异物，并上地图"。[66] 1721 年，康熙皇帝告诉内阁大学士，一个俄国使节向清朝进呈了一幅本国地图。这幅地图对于康熙皇帝意义重大，因为它证实了一条一度被认为是"荒邈"之事的古老的记载——在遥远的北方有一片无法穿越的冰海，传言在那里曾经有一种跟大象一般大的老鼠。[67]

---

[64]　脱脱等撰：《宋史》卷 163，中华书局 1977 年版，全 40 册，第 12 册，第 3855—56 页。

[65]　参看 Chaoying Fang, Else Glahn, "Mao K'un," *Dictionary of Ming Biography*, 1368－1644, 2 Vols., ed. Luther Carrington Goodrich and Chaoying Fang（New York：Columbia University Press, 1976），2：1042－27, esp. 1043－44。用立体进行军事规划的事例至少可以追溯到公元 32 年，当时将军马援（公元前 14—49 年）做了一个立体地图，用它向皇帝解说军事策略："又于帝前聚米为山谷，指画形势，开示众军所从道径往来，分析曲折，昭然可晓。"［《后汉书》卷 24，第 3 册，第 834 页（注释 45）］。

[66]　欧阳修等撰：《新唐书》卷 221 上，中华书局 1975 年版，第 20 册，第 6238 页。关于这次军事行动的另外一则记载见《旧唐书》卷 198，中华书局 1975 年版，第 16 册，第 5308 页。根据这两则记载，王玄策得到一千吐蕃兵和七千泥婆罗兵的支持。

[67]　《大清圣祖仁皇帝实录》，1739 年编，1937 年版，台北：华联出版社 1964 年重印本，卷 291，页 19a—页 20b。Lo-shu Fu, comp., trans., and annotator, *A Documentary Chronicle of Sino-Western Relations*（1644－1820），2 Vols.（Tucson：University of Arizona Press, 1966），1：133。

最后一个例子说明，外国进贡的地图有助于修正已有的地理知识。中央政府不时以主动 83
的方式获取域外地理信息。例如，在唐朝，负责接待外国宾客的鸿胪寺同时也为职方郎中提
供地理信息："凡藩客至，鸿胪讯其国山川风土，为图奏之，副上于职方。"⑱ 为了对外国宾
客提供的信息加以补充，中国也会派遣使节主动搜集相关地理信息。一旦双方进入敌对状
态，这些信息就会发挥其军事价值。这些信息包括主要地点之间的里程、地形状况、防御工
事的位置及其地图。

当中央政府衰弱，需与邻国签订条约时，其中一个内容就是交换地图。一旦中央政府衰
微到只能向入侵之敌呈献本国地图的地步，那么就像《韩非子》中讲的那样，意味着俯首
称臣。宋朝的皇帝就在 1126 年与女真贵族将领签订了一个条约，答应向女真人割地赔款。
女真人接受宋朝割地的条件之后，双方重新划定边界。宋廷的誓书这样写道，"今已计议定
可中山、太原、河间府南一带所辖县、镇以北州军分画疆至，别有地图，仍比至定了疆界。
屯兵以前，于内别有变乱处所"。⑲ 宋朝将上述府州县镇的地图，连同誓书一起呈交给了女
真人。

向外国呈献地图，对于宋廷来说肯定是奇耻大辱，因此宋朝政府以往一直十分忌讳外
国朝贡者私绘地图和挟带中国地图。1089 年的一份奏折警告，高丽使节可能私绘中国山
水地图并将这些地理情报提供给契丹人。⑳ 沈括在《梦溪笔谈》中记载了高丽使臣的此类
举动：

> 　　熙宁中高丽入贡，所经州县悉要地图，所至皆造送，山川道路，形势险易，无不备
> 载，至扬州，牒州取地图，是时丞相陈秀公（1011—1179）守扬，给使者欲尽见两浙
> 所供图，仿其规模供造，及图至，都聚而焚之，具以事闻。㉑

非汉人集团建立的清朝也出现过猜忌外国人绘制中国地图的情况。1805 年，彼时满人
业已汉化，清朝官员截获了一批用欧洲文字书写的信件以及一幅地图。调查发现，一位名叫
阿代奥达托（Adeodato）的意大利人承认他曾经将这些信件和地图寄给教皇，信中说：

> 　　我是一个意大利人，是西堂的院长。这幅地图上标明了中国皈依基督教的地区。由
> 于各教派的教规不同，新到北京的传教士经常会发生争执。因此我们用不同符号来区分
> 不同的教派……我想把这幅地图呈给教皇，以便让他知道在中国的皈依者分布于哪些区
> 域，分别属于什么教派，将来教皇可以根据这幅地图向不同教派的教堂派遣相应的传教

---

⑱ 《新唐书》卷46，第4册，第1198页（注释66）。

⑲ 《大金吊伐录》，百部丛书集成本，卷1，页25a。女真是中国东北边疆的部落族群，于12世纪占领中国北部并
建立了一个汉化王朝"金"（1115—1234）。

⑳ Herbert Franke, "Sung Embassies: Some General Observations," in *China among Equals: The Middle Kingdom and Its
Neighbors, 10 – 14th Centuries*, ed. Morris Rossabi（Berkeley and Los Angeles: University of California Press, 1983），116 – 48,
esp. 139. 契丹是中国东北边疆的部落族群，于10世纪在中国北部建立了汉化王朝"辽"（916—1125）。

㉑ 沈括：《梦溪笔谈》卷13，胡道静编《新校正梦溪笔谈》，1957年，香港：中华书局1975年重印版，第144页。

士，以避免争执的发生。[72]

84

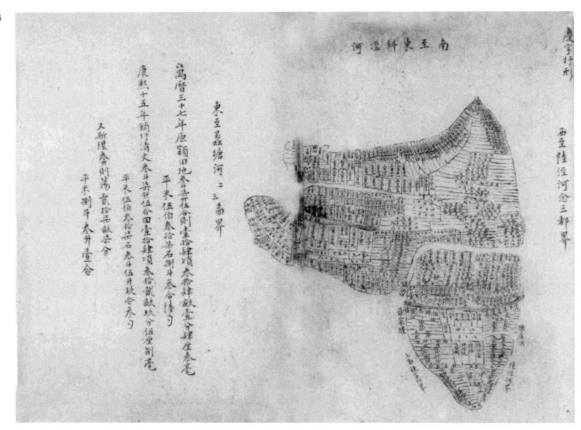

图4.9 清代的"鱼鳞图"

据图4.9和图4.10可知，由于田块形状不规则，清代的地籍丈量相当复杂，很难计算各田块的面积以及确定纳税数额。现在已无法确知，负责地籍丈量的官员们如何计算形状不规则的田块面积。他们可能将田块分割成若干规则的几何图形，如正方形、三角形等，来大致估算田块面积。此处展示的田块位于元和县（位于今江苏省），为鱼鳞图册中的一幅田图。

每个对折页尺寸：37×23厘米。经日本东京大学东方文化研究所许可。

中国官员质问阿代奥达托是如何得到这幅地图的，他回答说："这是西堂的一幅旧地图。我做院长后，在一个废纸筐中发现了它。"[73] 这样的回答并没有让中国官员满意。他们又问，若是碰巧发现这幅地图，怎么能看懂这幅地图上的符号？根据中国人的记载，阿代奥达托的回答含混不清，因此这个官员推断阿代奥达托"必定另有隐情"。[74]

从法律的角度看，阿代奥达托私绘中国地图是有罪的。清朝法令规定，只有在华欧洲人才被允许信仰基督教。而且，欧洲人不能与中国老百姓有任何社会交往，清廷禁止中国人信仰这种来自西方的异教。阿代奥达托的地图却表明，当时已经有很多地区违反了帝国法令。

[72] Fu，*Documentary Chronicle*，1：351（注释67）。

[73] Fu，*Documentary Chronicle*，1：351（注释67）。

[74] Fu，*Documentary Chronicle*，1：352（注释67）。

因为这一事件，清朝政府正式宣布禁止天主教。天主教的书籍被搜查焚毁，信徒受到惩罚并禁止做官。⑮

　　在政府反对基督教的举措背后隐含着一层地理用意：有关中华帝国的地理信息，尤其是地图，只能由中央政府来掌控。与《周礼》所强调的一样，地理对于统治者如此重要，以至于汉代以后的统治集团，都会搜集其统治疆域的地理信息。汉代以后各地方仍然继续向中央政府进呈地图，尽管进呈地图的周期有所不同。在唐代，各州郡每两年向兵部呈送一次地图。在宋代，周期变成了五年一次。⑯ 宋朝各路转运使每隔十年向中央政府进呈该路地图。与此同时，各县每逢闰年进呈地图，或者每隔三年进呈一次地图。⑰

　　中央政府还不时派人到地方上进行土地丈量。例如，1387 年，国家在浙江和江苏南部做了一次土地丈量："量度田亩方圆，次以字号，悉书主名及田之丈尺，编类为册，状如鱼鳞，号曰鱼鳞图册。"除分界之外，"鱼鳞图"上还标注海拔、土壤类型等土地特征。⑱ 类似的地籍图最早出现在宋代，一直沿用到清朝（图 4.9 和图 4.10）。政府进行土地丈量并编订鱼鳞图涉及两个方面的利害关系：其一，鱼鳞图有助于解决财产方面的法律纠纷；其二，可以作为征收赋税的依据。有了鱼鳞图，政府就可以了解田赋，监视税户行踪，达到评估国家财政收入的目的。例如，1387 年所进行的土地丈量起因就是一次大规模的逃税事件。当时浙江和江苏富有的土地所有者多将其土地登记在其亲戚、邻里甚至佃户名下。明朝政府花了 20 余年的时间来改变这种状况，直到 1398 年，这两个地区的鱼鳞图册才呈交中央。⑲

　　上引各例表明，地图在宗教礼仪、军事和行政方面都可以派上用场，但地图的价值还超出了这些领域。正如《荀子》《周礼》等早期文献所述，地理知识是统治者必备的知识，地图也可以用来传播文化价值。一幅大约绘制于 1193 年、题为《地理图》的地图正是出于这一目的而制作的。该图于 1247 年刊刻于石碑。原图并没有留存下来，只有石刻（图 4.11）被保存于苏州文庙。与《地理图》同时刊刻的还有同时代的另外三种文书：一张中国历史简表、一幅星图以及一幅苏州城图。根据《地理图》上的题注，这四份文书都是嘉王的老师黄裳送给他的。⑳ 苏州在南宋时期（1127—1279）是一个重要的城市。根据《宋史》记载，这些文书是黄裳为嘉王将来继承大统而备的。沙畹认为这些图制作于 1193 年，如果此考证无误，则说明黄裳的指导十分及时，因为次年（1194）嘉王就登基了，是为宁宗皇

　　⑮　Fu, *Documentary Chronicle*, 1：352 - 58（注释 67）。

　　⑯　《唐会要》卷 59，台北：世界书局 1963 年版，第 2 册，页 1032。

　　⑰　《宋史》卷 441，第 37 册，页 13041（注释 64）。

　　⑱　《明史》卷 77，中华书局 1974 年版，第 7 册，第 1881—1882 页。

　　⑲　关于中国的土地清丈的深入探讨，参看 Ho（何炳棣），*Population of China*, 101 - 35（注释 3）。关于鱼鳞图册的深入探讨，参看 Niida Noboru（新井升），"Shina no tochi daichō 'gorinsetsu' no shiteki kenkyū", *Tōhō Gakuhō*（Tokyo）6 (1936)：157 - 204；赵冈：《明清地籍研究》，《中央研究院近代史研究所集刊》9，1980 年，第 37—59 页。

　　⑳　Edouard Chavannes, "L'instruction d'un future empereur de Chine en l'an 1193," *Mémoires concernant l'Asie Orientale* 1 (1913)：19—64 中有该图题记和注记说明的转写与法文翻译。题记中，刊刻人自名王之源，除了题记所载，对此人别无所知。据称，他在今天四川，即嘉王潜邸，发现了《地理图》和其他三件文书。他将这些文书带回苏州并刊刻于石以其流传后世。

85

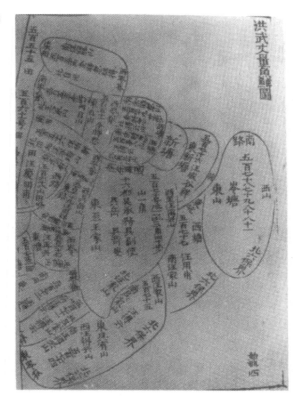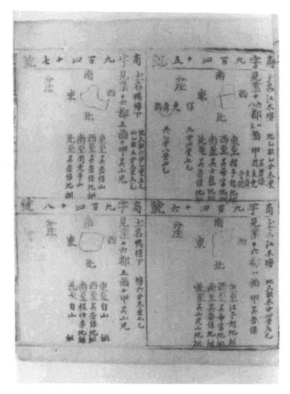

图 4.10　明代的"鱼鳞图"

　　明代的鱼鳞图册中既有相邻地主田地总图（见左图，显然是一幅明代的鱼鳞图），也有显示单片田地的地图和表格（见右图，出自一本明代鱼鳞图册）。表格与总图相关联，其上也列举了地籍号、丈量面积，并给出田块的东南西北四至。表格中的各幅地图比例尺并不统一。据注记知，表格左上方的田块面积比右下方大一些，但从图上看，右下方比左上方的田块看起来更大。

　　左图为《洪武丈量鱼鳞图》（洪武朝为 1368—1398 年），保存于《吴氏先茔志》（1635）。右图出自《明万历九年鱼鳞图册》（1581，万历朝为 1573—1620 年）第 1 册第 1 图。

　　原图尺寸：左图不详；右图：39×29 厘米。图片由北京中国历史博物馆（今国家博物馆）提供。

帝（1194—1224 年在位）。[81]

87　　　根据《宋史》的记载，黄裳在写给嘉王的诗中暗示了星图和地图的教化作用，他教导嘉王如何获得天文和地理知识："欲王观象则知进学，如天运之不息，披图则思祖宗境土半陷于异域而未归。"[82] 在南宋时期，中国的大片土地处于金朝的控制之下。《地理图》的绘制就是为了提醒读图者勿忘使命。地图中标注了北宋（960—1126）和辽朝都城的位置，而这两个地方业已被金朝占领，读图者从中可知宋朝丧失了多少疆土，而且必须收复它们。画出这两座都城还不够，《地理图》上的注解还讲到光武帝从王莽手中恢复汉室江山的故事。前文曾举例说到，光武帝读到《舆地图》，认识到恢复江山之不易。《地理图》的注记则强调，尽管这位汉朝皇帝的军队数量较少，但他最后仍然取得了成功，这得益于他卓越的品行。

---

　　[81]　《宋史》卷 393，第 34 册，第 12000 页（注释 64）；Chavannes，"L'instructuion"（注释 80）。

　　[82]　《宋史》卷 393，第 34 册，第 12001 页（注释 64）。

图 4.11　《地理图》

该图由黄裳绘制，1247 年由王致远刻石并立于苏州府学。

原图尺寸：179×101 厘米，原碑现藏苏州市博物馆。图片由北京中国科学院自然科学史所曹婉如提供。

未来的南宋统治者嘉王，情况与之相似，因为他也会面对兵力上的劣势。这一类比的用意是明显的，即嘉王可以通过修身将自己培养成为道德典范，以此来弥补军事力量上的不足。

照理说，地图在各级政府中用途如此广泛，使用如此普遍，理应促成一批专业制图人士的产生。然而，至少在清末以前，这样的专业制图群体从未在中国出现过。地图的用途如此广泛，似乎要求所有的官员都具备或习得一定的制图技能。但是，总体上看，他们几乎没有专业意识：极少有地图是仔细绘制的，制图活动也没有持续进行，并且没有普遍遵循的制图标准。[83] 与地图绘制一样，也没有一批专业的官方测量人员，似乎要求所有官员都掌握一定的测绘知识。康熙皇帝（1654—1722，1661—1722 年在位）就亲自向官员们演示，如何对中国进行一次全面测量，他本人还率领军队进行地形勘察："朕亲统六师至宁夏，驻跸二十日，遍观地势，游览山形。"[84]

白乐日曾经指出，官员阶层"是坚决反对任何形式的专业化的"。[85] 这个总结虽然并不符合下层政府官员的实情，尤其是在宋代及以后的时代，但适用于最上层的官僚集团。[86] 那时的学问高下与现代知识价值观念正好相反，学"文"远比技术知识更受重视。例如，通过算术考试的人只能担任低等官职，而最高级的官职则是为那些通过科举考试的人准备的。精通文墨才是通往成功的仕途。这样的现实强化了经典中"崇文"的思想观念。

但有时政府也会发现个别具有绘图技能的特殊人才，并将绘制地图的任务交给他们。例如儒士沈括，他虽然没有接受过正规的学校教育，但是他在实践中习得了绘图技能。他担任过许多地方官职，任职期间设计并督查过需要进行测绘的垦田图。沈括还在中央政府中担任一些官职，例如校书郎、司天监、察访使，这使他有机会接触各种对制图有用的文书和仪器，尽管他的主要职责多与军事和财政事务有关。1075 年，也就是沈括在中央政府任职期间，他对宋辽边地进行了一次巡查。在这次巡查中，他仔细记录下沿途的地形地貌，如山峦、河流和道路，并用蜡做出一幅地形图以展示所搜集信息。之后他又照着这幅蜡图，做出一幅木图并呈献给皇帝。皇帝召集所有大臣来观摩这幅木图，下令边境各府照此样制作木图，并藏之于内府。[87] 尽管沈括的本职工作并不是绘制地图，但从上面所举制作立体地图模型的例子可以看出，他的制图才能得到了朝廷认可。于是，1076 年，他又被任命去编订一部整个中国的地图集。

政治文化中的星占图与天文图

地图绘制中有一个术有专工的领域，那就星图的绘制。为了制定精确的历法以授农时，并准确安排四时祭祀等各种朝廷典礼的时间，政府会专门设立一个负责天文星占的部门。《周礼》中至少提到了两个与星象有关的官名，即冯相氏和保章氏。冯相氏的职责是使时间与天象相符并推算天象的位置。[88] 根据郑玄的说法，冯相氏对天象位置所做的推算相当于一种历法。[89] 保章氏的职责表明天文学和星占学之间存在密不可分的联系，因为他负责"掌天星，以志星辰日月之变动，以观天下之迁，辨其吉凶"。天象与地文的关联还反映在行政区

---

[83] 清朝晚期中央政府试图使制图活动标准化，但各省声称这将拖延地图进呈时间，中央政府遂允许他们不用新近制定的绘图标准。参看第 195 页。

[84] 《康熙帝御制文集》，1733 年版，台北：台湾学生书局 1966 年重印版，卷 32，页 2a。参看 Jonathan D. Spence，*Emperor of China：Self-Portrait of K'ang-hsi*（1974；reprinted New York：Vintage-Random House，1975），73。

[85] Balazs，*Chinese Civilization and Bureaucracy*，17（注释 2）。

[86] 但是这个概要要加上限定条件。首先，北宋时期有大批博学之士，相比之下，南宋士人思想变得偏狭，不鼓励追求书本之外的知识。其次，在北宋时期，财政专家可以身居高位。

[87] 沈括：《新校正梦溪笔谈》卷 25，第 256 页；另见 Sivin，"Shen Kua，"380（均见注释 71）。

[88] 《周礼》卷 6，页 44b（注释 27）。

[89] 《周礼》卷 6，页 44b（注释 27）。

划上，保章氏"以星土辨九州之地，所封封域皆有分星，以观妖祥"。[90]

在汉朝，负责占星的官员称作太史令。从广义上说，他的职责同《周礼》中所提到的那些天文官是相同的，即负责制定年历，为典礼确定吉日和凶日，并记录各种不祥之兆。[91] 这些也成为历朝天文官的重要职责，尽管其官名会发生改变。天文官记录天地间的异常现象并不仅仅是出于农业的需要，他们还需要将这些现象同政治事件联系起来。关于这点，司马迁——这位公元 1 世纪的占星家和历史学家做了精要的阐述："仰则观象于天，俯则观法于地。"司马迁说，古人根据天上的各种征兆和异象来做出预言，"以合时应"。[92]《汉书》则指出人世间政治统治的错误将会通过异常天象反映出来："明君睹之而寤，饬身正事，思其咎谢，则祸除而福至。"[93] 解读天象被视为一种政治权力合法化的手段和一种保有天命的方式。正如席文（Sivin）指出的，无法解释或预测的天象会引起政治上的恐慌：

> 天文历法是一套用来推算星历表的完整的数学技术，星历表记录太阳、月亮和五大行星的位置、日期等特征性现象。天文历法一旦被官方采纳，就会成为皇帝礼仪的工具……因为它可以预测天体运动，从而将那些原本带有征兆意味的现象纳入一种有节律且可理解的范畴之内。皇帝因此可以了解自然之"道"，并使他统治下的社会秩序与"道"保持和谐。官方历法预测天象不准，会被当作一种道德缺陷的标志，警示统治者由于德行不足，无法了解天之节律。[94]

为了将自然界的异常现象与政治事件联系起来，必须同时搜集这两方面的信息。因此天文官的职责也包括编订历史。在一些情况下，天文官会指出异常天象与人事之间的关联，正如唐朝的记录所显示的：

> （贞观）十八年五月，流星出东壁，有声如雷。占曰："声如雷者，怒象。"[95]
> （永徽）四年十月，睦州女子陈硕真反，婺州刺史崔义玄讨之，有星陨于贼营。[96]
> （景龙）二年二月，天狗坠于西南，有声如雷，野雉皆雊。[97]

占星者并不是将所有的异常天象都与人事相关联。通常情况下，占星者只是记录特定时期发生的某些特定的异常天象，如日月食、流星、彗星、赤气。以下面这则宋朝的记录

---

⑨⑩ 《周礼》卷 6，页 44a、b（注释 27）。

⑨① 《后汉书·百官志》，第 12 册，第 3572 页（注释 45）。太史令还需要具备处理文书的专业能力：监督负责文书处理的官员——尚书和治书令史的遴选。参看 Hans Bielenstein, *Then Bureaucracy of Han Times*（Cambridge：Cambridge University Press，1980），19。

⑨② 《史记》卷 27，第 4 册，第 1342—43 页（注释 17）。

⑨③ 《汉书》卷 26，第 5 册，第 1274 页（注释 6）。

⑨④ Nathan Sivin, *Cosmos and Computation in Early Chinese Mathematical Astronomy*（Leiden：E. J. Brill，1969），7。

⑨⑤ 《新唐书》卷 32，第 3 册，第 842 页（注释 66）。

⑨⑥ 《新唐书》卷 32，第 3 册，第 842 页（注释 66）。

⑨⑦ 《旧唐书》卷 36，第 4 册，第 1321 页（注释 66）。

为例：

89

　　皇祐元年二月丁卯，彗出虚，晨见东方，西南指，历紫微至娄，凡一百一十四日而没。[98]

　　数量如此之多的观测记录给人一个这样的印象：中国的星占学主要是经验之学，很少关注理论。然而中国星占学的数据搜集活动的确是隐含着一种不那么技术化的理论，那就是天人合一的理论。这种理论认为，一旦搜集了足够的证据，就可以在自然异象与人事之间归纳出某种联系。[99]

　　中国的占星学家至少建立了一种系统，用来表示天上不同区域与中国的城市和省份之间的对应关系。在上文黄裳献给嘉王的星图注解中，他对这一系统做出了解释（第547页，图13.21）。根据黄裳的注解，天上某个特定区域所发生的异常现象直接影响到相应的某个行政区："日月之交食，星辰之变异，以所临分野占之，或吉或凶，各有当之者。"[100]

地理文献中地图的大量增加

　　中国的政府编订用于制图的地理信息，除了用于行政管理和军事防御以外，还为了在天地之间建立关联。过去，地理学被认为是历史学的一个分支，地理志则是各朝正史的一个组成部分。占星机构通常负责编纂历代天文志和地理志。这些"志"记录的实证材料，可供推演天上与地面现象之间的关系。正如上文所言，地图也为这些"志"的编写提供了资料。无独有偶，一些著名的地图绘制者本身就是占星家，如张衡（78—139），他曾于公元116年向皇帝进呈过一幅地形图，当时他正担任太史令。

　　历朝统治者都号称其统治是天命所归，这就不难理解汉代以后地理著述为什么会越来越多。[101] 搜集地理信息并不是史官的专任。只要有一座观象台，就可以观察大部分的天空，地面则不同。宫廷史官并不能直接看到全国各地发生的事，因此中央政府不得不依靠各地呈报的材料，通常是方志。《周礼》中就讲到过方志。由中央和地方政府支持编纂的方志，汇总了某个特定地区，通常是省、府、县等政区的信息。方志里一般有地图。中央政府将各地的方志搜集起来，编订整个帝国的一统志。因此，一统志里也通常会有地图。

　　现存的方志只有很少的一部分编纂于宋代以前，但是我们却知道数百部编订于宋代以前

---

　　[98]　《宋史》卷56，第4册，第1127页（注释64）。

　　[99]　关于中国星占学与文书学之间的关系，可以参看 Shigeru Nakayama（中山茂），*Academic and Scientific Traditions in China*，*Japan and the West*，trans. Jerry Dusenbury（Tokyo：University of Tokyo Press，1984）。这是一部很有启发性的著作。

　　[100]　这段译文出自 W. Carl Rufus and Hsing-chih Tien，*The Soochow Astronomical Chart*（Ann Arbor：University of Michgan Press，1945）。根据二人的观点，分野包括四要素："其一，与罗盘方位对应的十二支；其二，以星座指定在天空中的位置；其三，某王国；其四，某地区"（注释7）。该书12—13页用一个表格图示了分野方案。

　　[101]　张国淦在《中国古方志考》（中华书局1962年版）中收录的方志书名，仅元代就超过2000部，但其中只有大约50部存世。《中国地方志联合目录》（中国科学院北京天文台编，中华书局1985年版）对张国淦的书目作了补充，列出了8000多部宋代到民国年间的存世方志。

的方志书名。《隋书·经籍志》中收录了接近 140 部地理著作的书名，其中包括方志和地图。《隋书》的编纂者特别指出，方志的编纂承袭了由《禹贡》和《汉书·地理志》所创立的先例。

《隋书》并没有介绍其所列方志的具体内容，但指出，有时编纂方志需要用到地方政府呈交的文书。大约在 610 年，皇帝下令天下诸郡"条其风俗物产地图，上于尚书"。根据这些材料，隋朝编订了三部概述各郡县情况的著作。[102] 这本书业已遗佚，无法确知其中是否包含有地图。

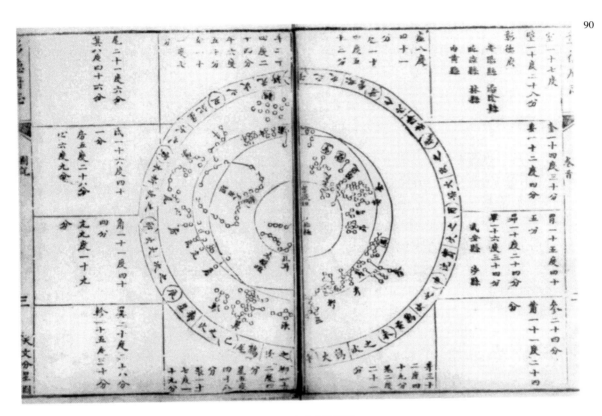

90

图 4.12　方志中的星图

原图尺寸：20×28 厘米。出自《彰德府志》(1787)"图说"，页 2b、3a。复制图由哈佛大学哈佛燕京图书馆提供。

很多地理著作的书名中常带有"图经"或"图志"二词，说明这些书中有可能带有插图或地图，但现存宋朝以前的方志都没有地图。唐代《元和郡县图志》（元和为 806—820 年）的序言称"每镇皆图在篇首"，[103] 但是该书的现存版本中并没有任何插图，因此我们无法确知序言中讲的图到底能否称为地图。

与上文谈到的早期方志不同，宋代以后的方志通常是带有地图的。另外，典型的方志分成地理、历史、传记、风俗等专志。这些信息可用于编纂一统志，而且可以帮助中央政府任

---

[102]　魏征等撰《隋书》卷 33，中华书局 1973 年版，全 6 册，第 4 册，第 982—988 页。

[103]　李吉甫：《元和郡县图志·序》（成书于 814 年），百部丛书集成本，页 2b。

命的官员尽快了解任职地的情况。到了清朝，编撰方志被视为地方政府的必备工作，清朝编订的地方志数以千计。一部 18 世纪方志的编纂者写道，"郡有志，常也"。如果新上任的官员发现他的下属们竟然没有听说过方志，一定感到匪夷所思。[104]

91　虽然方志最主要的作用在于行政管理，但编纂者们并没有忘记其初衷还包括占星预言。因此，方志通常会包含占星内容和分野，即将天区与地上的政区相对应，有时还会有协助展示分野的星图（图 4. 12 和 198 页，图 7. 22）。一部方志的编纂通常历时数年，但中央政府有时临时急需地方志中的某些信息，由是催生了向朝廷奏报与天文现象相关联的地方事件的新方式。在清朝，通常由地方官以奏折形式向皇帝呈报此类地方志中的信息，包括旱涝等各种自然灾害，农业经济状况，如谷价与年成以及天气状况。之所以要搜集这些信息，是因为从中可以找到揣测天意的线索。例如，康熙皇帝在 1689 年的一道诏谕中写道："朕思：政事失于下，则灾患应于上。"[105]

方志地图

方志中的地图主要是对文字叙述的补充。文献记载证实，六朝时期（222—589）的地图已经采用过比例尺，但清代以前的方志地图几乎从不使用比例尺，也很少依据实际测量绘制地图，似乎并不想展示量化信息。[106] 之所以如此，原因之一是，此类量化信息实际上是多余的，因为在方志的地理志中已经有过关于距离和方向的文字说明了。地方志中关于某个地区的文字说明通常要比该地区的地图更加详尽。下面这段话出自一部南宋方志，我们看看这部方志是如何记录与溧水县有关的路程和方向的信息的："白马桥在县东南四十里，梅塘桥在县东南一百二十里，邓步桥在县东南一百二十里。"[107] 书中同时还有一幅描绘这段话所指地区的地图（图 4. 13）。但是地图中并没有标注这些桥的位置，说明地图只是为了补充文字说明而已，并非要替代文字说明。图文互补的思想一直延续到 19 世纪末，正如一部编纂于 1894 年的方志"凡例"所述，"事非图不显，图非说不明"。[108]

陈襄（1017—1080）的《州县提纲》认识到以方志地图作为信息来源的局限性。在"详画地图"一节中，陈襄反对仅仅依靠"图经"地图了解地方，因为从中只能对一个地方"粗知大概"。[109] 为了透彻了解一个地方，必须获取新的地图。官员新到一个地方上任后，

---

[104]　《正定府志》，1762 年版，台北：台湾学生书局 1968 年重印版，页 7a。《通州志》，1879 版，台北：台湾学生书局 1968 年版，页 1a、b。

[105]　《圣祖仁皇帝圣训》，《大清十朝圣训》，台北：文海出版社 1965 年版，卷 3，页 2a。关于清朝奏报制度，参看 Silas H. L. Wu, *Communication and Imperial Control in China：Evolution of the Palace Memorial System*, 1693 – 1735（Cambridge：Harvard University Press, 1970）。

[106]　例如，从方志地图上读取各地距离就存在问题。参看图 4. 13 的说明。

[107]　《景定建康志》，四库全书本，卷 16，页 44b。

[108]　《广平府志》（今河北省），1894 年版，台北：台湾学生出版社 1968 年重印版，"凡例"，页 1a。这段话的意思与中世纪的欧洲绘图者威尼托（Paolino Veneto）的一段话非常接近："一幅地图应该具有两种要素：图画和文字。二者缺一不可。若只有图画而没有文字，就不能清晰地指明国家或地区；若只有文字而没有图画，则无法清晰标定各地区之间的界限，使其一目了然。"引自 Juergen Schulz, "Jacopo de' Barbari's View of Venice：Map Making, City Views, and Moralized Geography before the Year 1500," *Art Bulletin* 60（1978）：425 – 74. esp. 452。

[109]　陈襄：《州县提纲》，百部丛书集成本，卷 2，页 16b。

"必令详画地图，以载邑井都保之广狭，人民之居止，道涂之远近，山林田亩之多寡高下"。⑩ 各乡邑呈交到县的地图最后被汇总为一幅大图，并陈放在大堂一角（"置之坐隅"）。陈襄并没有说明编绘这幅新总图的工作究竟是由新来的官员亲自操刀，还是由他的下属们完成。同时他也没有说明大图是由各乡邑小图粘合而成，还是根据后者重新绘制的。但是有一点很清楚，那就是这幅大图可以有效协助政务管理。有了这幅地图，地方官员"身据厅事之上，而所治之内人民、地里、山林、川泽俱在目前；凡有争讼、有赋役、有水旱、有追逮，皆可以一览而见矣"。⑪ 这幅合成的地图并没有留存下来，因此我们不知道它如何展示如此多样的信息。

92

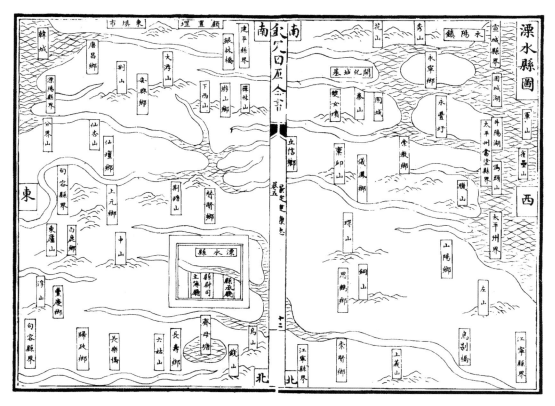

图 4.13 《溧水县图》

这是清版宋代方志中的一幅地图。图上方为南。根据方志记载，中山和东庐山都位于溧水县（图中以大方框表示）东南 15 里，但在这幅图上，中山（紧靠溧水县左侧）却标注在溧水县和东庐山（中山左边的第二座山）的中间。

各图尺寸：约 13.5×9 厘米。出自周应合《景定建康志》（景定为 1260—1264 年，约成书于 1261 年），文渊阁四库全书本，卷 5，页 12a、b。

---

⑩ 陈襄：《州县提纲》，卷 2，页 16b（注释 109）。
⑪ 陈襄：《州县提纲》，卷 2，页 16b（注释 109）。

陈襄指出的宋代方志地图的不足，在后世并未消除。这些不足的存在，成为清廷对耶稣会士的制图方法产生兴趣的部分原因。从 1708 年到 1717 年，在耶稣会士参与下，清王朝对整个帝国进行了一次测量。1719 年，康熙皇帝向他的大臣们宣布：基于这次测量绘制的地图已经完成。大臣们于是对以往的地图绘制进行批评："从来舆图地记，往往前后相沿，传闻传会。虽有成书，终难考信。或山川经络不分，或州县方隅易位。自古至今，迄无定论。"[112]

地图、学术与文化延续

93　　尽管地图中存在各种各样的缺陷，但是它仍然不失为学术研究的重要资料和工具。在清朝，历史地图学成为一门重要的学问，例如出现了表现汉朝地理以及黄河河道变迁的地图。国家大力支持此类研究，因为考据学的目的在于澄清古代经典文本和历史著作的原义，而这些原义可能被先前的学者们歪曲了。清朝的考据学家认为弄清楚古代贤哲的思想将有助于改进帝国行政。[113]

　　清朝的许多学术研究都是围绕两部早期的地理作品进行的。一部是《禹贡》。学者们在研究《禹贡》时，通常要根据其中有关地形的记载重新绘制地图（图 4.14）。另一部是郦道元的《水经注》。顾名思义，这部书是为《水经》一书所作的注解。《水经》被认为是公元 3 世纪中叶的桑钦所著，[114] 但《水经》一书本身已经遗佚。在郦道元的《水经注》中，经文和注解合而为一。很多考据学家致力于区分经文和注解。据说经文给出了 137 河流的源头和河道，[115] 郦道元的注解则给出了 1200 多条河流的地理和历史信息，以及它们流经的地域。

　　郦氏《水经注》这个书名有点容易引起误解，因为其内容已经远远超出了注解的范围。实际上，《水经注》是一部独立的学术著作，它依据的通常是各种文献材料，如《禹贡》《汉书·地理志》以及各种方志，偶尔还有郦道元的亲自考察。这样我们也就明白了，为何《水经注》会对清朝学者产生如此巨大的吸引力。因为，一方面，他们从《水经注》中找到了自身研究方法的先例；另一方面，他们也像郦道元一样，关注地图在中国政治文化中的多重功能。

　　与清朝学者一样，郦道元也认为自己的著作属于历史批评（historical criticism）。他认识到前人编撰地理资料的价值，同时也看到其中的不足。他之所以扩充《水经》一书，目的就是为了修正经典文献之不足。在《水经注》序言中，郦道元写道，"昔《大禹记》著《山海》，周而不备；《地理》志其所录，简而不周；《尚书》《本纪》与《职方》俱略；《都赋》所述，裁不宣意；《水经》虽粗缀津绪，又阙旁通"。

　　因此，郦道元决定围绕河流和河道系统安排《水经注》的篇章。在序言中，郦道元似乎

---

[112]　《圣祖仁皇帝实录》，卷 283，页 10b（注释 67）。

[113]　这只是考据学家的理想，实际上考据学的政治功效并不明显。

[114]　说法依《隋书》。《隋书》中还记载郭璞（276—324 年）也曾经为《水经》作注，但郭注已佚，因此无法判断郭璞和郦道元所注是否为同一部书。

[115]　参看《水经注校》吴泽序，第 1—2 页（注释 56）。

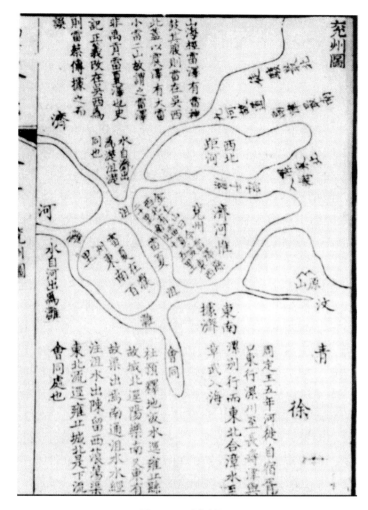

图 4.14　《兖州图》

兖州是《禹贡》九州之一，这是清代考据学者所绘的复原图。这张图的内容以文字为主。

原图尺寸：19.5×10.5厘米。出自徐文靖《禹贡会笺·图》（1753），页10a。复制图由哈佛大学哈佛燕京图书馆提供。

并没有理所当然地认为河流水道对于农业、运输以及交通具有重要的经济意义，而是通过强调宇宙论原则来为自己的水道研究正名："《易》称天以一生水，故气微于北方，而为物之先也。《玄中记》曰：天下之多者水也，浮天载地，高下无所不至，万物无所不润。" 郦道元暗示，他的著作通过研究水，帮助人们更深刻地理解宇宙运行的规律，因为在宇宙中，水是最原始的物质，也是最重要的元素。

　　《水经注》本身没有包含地图，但撰写这样一部覆盖整个中国及其四裔的著作，不可能　94没有参考地图。事实上，郦道元自己也承认使用了地图。在研究今河南境内的汝水流域时，郦道元发现文献资料对汝水源头的记载存在分歧。为了解决这个疑问，他查阅了山川地图和地方志，但是发现这些材料毫无用处，于是他下令寻找这条河流的源头。⑩　有时郦道元会给

---

⑩　《水经注校》卷21，第663页（注释56）。

出其所参考地图的图名，但是对于这些地图本身的内容却几乎不做任何描述。[112] 对《河图》的介绍算是一个例外："图载江河、山川、州界之分野。"[113]

为了获得地理信息，郦道元查阅了各种各样的地图，有《禹贡图》那样的全图，也有《荆州图附记》那样的区域图，还有像《开山图》那样的山图。虽然这些地图都没有留存下来，但显然有人曾经注解过这些地图。例如，郦道元从《开山图》中引用了一段有关祁山的描述："溪径透迤，山高严崄。"[119] 郦道元从地图中获取的信息并不仅限于地形地貌。例如，他曾引用《瑞应图》，这似乎是一幅占卜图，其中有关鸟类的信息，图记中有"三足乌、赤乌、白乌之名"[120]。另外，他还提到过一幅题为《括地图》的全图并引用了其中宗教和神话方面的内容，如图记中关于河伯冯夷的描述："冯夷恒乘云车，驾二龙。"[121]《水经注》从地图中获取各种信息，证明了我们先前提到的地图对于保存文化遗产的重要性。郦道元也正是用地图来保存文化遗产，他的目的已经超越了单纯获取地形和水文知识的范畴。

清朝的考据学者也同郦道元一样，强调（文化的）延续性——至少清初如此，但到了后来，考据研究变成为考据而考据。在这篇概论中，我尽量避免落入为考证而考证的窠臼，也想强调文化的连续性。强调连续性并不意味着中国的政治文化是一成不变的。统治者和官僚之间的张力，各种官僚派系之间以及各级政府之间的斗争都是中国政治的鲜明特点。不过，来自地图学的证据，除了个别例外，总体而言并不能反映王朝内部的这种政治分歧，特别是在清代。因此，本章讨论的统治精英，在这里仍然被当作一个均质的群体。当然，相关史料表明，随着政治环境的改变，地图也会发展出一些新的用途。例如，在明朝，随着中国海上力量的增强以及与海上人群接触的增多，军事地图的覆盖范围也从陆地扩展到海洋。对外交往，尤其在清朝，也给知识和政治精英的制图技术和制图标准带了一些改变，但是在王朝更替的过程中，这一社会阶层的制度和实践始终保持着高度的延续性。他们对地图带有一种复杂的态度，与郦道元从地图中搜集各种信息时表现出来的态度相同，即，将行政事务迂回地融入宇宙论、地理学与历史学中。尽管地图的外在形式多种多样，但它们在中国政治文化中使用的情形却表现出高度的一致性。

在某种意义上，中国精英阶层对地图的使用，可用"一本万殊"来概括："是万为一，一实万分，万一各正，大小有定。"[122] 新儒家最著名的学者朱熹（1130—1200）坚持认为，"一本万殊"是"格物"的信条。当然，新儒家思想家并没有将这一学说作为地图学史的方法论基础，但是本章的研究表明，新儒家或许无意间道出了（中国地图史）的真相。

需要说明的是，本章得到的结论只适用于精英阶层，甚至可以说只是暂且适用，扩充到整个中国文化则未必可靠。对于普罗大众使用地图的情况，迄今为止几乎没有什么研究，尽管有浩如烟海的史料可资探索。有关中国政治文化中地图的使用问题，还有许多有待挖潜的

---

⑰　在《水经注校》序言中列举了郦道元所引地图和其他史料（注释56）。

⑱　《水经注校》卷1，第5页（注释56）。

⑲　《水经注校》卷20，第646页（注释56）。

⑳　《水经注校》卷13，第431页（注释56）。

㉑　《水经注校》卷1，第5页（注释56）。

㉒　周敦颐：《通书》，四部备要本，页5a。

研究资料，特别是在区域和地方层面。从某种意义上讲，这样一篇概论性的文章也许是不够成熟的，但本章所采用的方法无疑会对那种陈旧的、只关注个案而不注重制度结构的方法产生一些冲击。只有当我们对与地图绘制相关的官僚机构内部运作方式有了更加细致的了解以后，才能做出更为成熟的研究。

（余定国审）

第五章 丈量世界：介于观察与文本之间的中国地图

余定国
（Cordell D. K. Yee）

    过去的研究倾向于从运用数学技术的程度来衡量近代以前的中国地图学成就。按这种思路，中国地图学走的似乎是一条与欧洲平行发展的道路。现代欧洲地图学通常被看作是地图与数字相结合的产物，因此现代地图一般被认为是科学的和不带价值观的。[①] 虽然中国地图学史上也找得到大量数字和地图结合的证据，例如，中国人曾尝试制定一套连贯一致的"规则"，用以说明将经验现实转化为量化术语的方法，但是，那些制图所涉及的量化技术好像不是从制图本身的需求发展而来，而是从其他成熟的学科借用过来的，如数学天文学和水利学。[②] 可是正是根据这些规则和技术，那些研究中国地图学的历史学家就得出了中国地图学具有科学传统的结论。然而，这些规则并没有制度化，也没有被广泛接受。导致这种情况的部分原因是因为中国人认为地图的功能不仅是表现自然知识，它还可以用于传播文化价值观和维护政治权力。与从陈说中获得的印象相反，中国地图学发展史上并没有出现这样一种普遍的趋势——这种趋势要求将人类价值观从地图中剥离出来，或是将这种价值观减少到最小。因此，中国的地图学不仅包括了数学技术，也包含那些现在我们所说的人文关怀。地图将自身与数字以及文本结合起来，而这两者之间并不是对立的，它们都是与价值观和权力相联系的。

---

① 地图与数字结合的最新表现之一是利用数字计算机绘制地图。有关地图学的文献很多都是存在科学特性的。如 Helen M. Wallis and Arthur H. Robinson, eds., *Cartographical Innovations*: *An International Handbook of Mapping Terms to* 1900 (Tring, Hertfordshire: Map Collector Publications in association with the International Cartographic Association, 1987), XI and XVIII。约翰·基斯（John Keates）在评论一本探讨地图学与艺术关系的论文集时，也提到了"地图应有的科学和数学基础"。见基斯对这本书的评论：*Art and Cartography*: *Six Historical Essays*, ed. David Woodward (Chicago: University of Chicago Press, 1987), 刊于 *Cartographic Journal* 25 (1988): 179 – 80, esp. 179。从传播学或信息论的角度阐述地图学的论著，见 Arthur H. Robinson and Barbara Bartz Petchenik, *The Nature of Maps*: *Essays toward Understanding Maps and Mapping* (Chicago: University of Chicago Press, 1976)。这本书的作者们称，"尽管地图学常常被称为'一门艺术和一门科学'，但重要的是要认识到，它也是一项运作工程"（第108页）。此类描述再一次使人想到地图学与数字的结合，绘制地图被视为一种应用数学。

② 在这里我要用到史蒂芬·图尔明（Stephen Toulmin）对于知识学科的双重定义，一是具有明确的主题，二是具有解释（或者说程序性的）模式。参见图尔明的 *Human Understanding* (Princeton: Princeton University Press, 1972 –), Vol. 1。在中国，技术领域确实是根据主题和程序来定义的，尽管其知识论基础与欧洲学科不同。参见 Nathan Sivin, "Science and Medicine in Imperial China-The State of the Field," *Journal of Asian Studies* 47 (1988): 41 – 90, esp. 43 – 44。

政府对于测量的兴趣

在《东方专制主义》（*Oriental Depostism*）一书中，魏特夫（Wittfogel）认为中国官僚制度的发展与他所定义的"水利"经济有关。在这种经济中，农业由大量的灌溉工程支撑，需要农业管理精英的指导。水利经济的成功取决于制定精确的历法来管理农事活动，这项任务就落在管理精英的肩上。精英们除了用历法来度量时间以外，还用地图来度量和控制空间。

魏特夫对于中国经济的分析一直备受争议，因为中国政府的基本模式，包括对于星占学的应用，在统治者推行大规模的灌溉工程之前就已经确立了。研究中国科技史的学者也对他提出了质疑，因为他认为水利社会抑制了创造力并且具有停滞不前的特点。根据魏特夫的观点，一个中央集权的官僚政治结构往往会"阻碍对科学真理的探索和社会的进步"[③]。然而，中国科学史的研究表明，中华文明有能力进行重大的创新。另外，并没有什么证据证明，中国的历法除了用于礼仪以外，还用于其他方面。这一点进一步弱化了魏特夫对于中国文化的解释。

尽管我们承认魏特夫的某些一般性结论经不起仔细推敲，但是我们仍然能够明了，他至少有一个具体观点还是贴切的：水利文明的先师们"具备高超的能力，能够为天文学和数学这两个主要的、相互关联的学科奠定基础"[④]。在很大程度上，那些应用于制图的测量和计算技术，似乎是为了满足官僚政治和"管理的"需要而产生的，尤其是在占星、水利工程以及地籍测量等方面。当然，测量在政府活动的其他方面也能派上用途，例如城市规划和道路建设。但是考虑到农业在中国经济中的基础地位，以及礼仪活动对于统治精英的重要性，学者们将测量的重点放在星占学、水利工程和土地丈量方面也许是合理的。

星占学和水利工程中所蕴含的政治利益要远远超出魏特夫的估计。对天文现象的准确预言直接关系到国运：根据中国传统思想中的宇宙论，天象异常意味着朝纲不振，可能导致政治权威的丧失（参看第88—89页和209—210页）。水利工程与国运之间的联系则更为直接：运河是向都城运输谷物和其他形式的赋税产品的主要途径，同时也支撑着产生这些赋税的农业生产。《史记》在谈到运河的作用时写道："此渠皆可行舟，有余则用溉浸，百姓飨其利。至于所过，往往引其水益用溉田畴之渠，以万亿计，然莫足数也。"[⑤]

与星占学和水利工程有关的国家工程中用到了很多度量技术，而这些技术本身也可以用于制图。在汉代（公元前206—220年），人们已经了解了直角三角形和圆的性质并将其应用于天文学，特别是用于测定天体与地面之间的距离，以及计算某些天文现象的周期。《淮南子》认为，度量单位源于各种天文现象："夫寸生于禾粟，禾粟生于日，日生于形，形生于景，此度之本也。"[⑥]《淮南子》在记载如何用圭表测定太阳高度时，更清楚地说明了太阳、表影和量度之间的关系（图5.1）。

97

[③] Karl A. Wittfogel，*Oriental Despotism：A Comparative Study of Total Power*（New Haven：Yale University Press，1957），9.

[④] Wittfogel，*Oriental Despotism*，29（注释3）。

[⑤]《史记》卷29；全10册本（中华书局1959年版）第4册，第1407页。

[⑥] 传刘安（逝于公元前122年）撰《淮南子》，高诱《淮南子注》卷9；见现代本（台北：世界书局1962年版）第141页。

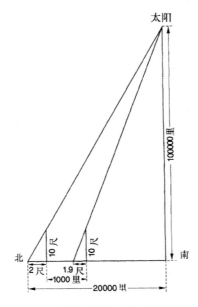

图 5.1　计算太阳高度（据《淮南子》）

出自 A. C. Graham，*Later Mohist Logic*，*Ethics and Science*（Hong Kong：Chinese University Press；London：School of Oriental and African Studies，University of London，1978），370。

　　欲知天之高，树表高一丈，正南北相去千里，同日度其阴，北表一尺，南表尺九寸，是南千里阴短寸，南二万里则无景，是直日下也。阴二尺而得高一丈者，南一而高五也，则置从此南至日下里数，因而五之，为十万里，则天高也。[7]

　　正如我们在下文中将要看到的，这种利用相似三角形的性质来进行间接度量的方法也应用于制图之中。

　　根据文献史料记载，水利工程和土地分配都是直接测量技术产生的刺激性因素。在汉代，人们认为水利与度量的联系由来已久。《史记》中描绘治水英雄大禹时，说他一手持准绳，一手持规矩。[8]《周礼》据称记录了周代的官制，书中制定了水沟与河渠的宽深标准，暗示了某种测量技术的存在。至少到战国晚期（公元前 403—前 221 年），测量本身已经被认为与国家福祉相关。根据大约撰于公元前 300 年的《左传》的记载，测量在当时已经成为一种制定财政政策的工具：

---

　　[7]　《淮南子注》卷 3（54）（注释 6）。古代希腊人也发现，向南走越接近回归线晷影越短。埃拉托色尼（约生活在公元前 275—前 194 年）认为这种现象是由地球曲率造成的并据此计算地球的周长（参见 Germaine Aujac and the editors，"The Growth of an Empirical Cartography in Hellenistic Greece，" in *The History of Cartography*，ed. J. B. Harley and David Woodward〔Chicaogo：University of Chicago Press，1987 - 〕，1：148 - 60，esp. 154 - 56）。《淮南子》则将其解释为越接近太阳正下方，夹角越小。因此，《淮南子》对太阳高度的计算是以地球表面基本水平为前提的。《淮南子》确实给出了地面的幅员："东西二万八千里，南北二万六千里"〔卷 4（56）〕，但是并没有说明这个数据是如何得来的。中国人对于大地形状的观念将在这章稍后讨论。

　　[8]　《史记》卷 1（第 1 册，第 51 页）（注释 5）。

98

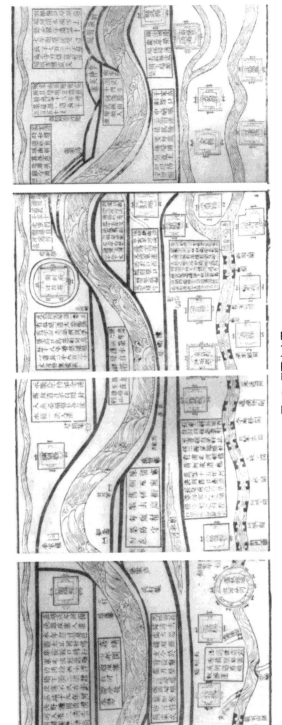

图5.2　平面水文图

《黄河图》局部（对比本图与图5.3、图版5）。

每页尺寸：19.5×14厘米。

出自潘季驯《河防一览》（1590），1784年版，卷1，无页码。

复制图由哈佛大学哈佛燕京图书馆提供。

99

楚蒍掩为司马，子木使庀赋，数甲兵。甲午，蒍掩书土田，度山林，鸠薮泽，辨京陵，表淳卤，数疆潦，规偃潴，町原防，牧隰皋，井衍沃，量入修赋。赋车籍马，赋车兵、徒卒、甲楯之数。既成，以授子木，礼也。[9]

最后这个例子说明，像世界上其他的地方一样，中国的官府支持数学技术发展的首要原因并不是为了表现自然，也不是为了表现现实，更不是为了这门技术本身，实际上，这种支持的根本目的是让政治权力永垂不朽。相对于维持一个国家的政治权力而言，那种对自然界的理解是第二位的。例如，丈量土地是为了计算人民所应支付的赋税，因此土地清册中记载了有关土地所有权、地产范围和边界的信息。那些从唐代留存下来的土地清册只有文字，但是宋代以后通常还包含有地图。土地清册中的地图给出了经过丈量的地块轮廓，配套的图解与随文说明则给出丈量数据等信息。

前人曾经提到（第86页），这种双重的记录形式有助于防止人们逃避赋税。清朝学者顾炎武（1613—1682）转录了一则明朝的相关记载："人民之丁产事业，官府必有册。土田之鳞次栉比，乡里必有图。按图以稽其荒熟，为某人见业，则田不可隐。"[10] 在明朝，地方官员需要编订4份人口记录。省、府、县三级各留存一份，第四份直接呈交中央并配有黄色封面，故称之为"黄册"。黄册通常配有相应的地籍图，标明了分属不同地主的相邻地块的分界线。这些分界线形同鱼鳞，因此这种地图被称为"鱼鳞图"（参见图4.10）。[11]

文字和地图两种方式对于展示土地丈量结果都是不可或缺的。故清代学者顾炎武在追述明代的这种情形时称："可见图之与册相须而不可无者也。图者，以土统人也，所以立砧基册者，以田归户也，所以稽常税而定科差。"[12] 这种双重登记系统不惟用于土地丈量，在政府关注的水利等其他领域也会运用到类似的文随图走的登记系统。

水利工程与地图学

与国家对水利工程建设的关注相始终的，是展示河流、运河及其周边环境的专业化水文图的绘制。人们可能以为，水利工程中用到的那些测量技术会移植到地图绘制中，从而催生

---

[9]　《左传·襄公二十五年》（约成书于公元前300年），《春秋经传引得》，4册本（1937年，台北：成文出版社1966年重印版）第1册，第307页。

[10]　《镇江府志》，编撰年代不详，估计编撰于1596年。引自顾炎武《天下郡国利病书》（前序撰于1662年），1811年版；台北：台湾商务印书馆1981年版，卷7，页80a。尽管如此，正如顾炎武所指出的，这种制度很少能够得到完全实施。地方官吏往往会因为接受贿赂而伪造记录。在很多情况下，中央不得不加以干预："洪武十二年（1379年）核实天下地土，遣监生丈量，画图，编号。"（《镇江府志》，引自顾炎武《天下郡国利病书》卷7，页80a）。

[11]　有时候，黄册中也有类似的地图。有时这些地图被单独编定称号，称为"鱼鳞册"或者"鱼鳞图册"。以往学术界多将鱼鳞图视为衡量国家是否有效征收赋税的手段，却没有重视它们的地图学意义。因此，以往的中国学者虽然注意到各个图书馆和博物馆都收藏有鱼鳞图册，却从未有人对之进行编目。见 Frederic Wakeman, Jr.（魏斐德），ed., *Ming and Qing Historical Studies in the People's Republic of China*（Berkeley：Institute of East Asian Studies, University of California, Berkeley, Center for Chinese Studies, 1980）。赵冈和陈钟毅对明朝的土地租佃制度进行了有益的探索，参见赵冈、陈钟毅《中国土地制度史》（台北：联经出版事业公司1982年版）。关于黄册制度的研究，参见韦庆远《明代黄册制度》（中华书局1961年版）。

[12]　《镇江府志》，引自顾炎武《天下郡国利病书》卷7，页80b、页81a（注释10）。

出精准测绘的地图或平面图。然而，历史与人们的预期并不相符。同现存的地理地图一样，水文图的展示模式也是千姿百态（参见图5.2、图5.3和图版5）。有些地图除了有时没有指明比例，几乎完全是适合表现量化信息的平面图。但更多的水文地图展示方式不拘一格，有些同时采用平面和绘画手法，有些几乎完全是绘画式的。与地理地图一样，水文图通常也不会单独使用，往往是图随文走。许多情况下，地图或示图都是与报告水利工程的奏折一起呈送给君主的。[13]

100

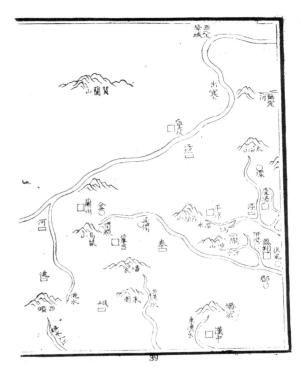

图5.3　《黄河图》局部

河流采用平面展示，山脉则更像绘画。

出自靳辅《治河方略》，崔应阶编（1767，台北：广文书局1969年影印本），第38—39页。

102

这些奏折通常报告堤岸状况、施工和维修工作的进展，某项工程的费用与水文变化情况。某些情况下，官员似乎还要计算某条运河的水量体积，以便估算它所能灌溉的田亩面积。[14] 奏折中更多见的是对自然河流、运河和堤坝长度所做的丈量和记录（图5.4），丈量工具包括带刻度的测杆或铅锤，其插图可见于清代水利文献（图5.5）。

---

⑬　这种在水利奏折上附地图或示图做法至少可以追溯到宋代。《宋史》（成书于1346年）至少记载过一次自称附带地图或插图的奏折［脱脱等撰《宋史》卷94；见40册本（中华书局1977年版），第7册，第2332页］，但是这幅地图并没有被复制。另外，在台湾"故宫博物院"复制的大约34000份奏折中，至少有200份乾隆朝（1736—1795）奏折称配有地图或示图。参见《宫中档乾隆朝奏折》，69册本，台北："国立"故宫博物院1982—1988年版。

⑭　参见《乾隆朝奏折》第1辑，第385—387页（注释13）。

101

图 5.4　河工为开挖运河进行测量

这是一张清代插图的细部。

全页尺寸：29×28 厘米。

出自麟庆《鸿雪因缘图记》(1847) 卷 11，无页码。

复制图由哈佛大学哈佛燕京图书馆提供。

从下面摘引的这几段乾隆朝奏折中可以清楚地看出官员们对于测量的重视：

其凤河东岸隄工应再间段培高二三尺，以免涨漫。又南埝中汛当下游水汇处所二十里内应加培以障河淀。[15]

一同探量，徐州城【今江苏徐州】下河面宽二三十丈，水深五六尺；又探量孙家集原漫河面宽二百零三丈，已做过南北两坝工程，长八十七丈，未做水面，宽一百一十六丈，水深三四尺至一丈八九尺不等。[16]

湖边至坝根原有引河计长三十五里。坝外引河至黄河崖计程十四里。此时，湖水虽已漾至三十里上下，但测量湖边水深一丈八九尺，引河头水深仅有二三尺。[17]

⑮　《乾隆朝奏折》第 2 辑，第 109 页（注释 13）。

⑯　《乾隆朝奏折》第 15 辑，第 656 页（注释 13）。

⑰　《乾隆朝奏折》第 48 辑，第 617 页（注释 13）。

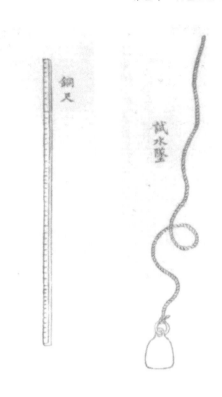

图 5.5　河工测量工具

左图是铜尺，右图是试水坠。

原物尺寸：均约 16 厘米。

出自麟庆《河工器具图说》（1836）卷 1，页 6a，页 4b。

复制图由哈佛大学哈佛燕京图书馆提供。

　　载有这几段话的奏折称附有供皇帝参阅的地图。乾隆皇帝似乎很看重附在奏折中的地图。他曾含蓄地批评那些没有在水利奏折中提交地图的官员。有时他要求官员对所提交地图上标注不清的地方作出解释。[18] 皇帝通常是根据地图下达兴修水利工程的指令的。例如，一位官员回忆，皇帝曾用地图来指导一项航道拓宽工程，并因此避免了危险的发生。[19]

　　上文中所提到的那些奏折所附地图显然并没有保存下来，因此我们不知道这些地图采用了何种表现手法，但现有的证据表明，这些地图或多或少采用了绘画手法，因为奏折中，最常用到的动词是"绘"，意思就是绘画，尤其指运用色彩绘画。事实上，一位官员在描述这些地图上的色彩符号时写道："圆塘内用深绿，中泓用深蓝，阴沙用水墨各色，绘画分明。今此次所进之图仅用淡色勾描，不分深浅，未能一目了然。着并谕该抚，嗣后进图，仍照旧式，分别颜色绘画。"[20] 这份奏折写于 1778 年，彼时清廷已经引入欧洲制图法多年，但奏折

　　⑱　参见《乾隆朝奏折》第 37 辑，第 863 页；第 45 辑，第 662 页；第 6 辑，第 10 页（注释 13）。我们并不知道究竟皇帝的原话究竟是怎么说的，但是官员的回禀说明，皇帝曾批评过先前漏附地图的奏折。该官员也保证将会在以后的水利奏折中附上地图。

　　⑲　《乾隆朝奏折》第 27 辑，第 156 页（注释 13）。

　　⑳　《乾隆朝奏折》第 43 辑，第 552 页（注释 13）。

提到了这两种绘制方法的参差之处，说明在当时的官僚体制中并没有标准化的绘法。此外，有助于提高相关地物辨识度的绘画技法，似乎与奏折中所展现的量化信息同等重要。这一点从那些与原先所附奏折分离，但保存至今的地图中可以得到证实，这些都是采用了绘画手法的彩色地图（图版6和图版7）。[21]

103

图5.6　清代《长江图》上的文字与图像

地图上的文字为前代学者的史地研究成果。

原图尺寸：26.5×27厘米

出自马征麟《长江图说》（1871）卷5，图9。

复制图由哈佛大学哈佛燕京图书馆提供。

***

[21]　在清朝宫廷奏议制度下，奏折和地图是分开保存的，因此很难将奏折与所配地图一一对应起来。关于地图和绘画之间的关系，参见下一章，特别是第139—153页。

图5.7　清代黄河图局部

每页尺寸：18×13.5厘米。

出自傅泽洪《行水金鉴》（1725），卷1，页55a—56b。

复制图由哈佛大学哈佛燕京图书馆提供。

　　水文著作中的地图也采用了相同的绘画展示手法。这些著作中的图文配合方式也和奏折相似。在清代水文著作中，量化信息与历史事实是用文字来记录的，而相关地区的自然地貌则是通过地图来展示的。[22] 有时地图上的文字占绝对的上风（图5.6），但更多见的是类似于1725年水文著作《行水金鉴》的做法，即将地图和文字分开放置。这部书卷首就是地图，许多地图采用了绘画展示手法（图5.7），但是文字说明还是占据了这部著作的绝大部分篇幅，而且从作者的叙述中也能清楚地感觉到他对于文字的重视。《行水金鉴》中的描述主要转抄自《禹贡》、《水经》以及《水经注》等古典著作，作者只是对前人著作进行了增补、修订和信息更新而已。

　　《行水金鉴》的编撰年代大体上与耶稣会士编撰中国地图集的年代相当，但是后者根据的主要不是文献考据，而是对帝国广大地区的实地测量。耶稣会地图集中的地图统一采用了平面展示手法，并且标明了比例尺和经纬度。如果单单看这部地图集，读者可能误以为彼时中国的地图学业已与欧洲地图学合流，并且不再需要文字说明，但是这种对于中国地图学的认识是不正确的。正如《行水金鉴》所显示的那样，即便在清代，中国的制图者仍然很重视文字表达的价值。

考据之学与地图学

　　席文、艾尔曼以及其他学者都认为，考证的兴起，是明末清初的一场学术革命。[23] 考据之学的核心是，坚信考据是获取知识的基础，这里的知识主要指经典文献中所讲的知识。考据是复古的手段，复古是学者最重要的追求，因为今人之道依据的正是古人之道。导致考据之学兴起的一个重要原因就是当时的学者对于宋明理学的不满。批评者认为宋明理学强加给经典一种原本并不存在的形而上学意义。另外一个影响考据之学发展的因素是东西方之间的接触。面对欧洲人在数学和科学领域的成就，中国学者开始检视过去，试图重新发现自己的天文学和数学传统。甚至有人声称，西方数学和天文学实际上起源于中国，因此古代中国的数学和天文学也是需要重建的被湮没的过去的一部分。[24]

　　由于重建过去涉及的文献种类繁多，学术的分科也就在所难免，因此学者们往往将精力集中于特定领域的文献上，如数学天文学、数学和历史学。无论在什么分科中，考据学者都会采用共通的方法，即对文献资料进行检视和比较。

　　在考据学者重建过去的尝试中，地理学占有一席之地，因为历史地理学正是一种重建过

---

　　[22] 从中世纪后期开始，在欧洲司法案件中对于地图的使用也出现了类似的情形。地图并不能作为最终裁定的依据。甚至在现今的国际边界立法中，律师们青睐文字仍然胜于地图。

　　[23] 例如，参见 Nathan Sivin, "Wang His-shan," in *Dictionary of Scientific*, Biography, ed. Charles Coulston Gillispie, 16 Vols.（New York：Charles Scribner's Sons, 1970–80），14：159–68, esp. 160–61; Benjamin A. Elman, From Philosophy to Philology: Intellectual and Social Aspects of Change in Late Imperial China（Cambridge：Council on East Asian Studies, Harvard University, 1984）；梁启超：《清代学术概论》；R. Kent Guy, *The Emperor's Four Treasures: Scholars and the State in the Late Ch'ien-lung Era*（Cambridge：Council on East Asian Studies, Harvard University, 1987），39–49。余英时认为"考证"运动与先前的思想潮流是分不开的，并且是这种潮流发展的必然结果。参见余英时《清代思想史的一个新解释》，台北：联经出版公司1976年版，第121—156页。

　　[24] 参看 John B. Henderson, "Ch'ing Scholars' Views of Western Astronomy," *Harvard Journal of Asiatic Studies* 46（1986）：121–48, esp. 138–43。

去的手段。在此类研究中，地图既被当作文献资料，也被当作是一种展示研究成果的手段，例如对古代地点的研究。清代学者徐松（1781—1848）的《唐两京城坊考》就属于这一类研究。在本书前序中，徐松解释了他的研究缘起："余嗜读《旧唐书》及唐人小说，每于言宫苑曲折、里巷歧错，取《长安志》证之，往往得其舛误，而东都盖阙如也。"[25] 他开展这项研究的目的部分是为了纠正过去有关唐代都城记载的错谬。徐松的考据之法，包括对正史、方志、类书、地图和碑铭等各种文献资料的考证、校勘和比较。

尽管《唐两京城坊考》基本上是文字叙述，但是在展示其研究成果时，徐松仍然用到了地图。关于这一点，徐松声称自己是遵循古之先例："古之为学者，左图右史，图必与史相因也。"[26] 根据考据学的原则，徐松将地图作为重建历史的工具。图史相因，可视为清初抵制新儒家的余绪。新儒家学者对几何规则性和形而上学一致性的兴趣超过对经验现实的兴趣，他们认为绘制与现实地理毫无关联的九州图不存在任何问题。徐松反对这样的做法，因此他坚持地图的绘制应该以历史事实为基础。徐松迷恋于重建历史，但并不是为重建而重建，他只是将之视为了解古之先贤的一种方式。正如他所言，该书的研究目的在于帮助人们吟诵唐代贤者的诗篇（"以为吟咏唐贤篇什之助"）。[27] 到徐松的时代，唐诗早就被视为中国文学史的巅峰，而徐松原本也打算将《唐两京城坊考》写成一部文学研究著作，以促进人们对唐代文学的赏鉴。

很多唐代文学作品，无论是诗词还是传奇，都是以长安或洛阳为背景创作的，因为这两座城市吸引了大量追求仕途的文人。从徐松的叙述中可以看出，他原本打算重现唐人文学与历史实际之间的关联。他的前序所言不虚，例如，在讲到作为皇帝住所和朝堂的长安宫城形态时，他不仅给出了一幅宫城平面图，而且对之做了文字描述。这幅平面图（图 5.8）并没有标明比例尺，似乎主要是为了显示各种地标的相对位置，而包括测量数据在内的更多具体信息是用文字加以记录的，兹录其中一段典型的记录："宫城，东西四里，南北二里二百七十步，周十三里一百八十步，其崇三丈五尺。"[28] 类似的描述占据《唐两京城坊考》绝大部分篇幅，其来源包括正史、方志、类书、野史、碑铭、地图以及其他文献资料。

正如上文所述，徐松利用这些地图和方志资料是为了开展某种文学批评，但是他在书中却几乎没有引用本该出现的唐代诗歌和传奇作品，只是在极个别的情况下，引用了几行作于特定地点的诗句。有时仅仅提到某位诗人写过一首关于某个地方的诗。除此之外，徐松也没有讨论，他所提供的这些地图到底怎样帮助人们提高文学鉴赏水平。因此，与现代文学作品相比，徐松的研究似乎有所不足，因为前者通常需要广泛征引所研究的文学作品原文，并对之进行缜密的分析。但是，徐松的做法也有自己的道理。帝制时代的读诗者可能会认为，在某个城市里创作的诗作理应对这座城市做出准确的描写，因此，文学批评的主要目的之一就是确定诗作的描写是否真实确切，例如证实在特定地点所能

---

[25]　徐松：《唐两京城坊考》，1848 年，《百部丛书集成》，序言，页 1a。

[26]　徐松：《唐两京城坊考·序》，页 1a（注释 25）。

[27]　徐松：《唐两京城坊考·序》，页 1a（注释 25）。

[28]　徐松：《唐两京城坊考》卷 1，页 1a、b（注释 25）。

够看到的景物。以故，徐松没有引用大量诗作原文的做法也就不足为奇了，因为就诗论诗将会损害这本书的批判性。

人们认识到，地图的考证批评作用，不仅对历史重建很重要，还可在一些旨在深入了解当下的工程中派上用场。一大批考据学者参与了国家组织的《大清一统志》（成书于1746年）编撰，他们负责搜集、比对那些包含地理信息的文书。虽然这部总志中也有地图，但主体内容还是文字描述。《大清一统志》的最后一个修订版，完成于1820年，刊印于1842年，书中的地图既没有计里方格或者经纬线，也没有标明比例尺。可见，在利玛窦将世界地图传入中国以及耶稣会士进行过全国测量之后，还有相当多的中国知识人并不认可西式欧洲地图学的优势。在他们看来，地图的用处只是标明各个地方之间的空间关系，而不需要提供有关距离和方向的具体信息——文字说明才是注明这些信息的更好方式。

与嘉庆版《大清一统志》（最后修订本）差不多同时的《瀛寰志略》指出，中国学者缺乏对地图展示手法的关注。这是一部由徐继畬（1795—1873）撰成于1848年的世界地理著作。徐继畬曾经担任福建巡抚。他在鸦片战争之后撰写了这部书。鸦片战争表明，中华帝国在过去被视为劣等人的西方人面前多么不堪一击。为了应对来自外部的全新挑战，并准确评价自身在世界上的地位，中国人需要获取有关其竞争对手的可靠信息。这正是徐继畬编撰此书的目的。

在《瀛寰志略》中，徐继畬至少反对过当时的一种学术倾向，即所谓转向内在的清代学术。我在上文中提到，考据之学注重中国文献以及这些文献对于重建中国历史的重要性。虽然徐继畬并不反对考证，只是他将考证的领域延展到外国文献。尽管他在研究中用到了中文文献，例如历朝正史，但是他"复搜求得若干种"西方文献。当二者相互抵牾时，他往往采用新近的记载。每次遇到外国人，他都会打开书卷，向他们求证相关域外诸国的地形时势（"辄披册子考证之，于域外诸国地形时势"）㉙。他还说："每得一书，或有新闻，辄窜改增补，稿凡数十易。"㉚

尽管同典型的中国地理研究一样，他的研究大部分是文字描述，但是徐继畬却强调地图在其著作中的核心位置："此书以图为纲领。"㉛ 同时他也暗示中国地图不能与西方地图相比："泰西人善于行远，帆樯周四海，所至辄抽笔绘图，故其图独为可据。"徐继畬对于本国地图学的不满，一方面基于中西地图的比较；另一方面还因为中国地图与地理实际不尽相符："地理非图不明，图非履览不悉。大块有形，非可以意为伸缩也。"㉜ 徐继畬强调观测是制作地图的基础，从这一点可以清楚地看出其经验主义的立场对宋代形而上学者的抽象地理架构的挑战。鉴于徐继畬对于西方地图学成就的看法，《瀛寰志略》中除1幅地图之外，所有42幅地图均以西方地图为蓝本，也就不足为奇了："图从泰西人原本钩摹，其原图河道脉络细如毛发，山岭、城邑大小毕备。"㉝

㉙　徐继畬：《瀛寰志略》，1850年，台北：京华书局1968年版，序言，页8a。
㉚　徐继畬：《瀛寰志略·序》，页8b（注释29）。
㉛　徐继畬：《瀛寰志略·凡例》，页1a（注释29）。
㉜　徐继畬：《瀛寰志略·序》，页8a（注释29）。
㉝　徐继畬：《瀛寰志略·凡例》，页1a（注释29）。

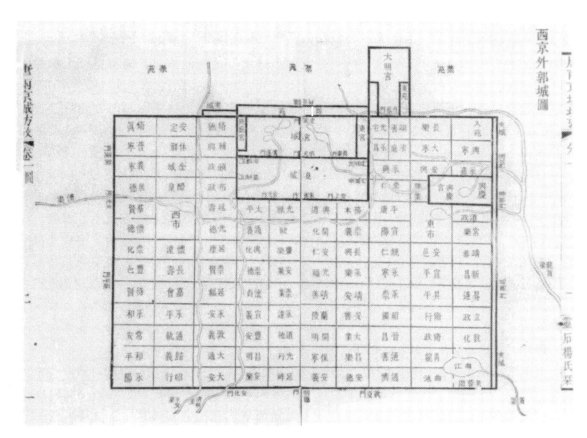

图 5.8　唐代长安图

原图尺寸：26.5×29 厘米。

出自徐松《唐两京城坊考》（1848），"图"页 1b 和页 2a。

复制图由哈佛大学哈佛燕京图书馆提供。

　　《瀛寰志略》表面上看是一部地理学著作，但是徐继畬写作此书的目的决不仅仅是为了提供地理信息。他的同僚也认识到了这部书的政治深意。为本书作序的人们称赞这部书纠正了过去中国人对于外国的谬谈，并且认为这部书能够帮助中国人更为有效地与外国人打交道。实际上，《瀛寰志略》卷首就是一幅世界地图，其思想旨趣一目了然。在卷首的东半球地图上，中国处于右上角，是一个比非洲还小的国家（图 5.9）。因此，甫一开卷，读者就会认识到，中国不得不调整自己的外交政策了。

　　虽然早在两个多世纪以前，耶稣会士就开始在中国宣传地圆说，但是徐继畬仍然觉得有必要让他的读者——中国的文化精英了解地球的真正形状："地形如球，以周天度数分经、纬线，纵横画之。每一周得三百六十度，每一度得中国之二百五十里。海得十之六有奇，土不及十之四。"[34] 紧接着，徐继畬解释道，西方人将地球上分为四个大陆："亚细亚者……在四土中为最大。中国在其东南。"[35] 德雷克指出，徐继畬似乎已经认识

108

────────────────────

[34]　徐继畬：《瀛寰志略》卷 1，页 4a（注释 29）。有关中国人对于世界形状的观念，参看下文，第 117—24 页。

[35]　徐继畬：《瀛寰志略》卷 1，页 5b（注释 29）。

到他所提出的世界观将受到那些固守中国政治和地理中心论的人的反对，㊱ 所以他也写道，大清疆域空前辽阔，中国是亚洲诸国的主宰。这显然是徐继畬向那些坚信中国天朝上国地位的人做出的让步。不过，他只是按照概述世界地理的方式，简要提及大清并附上一幅地图，并没有做出详细介绍，理由是"（其）非外史之所宜言"。㊲他将中国排除在世界地理之外，正如德雷克注意到的那样，其益处在于避免将中国与西方列强进行比较。㊳读下去就明白，他之所以不谈中国，显然因为当时世界上最强大的国家是英国而不是中国。㊴

对英国的褒扬实则含蓄地批评了刚刚被英国轻松打败的清政府。徐继畬通过他的著作参与到中国未来的政治论争中。例如，对英国的描写提示清政府，如果中国想要与那些谋求打开中国国门、扩大贸易的西方国家在军事上抗衡，就必须好好接受西方技术。因此，在《瀛寰志略》中他选择复制西方的地图。尽管如此，他这么做并不是简单地为了坚持"科学的"制图法——一种客观传达信息的方法。实际上，徐继畬所选用的这些地图从某种形式上表达了他自己的政治观点，而这些地图所起的作用与文字是一样的，即一方面避免进行中西比较；另一方面又含蓄地指出中国的不足。当然这种做法并不令人惊奇，因为在这样一个制度框架下，正如在 19 世纪的英国，知识分子最看重的是治国之术而非科学，而掌握治国之术最好的方式是文化和教养，而非技术能力。

文本考证是很多清代地图的特点，绝非个别现象，但人们往往强调清朝对欧洲技术的接受而忽视了这一点。地图上的文字，与上面提到的数学和测量技术是同一套制度框架下的产物。然而这些技术的主要实践者并不是任何现代意义上的科学家，而是那些服务于政治目的的传统学者。这样说并不是要贬低量化技术在地图学理论和实践中的重要性，而仅仅是为了指出中国地图学中一个经常被忽视的方面，即作为交流媒介的文书在政治生活中的重要性。

地图、测量和文本

文书所具有的重要地位导致传统中国地图学成为两种主要趋势的共存体。这两种趋势一是"度量"（更广义点说，观测），二是"文本考证"。而"文本考证"又可以被看作两个方面：其一，在编制地图的时候依靠文字材料作为信息来源；其二，依靠文字材料来补充地图上所标明的信息。"度量"和"文本考证"这两种趋势在中国地图学的历史早期就是显而易见的。

在汉代，至少有一些知识人已经在思考如何按数学比例绘制地图。他们认识到比率或比例可以控制地图展示的实际距离。据《汉书》记载，刘安曾谈到与军事战略相关的地图

㊱　Fred W. Drake, *China Charts the World*: *Hus Chi-yu and His Geography of 1848* (Cambridge: East Asian Research Center, Harvard University, 1975), 58–59.

㊲　徐继畬：《瀛寰志略》卷 1，页 11a（注释 29）。

㊳　Drake, *China Charts the World*, 68（注释 36）。

㊴　英格兰吸引徐继畬的是其海军力量和民族特性："心计精密，作事坚忍，气豪胆壮，为欧罗巴诸国之冠。"（徐继畬《瀛寰志略》卷 7，页 39a［注释 29］）。

比例思想："以地图察其山川要塞，相去不过寸数，而间独数百千里，阻险林丛弗能尽著。

109

图 5.9　一幅 19 世纪的东半球地图

原图尺寸：28×36 厘米。

出自徐继畬《瀛寰志略》（1848 年成书，1850 年刻印）卷 1，页 1b、页 2a。

复制图由哈佛大学哈佛燕京图书馆提供。

视之若易，行之甚难。"[40] 刘安以资助学术著称，但无法确知他参与了多少地图绘制工作。比例尺通常被认为是使地图与地理实际相吻合（图实一致）的手段，但在这段话中，刘安认识到比例尺可能扭曲现实，因为比例尺的选择可能限制了地图所能展示的地物数量。刘安编撰的《淮南子》从不同角度说明了地图的局限。这部书中有关天文、地理的内容讲到了世界地理，但完全是文字性的叙述，并没有地图。根据这些叙述很难画出地图来。《淮南子》中还有一些自相矛盾的内容，尤其是讲到天下之中时，根本不可能据此画出一幅与文字叙述完全呼应的地图来。[41]

110

---

[40]　班固：《汉书》卷 64 上；见 12 册本（中华书局 1962 年版）第 9 册，第 2278 页。

[41]　参看 John S. Major, "The Five Phases, Magic Squares, and Schematic Cosmography," in *Explorations in Early Chinese Cosmology*, ed. Henry Rosemont, Jr. (Chico, Calif.: Scholars Press, 1984), 133 – 66, esp. 133 – 37。第 8 章对中国人的宇宙论做了更详尽的论述。

裴秀制图中的数字和文本

裴秀（223—271）也曾讨论过图实一致问题。他在西晋时期（265—317）担任司空一职时编纂了《禹贡地域图》。这部书现已遗佚，但部分序言被收入唐代编撰的《晋书》中。在这篇序言中，裴秀回应了刘安对汉代地图的不满："不备载名山大川。虽有粗形，皆不精审，不可依据。"[42] 裴秀对于汉代地图的批评主要是图实不一，它们或记录并不存在的事物，或记录不全，或没有精确描绘。中国地图史学家在讨论裴秀对之提出的改进措施时，将重点放在他所说的六点制图原则（即"制图六体"）上，即分率、准望、道里、高下、方邪、迂直。[43] 通常认为这六条原则涉及各种类型的直接和间接测量形式。

第一条原则"分率"似乎是指地图的比例尺，用来"辨广轮之度"，定"远近之实"。如果一幅地图有图像而无分率，则"无以审远近之差"。第二条原则"准望"与方向有关：用来确定地图上点的位置与相互关系。换句话说，它被用于定"彼此之实"。[44] 一旦正确运用这一原则，"则曲直远近无所隐其形也"。[45] 第三条原则"道里"，"所以定所由之数也"。"道里"保证了"径路之实"。

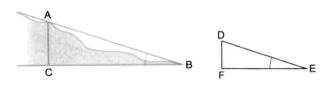

图 5.10　解读裴秀"高下"之法

在裴秀"制图六体"中，有三条涉及运用几何原理的间接测量法。其中第四条"高下"、第五条"方邪"就要用到直角三角形原理。这张图展示的是"高下"之法。AB 的长度可以直接测出，A、B 两点的水平距离就是 BC。画一个与△ABC 相似的△DEF，∠ABC 与∠DEF 相等。由于已知 AB 距离和△DEF 各边与各角，就可以通过相似三角形原理，求出 BC 的长度。关于"高下"的解释有文献佐证。至少汉代《九章算术》就有运用相似直角三角形计算高下的方法。

---

[42]　房玄龄等撰：《晋书》（撰于 646—648 年）卷 35；见 10 册本（中华书局 1974 年版）第 4 册，第 1039 页。一些现代学者对这段裴秀认为汉代地图不够精确的描述提出了质疑，尤其是在马王堆帛书地图发现之后。不过，马王堆地图的比例尺是变化的，地图中部的比例尺要大于边缘部分的比例尺，这一点却支持了裴秀的说法。有关马王堆地图以及其他汉代地图的讨论，请参见原书第 44—46 页，以及 147—151 页。

[43]　见《晋书》卷 35（第 4 册，第 1040 页）（注释 42）。本文在提到裴秀制图六体时，除非特别注明，均自出《晋书》所载《禹贡地域图》裴秀序。本文对裴秀所用术语的翻译是尝试性的，因为有时并不清楚他的用意。倘若有留存至今的裴秀地图，或许可以据此对他提出的制图六体进行解释，但是并没有。对制图六体另外的翻译，见 Joseph Needham, *Science and Civilisation in China*（Cambridge：Cambridge University Press, 1954 - ），Vol. 3，with Wang Ling, *Mathematics and the Sciences of the Heavens and the Earth*（1959），539 - 40。

[44]　翻译的原文摘引自欧阳询（557—641）编《艺文类聚》卷 6 所引的裴秀序言；见 2 册本（中华书局 1965 年版），第 1 册，第 101 页。欧阳询与《晋书》编撰者房玄龄（576—648）为同时代人，但前者所引裴秀序言中有一些段落不见于《晋书》。

[45]　各家对"准望"的解释不一。有人认为准望是用磁罗盘定方位，但是这不大可能，因为并未证实在裴秀的时代已开始用罗盘指路。也有人将准望解释为与地图学上的计里画方有关。鉴于本章后面讨论计里画方时给出的理由，这种解释也同样行不通。因此，我给出了对准望的第三种解释。

裴秀对于另外三个原则——"高下""方邪""迂直"的解释更加简明。他并没有单独解释这三个原则，而是将它们放在一起进行解释："此三者各因地制宜，所以校夷险之异也。"这三条规则似乎涉及如何将实际地面距离（可能在水平和垂直方向上屈曲）转换为直线距离，并在平面地图上画出这些距离的问题。裴秀并没有说明如何进行这种转换，但他列出了以下的好处："度数之实定于高下、方邪、迂直之算。故虽有峻山巨海之隔，绝域殊方之迥，登降诡曲之因，皆可得举而定者。"通过这段记载我们可以推测，"高下"之法似乎是一种根据实际海拔变化（"登降"）在地图上调整平面距离的方法。"方邪"之法则是一种计算被山峦、海洋等自然障碍物分隔的两点之间直线距离的方法。"迂直"之法则是校准"诡曲"道路长度的方法。在留存下来的那部分序言中，裴秀并没有具体说明他是如何实践这些原则的。如果裴秀有意不细说，可能因为他认为运用制图六体的方法已经是一种常识。裴秀之前的文献资料中有很多有关测量和数学方法的记载，据此可以构想裴秀如何将制图六体运用于间接测量（参看图5.10至图5.12）。

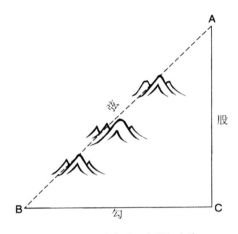

111

图 5.11　解读裴秀"方邪"之法

　　裴秀"制图六体"的第五条方法"方邪"，需要用到勾股定理（勾指底边，股指高度）。勾股定理相当于毕达哥拉斯定理。《周髀算经》中的一个问题就要用勾股定理解决。我们现在所见到的《周髀算经》，其形成年代不早于公元前200年。注疏《周髀算经》的汉代学者赵君卿曾说可以用勾股定理确定直角三角形斜边（弦）的长度："勾股各自乘，并之为弦，实开方除之即弦。"这似乎就是确定对角距离的计算方法。被崎岖地形分隔的两个点，好比是正方形（方）的两个顶点，这两个顶点的连线就是邪（对角线）。换句话说，图中在山脉之间的 AB 两点之间的距离，可以通过 AC 的平方加上 CB 的平方，再开方而求得。

　　裴秀强调"制图六体"是互为参照的。忽视其中任何一条，哪怕其他几条做得再好，也会影响到地图的质量。

　　　　有准望而无道里，则施于山海绝隔之地，不能以相通；有道里而无高下、方邪、迂直之校，则径路之数必与远近之实相违，失准望之正矣，故必以此六者参而考之。

112

　　"制图六体"是中国留存下来最早有关在制图中运用测量技术的记载，因此值得重视。但是有关裴秀制图活动的记载指向的却是另一种实证方法。例如，《晋书》讲到裴秀编制

《禹贡地域图》的背景时就提到这种方法："以《禹贡》山川地名，从来久远，多有变易。后世说者或强牵引，渐以暗昧。于是甄摘旧文，疑者则阙，古有名而今无者，皆随事注列，作《禹贡地域图》十八篇，奏之，藏于秘府。"⑯ 这段关于裴秀制图的记载，显然并没有提及"制图六体"。他的工作似乎根本就不涉及直接或间接测量。乍一看，裴秀的做法不仅没有遵循他所提出的六条"科学"原则，反而采用了近代以前中国地图学惯用的那种图文配合的方法。

　　事实上，裴秀在序言中也提到了，他的主要信息来源之一还是文献资料。在序言中，他列举了从文献资料中搜集来的信息类型，其中之一就是《禹贡》："今上考《禹贡》山海川流，原隰陂泽，古之九州，及今之十六州，郡国县邑，疆界乡陬，及古国盟会旧名，水陆径路，为地图十八篇。"⑰《禹贡地域图》今已不存，这幅地图上如何反映这些信息也不得而知。

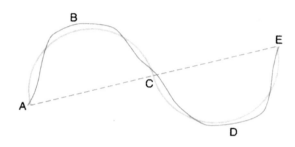

图 5.12　解读裴秀"迁直"之法

　　某些情况下会用到裴秀"制图六体"中的第六条方法，即取直曲线（迁直），这个方法好像需要认识圆周的特性。图中 A 点和 E 点由一条迂回的道路 ABCDE 相连，其长度可以度量。制图者如果想确定 A 点和 E 点间的直线距离，则需要沿着 ABC 三点和 CDE 三点连成的曲线画出两个半圆。AC 和 CE 则分别是两个半圆的直径，将 ACB 和 CDE 的长度乘以 2 得到两个圆的周长，用周长除以圆周率，得到两个圆的直径 AC 和 CE 的大致长度。在汉代早期，圆周与直径的比率（圆周率）估算为 3，到裴秀生活的 3 世纪末期，刘徽（活跃于 3 世纪晚期）计算出圆周与直径的比率为 157∶50，圆周率大约为 3.14，更多相关的中国数学史研究成果，参看 Jean-Claude Martzloff, *Histoire des mathématiques chinoises*（Paris：Masson，1988）.

　　裴秀绘制的另一幅现已失传的地图《方丈图》（1 丈约 3 米）的资料也同样粗略。艺术史家张彦远（约 815—875 年以后）将其收入所著《历代名画记》时命名为《地形方丈图》，并归入"古之秘画珍图"⑱。但是除了作者身份之外，书中没有提供其他具体信息，因此我们并不知道这幅图是如何展示地形的，但是另一位文学家虞世南（558—638）的解说中给出更多的信息。据载，《方丈图》是一幅"旧天下大图"的缩图，由 80 卷丝帛制成（每卷长 40 尺，大约 12.2 米），卷帙厚重。裴秀根据"制图六体"中的第一条原则——"分率"，将古图按比例，制成《方丈图》："以一分为十里［1∶1800000］，一寸［等于 10 分］为百里。"⑲ 在显示"名山都邑"的位置时，该图似乎达到了裴秀所提出的图实一致的标准，甚

⑯　《晋书》卷 25，第 4 册，第 1039 页（注释 42）。

⑰　《晋书》卷 35，第 4 册，第 1040 页（注释 42）。

⑱　张彦远：《历代名画记》（成书于 847 年）卷 3；见现代版（人民出版社 1963 年版）第 76 页。

⑲　虞世南：《北堂书钞》（约编撰于 630 年）（台北：艺文印书馆【1968 年版？】）卷 96，页 6a。

至可以取代实地观测："王者可不下堂而知四方也。"[50] 虞世南在解说《方丈图》时并没有说明裴秀是如何绘制这幅地图的，到底是完全按原图重绘，还是根据文字材料重新考证后绘制。不过，后一种方式似乎更加接近裴秀绘制《禹贡地域图》的方法。

只要记住在裴秀所处的时代文字考证是所受重视的程度，就不难推想他在地图上肯定使用了文字叙述。文字在当时的价值超出了行政管理和社会控制的需要。中国的政治思想家很早就认识到官僚阶层，特别是那些负责税收的官员，会面对腐败和滥用权力的诱惑。为了抵消这些诱惑，一些政治思想家主张通过文学作品培育价值观念："大人德扩，其文炳；小人德炽，其文斑。官尊而文繁，德高而文积。"[51]

裴秀兼具文学天赋和道德修养，这使他在仕途上一帆风顺。由于一位将军的大力推举，裴秀得以入朝为官。根据《晋书》记载，裴秀之所以脱颖而出，并不是因为他的数学才能，而是因为他的美德和博学，正所谓"博学强记，无文不该"。[52] 在朝廷中，裴秀得到认可不仅因为他具备制图技能，而且也因为他具备文学才能。在担任司空之前，裴秀曾经担任尚书令，负责处理各种呈送给皇帝的文书，并负责草拟诏书和圣谕。

考虑到他卓越的文学背景，我们就可以理解为什么他在制图的过程中如此重视文献考证了，但是过去对于制图六体的重视使人们忽视了裴秀对于文字材料的关注。当然，这是可以理解的，因为裴秀有关制图六体的阐释是相对独立的，其中甚至没有提到对文字材料的研究。但是这些阐释却是紧跟在裴秀有关文字考证的叙述之后的。他指出，文字考证是他的制图方法之一。另外，在序言中，裴秀暗示，对汉代地图的批评来自他对地图档案的查考，正是这种批评促使他总结出制图六体。我们也应该认识到，《晋书》的编纂者之所以收录裴秀所作的这篇序言，正是为了说明裴秀所具有的文本考证能力。《晋书》的相关介绍和引述的内容应该作为一个整体，而不能分开来考虑。

因此，过去很多人将裴秀视为"科学的"或计量化的中国地图学传统的创始人或传承者，实在是只知其一，不知其二。[53] 不可否认，量化方法的确是裴秀制图理论的一个重要组成部分，因为这些方法对于实现图实一致至关重要，但是实际上，裴秀似乎更倚重文字史料来达成这种一致性。以故，我们同样不能否认文本考证这一"人文"学问在裴秀制图理论中的重要性。文字史料也许能够提供量化信息，但是它们的价值不止于此，它们还可保存地名和行政单位沿革方面的信息。正如清朝的考证学者所指出的，文字史料是恢复历史的一种方式，因此裴秀留给中国地图学的遗产可以说是"两种文化"的综合体。换句话说，它是经验主义和文本考证的混合物。实地观察所得的证据和文字材料的权威性都被视为知识的来源。

113

---

[50]　虞世南：《北堂书钞》卷96，页6a（注释49）。

[51]　王充：《论衡》（大约成书于82—83年）卷28；见现代版（人民出版社1974年版），第431页。

[52]　《晋书》卷35（第4册，第1038页）（注释42）。

[53]　例如，Edouard Chavannes，"Les deux plus anciens spécimens de la cartographie chinoise," *Bulletin de l'Ecole Française d'Extrême Orient* 3 (1903)：214–47，esp. 241；W. E. Soothill，"The Two Oldest Maps of China Extant," *Geographical Journal* 69 (1927)：532–55，esp. 534；Needham，*Science and Civilisation*，3：538–41（注释43）；Chen Cheng-siang（陈正祥），"The Historical Development of Cartography in China," *Progress in Human Geography* 2 (1978)：101–20。陈正祥甚至做出一个极端的论断，认为裴秀六体是"迄今所知关于地图艺术的完美论述"。他同时贬低了托勒密的重要地位，因为后者有关地图绘制的著作"讲的主要是地图投影问题，几乎不能被称为地图学"（第104页）。在后面的章节将看到，有充分的证据否定陈正祥关于裴秀地图学之现代性的论述。

后代地图学中的文字与度量

本文所关注的文本化倾向并不是个别现象，而是中国传统地图学的重要元素。在裴秀之后，有关地图学的著作无一例外地坚持强调考证、图文互补以及度量的重要性。唐代最重要的地图学家贾耽（730—805）在他的著述就表明了这种立场。贾耽认识到裴秀制图六体的价值，并称之为地图绘制之"新意"。不过，似乎只有在不考虑地图学发展的其他面向以及其他史料中的证据时才能称之为"新意"。[54] 贾耽还阐明了裴秀的制图实践中隐约体现的一点，那就是地图需要以文字作为补充，没有文字说明，地图上展示的内容不可能是完备的："诸州诸军，须论里数人额。诸山诸水，须言首尾源流。图上不可备书，凭据必资记注，谨撰《别录》六卷。"贾耽暗示，一幅地图即便遵循了裴秀的六条原则，也仍然存在局限性。仅仅依靠地图本身并不能实现裴秀所谓的"定实"。尽管一个人可以从地图中得到很多信息，但是如果他阅读相关文字的话，就可以知道更多。裴秀的制图实践已经含蓄地说明文字作为一种信息来源的重要性，而贾耽则进一步指出用文字来补充地图是获取全面的地理信息的手段。[55] 其他人显然也同意贾耽的观点，正如我们在许多地图集和方志中所见，有关地理的文字描述的分量要大大超过其中的地图和图画。

1136 年刻石的《禹迹图》是一个例外。该图绘有计里方格，明确标明了比例尺，只有极少的文字注记。这种没有文字描述的情况，在传统中国地图学史上是个例外，但是，许多中国地图学的研究却掩盖了这个事实。

114　　　例如，沈括（1031—1095）地图学的基础似乎也是图文互补，这与学者们坚信他的地图秉持数理传统的看法正好相反。他绘制的地图并没有留存于世，相关的文字记载也没有指出这些地图是否配有大量的文字注记和图说。沈括曾说，万一将来他绘制的地图失传了，后人也可以根据他书中所提供的信息重新绘制这些地图。[56] 对这句话可以有两种解释。在那些主张沈括主要是依照数理方法绘制地图的人看来，这句话说明沈括认为地图和文字描述是可以相互分离的；在倾向支持文本考证观点的人看来，这句话说明沈括认为地图与文字是可以相互转换的。

沈括所写的有关地图制作的著作也显示出一种实际经验与文本考证的结合。据文献记载，沈括曾经提到，他在绘制《守令图》时用到了制图六体，也就是裴秀提出的制图原则。[57] 这似乎可以证明沈括的地图学是计量的。《梦溪笔谈》又提到了"七法"："余尝为

---

[54] 《旧唐书》卷 138；见 16 册本（中华书局 1975 年版）第 12 册，第 3784 页。贾耽的地图没有一幅留存下来，因此他对裴秀制图六体的解释限于何种范围。一幅可能源自贾耽作品的地图——《华夷图》（1136 年刻石），其边缘刻有长篇注解。

[55] 用文字补充地图内容的做法并没有违背裴秀制图六体，只不过由于裴秀的地图没有一幅保存下来，我们无法得知这些地图上是否配有文字叙述。有关裴秀地图的记载也未提及此事。

[56] 见沈括《梦溪笔谈·补笔谈》（约撰于 1088 年）卷 3，第 575 段，胡道静校注《新校正梦溪笔谈》（1957 年版；香港：中华书局 1975 年重印版）第 322 页［亦见于胡道静校注《梦溪笔谈校正》，2 册本，第 575 段（1960 年；台北：世界书局 1961 年重印版）］。托勒密在《地理》（Geography）一书中也说过与沈括类似的话。虽然托勒密这部书中并没有地图，但是却可以根据托勒密坐标重新"复原"这些地图。参见 O. A. W. Dilke, "The Culmination of Greek Cartography in Ptolemy," in *The History of Cartography*, ed. J. B. Harley and David Woodward (Chicago: University of Chicago Press, 1987 –), 1: 177 – 200, esp. 189 – 90。

[57] 沈括：《长兴集》卷 16，《沈氏三先生文集》（编撰于 1718 年），四部丛刊本，卷 4，页 27a。

《守令图》，虽以二寸折百里为分率，又立准望、互融、傍验、高下、方邪、迂直七法，以取鸟飞之数。"[58] 此处沈括并没有提到裴秀，但是他所提到的六条技术术语，与裴秀的"制图六体"相比，有五条是完全相同的，即分率、准望、高下、方邪以及迂直。沈括并没有解释这些术语的含义与用法，我们或许可以假定这些术语与"裴秀六体"的用法相当。沈括也没有解释余下两个术语：互融和傍验。可以确定的是，这两条术语在后面有关制图方法的讨论中并没有再次出现。这两条术语在词法上都是偏正结构，说明它们可能是成对出现的。[59] 在沈括提到"六体"的那则文献中还讲到，他在备制《守令图》时，着重进行的是文本考证，而不是度量："并据臣在职日已到文案为定。"[60] 因此，存有疑问的两条术语应该与考证研究有关。"互融"可能指的是比较同时期各种文献中常见的材料，包括地图，以确定方位和距离。而"傍验"一词，可能指的是利用后世的材料来核实信息。[61] 正如之前所见，这正是裴秀用来校正古地图的研究方式。根据本文所给出的解释，沈括使用"互融"和"傍验"这两条术语是试图将那些仅仅推导于文献记载的裴秀制图实践的内容程式化。另外，根据这种解释，"互融"和"傍验"之法正是明清"本证"和"旁证"的前身。[62]

　　沈括在有关《守令图》的描述中强调文字的作用，使人感觉观察和度量在他的制图实践中只占很小的分量。然而在其他地方，例如在有关地形模型的描述中，沈括说他曾利用过实地考察时所做的笔记（参看第87页）。与先前的裴秀和贾耽一般，沈括似乎也将制图视作一种实地考察与文本考证相结合的工作。

　　我们并不知道沈括在制图过程中究竟多大程度上利用了各种测量技术，但是很显然，他十分长于此道。正如我之前所提到的，裴秀也知道如何将各种数学方法和（测量）工具严格运用于制图六体，但是否付诸实践，我们不得而知。我们可以相对肯定地说，沈括曾经运用过测量技术，因为他常常提起那些用来解决制图问题的工具和技术。而且，在某些实例中，沈括可能比裴秀在运用计量方法方面更为严格。

　　这一点尤其体现在读取方位和线性测量这两个方面。没有明确的证据显示，宋朝以前已经出现了有别于天然磁石的磁铁罗盘，也没有证据表明那时已经出现了带有方位刻度盘或刻度板的磁石罗盘。[63] 尽管没有刻度盘，人们仍然可以通过悬浮的磁石来确定正南，然后用双臂大致估算偏离正南方向的角度，以此确定大致方位。在宋朝，钢铁业得到发展，人工制造

---

[58]　沈括：《新校正梦溪笔谈·补笔谈》卷3，第575段（第322页）（注释56）。

[59]　此处语言学分析，承蒙威斯康星－麦迪逊大学中国历史语言学家郑再发（Tsai Fa Cheng）赐教。

[60]　沈括：《长兴集》卷16（卷4，页27b）（注释57）。

[61]　曹婉如在《论沈括在地图学方面的贡献》（《科技史文集3》，1980年，第81—84页，特别是83页）一文中给出了另一种解释。她认为这段话只是提到了六种方法，"七法"中的"七"字是印刷错误，本来应该是"之"字，但并没有给出任何证据，因此，我们仍然可以认为这段文字列举了七种方法。另外，沈括在其他地方也提到过"六体"，却并没有将"体"改成"法"。参见沈括《长兴集》卷16，页27b（注释57）。

[62]　通常认为"本证"和"旁证"是语言学家陈第（1541—1617）提出的。为了重建《诗经》的音位系统，陈第利用了《诗经》本身（本证）和同时期或稍晚时期的文献（旁证）中的证据。

[63]　有关"司南"的最早记载可能出自《韩非子》这部编于公元前3世纪的著作，但是《韩非子》仅提到这种工具是用来确定方向以避免迷路的，并没有谈到其制造方法和外形。参看《韩非子》卷6，第5页，引自周钟灵《韩非子索引》（中华书局1982年版，第737页）。另外一种测定方向的工具——司南车出现于裴秀的时代，但并没有用于制图。《晋书》中记载了这种工具："司南车，一名指南车，驾四马，其制如楼，三级；四角金龙衔羽葆；刻木为仙人，衣羽衣，立车上，车虽回运而手常南指。"［卷25，第3册，第755页（注释42）］。这部7世纪的文献并没有记载指南车如何工作。宋代对司南车进行了复制，参看 André Wegener Sleeswyk, "Reconstruction of the South-Pointing Chariots of the Northern Sung Dynasty：Escapement and Differential Gearing in 11ᵗʰ Century China," *Chinese Science* 2 (1977)：4–36。

的合金材料可以长期保持磁性，于是金属指南针开始投入使用。人们看重它的原因在于，这种指南针可以从罗盘上的刻度板准确读取方位。沈括在《梦溪笔谈》中介绍了如何使针磁化："方家以磁石磨针锋，则能指南，然常微偏东，不全南也。"[64] 在同一段话中，沈括提到了指北针，这是用磁石的另外一极磁化的结果。根据沈括的记载，磁针可以以不同方式悬置，如浮于水面或者平放在指甲或者碗沿等薄物上。在第一种情况下，磁针会发生颤动；在第二种情况下，磁针很容易跌落。沈括认为最好是将磁针悬于丝线上："其法取新纩中独茧缕，以芥子许蜡，缀于针腰，无风处悬之，则针常指南。"[65]

相对于磁针，有关宋代使用刻度盘或刻度板的证据就没那么充分了，但沈括再一次提供了关键信息。他说他绘制的《守令图》标明了 24 个方位，每个方位各有专称："使后世图虽亡，得予此书，按二十四至以布郡县，立可成图，毫发无差矣。"[66]《守令图》已经遗佚，绘制地图所用的文献似乎也没有存世，因此并不清楚沈括是如何确定方位的。尽管如此，他所区分的二十四个方位说明了某种定向方法的存在，例如，采用磁针和标有罗经点的刻度盘或刻度板。不过，沈括并没有说他曾用这种装置来绘制地图，他只是在讲到占卜时才说起过磁针。另外，也没有任何用于航海和定位的宋朝刻度盘或刻度板保留下来，我们只能从与沈括类似的记述中推测它们的用途。现存的带有二十四个方位刻度的航海用罗盘，都是明清时代的。[67]

116　　　沈括应该曾经使用过各种各样的工具来进行线性测量。同裴秀一样，他曾经使用水准仪、测杆、铅垂线和照板。这些工具至迟在汉代的文献中业已被提及。但是，在裴秀所处的时代，这些工具的形状是怎样的，只能靠猜测，因为唐代以前对这些工具的描述以及明代以前的相关示图都没有流传下来。我们对这些工具在沈括时代的使用情形所知却更为详细。某个唐代文献中曾经描述过这些工具，其内容重复出现于某部宋代文献中，以此知从唐到宋这些工具几乎没有变化。根据这些记载，水平仪就是一块平放于装有枢轴的支架上的木条，木条上挖有三个大小相同的水池，中间和两端各一个，彼此通过沟漕连通，注水后，水在其中自由流动。每个水池内放置一个木制的浮标，浮标随着水位的变化上下浮动。浮标上有一个齿状的标尺："以水注之，三池浮木齐起，眇目视之，三齿齐平，以为天下准。"[68]

用水准仪、测杆加上照板就可以测定距离和高度。测杆长两丈，上面标有 2000 个刻度。照板的形状像一个方形的扇子，其中心凿有一个方孔。[69] 测量距离时，照板、水准仪和测杆要配合使用（图 5. 13 至图 5. 15）。

---

[64] 《新校正梦溪笔谈》卷 24，第 240 页（注释 56）。

[65] 《新校正梦溪笔谈》卷 24，第 240 页（注释 56）。

[66] 《新校正梦溪笔谈》补卷 3，第 322 页（注释 56）。二十四个方向（二十四至）是根据十二地支，十个天干中的八个（甲、乙、丙、丁、庚、辛、壬、癸），以及乾、坤、艮、巽四卦命名的。

[67] 汉朝的卜盘曾被称为"风水"司南。盘上刻有二十八宿名称以及二十四至，但是将这种卜盘看作指南针则是一种误解，因为它是用来算命的，并不具备航海和定向的功能。参看 Michael A. N. Loewe, *Ways to Paradise: The Chinese Quest for Immortality* (London: George Allen and Unwin, 1979), 75–80; Marc Kalinowski, "Les instruments astro-calendériques des Han et la méthode *liu ren*," *Bulletin de l'Ecole Française d'Extrême Orient* 72 (1983): 311–419.

[68] 李筌：《太白阴经》，引自《百部丛书集成》卷 4，第 6 页 a。另参看曾公亮《武经总要·前记》（四库全书本，卷 11，页 3 上）。似乎两块浮标就够用了，为什么要用三块呢？也许用三块可以增加一种功能，即测定木块本身是否弯曲：如果水平，三点之间的连线应与垂线成直角。第三块浮标可以显示木板本身是不是成一条直线。关于水准仪的插图，参看图 5. 14。

[69] 李筌：《太白阴经》卷 4，页 6a（注释 68）。

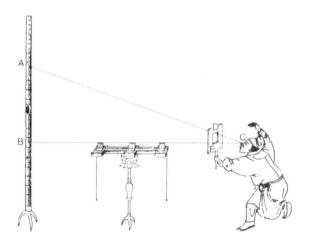

图5.13 运用照板、水平仪、测杆测算距离

　　这一方法涉及相似三角形的运用，这里是直角三角形 ABC 和 DEC。AB 的长度可以通过照板方孔（边长为 DE）测得。水平仪用来固定 BC 这条线。已知 AB、DE、CE 的长度，通过利用相似三角形各边成比例这一原理，就可求得 BC 的距离。

117

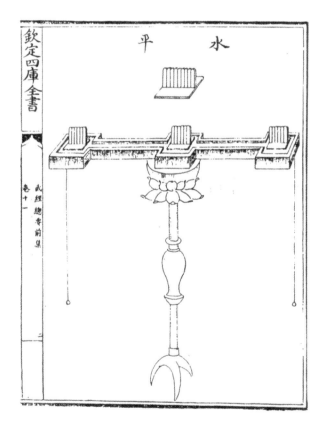

图5.14 水平仪图

原图尺寸：10.5×7 厘米。

出自清版曾公亮《武经总要》（撰于1044年），四库全书本（台北影印，1983年）。

复制图由哈佛大学哈佛燕京图书馆提供。

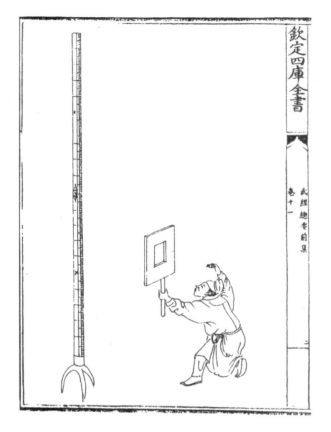

图 5.15   照板图

原图尺寸：10.5 × 7 厘米。

出自清代版曾公亮《武经总要》（撰于 1044 年），四库全书本（台北影印，1983 年）。

图片由哈佛大学哈佛燕京图书馆提供。

　　测杆与铅锤线也可以用来测算距离，例如，站在河岸一侧可以测算出这条河的宽度（如图 5.16 和图 5.17 所示）。其测高之法是，先将测杆垂直立于低于水准仪的地面上。（图 5.18）。沿着水准仪上浮标所连成的水平线读出测杆上的相应数值。再用水平仪所在（A 点）的高度减掉从测杆上读取的水平高度（即 B 点的高度），就可以得到 A、B 之间的高度。⑦

---

⑦　沈括发明了另外一种测定高度的方法。1072 年，他被派去监督汴河流域的一项土地开垦工程。他首先进行了一次地形测量，以便为疏通和深挖运河作准备。这条运河负责向京师开封运送粮食。沈括需要测量出运河上游和下游的高差。该地区地形平坦，跨越如此长的距离（840 里）来测量高差是一件很困难的事情。在这种情况下，依靠水准仪、照板和测杆是无法完成这一任务的，因为很难觉察角度偏差。正如沈括所言"不能无小差"，特别是角度测量中的"小差"最终会累积成大差。为了避免这样的误差，沈括在一条与汴渠平行的水渠上修筑了一道一道的堤堰："候水平，其上渐浅涸，则又为一堰，相齿如阶陛。乃量堰之上下水面相高下之数，会之，乃得地势高下之实"。[《新校正梦溪笔谈》卷 25，第 250 页（注释 56）]。另外还有一种测量高度的工具——弩机。只有沈括提到过这种工具。他说自己是在海州看见这一工具被发掘出土的，"原其意，以目注镞端，以望山之度拟之，准其高下，正用算家勾股法也。"[《新校正梦溪笔谈》卷 19，第 194 页（注释 56）]。我们不清楚这两种测量高度的方法是否真的在地图绘制中运用过。

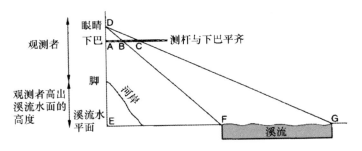

图 5.16　站在溪流一侧测算溪流宽度

DE 是观测者眼高与河岸超出水面高度之和，后者可用铅锤测得（或将铅锤吊在测杆上测量河岸的高度）。如图所示，测量溪流宽度（GE）的方法如下：握住测杆，置于与下巴平齐处，并使之与地面平行，瞄准溪流两岸的 F 点和 G 点，视线落在测杆上的点分别为 B 和 C，这种就形成两组相似三角形，即△DAC 与△DEG，△DBC 与△DFG，根据相似三角形原理，FG：BC = DG：DC；同理，DC：DG = DA：DE，已知 BC、DA、DE，则很容易求出 FG，即溪流宽度。

出自 Ulrich Libbrecht, *Chinese Mathematics in the Thirteenth Century*：*The Shu-shu Chiu-chang of Ch'in Chiu-shao*（Cambridge：MIT Press, 1973），131。

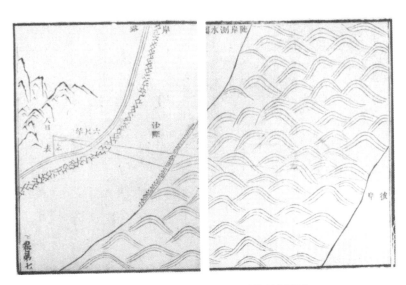

图 5.17　表现溪流宽度测算方法的刻本插图

原图尺寸：17.5×25 厘米。

出自秦九韶《数学九章》（1247），宋景昌编，1841 年版，卷 7，页 17a、b。

复制图由哈佛大学哈佛燕京图书馆提供。

　　通过以上的讨论，我们可以推断出，到宋朝，中国人已经掌握了各种可以用于地图绘制的直接或间接测量方法。这些测量技术通常被用来论证中国地图学中存在一种独特的量化传统，即大量依靠测量的传统。这种传统似乎是显而易见的，但是对这种传统的强调实际上会忽视了中国地图学中文本考证——这种与观测和数学并存，并有时占主导地位的取向。例如，关于地球形状的实地观测和文字记载之间似乎存在冲突。正如前文中谈到的，中国人在制图中所用到的测量技术强调的都是直线测量。从 20 世纪的观点看来，这种测量方法会产生误差，因为它没有将地球曲率考虑在内。但是，在清朝以前的绘图者看来，根本没有必要校正曲率，因为他们似乎通常所持的是地平说。

世界的形状：观测与文本

认为中国人持地平说，与中国科学史新近的研究成果相抵牾。后者认为，中国人早在汉代就已经知道地球是一个球体，[71] 其根据就是汉代宇宙论中的浑天说，有人将其理解为地圆说。但由于前人对浑天说的解释模棱两可，因此在浑天说的框架下制图者仍然可以持地平说，而地平说也能同样能得到文献史料的支持。

最早解释浑天说理论的是博学的张衡（78—139），他说："浑天如鸡子，天体圆如弹丸，地如鸡子中黄。"[72] 用鸡蛋作比方可能会使人将浑天说解读为地圆说，这种解读实则受到了浑天说取代盖天说这种错误观点的误导，而盖天说隐含了地平说。盖天说常被追溯到一部疑为前汉时出现的著作《周髀算经》。《周髀算经》载："环矩以为圆，合矩以为方。方属地，圆属天，天圆地方。"[73] 这段话讲的就是用象征手法展示于汉代式盘和宇宙镜上的宇宙论（图 5.19 和图 5.20）。

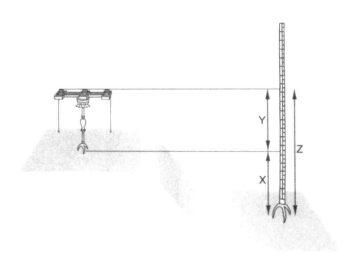

图 5.18　用水平仪和测杆测定高度

借助水平仪读取 Z 的高度，减去水平仪自身的高度 Y，得出 X 的高度。

---

[71]　参看 Cheng Yen-tsu, "Cosmological Theories in Ancient China," *Scientia Sinica* 19 (1976)：291 – 309, esp. 294 – 97。在沃利斯（Wallis）和罗宾逊（Robinson）的书中根据有关浑天仪的描述，认为中国人早在公元 260 年就已经制造出了地球仪［*Cartographical Innovations*, 25（注释 1）］。李约瑟对此较为慎重。他认为，即便中国人相信地球是圆的，这种理念至少在耶稣会士来华以前并没有在地图中表现出来。参看 Needham, *Science and Civilisation*, 3：437 – 38, 498 – 99（注释 43）。根据唐如川的看法，张衡认为地是一个处在天体下方、上平下圆的半球体。参看唐如川《张衡等浑天家的天圆地平说》（《科学史集刊》，1962 年第 4 期，47—58 页）。非常感谢席文（Nathan Sivin）为我提供的信息。

[72]　张衡：《浑仪图注》，引自孙文青《张衡年谱》，商务印书馆 1956 年版，第 72—75 页，特别是 72 页。关于中国宇宙论，参看 Shigeru Nakayama, *A History of Japanese Astronomy：Chinese Background and Western Impact*（Cambridge：Harvard University Press, 1969），24 – 43。

[73]　《周髀算经》，四库全书本，卷上之一，页 15b。亦参看《淮南子注》卷 3，第 44 页（注释 6），其中有"天圆地方"。

　　当然，浑天说与地圆说也并不矛盾，很难想象，将浑天说运用于历算的中国天文学家会忽视各种反映地球曲屈表面的经验证据。例如张衡曾说过月球反射太阳光，月食就是由于地球阴影遮挡太阳光而产生的。[74] 明代类书《三才图会》在解释月食的时候用了一幅插图。在图中，地球位于太阳与月亮之间（图5.21）。[75] 任何一个观测过月食的人都会证明，月亮上出现的阴影即便不是圆形的，但至少也是弧形的。人们或许会据此推断（古人认为）大地像一个又圆又平的盘子，但中国的宇宙学家们似乎并不乐于接受这一推论。他们认同地球是圆形的，但认为地表是屈曲的。例如，宋代哲学家朱熹在描绘天地之形时，就提到地表的屈曲："天地之形，如人以两碗相合，储水于内。以手常常掉开，则水在内不出；稍住手，则水漏矣。"[76]

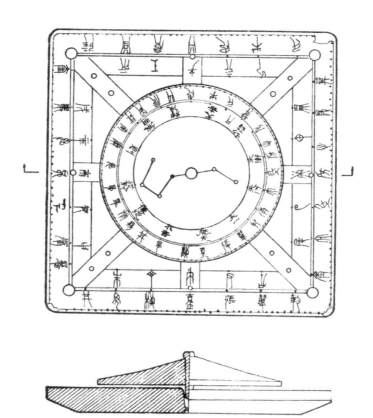

图5.19　汉代的式盘

式盘本身可能象征着天圆地方。原件发现于甘肃（武威）磨嘴子62号墓。

出自甘肃省博物馆《武威磨嘴子三座汉墓发掘简报》，《文物》1972年第12期，第9—21页，特别是第15页。

---

[74] 张衡：《灵宪》，引自孙文青《张衡年谱》，第79页（注释72）。

[75] 但是在《三才图会》的日食图上，地球仍然位于太阳和月亮之间。

[76] 朱熹：《朱子语类》卷1，台北：正中书局1962年版，页6a、b。

121

图 5.20　汉代的宇宙图铜镜

据说镜子展示了天圆地方。

原件直径：14.3 厘米。

图片由华盛顿特区史密森尼学会弗利尔美术馆（Freer Gallery of Art, Smithsonian Institution）提供。

122

图 5.21　《月蚀图》

原图尺寸：21×14 厘米。

出自王圻编《三才图会》（成书于 1607 年，刻印于 1609 年）卷 4《天文》，页 9a。

复制图由哈佛大学哈佛燕京图书馆提供。

　　因此，照理说，当利玛窦（1552—1610）在地图上画出球状地球的时代，中国的天文学家应该有理由接受地圆说。⑦ 但是利玛窦以及其他耶稣会士在中国所绘地图表明，其上的图例就是用来反驳地平说的。准确地讲，正是由于中国的知识人持有地平说，所以他们才很难接受利玛窦地图。⑧ 这实在令人费解，因为早在利玛窦来到中国的几个世纪以前，照理说浑天说一直是胜过盖天说的。

　　这个矛盾只是表面的。如我之前所说的，浑天说虽然可以被理解为地圆说，但并不意味着它与地平说相矛盾。除了张衡这个用蛋黄来比喻地球位置的说法，浑天说并没有提到地球的形状，人们也可以认为在比喻成蛋壳的宇宙中有一个平坦的地面。两本明代类书在解释浑天说时画的正是天圆地方的图形（图 5.22 和图 5.23）。人们根据张衡一段描写皇家"三宫"的文字，认为他持有浑天说，但他对其中一宫的描述却是符合盖天说的："复庙重屋，八达九房。规天矩地，授时顺乡。"⑨ 这段文字出自《文选》中收录的一篇赋。《文选》是一部6 世纪编纂的选集，唐朝以降的知识精英对之尤为推崇，⑩ 但如同我之前提到过的，这些精英们并不是天文学家，他们看重文学的训练甚于学习技术知识。在这些人看来，张衡或许只是证明了《淮南子》与《周髀算经》中盖天说天圆地方的观点，而不是浑天说的主张。

---

　　⑦　在利玛窦之前，至少有一个地球仪传入中国。在元代，中国的天文学家曾经见到过一个由波斯天文学家扎马鲁丁于 1267 年制造的地球仪。扎马鲁丁后来在大都担任了回回司天监，但并不清楚这件地球仪到底是一幅图画还是一个模型。相关记载参看《元史》卷 48，中华书局 1976 年版，第 4 册，第 998—999 页。《元史》中将地球仪称为"地理志"，这个地球仪似乎对中国地图学和天文学没什么影响。薮内清评论道，"伊斯兰天文台所保存的地球仪并没有引起中国天文学家的兴趣。中国天文学家对于大地的形状持有另外一种看法"。参看 Kiyoshi Yabuuchi，"The Influence of Islamic Astronomy in China."In *From Deferent to Equant*：*A Volume of Studies in the History of Science in the Ancient and Medieval Near East in Honor of E. S. Kennedy*，ed. David A. King and George Saliba（New York：New York Academy of Science，1987），547 – 559，esp. 549。同时参看 Christopher Cullen，"A Chinese Eratosthenes of the Flat Earth：A Study of a Fragment of Cosmology in *Huai Nan Tzu*"，*Bulletin of the School of Oriental and African Studies* 39（1976）：106 – 27。古克礼（Cullen）认为，对于中国人而言，大地"始终都是平的，尽管也许有些微的凸起"。他还认为，中国人对于大地形状的看法从"早期开始一直到耶稣会士于十七世纪传入近代科学为止"，都没有发生改变（第 107 页）。但古克礼显然并没有关注过某些史料记载，而这些记载说明中国人有关地球形状的看法是复杂的，因此我试图在这里简要概括这段历史。

　　⑧　参看 Helen Wallis，"The Influence of Father Ricci on Far Eastern Cartography，" *Imago Mundi* 19（1965）：38 – 45；*China in the Sixteenth Century*：*The Journals of Matthew Ricci*，1583 – 1610，trans. Louis J. Gallagher from the Latin version of Nicolas Trigault（New York：Random House，1953），325. 金尼阁（Trigault）的著作最初出版于 1615 年。该书基本上根据利玛窦对于中国和他的传教经历的叙述写成的。利玛窦自己的叙述见于：*Storia dell'introduzione del Cristianesimo in Cina*，3 Vols.，ed. Pasquale M. d'Elia，Fonti Ricciane：Documenti Originali concernenti Matteo Ricci e la Storia delle Prime Relazioni tra l'Europa e la Cina（1579 – 1615）（Rome：Liberia dello Stato，1942 – 49）。关于明清时期中国人拒绝接受西方科学的问题，参看 George H. C. Wong. "China's Opposition to Western Science during Late Ming and Early Ch'ing，" *Isis* 54（1963）：29 – 49。王夫之（1619—1692 年）曾经公开抨击欧洲人所传播的地圆说，参看第 225 页。利玛窦的地图也遭到批评，因为他在地图上画出了欧洲、非洲、美洲、亚洲和麦哲伦尼卡（Magellenica）这五块大陆，而这样的世界格局明显降低了中国在地理上的重要性。《明史》的编撰者认为用五大洲的概念来解释世界地理，"其说荒渺莫考"。尽管如此，他们也承认，从地图上所标注的地方来到中国的人证明了这些地方的存在。参看《明史》卷 326，中华书局 1974 年版，第 28 册，第 8459 页。当然，也有一些中国知识分子赞同西方的学说。关于中国人对利玛窦地图的反应，参看第 174—176 页。

　　⑨　张衡：《二京赋》（撰于 107 年前后），《文选》（原作撰于 526—531 年前后，胡克家 1809 年编，京都：中文出版社 1971 年重印版）卷 3，页 11a。译文见 David R. Knechtges，trans. and annotator，Wen xuan；or，Selections of Refined Literature（Princeton：Princeton University Press，1982 – ），1：263。在《灵宪》中，张衡也称大地"平以静"［《张衡年谱》第 77 页（注释 72）］。

　　⑩　至迟到宋代，《文选》已是科举考试的读物。见 Knechtges，*Refined Literature*，1：54 – 55（introduction）（注释 79）；以及 David McMullen，*State and Scholars in T'ang China*（Cambridge：Cambridge University Press，1988），223 – 25。

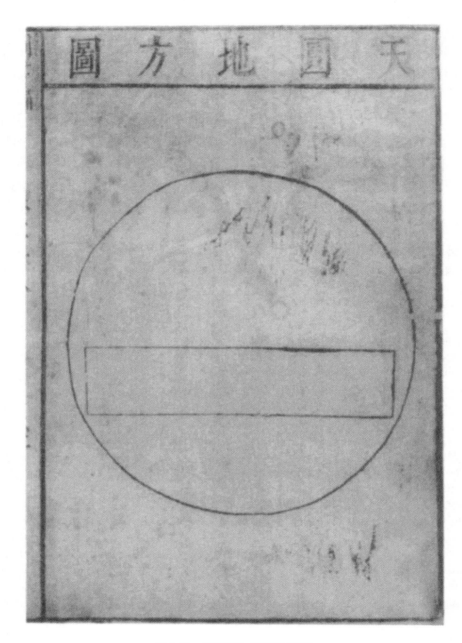

图 5.22　章潢所绘《天圆地方图》

原图尺寸：22.5×15 厘米。

出自章潢编《图书编》（1613）卷 28，页 2a。

复制图由哈佛大学哈佛燕京图书馆提供。

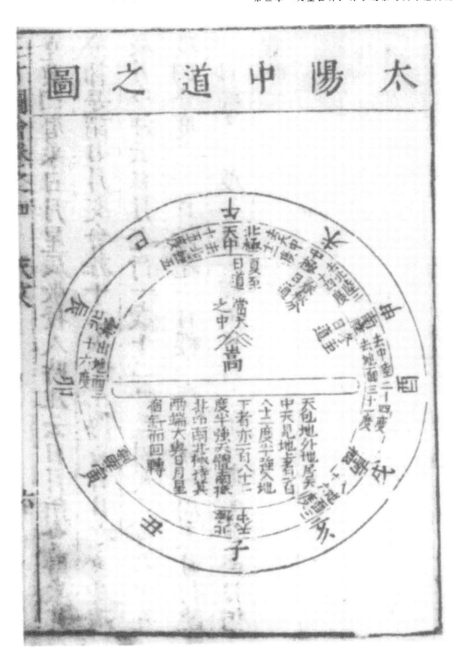

图 5.23　王圻所绘天圆地方图（《太阳中道之图》）

原图尺寸：21×14 厘米。

出自王圻编《三才图会》（成书于 1607 年，刻印于 1609 年）卷 4《天文》，页 6a。

复制图由哈佛大学哈佛燕京图书馆提供。

海野一隆认为"天圆地方"仅仅是一种比喻，"圆"与"方"并不是字面上指示的形状，而是一种抽象的属性。他引用了赵君卿的话来说明天圆地方并不是天地的实际形状。[81] 但赵君卿的话或许是在浑天说已经完善的 3 世纪写成的，他也可能是为了在经典权威文献与（当下的）天文知识之间做一个调和而已。海野或许还可以引用章潢所撰的明代类书《图书编》的说法，"圆"指的是天体的运行，"方"指的是大地的静止，虽然他并没有这样做。[82] 章潢的读解或许并没有代表性，因为他认识利玛窦，或许是在此回应西方的世界观。在《图书编》中，章潢收录了一幅利玛窦世界地图的复制本并为地圆说辩护。他对于"天圆地方"的解释或许出于调和中西方观念的愿望。

尽管来自天文学上的证据否定了地平说，但中国人仍然固守之，这表明虽然有些天文学创见具有潜在的地图学应用价值，但它们并不一定被运用于地图学实践中。这一事实也证明了席文的看法，他认为古代中国的科学家"并没有想到将所有的科学系统地结合起来"。[83] 席文在其他地方对此做出过解释，他认为传统的学问是由各种谱系的文献构成的。这种学问观虽然并不排斥创新，但它确实限制了创新的程度。从事科学的人们接受并继承了他们前辈的学业，并在这个过程中做出一些修补。有时天文学与医学上的创新，如同中国生活中的其他领域那样，会得到认可与嘉奖，如果一种创新有过先例，并非全新，它更易为人们所接受。[84] 用这种多谱系的观念来解释我们正在讨论的这个案例，浑天说和盖天说各由来有自，且运用于不同的语境。此外，它们所采用的仪器虽然有联系，却用于不同的目的。浑天说是用浑天仪进行空间定位，借此观测并证明天体的运行。盖天说用日晷进行空间定位，借此测量日影的长度。在这些情形下，没有必要将二者放在一起进行比较。

从这种多谱系的观念出发，或可解释为何天文学上的创新没有实现它们在地图学上的潜在价值。例如唐一行与南宫说通过天文测量计算出，天球纬度每变化 1°（由观察北极星的高度变化得出），则地面距离相应变化 351 里。这一比率只有在将地球看作被子午线环绕一圈的情况下才能成立。有这个比率后，就可以利用天文学的测量方法来间接地换算出地面上的距离，从而使之具有地图学的意义。一行和南宫说确定的这一比率可以帮助宫廷中的天文学家校准日晷的影长，从而确定如夏至等重要时令，对于制定历法也是很重要的。

但是，天文学界以外的一些学者（如比尔等人）认为，这一比率的内涵不会为固守

---

[81] 海野一隆在两篇文章中表述了这些观点："Japan before the Introduction of the Global Theory of the Earth：In Search of a Japanese Image of the Earth," *Memoirs of the Research Department of the Toyo Bunko* 38 (1980)：39 – 69；《古代中国人有关地理的世界观》，《東方宗教》42 (1973)：35 – 51。

[82] 《图书编》（1613 年，台北：成文出版社 1970 年重印版）卷 29，页 34b。

[83] Nathan Sivin，"Why the Scientific Revolution Did Not Take Place in China—Or Didn't it？" *Chinese Science* 5 (1982)：45 – 66，esp. 48.

[84] Sivin，"Science and Medicine,"43（注释 2）。这种对于经典文献的尊崇同样存在于西方的科学传统中，但是也许正如席文所说的，在西方这种影响并没有中国那么严重。

盖天说的人们所接受。[85]《旧唐书》的编纂者在描述了这次天文测量后，注意到这两种学说的矛盾："今诚以为盖天，则南方之度渐狭；以为浑天，则北方之极浸高。此二者，又浑、盖之家未能有以通其说也。"[86]

同理，由元代天文学家郭守敬（1231—1316）领导的"四海测验"，即对整个国家进行测量的结果，也不可能被固守地平说的地图学家们所采用。这项测量设置了 27 个观测站点，确定每个站点的北极星高度。测量结果被编入元代覆灭不久后撰成的《元史》中。《元史》还记载了包括大都在内的 7 个观测站点的北极星高度、夏至日晷影长和夏至昼夜长短。[87] 这些信息可能曾用于编制历法，因为编历是司天监官员主要职责之一。此外，天体位置与地面地点的对应也具有潜在的地图学价值，因为地图学家们应该可以根据天体观测来间接度量地面距离。但是，同唐代的天文观测一样，这次测量在地图学上的潜在价值也未被发挥出来。

只有当地球的表面与天球平行时，天体的角度测算才能与地面距离相关联，换句话说，地球必须是球形才行。然而那些在政府中负责制图的人通常都坚持地平说，而地平说本身也可以从大量古代文献中找到依据。数学典籍中记载的有关间接测量地面距离的记载也含蓄地承认了地平说的合理性。

至少，唐代以后的中国地图学理论和实践的历史都证明了这一结论。沈括的著作中完全没有谈到如何校正地表曲率。从苏州天文图也可以大体看出地平说的影响力（参见图 13.21）。苏州天文图于 1247 年刻石，据称该图复制于一幅用来教育皇子的星图。根据这幅图的文字说明可知，占星术的"精要"包含了大地是平坦、静止的观念："天体圆，地体方。圆者动，方者静。"[88]

中国地图中采用计里方格也不能支持中国地图学家在相当程度上接受了地圆说的观点。计里方格通常运用于在那些展示大片地区，如全省或者全国的小比例尺地图。当然，这些地图上由于地球曲率造成的变形也最为明显，而展示府县等小区域的大比例尺地图上反倒很少使用计里方格。单就这一点而言，计里方格的使用非但不能证明中国拥有高水平的测量地图学，相反却佐证了中国地图学中文本考证的存在。正如我们所见，尽管计里画方是量化地图学的高度表现形式，但是它与文本考证之间也是可以兼容的。

124

---

[85] Arthur Beer et al., "An 8th-Century Meridian Line: I-Hsing's Chain of Gnomons and the Pre-history of the Metric System," *Vistas in Astronomy* 4（1961）：3 - 28, esp. 25. 关于这次勘测的结果，两种理论争论的焦点并非天体高度是否随距离某一参考点的距离而变化，而是这种变化的比率究竟有多大。若按"盖天说"说，黄纬变化一度所对应的地面距离的变化量并不是相同的。

[86] 《旧唐书》卷 35，第 4 册，第 1307 页（注释 54）。

[87] 《元史》卷 48，第 4 册，第 1000 页（注释 77）。

[88] 参看 W. Carl Rufus and Hsing-chih Tien, The *Soochow Astronomical Chart*（Ann Arbor：University of Michigan Press, 1945），2。

地图上的计里画方

已知最早采用计里画方的是 1136 年刻石的《禹迹图》。[89] 图上的一条注记写道："每方折百里。"计里方格看上去与欧洲发明的经纬网系统相似，但与后者不同的是，中国的计里方格并不是一个固定的坐标系。经纬系统表现的是地球二维投影图中所隐含的一种数学结构，而计里方格则是随意添加在地图之上的。

欧洲使用的经纬网根据的是克罗狄斯·托勒密（90—168）总结出来的思想，他是一位居住在亚历山大的地理学家与数学天文学家。在托勒密的地图绘制概念中，空间是由点组成的，每个点都可以用数学方法测量，并根据其在 x 轴和 y 轴上的坐标确定其位置。经纬网构成了一个框架，用以组织和定位具体的点，从而实现从球面到平面的投影。文艺复兴时期的地理学家们就是根据这一原则来绘制地图的。先在空白的平面上放置一个矩形的经纬网，以这种方式界定和组织空间并确定其相对比例。在其上标出一系列用经纬度表示的地理坐标点，这些点与地球表面的地物一一对应，再根据这些点与地图上其他线状和点状地物的相对位置，标定后者。[90]

与欧洲的地图绘制不同，中国人并不是用解析的方法来处理地图空间的，地图上的点也不是由坐标，而是仅仅根据距离和方向确定的，结果造成了计里方格与经纬网功能的不同。计里画方地图上标识的比例尺度常是用每格多少里来表示的，计里方格的用途之一是帮助读图者计算距离和面积。经纬网则与此不同，它主要是一种定位和将所绘区域关联到其所在地球部位的方法。[91] 造成这种差异的潜在原因是对地球形状的不同看法。计里方格假定地表是基本平坦的；而经纬网则是一种将点从球面转化到平面的方法，为此制图员需要对产生的增量（increments）进行处理，地图图像也会不可避免地发生变形。

计里方格的来源不详，但是在它出现之前，曾经出现过好几种类似的用于划分和组织空间的示图。其中一种是表示田地的"田"字。在汉代的语源学字典《说文解字》中，"田"的意思是"阡陌之制也。"[92] 用阡陌来划分大面积的土地就会形成类似于计里方格的图形。用于土地分配的"井田"制也是如此，这个名称的产生就是因为，井田制会将土地分成"井"字形的单元（参见图 8.1）。[93] 有关井田制之类的土地分配方案的文献记载被认为太理

---

　　[89]　与李约瑟的观点相反 ［Science and Civilisation, 3：543（注释 43）］，并没有任何证据表明宋代以前的地图已开始采用计里画方。认为贾耽已经在地图中采用计里方格的观点是不正确的，仍是由于学者误读了《旧唐书》。《旧唐书》载，贾耽画了一幅地图，"率以一寸折成百里"，并没有说"一方折成百里"。参看《旧唐书》卷 138，第 12 册，第 3786 页（注释 54）。

　　[90]　有关托勒密的理论，参看 Dilke，"Culmination of Greek Cartography"（注释 56）。

　　[91]　因此，海伦·沃利斯（Helen Wallis）将计里方格视为一种"地图参考系"的观点是错误的，因为这会让人以为计里方格是一种坐标系。参看 Helen Wallis，"Chinese Maps and Globes in the British Library and the Phillips Collection," in Chinese Studies：Papers Presented at a Colloquium at the School of Oriental and African Studies, University of London, 24 – 26 August 1987, ed. Frances Wood（London：British Library，1988），88 – 96, esp. 88。

　　[92]　许慎：《说文解字》，引自《说文解字诂林》，台北：商务印书馆 1959 年版，第 9 册，第 6183 页。

　　[93]　"井田制"是九宫图的一种物化形式，后者曾经对中国的宇宙论产生过影响。参看第 205—216 页。正如约翰·亨德森所指出的，九宫图用于城市规划图中。参看图 8.6。

想化，人们总是弃之不用，但是有证据表明，这些制度应该曾经一度实施。利明在研究中国地图和有关地形的航空照片后发现，经常可以看到一种方格状的古代田亩划分图形。[94] 计里方格或许是想模仿这种景观特征。

计里方格也可能源自张衡。据传张衡曾撰有《算罔论》，此书已经遗佚。"算罔"一名，得之于该书中描述的一种计算方法，注解称张衡"盖网络天地而算之。"[95] 李约瑟推测"算罔"是一个"矩形网格系统"，是与中国传统占星术中的二十八宿相对应的天体坐标。这种猜测似乎不太可能，因为其赤经是用度表示的，而赤纬是由各种线性单位表示的，因此不能说这是一个直角坐标系。讨论到大地坐标时，李约瑟也遇到早期中国地图学研究普遍遇到的问题，即现有记载语焉不详。[96] 李约瑟推测张衡的大地坐标系统是由矩形方格组成的。[97] 通常情况下，我们可以从他制图活动中找到有关其方法的蛛丝马迹，但张衡的地图都失传了。他所绘制的《地形图》显然一直留传到唐代，因为在 9 世纪所辑的《历代名画记》汉代图画目录中记录了这幅图。[98] 可惜的是，目录的编撰者并没有提供任何有关这幅地图内容或外观的信息。

17 世纪以来的学者都认为计里画方为裴秀所创。[99] 除非同意李约瑟的观点，认为制图六体中的第二条原则——"准望"讲的就是计里画方系统，[100] 否则没有证据证明裴秀使用过类似于《禹迹图》上的计里方格。按照"准望"的原则，只能采用一个参照点（图 5.24a 中的 A 点）来测量距离和方向。其优点在小比例尺地图看得更清楚，如果采用多个参照点（图 5.24b 中的 A、B、C 点），就会在距离和方向测量值中产生累积误差。采用单一参照点，还可以通过回视来校正测量方位。因此，人们可以采用裴秀的方法校正观测方位："准望，所以正彼此之体也（换句话，就是可以校正相对位置）……有分率而无准望，虽得之于一隅，必失之于他方"，[101] 如本文所言，运用"准望"的原则可以使方向测量上的累积误差最小化。[102]

裴秀本人可能并没有使用过计里画方，但后世的制图者为方便绘制地图，采用了这种方法，特别是根据裴秀制图六体中的前两条原则，用计里方格在地图上标定方向和距离。罗洪

---

[94] Frank Leeming, "Official Landscapes in Traditional China," *Journal of the Economic and Social History of the Orient* 23 (1980)：153 – 204.

[95] 《后汉书》卷 59，中华书局 1965 年版，第 7 册，第 1898 页注。

[96] Needham, *Science and Civilisation*，3：537 – 38（注释 43）。李约瑟关于算罔与"宿"相对应的推测似乎没有什么依据，除非算罔出自天空的矩形投影。关于"宿"的问题，参看本书有关天文制图的章节。

[97] Needham, *Science and Civilisation*，3：541（注释 43）。

[98] 张彦远：《历代名画记》卷 3，第 76 页。

[99] 参看王庸《中国地理学史》（1938 年，台北：商务印书馆 1974 年版，第 57—59 页）。在这部书中，王庸一开始怀疑裴秀是否了解计里画方，但到本书后面，他改变了自己的观点。参看王庸《中国地图史纲》（生活·读书·新知三联书店 1958 年版，第 20 页）。另外，Needham, *Science and Civilisation*，3：539 – 41（注释 43），以及 Chen Cheng-siang, "The Historical Development of Cartography"，103 – 4（注释 53），也认为裴秀是计里画方的发明者。

[100] Needham, *Science and Civilisation*，3：539 – 41（注释 43）。李约瑟认为"望"暗含"垂直"的意思，并不令人信服。汉代的《说文解字》中将"望"解释为"出亡在外，望其还也"，而"准"可以解释为"校准"或者"标准"，因此本文认为"准望"可解释为"准确观察"。

[101] 《晋书》卷 35，第 4 册，第 1040 页（注释 42）。

[102] 对于"准望"的解释承蒙郑再发指点。伽里·莱德亚德（Gari Ledyard）提出了一种不同的解释，即认为"准望"应该是"瞄准"两个或两个以上的参考点。

先（1504—1564）在《广舆图》（刊于 1555 年）的序言中讲到，他的前辈朱思本（1273—1337）曾经这样做过。罗洪先认为，朱思本地图之所以能够做到形实如一，正是因为使用了计里画方：　"其图有计里画方之法，而形实自是可据。从而分合，东西相侔，不至背舛。"[103]

126

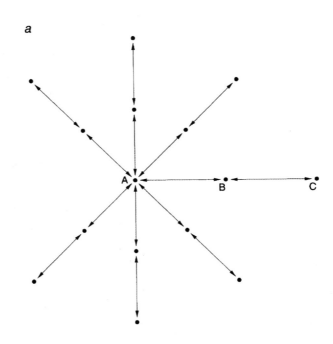

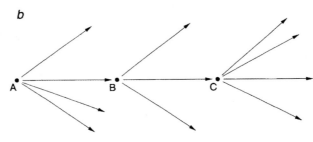

图5.24　对"准望"的解释

（a）利用单一的控制点（A）（或精确瞄准）观测所有地物，可以后视，将方向性误差读数减少到最小；（b）利用多个参照点测量方向，在各点连续测量（从A到B，再到C），并根据局部特征确定方位时，会产生累积误差。

采用计里画方和标明比例尺，可能会让人们得出这样的结论，即《禹迹图》之类的地图至少在某种程度上是依赖于直接或间接的地面测量的，[104] 但是，正如我在上文中所说的，计里方格的采用并不一定意味着之前讨论的文本考证的式微。对于展示大区域的地图来说，

---

[103]　罗洪先：《广舆图》，第六版，台北：学海出版社 1969 年重印版，序言，页 2a。这段引文中还指出了计里方格的另外一种功能，即为地图提供了参考线，便于将各页沿着边缘拼合成一幅大图。

[104]　例如，哈利（P. D. A. Harley）在 *The History of Topographical Maps: Symbols, Pictures and Surveys*（London：Thames and Hudson，1980）中所得出的结论（第 133—36 页）。

尤其如此。在绘制大区域地图时，制图者不愿意也不可能测量图中涉及的每一处距离，因此不得不借助于二手资料。朱思本在编制中国地图——《舆地图》的时候就利用早期的地图（包括《禹迹图》）、文献史料和个人观察所得，但不一定是实地测量数据。尽管朱思本的资料来源不拘一格，但他也注意到不能盲目采用。例如，由于缺乏可信材料，《舆地图》中略去了一些外邦："若夫涨海之东南，沙漠之西北，诸藩异域虽朝贡时至，而辽绝罕稽，言之者既不能详，详者又未可信。"[105] 同样，罗洪先在扩绘朱思本《舆地图》时也参考了各种文献史料。虽然不乏批评，但这种依赖文献史料的意愿，从裴秀到沈括，再到罗洪先，一以贯之地存在于中国地图学的理论与实践之中。

从罗洪先的地图集可以看出这一点。《广舆图》似乎一直被当作一部志书，因为其大部分内容并不是由地图，而是文字描述组成的。事实上，各类经籍志之所以习惯性地收录地图，其实看重的是其中的文字材料。地图和地理著作统统被归在"史部"，简言之，就是将它们当作一类叙事文献。如前所述，在清朝，地图是历史研究的重要工具。它既是一种原始材料，也是一种展示研究结果的手段。罗洪先在他的地图学研究中采用的审慎处理史料的实证辨伪之法，或许可以视为后世考据之学的先声。

中国地图的这种文本考证取向至少延续到19世纪末，彼时中央政府试图实现中国地图学的西方化，但强调测量和数学投影的西方技术的引入并没有完全取代文本考证。会典馆在将各省呈交的地图编订成集时，发现这些地图的绘制方法仍然五花八门，尽管当时已经颁布了制图标准："征旧诸说，尤有异同。悉为审核度里，博搜志乘，务剖析。夫群疑俾折中于一是。"[106] 最终，会典馆还是放弃了理想的欧洲样板，决定采用文字和测量相结合的方法。

结　语

通过本文所展现的材料可以看出，用理解早期西方地图学的方法来研究中国地图学史，即将它视为建立在数学技术上的"现代科学"地图学的前身，实际上是忽视了文本在整个中国地图学中的地位。现代人偏向将数学作为科学知识的基础，而中国文化恰恰与这种偏向背道而驰。强调前现代中国地图学中一以贯之的文本考证取向，并没有削弱中国地图学的成就，而是从不同的面向展示了这种成就，同时提醒研究中国地图学的学者有必要重新定位其研究对象。

本章追溯了中国地图学中实地考察与文本考证之间的互动关系，提出了一种针对某些被前人忽视的中国地图特点的解释模式。这些特点包括：并非一以贯之地采用计里画方，地图集存在文字与地图的互补，即便在测量技术高度发展之后仍然极大地依赖文本考证方法。中国地图学存在的文本考证取向提醒我们，一种富有成效的中国地图研究方法，或许应该借用文献学研究普遍采用的释读原则。具体而言就是施莱尔马赫所称的"主观重建"："研究者要切近理解原作者的意图……达到一种置己入彼的状态。"这种状态要求研究者"不以现代

（右侧页边）127

---

[105] 朱思本：《舆图》序言，引自罗洪先《广舆图》，页1b（注释103）。
[106] 《钦定大清会典》，1899年，台北：中文书局1963年重印版，第2册，第1022页。

人的看法理解古代文本，而是要重新发现作者与读者之间那种原初的关系"[107]。因此要求我们在研究中国传统地图学的时候，必须采用一种比以往的现代式研究更广阔的视角。换句话说，我们需要将诠释者和最初的读者更好的联系在一起。那些绘制地图的中国知识分子将博学而非专业化视为一种目标，而且他们也是以这种态度来对待地图学的。[108] 这种见解并不独特，迟至20世纪晚期，从一些学院派地理学家身上还可以看到这种文本考证的取向。在这样的背景下，一个人懂多少没那么重要，更重要的是引用了多少前人的著述。这就是一种对既有文献的尊崇。

（余定国、孙小淳审）

---

[107]　Friedrich D. E. Schleiermacher, "The Hermeneutics: Outline of the 1819 Lectures," trans. Jan Wojcik and Roland Haas, *New Literary History* 10 (1978): 1 – 16, esp. 引文见第 14 页和 6 页。

[108]　我的专业是文献研究，不揣谫陋撰写本章，实在诚惶诚恐。非常感谢那些帮助我弥补不足的人，使我得以站在他们的肩膀，他们是：戴维·伍德沃德、凯文·考夫曼（Kevin Kaufman）、布赖恩·哈利（Brian Harley）、裘德·莱默（Jude Leimer）、郑再发和内森·席文。

128

第六章　艺术中的中国地图：主观、客观与展示方式

余定国
（Cordell D. K. Yee）

> 文贵形似，窥情风景之上。
>
> ——刘勰（约 465—522 年）《文心雕龙》卷 46

> 境非独谓景物也，喜怒哀乐亦人心中之一境界。故能写真景物、真感情者谓之有境界，否则谓之无境界。
>
> ——王国维（1877—1927 年）《人间词话》

在帝制时代晚期受到西方地图影响之前，中国的地图学并未从视觉艺术和文学艺术中完全脱离出来，成为独立的展示性艺术。只有那些将西方地图学奉为圭臬的人，才会指望中国地图学在此之前就已成为一门独立的学问。然而，地图学在中国经历了一条异于西方的道路，虽然有些人并不认同这一观点。造成中西方有异的原因，乃是根源于一种展示事物的观念，即不仅需要原样复制地表形态，更要强调地图的多重功能。忽略这种多重维度的展示观念，就会曲解中国地图学史，以为这一历史仅仅局限于基于度量和数学技术的发展而改进。若以过于狭隘的视角来衡量地图则会说，20 世纪以前绘制的中国地图无一不属于这样一种量化传统。毫无疑问，地图在表现和理解自然世界方面的确非常重要，但问题在于，其表现和理解的模式究竟是怎样的？凭借几何学与数学精确性所展示的现实并不能囊括地图学的所有目标，因为中国地图通常是作为一种对文字叙述的补充形式来传递地理知识的。作为承载地理信息的手段，"文"和"图"这两种表现方式各有所长。我们在这里讨论的地图学，应该在广义的艺术领域中占有一席之地。

前面我们谈过地图与文字的关系（见第 91、101—104 页），本章还要继续讨论这个问题，西方传统习惯于在文字和视觉图像之间划一条严格的界线，但是在中国这个区别并非如此鲜明。中西方传统对于"展示"这个概念的形式与目的抱有不同的看法。考虑到中西方传统的这种差异性，研究中国地图学的历史学家，有必要重新思考他们对地图展示所下的定义。过去那种将视觉与文字、地图与绘画、摹绘与象征的展示手法对立起来的研究方法在这里并不适用。

艺术与现实的关系

　　我们可以以《左传》和其他早期文献为例，说明为什么需要转变研究视角。成书于公元前300年前后的《左传》记载，传说中的夏朝将对旅行者有用的图像信息展示于铸好的九尊青铜宝鼎之上。我们并不能确定九鼎是否真的存在过，因为没有证据证明推想中的夏朝曾有过青铜文化。[①] 然而，这种情况并没有妨碍过去的学者推测，九鼎上所铸的图像可能具有地图的性质。[②]《左传》成书于九鼎铸成后数个世纪，书中描绘九鼎上铸有九州的百物之"象"（representations）。据《左传》记载，这些鼎不仅承载了上天的恩惠，还展示了九州的知识。这些知识对于旅行者是有用的。九鼎上这些图像所展示的知识大概具有某种宗教神力。依靠这些知识，旅行者可以避开魑魅魍魉的侵扰。[③] 但《左传》并没有具体描绘九鼎图像的内容，也没有说明其上展示的物品或信息，因此，无法确定九鼎能否被视作地图作品。[④]

129

图 6.1　仰韶文化彩陶片

研究认为陶片上的放射状纹饰表现的是太阳。

原物尺寸：约 8.5×13 厘米（最宽处）。郑州市博物馆。

出自中国社会科学院考古研究所编《中国古代天文文物图集》，文物出版社 1980 年版，第 3 页。

---

　　① 司马迁在《史记》中对《左传》的记载进行了补充。根据司马迁的记载，禹铸造了九鼎，并一直传到周代。当周德衰落、宋社毁亡的时候，九鼎"乃沦没，伏而不见"。在禹之前，黄帝也曾经铸造过"宝鼎三，象天、地、人"，《史记》卷28，中华书局1959年版，第4册，第1392页。

　　② 参看王庸《中国地图史纲》（生活·读书·新知三联书店1958年版）以及《中国地理学史》（1938年，台北：商务印书馆1974年重印版，第16—19页）。

　　③《左传·宣公三年》卷1，《春秋经传引得》，1937年，台北：成文出版社1966年版，第182页。

　　④ 根据《史记》，这些鼎"皆尝亨鬺上帝鬼神。"（卷28，第4册，第1392页）。

一些艺术史学家怀疑，与九鼎上相似的图形是否在《左传》成书以前就已经出现了。根据罗越的研究，带有具象展示性的青铜器直到中国青铜时代晚期，即春秋（公元前722—前468年）战国（公元前403—前221年）时期才出现，其时代大约与《左传》的编纂年代相侔⑤，而完全意义上的展示性艺术（representational art）则要到汉代（公元前206—220年）才形成。在此之前，任何或许与早期地图有关的展示性元素都与装饰有关，或与装饰内容并存。总而言之，罗越认为当时的艺术几乎不涉及现实。这就意味着艺术品不可能用于地理事实的空间理解。商代以前的艺术形式大体上限于简单的几何图案，比如螺旋形、之字纹和相连的T字纹。因此，商周时代艺术同样具有不涉及现实的特点：

> 从整个中国艺术史的角度来看，商周青铜器上的大多数图案纯粹是装饰性的。它们是展示性艺术出现之前的一个历史阶段的典型代表，展示性艺术是一种关注现实并依赖现实的艺术形式。装饰性艺术向展示性艺术的转变发生在汉代。从这时起，原本占有支配地位的装饰性艺术退居其次，其发展甚至陷入停滞。值得关注的一个事实是，与此同时，青铜器时代宣告结束。⑥

130

图 6.2　青铜壶

壶的表面装饰有汉字以及一些写实和抽象的图案。

原物尺寸：30.7×17—22.5厘米。信阳地区文管处。

出自 Robert L. Thorp, *Son of Heaven：Imperial Arts of China*, *exhibition catalog*（Seattle：Son of Heaven Press，1988），53。

当然，罗越也承认，汉代以前的艺术中也有指示性（referential）元素。例如，新石器时代的某些图案被认为是数字的雏形。特别是，有一个可能是太阳的象形符号（图6.1），

---

⑤　Max Loehr, *Ritual Vessels of Bronze Age China*（New York：Asia Society，1968），12；"The Fate of the Ornament in Chinese Art," *Archives of Asian Art* 21（1967–68）：8–19.

⑥　Loehr, *Ritual Vessels*，12（注释5）。

另一个符号则可能是早期的宇宙图式（图1.12上部）。⑦ 除此之外，某些周代青铜器上的兽形图案亦被理解为表现了真实的动物形象（图6.2）。但是相比海量的现存文物，这样的例子寥寥无几，它们可能就是罗越理论的例外情况。⑧ 不管怎么说，我们尚未透彻了解古代展示性艺术的程式（conventions），例如青铜器礼器原本是专为祭祀（initiates）所用的，大概只有他们才精通那些展示程式。因此，在将那些图案视作纯粹的装饰性图案，而否定其为展示性艺术之前，应该想到，我们所面对的或许正是一个与装饰性艺术并存的抽象展示性艺术传统。

　　中国古代的占卜手册《易经》就是一个明证，它的部分内容编撰于西周时期（公元前1027—前771年）。《易经》有一系列"系辞"。这些系辞就是对一套象征性符号系统（八卦）的解释。八卦由阴阳两种线条按不同的排列方式组合而成。《系辞传》是对《易经》的注解，大约编撰于公元前3世纪。书中称，八卦符号象征了各种自然现象，所谓"圣人设卦观象"。⑨ 随着《易经》的发展，每一个卦象都拥有了自己的名称，它们言简意赅地表达了这些符号的含义。其中，"乾"卦——由6条阳线组成，代表"强大、明亮、主动的创造性力量"。这种力量象征着天。"坤"卦——由6条阴线组成，代表"晦暗、受容、母性的元素"。这种元素象征着地。⑩ 据此推测，到了汉代，这两种卦象代表天地。《系辞传》称，《易经》帮助人们了解天文和地理知识："易与天地准，故能弥纶天地之道。仰以观于天文，俯以察于地理。"⑪ 虽然《系辞传》的编撰年代比最古老的《易经》晚几个世纪，《系辞传》不一定反映了这些符号初始的含义，但是有可能它传承了一种更为古老的传统。尽管彼时没多少人接受这个传统了，但并不能将其完全排除在外。《系辞传》的编撰年代略晚于公元前4世纪，即罗越认为具象展示手法出现的时代。因此，这部书至少能证明，彼时正在产生一种清楚地指示现实的艺术形式，并且确立了一套解读抽象符号的程式，这些抽象符号与它们所指代的现实以及人们实际观察的事物毫无外形上的相似。

　　两大类表现手法，其一展示经验世界手段的"形似"，另一是与之相应，展示物质面貌之外的超经验，二者并不对立，而是互为补充。因此，我力图避免使用"现实主义"或

131

---

　　⑦　展示太阳纹的这件陶器大约制作于公元前3000年，而那件绘有象征宇宙图式的陶器则大约制作于公元前2900年到前2400年之间。参看中国社会科学院考古研究所编《中国古代天文文物图集》（文物出版社1980年版，第3、17、113页）以及Kwang-chih Chang，*The Archaeology of Ancient China*，4th d.（New Haven：Yale University Press，1986），167-69，172。关于中国文字的起源，参看Cheung Kwong-yue，"Recent Archaeological Evidence Relating to the Origin of Chinese Characters，" trans. Noel Barnard，in *The Origins of Chinese Civilization*，ed. David N. Keightley（Berkeley and Los Angeles：University of California Press，1983），323-91。

　　⑧　对周代展示性艺术的深入探讨，参看Wen Fong（方闻），"The Study of Chinese Bronze Age Arts：Methods and Approches，" 20-34，特别是第29-33页以及Ma Chengyuan（马承源），"The Splendor of Ancient Chinese Bronzes，" 1-19，特别是页6-10，这两篇文章都出自*The Great Bronze Age of China：An Exhibition from the People's Republic of China*，ed. Wen Fong（New York：Metropolition Museum of Art，1980）。

　　⑨　《系辞传》上篇，第二章，《周易引得》，1935年，台北：成文出版社1966年重印版，第39页。

　　⑩　Hellmut Wilhelm，*Change：Eight Lectures of "I Ching，"* trans. Cary F. Baynes（1960；New York：Harper and Row，1964），50，59，重印。不清楚这些名称是否和这些符号同时出现。这些八卦符号是在商代才出现的。

　　⑪　《系辞传》上篇，第四章，《周易引得》，第40页（注释9）。这里的"地理"应该解释为陆地地形，在后来的文献中它通常被解释为地理学。

"象征主义"这一对术语。在欧洲美学语境里，这两个术语用来表示两种相互对立的取向。为了强调中国艺术中这两种取向之间的互补性，我决定将它们统称为"展示手法"，因为它们都是描绘人心中的世界的方式。尽管如此，这两种手法试图描绘的对象并不相同。为此，我将采用"具体的"和"抽象的"、"客观的"和"主观的"、"物质的"和"精神的"等术语以示区分。

人们并不常用地图来表现物质形态以外的对象，但这种美学倾向在中国的地图绘制艺术中却比较常见。这并不是说中国的地图绘制艺术没有"形似"的成分。根据实物与文献记载，秦代显然就有过具象的展示思想。[12] 例如，据传秦始皇陵中有山峦、河流以及各种建筑的模型。汉代工匠所制的青铜香炉明显取自山峰的形象（图6.3），汉代以后的书画家更是认为山水画应与地理实际相吻合。

图6.3 汉代青铜博山炉

原物尺寸：通高18.4厘米，托盘直径20.3厘米。

图片由伦敦维多利亚与阿尔伯特博物馆董事会（Board of Trustees of the Victoria and Albert Museum）提供。

文学、地图与物质世界的展示

众所周知，"赋"的出现，是汉代文学的一个标志性特征。"赋"的特点就是极尽铺陈之能事，尤其是对地理对象的描写。从"赋"对于地理的重视，我们就不难理解为什么那么多汉代文学作品都提到度量、勘测和地图。这些作品的重要性，很大程度在于它们对物质世界的忠实描写，但正如下文中将要谈到的，其重要性也不止于此。汉赋之极尽铺陈，在张衡的文学作品中可见一斑。除了文学，张衡还以地图学和天文学成就著称。他的《二京赋》包含了双重的地图学意义。其一，他在度量和勘测这两种通常与制图相关的技术中加上了政

---

[12] 关于这点的更多引证，参看 Michael Sullivan, *The Birth of Landscape Painting in China*（Berkeley and Los Angeles：University of California Press，1962），4 – 6，10 – 15。

治隐喻。在描写汉高祖定都长安时，其中的度量和勘测使人联想到汉王朝最初建立的政治秩序：

> 于是量径轮，
> 考广袤。
> 经城洫，
> 营郭郛。
> 取殊裁于八都，
> 岂启度于往旧？[13]

132

张衡对于汉朝开国皇帝的描写，距离刘邦定都长安将近三个世纪，这使人怀疑他依据的是否主要是纸上的事实。他将度量与理想的统治者联系起来的方式，习见于汉代以前和汉代的政论。正如编撰于公元前112年的哲学文献《淮南子》所言，"法者，天下之度量，而人主之准绳也"。[14] 在施法过程中，理想化的统治者应如铅锤线一般，不偏不倚。张衡用这个比喻来暗示，新都的规划象征着由汉朝开国皇帝恢复的政治秩序。秦的苛政之后，这一秩序受到拥护。他认为汉高祖规划长安城遵循了上古圣王的先例：

> 昔先王之经邑也，
> 掩观九隩，
> 靡地不营。
> 土圭测景，
> 不缩不盈。
> 总风雨之所交，
> 然后以建王城。
> 审曲面势。[15]

但是，虽然刘邦的都城规划理念是正确的，张衡却认为他并没有将古代圣王之道发扬光大。汉高祖选择了一个不同于古人择都之所的地方定都，因此受益也不如古人那么多，以至于其后的继任者越来越缺少章法，最终被王莽（公元前45—23年）篡权。汉光武帝光复汉室后，定都洛阳，这里才是古代贤王的定都之所。因此，张衡暗示，直到他生活的时代——东汉，政治生活才重归井然有序。

从张衡的赋中还可以找到一些证据，说明地图可能运用于政治和文学。《二京赋》称，汉高祖在规划帝都时，"取殊裁于八都"。我们并不清楚这里的八都之"裁"到底是文字描

---

⑬ 《文选》，1809年版，京都：中文出版社1971年重印版，卷2，页5a。《二京赋》大约作于公元107年。参看孙文青《张衡年谱》（商务印书馆1956年版，第48页）。

⑭ 刘安：《淮南子》（大约著于公元前120年），《淮南子注》卷9，台北：世界书局1962年版，第140页。

⑮ 《文选》卷3，页6a、b（注释13）。

写还是城市平面图，但是考古学家确实在早于张衡时代的墓葬中发现过一些城市平面图（参看第147页）。

除了讲到（汉高祖）采用地图，从《二京赋》的字里行间还可以看出，张衡创作这篇赋时可能就参考过某幅地图。在《二京赋》的某些地方，张衡看起来就像在绘制一幅"文字地图"。他是按方位来描写景物的，先从左到右，然后从南到北：

> 汉氏初都，
> 在渭之涘。
> ……
> 左有崤函重险，
> 桃林之塞。
> 缀以二华
> ……
> 右有陇坻之隘，
> 隔阂华戎。
> ……
> 于前则终南、太一，
> 隆崛崔崒，
> 隐辚郁律。
> ……
> 于后则高陵平原，
> 据渭踞泾。
> ……
> 其远则九嵕、甘泉，
> 涸阴沍寒。⑯

虽然没有任何外部证据能证明张衡作赋的时候使用了地图，但至少有一位受到张衡启发的诗人，承认在作赋的过程中参考了地图。此人就是《三都赋》的作者左思（大约生活在250—305年）。左思在序言中讲到他构思《三都赋》的准备工作："余既思摹《二京》而赋《三都》，其山川城邑则稽之地图，其鸟兽草木则验之方志。"⑰ 他研究这些材料是为了提高《三都赋》的可信度："美物者贵依其本，赞事者宜本其实。匪本匪实，览者奚信？"⑱ 左思将地图视为展示地理知识的可靠方式和文学作品精确性的保证。这些地图的权威性与一手考察是相同的。这使我们想到了裴秀（223—271），他最关心的就是图实合一。左思正巧与裴

⑯《文选》卷2，页2b—页3b（注释13）。先南后北的描述顺序说明，如果有一幅地图的话，南方应该在图的上部。

⑰《文选》卷4，页13a、b（注释13）。

⑱《文选》卷4，页13b（注释13）。

秀差不多是同时代人。

地图应该是逼真的，陶潜（365—427）在读《山海经》后所作的两句诗中大概也表达了类似的思想。《山海经》是一部地理学著作，陶潜诗中提到《山海经》包含有某种形式的插图："泛览周王传，流观山海图。俯仰终宇宙，不乐复何如?"[19] 第一句诗中的"图"字，一般翻译为"图画"，也可能意指"地图"。但是这首诗的上下文并没有指出该图的具体内容，我们能确知的就是，陶潜认为这些插图逼真地反映了客观实际。换句话说，这些插图摹绘现实（mimetic 一词更接近亚里士多德学派的用法，而与柏拉图学派的用法相反），因此具有认知价值（cognitive value）。尽管学者们认为《山海经》中的很多文献带有神话色彩，但是陶潜并不这样认为。他认为《山海经》反映了客观实际，因此可以为人们提供有关宇宙的知识。

纵览《山海经》，我们不难理解为何这部书给陶潜留下如此深刻的印象。现在我们看到《山海经》版本，最初是由刘歆（大约公元前 50—23 年）编撰的。书中描绘了众多山脉的水文、矿物、动物和植物。书中文字所包括的地理信息可能是对插图或地图的解说，[20] 但这些插图并没有留存下来，现存版本中的所有插图都是宋代以后补入的。然而，正如宋朝以来的学者们所说的那样，《山海经》中的一些段落很像是地图的图注，或是插图的文字说明。[21] 下面这段引文，除了举例说明一些矿物、植物和动物的种类信息之外，读起来宛如自西向东浏览一幅地图或插画的画卷：

> （鹊山）临于西海之上，多桂，多金玉。有草焉，其状如韭而青华，其名曰祝余，食之不饥……又东三百里，曰堂庭之山，多棪木，多白猿，多水玉，多黄金。又东三百八十里，曰猨翼之山，其中多怪兽，水多怪鱼……又东三百七十里，曰杻阳之山。[22]

但是陶潜在诗中并没有具体回应《山海经》的文字内容，而是对其所附插图作了点评。诗人对这些插图的反响意味着，插图作者（或者地图绘制者）与诗人有着追求逼真的共同兴趣。这种共同的兴趣并非纯粹的巧合。在六朝时期（222—589），"形似"成为中国审美学和文学评论的一个术语，特别是在有关山水诗的讨论中。诗赋等文学作品中流行着与地理相关的话题，因此文学理论家刘勰（大约生活在 465—522 年）将山林与文思联系起来："若乃山林皋壤，实文思之奥府。"[23] 刘勰甚至认为文学艺术也可以产生出视觉艺术的效果：

---

[19]　陶潜：《读山海经》，《陶渊明卷》，中华书局，第 2 册，第 286—287 页。

[20]　王庸推测，这部书至少还有其他两个书名：《山海图》和《山海经图》，两本书中都暗示有插图的存在。参看王庸《中国地图史纲》（第 1 页，注释 2），但并没有证据证明王庸的推测。《史记》中第一次提到了《山海经》，其中并没有提到地图、插图或其他名称。其中记载，"至《禹本纪》《山海经》所有怪物，余不敢言之也。"参看《史记》，卷一百二十三，第 10 册，3179 页（注释 1）。

[21]　参看张心澄《伪书通考》（1939 年，台北：弘业书局 1975 年版，第 575—576 页）。

[22]　《山海经》卷 1，《山海经校注》，上海古籍出版社 1980 年版，第 1—3 页。

[23]　刘勰：《文心雕龙》卷 46，《文心雕龙译注》，齐鲁书社 1981—1982 年版，第 2 册，第 345 页。

是以诗人感物，联类不穷。流连万象之际，沉吟视听之区。写气图貌，既随物以宛转……自近代以来，文贵形似，窥情风景之上，钻貌草木之中……故巧言切状，如印之印泥，不加雕削，而曲写毫芥。故能瞻言而见貌，印字而知时也。㉔

134

　　刘勰的评论肯定了语言作为一种表现自然实际的方式的重要性。刘勰暗示，从功能上看，语言不仅是一种保存言语的工具，而且也是一种"观看"的方式。毕竟，带有象形元素的汉字是书法的基础，而书法在传统上是备受推崇的视觉艺术。传统意义上，成为一个画家首先要从练习书法开始。一位宋朝的山水艺术理论家曾说："人之学画无异学书。"㉕ 书法和绘画都强调笔法。练习书法可以加强手眼协调，培养布局感与比例感。从某种意义上说，绘画是语言的延伸。人们认为诗、书、画三者之间的联系是如此密切，因而称之为"三绝"。

文学展示的双重功能

　　三种艺术形式之间之所以如此紧密联系，某种程度上可归因于三者依赖于同一种物质媒介——纸卷。纸卷之上，诗、书、画分享同一片创作空间。不过，还有一个更为重要的因素，即中国人普遍认同语言和绘画具有相似的展示力。㉖ 这一观点与现代观念反差强烈，因为后者认为视觉艺术才是展示客观现实的首要方式。中国人认为语言艺术与绘画有着共同的展示方式，㉗ 但这从本质上有别于贺瑞斯（Horatian）的名言"诗既如此，画亦同然"（*ut pictura poesis*），后者只是简单地将语言艺术的魅力等同于绘画艺术。在汉代及以后的艺术中，展示或摹写的思想并不只是指忠实于外部世界或经验现实。因此，《易经》八卦之类看似抽象的图案也被赋予了展示价值。艺术家王微（415—443）曾赞许并引用诗人颜延之（384—456）的一句话："以图画非止艺行，成当与易象同体。"㉘ 也就是说，绘画虽然不必跟卦象一样，但也能展示物质世界背后的现实构成。同样，张衡的赋中有关自然现实的描述也暗含了抽象的政治法则。对于自然现实的描述只是实现另一个目的的一种手段，即透过表象深入其潜藏的现实。在这一点上，语言与视觉艺术可谓殊途同归。

　　正如前文所述，只要艺术存在对"形似"的追求，文学艺术家就可以从制图师或画家那里学到很多东西。然而，正如先前例子所表明的那样，仅仅达到"形似"并不能满足中国艺术理论家的要求。在下文中我们将看到，这一点对地图的展示手法带来了一定影响。文

㉔　刘勰撰：《文心雕龙译注》卷46，第2册，第341—345（注释23）。有关"形似"以及中国诗学的具体探讨，参看 Kang-I Sun Chang, "Description of Landscape in Early Six Dynasties Poetry," in *The Vitality of the Lyric Voice*：*Shih Poetry from the Late Han to the T'ang*, eds. Shuen-fu Lin and Stephen Owen（Princeton：Princeton University Press, 1986），105–29。

㉕　郭熙：《林泉高致集》（11世纪），《画论丛刊》，人民美术出版社1962年版，第1册，第16—31页，特别是第18页。

㉖　现代文化，尤其在美国，强调视觉艺术的表现力。这表现在电视的重要地位和口语（和书面语言）的衰落。关于视觉艺术在现代文化中的首要地位这个问题，参看 Walter J. Ong, *Orality and Literacy*：*The Technologizing of the Word*（London：Methuen, 1982）。

㉗　有关这句名言在欧洲传统中的历史，参看 Jean H. Hagstrum, *The Sister Art*：*The Tradition of Literary Pictorialism and English Poetry from Dryden to Gray*（Chicago：University of Chicago Press, 1958）。

㉘　张彦远：《历代名画记》卷6，人民出版社1963年版，第132页。

学艺术和视觉艺术的关系并不是单向的。从文学中，视觉艺术家也会领略到另一种带有主观因素的展示手法。

《书经》曰："诗言志"。客观展示虽然是文学艺术的一个重要方面，但并不能代表文学艺术的全部价值。文学评论家陆绩（261—303）在《文赋》中清楚地表明这一观点，即应当将想象与度量科学结合起来：

> 笼天地于形内，挫万物于笔端……体有万殊，物无一量。纷纭挥霍，形难为状。辞程才以效伎……在有无而僶俛，当浅深而不让。虽离方而遁员，期穷形而尽相。[29]

陆绩的意思是说，即便用规和矩这些用于客观测量的工具，也很难丈量现象世界的种种形态，因为"物无一量"。为了捕捉现实，创作者须在如实渲染客观事物面貌之外做出努力：必须抛弃规和矩。一部文学作品也会展示属于作者自己的东西。刘勰阐明了这一点，他认为语言艺术具有表现自然世界中各种事物的力量："夫缀文者情动而辞发，观文者披文以入情，沿波讨源，虽幽必显。世远莫见其面，觇文辄见其心。"[30] 因此文学展示应该将主观经验与客观现实融合在一起。这与西方传统的艺术批评不同，后者趋向于主观和客观的分化对应而不是统一。西方意义上的展示，仅限于客观。它将主观经验视为一种独立的现象，即表现（Expression）。

绘画及其展示性

作为展示性艺术，中国的绘画和文学一样也具有双重功能。正如我在上文中所指出，"形似"是视觉艺术追求的重要目标，但"形似"作为一种艺术标准，通常和另一种标准——"气韵"相伴。最早使用"气韵"这个词的是6世纪的艺术评论家谢赫（大约生活在500—535？年），他所说的"气"指的是艺术作品中蕴含的个性化灵气；"韵"则指艺术中体现的和谐。[31] 画家通过追求"气韵"，达到绘画的目的。用4世纪画家顾恺之的话来说，这就是"以形写神"。[32] 画家所要表达的"气"有两层内在含义：一是客体之气，一是主体之气。在美学理论中，这两层含义不可分割：画家需要主动去感知才能认识到外在现象的内涵。只有通过这种方式，绘画才能和书法更为紧密地联系在一起。正如艺术理论家郭若虚所说，这两种艺术"发之于情思，契之于绡楮"，"夫画犹书也……言，心声也。书，心画也。声画形，君子小人见矣"[33]。在理论上，视觉艺术不仅表达艺术家的感情，亦展现艺术家的道德品质，二者都包含在个性化的气韵之中。对艺术展示中主观性的强调，必然会使之背离"形似"的目标。

尽管如此，在实践中，"形似"和"气韵"的互补性，或者说客观性和主观性之间的辩

---

[29] 陆绩：《文赋》，《文选》卷17，页3b—页4b（注释13）。
[30] 刘勰：《文心雕龙译注》卷48，第2册，第390页（注释23）。
[31] 谢赫：《古画品录》，人民出版社1962年版，第1页。
[32] 参看张彦远《历代名画记》卷4，第118页（注释28）。
[33] 郭若虚：《图画见闻志》卷1，《宋人画学论著》，台北：世界书局1962年版，第30—31页。

证关系，并非表现得那么清晰。中国的绘画史就像一个在"形似"和"表现"之间摇晃的钟摆。换言之，用中国艺术评论家的话说，艺术家总在工匠和学者之间切换身份。在这里，工匠暗指职业，画家依靠别人的资助创作并力图取悦他人，因此其取向是外在的；而学者则意味着业余，即虽从事艺术但不以此为生，或者说并不把艺术作为人生最主要的追求，而是当作取悦自身的休闲，因此其取向是内在的。在任何时代，两者中总有一种取向占据上风，但另一种取向也并非全然被忽略。㉞ 在唐宋时期，似乎"形似"之风一直占主导地位，因此当时很多批评家提醒艺术家重视艺术作品的主观表现力，在后文中我们将看到，地图创作者听取了这些劝告。例如，唐代的艺术史学家张彦远指出，当时的绘画缺乏气韵，因为画家们眼界狭隘，过分关注"形似"。张彦远建议画家们寻求"气韵"，正因"以气韵求其画，则形似在其间矣。"㉟ 以诗词、书法和绘画著称的苏轼（1037—1101）也极力反对"形似"之风，后来的画家们越来越注重自我表现，不再拘泥于如实描绘自然现实。在苏轼看来，实现"形似"并不是艺术的首要目的："论画以形似，见与儿童邻？"㊱ 根据苏轼的观点，艺术家应该将尝试超越表象置于努力肖似表象之上："世之工人，或能曲尽其形，而至于其理，非高人逸才不能辨。"㊲

苏轼的观点得到了与他同时代的郭若虚的呼应。郭若虚著有《图画见闻志》，这本书早在 12 世纪就被视为一部权威论著。郭若虚发现，他所遍览的大多数珍贵画作出于具有高尚品格的画家之手。这些人在他们的作品之中注入了"高雅之情"。画者从中所得到教益是："凡画必周气韵，方号世珍。"㊳ 简而言之，绘画就像诗词一样，是"心印"。这两种艺术力量的互通在宋代的艺术家身上并没有消失。他们常常对这两种艺术形式进行内在的比较。布什曾做过一个恰当的概括："中国绘画常常力图获得诗的地位……不管画的功能如何变化，大多数中国艺术批评家都对形似之作不予盛赞。对于他们而言，画就像诗一样可以寓情于

136

㉞ 很多研究中国艺术史的学者提出了有关中国艺术史的振荡模式（oscillating modes）。参看 Max Loehr, "Some Fundamental Issue in the History of Chinese Painting," *Journal of Asian Stuides* 23（1964）：185 – 93；Wen C. Fong（方闻），"Archaism as a 'Primitive Style,'" in *Artists and Traditions：Uses of the Past in Chinese Culture*, eds. Christian F. Murck（Princeton：Art Museum, Princeton University, 1976），89 – 109。关于艺术分期问题的讨论，参看 Maureen Robertson, "Periodization in the Arts and Patterns of Change in Traditional Chinese Literary History," in *Theories of the Arts in China*, ed. Susan Bush and Christian Murck（Princeton：Princeton University Press, 1983），3 – 26。

㉟ 张彦远：《历代名画记》卷 1，第 3 页（注释 28）。

㊱ 苏轼：《东坡诗集注》，《四库全书》卷 27，页 22b。

㊲ 苏轼：《经进东坡文集事略》，四部丛刊本，卷 54，页 9a、b。苏轼在论述中多次用到了"理"字。这引起有关宋代新儒家美学思想的讨论。在新儒家思想中，"理"是一个形而上学的基本概念，但苏轼等人对"形似"之风的贬低，并不一定是新儒家思想的产物。我们可以在同一部美论著中发现源于不同哲学立场的思想和术语。余鲍林（Paulin Yu）认为，中国的艺术评论是高度融合性的，以至于学者们可以在某一部评论著作中找到支持任何哲学立场的言论［参看"Formal Distinctions in Chinese Literary Theory," in *Theories of the Arts in China*, eds. Susan Bush and Christian Murck（Princeton：Princeton University Press, 1983），27 – 53，esp. 27］。这种融合性导致了一个问题，那就是在宋代以及宋代以后，（除了那些纯粹的佛教或道教叙述），很难确定某段文字的哲学立场。因此，一种更合理的看法是，可以将那些精英文人的观点视作宋代以前几千年内各种传统观点融合的产物。尽管如此，仍然有一种深入的方法来识别艺术领域内某种哲学思想的特殊影响。学者们探索过中国艺术产生的某些特定的哲学背景。例如，James F. Cahill, "Confucian Elements in the Theory of Painting," in *The Confucian Persuasion*, ed. Arthur F. Wright（Stanford：Stanford University Press, 1960），115 – 40；Richard Mather, "The Landscape Buddhism of the Fifth-Century Poet Hsieh Ling-yün," *Journal of Asian Studies* 18（1958）：67 – 79；Lothar Ledderose, "Some Taoist Elements in the Calligraphy of the Six Dynasties," *T'oung Pao* 70（1984）：246 – 78。

㊳ 郭若虚：《图画见闻志》卷 1，第 30 页（注释 33）。

景，将主观和客观世界联系在一起。"㊴ 因此，苏轼提出，"诗画本一律，天工与清新"。正如苏轼在其他论述中所暗示，由于二者共通的特性，可以将诗视为"无形画"，把画看作"无声诗"。㊵ 苏轼的一位朋友，山水画大师郭熙则认为诗画之间的比照由来有自："更如前人言，诗是无形画，画是有形诗。"㊶ 他还发现了山水画的人文元素，并将其中主要的题材——山脉拟人化："山以水为血脉，以草木为毛发，以烟云为神彩。"㊷ 如果仅仅关注于形似，画家可能会牺牲掉蕴含在表象之下的生命力。

气—韵将诗与画结合起来，同时也将艺术和科学联结在一起。"气"渗透在整个传统中国的科学思想中。从上文引用的郭熙将山脉拟人化的描述中，我们也看到了艺术和科学的联结。实际上，他所表达的思想在传统中国医学文献中十分常见：中国传统医学将人体视为一个小宇宙。艺术家与科学家的认识中包含了人与自然的共鸣与呼应。对人体的理解也可能带来了对自然的理解，反之亦然。艺术家和科学家研究的都是生机勃勃的过程。㊸

以科学著述闻名的沈括（1031—1095）也表达了他对于美学理论的理解。他认为绘画不应该只是复制事物的外貌：

> 书画之妙，当以神会，难可以形器求也。世之观画者，多能指摘其间形象、位置、彩色瑕疵而已，至于奥理冥造者，罕见其人。

根据沈括的观点，画家不执着于物质现实，也能传达某种真实。例如，沈括在《梦溪笔谈》（成书于 1088 年前后）曾提到"予家所藏摩诘画袁安卧雪图有雪中芭蕉"。这种景致不大可能存在于自然世界中，但沈括却称，这幅画"造理入神，迥得天意，此难可与俗人论也"㊹。

137　　人们在讨论沈括的地图学思想时，很少关联到他对于艺术的论述。在地图史研究中，沈括通常被视作量化传统的代表人物，但文献证据并非只指向这一点。㊺ 沈括的著

㊴　参看 Susan Bush, *The Chinese Literati on Painting：Su Shih*（1037–1101）*to Tung Ch'i-ch'ang*（1555–1636）（Cambridge：Harvard University Press, 1971），23。

㊵　苏轼：《东坡诗集注》卷 27，页 22b（注释 36）；Bush, *Chinese Literati on Painting*, 25, 188（Chinese text）（注释 39）。苏轼的这种说法与古希腊诗人凯奥斯岛的西摩尼得斯（Simonides of Ceos）很相似。后者认为，诗是一种有声的画，而画则是一种无声的诗。

㊶　郭熙：《林泉高致集》第 1 册，第 24 页（注释 25）。

㊷　郭熙：《林泉高致集》第 1 册，第 22 页（注释 25）。

㊸　有关中国科学的术语和思想的具体论述，特别是中国传统医学方面，参看 Manfred Porket, *The Theoretical Foundations of Chinese Medicine：Systems of Correspondence*（Cambridge：MIT Press, 1974）。

㊹　沈括：《梦溪笔谈》卷 17，第 280 段，《新校正梦溪笔谈》，1957 年，香港：中华书局 1975 年重印版，第 169 页。

㊺　学者们认为沈括是量化科学传统的代表，但是这一观点只能通过沈括在地图学以外的其他科学领域的研究得到部分的证明。例如，沈括认识到系统观测的局限性，以及如何通过计算来获得有关宇宙的知识。参看 Nathan Sivin, "On the Limits of Empirical Knowledge in the Traditional Chinese Sciences," in *Time, Science, and Society in China and the West*, Study of Time, Vol. 5, eds. J. T. Fraser, N. Lawrence, and F. C. Haber（Amherst：University of Massachusetts Press, 1986），151–69, esp. 159–61。

作以及其他文献资料表明，在宋代，地图与绘画之间的区分并非像有些历史学家认为的那么明确。今天被我们视为地图的作品，有着与诗和画相同的展示手法。正因如此，我们应该认识到，地图作品必定是"形似"和"气韵"这两种不同展示手法的综合体。

艺术中的经济：共通的生产工艺技术

从一个较展示理论更基础的层面上看，书画与地图都采用绢帛、纸张、木材、石料等相同的物质载体和生产技术，这使它们之间的联系更为紧密。早在战国时代，人们就用木料来绘制地图。绢帛外形雅致、质地轻盈且富有弹性，比木材更易受到青睐。人们当然希望常在绢帛上进行艺术创作，但绢帛制作成本与社会价值昂贵，不可能满足一般需求。因此，纸张这种廉价的替代品在公元前 2 世纪或者前 1 世纪应运而生。[46] 像绢帛一样，纸张也曾享有尊贵的地位，甚至被作为上贡朝廷的物品，但它的造价要比绢帛低得多。

同书画作品一样，地图也是用毛笔和墨水绘制在绢帛、纸张或木料上的。例如，马王堆所发掘的丝质地图似乎就是用毛笔和颜料绘制的，但是那些接触原图的研究者却几乎从未讲过马王堆地图的制作方式。唐代制图者贾耽（730—805）以绘制地图闻名，但我们现在对他的制图方法也一无所知。[47]

石材由于经久不坏，也被用作刻制地图的材料。[48] 将一幅地图刻制在石材上需要经过三个步骤。第一步是绘制草图，通常会采用纸张之类的易朽材料。第二步是将草图的图像和文字转印到石材表面。转印后，石料上会出现图像的轮廓，石匠据此初步刻制地图。这一步包含两个环节：用凿子凿出几条又细又直的参考线，然后雕刻出地图图像。图像部分与文字部分的雕刻手法通常不太一样。最后一步是打磨，用圆形或者 V 形凿子加宽和修正初刻图像。

将纸张压在雕刻好的石碑上，然后用柔软的浸有墨汁的布包轻轻拍打，就可以制成拓片。至迟到 8 世纪，中国人已经开始采用拓制技术和雕版印刷术。这两种技术都要求将图像从纸张转印到一个备制的平面载体上，然后用凿子和其他工具将图像雕刻出来。[49] 典型的石刻通常采用凹雕法，而典型的木刻则采用浮雕法。二者拓制和印制的图像完全不同。木版印刷出来的是白底黑图，石刻拓出的则是黑底白图，后者与原图相同。

---

[46]　Joseph Needham, *Science and Civilisation in China*（Cambridge：Cambridge University Press，1954 − ），Vol. 5，pt. 1，by Tsien Tsuen-hsuin，*Chemistry and Chemical Technology*：*Paper and Printing*（1985），1 − 2，38 − 40。

[47]　据《旧唐书·贾耽传》，贾耽绘制过大量的地图。有一次，因为公务繁忙，他请一位画家帮他绘制地图。见《旧唐书》（成书于 940—945 年），卷 138；亦见 16 卷本，中华书局 1975 年版，卷 12，第 3784 页和 3786 页。

[48]　与石材不同，纸张、绢帛、竹片以及木材等材料都很容易被水火损坏。

[49]　金尼阁（Nicolas Trigault）1615 年出版的利玛窦日记记载了如何将纸张上的图像转印到木版上："用一支毛笔浸墨后将文字写在一页纸上。将这页纸翻转过来糊在木版上。当纸彻底变干之后，用很高超的技艺将它刮掉。只在木版上留下一层印有文字的纸膜。然后，雕版师用钢制的雕刻刀沿文字的轮廓进行刻制，最终形成阳文的雕版。"参看 *China in the Sixteenth Century*：*The Journals of Matthew Ricci*，1583 − 1610，trans. Louis J. Gallagher from the Latin version of Nicolas Trigault（New York：Random House，1953），20 − 21。

138

图6.4 界画

王振鹏《龙舟竞渡》（1323）局部，手卷，绢本墨绘。
手卷全尺寸：30 2 × 243 8厘米。
经台北"故宫博物院"许可。

尽管石刻和木刻所采用的技术相近，但石刻地图和木版地图似乎具有不同的功能。钱存训用一个贴切的空间比喻来形容二者的区别。以易朽材料制作的文书主要用于同时代人之间的"横向"（horizontal）交流，而以耐磨损材料制造的文书则主要供跨代之间的"纵向"（vertical）交流。[50] 石刻地图意味着永久性，它使文化遗产得以代代留传。宋代士人赵彦卫写道，"金石刻，盖欲传久"。[51] 在石碑上刻制地图耗时耗力，因此只有最权威的地图才能获此殊遇。认识到这一点，也许能帮助我们理解为何宋代石刻地图比几个世纪后印刷的方志地图更为精细。相反，大部分工艺相对简单的雕版主要用于复制地图。木版并不昂贵而且比石碑质地松软，因此刻制木版地图更为方便，生产也更为快捷。明朝末期耶稣传教士也认识到这一点。[52] 修改木雕版的错误，只需要重新刻制一小块木版，并将它嵌入原版即可。虽然图碑也可以用来复制地图，但由于它们体大且笨重，无法大量复制。另外，与木版地图相比，拓制图碑不仅缓慢，而且（工序）复杂得多。

木版地图与石刻地图不同的美学特质反映出它们交流功能的差异。木版地图通常不注重布局和设计，也缺乏石刻地图常见的图像细节和精细线条。原因其一是木版地图常常是方志的一部分。在方志中，大部分地图是作为文字的插图而存在的。图随文走决定了地图的版式。石材和绢帛可以根据地图所需要的尺寸来裁量，木版地图却必须受到书页版面的限制。方志地图中的一些"错误"也是由于其版面空间限制所导致的。

地图学与视觉艺术在概念与风格上的联系

除了共享创作载体之外，地图学和视觉艺术之间的联系还有理论依据，因为地图和绘画都是通过视觉手法来呈现信息的。换言之，地图和绘画一样，通常采用类比（analogues）的方式再现事物的某些可视特征。正是由于二者共用一种展示模式，艺术史学家和地图史学家曾经试图探索地图和视觉艺术之间的联系，但这一探索因地图资料的缺乏而遇到阻力。[53] 近年来，人们发现了汉代古地图，但即便没有这些古地图，也可以找到令人信服的证据，来证明地图与绘画之间的联系。同刘勰的文学思想一样，中国的绘画思想也与地理存在关联，这里的"地理"在语源学上可能与土地形态有关。根据汉代《说文解字》，"画，界也，象田四界"。[54] 也许《说文解字》并不能称为一部可靠的语源学指南，但它至少有助于我们了解汉代人对语源的看法或者误解。以"画"字为例，《说文解字》的解释似乎影响深远。因为从宋代起，地理景观画或山水画已经成为最有观赏价值的绘画类型，甚至张衡和裴秀创作的地图也被收录在张彦远的《历代名画记》中。[55] 张彦远曾记载一则张衡用脚趾画怪兽的逸

---

[50]　Tsuen-hsuin Tsien, *Written on Bamboo and Silk：The Beginnings of Chinese Books and Inscriptions*（Chicago：University of Chicago Press，1962），179.

[51]　赵彦卫：《云麓漫抄》，四库全书本，卷4，页17a。

[52]　参看 *China in the Sixteenth Century*，20–21（注释49）。

[53]　参看 Sullivan，*Birth of Landscape Painting*，35–37（注释12）；王庸：《中国地图史纲》，第25—28页（注释2）；Alexander C. Soper，"Early Chinese Landscape Painting," *Art Bulletin* 23（1941）：141–64，esp. 149. 索伯（Soper）认为，汉代地图学不可能"对山水艺术的发展产生任何重要的影响"，但是他认为反过来是有可能的。

[54]　许慎：《说文解字》，丁福保：《说文解字诂林》，台北：商务印书馆1959年版，第3册，页1275a。

[55]　张彦远：《历代名画记》卷3，第76页（注释28）。

事，表明张衡在画坛享有一定的声誉。(56)

另一则逸事，除了说明地图在军事上的重要性之外，还说明了地图绘制需要具备视觉艺术技巧：

> 吴主赵夫人，丞相达之妹。善画；巧妙无双。能于指间以彩丝织云霞、龙蛇之锦。大则盈尺，小则方寸。宫中谓之机绝。孙权常叹魏蜀未夷。军旅之隙，思得善画者，使图山川、地势、军阵之像。达乃进其妹。权使写九州（岛）、江湖、方岳之势。夫人曰："丹青之色甚易歇灭，不可久宝，妾能刺绣，作列国于方帛之上，写以五岳、河海、城邑、行阵之形。"既成，乃进于吴主。时人谓之"针绝"。(57)

界画是唯一不使用毛笔而使用其他工具的中国绘画门类，它的画风非常接近于地图的绘制方法。界画用来按比例详细描绘地物，特别是建筑物（图6.4）。界画画家不仅能够熟练使用各种制图工具，如刻度尺、圆规和直角尺，还能运用各种测量工具和方法，如水准仪、铅锤线以及木经算法。(58)

143 尽管在遥远的古代已经采用直尺和圆规作画，但"界画"及其技巧似乎是在宋代才逐步发展完善的。某处记载认为率先掌握并界定界画画法的是北宋画家郭忠恕。起初，在士人精英中，"界画"是一个带贬义的语词，因为其画法和工具都取之于匠人，而陆绩就曾力劝艺术家摒弃匠人之法。像很多地图一样，"界画"似乎在美术和实用工艺之间占有了一席之地。实际上，很多地图在绘制时也会用到直尺，如城市平面图和方志地图（图6.5至图6.8）。

绘画与地图之间的联系看来已经超越了技术的层面。一些证据也证明绘画理论和地图学理论之间存在关联性。正如我前文所提到的，裴秀认为地图要符合地面实际情况，这与美学中所强调的"形似"不谋而合。例如，谢赫曾经阐述了绘画的六条原则，其中两条是"应物象形"和"经营位置"。(59) 虽然谢赫并没有详细解释这些原则，但"应物象形"和"经营位置"这两条原则都曾为裴秀所关注。甚至早在谢赫之前，宗炳（375—443）就曾考虑过山水画的比例尺问题："今张绢素以远暎，则昆、阆之形，可围于方寸之内。竖划三寸，当千仞之高；横墨数尺，体百里之迴。"(60)

不过，在中国绘画中，画面比例往往比自然比例更加重要。也就是说，画面上物体的大小乃是根据布局需要，而非遵循几何透视原则。为避免布局过于拥挤与混乱，近处的景物可能被缩小，而远处的景物可能被放大，以衬托中景和近景。这种比例不一的图像显然违背了

---

(56) 张彦远：《历代名画记》卷4，第102页（注释28）。

(57) 王嘉：《拾遗记》，百部丛书集成本，卷8，页2a、b。张彦远：《历代名画记》卷4（第105—106页，注释28）也对赵夫人所制地图做过简要的记载。

(58) 有关"界画"更具体的探讨参看 Robert J. Maeda, "Chieh-hua: Ruled-Line Painting in China," *Ars Orientalis* 10 (1975): 123 - 141; Joseph Needham, *Science and Civilisation in China* (Cambridge: Cambridge University Press, 1954 -), Vol. 4, pt. 3, with Wang Ling and Lu Gwei-djen, *Physics and Physical Technology: Civil Engineering and Nautics* (1971), 104 - 7。

(59) 谢赫：《古画品录》，第1页（注释31）。

(60) 宗炳：《画山水序》，张彦远《历代名画记》卷6，第131页（注释28）。

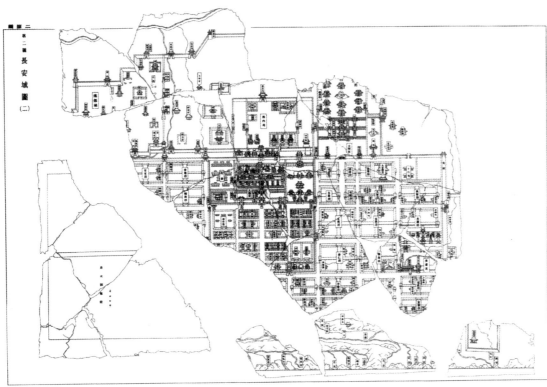

图6.5　《长安图》详图（1080）

此图是吕大防长安图碑拓片的石印本，该图似乎使用了界尺画线。下图为图石残片。

原碑尺寸为200×136厘米。京都大学人文科学研究所。

出自平冈武夫《唐代の长安と洛阳：地圖篇》，唐代研究のはり第7，京都，京都大學人文科學研究所，1956年，图2。

残图石照片由北京中国科学院自然科学史研究所曹婉如提供。

141

图6.6 《平江图》

　　此图为1229年刻石的《平江图》拓片，该图似乎使用了界尺画线。地图上描绘了640多种人文与自然景观地物。人文地物包括寺庙、行政与军事机构、作坊、桥梁和道路。自然地物包括山丘、河流、湖沼和溪流。图上标有各个方位，上方为正北。与图6.5、图6.7和图6.8对比。

　　原件尺寸：279×138厘米。

　　图片由北京中国科学院自然科学史研究所曹婉如提供。

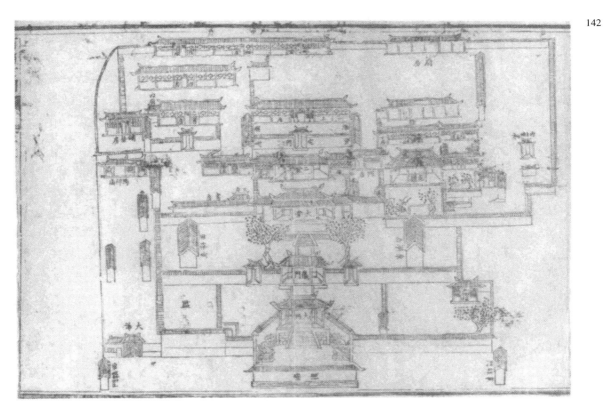

图6.7 刻本《蓟州署图》

此图除了使用界尺画线，还可以作为散点透视的代表，这种透视方法自汉代以来就用于绘制城市图。对比图
6.5、图6.6和图6.8。

原图尺寸：19.5×29厘米。

出自《蓟州志》（1831），卷1，页25b和页26a。

复制图由哈佛大学哈佛燕京图书馆提供。

裴秀制图六体中的"定实"原则。然而，很显然，直到明清时期，许多地图绘制者仍然坚持这种比例不一的绘图方法，明清的许多地图都没有连续一贯的比例尺。绘画和地图之间的这种关联也许解开了"图"字模棱两可的含义，即它既可以指绘画作品也可以指地图作品。

共同的空间概念也加强了地图和绘画之间的联系。从广义上看，空间的体验是动态的和流动的，它与时间体验不可分割。空间、空虚，从本质上可以被看作一个实体，是无边和无限的。物体可以被测量和界定，而空间却不是如此固定，因为空间随着观察点和时间的变化而变化。因此，抽象的几何系统不能统御空间，不能将空间中的点进行绝对意义上的定义或限定。这种空间的概念与李约瑟所说的有机的、过程的世界观是一致的，它不同于自15世纪前后在欧洲地图学家和艺术家中流行的概念，后者抽象地将空间定义为一个有界的、静止的，因而是可组织和可度量的实体。它符合科学取向，被派珀称为"离散原理"（discrete mechanism）。空间被看作颗粒状的而不是一个连续体，它可以用数学方程式来表达。有些近代西方思想家将空间想象成一个由点构成的坐标系，每个点有其各自的位置，因此可以通过

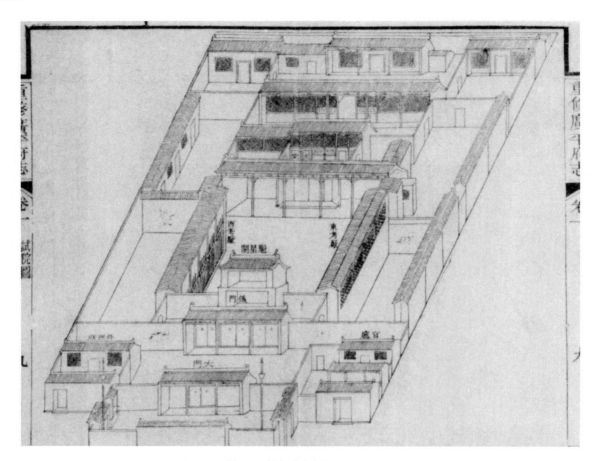

图6.8　刻本《试院图》（1894）

此图为广平府（位于今河北省）试院图（对比图6.5—6.7）。

原图尺寸：23×27厘米。

出自《广平府志》（1894），卷1，图9。

复制图由哈佛大学哈佛燕京图书馆提供。

一个单一的观察点客观地处理这个空间。[61]

　　两种空间概念的差异带来了图形处理的透视方式，即将三维空间转移到平面的投影方式的差异。在欧洲文艺复兴艺术中，以朝着地平线上的一个没影点（vanishing point）不断后退且高度不断下降的地平面来表现景深。欧洲艺术家采用的这种焦点透视（convergent perspective）所需的几何学几乎并不为传统中国画家所知晓，至少不曾为之所用。中国人在处理制图艺术中的透视问题，或者说"远近"问题时，采用了不同的章法。

---

　　[61]　关于中国人的有机体世界观（organismic worldview），参看 Joseph Needham, *Science and Civilisation in China*（Cambridge: Cambridge University Press, 1954 – ），Vol. 2, with Wang Ling, *History of Scientific Thought*（1956）。有关离散原理，参看 Stephen C. Pepper, *World Hypotheses: A Study in Evidence*（Berkeley and Los Angeles: University of California Press, 1942）；欧洲人有关空间数学化，参看 Samuel Y. Edgerton, Jr., *The Renaissance Rediscovery of Linear Perspective*（1975; reprinted New York: Harper and Row, 1976）。

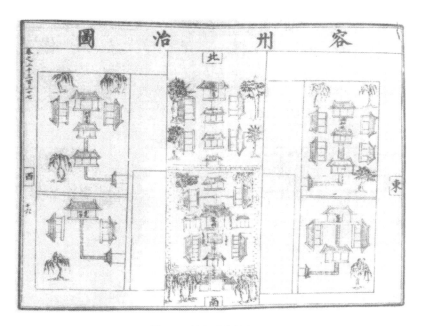

图6.9　刻本《容州治图》

容州位于今广西。需要调换地图的方向才能恰当读取此图与图6.10的内容。

原图尺寸：15×19.5厘米。

出自《永乐大典》（1409），影印本（台北：1962），卷2337，页16a、b。

复制图由哈佛大学哈佛燕京图书馆提供。

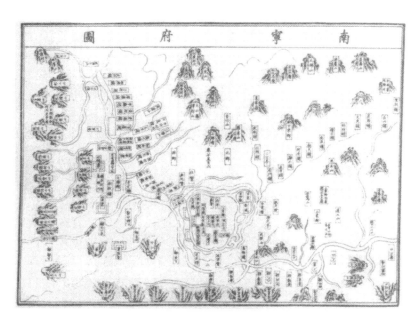

图6.10　刻本《南宁府图》

对比此图与图6.9与图6.11。

原图尺寸：14.3×19厘米。

出自《永乐大典》（1409），影印本（台北：1962），卷8506，页2a、b。

复制图由哈佛大学哈佛燕京图书馆提供。

其一是采用可变视角（参看图6.9至图6.11）。观察点不是固定的，而是不断移动和不受限制的，或者说是多重的。[62] 画面上的每一个景点都好像画在观察者隔着一段距离所看到的平面上，这个平面与观察者的视线垂直。这种画法有利于构思一连串动态的空间景象，很多中国绘画和地图采用的长卷就是一个典型的例子。与画框不同，卷轴画通常由于过长而不能一览无余。移动的视点特别适合卷轴之类的创作媒介，它可以一段一段地向观者展现了画中景象。在长度有限的单张地图上，则可以通过设计多个地平面来体现可变视角，读者可以想象自己通过转动身子，而不是横向移动，从合适的方位观赏地图所描绘的景象。

不过，也有一些不采用可变视角的例外情况。沈括就认识到某些指向焦点透视法的试验的益处。他曾说，采用一个固定的视点，画家可以准确地缩小垂直高度和水平距离，只是他们过于看重缩减比例的意义了。沈括提倡采用大视域，综合多点观察的优势：

> 大都山水之法，盖以大观小，如人观假山耳。若同真山之法，以下望上，只合见一重山，岂可重重悉见，兼不应见其溪谷间事。又如屋舍，亦不应见其中庭及后巷中事。[63]

古人亦使用"高远"、"深远"和"平远"这三个概念来表述多视点的思想。清代有关绘画的著作中解释了这三个概念：

> 山有三远，自下而仰其巅曰高远，自前而窥其后曰深远，自近而望其远曰平远。高远之势突兀，深远之意重叠，平远之致冲融。此处皆为通幅大结。深而不远则浅，平而不远则近，高而不远则下。[64]

147　　距离是通过高度表现的，因此，在二维平面上，将一个物体画在另一个物体的上方，就展示出三维空间中两个物体之间的前后位置关系。据此画出的地图由一系列呈阶梯状分布的或高或低的地平面构成，每个地平面都有自身的没影点。[65]

作为绘画的地图与作为地图的绘画

地图与绘画在透视法的使用上惊人的雷同，这使人怀疑二者是否是各自独立发展的，本书前面引用的文字材料也支持我这种怀疑。根据张彦远编纂的名画目录（《历代名画记》）判断，在唐代，地图被视为绘画的一种。现存古地图表明，将地图视为绘画的观念可能在唐代

---

[62]　这种展示模式也可以在文艺复兴以前的欧洲艺术作品以及其他文化的作品中看到。参看 Edgerton, *Renaissance Rediscovery*, 7 – 10（注释61）。

[63]　沈括：《新校正梦溪笔谈》卷17，第283段，第170页（注释44）。

[64]　王概：《芥子园画谱》，台北：文馆图书公司1967年版，第19页。

[65]　有关中国绘画中透视法的运用，参看 Benjamin March, "Linear Perspective in Chinese Painting," *Eastern Art* 3 (1931): 113 – 39; George Rowley, *Principles of Chinese Painting* (Princeton: Princeton University Press, 1959)。

图6.11　石刻地图《泰山全图》拓本（可能为清代）

　　泰山位于山东省中部，为中国五岳之一。此图显然是一幅朝山指南图：图上画出了从山下岱庙到山顶庙祠的道路，标明了沿途的地点和建筑。图中既有立面展示的山与建筑，也有平面展示的寺庙及其院墙，打造出多重地平面。除了变化的视角，这幅地图还采用了多种比例尺，山下的岱庙画得格外大，与实际不成比例，因此可以展示其中的建筑。

　　拓本尺寸：110×62厘米。

　　经芝加哥菲尔德自然历史博物馆许可（235581）。

以前早就流行了。这并不是说古人对纯粹的平面展示手法一无所知。诚然，战国时期的陵墓规划图（《兆域图》）和木版地图、宋代的石刻地图，以及后世的一些绘本和刻本地图也大体上采用了平面展示方式，但是，中国地图本身是杂糅多种展示模式的。例如，内蒙古和林格尔县发现的一座东汉墓的壁画中，有一幅繁阳城（在今河南省楚旺村）平面图（图

6.12）。从环绕四周的城墙来看，图中所有的建筑似乎画在同一水平面上。然而，建筑物的画法有着高低变化，使人感觉到图中存在多个水平面。地图上的人物身高也被放大，甚至与房屋高度相侔。这幅地图或许也可以作为中国地图采用可变比例尺（variable scale）的一个例证。

图 6.12　汉代繁阳城图

这是内蒙古和林格尔汉墓发现的繁阳城图的摹本。方腾（Jan Fontein）将和林格尔壁画照片与壁画的现代摹本照片进行了比对，发现后者十分忠实于壁画原画。这些摹本很重要，因为原图已经开始朽坏。参见 Jan Fontein（方腾）and Wu Tung（吴同），*Han and T'ang Murals Discovered in Tombs in the People's Republic of China and Copied by Contemporary Chinese Painters*（Boston：Museum of Fine Arts，1976）。

原画尺寸：94×80 厘米。

图片由北京中国科学院自然科学史研究所曹婉如提供。

　　还有一个更为复杂的例子（图6.13），那就是与繁阳城图出于同一墓葬的宁城图。图中所展示的事物虽然画在同一地平面上，但是有些是斜景，有些是俯瞰，有些画的是立面，它们看上去好像处于不同的地平面上。在左上方绘有一座建筑的正立面图，占据地图的四分之一，同时还画出了建筑物的内景，画家意识到不同的视角有助于更为完整地展示内景。因此，这座建筑内部是以倾斜视角绘制的，以便呈现其中所有的事物，这种画法正好与几个世纪以后沈括提倡的可变视角相呼应。

148

图6.13　汉代宁城图

这是内蒙古和林格尔汉墓发现的汉代宁城图的摹本（参见图6.12）。

本图尺寸：129×159 厘米。

经文物出版社许可。

　　可变视角的运用不仅见于和林格尔汉墓发现的古地图，在 1973 年发掘的马王堆汉墓出土的两幅丝帛地图上也有发现。其中一幅绘有建筑的地图，读图者得旋转地图，从不同方向看，才能正确读取（图3.7 上部）。另一幅地图展示了驻军总部，其中心部分采用了同样的表现手法（图版8）。有人称这幅地图为驻军图，因为地图中央画有驻军总部，四周绘有各种各样的军事设施。第一次发掘报告的撰写者认为这幅"驻军图"是按比例尺绘制的，因此有利于军事部署，后期关于这幅地图的研究也多依据这本报告。

虽然这幅地图并没有标明比例尺，但通过与同一地区的现代地图进行比较，研究者认为这幅丝帛地图是以相当一致的比例尺绘制的。然而，这一结论似乎经不起推敲，因为在比例尺最为一致的地图局部，其比例尺仍然在1∶80000 到 1∶100000 之间波动，其他部分的变化幅度则更大。[66] 25%的变化幅度看起来不大，但是我们不难想象它给军事带来的影响。例如，当引导增援部队向某个地方行进时，地图上的误差会造成严重后果。这幅地图非但没有证明汉代制图者已经实践了裴秀所提出的第一条原则——"分率"，反而称得上可变比例尺的例证。这个例证与下文将举出的例证都证明，中国地图可能与绘画有着更多的共同之处，而不那么接近裴秀所倡导的量化地图学。

这幅地图有一个有趣的特点，那就是它处理山川曲线的手法与周代后期艺术中描绘山、浪、云的曲线的手法是相同的。其曲线具有十分明显的规则性。倘若裴秀看到这样一幅与实际地理状况不符的地图，一定会大光其火。不过，将山水理想化的倾向一直被认为是中国艺术的一个特征。此外，尖形和三瓣叶形的山峦图形似乎使地图具有一些抽象的性质，三瓣叶形图案可能就是从"山"字衍生出来的。这一推测可以从马王堆汉墓出土文物上的类似图案得到佐证。漆器和纺织物上都绘制或印制了这类图案（图 6.14 和图 6.15）。这类图案，加上规则形曲线，以及没有标明比例尺，似乎都表明，这幅地图并不像某些学者说的那样具有多大的实际作用，特别不会像有些学者认为的那样：这幅地图是用来部署军队的。

149

图 6.14 漆耳杯

这种形制的耳杯发现于马王堆汉墓。

原件尺寸：4.5×17.3×17.8 厘米。

经湖南省博物馆许可。

由于地图与视觉艺术的关系非常密切，所以应该将这幅"驻军图"与前面所讨论的其他墓葬出土地图结合起来看。在展示模式上，马王堆地图与和林格尔地图之间有一些共同点。和林格尔曾出土一幅庄园图。相较于马王堆地图，这幅庄园图对于道路和山峦的描绘并不是那么讲究对称，但是同"驻军图"的展示手法一样，庄园图也采用了可变视角：其上所绘的一些景物为正立面图，另一些为俯瞰图，但都置于同一平面之上。同样地，"驻军图"在描绘河流和军事设施时采用的是俯瞰视角，而在描绘山峦和建筑时则采用了立面视角。

66 马王堆汉墓帛书整理小组编：《马王堆三号汉墓出土驻军图整理简报》，《文物》1976 年第 1 期，第 18—23 页。

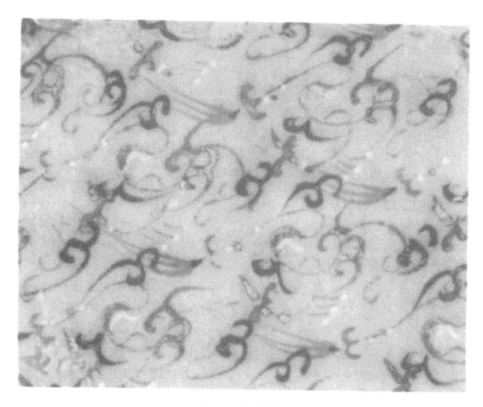

图 6.15　汉代的绢

这是马王堆汉墓发现的一小片丝织品，织物上的五彩图案系绘制而成。

经湖南省博物馆许可。（编号：340 – 332）

图 6.16　汉代庄园图

这是内蒙古和林格尔汉墓壁画上发现的一幅庄园图的摹本（参见图 6.12）。

原图尺寸：约为 191×300 厘米。

经文物出版社许可。

与和林格尔壁画地图一样，马王堆驻军图也发现于一位官员的墓葬中。和林格尔地图绘制于墓壁之上（图6.16），在现实世界中并没有实际应用价值。它只是作为陵墓主人声望和财富的象征，以帮助墓主人在死后的世界站稳脚跟。而马王堆地图至少在一定程度上是仪式性的，它是一件礼仪用品，是丧葬仪式的一部分。这就可以解释为何地图与其他的随葬品有着相同的装饰图案。从这个角度来看，这幅地图并不是出于军事目的而绘制的，而是为了展现墓主人曾经拥有的军事权威，从而使他在通往另一个世界的道路上显得更为高贵。其他随葬品上的信息也佐证了这一结论。三号墓出土的纪年木牍上有这样一段出于墓主家丞之手文字："十二年二月乙巳戊辰，家丞奋移主藏郎中，移藏一编，书到先撰具奏主藏君。"[67] 这段文字暗示，亡人已被委托给了阴曹地府，这些随葬品显然是供他在阴间享用的。

尽管这一结论对先前有关驻军图的研究结果提出了质疑，但并不一定会驳倒这样一种观点，即在汉朝，中国人是根据对距离的直接和间接测量来绘制地图的。驻军图的确与所描绘地区的实际地理状况十分吻合，但从图中规则排列的山地等高线可以看出，制图者也许并没有依靠测量数据来绘制地图。可以想见，这幅地图的蓝本当来自另外一幅依靠测量数据绘制的地图。而那幅原图可能太过于珍贵，因此没有随葬。这就可以解释，为何一些研究者坚持认为这幅驻军图反映了量化的传统，而忽视了它与艺术以及政治实践之间显而易见的关联。不过，这里提出的反驳意见也存在一些问题，例如，并没有证据能够证明这幅驻军图是专为葬礼绘制的。

但不管怎样，这幅驻军图证明，将地图学从艺术传统中剥离出来是极为困难的。这种困难并不仅限于早期的地图作品。有人也许会说，随着地图与绘画这两种传统发展"成熟"，二者就比较容易区隔了。事实上，我们可以找来许多证据对此加以反驳。唐代诗画家王维所作的画卷《辋川图》就是一个比较典型的例证。这幅画的原稿已经遗佚了，只有后世的摹本和印本留存下来（图6.17和图版9）。这幅画卷描绘了作者的庄园。留存下来的版本显示，这幅画采用了常见于卷轴画的可变视角或者说移动焦点（moving focus）。画面的空间组织突出了移动焦点：景点的排列使空间完全围绕它们而流动，它们被封闭在所谓的"空间单元"（space cells）中。[68] 另外，画中的地平面是倾斜的，山峦树木却表现其正面视图。不仅如此，每一个景点都标出了名称。

王维这幅画究竟应该归为山水画还是地图，学者们有过一些争论。在称其为山水画的人看来，这幅画缺少地图通常具备的高度抽象性，至少20世纪的地图需要具备这种特质。除了文字注记外，这幅画并没有采用传统的符号展示地物，而是试图接近实际的地貌。但是，这幅作品确实包含了某些地图学元素：它展示了一个真实存在的地方，似乎想提升对这一地区的空间理解，地图上的注记就反映了这一点，它将空间组织为一个方形的闭合形，体现了某种程度上的抽象化。这幅作品将绘画元素和地图元素结合在一起，可归之为哈维（Harvey）

---

⑥⑦ 湖南省博物馆和中国科学院考古研究所编：《长沙马王堆二、三号汉墓发掘简报》，《文物》1974年第7期，第39—48、63页，特别是第43页。该墓的随葬品清单——遣册中包括410件木简。根据已经发表的发掘报告，遣册与其中发现的实际随葬品非常吻合，但是我无法确定这些地图是否列在遣册中。

⑥⑧ Sherman E. Lee, *Chinese Landscape Painting*（Cleveland：Cleveland Museum of Art, 1954），19.

图6.17 《辋川图》

这是王维《辋川图》晚明摹本局部。

原图全图尺寸：30×480.7厘米。

经西雅图亚洲艺术博物馆（Seattle Art Museum, Eugene Fuller Memorial Collection47.142）许可。参图版9。

所称的"绘画式地图"（picture map）这一类别。[69]

敦煌千佛洞壁画《五台山图》也是如此（图 6.18）。这幅壁画高约 4.6 米，宽约 13 米，大约绘制于 980 年到 995 年之间。同王维的《辋川图》一样，这幅壁画的画面也是由一系列"空间单元"组成的，各单元之间由小径和道路串联，观者"可以轻松地追随画中游览者的路线，不必被迫越过屏障从一个地点到另一个地点"。[70]就像前文讨论的作品，五台山壁画显然也采用了可变视角：画中的景物处于多个地平面上。这幅壁画具有地图学特征，一定程度上因为它使用云气纹来分辨天上和地下的景物，也因为在绘画展示中采用了抽象图案，使得山峦、建筑和城镇的展示呈现出某种一致性，至少意味着这幅图采用了某种程式化手法（conventionalization）。[71]

152

图 6.18　10 世纪《五台山图》中的两个细部图

出自敦煌千佛洞壁画《五台山图》。

整幅壁画尺寸：4.6×13 米。

经文物出版社许可。

即便在欧洲地图学及其平面和抽象展示模式传入中国后，中国地图仍然采用可变视角和绘画展示手法。两者都被认为适于地图绘制。编撰于 1607 年的类书《三才图会》将山水画、计里画方地图以及兼用绘画与平面展示模式的地图都归为"地理图"（图 6.19）。这部类书汇编了早期和同时代的各种材料，它的内容也许并不能代表 17 世纪的地图学，但是这种混合式展示模式可见于当时甚至更晚的地图。例如，一幅出自 18 世纪地图集的

[69]　参看 P. D. A. Harvey, *The History of Topographical Maps：Symbols，Pictures and Surveys*（London：Thames and Hudson, 1980）。贝特霍尔德·劳费尔（Berthold Laufer）根据王维的这幅作品，得出这样一个结论：唐代的山水画创作"受到同时代高度发展的地图学的强烈刺激"。劳费尔进一步认为，王维这样的作品"并不是要表现其他任何山水，而是要表现展示性艺术家所关怀和细致观察的辋川流域的地形"。画家不得不采用一些类似地图学家的方法。参看 Berthold Laufer, "The Wang Ch'uan T'u, a Landscape of Wang Wei," *Ostasiatische Zeitschrift* 1, No. 1（1912）：28－55, esp. 53－54。

[70]　Ernesta Marchand, "The Panorama of Wu T'ai Shan as an Example of Tenth Century Cartography," *Oriental Art*, n. s., 22（1976）：158－73, esp. 159。

[71]　Marchand, "Panorama of Wu-t'ai Shan," 159, 169－70（注释 70）。

府城图，就与王维的《辋川图》有着惊人的相似之处。这幅以绿色和蓝色绘成的《府城图》，表现了与《辋川图》相似的空间结构，重点放在闭合的空间单元上。它采用了可变视角：地平面是倾斜的，但是山峦呈现立面。同王维的作品一样，每个景点单元都标有名称，这与地图的功能一致，能帮助读图者理解景物之间的空间关系。这幅图的绘制年代较晚，说明即便在引进欧洲地图模式之后，中国地图学在表现手法上仍然无法与其他视觉艺术相区分。

　　这一结论也可以从 16 世纪至 19 世纪的地理著作中得到佐证。在这些著作中，采用绘画和平面展示手法的作品都被称为"图"。例如，图 6.20 到图 6.22 是省志和府志中的一系列"图"。如果除去上面的地名，我们根本无法区分其中一些究竟是地图还是山水画，尤其当图中内容包括人物、动物和船只的时候。这些元素通常与地图无关。方志编撰者认为平面

153

154

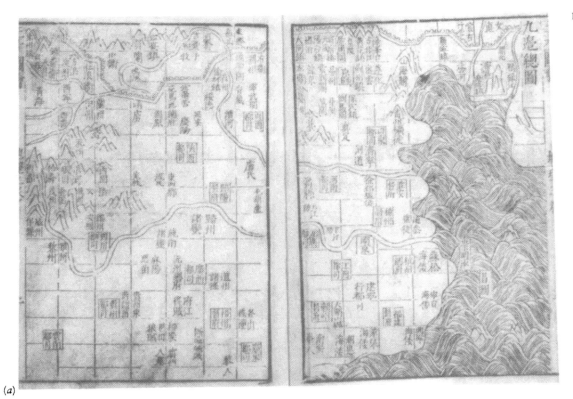

(a)

图 6.19　明代类书中的三幅地图

节选自《三才图会·地理图》。注意这些刻本地图的展示方式，有平面式、绘画式以及二者混合式。

（a）《九边总图》

（b）《西湖图》（杭州）

（c）《养龙坑图》（在今贵州）

每页尺寸：21×14 厘米。

均出自王圻编《三才图会》（成书于 1607 年，刻印于 1609 年），（a）地理三卷，页 1b、页 2a；（b）地理九卷，页 20a、b；（c）地理十二卷，页 39a。

复制图由哈佛大学哈佛燕京图书馆提供。

155

(b)

(c)

图 6.19（续）　图（b）图（c）

图 6.20 浙江省的四幅地图

与图 6.21 和图 6.22 对比。

每页尺寸：约 19.5×14 厘米。

出自 1884 年版《浙江通志》（1736）。（a）《玉环山图》，卷 1，页 30b、页 31a；（b）《天目山图》，卷 1，页 32b—页 33a；（c）《武林山图》，卷 1，页 34b、页 35a；（d）《处州府图》，卷 1，页 28b、页 29a。

复制图由哈佛大学哈佛燕京图书馆提供。

与绘画展示手法都很重要：计里画方地图是"经"，山川和村落地图是"纬"。[72] 在清朝方志中，欧洲制图法影响了中国地图的表现手法，表现在制图中更多地运用了线性透视法，或者说是焦点透视法，但这些技术并没有取代过去中国绘画和地图中的可变视角，而是与传统的空间展示手法并存（图 6.23 和图 6.24）。[73] 就像传统中国地图学的计里画方与欧洲地图学的经纬网并存一样，焦点透视和散点透视也经常出现在同一幅地图上。

157

图 6.20　（续）图（c）图（d）

72　《豫州志》（1835），台北：台湾学生书局 1968 年版，卷 1，页 1a、b。

73　正如我上面所提到的，在欧洲人到来以前，线性透视法在中国只是偶尔采用，其原理并没有广为人知。耶稣会士曾经在中国讲授过几次透视法原理，一些中国人也惊讶于欧洲绘画的逼真程度。关于欧洲艺术对中国绘画的影响，参看 James Cahill, *The Compelling Image：Nature and Style in Seventeenth Century Chinese Painting*（Cambridge：Harvard University Press，1982），70 – 105；Harrie Vanderstappen，"Chinese Art and the Jesuits in Peking," in *East Meets West：The Jesuits in China，1582 – 1773*，eds. Charles E. Ronan and Bonnie B. C. Oh（Chicago：Loyola University Press，1988），103 – 26。

重新定义地图

欧洲地图学和视觉艺术模式对中国地图学的影响（程度），为绘画与地图在中国文化中的密切联系提供了另一佐证。一部18世纪的诗集提供了进一步的证据。这部诗集收录了历代书画作品上的题诗，由康熙皇帝（1654—1722，1661—1722年在位）钦定编纂。康熙曾经委任耶稣传教士对他的帝国疆土进行全面测量，并利用欧洲技术绘制新的地图。尽管康熙时期已经引入了欧洲的制图风格，但这部诗集的编纂者表达的还是未受欧洲思想影响的地图观念。诗集将插图内容分为"地理"和"山水"两类。根据卷首凡例，地理图或"图"指的是表现所有山峦、海洋和地貌形态的作品；而山水画指的是以凭空创造的场景来抒发个人情怀的绘画，或指是"随意点染，不指名为何山何水者。"[74] 根据这种说法，地理地图

158

图6.21　甘肃省的三幅地图

每幅原图尺寸：22×34厘米。

出自《甘肃通志》（1736）：（a）卷1，页35b、页36a；（b）卷1，页36b、页37a；（c）卷1，页37b、页38a。

复制图由哈佛大学哈佛燕京图书馆提供。

---

[74]　陈邦彦等编修：《御定历代题画诗类》，四库全书本，凡例，页1b。海野一隆在他文章中也讨论过这部诗集。Kazutaka Unno，"Maps as Picture：The Old Chinese Views of Maps"（paper presented at the Thirteenth International Conference on the History of Cartography，Amsterdam and The Hague，26 June to 1 July 1989）。海野的观点与本文相同，也认为传统中国的地图学展示手法基本上无法从其他视觉展示手法中剥离出来。

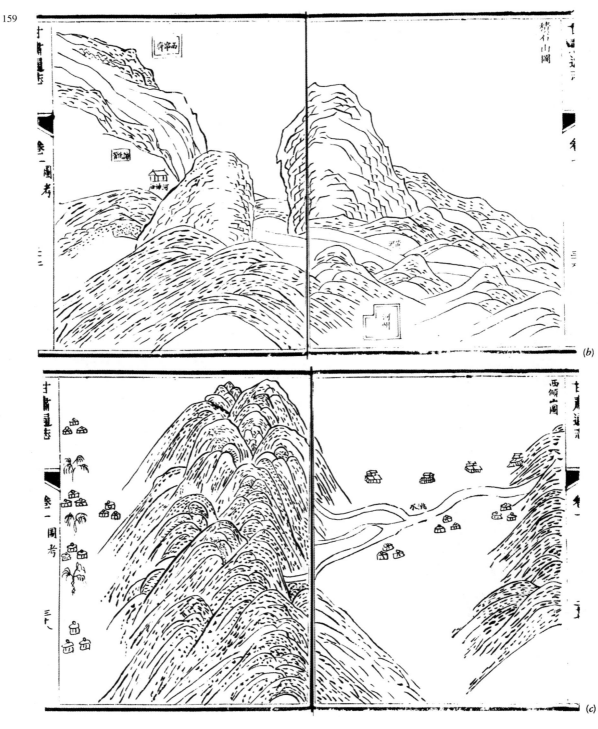

图 6.21 (续)图（b）图（c）

之所以成为地图，是因为它描述的是一个实际的地方，而不是想象中的甚至是没有名称的地方。山水画似乎比地理地图更能表现自我，更能发挥想象力，但并不清楚，多大程度的修饰润色才能使一幅绘画不被界定为地图。

可惜的是，这部诗集并没有包含与诗相对应的原画，因而无法清楚说明地图与山水画之间的区别。按照这部诗集中所下的定义，任何一幅绘画作品，比如王维的《辋川图》，只要表现了一个真实存在的地方，并不加修饰润色地描绘实际的地理状况，那么它就可以被视作一幅"地理图"或地图。因此，在清代方志图中，经常可见绘画和平面两种展示方式，有时二者甚至出现在同一幅图中。

在传统中国的制图活动中，"地理"一词，除了解释为"地理学"（geography）之外，还有另一重释义，即"择地"（siting，即风水）。这是中国人用以评估建筑和墓地所蕴涵之"气"的传统科学。"气"在风水中的重要地位说明了传统中国艺术与科学之间的另一重联系，也不难发现择地之术与图形艺术之间的关联。山水画和地图通常描绘了一种理想的风水配置（图 6.25）。在风水先生们看来，直线被视为凶兆，是缺乏"气"的表现。中国传统画家也少用直线，因为他们也认为直线缺乏生命力。制图者亦是如此，从他们青睐不对称和不规则图形可以看出其对于展示生命力的兴趣，而这些图形用绘画手法较之平面手法更为合适。甚至在计里画方地图上，我们也经常发现绘画元素有时会破坏计里方格的整齐划一。⑦⑤

中国人对于物质形态下所蕴涵活力的兴趣提醒了我们，地图是一种复合的展示体，它对自然世界的忠实并不优先于其主观性。正如上文所论述的，在中国的展示理论中，客观呈现与主观呈现并不相互排斥。展示自然的外在面貌是一种理解潜在真实性的途径，这种真实性是对象的内核和艺术家的内心状态。清代的水文学著作就提到了这种方法："绘舆图者必区分细目，而后可析其条理。亦必统括全形，而后可挈其纲维。"⑦⑥地图和绘画一样，不仅仅是一种记录，更是制图者对内在形式（underlying form）直观感受的产物，因为在制图过程中，制图者需要对外在的细节进行抽象处理，将其转化为某种"意境"（mind scape），因此，一幅地图的图像既展示自然面貌，也蕴含了制图者的记忆和思考。上文所提到的《御定历代题画诗类》中就有大量的证据表明，人们是以这种方式来阅读地图的，地图不仅是一种获取自然世界知识的手段，而且是一种丰富人们主观世界和情感体验的途径。

众所周知，许多的诗歌正是从中国山水画中获取灵感的。事实上，宋以后，一幅山水画

---

⑦⑤　据载，一位皇帝曾经为了去掉直线而更改地图。968 年，宋太祖计划修缮都城汴京并扩大城址。汴京城墙"曲而宛，如蚓诎焉"，中令招集工匠，绘制了一幅蓝图。这幅图"初取方直，四面皆有门，坊市经纬其间，井井绳列。上览而怒，自取笔涂之，命以幅纸作大图，纡曲纵斜，旁注云：'依此修筑。'"参看岳珂《桯史》，中华书局 1981 年版，第 8—9 页。尽管在这则轶事中，岳珂并没有明说风水，但是宋太祖似乎是在根据某种众所周知的风水原则行事。有关"风水"和"堪舆"的介绍，参看 Steven J. Bennett, "Patterns of the Sky and Earth: A Chinese Science of Applied Cosmology," *Chinese Science* 3 (1978): 1—26。"风水"常被错误地理解为"土占"（geomancy）。土占实际上是另外一种与风水无关的活动。关于这个问题的进一步探讨，参看第 216—222 页。

⑦⑥　王念孙：《河源纪略》，台北：广文书局 1969 年重印版，卷 1，页 6a。

上如果缺少艺术家本人或其他人题写的诗歌，会被视为不完整。诗、书、画结合方称“三绝”，(77) 画成为语言、书法和视觉艺术的统一体。但人们也许不大了解，地图也能启发诗人的灵感。通过地图上题写的诗歌，我们得以发掘那些对自然世界的描绘之下潜藏的主观元素。这一点为本书其他章节所讨论的地图与文本的关系增添了新的维度。

这些诗表明，地图不仅是一种增进人们理解空间关系的智识工具，而且也是获取情感体验，如作为重新唤起地方感的手段。段义孚曾经指出，“当我们定义空间并赋予它内涵的时候，空间就转变成了确定的地方”，地方“是价值的凝聚”，而价值承载着情感。(78) 这一点

160

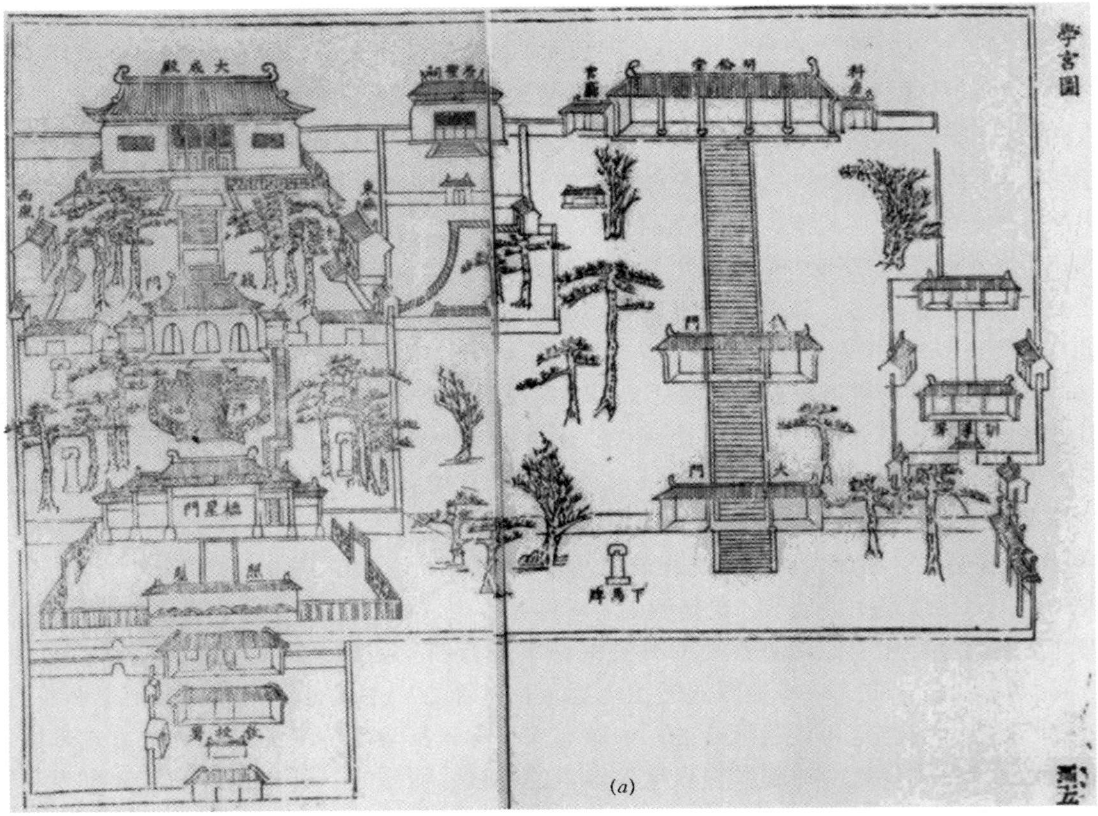

图 6.22 永平府的三幅地图（a）

每幅原图尺寸：26.5×32 厘米。

出自《永平府志》(1879)：(a)《永平府志·图》，页 15a、b；（b)《永平府志·图》，页 16a、b;，(c)《永平府志·图》，页 17a、b；.

复制图由哈佛大学哈佛燕京图书馆提供。

---

(77) 参看 Michael Sullivan, *The Three Perfections: Chinese Painting, Poetry, and Calligraphy* (London: Thames and Hudson, 1974); Shen C. Y. Fu et al., *Traces of the Brush: Studies in Chinese Calligraphy* (New Haven: Yale University Press, 1977), 179–80。

(78) Yi-fu Tuan（段义孚），*Space and Place: The Perspective of Experience* (Minneapolis: University of Minnesota Press, 1977), 136, 12。

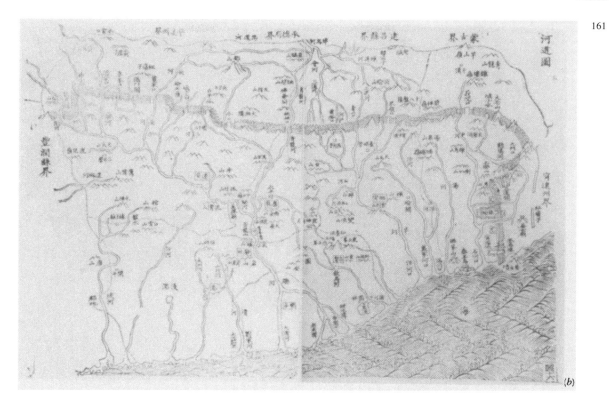

(b)

(c)

图6.22 （续）图（b）图（c）

162

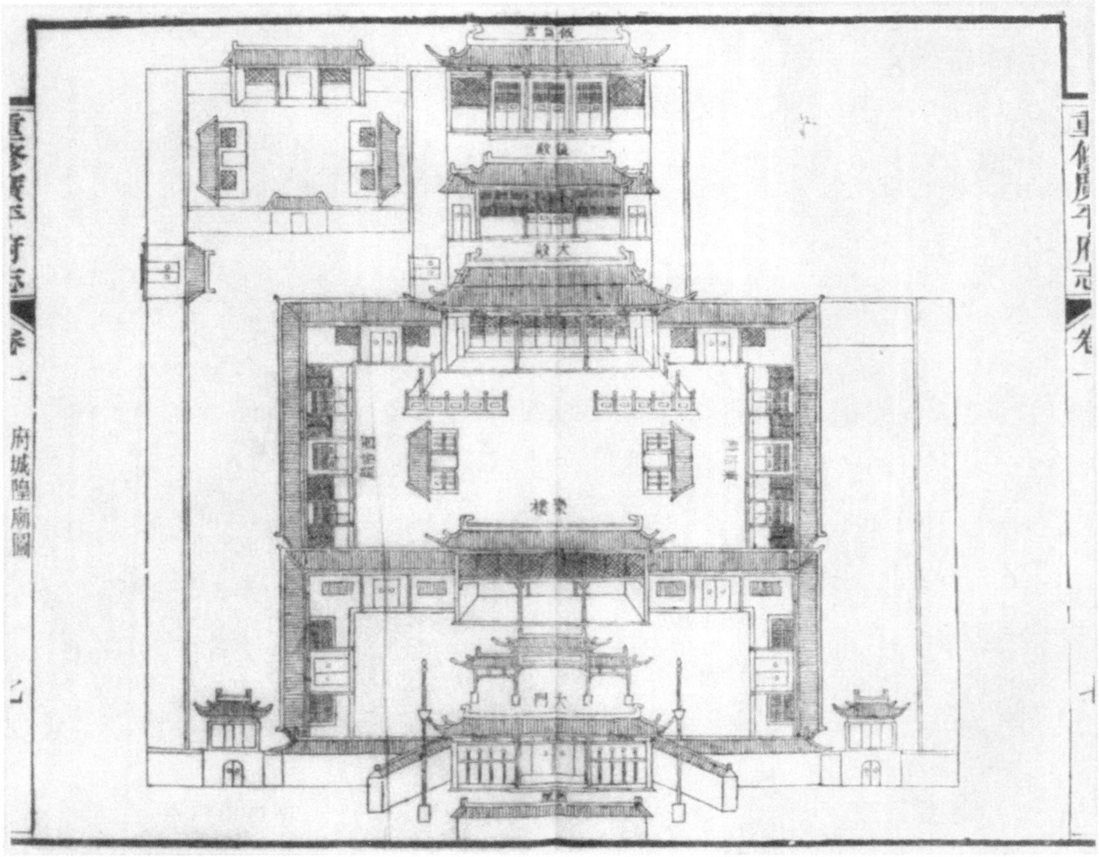

图 6.23 广平府《府城隍庙图》

参看图 6.24。两幅图都是刻本地图中焦点透视的例子。

原图尺寸：23×27 厘米。

出自《重修广平府志》(1894)，卷 1，图 7。

复制图由哈佛大学哈佛燕京图书馆提供。

可用丁鹤年（1335—1424）对《长江万里图》的题诗加以说明。虽然，令人遗憾的是原图显然已经遗佚，不过，借助同名或同类画作，我们仍然可以推知原画所描绘的景象（图 6.26 和 6.27 分别是长江图和长江山水画的例子）。丁鹤年的题诗被收入《御定历代题画诗类》并编于“地理图”下，按本书凡例，《长江万里图》可归为地图。在丁鹤年诗中，诗人跟随地图回归故乡：

长江千万里，
何处是侬乡；
忽见晴川树，
依稀认汉阳。(79)

(79) 陈邦彦等编修：《御定历代题画诗类》卷 6，页 8a（注释 74）。汉阳是湖北省的一个县，在长江北岸，靠近长江和汉江交汇处。在这首诗的首句，丁鹤年使用了双关语，因为“长江”按字面解释就是“长河”。

虽然这首诗是为《长江万里图》而作的，但是诗句本身并没有点明诗人是在阅读一幅
地图。相反，作者仿佛亲临其景，而不是在观赏一幅画作。地图成为自然世界的替代品，实　162
际上暗示着画面与实景高度相似。根据中国美学理论，物理世界和心理世界是可以相通的。
描绘自然与感知行为交织在一起，因此诗人是在主动寻找（"何处是侬乡？"），而不仅仅是
（被动地）观看。在这首诗的结尾，诗人重新找回了他所熟悉的汉阳。

诗画家杨基（约1334—约1383年）为《长江万里图》所题的诗句同样将客观与主观
经验混合在一起。同丁鹤年的作品一样，杨基的题画诗也被列于"地理图"之下。这首
诗并没有暗示作者在阅读一幅地图，读图成为宣泄情感的一刻。然而，这首诗的情感脉
络与丁鹤年的诗有所不同。丁诗是从个人的角度来描绘的，而杨诗的情感对象随着诗歌
的展开而扩大，从诗人的个体境遇拓展到更为普遍的长江之旅体验，甚至涉及地图上所
描绘的人物：

> 我家岷山更西住，
> 正见岷江发源处。
> 三巴春霁雪初消，
> 百折千回向东去。
> 江水东流万里长，
> 人今漂泊尚他乡。
> 烟波草色时牵恨，
> 风雨猿声欲断肠。⑧⓪

如前所言，在中国传统的地图绘制过程中，绘图者或读图者往往会在地图上题诗，如同
他们在画作上题诗一样。没有题诗的地图往往被认为是不完整的，这一点彻底体现出地图学
和绘画艺术的类同性，也进一步说明地图与山水画的统一性。最好的地图作品应该是图形艺
术和文字艺术交融的产物，地图与题诗画一样，至少应该从这两个层面去欣赏。地图上题写
的诗句表明，读图者至少能够读懂地图制作者的意图并对之有所回应。换言之，地图作为一
种形式，不仅是为了再现，也是为了表达。山水画家亦复如是，题写在山水画上的诗与题写
在地图上的诗往往难以区分。例如，下面有一首新儒学哲学家朱熹为米友仁（1072—1151）
的山水画所题的诗。就像地图上的题诗一样，诗人将画中景象当作现实，并在诗句中插入了
一个代他出场的人，使场景活灵活现：

> 楚山真丛丛，
> 木落秋云起。
> 向晓一登台，

---

⑧⓪　陈邦彦等编修：《御定历代题画诗类》卷6，页8b、页9a（注释74）。岷山和岷江都在四川。这首诗最后三句中
所指的"人"应该理解为"诗中发出感慨的人"。

沧江日千里。(81)

163

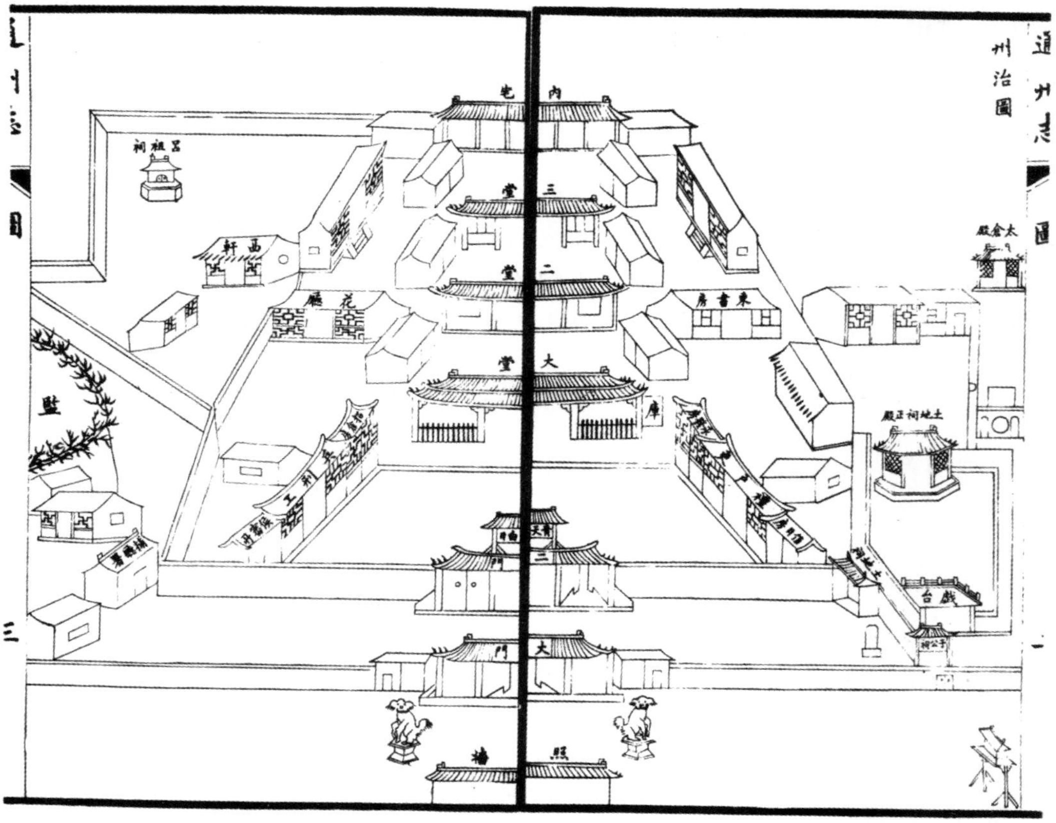

图 6.24 通州《州治图》

每页尺寸：22.5×14.5 厘米。

出自《通州志·图》(1879)，页 2b、页 3a。

复制图由哈佛大学哈佛燕京图书馆提供。

比较事实与价值

通过本章所提供的证据似乎可得出这样的结论：中国地图学经常采用绘画与诗词的美学原则。这一结论不足为奇，因为地图学家、画家和诗人大体属于同一社会阶层，为知识精英的一部分，且拥有相似的教育背景。有时，一个人可能同时充当地图学家、画家和诗人的三重角色。在这样一个人的头脑中，支配其艺术追求的原则很可能是糅合在一起的，并没有形成三个完全不同的集合。在这种文化环境下，表达自我与重现外部现实相比，即便不是更为重要的，也至少是同样重要的。因此，或许可以重写一部中国地图学史，展现地图与美术的融合。这就要求有必要调整古地图的分类标准，不仅要考虑量化和度量标志，也要考虑（主观）表达和审美价值。然而，人们习惯上以表面的实用目标来界定中国地图学的成就，

---

(81) 《题米元晖画》，陈邦彦等编修：《御定历代题画诗类》卷 11，页 11a（注释 74）。

164

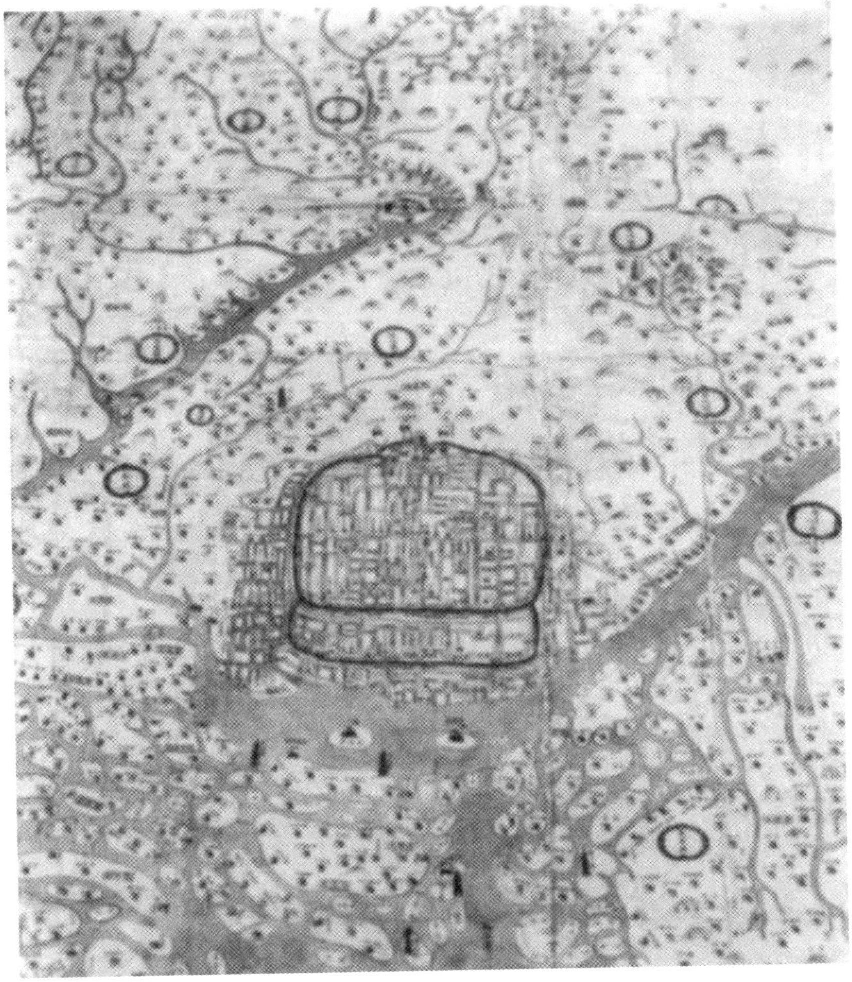

图 6.25　清代广东地图

图为绘制于 18 世纪的《广东省全图》细部。珠江口被错误地画在了广州城正南，而不是东南。珠江两岸对称排列以便与穿过城市中心的南北轴线相呼应。地图偏离地理实际是为了使城市的位置看起来符合风水原则。

整幅原图尺寸：151 ×277 厘米。

图片由华盛顿特区美国国会图书馆地理与地图部提供（G7823. K8A5 17 – –. K8 Vault）。

如是否为展示量化信息的计里画方平面地图，若是根据直接或间接测量数据绘制的地图则更为理想。(82) 循着这一观点，中国与欧洲一样，其地图学中的写实主义和表现主义就变成一种有待扬弃的东西。然而在这一章及本书其他章中，我用足够多的篇幅反驳了这种有关中国地图学的传统观点，即将客观和定量凌驾于主观和定性之上的观点，简言之就是将事实凌驾于价值之上的观点。实际上，事实与价值之间的分歧在中国从未达到传统欧洲的那种程度。

(82) 例如，参看 Edouard Chavannes，"Les deux plus anciens spécimens de la cartographie chinoise，" *Bulletin de l'Ecole Française d'Extrême Orient* 3（1903）：214 –47；Joseph Needham，*Science and Civilisation in China*（Cambridge：Cambridge University Press，1954 –），Vol. 3，with Wang Ling，*Mathematic and the Sciences of the Heavens and the Earth*（1959）；《中国古代地理学史》，科学出版社 1984 年版；卢良志：《中国地图学史》，测绘出版社 1984 年版。

将客观性凌驾于主观性之上，将呈现凌驾于表达之上，这种做法实际上是将一种外来的高下标准生搬硬套到中国美学之中，而中国美学实际上是一种包括地图学在内的展示经济。地图不仅是为了供人们学习和参考，也是为了欣赏和消遣。历史记录表明，地图制作者希望读者有能力从知识和美学两方面欣赏其作品。如果说地图史研究的目的之一是为了重建特定文化中的特定使用者对地图的接受史，那么探讨中国地图学史就必须将本书所述的展示理论考虑在内。审视一幅中国传统地图时，人们不仅要考虑地图对景观（landscape），即对可视地表形态的展示，还要考虑它对“内景”（inscape）的展示：“曲调和韵律是音乐和绘画构思中最触动我的东西，因此我在诗歌创作中最看重的是构思、风格或者我所习惯称之为‘内景’的东西。构思、风格或内境的美妙使得作品与众不同，当然，过度追求新奇也是会使作品变得稀奇古怪。”(83) 就中国地图学而论，内景这个词不仅可以指对地表和心灵的内在展示，还可与天之文章——“天文”相呼应。内景或者类似的概念，也许能帮助我们理解很多从中国地图上观察到的图实不符。例如，一些道藏地图似乎将苏轼提出的“反形似论”发挥到了极致。这些地图完全抛弃了地理实际，只注重展示现象世界之外的精气

165

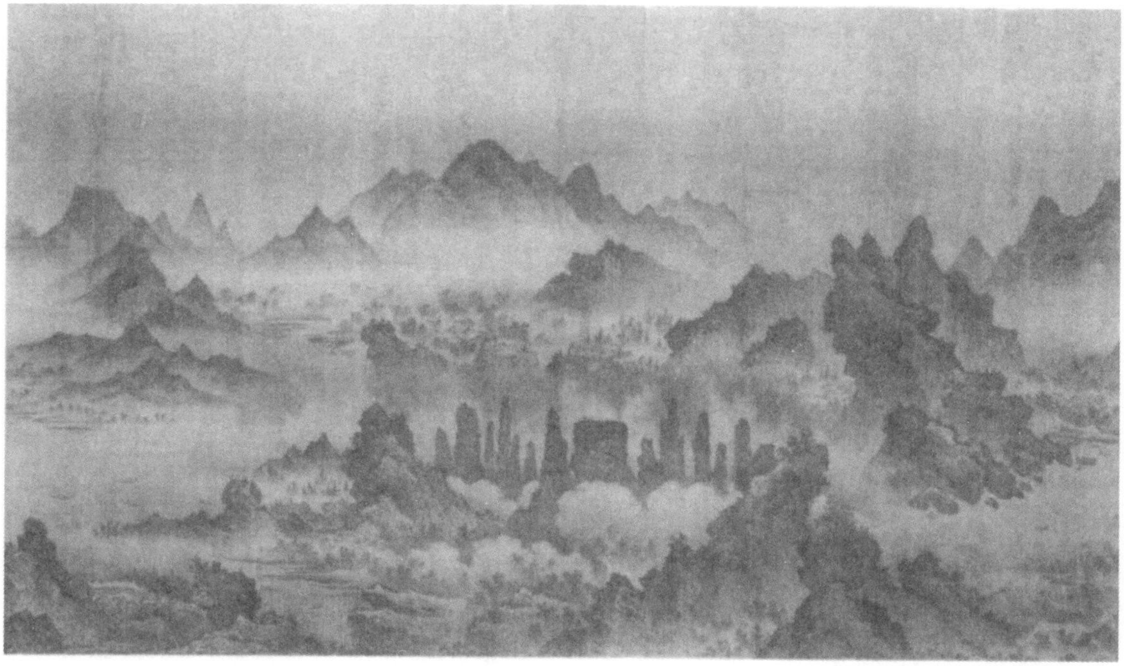

图 6.26 《长江万里图》的 13 世纪摹本片断

《长江万里图》为巨然和尚（大约活跃于 960—980 年）所作。这幅画以斜视景展示长江两岸景物并标注了地名。

整幅原图尺寸：43.7×1654 厘米。

图片由华盛顿特区史密松尼学会弗利尔美术馆提供。

(83) 杰勒德·曼利·霍普金斯（Gerard Manley Hopkins）写给罗伯特·布里奇斯（Robert Bridges）的信，1879 年 2 月 15 日，引自 *Gerard Manley Hopkins*, ed., Catherine Phillips (Oxford: Oxford University Press, 1986), 234－35, esp. 235。

及其构形（图6.28和图6.29）。

　　不过，本书关于艺术中有关经济内容的解释还不够强有力，为此需要对各个艺术门类的互动进行更为广泛深入的研究，以便更为准确地界定它们与地图绘制的关系。本章只探讨了一小部分现有资料。我的目的仅仅是为了说明人文主义方法对于中国地图的适用性。这种方法承认主观价值，我期待对之进行更深入的学术探索。以上例子说明了视觉艺术对于地图研究的价值：在处理空间及其展示方式上，地图与绘画有许多通用的程式，又因绘画与诗歌的紧密联系，地图得以与文学共享一套程式。对这些程式的了解，往往能揭示出一幅特定地图是如何被"阅读"的，而忽视它们可能会导致误读或一知半解，如前述汉代"驻军图"的例子。在很多情况下，我们应当认识到，偏离"形似"有时可能是制图者有意为之，因为他们放在首位的是主观表达。

166

图6.27　《长江万里图》片断

与图6.26一样，这幅地图也表现了长江两岸并给出地名。

每页尺寸：22.5×14.5厘米。

出自章潢编《图书编》（成书于1562—1577年，刻印于1613年），卷58，页2a、页3b。

复制图由哈佛大学哈佛燕京图书馆提供。

　　除此之外，我所持的地图史应与艺术史相结合的观点对于另一个方面，或许是一个更为基础的方面，是至关重要的。在中国艺术与地图学的学术研究中，往往会涉及数百年前的作品的复制品。在许多情况下，我们可以接触到这些作品，但在处理这些复制品时，我们应该

167

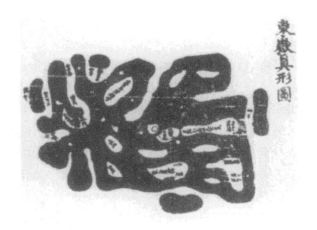

图 6.28 《道藏》中的泰山图

地图题为《东岳真形图》，展示的是泰山的洞府。绘制这些地图的目的在于利用山之灵力使利用地图的人们受益。这类地图能驱除恶鬼，助人成仙。

本页尺寸：11×10.5 厘米。

出自《灵宝无量度人上经大法》，卷 21，页 16a，载于《正统道藏》（1436—1449），全 1120 册，第 89 册，商务印书馆 1923—1926 年版。

复制图由哈佛大学哈佛燕京图书馆提供。

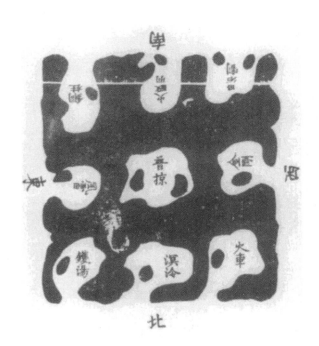

图 6.29 《道藏》中的冥府图

地图题为《九狱灯图》，展示了亡灵经受鞭打、烹煮、水浸等各种惩罚的九种地狱。这九种地狱是按九宫格的图形排列的，九宫格是许多宇宙图的典型图式（见第 204—205 页）。这幅地图应用于超度冥府罪人。

本页尺寸：11.5×11 厘米。

出自路时中《无上玄元三天玉堂大法》（编于 1158 年），卷 14，页 5b，载于《正统道藏》，全 1120 册，第 101 册，商务印书馆 1923—1926 年版。

复制图由哈佛大学哈佛燕京图书馆提供。

比以往的学者更加谨慎，特别是因为，只有确定了艺术品的真伪，对其艺术风格与展示模式演变序列的构想才是有效的。罗越在探讨中国艺术史时曾说过这样一段话，他的看法也同样适用于地图史研究：

> 真伪问题会导致一个实际的悖论：（1）如果没有掌握有关艺术风格的知识，我们就不能判断一件作品的真伪，而（2）如果不能确定一件作品的真伪，那么我们又不能构建有关艺术风格的各种概念……因此，一幅作品的真伪取决于它是否可信，而艺术风格又是判断它是否可信的最重要标准。故而，我们对于作品真伪的判断永远是武断和主观的，除非这一判断完全与艺术风格的标准相吻合。[84]

中国地图史学家需要对罗越的担忧保持敏感。例如，一些关于宋代地图的外观和精度

168

图6.30 《古今华夷区域总要图》

这幅地图与图6.31都出自明版《历代地理指掌图》（成书于1098—1100年，增补于1162年），须与南宋版（图3.23和图3.24）进行比对。二者标记的密集度、书体和海岸线画法都有差别。

原图尺寸：未知。

图片由北京中国科学院自然科学史研究所曹婉如提供。

---

[84] Loehr, "Some Fundamental Issues," 187–88（注释34）。

169

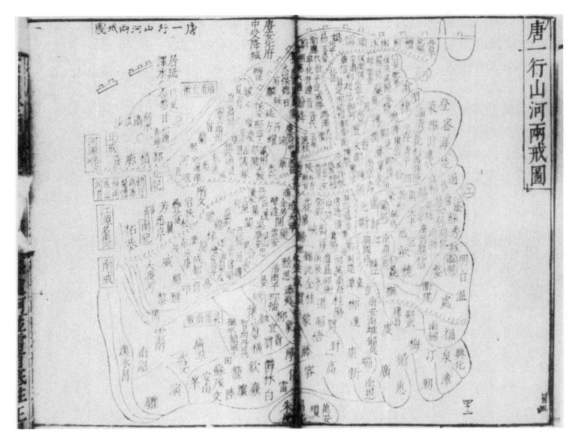

图 6.31   《唐一行山河两戒图》

参见图 6.30。

原图尺寸：未知。

图片由北京中国科学院自然科学史研究所曹婉如提供。

的判断，都是基于明清时期的副本，但我们不能理所当然地认为这些副本一定会忠实于宋代原图。诚然，临摹一般是十分认真的，例如，谢赫将临摹，即"传移摹写"列为绘画的六大原则之一，[85] 但是临摹并非只是单纯的依葫芦画瓢。临摹书画名作对于塑造个人艺术风格来说是一个至关重要的因素，因此一幅摹本不仅是对原作的复制，而且还会加入一些临摹者自己的东西。就雕版印刷而言，有证据表明，复本与原本在外形上也不完全吻合，这是我们所期待的中国美学中的"形似"。同一幅地图的宋代版本和明代版本之间会有明显的外观差异（图 6.30 和图 6.31）。[86]

　　在我们根据后世的复制品得出有关某个时期的地图学的结论之前，我们需要更多地了解雕版工匠和用于制版的纸图绘制者的个人立场。画工被允许在多大程度上偏离地图原貌？而雕刻者又被允许在多大程度上偏离制版纸图图像？关于这些问题，学者们甚至还没有得出初步的结论。但是，如果研究中国地图学史的历史学家们想要对其研究对象的编年有一个初步

---

⑧⑤   谢赫：《古画品录》，第 1 页（注释 31）。

⑧⑥   现在留存下来的石刻《禹迹图》的两个版本之间也存在差异（图 3.14 和图 3.15）。

的了解，这些问题的答案对他们来说就是至关重要的。解决这些问题，需要科学史家和艺术史家的专业知识，因为它们涉及技术、生产过程、艺术风格和美学理论。简言之，需要的是事实与价值的结合。

　　诚然，我在这里重点强调的是价值，但不应该误解为否认事实的重要性。对于我们力图了解的文化实际来说，二者是同等重要的，不能强调一个而忽视另一个。在地图史领域内，到了矫正这种或可被称为"剥离感知"（dissociation of sensibility）的状态的时候了。这一章走出了实现二者统一的第一步。作为第一步，本章重申了"价值"的价值，部分是出于分析的便利，但主要是为了引导学者去关注一个被大量中国地图学研究忽视的领域。⑰

（余定国审）

---

⑰　尽管中国地图史学家很少研究艺术史，但是在中国艺术史领域却出现了一种相反的态势。例如，宗像清彦（Kiyohiko Munakata）为了理解中国人对待圣山———种山水画的传统主题——的态度，而参考中国的传统地图。参看 Kiyohiko Munakata, *Sacred Mountains in Chinese Art*（Urbana：University of Illinois Press，1991）。

170

第七章　中国传统地图学与其西方化的假想

余定国
（Cordell D. K. Yee）

上一章我曾说过，中国地图学直到 19 世纪才从视觉艺术中剥离出来。这种说法似乎与有关中国晚明和清代地图绘制的某些论述相矛盾。按照这些论述，彼时中国地图学已经吸收了来自欧洲的制图技术，成为西方意义上的"科学"。科学的中国地图学包含大地是球形的这一概念，并采用一个坐标系统来定位地球表面的点，这种定位需要采用数学技术，将球面地表上的点投影到平面地图上。根据过去对中国地图学的论述，欧洲地图学方法取代了中国传统的地图绘制方法，或者至少使后者变得不值一提了。王庸、李约瑟、卢良志以及其他学者论述晚明至清代的地图学时，都将注意力集中于耶稣会士绘制的中国地图。[①] 这些地图学史家以小比例尺地图来代表整个中国地图学，而忽视了地图文化其他方面的许多内容。他们很少提及中国传统地图学早期的代表人物及其代表作品，因而他们的论述使人产生了一个印象，即在 18 世纪，中国和欧洲的地图学变得难以分别。

16 世纪末欧洲地图学首次传入中国时，它与中国地图学的主要分歧在于，中国传统的制图者认为地球表面是平的。根据前人的论述，当耶稣会士将一种不同的世界模式和托勒密制图技术带到中国后，地平说开始发生变化。在这一章中，我将审视中国人对那些涉及中国地图学的西方著作的回应。事实上，也许用"缺乏回应"来形容当时中国人的态度会更为准确。在 16 世纪晚期至 20 世纪初，也就是本章讨论的大部分时间内，中国的制图实践基本上没有受到欧洲的影响。中国地图学向托勒密系统的转化，并不如前人所说的那么迅速和全面。

欧洲地图学的引入

训练中国人掌握欧洲的科学技术并不是耶稣会的主要目的。事实上，大多数耶稣会士甚

---

① 参看王庸《中国地理学史》（1938 年；台北：台湾商务印书馆 1974 年重印版）；王庸：《中国地图史纲》，生活·读书·新知三联书店 1958 年版；Joseph Needham, *Science and Civilisation in China*（Cambridge：Cambridge University Press，1954 – ），Vol. 3，with Wang Ling，*Mathematics and the Sciences of the Heavens and the Earth*（1959）；陈正祥：《中国地图学史》，香港：商务印书馆 1979 年版；陈菲亚：《中国古代地理学史》，科学出版社 1984 年版；卢良志：《中国地图学史》，测绘出版社 1984 年版。

至对此抱有争议，但是传教士范礼安（Alessandro Valignani，1539—1606 年）和罗明坚（Michele Ruggieri，1543—1607 年）敏锐地意识到，"中国化"才是在中国立足的唯一途径。利玛窦（Matteo Ricci，1552—1610 年）遵循了他们的思路，尽管他感到了来自上方的巨大压力。利玛窦认为应该通过间接的方式使中国人皈依基督教，而不是直接挑战中国传统价值观和宗教信仰。他试图利用欧洲文化在数学、天文学和地图学方面的科学成就来赢得中国知识精英的支持。根据利玛窦的思路，一旦中国的知识分子承认了欧洲科学技术的优势，他们就可能皈依基督教。精英阶层之所以成为关注对象，是因为耶稣会士将他们视为通往朝廷的捷径。如果皇帝能够皈依，那么帝国的其他人都会追随他入教。对于耶稣会信徒来说，地图也是谢和耐（Jacques Gernet）所说的"诱惑大计"的一部分。[2]

尽管传播科学并不是耶稣会士关注的首要目的，但他们的地图作品却有可能对中国制图实践带来革命性的影响。1583 年，利玛窦和罗明坚抵达肇庆府（属今广东省）传教，在此之前，中国的制图者本已采用计里画方辅助标注距离和方向，但通过利玛窦的地图，一些制图者得以了解托勒密的地图空间组织系统。

根据利玛窦日记记载，"肇庆府宣教厅的墙上挂有一幅用欧洲文字标注的世界地图。那些学识渊博的中国人对此十分钦羡，当他们得知这就是欧洲人所看到和描绘的整个世界时，他们兴致盎然，希望看到用中文绘制的此类地图。"[3] 应肇庆知府之请，利玛窦绘制了一幅"汉字"新图："这幅新图的比例较原图略大，这样做是为了留出更多的空间来标注汉字，因为汉字比我们西方的文字要大一些。"[4] 利玛窦似乎认识到中国传统地图的特点是图文互补，因为他写道："其上添加了新的注记，更符合中国风格。"[5] 这幅新图于 1584 年印制，名为《山海舆地全图》。这版地图没有一幅留存至今，但是章潢（1527—1608）的《图书编》复刻了这幅地图。章潢曾于 1595 年与利玛窦相遇。

章潢的复刻本（图 7.1）表明，利玛窦的这幅地图是以奥特柳斯（Ortelius）型地图为底本的。地图顶部为北，以经线和纬线确定地理空间。赤道线较其他纬线尤其粗重；尽管地图的中心放在太平洋某地，但该图并没有明确标出本初子午线。另外，图中错误地将明帝国描绘为由两个大岛屿和部分亚洲大陆组成。后来的版本上也有这个图像，但有所改进，至少让人感觉明帝国还是亚洲大陆的一部分（例如图 7.2）。

中国人只有改变自己的世界观，方能相信利玛窦地图真实无误。世界是球状的，这一观念与那种认为世界是方的且表面平坦的宇宙思想相抵触。根据利玛窦日记的记述，中国人"无法理解大地是由陆地和海洋组成的球体，而地球本身既没有始端，也没有末端。"[6] 因此，中国的制图工作都是基于这样的假设，即将一个平面（地球）上的内容，转移到另一

171

②　Jacques Gernet，*China and the Christian Impact*：*A Conflict of Cultures*，trans. Janet Lloyd（Cambridge：Cambridge University Press，1985），15.

③　*China in the Sixteenth Century*：*The Journals of Matthew Ricci，1583 – 1610*（New York：Random House，1953），165 – 66. 原书是路易斯·J. 加勒弗尔（Louis J. Callagher）根据金尼阁（Nicolas Trigault）的拉丁文本翻译的。金尼阁是在华法国耶稣会士。他翻译并补充说明了利玛窦对自己在中国活动的叙述。金尼阁的翻译本最初于 1615 年出版。

④　*China in the Sixteenth Century*，166（注释 3）。

⑤　*China in the Sixteenth Century*，166（注释 3）。

⑥　*China in the Sixteenth Century*，167（注释 3）。

172

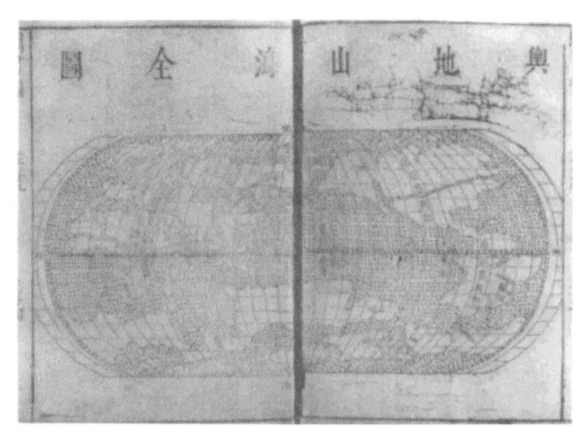

图 7.1　《舆地山海全图》

这是利玛窦世界地图初版（1583）的中文版。

每页尺寸：3×14.5 厘米。

出自章潢编《图书编》（1613），卷 29，页 33b、页 34b。

复制图由哈佛大学哈佛燕京图书馆提供。

个绘制地图的平面上。这种做法不会造成任何失真，因为转移的过程只是将真实世界缩小到纸页或卷轴上而已。没有必要设计数学公式来纠正地球曲率，注意距离和方向只是出于正确定位地物的需要，而缩放比例尺可通过计里方格来完成。

　　对于中国知识分子来说，利玛窦地图上的经纬网并非完全不可理解。中国天文学中用于确定天象位置的二十八宿中也有类似的网络。经纬网与中国天文系统的对应引起了一些中国知识分子的注意，使他们相信了利玛窦地图的真实性。例如，冯应京（1555—1606）在为利玛窦世界地图的第四版（1603）撰写了序言中说："以天度定轮广，以日行别寒燠，以五州辨疆界。物产民风之环奇附焉。於戏！"[7]

　　也许更难以接受的是，地图上的中国只是世界上众多国家中的一个小国，而世界上大部分地方是水，而不是陆地。地图上展示的广袤万里之地以及耶稣会士声称他们曾经走过的地方，都被中国人认为是信口雌黄。一位明朝的官员写道："先年同其（王丰肃，Alphonse

⑦　Pasquale M. d'Elia（德礼贤），"Recent Discoveries and New Studies（1938 – 1960）of the World Map in Chinese of Father Matteo Ricci SJ，" *Monumenta Serica* 20（1961）：82 – 164，esp. 129.

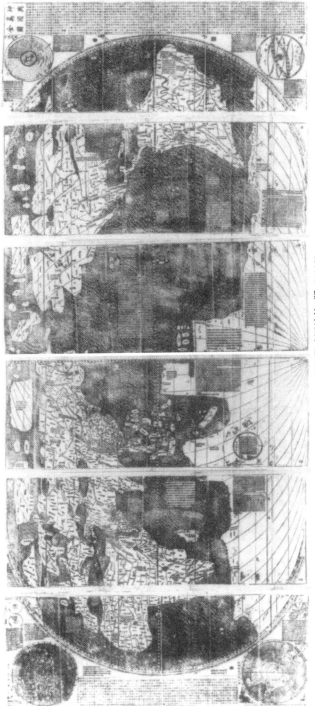

图7.2　利玛窦世界地图的第3版（1602）

原图尺寸：168.7×380.2厘米。

图片由伦敦苏富比提供。

Vagnoni，1566—1640 年）党类，诈称行天主教，欺吕宋国王而夺其地，改号大西洋。然则闽、粤相近一狈夷尔，有何八万里之遥?"⑧ 同时代的另一位作家亦担心欧洲人会将用于菲律宾的诡计施加于中国："此夷诈言九万里，夫诈远者，令人信其无异志，而不虞彼之吞我耳。"⑨

利玛窦世界地图经常被提及的特征之一是将中国置于靠近地图中心的位置。金尼阁编订的利玛窦日记宣称，这是对中国传统的一个让步，因为中国人"坚信他们的国家正好处在世界中心"，而且他们不喜欢"西方地理学将中国推到东方一角的想法"。⑩ 根据利玛窦复制的奥特柳斯型地图的投影，180°子午线位于靠近亚洲的太平洋上。利玛窦对该地图的图像进行了调整，从而使 180°经线代替了 0°子午线而处于地图中心位置。这样一来，中国就出现在了靠近中央的地方。

173　　我们应该审慎看待利玛窦地图做此改变是为了迎合中国人现实地理观念的说法。虽然人们常常提到魏濬指责利玛窦未将中国置于世界中心，但这并不一定反映了中国社会各阶层的普遍意见。⑪ 中国人的"中央之国情结"在某种程度上更为复杂。17 世纪以前的官僚精英认为，天下之中在洛阳附近的登封，即大日晷的所在地，但官僚圈之外还存在分歧。有一种传统观点认为天下之中在昆仑山，但昆仑山并不在汉地，而是在西部的某个地方。中国的佛教地图也提供了其他证据。佛教宇宙论将包括印度及其周边地区的南瞻部洲视为世界的中心。传统上，这块大陆被画成一个倒三角形，中国只是其东北部的一个小国，也未处于中心位置。中国的佛教徒虽然对这一图像加以修改，但只是把中国画大了一些，却并未将它放在中心的位置（图 7.3 和图 7.4）。

"中国"这一名称通常被翻译为"中央之国"，暗示中国人坚信他们的帝国是世界的地理中心，但在其原始的字面意义上，"中国"只是作为周王朝核心的北方国家。实际上，直到中华帝国晚期，"中国"一词始终保有这层含义，它强调了文化或政治上的统率地位。因此，"中国"不一定指地理中心，而是指代文化或政治中心。

这样一来，对于传统中国的"天下图"或"世界图"的中国中心主义也有多重解释。其中既有地理中心的概念，但也许更重要的是，认为中国是文化的中心、文明的标杆，因此渴求取得文化成就的各民族纷纷向中国聚拢。尽管有人说过"中国人认为，在众多国家中，中国是唯一值得赞美的国家，"⑫ 但是利玛窦将中国置于地图中心的做法可能仅仅反映了其地图阅读者们的兴趣。

过去有关中国人接受利玛窦地图的论述给人留下了这样一种印象：他的地图在中国被广泛接受。例如，金尼阁编订的利玛窦日记写到，利玛窦地图"经常被修订、改进和重印，并

---

⑧　张维华：《明史欧洲四国传注释》，1934 年，上海古籍出版社 1982 年重印版，第 131 页。

⑨　张维华：《明史欧洲四国传注释》，第 131 页（注释 8）。

⑩　*China in the Sixteenth Century*，167（注释 3）。

⑪　例如，参看 Kenneth Ch'en（陈观胜），"Metteo Ricci's Contribution to, and Influence on, Geographical Knowledge in China," *Journal of the American Oriental Society* 59（1939）：325–59，esp. 348。其中引用了魏濬的话："中国居全图之中，居稍偏西而近于北，试于夜分仰观，北极枢星乃在子分，则中国当居正中，而图置稍西，全属无谓……焉得谓中国如此蕞尔，而居图之近北?"参见陈观胜《利玛窦对中国地理学之贡献及其影响》（《禹贡半月刊》，第 5 期，1936 年，第 51—72 页。）

⑫　*China in the Sixteenth Century*，167（注释 3）。

174

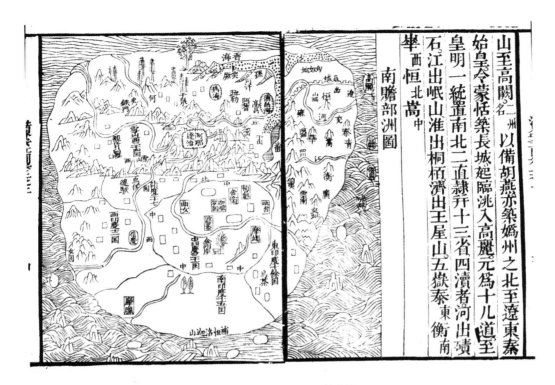

图 7.3　中国南瞻部洲佛教地图

两图尺寸：20×14.2、20×5.1 厘米。

出自仁潮《法界安立图》（1607），1824 年版，卷上，页 3b、页 4a。

得到了总督和巡抚们的青睐。最终应利玛窦请托，这些地图进入宫廷。"⑬ 陈观胜写道，"好像无论利玛窦走到何处，当地官员都会请他绘制地图。"⑭ 利玛窦自己则记录道，一位官员看到他绘制的世界地图，立刻下令制版刻印，并将它作为礼物送给朋友。⑮ 在另一个例子中，一位知县曾将利玛窦地图刻在石碑上，并将拓本分发给朋友。除此之外，利玛窦最亲密的两位中国友人——冯应京和李之藻（逝于 1630 年）也拥有利玛窦刻本地图的副本。根据陈观胜的说法，数以千计的李之藻版本的利玛窦地图流传一时。1608 年，一位太监向皇帝进献了一幅利玛窦地图的副本。皇帝对此印象颇深，下令再复制十二份。⑯

　　少数学者对利玛窦地图评价很高，甚至在自己的著作中复刊这些地图。除了上文所提到的章潢外，王圻在《三才图会》中也复制了利玛窦地图的第二版（1600），但是他去掉了纬线，并且只保留了少量地名（图 7.5）。程百二等在《方舆胜略》中收录了印制于 1601 年的

---

⑬　参看 *China in the Sixteenth Century*，168（注释 3）。

⑭　Ch'en，"Metteo Ricci's Contribution，" 343（注释 11）。约翰·巴德利也做过类似的描述。参看 John F. Baddeley，"Father Matteo Ricci's Chinese World-Maps，" *Geographical Journal* 50（1917）：254 – 70。

⑮　Matteo Ricci，*Storia dell'introduzione del Cristianesimo in Cina*，3 Vols.，ed. Pasquale M. d'Elia，Fonti Ricciane：Documenti Originali concernenti Matteo Ricci e la Storia delle Prime relazioni tra l'Europa e la Cina（1579 – 1615）（Rome：Libreria dello Stato，1942 – 49），1：211 – 12。

⑯　Ricci，*Introduzione del Cristianesimo*，2：472 – 74（注释 15）。

175

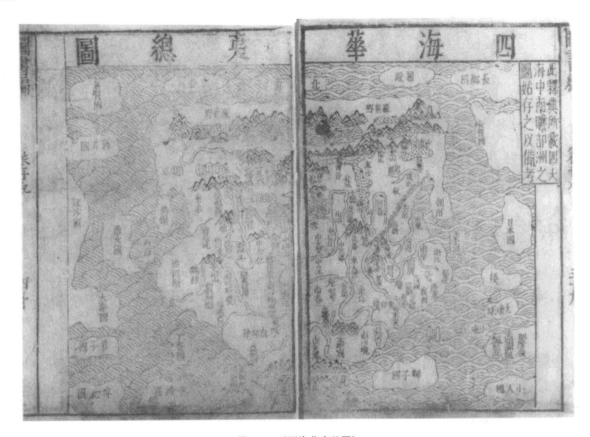

图7.4　《四海华夷总图》

这是另外一幅中国南瞻部洲佛教地图（参见图7.3）。

每页尺寸：22.5×14.5厘米。

出自章潢编《图书编》（1613），卷29，页39b、页40a。

复制图由哈佛大学哈佛燕京图书馆提供。

利玛窦东西半球图（图7.6）。[17] 这幅图附有一张国家和地区经纬度表，并配有解说，但在复制过程中，很多地名和注记已与原文有了不同。

　　潘光祖编订《舆图备考》中的世界地图根据的是《方舆胜略》。《舆图备考》开篇即是一组地图。头两幅就是从《方舆胜略》中复制的东西半球图。余下23幅地图，大部分以罗洪先（1504—1564）《广舆图》中的地图为蓝本，但其上没有计里方格。潘光祖好像并没有试图采用欧洲技术重新解读本土资料，因此他是否真正理解这些技术似乎值得怀疑。[18]

　　既然最初几版利玛窦地图流传相当广泛，并且其副本也被收录到中国著作中，那么，对于地图史学家而言，一个重要问题来了：这些地图为何没有对中国地图学产生持久的影响？

---

　　⑰　关于《方舆胜略》的研究，参看陈观胜《〈方舆胜略〉中各国度分表之校订》（《禹贡半月刊》第5期，1936，第165—194页）。

　　⑱　王庸：《中国地理图籍丛考》，商务印书馆1956年版，第20—21页。《舆图备考》据称藏于美国国会图书馆，但查询未果。

图 7.5　《山海舆地全图》

这是 1602 年利玛窦世界地图第 2 版的中文版。

每页尺寸：21×14 厘米。

出自王圻编《三才图会》（成书于 1607 年，刻印于 1609 年），地理一卷，页 1b、页 2a。

复制图由哈佛大学哈佛燕京图书馆提供。

陈观胜提供了四条理由：其一，中国人极其自大，认为不需要向西方学习任何东西；其二，世界地图与天主教徒之间存在联系，而在利玛窦去世（1610）几年以后，天主教徒成为被迫害的对象；其三，中国科学不发达；其四，复制利玛窦地图时粗制滥造。[19]

当然，中国本土地图上有关中国的信息要比利玛窦初版世界地图更为可靠。在章潢《图书编》收录的利玛窦地图中，中国是由亚洲大陆的一部分和两块相邻的庞大岛屿组成的，这反映出欧洲人对中国的了解并不全面。利玛窦通过利用中国人绘制的地图，如《广舆图》以及中文地理著作，为欧洲人提供了更为可靠的有关中国的信息。他的研究成果也在其后出现的世界地图中得到体现，这些地图展示的中国更加贴近中文地图。

利玛窦确实做过一些实地测量，以便使中国的资料适于投影展示的需要。他测定了中国很多地方的经纬度。不过，他的地图也存在一些错误，因为他误将 1°对应 250 里，而正确的对应值应该是 194 里。尽管如此，利玛窦有办法传授欧洲的投影技术，他的中国友人以及

---

[19]　参看 Ch'en，"Metteo Ricci's Contribution，"357 – 59（注释 11）。

崇拜者原本也有机会学习那些技术。

177　　　然而，除了上面提到的利玛窦地图的副本之外，没有任何证据表明明代的中国地图采用了经纬系统或者类似的坐标系。正如陈观胜所指出的，中国的复制图本身暴露了对利玛窦地图的一知半解。⑳ 除了在某些情况下省略经纬网格外，他们还错误地标注了某些国家，将利玛窦的注记误读为地名，在标注一些国家的坐标时并没有考虑到它们的地理范围，如《方舆胜略》将法国的坐标写成北纬45°和经度5°（幸运岛的经度是0°）。

　　因此，地图史学家似乎回答了一个不是问题的问题。利玛窦是否产生过巨大的地图学影响是值得怀疑的。流传广泛并不是衡量影响力的标准，而接触并不一定意味着采用。因此更准确地说，利玛窦的影响主要是在欧洲，欧洲地图上中国影像的变化直接来自于利玛窦地图。

欧洲地图学与清代的地图绘制

　　如果说中国地图学在明代没有与欧洲地图学相结合，那么一些学者也许会声称，在清代，这种结合在外国的再次影响下发生了。清代中国文化受外来影响主要经由两个渠道：一是满人对中原的征服；二是中国与欧洲的接触，先是通过耶稣会士的传教（从晚明开始），再是商业扩张。这种对外接触，特别是商业扩张带来了一些变化，但对地图学的影响却并不深远。为了证明这一说法，让我们来研究一下清代各个层级的地图。我们可以从两个层面去观察清代地图史：在朝廷层面，其制图实践某种程度上受到了外国地图学的影响；在地方层面，直到19世纪后期还在抵制外来影响。

大清帝国的全面勘测

　　满洲人与他们所征服的人口比例是1：50，而他们最终统治的帝国面积是其龙兴之地的20倍。满洲人深知学习汉人的历史的重要性。他们决定不再重蹈前人覆辙，即丧失部族战斗力以及陷入本土官僚与贵族之间的派别之争。清朝形成的这种制度被称为满汉共治，它力求最大限度缩小征服者和被征服者之间的差别。㉑ 清统治者还采用了汉语，弘扬汉文化，并下令开展一些保存中华文物的工程。通过这些举措，他们不仅赢得了汉人文士的好感，也得以控制公众思想。例如，通过督查古籍编纂工程，确保删除那些带有排胡和反满情绪的文字。

　　可靠的地理信息对于扩张和维持政治统治是至关重要的。我们并不清楚满洲人是否有自己的地图学传统。在征服中原之后，满洲人一如从前，从汉文文献中获取地理信息，另外也委派耶稣会士进行全国测量。

　　耶稣会士的勘测及其所绘地图也许是清代地图学中最为人所熟知的部分，但相对而言，

---

⑳　Ch'en, "Metteo Ricci's Contribution," 347（注释11）。

㉑　有关这套体系的论述，参看 Frederic Wakeman, Jr.（魏斐德），*The Great Enterprise：The Manchu Reconstruction of Imperial Order in Seventeenth-Century China*，2 Vols.（Berkeley and Los Angeles：University of California Press，1985）；Robert B. Oxnam（安熙龙），*Ruling from Horseback：Manchu Politics in the Oboi Regency，1661–1669*（Chicago：University of Chicago Press，1975）。

178

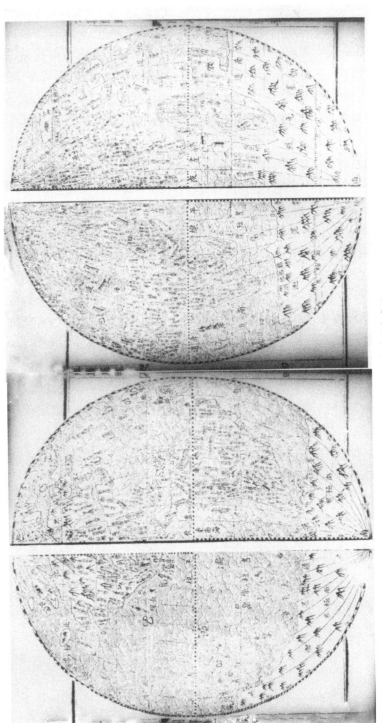

图7.6 中文版东西半球图

这是根据1601年利玛窦东西半球图绘制的。左边为西半球，右边为东半球。

原图尺寸：未知。

出自程百二等《方舆胜略》。

图片由中国科学院自然科学史研究曹婉如提供。

179

人们对清政府在清初进行的全面勘测则并不是那么熟悉。与耶稣会士的勘测不同，清政府进行的勘测并不是以绘制地图为目的，而只是巩固政治威权的一种手段。作为一种赢得公众支持的途径，清初，朝廷宣布赋税"俱照前朝会计录原额征解"[22] 然而，明朝的赋税和土地记录（会计录）已彻底过时，即便最新的记录也是 25 年前编订的。1646 年 6 月 9 日，摄政王多尔衮决定予以纠正。他命令大臣查明整个帝国的耕地情况，并审查地方政府的赋税征收程序。这是继 16 世纪 80 年代以来第一次在全国范围内进行地籍调查："在内责成各该管衙门，在外责成抚按严核详稽，拟定《赋役全书》，进朕亲览，颁行天下。"[23] 然而，魏斐德（Wakeman）认为，《赋役全书》的编订"实际上更像是对赋役额数的重估，而不是彻底的全国土地清丈"。[24]

清朝统治者处理明代赋役记录的经历促使他们接受耶稣会士的提议，绘制比当时所能看到的中国地图更优质的地图。当耶稣会士在 1698 年向康熙皇帝建议开展全国勘测时，双方都知道，耶稣会士已经证明了，他们的天文学方法与中国传统方法和伊斯兰方法相比，具有更高的预测能力。1644 年 7 月 29 日，耶稣会士汤若望（Johann Adam Schall von Bell，1592—1666）向皇帝奏请重修满人掌权前被草寇毁坏的观象台并且预测到"本年八月初一日（1644 年 9 月 1 日）日食，照西洋新法推步"："各省所见日食多寡先后不同。诸数开列呈览。乞敕该部届期公同测验。"[25] 汤若望的请求得到钦准，皇帝批文称："旧历岁久差讹。西洋新法屡屡合。知道了。"[26] 测验证实了朝廷掌握的情况："时、刻、分、秒及方位等项惟西洋新法一一吻合。大统、回回两法俱差时刻云。"[27] 在 1644 年 10 月 19 日，西洋历法被官方采用。10 月 31 日，汤若望被任命为钦天监监事。

在康熙时期（1662—1722），耶稣会士得到一个展示其制图技术优越性的机会。他们随皇帝北征，并教授皇帝如何进行天文观测，以及如何测量海拔高度和距离。康熙皇帝对数学和地理学产生了浓厚的兴趣："惟是疆域错纷，幅员辽阔，万里之远……其间风气群分，民情类别，不有缀录。何以周知？顾由汉以来，方舆地理作者颇多，详略既殊，今昔互异。爰敕所司，肇开馆局，网络文献，质订国经，将荟萃成书，以著一代之巨典。"[28] 这"一代之巨典"就是《大清一统志》（成书于 1746 年），朝廷要求编撰者记录具有战略意义的关隘、山川、风俗以及名人，并绘制地图。

正如下文所述，中国地图绘制者在地图展示方式上缺乏统一性，这阻碍了他们编订一部康熙皇帝期许的全国总志。1698 年，耶稣会士巴多明（Dominique Parrenin，1665—1759）审查了各省地图，发现府、县、城的位置均存在若干错误。于是，他上奏皇帝建议进行一次全国范围的勘测。作为回应，康熙皇帝命令白晋（Joachim Bouvet，1656—1730）回法国去

180

㉒ 《大清世祖章（顺治）皇帝实录》，1937 年；台北：华联出版社 1964 年版，卷 17，页 16b。以下称《世祖实录》。

㉓ 《世祖实录》卷 25，页 24b（注释 22）。

㉔ Wakeman, *Great Enterprise*, 1：464 n. 119（注释 21）。

㉕ 《世祖实录》卷 5，页 24a（注释 22）。

㉖ 《世祖实录》卷 5，页 24a（注释 22）。

㉗ 《世祖实录》卷 7，页 1b（注释 22）。

㉘ 《大清圣祖（康熙）皇帝实录》，1937 年；台北：华联出版社 1964 年重印版，卷 126，页 15b、页 16a。

招募更多耶稣会士来华。白晋返回法国后带回了十几位受过天文学、数学、地理学和勘测学训练的耶稣会士。康熙皇帝首先对他们进行考核。例如，1705 年前后，他命令这些耶稣会士勘测并绘制天津地区的地图，这一方面是为了确定该地区是否可以防止洪涝；另一方面也是为了检验欧洲制图方法的准确性。㉙ 耶稣会士们在 70 天内完成了地图并呈献给皇帝。康熙皇帝对此结果甚是满意。

1707 年，皇帝又命令耶稣会士勘测京师周边地区，并将结果与旧地图加以比对。新地图在 6 个月之内绘制出来并呈献给皇帝。康熙皇帝查阅了地图，称新图明显优于旧图。1708 年，他命令耶稣会士勘测并确定了长城的位置。据耶稣会士宋君荣（Antonie Gaubil，1689—1759）记载，"那些对中国地理感兴趣的人也许会很高兴地得知：其一，巴多明神父成功地挑起了康熙皇帝得到一幅长城地图的欲望；其二，皇帝对白晋、雷孝思（J. B. Regis）和杜德美（P. Jartoux）神父所绘制的长城地图非常满意，因此决心绘制整个大清和鞑靼的辽阔疆域的地图"㉚。宋君荣在 1728 年写下了这段话，但他并没有具体指出巴多明是何时提议绘制长城地图的。佛斯似乎想证明巴多明提议与接下来的全面勘测有关，㉛ 但宋君荣的那段话并没有提到全面勘测。康熙皇帝下令勘测长城时，巴多明确实身在中国。因此，宋君荣更有可能指的是那次长城勘测。

对长城的勘测开启了耶稣会士接下来十年全面勘测的序幕，并最终出版了第一部耶稣会中国地图集。皇帝显然认识到了实测地图带来的政治收益：既能改善通信状况，也有助于军事部署。长城正好十分切合清政府的这两个关注点，这样就不难理解为何选择长城作为测绘对象了。测绘长城的任务落到了白晋、雷孝思和杜德美身上。1708 年 6 月 4 日，他们离开北京，4 天后抵达了长城与大海交接处的山海关。他们沿着长城向西，用罗盘校准方位，用测绳测量距离，并根据太阳高度测定纬度。两个月后，白晋由于染病被迫返京，而雷孝思和杜德美则继续勘测工作。1709 年 1 月 10 日，二人带着一幅 5 米多长的地图回到北京，地图上绘有关口、要塞、河流、山峰以及垛口。皇帝对这幅地图非常满意，并下令继续对其他地区进行勘测。宋君荣在下面这段记录中描述了耶稣会士采用的勘测方法：

181

　　神父们需要一个半径为二英尺二英寸的四分仪。他们经常仔细查看它，发现其测定的海拔高度总是可以精确到分。他们有一些很大的指南针和许多其他仪器，一个摆锤等用来执行皇帝命令的其他东西。他们用那些带有精确刻度的测绳准确测量了离开北京的路程……在这条路上，他们经常观测正午太阳的高度，观察每时每刻的罗盘方位角，并仔细观测山顶的变化和倾斜度。……在如此辽阔的地域内，这些神父……观察测杆的高度，观察罗盘方位角……㉜

㉙　杜赫德（Jean Baptiste Du Halde）在他的书中描述了这次勘测。参看 Jean Baptiste Du Halde，ed.，*Lettres édifiantes et curieuses，écrites des missions étrangères par quelques missionaries de la Compagnie de Jésus*，27 Vols.（Paris：Nicolas le Clerc，1707 - 49），10：413 - 15. 其中收录了张诚（Jean François Gerbillon，1604 - 1707）于 1705 年所写的信。

㉚　Antonie Gaubil，*Correspondance de Pékin，1722 - 1759*（Geneva：Librairie Droz，1970），214.

㉛　Theodore N. Foss，"A Western Interpretation of China：Jesuit Cartography，" *East Meets West：The Jesuits in China，1582 - 1773*，ed.，Charles E. Ronan，Bonnie B. C. Oh（Chicago：Loyola University Press，1988），223.

㉜　Gaubil，*Correspondance de Pékin*，214（注释 30）。

这次勘测的范围包括朝鲜等朝贡国，但耶稣会士在勘测这些地区时偶尔会遇到麻烦。以朝鲜为例，他们在此获得的所有数据都是设计谋取的。北京地区的传教士马国贤（Matteo Ripa，1682—1745 年）记载，朝鲜人"对陌生人极其猜忌"并拒绝欧洲人进入他们的国土：

> 在耶稣会的授意下，这一区域的勘测后来由一位清朝官吏来完成，皇帝让他以使节的名义前往朝鲜。即便如此，朝鲜人仍然每时每刻密切关注着这位使节的行踪，以至于他根本无法躲开朝鲜护卫的视线。这些人寸步不离他左右，甚至记录下他的一言一行，因此，他无法用绳子来测量经度，只能根据时间来计算路程。我和这位使节相熟，他曾告知我，他只是成功测量了太阳高度，因为他使朝鲜人相信他所用的工具是一种日晷，每次停下来看日晷只是为了确定时间。㉝

马国贤的记述给人的印象是，耶稣会士地图上的朝鲜（图 7.7）是根据实测绘制的，但似乎只有朝鲜北部是这个情况。马国贤的记述还需要以雷孝思的话来补充。根据杜赫德（Jean Baptiste Du Halde，1674—1743）的记录，雷孝思曾说，耶稣会士所绘朝鲜地图大部分依据的是一位"鞑靼领主"（特使）从朝鲜带回来的地图（参看第 299—305 页）。

耶稣会士对帝国的勘测完成于 1717 年，并于次年向皇帝呈交了一部地图集。这部地图集就是《皇舆全览图》，取这个图名也许是为了表达皇帝想要一览天下的愿望。㉞ 皇帝对这个结果甚是满意，他评价说："山脉水道，俱与禹贡合。"㉟ 地图集均采用梯形投影法（trapezoidal projection），以 1∶400000 到 1∶500000 的比例尺描绘了包括蒙古、东北和哈密以东地区在内的大清帝国版图。图中将穿越北京的子午线作为本初子午线，在一定程度上是为了避免采用欧洲本初子午线可能造成的经度误差。㊱

这部著名的康熙耶稣会地图集有一段复杂的刊印史。初版是在中国用木雕版印制的，由 28 幅地图组成。1719 年出版了由 32 幅地图组成的绘本地图集。尔后，马国贤根据绘本地图集，以 1∶1400000 的比例尺制成 44 幅铜版。㊲

㉝　Matteo Ripa, *Memoirs of Father Ripa, during Thirteen Years' Residence at the Court of Peking in the Service of the Emperor of China*, trans. and ed. Fortunato Prandi（London：John Murray, 1846），65.

㉞　Joseph-Anne-Marie de Moyriac de Mailla, *Historie générale de la Chine ou annals de cet empire*, 13 Vols.（Paris：Grosier, 1777 – 85），11：314.

㉟　《清史稿校注》，15 册本，台北："国史馆"，1986，卷 290，第 11 册，第 8773—8774 页。或参看《清史》，8 册本，台北："国防研究院"，1961 年，卷 284，第 5 册，第 4010 页。

㊱　Jean Baptiste Du Halde, *Description géographique, historique, chronologique, politique, et physique de l'empire de la Chine et de la Tartarie chinoise*, 4 Vols.（Paris：Lemercier, 1735），1：xxxvi. 这部书的英文版是 *A Description of the Empire of China and Chinese-Tartary, Together with the Kingdom of Korea, and Tibet*, 2 Vols.（London：Edward Cave, 1738 – 41）。

㊲　铜版始作于 1718 年，也许大致根据初版地图集。这部地图集的铜版印本在英格兰（King George Ill's Topographical Collection, British Library, London）和意大利（lstituto Universitario Orientale di Napoli））得以保存。参看 Foss，"Western Interpretation of China，" 234 页和 239 页注释 93（注释 30），以及 Helen Wallis，"Chinese Maps and Globes in the British Library and the Phillips Collection，" in *Chinese Studies：Papers Presented at a Colloquium at the School of Oriental and African Studies, University of London, 24 – 26 August 1987*, ed. Frances Wood（London：British Library, 1988），88 – 96，esp. 93。

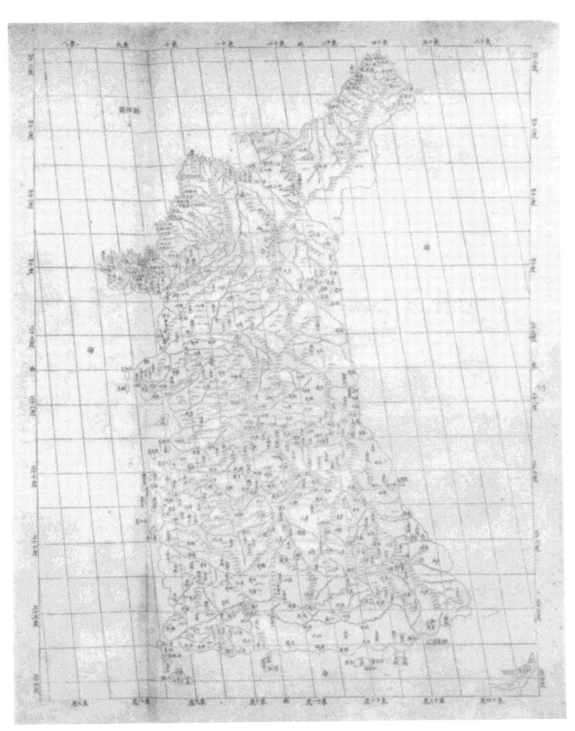

图 7.7 《皇舆全览图》中的朝鲜图

　　这幅地图出自 1721 年版《皇舆全览图》，图中所绘北纬 39 度以北的朝鲜半岛与现代地图接近，但以南差距较大，例如首尔的位置离西海岸太远，汉江流向西南而不是流向西北。

　　原图尺寸：58×43 厘米。

　　经伦敦大英图书馆许可（Maps C. 11. d. 15）。

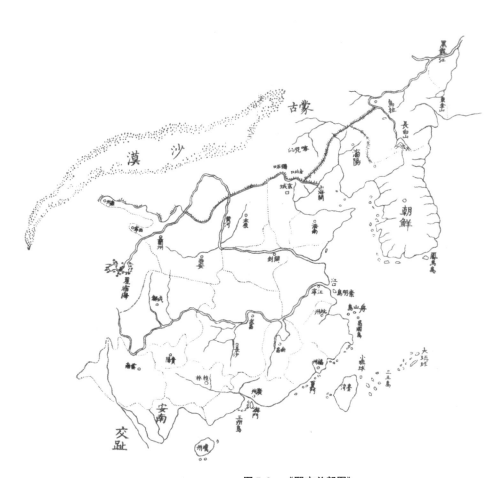

图 7.8   《职方总部图》

这幅图出自中国类书《古今图书集成》，是根据耶稣会士为康熙皇帝备制之图绘制的。这幅图不同于原图的是没有经纬线。

地图尺寸：20×19 厘米。

出自陈梦雷、蒋廷锡等编《古今图书集成》（成书于 1726 年，刻印于 1728 年），中华书局 1934 年重印本，卷 63。

《清史稿》（1927）曾提到这个绘本版："（康熙）五十八年，图成，为全国一，离合凡三十二帧，别为分省图，省各一帧。"⊗ 第二部木刻本印制于 1721 年，其样式与 1719 年绘本相同，比例为 1∶2000000。该木刻本被耶稣会士带回欧洲，并成为杜赫德编写的《中华帝国的地理、历史、年表、政治和自然》（*Description géographique*，*historique*，*chronologique*，*politique*，*et physique de l'empire de la Chine*）（1735 年）以及唐维尔（Jean Baptiste Bourguignon d'Anville，

⊗   《清史稿校注》卷 290，第 11 册，第 8773 页（注释 35）。

1697—1782）编写的《中国新图》（*Nouvel atlas de la Chine*）（1737）的资料来源。㊴ 1726 184
年，216 幅全国及分区（除了蒙古和西藏）地图收录到《古今图书集成》。㊵ 这些地图都是
根据康熙耶稣会地图集绘制的，但省掉了经纬线（参看图7.8）。

　　近年来，一些学者试图将康熙地图集说成主要是中国人的成果，而不是外国的成果，从
而引发有关中国地图学先进程度的论争。耶稣会士进行测量时的确有汉人和满人充当助手，
耶稣会士也经常参照中国地理著作。虽然他们也会检验与观测结果相左的内容，但除了采用
纬线和聚合子午线之外，地图的外观更像中国地图而不是欧洲地图。地名用的是汉字，而河
流山脉之类的地图符号也出自中国传统（参看图7.9）。鉴于此，李约瑟的这段话还算公允：
"文艺复兴时期的地图学在利玛窦时代传入中国，其影响不容低估，但同样必须铭记的还有
17 世纪东亚地理信息向欧洲地理学家的反向传播。正是由于几代中国地图绘制者的扎实工
作，有关中国的知识才成为现代地理学的一部分。"㊶

184

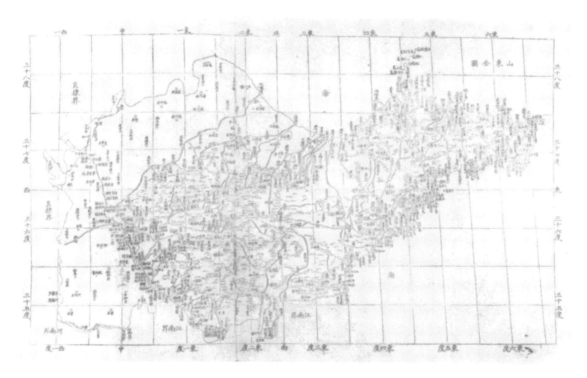

图7.9　《皇舆全览图》中的《山东全图》

出自 1721 年版《皇舆全览图》。

原图尺寸：25.5×40 厘米。

经伦敦大英图书馆许可（Maps Cl1. d. 15）。

㊴　Du Halde，*Description de la Chine*（注释36）；Jean Baptiste Bourguignon d'Anville，*Nouvel atlas de la Chine*，*de la Tartarie et du Thibet*（The Hague：H. Scheurleer，1737）。福克司（Walter Fuchs）在《康熙朝耶稣会士制地图集》第二函中复制了 1721 年的木印本。参看福克司《康熙朝耶稣会士制地图集》（*Der Jesuiten-Atlas der Kanghs-Zeit*），北京：辅仁大学，1943 年。

㊵　参看 Fuchs，*Der Jesuiten-Atlas*，第 1 函，48—56（注释39）。

㊶　Needham，*Science and Civilisation*，3：590（注释1）。

不过，李约瑟关于双向传播的说法需要添加一些限定条件。我们不能完全确定利玛窦将文艺复兴地图学引入中国的行为可否称作传播（transmission），因为中国制图者是否接受了欧洲技术仍然存在疑问。正如下文将探讨的，我们很难证明，从利玛窦抵达中国起至 19 世纪末的大部分时间内，欧洲地图学在中国的传播是否成功。不仅如此，康熙地图集所涉及的远不止是将中国地图作品向欧洲传播。

185　　康熙皇帝起初想以耶稣会士取代中国地图绘制者。中国精英目睹了耶稣会士如何将本土学者挤出钦天监，因此他们对这一勘测工程持怀疑态度。勘测的最初阶段，皇帝只是想比试一下中外地图学传统。1710 年，耶稣会士呈献了一幅京城所在的北直隶地图，皇帝亲自审查了这幅地图，称之画得恰到好处。这是他所熟悉的区域，而且刚刚命令满人测绘过。他"向耶稣会士表示，他知道这一部分画得很准。如果能画好其他地区，他们的表现就会使他满意，不会受到批评"。[42] 实际上，离开欧洲的技术，这部地图集根本无法完成。皇帝对线性测量单位的标准化规定使得耶稣会士得以便利地采用中国本土资料。1704 年，皇帝根据耶稣会士安多（Antonie Thomas，1644—1709）的测量结果，规定 200 里对应经度 1°。这使得耶稣会士可以将中国人提供的距离信息转化到欧式坐标系上。另外，由于采用了标准化的比例尺，耶稣会地图集可以脱离文字而独立存在。这又是对中国传统的一次背离，正如利玛窦认识到的那样，中国制图传统习惯于将图像和文字视为不可分割的整体。也许正是由于欧洲文艺复兴之后的科学，尤其是地图学，将图像和文字剥离开来，中国知识分子很难接受欧洲地图，或者说很难承认欧洲地图的实用性，以至于他们对欧洲地图的需求远远低于过去历史学家所认定的程度。

毫无疑问的是，耶稣会士在编制康熙地图集时利用了中国的学术成果，但他们并不只是照搬中国本土知识。这次勘测所覆盖的范围是空前辽阔的，耶稣会士不得不依赖本土资料。勘测由 12 位耶稣会士主持，他们分为数组负责特定的地区。耶稣会希望尽快完成这项工程，而直接测量每一个值得在地图上标注的点显然将极为耗时。根据杜赫德的说法，耶稣会士只测定了 600 多个地点的经纬度。[43] 他们采用"三角法"计算城市之间的距离，在可能的情况下通过观察日食来验证其准确性。[44] 因此，耶稣会士在采用中国资料时，并不是毫无判断的全盘接受。耶稣会地图集可能采用了大量的中国资料，特别是地名、河流等线状地物以及山脉等面状地物，但其背后的地图学理论却是欧洲的。位置是根据坐标系确定的，而坐标系与中国计里画方所包含的世界观是完全不同的。中国制图者对于获得这些测量数据所需的勘测技术一无所知，尽管中国天文学家曾经使用过一些表面上与之类似的技术（参看第 123—124 页）。除此之外，定位技术和手段也全部来源于欧洲，例如，用于测定纬度的四分仪和赤纬表（tables of declination），以及用于测定经度的计时器、观测木卫或月球的望远镜。鉴于此，耶稣会士绘制中国地图更应该被视作一次适应新的文化环境的欧洲式制图实践，只不

　　㊷　Du Halde, *Description of the Empire*, 1：viii（注释 36）。

　　㊸　Du Halde, *Description of the Empire*, 1：viii（注释 36）。冯秉正（De Mallia）列出了大约 630 个测定了经纬度的地点。参看 De Mailla, *Historie générale*, 12：179－96（注释 34）。根据马国贤（Metteo Ripa）的说法，纬度是用"数学仪器"来测定的，而经度则是用"长索"（long chains）测定的（*Memoirs*, 65［注释 33］）。

　　㊹　Du Halde, *Description of the Empire*, 1：x（注释 36）。这个"三角法"可能就是伽马·弗里西斯（Gemma Frisuis，1508—1555）于 1533 年发明的"三角测量法"。

过利用了一些可以获取的中国资料而已。[45]

对清朝地图集的补充勘测

　　耶稣会士的勘测范围十分广阔，但并没有覆盖整个清代疆域。作为补充，中央政府委托他们进行地区性勘测，以免遗漏帝国地图集上的任何一片领土。以西藏为例，1711 年完成了对西藏地形的描述性调查，并绘制了一幅地图，但由于这幅地图缺少经纬线，很难归入耶稣会地图集，因而并未被采用。后来，康熙皇帝委派钦天监的一位数学家前往西藏进行勘测，并于 1717 年将根据勘测结果绘制的地图交予耶稣会士审查。耶稣会士从中发现了很多错误：例如，拉萨被标在北纬 30.5°，而它的实际位置约在北纬 29.4°。于是皇帝又派遣了一支勘测队重新测定一些地点的经纬度。但皇帝并没有下令进行全面的再勘测，因为不想触怒那些官方培养的钦天监官员，而且更重要的是，西藏内部各派之间的军事冲突可能成为勘测中的潜在危险。由于某种我们无从知晓的原因，在 1721 版的耶稣会地图集中，拉萨的位置仍然是错误的。直到 18 世纪 50 年代，朝廷才再次对西藏进行全面勘测。然而，勘测结果提交得太晚，无法吸收到 1760 年铜版印制的康熙地图集中，因此在这个乾隆朝的首次修订版中，拉萨仍然被标在错误的纬度上（图 7.10）。[46]

　　同西藏一样，新疆地区的测绘工作因清廷与准噶尔的冲突而受阻。冲突开始于 17 世纪晚期，当时准噶尔试图建立一个中亚帝国，并威胁到处于清朝保护下的东部蒙古人。直到 1755 年，清政府才认为新疆地区足够安定，于是派出一支勘测队。这支队伍中包括耶稣会士傅作霖（Felix da Rocha，1713—1781）和高慎思（Joseph d'Espinha，1722—1788），两人被委任负责测量工作。这次勘测历时 4 年。1768 年，清政府委任蒋友仁（Michel Benoist，1715—1774）根据傅、高二人的补充数据和早期耶稣会地图集来编制一部新的地图集。彼时，乾隆皇帝已经很熟悉蒋友仁制作的地图，早在 1764 年皇帝就命令他复制一幅欧洲的世界地图，以便在宫中正殿展示。[47] 由 104 页地图构成的蒋友仁地图集，在一年内完成，并用雕版印制。这部图集被命名为《乾隆内府舆图》。图集的铜版于 1775 年制成。地图的比例为 1∶500000，地名用汉字标注。每幅图覆盖的纬度为 5°，合成的总图包括宽为 5°的十三排横条，故而又被称为《乾隆十三排图》。李约瑟认为蒋友仁地图集和康熙地图集同为中国地图学的两大成就："中国又一次在地图学上超越了世界上的其他国家。"[48] 但同先前一样，很难看出这一论断是公允的，因为这部地图集也是由欧洲人采用欧

---

　　[45]　其他一些学者也对耶稣会士的勘测进行有益的探索。参看 Foss，"Western Interpretation of China"（注释 30）；Fuchs，*Der Jesuiten-Atlas*（注释 39）；以及 Walter Fuchs，"Materialien zur Kartographie der Mandju-Zeit," *Monumenta Serica* 1（1936）：386 – 427。

　　[46]　参看 Foss，"Western Interpretation of China," 235 – 36（注释 30）；Fuchs，*Der Jesuiten-Atlas*，73（注释 39）；卢良志：《中国地图学史》，第 186—187 页（注释 1）。

　　[47]　De Mailla，*Historie générale*，11：580（注释 34）。乾隆皇帝是通过一幅 1760 年绘制的世界地图了解到蒋友仁的地图学知识的。这幅地图格外引人注目的是，其上的文字第一次充分探讨了中国人所看到的哥白尼学说。参看 Nathan Sivin，"Copernicus in China," *Colloquia Copernicana* 2：*Etudes sur l'audience de la théorie hélicocentrique*，Studia Copernicana 6（Warsaw：Zaklad Narodowy im. Ossolińskich，1973），63 – 122，esp. 92 – 103。

　　[48]　Needham，*Science and Civilisation*，3：586（注释 1）。

186

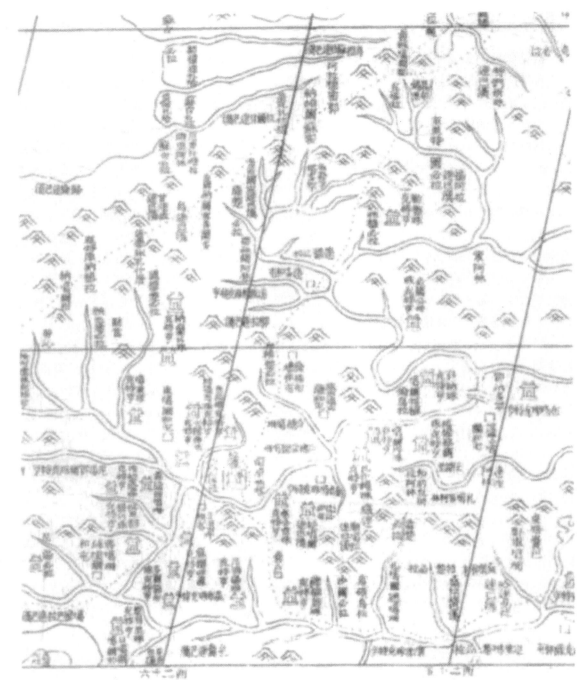

图 7.10　《乾隆十三排图》（1760）中的拉萨详图

　　乾隆朝第一次修订康熙《皇舆全览图》，更新了该地图集的资料。今天的西藏是清政府关注的地区之一。虽然清政府派遣了新的测绘队到西藏，但与康熙版一样，拉萨（以方形符号表示，标在西经26°以东）还是被标在北纬30°以北（拉萨的实际纬度为北纬29°36′。译者注）的地方。

　　地图尺寸：27.7×47 厘米。

　　出自《清代一统地图》（刻印于1760 年，台北，"国防研究院"与中华大典编印会，1966 年）第149—150 页，本书系影印再刊铜版印制的初版《乾隆十三排图》。

洲的测绘技术绘制的。⑭

估量西方影响的程度

　　总体看来，中国各省和地方的制图者并没有受到朝廷引入的制图新法的影响，因为与耶稣会士的接触只限于朝廷内部。1773 年中国耶稣会解散后，中国知识分子与外国学者之间交流的机会一度变得更加有限。乾隆后期，清廷对外国思想的开放程度逐渐降低，学术重心逐渐趋向内在，即对中国文化的保护。

　　尽管耶稣会地图集在康熙和乾隆朝被多次印刷，但不清楚到底有多少中国人能够接触到

187

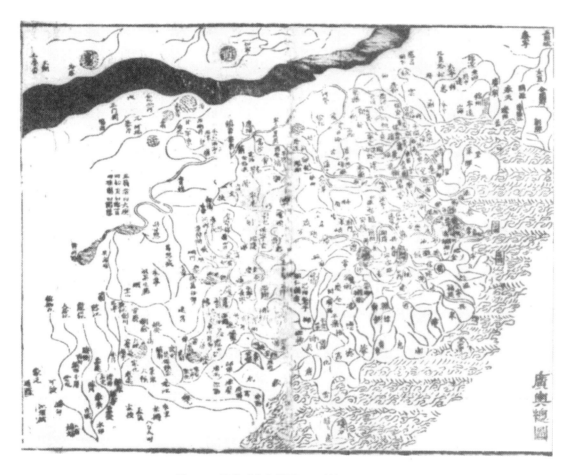

图 7.11　清代《广舆总图》（可能据罗洪先图所绘）

《广舆总图》由蔡方炳于 17 世纪后半叶编绘。

每页尺寸：22.9×13.7 厘米。

经沃尔劳比特尔奥古斯特公爵图书馆（Herzog August Bibliothek，Wolfenbüttel）许可（Cod. Guelf. 148 Blankenb. Vb.）。

---

⑭　马国贤在制作康熙朝地图集铜版时，对这种技术运用得并不那么娴熟。马国贤自己写到，他只是上了一节课来学习如何用硝酸刻制铜版。这次试印的效果并不十分理想："由于无法熟练使用硝酸，因此印制出来的线条太浅，加上印墨也差，印出的地图效果非常不好。" 参看 Ripa, *Memoirs*，71（注释33）。

这些地图集。据《清史稿》记载，康熙地图集藏于内务府，应该一直由宫廷直接管控。[50] 相关记录表明，中国地图绘制者一般感受不到西方地图学的影响。其结果是，中国传统的制图活动有增无减。

我们可以用康熙朝的另一部帝国地图集，来衡量利玛窦引入托勒密方法后中国传统地图学的强势程度。这就是蔡方炳编制的《增定广舆记全图》。这部地图集包括一幅清帝国总图和 15 幅省图，全部用雕版印制。该图名与罗洪先的《广舆图》相近，蔡方炳可能参考过罗洪先的原图或者派生自罗图，因为两部地图集中的总图有很多相似之处。蔡方炳总图题为《广舆总图》（图 7.11），而罗洪先总图题为《舆地总图》。尽管名称不尽一致，但两幅地图覆盖的地理范围却相当吻合，均西至吐鲁番，东抵朝鲜，北达现今的蒙古，穿过戈壁沙漠（Gobi Desert）。但顺着两图的南部边缘很容易发现其间的差异。其中最明显的一点是蔡图上中国西南部处于内陆，而罗图上这一地区为海洋所环绕。蔡图较罗图概括性更强，如省略了一些城市符号，也没有画出长城。两幅地图的另一个差异是蔡图上没有计里方格，这一点正是接下来要说到的：中国制图者并不认为计里方格是必不可少的。由此还可以引申出另一层意思，那就是度量本身对一幅地图而言也不是必不可少的，因为计里方格的主要功能之一即是度量。

中国制图者长期以来对度量抱有的这种态度，使人怀疑耶稣会士的到来是否真的开启了中国地图学的新时代。米尔斯及其他学者认为，到 16 世纪下半叶，不经测量的地图不再是中国地图学的主流。根据米尔斯的说法，1584 年至 1842 年之间，"耶稣会士的影响已占上风"，而在 1842 年以后，"中国的开放带来中国地图学的重要变革"，随之"科学信念逐渐取得胜利"。米尔斯说，由于耶稣会士的影响占了上风，人们可能将传统地图视为"充满幻想的失实之作"。[51] 然而，这一解释似乎站不住脚，因为欧洲制图技术直到 19 世纪才开始取代中国传统制图法。

记录特定政区概况的中国方志可以为此提供很多证据。清朝大约编修了 5000 多部方志。方志中通常有一部分专列地图或"图"，紧随其后的是其他各专题的内容，如当地历史、地理、行政、水利和艺文。中央政府根据各地呈送的方志集中编撰帝国一统志。

方志中的大多数地图采用雕版印制。尽管中央政府对于精细勘测很感兴趣，但这些地图在采用计里方格上并不一致，通常不标示任何比例尺。在省级以下行政单位的方志地图上几乎看不到计里方格。只是到了清朝末期，也就是康熙朝地图集绘制百年之后的 19 世纪，地图上才较多出现计里方格。同前朝一样，清朝的方志地图也常常采用不适于表现量化信息的绘画展示手法。一般来说，小比例地图偏重使用抽象符号，而大比例地图上绘画元素占上风。变化多样的展示模式通常会给那些想通过地图推算距离的读图者带来困扰，但地图的用途并不在此，因为量化信息通常会放在有关地图上所绘区域的文字描述中。清朝的路程书尤为如此,这些书中的地图只提供空间关系和相对位置，而附带的文字说明才提供特定道路的

图 7.12　一本路程书的书影

一本路程书记载了从北京到沈阳（奉天，今辽宁）和路线。

原图尺寸：未知。

出自杨静亭《朝市丛载》（1883），1886 年版。本书初名《都门纪略》（1864）。

复制图由哈佛大学哈佛燕京图书馆提供。

里程（图 7.12）。[52]

计里方格、比例尺标记和展示模式具有的这些特点在中央政府主持监制的地图上也同样 189
存在，而后者正是耶稣会士施加影响最大的对象。例如，《大清一统志》在 1746 年撰成之
后至少经过了两次修订。尽管这部书撰成于康熙朝地图集问世以后，但其中的地图上却几乎
看不出任何西法的影响。这使我们坚信能接触耶稣会地图集的人是有限的。例如，在 1842
年刊行的《大清一统志》修订版中，虽然地图大体是以平面模式绘制的，但其上既没有计
里方格，也没有标明比例尺。因此，很难将各省府地图与全国总图关联起来（参看图 7.13
和图 7.14）。

省志与府县志编撰者绘制地图的方式更是变化多样。例如，《陕西通志》中的地图糅合
了多种展示模式（图 7.15 和图 7.16）。其中没有任何一幅地图带有计里方格或明确的比例
尺。大区域地图大体是平面地图，但也掺杂了一些绘画元素，尤其是在描绘城市和山峦时。
山地与江河谷地这类小区域地图基本上是绘画式的。还有一些地图兼用平面和绘画元素。
《广舆图》多采用绘画符号而非抽象符号，进一步证明了地图的展示方式仍然未从绘画中剥
离开来。

㉒　关于此类著作，可参看 Timothy Brook，*Geographical Sources of Ming-Qing History*（Ann Arbor：Center of Chinese Stud-
ies，University of Michgan，1988），3 – 25。

190

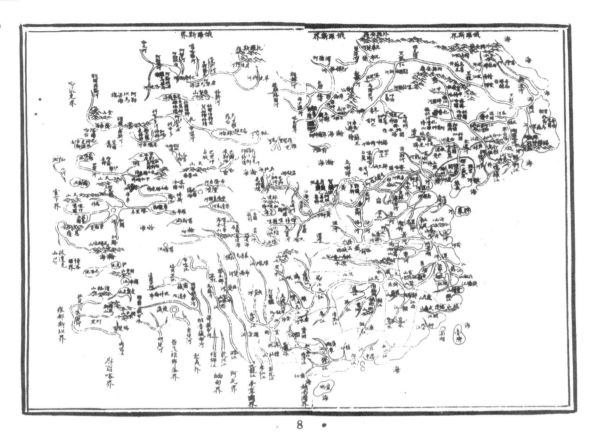

8

图 7.13 《大清一统志》中的全国总图

地图尺寸：10.5×14.5 厘米。

出自《大清一统志》（最后一次修订完成于 1820 年，刻印于 1842 年），11 册本，台北：台湾商务印书馆 1967 年版，卷 1，第 8 页。本书亦名《嘉庆重修一统志》。

    多种展示模式的杂糅在府县方志地图也许表现得更加突出。在这些方志地图上，建筑群乃至单一建筑都成为地图的展示对象，因而它们较总志和省志地图更为频繁地采用绘画展示手法。这一点不证自明，毋庸赘述（参看图 7.17 至图 7.19，这是清朝方志图糅合平面与绘画展示方式的例子）。

    从省志、府志和县志地图采用绘画展示方式的差异，可以总结出不同层级的政区地图的绘制程式。政区层级越高，地图上绘画元素就越少。这也是制图的实际处理需要，因为单页地图所展示的区域越大，就越不容易用绘画方式来展示。

    区域地图、地图集以及其他类型的地图不止用雕版印制，也有用笔墨在纸页和长卷上绘制的。后者往往比印本提供更多的制图空间。虽然清朝抄本地图的总数尚不清楚，但已知的就达数千幅。[53] 较之方志地图，绘图者在纸页和长卷上绘制省级地图和其他中比例尺地图

---

    [53] 仅北京地区明清档案中的内务府藏图目录卡片就几乎装满了 10 个一英尺长的抽屉，据此可以对此类地图的数量有一个概念。参看 Frederic Wakeman, Jr., ed., *Ming and Qing Historical Studies in the People's Republic of China*（Berkeley：Institue of East Asian Studies, University of California, Berkeley, Center for Chinese Studies, 1980），50。

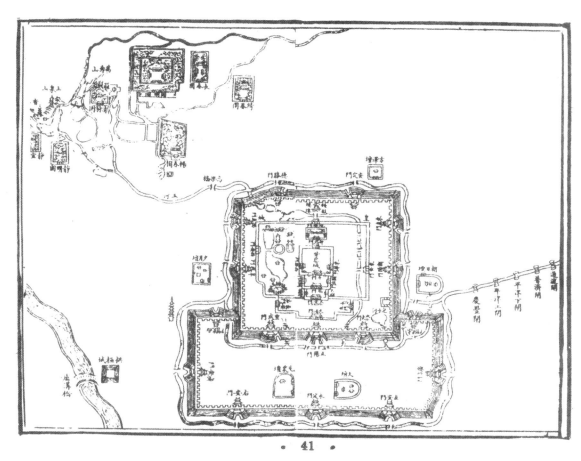

图 7.14　《大清一统志》中的京师图

地图尺寸：10.8×13.8 厘米。

出自《大清一统志》（1842），11 册本，台北：台湾商务印书馆 1967 年版，卷 1，第 41 页。

时，可以更好地采用绘画展示手法。我们以里奥·巴格罗（Leo Bagrow）于 1952 年在拉特兰博物馆（Lateran Museum）发现的一幅长城地图为例（图 7.20）。[54] 这是一幅长卷地图，绘制于 1680—1700 年之间，展示了嘉峪关到山海关之间的一段长城，其实际距离大约是 1700 公里。这幅地图杂糅了不同的展示方式：长城本身采用绘画式立面图，山峦及非汉人村落亦是如此；黄河及长城内的要塞则采用俯视图。梅耶尔发现地图各部分的比例尺亦不尽相同："这幅图的目的似乎并不是为了真实地表现长城的长度。"[55] 但是，正如梅耶尔指出的，这一点对于希望得知其长度的读图者来说并不是问题，因为图上的注记给出了各地之间的距离，并注明了长城内要塞的兵力及长城外胡人部落的位置。另外一幅 18 世纪前半期的长城地图也同样将文字和图像结合起来（图版 11）。

　　其他清代抄本地图上的绘画手法更为突出，以致往往很难将其与山水画区别开来（参看第 153 页和图 6.20 至图 6.22）。甚至要求细致测量和标明比例尺的军事防御图与水利图

---

[54]　有关这幅地图的信息来自：M. J. Meijer, "A Map of the Great Wall of China," *Imago Mundi* 13（1956）：110 – 15。

[55]　Meijer, "Map of the Great Wall," 110（注释 54）。

也不例外。19 世纪中期绘制的《黄河图》就是一个代表（图 7.21 和图版 12）。这幅地图画在卷轴上，描绘了 1853 年以前江苏境内黄河下游的一段河道。图上用注记标出了一些里程，但没有显示比例尺。地图以墨彩绘成，用铅笔勾勒的计里方格似乎是地图画好以后添加上去的。[56] 黄河及其支流为平面式，城市和山峦采用绘画手法。城市采用了鸟瞰图，山峦则用立面图。正如我在前文提到的，可变视角是中国绘画与早期地图的特点。

大量采用绘画展示手法，并不意味着中国制图者没有能力绘制实测地图。的确有通过测量后绘制的省级地图或地图集。1684 年，多位官员禀报现存广东省地图存在缺漏，于是皇帝降旨下令该省编制新的地图集。当年下半年，各府均进行勘测，搜集了山川名称和位置、天然和人工地界、历史遗迹和自然景点以及各地之间的里程等信息。新地图集于 1685 年制成，包含有 97 幅地图。地图上没有计里方格，但以随图文字标出了距离，文字中也注明了先前记载中的错误，[57] 但这一次对以往错漏的修订显然并不充分。于是1739 年前后，乾隆皇帝下令对广东省再次勘测，最终绘成一幅地图并雕印出版（图版13）。这幅地图展示了各行政区并注明了省内各地之间的里程。城市、山峦、历史遗迹以及树林均以绘画方式展示。地图作者称这幅图是他根据自己所绘的 88 幅广东各地地图整合而成的。

本书关于中国本土地图的叙述，在过去有关清晚期地图学的研究中很少被提及。[58] 本章和前几章中所引证的例子说明，直至晚清，欧洲科学对中国制图实践的影响仍然微弱。另外，中国地图依旧具有宗教和巫术的功能，很难说中国地图学正变得越来越像西方意义上的科学。1846 年印制的五台山图，其上题字建议人们研习地图和佛法，以"消除烦恼""转生福地"（图版 14）。同过去一样，地图还具有星占学功能，这方面的例子可见于 1882 年修订的《河南通志》。本书除了包含地理图之外，还包括描绘星宿与不同地点互相对应的分野图（图 7.22）。依照"分野"体系，某一天文现象可以与某地发生的事件相呼应（参看第208—210 页）。这类星图说明，即便在朝廷接受欧洲天文学和历法科学之后，中国传统天文学在省级层面仍然得以存续。

欧洲影响在晚清的表现

1842 年，中国在第一次鸦片战争中被英国打败，中国传统地图学不受外来影响的状况开始改变。这次战败开启了中国对外关系的新秩序，但许多清朝当权派仍然坚信中华文化的优越性，并将对西方国家的贸易妥协视为安抚外夷的一种手段。但是，一些中国学者开始

---

[56]　这也许是第一幅用到铅笔的中国地图。用石墨和木材制造铅笔的现代方法直到 1795 年才被发明。尚不清楚铅笔究竟在何时引入中国，但 1842 年开埠通商增加了铅笔进口的可能性。

[57]　参看 Arthur Hummel，"Atlas of Kwangtung Province," *Annual Report of the Librarian of Congress for the Fiscal Year Ended Jan. 30, 1938*（Washington, D. C.：United States Government Printing Office，1939），229 – 31，esp. 230。遗憾的是，国会图书馆的工作人员无法找到此文提到的这部地图集。

[58]　也有一个例外，见 Shen-dou Chang（章生道），"Manuscript Maps in Late Imperial China," *Canadian Cartographer* 11（1974）：1 – 14。章生道拿出证据称，测绘制图在中国帝国晚期的地图绘制者中并不普遍。在塑造地图图像的过程中，政治、审美与测量同等重要。

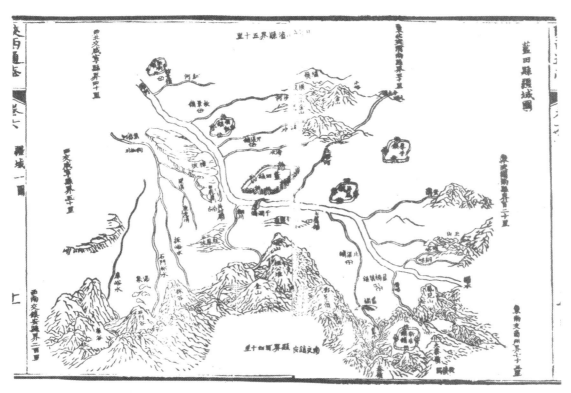

图 7.15　清代《陕西通志》中的《蓝田县疆域图》

地图尺寸：9.8×13.8 厘米。

出自《陕西通志》(1735)，台北：华文书局重刊，1969 年，卷 6，页 10b、页 11b。

意识到，中国并不是世界上最优秀的国家，不能再将其他所有的国家当作朝贡国。为了和外国人打交道，中国需要获取有关世界上其他地方的可靠信息。为满足这一需求而作的最有名的著作之一就是士大夫魏源（1794—1856）所编的《海国图志》（初撰于 1844 年，第 3 版刊于 1852 年）。这部著作在清代政治史上举足轻重，概因它是第一部"对西方在世界范围内的扩张及其对亚洲贸易和政治的影响做出现实地缘政治评估"的著作。[59] 在魏源之前，清朝的对外政策是针对中亚而非海上。魏源以传统的形式对这一对外政策提出了挑战。同明清时期的大多数方志一样，魏源的论著也由地图和文字组成。书中文字呈现的信息不仅来源于传统中国文献，也参考了欧洲文献。他承认曾将《四洲志》作为重要的资料来源。《四洲志》是林则徐于 1839 年在广州任钦差大臣时主持编译的，其内容涉及西方和中西事务，旨在阐明欧洲人亚洲目标的性质。魏源《海国图志》的旨趣与此相同，他在该书的序言中写道：

> 故同一御敌，而知其形与不知其形，利害相百焉。同一御敌，而知其情与不知其

---

[59]　Jane Kate Leonard，*Wei Yuan and China's Rediscovery of the Maritime World*（Cambridge：Council on East Asian Studies，Harvard University，1984），2.

　　情，利害相百焉。古之驭外夷者，诇以敌形，形同几席；诇以敌情，情同寝馈。[60]

193

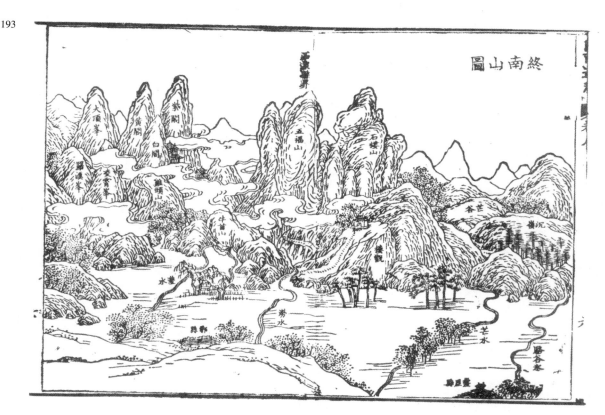

图 7.16　《终南山图》

地图尺寸：10×14.2 厘米。

出自《陕西通志》(1735)，台北：华文书局重印，1969 年，卷 8，页 4b、页 5a。

　　魏源认为，要让中国读者更便捷地了解外国，地图是必不可少的。从地图学的角度来看，魏源的作品融合了中国和欧洲地图学的做法。《海国图志》开篇部分的中国历史地图配有繁密的注记，图中既没有使用经纬网也没有计里方格。这些草制的地图在风格上与传统方志地图几乎毫无差别（图 7.23）：没有比例尺，似乎是根据一些草图绘制的。然而，世界上其他国家的地图却是采用欧洲制图技术绘制的（图 7.24）。百年前的《明史》（张廷玉等编于 1739 年）的编撰者，一直对西方地理记载持怀疑态度，但魏源接受了它们。卢良志认为魏源对各种投影法的优劣了如指掌。卢良志说，对于赤道附近的非洲国家，魏源采用了赛松佛南斯蒂德投影法（Sanson-Flamsteed projection），从而减少了赤道附近低纬度地区的角度畸变；对于纬度在 45 度以上的国家时，则采用彭纳投影法（Bonne projection），减少了高纬度地区的角度畸变；在具有航海意义的地图上，如澳大利亚及附近的水域图，采用了墨卡托投影法（Mercator projection），在这种投影上，两点之间恒定的罗盘航线成一条直线。[61] 如果这

---

　　[60]　魏源：《海国图志原序》，《增广海国图志》，台北：珪庭出版社 1978 年版，第 1 册，第 7 页。这是《海国图志》1852 年出的第 3 版，最初的一版发行于 1844 年。

　　[61]　卢良志：《中国地图学史》，第 203 页（注释 1）。

种解释是正确的，那么魏源的作品似乎比同时代众多的欧洲地图集复杂得多。但是，并不是魏源选择了这些投影法，而是他参考的那些资料中本来就用了这些投影法，他所做的可能只是复制欧洲地图而已。他在一篇序言中写道，他参考过欧洲的文献，他只是在"提供"地图并没有创作地图。[62] 他既没有声称自己是地图的作者，其书也没有提供任何证据，表明他知道有不同的投影方法。因此，我们很难相信魏源真的理解各种投影法。

194

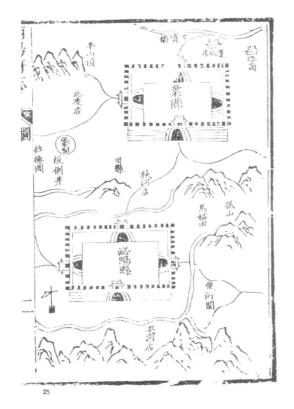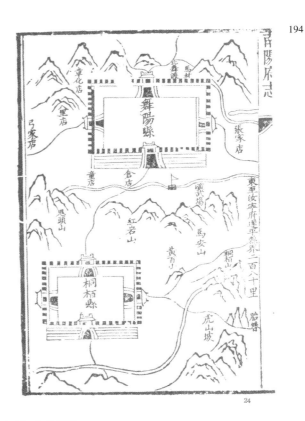

图 7.17　《南阳府志》中的地图

每页尺寸：约 16.5×10.5 厘米。

出自《南阳府志·图》（1694），台北：台湾学生书局重印，1968 年，"图"，页 1b、页 2a。

不管怎么说，《海国图志》主要不是一种地图学作品，它的目的在于推动西方化。魏源主张采用欧洲科技，尤其是在武器和军舰制造方面，他也鼓励人们学习欧洲技术。他所提出种种作为对抗海上蛮夷手段的改革措施在中国和海外引起了强烈的反响，例如，《海国图志》被翻译成日文并影响了日本人对西方化的看法。

19 世纪后半叶，许多中国知识分子都清楚地认识到，至少必须将魏源的部分建议变成现实。在此期间，中国经历了一连串的内乱，其一就是太平天国运动。这一时期，由于缺乏

[62]　魏源：《海国图志后序》，《增广海国图志》卷 1，第 9 页（注释 60）。

可靠的地理信息，中国还屡次在边界争端中遭遇挫败。[63]

人们日渐意识到国家的衰弱，因此力主西方化的改革者逐步在中央政府中掌权，他们成功地促进了中国工业发展以及中西交流。中国知识分子也发觉，地图测绘同样需要改进。1879 年，一部方志的编撰者承认本朝前人工作的不足："康熙志于图太略，而山川、城郭远近方向颠倒错乱，前后复沓，按之竟无一是处。此盖委之吏卒匠役未经亲历而详核之故尔。"[64] 为了纠正错误，1879 年版《永平府志》的编撰者或亲自搜集信息，或委派文士考察，记录经行地见闻。

195

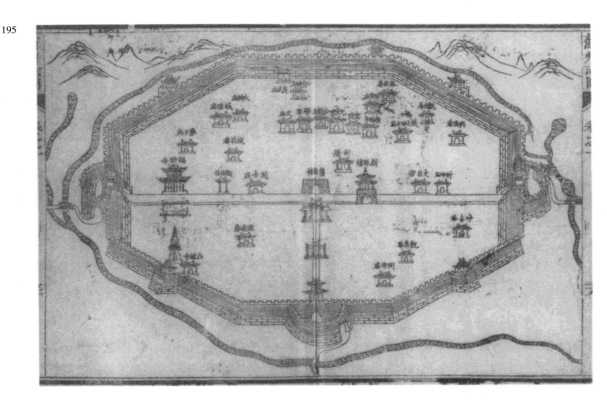

图 7.18   《蓟州志》中的地图

原图尺寸：19.5 × 29 厘米。

出自《蓟州志》（1831），卷 1，页 29b、页 30a。

复制图由哈佛大学哈佛燕京图书馆提供。

但是，这类审慎记录信息的做法即便在晚清的方志编撰中也是难得一见的。19 世纪 90 年代，中央政府感到有必要规范各省府州县的地图测绘工作。彼时，会典馆正着手编订一部

---

[63]   清朝势力的增长与俄罗斯穿过今西伯利亚、进入黑龙江流域的扩张是同步的。两大帝国在这一地区的关系日趋紧张。这种对抗以清朝因勘测和绘制地图出错、丧失领土而告终。有关清帝国和俄罗斯帝国的边界纠纷，参看 Joseph Sebes, *The Jesuits and the Sino-Russian Treaty of Nerchinck* (1689)：*The Diary of Thomas Persia S. J.* （Rome：Institutum Historicum S. I.，1961）；John Robert Victor Prescott, *Map of Mainland Asia by Treaty* （Calton，Victoria：Melbourne University Press，1975）。清朝还因为地理信息的错误而在与朝鲜的边界纠纷中丧失领土。关于这个问题，参看张存武《清代中韩边务问题探源》[《"中央研究院"近代史研究所集刊》第 2 号（1971 年），第 463—503 页]。

[64]   《永平府志》凡例，1879 年；台北：台湾学生书局 1968 年重印版，页 2a、b。

新的帝国图集。这一编撰工作要求省级政府提交经过测量和标明经纬度的地图，并上交使用圆锥投影法的各省地图，但这一标准化的尝试最终失败，很大程度上是由于缺乏懂得测量技术知识的士人。1892 年，一位总督上奏皇帝，哀叹无法遵照新的标准："惟州县谙悉舆地之学者甚少，又无测绘仪器，以故茫然无从下手。"⑥

我们并不知道有多少中国人有足够的能力独自运用欧洲技术。晚清时期，编制西式地图的中国人都倾向于依照耶稣会士在康熙朝和乾隆朝绘制的地图集。⑥ 有时他们也一知半解地模仿欧洲地图。例如，一幅 1790 年的抄本东半球地图就缺少经纬线（图版 15），相反，在地图外围标出了二十四个中国罗盘方位点。制图者似乎错误地认为，在球状地球上，罗盘恒定方位是在一条直线上的。

196

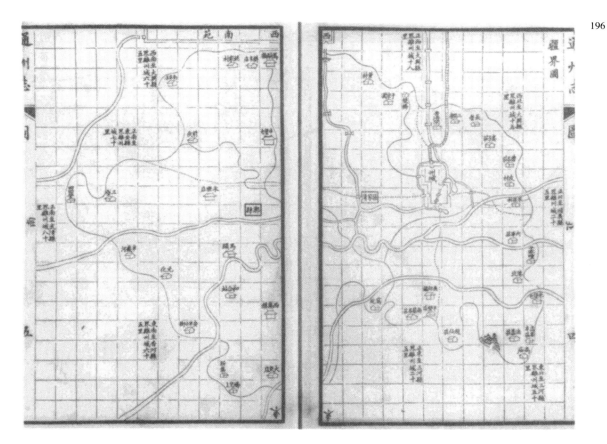

图 7.19　《通州志》中的地图

　　每页尺寸：22.5×14.5 厘米。

　　出自《通州志・图》（1879，通州在今北京），页 4b、页 5a。

　　复制图由哈佛大学哈佛燕京图书馆提供。

---

　　⑥　张之洞：《张文襄公全集》，1937 年；台北：文海出版社 1970 年版，卷 31，页 12b、页 13a。

　　⑥　《大清一统舆图》就是这样一个例子，下文将对这一作品进行探讨。

197

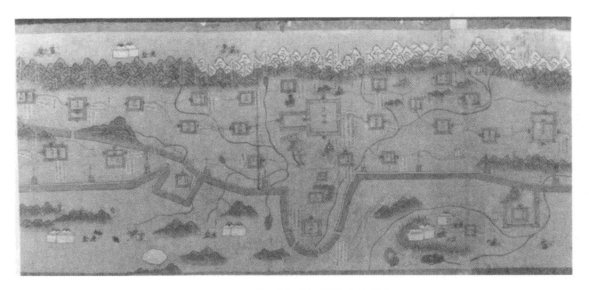

图 7.20　17 世纪晚期《长城图》局部详图

原图全图尺寸：22.5×755 厘米。

经梵蒂冈教宗美术馆（Monumenti Musei e Gallerie Pontificie）许可。

图 7.21　19 世纪的黄河图

原图尺寸：38×182 厘米。

图片由华盛顿特区美国国会图书馆地理与地图部提供（G7822. Y4A5 18 − −. H9 Vault Shelf）。

裴秀的制图六体似乎是以地平说为前提的，在某些地区，裴秀之法仍被视为地图绘制之圭臬。一部 1894 年的方志编撰者说，旧时方志地图的技术极其拙劣，因为它们通常不使用计里方格，"今仿晋裴秀氏之法"。[67]

从政府所开展的地籍调查工作看，人性似乎也可以算作阻碍地图改革进程的一个因素。中央政府曾试图建立以人口登记册和地籍图为依据的赋税体系，但是利用地图和人口登记册并不足以保证国库收入的稳定。例如，在 18 世纪的江南地区（今江苏、江西和安徽），尽管政府使用了地籍图和登记册，大地主仍能规避赋税。泽林发现，他们经常"将财产分成几十份甚至几百份，分别登记户籍。每一户都声称只有一小块土地"：

---

　⑥⑦ 《广平府志》凡例，1894 年；台北：台湾学生书局 1968 年重印版，页 1a、b。有关裴秀更多的探讨，参看第110—113 页。

每户户主的名字都是伪造的，如使用已经去世的祖先的名字，或使用那些已经迁出该地区的人名，更有寺庙的名称，如此等等。很难追踪到土地的真正所有者，而每户的欠税都很少，以至于政府无意进行调查。即便查出来真正的土地所有者，这些人却掌握着官吏的把柄，而且在当地社会有影响力，因此仍然可以迫使官僚机构免除他们应交的绝大部分赋税。[68]

官员们希望通过地图和登记册简化赋税征收的程序，但他们明显低估了避税者的狡诈程度和地方官僚的腐败程度。地方官僚经常篡改、藏匿甚至销毁地图和登记册，因此几乎不可能确定欠税金额。

各省政府的做法不一，给会典馆的制图者带来困扰。他们抱怨说，各省呈交的地图是根据不同的标准绘制的，因此很难在不出错的情况下将这些地图拼合成一幅完整的全国总图。在重新检查测量结果并查阅文字资料后，会典馆统一按照下述做法重新绘制各省提交的地图：

> 内府图高偏度分，用尖锥容圆法绘成；皇舆全图不加方格，用百里方格绘成；各省全图，用五十里方格绘成；各府分图皆不加经纬线。其省图祗绘名山大川、驻官处所、官商电线惟举其要；府图则山川、村镇、驿站、卡伦、海口、岛屿务尽其详。庶几全图视度分图，视里仰观俯察，乃相得而益彰。省图求要，府图求详。[69]

从要求标注经纬度和尽量使用平面展示手法来看，会典馆制定的标准汲取了很多欧洲地图学的做法。由于采纳了一套表示行政单位和地形地貌的标准符号，绘画元素（参看图7.25）减少到最低限度。最后，会典馆刊印了一幅依据这套颁布的标准制作的帝国全图（图7.26），不过这幅地图上并没有用到凡例中所有的符号，如电报线路符号。在制定这套标准时，出于尊重中国传统制图程式，会典馆也做出了一些让步，特别是继续使用计里画方（图7.27）。这种做法并不新奇，因为先前就有一些中国制图者经常混用计里画方和投影法，这说明他们并没有完全理解投影概念背后的原理。这两种系统是不兼容的——展示等距离增量的计里方格不能简单叠加到投影地图之上，因为角度增量不一定转化为相等的距离增量。

同时采用计里画方和经纬网，本身可能就体现了中国改革运动中的一种倾向，这种倾向主张将中学和西学相结合，并以"中学为体，西学为用"为口号。融合中西文化的渴望在1863年版的《大清一统舆图》凡例中体现得尤为明显。其制图者对中国古代方法和以康熙地图集为代表的西法都给予了高度评价，并试图将二者结合起来。他们认为康熙地图集是中国传统地图的一部分，并没有与之背道而驰。[70] 1863年地图集的编绘者认为"一图为鸟道径直之数"，鸟道就是直线，因此使用计里画方。他们也知道康熙皇帝曾将中国的距离单位

[68]　Madeleine Zelin, *The Magistrate's Tael: Rationalizing Fiscal Reform in Eighteenth-Century Ch'ing China* (Berkeley and Los Angeles: University of California Press, 1984), 245.

[69]　《钦定大清会典》凡例，1899年；台北：中文书局1963年重印版，卷2，第1024—1025页。

[70]　对欧洲科学的这种回应在清朝知识分子中很普遍，他们总是想从传统文献找出欧洲思想的先例。

198

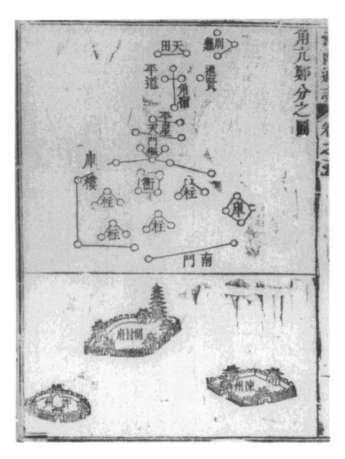

图7.22 清代《河南省志》中的星图

原图尺寸：22.5×16 厘米。

出自《河南府志》（1882 年撰成；1869 年重修），卷5，页 1b。

复制图由哈佛大学哈佛燕京图书馆提供。

与经线弧度相关联，即"每二百里为（赤道上）一经度"，因此使用投影。[21] 然而，中国制图法似乎被当作这部地图集的"体"，因为地图上的计里方格用的是黑色实线，方格的水平线对应的是平行的纬线，而子午线则用的是虚线。

　　这部地图集由 100 多页地图组成，而这些地图又可拼成 4 幅地图：数页拼成两幅小地图，一为越南，一为中国台湾；余下的可拼成两幅大地图，一为中国大陆及海南，一为东至太平洋、西至里海、北至北冰洋、南至印度支那和印度的亚洲地区。在 1896 年再版的这部地图集中，拼合成东亚总图的每页地图覆盖纬度 4°（大约 800 里）。垂直方向每增加一格，相应增加纬度 0.5°，即 100 里，因此每个网格的覆盖面积是 10000 平方里。如果这幅地图展示的是一个平坦的地表，那么以上处理未尝不可。但是，其上的子午线又提醒读图者，这幅地图实际上是用投影法将球面投射于平面而成的（此处用的是梯形投影），所依据的是康熙

　　㉑　胡林翼等编撰：《大清一统舆图》（1863 年），上海书局 1896 年版，凡例，页 7b、页 8a。这部著作也称为《皇朝中外一统舆图》。

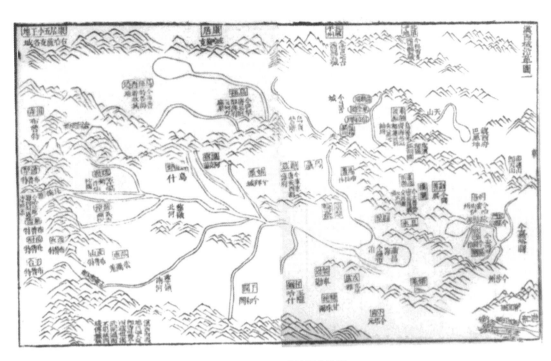

图7.23　魏源所绘历史地图

汉代西域地图。

每页尺寸：21×12.5厘米。

出自魏源《增广海国图志》，1847年版，卷3，页7a、b。

复制图由哈佛大学哈佛燕京图书馆提供。

朝耶稣会地图集。投影的过程中会产生一些畸变，例如，南北方位并不总是与计里方格的纵轴对应。当视线逐渐远离那条穿越北京的本初子午线时，经线看上去越来越倾斜，南北纵轴线不再与东西横轴垂直（参看图7.28）。另外，由于使用梯形投影法的缘故，只有沿着本初子午线和一两条基准平行（纬）线的部分，一格才能对应一百里。在地图上的其他部分，点和点之间的直接距离并不能简单地用数格数来计算。

　　这种同时采用计里画方和经纬系统的混合型地图使我们对李约瑟关于清朝地图学的论断产生了质疑。李约瑟认为，到清代中国地图学已经成为"世界"地图学的一部分，或者与欧洲地图学并驾齐驱。本文的论证得出了一个与之不同的结论：虽然帝国测绘工程中延请了外国制图师，但中国传统地图学在满族统治下仍然蓬勃发展。"传播"并不总是意味着"接受"，欧洲地图学在中国的遭遇就证明这一点。

　　中华帝国晚期的地图学比那些只盯着耶稣会士勘测的学者所认识的要复杂得多。人们只是现在才开始认识到它有多么复杂。与过去很多中国地图学的研究结论相反，受到欧洲的影响并不意味着本土传统的终结。迄今所引证的材料显示，在帝国晚期的大部分时间里，本土传统实际上仍占主导地位。⑫

　　欧洲地图学在中国的历史，并不是一段占主导地位的文化将它的科学强加给弱小的接受

---

⑫　另外，中国传统地图学所依赖的考据学（textual scholarship）也如日中天。参看第92—95页。

方的历史。中国地图学对欧洲模式的回应与中国天文学相似，正如席文所说的，制图者同天文学家一样，"总体上是受过良好教育、被灌输了传统价值观的旧式精英中的一员。他们的初心是弥补和加强本土科学，而不是抛弃它。他们坚定地忠实于祖先的世界观。"[73]

200

图7.24 魏源所绘不列颠群岛图

本初子午线落在伦敦东边。图上方为东。

每页尺寸：20.5×14 厘米。

出自魏源《增广海国图志》（1876年版），卷4，页24b、页25a。

复制图由哈佛大学哈佛燕京图书馆提供。

图7.25 晚清地图通则的标准化

会典馆采用的标准地图符号（据光绪《钦定大清会典·凡例》，页3，译者注）。

---

[73] Sivin, "Copernicus in China," 64（注释47）。

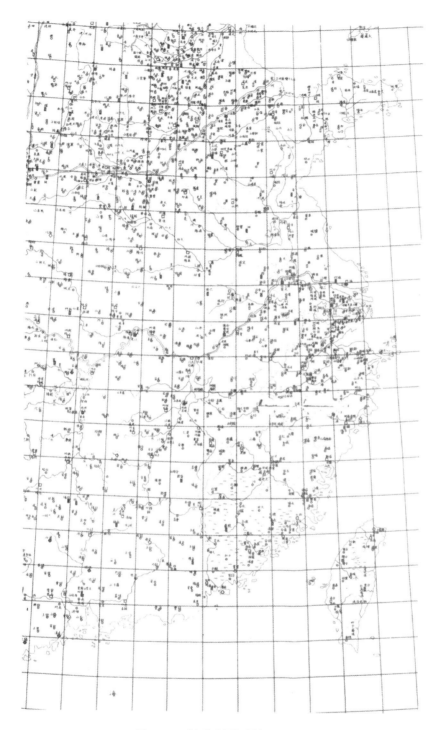

图 7.26　《皇舆全图》局部（1899）

　　这幅全国地图是用圆锥投影绘制的。本初子午线从北京穿过。整幅地图展示的区域东西从北京东 47 度延伸到北京西 47 度（从今天中国西部到堪察加半岛一带），南北从北纬 18 度到北纬 61 度（从海南岛到西伯利亚中部一带）。本图所示为中国东部。

　　原图整图全长：114.9×185.2 厘米。

　　出自《钦定大清会典》，全 24 册，会典馆，1899 年。

201

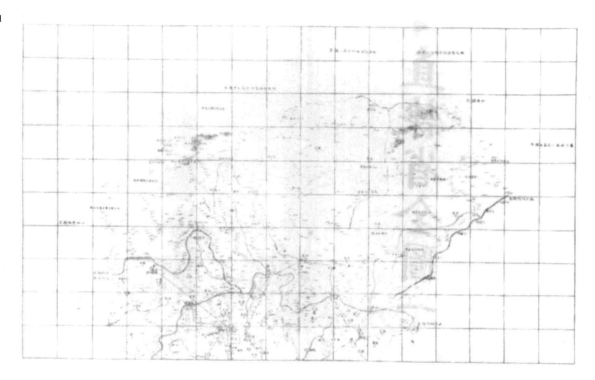

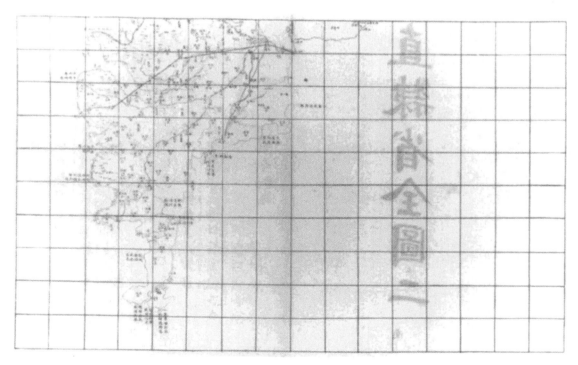

图 7.27　《直隶图》

　　这两张地图展示了直隶的两部分。画方格网的部分目的是对齐两张地图，但由于两张地图上的方格并不等大，因此并不能拼合得严丝合缝。上方为直隶北部，下方为直隶南部。

　　两幅地图尺寸分别为：18.9 × 30.4 厘米和 18.6 × 29.9 厘米。

　　出自《钦定大清会典》，全 24 册，会典馆，1899 年。

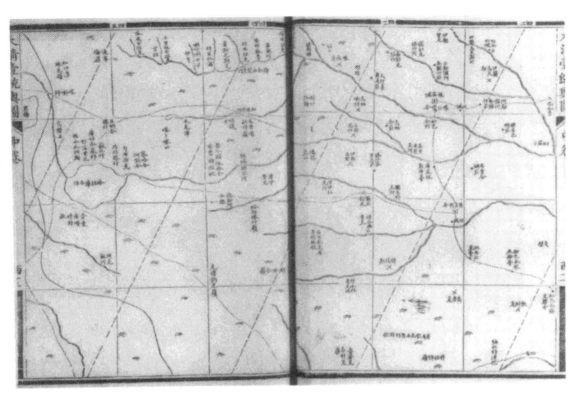

图 7.28　计里方格与经纬网结合的地图

　　离穿过北京的本初子午线越远，经线就越来越倾斜。虽然这张地图采用了投影，但其上的计里方格却让人觉得两点之间的距离可以通过直线来度量。本图表现的是喀什地区的一部分。

　　原页尺寸：22.5×18 厘米。

　　出自胡林翼等编《大清一统舆图》（1863），中卷，"西"，页 11b、页 12a。

　　复制图由哈佛大学哈佛燕京图书馆提供。

（余定国、孙小淳审）

第八章　中国宇宙思维：高深的
思想传统[*]

约翰·B. 亨德森
（John B. Henderson）

　　前现代时期的中国宇宙论思想并不像西方文明中的宇宙论那样关注世界的整体形状或宇宙的构造。17 世纪以前，中国没有出现过类似于欧洲中世纪那种表现宇宙各个部分或不同气候带的地图。一般认为，中国人的"天下"观念以及中国文明所具有的地理隔绝性，可能使中国的宇宙论者没有兴趣将世界作为一个整体进行写实或示意性的勾勒。撇开这种解释，传统中国宇宙图（cosmographical charts）在表现宇宙结构时，通常并不表现地球形状或世界体系，而是借助诸如建筑、城市、农耕等微观尺度。与许多西方作品一样，中国宇宙图式一般也是基于这样的假设，即宇宙间的各种存在或各个界域，如天、地、人的秩序之间，存在着相互呼应和相互关联的关系，这种关系可以通过图形加以表现。只是在中国的宇宙论思想中，更加注重的是世俗现实中的各种秩序，而对于表现宏观世界与微观世界的对应关系则着力相对较少。

　　与西方和中东的大多数传统宇宙图式相比，中国的宇宙图式多从属于或者较少脱离文字描述。尽管中国人对宇宙的图形展示至少从宋代（960—1279）起就已经很普遍了，但是印制这些图形通常主要是为了解释某个宇宙论概念，或使之具象化。对于这些概念，另外会附有更加权威和简明扼要的文字说明。对于中国学者来说，一幅图画（或者一个图形）的作用并不能胜过文字。图形再有用，也不过是一种视觉辅助手段。图形与文字的关系在早期有各种不同的表现方式，例如儒家经典《易经》经传中所见的卦象。但是由于宋代以前或者说中国的印刷时代之前，类似的图式很少流传下来，我们很难判断它们与文字之间到底存在怎样的关系。鉴于此，在叙述汉代（公元前 206—220 年）这一中国宇宙论思想的形成期时，本章只能更多地依靠文字史料，必要的时候也会提及一些宋代及以后复原的汉代图形。

　　本章中的这些复原图，一望而知，大多数是依据相同的模式绘制的，即将一个方格分成九个相等的方块，类似于一个简单的魔方块或三纵三横的方格网。传统中国的宇宙论者用这个图形来安排不同类型的空间并使之概念化，这些空间包括天文、政治、土地、城市和建筑

　　[*]　感谢宾夕法尼亚大学席文（Nathan Sivin）教授对本章初稿提出的富有价值的评论与建设性批评意见。

等。柯勒律治称，正如托马斯·布朗（Sir Thomas Browne）所见，"天下有五方，地上有五方，地下的水里也有五方"①。因此汉代及后代的宇宙论者将这九个一组的方格（九宫格，nonary square）当作界定各个特定空间范围正确秩序的基础图形。在前现代中国的宇宙论中，九宫格图式非常重要，几乎无所不在，就像希腊、中世纪欧洲和伊斯兰宇宙图中的圆圈一样。本章的主要目标之一就是勾勒出这种占支配地位的宇宙概念的演进、存续以及后世对它的批评，这一宇宙概念打造了中国宇宙思想，至少是智识阶层传统中完整而和谐的宇宙思想。为此，我将关注中国几何和九宫格宇宙图式在历史上两个特别重要的时代的情况：其一是它的形成阶段汉代，其二是这一宇宙概念式微和遭到批评以及新的宇宙思想出现的 17世纪。

在勾勒具有悠久历史的中国宇宙观形成与衰落的发展轮廓时，我发现有必要参考不同门类的史料，诸如微观的建筑构造、古典城市规划以及理想的农耕模式，因为中国的宇宙概念在这些方面阐述得最为完备，使用的图形最为丰富。研究这些主题及其图式的现代学者很少着力于其中的宇宙论层面，而是多聚焦于其政治、经济和礼仪意义，且将这些内容与贯通其中的宇宙观割裂开来。简言之，在汉学界，宇宙论并不是一个发展成熟的研究领域，甚至还没有成为一个自成一体的领域。鉴于此，也没有多大必要费力地对有关中国宇宙论的二手文献进行系统的学术史回顾。

几何形九宫格宇宙图式的基础

宇宙图（cosmography）在中国由来已久，其前身可以追溯到远古。其直线式构图，特别是正方形，在中国历史初露曙光时，便在艺术与文物中占据了显著位置。实际上，早在公元前 5000 年，中国新石器时代陶壶上就常见由"平行带纹或菱形纹组成的同心方块、十字形或钻石形"。② 出自最早的中国文明——兴盛于商代的艺术，其特征也是以"抽象、平衡的几何图形饰于整个器表"。③ 根据张光直的研究，商代的住宅、宫殿、庙宇与墓葬"无一例外是方形或长方形的，朝着东南西北四个主要的方位，在设计上始终讲究对称"。很可能商代所持政治宇宙图式就是正方形，或者至少商王国有明确的四向，它是"国之外有四方郊野"。④

到了汉代，示意方位与分割空间的直线图形，发展成为系统的宇宙图式，其中大部分空间界域不仅对称排列或用直线分割，而且以九宫格的图式加以呈现。无从知晓九宫格是如何

---

① 柯勒律治（Samuel Taylor Coleridge's）给萨拉·哈钦森（Sara Hutchinson）的信写在一本书的两页半书后空页上，这本书刊有布朗（Browne）的 *Vulgar Errors*，*Religio Medici*，*Hydriotaphia*，and *Garden of Cyrus*（London，1658），现保存在纽约公共图书馆（New York Public Library）贝格收藏（Berg Collection）；参见 *Coleridge on the Seventeenth Century*，e-d. Roberta Florence Brinkley（Durham：Duke University Press，1955）。布朗的这句话见于他的著作：*The Garden of Cyrus*；or，*The Quincunciall*，*Lozenge*，*or Network Plantations of the Ancients*，*Artificially*，*Naturally*，*Mystically Considered*。

② Michael Sullivan，*The Arts of China*，3d ed.（Berkeley and LosAngeles：University of California Press，1984），7.

③ David N. Keightley，"The Religious Commitment：Shang Theologyand the Genesis of Chinese Political Culture，" *History of Religions* 17（February-May 1978）：211 – 25，quotation on 221.

④ Kwang-chih Chang（张光直），*The Archaeology of Ancient China*，rev. and enl.（New Haven：Yale University Press，1977），291.（张光直：《古代中国考古学》，生活·读书·新知三联书店 2013 年版。——译者注）

起源的，卡曼（Cammann）推测九宫格"看起来都是刻意为之，人们试图将三个一组的单一魔方块图形推而广之，运用到更多地方"。⑤　总之，人们习惯将九宫格的发明归功于某个传说中的圣人——远古圣王——大禹或伏羲，据说他们曾"别九宫"⑥，即（将大地）划分为

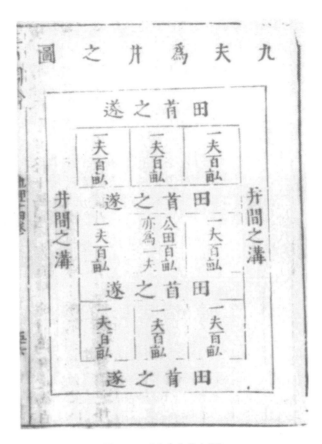

图 8.1　《九夫为井之图》

　　此示图载于一本 17 世纪的类书，说明了曾经存在的九宫形井田。公田占据了中心的方格，占总面积的九分之一。其他八个方格由各私家占用和耕作。尽管政治改革家经常呼吁将这种棋盘式的安排运用到土地分配中，但它在中国历史上很少被付诸实施。

　　原图尺寸：21×14 厘米。出自王圻《三才图会》，成书于 1607 年，重印于 1609 年，地理十四卷，页 56a。

　　复制图由哈佛大学哈佛燕京图书馆提供。

---

　　⑤　Schuyler Cammann, "The Magic Square of Three in Old Chinese Philosophy and Religion," *History of Religions* 1（Summer 1961）: 37 – 79，引文见第 44 页。卡曼和其他历史学家将九宫格在中国宇宙图式中的运用追溯到一位身世不清的古典思想家邹衍那里（公元前 305—前 240 年?）。邹衍的原作没有保存下来。根据司马迁《史记》（成书于公元前 91 年）中的记载，邹衍认为，世界由大九州组成，每个大州各有 9 个小州，一共是 81 州，中国由 81 州中居中的 9 个州组成。每个大九州由环绕它的海洋分开。大九州外有一个大环海与天穹相接。见司马迁《史记》卷 74《孟子荀卿列传》，第 1 页，《新校史记三家注》（5 卷）卷 4，第 2344 页，台北：世界书局 1972 年版。《史记》是二十五史的第一部，是最著名的中国历史著作。

　　⑥　陈梦雷、蒋廷锡编：《古今图书集成》（成书于 1726 年，刊印于 1728 年）汇编 2《方舆汇编·职方典》，卷 43，页 47a。另见台湾出版的 79 册本，重印于台北：鼎文书局 1977 年重印，第 7 册，第 449 页。这部由国家主持编修的类书是中国历史上刊行的最全面的工具书。关于这部杰出但未被充分挖掘利用的古书的简单介绍，见 Ssu-yü Teng and Knight Biggerstaff, camps. , *An Annotated Bibliography of Selected Chinese Reference Works*, 3d ed. , Harvard-Yenching Institute Studies 2（Cambridge: Harvard University Press, 1971）, 95 – 96; and Richard J. Smith, *China's Cultural Heritage: The Ch'ing Dynasty, 1644 – 1912*（Boulder, Colo. : Westview Press, 1983）, 3.

九个方块。人们相信伏羲是第一个从洛河浮现的龟壳上观察到这种图形的人。可见，虽然人们将表现中国悠久的宇宙论基本图形——九宫格的发明归功于古代圣王，但同时也认为这种图形取材于自然界。它是天地固有的构造，至少是出现在一只不寻常的乌龟壳上的图案。

作为古代的伟大文化发明之一，九宫格与农业、书面语言和草药等其他发明一样，也必定会用于发展和改进人类的文化和社会。换句话说，它不仅仅是传统中国世界观的一个面向，还会影响到（统治）政策并被付诸实践。例如，井田制就是九宫格在耕作制度方面的精妙运用，有人推测这种制度是为了确保耕作者的生计、国家的税收以及整个农耕事业的和谐与繁荣。九宫还被运用于建筑方面，它是正确表达帝国重要礼仪的必备内容，这些礼仪使宇宙循环与人类活动相谐一致。

因此，汉代以后代中国的改革家、礼仪专家和统治者都将九宫格运用于从农耕到建筑的各种类型的空间，使之井然有序，（这一努力）几乎不曾间断。但是在此过程中，他们经常发现必须对早期的图式加以修正和改造，早期图式是为了使空间秩序与九宫格模式相适应而设计的。

不同空间形态的图式布局

这些图式中最著名且最有影响的就是井田制，这个名称的由来是因为其理想的形状很像汉字的"井"字，与三纵三横的网格或九宫格大致相仿（图8.1）。在儒家传统中，从伟大的古典哲学家孟子（公元前372—前289年）开始，学者试图对井田图进行解释，认为这种棋盘式的图式应该作为丈量和分配农业用地的依据。八户一组，每户可以得到九个方格中面积相等的地块，第九块即中间的地块，由八户共同耕种，收成归公。但是，这种井田图式并非只是土地丈量系统，孟子指出它是良政的基础。[⑦] 后来的儒学学者还将井田视为"古老社会体系中的基本制度，它保证了土地与劳动力的合理分配，消除贫富冲突的所有起因"。[⑧] 因此，中国历史上的儒家改革者反复呼吁重建井田制，并不断指出，理想化的国家应该建立在井田制的基础上。他们甚至坚持，三横三纵的网格形态可以统一运用于农业空间的划分。在中国以外的其他东亚国家，井田制也被用作一种政治和社会改革的工具，特别是在划时代的7世纪日本大化改新中。即使在今天，这种棋盘格式的井田图式仍然可以发现于日本的广大地区。[⑨]

但是，最早提及井田图的中国经典并没有对其几何形状做出十分准确的描述。这使得一部分现代学者推测，井田图起初根本不是一种度量图式，并不那么具备几何特征，它更可能是一种采邑制形式，或者是在村区中固定和临时的耕作成员之间分配土地产出物的规则。[⑩]

---

⑦ 《孟子引得》，哈佛燕京学社引得特刊第十七号，1941年，台北：成文出版社1966年版重印，3A，3.13. 这一段话的英译见 D. C. Lau, trans., *Mencius* (Harmondsworth, Eng.: Penguin Books, 1970), 99. 《孟子》与《论语》《中庸》《大学》，在宋代由新儒家哲学家定为儒家经典，合称"四书"。

⑧ John W. Dardess, *Confucianism and Autocracy: Professional Elites in the Founding of the Ming Dynasty* (Berkeley and Los Angeles: University of California Press, 1983), 37。

⑨ John Whitney Hall, *Japan: From Prehistory to Modern Times* (New York: Delacorte Press, 1970), 54。

⑩ Cho-yun Hsu（许倬云）, *Ancient China in Transition: An Analysis of Social Mobility, 722–222 B. C.* (Stanford: Stanford University Press, 1965), 112; Wolfram Eberhard, *Conquerors and Rulers: Social Forces in Medieval China*, 2d rev. ed. (Leiden: E. J. Brill, 1965), 34–36.

206

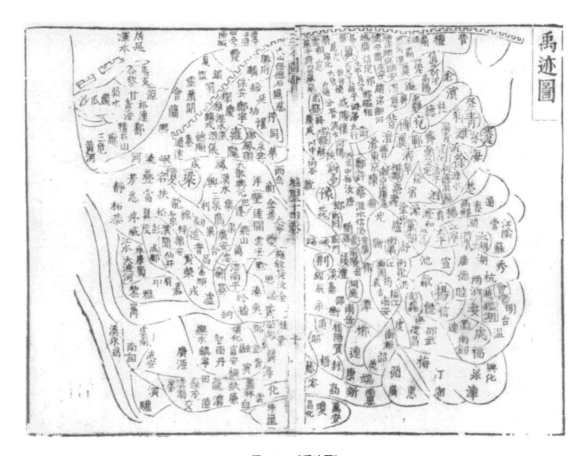

图 8.2 《禹迹图》

这幅 17 世纪的地图表现了据传为大禹所划分的中国古代九个区域，即九州，其边界极不规则。此图根据对《尚书·禹贡》九州内容的研究重绘。这幅图并没有采用汉代宇宙论者更加青睐的图解式、几何化的九州图。

每页尺寸：21×14 厘米。出自王圻《三才图会》，地理十四卷，页 10a、b。复制图由哈佛大学哈佛燕京图书馆提供。

　　无论井田布局有着什么样的社会或经济源头，到了汉代，人们多认为它就是一种度量图式，其形态是三横三纵的网格，即九个方格。⑪ 井田制与九宫格的关系如此密切，以至于伟大的 12 世纪新儒学哲学家朱熹（1130—1200）推想，这种网格形态运用甚广，如明堂——一种宇宙论庙堂或建筑式的微型宇宙，也是从井田派生出来的。⑫ 李约瑟认为，井田的网格可能对中国地图学坐标系思想的产生有着启示作用，但是他并没有援引任何证据来论证这个有趣的推测。⑬

　　⑪ 例如范宁（339—401）《春秋穀梁传集解》"宣公十五年"注，卷 7，页 8b。另见现代版，台北：新兴书局 1975 年版。《春秋》是儒家五经之一，也是五经中唯一一部推测为孔子本人编撰的经典。

　　⑫ 陈澔（1261—1341）《礼记集说》引朱熹语，卷 3 页 35a、页 36b，见《宋元人注四书五经》（3 册本），中国书店 1984 年版，第 2 册，第 83—84 页。《礼记》（约成书于公元前 1 世纪），是五经中的另外一部，由汉代人编撰，汇集了各种各样不同来源的资料。

　　⑬ Joseph Needham, *Science and Civilisation in China*（Cambridge：Cambridge University Press, 1954 –），Vol. 3, with Wang Ling, *Mathematics and the Sciences of the Heavens and the Earth*（1959），541.（中译本见［英］李约瑟《中国科学技术史》第 3 卷《数学》，《中国科学技术史》翻译小组译，科学出版社 1978 年版。——译者注）

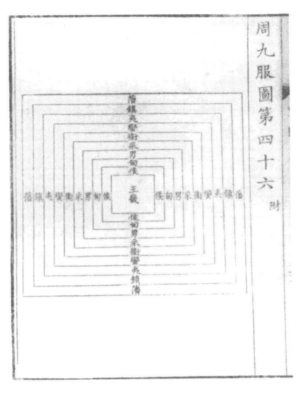

图8.3　《周九服图》

　　这张示图描绘了汉代宇宙论者设计的几何化的政治地理形态。示图中所有的封地都以位于正中的王畿为中心。根据这幅示图，离中心越远的圈层，其开化程度越低，与王畿的联系就越远，越向外，居住的人越野蛮。与图8.2一样，这幅图也是17世纪根据儒家经典《周礼》（成书于公元前2世纪）复原的。

　　原作尺寸：19.5×14.5厘米。出自胡渭（1633—1714）《禹贡锥指·图》（成书于1649—1697年），1705年版，页52b。复制图由哈佛大学哈佛燕京图书馆提供。

　　汉代的宇宙论学者不仅将九宫格运用于农耕空间的丈量，而且运用到政治地理领域。在这一过程中，他们发现有必要将井田图之外更早的经典中一些显然更不规则的图式加以改造。早期儒家经典中所描绘的重要地理布局——九州，就是由一些空间和形状都不太规则的单元所组成的。《尚书》（至早成书于战国晚期）"禹贡篇"所描述的九州，大体是以蜿蜒曲折的山脉等自然地物作为边界标识的（图8.2）。但是，后代对于九州的描述，特别是公元前3—前2世纪的记录，渐渐地变得更加图式化，甚至接近九宫格的几何形状。例如，一本托为刘安所著的汉代汇编书《淮南子》（约成书于公元前120年）讲到九州时，将这九个区域简单地定位在"中心加八方"[14]。同样是汉代的《礼记·王治篇》（约成书于公元前1世纪）称"四海之内有九州，各方一千里"[15]。在另一本汉代编纂的儒家经典《周礼》中，后汉经学家郑玄通过将这九个区域合并到"九服"，形成了以王都为中心的一系列同心的方格，这样就实现了对古典九州（图8.3）的几何化。唐代著名经学家孔颖达（公元574—

　　[14]　John S. Major, "The Five Phases, Magic Squares, and Schemati Cosmography," in *Explorations in Early Chinese Cosmology*, ed. Henry Rosemont, Jr. (Chico, Calif.: Scholars Press, 1984), 133–66，引文见第137页。

　　[15]　《礼记集说》卷3，页3b，载《四书五经》卷2，第67页（注释12）。

648 年）写道，九州是以直线、而不是自然地貌联结在一起的。⑯

　　与井田布局一样，带有方格网的几何形政治地理格局并非仅仅是传统世界观的一个面向，或者只是人们对宇宙的一种推想方式（人们一直努力将这种布局落实于地面）。甚至晚至 19 世纪，中国和日本的政治改革者还提出建立方块状的行政区域作为善政良政或者政治改良的开端。⑰ 不过，后来革新者并不只是简单地强化九州这种特殊的地图，而是顺着这样的思路往前推进，将几何化行政区域作为严肃的政治改革的重要内容。

208

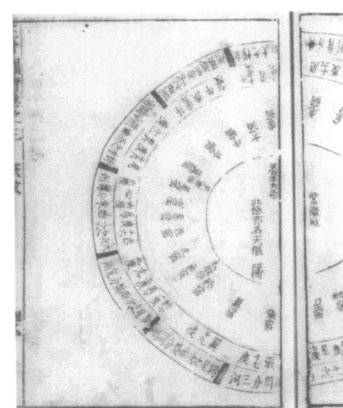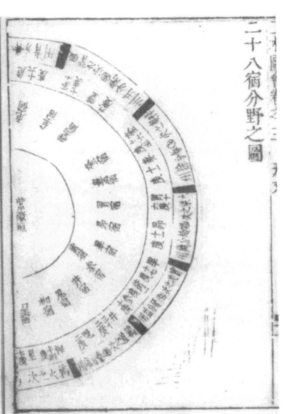

图 8.4　《二十八宿分野之图》

　　这张图展示了二十八宿（白道上的分区）与中国十二州的对应关系。其他分野说还有九天与九州对应的。这张分野图以及其他的分野图都是星占图：特定天区发生异象，就意味着地上相应区域的某个重要人物会有灾难。

　　原图尺寸：21×14 厘米。出自王圻编《三才图会》，天文卷 3，页 47b、页 48a。复制图由哈佛大学哈佛燕京图书馆提供。

　　第三个以九州图式为依据的宇宙论概念是分野体系（field-allocation system），这是一种将天上星区与地面政区相关联的系统。中国的九个地理分区——九州，都与某个星区相对

　　⑯　孔颖达：《禹贡五服图说》，载章潢《图书编》（成书于 1562—1577 年）卷 86，页 2b，见《古今图书集成》第 7 册第 1091 页（注释 6）。

　　⑰　例如 Hall，*Japan*，276（注释 9）；and William Theodore de Bary，Wing-tsit Chan，and Burton Watson，comps.，*Sources of Chinese Tradition*（New York：Columbia University Press，1960），728。

应。分野是反映相关性系统的一个不错的实例，它基于这样的思想，即宇宙中各种独立的存在或界域秩序之间有着相互呼应的关系。

　　分野体系与井田制一样，其起源并不清楚。它一开始，很可能源自一种跟踪记录太阳、月亮和通过天空的行星一年当中运行轨迹的地图学工具。[18] 将黄道划分成多个部分，便于星象观察者跟踪星光的大致运行轨迹。倘若这就是最早的分野形态，那么它很可能起初与九

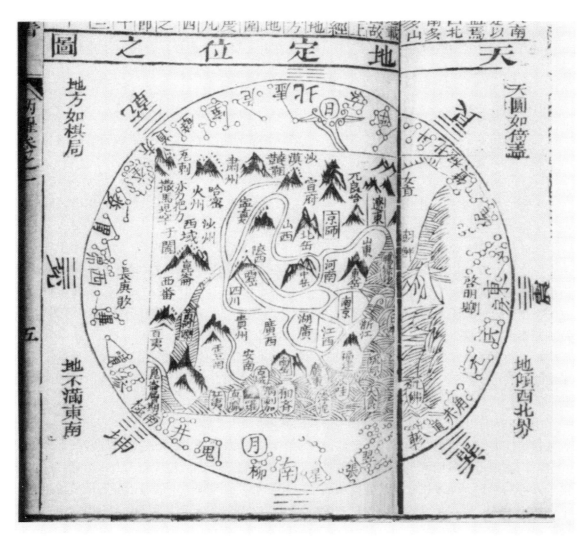

209

图 8.5　《天地定位之图》

　　地图中心的方形区域中展示了十分晚近的中国省份、朝贡国与蛮夷地区，外圈内侧还有七个一组、分为四组的二十八宿。这张图并没有说明二十八宿与地上的哪些区域对应。但图上阐明了中国古代宇宙观中的一个十分重要的思想，即"地倾西北界"，因而"东南多河，西北多山"。

　　原图尺寸：约 15.5 厘米。出自《新增象吉备要通书》（1721）卷1，页4b、页5a。经伦敦大英博物馆东方与印度藏书部许可（15257 a 24）。

———————————

⑱　橋本増吉：《支那古代暦法史研究》，東京：東洋文庫，1943，第 515–517 页。

宫格宇宙图没有任何关系。但是，中国现代地图史学家王庸推测，分野最初来源于九州的观念。[19]

无论是什么来源，分野到汉代已发展成为一类占星体系，即将地上的区域或国家与天区或星官（asterism）相对应。古典时代晚期的文集《吕氏春秋》将古九州与天上九区相关联。[20] 后来，汉代文献如《淮南子》也将地上的各区域与其他的天文概念如二十八宿、木星十二次和月行九道相对应（图 8.4 和图 8.5）。天区中任何部分出现的异象，都预示着与之对应的地面区域的政治统治存在危机（"上天变异，州国受殃"）。我们可以从汉代正史《汉书》的"五行志"中举一个小例子，从中可以看出人们如何观察分野的预兆并对它进行查证。这个例子是：

210

高帝三年七月，有星孛于大角，旬余乃入。刘向以为是时项羽为楚王，伯诸侯，而汉已定三秦，与羽相距荣阳，天下归心于汉，楚将灭，故彗除王位也。一曰项羽坑秦卒，烧宫室，弑义帝，乱王位，故彗加之也。[21]

分野的星占图式运用到政治中后，需要对天区及其对应的地上区域的边界做出精确的界定。于是，3 世纪的陈卓标出了各天区的宿度。[22]

与井田图和九州图一样，分野体系并不局限于对天界的宇宙论思考，它也运用于现实政治。事实上，汉代以来中国大多数王朝都有占星官，他们负责观察异常天象，并据此做出政治性预测。[23] 如果预测受到当政者的重视，重新划定相关天区与地上边界可能就会影响到政府的举措。这样就不奇怪，为何唐宋时代最重要的宇宙哲学家、天文学家和其他历史学家，特别是李淳风（602—670）、一行（682—727）和欧阳修（1007—1070），对于修改分野体系中地上边界的提议都格外关注。[24] 然而，我们并不知道政府是否根据这些提议进行过新的土地测量和地图绘制。说到底，这些提议的目的在于，使古老的分野观念与现有的地面边界保持一致。

中国古典宇宙观念在城市结构——中国的城市形态上，留下了永恒而真实的印记，这一点胜过了任何空间规划。包括北京在内的帝制中国的伟大都城，在建造或改建时，都严格遵守宇宙论法则，使城墙的走向与城门的安排符合四个罗盘方位，并且建成为四边笔直、十分接近方形的形状。如果说欧亚其他文明的宇宙哲学家只能对理想中的城市形态做出猜想，而中国的宇宙哲学家却是实实在在地见到了按照他们的理想设计建造的城市。中国的宇宙论模

⑲ 王庸：《中国地理学史》，1938 年，台北：商务印书馆 1974 年重印版，第 12 页。

⑳ 《吕氏春秋》（约公元前 3 世纪），四部备要本，卷 13 页 1a、b。

㉑ 班固：《汉书》（撰于公元 1 世纪）卷 27 中《五行志》，页 26b、页 27a，《新校汉书集注》第 5 册（台北：世界书局 1973 年版）。《汉书》是二十五史的第二部，也是第一部断代史，即前汉的历史（公元前 206—公元 8 年）。

㉒ Ho Peng-yoke，trans. and annotator，*The Astronomical Chapters of the Chin Shu*（Paris：Mouton，1966），113.（引文见《晋书》卷 11《天文志第一》，中华书局标点本，第 307 页。——译者注）

㉓ 例如 Ho Peng-yoke "The Astronomical Bureau in Ming China," *Journal of Asian History* 3（1969）：137 – 57，esp. 144.

㉔ 刘昫等撰：《旧唐书》卷 36《天文志》（二），《历代天文律历等志汇编》（9 册本），中华书局 1976 年版，第 3 册，第 373 页；欧阳修等撰《新唐书》（成书于 1032？—1060 年）卷 31《天文志》（一），《历代天文律历等志汇编》第 3 册，第 718—719、722 页。《旧唐书》与《新唐书》是唐代（618—907 年）的官修史书。

式也影响到其他东亚国家的城市规划，特别是朝鲜与日本。前现代日本的两个帝都——奈良和京都，就模仿了中国唐代伟大都城长安的棋盘格形态。

但是很显然，宇宙论观念至少对中国汉代以前城市的总体形状几乎没有影响。芮沃寿认为，早期中国城市似乎一直是不规则、非对称的形态，此言不虚。即便是中国历史上第一个伟大的帝都——西汉（公元前206—8年）长安也是如此。[25]

可能成书于汉代的经典《周礼·考工记》所确立的城市基本平面规划对后世的帝都设计产生了深远的影响。除了对城市的中轴对称和方向做出规定外，《考工记》还解释道：

211

图 8.6　《国都之图》

　　这是一张按九宫四方的模式绘制的国都之图。王宫位于正中间的方格，但儒家经典《周礼》（公元前 2 世纪）对理想都城的描绘是九条街，而不是九宫或九个区域。

　　原图尺寸：21×14 厘米。出自王圻编《三才图会》，宫室二卷，页 11a。复制图由哈佛大学哈佛燕京学图书馆提供。

㉕　Arthur F. Wright，"The Cosmology of the Chinese City," in *The City in Late Imperial China*，ed. George William Skinner（Stanford：Stanford University Press，1977），33－73，esp. 42－44.（中译本见芮沃寿《中国城市的宇宙论》，施坚雅主编《中华帝国晚期的城市》，叶光庭等译，中华书局 2000 年版，第 37—83 页。——译者注）

"匠人营国，方九里，旁三门。国中九经九纬，经涂九轨。"[26] 经典中对理想城市的规划利用了术数"九"而且设计成方形，却并没有规定城市要有三纵三横的网格，但惠特利认为，这段话中讲的"九经九纬"原意就是指代九个方格。他推测，"理想类型的城市起初应该是一个规则的九宫布局，八个方格围绕中间的一格对称分布，每一格占总面积的九分之一"[27]。换句话说，九宫的形状既被用于井田和九州图式，也一度被运用到理想城市的规划中（图8.6）。

在中国历史上的某些伟大的帝都中，古典城市的规划变成了现实，例如唐长安和明清北京，虽然由于一些障碍，如业已存在的聚落、不规则的地形以及风水术的要求，不得不对之做出某些调整。这样的城市规划，与同时期其他几个欧亚文明的城市规划一样，旨在彰显和确立统治者的中心地位：天子位于"四方之极"（pivot of the four quarters），沟通天地。因

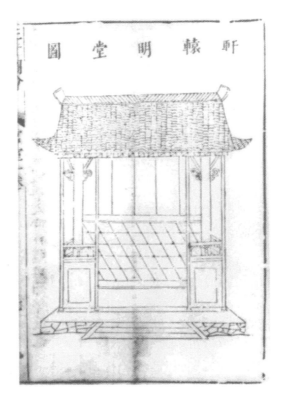

图8.7　《轩辕明堂图》

这幅17世纪示图用于展示早期粗朴的而非程式化的明堂结构。汉代的宇宙论者更愿意构想图8.8那样基于九宫宇宙图的明堂。

原图尺寸：21×14厘米。出自王圻编《三才图会》宫室一卷，页7a。复制图由哈佛大学哈佛燕京图书馆提供。

---

[26] 郑玄撰：《周礼郑注》（成书于2世纪），四部备要本，卷41，页14b。此段译文见 Laurence J. C. Ma, "Peking as a Cosmic City," in *Proceedings of the 30th International Congress of Human Sciences in Asia and North Africa：China 2*，ed. Graciela de la Lama（Mexico City：El Colegio de Mexico, 1982），141–64，引文见第144页。

[27] Paul Wheatley, *The Pivot of the Four Quarters：A Preliminary Enquiry into the Origins and Character of the Ancient Chinese City*（Chicago：Aldine, 1971），414.

此中国历史上的皇帝常关注都城、城市祭祀地点和建筑的几何形状及其术数象征意义，就像他们围绕井田制所做的农业方面的改革一样。[28]

也许最重要和最著名的祭祀地点或建筑就是明堂，这是一种为展现中国礼仪而设计的具有宇宙论意义的宗教建筑。明堂既体现宇宙论，也是仁政思想在建筑上的写照（图8.7）。[29] 与其他几种后来统归于九宫形的宇宙图式不同，特别是井田制和九州图式，汉代以前的文献中并没有关于明堂的清晰或详细的描述。较早的经典如《孟子》和《左传》（大约成书于公元前300年）提到明堂制度时，都非常简略和模糊，并没有解释它的形制，甚至没有提及它的功能。这些早期的史料没有将明堂与九宫格宇宙图式相关联，或者说，并没有与任何宇宙哲学相关联。

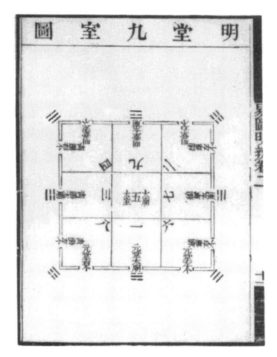

212

图8.8　《明堂九室》

这张示图画出了明堂的标准布局，将明堂各室与九宫数字及《易经》八卦关联起来。只有中间的一室——"太庙"没有相应的卦象。没有早期的明堂布局图流传下来，这张17世纪的复原图是由著名的经学家根据其对汉代宇宙论文本的研究重绘的。采自胡渭《易图明辨》（1706），1843年版，卷2，页11b。复制图由哈佛大学哈佛燕京图书馆提供。

早期经典文献中有关明堂的细节描述不足，无疑为汉代学者按照自己的宇宙观念重新创造明堂留下了空间。汉代人得以不受任何限制地自由展现他们有关明堂的宇宙论想象，相比之下，九州这个概念则受到较多限制，因为前人留下了关于它的详细描述。因此，后

---

[28]　关于朝廷对此的关注，见 Jeffrey F. Meyer, *Peking as a Sacred City* (Taipei: Chinese Association for Folklore, 1976), 109。

[29]　Howard J. Wechsler, *Offerings of Jade and Silk: Ritual and Symbol in the Legitimation of the T'ang Dynasty* (New Haven: Yale University Press, 1985), 195.

古典时代的明堂研究者们为明堂这种展现微型宇宙的建筑，设计了二十多种不同的式样。[30]但是，后古典时代再造明堂的各种设计中，最为流行的还是根据宇宙论中术数五和术数九的重构，尤其是九宫格的设计（图8.8）。

一般来说，建筑物比农田、政区甚至城市平面图更易于表达和阐释宇宙观思想，因此，汉代人再造的明堂，对这些宇宙观念的表达之深广，远远超过我们先前讨论的任何一种九宫格展示模式。东汉人蔡邕（133—192）对明堂九宫进行了术数解读，将这种建筑描述为宇宙在建筑中的缩影。例如，明堂有九间房，代表九州；12间宫殿呼应一天中的十二时辰；28根柱子则象征二十八宿；明堂内的八条走廊象征《易经》八卦；明堂底部是方形，象地；顶部是圆形，象天；整体建筑由水环绕，象征四海。[31]

213　　　如马伯乐指出，明堂的复杂形态在建筑上是不可行的。[32]但从西汉时期的汉武帝（公元前140—前87年）开始，中国历史上的帝王们都曾下令兴修明堂。其中的一些明堂，如篡汉者王莽（公元前45—23年）兴建、东汉光武帝（25—57年在位）重建的明堂就是按照汉代编撰的《大戴礼记》中的九宫规划建造的。考古资料和文献材料都表明，明堂这种代表微型宇宙的建筑至迟从汉代就已经开始再造了，据说最近在汉代都城长安发掘了王莽明堂的废墟，这是一处煞费苦心的建筑，它分成九间，坐落于方形台基上，由环形水道围绕。[33]

为什么中国历史上最著名、精力最充沛而且最讲实用的帝王都会热衷于修建与宇宙论和术数呼应的作为微型宇宙的建筑？其中一个主要的原因就是，这一微型宇宙为天子展示时空秩序，特别是实施节气礼仪提供了适宜的场所。按照节律迈步穿过明堂的统治者可以护佑全年的风调雨顺。

为了使帝王的明堂巡礼具有灵验的效果，这个微型宇宙模型的规模与各部分必须符合那个大宇宙的形态与节奏，包括安放九州、四季、二十四节气和二十八宿的标志，划分各自的时空范围，设计上圆（象天）下方（象地）的构造。因此，当皇帝下令修建明堂时，朝堂上往往会爆发关于明堂形态与规模的争执，这些争执并不只是出于对古物的爱好。[34]由于明堂是当作一种微型宇宙模型而修建的，争执的主题最终落在宇宙的总体形状与组成部分这个问题上，而不只是争论设计的尺寸对于一座建筑是否适宜。这就不奇怪，中国思想文化史上最重要的一些人物，如董仲舒（公元前179—前104年）、朱熹（1130—1200）、王夫之（1619—1692）以及康有为（1858—1027）都写过论述明堂的文章，虽然他们的传世著作中并没有发现有关明堂正确布局的图形。

但是，在传统中国引起过最为广泛争议和推测的宇宙图式并不是明堂，而是河图洛书。河图洛书在前现代中国思想方面的重要性，可以从大型类书《古今图书集成》（1726年成书）关于它们的大量篇章中得到证明，相关内容所占的篇幅甚至超过了一些单本的儒家经

㉚　王梦鸥：《古明堂图考》，载李曰刚等编《三礼研究论集》，台北：黎明文化事业有限公司1981年版，第289—300页，特别是295页。

㉛　《明堂月令论》，载蔡邕《蔡中郎集》（成书于2世纪），四部备要本，卷10，页6a、b。

㉜　Henri Maspero（马伯乐），"Le Ming-t'ang et la crise religieuse chinoiseavant les Han，"*Mélanges Chinois et Bouddhiques* 9（1948 – 51）：1 – 70，esp. 66 – 67.

㉝　Wright，"Cosmology of the Chinese City，"51（注释25）。

㉞　关于7世纪开始的这一争论，见于 Wechsler，*Offerings*，207（注释29）。

典。这些图形在过去一千年来最有影响的宋代新儒家所进行的宇宙论讨论中，的确占据着枢要的地位。此后的学者还披露，一些广为接受的河图洛书来路不正，这成为中国清代思想文化史中最重要的插曲之一。

与我们上面所讨论的宇宙论观念不同，洛书以及作为其补充的河图，并没有被直接运用于在任何形式的实体空间营造秩序，包括天文、地理、农业、城市或建筑空间。洛书有点特别，人们普遍认为它是九宫格宇宙图式的来源，甚至也是九宫格的来源。后代注释河图洛书的人，进一步将这些图形解释为"图"的典范。中文里"图"这个字可以用来指代几乎所有的图形表达方式，一般包括表格、示图、地图、插图。这些"图"，据说出自远古的圣王之手并由他们带给世人，是营造世界秩序的主要资源。就这点而言，河图洛书的重要性不下于儒家经典。

214

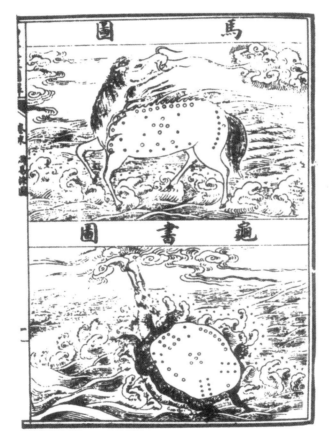

图8.9　河图洛书

这张图出自一本16世纪的《易经》注解著作。人们想当然地认为河图印在一匹奔腾于黄河的骏马背上，洛书则出现在浮现于洛水的乌龟壳上。

图像尺寸：不详。

出自来知德《易经来注图解》（1598），台北：光天出版社，页1a。

与明堂一样，汉代以前的中国古代文献中也没有关于河图或洛书的任何明确或详细的描述，这一状况使得它们在宇宙论思考中发生变形。由于经典中没有明确的记载，汉代的宇宙学家们得以自由发挥想象，对河图洛书进行再创造和再诠释。另一方面，他们也无法从经典文献中为自己的推测性再造找到很多支持。能推定为汉代以前的现存文献中，也没有任何与河图和洛书有关的特殊几何结构和术数系统。这些相关文献一般只谈到，河图洛书出自圣河，是上好吉兆。[35]

古典时代以后，特别是汉代对这些相关文献的解释，通常认定河图与《易经》八卦有关，而《洛书》（图 8.9）与《书经》[36] 洪范篇中的九畴有关。因此，《汉书·五行志》讲，汉代学者刘歆（约公元前 50—23 年）认为：

> 伏羲氏继天而王，受《河图》，则而画之，八卦是也；禹治洪水，赐《洛书》，法而陈之，《洪范》是也。[37]

后世的注释者继续认定《河图》带有圆形，代表天的秩序；《洛书》带有方形，代表地的尺度。[38]

《洛书》与九宫格和术数九以及地理秩序之间的关联，可能早在汉代就出现了。[39] 古典时代以后的《洛书》注者甚至认定，其图形就是三个纵横的方块。另一方面，受宋代新儒家宇宙论者青睐的《洛书》的标准图式，则去掉了九宫的框线，用绳结状图形代表原先九宫内的数字（图 8.10）。由于宋代以前没有任何关于洛书的图形保存下来，很难评价现在所见各种《洛书》图式的相对年代与权威性。因此，虽然有不同版本的洛书，但恢复它们的发展谱系也殊为不易。

总之，以上概述的宇宙论概念——井田、九宫、分野、古典城市规划、明堂和《洛书》示图，都可以明确而完美地放置于九宫模板中且得到了广泛的认可。虽然在古典时代以后，中国学者也经常就上述宇宙图式的准确性发生争论，但是，九宫格形态对于中国文明的宇宙论理论与实践所产生的普遍影响是显而易见。这种影响并不局限于刚才所提到的各种图式，还可以从各种体现宇宙论的艺术品中找到踪迹，诸如汉代的"TLV"青铜镜等。这类铜镜表现的是圆形的天包围着方形的地。卡曼（Cammann）甚至指出，从某些宇宙镜的镜背还可以发现代表中国上古九州的九个区间。[40] 类似的图案也出现在画有方框的汉代式盘或各种

㉟　Bernhard Karlgren（高本汉），"Legends and Cults in Ancient China," *Bulletin of the Museum of Far Eastern Antiquities*, No. 18（1946）：199 – 365，esp. 273.

㊱　《新校汉书集注》卷 27 上《五行志》，页 1a、b（第 2 册，1315 页）；孔安国（生活在公元前 100 年前后）撰《尚书孔传》，《四部备要》本，卷 7，页 1b；《周易集解纂述》（台北：1967 年），卷 8，第 793 页。《易经》可能是五经中最复杂，也最有争议的经典，《易经》起初为占卜书，后来儒家学者对其中的征兆与事件做出了哲学和宇宙论的解说。

㊲　《新校汉书集注·五行志》卷 27 上，页 1a、b（卷 2 第 1315 页）（注释 21）。《汉书》卷 27 上《五行志第七上》，中华书局 1962 年版，第 1315 页。

㊳　朱熹：《易学启蒙》（成书于 1186 年），卷 1，页 13a、b。现代版卷 1，第 5—6 页，台北：广学社印书馆 1975 年版。

㊴　Cammann，"Magic Square of Three," 43 – 44，61 – 64（注释 5）。但是清代的宇宙论批评者张惠言（1761—1802），认为带有九宫格的洛书年代应晚至东晋时期（317—420 年）。见张惠言《易图条辨》（约成书于 1800 年），载于氏著《易学十书》（上、下），台北：广文书局 1970 年版，下册第 958 页。

㊵　Schuyler Cammann，"The 'TLV' Pattern on Cosmic Mirrors of the Han Dynasty," *Journal of the American Oriental Society* 68（1948）：159 – 67.

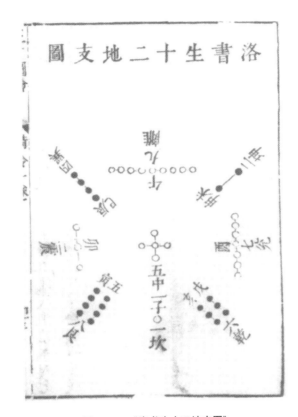

图 8.10　《洛书生十二地支图》

　　这张示图将计时用的十二地支与九宫数字、《易经》八卦关联起来。原先的九宫数字是用绳结来表示。尽管图中没有出现九宫格，但这张图的总体结构是九宫式的。人们想当然地认为这种示图是从上古秘传而来的，但是现存展示洛书的图形没有一幅能追溯到宋代（960—1279）以前。此类示图正是宋代新儒家宇宙论者所青睐的图形。

　　原图尺寸：21×14 厘米。出自王圻编《三才图会》，时令一卷，页 43a。

　　复制图由哈佛大学哈佛燕京图书馆提供。

形态的游戏"棋盘"上。

　　而且，前现代中国九宫宇宙论，并不仅仅为儒家或古典传统的正统思想家所持有。道教九重地狱有时也用九个方格的形式来表现，一些佛教曼荼罗也是如此。[41] 道教仪式中所用的法坛也会采用九宫布局，同时还采用其他的宇宙论事物与符号。[42]

　　在更为大众化的层面上，上面简略介绍的图式化宇宙还可以从中国民间建筑上找到踪迹。如王崧兴指出，"台湾乡村的典型居室，总是会尽可能地接近完美对称的理想状态"。[43]

---

[41]　Minoru Kiyota, *Shingon Buddhism: Theory and Practice* (Los Angeles: Buddhist Books International, 1978), 93 – 94. 本文刊了一幅精美的九宫曼荼罗插图。

[42]　Kristofer M. Schipper and Wang Hsiu-huei, "Progressive and Regressive Time Cycles in Taoist Ritual," in *Time, Science, and Society in China and the West*, Study of Time, Vol. 5, ed. J. T. Fraser, N. Lawrence, and F. C. Haber (Amherst: University of Massachusetts Press, 1986), 185 – 205, esp. 192 and 201；第 190 和第 191 页有这种宇宙坛场的插图。另外，道教上清派也有一些九宫格宇宙图和术数命理学的例子，包括"头中九宫"，见 Livia Kohn, *Early Chinese Mysticism: Philosophy and Soteriology in the Taoist Tradition* (Princeton: Princeton University Press, 1992), 110.

[43]　Wang Sung-hsing（王崧兴），"Taiwanese Architecture and the Supernatural," in *Religion and Ritual in Chinese Society*, ed. Arthur P. Wolf (Stanford: Stanford University Press, 1974), 183 – 92，引文见第 183 页。

而且许多典型中国民居二层的平面图，接近九宫格的形态。[44]

尽管有关中国民间宇宙论思想的文献证据还十分缺乏，但还是有理由猜想，传统中国晚期的普通人，较之中世纪西方和近东文明中的同类人，更关注也更熟悉由文化精英所打造的宇宙论观念。这些观念通过广泛流行的礼书得以传播，礼书大概是传统中国晚期最流行的书籍。[45] 这些书也可能是以占卜者为媒介传播的，他们在宗教活动中会采用不同形式和内容的九宫图，尤其是洛书（例如图8.16）。

216

风水术及其与宇宙图式的关系

实际上，在前现代的中国，还存在与几何形宇宙图式的某些基本原则背道而驰的文化传统，其中最突出的就是风水术。风水术关注建筑与墓地等构筑物的选址，使之建于吉地，以便使生者吉祥，死者安息。风水术是通过将建筑或墓地选址于聚气之地且与之和谐一致来实现的，"气"流动于山溪等地形要素之间。因此，在英文中，用"siting"一词或许能比"geomancy"一词更好地表现风水术的特点，然而，后者流行已久，想放弃它相当困难。[46]

风水术中，最广为人知且运用最多的就是为故去的父母和其他先人确定一处合适的下葬地点。[47] 风水术对墓地选址的规定比其他类型的地点更加详细，也更加理论化。但实际上，中国人的选址艺术运用范围极广，"从最小的空间，如一张床甚至是一把椅子，到最大的宇宙维度。"[48] 在中华帝国晚期，修建居所、村落，甚至建设都城，都得请风水师来确定地点与方位。[49] 风水师常常在修建公共建筑、采取军事行动以及管理公众工程时出谋划策。[50] 甚至在确定行政区划时，从一村、一镇到整个省的边界，也常常根据风水师的提议，划出不规则的、蜿蜒曲折的界线。[51] 当代也有很多公开采用风水术的例子，其中之一就是著名建筑师贝聿铭在北京郊区设计的香山饭店。[52]

在较高深的层面，风水术是一种相当复杂的艺术，须由经过训练的专门人员来完成，但有关风水术一般规则的知识，在传统中国社会中流传之广，令人称奇。如史密斯所言：

---

[44] 有一张典型中式房屋二层的速写见于 Stephen Skinner, *The Living Earth Manual of Feng-Shui*：*Chinese Geomancy* (London：Routledge and Kegan Paul, 1982), 110. 还有一张相似的示意图载于 Francis L. K. Hsu, *Under the Ancestors' Shadow*：*Kinship, Personality, and Social Mobility in Village China* (1948；reprinted Garden City, N. Y.：Anchor Books, 1967), 30.

[45] 礼书的广泛传播，见于 Ch'ing K'un Yang（杨庆堃），*Religion in Chinese Society*：*A Study of Contemporary Social Functions of Religion and Some of Their Historical Factors* (Berkeley and Los Angeles：University of California Press, 1961), 17。

[46] 有学者简单讨论过，为何 geomancy 这个词可能并不能很好地用来表达中国 "风水"，见 Steven J. Bennett, "Patternsof the Sky and Earth：A Chinese Science of Applied Cosmology," *Chinese Science* 3 (1978)：1–26, esp. 1–2. 在前现代中国，风水术还有 "风水" 之外的其他指称，下文中有列举，Richard J. Smith, *Fortune-Tellers and Philosophers*：*Divinationin Traditional Chinese Society* (Boulder, Colo.：Westview Press, 1991), 315 n. 1。

[47] Smith, *Fortune-Tellers and Philosophers*, 151（注释46）。

[48] Sarah Rossbach, *Feng Shui*：*The Chinese Art of Placement* (New York：E. P. Dutton, 1983), 2.

[49] Sang Hae Lee, "Feng-Shui：Its Context and Meaning" (Ph. D. diss., Cornell University, 1986), 21.

[50] Smith, *Fortune-Tellers and Philosophers*, 157–58（注释46）。

[51] Lee, "Feng-Shui," 188（注释49）。

[52] Lee, "Feng-Shui," 134 n. 158（注释49）。

"在中国，几乎所有的人都知道风水术基本的象征性程序，并且凭直觉，一眼就可以找到一处风水宝地。"[53] 据 19 世纪的观察家高延（J. J. M. de Groot）发现，即便是基本没有受过教育的中国人，也会"表现出令人惊骇的风水知识"。[54] 的确，风水术所提供的范畴与概念，可资从事稻作的中国人理解他所处的自然环境，也有助于将上层文化的宇宙观带到民间。

与中国的另外几种技艺与科学一样，风水师们认为风水术起源可追溯到上古和传说中的三皇五帝。《河图洛书》将他们描绘成有功之王，他们还有划分九州的功绩。到历史时期，考古发现与文字材料都表明，早在公元前二千纪的商代，人们建立聚落时就要事先对当地的地形状况进行仔细勘查。在那个久远的时代，此类活动也许就预示着原始风水术的诞生。[55] 古典时代的文献为风水选址提供了宇宙论基础，特别是《易经》与《管子》二书。汉代早期，经过组织与实践，风水术显然已发展成为一门独立的艺术。《汉书·艺文志》中的书目似乎已经涉及风水术，但是这类书没有一本保存至今。[56] 汉代以后许多人迁往南方，当地富于变化的自然景观和奇特的本土文化显然刺激了风水术的发展，传郭璞（276—324）所著《葬书》和传王微（415—443）所著《黄帝宅经》将风水术编成典册。[57]

宋代出现了两个主要的风水流派，其一关注宇宙论，其二关注景观形态。[58] 第一个流派叫罗盘派或方位派，据说是由王伋（此人活跃于 1030—1050 年）发展起来的，在东南沿海的福建特别流行，[59] 因此有时也被称为福建派。这一流派吸收了宋代新儒家哲学中的形而上学思想，将阴阳五行之类的宇宙观念运用到定位分析中。[60] 方位派的风水师主要依靠风水罗盘（罗盘或罗经）对一个地点进行时空定位。罗盘是一种复杂的工具，其盘面有多达三十八重的同心圆，圆心称为"天池"，放置有一根磁针（图 8.11）。罗盘上的同心圆整合了"几乎所有用来处理时空问题的中国符号"，从八卦到二十八宿，它们在一起构成了传统中国自然哲学之宇宙轮廓。[61] 与古代城市规划和明堂之类在古典九宫格启示下出现的结构布局一样，罗盘也是一种的具象宇宙模型。用罗盘定位时，通过磁针校准盘面，然后衡量各种

217

53　Smith, *Fortune-Tellers and Philosophers*, 171（注释 46）。

54　J. J. M. de Groot（高延）, *The Religious System of China：Its Ancient Forms, Evolution, History and Present Aspect*, 6 Vols. （Leiden：E. J. Brill, 1892–1910）, Vol. 3, bk. 1, *Disposal of the Dead*, pt. 3, *The Grave*（reprinted Taipei：Chengwen Chubanshe, 1972）, 939.

55　Lee, "Feng-Shui," 49（注释 49）。

56　Stephan D. R. Feuchtwang（王斯福）, *An Anthropological Analysis of Chinese Geomancy*（Vientiane, Laos：Editions Vithagna, 1974）, 16–17. 关于《汉书·艺文志》中的这些书籍，以及中国早期风水术演进的其他证据，参见 Joseph Needham, *Science and Civilisation in China*（Cambridge：Cambridge University Press, 1954– ）, Vol. 2, with Wang Ling, *History of Scientific Thought*（1956）, 359–63, and de Groot, *Religious System*, 3：994–96（注释 54）。

57　史蒂文·贝内特（Steven Bennett）对《黄帝宅经》为王微所著提出了质疑，见 Bennett, "Patterns," 5（注释 46）。

58　Feuchtwang, *Anthropological Analysis*, 17（注释 56）。

59　Lee, "Feng-Shui," 128 and 159（注释 49）。

60　Lee, "Feng-Shui," 158–59（注释 49）, and Bennert, "Parterns," 3（注释 46）。

61　Jeffrey F. Meyer, "*Feng-Shui* of the Chinese City," *History of Religions* 18（November 1978）：138–55, 引文见第 149 页；Feuchrwang, *Anthropological Analysis*, 引文见第 96 页（注释 56）。

图 8.11 风水罗盘图

这是一个 19 世纪的风水罗盘的示图。最里圈叫"天池",由磁针分为两半,表示将太极分为阴阳两半。其外第一圈为《易经》八卦,第二圈标注二十四方位,最外圈为二十八宿。实际上罗盘囊括了中国人用来度量或展示空间元素、时间以及宇宙变化的所有系统和序列。

图片尺寸:未详。

出自 J. J. M. de Groot(高延)*The Religious System of China: Its Ancient Forms, Evolution, History and Present Aspect*,6 Vols.(Leiden: Brill, 1892–1910),Vol. 3, bk. 1, *Disposal of the Dead*, pt. 3, *The Grave*(台北:成文出版社 1972 年重印版),第 959 页。

相关的时空指标以及罗盘刻度面上所标识的相应宇宙变量,以此确定某个地点的坐标。[62] 用这种方法进行定位,为风水师的解释留下了很大的自由发挥的空间。

　　另一个风水流派叫"形势派",这一派与江西这一南方的内陆省份有关。据推测,形势派来自杨筠松(活跃于 874—888 年)的学说。这一流派与善于分析的罗盘派大不相同,后者注重"抽象的宇宙哲学和精密的推算"。形势派比罗盘派更受欢迎,也更脚踏实地,因为它"强调的是自然形势"。[63] 形势派风水师较少依赖风水罗盘上的宇宙图式,更多的是对拟建房屋或墓地的相关地点的地形地貌进行实地考察,尤其注意山脉形状与河流走势,以便确定宇宙能量流转的模式。[64] 与罗盘派的分析方法相比,形势派的特点是更凭"直觉",也更"神秘"。[65] 的确,形势派的某些权威"在描述寻找正确地点的体验时,用到了类似佛教禅宗

[62] Bennert, "Parterns," 3(注释 46)。

[63] Smith, *Fortune-Tellers and Philosophers*, 139 and 138(注释 46)。

[64] Bennert, "Parterns," 3(注释 46);Skinner, *Living Earth Manual*, 8–9(注释 44)。

[65] Bennert, "Parterns," 3(注释 46)。

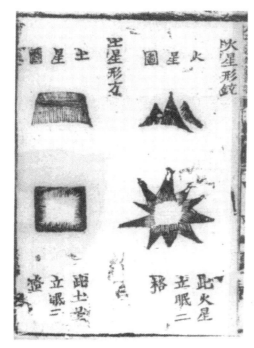

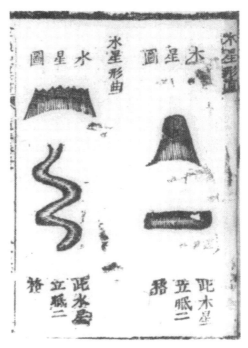

218

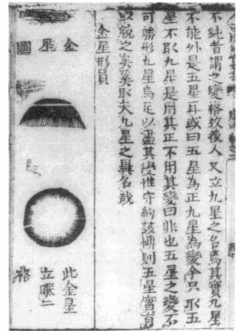

219

图8.12 地形与五星、五行对应图

示图的上方一排是山的侧视图，下方是山的俯视图。图说称，"金星形员""木星形直""水星形曲""火星形锐""土星形方"。

各页尺寸：21×14厘米。

出自徐善继、徐善述撰《地理人子须知》（初刊于1559年），1583年版，卷11，页120b、页121a。复制图由哈佛大学哈佛燕京图书馆提供。

顿悟的词汇"。⑥ 然而，形势派的追捧者并不只靠直观洞察和视觉扫描，他们还采用示意性地形图来说明，如何发现沿着山脊和河流游走的"精气"的脉动与聚合，以便确认吉地。他们还采用一套具有丰富喻义的语汇将各类地形地貌进行分类。这套语汇将自然地物和景观间的关系部分比拟为动物，部分比拟为人体、天体和人工制品，甚至比拟为中国的书面语言——汉字。⑥ 例如，风水师将五种植物（以及相关的五行变化）分别与特定的地形关联起来，特别是山形。他们所根据的理论是，星体一定会对应地上的某个事物。他们将近圆形对应金星，瘦长的树干形对应木星，波浪状对应水星，尖形对应火星，方形对应地球和土星（图 8.12）⑥。

罗盘派与形势派尽管在理论上互不相同，但在实践上、文本上，甚至在宇宙哲学取向上二者也常有交集。例如，所有的风水流派在讲到理想的风水地点，即有时称为"龙穴"的地点时，对其特点的描述基本是一致的。关于这类地点的特点，弗里德曼描述为"背后和两侧环以小丘，形似靠椅，舒适而安全"（图 8.13 和图 8.14）。⑥ 在这一理想地点的前部还要有河道淌过，水流既不能太急，以免泄漏吉气；也不能太缓，以免精气滞塞。相应的，吹过这里的风也必须是缓和的。按宇宙哲学，风水宝地是天上之气与地上之气会聚的地点，阴阳交会，于此最为紧密。⑦ 有人将这一理想地点的构造与子宫类比，二者都是"丰饶之地"和"一切生命最终回归的地方"。⑦ 在这样一个地方，祖先的灵魂得到安宁，同时也给子孙后代带来福祉。

无论人们认为这种基于实用宇宙哲学的形态功效如何，所有的人都为风水宝地的美景与清净所吸引：它坐落于向阳的山坡，溪流缓过，景色一览无余。正如王斯福指出的那样，"不需要理由，每个人都喜欢阳光、舒敞和美景"。⑦ 因此，也不奇怪，风水宝地的概念与构造除了施于死者之地，还延伸到生人的住所。这一点从台湾乡村住宅中就可以得到证明，那些房屋"常常会做成龙穴状，两翼向外伸展"。⑦

虽然到了帝国晚期，风水术在中国各地广受欢迎并成为习俗，但是"风水术最流行和最为根深蒂固的"的区域是有着连绵的山峦和蜿蜒的河流长江以南地区。⑦ 山脉在风水术中尤为重要，"在风水手册中，山脉所受到的重视的确多于其他自然现象"。这些手册对于河道拐弯、汇流和分枝之处也给予相当多的关注。⑦ 风水师认为，山与水一定会为地形带来灵气。它们组成了龙脉，气通过龙脉得以流动，气被认为是龙之血，从一切有趣的地貌形态中可以窥见龙那蜿蜒的形态和特点。⑦ 事实上，在地图上，整个中国正是被描绘成三条带有躯

⑥　Smith, *Fortune-Tellers and Philosophers*, 139（注释46）。

⑥　Smith, *Fortune-Tellers and Philosophers*, 139（注释46）。

⑥　Smith, *Fortune-Tellers and Philosophers*, 144（注释46），and Lee, "Feng-Shui," 136–137（注释49）。

⑥　Maurice Freedman, *Chinese Lineage and Society: Fukien and Kwang-tung*（London: Athlone Press, 1971），122.

⑦　Lee, "Feng-Shui," 189（注释49）；Smith, *Fortune-Tellers and Philosophers*, 143（注释46）。

⑦　Lee, "Feng-Shui," 191–92（注释49）。

⑦　Feuchtwang, *Anthropological Analysis*, 117（注释56）。

⑦　Bennett, "Patterns," 13（注释46）。

⑦　Smith, *Fortune-Tellers and Philosophers*, 149（注释46）。

⑦　Feuchtwang, *Anthropological Analysis*, 121 and 129（注释56）。

⑦　Feuchtwang, *Anthropological Analysis*, 141（注释56）。

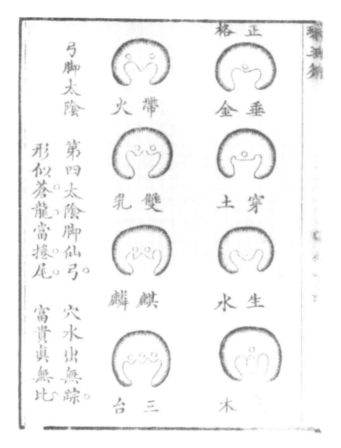

图 8.13　理想风水点或龙穴构造图

　　这些图画显示，三面环山，一面朝南敞开的地点如何有利于保护墓地。与图 8.14 的复杂图式相比，这些图更像示意图。

　　出自徐之镆《地理琢玉斧峦头歌括》（1828）卷 2，页 7。复制图由哈佛大学哈佛燕京图书馆提供。

干和四肢的龙形（即所谓的中国三干龙——译者注）。（图 8.15）[77]

　　另外，华北平原低平的地形，相对较直的河道，对于风水师来说是缺少趣味和生机的。事实上，风水中忌讳使用直线——这种古典几何形宇宙图式（根植于中国文明的故乡华北）最主要的组件。[78] 看到直线，风水师总会心生疑窦，它们可能是山脊、河道、大路、屋顶，甚至是电话线，在风水师看来，这些东西容易产生邪气，招致魔障。而且，笔直的河道常常被怀疑可能迅速排走拟选地点的吉祥之气。因此，风水师会通过建筑物周围是否存在他们所偏爱的蜿蜒曲折甚至迂回的走势，来判断其选址是否为一处风水宝地。[79] 理想的古典城市规划和井田式布局所具有的平坦景观，在他们看来是"老旧、乏力和精神

---

⑦　Bennett，"Patterns，" 13（注释 46）。

⑧　Skinner，*Living Earth Manual*，25（注释 44）。李约瑟认为，风水师"一般青睐蜿蜒曲折的道路、墙体和结构……，反对直线和几何形布局"。见 Needham，*Science and Civilisation*，2：361（注释 56）。

⑨　Skinner，*Living Earth Manual*，25（注释 44）。关于这一点，杰克·波特（Jack M. Potter）指出，"香港新界的大多数道路都是蜿蜒的，这是为了适应风水的需要，而非工程上的粗劣"。见 Jack M. Potter，"Wind，Water，Bones and Souls：The Religious World of the Cantonese Peasant，" *Journal of Oriental Studies* 8 (1970)：139 – 153，引文见第 143 页。

220

图 8.14　一本 9 世纪风水书中的插图

此图传为杨筠松（活跃于 874—888 年）所著《十二杖法》之 "缩杖图"，展示了蟠龙图中理想风水地点的某些特征。墓地所在地为蜿蜒的山峦所护，特别是在西面和北面。众溪流滋养环绕，并汇聚于向南敞开的山口，这里是聚气之地。李约瑟认为 "此类图显然与地图绘制中地形图的绘制有关"。李约瑟对这一特殊图形的评述，见他所著 Science and Civilisation in China（Cambridge：Cambridge University Press，1954 –），Vol. 2，History of Scientific Thought（1956），pl. XVIII（fig. 45）p. 360 图说。出自陈梦雷、蒋廷锡等编《古今图书集成》（成书于 1726 年，刊印于 1728 年），中华书局 1934 年版，全 79 册，卷 475，页 38。

221

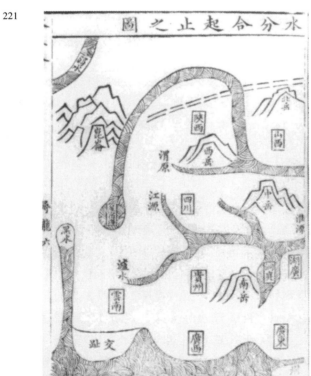
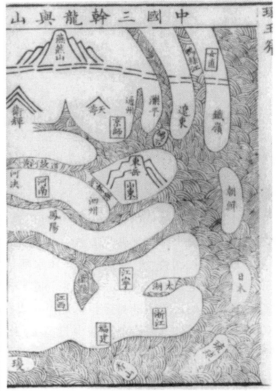

图 8.15　《中国三干龙与山水分合起止之图》

这张东亚示意图上的白色区域代表陆地，带图案的部分代表河流和海洋。图中水平方向从西向东流淌的两条河流是黄河和长江。这两条河使中国北、中、南三大干龙相互分离。图中长方框内写着中国各省名称。这张图将朝鲜画成一个位于日本正北、中国东海岸的岛屿，以此知此图带有古风且具有高度示意化的特点。

出自徐之镆《地理琢玉斧峦头歌括》（1828），卷 1，页 6。复制图由哈佛大学哈佛燕京图书馆提供。

不振的。"[80]

虽然在帝国晚期，风水术的伦理基础与宇宙论依据遭到了儒家学者的频繁批评，但它仍然对东亚前现代时期上层知识与文化传统的众多方面产生了影响，并与之有着多层面的互动。风水师对于起伏山峦与蜿蜒河道的偏爱，可能也影响到中国最高尚的艺术之一——山水画中此类地貌的表现。此外，风水师和山水画家都把景观想象成龙的身体，山峦与河道则是龙气脉动的通道。作为风水点的龙穴，也经常出现在山水画中，其上的"民居和寺庙常常被土地、岩石与植被三面环绕"。[81]

风景画和风水术都可能与中国地图学的发展有关。早期的风景画中可能已出现"地图学的雏形"，风水术则"促进了地图技术的发展"。[82] 在前现代的朝鲜，风水术对地图的影响更加明显，这使得朝鲜地图呈现出一种独一无二的风格，如"不单独展示山脉，而是将其作为山系一部分"，以此强调"地气"的长距离流动。据全相运称，这一特点，不见于大多数中国地图。[83]

在中国，风水术对上层宇宙论传统造成了冲击。风水原理与几何形的宇宙图式相冲突，特别是在城市规划方面。如梅耶所指出的那样，在前现代中国，一大批宏伟的帝国城市之所以不能符合古典城市规划的要求，特别是不具备笔直的线条，是因为其对风水术的考虑要多于对地势险要和政治利害的考虑。[84] 此外，如果本地地形不利于建设带有皇宫的首都，在某些情况下，其地形会被加以改造以适应风水要求。例如，明朝就在紫禁城北端外修建了一座名叫"景山"的人工山丘，以使紫禁城免受来自那个方向的邪气影响。风水师有能力处理对人有害的土地，因此，人们将他们唤作"地医"。[85]

最后，风水术中的方位可能影响了传统时代晚期儒家学者对已有的几何形九宫格经典宇宙图式的批评。至少在风水师与后来这些批评者之间有一些共识，他们都偏好自然界不规则的线条与界线（图8.16）。

后代对传统宇宙图式的修正与批评

有关以上介绍的宇宙模式的结构和实际运作的辩论以及分歧贯穿前现代中国的历史。例如，提出实施井田制的土地改革者经常遇到反对者的激烈反对，他们认为这一计划是不可

---

[80] Skinner, *Living Earth Manual*, 37（注释44）。萨拉·罗斯巴赫（Sarah Rossbach）认为，"房屋选址最差的地点就是没有地貌特征的平坦之地，因为只有起伏的地貌才能聚气"，见 Rossbach, *Feng Shui*, 59（注释48）。

[81] Bennett, "Patterns," 13（注释46）。

[82] Feuchtwang, *Anthropological Analysis*, 140（注释56）。亦参见 Hong Key Yoon, "The Expression of Land forms in Chinese Geomantic Maps," *Cartographic Journal* 29（1992）：12 – 15。

[83] Sang-woon Jeon（全相运），*Science and Technology in Korea: Traditional Instruments and Techniques*（Cambridge: MIT Press, 1974），279 – 80.

[84] Meyer, "*Feng-Shui*"（注释61）。关于城市规划如何受风水影响，见 Skinner, *Living Earth Manual*, 25（注释44）。

[85] Smith, *Fortune-Tellers and Philosophers*, 131（注释46）。史密斯补充说，风水师经常用医学上的比喻来解释他们的想法，事实上，许多风水师就专攻传统中医。

222

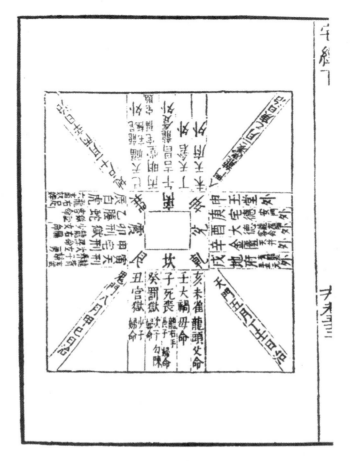

图 8.16 《命位图》

上文介绍的几何形九宫格宇宙图式在风水术中也占有一席之地，这张《命位图》就是一个例子。此图见于一本清版的风水经典《黄帝宅经》。贝内特（Bennett）认为，"里层的方格中有《易经》八卦，它们是有用来选址定位的八个方位。风水师根据这张示图确定所选地点的哪一部分会对哪些家庭成员产生影响"（Bennett，"Patterns of the Sky and Earth：A Chinese Science of Applied Cosmology，" *Chinese Science* 3［1978］：25）。关于此类洛书型示图在风水术中的使用，参见 Stephen Skinner，*The Living Earth Manual of Feng-Shui：Chinese Geomancy* (London：Routledge and Kegan Paul，1982)，47 - 48，61 - 67.

原图尺寸：16.5×11.5 厘米。出自王微《黄帝宅经》（《夷门广牍》本卷 24）卷中，页 1b。

复制图由哈佛大学哈佛燕京图书馆提供。

行的。[86] 早在宋代，诸如郑樵（1108—1166）、朱熹等著名学者就注意到，《尚书·禹贡》中经典的九州边界是不规则的且与汉代经注者重构的几何形九州彼此脱节。[87] 前面提到，唐宋时期的几位著名学者提出重新设计不符合当代政治边界的地上分野体系。围绕明堂布局与大小的争论是汉代和唐代宫廷政治中的重要问题，虽然我们并不知道参与辩论的人是否采用地

---

[86] 例如，关于土地税调查的介绍，见马端临（活跃于 1273 年前后）《文献通考》（成书于 1280 年前后），台北：新兴书局 1962 年版，卷 1，页 2a 至页 4a；英译见 *Sources of Chinese Tradition*，501 - 3（注释 17）。

[87] 郑樵：《通志》（约成书于 1150 年）卷 40《地理略》，页 86b；现代版，台北：世界书局 1970 年版，卷上，第 218、224 页；朱子语见《礼记集说》卷 3，页 4a，载《四书五经》卷 2，页 67（注释 12）。

图来支持其论辩。有关神秘的河图洛书的形式与意义，则是从汉代到现代初期有关宇宙论的一个主要的争议问题。因此，上述特殊的几何形九宫格概念和模式并没有垄断传统中国的宇宙思想。中国无疑并不存在一个整齐划一的世界观，离开这个世界观是不可想象的，也是不可能产生不同意见的。

尽管如此，17 世纪之前，几乎没有重要的学者对几何形九宫格宇宙图的基本原理和基本假设提出过质疑。有时，如对明堂的合理布局和尺度的争论中，那些不赞成九宫格模式的学者所支持的也是与九宫格一样符合对称宇宙图式的模式。除了九宫和五服的模式之外几乎没有其他的选择。反对实施井田制之类规划的人更关心的是，采用井田制是否会引起社会和经济的混乱，他们较少考虑井田制与地文条件的吻合情况。总而言之，17 世纪以前宇宙模式的批评者，通常并未跳出那些设计了大多数此类模式的汉代宇宙论者的精神世界。

从这个角度来看，至少在上层知识史层面，17 世纪是中国宇宙观念史上的一个标志性时代。这个时代的中国人，与同时代的欧洲人一样，开始挑战各自文化主导下的知识传统中的宇宙几何学。培根谴责中世纪学者所提出的"所有天体都在完美的圆圈上移动"的幻想；[88] 伽利略观察到，月球的表面不光滑，并不像很多哲学家相信的那样，月球（还有其他天体）是统一的、精确的球形。[89] 与此同时，中国宇宙论批评家则淡化了三纵三横的网格边线和九宫格，认为这个图式不符合地理轮廓、政治或仪式要求以及经典上的描述。

例如，17 世纪对井田制的批评焦点在于，井田制理想的几何结构与地球表面不规则地形不相吻合。因此，陆陇其（1630—1693）认为，这种模式只能用于少数地形适宜的区域。[90] 陆世仪（1611—1672）虽然曾呼吁最终恢复井田制，但还是放弃了这一主张，因为无论是自然景观还是人造景观都是不规则的，无法与井田制的几何结构相吻合[91]。正如培根和伽利略认为圆不符合天空秩序一样，陆陇其与陆世仪也认为，九宫格与地表轮廓不相吻合。

17 世纪的中国经学家还注意到，已有的几种九州几何图式与《书经》中记载的中国古代各大区之间的自然界限不相吻合。清初最有名的学者阎若璩（1636—1704）在其研究《书经》的权威著作中指出传说中的圣王大禹"随山刊木，奠高山大川"[92]。阎若璩和他的同时代人，尤其是胡渭（1633—1714），显然是通过仔细研究《尚书·禹贡》篇后得出这个结论的。换句话说，他们的地理兴趣与观念，主要集中在经文方面。但也有可能，到他们那个时代，由于可以获取更为逼真的地形图，他们有条件怀疑过去宇宙图式的地理价值。

17 世纪还开展了对星占分野体系的批评，其实早在唐代就有学者们提出一系列改进方

㊳　Francis Bacon, *The New Organon*, bk. 1, in *The New Organon and Related Writings*, ed. Fulton H. Anderson（New York：Liberal Arts Press，1960），50.

㊴　Galileo, *The Starry Messenger*, in *Discoveries and Opinions of Galileo*, trans. and annotated Stillman Drake（Garden City, N. Y.：Doubleday，1957），21 - 58，引文见于第 31 页。

㊺　陆陇其：《三鱼堂日记》（撰于 1659—1692 年），台北：商务印书馆 1965 年版，卷下，第 113 页。

㊑　陆世仪：《思变录辑要》（刊于 1707—1713 年），张伯行编，卷 19，页 2a、b，收入《困知记（罗钦顺著）等三种》，台北：广学社印书馆 1975 年版，第 191—196 页。

㊒　阎若璩：《尚书古文疏证》（初刻于 1745 年），天津吴氏刊本，1796 年，卷 6 下，页 79b；四库全书本，卷 6 下，页 99b。

案，认为应该调整分野体系中的陆地区域边界，使其符合自然分区。[93] 其他经学家则强调，这些地理分区与它们应该对应的天区之间是脱节的。例如，方以智（1611—1671）就指出，尽管南方的扬州地区约占中国陆地面积的一半左右，但其天上的分野却只包括二十八宿中的三个[94]。最后，明清时期的批评家还特别抨击了前人试图精确计算分野体系中地上分区与天区边界的做法。黄宗羲（1610—1695）认为，分野原本只是一个粗略的框架，并不适合和满足星象预测的严格要求。[95] 陆陇其认为，不应该把分野看作一个系统，除了一些不那么完整而且随机的历史记录记载了天体活动与地面现象之间的偶合之外，分野几乎没有什么根据。无论如何，分野与"与政区边界没有任何关系"[96]。

224 　　清人对河图和洛书的批评，与前述他们对几何形和九宫格宇宙图式的批评有所不同，[97] 前者是那一时期知识史上的重要事件。这一批评是清儒扬弃宋代新儒学宇宙论和形而上学的重要举措。这些批评家对标准经典文本的质疑，以及对传统模式中的宇宙论与宇宙图式的颠覆，其力度超越了传统中国晚期思想史上的其他任何事件。

　　早在 14 世纪，就有儒家学者指出，宋代重要的新儒家学者对河图洛书的解释并非出自经典，而是与一些异端邪说有关。他们特别怀疑洛书与九宫格的来历。[98] 毛奇龄（1623—1716）等 17 世纪的学者通过细致分析，指出洛书九宫图是如何通过对各种经典文本的断章取义而构建出来的。[99]

　　但是 16 世纪和 17 世纪对洛书宇宙图式的批评并不局限于这种文字论证。例如，归有光（1507—1571）认为，任何精确展示河图洛书的图形与数字，包括九宫图，都会扭曲河图洛书的真实本质和意义。因为河图洛书于普天之下无处不在，无法用令人满意的几何图形加以限定或描绘[100]，就像不可言传的"道"一样，无法通过文字或符号来充分展示。

　　16 世纪的著名学者黄宗羲也试图将早期古典的河图洛书与后代对它们的宇宙学重建和诠释区分开来，而不是像归有光一样，认为这些东西在宇宙中无处不在。黄宗羲讨论了各种河图洛书世俗表现与具体情形。他认为，河图洛书原本就没有宇宙论的意义，它们只是地形图，是远古时代用于行政管理和便于征税的经济地理记录。[101] 黄宗炎（1616—1686）同样认为，在古代，"河图洛书是有关山川轮廓和土地税收的地理记录"。[102] 这些 17 世纪的批评家因此将汉儒和宋代新儒家诠释为宇宙几何结构和术数来源的河图洛书，降低到一种实际行政管理工具和手段的层面。这样一来，他们从根本上颠覆了传统宇宙思想的一个主要基础。

---

[93] 阎若璩：《尚书古文疏证》，卷 6 上，页 6b，页 10a、b，四库全书本，卷 6 上，页 8a，页 13a、页 14b（注释 92）。

[94] 方以智：《通雅》（成书于 1636 年，刊印于 1666 年），《四库全书》本，卷 11，页 23a。

[95] 黄宗羲：《破邪论》，载《梨洲遗著汇刊》（成书于 1910 年），台北：龙岩出版社 1969 年版，第 2 册。

[96] 陆陇其：《三鱼堂日记》，卷下，第 46—47 页（注释 90）。

[97] 这里不包括清人对经典城市规划和明堂的批评，这些批评与地图学史的关系不大。

[98] 皮锡瑞（1850—1908）：《经学历史》（刊于 1907 年），周予同点校，台北：艺文印书馆 1966 年版，第 291 页。《经学通论》（刊于 1907 年），4 册本，台北：河洛图书出版社 1974 年版，第一册页 28；《河图洛书说》，见于宋濂（1310—1381）《宋文宪公全集》（刊于 1810 年），四部备要本，卷 36，页 3a。

[99] 毛奇龄：《尚书广听录》，四库全书本，卷 3，页 8a 至页 10b。

[100] 归有光撰：《易图论》，载《震川先生集》，四部备要本，卷 1，页 1b，页 3a、b。

[101] 黄宗羲撰：《易学象数论》（成书于 1661 年前后），台北：广闻书局 1974 年版，卷 1，第 14—15 页。

[102] 黄宗炎撰：《易学辨惑》（成书于 17 世纪），页 5b 至页 6a，载于张朝辑《昭代丛书》（辑于 1876 年）第 132 册。

然而，这些学者并没有尝试复原此类古代地理地图和相关记录。他们只是声称这些地图和记录都是为河图洛书量身定制的，但他们也没有准确解释这些图应该如何在远古政府中发挥作用。换句话说，仅仅是因为拒绝接受有关河图洛书的宇宙论诠释，他们才提出河图洛书更多地表现和记录了实际地理这一观点。

另一方面，一些批评传统宇宙观念的重要的 17 世纪批评者，特别是黄宗羲、顾炎武（1613—1682）、胡渭、阎若璩，对当时地理学研究的复兴做出了重大贡献。这些学者努力将地理学定位为"一个讲究确切实证的领域"和"一个有着具体研究的重要领域"（实学），即适用于埃尔曼所说的土地开垦和水利工程等领域的学问。[103] 这些学者的宇宙论批评及其与实证地理学研究之间的关联性，可以从他们对"图"（这个汉字可以指从图表到图式的任何事物）字的使用上窥见端倪，他们所说的"图"不是宇宙论的示意图，而是具有现实作用的地图。因此，17 世纪标志着儒家学术传统发生了空间转向，即从对宇宙几何结构的关注转向强调经验地理学。

清代思想中的逆宇宙论与反宇宙论

上述 17 世纪宇宙论的变化主要局限于上层思想史的范畴。在整个清代，充斥于民间文化，甚至帝国礼仪的仍然是几何宇宙论。但 17 世纪的宇宙论批评者显然在山水画、道德哲学和天文地理思想等领域留下了他们的印记。至少在这些批评者所想象的宇宙与几位清代著名画家、哲学家、天文学家和地理学家所构想的宇宙之间可以发现某种一致性。

清中期宇宙论批评者张惠言（1761—1802）的一番话很可能会引起 17 世纪山水画家们的共鸣，他说，天地之道，既不均衡，也不规则。[104] 研究中国山水画的当代史学家已经注意到明末清初景观艺术所呈现出的"近乎痛苦的畸变"和"扭曲的形式"。[105] 相比之下，宋代伟大的艺术大师李成（919—967）的作品所表现的生动理念却是"自然界表象之下潜在的统一与秩序，同样的信念激励着宋代哲学家建立起一种有着广泛有序结构的新儒家宇宙论"[106]。与李成差不多同时的画家范宽（活跃于 990—1030 年前后）的名画《溪山行旅》，也同样展现了"气势宏大而包容万物的宇宙视野"，这一点亦见于伟大的宋代新儒家宇宙论者邵雍（1011—1077）设计的宇宙示图。[107] 到了清代，这种宇宙大视野及其统一的秩序显然没有存在的可能了，至少不再有很强的说服力。由于中国山水画常被视为宇宙的写照、天地的示意，此类山水画的出现，不仅是山水画美学的重大发展，还可以当然地视为中国宇宙学思

---

[103]　Benjamin A. Elman, "Geographical Research in the Ming-Ch'ing Period," *Monumenta Serica* 35 (1981 – 83)：1 – 18, esp. 15.

[104]　张惠言：《易图条辨》，页 28a（卷 2，第 1007 页）。

[105]　Michael Sullivan, *A Short History of Chinese Art* (Berkeley and Los Angeles：University of California Press, 1967), 226; James Cahill, "Style as Idea in Ming-Ch'ing Painting," in *The Mozartian Historian*：*Essays on the Works of Joseph R. Levenson*, ed. Maurice Meisner and Rhoads Murphey (Berkeley and Los Angeles：University of California Press, 1976), 137 – 56, esp. 149.

[106]　James Cahill, *Chinese Painting* (Geneva：Editions d'Art Albert Skira, 1960; reprinted New York：Rizzoli International Publications, 1977), 32.

[107]　Michael D. Freeman, "From Adept to Worthy：The Philosophical Career of Shao Yong," *Journal of the American Oriental Society* 102 (1982)：477 – 491, 引文见第 484 页。

想史的重要演进。

清代道德哲学显然偏离了新儒家和传统宇宙论所持的有序性、规律性和对称性的价值观。宋代新儒家认为宇宙之"气"即精气。所谓精气构成的不平衡和不对称性，是世上之恶的宇宙论源头，[108] 清代哲学家则与此不同，他们欣然接受这种不规则性。例如，颜元（1636—1704）就指出，偏离"正中"的地方更可能存在道德的平衡点与向心力，因为虽然存在通塞、直屈的不同，但充满宇宙的元气和模式在各处都是一样的。[109] 因此，人可以从道德地图（"性图"）的任何一点培育自己的道德修养，并不一定要在"正中"寻找。颜元在《存性编》中画了几幅这样的地图，用来指导不同禀赋或倾向的人改善他们的道德水准。[110] 这些"地图"不是任何意义上的地理地图，作者只是用它们说明用图形展示道德哲学和宇宙论。

17 世纪对世界不平衡、不对称和不规则性的认知，以及对按自然状况而不是几何图形划分世界的偏爱，也反映在这个时代的天文和地理思想以及景观艺术与道德哲学中。这些倾向甚至影响到中国人对晚明时期耶稣会传教士引入中国的欧洲宇宙图式和天文学的接受度。例如，王夫之就不接受耶稣会所提出的球形地球理论，认为"其或平或陂或洼或凸，其圆也安在？……高下不一，升降殊观，而可谓准乎？"[111]

226

17 世纪的学者和天文学家以类似的证据对欧洲天体制图和历法进行了批评，认为西方天文学家为追求几何和数学精度，忽略了自然界的不规则性和异常现象。例如，王锡阐（1628—1682）认为，西方将天球划分为 360°，就是一个整齐但不符合自然的模式，其唯一的优点就是有利于计算。[112] 与当时其他著名的民间天文学家一样，王锡阐选择将天球的大圆分为 365 又 1/4 度（相当于一个回归年的天数），这也是自汉以来的天文学家的做法。这种制图法中采用的计量单位符合天文时间与空间的自然度量，即太阳沿黄道一天走过的度数，尽管这会使累积起来的数值非常不规则并且难以计算。王夫之说，放弃自然度量而采用人为的均匀度量，就像把中国各朝的年数削足适履以产生一套均匀的历史纪年一样，是极其荒唐的。[113]

王锡阐和梅文鼎（1633—1721）也提出过类似的见解，反对采用耶稣会传教士引入 17 世纪中国的西方太阳历。他们特别反对西历中的月份组成，认为不符合月亮朔望周期或其他任何自然周期，只是将太阳年按约定划分而已。[114] 这些士大夫天文学者也承认，中国的阴阳

---

[108] 例如，张载（1020—1077）《张子正蒙注》，台北：世界书局 1967 年版，卷 3，第 92—93 页。程颢、程颐《河南程氏遗书》（1168），载朱熹编《二程全书》（辑于 1323 年），四部备要本，卷 2 下，页 1b。

[109] 颜元：《存性编》（成书于 1669 年，初刻于 1705 年），卷 2，第 29—30 页，载《四存编》，台北：世界书局 1966 年版。

[110] 颜元所绘的 7 幅"性图"的插图见于颜元《存性编》卷 2，第 24—33 页（注释 109）。这些示图以及对它们的详细解说，见 John B. Henderson, *The Development and Decline of Chinese Cosmology*（New York：Columbia University Press, 1984），236.

[111] 王夫之：《思问录外篇》（17 世纪），第 63 页，载《梨洲船山五书》，台北：世界书局 1974 年版。

[112] 王锡阐：《晓庵新法》（1663 年）自序，载《晓庵遗书》（编于 1682 年前后），收入李盛铎辑《木樨轩丛书》（40 种）（1883—1891）。

[113] 王夫之：《思问录外篇》，第 53 页（注释 111）。

[114] 王锡阐：《晓庵新法》卷 1，页 2a 至页 3a。梅文鼎《历学疑问》（1702 年进呈），图 2，载梅瑴成（卒于 1763 年）重编《梅氏丛书辑要》（刻于 1771 年），台北：艺文印书馆 1971 年版，卷 47，页 1b。

历也有很大缺陷，特别是在闰年的设置上，但本土历法至少使制图和历法标准符合自然分割和周期，即太阳和月亮的周期。

　　一些明清学者对中国传统和同时期西方宇宙论标准提出了更激进的批评。他们一直申明这样的观点，即空间和时间的划分应该遵循不规则的自然轮廓和自然周期。他们坚持反对任何一种将空间、时间和宇宙程式化或将清晰、明确的边界强加其上的宇宙论或制图方法。例如，王廷相（1474—1544）就反对汉代宇宙学家将月份分为泾渭分明的阴月和阳月（分别对应于寒冷和炎热的季节）的做法，他认为阴阳二气是相互交织的，没有不带阳的纯阴，也没有不带阴的纯阳。[115] 吕坤（1536—1618）则认为，著名的太极图以一个用"S"形隔开的图像表现阴阳，歪曲了阴阳的实际面貌，因为阴阳之间的相互作用是如此微妙，根本无法用图形描绘出来。[116] 方以智认为，天地是以这样的方式交相感应，能在二者之间画出一条清晰的线条来吗？[117]

　　因此，晚明到清代学者的宇宙观念与主宰中国早期的宇宙思想是相背离的。这些离经叛道、偏离前代正统宇宙论模式的批评者，其思想也由来有自。风水术可能就是其中的一个来源，因为如前所述，在风水术中，自然界中起伏和蜿蜒的线条是受到特别青睐的。道教哲学家也宣扬自然界的"差"与"不齐"，甚至一些畸形的东西，他们可能与17世纪的宇宙论批评家同声相和，同气相求，后者中有些人还对道教经典做过注解。这些人，或者是那些熟悉非正统文献的人，可能会欣赏4世纪的重要文集《抱朴子》中的一段话：

　　　　夫存亡终始，诚是大体，其异同参差，或然或否，变化万品，奇怪无方，物是事非，本钧末乖，未可一也。[118]

　　与道教哲学家不同的只是，清代学者有时试图将这些原则和格言实际应用于天地之学，特别是天文学和地理学。布朗在天地之间看到的是整齐划一的五方形，"在上方的天空……在下面的地上"，汉代的宇宙论者用九宫格来排序几乎所有的空间对象，一些明清学者则与此不同，他们认为"差"与"不齐"才是时空间结构的构成部分。[119] 天空中出现的"不齐"表现为多种形式，如二分点的岁差、恒星与回归年长度之间的岁差，太阳和月球运动的不齐以及行星的逆行；地上的"不齐"则表现为独特的地形以及使顾炎武等17世纪学者颇为困惑的地貌与景观的历史变迁。[120] 这些不齐不是那种经过足够的调整就可以加以计算的复杂因素，相反，它们编织进了宇宙的结构之中。因此，不仅是九宫格，任何一种宇宙论、天文学

227

　　[115]　王廷相：《家藏集》（约刊于1636—1637年），收入《王廷相哲学选集》（1965年辑），台北：河洛图书出版社1974年版，第167页。

　　[116]　吕坤：《呻吟语》（1593），台北：河洛图书出版社1974年版，卷1，第53页。

　　[117]　方以智：《东西均》（1653），中华书局1962年版，第95—96页。

　　[118]　葛洪：《抱朴子》，四部备要本，图版八之一，卷2，页2a。本段译文出自 Sources of Chinese Tradition，299（注释17）。

　　[119]　对这一早期中国天文学家所持的观点的图式，见王廷相《慎言》（1533年），收入《王廷相哲学选集》，第56页（注释115）以及江庸（1681—1762）《数学》（约1750年），商务印书馆1936年版，卷1，第26、28—29页。

　　[120]　顾炎武论中国的自然地理自远古以来如何变化，特别是一度繁盛的西北如何变化，见他论九州的文章，载《原钞本日知录》（1958年），台北：明伦出版社1970年版，卷23，第626—627页。

或地理学模式都不可能一劳永逸地发生作用。[120]

结　论

尽管早在17世纪就有学者对宇宙哲学提出了批评，但是宇宙的几何图式，甚至九宫格一直保存到现代中国文化中。今天北京最中心的建筑很可能来自九宫格。在首都北京的中心，是世界上最大的广场（天安门广场）。北边是宏伟的天安门和故宫，由此向南，可见与天安门同样宏伟的前门和毛主席纪念堂。东西对称分布着中国历史博物馆（今更名为国家博物馆）和人民大会堂。这组建筑最突出的整体效果在于其无与伦比的对称性。

与这一组建筑同等重要的还有位于首都北京的大型公共广场，它建成于1949年之后，从布局来看，同样是将合适的空间秩序作为政治治理的有效手段。事实上，在诸如报纸、收音机和电视这类现代大众传媒传入之前，空间秩序很可能一直就是许多文明中最为广泛运用的政治和文化宣传工具，特别是在南亚和东亚文明中。在这些文化中，本章所论及的传统宇宙论取向顽强地存在于民众之中，宇宙图模式有可能仍用于实现诸如提高统治者合法性之类的政治目标，统治者在地面上创造出了一种模式和秩序，这种秩序不容被破坏。

（孙小淳审）

---

[120]　清代学者反对图式化宇宙，与现今的混沌理论表面上有点相似，后者提出了一种"凹凸不平、断裂、扭曲、相互缠绕的几何学"。清朝学者将"不齐"提升到最终原则的高度，而混沌理论家则"只是将凹凸不平和相互缠绕看作是使欧几里德几何学中的经典图形发生扭曲的缺点。这也通常是一个物体的本质关键所在。"见James Gleick, *Chaos: Making a New Science*（New York：Viking, 1987），94.

第九章　结语：未来中国地图史研究的基础

余定国

(Cordell D. K. Yee)

这里所研究的中国地图大体是那些受过良好教育的精英们的作品。这些精英有能力绘制《禹迹图》之类的地图，这类地图似乎是建立在数学和测量的基础之上的，使用统一的符号，并且可以脱离文字独立存在。但多数情况下，精英们不会去绘制地图，他们感兴趣的是美学、宗教和政治，认为这些东西对于地图绘制也是很重要的。

当然，在西方地图学，尤其是 15 世纪之前的西方地图学中也可以发现这些内容，文艺复兴之后，这些内容逐渐淡出了，取而代之的是数学化的趋势。但是在中国传统地图学中，数学化趋势却并没有取得支配地位，中国的制图者并不认为应该忽视空间差异以达到量化的目的，他们有很强的地方意识。中西地图学之间的这种差异，部分是观念使然。我所讨论的中国制图者并不需要以绘制地图为生，他们中一些人是文职精英，这些精英在地方上任职。作为行政官员，他们不能不对地方的独特性保持敏感。精英们对文字考证的强烈兴趣，也增强了他们对地方独特性的感受。地图图像与文字共同传达有关空间和地方的信息，因此，对一个地方的研究决不只是勘测，还包括对有关地方的文字材料的研究。文字与图像的密切关系是值得我们关注的。之前的章节中讨论过的许多地图标题表明，中国文言文是高度隐喻的，中国传统地图也是如此。"隐喻"（metaphorical）这个词与"字面"（literal）的意思相对：地图所传达的并不一定是数字的、度量的，甚至不一定是直接观察到的信息。一幅中国传统地图或许会对天地做出数学上的解释，但是它同样可以作为一种政治教化的工具，一种情感表达的方式，甚至是一种沟通神灵的途径。这样一来，地图也具有了修辞学的功能。

既然文字与地图之间存在如此密切的关系，语言艺术与地图学之间存在交错也就不是巧合。[①] 地图传达的信息，其范围跨越了现代学科的樊篱，也跨越了科学与人文的鸿沟。因此，要精通中国传统地图学，必须具备科技史、艺术、文学、政治、经济、宗教和哲学方面的知识储备，简言之，需要了解地图绘制者所具备的广博知识。我们已经尝试过通过多学科的方法，深入观察中国古代的制图实践。由于地图绘制与文本考证有着千丝万缕的联系，量度本身也可以成为隐喻。古人往往借助一种东西来"看"另一种东西，例如，用"步"或

---

① 具有反讽意味的是，二者之间的联系也隐含在现代汉语中相应的术语——比例尺一词中。"比"字是中国传统文学批评中表示比喻或明喻的语词。因此，比例尺可以理解为诠释地图标准（例）与地理实际之间比喻关系的尺度（尺）。

者其他任何一种参照单位来"看"城墙。作为一种"看"的方式，度量不一定被视为真实的标准。

出于这个原因，我们并不认同如下关于中国地图学史的观点，即认为中国古代具有绘制比例尺地图的倾向，有着与西方地图学相似的发展道路，它的发展只是为中国地图学成为"现代"地图学做准备。正如我在前面的章节中所阐述的，也许在元朝（1279—1368），中国知识精英就已经知道了构成地图学"现代"风格的很多元素，包括将球面转化为平面的投影法、地圆说以及通过天文测量来确定地点位置的方法。尽管如此，在耶稣会士试图将中国地图学西方化之前，这些元素并没有在中国地图制作中得以表现。

现在，很多中国地图史研究者都注重寻找一些现代概念和方法的古代源头。这种做法掩盖了中国传统地图学的力量。对地图学思想的跨文化传播和非欧洲文明的西方化研究，造成了一种狭隘的学术视角。过去的研究忽视了中国地图学对非中国文化的影响，甚至中国学者也是如此。本书讨论的朝鲜、日本和东南亚的地图作品都充分证明了这一点。很多中国地图是通过外国复制的版本，才使我们得知它们的存在（图9.1）。[②] 我们还发现，制图的技术和工具以及地图作品也从中国传入了日本、朝鲜和东南亚，但是我并不是说中国地图学同化并取代了这些地区的地图学。如果那样说，等于就犯了与过去研究中国与欧洲地图学关系时所发生的同样的错误。中国和它周边的文化都各自发展出了自己独特的地图风格和样式，它们对西方地图学的反应也是各不相同的。例如，在其他文化中，图像和文字之间的联系并不像中国那么紧密。与中国相比，欧洲地图学似乎在日本被接受得更快；而与日本相比，朝鲜对欧洲地图学的接受则要迟缓一些。尽管日本和朝鲜各自发展出了自己的地图学传统，但是仍然无法否认中国地图学的力量和影响。很难据此判断哪个文化的地图学更"落后"和更不精确。

230　　前面各章中对于这一点并未充分展开论述。我的目的在于提出问题，而非做出定论。中国传统地图体量巨大，即使用两倍于本卷的篇幅也无法得出一个客观公正的结论，而且实际上还有大量尚未解决的问题亟待进一步的研究。

遗憾的是，我们在探讨中国地图学的时候，没有谈到佛教对中国地图学的影响。尽管我们已经向读者展示了几幅与佛教有关的作品——一幅墓葬图、一幅五台山壁画地图以及两幅南瞻部洲地图，但是并没有在中国地图学的大背景下来阐释它们，也没有试图系统阐述佛教对中国地图学产生的影响。

这里需要对此略做解释。佛教在公元1世纪到9世纪之间传遍整个中国，并得到了统治者的庇护，但是并没有这一时期的相关古地图留存下来。后期虽然有一些地图，例如上文所提到的那些，但是这些古地图还不足以证明在中国存在过独特的佛教地图学传统。在朝鲜和日本也发现了一些源自中国的佛教地图，在本书有关朝鲜和日本的各章节讨论过。现代版中文《大藏经》中有一些展示仪式的示图，其中有一些祭品陈列图和建筑画，但是它们不足

---

② 关于另一幅中国地图的朝鲜副本的讨论，参看 Marcel Destombes, "Wang P'an, Liang Chou et Matteo Ricci: Essai sur la cartographie chinoise de 1593 à 1603," in *Actes du Troisième Colloque International de Sinologie: Appréciation par l'Europe de la tradition chinoise à partir du dixseptième siècle* (Paris: Belles Lettres, 1983), 47–65; Kazutaka Unno, "Concerning a MS map of China in the Bibliothèque Nationale, Paris, Introduced to the World by Monsieur M. Destombes," *Memoirs of the Research Department of the Toyo Bunko* 35 (1977): 205–17.

以证明，曾经有过独立于前述制图活动之外的佛教制图活动。③　这只是初步的印象，还需要进行更加严谨的论证。

同样遗憾的是，本书也没有讨论道教地图学。道教有很多派别，其经典《道藏》中有大量复杂的示图、九宫图、星图、建筑平面图（floor plans）以及绘画式地图。对这些地图的研究才刚刚起步，初步的发现也佐证了本书所得出的一些结论。《道藏》中的地图运用于各种仪式和宗教目的，例如，与鬼神世界交流，或者作为各种仪式的道具——戴在头上，甚至吞入腹中。这些图似乎是由一些精英学者绘制的，如宗教专家，他们通常是统治阶层。作为社会上层阶级的成员，这些学者非常重视文字，不看文字的话通常很难理解这些图。可惜时间已经不允许我们对道教地图学进行深入探讨了。④

第八章讨论宇宙图的绘制并论及中国传统地图学的宗教基础。对佛教和道教地图学的研究将会深化和拓宽我们对这些基础的理解，有助于纠正近来众多中国地图史研究中的世俗主义倾向。

我们还需要解决一些基本的地图编目问题。其中之一就是设计出一套适合于描述中国地图的术语。中国古代的编目也缺少这样一套术语，只是简单罗列地图名称和作者（如果知道作者的话）。现有的术语也不够用。例如，中国并没有像欧洲那样出现过一批发行"单页"或"散页"地图的出版商，因此，对于西方地图编目者有用的那一套分类、定年和比对地图的方法，并不适用于中国地图的编目。"版次"或"状态"这两个条目往往毫无意义，因为很多地图都是手抄复制的。若非能够系统论证作为副本的地图在多大程度上忠实于原作，否则对于地图年代序列的推论多少会带有随意性。一个清晰的年代序列可以为研究地图风格的形成与种类的演变提供更加坚实的基础。为此，我们需要对朝鲜和日本复制中国地图的活动进行研究，以便确定那些据说复制于中国原图的作品对于中国地图学研究能起到什么作用。比如，我们可以从一幅14世纪的日本复制品（参看图9.1）中，推测其7世纪中国原图的情况。这些基础研究都能够提高我们对中国地图的鉴赏水平，这种鉴赏力是必需的，因为艺术性是中国传统地图的核心而非边缘的问题。

保存至今的古地图至少还提出这样一个问题。如果地图对于中国人理解宇宙和保存文化来说是重要的，那么问题来了，为什么宋朝（960—1279）以前的地图并没有保存下来？一个可能的答案是，几乎没有任何宋代之前的书籍插图能够留存下来，而且，在印刷发明之前，书籍的损耗是巨大的。但是，如果在宋之前复制地图是困难的，那么有人可能说，那时的地图会更有价值，因此更值得保存。这个推理在一定程度上是成立的。地图的军事和行政用途是得到认可的，而且这类地图也被中央政府搜集并存放在档案库中，但是战争和随之而来的对档案库的破坏，可能导致地图和其他公文的丢失。另外，鼓励地图制作的制度，同时也可能销毁地图。致力于保存过去的历史研究，同样也会导致了原始地图的损失。原始文件资料的内在价值并不在于它们的原始性，首要的是它们的内容。古代的编史大体是一个对原

---

③　关于佛教地图学在各地的发展，可参看第 254—256、371—376、619—638、714—740、777—884 页。

④　但是可以参看 Judith M. Boltz，"Cartography in the Taoist Canon，"*Asia Major*，forthcoming. 玻尔兹（Boltz）也出版了一本书，其中复制了一些道教地图：*A Survey of Taoist Literature：Tenth to Seventeenth Centuries*（Berkeley，Calif.：Institute of East Asian Studies，1987）。

229

图 9.1　一幅 7 世纪中国地图的日本摹本

　　这是日本所译萧吉（逝于 614 年）所撰《五行大义》（约成书于 600 年）中的一幅地图。14 世纪的日本佛教僧侣复制了这幅地图和其上的文字。中国现存的《五行大义》版本中已经没有那幅地图了，此图是已知原图现存的唯一副本。地图题为《岳渎海泽之图》，是一幅中国全图。地图两边止于大海，以黑色墨水标识圣山和河流的位置。其他地名用红色墨水书写。《禹贡》九州标识于圆圈之中。图上方为北。

　　原图尺寸：33.3×46 厘米。经日本爱知县蒲郡市 Taiichi Takemoto 许可。

　　始文件加以编订和挑选的过程，而不是构建叙事的过程。一旦原始资料中的信息被整合到官修史书，这些资料也随之失去了价值。地图就这类原始资料中的一种。例如，一旦地图上的信息被吸收到正史地理志中，它们很可能就被弃之不用了。正如一些现代学者论证的那样，人们可以根据地图的文字说明来复原地图的视觉外观。⑤ 因此，研究中国地图学的历史学家面对这样一个两难的处境，一方面他们依赖于中国传统的编史工作；另外一方面又受到这种工作的阻碍；这种政治制度既创造，也毁弃那些对历史学家至关重要的资料。

　　类似的问题在今天的中国传统地图研究中同样存在。学者们更感兴趣是地图所提供的内容信息，而不是它的外观。如果一幅地图的内容对研究无用，人们基本上不会保存对它的记录。马王堆出土的第三幅地图和放马滩出土的地图残片就是这样的例子。这两幅地图显然一直没有得到足够的学术关注。虽然它们是残缺的，但我们可以从中观察地图是如何制作的。我们已有的关于地图制作的知识都是从图形艺术的其他分支推知的，如书本印刷、绘画和书

---

　　⑤　根据文献对中国地图的重绘，参看 D. D. Leslie and K. H. J. Gardiner, "Chinese Knowledge of Western Asian During the Han," *T'oung Pao* 58 (1982): 254–308。

法。我们仍然不知道中国士大夫是否接受过何种特殊的制图训练，例如鱼鳞图册是怎样制作的？在地图制作过程中，哪些东西被认为是重要的？为寻找这些问题的答案，似乎都需要我们对地图制作工艺给予更多的关注，而相关图形艺术的研究也可以带来一些启示。例如，绘画、书法以及地图制作都是以线条为基础的，绘画和书法表现线条的手法是否以及如何转换到地图绘制之中？这些我们都不得而知。

综上所述，中国传统地图的研究还有很多没有解决的问题。这一事实本身就足以说明，对中国传统地图学的研究，绝不能仅限于将中国传统地图学与现代地图学进行比较，计算它的"误差"究竟有多小。如果说我们这部分对中国地图史的研究有什么成功之处的话，那就是：它表明，不能再用这种"现代主义"的方法来衡量中国传统地图学。

（余定国审）

朝鲜半岛、日本、越南地图学史

第十章　朝鲜半岛地图学史

伽里·莱德亚德

（Gari Ledyard）

导　论

　　朝鲜民族绘制与利用地图的历史已经超过了 15 个世纪。因朝鲜半岛三面环海，朝鲜人很早就对其疆域的轮廓有大致的了解。"三千里江山"的国土意识深入人心，因此制图者对国土的构成也有一个总体的认识。① 行政地理与文化地理的强大传统为朝鲜国家意识打上了烙印，同时对之施加影响的还有广为朝鲜人接受的风水分析学说。以上所有因素共同影响了有趣的朝鲜地图。朝鲜制图者除了重视朝鲜自身外，也对相邻国家与大陆的轮廓抱着浓厚的兴趣，并以此为基准想象世界图景，绘制出了几份考究的世界地图与《天下图》。朝鲜在大量学习中国制度与文化的同时，还保留了强烈而独特的朝鲜认同，虽然很多绘图技法源自中国，但朝鲜制图者因地制宜，对绘图技艺进行适当改造，使之与朝鲜的实际情况相结合，从而绘制出了既美观又实用的地图。

　　很多人说，按东亚的标准来看，朝鲜半岛现存的古地图年代并不算久远。和其他国家一样，由于星移物换、战乱兵祸与处置不当，朝鲜半岛相当多的古籍遭到了破坏，绘画与地图更是首当其冲。现存最早的朝鲜古地图是一幅十分重要的 1402 年世界地图（该图有 3 个版本，最早的一版为 1470 年前后）。存世的朝鲜地图，绝大多数制作于 16 世纪到 19 世纪，因此，1402 年地图在其中算年代较早。至于讨论 1402 年以前的地图，就不得不依靠文字资料，结合东亚和朝鲜文化史的大势进行合理的推断。如此追根溯源就会发现，尽管 1402 年以前的地图绘制强调的是国家与地方，但是 12 世纪的某位学者业已绘制出一幅佛教世界地图。其后又有一位 14 世纪的绘图者，编绘出了一幅朝鲜与中国的历史地图。从后者的描述来看，该图显然与 1402 年的世界地图十分相似。据此可以勾连失传地图与现存地图之间的线索。

　　方便起见，我们将朝鲜半岛古地图分为四个大类，从范围广大的世界地图到全国总图，再到特定的区域地图和郡县地图。虽然这个分类在时间上并不连贯，但从现存的朝鲜半岛古地图来看，更为有趣的世界地图绝大多数年代相对较早，而绝大多数区域地图则相对晚出。

---

　　① "三千里江山"早已成为朝鲜半岛民间传统的组成部分。早在 10 世纪，"江山"在朝鲜风水理论的重要性便已凸显。详见后文 276 页开始的讨论。

世界地图类型非常复杂，除了一些真正的世界地图外，还包括很多东亚区域地图，另有为数不少的准宇宙图——《天下图》的刻本或抄本。韩国学者有时会用"天下图"这个词指代"世界地图"，但在本章中，"天下图"特指晚近流行的、通常带有"天下"或"天下图"标题的地图，其展现的是以中国为中心的世界，即中国、朝鲜及其东亚近邻，这个世界为神秘和怪诞的土地与人民所环绕。有关《天下图》的起源与演变等问题，学者们的看法不尽相同，但公认《天下图》风靡于 18、19 世纪。《天下图》在世界地图这个类型中占相当大的比例。虽然从地图发展史来看，《天下图》问世较晚，而且图上传说的成分多于科学的成分，但它们在朝鲜人的生活中仍占有一席之地，并且有独特的魅力。在地图学上更为重要的世界地图与东亚地图，虽然数量较少，但种类比《天下图》更为丰富，而且总体上年代更早。

236　　接下来是单独的朝鲜半岛地图，可想而知它们数量不少且种类繁多。现存最早包含朝鲜半岛图像的地图是 1402 年的世界地图，但是据文献记载，曾经有过年代更早的朝鲜半岛地图。一段有趣的材料显示，12 世纪或更早的时候，一幅朝鲜半岛地图就曾问世。15 世纪，朝鲜出现了大量地理著述，但不幸的是，已知绘制于同时期的许多地图几乎未留存至今。一幅由郑陟绘制并完成于 1463 年的全国地图，对后来的地图绘制产生了深远的影响。郑陟地图经常被作为范本，供人摹写。因此，根据后世的摹本，我们可以合理地想象郑陟地图如何表现半岛轮廓以及河流、山川、地名等地图细节。18 世纪早期，地图学家郑尚骥和他的家族掀起了一场真正的制图技术的革命，大大提升了人们对包括漫长海岸线和更难把握的北方边地在内的国家边界的认识。19 世纪，一位叫作金正浩的制图者、出版商与文化普及者，进一步改良和完善了这些制图技术。尽管金正浩了解西方制图技术，也将大地坐标运用到他的地图作品中，但晚期制作的传统地图，看起来还完全停留在本土制图实践的发展脉络中。到了 19 世纪末，朝鲜地图学才从风格到方法上趋向西化。朝鲜在日本的裹胁下，挣扎着向新的西方世界秩序妥协。就朝鲜而言，更多的是被迫而非心甘情愿。

15 世纪晚期，作为地理总志组成部分的省道地图流行一时。到 18 世纪，此类地图的绘制达到了相当高的水平。当时，郑尚骥采用统一的比例尺来绘制朝鲜八道图。这些省道地图既可以单独使用，也可以组合成为一份全国地图。1791 年实行的改革广泛推动了地方调查，对郡县地图的绘制以及地方志编纂起到了关键性的推动作用。虽然国家和省道地图达到较高程度的标准化和专业制图水平，但郡县地图出自各种各样的地方画工之手，有些技法娴熟，有些则相当粗糙。下面我们还要看到，这些当地画工原本多是画手而不是专业制图师，结果许多郡县地图可能被后人视作鸟瞰式风景画。这种画风在中国也十分常见（见第 6 章，第 135—137、144—147 页）。

四大类朝鲜地图的最后一类是防御图，习惯上称之为"关防图"。从表现远方千里边地的长卷地图，到郡县山地堡垒地图，种类十分繁多。许多此类地图被装裱在屏风之上，或陈设于国都汉城或道府关防长官的衙署中，或制作成更为轻便的手卷或折页，成为边塞守将和军官的必备之物。还有一种非常有趣的关防图用于海防或航海。绘制这种类型地图的主要目的显然是出于军事方面的考量，为的是弄清地形与交通状况。与后来的全国地图和省道地图相比，比例尺在关防图中只是一个次要的选项。从其高超的绘制技艺可以看出，关防图显然主要在中央政府和高级军事指挥部门制作和使用，因为只有在这些地方才找得到现成的专职画工和制图人员。

朝鲜半岛地图史研究现状

正如前文所述，现存朝鲜半岛古地图最早可以追溯到近600年前，但对朝鲜古地图进行整理并将之引入研究领域只发生在最近四十年。绝大多数朝鲜古地图现藏于朝鲜半岛的南北两方。美国国会图书馆亦收藏有大量朝鲜地图，该馆主要致力于收藏现当代地图，但也藏一些重要的近代以前的地图，其中包括香农·麦丘恩（Shannon McCune）在朝鲜时搜集的许多地图。还有部分重要的朝鲜古地图散见于日本或其他国家的地图收藏机构。除了一个（或多个）名称不详的地图收藏机构位于北部的朝鲜民主主义人民共和国外，[②] 大宗收藏见于南部的韩国。其中最重要的藏品见于位于首尔的国立中央图书馆和国立首尔大学图书馆。后者除了普通地图外，还包括奎章阁的收藏。奎章阁是朝鲜王朝时期的官方藏书楼，始建于1776年，正祖（1776—1800年在位）国王与他的后继者，搜集了众多的著述。奎章阁收藏有许多珍贵的地图，尤以近乎完整的朝鲜郡县地图（district maps）闻名，虽然这些地图绘制的年代很晚。

其他大多数韩国大学也收藏有地图。鉴于篇幅限制，不能一一详述。这里举出两处具有特色的收藏地，它们是首尔的高丽大学图书馆和崇实大学图书馆。崇实大学图书馆所藏古地图主要来自金良善的旧藏。金良善对朝鲜地图学贡献颇多，他毕生投入地图学的研究。[③] 他的旧藏中有一些特别重要的由来华耶稣会士绘制的西方地图，包括一幅罕为人知的1603年利玛窦世界地图。金良善藏品的另一不同凡响之处在于，他对编目中的地图做出了相当准确的断代。大多数韩国大学地图藏品的目录，到处可见"制图者不详，时代不详"的字样。当然，这也反映出一个事实，即在多数情况下，朝鲜古地图上没有关于制图者和制图年代的说明。但是，略加研究和专业判断，还是可以断定许多地图的年代。当然，这也无损于这些目录书作为研究工具的价值。

如果没有首尔大学地理系教授李燦先生的经年努力，我们对朝鲜地图学的理解恐怕还停留在相当初步的阶段。除了一些专业论文外，他还整理出版了一部大图幅的综合地图集——《韩国古地图》[④]。这部地图集影印了近120幅古地图，包括17幅彩色地图和更多两页或三页纸大小的折页地图。一批老虎形状的地图（朝鲜没有狮子）采自韩国国立中央图书馆的一流馆藏。该书的末尾是一篇有关朝鲜地图的精彩导论文章，附有英文提要、参考书目，并

237

---

② 목영만：《지도 이야기》（평양，군중문화출판사，1965）。说明性的资料可能源于北方所藏舆图，因为印刷效果和纸质不良，其用处十分有限。

③ 金良善，笔名梅山（实为字号——译者注），其主要贡献可见《梅山國學散稿》（서울，숭전대학교박물관，1972）。

④ 李燦：《韓國古地圖》（地图评注：諸洪圭）（서울：한국도서관학회연구회，1977）。李燦汇编的另一部古地图集也应当在此提及：《韓國의古地圖》（서울：汎友社，1991）。这部书与前有很大不同，更新了不少地图，汇编了超过250幅大幅面的地图，这些地图绝大多数是彩色地图，增加了不少地图的内容提要。遗憾的是，这部书出版时间过晚，本章写作时未能及时吸收其研究成果。

列出了韩国最重要的八处古地图收藏单位的主要藏品（包括上面提到的几幅地图）。这项工作确定了现阶段朝鲜地图学的研究范围，也是本章写作过程中不可或缺的资料来源。我也从方東仁的《韩国的地图》⑤中获益匪浅，这部专著虽然篇幅不长，但与前人的研究思路有很大不同。方著的研究方法具有启发性，他对朝鲜地图学研究方法进行了十分有益的总结。很遗憾的是，他的这部专著版面过小，书中插图并不尽如人意。除了李燦的地图集，目前还找不到太多复制出版的其他古地图。

　　回顾既往研究不难发现，已有成果侧重于图书馆机构和专家所做的目录学工作。这是一项基础性的工作，这方面的工作还须继续进行。但学界对朝鲜地图学产生的总体背景关注不够，特别是在参照中国和日本的地图研究方面。对于朝鲜地图同本国社会、经济、思想、艺术史发展趋势之间的联系，尚存相当大的探究空间。我们只有从这些方面着手，才能更好地认识朝鲜地图，全面领会众多朝鲜地图的意义。

　　本章将从 15 世纪以前朝鲜半岛地图与地图学的发展简史开始讲起，由此引出对 1402 年世界地图的讨论，这幅地图是现存最早的一幅制作于朝鲜的地图。除此之外，本章还将讨论其他的世界地图，包括一些 17 世纪或稍晚源自西方的地图，接着谈论中世纪及此后根据东亚传统绘制的宇宙图。这些世界地图所仰赖的文献和制图资料都由国外传入，并非朝鲜人主动探索世界的产物。此外，笔者将论证 15 世纪早期到 19 世纪晚期朝鲜全国地图绘制的文化和技术基础，对最早的一批朝鲜地图进行整体研究，其次是朝鲜的省道地图与郡县地图，最后以流行于 17 世纪以来的一些重要的关防图结束讨论。结语部分还将思考朝鲜地图学发展与朝鲜社会、文化的关系及其历史动力，并考察传统地图学走向终结的背景。数百年来，朝鲜传统地图学都在强烈抵制西方地图学的影响，但在日本帝国主义势力的驱动下，西方地图学再次进入朝鲜半岛，传统地图学几乎在一夜之间淡出人们的视野。

15 世纪以前的朝鲜半岛地图

　　正如我们所见，朝鲜地图学植根于 1402 年世界地图问世之前的遥远历史中，这幅地图的复杂程度本身也佐证了朝鲜漫长的制图历史。为便于探究这一演变过程，我将以时代为序，简单勾勒出朝鲜半岛历史发展的大势。

238　　　文献所见朝鲜半岛最早的国家是古朝鲜，为了与后来的朝鲜王朝相区别，故在该国的国号前添上一个"古"字。古朝鲜的起源并不清楚，但可以确定它业已存在于公元前 4 世纪。尽管古朝鲜同中国战国时期（公元前 403—前 221 年）东北方的两个大国——赵国与燕国发生贸易与战争，往来频繁，而且与燕国接壤，但古朝鲜是一个基于地域文化传统的完全独立的国家实体。古朝鲜的疆域仅限于辽东东部和朝鲜半岛西北部，公元前 108 年为汉朝军队所击败。古朝鲜故地被汉朝分置四郡，其中两个郡一直存续到了 4 世纪早期。中国从未将国土延展到朝鲜半岛南部，出于种种实际考虑，汉朝的疆域限于今平安南北两道和黄海南北两道一带。然而，汉朝与半岛南部的三韩保持着贸易与外交联系。在短暂的曹魏时期（220—265 年），这种联系还延伸到了日本。

---

⑤　방동인（方東仁）：《韓國의 地圖》（서울，세종대왕기념사업회，1976）。

公元 1 世纪，高句丽王国兴起，它常常处于中原王朝的控制之外。到了公元 3、4 世纪，朝鲜半岛南部的部落组成百济、新罗和伽耶（朝鲜半岛史学界称这些国家处于早期传说时代）三个国家。伽耶后来为新罗吞并。整个 6 世纪，高句丽、百济和新罗（三国）并立，或战或盟，这种状况持续到 668 年。此时的中国处于南北朝的分裂时期，中国北方主要为非汉人政权所控制，朝鲜半岛的三国几乎没有来自中国的压力，得以发展高度独立的政治和文化制度。当然此时朝鲜半岛也受到了中国文化的一定影响，但在很大程度上对这些影响进行了本土化改良。589 年，中国再次实现统一，三国开始受到中国扩张的压力，它们或以军事手段（高句丽），或以外交策略（新罗和百济），来抵御中国。新罗最为明智，唐朝派兵助其消灭了百济与高句丽，668 年新罗统一朝鲜半岛，此后的新罗被现代史学界称为"统一新罗"（668—935）。在新罗统一战争时期（约 598—668），中国的制度极大地影响了朝鲜半岛，特别是百济与新罗。

239

有学者认为，在新罗统一战争前的 7 世纪早期，百济已经采用"图籍"来进行地方管理⑥。尽管我们在存世不多的新罗文献中并没有发现新罗使用地图的记载，但在 7 世纪，新罗的地图学水平应该不低于百济。因为新罗统一半岛之后，在地方管理体系上以唐朝为楷模，对国土面积进行了大范围的清丈，这项工作的开展不可能离开地图，而且很难想象在轰轰烈烈的统一战争中，如果没有地图，新罗是如何作战的。

根据政治与文化发展情况，统一新罗时期（668—935）可分为两个阶段。第一阶段可以从统一之前的几十年开始算起，这一时期新罗吸收了中国大量的制度与文化。它根据自身情况对中国文化进行了彻底的改造与调适，即便当代中国历史学者也难辨雌雄。全面吸收中国制度的结果使新罗也成为一个中央集权的国家，地方和旧贵族势力被削弱。王室统治中心徐罗伐（今庆州）既是强大官僚机构的象征，也受官僚系统的保护。这一阶段直到 780 年惠恭王遇刺为止，这时的新罗文化达到非常高的水平，以著名的佛国寺、精致的石窟庵、深邃的瞻星台为代表，这些古迹保存至今。第二阶段，新罗的旧贵族与地方豪强势力卷土重来，中央权力式微并沦为权贵把控的傀儡政府。中国式的制度与文化在本土化的浪潮前退却了。在这样的气氛下，沿海豪强为自己赢得了国际贸易中的独立地位并操控中央政府。

漫长的高丽王朝（918—1392）是朝鲜半岛文化日臻完善和定型的时期。高丽王朝开始于中国的另一个混乱和分裂时期（南方的十国，902—979；北方的五代，907—960），因而可以完全避开中国的操控与介入，推进国家发展事业。这个基本事实可以解释高丽为何能在整个时期大体保持独立的特征，除了与北宋（960—1126）时断时续的朝贡关系外，与南宋（1127—1279）并没有朝贡关系，只被迫臣服于一些非汉政权，包括契丹人的辽国、女真人的金国以及蒙古人的元朝。这些政权都侵入或占领过高丽，但并没有中断高丽王朝的统治，也没有接管高丽的内政。从 950 年开始，高丽国王又开始重视中国制度，这在高丽的中央文官机构（似唐而非宋）、社会结构（儒家父系礼仪和继承制度）和文学（大多数用文言文写成，采用中国体裁）等方面有深刻的体现。蒙元时期，儒家思想对中国和高丽的影响尤其

240

---

⑥　一然（1206—1289）:《三国遗事》（1512 年刊行于庆州，1932 年影印于京城）卷 2，页 25a。亦见李丙焘主编并翻译的现代本《三国遗事》（서울：동국문화사，1956）第 72 页。

强烈，当时理学思想成为潮流。这一由 12—13 世纪宋代大儒精心建构的理论也传播到了朝鲜半岛，滋养了高丽人的文化与思维模式，现在仍在一定程度上保留在韩国人的生活之中。不过总体而言，高丽王朝认为自己是一个佛教国家，继承并强化了新罗时期本土佛教的传统。这些佛教因素维护了高丽王朝的独立性与本土性，虽然时而会有一些儒家精英对佛教十分反感，这些精英更青睐于中国式道路，但除了高丽末年，也就是 14 世纪晚期，高丽大体还是秉持着调和儒释的折中原则。

　　尽管没有一幅公认确信为高丽时期的古地图留存至今，但高丽王朝毫无疑问拥有令人赞叹的地图学传统，在国家组织与地区行政管理方面都需要使用地图。除此之外，从 1275 年到高丽末年，管理税收的机关（版图司）因主管户籍和地图而闻名[7]。高丽时期地图学深入发展的另一个原因是从中央到地方对风水推算的狂热兴趣，这个现象我还会在后文中提到（见后文，第 276—279 页）。高丽时期无数职业风水师从事着这一活动，如果没有精良地图作为引导是难以想象的。最后，在高丽时期的文献材料中，地图也并不罕见。例如，我们发现 12 世纪的学者尹誧就绘制过一幅名为《五天竺国图》的佛教地图[8]，1281 年元朝使臣曾向高丽索取全国地图。[9] 我们还注意到，1356 年，在驱逐蒙古人的过程中，高丽官员也提到这幅地图。[10]

　　此外，高丽人对地图的好奇心在世界上也是独一无二的：高丽有一种钱币单位，其形状和朝鲜半岛的轮廓十分相似。《高丽史》中如此记载，"是年（1101），亦用银瓶为货，其制，以银一斤为之，像本国地形，俗名阔口"。[11] 我们并不知道高丽王朝的一斤具体有多重，可能接近半公斤或稍多一些。它并不是普通人常见的钱币，或者说实际上并不是一种钱币。银瓶似乎主要是用于大宗银钱交易，或作为礼品或是赏赐之用的。到 14 世纪中期，这种银瓶就不再流通了（可能在 15 世纪又重新进入市场，见后文第 295—296 页）。

241　　　在高丽与中国的文化关系中，地图也占有一席之地。前往中国的使臣热衷于购买各类中国写书材料，其中肯定也包括地图。在前面章节中，我们曾经读到，高丽人在中国购买地图被宋朝政府视作间谍行为。[12] 此事发生后数年，宋朝政府风闻高丽保存有中国佚失已久的珍本文献，于是要求高丽进贡一些藏于朝鲜半岛的中国善本、孤本古籍的副本。在 1091 年高丽回函所附的书单中，有两部可能附有地图的地理志书。一部是顾野王的《舆地志》（6 世纪），共 30 卷。还有一部是萧德言、顾胤的《括地志》（638），共 500 卷（这两部书现在中国和韩国均已散佚）。[13] 这些记载表明，中朝之间存在着广泛的地图学交流，虽然具体的细

---

⑦　郑麟趾（1396—1478）等：《高丽史》（1451 年刊行；重印 3 卷本，延禧大学校出版部，1955 年）卷 76，页 16a。

⑧　见尹誧墓志（开城，1154 年），由朝鲜总督府收集，编入《朝鲜金石总览》（京城：朝鲜总督府，1919）上下册，上册第 369—371 页。亦见后文第 255—256 页。

⑨　《高丽史》卷 29，页 3b（注释 9）。

⑩　《高丽史》卷 111，页 326（注释 9）。

⑪　《高丽史》卷 33，页 11a（注释 9）。1902 年，一斤大概可以换算成 600 克。

⑫　见前文 83 页。中国官员们一致强烈指责这些高丽使臣是搜集地图信息的间谍，因为他们认为高丽人实际上为契丹人做事，而契丹是宋朝在东北的宿敌。有关这一历史事件的完整背景介绍，见 Michael C. Rogers, "Factionalism and Koryŏ Policy under the Northern Sung", *Journal of the American Oriental Society* 79（1959）：16–25. 同上，"Sung-Koryŏ Relation: Some Inhibiting Factors," *Oriens* 11（1958）：194–202.

⑬　《高丽史》卷 10，页 23b（注释 9）。在这一事件中，所呈献的书籍光目录就有好几页，包括 124 种，4800 多卷书。

节我们现在不得而知。

另外，一些留存至今、年代更早的中国地图上也绘制有朝鲜半岛的图像，这些图像一部分可能就源自朝鲜半岛地图。总之，朝鲜半岛地图可能通过各种途径传入中国。反映这一情况的最古老的地图是《华夷图》（见前文，图3.13）。根据图名的相似度，有人认为该图是以一幅著名的失传地图——《海内华夷图》为蓝本绘制的。《海内华夷图》是在贾耽（730—805）的指导下完成的，绘制于801年。《华夷图》于1136年被雕刻在石头上，现藏中国西安的陕西历史博物馆。尽管它对朝鲜半岛的描绘还较为粗陋，而且半岛东海岸还被裁剪掉了，但西北海岸河流的入海口与实际情况相当吻合。然而，在年代稍早的《古今华夷区域总要图》中，朝鲜半岛只有一点点痕迹，可能这幅地图的绘制者并没有看到朝鲜半岛的地图（见前文，图3.23和图6.30，这幅地图第一次刊行于1098—1100年间，今天所见到的是1162年的刻印本）。

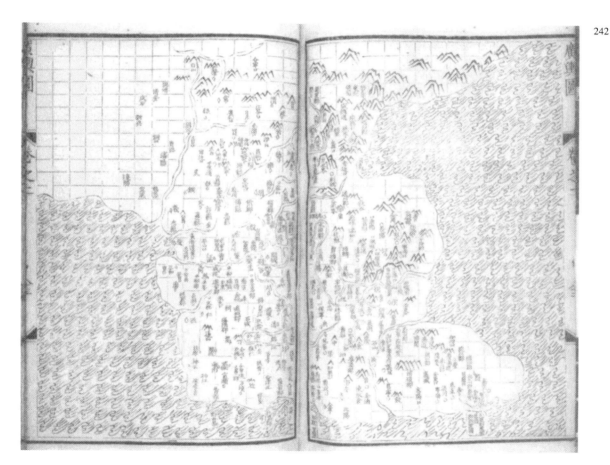

图10.1　罗洪先《广舆图》中的《朝鲜图》

罗洪先《广舆图》推测本于先前朱思本的《舆图》，因此，这幅《朝鲜图》也被认为本于一幅带有朱图中独特的计里方格的14世纪高丽地图。但是，罗图中朝鲜这个名称、所附表格中的各道以及图中标注的朝鲜都城，都不会在高丽地图或朱思本《舆图》中出现。以上问题以及这幅地图上扭曲的朝鲜半岛形状都推翻了人们关于这幅地图历史由来的判断。

原图尺寸：28.5×39.5厘米。

经英国伦敦大英博物馆许可（15261. e. 2）。

另一幅绘有朝鲜半岛的中国地图是罗洪先（1504—1564）的《广舆图》（约 1555 年）（图 10.1）。《广舆图》本自已佚的朱思本（1273—1337）《舆图》（1320），由于不知罗洪先对《舆图》做了多大程度的沿袭或改动，因此很难确定《广舆图》中朝鲜地图的年代。尽管罗洪先将这幅图定名为《朝鲜图》，但韩国地图学者认为他对朝鲜半岛的描绘完全来自一幅高丽地图。其依据有二，一是朱思本与高丽的关系，二是因为图上的朝鲜半岛轮廓与所知的任何一幅后世地图都不一样。[14] 就我们的研究目的而言，只要知道朱思本的《舆地图》中有一幅朝鲜地图就够了。朱思本活跃于中国与高丽文化交流频繁的时期。当时元朝皇帝要求高丽世子留居北京，直到时任国王薨故或禅位。旅居中国的世子在北京有一个由高丽臣子组成的小朝廷，这些高丽官员或仆从有时会在中国生活数十年之久。因此这一时期，在北京很易得到高丽地图。

从一篇可能作于 1402 年的前序中，我们可以合理推知至少一幅高丽地图的内容，这时离高丽灭亡不过十余年。这篇序言是朝鲜官员李詹为其《三国史略》所作，其中比较详尽地介绍了一幅他偶然见到的高丽轴装地图。

> 统合以后，始有《高丽图》，未知出于谁手也。观其山自白头迤逦，至铁岭突起而为枫岳，重复而为大小伯、为竹岭、为鸡立、为三河巅。趋阳山而中台，亘云峰而地理。地轴至此，更不过海而南。清淑之气，于焉蕴蓄。故山极高峻，他山莫能两大也。其脊以西之水，则曰萨水、曰浿江、曰碧澜、曰临津、曰汉江、曰熊津，皆达于西海。脊以东，独伽耶津南流耳。元气融结，山川限带，其风气之区域，郡县之疆场，披图可见已。[15]

243

后文我还要提到这篇序文中的风水思想（见后文，第 278—279 页），在这里只要说一下山脉和河道就可以了。文中既提到了自然气候区域（风气区域），又提到了行政疆界。我不知道后世的朝鲜地图是否如此描绘过气候区域，而且我怀疑，通过这一给人印象至深的描

---

⑭ 这幅地图可见罗洪先（1504—1564）《广舆图》卷 2，页 82b—83a，第 6 版（1579 年刊行，影印本，台北：学海出版社 1969 年版）第 379—381 页。有关朝鲜的说明以及一张年代有误的朝鲜省道区划表（朝鲜王朝时期的省道和许多高丽时期的郡县），见第 83b—85a（第 382—385 页）。

⑮ 李詹：《三国图后序》，载徐居正《东文选》（1478 年；影印本，서울：경희출판사，1977 年）卷 92，页 12b—14a。引文中有"统合"一词，李詹提到了后三国时期（935—936）。1396 年，李詹在新都汉阳任职期间，有机会看到这幅高丽时期的地图，但这篇后序应当晚于 1402 年，当年朝鲜太宗委任他参与修订新版《三国史记》，见《太宗实录》（1400—1418）卷 3，页 31a。李詹想要在新版《三国史记》中加入三国时期的地图，这激发了他对朝鲜地图的兴趣及议论。这项工作对于 1402 年世界地图同样重要，因为两者几乎同时进行。权近当时也在新版《三国史记》的编撰人员中，并为 1402 年世界地图题写了序文。李詹所言的"元气"，按照他的理学思想，指的是来自大地本身原初的自然物质。很明显，李詹认为这些气态或液态的物质最终凝聚成了山脉。

关于实录的体系及其版本，朝鲜王朝时期（1392—1910）共有 27 位君主，每一代都有实录，在他们去世后，由后代国王根据当时宫廷档案进行编修。朝鲜王朝前 25 位国王的实录，已经由韩国国史编纂委员会整理汇编，即《朝鲜王朝实录》48 卷（서울：국사편찬위원회，1955—1958）。实录书名由国王的庙号加"实录"二字构成（比如《太宗实录》《世宗实录》）。最初的卷数和页码，以影印的方式附在文后。在现代学者修订的《朝鲜王朝实录》的章节中，省略目录和页码。不仅因为这是惯例，更在于影印的《朝鲜王朝实录》中每一页由实录原本中的四页组成，而这些实录是几个世纪，在不同的情况下，由不同的学者分别编辑完成。

述，李詹意欲指出，风气区域是隐含在由山系分割的自然区域之中的。重要的是，他认为地图可以用来传达这种信息。序文中许多山脉的名称现在已经不用了（尽管所有的地名都可以辨识出来）。本来我们似乎可以将这些地名一一释读，以便体会作者与这幅地图的某些互动，由于许多都是耳熟能详的地名，后文还将提及，此处略去不表。⑯

244

图 10.2 《混一疆里历代国都之图》（1402 年李荟和权近绘制，1470 年复制）

这幅地图简称《疆里图》，是出自东亚制图传统的最早的世界地图，也是一幅现存最古老的朝鲜半岛地图。本图基于几幅 14 世纪的中国地图，其中可能还包括了一幅不知名的伊斯兰地图。《疆里图》清晰地描绘了非洲、阿拉伯半岛，欧洲的轮廓亦可辨识，但是将印度与中国大陆连成了一片。朝鲜半岛（详见图版 17）、中国东北地区各处以及日本列岛被明显放大，这一部分可能采用了朝鲜可见的资料。日本部分是根据一幅 1402 年携往朝鲜的日本地图绘制的，日本列岛被奇怪地放置在南中国海。日本部分的方位是上方朝西，不过，其轮廓与同时期日本地图十分吻合。

原图尺寸：164×171.8 厘米。

经日本京都龙谷大学图书馆（Ryukoku University Library）许可。

---

⑯ 河流名称中包括了许多古名，萨水（清川江）、浿水（大同江）、碧澜（礼成江）、熊津（锦江）、伽耶（洛东江）。

高丽王朝后期，据说一位叫作罗兴儒的官员编撰了一部中朝两国的历史地图，"撰中原及本国地图，叙开辟以来，帝王兴废、疆理离合之迹"[17]。罗兴儒以好学与妙趣横生的职业生涯而享誉一时。我们从罗氏的传记中了解到，他除了绘制地图之外，还为落榜的举子补习功课、监制宫殿建筑工程、主持宫廷雕塑如石龙等的制作。他还是恭愍王（1351—1374）的御用文人和弄臣。1375 年，罗兴儒以 60 岁高龄作为信使前往日本。由于长时间未见过高丽使臣，多疑的日本军人将他投进了大牢。罗兴儒这样说起自己的地图，"好古博雅君子览之，胸臆闲一天地也"。[18] 他还说过一些更有意思的话来介绍这幅地图。例如，他提到地图展示了"开辟以来"所有的疆界变化，指的可能是地图上的文字说明。后世的金寿弘绘制的地图中也采用了这种方式（见后文，第 267—268 页）。再如，讲到"帝王兴废"时，他可能采用了与 1402 年世界地图相同的形式，即在地图旁边的空白处列出文字表格。虽然我们只能想象罗氏的地图，但这幅地图很容易使我们联想到另一幅地图，那就是《混一疆理历代国都之图》，下面我们就来加以讨论。

世界地图和东亚地图

朝鲜王朝（1392—1910）的缔造者是李成桂，他出生于东北边地，是高丽末年重要的军事将领，因成功抵御 14 世纪骚扰高丽的倭寇而赢得美誉。这些日本海盗与正规军别无二致，有时有两三千名军丁，常从海岸偷袭并深入高丽内地。朝鲜半岛南部各道没有一座城镇能幸免于难。14 世纪 80 年代，李成桂防御倭寇侵袭接连取得成功，赢得了民众的广泛拥护与支持。1389 年，他通过军事政变夺取政权。三年后，李成桂登上了王位，统治朝鲜半岛近 5 个世纪的高丽王朝走下了历史舞台。

这次王朝更替远非改朝换代那么简单，掌握大权的李成桂发动了一场新儒学改革运动，在一代人的时间内将朝鲜重塑成一个完全不同的王国。通过驱逐旧贵族，取消国家对佛教的保护，改革者们推出了一系列政治方案，确立儒家思想在社会政策、教育重造和文化发展等方面的主导地位。成千上万的僧侣被迫还俗，大批奴隶被释放，通过没收寺院土地，使作为主要赋税来源的农民阶层重获生机。而在高丽时期，土地经常被寺庙侵占。一群人数虽少但充满活力的儒学家重订法令，改造了政府机构和行政部门，并通过无数其他手段，将中国思想家朱熹（1130—1200）发起的新儒家知识革命，转变为国家的正统理念。这些改革者们认为其政权来自古典的"天命"，他们清楚地知道自己正在影响千年之变局。在朝鲜王朝 518 年的统治中，他们的愿景变成了现实。朝鲜王朝是除了年代有争议的中国周朝（大约公元前 1027—前 256 年）和独特的日本天皇制度外，东亚地区享寿最长的一个朝代。

1402 年的世界地图

245　　在这个全新王朝初期的文化建设中，诞生了一幅世界地图和一幅天文图。它们的出现并

---

⑰ 《高丽史》卷 114，页 27a—b（注释 9）。
⑱ 《高丽史》卷 114，页 27a—b（注释 9）。

非偶然，因为重新界定和发布天地之图，正是朝鲜文化革命的核心内容，以此彰显新王朝的天命正统。这两幅地图的绘制都在权近的指导下完成，而权氏同时也是倡导改革的儒学家中的关键人物之一，这一定不是简单的巧合。[19] 据称天文图是依据一幅古代高句丽地图改绘而成，于1395年刻于石上。关于这幅天文图，本书其他章节也有讨论（见第560—568页）。这里我主要想谈一谈这幅世界地图。

246

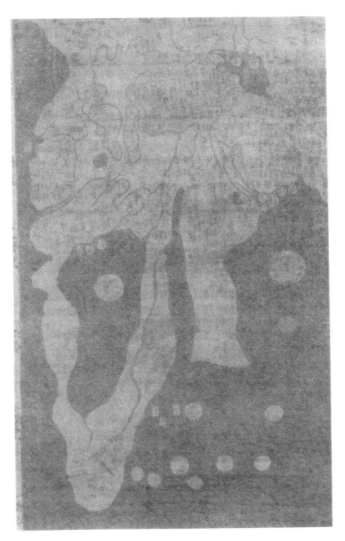

图10.3　《疆里图》中的欧洲部分细部

无论是原图绘制者还是复制者都忘了在黑海、地中海和波斯湾加上波浪纹图案。

该部分尺寸：约48×37厘米。

经日本京都龙谷大学图书馆许可。

---

⑲　虽然这两项工程相距7年，但这两篇序言都收入权近的文集中，而且是相邻的两篇，见《阳村集》（庆州，1674年刊行；朝鲜总督府，1937年影印，《朝鲜史料丛刊》第13册）卷22，页1a—2b。

《混一疆理历代国都之图》，以下简称《疆理图》[20]，完成于 1402 年。从年代上看，这幅地图明显早于中国、日本已知的任何一幅世界地图，是留存至今最古老的一幅东亚传统世界地图，同时也是仅有的一幅早于 15 世纪晚期到 16 世纪早期利玛窦世界地图的作品。尽管《疆理图》在朝鲜半岛并没有保存下来，但它在日本有三种版本，其中龙谷大学图书馆（京都）所藏版本年代最早。这幅地图（图 10.2）的自题年代为 1470 年前后。龙谷大学版《疆理图》最主要的特点是版本保存良好，地图上还有权近的序言原文。该图绘于丝绸之上，色彩完好，尺幅巨大，近方形，尺寸为 164×171 厘米。1928 年，日本历史地理学家小川琢治第一次将这幅地图介绍给了学界。[21]

我们对这幅非比寻常的地图的讨论，要从它的序言开始，现将其重要部分引述于下。文本摘录于龙谷大学版《疆理图》，并参考了权近自选集《阳村集》中与之十分相近的文字内容。

> 天下至广也，内自中国，外薄四海，不知其几千万里也。约而图之于数尺之幅，其致详难矣。故为图者皆疏略。惟吴门李泽民《声教广被图》，颇为详备；而历代帝王国都沿革，则天台僧清浚《混一疆理图》备载焉。建文四年夏，左政丞上洛金公士衡，右政丞丹阳李公茂，燮理之暇，参究是图，命检校李荟，更加详校，合为一图。其辽水以东，及本国之图，泽民之图，亦多缺略。今特增广本国地图，而附以日本，勒成新图。井然可观，诚可不出户而知天下也。夫观图籍而知地域之遐迩，亦为治之一助也。二公所以拳拳于此图者，其规模局量之大可知矣。[22]

金士衡（1341—1407）和李茂（？—1409）都是朝鲜王朝早期的重臣。后来李茂与太宗（1400—1418 年在位）交恶，并因涉嫌卷入某起政治阴谋而被处死。二人在为官生涯中，都曾出使中国。据传在结束于 1399 年夏季的使行中，金士衡购得了权近提到的中国地图。[23] 金士衡与李茂可能都有过管理地图的经验，就在绘制《疆理图》数月前的 1402 年春天，他们曾向太宗报告北部边地国土调查的进展。[24] 作为朝廷高官，他们可能并没有时间亲自参与地图的实际制作，但是权近本人在这项工程中所起的作用可能是很重要的，尽管他宣称自己只做了些幕后工作，"乐观此图之成而深幸之"。[25] 权近所言既谦虚又委婉，因为他的年资都在这两位重臣之后。这幅地图的实际制作者是李荟，他的官阶一直不高，但职位却总是有些特殊。后面我们谈及朝鲜的全国总图时，还会提到他。

---

[20]　这是龙谷大学所藏版本的标题；这样的简称在文法上也是规范的。在权近的序言中，该地图的标题为《历代帝王混一疆理图》，《阳村集》卷 22，页 2a（注释 21）。

[21]　小川琢治：《支那歷史地理研究》（上、下册），（東京：弘文堂书房，1928—1929 年），上册第 59—62 页。

[22]　这段译文来自：小川琢治《支那歷史地理研究》上册第 60 页（注释 23）；亦见于青山定雄《元代の地図について》，《東方學報》8（東京：1938），第 103—152 页，尤其是 110—111 页。这些文字和《阳村集》卷 22，页 2a—b 存在细微差异（注释 21）。

[23]　《定宗实录》（在位时间 1398—1400 年）卷 1，页 17a（注释 17）。李茂的使行时间是 1407 年，在地图绘制完成之后。

[24]　《太宗实录》卷 4，页 10b—11a（注释 17）。

[25]　《阳村集》卷 22，页 2b（注释 21）。

从权近对清浚和尚《混一疆理图》的描述来看，它可能是一幅绘制于 14 世纪晚期的普通中国历史地图。清浚（1328—1392）是洪武皇帝（1368—1398 年在位）的亲密谋士[26]，明朝缔造者朱元璋也曾出家为僧。我们只知道这幅地图曾作为朝鲜《疆理图》的资料来源，除此之外，一概不知。据信《混一疆理图》对朝鲜《疆理图》最主要的贡献是其中国历史的视角——标明此前各王朝的区域与都城。此外，二者最大的相似之处可能就是图名十分相近，都叫《疆理图》。

毫无疑问，《疆理图》的国际视野来源于李泽民的《声教广被图》。明朝地图学家罗洪先曾经提到过与他同时代的李泽民，李氏可能也是朱思本的助手。[27]青山定雄对《疆理图》中的中国地名有过细致的研究，他认为《疆理图》的地名和朱思本的地图大体一致，同时朱图保留在罗洪先的《广舆图》中，但二者也有差别，其中地名变动出现在 1328—1329 年间，证明《疆理图》的源本可能绘制于 1330 年前后。由于朱思本在他的地图中明确排除了大部分中国之外的区域[28]，青山定雄和其他学者据此推理，李泽民一定为他查到过这些地区的信息，这些信息唯一可能的来源只能是元朝统治时期出现在中国的伊斯兰地图。[29]根据罗图所绘的东南与西南海域判断，《广舆图》可能利用过《广被图》，而《大明混一图》也很有可能源于《广被图》。《大明混一图》现藏于北京故宫博物院，除了对中国东北东部、朝鲜和日本的细节描绘有所缺失或不太完备外，该图与《疆理图》十分相似。[30]

高桥正认为《疆理图》中西南亚、非洲和欧洲的中文转写地名，可能源自波斯化的阿拉伯语。尽管高桥正举出的一些地名并不能与中古汉语相匹配，但他的这个研究还是令人信服的。还有一个更有趣的雷同之处是标注于尼罗河发源之地、靠近托勒密世界地图中的双子湖（Ptolemaic twin lakes）的山名。虽然这个山名并未出现在龙谷大学版《疆理图》中，但在天理大学版《疆理图》上，它的中文转译名为"者不卢哈麻"。高桥正认为这正是波斯化阿拉伯语中的"月亮山"。[31]这幅地图上非洲大陆及其附近区域的地名加起来有 35 个，绝大多数在地中海区域。

据说《疆理图》的欧洲部分包含了大约 100 个地名，现在还没有学者对其进行单独的研究（图 10.3）。地图中的地中海清晰可辨，伊比利亚和意大利半岛以及亚得里亚海也是一样。只有当我们释读这些地名后，才有可能得出关于这幅地图来源的可靠认识。[32]

247

---

[26]　青山定雄：《元代の地図について》，第 122—123 页（注释 24）。

[27]　见罗洪先《九边图》的序言，部分转引自青山定雄《元代の地図について》，第 123 页（注释 24）。

[28]　朱思本失传的《舆图》序言，保存在罗洪先的《广舆图》中，转引自青山定雄《元代の地図について》，第 105 页（注释 24）。用朱思本自己的话，地图上没画的区域是，"泓海之东南，沙漠之西北，诸藩异域"。

[29]　Joseph Needham, *Science and Civilisation in China*（Cambridge：Cambridge University Press, 1954 – ），Vol. 3, with Wang Ling, Mathematics and the Sciences of the Heavens and the Earth（1959），551 – 56.

[30]　关于这幅地图的解说和描述，参见 Walter Fuchs《北京の明代世界圖について》，《地理學史研究》2（1962 年），第 3—4 页，以及图版 2。收入《地理學史研究》（上、下册）（地理學史研究會，京都：臨川書店），下册第 3—4 页，照片 1—2。

[31]　高橋正：《東漸せる中世イスラーム世界図》，《龍谷大學論集》374 号（1963 年），第 86—94 页。高桥正引证了许多天理教大学版有而在京都大学版没有的地名，这些地名绝大部分在非洲。

[32]　高橋正：《東漸せる中世イスラーム世界図》第 89 页注释 9（注释 33），举出了《疆理图》中欧洲部分 4 个中文转译地名，并将它们与伊斯兰地理学家伊德里希（al – Idrisi）的地图相比对。因为我们不知道这些地名出现在地图何处，所以难以作出评价。《疆理图》欧洲部分有 100 多个地名，这些还有待于专家做出进一步研究。后文第 266 页和图 10.12，对《疆理图》中的地中海地区进行了讨论。

权近在其序言中说，《广被图》对辽河以东地区和朝鲜的描绘相当粗略。他的话提示我们，《广被图》原图所画的朝鲜是有些问题的，李荟对《广被图》作了增补与扩充。李荟以绘制《八道图》而知名，[33]《疆理图》上的朝鲜可能使用了《八道图》的某个版本。《疆理图》上的《八道图》应该是朝鲜现存最古老的本国地图。在介绍朝鲜全国地图时，我们还会对之进行更全面的讨论。

到此为止，朝鲜人需要做的最后一项重要的工作，就是在地图上加上日本。在这个特别的年代，由于持续不断的日本海盗问题，朝鲜与日本的关系十分紧张。这些海盗超出了室町幕府的控制能力。朝鲜一方面进行外交交涉，另一方面不断推进海岸防御战略。这一切都需要倾全国之力，提高朝鲜政府对日本的认识，特别是要熟悉日本地图。朴敦之作为处理对日事务的军人与外交家，至少两次出使日本。一次在1398—1399年，另一次在1401—1402年，第二次出使催生了一幅地图。后来的一份报告（《朝鲜王朝实录》）引述了他1402年的表文，称他从日本"备州守源详助"手中获得了一幅地图，这幅地图"图颇详备，宛然一境之方舆，唯壹岐、对马两岛缺焉，今补之而重模云。"《实录》还记载，1402年他将这幅地图正式交给了礼曹判书，礼曹是朝鲜政府管理外交的机构。[34]

韩国地图研究专家一致认为，《疆理图》是依据朴敦之的这幅地图来绘制日本部分的。与同时期其他日本地图相比，《疆理图》中日本的轮廓出乎寻常的完美：九州和本州岛的相对位置十分准确，对关东地区北部弯曲处的描绘也比后来流行的众多行基型地图要好。除了四国与本州的连接处外，日本的三个主要岛屿看起来也相当不错。但有一点破坏了这幅地图的完美，即日本列岛被处理成上西下东的方位。而且，日本整体都被放置在遥远的地方。现代读者猛然一看，可能以为图中所示的岛屿是菲律宾而非日本。可能由于制图者用完了《疆理图》右边（东方）的空间，只好将日本排布到南部开阔的海域中。另一方面，很长一段时间以来，在中国地图中日本都位于中国的南部沿海，《疆理图》对日本的处理可能受其影响（见前文，第272—273页）。至于为何采用上西下东的方位，可能由于这幅地图直接拷贝了源详助送给朴敦之的地图。实际上，已知最早的日本地图（805年）采用的正是这种方位。[35]有趣的是，天理大学和本妙寺所藏的两版《疆理图》的朝鲜制图者，不仅改变了传统行基型地图中的日本轮廓，而且对日本岛的方位进行了南北向的修正。

㉝　这幅地图很有可能与1402年议政府呈送给太宗的《本国地图》为同一幅（《太宗实录》卷3，页27a）（注释17）。这个日期正好与李荟绘制《疆理图》的时间一致，按照《疆理图》序跋的说法，该图的制作时间大致是1402年农历八月（公历8月19—9月16日）。我们不知道李荟何时去世，史书对其最后的记载出现在1409年闰四月，当时他被朝廷任命为司谏大夫（《太宗实录》卷17，页35a）。不久后的1482年，梁诚之向官方呈送地图清单，由此可确定《八道图》的作者是李荟。这些地图受到管控，仅限官方使用（《成宗实录》，成宗在位时间为1470—1494年）卷138，页10b（注释17）。

㉞　关于1402年和1420年的事件，1438年又有记录，见《世宗实录》（世宗在位时间为1418—1450年）卷80，页21a—b（注释17）。1398—1399年，朴敦之出使日本，使行时间超过17个月，见《定宗实录》卷1，页13a—b（注释17）。无法确认备州守源详助为何许人。壹岐岛和对马岛是著名的倭寇基地，朝鲜人特别关注这两个岛。关于比例问题，可见后文第284页。

㉟　见《舆地图》，第370页和459页。最早的地图已经散佚，现在可见的只有17世纪中期的摹本。在15世纪早期的这种情形下，朝鲜朴敦之有可能得到这样的日本地图。见秋冈武次郎《日本地图史》（东京：河出书房，1955年）图版1。

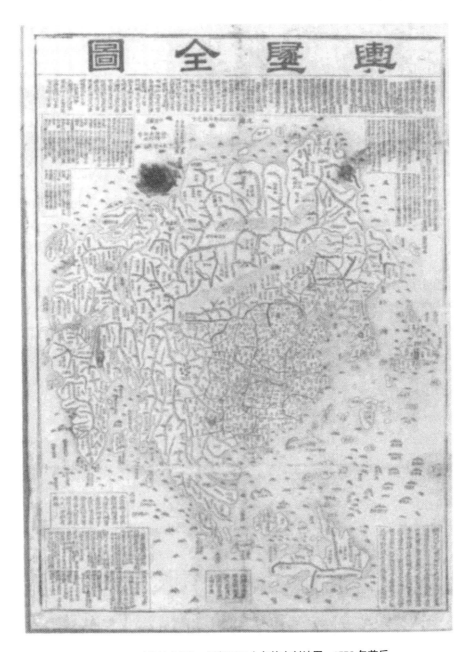

图 10.4 《舆地全图》，局部手工上色的木刻地图，1775 年前后

这幅世界地图虽然一望而知受到了 17 世纪传入朝鲜的中国耶稣会地图的影响，但其覆盖范围和轮廓使人想起 1402 年《疆里图》。

原图尺寸：86.3×59.5 厘米。

经首尔李燦许可。

《疆理图》的整体布局和众多不同的组成部分，读者乍看会觉得十分奇怪。一方面，其构图完全没有程式化或约定俗成的成分，例如 T－O 地图，或稍后我们将要讨论到的表现宇宙结构的轮形《天下图》。《疆理图》尝试借鉴可以获取的最好的中国、朝鲜和日本地图，将它们拼接在一块，形成一幅"混一"图。这幅地图包含了当时人类已知世界的各个角落，以当时任何国家的地图学标准来评价，它都达到了令人震撼的程度，以至于我们欣赏这幅地图时，不禁感到有点陌生。中国和印度像一个尚未分裂的巨型细胞，它们所构成的庞大躯干，占据了这幅地图中部的大块空间。地图的西边是阿拉伯半岛，波斯湾清晰可见，半岛末端正确地指向南方的非洲大陆（在很多早期欧洲地图上，非洲大陆末端是指向东方的），非洲的末端虽然画成了一个悬挂着的细条，但这个细条画得十分肯定，就像确知它的位置一样。非洲上方的地中海连接着轮廓不太清晰的欧洲，而整个欧洲北部则消失在山脉和云彩之中。地图的东边是相对夸大的朝鲜半岛，其占据的空间几乎和整个非洲大陆相伴（当然，非洲画得实在过小了），这样是为了确保将朝鲜放置在重要的位置上。日本则像被人用手指随意弹动了一下，不确定地漂浮在中国的南海之上。地图上东亚三个主要国家的相对大小与位置关系，似乎反映出 15 世纪早期朝鲜的一种世界观念：朝鲜人展示了自己在东亚的重要地位，修正了原先以中国为主要文化中心的传统观念，又像在玩某种乐此不疲的游戏一样，把日本放得越远越好。另一方面，朝鲜人也告诉自己，他们不仅仅是东亚的一个国家，也是更为广大的世界的一分子。他们描绘那个世界的雄心与能力也能证实朝鲜在世界上的位置。

　　下面我们要回答的问题是这幅地图作何之用？这幅地图的绘制由国家最高教育官、儒学思想家指导，还由两位朝廷高官主持，这就注定它要被放置在国都中醒目的中心位置。这幅地图可能常常被国王和高级官员悬挂在一些重要王宫建筑的屏风或墙壁上。但我们对它制成后的历史一概不知，这就妨碍了我们进一步认识其功用。从地图上的朝鲜地名来看，龙谷大学版《疆理图》上反映的地名变动发生于 1470 年前后。[36] 如果龙谷大学版的源图是 1402 年《疆理图》，那么这是最后一次提到后者的版本。

　　我们对《疆理图》流传到日本的过程知之甚少，但是它们可能在三个不同的时机先后流传到日本。龙谷大学和本妙寺所藏的两个版本显然是壬辰倭乱（1592—1598）时被日本人掠夺的战利品。据说丰臣秀吉将龙谷大学版《疆理图》赐给了京都一座重要佛寺——本愿寺，后来这座寺院分成了东西两寺，现在西本愿寺与龙谷大学合并，这就可以解释该版地图的来源。[37] 本妙寺版《疆理图》是一部纸卷地图，题名为《大明国全图》，由加藤清正赠送给该寺，加藤是这座寺院的主要供奉人。远征朝鲜时，他也是日本高级军事将领之一。[38] 天理大学版《疆理图》没有任何信息来源，该版地图绘制在丝绸手卷上，没有标题，但根据海野一隆的研究，它可能是本妙寺版的"姊妹本"。海野对两幅地图上的地名进行了令人信服的考证，认为两图都是 1568 年在朝鲜复制的。从地图学上看，它们所依据的版本与龙谷大学版《疆理图》已有很大的不同。[39]

　　由此引出这样一个推论：15 世纪到 16 世纪，朝鲜人可能经常复制《疆理图》。还有

　　[36]　青山定雄：《元代の地図について》，第 143—145 页（注释 24）。

　　[37]　见青山定雄《元代の地図について》第 100 页以及高桥正《東漸せる中世イスラーム世界図》第 85 页和 89 页注释 1（注释 33）。高桥正检索本愿寺中 19 世纪 40—50 年代的书籍与手稿目录，发现了一幅《历代帝京并僭伪图》。"历代"借用了朝鲜地图的典型标题。"僭伪"可能反映了日本人的不满，一方面由于日本在地图中被列入外国，另一方面日本方向与位置也画错了，或被认为损害了日本皇室的尊严。这种民族主义立场在 17 世纪中叶的一些日本学者的意识中十分强烈，而本愿寺目录正是那时编制的。

　　[38]　秋冈武次郎：《日本地图史》，第 80—81 页（插图）（注释 37）。

　　[39]　海野一隆：《天理圖書館所藏大明國圖について》，《大阪學藝大學紀要》6（1958 年），第 60—67 页，附图版 2。对本妙寺版地图的进一步讨论可见后文，第 289 页，注释 166。

一种可能性有待讨论：16 世纪和 17 世纪，《疆理图》的命运与《天下图》是交织在一起的（见后文），另一些证据可以进一步证实，这种关系一直延续到 18 世纪。1775 年的《舆地全图》十分有趣，这幅图既深受耶稣会世界地图的影响，也展示了与《疆理图》结构的强烈相似度。这幅地图的收藏者李燦也指出了这一点（图 10.4）。[40] 在这幅地图中，日本部分得到修正且被摆放到了正确的位置，而原本画得很大的朝鲜、中国和非洲的也回归到合适的相对关系，欧洲部分则画出了英格兰岛和斯堪的纳维亚半岛。但《舆地全图》的总体面貌，特别是它对印度和非洲的处理，使人不由得联想到《疆理图》。这一点使人确信，《疆理图》的绘图传统并未因壬辰倭乱而中断，而是在此后的两百多年间继续流传于朝鲜。

一件 18 世纪的地球仪

如果说 1402 年《疆理图》见证了朝鲜通过元帝国与伊斯兰地图学传统进行交流的话，18 世纪的地球仪反映的则是明清时期朝鲜通过中国与新的西方地图学接触的情况，这是已知朝鲜利用西方地图知识的最早记录。

朝鲜首次获知西方的消息在 1521 年，当时一位使臣从北京返回国内，带来的消息称，一种叫作弗朗机的人，试图获得在广东的通商许可。[41] 这显然是葡萄牙 1511 年征服马六甲引起的反响。弗朗机又被称作弗林吉，或者弗兰克，是十字军东征之后，伊斯兰世界（包括马六甲）对西欧罗马天主教信徒的一种通称。尽管在 16 世纪中期，葡萄牙传教士和商人已经在中国和日本立足，但他们从未直接接触过朝鲜。20 世纪前，葡萄牙和荷兰都未与朝鲜建立关系。

然而，彼时，无论在知识领域还是宗教领域，西方业已对朝鲜产生了重大且深远的影响，这种影响是通过中朝外交带来的。自从利玛窦（1552—1610）来到北京后，定期从北京返回国内的朝鲜使臣，都会带上耶稣会士的相关消息和书籍。因而，利玛窦 1602 年世界地图——《坤舆万国全图》，于次年被朝鲜使臣带回国内。1603 年版利玛窦世界地图——《两仪玄览图》也于 1604 年由朝鲜使臣获得。该图现藏于崇实大学博物馆，是 1603 年版地图现存的少数几件副本之一。[42]

1631 年，使臣郑斗源带回了"价值三四百盎司银子"的欧洲书籍、地图和制品，其中包括艾儒略（1582—1649）的名著《职方外纪》（1623），以及书中由 5 个单页组成的一套地图——《万国全图》，还有利玛窦和其他学者所著的天文学和数学书籍；一副望远镜及其说明书、包括南北半球的星图、一门欧洲火炮及其操作手册，一座自鸣钟以及其他许多东

---

[40]　李燦：《韓國古地圖》（注释 4），第 41 页。这幅地图的另一个版本现藏于首尔崇实大学博物馆。

[41]　《中宗实录》（中宗在位时间为 1506—1644 年）卷 41，页 11b—12a（注释 17）。

[42]　金良善：《梅山國學散稿》，第 227—229 页。在第 197—213 页中，金良善影印了传世罕见的《两仪玄览图》及其原始的序跋以及地理批注。这幅地图的中文名称十分晦涩，两仪暗示的是阴与阳、天与地等；玄览是道家语汇，暗含着观察并理解玄妙问题的意思。

西。此后郑斗源通过书信与中国的耶稣会继续保持联系。[43]

250

图 10.5 高丽大学藏璇玑玉衡

　　李约瑟和其他学者认为，朝鲜文献中记载的璇玑玉衡制作于 1669 年，并于 18 世纪被修复和复制。他们认为这件仪器是 18 世纪下半叶的作品。浑仪圈的装置如图所示。除了固定于支架上的地平圈外，还有与子午圈（双圈）和赤道圈（单圈）交叉的外地平圈，中间是由水钟驱动旋转的太阳、恒星和月球运行轨道组件，但太阳的组件已经丢失了（关于地球仪，参见图 10.7、图 10.8）。

　　外地平圈直径：41.3 厘米。

　　藏于首尔高丽大学博物馆。

　　照片由伽里·莱德亚德提供。

　　[43]　李能和：《朝鲜基督教及外交史》（서울：朝鲜基督教彰文社，1928），第3—4页。金良善：《梅山國學散稿》，第232—233 页（注释3）。300—400 盎司白银折算成现在多少钱不好估算，但肯定是一大笔钱，可能光是大炮和望远镜就用掉了其中大部分白银。

图 10.6　1620 年朝鲜本《书传大全》中记录的璇玑玉衡

《书传大全》是中国明朝的一部书，1669 年朝鲜制作璇玑玉衡时参考了该书的内容。请注意，书中并没有讲到地球仪。

原图尺寸：大约 24.5×18 厘米。

经英国伦敦大英图书馆许可（MS. 15215. e. 10, fol. 15v）。

1645 年，作为人质因居沈阳九年的朝鲜昭显世子获释。回国之前，他曾在北京待过两个多月。据传，昭显世子与耶稣会士汤若望（1592—1666）过往甚密，汤若望不仅赠送给他宗教著作，还送给他一些天文和数学书籍，以及一个地球仪。[44]

我们从许多事情中可以观察朝鲜地图学对西方的反应，特别是朝鲜使臣在北京期间通过

44　金良善：《梅山國學散稿》（注释 3），第 245—246 页；山口正之：《昭顯世子と湯若望》，《青丘學叢》5（1931），第 101—117 页，特别是第 105 和 113 页。山口正之翻译成日文时用了"天球"这个词，但原文是拉丁本的法语版，只有"sphere"（球体）这个词。

受赏或购买获取各类西式地图。1708 年在肃宗（1674—1720 年在位）的亲自过问下，朝鲜复制了据传为汤若望制作的《坤舆图》。从名称和内容来看，这幅地图采用了平面球状投影，实为利玛窦地图的再版。已知有两幅用这种投影方式绘制的地图，每一幅都绘制于一件八扇屏风之上，图上还有肃宗的亲信大臣崔锡鼎（1646—1715）撰写的序言。[45] 我们稍后再回来看这篇序文。

251

图 10.7　璇玑玉衡中的地球仪

　　这件地球仪起初与现在一样都是固定不动的，但机械装置（包括遗失的太阳组件）却表明，人们试图使之昼夜轮转。地球仪上每隔 10 度标一条子午线。图上可见非洲（"利未亚"，为"利比亚"的误写），好望角被称为"大浪山"，南极洲被称为"鹦鹉地"。

　　地球仪直径：大约 9 厘米。

　　收藏于首尔高丽大学博物馆。

　　照片由伽里·莱德亚德提供。

　　朝鲜人的另一个更有趣的反应是创制了一件天文仪器。他们将一个西式的地球仪组装到一件富有东亚灵感的自鸣钟驱动浑仪（armillary）之中，体现了朝鲜人对西方地图学知识的创造性运用。这个装置被称为"璇玑玉衡"，现藏于首尔高丽大学博物馆。根据李约瑟及其合作者的研究，"璇玑玉衡"组合了一台 17 世纪中期的浑仪组件和一座重力驱动自鸣钟机

---

　　[45]　金良善：《梅山國學散稿》（注释 3），第 229—230 页。该地图有一个版本曾经藏于首尔东南的奉先寺，但在朝鲜战争中遗失，金良善记录了崔锡鼎在屏风上的序跋。另外一个版本收入朝鲜总督府编撰的《朝鲜史》（京城：朝鲜總督府，1932—1937 年）（总共 6 部，共 37 卷）第 5 部第 6 卷图版 8。这项编撰工程起初由京城帝国大学承担。现在这幅地图下落不明，帝国大学的后继者国立首尔大学的地图目录中也找不到这幅地图的踪迹。见国立首尔大学图书馆编《韓國古地圖解제》（서울：國立서울大學校，1971 年）。尽管这幅地图在 20 世纪 30 年代的影印本中不太清楚，但《朝鲜史》中崔锡鼎的序跋却较为清晰可读。在所有这些版本的地图上都出现了 17 世纪西式的帆船和海怪，它们漂浮在海洋中，而利玛窦原图上并没有这些。

械装置。该装置可能由日本人设计或从国外整体购回。当它运转时，不仅可以通过钟声和视图来报时，还可以拨动浑仪圆环上的木栓，来展示太阳和月球的周期运动（见图 10.5 和图 10.6）。浑仪圆环中心安放着地球仪，其坐标轴呈现出 37°41′的斜角，与首尔的纬度对应。地球仪由木头制成，表面覆盖着细密的油画纸（图 10.7）。地球仪上有按 17 世纪晚期的标准翻译出来的非常准确的世界各大洲和大洋地名，包括欧洲、非洲、美洲，还有一块类似南极洲的大陆（被称为"鹦鹉地"）以及澳大利亚，被标记为记录嘉本达利（Jiabendaliya，Carpentaria 卡奔塔利亚）（图 10.8）。设计者起初并没有打算让这个地球仪昼夜旋转，但有迹象表明，后来应该有某个人试图改变机械装置，以实现这一功能。⑯

252

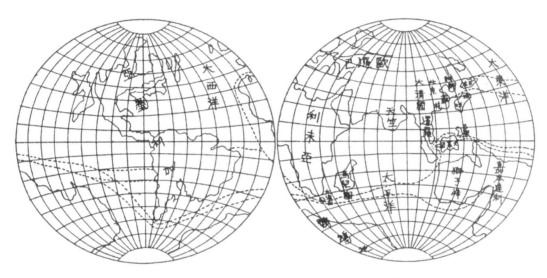

图 10.8　璇玑玉衡中地球仪的表面（绘于两个半球平面图上）

见 W. Carl Rufus and Won-chul Lee，"Making Time in Korea，"*Popular Astronomy* 44（1936）：252 – 257，esp. 257。

除了上文的粗略介绍外，这个地球仪的制作时间尚不易确定，很大程度上是因为安装有地球仪的这件著名的浑仪本身年代证据也并不清楚。韩国科技史学家全相运坚持认为，这件文物就是 1669 年宋以颖（1661—1669）制作的璇玑玉衡，但此说还存在争议。⑰ 李约瑟和他的合作者沿袭了全相运的这一结论，当然，他们也指出解读有关 1669 年仪器的文献史料存在一些问题，并且注意到它被修补、重建、复制的几个时间点。他们推断现藏于高丽大学博物馆的璇玑玉衡至少是由 1669 年仪器直接演变而来的，并且指认它就是宋以颖制作的浑仪钟。⑱

---

⑯　Needham，*Science and Civilisation in China*，3：339 – 382（注释31），and Joseph Needham et al，*The Hall of Heavenly Records*：*Korean Astronomical Instruments and Clocks*，1380 – 1780（Cambridge：Cambridge University Press，1986），115 – 52.

⑰　Sang-woon Jeon（全相运），*Science and Technology in Korea*：*Traditional Instruments and Techniques*（Cambridge：MIT Press，1974），68 – 72。

⑱　Needham et al.，*Hall of Heavenly Records*，106 – 114（注释48）。作者这样描述 1669 年的天文仪器，"我们对璇玑玉衡中的自鸣钟的了解可能只能流于表面……因为它不仅没有保留至今，而且和现存所有的自鸣钟不同"（第 114 页）。

　　绝大多数有关 1669 年仪器制作的记录都指向李敏哲（1669—1713）制作的水动浑仪。⑭我们并不能确定这个仪器的圆环内是否有一个地球仪。一份 1687 年重辑的相关材料给出了如下的细节，"日月各有环，中不设衡，而用纸画山海为地平"。⑮研究者可能脱离了中朝语言中"地平"一词的本意，将之解读为现代人耳熟能详的术语——"地球"。但实际上，与浑仪相关的"地平"一词，通常指用来固定各圆环的地平面或地平圈。

253　　这段有关 1669 年宋以颖所作水钟驱动浑仪的简短描述并没有提到地球仪，只是简单地提到，除了依靠西式的重力钟驱动这一点外，它的浑仪组件与李敏哲的水动仪装置并没有什么不同。宋以颖的浑仪即便不是高丽大学博物馆所藏璇玑玉衡，也很可能是后者的祖型。因此，这句话中的"地平"和前面说过的纸图上的"地平"并没什么本质不同。英祖这样描述 1704 年和 1732 年复制的李敏哲浑仪，"由南极出铁条，折向地心，为爪叉形，擎《山河图》"。⑯

　　同时期的记载并不能证明 1669 年的浑仪上装备有地球仪，高丽大学博物馆所藏的这个地球仪自身的一些证据也可以排除了其制作于 1669 年的可能。"卡奔塔利亚"（中国叫嘉本达利）这个地名，现位于澳大利亚约克角的西海沟。它作为澳洲大陆东北海岸的区域名称，经常出现在 17 世纪中期的一些欧洲地图上，最早出现在一幅 1648 年荷兰地图上，通常见于 17 世纪 50—60 年代的地图。⑰

　　对朝鲜人而言，在 1669 年就获得卡奔塔利亚的知识几乎是不可能的，因为他们须以在华耶稣会士为媒介，才可能得到欧洲人的知识。最早描绘卡奔塔利亚的东亚地图是南怀仁（1623—1688）于 1674 年绘制的《坤舆全图》，但是这幅地图传入朝鲜的时间不会早于 1721 年。正如我们所见，直到 1708 年，朝鲜人依旧在复制老旧的利玛窦世界地图。利玛窦世界地图绘制年代过早，不可能出现"卡奔塔利亚"这一地名，或将澳大利亚视作一块单独的大陆。⑱

　　证据表明，高丽大学的璇玑玉衡大致制作于 18 世纪。尽管这个仪器可能与 1669 年宋以颖璇玑玉衡的复原或修复有关，但同样有可能的是，其中的地球仪本身也可以作为反证，否

　　⑭　Needham et al.，*Hall of Heavenly Records*，104 – 111（注释48）一书中摘录并翻译了大量资料，包括：金锡胄（1634—1684）所撰与 1669 年天文仪器有关的史料，载于弘文馆编《增补文献备考》卷 3，页 3.2a—3b（50 册，250 卷；大韩帝国，1908 年）；英祖对 1704 年安重泰复制 1669 年水运仪以及 1732 年对其进行翻新的介绍，见《文献备考》卷 3，页 6a—7b，亦见《肃宗实录》（肃宗的在位时间为 1674—1720 年）卷 17，页 35a—b（注释 17）。

　　⑮　《文献备考》卷 3《象纬考·仪象 2》（注释 51）。译文出自 Needham et al，*Hall of Heavenly Records*，第 107 页中（注释 48），但我对最后一句进行了重译，"而是用一张画了地面山脉河流的纸来展示地球表面"。

　　⑯　《文献备考》卷 3《象纬考·仪象 2》（注释 51）。译文遵循 Needham et al，*Hall of Heavenly Records*，第 108 页（注释 48）。正如李约瑟所言，用一个放置于浑仪环内的平坦的方形大地模型来展示地球的做法，在中国至少可以追溯到公元 3 世纪。见 *Science and Civilisation in China*，3：350，383 – 86（注释 31）。

　　⑰　*Nova totius terrarum orbis tabula*，by Joan Blaue（1648）；Günter Schilder，*Australia Unveiled：The Share of the Dutch Navigators in the Discovery of Australia*，trans. Olaf Richter（Amsterdam：Theatrum Orbis Terrarum，1976），370 – 371（map 64）. 在 Schilder 所列最后 14 张地图（第 75—88 号，可追溯到 1652 年至 1666 年）中，大多数都将澳大利亚标识了新的名字 Nova Hollandia，但还有 8 幅还是写作 Carpentaria。朝鲜人制作自己的浑仪的时候，Carpentaria 这个名字刚好流行起来。

　　⑱　金良善：《梅山国学散稿》（注释 3），第 234 页。金良善指出，朝鲜使臣俞拓基于 1721—1722 年曾出使中国，其原文手稿《燕行录》现藏于首尔崇实大学图书馆。

定高丽大学的这件仪器就是宋以颖的浑仪钟或由后者直接演化而来。当然，这只是我的观点。[54]

不论西式的球状地图于何时、通过何种方式装入到这件既传统又革新的"璇玑玉衡"浑仪组件当中，这一组合展现出西方与东方从象征到观念上的结合，值得我们关注。我敢肯定地讲，这是仅有的一个展示这种结合的实例。对这件仪器的构思来自这样的头脑：它既具备东亚传统科学知识，同时又懂得欣赏西方思想并对之保持开放。[55]

那个时代还有一种与这种开放的头脑完全不同的思想，从崔锡鼎为上文提及的1708年版利玛窦世界地图（《坤舆图》）所撰序文中可窥见一斑。在向自己的同胞介绍世界的扁平球体投影时，崔氏竭力提醒他们：虽然西方人认为世界是圆的，但朝鲜的正统观念却是"坤道主静，其德方云尔"。他接着说，"其说（西方学说）宏阔矫诞，涉于无稽不经。然其学术传授有自，有不可率尔卜破者。姑当存之，以广异闻"。[56]

崔锡鼎这种模棱两可的表达可能是为了保护自己，使免受狂热的朝鲜儒生的政治打击，其顾虑的背后还涉及西方文化所传播的意识形态，因为除了科学与数学外，天主教也从北京的教区传入朝鲜。那些散发中译地图和欧几里得著作的传教士，同时也在散发圣画与圣衣。朝鲜人对科学与机械的热情受到了官方的制约，因为后者正在对各种宗教活动感到焦虑。不管是耶稣会士还是朝鲜人，都没有忘记这种文化交流的双重性。1759年，当时担任清朝钦天监监正的刘松龄神父（1703—1774），在寄给他住在莱巴克（现名卢布尔雅那）的兄弟的信中，阐明了这样的观点，"我们来到这里，并不是为了推动或是修正天文历法。但如果天文学对于保护宗教利益是必需的，那我们就要竭尽全力进

254

---

[54] 另外其他迹象也不支持这样的判断。从1669年到现在，没有其他文献记载过宋以颖的浑天仪，虽然有关与它配套的水运仪的材料相当丰富。将浑天时计与水动浑天仪对比是错误的，因为钟表不太可能一直运转到20世纪，它的状态必然不可能和高丽大学所藏的那个仪器一样好。而且，如果我所言不误，宋以颖的浑天仪机械装配的零件和李敏哲的恐怕差不多，我们不得不承认1704年和1732年复制的仪器，比高丽大学收藏那件要大很多。《文献备考》中英祖那段话指出了它的圆周有12周尺，大约239厘米，而据Needham et al.，*Hall of Heavenly Records*，第134页中记载，后者的最大直径只有41.3厘米，圆周也只有129.7厘米。最后，1669年仪器以鲜明的视觉冲击来展示时间，而高丽大学收藏的浑天仪，则使用12个可旋转的圆形图案来表示时间。不可否认，我们对这两件仪器的信息了解得并不多，不能完全证实我们观察出的错误，但就所知的这些情况，更难以使我们相信这两件仪器之间的同一性或存在密切关系。

[55] 洪大容（1731—1783）就是其中的代表。他是一位真正博学多闻的儒士、中国旅行家、数学家、音乐家和军事思想家。他了解西方，同时也是一位成功的地方官。他以一己之力学习和制作了一件重力时钟浑天仪，这是目前已知十分罕见的出自私人之手的此类作品。他花了三年时间来制作这件仪器，并于1765—1766年出使中国之前完工。他的友人金履安（1722—1791）对这件仪器的描述过于复杂，我们难以在此加以解释，但其中有一句话特别有趣，"为仪者二，为环者十"。参见洪大容的《湛轩书》（京城：新朝鲜社1939年版；首尔：景仁文化社1969年重印版）附录8b。我们已经注意到，利玛窦1603年世界地图标题也用到"两仪"一词，这个词指代"天与地"。金履安类似的表述似乎暗示，地球模型是包含在代表天空的浑天仪圆环之内的。高丽大学的浑天仪也有十个环，而且它的尺寸和洪大容的差不多。金履安的印象是，其大小"足以容纳一个人"。尽管金履安并没有明确提到浑天仪中装有一个地球仪，但是据洪大容的友人朴趾源（1737—1805）讲，他是第一个宣传地球自转的朝鲜人（参见《湛轩书》附录1a）。有迹象表明，有人可能曾经尝试过将高丽大学的那件仪器改造成洪大容仪器的驱动模式，这的确很有意思。在我看来，洪大容，而非宋以颖，更可能是这件浑天仪的制作者。

[56] 译自崔锡鼎的前序，在《朝鲜史》收录的地图上也有这样的话，见《朝鲜史》第5部，第6卷，图版8（注释47）。

行到底"。⑤⑦

　　到了18世纪晚期，耶稣会士最大的期盼，同时也是朝鲜人最大的担忧终于到来：一位在北京接受洗礼的朝鲜使臣在汉城引发了一场声势浩大的天主教运动。这场运动最终遭到了残酷镇压，94名朝鲜教徒被封为殉道圣人，这个数字比东亚其他国家受封圣人的总和还要多。在这样的氛围下，我们就不难理解为何部分朝鲜官员在接触西方事物时会表现出迟疑和警惕。不过，这却是朝鲜文化传统的福音，（抵制西方）为本土地图的制作腾出了大量的空间，而在过去，官方是支持研究和复制西方地图的。18世纪的朝鲜实学家对于西方地图很感兴趣，他们收集西方地图并将之整理成册，以便于自己研究。1834年，实学家崔汉绮（见后文，1803—1877）在他朋友，制图人和出版商金正浩（1834—1864）的帮助下，翻印了一幅在中国发行过的西式世界半球图。这幅地图被命名为《地球前后图》。在这幅地图上，新的英文地名比拉丁地名要多，机敏的人会觉察到其中很明显的地图学信号，即英国的商业势力已经取代拉丁天主教势力，掌握了向中国传递西方信息的话语权。⑤⑧ 1860年，英法联军攻占北京，并强迫中国人接受新的国际秩序，主动权完全转移到了西方一边。或许是为了让朝鲜人重新熟悉西方，当年一位不知名的书商，从中国购入了已知的最后一部西式地图，即南怀仁地图的1856年广东重印本，不久该地图得以在汉城发行。⑤⑨ 如果他曾经重印金正浩1834年地图，当会在其上添加更新的资料。

朝鲜与佛教传统地图

　　虽然朝鲜输入了著名的利玛窦地图和南怀仁地图，并将它们复制到华丽的屏风上，但朝鲜人对新式地图科学所带来的全新世界景象并没有太强烈的反响。我前面强调过，总体而言，西式地图对朝鲜地图学影响甚微。我们在下一部分中将要讨论到的朝鲜全国地图更能有力地证明这一点。但是，西方的世界观及其地球仪、半球图、经纬网，无疑也能吸引朝鲜人的眼球。朝鲜读图者，无论是否了解地理学，都会认为必须认真对待这些地图。迄今为止，我们并没有在史料记载中看到有人写过"此处没有大陆"，或"那个岛屿位置标错了"之类的话。这些西式地图令人肃然起敬。

255　　　然而西式地图描绘的世界，不仅海陆形状千奇百怪，音译地名佶屈聱牙，同时地图标注的距离也超越人们的想象，实在很难为朝鲜人所理解。朝鲜人的世界观念，起初来自蒙学读物，又在以后的文化生活中不断被强化，使得朝鲜人适应了一种迥异于西方，而是与中国和朝鲜的经典、历史以及地理概念密切相关的（天下）地图。可以据此解释，为何多少有些

---

　　⑤⑦　Aloys Pfister, *Notices biographiques et bibliographiques sur les Jésuites de l'ancienne mission de Chine*, 1552 – 1773, 2 Vols. (Shanghai：Mission Press, 1932 – 34)，2：754. 刘松龄神父在18世纪50—60年代，经常接受朝鲜人的拜访。

　　⑤⑧　金良善：《梅山國學散稿》，第235—246页（注释3）。关于崔汉绮的这幅半球图，可见李圭景的《五洲衍文长笺散稿》（手稿年代不详，大约是19世纪40年代；现代2卷本，서울：東國文化社1959年版）卷38，页18ab—ba。李圭景认定崔汉绮和金正浩复印的地图就是庄廷尃的《万国经纬地球图》。从李圭景转引的（而崔未转引）的庄廷尃序文内容来看，这幅地图最初绘制于1793年著名的马戛尔尼出使中国之后不久。

　　⑤⑨　李燦：《韓國古地圖》，图版4和第29页（注释4）。

原始但却更贴近朝鲜人的《天下图》从 17 世纪开始广为流行，并最终获得了朝鲜人的青睐。但在讨论《天下图》之前，我们有必要简要介绍一种更早的（东亚）世界地图。这是一种佛教类型的地图，可能在早期受到朝鲜人的敬重。无论如何我们需要研究该类型地图，因为有人认为它在《天下图》的起源中发挥了作用。

迄今所知，佛教世界地图主要是一种 14 世纪中叶到 18 世纪中叶出现在日本的地图。海野一隆在本卷中对此类日本地图的发展进行概述。[60] 这种被称为五天竺国类型的地图根据的是唐朝和尚玄奘（602—664）的西行记录——著名的《大唐西域记》。其中的《西域图》（1736）原藏日本宝生院，是日本所绘此类地图最明确的代表（该图毁于第二次世界大战）。《西域图》出自一幅原藏于京都东寺的亡佚地图摹本。图中的序言称，这幅摹本是著名的空海和尚（774—835）在结束中国留学之时带回日本的。序言甚至暗示这幅地图是玄奘亲手绘制的原本。虽然没有人照本宣科地接受这条记载，但是中村拓仍然坚信地图是空海时代的作品。[61] 海野一隆将这个故事称为"一个传说……可能是空海传记中附会的内容"（见后文，374 页）。中村拓、海野一隆和室贺信夫都认为，五天竺国图的原本来自中国，但经过多年的探查，并没有找到有关其来龙去脉的只言片语，更不用说有关这幅地图本身的记载。[62] 此类地图将中国标在大陆东部边缘的一小块地方，考虑到中国人秉持的"中央之国"的观念（见第 172—173 页），它难以获得"中央之国"居民的好感便不再令人惊诧了。

事实上，最早记录五天竺国图并使用"五天竺国"这一语汇的文献来自高丽。在朝鲜语中，"五天竺国"的发音是 Och'ǒnch'uk。这条记载见于一方石刻碑文，它于 1154 年竖立在开城，用于纪念那一年去世的老臣尹誧。在记录尹誧生平的碑文内容中，我们可以读到这样一段话："据唐玄奘法师《西域记》撰，进《五天竺国图》，上览之赐燕条七束。"[63] 但是，这幅地图已失传多时，朝鲜人也未见其摹本，而且也没有其他佛教地图保存于朝鲜的明确迹象。[64]

---

[60] 第十一章，特别是第 371—376 页。我也依据了室贺信夫以及海野一隆的全面研究：《日本に行われた仏教系世界図について》，《地理學史研究》1（1957 年），第 67—141 页。再版于《地理學史研究》第一卷。相关论文还有，Muroga and Unno，"The Buddhist World Map in Japan and its Contact with European Maps"，*Imago Mundi* 16，1962，49–69.

[61] 中村拓：《朝鮮に傳わる古きシナ世界地圖》，《朝鮮學報》39・40 輯（1966 年），第 1—73 页，特别是第 43—44 页。这篇论文除了它的标题、序言和结语是日文外，其他部分都是法文。这篇文章也是对中村下文的修正与扩充："Old Chinese world maps preserved by the Koreans"，*Imago Mundi* 4，1947，3–22.

[62] 室贺信夫、海野一隆：《日本に行われた仏教系世界図について》，第 78—79 页。在第 92—108 页中，作者讨论了《佛祖统记》中的佛教地图以及广为人知的 1607 年仁潮地图（图 7.3），但即便是早期的日本佛教地图，也比朝鲜文献中第一次提到与《大唐西域记》相关的地图要晚一个多世纪。请对照：Muroga and Unno，"Buddhist World Map，"50（注释 62）。中村拓的研究在后面讨论《天下图》的资料来源时会被提到。

[63] 《朝鲜金石總覽》卷 1，第 368—371 页。《高丽史》卷 18 中虽然记录了他逝于 1154 年 6 月 13 日，但对他的生平没有详细的记载。"燕条"可能是来自于中国东北的丝绸衣料，赐给他燕条可能是为了备制这幅地图的丝绸豪华版本。"燕"是中国北京一带的古称。

[64] 我见过的唯一一幅朝鲜佛教地图，不是一幅按惯常方法绘制的地图，而是一幅平面示图，表现了从敦煌到斯里兰卡的玄奘西行路线。这幅行程示意图完成于 1652 年，中村拓曾在釜山西北部梁山的佛寺——通度寺见过这幅地图。朝鲜地图史学者似乎并没有提及过这件作品，所以我也不知道这幅地图现在是否还在。见中村拓的《朝鮮に傳わる古きシナ世界地圖》，第 55—56 页（注释 63）。

虽然无迹可寻，但根据已有的认识，高丽大臣尹誧最有可能是此类地图的创造者，只不过最终资助此类地图绘制的是日本人。海野一隆、室贺信夫认为，尹誧地图的确就是此类日本地图可能的源头，并正确地指出日本五天竺图中有两个不变的要素，即"五天竺国"的概念与玄奘西行路线。尹誧纪念碑文也明确提到这两点。但他们也指出，并没有证据表明，最早的《五天竺国图》上出现过朝鲜半岛，因此朝鲜与此类地图的联系是存疑的。[65] 我们认为，并不能根据这一段纪年碑文质疑尹誧地图上是否画过朝鲜半岛。玄奘肯定没有来过朝鲜半岛，那么尹誧为什么一定要在地图里画出朝鲜半岛呢？事实上，日本这类佛教世界地图后来逐渐偏离了对玄奘印度与中亚之行的描绘，而是演变为真正的世界地图：起初添上日本，随后将中国画得越来越大，最后又加上朝鲜半岛，甚至还标出朝鲜的八个省道。但早期的情形并非如此，就我们已知唯一的材料来看，尹誧地图除了描绘玄奘西行之外，并没有提到其他任何内容。

但是海野一隆提出了一个很好的问题。无论是谁第一次绘制了唐大和尚的行程，都应该会用到某种底图：这种底图是什么？五天竺国，作为一个地理概念，特指玄奘所处时代的印度次大陆，但佛经上多次提到的早期天竺世界指的是组成地球表面陆地的四大部洲中最南边的大陆（其他三个大陆被认为是荒无人烟的，因此所有适宜人居的陆地都处于南赡部洲之中），汉和转写名叫南赡部洲（Nansenbushū），这个名称频繁出现在五天竺国图上。[66] 因此，历史上应该出现过绘制南赡部洲地图的传统，尹誧或其他某个人首创的追溯玄奘西行之路的五天竺国图可能就是在此基础上绘制的。

由于没有一幅朝鲜半岛地图可以追溯到尹誧，有关他是此类佛教地图创制者的说法自然就不那么令人信服。但是，同样也没有更有力的证据证明其他人是此类地图的创制者，因而当代五天竺国图的主要收藏者（日本），应该给予尹誧更多的重视。[67] 现在中国和朝鲜的佛教地图遗物很少得以保存，这当然是几个世纪中新儒家在这两个国家的思想和社会上处于支配地位，并对佛教施以迫害或有意忽视的结果。尤其是在朝鲜，如我们所见，受儒家影响出台反对佛教的法令，营造出一种社会氛围，使得佛教捐献者和资助人将他们的资金转而施舍到其他方面，通常是儒家的学堂。而在日本，佛教有更安全的制度保障，整个社会都会施舍奉献，儒家的压力不仅相对较弱，而且也来得很晚。因此，曾经广泛流行于东亚的佛教传统地图，最后只存于日本一隅了。

---

[65] 室贺信夫、海野一隆：《日本に行われた仏教系世界図について》，第78—79页和第90页的注释12，以及"The Buddhist World Map in Japan and its Contact with European Maps"，第50—51页（均见注释62）。在前一篇文章中，作者称："一般而言，绝大多数朝鲜地图肯定都是复制于中国的地图，"因此可以合理推断尹誧的地图以中国地图为模本。但是，正如我们所见，没有任何一幅高丽时代的地图保存至今，所以这种概括是没有任何依据的，何况中国之前也没有出现过任何五天竺国图。在后一篇文章中，作者甚至将"尹誧"的名字拼写成Yin-Pu，好像他是中国人一样。这表明人们很难认识到这个问题与朝鲜有关。

[66] Sembu或偶尔被称为embu，可以追溯到中古时期中国对梵文jambū的转写。Shū是日语中汉文"洲"（大的岛屿或陆地）的转译，并不是对梵文dvipa的音译，而是意译。在embudai中，dai表示了dvīpa的第一个音节。

[67] 直到近十年，仍有一些日本佛教画作被认为源自中国宋元时期。但是自从1978年在奈良的大和文华馆举办了一次学术会议与展示会后，这些画作都被认定源自高丽。见菊竹淳一、吉田宏志编《高麗佛畫》（奈良：大和文華館，1978）。如此重新检视"汉式"佛教地图也是合乎情理的。

《天下图》传统中的圆形地图

无论权近、李荟的《疆理图》以及尹誧的《五天竺国图》有何功绩，它们都没有在自己的故土保存下来，然而《天下图》这种悄然出现，甚至无法将其起源定位到某个世纪的地图，却获得朝鲜人持续的青睐，改编者和印制者层出不穷。到19世纪晚期，出现了不计其数的《天下图》摹本，在今天世界各地的博物馆中还可以发现它们的身影。从科学的角度来看，相比于我们讨论过的其他世界地图，《天下图》看起来极其幼稚，但它却为朝鲜各阶层人群和众多外国人所关注。

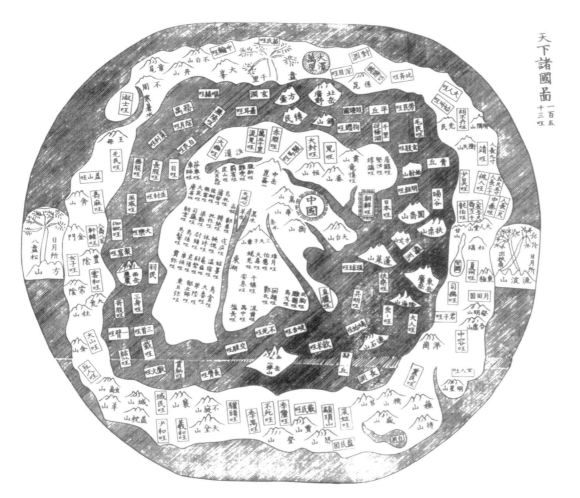

257

图10.9　《天下诸国图》

这幅地图先前为莫里斯·库兰特（Maurice Courant）所有，他将该图的年代定为1712年以后，但其定年标准并不明确。现存的《天下图》只有少数几幅与这个年代相符。这幅《天下图》与大英图书馆收藏的《天下全图》有异曲同工之妙，其上多出了50多个普通版本的《天下图》上所没有的国家，其中大多数是汉唐时期与中国有接触的中亚国家。虽然这幅地图上也画出了通常所见的大多数虚构的国度，但同时也补充了历史上存在过的国家，使得这幅图看起来更加"真实"。

原图尺寸：未知。

现藏地点未知。见 Maurice Courant, *Bibliographie ccréenne*, 3 Vols.（Paris：Ernest Leroux, 1894–96），Vol. 2, pl. 10（facing 480）。

这种吸引力来自何处？对外国人而言，《天下图》既有异域风情又引人好奇，可以作为一种不错的朝鲜纪念品。看到《天下图》，人们很快会想到朝鲜，而不是中国或是日本；对于朝鲜人而言，这种吸引力当然更为复杂，也更难以解释。一方面，《天下图》上的地球是平的，尽管这与一些智慧又古老的朝鲜文献中的描述截然相反，但传统时代绝大多数朝鲜人，要么相信地球是平的，要么希望如此。中国位于地图中央，占据了"中央之国"的应处之地。朝鲜作为一个半岛，总是赫然突出并紧靠中国这一古典文明的中心。日本则永远画得比朝鲜小，对大多数朝鲜人而言，这也似乎毋庸置疑。在东亚地区外围，地名变得越来越脱离实际和稀奇古怪，出现了诸如"食木国""长发国""义和国"等名称。正如我们所见，尽管这些国家稀奇古怪且令人难以置信，但在典籍中却拥有强大生命力。没有任何可信之人见过它们，但对人们来说，它们并不陌生。早在中国地理传统被朝鲜人及其"经过教化"的近邻所接受和内化以来，这一异域的世界就通过汉文地名为人们所熟知。《天下图》既与其使用者所受的文化熏陶有关，也是其文化教养的明证。

《天下图》的另外一个重要特征在于其文化背景。尽管这些地图偶尔会被绘制在屏风上，或以其他单独的版式出现，但常见的印行方式是作为一部地图集的首页地图。读者查阅了首页世界地图之后，可以翻到后面查看更为详细的邻国地图。这些国家因为靠近朝鲜而变得十分重要，许多朝鲜人也见过那些国家的人，或与之有过交谈。无论是中国、日本还是琉球，无论其有着怎样的本土语言，他们都与朝鲜一样使用中国文言文。紧接在《天下图》之后的是朝鲜总图和八道分图。很多地图会用表格的形式展示驿站和军堡的位置，写出各道人口与粮食年产量，以及历史或风景名胜等信息。这样的地图册由总到分，使读图者了解世界和邻国，然后熟悉朝鲜本国、各道以及全国 328 个郡县的治所情况。

朝鲜人看到西式世界地图时，很难建立与那个世界的联系。联系到 19 世纪西方与东亚的关系史，阅读西式世界地图甚至会给后来的朝鲜人带来忧虑与恐慌。这同他们从《天下图》中获得的安全感和熟悉感是截然不同的，这种感觉部分源于"天下"这个概念。"天下"一词本身就暗含了一种中国世界的意味，中国是这个世界的中心，而中国的儒家伦理体系是公序良俗的道德基础。即便中国的文书法令并不能像"天下"这个词所暗示的那般通行于"普天之下"，但在理论上它也应该如此。虽然实际上朝鲜半岛显然远离中华帝国，但直到 19 世纪末期，朝鲜从未认为自己远离中国文明。

259　　　虽然《天下图》有多种式样，而且因版本的不同，地名或及其写法在细节上偶尔也有所不同，但更值得注意的是，《天下图》的结构规则是不变的（见图版 16 和图 10.9）。《天下图》中绝大多数国家是虚构的，但在各种版本的地图上，这些国家的名录几乎是一样的，而且它们在地图上的位置也是相对固定的。因而，尽管《天下图》看起来像是一堆异想天开的国家和地物的混合体，但实际上地图上并没有给我们留下多少想象的空间。从已知最早的一幅《天下图》（可能出自 16 世纪）到这一地图传统的终结，这一类内容与结构略带曼荼罗风格的地图，几乎没有什么变化。晚期的例子表明，一些与时俱进的刊刻商人曾经对《天下图》进行"现代化"改造，例如，试图在其上添加内容毫不相干的西方经纬网（图

10.10），或是仿照《天下图》的样式，重新编排西式世界地图。[68] 这些实际上是《天下图》退化的迹象，表明此类地图即将退出历史舞台。[69]

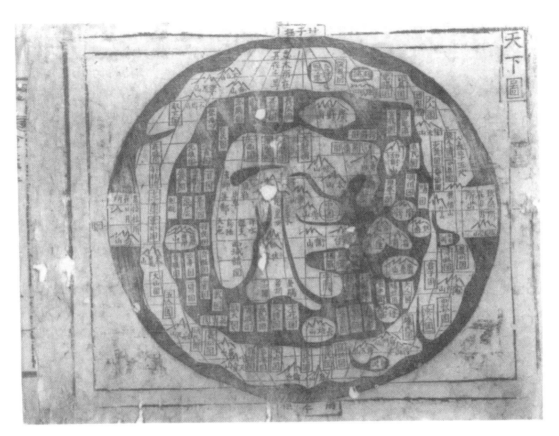

图 10.10　带经纬网的《天下图》

　　这幅地图是刻本，年代可能是 19 世纪晚期。这是晚期《天下图》"退化"的一个例子。一位与时俱进的书商想要让这幅地图看上去更加现代或者"科学"，于是在平面地图上添加了球面经纬网。这个版本的另一个不同寻常之处是，没有画出"大树"，但在图例中保留有大树的文字说明。

　　原图尺寸：未知。

　　图片由华盛顿特区美国国会图书馆地理与地图部（Geography and Map Division，G2330. Y651 176–？Vault）提供。

---

　　[68]　对于《天下图》中的经纬网，可见 Shannon McMune，"the Chonha Do-A Korean World Map"，*Journal of Modern Korean Studies* 4（1990），1–8，关于这两种反常情况，可见李燦的《韓國의 古世界地圖》，《韓國學報》2（1976 年），第 47—66 页，特别是图版 5 和 6。

　　[69]　我怀疑这样的判断同样也适用于那幅收藏于大英图书馆广为人知的《天下图》，关于这幅图的研究，见：Henri Cordier，*Description d'un atlas Sino-Coréen：manuscrit du British Museum*，Recueil de voyages et de documents pour servir à l'histoire de la géographie depuis le XIIIe jusqa'à la fin du XVIe Siècle，section cartographique（Pairs：Ernest Leroux，1896），6–12. 地图刊载于：Maurice Courant，*Bibliographie ccréenne*，3 Vols.（Paris：Ernest Leroux，1894–96），Vol. 2，pl. 10（facing 480）（item 2187）。其他的《天下图》一般只写上"西域各国"和"十二异邦"，不标单个的地名，但 Cordier 和 Courant 书中的地图以及另外几幅《天下图》，添加了将近 50 个其他的地名。这些地名绝大多数出自《汉书》（班固撰，成书于公元 1 世纪），也有一些来源于《山海经》。Cordier 认为大英图书馆抄本出自 18 世纪，但是这也只是他的猜想，因为他相信这种地图类型出现的时代十分久远，但他并未指明具体的年代。中村拓本人也收藏有两幅《天下图》，其上也标有众多的小国。他说："大多数此类地图的年代相当晚近"，见中村拓《朝鮮に傳わる古きシナ世界地圖》，第 67 页（注释 63）。按照我的思路，这种不同于传统《天下图》画法的地图的出现，本身就说明它们年代很晚。已知的 5 幅此类《天下图》，有 4 幅收藏于外国博物馆或私人藏家之手。

《天下图》的结构很简单（见图版16）：一块大陆占据了圆形地图的中央，四周被一圈封闭的内海所环绕，内环海之外包围着一圈陆地。陆地圈之外，似乎还有一圈海水，但最外围的这圈海水上既没有地名，也没有任何岛屿或陆地（大英图书馆所藏的一幅除外，这是唯一的孤例）。地图上外圈陆地的北端有一棵（直径）千里的盘木，旁边还有一个周长万里的大泽（原文为千里，但地图上有"大泽周万里"，据此改。——译者注）。外圈陆地的东西两端各有一棵巨木，一棵标记为"日月入"，另一棵标记为"日月出"。两棵巨木有时会像北方的"盘木"一样画在外圈陆地上。在另外一两幅《天下图》上，它们被画在海外的岛屿上。但通常情况下，日月出入之所像半岛一样牢牢地黏附在外圈陆地的海岸边。鉴于其海洋与陆地重叠环绕的结构，李燦通俗地称这种地图为"轮形地图"。

《天下图》中的大陆包括中国和朝鲜，以及其他若干历史上已知的国家和一些著名的山脉与河流，还有一小部分虚构的国家与山脉，总共32个地名。内海有57个岛国的名称，其中包括日本国和琉球国，但同时真腊、暹罗也被当作岛国。除此之外，内海中其他地名是子虚乌有的。外圈陆地上有55个地名，所有的国家、族群、山脉、湖泊和树木都是虚构的。[70] 图上并没有出画这些国家或岛屿的疆界或轮廓，仅用椭圆圈标出其名称。水池和湖泊名称也标注于圆圈或椭圆圈中，山名则标注在山脉符号下方。

虽然已有少量有关《天下图》的研究，但关于此类地图，有一个重要问题尚待解决：它是何时何地起源的？为什么直到晚近流行的还是这一类看起来很原始的地图，而不是更加精确和易于获取的源自西方的世界地图？对于后一个问题，我在本节的开头已经给出答案，在结语部分我会再次讨论这一点。《天下图》的起源问题则更难回答。

令所有研究者感到可惜的是，《天下图》的摹本上没有任何原创时间或是制作人员姓名。许多带有《天下图》的地图集，包括我收藏的一部，都附有吕温所作序言。吕温，自号锦湖散人，序言年代按干支纪年是己酉年，可能是1849年，或者是与1849年相隔60年的其他某个年份。金良善认为序言作于1789年，但中村拓则认为是1849年。[71] 这是与《天下图》相关的唯一的日期，无论吕温是何人，他肯定不是地图的作者。地图的绘制年代肯定早于1789年或1849年。吕温只是一位刊刻商或编者，他在序言中强调自己喜欢地图。

---

[70] 中村拓对这些地名的分析，见他的《朝鮮に傳わる古きシナ世界地圖》第62—68页（注释63）。下文也对地名进行了编号列举：Homer B. Hulbert, "An Ancient Map of the World," *Bulletin of the American Geographical Society of New York* 36 (1904)：600–605, *Acta Cartographica* 13 (1972)：172–78；Yi Ik Seup（Yi Iksiip），"A Map of the World," *Korean Repository* 1 (1892)：336–41, esp. 339–40；李燦《韓國의 古世界地圖》图版5—6（注释70）以及《韓國古地圖》（注释4），第191—192页。遗憾的是，他们列举的地名都不相同。我在本章中参照的是中村根据地图的构形整理的表格。

[71] 金良善：《梅山國學散稿》，第218页（注释3）；中村拓：《朝鮮に傳わる古きシナ世界地圖》，第29页（注释63）。金良善并没有给出将这幅地图确定为1789年的理由，但是中村拓转述了一条从他自己收藏的一幅刻本《天下图》中推出的具体断代准则，明确指出其制作时间是1849年。中村拓认为，虽然地图上有吕温的笔名，但这幅地图并非出自吕温之手，而是出自一位名叫林亨秀（1504—1547）的16世纪名人。不过，中村没有想到，林亨秀生活的时代并没有己酉年（和1849年接近的己酉年只有1489年和1549年）。

一位晚近的经学家李益习认为《天下图》是一件不朽的文化作品，称之为"亘古以来最权威的朝鲜世界地图"。[72]金良善的断代更可取一些，他认为这类地图可以追溯到高丽王朝晚期至朝鲜王朝早期（14 世纪和 15 世纪），但他的依据仅仅是，在 15 世纪、16 世纪的史籍中可以见到类似的地图标题，如"天下图""天下总图""天下之图"等。金良善自己也承认，在 15 世纪、16 世纪的史料中带有"天下图"标题的那些地图，很可能是明朝地图，后者也常被称为"天下图"。[73]在中村拓的一项极有价值的研究中，他最大限度地利用了各种刻本和抄本《天下图》，其中不少是他个人的藏品。他的结论认为，目前所见《天下图》不可能追溯到 16 世纪以前。[74]这是学界在这一问题上达成的最大共识，没有人能给出令人信服的理由，证明《天下图》的起源早于或晚于这个时期。

但是，这种与众不同的世界地图并不是在 16 世纪凭空出现的，它有更早的来源，最好通过研究地图上的地名找到其来源。中村拓在这方面开了一个好头，但仍留下不少尚待解决的问题。如现存抄本和刻本之间的谱系尚未排列清楚，变异和讹误的地名还有待分类整理，大量地名找不到出处。特别是，为什么是这些地名，而不是其他地名被挑选到《天下图》中？还有，它们在地图上的位置是根据什么确定的？

中村拓列出了 143 个地名作为《天下图》的基本地名录，并按它们在地图中的位置进行分类，寻找其文献来源，见表 10.1。从表中可以看出，总体上，《山海经》地名占主导地位，因为超过 72% 的地名都出自该书。但图上中央大陆源于《山海经》的地名相对较少，更多的地名来源于经典和史书。中央大陆上的 14 个《山海经》地名，一半是实际存在的，它们可能同时存在于经典或史书中。道家经典中的神话地名，没有一个出现在中央大陆。中央大陆的地名中只有 8 个是虚构地名，所以中央大陆所包含的地名基本上是真实且为人们所熟知的。只有到内环海和外环陆时，地图的性质才变得虚幻起来。

260

表 10.1　　　　　　　　　　　　　　　《天下图》地名来源

《天下图》分区	总地名数	《山海经》	古典	史书	道家经典	未知
内大陆	32	14	3	14	—	1
内环海	56	40	—	5	7	4
外环陆	55	49	2	—	2	2
总计	143	103	5	19	9	7

注：本表依据中村拓《朝鲜に傳わる古きシナ世界地圖》，《朝鲜學報》39・40 合集（1966 年），第 1—73 页，特别是第 62—68 页中的表格整理而成，但是根据我自己的研究对分类和某些数据进行了修订。因为一些地名不仅出现在一种史料中，这样的排比可能有些随意，但是总体而言，这一分类最能够清晰展示这些数据的分布形态。

---

[72]　Yi, "Map of the World," 336（注释 72）。

[73]　金良善：《梅山國學散稿》，第 216—226 页（注释 3）。

[74]　中村拓：《朝鲜に傳わる古きシナ世界地圖》，第 49 页（注释 63）。

261　表 10.2 《天下图》地名在《山海经》中的分布

《天下图》分区		山经	海外				海内				大荒				海内
			北	东	南	西	北	东	南	西	北	东	南	西	
内大陆（14）		2					1	1	2	3					5
内海环（40）	北（7）		5	2											
	东（9）	1		6			1	1							
	南（12）	1			9	1						1			
	西（12）		5		1	6									
外陆环（49）	北（13）										11			2	
	东（10）										1	9			
	南（18）											4	14		
	西（8）												1	7	
总计（103）		4	10	8	10	7	2	2	2	3	12	14	15	9	5

注：本表依据中村拓《朝鮮に傳わる古きシナ世界地圖》（《朝鲜学报》39·40 合集，1966 年，第 1—73 页），特别是第 62—68 页的表格整理而成。表 10.1 附注中的限定条件也同样适用于本表。

《山海经》收录了很多中国古代的地理知识，本书可能在西汉时期就从诸典籍脱颖而出，但书中混杂了许多后代的材料。《山海经》记录了早期中国人思想中的世界结构，其中包含了远古神话传统的残余。到该书被编纂整理的时代，这一神话传统已经变得非常支离破碎。公认版本的《山海经》共有 18 章，分为 5 个主要部分：

1. 《山经》（1—5 章）：四方与中央的山路，包括东山经、南山经、西山经、北山经、中山经。

2. 《海外经》（6—9 章）：海外四方的区域，包括海外东经、海外南经、海外西经和海外北经。

3. 《海内经》（10—13 章）：海内四方的区域，包括海内东经、海内南经、海内西经和海内北经。

4. 《大荒经》（14—17 章）：大荒四方的区域，包括大荒东经、大荒西经、大荒南经和大荒北经。

5. 《海内经》（18 章），海内区域。[75]

其中 1—3 部分一般认为成文最早，4、5 部分则是在《山海经》成书之后添加进去的。从表 10.2 可以看出，朝鲜《天下图》从《山海经》的第 2、4 部分取材最多。

地名的分布形态很清晰。中央大陆中出现的《山海经》地名（数目不大），主要来源于第 1、3、5 部分，也就是《山经》和《海内经》章节。如前所述，其中一半地名是真实的地物或地点（在一般的文献中，"海内"这个词是已知世界的同义词，指中国文明世界）。内环海的情况却大相径庭，其地名多出自第 2 部分《海外经》，而外环陆上的地名则完全出

---

[75]　我使用的《山海经》版本是袁珂的《山海经校注》（上海古籍出版社 1980 年版），该版本水平很高，吸纳了郭璞（3 世纪）和郝懿行（1804）的注解，同时还增补了不少非常有用的注解。

自第 4 部分《大荒经》。这些地方充满了神话与幻想。

表 10.2 强调的另一个关键点是，《山海经》和《天下图》在方位关系上大体保持一致。例如，《天下图》外环陆或内海北部的地名，一般都可以在《山海经》第 2、4 部分的北方章节中找到，依此类推。从图上看的话，这种对应关系更加明显。表 10.2 反映了中村拓的分析，他似乎很想按自然方位对环海和环陆加以切分。但是我们发现，要使《天下图》中处于转角位置的地名与《山海经》的方位相对应，得将其位置旋转 90°。例如，位于《天下图》内环海南方的中村拓 73 号地名"一臂国"，在《海外经》中却是放在东经的章节。再如位于《天下图》外环陆北部的 100 号地名"不周山"，出现在《大荒经》的西经章节中。如果这些转角处的地名都照此进行修正，那么地图上 13 个与《山海经》所载方向不一致的地名都可与之一一对应。其旋转规则是：内环海中的地名从《山海经》所载位置作逆时针旋转，外环陆上的地名作顺时针旋转。[76]

从这些事实得出的唯一结论就是，《天下图》的制作者系利用《山海经》精心设计出地图的基本架构。其他地名则出自史书（特别是成书于公元 1 世纪的《汉书》）、道家经典（特别是在内环海和外环陆）[77]，或者一般常识（日本、琉球、暹罗等），但是这些不过是《山海经》这道主菜的配料罢了。事实上绘图者从上述史料中任意挑选地名，而且更重要的是，众多可资利用的《山海经》地名实际上只有一部分被挑选到《天下图》中。这表明《天下图》的制作者并不是要画出一幅《山海经》地图，而是想制作一幅世界地图。他们只不过利用了《山海经》中虚构的古代中国地理知识宝藏，来作为《天下图》的一个主要资料来源罢了。

问题又来了，是否曾经有过可供《天下图》制作者使用的早期《山海经》地图呢？清代著名经学家郝懿行（1747—1825）认为，过去的确有过《山海经》地图，其中"一定包括了山川、道路和驿站"，但这些地图早在郭璞注《山海经》的公元 3 世纪就失传了。[78] 郭璞提到的"图"（这个词指包括地图、插图和示图在内的图形）似乎只是一些栖居于《山海经》世界中的奇人、怪兽的图画。学者普遍认为，《山海经》中所引古代和中世书目中偶尔提到的"图"都是这类图画。事实上，在这本书最早受到关注的汉代，《山海经》与其说是

262

---

⑦⑥ 在内海环中，中村拓 73 号地名本来出现在《山海经》的《海外西经》，但在《天下图》中被标在了南方；北部的第 86—88 号地名被标在地图西区；东部的第 33—34 号地名被标在地图北区，均做逆时针变动。在外陆环中，第 100—101 号地名出现在《山海经》的《大荒西经》，但在《天下图》中却被标到了北方，北部的 103 号地名标在地图的东区，东部的第 118—121 号地名变动到地图的南区，均作顺时针变动。我认为这种变动并非《天下图》作者的本意，而是出自中村拓对《山海经》中各部分的地名如何标在《天下图》各个方位的观察与思考。他大致按东北、东南、西南和西北将地图进行分区划界，使读者易于理解，但是地图作者也许并没有这么严格。

⑦⑦ 例如，有一幅名为《域中仙境》的示图，画出了道教仙境中的五岳，即广桑山（东）、丽农山（西）、长离山（南）、广野山（北）和昆仑山（中）。这幅图出自道家经典《上清灵宝大法》卷 10，页 14a（《正统道藏》第 945 册，全 1120 册，商务印书馆 1923—1926 年版）。昆仑山在《天下图》上被标在中央大陆，其他几座山则见于内环海。但除了中央的昆仑山外，其他山均不见于《山海经》。当然，我不会因此称《天下图》为道教地图，但考虑到图中地名与道教地名的对应，也许将《天下图》称为道教地图比佛教地图要好得多。

⑦⑧ 《山海经校注》附录，第 484 页（注释 77）。

被当作一部地理著作，不如说是被当作一部动物宝典（bestiary）。[79] 无论早期的《山海经》图是否存在，后世的中国人并没有试图制作一幅地图来弥补这个空白。《天下图》是唯一接近《山海经》图的一类地图。

内环海和外环陆是对《山海经》中《海外经》和《大荒经》相关章节的推理性描绘。很显然，《山海经》并没有为《天下图》的环形构图提供文本依据，当然，也没有否定环形构图的存在。环形构图可能只是一种理论构建。但《天下图》中多少带有真实成分的中央大陆是何种情形？它依据了何种模本？

中村拓认为它源自某种依照佛教传统绘制的中国地图。它只可能来自于中国，因为中村拓有一种根深蒂固的观点，认为历史上的朝鲜人并没有创造出自身的文化，只是"亦步亦趋地"借用中国文化。[80]《天下图》的摹本一定是佛教地图，因为中国并没有其他传统的世界地图（他认为 7 世纪玄奘自己创造了五天竺型地图）。他对《天下图》地名研究表明，没有一个地名出自 11 世纪以后的著作，所以他仔细检查了自那时到 16 世纪各种可能（作为《天下图》摹本的）的中国地图。到 16 世纪，《天下图》应该已经形成了现今所知的固定形式。首先，他认为章潢（1527—1608）编撰的名著《图书编》（1577）中的《四海华夷总图》（图 7.4）就带有一些《天下图》的痕迹。章潢认为这幅《四大海中南瞻部洲之图》出自某部不具撰者的佛教著述，但中村拓找不到这幅地图 13 世纪以前的原型。而且，从类型学的角度来看，它可能仅仅是某幅先前的佛教地图和"推想的"的《天下图》之中国祖型的混合产物。那么，后者的年代应该更早，无论如何至少可以追溯到 11 世纪。他接着又探究了一幅 9 世纪从玄奘本寺带到日本的汉藏地图。这幅地图展示了比玄奘西行更广阔的地理范围，因而更有资格被称为世界地图。这幅地图具有示意图性质，与《天下图》一样，在方块中标注地名，展示其相对位置。这使他相信，至少在 7 世纪中国就出现过《天下图》的雏形。它在中国失传很久，却在朝鲜半岛保存下来，并于 16 世纪形成《天下图》的最终形态。[81]

263　　虽然中村拓做过很多努力，但他并没有证明这幅所谓的中国原型地图就是一幅佛教地图。那幅地图顶多只是佛教性质的汉藏世界地图的原型。但即便这一点，他的三言两语也完全没有说服力。尽管如此，这种所谓《天下图》与佛教存在联系的观点却广为人们所接受，而且已成为西方学界的定论。事实上，这种看法还引起很多的讨论。例如，有学者称，《天下图》乃是"将地理事实整合到一种早已存在的佛教宇宙图式中"。另一位学者推测，位于《天下图》北、东、西三端的巨木可能是"佛教符号"。还有一些人断言，《天下图》通常

---

[79]　见《山海经校注》所引刘歆的原话（公元前 1 世纪末），《山海经校注》附录，第 477—478 页（注释 77）。对比 Needham, *Science and Civilisation in China*, 3：504 – 7（注释 31）。李约瑟（Needham）在这部伟大的著作的地理卷叹息，没有人对《山海经》中的怪兽进行生物学研究！我们始终需要，而且现在还需要弄清楚的是《山海经》的地理学基础。

[80]　在谈到《天下图》的起源时，中村拓写道："我们希望看到这些材料来自中国而非朝鲜，因为这幅地图是纯中国式的，几乎找不到任何一点朝鲜的痕迹，考虑到朝鲜在科技、艺术等诸多方面几乎是盲目模仿中国，也就不难理解这一点了。"（"Old Chinese world maps preserved by the Koreans", *Imago Mundi* 4，1947，13.）同样的论述还见于中村拓《朝鮮に傳わる古きシナ世界地圖》第 36 页后的法文内容（注释 63）。

[81]　中村拓：《朝鮮に傳わる古きシナ世界地圖》，第 36—56 页（注释 63）。

出现于"佛教地图集"中。[82]

但是，日本和韩国的学者都不大认同中村拓的观点。[83] 的确，中村拓的研究带着一种令人遗憾的成见，即认为朝鲜人无法进行文化独创，这一偏见贯穿始终，我们可以发现他的假设比证据还多。当然，其他人关于这一问题的说法也很可疑，例如，认为典型的《天下图》地图集完全没有任何佛教特色，《天下图》中的名木以及大多数其他地名都来自《山海经》。[84]《山海经》本身当然和佛教没什么关系，但《天下图》中的确有两个地名不出自《山海经》，却可能与佛教相关：一个是天台山，因山中的佛寺而闻名，同时这座山也得名于一个重要的佛教宗派（不过但它同样也是道教名山）。另外一个是伽毗，可能是迦毗罗卫的缩写，否则就很难解释这个地名。伽毗指释迦国，历史上佛祖的诞生地。但这两个地名在普通典籍中相当常见，我们可以将它们视为表 10.1 中的历史地名。（此外）《天下图》中没有其他的地名与佛教有关联。

从地图学角度来看，《天下图》上的地貌可能会使人联想到佛教，如昆仑山以及发源于其中的四条河流。但是，昆仑山与五天竺国图或南瞻部洲图中的须弥山有很大不同。早在佛法东渐以前，昆仑山就已出现在中国早期经典《尚书·禹贡》以及《山海经》等书所载的大量中国本土神话中。

自此我们可以得出结论，《天下图》源于佛教的观点是没有价值的。实际上，16 世纪是朝鲜历史上最不可能使佛教事物在民间文化图标中取得优势地位的时代，更不用说在士人文化中了。儒家信仰通过儒学网络向朝鲜社会各阶层扩散：当时大约有 325 所官学，可能还有 200 多所书院，以及成千上万所私塾或学堂，年轻学子在此高声诵读孔孟之学。佛寺被强制迁出城镇，失去供养的僧人只能在深山寺院中勉强为生。在这样的环境中，朝鲜人不可能对五天竺国图、南瞻部洲图以及任何推测由其派生的地图发生兴趣。

韩国地图史学家金良善对《天下图》的由来持有一种完全不同的观点，他认为《天下图》是根据中国古代自然主义哲学家邹衍（公元前 3 世纪）学说绘制的世界地图。为了证明这一观点，他征引了朝鲜著名地理学家和博物学家魏伯珪（1727—1798）所著《环瀛志》中的叙述。魏伯珪将下面这段叙述归于邹衍之口，"中国四方之海，是号裨海，其外有大陆

---

82 A. L. Mackay，"Kim Su-hong and the Korean Cartographic Tradition，" *Imago Mundi* 27（1975）：27 – 38，esp. 31；McCune，"Chonha Do"（note 70）；Norman J. W. Thrower and Young Ⅱ Kim（Kim Yong'il），"Dong-Kook-Yu-Ji-Do：A Recently Discovered Manuscript of a Map of Korea，" *Imago Mundi* 21（1967）：30 – 49，esp. 32. Thrower 和 Kim 提到这幅《天下图》时用的是它另一个图名——《四海总图》（这个图名是我按标准罗马音结合我的理解翻译的）。

83 比如 Muroga and Unno，"Buddhist World Map，" 51 n. 7 and 57 n. 16（注释 62）以及李燦《韓國의古世界地圖》第 57—58 页（注释 70）。

84 《山海经校注》卷 9（260 页）、卷 14（354 页）、卷 16（394 页）和卷 17（423 页）。这些地名或有变异，但可以确信的是，《天下图》中的树木都源自《山海经》。有关《天下图》北方巨木的有趣信息在通行《山海经》文本中找不到，但在袁珂《山海经校注》所引汉代著作中可以找到。根据这些信息，我们知道北方巨木分叉盘绕 3000 里，并且还是掌控所有鬼魂的两位神灵的居所，很显然和佛教没有任何联系。马凯（Mackay）认为这些巨木"可能是东北亚萨满教的宇宙之树"，这个观点虽然存在漏洞，但似乎比佛教的解释更为合理。中国的萨满教是与东南亚，而不是与北亚或东北亚相联系的。他关于北方巨木是"轴树"的解读是不正确的。中文注解讲得很清楚，"盘"就是缠绕的意思。除了萨满教的观点外，他大体上还是赞同《天下图》是佛教地图的观点，见 Mackay，"Kim Su-hong，" 31 – 33 and caption to fig. 5（注释 84）。

264

图 10. 11　中国全图（无标题）

　　这幅地图实际上摹自《混一疆理历代国都之图》（简称《疆里图》，见图 10.2），或是按照后者的传统绘制的一幅地图。这部地图被认为是《疆里图》本妙寺（熊本）版的"姊妹地图"，海野一隆确认它大约在 1568 年复制于朝鲜。它和其他两幅《疆里图》的差别在于大陆完全被海洋包围。

　　原图尺寸：135.5×174 厘米。

　　经日本天理大学图书馆许可。

　　环之，大陆地外又有大瀛海环之，方是地涯云"[85]。这段话很容易使人想起《天下图》的圆形结构。问题是在古人辑录的邹衍逸文中，并不能找到这段话。[86] 司马迁《史记·邹衍传》表述了一个与此类似但仍有很大区别的世界观，在其中，中国只不过是天下九州中的一州。司马迁解释邹衍的观点，世界上存在九个类似中国大小的州，"于是有裨海环之，人民禽兽莫能相通者，如一区中者，乃为一州。如此者九，乃有大瀛海环其外，天地之际焉"[87]。

────────────────

　　[85]　见魏伯珪《环瀛志》，引自金良善《梅山國學散稿》第 217 页（注释 3）。我一直没有找到魏伯珪原著的复制本。

　　[86]　邹衍几乎没有一部完整著作流传至今。这段引文在马国翰的《玉函山房辑佚书》（编撰于 1853 年）第 77 册（邹衍）也没有看到。本书是收集汇编古代佚文的权威丛书。

　　[87]　司马迁：《史记》卷 74，第 2344 页，见 10 册本（中华书局 1959 年版）。这段记载十分含混，而且司马迁并不喜欢邹衍和他的观点，当然也就没有对他的思想进行清晰的阐述。其他的译文，参见 Joseph Needham, *Science and Civilisation in China*（Cambridge：Cambridge University Press, 1954 –), Vol. 2, with Wang Ling, *History of Scientifzc Thought*（*1956*), 236。

图 10.12　《疆里图》和《天下图》中大陆轮廓的比较

左上方是天理版《疆理图》的轮廓；右上方是典型《天下图》的轮廓。底部依次摆放 5 个示意图，以说明《天下图》中大陆轮廓可能存在的演变过程。这个假设的演变过程中最关键的要素是阿拉伯半岛。本来由红海和阿拉伯海环绕的阿拉伯半岛，在《天下图》中变成了包括红海和阿拉伯海且由两条河流夹成的半岛。

　　这条材料足以证明邹衍与令人费解的朝鲜《天下图》之间存在某种类型学上的联系，或许还能证明金良善"邹衍氏天下图"的说法是正确的。令人不解的是，当魏伯珪看到当时盛极一时的《天下图》，试图从司马迁这段著名却又晦涩的陈述中找出某些依据时，为何没有对司马迁的这段话进行解释？

　　另外，《天下图》与《山海经》之间的地名关系是毋庸置疑的，其内环海和外环陆有序地填满《山海经》中的地名与地物，它们可能只是将《山海经》地理分区进行了理论推想并投影到地图上的结果，其中或许还有来自遥远时代的邹衍地理思想的影响。

　　《天下图》中央大陆的轮廓虽然存在一些想象的成分，但并不是完全虚构的。朝鲜半岛、长江、黄河，以及可能表示东京湾的向东南方弯曲的海湾，还有昆仑山等其他地物，都表明地图的绘制有一定的依据，我们足以据此将中央大陆作为一个整体进行形态学分析。中央大陆粗劣的、不对称的轮廓，意味着该图实有所本，并不是出自某种建构或想象的模型。

　　我认为 1402 年的《疆理图》才可能是《天下图》的摹本。这幅地图有明确史料记载且在朝鲜被复制的年代不晚于 1568 年前后。其中特别有趣的是天理版《疆理图》，它和现存的其他两个版本不同，图中只展示了一大块完全为水体包围的陆地（见图 10.11）。甚至非洲也不是一个单独的大陆，而是像半岛一样清晰地悬挂在欧洲大陆下面。我们将天理版《疆理图》和典型的《天下图》大陆轮廓并置于图 10.12 中，并在下方插入一组假设的演化

266

图。我们可从《天下图》中可以找到两条重要的演化线索。第一条线索是大陆西侧昆仑山下方的三角形半岛。它由两条河流所包围，一条是较长且南流入海的黑水，另一条是较短、注入黑水的漾水。二者都是《山海经》中虚构的发源于昆仑山的河流。[88] 需要强调的是，这个三角形半岛在中央大陆的整体布局中是十分独特的，因为它既是唯一一块用河流勾画轮廓的内陆，也是唯一一块展示河流干流及其支流的陆地。第二条线索是，在这个半岛的西北方有一大块水体。这个水体常被称为疏勒（古音为 su-lek），但它的名称时有变化，起初可能并没有名字。[89] 这一水体在《天下图》中也很特别，因为它是中央大陆唯一的内海。除了这两个地物外，这幅《天下图》上只画了 9 座山峰、4 条长河、朝鲜半岛以及弯曲的海岸线。

　　现在让我们看一看《疆理图》的大陆西部，想象一下，假设像图 10.12 一样，将非洲与中央大陆主体相连，将阿拉伯海和西印度洋变为向南流淌的长河，那么《天下图》中的三角形半岛看起来就是阿拉伯半岛的一部分，而那个大内海就成为地中海和黑海的一部分了。《疆理图》上的阿拉伯海和西印度洋演变成了《天下图》中的黑水，而红海则演变成了漾水。我们还可对《疆理图》的大陆轮廓做一些修正，只需作一些圆滑或压缩处理（特别是朝鲜半岛），并插入黄河、长江和赤水，这样就可以与《天下图》的基本轮廓相吻合了。

　　我所推想的《疆理图》外大陆海岸线的演化无疑是主观武断的，因为我头脑里已经装有一个"已知"的目标轮廓。但通过这种内在演变，可以使《疆理图》上的地中海、黑海、红海和阿拉伯海以及阿拉伯半岛变成它们在《天下图》中的样子，这样做更多的是类型学上的意义。这种内在的演进虽然是武断的，但它具有类型学意义，不然，《天下图》上就不会出现两种形态的地物：一个内海和一条带有支流的河流。

　　质疑上述说法合理性的人们一定会要求对《天下图》中央大陆的形状作出解释，我们认为，《疆理图》中的每一块重要的陆地都可以灵活地折叠，露出海岸线。这样说似乎有些有悖常理，因为《疆理图》的内容是"科学"的，而《天下图》带有"原始"特征。然而，后者的陆地分布看起来更为均衡：通过精心摆放河流将陆地分割为几个可识读的部分；通过和缓的曲线展示印度次大陆和越南的轮廓。从历史角度来看，这一时期《天下图》的出现恰逢其时。虽然它不见载于 17 世纪以前的文献，但我们有理由推断《天下图》萌生于 16 世纪的某个时期。正如我们所见，海野一隆的研究也显示，天理版《疆理图》中所涵盖的朝鲜地名变动（与龙谷版比较）大约出现在 1568 年前后。

　　如果接受这个假设，当《疆理图》上的陆地演变成一整块由水体环绕的大陆后，可能就为《天下图》中央大陆的出现创造了基本的地图学条件。这个地理形态出现后，一些痴迷于《山海经》梦幻的机灵鬼又在其上增补了一些内容。《天下图》制作者发现地图上非洲、欧洲和部分阿拉伯的中文转写地名晦涩难懂，便删掉这些地名，仅提取非洲和欧洲本身的形状来适应自己历史想象的需要。这样一来，欧洲变成了内环海北边的一块窄条状陆地，

---

　　[88]　《山海经校注》卷 2，第 48 页和卷 11，第 297 页（注释 77）。

　　[89]　疏勒是中亚历史上一个古国（被确认在今喀什）的名称，在汉唐时代的典籍中可以发现它的踪影。它并不与海洋或湖泊相连。在某些版本的《天下图》上，将疏勒标在无名湖泊附近，旁边还会有一些其他中亚古国的名称。我认为这才是《天下图》本来的样子。个别版本将这个水体标识为河流（虽然图上画的明明就是湖或海），如弱水、溺水或尿水。

非洲则变成了中国历史上的"西域"，中亚则填满了蛮人国名。照此解读，《疆理图》并没有消失，而是演变成了《天下图》。

那些看重科学进步的荣光胜过文化慰藉的人们，可能会认为这样的演变是一种退步。不需要太多思考就能认识到，尽管《疆理图》的发明是一项伟大而独特的地图学成就，但它与15世纪初朝鲜和东亚的传统地理文化并无关联，也不可能发生关联。[90] 它是权近和李荟带来的超越时代的游戏，它的文化意义在当时可能仅能被少数读图者所理解。但是，如果我的猜想无误，《疆理图》中那种手扶椅形的大陆平面构形，后来演变成了《天下图》的一部分并通过本土化获得了新的生命。

267

朝鲜半岛制作的中国和日本地图

尽管到目前为止，我们将《天下图》当作一种"普天之下"的世界地图来讨论，但由于长期以来，"天下"一词还有特指中国世界的言外之意，中国皇帝即便没有直接治理这个世界，也可凭借其威望加以统辖。因此，"天下图"的所指不免让人感到有些语意不明。特别是在明朝（1368—1644），朝鲜人通常将中国地图称为"天下图"或类似的名称。明朝建立后，中国地图变得特别流行。蒙古人是历史上第一个较长时间统治中国全境而非部分区域的非汉族群。随着这种情形的终结，汉族人可以再次使用"天下"这一传统表达而不再有窘迫之感。

前文已经提到过制作于14世纪70年代、失传的罗兴儒中国地图，还提到过15世纪早期从中国输入朝鲜并被吸收到《疆理图》中的中国地图。朝鲜人也绘制过一些中国地图，除了前述罗氏地图和《疆理图》，我们还知道有一幅1469年绘制于弘文馆的地图，[91] 但总的来说，15世纪到16世纪见于朝鲜的绝大多数中国地图可能是在中国绘制后输入朝鲜的。[92] 通常情况下，朝鲜制作的中国地图必然带有中国的特征，而非朝鲜的原创作品。

1644年，明朝被清征服。这一变故成为朝鲜人亲自绘制中国地图的直接动力。满洲人给朝鲜人带来了诸多苦涩的回忆，其中包括1627年和1636—1637年的两次入侵，强迫朝鲜人切断与明朝的宗藩关系，迫使朝鲜国王留下耻辱的称臣誓言。满洲还从朝鲜劫掠了大量人质，从皇室到两班都未能幸免。这使朝鲜举国对清朝产生敌意。与此同时，朝鲜士人对明朝则抱有强烈的感情，因为明朝曾在16世纪90年代的壬辰倭乱中派兵援助朝鲜。这种感情的表现之一是，终清一朝，朝鲜民间（非官方）一直采用明朝年号来纪年，例如1628—1644年间明朝官方使用的"崇祯"年号，一直被朝鲜人使用到19世纪晚期。另一个表现是，朝鲜人喜欢那些展示明朝而非清朝国都和省级行政组织的中国地图。

明朝中国分为两京十三布政司（省），一共有15个主要省级政区。清朝的政区体系和明朝大体一致，但只设一个都城（北京），原南直隶和湖广省被一分为二，西部新设甘肃

---

⑨⓪　韩国地图学家方東仁也认同这一点，见方東仁《韓國의 地圖》（注释5）。

⑨①　《睿宗实录》（睿宗在位时间为1468—1469）卷6，页15a—b（注释17）。

⑨②　我们尚不能确定1482年讨论的那批地图中的两幅中国地图的作者，也不能确定这张清单上所有朝鲜地图的作者，它们大概是从中国输入的，见《成宗实录》卷138，页10b（注释17）。1511年提到的一幅地图既不能确定是中国绘制的，也不能确定是朝鲜绘制的，见《中宗实录》卷14，页21a（注释17）。文献记载1536—1538年间，朝鲜试图或成功输入了大量明朝地图，见《中宗实录》卷81，页51b—52a；卷84，页31b；卷89，页9b。

省。这些变化虽然相对很小，但每一个变化都有其象征意义。在朝鲜人看来，这些变动都出于非正统王朝之手。朝鲜人坚持自己的正统标准，因此不能不绘制自己心目中的中国地图。这类活动在当时一定具有普遍性，因为我所见的每一幅传统时代朝鲜绘制的中国地图，展示的基本上是明代的地方行政组织。㊝

　　下面说一个具体的例子，那就是金寿弘于 1666 年制作的一幅刻本中国地图。这幅地图在朝鲜古地图中十分罕见，因为地图上刻印了制作者和制图时间（图 10.13）。这幅题为《天下古今大总便览图》的地图，不仅展示了明朝的全国行政区划，还展现了远古以来中华文明的文化全景。这幅有趣的刻本地图的复刻本不太清晰，但一位研究过这幅地图的学者称，地图上见缝插针地标注了"故事、名胜、古刹、人物、孝子"等文字内容。㊞ 在前面的章节中，余定国强调，地图与文字说明的紧密结合是东亚地图学一贯的特点（见前文第五章）。金寿弘的这幅地图是这一特点在朝鲜的一个极好的体现。我们可称之为一部以地图形式介绍中国文明的文字作品。尽管金寿弘地图似乎采用了他自己的一些材料，但这幅地图还是能强烈地唤起人们对早于它的一些中国地图的记忆，特别是 1593 年梁辀绘制的《乾坤万国全图古今人物事迹》。㊟

　　金寿弘（1602—1681）的为官生涯既奇特又充满磨难。《朝鲜王朝实录》载有他的行记，满是斥责与诽谤，称他"为人怪妄，人多弃之"，"恬然无耻，老悖鄙匿……人皆丑之"。㊚ 据说他是因为反对所在派系的领袖，并且在 1659 年和 1674 年的廷争中支持敌对方，才招致如此骂名的。这一举动不同寻常，因为他本是安东金氏的一员，而安东金氏又是力主排满的西人党（指朝鲜本土西部，与西方科学文化没有关系）中主要保守势力之一。西人党领袖是当时掌握朝政大权的知名人物宋时烈（1607—1689）。宋时烈的反清举动之一就是继续使用明朝"崇祯"年号纪年。据说金寿弘为了激怒宋时烈，采用了清朝当时的"康熙"年号。在他的政敌眼中，这是一个儒者最令人发指的罪行，因为金寿弘的祖父金尚容就是抗击满洲的烈士。在 1637 年守卫江华堡的最后时刻，金尚容没有向满洲人屈服投降，而是引爆了绑在身上的火药袋以身殉国。一位西方作家曾经称赞金寿弘使用清朝年号的行为，认为他"知时顺变"，主张"进步"，抵制"反动保守"。㊡ 但是，极少或者几乎没有证据支持这一观点，哪怕从那些明显带着偏见攻击他的人论述中也看不出这一点，这种说法没有考虑到当时高度紧张的意识形态氛围。观察他的地图，恐怕会得出与之完全相反的结论。因为在清朝定都北京 22 年后，金寿弘的地图显示的仍然是明朝的省份体系，完全没有暗示清朝的存在。

　　㊝　例如，李燦的《韓國古地圖》，第 40—45 页和图版 5（注释 4）。图版 5 的地图带有年代，相当于 1747 年。

　　㊞　金良善：《梅山國學散稿》，第 223—225 页（注释 3）。金寿弘地图的摹本现在保存在首尔崇实大学博物馆，看起来是一幅手绘地图。马凯（Mackay）介绍过他手中的两幅抄本复制品，见"Kim Su-Hong"一文（注释 84）。这幅地图的刻本为李燦所藏，编入他的《韓國古地圖》一书中（第 40 页）（注释 4）。

　　㊟　这幅地图一度属于伦敦菲利普收藏（Phillips Collection），刊载于苏富比图录：*The Library of Philip Robinson*, pt. 2, The Chinese Collection (day of sale, 22 November 1988), 76 – 77 (No. 85)，亦见于 Howard Nelson, "Maps from Old Cathay," *Geographical Magazine* 47 (1975): 702 – 11, esp. 708. 效果稍差。

　　㊚　《肃宗实录》卷 12，页 12b（注释 17）。他的讣告日期是 1681 年 10 月 4 日。根据这个日期，推知金寿弘生于 1602 年，而不是其他几部文献中讲的 1601 年。

　　㊡　Mackay, "Kim Su-hong," 27（注释 84）。

图 10.13　《天下古今大总便览图》（金寿弘，1666）

　　这幅地图现存三种抄本，但似乎只有一种刻本流传至今。这幅地图是朝鲜时代晚期绘制的中国地图的代表，地图采用的仍然是明代而不是清代调整后的行政区划。这种风格的地图，附带有密集的文字说明，是对明朝某种类型地图的模仿，该类型的中国地图上往往会标注著名的历史人物、事件、名胜等信息。

　　原图尺寸：142.8×89.5 厘米。

　　经首尔李燦许可。

　　直到 19 世纪中期，其他所有朝鲜绘制的中国地图几乎与金寿弘地图相类。无论是制作精美的大开本地图，还是一般地图集中常见的中国地图，展现给朝鲜读者的都是明朝的省份与都城。这是当时普遍的情形，只有一些与实学派相关的地图例外，但那些地图并不多。除了明朝的行政区划外，地图上还会记录各省会到北京的里程。朝鲜地图集中典型的中国地图，常采用醒目的线条和抽象符号描绘重要地物：长城、黄河、长江，古典和文学传统中重要的山脉以及帝国主要的城市（见图 10.14）。它与《天下图》有着基本相同的地图风格，可视为《天下图》的局部放大图。

269

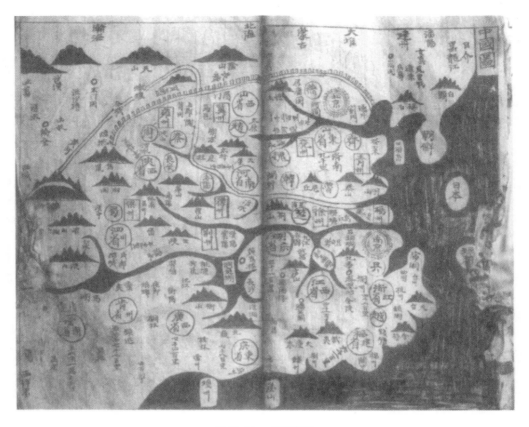

图 10.14 《中国图》

此图出自一部经常被翻阅的抄本地图集。从序跋来看，地图集绘制于 1849 年。地图仍然用大圆圈标示明代各省（终止于 1644 年）；用长方框标示传说中大禹治水所分"九州"；用小圆圈标示春秋时期的重要诸侯国以及重要的地区、山脉以及历史古迹。这幅地图并不想反映 19 世纪中国的现实情况，相反，它展示的是明朝或中国古典时期的地理情况。

原图尺寸：32.4×26.8 厘米。

作者私人收藏。

日本作为朝鲜的另一个重要邻国，对于部分朝鲜政治家和制图者而言，它也是传统地图学的关注对象，这一点我们在详细讨论 1402 年世界地图——《疆理图》的形成时已有所体会。按照朝鲜时代绘制的大多数日本地图的标准来看，《疆理图》对日本列岛轮廓的描绘是相当高超的，虽然对日本的位置与朝向处理比较糟糕，但与现存 14 世纪与 15 世纪日本人绘制的本国地图相比，《疆理图》中的日本轮廓准确得非同一般。除了四国岛被嫁接到本州岛上、濑户内海消失不见外，它算得上当时最好的日本地图之一。不过，这幅地图是根据 1402 年朴敦之从日本带回的地图改绘的，本质上它代表了当时日本地图学的一股特别的潮流。

正如下面所要提到的（原文第 370 页和注释 100），已知最早的一幅日本刻本地图制作于朝鲜，刊于 1471 年申叔舟出版的《海东诸国纪》。[98] 但书中并不只有一幅日本地图，而是

---

[98] 申叔舟：《海东诸国纪》（1471 年刊行，朝鲜总督府 1933 年重印，《朝鲜史料丛刊》第 2 册）卷首。虽然重印时加入了一些新材料，但没有证据显示对原书做过任何改动。这部书采用的是活字印刷，但地图是雕版印制的。

汇编了日本和琉球地图以及对马岛、壹岐岛局部放大图。申叔舟（1417—1475）早年曾在世宗（1418—1450 年在位）朝参与很多技术研究项目，并作为书状官参加了 1443 年的一次重要的出使日本活动。此行标志着日本海盗侵犯朝鲜沿海的终结，并为两国的外交往来奠定了基础，这种往来一直持续到壬辰倭乱。后来，申叔舟长期担任礼曹判书，在十余年间主管朝鲜所有的外交事务。《海东诸国纪》是一部有关日本和琉球历史、地理、风俗的资料汇编，书中还摘录了一份涉及朝鲜与这两个国家关系的大事记、前例和诏书。申叔舟长期关注日本事务，这使他非常看重朝日关系。据说他在临终之际，还请求成宗（1470—1494 年在位）绝对不要中断与日本的和平关系。

270

图 10.15　《海东诸国总图》

此图出自 1471 年申叔舟《海东诸国纪》。这幅地图是 6 幅与日本和琉球有关的系列地图中的第一幅，也是最早的一幅刻本日本地图。这幅地图从整体上确定了日本列岛内部、日本与琉球以及二者同朝鲜的空间关系。在当时，这幅地图遥遥领先于中国乃至其他朝鲜地图，后者经常将日本画在与长江相同的纬度，甚至更靠南的地方。但图上朝鲜（左上角）和日本海峡之间的壹岐岛和对马岛显然被放大了很多。

《海东诸国纪》中的地图是根据朝鲜礼曹 15 世纪早期以来收藏的各类地图绘编的。朴敦之的地图就是这些藏图中的早期代表。另一幅日本和琉球地图收藏于 1453 年，由日本和尚道安呈送，当年他被琉球（那时还独立于日本）国王委任为使臣。[99] 现在可见的《海东诸国纪》只有黑白单色刻本，但早期版本可能经手工着色。申叔舟书中对地图的版式和体例

───────────────

[99] 《端宗实录》（端宗在位时间为 1452—1455 年）卷 7，页 2b（注释 17）。道安的地图也记录在 1492 年的地图目录中，见《成宗实录》卷 138，页 10a—b 以及附表 10.1。

做了解释，他在目录之后、地图之前的凡例中写道："图中黄画为道界，墨画为州界，红画为道路……道路用日本里数，其一里为我国十里。"

《海东诸国总图》展示了（当时）日本三个主要的大岛、琉球列岛和朝鲜海峡中的壹岐岛、对马岛（后二者面积被过度放大）以及朝鲜半岛的东南角，在其地标出了允许日本商人贸易的三个港口（见图 10.15）。这幅以单页纸专门展示上述所有地区相对位置的总图，无论在朝鲜还是在日本都是独一无二的。接下来要讲到的两幅地图，一幅是本州和四国合图，另一幅是九州图。

这部微型地图集中，有一幅题为《日本国对马岛之图》的单页地图特别有趣（图10.16）。对马岛对朝鲜特别重要，因为它既毗邻朝鲜，又是日本使节或其他旅行者往来

271

图 10.16　《日本国对马岛之图》

　　此图出自1471年申叔舟《海东诸国纪》。图中标出了对马岛及其大名。该岛与朝鲜的关系比日本本岛更为密切，几个世纪以来在朝日两国经济、政治交往中起着重要的中介作用。地图上的对马岛被画成马蹄形，尽管存在一些失真，但作者用单独的两个版面（一个方页）展示了对马岛沿岸的每一处海湾。从地图上可以看出，通过巨大的、开口向西的内湾（浅茅湾），战略上可以通达该岛。1419年，朝鲜海军在该地发动了一场大海战，重创日本海盗。地图上的白线（原本涂的是红色）标明了出入朝鲜的重要海道。这条路线横穿陆地的地方需要水陆联运（日本称船越）。日俄战争时期，日本海军挖开地峡，使对马岛成为上下两座岛屿。参见图10.17。

　　每页尺寸：17.6×12.3厘米。

　　出自1933年影印的1506年活页本《海东诸国纪》。

　　图片由美国哈佛燕京图书馆提供。

朝日的经停地。对马岛的大名可以代表日本与朝鲜宫廷缔结正式合约。它垄断了日本的对朝贸易，是日本对朝事务事实上的世袭代理人。在外交形式上，朝鲜认为对马岛是它的一个藩属，但申叔舟将这幅地图命名为"日本国对马岛"，这就清楚地表明，当时并没有人认为对马岛为朝鲜领土。这一时期对马岛的通行画法是，在一张方形纸上，将南北全长72公里、东西最宽仅15公里的对马岛画成马蹄形（图10.17）。一些学者曾经表达过一个困惑：为何朝鲜地图上总是将对马岛上下二岛画成一个岛？然而，传统制图者是完全正确的。因为对马岛原本就是一个岛，直到19、20世纪之交，日本海军出于军事战略考虑，才打通了对马岛上下两个区域间的地峡（这一举措被证明是行之有效的，在1905年日俄战争的对马岛战役中，日本海军借此打败了俄国舰队）。因此，对马岛变成两个岛其实是相当晚近的事。

中国和朝鲜的地图学家所画的日本长期存在一个问题，那就是普遍将日本放置在中国东海。中国与日本最早的交往记录是公元238年的一次使行（被记录在公元297年的《三国志》中）[100]。或因迷惑不解，或是有意欺骗，《三国志》中留下的日本印象是，日本国土从北向南延伸很远，其中部大致与中国长江口处于同一纬度，气候与海南岛（中部纬度19°N）相当。直到传统时代晚期，这个早期的错误印象显然还保留在中国和朝鲜的地图之中。明朝的地图仍旧习惯将日本画成中国中南部沿海的一个小岛。我前面提到，在1402年朝鲜《疆理图》中，日本的位置更加偏南。虽然我揣测可能是地图东侧空间不够的缘故，但也不能排除反映的还是那个老问题。19世纪流行于朝鲜的地图集仍将日本画在朝鲜南边而不是东边。其实只要稍稍注意到申叔舟的文字描述，就可以避免这样的错误。在《海东诸国纪》的序言中，申叔舟给出了更为准确的日本范围与方位信息："其地始于黑龙江之北，至于我济州之南，与琉球相接，其势甚强。"[101]序言中将日本北界定在库页岛北端，无论在当时还是后来，都远在日本最北界线之外。鉴于日本人直到15世纪早期都未能如此明确认识本国此界，推测申叔舟的表述可能是来自朝鲜东北边境满洲人提供的情报，因为在他所处的时代，满洲人在那一带相当活跃。

《海东诸国纪》中的地图代表了朝鲜所绘日本地图的最高水平。这部书在1629年之前的不同时期曾被全文重印和删节刊行。18世纪早期，它的功能被另一部作为中朝、中日关系官方手册的书籍取代，但后者并没有地图。与早期相比，18世纪流行的地图集中的日本地图是原始而拙劣的。日本地图的这种退步，或许是壬辰倭乱后朝日关系恶化在朝鲜民众心理上的反映。

[100]　见 Gari Ledyard, "Yamatai," in *Kodansha Encyclopedia of Japan*, 9 Vols, （Tokyo：Kodansha International, 1983），8：305 – 307。

[101]　申叔舟：《海东诸国纪》序言，页1b（注释100）。

272

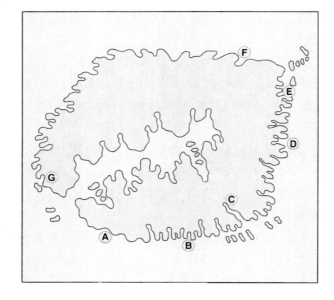

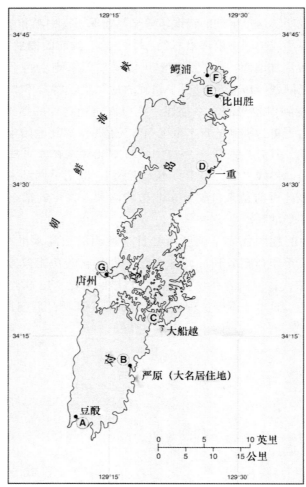

图 10.17　对马岛

上图是 1471 年地图中的对马岛轮廓，下图是现代对马岛地图，对比两图中用罗马字母标出的地点。

朝鲜半岛地图学基础

到此刻为止，我们考察过的世界地图和区域地图大部分都是由中国输入朝鲜半岛的，伊斯兰和西方对朝鲜半岛的影响也是中国为中介施加的。这些地图或原始材料在朝鲜半岛发生了变化，或被朝鲜人再次加工。此类制图活动并不是基于朝鲜人对地理现象的直接观察，也没有涉及他们对测量或制图投影技术的应用。更确切地说，这是对他人所绘地图的再处理——这个过程肯定也是有趣和创新的。但是，在更早的时期，当他们绘制那些业已无存但文献中有过记载的本国地图时，应该也处理过一些基本的地图学问题，为此需要观察实际的地理情况，而不是仅仅处理其他人的地图和资料。我们现在要讨论的就是这一类基本问题：一般的地理知识、风水观念、测量技术以及投影和比例尺。

地理研究

朝鲜半岛有着悠久且突出的行政地理传统。大体说来，朝鲜半岛模仿了古老的中国模式。这两个国家都是连续而悠久的官僚体制中央集权的典范，其特点是中央政府对国家的管理可以直接深入地方层面，不存在任何地方自治的原则。省道或郡县官员都由皇帝或国王直接指派。在基层，人们依靠乡举里选推举头目，中央政府任命的地方官拥有否决权，尽管他们很少卷入此类事务。这一体系为地方治理提供了一套统一而系统的构架，有助于集中编制区域和地方政府的各种籍账，将人口、耕地、自然资源和其他影响税收和统治的信息囊括在内。在数个世纪的王朝历史中，这些政府公文为定期编写记录行政体系运转情况的专志提供了资料。

此类历史资料的积累反映了朝鲜半岛地方社会行政管理的历史。中央政府会依据财政或政治情况随时调整地方行政体系，因此也需要对频繁的变动加以记录。某个地方可能此时委任了中央指派的地方官，彼时又改隶于周边某个地方，这个过程常带来地名的变化。中央政府还会根据各郡县在政治、经济和军事方面的重要程度对之进行分等，这些等次也会发生变化。例如，如果某一郡县发生了叛乱，可能会导致其行政等级下降，甚至被裁撤并改隶于其他郡县，同时还会对当地居民科以重税并剥夺其某些特权。相反地，如果某个郡县取得了举国瞩目的功绩，它的行政级别也会相应地得到提升。典型的地方志通常在开头记述某地长期以来的行政沿革变化。

现存最早的朝鲜半岛地理志保存于金富轼 1145 年编撰的《三国史记》中。[102] 这部由高丽国王下令编写的官修史书同时利用了政府档案和一般资料。其中的地理志依据的是一部 8 世纪前后的资料汇编，反映了新罗景德王（742—765 年在位）时期的地方行政组织情况。因此不难理解，《三国史记》中有关新罗的资料要比与新罗在时间上部分重合的高句丽和百济的记录更为丰富和可靠。特别有价值的是，本书保存了已知最早以朝鲜半岛本土方式命名的地名，而到了新罗景德王时期，这些地名不少被中国化的地名所取代。高丽王朝时期的官修史书是受王命编撰的《高丽史》，此次编撰由郑麟趾（1396—1478）负责，于 1451 年成

274

---

[102]　金富轼：《三国史记》，卷 34—37（注释 7）。

书。该书也有与《三国史记》类似的地理志，这部分内容主要由梁诚之（1415—1482）执笔。[103] 下面我们要谈到，梁诚之是 15 世纪朝鲜最重要的地图学家之一。有了这两部著作，我们才得以了解三国时期（大约从 4 世纪到 668 年）以来朝鲜半岛绝大部分郡县的历史概况。

1392 年朝鲜王朝建立后，地方行政发生了不少变更。到 1424 年世宗下令对全国道县情况进行全面调查时，先前的变更已经不可胜数。[104] 幸运的是，我们今天还能了解到这次调查的详细情况，因为当年下发给各省道和郡县官员的统一调查表得以保存下来。当局要求每位地方官提供各种各样的资料，以便弄清每位官员所辖区域完整的沿革历史及其属县的边界、人口、到邻近地区的距离、地形特征以及经济、社会、宗教事务的诸多细节。因此，中央政府下令在规定的期限内提交全国 334 个郡县的相关资料。现在仅存庆尚道最初提交的资料。该道位于朝鲜东南海岸，下辖 66 个郡县，是朝鲜最大也是最富裕的省道。[105] 其中最重要的地图学信息是各郡县之间准确的里程数。这些里程数的采集方式便于绘图者多中取一，反复验证。这批材料据说被吸收到了 1432 年进呈朝廷的《新撰地理志》一书中。[106] 有人推测，《世宗实录》所附地理志可能吸收了《新撰地理志》，但前者丢失了不少 1424 年原始调查表中的信息。[107]

1469 年，政府再次下令对这些调查资料进行更新和补充，以便存档。当时补充的资料主要包括与各地经济和军事相关的数据。制图者最感兴趣的当然是航运路线和各地距离汉城的里程以及驿路系统。[108] 其中的很多信息，尤其是军事信息，仅限于政府内部使用，从未系统刊行，但是当时负责各种地图绘制计划的人应该是可以看到这批资料的。

在接下来的十年中，朝鲜政府又发起了一次更加全面彻底的调查，并据此编成《东国舆地胜览》（1491 年，下称《胜览》）一书。[109] 这是一部仿照中国《大明一统志》（李贤等编修，1461 年）修撰的朝鲜地理总志。在接下来的半个多世纪里不断对本书进行细化和更新，现今所见的《胜览》为 1531 年最后一次刊行的版本。[110] 从 1531 年到 1770 年朝鲜类书《文献备考》问世，此期间朝鲜没有再次刊行过全国地理总志。《文献备考》一书对

---

[103] 《高丽史》卷 56—58（注释 9）。

[104] 《世宗实录》卷 26，页 25a（注释 17）。

[105] 《庆尚道地理志》（初稿完成于阴历 1425 年十二月【阳历 1426 年 1 月】）和《庆尚道续撰地理志》（初稿完成于 1469 年）。两部书都于 1938 年由朝鲜总督府中枢院重印。

[106] 《世宗实录》5 卷 5，页 7b（注释 17）。

[107] 《世宗实录》卷 148—155，《世宗实录地理志》（注释 17）。

[108] 《庆尚道地理志》和《庆尚道续撰地理志》，事目 1—3（注释 107）。

[109] 根据 1481 年春所作的《东国舆地胜览》序言知，本书始撰于 1478 年，主要编撰人有卢思慎、姜希孟和徐居正。但是 1482 年，梁诚之称该书是他的作品［见《成宗实录》卷 138，页 9b（注释 17）］。这部书除了作为地理参考资料之外，也具有文学选集的特点，因为书中收入了大量诗词与文章，尤其是与风景名胜、文化习俗以及朝鲜区域历史有关的诗文。这方面《东国舆地胜览》模仿了中国宋代著名的地理总志《方舆胜览》，甚至在书名上也直接照搬了"胜览"一词。见李荇等人编修的《新增东国舆地胜览》（1531 年刊行；東國文化社 1958 年重印版）的序文。

[110] 初版和另一个燕山君时期的版本的部分内容保存在各种珍本中，但 1531 年版经过了全面的修订和增订，比初版多了 5 卷。对比《胜览》和《大明一统志》就会发现，二者的结构与地图有许多相似之处，而且《胜览》初版序言还特别转引了《大明一统志》。

朝鲜政区地理进行了总结，这部书最后一次修订于 1908 年，题为《增补文献备考》。⑪ 尽 275
管与《胜览》相比，《文献备考》增添了一些最新的内容，但是其地理部分不如《胜览》
完备和精致，其流传不如后者广泛，声誉也不如后者高。《文献备考》是一部包罗万象的百
科全书式著作。在 1908 年以前，这部书流行并不广，相反，《胜览》则是唯一易于刊刻的
地理参考书。影响《文献备考》实用性的另一个因素是，《胜览》附有省道地图，而《文献
备考》没有。我稍后还会讨论到这一点。

除了这些官修地理著作之外，朝鲜王朝时期还涌现出了一大批内容殊异的私撰地理
著述。17 和 18 世纪的实学家们在地理研究方面相当活跃，而且他们特别关注重建和改
进有关本国历史疆域与边界的认知。但说到地图学，没有任何一部私撰地理著作的质量
能超过金正浩的《大东地志》。⑫ 毫无疑问，金正浩是朝鲜最伟大的地图学家。虽然这部
著作在他生前并没有全部完成，但书中的地图显示，他有着十分渊博的关于自己国家的
知识。《大东地志》对各地历史与文化的记述不如《胜览》全面，但它提供了远多于后
者的定量数据，特别是有关距离和位置的数据。除了常见的沿革和地文资料，他还给出
了各个面（郡县以下的单位）、仓、牧场、桥梁、烽燧的名称和位置，学校和祠堂也在
其列。各地点到郡县治所的相对定位也十分准确。各省道后面都有一套详细的表格，展
示郡县间的距离，以及各郡县的田亩数、户数、口数、兵役数（即平民数），并简要概
括了各省道驿路和烽燧网络、人口、桥梁、堤堰、祠堂的总体情况。尤其重要的是，金
正浩还提供了几十座城镇的测地坐标。遗憾的是，这些数据并不完整。⑬ 金正浩是第一
个从全国范围内系统整理以上众多门类信息的人。这一丰富的资料基础工作也充分反映
在他的地图上。

官方编撰活动反映的是中央和地方官僚机构的需要。甚至金正浩的许多数据也应该来
自于已刊或未刊的官方资料。但是到了 17、18 世纪，随着朝鲜经济的大发展和社会生活
的多样化，原本为官方收集的信息逐渐为各类商人和游客所需要。这些信息被印刷成指
南书或地图，流传于朝鲜民间。图 10.18 中的地图出自一本 18 世纪晚期或 19 世纪早期的
省道地图集。图中以三角形梯级表格的形式，给出了咸镜道各城镇之间的里程。

另一些私家地理志撰述者，如李重焕（1690—1753），则以一种更富人文主义的手法来
记录大地。他的《择里志》可能完成于 18 世纪 30—40 年代，是一部了不起的著作。他在书
中考察了全国各地的地形、气候、土质、经济状况、名胜乃至人们的举止与性格，目的在于

---

⑪ 《文献备考》全书共有 27 卷的内容与地理有关（《舆地考》卷 13—39）。这部书是以历史为准则进行整理的，有
着重要的参考价值。主要卷目有疆域与边界、区域沿革历史、山川、道路、关防、海防、航线以及其他几个杂项。虽然
该书成书时间较晚，但书中的信息在内容与机构分类上都严格遵循了历史传统。

⑫ 金正浩：《大东地志》（抄本为 1864 年）（서울：한양대학교 국학연구원，1974）。最初的手稿并不完整，将近
结尾的部分，卷与卷之间格式很不相同。问题还包括遗漏了一些表格标题和两整卷的内容。据称金正浩于 1864 年去世，
还没有来得及完成文字编辑工作。虽然李丙焘 1974 年的影印本很有价值，但这部书仍然需要学者按现代标准对其进行更
为系统的编辑，使其充分发挥文献参考作用。

⑬ 金正浩的书中不仅收入了这些坐标，还记录了一套中国省会的地理坐标，以及中朝行程等杂类信息（金正浩
《大东地志》卷 28（注释 114）。

为士绅之人寻找宜居之地。[114] 他对本国各地的评价，时而赞赏有加，时而激烈批评，表现出他对土地和景观的敏锐，虽然偶有固执但却不乏意趣。他对朝鲜的山水架构及其大势了然于心，对山脉与平原、河流与分水岭之间的平衡和谐十分敏感。李重焕显然也是历史悠久的朝鲜风水传统中不可或缺的代表人物之一。[115]

276

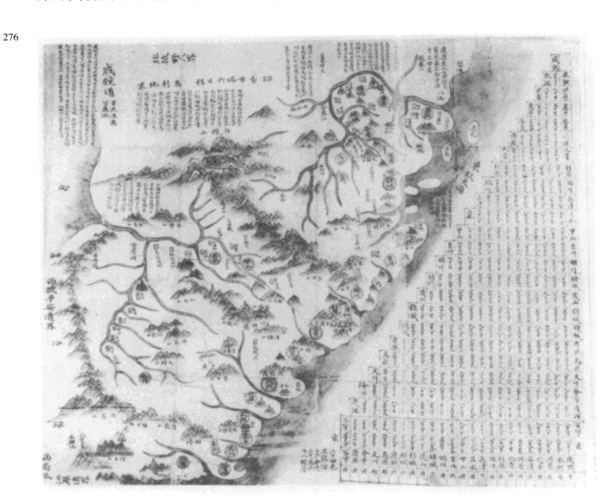

图 10.18　《咸镜道图》

此图出自一部18世纪晚期或19世纪早期的全国和省道地图集——《东舆地图》。地图中出现了长津这一地名，说明地图的绘制时间在1787年之后。地图上方转录了1712年的定界文，叙述了咸镜道的历史沿革，并对与之邻近的乌喇、宁古塔地区、白头山进行了解说。看上去很现代的省际路程表也是这幅地图的一大特色。

原图尺寸：48.6×57.5厘米。

经首尔国立中央图书馆许可（古朝61—48）。

---

[114] 李重焕：《择里志》（抄本年代不详），崔南善重印（京城：朝鲜光文會，1912）。韩国学者在引用这本书时也称之为《东国山水录》。这部书现藏于国立首尔大学奎章阁，是十分罕见的抄本。

[115] 崔昌祚：《조선후기 實學者들의 風水思想》，《한국문화》11（1990），第469—504页。

朝鲜半岛风水：国土的"形势"

与官僚主义的实用政治地理并存的，还有关注大地与生命的风水术。风水术是一种更加直观的观察大地的方式，其读解多杂糅各种情感与宗教因素，对大地上自然景物的分析往往深刻而敏锐。风水术在朝鲜半岛的历史源远流长，它通常被认为是一套有关大地的信仰和理论体系，适用于阴宅（坟地）和阳宅吉地的选取。[116] 直到今天，朝鲜半岛的大多数社区还有风水先生，但是在早期，人们普遍相信这样的知识，从而带来了社会对风水专家和风水师的巨大需求。风水先生就是人们常说的堪舆家，他们在时间的长河中创造了一个巨大的技术知识体，并在风水选址的实践中形成了一套绘制风水地图的程式。我们在墓葬地图上可以见到这种程式。（图 10.19）

但是，如果风水术仅用于选择墓地与居所，可能会使本章的研究旨趣大大逊色。须知在朝鲜半岛早期历史中，风水曾经在国家舞台上大显身手，风水术语和程式也是广义的政治和文化话语的重要组成部分。在高丽王朝时代，佛教寺庙普遍由国家供养，它们往往选址于一些风水不佳的地方，以发挥"裨补"地形之功效。风水既涉及政治，也是大众的趣味所在。更为重要的是，风水术在都城、道府和郡县治所的选址及其评估上都是不可或缺的。任何一个地区要成为都城或地方首府，都得宣称自己与整个国家的政治机体之间存在某种精神关联，这样一来，就不能不将风水分析纳入国家构架中。因此，风水大师们得出的有关大地物理和大地心理的那些结论就会在朝鲜半岛国家意识和国家认同上打下深刻的烙印。

朝鲜半岛风水术的很多要素都源于常识性的见解和对土地的亲近感，这种实践可追溯到原始公社生活初兴之际，但组织化和系统化的风水术，则是 9 世纪中期来自中国的舶来品。[117] 从六朝晚期到唐代，华南的禅宗中心对风水理论进行了改进。风水术本身并不是佛教信仰，而是一种在佛教传入中国以前业已存在已久的中国知识，但禅僧在选择修建山寺的理想地点时也会用到风水术。风水术有很多流派，后来在朝鲜半岛占重要地位的是"形势"派，这

---

[116] 有关东亚风水理论与实践的两种导论性质的重要论著是，Sophie Clément, *Pierre Clément, and Shin Yong Hak, Architecture du paysage en Asie orientale*（Paris：Ecole nationale supérieure des Beaux-Arts, 1982）；以及 Steven J. Bennett, "Patterns of the Sky and Earth：A Chinese Science of Applied Cosmology," *Chinese Science* 3（1978）：1 – 26. 班尼特（Bennett）主张放弃"geogmacy"（风水）这个词，改作"topographical siting"（地形选址）或简称为"siting"（选址）。他认为西方语境中的 geogmacy 实践，与东亚的风水术没有任何关系。这个主张是正确的，但提出的解决方案却存在问题。因为"选址"远不能涵盖风水理论及其在朝鲜半岛实践的方方面面，后者是贯穿本章的一个议题。而且在西方语境中，geogmacy 这个词是很不重要的（Bennett，第 1 页，隐含有头脑简单幼稚的意思），大多数人从来没有在他们的生活中听说过这个词，当然，从旧瓶装新酒这个意义上讲，这个词也还不错（相比之下，"龙"对译为 dragon 则相当成功，因为它在很大程度上改变了西方人对 dragon 这样一种备受诋毁的动物的名声）。支持将风水译 geogmacy 的人，还有一个原因，那就是这个词在语法上很容易转化为形容词和副词，而 siting 作为一个术语则没有这样的便利，尽管在讨论一般的风水问题时，siting 还是很管用的。在这两部论著中，克莱门特（Clément）的著作虽然在利用工具书和罗马音译方面做得不好，过多地使用了中文音译，但其讨论更接近朝鲜人关注的问题，而且很好地利用了朝鲜史料，在利用朝鲜地图方面做得尤其出色。

[117] 崔柄宪：《道詵의 生涯와 羅末麗初의 風水地理說》，《한국사연구》11（1975），第 102—146 页。Michael C. Rogers, "Foundation Legend", *Korean Studies* 4（1982 – 83）：3 – 72, esp. 26 – 30.

277

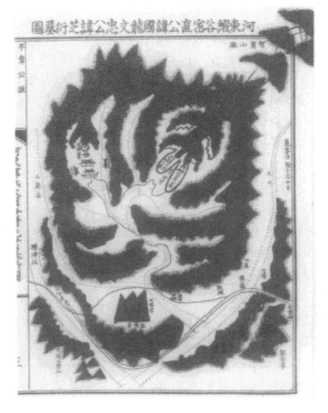

图 10.19　墓图

　　这是一幅典型的刻本地图。这类地图通常载于家谱中，展示墓地及其周围地区，是最典型的"形势"图。山地用深黑色表示，河流和溪谷用显示宽度的虚线表示，地图左边有一座坟墓和祠堂，右边是两座坟墓上的文字注明"墓向为东北偏东"。在右上角，一串向上延伸出地图之外的山峰标注为"智异山脉"，画出了智异山这一朝鲜半岛南部高峰的来势。两墓埋葬着河东郑氏的两位主要祖先，18 世纪有名的地图学家郑尚骥也是这个家族中的一员。

　　原图尺寸：31×19 厘米。出自《河东郑氏大同谱》（首尔：1960 年），此版抄录并更新了多版旧谱中的数据。

　　图片由美国麻省剑桥哈佛大学哈佛燕京图书馆提供。

278　　一派与 9 世纪晚期的中国风水大师杨筠松（活跃于 874—888 年）有关。形势派认为，山脉、河流是大地精气流转的通道，根据自然和环境条件以及对阴阳力量的感知，可以判断精气有益还是有害。其目的是通过对各种风水要素的分析，找出有利影响占主导地位的场所，即通常所说的"明堂"。风水分析中的许多术语使人联想到医学知识：山脉好比动脉（或者汉语口语中的脉），风水师堪称地医，他通过为山脉号脉来判断大地是否无病无灾。[118]

---

　　[118]　Bennett，"Patterns，" 6 - 7，特别是 Clément，Clément，and Shin，Architecture du paysage，77 - 79，85 - 87（注释 118）对此进行了有益的探讨。对于中文"形势"一词的英译，班尼特（Bennett）采用的是"forms and configurations"（第 2 页），克莱门特（Clément）等人采用的是"l'Ecole des formes"，"la force des formes"或者"les aspects des configurations"（第 85 页）。将并列结构的"形势"译成偏正结构是不可取的。在这些翻译中，将"势"译为 force 是最恰当的，这个词可以清晰地指代从山脉之中涌出的元气与力量，也最符合本文讨论的语境。我将"形势"译成带有连字符的"shapes-and-force"，以便强调"形势"一词中形与势相联系这一特点。

　　风水思想在朝鲜半岛的生根实乃水到渠成。朝鲜半岛地形多山，站在任何一个地方，视野中都很难不出现山地，而且山地通常离视线很近。在 9、10 世纪，朝鲜半岛的山野之路上一定会走过摩肩接踵的僧人和风水师，他们到此寻找国家命脉体系的奥秘。早先曾有一幅朝鲜半岛地脉图，其上可见白头山（即长白山，海拔 2744 米）。这是一座雄伟的火山，峰顶有一片壮观的火山湖（即天池），鸭绿江、图们江、松花江都发源于此。白头山也是朝鲜半岛精神动力的源泉。它通过地脉将合法统治所需的强大势气传送出去。风水理论正是使高丽王朝统治合法化的主要因素之一，因为高丽王朝的首都松都（今开城）坐落于松岳山，人们认为来自白头山的精气凝结于此。据说道诜和尚（827—898）曾于 872 年踏勘松岳山，并确认了松岳山与白头山的（地脉）联结，因此他预言将有国君降生于松都。[119] 两年以后，高丽王朝的建立者王建应时而生。旗开得胜后，风水术得以在高丽王朝的各种政治事务占有例行的一席之地，特别是在计划迁都或是权衡平壤、汉阳（今首尔）、庆州各京首府之地的特殊利弊时，都会考虑风水，有时还因此造成严重的政治纷争。[120] 风水对国家政治的影响一直延续到朝鲜王朝，特别是其初期在汉城营建新都时。

　　高丽王朝时期，风水对地图学的发展产生了显著的影响。道诜和尚顿悟成为风水大师就与一个有趣的地图故事有关。道诜和尚归隐智异山后的某一天，一个陌生人称有要事相告，将于某时在南海边的河堤上等他，说完这个人就消失不见。道诜下山到约定的地点见到此人。男子在沙滩上"聚沙为山，顺逆之势示之"。正当道诜研究这幅沙图的时候，这个男子又不见了，而且一去不返。[121] 后来，故事发生地附近留下了"沙图村"这一地名。[122] 道诜的风水思想不仅在他生前风靡一时，而且影响到他生后高丽王朝的风水师，这些模仿者无论有什么想法，都宣称其源自道诜的沙图。遗憾的是，除了其他人归于他名下的一些言谈和哲理名句，道诜没有任何文字保存下来。

　　高丽时期的风水术的确造成一些荒诞不经的后果，但人们对风水的狂热对于探索自然地理也有一些正向的作用，促进了全国乃至各地区地理知识的增长。没有广泛的地图绘制，这样的探索想必是很难开展下去的。对山川脉络认知的提升也使得全国地图的绘制更加详尽。我留意过李詹在 14 世纪 90 年代对一幅高丽地图的描述。实际上，他关注的焦点放在山脉排布与河流水域上。他的评说气韵生动："元气融洁，山川限带，其风气之区域"，"清淑之气，于焉蕴蓄，故山极高峻，他山莫能两大也"。[123] 李詹的用辞真实再现了那个时代新儒家学者的风格，同时也可看出其糅合了高丽时代的风水感知。地图上清晰

279

　　[119]　《高丽史》序之"高丽世系"，页 7b（注释 9）；亦见：Rogers，"Foundation Legend，" 10 – 11，47 – 50（注释 119）；李丙焘：《高麗時代의 研究》（首尔：乙酉文化社 1954 年版），第 3—61 页。

　　[120]　12 世纪上半叶，妙清和尚煽风点火，呼吁将国都从松都（开城）迁往平壤，理由是松都风水枯竭，结果引发了内战，严重威胁到朝鲜的国家安定，因为当时朝鲜处于中国东北女真族的压力之下。见 Michael C. Rogers，"The Regularization of Koryo-Chin Relations (1116 – 1131)，" *Central Asiatic Journal* 6（1961）：51 – 84，esp. 68. 李丙焘《高麗時代의 研究》，第 174—233 页（注释 121）。

　　[121]　崔惟清（1095—1174）所撰道诜和尚追慕碑文，载于《东文选》卷 117，页 20b（注释 17）。见 Rogers，"Foundation Legend"，30 – 31（注释 119）。

　　[122]　《胜览》卷 39，页 9b；卷 40，页 27a（注释 111）。到 15—16 世纪，全罗道求礼的这个村庄的名字，已经从沙图讹传成了沙洞。

　　[123]　对李詹这段出自《三国图后序》的议论的全文翻译，见前文第 241—242 页和注释 17。

描绘的山脉和水域展示了一种风水视角。作为一位地图评论家，李詹的观念也受到了这种视角的影响。

朝鲜王朝早期的地图绘制与测量

地图一词在朝鲜语中写作지도，意思是"大地图示"或"大地图画"。第二个音节도（当它是单词中第一个音节，或位于ㄹ、清辅音后时，发音是 to；而当它位于两个元音之间，或是鼻音后时，它的发音是 do），当它附于其他名称或是术语之后时，本身就可以表示"地图"，比如천하도（天下图）或읍도（邑图）。도（图）的语义范围很广，不仅包括各种绘画作品，还可引申出计划、图谋以及其他各类意象。对哲学体系、道德观念以及其他类似观念的图示也可以归入"도"（图）的范畴。[124]

我们从"形势图"这个名称就可以猜想到它与风水有着特别的联系。这类地图在朝鲜王朝早期的史籍中屡有提及，第一次提到形势图与迁都汉阳前所作的调查有关，后来的记录则与世宗和他的儿子世祖（1455—1468 年在位）发动的全国和郡县地图绘制工程有关。因此，在 1393 年的文献中，我们可以找到汉阳城以及城中重要建筑地点的形势图，[125] 还可以找到全罗道珍同县某些祭祀建筑的形势图。[126] 虽然这些地图都未能保存至今，但推测它们极有可能是展示山脉河流"形势"的地形图，图上应标有罗盘读数，以指示重要地物的方位。图 10.20 和图 10.21 是传统时代晚期两个此类地图的例子。

我前文提到过 1424—1425 年世宗发起的地理调查，此次调查是为了获取各邑治距其四境的准确里程数据，这项工作似乎为日后绘制精确的全国和地方地图准备了广泛的基础资料。这与我们对世宗的期许相符，他正是因发起大范围和高质量的科学工程而闻名于世的。不过，世宗的科学概念里肯定也包含风水术。调查伊始，世宗曾回忆起收藏在风水宝地的寺庙与祠堂内的政府公文，[127] 以及与全国各地山川形势有关的文书，并下令将这些材料从忠州的一座档案库搬到汉城，交由负责地理调查的春秋馆保管。[128]

世宗下达给观察使与守令们的指令并没有提到地图。1432 年，史官将调查成果辑成《新撰地理志》，此书也没有提到任何地图。读完此书后，世宗查阅了兵曹卷宗中的地图，发现这些地图有待改进。1434 年，他又下令各地收集五类信息，"官舍排置、向排、处所及山川来脉、道路远近里数与其四面邻郡四标，细图画，转报监司，监司各以州郡次第连幅上

㉔　我们在《治平图》上可以看到这个引申意义。《治平图》不是一幅地理地图，而是展示儒家理念的示图，用于统治者的教化和礼仪活动（如正念、修身、开言纳谏、君权神授）。这幅图由梁诚之于 1454 年呈送给少年国王端宗（在位时间为 1452—1455 年）（见《端宗实录》卷 10，页 24b—25a）。而此前几个月，梁诚之开始负责一项收集整理全国、各道、各县地图的重大工程。全相运错误地认为《治平图》与梁氏的政区地图有关（*Science and Technology in Korea*，295【注释 49】）。虽然梁诚之是一位经验丰富的地图学家，但在绘制《治平图》时，他更像一位理学家，他和其他新儒家学者一样十分钟情于此类示图。梁氏的伦理示图并未留存至今，当然，我们可以根据《端宗实录》的相关记录对之加以复原。在这套《地图学史》中采用的是一个广义的地图定义：地图是一种用以促进人们从空间层面理解人类世界中的事物、概念、状况、过程以及事件的图形展示方式（《地图学史》第 1 卷序言）。这个定义十分契合中国和朝鲜传统上对于"图"的界定。

㉕　《太宗实录》（太宗在位时间为 1392—1398 年）卷 3，页 3b（注释 17）。

㉖　《太宗实录》卷 3，页 1b（注释 17）

㉗　在高丽时代，寺院或祠庙的选址都注意弥补风水的不足或增强风水之势，被称为"裨补"。

㉘　《世宗实录》卷 28，页 22b（注释 17）。

送，以备参考"。⑫ 1436 年，世宗派时任礼曹参议的郑陟（1390—1475）赴北边三道组织实地考查。⑬ 1434 年的诏令业已明确表示出对风水因素（山川来脉）的关注，这一次也不例外。郑陟的任务中也包括了"形势"分析，之后才是"图画"。

280

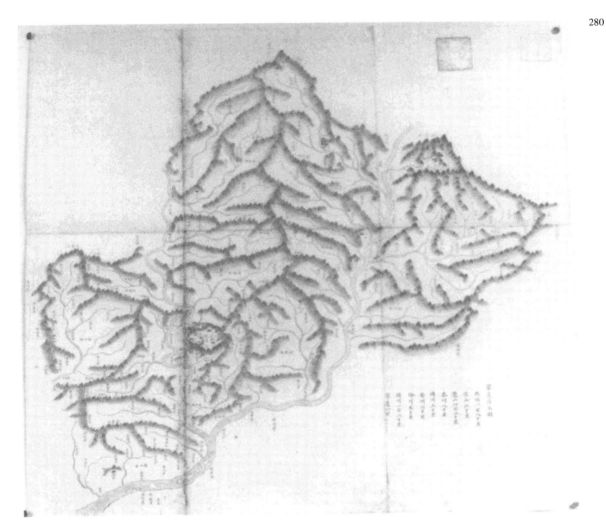

图 10.20　《宁边府全图》

　　这幅地图带有强烈的"形势"风格，展示了宁边府山脉与河流的详尽图景。地图上还标注了寺庙、儒学、书院、粮仓、驿站。著名的铁瓮山城及其四周的陡崖占据了地图左下角。用锯齿状山峰表示的妙香山占据了地图右上角。这幅地图没有标明绘制时间，我们认为它可能是 18 世纪晚期或 19 世纪早期的作品。

　　原图尺寸：69.5×75 厘米。

　　经首尔国立中央图书馆许可（古 2702—18）。

⑫　《世宗实录》卷 64，页 30a（注释 17）。

⑬　《世宗实录》卷 71，页 9a（注释 17）。

281

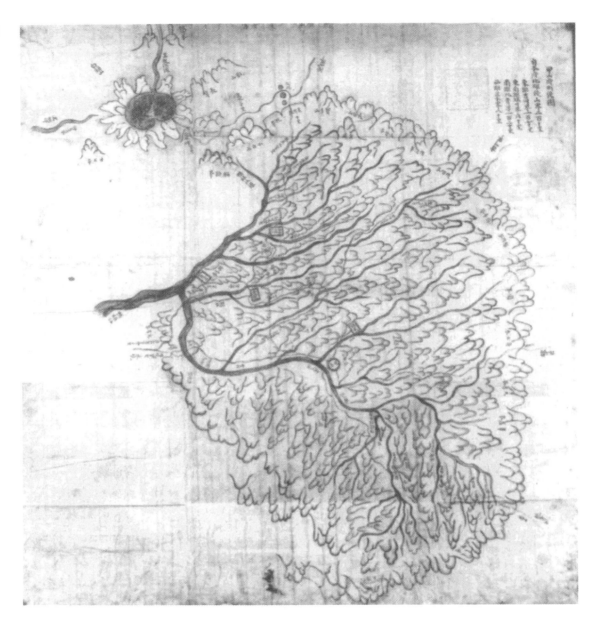

图 10.21　《甲山府形便图》

　　甲山府管辖着白头山南部广大的地域，地图左上角展示了天池。地图中央用圆圈标出甲山府邑治。该地图对形势的处理异乎寻常，图中的山河看起来充满生气。图上没有标明绘制日期，但我们认为它可能是 18 世纪晚期或 19 世纪早期的作品。

　　原图尺寸：未知。

　　经首尔国立中央图书馆许可（古朝 61—51）。

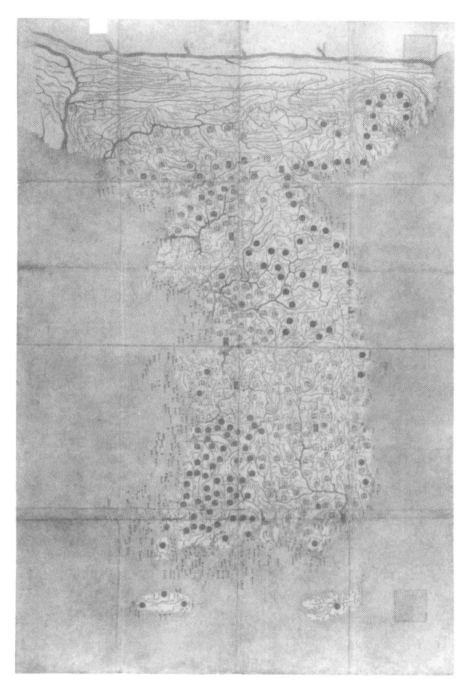

图 10.22　无标题的朝鲜地图

　　这幅地图通称日本内阁版《朝鲜全图》。在日本，它被称为《朝鲜国绘图》。这幅地图可能是 1463 年郑陟和梁诚之呈送给世祖的《东国地图》的复制品，或者以后者的传统绘制。地图上中朝北部边界被画成一条平直的线条，这正是郑陟型地图的特点，但地图的其他部分展示了这幅地图高出同时期地图的准确度。作为一位有名的"形势"专家，郑陟不仅详尽描绘了朝鲜的山脉（绿色）与水系（蓝色），而且标注了大量的邑治、海湾、道路和岛屿。根据所属省道的不同，标注邑治的椭圆形采用了不同颜色。

　　原图尺寸：超过 151.5×90.9 厘米。

　　经日本东京内阁文库许可。

"图画"一词多指绘画，但在这里应该释为地图。此次考查的结果不得而知，但郑陟后来成为一名重要的地图学家。尽管他的地图没有一幅流传至今，但地图史学家以他的名字命名了一类15—17世纪流行于朝鲜的全国地名，即郑陟型地图。我们在1454年的地图测绘活动中再次见到郑陟的身影。当时首阳大君（后来的世祖）带领一队人马到山顶俯瞰汉城，准备绘制一幅新的城图。首阳大君亲自绘出草图，他的手下还有出色的制图师（梁诚之）、一位画工、一位风水师和一位算士，以精通"山川形势"而知名的郑陟也在其列。[131]

283　　虽然据文献记载，世宗十分关注地图的精度，但并没有因此产生多少精确的地图。1482年梁诚之调查报告中所列地图清单中只有两幅出自世宗时期，这两幅都与郑陟有关。[132] 世宗去世前十年对地图兴趣的明显减退，这可能与他目力衰退有关，也可能与他在语言文学方面日益增长的兴趣有关。在他最后的六年里，世宗发明了朝鲜语字母，并刊刻了数部用本国语言方面的书籍。这两项都是朝鲜文化史上划时代的大事。

至于地图绘制工程，则由他的儿子世祖重振旗鼓，世祖在其中投入了相当多的精力。1453年，当时还是首阳大君的世祖（彼时他已架空了年幼的侄子端宗【1452—1455年在位】，随后将其罢黜并赐死）派出梁诚之督造朝鲜全国总图以及八道和三百多个郡县的单幅地图。[133] 1455年，又下令由梁诚之负责编撰一部新的地理志。[134] 次年，梁诚之进呈了一幅边境三郡的地图。这三个郡新设于四十年前，但事实证明，管理这些郡以及防御周边女真部落的成本很高。[135] 一定程度上由于这幅地图和梁诚之的建议，最后世祖取消了这三个郡的行政建置。

1456年，梁诚之向世祖汇报了他持续了三年的地图绘制工作。他的调查面面俱到：山脉与河流、战略要地、道路与里程、全国各郡县与镇堡的事务。但梁诚之汇报的大部分内容与文化和宗教问题有关，即什么造就了朝鲜？他认为是地理和文化的结合。他根据国家已经供奉和应当供奉的山河神的等级，列出了所有值得国家在宗教上特别对待的山河神。然后，他回顾了过去时代的英雄和有道明君，指出应当如何对待他们，他还赞扬了当时盛行的开明的儒家文化。这是一份出色的报告。但有关地图的内容，只在连篇累牍的宗教和文化内容的末尾写了一小段。[136] 梁诚之报告的这个侧重点，提醒我们关注来自这片土地的精神力量，对这种力量进行理论阐述和总结的也许是那些风水大师，但远在风水术占据主导地位之前，古老的山川崇拜业已体现了这种力量。直到朝鲜王朝末期，无论是在民众层面还是在国家与士人主导和襄助的官方层面，此类崇拜仍然十分活跃。

因此，在长达6个世纪的时间里，已经深深扎根于民族精神中的景观风水观念，在朝鲜王朝的最初几十年中，并没有显示出任何衰弱的迹象。除了前面讨论的文献资料，还有几幅

㉛　《端宗实录》卷11，页3a（注释17）。

㉜　这两项地图工程，其一是《八道图》，其二是《两界大图小图》，见《成宗实录》卷138，页10b（注释17）。郑陟的边境地图实际上是在1451年世宗过世之后呈给朝廷的。而《八道图》可能和《东国地图》都是1463年由郑陟和梁诚之共同呈送给世祖的，但《东国地图》不在梁诚之所列地图之中，见《文宗实录》（文宗在位时间为1450—1452年）卷7，页47a（注释17）；《世祖实录》（世祖在位时间为1455—1468年）卷31，页25b（注释17）。文献记载世宗朝的制图工程，似乎是后来才完成的。

㉝　《端宗实录》卷8，页21b（注释17）。

㉞　《世祖实录》卷2，页7a（注释17）。

㉟　《世祖实录》卷2，页39b—41a（注释17）。这些地图后面还附有梁诚之关于北边防御的很多建言。

㊱　《世祖实录》卷3，页24b—32a（注释17）。

地图也可以证明这一点。这些地图可以追溯到 15 世纪，被认为具有风水地图风格（图版 17 和图 10.22）。索菲·克莱门特（Sophie Clément）及其合作者下面这段关于景观"聚气点"性质的评论认为，风水地图的绘制方法是从对"形势"的感知中产生的：

> 重要的是，（这些点）与经度和纬度之类的坐标系并无对应关系，也不能在宇宙外部空间中加以定义。相反的，它们与由精气之网所创造的有机体系的内部结构有关。在这个网络中，边界是某种有生命力的物质，它处于运动中，并不是一堆静止不动的高地和岩石。因此，所有的聚气点都处于由山川展现的大地经脉中并与之保持连通。它们是自然的组成元素，它们自身也传递着生命。[⑬]

在这种制图法中，更重要的或许是展示传递精气的山脉与河流，特别受到重视的是这一传递体系中的各个节点，而不是参照这一体系选址的城镇之间精确的几何关系。所谓的"内阁库地图"（图 10.22）肯定也体现了这一章法。内阁库地图据信是世宗时期的头号地图学家郑陟绘制的朝鲜地图的复制品，或者是延续了郑陟制图传统的作品。地图上的山川画得一丝不苟，却并没有标注比例尺，也没有给出郡县之间的里程，尽管政府随时可以调用这些方面的完整数据。

但是，我们也不能说这幅地图完全忽略了空间关系，因为这幅"内阁库地图"是一幅政治地图，对于汉城的行政官员来说，图上有很多重要的内容，相比之下，从汉城到各邑治的里程就显得有点微不足道了。而且，这幅地图对朝鲜半岛整体形状的把握相当不错：除了北部边界线和东边的一段海岸线存在失真之处（后面我还要讨论到这两个老问题），即便与现代地图相比，这幅地图上朝鲜半岛的总体形状也是相当出色的。

朝鲜地图上显然也是存在比例尺意识的，问题是我们找不到有关这种意识如何形成或付诸实践的具体证据。18 世纪的地图学家郑尚骥（1678—1752）是第一位在地图上标明比例尺以及最早讨论并展示观测距离的朝鲜人。但从朝鲜文献中看不出有关比例尺地图的知识，或者对朱思本地图及其 16 世纪编订者罗洪先的著述的了解，也看不出朝鲜人对著名的宋代计里画方石刻地图有所知晓（见前文，特别是原书第 47—48 页）。公元 3 世纪，中国地图理论家裴秀（223—271 年，见前文，原书第 110—113 页）提出了经典的制图六体，其中隐约体现出比例尺意识，但这一理论在 19 世纪以前似乎也未能成为朝鲜制图者的讨论话题（见后文，原书第 344 页）。

在权近《疆理图》序言中，我们显然也可以隐约察觉到比例尺意识。他在序中写道，"规模局量之大"（见前文，原书第 245 页）。"规模"一词，包含两重意思，"规"指"画圆"或"圆规"，"模"指"形状"或者"模型"，经注中的含义指宏大景象或规划，通常情况下并没有指代过表示实际观察距离与地图展示距离二者比率的地图比例尺。权近用

---

⑬ 译自 Sophie Clément，Pierre Clément，and Shin Yong Hak，*Architecture du paysage*，216（注释 118）。下文也同样赞赏风水学上所见的动态景观：David J. Nemeth，"A Cross-Cultural Cosmographic Interpretation of Some Korean Geomancy Maps" in *Introducing Cultural and Social Cartgraphy*，comp. and ed. Robert A. Rundstorm，Monograph 44，*Catographica* 30，No. 1（1993），85－97。

"规模"这个词似乎只是指人们印象中地图尺幅的大小。

我们还应当注意到朴敦之的一段评论，这段话讲到他 1402 年从日本带回的地图，"图颇详备，宛然一境之方舆，唯壹岐、对马两岛缺焉，今补之而重模云。"（见前文，原书第 247 页）。"重模"的字面意思是指将摹本或图形放大或翻倍。1438 年，世宗也说起过这幅地图。可能由于视力的衰退，他认为日本列岛画得太小，要求通过"改模"制作一个副本。[138] 这两条记录都清楚地提到了放大比例尺。1402 年版朴图可能是《疆理图》日本部分的底图（图 10.2 和 10.11），但《疆理图》将日本放在一个奇怪的位置，并明显将朝鲜放大，使地图严重失真（尽管本章刊出的两个版本的《疆理图》存在很大的不同）。因此，在任何一版《疆理图》上，我们都找不到朴敦之所说的"重模"的影子。不过，如果申叔舟的日本地图（图 10.15）和朴图存在关联，——这是完全有可能的，那么前者可能为我们提供一些帮助。在申叔舟地图上，相对于日本三大主岛，壹岐岛和对马岛显然被放大了。如此看来，朴敦之的"重模"可能仅限于将壹岐岛和对马岛放大一倍后添加到地图上。这样一来，日本本岛就相对变小了。按照这个思路理解，倘若推测无误，朴氏可能仅仅将比例尺概念选择性地运用到地图的局部，不仅并没有展示更为准确的空间关系，反而造成了空间关系的扭曲与失真。

上述权近、朴敦之和世宗的评论涉及的都是外国地图和完全出自外国的地图（由外国传入）。正是由于朝鲜人得到了外国地图却不了解其相对比例，他们将这些地图整合到《疆理图》上时才会导致中国、朝鲜和日本相对大小的失真（这里讲的只是地图上的东亚部分）。因而，虽然从"规模""重模""改模"等术语中可以体会到制图者对比例尺概念的本能直觉，但解读这些术语它们并不能帮助我们深入了解，朝鲜人对于地图真比例尺——由经验获知的实际距离与按比例缩绘于地图上的距离之间的比率，到底了解多少。为解决这个问题，我们不得不回到他们本国的地图上去，因为只有在本国才有可能进行实际的距离测量。以故，我现在转而讨论在朝鲜 15 世纪的调查活动中形成的测量标准与技术。

有关 15 世纪中期世宗、世祖制定的测量标准和测量仪器的实际设计、功能和应用，全相运和方东仁已经作过有益的概述[139]，但很多问题至今尚无定论。我们对世宗时期天文仪器的了解稍多，主要因为《世宗实录》有专文对之做过总结，而测地法则没有得到类似的关注，也没有人对所做工作进行系统的总结。在此，我将研究范围限定在对迄今所知朝鲜王朝为改进线性测量方法和测量仪器所作的努力，后者包括尺子、绳子、里程表、三角测量装置。我还将对前人罕有关注的极高测量及其在地图学上的运用做出评述。

朝鲜很早就采用了中国的十进制步尺（foot ruler），这种耳熟能详的长度测量单位被正式载入 1469 年正式通过的朝鲜王朝法规《经国大典》。[140] 但《经国大典》有一个明显的纰漏，就是没有详细说明尺与其他长度单位（如"里"）之间的换算比率。1746 年版的《经国大典》对之作了增补，确定 1 里等于 2160 尺（360 步）。[141] 下面我们将会看到，这个比率在《东国舆地胜览》的里程数字中曾经被隐约提到。表 10.3 是常见长度单位的换算表。

---

[138] 《世宗实录》卷 80，页 21a—b（注释 17）。

[139] Jeon, *Science and Technology in Korea*, 294–96（注释 49）；方东仁《韓國의 地圖》，第 87—90 页（注释 5）。

[140] 崔恒等：《经国大典》（1469 年编撰，1476 年修订）（京城：朝鲜總督府，1934），6.1b–2a。

[141] 金在鲁（1682—1759）等：《续大典》（1746 年编撰）（京城：朝鲜總督府，1935），6.1a。

表 10.3　　　　　　　　　　　　　**朝鲜传统的线性测量**　　　　　　　　　　　　285

10 厘 = 1 分
10 分 = 1 寸
10 寸 = 1 尺
6 尺 = 1 步
10 尺 = 1 丈
2160 尺 = 360 步 = 1 里

资料来源：崔恒等编撰《经国大典》（汇编于 1469 年，修订于 1476 年）（京城：朝鲜总督府，1934 年）卷 6《工典》；金在鲁等编撰《续大典》（汇编于 1746 年）（京城：朝鲜总督府，1935 年）卷 6《工典》。

中朝两国都规定了每一个小数位的名称。例如，一个物体的长度是 4 尺 7 寸 2 分 6 厘，可用十进制数字简写为 4.726 尺或 47.26 寸。问题是，朝鲜王朝至少有 5 种不同的常用尺，每一种尺都有其指定的用途。更糟糕的是，这些尺的标准随着地方和时代的不同而变化，因而很难给出可靠的转换比率。

　　世宗的研究人员和早期的政府专家显然出于意识形态的缘故，希望采用周尺作为官方通行的标准。在 11 和 12 世纪的中国，理学改革家似乎也提倡过周尺，他们希望恢复孔子时代的长度标准。《世宗实录》中一则 1437 年的文告简述了这个问题的由来：据说司马光（1019—1080）收藏过一通古代石碑上的周尺拓片并将这个周尺复制到流行的新儒家家庭仪式汇编——《家礼》中。然而，由于本书以不同版式频繁刊刻，周尺因此变得混乱，无法统一。1393 年，朝鲜官方试图采用几位精通儒家礼仪的学者家庙神主的长度作为周尺的标准，因为这些神主的长度被证明与周尺存在某些直接的关联。[142] 于是，官方确定了周尺的长度，制作出一把尺子模型，并在 1437 年世宗新天文台建台之后，正式采纳了这个周尺标准，将它运用于所有计时与观测仪器的制作中。此外，还规定周尺的其他用途，"凡大夫士家庙神主，与夫道路里数射场步法，皆据以为定式"[143]。

　　为了确定各种流行尺度之间的换算比率，朝鲜政府制作了黄钟尺作为整齐的标准。黄钟是古代音韵十二律中的第一律，是乐器的标准调音音符。1425 年，作为世宗复原古典音乐、制造一套标准管弦乐器计划的一个基本步骤，黄钟尺得以颁行。政府制作的黄钟律管成为长度、容积和重量等一切度量衡的依据。[144] 接下来，15 世纪 30 年代晚期到 40 年代早期，确定了黄钟尺与当时人们使用的其他尺度的换算比率。15 世纪 40 年代，青铜浇铸的尺板被发往

---

　　[142]　具体细节无法求证，现代版《家礼》没有给出周尺的图样。1781 年乾隆皇帝检书官在《文渊阁四库全书》中收入了《家礼》最好的版本（台北：商务印书馆 1983 年版，影印本第 142 册，4.24a），在讲到神主规格时并没有提到周尺。当然《家礼》一书有无数版本，几乎很难复原它的文本流变史，甚至它的作者也没弄清楚（传统上认为是朱熹，但这一观点很久以前就没有被认可）。传说中的周尺与新儒家礼仪之间的联系值得认真探讨，因为这对于宋代以后东亚的度量问题非常重要。

　　[143]　《世宗实录》卷 77，页 11a—b（注释 17）。《家礼》中确定神主的长度为 1 尺 2 寸（卷 4，页 24a，注释 144）。如果把这个标准用到周尺上，那么，精确制作的神主为周尺的 6/5 倍。

　　[144]　根据《经国大典》今译和注解者的说法，1425 年世宗的首席乐官朴㙉在海洲地区收集了中等大小的谷物颗粒，并选出 100 标准颗粒，将它们首尾相连排成一行，以确定黄钟尺的长度。黄钟律管被确定为长 9 黄钟寸，圆周为 0.9 寸，还将水注入律管中，由此确定量器和衡器的标准。见韩㳓劢等《譯注〈經國大典〉》（首尔：韓國精神文化研究院，1986 年），第 751 页。亦见《文献备考》卷 91，2b（注释 51）。

全国各地，[145] 1469 年，官定比率被写入法典（表 10.4）。

286

表 10.4　　　　　　　流行于 15 世纪的朝鲜距离线性测量标准

单位	适用范围	比率	米制换算值（暂定）
黄钟尺	律管长度标准	1	32.85 厘米
周尺	普通线性测量	0.606	19.91 厘米
造礼器尺	仪式用尺，仪式工具	0.823	27.04 厘米
营造尺	建筑用尺	0.899	29.64 厘米
布帛尺	纺织品用尺	1.348	44.29 厘米

资料来源：崔恒等编撰《经国大典》（汇编于 1469 年，修订于 1476 年）（京城：朝鲜总督府，1934 年）卷 6《工典》。米制换算基于吴承洛《中国度量衡史》（商务印书馆 1937 年版）第 64—65 页，1 周尺等于 19.91 厘米。关于这一数值在朝鲜的适用性，可见注 149。在新的研究成果出来之前，这些数字都是暂定的。

　　将各种尺度换算成米制单位是存在问题的。全相运测出《世宗实录》中印制的"造礼器尺"长度为 28.9 厘米，据此推导出黄钟尺的长度是 35.1 厘米，周尺的长度是 21.27 厘米。[146] 但中国学界对于同一长度单位得出的数值分别是 19.91 厘米和 24.525 厘米。由于不了解全氏关于造礼器尺的具体内容，我只能暂时接受吴承洛 19.91 厘米的估算，这个数值也通过了我设计的一个有关其对朝鲜里程数据适用性的检验。表 10.4 和表 10.5 列出了我基于吴氏的数据，暂时得出的朝鲜长度单位米制换算值。[147]

----

　　[145]　随着岁月的流逝，世宗时期制作的那批标准青铜尺渐渐丢失，其中大多丢失于 1592—1598 年的壬辰倭乱中。但在 1740 年，朝廷听说在三陟府官衙内保存有青铜制布帛尺，其上有世宗朝的官刻铭文，相当于 1446 年 12 月 18 日到 1447 年 1 月 16 日之间。跟这个尺子相比，那时各地所用的布帛尺要短半寸到 1 寸。因为知道最初所定的青铜尺与其他标准尺之间的比率，英祖（在位时间为 1724—1776 年）遂下令根据三陟府的布帛尺铸造一套新的青铜标尺，并分发各地。见《文献备考》卷 91，页 3b—4a。

　　[146]　Jeon, *Science and Technology in Korea*, 134（注释 49）。

　　[147]　Jeon, *Science and Technology in Korea*, 131－34（注释 49）。全相运的书中并没有讲到他测量《世宗实录》所载造礼器尺的具体情况。他书中的插图选用的是 1604 年再刊本的 1956 年影印本中所画尺子。但 1956 年版本上尺子的长度并不是 28.9 厘米（实测大约是 18.1 厘米）。那么，28.9 厘米这个数字到底是出自 1604 年版本还是出自 1427 年的初刻本（首尔大学，奎章阁#12722）？人们希望出自后者，但全相运并没有做出说明。

　　除了全氏推算出的 21.27 厘米这个周尺数值，表 15 中还展示了吴承洛推算的另一个数值，见氏著《中国度量衡史》（商务印书馆 1937 年版，第 64—66 页）。吴承洛算出周尺与中国市尺（33.3 厘米）的比率是 0.5973，因而得出周尺的长度是 19.91 厘米。最后还有李约瑟等人基于对明朝青铜量天尺的实际测量，得出周尺的长度为 24.525 厘米。量天尺本身据说与中国 6 世纪的铁尺长度完全一致（Needham et al., *Hall of Heavenly Records*, 90【注释 48】）但是，被李约瑟及其合作者视为权威的尹世同文章《量天尺考》（《文物》1978 年第 2 期，第 10—17 页）中并没有讨论周尺，也没有说周尺与量天尺等长。

　　为了从上面这些数值中选取一个，我设计了一个基于 15 世纪朝鲜里程数据的测算实验对上述数值加以检验。首先，我从《胜览》中任意选取了 20 个以里为单位的里程数，相应的 40 个地点分布在朝鲜各处地势相对平缓的地方，而且可以在高质量的现代朝鲜地图上（USAF Operational Navigational Chart ONC G－I0, 1∶1000000, Aeronautical Chart and Information Center, United States Air Force, St. Louis, Missouri, 1964）精确定位。接着，我以公里为单位、用测距仪测出这 20 组地点之间的距离，然后分别用吴氏、全氏和李氏的周尺数值，将它们换算成里数。所有 20 个距离数据总和为 614 公里，相当于 1423 里，或平均每公里为 2.318 里。从吴氏的数据（2.315 里/公里）推导出的距离是 1428 里，比实测数仅高出 0.3%；从全氏的数据（2.17 里/公里）推导出 1134 里（－6.3%）；从李氏的数据（1.89 里/公里）导出 1160 里（－18.5%）。李约瑟的数据显然可以排除在外。从吴氏和全氏中二者取一，实验结果显然倾向于吴氏。在这个实验中，我假设所选取的这 40 个点，点与点之间的道路在几个世纪中大致是不变的（选取了相对欠发达地区地形平坦的地方），同时也假设《胜览》中的里程数据大体是准确的，即便有一些误差，但这 20 个分散于全国不同地域的距离数可以合理地平均掉这些误差。最后，使用测距仪在比例尺为 1∶1000000 的地图上进行测量，由于必须取直道路，这样得到的公里数就相对少一些。按这几条标准进行修正后发现，从全氏数值中导出的总里数更接近标准里数，而吴承洛的总里数则较偏离标准里数。但根据我的实验，吴承洛的数值（他在确定这个数值时没有注意到朝鲜的周尺，因此其论证中的逻辑链条并不完整）仍然是令人信服的。在弄清全相运所用仪礼尺的具体长度之前，吴承洛给出的 19.91 厘米这个周尺数值似乎更可信，我在本章的其他部分也将采用吴氏的数值。当然，还有其他很多方法可以解决这个问题。在完全弄清历史时期朝鲜的度量衡之前，对这个问题还需要更多的研究。

表 10.5　　　　　　　　　　　　　　　路程测量中的周尺单位　　　　　　　　　　　　287

单位换算表			米制换算值（暂定）		
1 尺			19.91 厘米		
6 尺	=1 步		119.46 厘米	1.19 米	
2160 尺	=360 步	=1 里		430.05 米	0.43 公里
	10800 步	30 里 =1 息			12.90 公里

资料来源：崔恒等编撰《经国大典》（汇编于 1469 年，修订于 1746 年）（京城：朝鲜总督府，1934 年）卷 6《工典》。米制换算值是暂定的，见表 10.4 中的注释。

　　朝鲜王朝的官员显然沿用了高丽时代的里程数据。下面是 1402 年利用这些数据的例子。在编定流配法令和确定流放地到都城的远近时，法律专家注意到东北端的庆源（一级流放地）距离首都 1680 里，最南端的东莱（二级流放地）距离首都 1230 里。[148] 这表明当时有系统的里程数据。

　　1469 年的调查报告记录了诸多信息，其中包含各邑治到汉城的里程，但现在仅留下了庆尚道的数据，[149] 可资比较的全国数据则见于《东国舆地胜览》（撰成于 1481 年，最后一版刻于 1531 年）中。《胜览》中的数值是根据周尺给出的，非常清晰统一。但有趣的是，1469 年调查数值总体上偏低，如庆尚道 55 个郡县（共 66 个）到汉城的里程数相加之和为 31260 里，而《胜览》中同一批郡县到汉城的里程之和却是 39711 里。1469 年的数值只占《胜览》数值的 78.7%。[150] 可见，《胜览》中的长度单位要比 1469 年调查所用长度单位小（因此前者在丈量相同里程时得出的里数更大），但前者与表 10.4 中周尺与其他度量单位的换算比率并不匹配。唯一的可能是，虽然 1469 年已颁定官定长度单位换算比率，但在实际生活中并没有达到标准化。1437 年的里程丈量以周尺为标准单位，但经过一代人之后，这个单位仍然没有被普遍采用。我们对比一下单个县的里程数，如东莱县到汉城的里程，1469 年丈量为 725 里 96 步（或者 725.27 里），《胜览》是 962 里，而 1402 年对流放地的讨论中是 1230 里，可以发现，要达到统一的国家规范，似乎需要废除众多习用的长度单位。

　　我们对测量的具体操作过程知之甚少。有关 1393 年在汉城进行的一次调查的文献曾讲到，人们采用绳索测距。[151] 考虑到 1425 年报告的准确性（测距以"步"为单位），这种绳索测距方法可能被运用于长距离测量中。但世宗显然还在寻找更好的测量手段。1441 年，一种叫作"记里鼓车"的新装置被发明出来，并出现在当年王室前往忠清道温泉的长途旅行中："是行，始御辂舆，用记里鼓车，行至一里，则木人自击鼓。"[152] 同年晚些时候，我们看到平安道用一种"新造步数尺"测距。兵曹要求全国所有的陆路三十里种一棵

---

[148]　《太宗实录》卷 4，页 9b—10a（注释 17）。

[149]　《庆尚道地理志》和《庆尚道续撰地理志》（注释 107）。

[150]　这里所讨论的 1469 年数据，是基于《庆尚道续撰地理志》（见注释 107）中"庆尚道"条下的 66 个郡县的数据。其中有 4 个郡县的资料缺失或者不完整，7 个郡县的数据远大于《胜览》中的数据，表明从汉城出发的测量路线不同或者存在其他问题。这些数据没有归入样本中。《胜览》中的数据来自该书卷 22—23 中的相关部分（注释 111）。

[151]　《太宗实录》卷 3，页 3b（注释 17）。

[152]　《世宗实录》卷 92，页 18b（注释 17）。方東仁等人说木人间隔十里击鼓一次［《韓國의 地圖》（注释 5）］。"十里"这个计量单位如此之大，令人怀疑它的实际作用，另外原书中明确记录的是"一里"。

树作为里程标志。⑬

288　　　我们并不清楚"记里鼓车"的使用范围有多广。据我所知，唯一提及它的是世宗的温泉之行。⑭ 我怀疑"记里鼓车"并不实用，即便世宗曾经想过用它来进行实地勘测。"步数尺"可能更加简便、更加精确且更便于使用。我们原以为 1441 年的测距是根据周尺来校准的，但 1469 年庆尚道的测量显然采用了一个比周尺更长的，或许更常用的尺度标准。我们所能确定的是，在 1481 年《胜览》的早期校订本问世前后的某个时期，要么做过新的测量，要么按周尺对旧的数值做了重新计算。

　　我们对一种三角测量仪器——"窥衡"的了解稍稍多一些，这种仪器由世祖发明于 1467 年。这年春天，世祖多次召集友人和爱好技术的官员，向他们介绍他新发明的被称为"印地仪"的小玩意。⑮《实录》编者称之可"量地远近之物"。⑯ 世宗在其陵墓附近的乡村安排了一次检验"窥衡"的测试，但史书并没有记录这次测试的过程和结果。⑰ 18 世纪朝鲜类书《文献备考》转引了一段参与这次活动的测量师李陆的话，据此确知它是一种三角测量仪器，但这段话并没有详细记述"窥衡"的细节。⑱ "窥衡"还被用于 1467 年晚些时候汉城地图的绘制，此后便不再见诸史册。⑲ 尽管有关"记里鼓车"和"窥衡"的记载存在诸多不确定因素，但根据手头的资料，我们仍可以确知朝鲜人在 15 世纪中叶为实现更加精确的距离测量所做的努力，并最终将一套达到相当精度、具备内在一致性的数据收入 1481 年的《东国舆地胜览》中。

　　我们还需要注意朝鲜人通过极高来测量该国南北跨度的努力。1437 年，世宗天文台的设计者测量出汉城的极高略高于 38°。⑳ 当时假定的周天（celestial circumference）是 365.25°，如果按照周天 360° 进行修正，则汉城的纬度为 37.45° +，与现代首尔北纬 37°35′44″（37.595°）这个数值相差不远。《文献备考》记载，世宗在位时曾派三位历官分别到江华岛的摩尼山（与今首尔纬度大体相同）、白头山（象征着朝鲜最北端）、济州岛的汉拿山（接近朝鲜最南端）测量极高。可惜的是，如《文献备考》编撰者所见，这次测量结果并没有记录下来。㉑ 类似的测量极有可能是为了估算汉城到朝鲜南北两端的总

---

⑬　《世宗实录》卷 93，页 26a—b（注释 17）。方東仁引用这条史料和其他一些例子作为记里鼓车被应用到实地勘测的例证，但是他所引用的这些史料没有一处真正提到记里鼓车（《韓國의 地圖》第 88 页）（注释 5）。

⑭　我们可以从史料中做出推断，记里鼓车只不过是世宗的一种私人装备，它与其他同名的中国车子有很多相似之处。如西晋（265—317）皇帝也有"记里鼓车"，它与著名的司南车以及指南车一道，被视为中国皇家威仪的象征。317 年，这些车子被北方夷狄掠走。经过 409 年和 417 年两次成功的战役，晋朝才将其中的两个夺回，这使皇帝感到十分宽慰，见房玄龄等的《晋书》（编撰于 646—648 年）卷 25，第 756 和 764 页，10 册本（中华书局 1974 年版）。因此，中国和朝鲜文献中提到的记里鼓车，是否具有重要的实际用途，可以用作远距离测量的仪器，尚有待证实。

⑮　《世宗实录》卷 41，页 20b—21a 和卷 41，页 21b（注释 17）。

⑯　《世宗实录》卷 41，页 12b（注释 17）。

⑰　《世宗实录》卷 41，页 22a（注释 17）。

⑱　《文献备考》卷 2，页 32a—b（注释 17）。

⑲　《世宗实录》卷 44，页 9b（注释 17）。

⑳　《世宗实录》卷 77，页 9b（注释 17）。见 Jeon，*Science and Technology in Korea*，102 – 4（注释 49）；Needham et al.，*Hall of Heavenly Records*，108 – 9（注释 48）。

㉑　《文献备考》卷 2，页 10a—b（注释 17）。编者引述了《观象监日记》，并确定了三位历算官的名字，但此三人行迹不明。

长。考虑到当时已经有了这些点之间的里程数（无论是否准确），因此，此次测量可能是为了对已有的陆上距离值进行检验，或者是出于绘制地图的需要，单独测出一个南北两端之间的长度。不过，倘若世宗把他的测量队伍派到稳城，可能会获得更好的数据。稳城设立于 1440 年，地处图们江的北部河曲处，为世宗派出武官征讨女真人所得。该城是当时也是现在朝鲜最北部的城市（42°57′21″），纬度比白头山天池（42°00′00″）高了几乎 1°，而当时朝鲜人很有可能认为白头山是全国最北端。稍后我们讨论到所谓郑陟型地图中人们熟悉的"平直的"北界时，还会分析到这种可能性。在郑陟型地图中，白头山和稳城几乎画在同一纬度，而在《东国舆地胜览》的全国地图和咸镜道地图中，稳城的纬度居然比白头山还低（更靠南）。

在西方勘测方法传入朝鲜之前，除了世宗时期有趣的极高测量工程外，我们找不到有关朝鲜大地测量的其他信息。西方勘测方法初次传入朝鲜是在 1713 年，当时一位满人使节抵达汉城并派出一位经耶稣会培训的汉人测绘师到城市中心进行测量。我会在后面的部分再讨论这件离奇之事。

朝鲜半岛的形状

1482 年，梁诚之在他去世前的几个月，回顾了自己毕生所见的许多官修文献，其中有不少文献整部或部分出自梁氏之手。他还对这些文献的印制及其在政府部门的发放提出了建议。其中，地图是他关注的重点。他列出了自己收藏或知晓的 20 幅（套）重要的地图。这份清单五花八门，既有高丽时代的朝鲜半岛地图，也有几幅从中国和日本输入的地图，但大多数是由他和与他同时代的朝鲜人绘制的地图作品，详见附表 10.1。如前所述，这份清单体现了世宗测绘工程的成果，因此其中包含有全国地图、省道和郡县地图、关防图以及一幅展示沿海航线的地图。

梁氏清单中的两幅朝鲜地图可能有副本流传至今。日本和琉球国地图在《海东诸国纪》（上文提及）中有所反映。从朝鲜和中国的摹本中也可以找到清单中明代地图的影子。除了这些蛛丝马迹，梁氏所列清单中的地图既没有留下文字材料，也没有留下确证的地图实物。造成这种状况的原因，至少部分出于梁氏本人所主张的地图政策。他绝不主张地理信息的自由开放。在附带这份清单的奏疏中，梁氏提议对大部分官方出版物实施严格管控，就连高丽王朝的官方正史《高丽史》都应"不轻示于人"，唯恐书中的作战细节广为人知。至于地图，"不可不藏于官府，又不可散在于民间也"[162]。鉴于他的这种态度，梁诚之的地图自然会很少流传于世。

梁氏的清单存在一处明显的疏漏，那就是不见 1402 年《疆理图》。几乎可以肯定，这幅图复制于汉城之际正值这位地图学家职业生涯的鼎盛时期。[163] 若非第 15 幅图——《大明

---

[162]　《成宗实录》卷 138，页 10b（注释 17）。

[163]　龙谷大学版《疆理图》标出了鸭绿江边境三个郡（闾延、茂昌、虞芮）。它们于 1455 年被裁撤。图上还展示了豫原和隋川这两个郡，其废置的时间分别是 1459 年和 1466 年。因此，这个副本可能是 1470 年以前制作的。见青山定雄《元代の地图について》第 111—112、143 和 149 页。

天下图》指的就是《疆理图》，那么这份清单根本就没有提到后者。[164]《疆理图》中的朝鲜半岛部分，起初是由权近指导李荟完成的，因此这一部分极有可能与清单中的第 2 幅地图——李荟《八道图》对应。虽然《疆理图》中的朝鲜并没有表现省道划分，但半岛的基本轮廓和其他细节很可能与《八道图》有关。

《疆理图》上的朝鲜，第一个引人瞩目的特征就是突出表现的山脉，不仅有沿东海岸贯穿南北的主干山系，还有延伸到开城和汉城的支脉，地图上显示出二者之间清晰的联系（图表 17）。这条主干并没有直接与白头山相连（《疆理图》并未突出显示白头山，这座山甚至被错误地标记在实际位置的东南方），但在线条断开的地方图面颜色发生了变化，表明地图有过损害或残缺。这种表现山脉排布的方式在《疆理图》的其他部分是看不到的，如前所述，这种画法很好地反映出朝鲜人对本国"脉系"的迷恋。

《疆理图》上朝鲜半岛的河流画得相当得体，特别是中部和南部地区。汉江和洛东江流域得到完美再现。图上画出了全国大多数行政区，在圆角方形符号内标出各道府治所和一些重要军事中心的地名；为突出汉城，采用了锯齿状圆圈注记符号；[165]用椭圆形符号标出港口和入海口，并对彼时处于倭寇重压力下的谷物运输和沿海防御系统做出了评价。

为韩国学者诟病最多的是《疆理图》对朝鲜半岛总体轮廓的勾勒。虽然半岛中部和南部海岸线非常接近实际，但是北部边界却被明显压缩，变成了一条平直的边界线。[166]在《疆理图》完成的 1402 年，鸭绿江—图们江边地绝大部分仍在女真人（后来的满人）之手，尚未被朝鲜人占领。李荟和权近很可能是以一些过时的高丽地图为范本的。

18 世纪以前，这种平直的北方边界线一直是朝鲜地图上的未解之谜。因此，有必要在此简述一下鸭绿江—图们江边地在高丽和朝鲜王朝时期的历史。统一新罗时期的北界从西海岸的平壤，一直延伸到东海岸今元山北部地区（参见图 10.23）。高丽时代早期，新王朝将北境推至鸭绿江口，控制了清川江—大同江盆地的所有土地，并且抵御了契丹和女真的反复侵扰，成功地守住了这块领土。该区域最醒目的地物就是建成于 1034 年的高丽长城。1107 年，尹瓘（卒于 1111 年）领导了一场战役，将女真人从东海岸的广阔区域向北驱赶到镜城（约北纬 41°35′），同时在该地修筑或加固了 9 座防御军镇。两年后女真人再次夺回这块土地，13 世纪此地又落入了蒙古人之手。此后高丽未能再次控制此地。直到 1356 年，高丽恭愍王在驱逐蒙古人的过程中根据地图收复此地，见前文。高丽末期的 1392 年，高丽的统治范围达到了鸭绿江边的楚山，并以之为起点，向偏东北方向延展到东海岸的镜城。朝鲜王朝的建立者李成桂，又将这一沿海地带拓展至图们江下游的庆兴（古称孔州，约北纬 42°36′）。1441 年，世宗将图们江最北端河曲处的所有土地纳入朝鲜版图。自那以后，这个地方就一直处于朝鲜的控制之下。在中北部边境地区，世宗也夺取了鸭绿江北部河曲地区并设置了政区，但那里地势极为崎岖，难以控制，世祖于 1455 年

---

[164]　关于这一点可以略作讨论。藏于北京博物馆的《大明混一图》，除了中国东北、朝鲜、日本等地区外，同《疆理图》以及《大明国地图》十分相似。《大明国地图》现藏日本本妙寺，是《疆理图》的一份复制品。两幅图的图名都带有"大明"二字。见上文注释 32 和注释 40。鉴于我前面讲到"天下图"可能是《疆理图》演进的结果（第 165—267 页），15 号图采用了一个作为通名的"天下图"作为图名，颇有几分耐人寻味。

[165]　李约瑟误将这个圆圈认作平壤，见 Needham, *Science and Civilisation in China*，3：555（注释 31）。

[166]　李燦：《韓國古地圖》，第 198 页（注释 4）；金良善：《梅山國學散稿》，第 160—162 页（注释 3）。

290

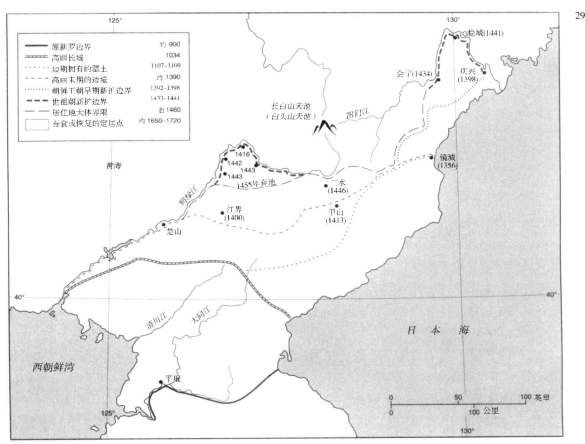

图 10.23 10—14 世纪朝鲜半岛北部边界变迁

放弃这一地区。该地连同白头山图们江南部的大片蛮荒之地，此后基本上不受朝鲜管辖。直到 17 世纪和 18 世纪早期，这块无人区才成为永久居住区并恢复行政建置。1712 年，朝鲜与清朝签订正式协议，划定了自天池以及白头山顶峰到图们江河源的边界。这是现代朝鲜疆界确立的最后一步。

从以上的讨论和图 10.23 中的地图可以看出，在绘制《疆理图》的 1402 年，图们江沿 291 岸的大部分土地仍未纳入朝鲜的统治范围，朝鲜的北部边界很明显向东北方向的庆兴倾斜。庆兴埋葬着李成桂的几位先祖（曾为蒙古人服役）。李荟和权近在《疆理图》的朝鲜部分虽然画出了庆兴和图们江口地区，但严重低估了这些地方偏北的程度。毫无疑问，直到 1402 年，朝鲜人对该地区的地理知识知之甚少（龙谷版《疆理图》在图们江北部河曲处标出了几座主要城镇，但这些城镇直到 15 世纪 30 到 40 年代才建立起来。因此，这些地名肯定是 1470 年前后的临摹者添加上去的）。比图们江边界更成问题的是朝鲜半岛西北角的边界线。李荟和权近将鸭绿江几乎画成了一条向西注入黄海的水平直线。其实在高丽时期，人们就知道鸭绿江下游是从西南方向入海的，很难理解 1402 年的绘图者为何要这样处理。而事实上，在《疆理图》诞生后近三个世纪以来，这种平直的北方边界线一直是朝鲜地图的一个特征。

韩国学者通常将《疆理图》之后的朝鲜地图归为 4 组，即（1）郑陟型地图，流行于 15

世纪中期到 17 世纪中期，主要根据其平直的北部边界来识别；（2）《胜览》型地图，系模仿《东国舆地胜览》中的地图，主要收录在《天下图》地图集中，一直流行到 19 世纪晚期；（3）郑尚骥型地图，此类地图第一次较为真实地描绘了北方边地，并第一次使用了指示性比例尺。此类地图可能出现于 18 世纪上半叶，直到 19 世纪中期才开始普及；（4）金正浩型地图，系对郑尚骥地图的改良与完善，是 1834 年到 1864 年朝鲜国家地图学的集大成者。从 19 世纪晚期开始，金正浩型地图被西方影响下的新式地图所取代。

郑陟型地图

前文中我们已经多次提到过郑陟。尽管他是世宗的首席制图师，如今他的名字因一种特殊的制图风格而被人们记住，但《成宗实录》中对他生平冗长的回顾却只字未提与地图有关的任何工作。[167] 这是朝鲜王朝时期历史学的典型特征，它并不认为为官生涯中的科学技术成就值得载诸史册。专业化与儒家的学术理想是背道而驰的。郑陟祖上曾担任过级别很低的地方小官，但在朝鲜时代早期，这种出身的人只要聪明，也能找到机会。1414 年，郑陟通过科举考试，此后跻身中上层官僚阶层，成为世宗最喜爱的伙伴，并参与到世宗朝的许多文化与科技工程中。

已知与郑陟有关的地图主要是《东国地图》。这幅图于 1463 年由郑陟和梁诚之呈送给朝廷。[168]《东国地图》虽然没有流传下来，但有人认为，日本东京内阁文库中收藏的一幅带有日文标题的朝鲜地图——《朝鲜古绘图》，就是《东国地图》的模本或与之属于同一传统的作品（图 10.22）。青山定雄通过研究内阁库地图上可确认的地物，指出其编绘年代为 15 世纪中期，[169] 因此，这幅地图被认为是朝鲜半岛地图学中所谓郑陟型地图的典型代表。不管从哪方面看，这幅地图都是朝鲜时代地图中较为古老的作品。

相比《疆理图》的朝鲜部分，内阁库地图在画法上取得了相当大的进步。图中的河流用蓝粗线表示，细节相当精准。如前所述，山地的脉络体系也较《疆理图》成熟得多。《疆理图》只是粗略画出了东海岸的主干山脉和一些主要的支脉，内阁库地图则画出了整个国家的山脉网络。在这幅地图上，可以明显看出对"形势"的强调。根据文献记载，此图与 1436 年和 1454 年郑陟的工作有关（如前所述）。读图者的视线从任何一处出发，都很容易沿着山脉线抵达白头山。图中的山系还延伸到了中国东北并将相当一部分土地囊括在内，虽然这一部分被压缩得很厉害。

292　　　每个省道郡县的地名，按照所属省道的不同，分别标记在不同颜色的椭圆圈中。同一省道内的椭圆圈采用相近的颜色，这样做便于区分不同省道，不必再画出它们之间的边界线。青山正雄将椭圆圈的颜色（他文中所附图版不是彩色的）列举如下：[170]

---

[167]　《成宗实录》卷 58，页 1b—2a（注释 17）。郑陟去世以及发布讣告的日期相当于 1475 年 9 月 1 日。

[168]　《世祖实录》卷 31，页 25b（注释 17）。

[169]　青山定雄：《李朝に於ける二三の朝鲜地图について》，《東方学報》9（1939 年），第 143—171 页。首尔国史编纂委员会藏有一份完好的朝鲜彩色复制版，载于李燦《韓國古地圖》图版 10，第 24 页（注释 4）。

[170]　青山定雄：《李朝に於ける二三の朝鲜地图について》，第 157 页（注释 171）。

京畿道	深黄色	江原道	绿色
忠清道	浅黄色	咸镜道	蓝色
全罗道	红色	平安道	灰色
庆尚道	粉红色	黄海道	白色

　　除了偶有变化，这套色彩配置在当时是十分常见的，尽管到金正浩的时代，它不再是彩色地图上的流行特征。色彩的配置并不是随机的，而是对应了中国传统的五行体系。根据五行体系，中央是黄色、东方是绿色（蓝色）、南方是红色、西方是白色、北方是黑色。有趣的是，日本也习用这种表示五方省道的色彩体系。16 世纪 90 年代丰臣秀吉侵略朝鲜时，在军事通信和日常对话中，都谈到了用颜色区分省道。日本庆念和尚曾追随他的主君参加了1597—1598 年发生在朝鲜半岛南部的战役，并留下了一部有趣的日记。日记中将全罗道称为赤国、忠清道称为青国、庆尚道称为白国。[171] 但除了称全罗道为赤国外，他所记各道名称并不符合五行配色方案，不过，我们怀疑这种称谓反映了日本武士在战争中对朝鲜地图的依赖。[172] 推测这是他们对情报资料做出的解读。

　　内阁库地图另外一个值得注意的特征是标明了重要的军事中心以及数百个岛屿和海湾的地名。重要的道路用红色线条表示，各邑治到汉城的里程既用里数，也用旅行天数表示。[173]虽然地图上的朝鲜是以大致实际的比例绘制的，但图上并没有标明比例尺。要等到郑尚骥的时代，朝鲜地图才真正出现比例尺。据李燦估算，该图的实际比例尺大约是 1∶800000。[174]

　　内阁库地图在北部边界的画法上，比《疆理图》有明显的改进。鸭绿江下游略流向西南，但上游的河道还是和早先的地图一样平直。北界东段略向东北抬升，但与实际的边界还有一段距离。总体上北方边地还是一块压缩过的平直区域，好像在水平方向上被中国东北的山脉和河流挤压了一样。人们也许会认为，经过世祖和世宗时期开展的广泛的地图研究和测量，到 15 世纪 60 年代，这种画法应该已经得到纠正，只是由于绘图者想在地图上部画出整个中国东北，才导致朝鲜北部边地的扁平化。但这并不能解释为何后来其他郑陟型地图所画的北边仍然保持扁平，就这一点而言，此类地图倒退了。例如其中有一幅出自民间艺人之手的有趣的地图——《朝鲜八道综合图》，其上的北部国界线不仅是平直的，而且还向东南倾斜（图版 18）。[175]

　　这样的错误肯定不能归因于缺乏到北部边地的里程数据，至少 15 世纪以后的郑陟型地图不是出于这个原因。据《东国舆地胜览》记载，汉城到鸭绿江下游西北边镇义州的里程

---

　　[171]　慶念日記——《朝鮮日々記》，重刊于《朝鮮學報》35（1965 年）：第 55—167 页。与各省道彩色名称相关内容可见第 68、75—76 和 150 页注释 25。

　　[172]　日本内阁库地图（注释 171）的朝鲜复制本，将写有庆尚道的椭圆圈标为白色，这与日本军用地图的做法相同，但有可能因为这幅复制图没有显示原图上的粉红色。图上忠清道的颜色是橘黄色，可能是为了与北边京畿道的黄色和南边全罗道的红色协调。

　　[173]　在这幅朝鲜复制图上，没有里程数与旅行天数。

　　[174]　李燦：《韓國古地圖》，第 206 页（注释 4）。

　　[175]　李燦的《韓國古地圖》还有另一些郑陟型地图，其北部边界线是平直或下垂的（第 64—65、70 和 79 页，注释 4）。

是 1186 里，到图们江北部河曲处的稳城是 2201 里。⑰ 只要稍稍注意到两地与汉城的里程差值，就能大致无误地画出这一段边界线。

尽管从 16 世纪早期以后就很容易得到这样的数据，但地图上所绘的边地仍然是扁平的，这一点令人难以理解。我们推测有好几个因素起了作用。其中之一可能是安全考虑。前面已经说过，梁诚之一门心思严守军事机密，不愿意让任何地图流到民间。在这种背景下，为了迷惑可能得到朝鲜地图的中国或女真将领，或许有意采用了未经改进的边界线。15 世纪，女真地区十分动荡。明朝政府在今中国东北南部和东部通过建立卫所加强对女真的防御，而李朝也一如既往地加强鸭绿江和图们江一线的边境防御。双方的这些举

293

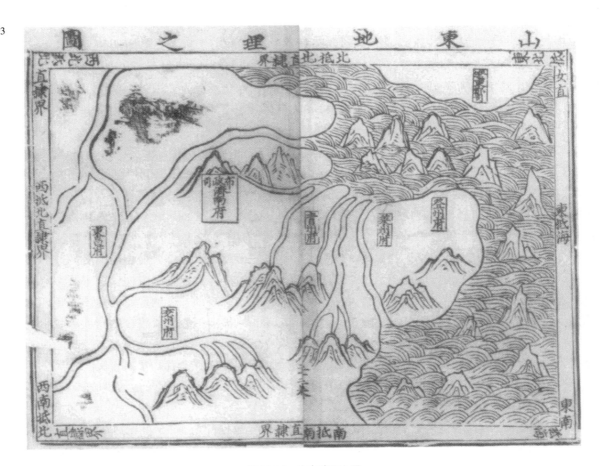

图 10.24　山东地理之图

此图出自《大明一统志》（撰成于 1461 年）1505 年版卷 22 之首。这幅明朝山东地图只标注了山东省的六个府，没有表现任何州县，也没有标注山川名称。除了这些内容，唯一可见的只有海岸线。朝鲜人在绘制 1481 年《东国舆地胜览》中的全国地图时，显然受到了这种简略而审慎的制图风格的影响，但正如我们在图 10.25 和图 10.26 所见，朝鲜地图内容更为丰富，也更为有趣。

原图尺寸：20×27 厘米。

经美国麻省剑桥哈佛大学哈佛燕京图书馆许可。

---

⑰ 《胜览》卷 50 页、38a；卷 53，页 1a（注释 111）。

措都是为了消灭女真人，同时也不可避免地使中朝两国陷入一种不动声色的较量中。梁诚之不得不在地图真确性与国家安全之间权衡取舍。晚年的梁诚之对国家安全的担忧形诸言表，这种担忧压倒了他对地图质量的评判。但是，梁诚之并不是唯一一个带有这种担忧的人。

《胜览》型地图

检索《东国舆地胜览》编撰过程中用到的地图或许可以找到解决上述边界线问题的途径。《胜览》初次编成之际，梁诚之已进入他生命中的最后几年。《胜览》早期的修订本已经失传，但其 1499 年版采用的地图与 1531 年的最后一版完全相同，说明这些地图的格式在编撰过程的早期阶段就固定下来了。尽管《胜览》的文字材料以全面、可靠而著称，但打开地图，不免让人有些失望。众所周知，在该书 1485 年版付梓之际，成宗曾下令，刻本的风格与版式要严格依照 1461 年的明代地理总志——《大明一统志》。[177]将《胜览》的常见版本与 1461 年版的《大明一统志》进行对比，可以发现成宗的命令得到了落实。[178]《大明一统志》的地图绘制风格可以说是极其简约和程式化的：海岸线用最宽的曲线表示；河流统一采用宽而直的条带；用点缀各处的装饰性山峰表示山地但不关心山系与地貌类型。各省地图上只标注了重要的次级政区（府），并在黑色矩形框中标上地名（图 10.24）。绘图者对地物的简省达到了极致。《胜览》的绘图者意识到《大明一统志》的模式失之于内容空洞，因此对之进行了改良，以一种更加赏心阅目的形式取而代之。《胜览》所确定的地图样式，日后在朝鲜持久流行，特别是通过可能始作于 16 世纪的《天下图》地图集广为传播。[179]

《八道总图》在《胜览》第 155 卷卷首，如图 10.25 所示。以东北地区为例，相对于早期地图，该图的简化程度令人吃惊。不仅轮廓严重变形，而且似乎有意放大了这一地区。该图的绘制者无疑是了解实际情况的，因为他们出入的藏书库就收藏有更精确的朝鲜地图。他们这样画，显然出于某种目的，另外可能也受到了某些技术方面的限制。其中最大的限制来自木雕版的版式。印书所用的木雕版尺寸不可能没有限度，而且由于木版上有纹理，刻工常常将蜿蜒的河流与曲折的海岸线做取直处理。除此之外，刻工们还有一个习惯的做法，总是试图将图像填满整块木版。这些习惯的做法，加上《胜览》所用木板尺寸（21.3×34.1 厘米）的限制，[180]最终导致地图中的朝鲜半岛在垂直方向上被压缩，而在水平方向上被拉伸。

但我们还必须将这种缺陷与地图编绘者的绘制目的联系起来看，这些地图只是作为详细的正文的参考简图。作为全国总图的《八道总图》，其内容可以通过书中相应卷帙中的八幅

295

⑰　见 1486 年金宗直《刊记》，载于 1531 年版《胜览》末尾（注释 111）。

⑱　我核查过收藏于纽约哥伦比亚大学东亚图书馆（C. V. Starr East Asian Library）的 1461 年版《大明一统志》珍本。

⑲　晚期地图集中的《胜览》型地图，见李燦《韩国古地图》第 63、76 和 80 页（注释 4）。

⑳　这是李燦给出的首尔国立中央图书馆所藏珍本《胜览》中《八道总图》（Kwi 228，60–3）的尺寸，见《韓國古地圖》，第 61 页（注释 4）。

294

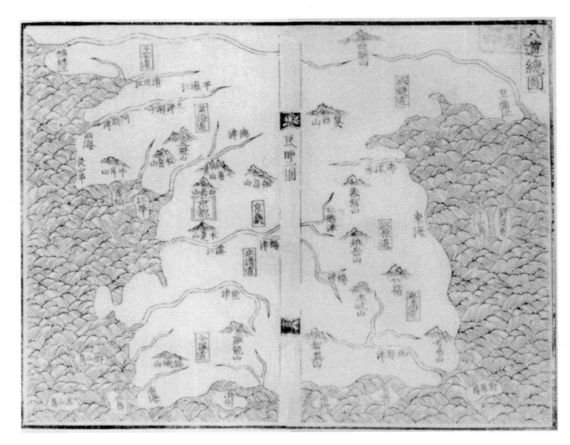

图 10.25　《八道总图》

　　此图出自《新增东国舆地胜览》（1531 年版，初版刻于 1481 年）卷 1 之首。与这幅地图配套的是长达两千多页的文字说明，这些文字对朝鲜进行了全面而深入的描述。地图设计者将大量的细节内容留给文字说明，只采用十分简略的图示。地图展示的河流与山脉都是官定的祭祀对象。地图上除了都城、八道以及一些重要岛屿外，没有其他地名信息。鸭绿江和图们江的河道被急剧拉平，这样一来，朝鲜北方边界就失真变形了。这一方面是木雕版的矩形版式所限，另一方面，也可以大体肯定是出于国家安全的需要。

　　原图尺寸：27×27.1 厘米。

　　经韩国国立首尔大学奎章阁许可。

省道地图得到补充。因为成宗打算将《胜览》广泛分发于各地⑱，因此不能不严格控制军事信息在地图上的出现，这可能是《八道总图》和相关省道地图中对北方边界处理得不够完善的原因。

　　《八道总图》的地物数量有限，所以需要谨慎挑选。它们都是一些一望而知的地物，如国都和八道（由椭圆圈标记）、重要的岛屿（包括近邻日本的重要的对马岛）。地图上呈现的其他地物主要是山脉与河流，除一个例外，几乎全都是官方主持祭祀的对象（唯一例外是白头山，虽然它在朝鲜的地位十分重要，但当时尚处于李朝统辖区之外）五条重要的河流被称作"五渎"，五座重要的山脉统称"五岳"，它们荣列李朝官方二等祭祀（中祀），

---

　　⑱　任士洪跋曰："成宗……命儒臣更以《大明一统志》为仿而改之。印而颁诸国内，上自秘阁，下至私藏，靡不有焉。"跋文重刊于 1531 年版《胜览》末尾。

而其他一批名山大川位列三等（小祀）。祭祀的类别与日期记入《经国大典》之中。[182] 前面我已经注意到，梁诚之特别重视那些具有特殊宗教意义的地理要素。[183]《胜览》中这幅仅有零星地物的《八道总图》也出于同样的考量，它提醒我们在评价这些地图时，切勿忘记，文化始终是制图者优先考虑的对象。当一位 16 世纪的读者打开《胜览》，将目光投向卷首的地图时，可能会想到："这就是我们国家，这就是守护它并使其成长壮大的山脉与河流。"研究朝鲜地图和世界地图的学者更看重的可能是地图本身是否出类拔萃，但这一点对于那个时代的读图者来说，并没有那么重要。

我们在评价这幅地图上朝鲜半岛的总体形状时，考虑一下民众对于国家轮廓的认识也很有益处。现代朝鲜人看到现代地图上的朝鲜半岛，会觉得它像一只兔子。想象它坐起来，面朝左边（西边），后脚和臀部落在南部海岸；背靠着东海岸，前爪伸向西海（黄海）；西北角的鸭绿江好似它的脑袋和鼻子，而它耳朵则伸到了东北方图们江河曲处。我将《胜览》中的全国地图展示给一位受过良好教育、聪明伶俐的朝鲜女士看时，她感到十分意外：她的祖先竟然没有兔子形的国土概念！须知，只有到郑尚骥时代，朝鲜地图才会呈现出兔子的形状，我们很快就要谈到郑尚骥。

值得追问的是，在朝鲜王朝的第一个世纪，人们对朝鲜半岛形状的普遍认识是怎样的？我虽未发现相关文献记载，但确实听说过高丽时代有关半岛形状的一些流行的看法。我曾提到（上文，原文第 240 页），12 世纪到 14 世纪，高丽政府曾经铸造过一种特殊的银钱，称为银瓶，其形状"像本国地形"。这种银瓶俗名"阔口"，这一名称本身就反映了它的形制。[184] 尽管这种银钱似乎早已失传，但我们可以根据它银瓶似的形状猜想（时人心目中的）朝鲜半岛的现状：半岛最狭窄处（大约北纬 39°20′）相当于银瓶的颈部，而平直向外伸展的东北角和西北角（当时拓展北边）则相当于其宽大的瓶口。《胜览》总图中存在问题的北方边界线——半岛西北和东北角分别向左和右延展（或下垂），正好可以与银瓶的"阔口"形制相呼应。这诚然只是一个猜想，但我怀疑，倘若《胜览》总图中的半岛形状与当时流行的看法相距太远，它无论如何也不会持续流行两个多世纪。

尽管 15 世纪的文献中有相当多关于单幅省道地图的记载，但留存至今的最早的省道地图仍然是附于《东国舆地胜览》相应章节的这八幅地图。图 10.26 展示的是《忠清道图》（朝鲜半岛西南海岸）。尽管它们大体上还是属于《大明一统志》的地图类型，但当我们仔细查看《山东省图》（见前图 10.24）时就会发现，《忠清道图》的画法还是略高一筹。[185] 除了重要的州外，图上还标明了各郡县及其镇山。每座县城都有一座镇山，当地官员会定期

---

[182] 方東仁：《韓國의 地圖》，第 97—100 页（注释 5）。见《经国大典》卷 3，韩沽劢等《譯注〈經國大典〉·注释篇》，第 412—413、417 页（注释 146）。

[183] 梁诚之在奏折中列出了配享国家祭祀的山川（《成宗实录》卷 3，25b—26a），它们与注释 170 所列史料以及《八道总图》中所标山川有很大不同。梁诚之所列的许多山川在《胜览》中也找不到。事实上，他还提出废除对《八道总图》上所见某些山川的祭祀。倘若曾经发生过与祭祀相关的政治斗争，那么梁诚之肯定是失败的一方。这可能也是梁诚之没有列入《胜览》编撰者的原因之一，尽管他的研究以及所绘制的地图为《胜览》的编撰打下了重要的基础（注释 111）。

[184] 《高丽史》卷 33，页 11a（注释 9）。

[185] 《大明一统志》卷 22 卷首（注释 180）。

296

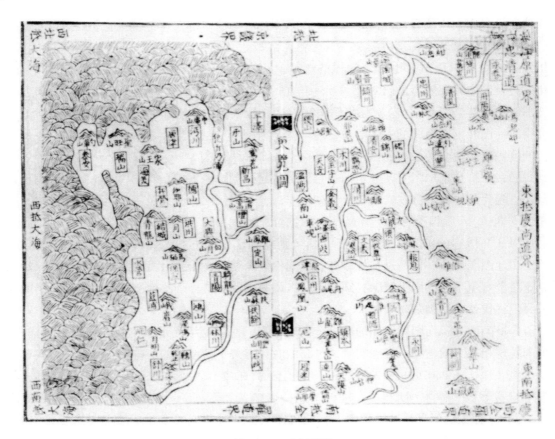

图 10. 26 《忠清道》

此图出自《新增东国舆地胜览》（见图 10. 25）卷 14 之首。这幅简图是该书有关忠清道的长达 215 页文字内容的附图。图中展示了该道的 54 个郡县以及对应的镇山。地方官员按时到各邑镇山祭祀。忠清道与中国山东隔海相望，将这幅地图与图 10. 24 中出自《大明一统志》的《山东地理之图》进行比较，十分有趣。

原图尺寸：27. 3 × 17. 7 厘米。

经韩国国立首尔大学奎章阁许可。

进行祭祀。在此，我们又一次发现宗教因素所扮演的重要角色。

地图上的丛山符号增添了意趣和装饰性，但它们并没有展示朝鲜地图上习见的风水与地脉连结。忽略地脉体系，这在很大程度上偏离了朝鲜地图学传统，虽然只是暂时的。《胜览》型地图的特点之一就是并不展示朝鲜人长期关注的山川"形势"，而这种对传统的偏离显然也反映在后来的郑陟型地图中。在 15 世纪的绝大部分时间里，"形势"思想是朝鲜地

297

表 10. 6   **1484—1756 年间文献记载的朝鲜地图**

种类	1484—1550 年	1551—1600 年	1601—1650 年	1651—1700 年	1701—1756 年	总计
中国，天下[a]	3	1	0	0	0	4
全国地图	1	0	0	0	0	1
省道	2	0	0	0	0	2
郡县地图	5	6	0	1	0	12

续表

种类	1484—1550 年	1551—1600 年	1601—1650 年	1651—1700 年	1701—1756 年	总计
北方边境	4	0	0	0	6	10
其他关防b	3	0	0	6	3	12
岛屿	1	0	0	0	3	4
形势c	2	0	0	0	0	2
文化d	3	0	0	0	1	4
总计	24	7	0	7	13	51

a 4 幅中有 2 幅是《天下图》。在 16 世纪，"天下"通常指中国明朝，但作为世界地图的《天下图》并没有排除在外。

b 这类地图包括从北方到汉城沿线的城镇、关防图、南汉山城和江华岛等地重要的王室避难所，还有几幅省道防御机构图。其中有两幅"形势"图因与重要的军事区有关，所以列入关防图中。

c 见 b。

d 这类地图包括宫殿布局、寺庙、王陵、名山等。

资料来源：方东仁《韩国的地图》（首尔：世宗大王纪念事业会，1976 年）第 191—193 页。我做的工作是内容分类与断代。方东仁列出了 42 条文献涉及 51 幅地图。1592—1637 年，由于日本和满洲的多次侵略，朝鲜加强了军事内容的审查，文化发展被打断，很多档案丢失。这可能是造成这一时期地图数量少的部分原因。

图学的一个显著特征。15 世纪后期突然发生的这种转变想必来自人为政策的影响，或者可能反映了朝鲜上层阶级的某种思想转向。在朝鲜王朝建立的最初一百年间，上层统治精英经历了剧烈的转变，新儒家思想家十分警惕民间信仰的政治影响。他们对风水理论的抑制，与其说是为了限制个人层面的阳宅或阴宅择吉（实际上并没有限制），不如说是限制用于国家典仪中的"形势"分析，但广为流传的风水理念并未在朝鲜斩草除根。在后来的许多郑尚骥型地图中，风水思想卷土重来，与郑尚骥型地图同时代的李重焕的《择里志》也是如此。到 19 世纪，风水思想进入一个新纪元，在金正浩的推动下，最终得以在地图上再展风采。而《胜览》型地图上自始至终没有任何风水思想的痕迹。二者泾渭分明，令人寻味。

《胜览》型地图用图像的方式展示了官方认可的地理宗教关系，它们是（王朝统治的）象征，同时也是配合丰富而详细的地理记述的参考简图。从这两方面看，它们圆满地实现了编撰者的目标。不过，《胜览》型地图对全国和省道地图的影响，特别通过 16 世纪开始流行的地图册所产生的影响，远远超过了人们对郑陟型地图所预期的成就。在 18 世纪以前，郑陟型的内阁库地图所显现的无量前景，并没有被之后的全国地图绘制者所认识。这无疑受到了国家安全因素的影响。16 世纪 90 年代的倭乱和满洲长期不断的侵袭（包括 1627 年和 1636—1637 年两次"胡乱"），使得朝鲜人对他国充满戒备，这样的气氛弥漫在 17 世纪的朝鲜社会。产生于这一时期的《胜览》型地图是当时流行的主要地图，它既满足了一般需要，又对一些细节进行隐藏与扭曲，而大多数其他地图可能仅限于在政府和统治阶级内部有限的流通。

然而，这样的环境并没有完全打断朝鲜地图学的发展。对军事安全关注同样也刺激了地图绘制活动。如果说有必要避免准确的地图落入潜在或现实的敌人之手，那么同样重要的是为负责国家安全防御的军官们提供这样精准的地图。能确定绘制于《胜览》早期版本刊刻期间与郑尚骥地图出现之前的存世地图数量不多。方东仁编制了一份有意思的地图清单，囊括了文献史料（主要是《朝鲜王朝实录》）中提到的地图。[186] 方氏的清单见于表 10.6。我们不应该认为这份清单代表了那一时期朝鲜所有的地图绘制活动，但其中的确提到了那些会引起朝廷注意的地图，因此，也可以代表许多迄今未知或未被识别的地图。清单上以关防图和郡县图为主，另有少量全国地图和省道地图，也许正好体现了这一漫长时期政府制图者的工作。

插曲：朝鲜、耶稣会士和地图外交

在 17 世纪，三个变化使朝鲜文化发生转型并培育了地图学的新趋向。其一是满洲推翻明朝（1368—1644）并于 1684 年最终控制整个中国。明朝的覆亡导致了朝贡关系的剧变，满洲人粗暴对待朝鲜由来已久，使朝鲜对之产生了强烈的敌意。这个变化间接激发了朝鲜人的自我意识和独立自主的思想，结果是朝鲜在各领域都绽放出文化创造之花。

第二个变化是新的学术思潮的出现唤起了学者对科学和实用研究的全新兴趣。这样一场运动，后世称之为"实学"。在众多的学科中，地理学成为许多学者关注的新的时尚学科。[187] 这也使更多的人关注地图的精确度。

最后一个变化，正如前文所述，是早期来华耶稣会士的代表性地图作品继续流入朝鲜。除了将一件 18 世纪的地球仪装入浑天时计内，这一朝鲜地图学史上富有异域情调的突变之外，西式地图学从未被朝鲜所效法，但是它们间接为朝鲜提供了精准且真实的地图模本，提示朝鲜人注意扎实的测地学基础所带来的好处。尽管世宗时期曾对全国各地进行过极高（纬度）测定，但没有任何迹象表现，这项工程取得了成功，或者曾经被运用到地图学中。然而，到了 18 世纪早期，朝鲜的地图专家们熟悉了西方观测丈量工具，很快将其本土化，这就为地图质量的跃进创造了潜在的可能。

满洲人的崛起起初对朝鲜来说或许是一个利好。1600 年前后，白头山—图们江地区的女真人（1636 年改称自己为满洲）纷纷加入他们的新大汗努尔哈赤发动的战争，离开其先前的栖息地，朝鲜人很快开始向这里渗透。后来，为了应对俄国扩张带来的日益严峻的挑战，17 世纪 50—60 年代，清朝统治者对其龙兴之地的军事防御体系进行了重组，将现今吉林地区变成一处战略要地。1677 年夏，一支中国勘测队对长白山（白头山的中文名）地区进行了调查。到 1679 年，为满足康熙帝对长白山南坡水文情况的好奇，这批中国人绘制或找到了该区域的地图。这些地图实际上覆盖了朝鲜半岛两侧的整个朝鲜边界。同年，他们还拜访朝鲜北部边防指挥官，请他提供长白山一带"时设、地图、泛铁（指南针）"等信息。他们还和善地允许朝鲜官员复制他们自己的地图。消息和地图很快传回汉城，可想而知必定引起了朝野的恐慌。[188]

看到中国人地图的内容，朝鲜官员十分震惊和恐慌，他们充分意识到康熙皇帝对长白山

---

[186]　方東仁：《韓國의 地圖》，第 191—193 页（注释 5）。

[187]　我们不要以为，投身"进步和现代"研究的人，一定会像某些著述者所说的那样抵制所谓"保守"的儒学。相反，新的思想或引导他们复兴儒学。丁若镛（1762—1836）就是一个例子，他被公认为朝鲜最伟大的实学家之一。

[188]　《肃宗实录》卷 8，页 56a—b（注释 17）。更多的资料与讨论，可见张存武《清代中韩边务问题探源》，《中央研究院近代史研究所集刊》2（1971 年），第 463—503 页，特别是第 473—475 页。

地区的全部兴趣所在。这个突发事件毫无疑问刺激了朝鲜，使之急于在图们江上游南岸加强布防，而此前几个官员也一直在进行呼吁。[189] 1684 年，一座新的边防重镇茂山建立起来。[190] 与此同时，为了编修《大清一统志》（完成于 1746 年），1685 年，一支中国人勘测队在鸭绿江中国一侧收集资料时遭到了朝鲜猎人的枪击。1694 年，这一事件得到处理，为此朝鲜肃宗被迫支付了一笔巨额赔款，并要求朝鲜边民更加严格遵守禁令，以满足清朝的要求。1699 年，清朝统治者要求朝鲜使臣提交一幅附有路线和里程数据的朝鲜八道地图。[191] 精明的朝鲜使臣顾左右而言他，有意回避这个要求。但是，只要清朝的宗主权还存在，它便有权要求藩属国上交其疆域的地图。想到康熙皇帝决意要拿到这幅地图，朝鲜的压力与日俱增。

　　1709 年，耶稣会士参加了康熙皇帝的全国地图绘制工程，使之焕发出新的活力。就在这一年底，他们绘制了中国东北和中朝边境的地图。到 1710 年下半年，他们返回黑龙江流域绘制地图。1716 年，经历了由疾病、死亡和重组引发的诸多障碍后，他们和中国汉满助手们一起完成了对包括西藏在内的整个中华帝国以及朝鲜部分地区的测绘。汉文版地图于 1717 年和 1719 年付梓，修订版刊于 1721 年。这些地图（《皇舆全览图》）还被法国地图学家让－巴蒂斯特·布吉尼翁·唐维尔（Jean Baptiste Bourguignon d'Anville）选编，以豪华的版式刊入传教士杜赫德（Du Halde）有关中国的大作（《中华帝国全志》）中，这部书于 1735 年在巴黎出版。[192] 耶稣会士绘制的这幅朝鲜地图以及唐维尔的版本分别见于图 7.7（见前文）和图 10.27。

　　康熙皇帝并未准许耶稣会士进入朝鲜。一方面朝贡礼仪不允许这样做；另一方面康熙也清醒地认识到朝鲜的敏感，知道他们绝不可能允许耶稣会士进入本国。因此，康熙地图集中的朝鲜地图是根据康熙的钦差，西方人所称的"鞑靼领主"以一幅在朝鲜获取的地图为底本精心改绘的。雷孝思（1664－1738，Father Jean-Baptiste Régis）曾随同杜德美（1669－1720，Fathers Pierre Jartoux）和费隐（1673－1743，Ehrenberg Xavier Fridelli）在 1709 年和 1710 年完成了中国东北和中朝边境的地图测绘工作。对于这幅耶稣会士的朝鲜地图，杜赫德做过一番解释，他的记述可总结如下。

　　"鞑靼领主"由一位清朝历官以及一支由耶稣会士训练的勘测队陪同。一位耶稣会士（可能是雷孝思，但他仅以"我们"自称）随他们抵达凤凰城——中国通往朝鲜传统口岸，并留驻凤凰城直到任务完成。这位"领主"和他的团队开始了考察，他们用绳索测量了凤凰城到鸭绿江边朝鲜国口境口岸义州的距离，并一直测量到了汉城。历官测算出汉城的纬度是北纬 37°38′20″。将这个数据与凤凰城测算纬度进行对比后，他们说："我们确信，朝鲜北端到其中心的长度无误。"这个数据还为转换朝鲜提供的测距数据提供一个基准。勘测队后

299

---

　　　[189]　1674 年，咸镜监司南九万曾递交了一份呼吁在此加强布防的奏折，见《文献备考》卷 18，页 23a—24b（注释 51）；亦见《显宗实录》（显宗的在位时间为 1659—1674 年）卷 21，页 54a—b（注释 17）。

　　　[190]　《文献备考》卷 18，页 20a—b（注释 51）。

　　　[191]　张存武：《清代中韩边务问题探源》（1971 年），第 474 页（注释 190）。

　　　[192]　Theodore N. Foss, "A Western Interpretation of China: Jesuit Cartography," in *East Meets West: The Jesuits in China, 1582－1773*, ed. Charles E. Ronan and Bonnie B. C. Oh (Chicago: LoyolaUniversity Press, 1988), 209－51, esp. 224－40.

300

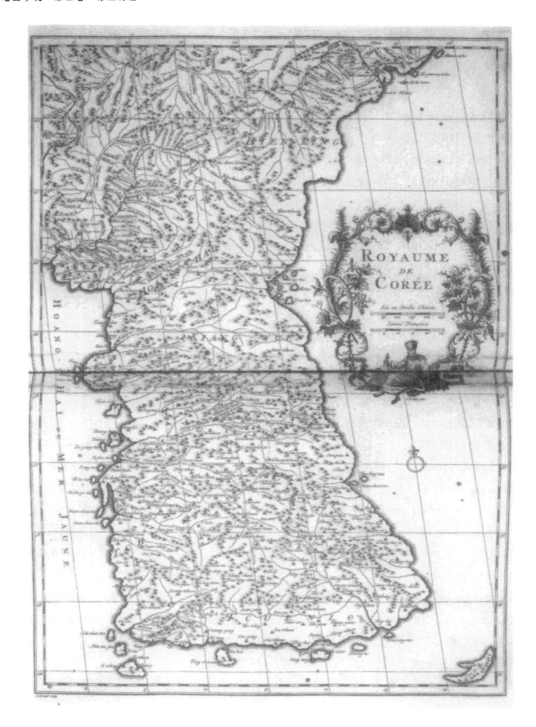

图 10.27 《中华帝国全志》之《朝鲜王国》

　　这幅耶稣会铜版地图由唐维尔编绘，初刊于杜赫德的《中华帝国全志》（*Description... de la Chine et de la Tartarie chinoise*，1735 年），再版于唐维尔本人所著《中国新地图集》（*Nouvel atlas de la Chine*，1737 年）。请比对前面图 7.7 中耶稣会士早期在北京刊刻的版本。唐维尔将原先耶稣会地图中表示河流的双线变成了单线，并设计出更多引人注目的符号，且沿着海岸线添加了阴影。此类朝鲜图像在 19 世纪中期以前一直流行于西方地图集。

　　原图尺寸：53×37 厘米。

　　图片由美国芝加哥纽伯瑞图书馆提供（Newberry Library，Ayer 135 A6 1737，map No. 31）。

来还推算出了汉城到半岛南海岸的距离。尽管这个勘测队在朝鲜期间受到了严格的监视，但"鞑靼领主"还是获得了一幅保存于朝鲜王宫的全国地图的复制图。雷孝思依据已搜集的数据及其早先在中国东北一侧边境的测算数据，对这幅朝鲜地图进行了改绘，最终编入康熙《皇舆全览图》，并且出现在唐维尔于巴黎出版的著作中。[193]

唐维尔本人稍稍高估了这幅朝鲜地图，认为它并没有因为耶稣会士未能直接参与测量而存在什么问题。"恰恰相反"，他写道："如果要说哪幅地图准确无误，那必定是这幅地图，因为它起初是由朝鲜地图学家应王命绘制的，而且原件一直保存于宫中，而这幅地图就是原图的翻版。很可能耶稣会士在审查和标定清帝国北部边界时，并未发现他们的观测结果与这幅地图所画的边界有明显出入，否则，他们不会不提及。单凭这一点，似乎就可以证明这幅地图的精确性。"[194]

这是对朝鲜地图学的慷慨赞美，特别是它还出自唐维尔这样的名人之口，这自然引起了人们对朝鲜原图的兴趣。因为这幅耶稣会地图所画的北部边界是相对准确的，而郑尚骥型地图又是那一时期唯一符合这个特征的朝鲜地图，所以学者们认为那幅朝鲜原图就出自郑尚骥型地图。但是据我们所知，郑尚骥型地图是在唐维尔地图出版于巴黎很久以后（距离耶稣会士实测地图的 18 世纪 10 年代更远）才在朝鲜出现的，所以这个推论站不住脚。[195] 唐维尔自己暗示说，这幅朝鲜原图与耶稣会的其他地图所画的边界多少有些相似，否则耶稣会士一定会说些什么。实际上，这两种观点都是错误的。唐维尔对朝鲜地图学，特别边地问题并没有真正的了解，这仅仅是他的推测，而现代学者也没有想到耶稣会士本来就有朝鲜北方边地的资料，不一定非得依靠某幅朝鲜地图来画出这条边界线。

301

尽管如此，朝鲜原型地图的问题仍然很重要，而且我们可以通过朝鲜历史文献对之进行考察。尽管可能找不到标题完全一样的朝鲜地图，但我们可以判断出哪类地图最可能是耶稣会地图的原型。同时，我们也可以稍稍弄清楚，"鞑靼领主"是在一种什么样的情况下得到这幅地图的。

"鞑靼领主"就是穆克登，他在中国文献中被称为"打牲乌拉总管"，在朝鲜文献中被称为"护猎总管"。比其头衔更重要的是，他是康熙帝信任的助手和左膀右臂。穆克登是在 1713 年拿到这幅朝鲜地图的，但他自 1710 年起就奉皇命介入朝鲜事务。1710 年，一名私贩人参的朝鲜人在鸭绿江中国一侧谋杀了几位中国商人，穆克登在凤凰城召集地

⑲ Jean Baptiste Du Halde（1674 – 1743），*Description geographique*，*historique*，*chronologique*，*politique*，*et physique de l'empire de la Chineet de la Tartarie chinoise*，4 Vols.（Paris：P. G. Lemercier，1735），4：424‑25. 另外，马国贤神父（1682 – 1745）也对这位"地图大使"在朝鲜的冒险做过简短而有趣的记录。这个人对朝鲜有一些误解，但他的报告中总是提到被朝鲜官员监视，提到朝鲜人总在做记录，这些内容很容易从朝鲜史料中得到验证，后面我们会谈到这一点。他将参与测量的那个人当作自己的熟人，称他为使节，但实际上这个人是历官，而不是使节。见：Matteo Ripa，*Memoirs of Father Ripa*，*during Thirteen Years' Residence at the Court of Peking in the Service of the Emperor of China*，selected andtranslated from Italian by Fortunato Prandi（New York：Wiley and Putnam，1846），77.

⑲ Jean Baptiste Bourguignon d'Anville，*Nouvel atlas de la Chine*，*de la T artarie chinoise et du Thibet*（The Hague：H. Scheurleer，1737），导论是我的翻译。

⑲ 见 Shannon McCune，"Some Korean Maps，"*Transactions of the Korean Branch of the Royal Asiatic Society* 50（1975）：70 – 102，esp. 94 – 102；方東仁《韓國의 地圖》，第 217—219 页（注释 5）。金良善《梅山國學散稿》，第 276—280 页（注释 3）。麦丘恩（McCune）受到了雷孝思的错误影响，没有将 1710 年和 1713 年两次活动区别开来，错误地将"鞑靼领主"出使朝鲜的时间定在了 1710 年。

方官员开庭审理这一案件。穆克登要求到犯人的家乡（即鸭绿江中游的渭原）在朝鲜边民面前公开行刑，以儆效尤。康熙借此事件略微撬开了朝鲜紧闭的大门，他命令穆克登亲自监斩。在朝鲜期间，穆克登沿着鸭绿江溯源而上，来到白头山，在此寻找图们江的源头，后返回中国禀报调查结果。1711 年，死刑如期执行。朝鲜方面以无先例为由反对穆克登监斩，坚称他们完全有能力自行处理，拒绝让穆克登进入义州。但康熙帝的钦差并未被朝鲜的这个策略所阻止。穆克登沿着中国一侧的江岸溯流直上，在约定的时间越江抵达渭原，主持了行刑仪式，接着宣布他将前往白头山。朝鲜官员别无他法，只得尽力随他同往。这位精力充沛的猎人与武士，健步如飞，使随行的一干人等精疲力竭。无路的荒原、暴风雨和湍急的鸭绿江远远超出了这次计划不周的考察所能克服的限度，甚至穆克登也被迫放弃，但他宣称将在来年重返此地。

1712 年，在一批更有经验的朝鲜官员的陪同下，清廷经过精心精织，达到了上述目标。他们视察了白头山古火山口壮观的天池，确认图们江发源于这座山的东坡，并首次树立一块带有铭文的石碑，以此标明中朝两国的边界。不久后，一位不知名的朝鲜制图师对该区域进行了出色的描绘（图 10.28）。

但康熙皇帝不满足于此。1713 年，他又一次派穆克登前往朝鲜。为了牵制朝鲜人，清朝宣传穆克登此次出使朝鲜是为了护送康熙赐给朝鲜的御笔"天下昇平"匾额。这样一来，这次使行就变成了一次特殊的外交事件，朝鲜不得不接待这批使臣。但使团前脚踏入朝鲜，各个勘测队后脚就开始沿着道路来来回回进行测量，同时历官也在测量极高（纬度）并利用"泛铁"来判断罗盘方位。早在这批使团抵达汉城前很久，穆克登将索要地理和地图信息的消息就已经传到了宫廷。他甫一抵达汉城（1713 年 7 月 19 日），便直截了当地向国王表达了他的需求。[196]

穆克登似乎提出了三个具体要求，他希望获得：第一，白头山南坡的水文地图与其他信息；第二，一整套朝鲜城镇的里程数据；第三，一幅全国地图。这次谈判从一开始就不顺利。穆克登称，"白头山水派山脉之南下者，未能详，欲见贵国地图。此帝命也。"朝鲜国王随即与臣子商议，接着回绝说："荒绝之地，曾无图置之事。"[197] 这个托词很难自圆其说，也罔顾穆克登对朝鲜的直观认识，总之非常令人尴尬。穆克登的一个副官后来惊叹道："岂有有国家，而无地图之理乎？"[198]

随后的几天里，国王的答复引发了争论，亲信们也努力为国王的失态辩解，并向穆克登解释，国王的本意只是说没有地图副本。与此同时，穆克登自己也画出几幅地图，强调他心中有数，不可能被朝鲜人所蒙骗。朝鲜官员这才紧张起来，开始寻找一幅既能使穆克登

---

[196]　张存武《清代中韩边务问题探源》一文充分利用朝鲜史料，对这次交涉进行了全面的总结，见该文第 475—484 页（注释 190）。关于朝鲜史料中的穆克登头衔，见《肃宗实录》卷 53，页 39a（注释 17）。

[197]　《肃宗实录》卷 54，页 4b（注释 17）。

[198]　《承政院日记》（首尔：国史编纂委员会翻译并重印，1961—　）卷 25，页 963bb–964aa（39/6/1 相当于 1713 年 7 月 22 日）。原始档案没有编页码，这里的页码是按现代方式给出的。代码 aa 和 ab 表示页面上部的两个四分之一页，而 ba 和 bb 代表页面下部的两个四分之一页。日期的标注方式（朝鲜年号/月/阴历日）可以帮助快速查找，同时也给出了对应的公历日期。其中"有国"一词，意思是统治国家，这是中国经典中的修辞用语。

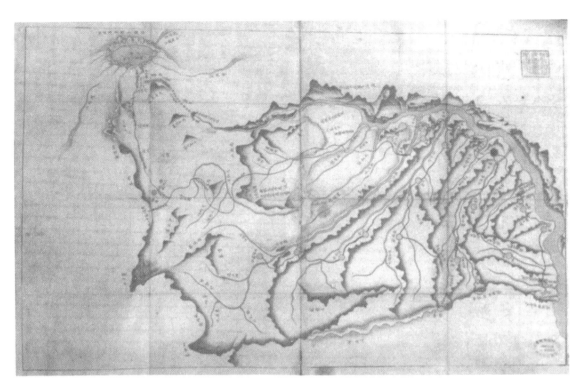

图 10.28　《北关长坡地图》

　　这幅地图可能绘制于 18 世纪中期，展示了白头山地区和 1712 年边境协议商定的边界。位于地图中央的长坡山控制着图们江上游，是茂山（右侧黑色圆圈）军事机构管理下的关防烽燧系统的中心。地图最上端是天池，东西分水岭顶部可见 1712 年树立的界碑。木栅通向 15 里外的土堆线，这条线再向前延伸 35 里就到了"豆满江源始流"之地。经过 1887 年和 1909 年的两次磋商，现在的中朝边界位于这条线北边。

　　原图尺寸：71.5×109.7 厘米。

　　经韩国首尔国立中央图书馆许可（古朝 61—59）。

满意，又不至于泄露过多机密的地图。领议政向国王建议，"备局地图太详，不可出示。近得一件图，不详不略，而白山水派则多误矣，宜令出示此图"。他建议将这幅地图与穆克登自己的地图相比较，以指出后者的"错误"。⑲ 据迄今所知史料判断，当时朝鲜对于白头山地区的河流问题就是如此处理的。穆克登复制了这幅地图，并让他的制图师根据这幅地图重新改绘他们自己的地图，同时还复制了一份送给朝鲜："又尽画图，作为完幅，一件持去，一件留置本国，则俺之声名，亦可以流传于此。"⑳ 无论他的想法是否达成，穆克登的地图至少为康熙对白头山南部水系的曲解和迷惑画上了句号。实际上白头山南侧根本没有什么水道，所有的河道都是流向东侧和西侧或向两侧急转，从白头山向南延伸的是山脉而非水脉。（原文有误，白头山南侧有水脉，即两条鸭绿江源向南流——译者注）

　　里程数据问题同样十分敏感。尽管朝鲜人或许可以松一口气，（索要里程数据）说明清政府显然没有得到过《东国舆地胜览》，因为这部书中就有全国各地详细的里程数据。在这

---

　⑲　《肃宗实录》卷 54，页 5a（注释 17）。

　⑳　《承政院日记》卷 25，页 967bb（39/6/6 相当于 1713 年 7 月 27 日）（注释 200）。

个问题上，朝鲜人同样声称并没有详细的数据记录，而这一次似乎说服了穆克登。不过，他们也给穆克登提供了汉城到国境各端点的里程数据。[200]

303 　　至于随穆克登北上的这幅朝鲜总图，我们仅知道他得到的是一幅《八道地图》，并不能确定"八道地图"究竟是这幅地图的确切标题，还是一个通称。我们也不能确定"八道"这个词到底出自穆克登还是领议政李儒（1645—1721）之口。[202]但李儒既然用了"八道"这个词，说明他交给穆克登的地图图名中带有这个词。

　　当然，"八道"一词在地图图名中极为常见。如果一定要准确对应的话，那么这幅八道图最有可能源自《胜览》中的《八道总图》，或者是一幅将各省地图拼合而成的单幅地图。一幅题名"八道图"的《胜览》型地图，可以追溯到 17 世纪上半叶，现收藏在韩国收藏家诸洪圭手中（现藏首尔历史博物馆——译者注）（图 10.29）。[203]耶稣会地图的范围和一些不准确的信息可能都源自这幅地图，包括许多带有名称但常被标错地方的单个地物。我前面强调过，哪怕朝鲜地图上把北部边界画成了一条水平线也没有任何问题，因为耶稣会士本来就有这条边界线的数据，这些数据是相当精准的。令人寻味的是，这幅复制图在《胜览》型地图中与众不同，它所画的北部边界往东北方向抬升的角度是最小的。

　　1717 年耶稣会和唐维尔版本的地图，对于半岛南方的内容都展现得特别不够。这也很好理解，因为满汉使臣和官员从未被准许踏足这片广阔的地区。直到现在这里仍然聚集着韩国大部分的人口和财富。考虑到朝鲜人在谈及他们的国家时，常常会有意误导中国人和其他外国人（由于几个世纪以来不断遭受外来侵扰，朝鲜人养成了这样一种普遍的习惯，地图只是其中一个方面），因此，他们交给穆克登的地图，很可能做过一些手脚。特别有趣的是朝鲜都城、汉江以及近海战略要地——江华、乔桐二岛的摆放位置。耶稣会地图的原图（图 7.7）将汉城（图上为"朝鲜"）的位置标注得过于偏南了，而且放到了朝鲜半岛的中部而非西部。汉江流经汉城后沿西南偏西方向注入黄海，而不是实际的西偏西北走向。江华岛和乔桐岛的位置也错得离谱，甚至连名称都写错了。这一定引起了北京某个人的注意，因为唐维尔版地图将这些岛的位置和名称都做了修正，但与汉城和汉江有关的错误仍然存在。此类失真意义重大，因为在紧急情况下，江华岛会被用作戒备森严的王室避难所。它的位置以及相对于汉城的方向和里程，对于入侵者而言是十分关键的，因而有理由怀疑朝鲜人存在扭曲地图的动机。

　　耶稣会地图上的朝鲜南部海岸的轮廓与诸洪圭收藏的地图并没有太大不同。最大的不同之处在于，耶稣会地图上的半岛东南角离奇地向右侧伸展，虽然在唐维尔版地图中，这一处画得没有那么夸张。另外，耶稣会地图这一段海岸线所标经度大约是北京以东 13°50′（约东经 129°30′，格林尼治系统），与图们江最北部河曲处的经度大致相同，而后者可能来自耶稣会自己的测量数据。二者的对准（alignment）情况与现代地图是相同的。耶稣会士在绘制日本地图时，用到了荷兰人的数据，朝鲜东南海岸的经度可能出自同一套数据。为了使东南

---

　　[200] 《承政院日记》卷 25，页 965aa（39/6/2 相当于 1713 年 7 月 23 日）（注释 200）；《肃宗实录》卷 54，页 5a—b（注释 17）。

　　[202] 《肃宗实录》卷 54，页 8a（注释 17）。

　　[203] 李燦：《韓國古地圖》，第 62 页（注释 4）。李燦根据地名和纸质，将这幅地图确定为光海君（1608—1623）到仁宗（1623—1649）时期的作品。

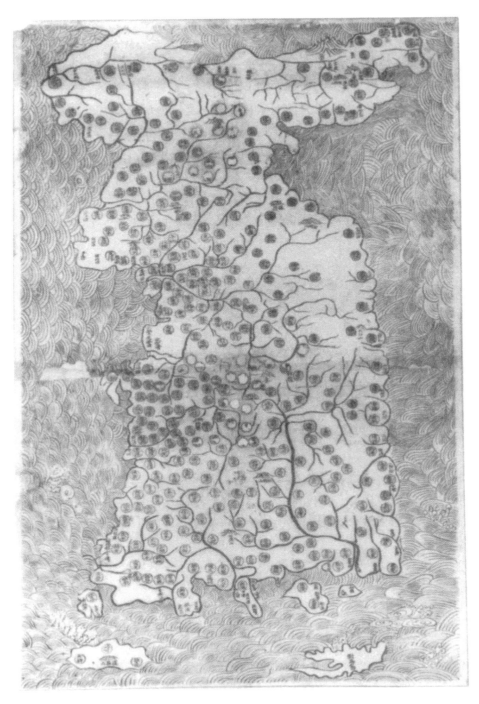

图 10.29　《八道总图》（17 世纪上半叶）

　　从图中的地名和纸质分析，这幅刻本朝鲜地图的制作年代可追溯到 17 世纪上半叶，与《东国舆地胜览》中的同名总图基本上为同一版本，只不过从《胜览》的诸道图中摘取和添加了更多地名内容。但二者在绘制风格和对北方边界的处理上大为不同，《八道总图》更接近郑陟型全国总图。这幅地图上元山湾的形状不够明显，其内容虽不精确但足够详尽，很可能为耶稣会地图所本，当然，后者也可能参考了朝鲜以外的资料。

　　原图尺寸：106×68 厘米。

　　经首尔李燦许可。

角经度与图们江北段对准，他们可能将半岛东南角向右边"拽"了一下。除此之外，耶稣会地图中朝鲜南部海岸轮廓，以及济州岛和对马岛的位置（甚至还有对马岛的形状）都与诸洪圭收藏的地图十分相似。[204]

在提出有关朝鲜原型地图的这个暂定的假说时，我必须承认其中存在的一些问题。朝鲜东海岸上方的元山湾，尽管在诸洪圭的地图上有所放大，但毕竟方位准确，而在耶稣会地图上，元山湾却只有一点隐约的痕迹。这可能暗示我们，一幅比例略有不同的《胜览》型地图更可能是耶稣会地图的底本。从朝鲜人的角度来看，一幅略有改动的《胜览》型地图可能是呈给穆克登的最理想的备选地图。因为从一开始，设计这幅地图的意图可能就是为了隐藏，而不是泄露全国地形的具体细节。这也是朝鲜人的目的所在。

305　尽管朝鲜人本能地拒绝提供地图和地图数据，但他们自己也有求于穆克登的勘测队，想方设法探究勘测队的工作内容。国王的亲信们不失时机地了解清廷勘测队的测绘工具和方法，朝鲜还决定派一些观象监的年轻技工假扮成普通老百姓，设法结交中国的技师，并尽可能学会更多的操作方法。译官也被动员起来与中国技师交往，尽可能从他们那里学到一些东西。[205]

朝鲜人对勘测队的领队很感兴趣，这个人名叫何国柱，可确知他是清朝钦天监一位历官。朝鲜肃宗的一位大臣在北京处理外交事务时，曾经访问过钦天监（他说"那里全是洋人"），还见到了一个人，他认为可能是何国柱的某位亲戚。[206] 这个人可能是何国宗，何国柱的长兄。何氏兄弟都接受过耶稣会士的培训，在康熙的地图绘制工程中积累了丰富的经验。[207] 何国柱还主持了汉城的纬度测量，此事经常为后人提起，虽然1713年的使行报告中完全没有提及，但可见于《文献备考》和其他史料。[208]

朝鲜观象监官员许远，在他早先前往北京的使行过程中，购买过"《历法补遗方书》及推算器械"，但他需要操作指南以便正确地使用它们。这件事也在一次有关穆克登问题的会谈中被提起过，许远可能利用过这个机会与中国的测绘师有所接触。两年后（1715），他再次来到北京，并拜访了钦天监，又购买了更多的东西，包括"《日食补遗》《交食补证》

---

[204] 地图上朝鲜东海岸的拉伸，还有一种较小的可能性是受到了罗洪先《广舆图》中朝鲜地图（见图10.1和注释16）的影响，因为罗图上也有类似的变形（还有其他很多失真之处）。这幅地图和耶稣会草图一样，将朝鲜首都称为"朝鲜"，并标在朝鲜半岛中部，而不是实际上偏西的位置。众所周知，在华耶稣会士曾经参考过罗洪先的地图。他们画中国地图时参考罗图是不错的，但如果画朝鲜时参考罗图，那就不对了。

[205] 朝鲜官员关于如何接近中国历算员的一般讨论见《承政院日记》卷25，页948aa–950aa（39/5i/26相当于1713年7月7日）和页961ab–ba（39/5i/26相当于1713年7月18日）（注释200）。

[206] 《承政院日记》卷25，页950aa（39/5i/15相当于1713年7月7日）（注释200）。

[207] 何国柱还可能是何国宗（逝于1766年）和何国栋的弟弟或表兄弟，他们都是清朝钦天监的历算官，与耶稣会士往来密切。见Arthur W. Hummel, ed., *Eminent Chinese of the Ch'ing Period*, 1644–1912, 2 Vols.（Washington, D. C.：United States Government Printing Office, 1943–44），1：285–86 and 330. 何国柱是《历象考成》（撰成于1723年）的编撰者之一，见何国宗、梅毂成编纂《历象考成》（现代影印本载《四库全书珍本》，2400册，台北：台湾商务印书馆1971年版）第151—154册，页2b有编撰者名录。在朝鲜史料中，何国柱的头衔是"五官司历"，字面意思是"五位专司历算的官员"。这个词的结构令人费解。金正浩在《大东地志》中将"五官司历"讹为"五百司历"（卷28，页561bb）（注释114）；方東仁《韓國의地圖》（注释5）则解释为"五位历官"。虽然我不清楚"五官司历"的确切含义，但这个词好像指的是钦天监中一个有着五位官员的部门。见《大清会典》（1732年版）卷86，页5a。

[208] 《文献备考》卷2，页10a（注释51）；金正浩《大东地志》卷28，页561bb（注释114）。

图 10.30　《东舆总图》

　　从图中未出现长津这一地名来看，这幅单页刻本地图的制作年代可追溯至 1782 年以前。虽然没有画出省界，但在不同省道的郡县名称上涂以不同的色彩以示区分，这一做法与较早的郑陟型地图类似。郑尚骥是第一个严格使用比例尺（尽管在这幅地图中没有显示）以及相对准确地画出国家轮廓与边界的朝鲜人。他的问题主要在于将鸭绿江画得朝北弯曲太远，这样一来，平安道就被放大太多。郑尚骥型地图成为 1750—1860 年间朝鲜地图的主流，1757 年，郑尚骥过世后，首次纳入文献记载。

　　原图尺寸：98×57 厘米。

　　经韩国首尔国立中央图书馆许可（古朝 61—16）。

《历草骈枝》"以及"测算器械六种"。[209]

　　1713 年 7 月 29 日穆克登离开汉城，朝鲜政府终于从他的索求中解脱出来，无疑会大大地松一口气。但是差不多可以肯定的是，他们的辛苦也获得了补偿，因为他们从勘测队的观察资料中得到了很多情报，并与之建立了往来关系。1715 年从北京购得的 6 种测算器械可能包括了当时最新的极高与纬度测量仪器，而有关日食的最新信息对于安排观察时间和确定经度来说是必不可少的。有机会观察当时世界上最先进的实地测绘方法——产生于在华耶稣会士所领导的康熙地图工程的方法，使朝鲜地图绘制者受益匪浅。然而，接下来我们会看到，很难有证据说明，朝鲜人抓住了这些利好。

郑尚骥型地图

　　我们现在讨论郑尚骥的地图。与前代的制图先驱李荟、郑陟和梁诚之不同，18 世纪的制图大师郑尚骥（1678—1752）并未参加过科举考试，也没有担任过一半官职。据各方面记述——虽然并不深入——他过着隐居生活，而且致力于追求实学研究。他的著作涉及政治、经济、国防、军事战略、医学、农学、机械等诸多领域，但今天他广为人知的是他的地图。郑尚骥地图是朝鲜最早使用比例尺的地图，也是第一次画出最接近朝鲜实际形状的地图。他的后代，至少下至曾孙，似乎都承续了他对地图学的兴趣。除了他的儿子郑恒龄在英祖（1724—1776 年在位）朝官运亨通，其他人几乎是默默无名。[210]

307　　显然，直到郑尚骥去世之后，他的地图才引起政府的关注。18 世纪 50 年代末，朝鲜政府考虑是否重修《东国舆地胜览》，对这一问题的讨论引发了向王室进献地图的风潮。就在 1757 年，英祖听说身为低级官员的郑恒龄家中藏有一些地图。不久这批地图被适时送到朝廷，结果发现其上对山脉、河流和道路的描绘十分细致。地图上还给出了富有特色的百里尺，这是一种比例尺，据说某位看到地图的史官曾兴奋地声称"百里尺"几乎消除了地图的测量误差。"予七十之年，始见百里尺矣，"英祖也如此赞叹道，接着他下令将这幅名为《东国大地图》的作品送往弘文馆复制。几天后，省道地图也以同样的方式传入宫中，依例复制后分送弘文馆和备边司保管。[211]

　　在得到国王的关注前，郑尚骥的地图可能已为实学家和其他地图爱好者所熟知。不过，这一点很难求证。郑图上都没有署上他的姓名，也几乎没有日期，带有署名和日期的地图都是晚出的。作为其核心工作的省道地图从未付梓印行，所有已知的版本都是抄本。郑尚骥型地图有很多不同的图名，没有哪一幅图能独领风骚，成为众图之标准。因此，没有人能确定郑尚骥地图开始流行的时间。香农·麦丘恩（Shannon McCune）猜测郑图首次出现的时间

[209]　《承政院日记》卷 25，页 959ba—b（注释 200）。他先前购买书籍、器械的目的，在 1715 年的第二次使行的文告中有披露，见《肃宗实录》卷 56，页 3a—b（注释 17）。

[210]　李燦：《韓國古地圖》，第 207—208、225—227 页（注释 4）。李弘稙：《國史大辭典》第 4 版（首尔：三英出版社 1984 年版）第 1353 页。

[211]　方東仁：《韓國의 地圖》，第 161 页（注释 5）。亦见《英祖实录》卷 90，页 8b—9a（注释 17）。国王两次下令要求搜检地图，在这样的情况下，我们可以确信这些地图绝大部分都是郑尚骥的作品。在接下来的 1770 年，官方复制了这些地图。根据家谱的记载，当年有一大批负责复制的人员，在郑尚骥的儿子郑恒龄或者他的孙子郑元霖（1731—1899）的带领下来到郑家，朝廷还临时安排了一位都监来负责复制一幅题为《大东舆地图》的朝鲜全图。按照家谱中的说法，这在朝鲜历史上没有先例，见《河东郑氏大同谱》（1960 年）卷 2，页 57b。

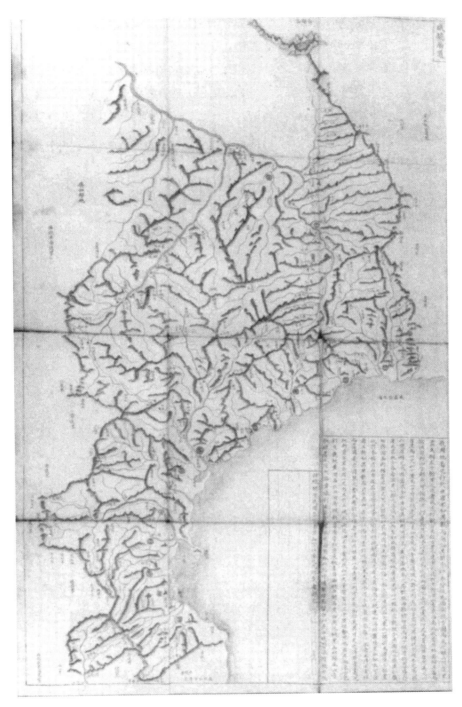

图 10.31　《咸镜南道》

　　这幅地图出自一部名叫《东国地图》的地图册。精心复制于一幅郑尚骥型诸道地图。郑尚骥制图法中的形势特点在这幅地图上表现得十分突出，极好地展现了咸镜南道的山脉与河流走势。地图中还显示了郡县、道路、驿站和军事哨所。地图右下角有郑尚骥的一篇序文（译文见第 309 页），文末还画出了文中作过解释的"百里尺"。这幅地图没有将长津（在中上方折痕下靠近左侧的地方）标为都护府（district town）。据此知，它的制作年代可能在 1787 年之前。

　　原图尺寸：未知。

　　经韩国首尔国立中央图书馆许可（贵 122，古朝 61—12）。

可能是 1730 年前后，[212] 因为这个年代符合朝鲜地图学方法的总体发展情况，而且彼时郑尚骥可能年满 52 岁，在地图绘制方面已经成熟。这是一个合理的猜测。

郑尚骥型地图既有整幅的朝鲜全图（图 10.30），也有单独的八道地图（图 10.31）。这是有意的设计，二者完全可以相互转换。郑氏在设计地图时将所有的省道地图以相同比例绘制，这样单幅地图就可以拼合在一起形成全国总图，或者根据需求，将若干省图拼在一起组成区域地图。抄工们更喜欢复制省道地图，因为其用途多样，也便于装订在地图册中，而刊刻商则发现全国地图更有销路。当代学者喜欢将单页的全国地图称之为"东国地图"，将省道地图册称之为"八道地图"。可惜，据我们所知，两种类型的地图图名都是多种多样的。

那些被说成出自郑尚骥之手的《东国地图》，没有一幅得到过确认。李燦认为，现藏于韩国国立中央图书馆的《八道地图》图册最有可能是郑尚骥作品。[213] 这部图册中有一篇不著姓名和日期的序言，序言作者宣称自己制作了这些地图。这篇很可能出于郑尚骥之手的序言经常出现在一些地图册的首页，首页一般还有分成两半的咸镜道地图的一半。[214]

在许多抄本中，在序言的末尾会画一小段标尺，我称之为比例尺（scale-foot），它在地图上代表 100 里（在崎岖地形中，代表 120—130 里；见下文），图 10.31 就是其中的一例。用英语写作的学者经常将（朝鲜）尺翻译为"foot"（英尺，相当于 30.48 厘米，——译者注），我在前文讲到英祖轶事时也是这样用的，但是这个译法并不是一个通则。如果此处这样译，读者可能会以为 1 朝鲜尺（大约 19.9 厘米，见表 10.4）相当于图中的 100 里，但实际上郑尚骥型地图远没有那么大。我们对已故的李丙焘收藏的一幅省道地图进行了实测，发现郑尚骥比例尺的实际长度为 8.2 厘米，据此换算的比例尺为 1∶420000。[215] 现将这段序言转录于下：

309

　　我国地图之行于世者，不知其数。而无论其模本印本，皆从纸面阔狭方圆而为之。故山川道里，尽为相左。十余里之近者，或远于数百里。数百里之远者，或近于十余里。以至东西南北，或易其位，若按其图，而欲往游于四方，则无一可据，与冥行者无异矣。

　　予以是病焉，遂作此图。凡山川之远近，以尺为量，随其自然为之。以百里为一尺，以十里为一寸，自京师度之，以至四方，先为全图一通，使八路之形长短方圆定其

---

[212]　McCune，"Some Korean Maps，"第 101 页（注释 197）。

[213]　全图刊载于李燦《韓國古地圖》，第 96—103 页（注释 4）。

[214]　李燦：《韓國古地圖》中《左海輿图》和《东国地图》的首页，分别在第 112 和 114 页（注释 4）。美国加州大学洛杉矶分校图书馆收藏的一部重要的副本上也有这篇序言，虽然文字和前者有些差别。Thrower and Kim，"Dong-Kook-Yu-Ji-Do"（注释 84）刊载了 UCLA 的这幅地图并对之进行了介绍。据说地图上带有"己丑"纪年，作者又在地图上发现了"仁川"这一地名，认为这个地名出现在 1882 年，于是说这幅地图可能是在 1882 年之后的"己丑"年绘制的，因此将它定为 1889 年。但这个推断是站不住脚的，因为仁川这个地名早在太宗年间的 1413 年就出现了。再加上一些其他因素，我们可以将 1889 年这个年份排除在外，那么地图上的"己丑"年可能就是 1829 或 1769 年。从风格和画法来看，较大可能是 1829 年。除了不标准的罗马字拼写，比如将制图人的名字误译为 Chung Sang-ik，以及将地图完成的时间定为 1786 年（制图者于 1752 年就去世了）之外，这篇文章还有其他瑕疵和误解。这都是我们在读这篇文章时需要注意的。

[215]　李燦：《韓國古地圖》，第 207 页（注释 4）。Thrower and Kim，"Dong-Kook-Yu-Ji-Do，"44—46（注释 84）中刊载了 3 幅李丙焘收藏的地图。文中给出的这幅地图的实际比例尺是 1∶400000。

体状。然后分之为八张，以便屏障之成帖，若求全形再合其缝，则可复为一矣。非若他本之局于纸面，虽欲付贴而四下经界终不可符合者也。

第既分各图，宜其八路之各成其一，而至如咸镜道壤地广远，不可以一幅纸容载，故分其南北两张。其如畿甸（京畿道）与湖西（忠清道），㉖ 幅员不润，足可以并模。故以其两道作为附图，以备八帖之数。且关西（平安道）之东北一隅，最为广漠，不能尽收于本幅，乃以古茂昌，废厚州等地，㉗ 割附于咸镜南道之左，又其海岛之绝远，如济州、郁陵、黑山、红衣、可佳者，不能如其里数而只分其所在方位而附画于元幅之末，又其各道分域处有岭脊、江水者不得不重模而叠写。是亦固然之势，或有欲合模者，须知其模其一而去其一，则可不失全形矣。

其用尺之法，若当平夷之地，则量百里全用一尺，而其于山峡水曲迂回不平处，则或以一尺量定百二三十里，理势然也。若其施采卞色，则京畿纯黄，湖西红白，湖南（全罗道）纯红，岭南（庆尚道）青红，岭东（江原道）纯青，海西（黄海道）纯白，关西黑白，关北（咸镜道）纯黑㉘。山以绿，水以青，红线画水陆大路，黄线别左右分界。㉙ 墩形而点红以记烽燧，数堞而留白以表山城，营邑有城外施白线，驿堡成圈，乍分青黄。此皆作画之凡例。览者详之。㉚

随着郑尚骥类型地图的流行，作为早期地图重点的"形势"思想又在朝鲜地图上卷土重来。每条河流都流淌于两段山脉之间，每条山脉两侧都发育了河流。这只是常识，然而，将地理事实集中在一起，以一致的风格和清晰的画面生动展现其景观的总体特征，却不是可以轻易从常识中产生的。多山的北部地区与有着开阔的河流平原的南部地区之间显著的地形差异，以及这种差异所传递的有关不同经济、人口和景观特征的感受，打开地图，跃然纸上。如果过多地将重点放在这些常见的内容上，不顾信息的堆砌与地图清晰度的降低，或者少画或不画这些内容，放弃传递信息的责任，那样的处理都会容易得多。但是郑尚骥和他的后继者金正浩（并没有这样做），他们设法在地图中展示（形势地图）制作技术中清晰与实用的一面，并使之与地名、道路、边界线等其他重要信息之间保持平衡，这样的布局不仅使自然地物清晰可辨，而且也展示了主导朝鲜社会生活的"形势"思想。的确，他们的地图可以帮助读图者更好地理解朝鲜的地文和政治经济，而不是仅仅看到一些通向白头山的神秘通道。

用心贯彻上述原则，可能是朝鲜的真实形状得以展现的重要推动力。由于谨守山水"形势"这个重点，加上郑尚骥对比例尺的严格运用，朝鲜人最终得以理解复杂的鸭绿江和

310

㉖　作者在这里和下文都采用了各省道流行的别名。

㉗　1455 年，世祖废除了这些地方的行政建制，见前文原书第 290 页。

㉘　这和之前提到过的标色有细微差别，但也是出自五种基本配色方案。需要记住的是，并不是将地图本身涂为彩色，而是根据所属省道，将书写各个地名的椭圆圈及其内部涂色。郑尚骥的意思并不是说，将两种颜色混在一起，而是说分别用来给椭圆圈上色以及在圈内填色。

㉙　除了咸镜道，出于军事需要，每个省道都分成了两个部分，也就是左道和右道。

㉚　我对这段文字的翻译根据的是《韓國古地圖》第 86 页和 114 页图版上的文字（注释 4）。前一个图版出自一本名为《八道地图》的地图册，后一个图版出自名为《东国地图》的地图册。两者之间只有极微小的差异。

图们江水系。这样一来，北部边界的实际轮廓也就自然显露出来。头脑中装着"三千里江山"的早期朝鲜人，已本能地认识到"形势"原则，但缺少将精确的测量数据在地图上准确定位的方法。到 18 世纪，早已存在的可靠里程数据与真实的比例尺在地图上得以结合。虽然对鸭绿江中上游河道的理解还存在一些问题，但郑尚骥对北方边界的认识，已超过了雷孝思及其同僚，是一个真正的进步。[21]

很多人说，郑尚骥型地图尚有改进的余地。其地图上的朝鲜半岛轮廓，相对于东西跨度，南北长度被拉伸了，而且鸭绿江的大弯画得过于偏北，下游靠近入海口的河道又过于偏南，因此使平安道北部膨大了。如果我们对郑尚骥的实际工作状况有所了解，则不难对上述问题作出解释。在他所处的时代，朝鲜可能已经存在精确的大地测量技术，但这项技术是否下行到郑尚骥那里并为他所掌握？虽然从知识社会学的角度而言，出现这样的进步完全是合情合理的，而且学者世界与官僚世界也有很多交集，但事实上，没有任何迹象表明发生过这样的情况。更重要的是，我们甚至都不能确定，朝鲜政府是否有效利用了其官员从北京源源不断地带回的仪器与知识。

有证据表明，朝鲜政府有计划地关注大地坐标是从 1791 年开始的。正祖命令观象监负责人重新计算八道之间的时差，以便获取更精确的有关日出和日落的信息，以及二十四节气开始的时间点[22]，并将之载入历书，颁发给省道和郡县长官。当正祖了解到全国各地存在时间差后，指出如果历书只给出一套上述时间点，未免太落后。于是，观象监提调徐浩修呈交了一份报告，其中包含了正祖所需要的信息。他还附上大地测量坐标的数据，并且对这些坐标作了有趣的点评。于是正祖督促将相关内容吸收到来年的历法中。但是不知何人、因何原因对这一计划提出了反对意见，最终导致正祖的整个设想流产，所幸的是，当时的报告保存在了《正祖实录》中。[23]

徐浩修的报告首先对经纬度进行了大致解说。他观察到经度每相差 1°，时间就会相差 4 分钟。他的报告称，汉城的时间比北京要早 42 分钟。关于纬度距离，他说，"依《舆图》直道"，经度或纬度每 1° 大致为 200 里左右。他接着说，"用百里尺量定"。[24] 接着，他以道

㉑　从不同年代的郑图中引发了一个问题，那就是郑尚骥是否受到过耶稣会地图的影响？我在朝鲜史料中并没有发现送到北京办事的朝鲜使臣看到或购买过十分稀见的 1721 年耶稣会地图集副本的迹象。但是，如果听说过这部地图集，他们是一定会设法买到手的。虽然清朝法律禁止将这些资料携带出境，但朝鲜人总是能找到将它们携带回国的办法。中国的耶稣会地图被分解后刊印于程梦雷、蒋廷锡等人编修的《古今图书集成》（成书于 1726 年），这部书甫一刊行，很快就出现在了朝鲜。虽然这部类书中有关朝鲜的内容卷帙浩繁，却并不包含任何地图。总之，郑尚骥对朝鲜北部边境的处理比雷孝思更为准确，这无疑是他自行运用比例尺的结果。

㉒　二十四节气围绕春分和夏至，为农民和自然观察者提供了一系列有规律的太阳运动周期，它与阴历并不吻合。许多民间节庆都与这个系统有关。有关太阳运动的完整周期列表，参见 Jeon, *Science and Technology in Korea*，第 90 页（注释 49）。

㉓　《正祖实录》（正祖在位时间为 1776—1800 年）卷 33，页 36b—37a（注释 17）。《文献备考》也有经度数，但没有纬度数，见卷 1 页 10a—b（注释 51）。正祖下令开展的这项测算工程好像以中国对于类似问题的讨论为范本，当时中国也在讨论各地节气起始点的时间差，见《历象考成》第二部，卷 1，页 15b（注释 209）。《历象考成》记录汉城相对北京的经度为东经 10°30′，与北京的时差为 +42 分钟。这是对首尔经度最早的记载，可能来自何国柱的观测数据。

㉔　《正祖实录》卷 33，页 36b—37a。朝鲜人利用地图来标定大地坐标似乎也受到了《历象考成》的启发。《历象考成》的一条注释这样写道："查找各省经度，依据的是标在地图上的度数。业已通过观察日影确定了各个节气的时间，又通过观察月食验证各地的时差。所有这些都与地图上的信息相符。"见《历象考成》第二部，卷 1，页 15b（注释 209）。不知朝鲜人是否也采用了这些重要而明确的步骤，我在朝鲜文献中没有发现相关记录。

治官衙所在地为标准点，给出了朝鲜八道中七个道的经纬度。

表 10.7　　　　　　　　　　　　　**1791 年报告中的朝鲜大地坐标**

地点[a]	纬度[b]			经度[c]			
	报告值	现代值	误差	报告值	校准值	现代值	误差
稳城	44°44′N	42°55′N	+109′	2°58′E	=129°57′E	130°00′E	−3′
咸兴	40°57′N	39°55′N	+62′	1°00′E	=127°59′E	127°32′E	+27′
平壤	39°33′N	39°01′N	+32′	1°15′W	=125°44′E	125°45′E	−1′
海州	38°18′N	38°03′N	+15′	1°24′W	=125°35′E	125°42′E	−7′
汉城	37°39′N	37°33′N	+6′	0°00′	=126°59′E	126°59′E	0
原州	37°06′N	37°21′N	−15′	1°03′E	=128°02′E	127°57′E	+5′
公州	36°06′N	36°27′N	−21′	0°09′W	=126°50′E	127°07′E	−17′
大邱	35°21′N	35°52′N	−31′	1°39′E	=128°38′E	128°36′E	+2′
全州	35°15′N	35°49′N	−34′	0°09′W	=126°50′E	127°09′E	−19′
海南	34°15′N	34°34′N	−19′	028°′W	=126°31′E	126°36′E	−5′a

　　a 从咸兴到全州是朝鲜八道的道治，《正祖实录》（1776—1800 年在位）（卷 33 页 37a）给出了除京畿道以外的其他道治的大地坐标。经度数据也可见《增补文献备考》（京城：大韩帝国，1908 年）卷 1，页 10a – b。金正浩《大东地志》（1864 年刊行，首尔：汉阳大学国学研究院，1974 年影印本）卷 28 页 561bb – 562aa《本朝各道极高》，给出了包括京畿道在内的所有道治的坐标点，同时还添入了稳城和海南的信息，他们分别是朝鲜半岛东北端和西南端的郡县所在。现代坐标值出自权相老《韩国地名沿革考》（首尔：东国文化社 1961 年版）。传统和现代数据的参考点都在该道治或郡县官衙前的庭院中。

　　b 误差值以分为单位，系"报告值"减"现代值"所得。

　　c 1791 年的经度数据以显示的是在汉城子午线东、西的度数。"校准"一列的数据是从现代首尔的官方经度 126°59′E（格林尼治）推导来的。"误差"系"校准值"减"现代值"所得。

　　金正浩提到徐修浩的这份报告时说法相似，他谈到观象监官员时说，"以备边司所藏舆地图，量定八道观察使营北极高度，及偏汉阳东西度。"他接着给出了一套换算等式：200 里 = 1 度，10 里 = 3 分（或 180 秒），1 里（或 2160 步）= 18 秒，120 步 = 1 秒。[23] 很显然这是金正浩将长、中、短距离测量数据关联到大地测量空间所采用的基本等式，因此可以得出下述结论：1791 年的大地坐标是由标绘在地图上的直线（"直道"）距离决定的。我们知道备边司藏有郑尚骥型地图，而且郑氏"百里尺"这个术语也被人们采用。这是 1791 年可能采用郑图标定大地坐标的另一条线索。

　　尽管郑尚骥地图与大地测量坐标有一定的关系，但我们并没有关于郑尚骥采用此类坐标绘制地图的证据，而且郑图本身也没有经纬网（graticules）。有几幅地图，例如图 10.30 中那幅刻本地图上的方格（grid），是印好地图之后再画上去的。图上虽然可见一条穿过汉城的垂线被标记为中线，但它与子午线和经线没有任何关系，图上的那些交叉点也与 1791 年坐标，或者金正浩地图所见坐标没有任何关系。

────────────

　　㉓ 金正浩：《大东地志》卷 28，页 561bb—563bb（注释 114）。书中有一处抄写错误，"20 步"被改成了"120 步"。

徐修浩报告中的数据可见于表 10.7，表中增补的数据来自金正浩。金氏引用了 1791 年的报告并给出了一套相同的数据，但同时补充了原缺的以汉城为治所的京畿道数据。另外，他还提供了朝鲜东北角稳城和西南角海南的数据，根据这两个数据就可以确定朝鲜半岛的总长度。在这部卷帙浩繁的志书（《大东地志》）的另一部分，金正浩还增补了平安道北部 19 个邑治的坐标（见下文）。我们并不清楚 1791 年的原始材料中是否就有了一整套全国坐标，金正浩补充的坐标是否来自他处？或者是否可能出自金氏本人的推算。

金正浩说，汉城的纬度 37°39′是由何国柱于 1713 年在钟街（现钟路，东西走向）测量所得，[㉖] 而现代官方的纬度 37°33′29″是在首尔市厅南边几个街区测定的。如果金正浩所言无误，那么何国柱的测值与现代测值相差了将近 6′。不管差错在哪里，金正浩的工作从一开始就包含了这个误差。这个误差也是完全可以接受的。通过表 10.7，我们可以清楚发现，往北数据误差逐渐增大，到稳城时误差接近 2°；往南，全州的误差也超过了 30′（但在更南的海南，误差反而小得多，但报告中记录的纬度值得怀疑，因为不符合距离汉城越远，误差率越大这一清晰的数据分布形态）。这一分布形态本身也证明了以汉城为中心的官方里程数据是 1791 年和金正浩坐标的基础。

按照金正浩给出的汉城与边境城市稳城的纬度，两个纬度之间测地距离当是 7°5′，按照每 1 度为 200 里的比率，这一距离是 1419 里，或者 609.3 千米（见表 10.5）。现代实测两地距离为 5°24′，按照每度 111 千米的米制标准，得出的距离是 600 千米。按公里数，金正浩的数据仅比现代数据多出 1.6%，看来他的稳城距离数据是大致合适的。但按纬度数，金正浩的 7°5′比现代的 5°24′多出了 31%。

二者不一致的原因在于周尺。周尺的长度是 19.91 厘米，它比中国或朝鲜的其他尺度标准要短。在 17、18 世纪耶稣会士来华时期，中国开始采用 200 里 = 1°这个等式，这个等式还被收入中国天文教科书中。[㉗] 按照清朝官定的里和尺的长度以及标准的里制比率，每 1 纬度对应的 200 里又可被换算成 115.2 千米。[㉘] 这个数字虽然比现代标准多出了 4.1 千米，但相比朝鲜的 86 千米这个数字，其误差减少了 25.1 千米。朝鲜的里比较短，因此每千米对应的里数就相应变多，用 200 里 = 1°这个等式，根据比例尺地图上标定的里数来确定大地测量坐标时，纬度数自然就会变大。并不是说朝鲜自己的里数错得离谱，而是由于相对于中国，朝鲜的里数对应更大的纬度数，将朝鲜的里数除以 200，得到的纬度值就会更大。这就是造成除了表 10.7 中除 1.6%之外的所有误差的原因。

表 10.7 中展示的是各地在汉城以东或以西的经度数。汉城的经度是固定的，很可能来自何国柱的测定，位于北京以东 10°30′。这批数值与现代经度的误差并没有明显的规

㉖ 金正浩：《大东地志》卷 28，页 561bb（注释 114）。这个数字是金正浩将《历象考成》（pt. 2，1.16b）中的 37°39′15″四舍五入后得出的。前面说过，雷孝思自己给出的纬度是 37°38′20″。

㉗ 吴承洛：《中国度量衡史》，第 271—272 页（注释 149）。

㉘ 吴承洛：《中国度量衡史》，第 271—272 页（注释 149）。《大清会典》在说明 1°等于 200 里时，采用的是营造尺，规定 1 里 =1800 尺（360 步 ×5 尺）。当时的 1 尺等于现在的 32 厘米，1 里等于 576 米。金正浩也参照了《会典》，采用了纵黍尺（金正浩《大东地志》卷 28，页 562ba），在清朝的官定标准中，纵黍尺等同于营造尺。但金正浩的书中，错误地将 1 步 5 尺规定为 6 尺，因为他没有使用中国的里数进行计算。这并不影响我们现在的讨论，它只是一个有趣的例子，说明东亚各国之间度量衡标准的换算总是有数不清的障碍。

律，而且其摆动也很大，比如汉城以东 2°58′的稳城，误差仅为 − 3′，而金正浩书中汉城以东 1°的咸兴，误差竟达 +27′，实际上后者距汉城更近，说明郑尚骥地图中咸兴及其周边沿海区域的位置，比实际位置明显过于偏东（在现代地图上咸兴位于汉城东北方向，经度为 11°，而郑尚骥地图上是 19°）。显然，通往咸兴的崎岖道路，使得东西方向的测量变得尤为困难。

如表 10.8 所示，金正浩给出了平安道北部区域城镇的 19 组坐标数据。金氏的经度数据是以通过平壤的子午线为基准的。可以看出，与现代数据相比，所有的误差值都是负数。尽管数值变化很大，但如果将表格中的数据按照由西到东，而非由北向南方向排列，我们会发现，总体上，越靠西经度误差较大，而往东误差稍小。我们也可以据此解释，为何在用来标定坐标的郑尚骥型地图上的西北部地区，越往西画得越大。实际上，李燦地图册中收录的 4 幅郑尚骥地图，有两幅就存在这样的问题。㉙ 尽管这只是推测，但至少要在一幅郑尚骥地图上讲得通才行，因为我们知道，坐标点就是参考某幅郑图确定的。

313

表 10.8　　　　　　　　　　　**金正浩记录的平安道北部大地坐标**

地点	纬度			经度[a]			
	报告值	现代值	误差	报告值	校正值	现代值	误差
江界	42°36′N	40°58′N	+98′	48′E	=126°32′E	126°36′E	− 4′
渭原	42°41′N	40°53′N	+108′	05′E	=125°49′E	126°04′E	− 15′
楚山	42°25′N	40°50′N	+95′	15′W	=125°29′E	125°48′E	− 19′
碧潼	42°02′N	40°37′N	+85′	39′W	=125°05′E	125°26′E	− 21′
昌城	41°31′N	40°30′N	+61′	1°08′W	=124°36′E	125°03′E	− 27′
朔州	41°19′N	40°23′N	+56′	1°12′W	=124°32′E	125°03′E	− 31′
义州	41°04′N	40°12′N	+52′	1°42′W	=124°02′E	124°32′E	− 30′
熙川	41°19′N	40°10′N	+69′	24′E	=126°08′E	126°17′E	− 9′
龟城	40°57′N	39°59′N	+58′	48′W	=124°56′E	125°15′E	− 19′
云山[b]	41°01′N	39°58′N	+63′	06′W	=125°38′E	125°48′E	− 10′
龙川	40°52′N	39°56′N	+56′	1°29′W	=124°15′E	124°22′E	− 7′
泰川	40°39′N	39°55′N	+44′	29′W	=125°15′E	125°24′E	− 9′
宁边	40°42′N	39°49′N	+53′	01′?	=125°44′E	125°49′E	− 5′
宣川	40°35′N	39°48′N	+47′	1°05′W	=124°39′E	124°55′E	− 16′
铁山	40°45′N	39°46′N	+59′	1°19′W	=124°25′E	124°40′E	− 15′
博川	40°39′N	39°44′N	+55′	17′W	=125°27′E	125°35′E	− 8′
嘉山[c]	40°33′N	39°43′N	+50′	24′W	=125°20′E	125°34′E	− 14′

㉙　在采用兰伯特正形圆锥投影的现代地图上，从首尔到朝鲜西北边境城市义州的方位角大约是 N36°W。从两幅郑尚骥型地图（《东舆总图》《海东舆地图》，见李燦《韓國古地圖》第 68 和 77 页）推算出的两地方位角正巧与之十分接近。但在另外两幅地图——《大东地图》和《左海舆图》（第 75 和 78 页）上，从汉城到两地的方位角分别是 39.5°和 40°。方位角偏西足以导致表 10.8 中这种明显的经度误差。

续表

地点	纬度			经度ᵃ			
定州	40°33′N	39°42′N	+51′	41′W	= 125°03′E	125°13′E	−10′
郭山ᵈ	40°35′N	39°41′N	+54′	50′W	= 124°54′E	125°05′E	−11′
平壤	39°33′N	39°01′N	+32′	0°00′	= 125°44′E	125°45′E	−1′

　　a "报告值"是金正浩所给出的平壤子午线以东和以西的经度，"校正值"依据的是经格林尼治校正过的平壤经度，这个经度值采自表10.7，为汉城以西1°15′。金正浩称，汉城在北京以东10°31′（北京在格林尼治以东116°23′）。推导出的平壤经度与它的现代经度实际上是相同的。

　　b 现代经度的资料存在误差，这个数值是从一幅地图中提取的。

　　c 和 d 这两地现在都不再是邑城，坐标点是从一幅地图中提取的。

　　资料来源：金正浩《大东地志》（1864 年刊行，首尔：汉阳大学国学研究院，1974 年影印本）卷23。现代坐标与表10.7 来源一致。误差计算方式与表10.7 一致。

　　同样是这套坐标，还可以解释郑尚骥地图中的另一个问题，即为何平安道画得过大，而鸭绿江大河曲过于北偏。按照我们先前计算汉城到稳城距离的方法，根据当时朝鲜的里制，将测地距离换算成千米，得出金正浩测算的平壤到最北部城市江界的纬度数对应 262.3 公里。基于两地的现代坐标，以每度 111 公里的换算标准，得到两地距离为 217 公里。金正浩的距离值与现代值相差 +21%，而纬度值误差高达 +56%。这一整体误差（overall error）显然是因朝鲜的距离测值过大而造成的。郑尚骥采用了放大的距离值，又严格按照比例尺方法，最后画出的鸭绿江边界地区和平安道北部、西北部地区，总体上存在相当大的失真。

　　在对有关郑尚骥地图的讨论做出总结的时候，过分强调上述误差是不妥的，因为总体来看，郑尚骥采用统一的比例尺，对于正确把握朝鲜轮廓利大于弊。在郑尚骥之后，大量由政府和普通民众制作的地图都是以他的地图为基础的，郑图也是 18 世纪 50 年代到 19 世纪 60 年代占主流的地图。

　　总之，尽管在郑尚骥的时代，朝鲜已经具备了对大地坐标进行科学测定的潜力，但此类数据似乎并没有成为郑氏比例尺地图的基础。相反，直到他去世很久以后的 1791 年，他的地图才被用来标定 1791 年出现并被金正浩采用的坐标。令人惊叹的是，用当时的方法标定的坐标与现今不相上下。这一成就应该归功于郑尚骥。

金正浩地图

　　金正浩与郑尚骥生活的世界截然不同。18 世纪，朝鲜处于相对稳定的状态，并避开了绝大多数国际压力。但从 1800 年开始，朝鲜进入一个内忧外患的苦难时期。到 1860 年，甚至统治阶层中也有不少人陷入贫困，无论在物质上还是在精神上朝鲜政府都困顿不堪。农民处于水深火热之中，叛乱时有发生。所有朝鲜人，无论强势还是弱势，都认为他们的国家已经暴露在打败了中国和日本的西方强权面前，不堪一击。1864 年，11 岁的男孩高宗登上了王位。1866 年，他那专横跋扈但又魅力超凡的生父大院君发动了一场对天主教徒的血腥镇压。当时朝鲜天主教信徒的人数虽然不多，但格外热忱。这次行动处死了数千名朝鲜天主教徒以及大多数留在朝鲜的法国传教士。源源不断来到朝鲜的法国传教士，在朝鲜地下传教已逾卅载。为了报复朝鲜，法国人袭击了江华岛。这仅仅拉开了当年与西方有关的系列事件的序幕。在大院君的领导下，朝鲜全国一度得以动员，但对此类历史事件的走势并没有多少决定性的影响，最终结局是 1910 年朝鲜沦为日本的殖民地。

虽然我们对作为地理学家和地图学家的金正浩了解颇多，但对于他个人生活的细节与背景几乎一无所知。我们既不知道他出生在何时何地，也不知道他的父母是谁，他于何时何地因何原因去世。由于他的盛名，人们穿凿附会编造了许多有关他的传说故事，而且其中一些还得到了官方认可，编入教科书以示纪念。因此，今天无数朝鲜人对这位勤奋的制图者带有这样一番想象：他顾不上操持家庭，为测量国土，足迹遍布大江南北。他多次登上白头山，却在汉城城外贫困度日，他还请求女儿帮助将地图付梓刻印。在故事的最后，金正浩怀着满腔爱国热情地将他的地图上呈官府，却以散布国家安全信息的罪名被捕入狱。他的雕版被没收并销毁，最后在狱中悲惨地死去。[230]

像大多数传说故事一样，这个故事可能也包含一些核心事实，但时至今日，并没有人对这个故事刨根问底。李丙焘认为，官府不太可能对金正浩的地图采取禁毁措施，否则这样史无先例的行动必然会在官私著述中留下蛛丝马迹，何况金正浩的许多地图作品，甚至一些地图的刻版都保存至今（图 10.42，见下文）。"他可能是由于与天主教有染才被捕入狱"，李丙焘说，"很难想象是因为地图的缘故"。[231] 虽然朝鲜天主教的历史文献中并没有提到金正浩，但是，在 19 世纪 60 年代这一反西方、反洋教的偏执狂热时代，一些带有野心的官吏或政治狂徒可能会挑出一些拥有西方知识的人加以迫害，特别是由于"实学"（西学）这个词模棱两可，它可以同时用来指代天主教和西方科学，而金正浩的确对后者有所了解。另一方面，可能由于他的贫困处境和卑微家世，在那个众生皆苦的时代，金正浩的去世几乎没有引起他人的丝毫注意。无论出于何种情形，他就这样了无痕迹地消失了。

在文献记载的金正浩生平中有一个重要的事实，那就是金正浩的职业是木雕版刊刻商。我们不清楚是他对印刷业务的追求使他走向地图学，还是为了扩大其地图的销量，才从事雕版印刷，但这两者之间显然有一定联系。我怀疑，如果金正浩不是刻工，如何能做出这种具有成熟风格的地图。1843 年，当金正浩走出他云遮雾绕的身世，被世人所关注时，他就被视作一位刊刻商。我前面提过金正浩与他人的一次合作，他曾应实学家崔汉绮之请，刊刻过一部 1793 年后刊行于中国的西式半球图的朝鲜版本。[232] 尽管崔氏的《地球前后图》为时兴的经纬网半球图，更青睐英式而非中国耶稣会士背景，但它基本上是一件异域奇物，与金正浩自己的地图没有任何关系。

但就在 1834 年，金正浩也完成了一部名为《青邱图》的朝鲜全国地图集，"青邱"是

㉚　李丙焘在他的《〈青邱图〉解题》中收集了已知的金正浩生平记载，载于李丙焘编金正浩《青邱圖》（1834年），2 册，首尔：民族文化推进會，1971 年，第 1 册，第 6—9 页；以及《〈大东地志〉解题》，载金正浩《大东地志》第 641—648 页（注释 114）。李丙焘认为我征引的所有金正浩生平的记录都是口头传说。亦可见方東仁《韓國의 地圖》第 189—190 页（注释 5）。这些传说的显著影响，可见 *Kugo* 5－2（Fifth grade Korean reader）（Seoul：Ministry of Education，1987），76－83.

㉛　李丙焘《〈青邱圖〉解题》，第 1 册，第 8 页（注释 232）。比较李丙焘《〈大東地志〉解题》，第 643—644 页（注释 232）。

㉜　李圭景：《五洲衍文长笺散稿》卷 38，页 180ab—ba（注释 60）。李圭景是 19 世纪的实学家，也是金正浩的同时代人，他认为金正浩是为崔汉绮工作的刊书商人。

315

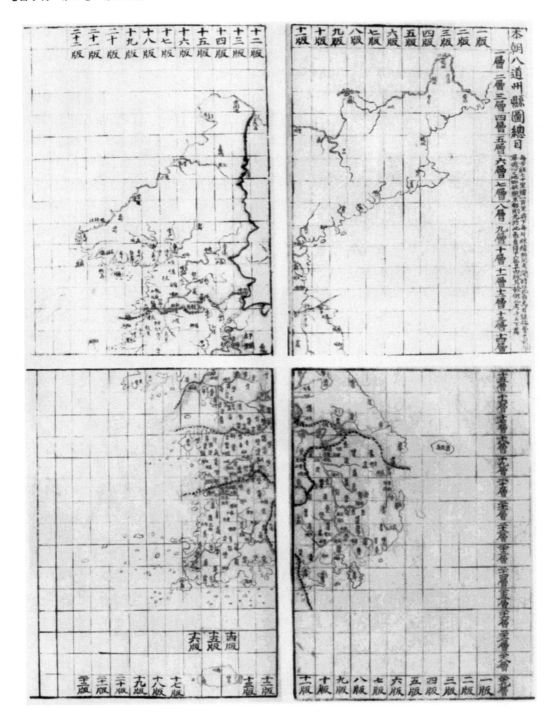

图 10.32   《本朝八道州县图总目》

　　这是金正浩为 1834 年《青邱图》制作的网格索引页。上方两页见于上册，下方两页见于下册，以便将其同时展示。页面右列从上至下按水平方向分 29 层，水平方向则从右到左分为 22 版。所有偶数层放在第一册，奇数层放在第二册，这样，将两册中的书页摆放在一起就可以看到同一个连续区域放大两倍的页面。每一个方格代表了 70×100 里（30×43 千米）的区域。标题下的小字为使用指南，"按层查校，推寻游心之地。"

　　每页尺寸：27.5×20 厘米。

　　经韩国国立首尔大学奎章阁许可。

图 10.33　《青邱图》中的汉城地区

所有已知的金正浩《青邱图》副本都是手绘本。图中的副本年代不详，可能是 19 世纪中期的作品。地图绘制于事先印好的表格（线表）中。线表边缘印有以 10 里为单位的比例尺，中缝则标注了地图名称和所在层数和版数。图中这一部分位于十六层，十三、十四版（见图 10.32 索引页）。郡县界以虚线表示，郡县名标注于方框中，郡县以下的面、驿的名称则标注于圆图中。主要山脉以锯齿状的图案相连，易于理解，并表现"形势"格局。

每页尺寸：35.2×23.2 厘米。

经韩国首尔国立中央图书馆许可（贵 239，古 61—80）。

朝鲜古老而诗意的别称之一。[23] 崔汉绮也还了金正浩一个人情，为他这部地图集题写了序言。在金正浩的整个地图学生涯中，《青邱图》可以说为其 19 世纪 60 年代的巅峰之作做了铺垫。但这部地图集本身也堪称成功，因为它是经过长时间的艰苦劳动，对多种类型的地图资料进行整理、关联和提炼之后完成的。

《青邱图》囊括了朝鲜领土全境，它不是一幅全国地图或一套省道地图，而是由两大部方格地图册组合而成，并附有方格参考总图用作索引页（图 10.32）。[24] 每个分页占一个方格，覆盖范围为东西 70 里、南北 100 里。朝鲜全境在垂直方向从上到下分为 29 层，水平方向由东至西分为 22 版。要找到想看的区域，可查阅索引页，例如光州在 22 层 14 版。

---

[23]　《山海经》多次提到"青邱国"，传统时代的朝鲜人认为"青邱"指的就是朝鲜。见《山海经》卷 1（第 6 页）、卷 9（第 256 页）和卷 14（第 347 页）（注释 77）。

[24]　总论《青邱图》的内容，见李燦《韓國古地圖》，第 86—95 页图版和第 208—210 页（注释 4）以及方東仁《韓國의 地圖》，第 167—180 页（注释 5）。完整的抄本《青邱图》也已影印出版（注释 232）。其中北半部的方格地图在上册第 2—3 页，南半部在下册第 2—3 页，两部分可以放在一起查阅。

这套地图最与众不同的一点，也可以说是独一无二之处，就是将层数安排在不同的册别，即奇数层在上册，偶数层在下册。如果想看上册中某地南北邻近地区的地图，只要打开下册，找到相应的层和版并将它放在上册页面的上方或下方即可。例如，我们已经找到光州在下册第 22—14 层，可以在上册中打开它上面的 21—14 层，或者打开它下面的 23—14 层，这样就可以查看光州南边或北边的区域，而察看东西方向相邻的区域，只需左右翻页就可以了。

317

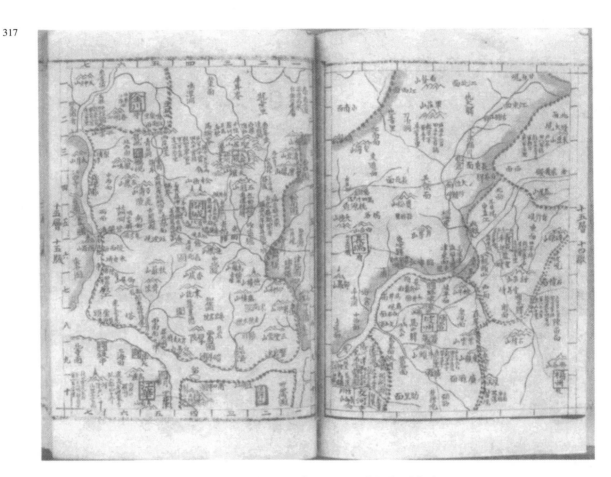

图 10.34　另一版本的《青邱图》展示的汉城西北部地区

出自另一部未知年代的《青邱图》抄本，也是画在边缘带有比例尺的预先印好的线表上。层数和版数标注在页面的左右两侧。这个版本的《青邱图》，相较于图 10.33，制作得比较粗糙和拙劣，由于过分强调郡县界，地图上不仅有太多地物与地方注记，还有其他版本上所不见的人口与经济数据。金正浩认为这些信息非常重要："人口、耕地、粮食产量、军事人员等信息似乎与地图没什么关系，但若要评估一个地方的富强程度，这些数据就再好不过了。事实上，它也是政治地理的重要因素。"这个版本处理山脉的方式也与众不同，只画出主峰而省略掉山系，而且没有采用图 10.33 所见的"形势"画法。

页面尺寸：27.5×20 厘米。

经韩国国立首尔大学奎章阁许可（古 4709—21A）。

尽管理论上全图共有 638 个方格，每格代表 7000 平方里，但有一半方格对应的是远海，在地图集中找不到相应内容。陆地对应的方格总共有 313 个，即便只是对应岛屿的一部分，图册中也会有一个页面。每个页面顶端和底部的比例尺是 70 里，两侧是 100 里，因此只要看一眼页面的边缘，就很容易估算距离，而不需要借助尺子。有人算出地图的比例尺是1：160000。㉓

毋庸置疑，由于《青邱图》的比例尺相当大，其上发现了许多在早期的朝鲜地图中一般看不到的地物。郡县的完整边界和面（郡县以下的区划）第一次在地图上得以展示，同时还展示了旧邑治和废邑治的位置，画出了驿站网络并标注了驿站和驿马数量。地图上还可以找到佛寺、庙学、学校、军镇、军堡和官仓。地图中还会注明当地发生的历史事件（如一处写道："高丽辛禑时期［14 世纪 80 年代］沈德符与倭寇战斗失利的之处"。另一处写着，"1592 年，申恪大败日本军于此"），偶尔评论气候（如"极寒之地"）或自然特征（如"汉江源"，"双峰高数千尺"）。图上载入了各郡县的四项经济人口数据，随后是该郡县到都城汉城的距离。例如，全罗道的长水，"户数，3700；耕地，2700 结；粮食产量，12500 石；束伍军，3200；距离汉城 650 里。"这些是 1828 年的数据，省略了十位数与个位数。

《青邱图》并未付梓刊行，现存的手抄本是在带着雕印版式的页面上摹写而成的，页面边缘印有 70 里和 100 里的比例尺，中缝标有层数（图 10.33）。显然这种带有编号的成套印纸（线表）是由金正浩或者其他人制作的，专门出售给职业抄工或是亲手制作地图的发烧友。他的凡例甚至讲到复制地图的方法。因为这套地图册涵盖范围广而且资料详尽，现存版本通常不可避免地存在很大的差异。一些摹本制作得十分精细，另一些则比较马虎（图10.34）。

尽管《青邱图》取得了显著成就，但它的技术基础似乎尚未被研究过。其实，地图前序、凡例与地图本身都有大量的材料，可以帮助我们理解《青邱图》的背景与结构。

崔汉绮的序言（《青邱图题》——译者注），对经纬度基本原理进行了概括，但他主要是用骈体的套话讲了一些 1834 年前为中国和朝鲜地理学者所熟知的老生常谈。崔氏的序言还对极高、日月食的观察、纬度 1 度对应 200 里等问题做了一般性的介绍。接着他讲到，1791 年正祖下令对大小郡县（最后总计有 334 个）参照"经度一百五十四，纬线二百八十余"的方格网进行调查。可惜的是，崔氏的注意力主要放在他那矫揉造作、晦涩难懂的骈文上面，并没有详细介绍这项工程的具体内容，他的序文似乎也未被载入官方实录。

金正浩在《青邱图》"凡例"中提到，正祖要求各地绘制当地的地图，并且"从这次开始，地图上就有了由垂直线与水平线构成的方格网（线表）。"金正浩的措辞可能被人解读为"经线和纬线"。但是，与崔汉绮序文不同，金正浩在这里显然指的是方格网而不是大地坐标经纬网。实际上，金正浩用的是"线表"一词，这也是他印制的雕版表格的名称。

正如我们所见，金正浩用水平的 29 个"层"覆盖了整个朝鲜，每层代表南北向 100 里。朝鲜最南端的一块陆地是小岛——马罗岛，位于济州岛以南约 30 里，坐落在第 29 层中约 90 里处。按每层南北相距 100 里，这里实际上是没有画出来的 289 号线。因此，崔汉绮提到的

㉓　见李燦《韓國古地圖》，第 208 页（注释 4），而方東仁《韓國의 地圖》第 169 页给出的尺寸与李燦书中不同，他计算出的比例尺是 1：133333。

319

图 10.35 《陕川》（图）

　　这幅地图和图 10.36 都出自《东国地图》（李燦认为这部地图集编撰于郑尚骥生活的时代，也就是 1678—1752 年，但此处讨论的地图应为 18 世纪晚期或 19 世纪早期）。1791 年正祖下令按照计里方格绘制全国地图，这些地图可能与这一计划有关。请注意两幅地图的右侧和下沿标有数目。陕川的位置接近东百三和南三十五交汇处。庆山处于东百一和南二十八交汇处。每个计里方格边长为 20 里，而《青邱图》侧边比例尺一格为 10 里。以庆山为例，若将其在《东国地图》中的索引数乘以 2，得到的结果 20.2 和 56，同它在《青邱图》中的坐标近乎一致（距离二十一层顶端 20 里，接近八版的左缘）。

　　原图尺寸：53×35.5 厘米。

　　经韩国国立中央图书馆许可（贵 677，承继古 2702—22）。

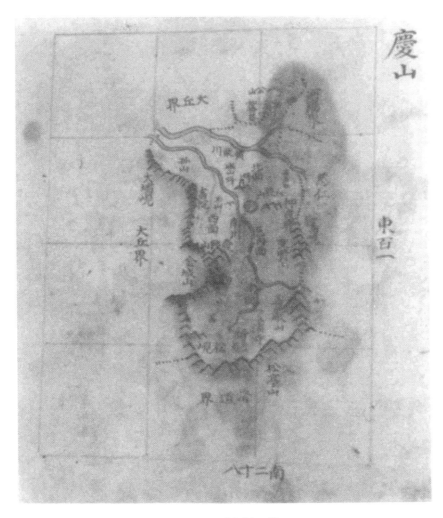

图 10.36 《庆山》（图）

见图 10.35。

原图尺寸：53×35.5 厘米。

经韩国国立中央图书馆许可（贵 677，承继古 2702—22）。

"纬线二百八十余"与金正浩的方格网恰好吻合。㉔"经线"对得更准，崔汉绮提到的"经线一百五十四"，除以金正浩图中的 22 版，得到整数 7，正好与金正浩每方格水平东西向 70 里一致。显然，当时已经制作了一幅朝鲜基本地图，它是前文讨论过的 1791 年测量调查的组成部分。图上添加了由 154 条垂直线和 280 条水平线构成的网格。并向各城邑长官分发相应的部分，用作绘制当地地图的线表。以此方式绘制出的地图，虽然都在当地制作，并且经由许多人之手，但它们的格式和比例却是相同的。我们有必要得出如下结论，《青邱图》上的 70×100 的方格，正是为容纳 1791 年正祖调查工程的数据和地图而设计的。

㉔ 写作骈体文不能采用太明显的对仗，因此，崔汉绮在前一句中用过了一个数字后，后一句最好不要再用同一个数字。比如前一句说过"二百八十九"，后一句就写成"二百八十余"。

320

图 10.37　《堤川·清风·丹阳》

　　此图出自《大东舆地图》册，其年代及其修正结果同于图 10.35 和图 10.36。虽然出自不同的地图册与不同画师之手，但其坐标系统与《东国地图》完全一致，如图 10.35 和图 10.36 所示。图 10.34 上的南三十五相当于此图上的南三十五。如果换算成《青邱图》系统，则这条线接近金正浩《青邱图》十版左侧未画出的南六十八那条线。准确地讲可能是南七十那条线（2×35），但是由于金正浩重新订正了距离数据，特别是朝鲜东部的数据，因此他的方格与郡县地图有微小的偏差。《大东舆地图》册共有 146 幅郡县或与此图相类的郡县群地图。

　　原图尺寸：34×22.3 厘米。

　　经韩国国立中央图书馆许可（古 2107—36）。

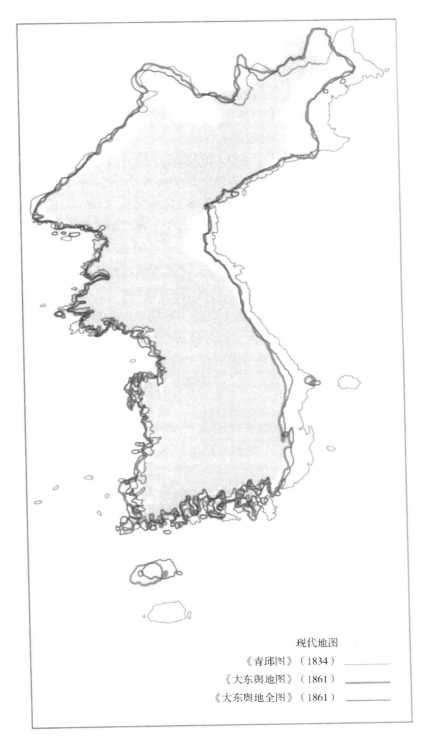

现代地图

《青邱图》（1834）_____

《大东舆地图》（1861）_____

《大东舆地全图》（1861）_____

图 10.38 金正浩地图中的朝鲜半岛轮廓与现代地图比较

在他的《大东舆地图》和《大东舆地全图》中，金正浩大大修正了《青邱图》中东海岸向东延伸过多的错误，但是由于没有准确的、通过天文测量得到的经度数据，他的地图也从未完全成功达到现代标准。请注意，地图并未修正半岛北部轮廓，而南部则稍稍矫枉过正。

此图据李燦《韓國古地圖》（首爾：韓國圖書館學研究會，1977 年），第 211 页。便于进一步对比，据《大东舆地全图》改绘。

一些学者将1791年地图放在崔汉绮序言所概括的大地测量一般理论背景下进行观察，断定那些大地坐标是通过天文测量来确定的，并且是1791年工程的初步基础。[㉗] 但是我并未找到实际大地测量的证据或记录。记录在案的大地坐标来自比例尺地图中的距离。如果真的有过一套朝鲜邑治坐标，应该可以在金正浩私撰的地志《大东地志》中发现它们，这部书在其他很多方面都与《青邱图》有密切的关系。但是除了前面讨论过的大地坐标，我们在《大东地志》中找不到任何其他坐标。

至今尚存的几套郡县地图，可能与崔汉绮和金正浩提到的1791年地图绘制工程有关。这些地图的特色是带有编号方格线的标准表格，这个表格与人们对线表的描述相吻合。这些郡县地图分属两处单独的收藏，但它们的网格系统是相同的，甚至线上的编号都是连续的。很明显它们有着同一来源，这个来源只可能是1791年工程（图10.35—图10.37）[㉘] 这些地图有些已经刊行在李燦的著作中了，将它们与金正浩《青邱图》中相应的图幅进行比较，就会发现《青邱图》较之成比例地放大了。如果把这批郡县地图放大到全国，大约会产生77条垂直线和143条水平线，而崔汉绮《青邱图说》称"经度一百五十四，纬线二百八十余"，前者的数值差不多是后者的一半。这个结论，再辅之以对图上距离关系的考察，我们发现，郡县地图上的方格每边代表20里。如果将它的比例放大一倍，就正好同《青邱图》上的坐标一致。很明显，制图者和摹写者都发现《青邱图》154列、280多行的网格过于精细，实际上妨碍了对地图的解读。事实上，崔汉绮在《青邱图说》中也对1791年工程有所不满和抱怨。

在《青邱图》"凡例"中，金正浩特别称赞了郑喆祚、黄烨、尹鎮绘制的郡县地图[㉙]，但是他也批评了一些佚名的地图，因为这些图画不精确，而且采用了不标准的方格。他说，"因此，我在此使用全国方格地图（大幅全图）来确定层数和版数，并将之分类整理入册，这样既可以避免这两大问题，同时也可以依据文字说明和先前编制的地图进行研究。"[㉚]

因此，金正浩利用了与1791年工程有关的现存地图，可能也利用了他收藏的或从别处得来的其他地图。"凡例"的某些地方，读起来像是为其合作者提供的一系列用法说明，"凡例"也可能以其他形式发挥了这一作用。

为了确定朝鲜半岛的基本形状，金正浩从先前已有的全国方格地图（《大幅全图》）着

㉗　李丙焘：《〈青邱圖〉解题》，第1册，第9页（注释232）。方東仁《韓國의地圖》，第169—172页（注释5）。方東仁得出的结论是："我们可以说，（朝鲜）在1791年就通过基于天文观测绘制的地图对地物、方位和位置进行校正。"李燦则比较慎重，他只指出这些坐标是1791年测量的，并没有讲到有关天文测量的任何内容，见《韓國古地圖》第209—210页（注释4）。

㉘　这里所讨论的地图册是《东国地图》和《海东舆地图》，分别收录在李燦《韓國古地圖》的第141和150—151页（注释4）。我必须对李燦的观点提出异议，而且我显然也不赞同韩国国立中央图书馆的编目者，他们将这两部地图集视为郑尚骥亲手绘制的郡县和省道地图。除了崔汉绮和金正浩讲到过计里方格符合1791年地图工程的要求，特别是方格的行列数字与《青邱图》中方格网的关系外，没有证据表明在郑尚骥生活的时代（1687—1752）朝鲜已经开始使用计里方格。大家可能有点混淆郑尚骥所用的百里尺与计里方格了。方格可以指比例尺，但比例尺不一定指计里方格。

㉙　这里提到的三位制图人中，我发现，当时的文献只提到了郑喆祚一个人。他显然是因擅长工笔画而闻名的。1781年，他作为司宪府的小官，受命为王室摹制肖像，见《正祖实录》卷12，页28ab（注释17）。

㉚　金正浩：《青邱图》，第1册，第3—4页（导言第2页）（注释232）。

手，这幅地图应该汇编自 1791 年的地图工程中得以修订的郑尚骥型地图。《青邱图》中各邑治的相对位置，相较于郑尚骥型地图更为精准。鸭绿江的河道更接近实际，平安道的总体比例也更为协调。但无论是金正浩还是 1791 年工程团队，都将鸭绿江上游的河曲处画得过于偏北，为了修正鸭绿江的总体流向，他们不得不画出另一个河曲，这使失真更加严重。朝鲜半岛东海岸南部的异常外突，则不见于郑尚骥型地图，恐怕只能将其归为反常的错误。最后，和郑尚骥型地图一样，东西海岸之间距离过大。虽然这一错误显然在 1861 年的《大东舆地图》中得到了校正，但元山湾转弯处的海岸仍然存在错误（图 10.38 和表 10.8）。除了这些问题外，金正浩地图的朝鲜轮廓总体上比郑尚骥更为准确。

321

表 10.9　　　　　　　　　　　　**郑尚骥和金正浩地图上朝鲜的相对长度**

纬度差	《东舆总图》	《青邱图》	《大东舆地图》	《东国舆地全图》	ONC F－9，G－10
稳城—汉城	15.0 厘米	1495 里	1479 里	24.0 厘米	607 公里
汉城—海南	9.5 厘米	853 里	863 里	14.5 厘米	363 公里
合计	24.5 厘米	2348 里	2343 里	38.5 厘米	969 公里
南北比率	1.578	1.752	1.713	1.655	1.672

资料来源：我的计算。表中的数据分别展示了汉城到朝鲜半岛（不含岛屿）最北端的稳城县和最南端的海南县的纬度距离以及朝鲜陆地总长度。《东舆总图》（图 10.30）和《大东舆地全图》（图 10.46）的数据测量于李燦《韓國古地圖》（首爾：韓國圖書館學研究會，1977 年）中的大幅影印图片。《青邱图》和《大东舆地图》中的里数是通过这些地图中相应的方格数出来的。现代距离数值测量自美国空军作战导航图（Operational Navigational Charts）F－9 和 G－10（美国空军航空图标和资料中心，密苏里州，圣路易斯，1966 年）。表中的比率表明，金正浩为了使距离数值更加精准，一定付出了长时期劳作，最终非常接近现代比率。

一旦对郡县进行了大体定位，它们就成为制图工作的重点。金正浩对他推进这一层面工作的具体步骤作了解释说明，同时以某一地区的各种典型地物为对象，以插画的方式绘制出了概括式的"地图式"（图 10.39）。对每一郡县，金正浩都会另纸草拟出一张草图。首先会根据四至确定邑治的位置，给出山脉和河流大致走向。然后，以邑治作为中心点，在边缘标出 12 个作为参照的方位，并以十二时辰命名。接着，以邑治为中心、以 10 里为间距画同心圆，由邑治向外辐射。按照邑治到边界的里程表，参考同心圆画出邑界。下一步是优化河流与山脉的相对关系。根据河流各节点间的长度数据，例如从源头到与其他河流的交汇处，采用同心圆来确定河流走向。当河流和溪谷都呈现在地图上，同时分水岭地区的总体情况展现出来后，他还会勾勒出"形势"网络中的重要山脉，并将其用锯齿状符号连缀起来，余下的宽阔空间就是平原和开阔地。虽然金正浩在这一部分并没有提到道路，但它们可能也是用这样的方式绘制到地图上的（因为颜色问题，《青邱图》中的道路展示效果往往不佳）。最后，在地图上标出面里、驿站、镇堡、仓库、水库、坛壝、祠院、书院之类地物的名称，并在本邑境之外标出相邻邑的名称。郡县地图全部草制完成后，下一步就是将这些地图严丝合缝地拼接在一起，并将其转绘到全国地图，同时删掉所有同心圆和参照方向。

这项工作的基础数据最终被收录到金正浩的《大东地志》（1864）中，该书用列表的方式记录了各邑的里程和人口等大量数据（图 10.40），以及一长串行政、军事、文化建筑或机构以及它们到邑治的距离。金正浩既从《东国舆地胜览》和《文献备考》等周知的材料中挖掘材料，也利用了最新的官方数据，比如备边司 1828 年的统计数据。他可能是通过政府官员和两班友人得到此类信息的，如崔汉绮。金正浩也翻阅了可用的邑志。虽然这些材料并非都适合表现在地图上，但金正浩至少在他的早期生涯中，认为地图与文字材料是相互依存且同等重要的。

322

图 10.39　《地图式》

出自金正浩《青邱图·凡例》。他以此为示范，说明如何按恰当的步骤绘制郡县地图。地图上展现了示例郡县所辖范围。图上以邑治为中心，每隔 10 里画一个同心圆圈并在边缘以粗体字标出十二个方位，以此作为草绘阶段准确定位地物和地点的指南。转绘到总图时，圆圈和方位名称都会被删掉。

原图尺寸：27.5×20 厘米。

经韩国国立首尔大学奎章阁许可。

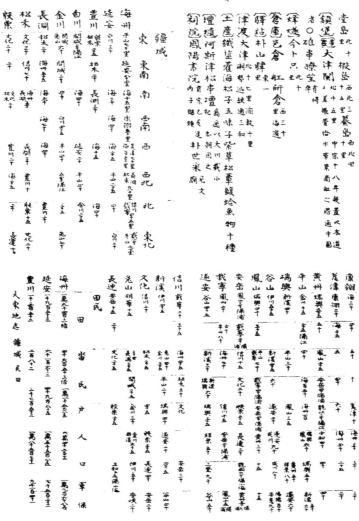

图 10.40　金正浩数据举例

此图上的里程和人口数据出自金正浩的《大东地志》，他还将其用于编绘《青邱图》和《大东舆地图》。图中上、下两个页面均出自《大东地志·黄海道》（卷 18，页 390b—391a）。上方页面左侧和下方页面大部分为黄海道郡县里程表。顶格是各邑名称，其下标有里程数。里程表首列从上到下依次写有八个方位，即东、东南、南、西南、西、西北、北、东北。表中的里程数指某邑到周边他邑或大海的路程。例如，第一条"海州"，读表可得，东距平山七十里，东南距延安八十里，南距海十五里，西南距康翎五十里等等。金正浩的里程数据均省入到尾数 0 或 5。下方页面左侧为郡县人口和经济数据表。表中给出了耕地、水田、户数、人口、军队人数等数据。这些统计数据引自 1828 年的政府资料。虽然学者们认为目前所见的《大东地志》成书于 1864 年，但在此之前，金正浩早就开始整理这些数据了。1834 年成书的《青邱图》业已广泛采用这些数据。

出自《大东地志》影印本，李丙焘编撰（首尔：汉阳大学校国学研究院，1974 年，第 390—391 页）。

323

《青邱图》中一个特别的兴趣点是对山系的处理，在这一部分可看出混合（多种画法）的迹象。他在"凡例"中说，在河流和溪水的发源地之间自然可以发现山脉和分水岭，因此，他建议只在地图上画出主要的山脉，他写道："没必要将山峰连缀成山系，这样会使地图画面混乱，还可能出现错误，只需要在有名山的地方，画上三四座山峰就可以了。"⑳ 这番话使我们想到图 10.34 的处理方式，图中个别山脉看起来多少有点类似《胜览》型地图的样子。但我们同样也看到，他提倡用锯齿状的图案将主要的山脉连缀起来。图 10.33 的抄工似乎采纳了这样的建议，有可能第二种方式——强调"形势"的传统方式——在地图买家中更受欢迎，因为最终金正浩也是沿着这个方向前行的，他于 1861 年绘制的地图，将"形势"画法发挥到了极致。

如果说我们对金正浩 1834 年之前的事迹知之甚少的话，其后的 27 年亦是如此。无论多么勤奋的学者，几乎都找不到从 1834 年到金正浩以自己的名义发行《大东舆地图》初版（图 10.42 和图 10.45）的 1861 年间，出自他本人或者有关他的只言片语。下面我们借助一幅与《青邱图》属于同一大类的刻印地图，重新审视金正浩的职业生涯，讨论作为刊刻商的他为何没有刊刻他 1834 年的作品，或许能对这 27 年有所了解。

雕版印刷和其他产品一样，需要顺应市场环境，最可能导致金正浩没能刊印《青邱图》的因素就是经济考虑。并非所有的木材都适合制成雕版，因为木料既要有足够的硬度，以保证其版面在反复着墨印刷中持久耐用，同时也要够软，以供合理高效地雕刻。另外，并不是所有合用的木料尺寸都足够容纳两个普通的双页。用于抄写《青邱图》的线表（图 10.33 所示）尺寸是 35×23 厘米出头，而实际所用的木板，还要算上边角和页边空白，需要一块宽度不小于 25—26 厘米的木板。此外额外的损耗、运输以及加工费用，都要计入原本价格昂贵的木料成本之中。接下来还有刻版的费用。掌握这种不同寻常的技艺需要特别的训练和长期的经验。就《青邱图》而言，我们需要计算 162 块刻版的材料、工具、人工、损耗以及管理和维护的费用。《青邱图》中的 324 个方格需要 162 块刻版（因为一些层数是奇数的版面，11 块刻版只用了一半，总计 313 个方格）。刻版印刷的方式有两个很大的优势，一旦刻版做好，如果保存得当和适时维护，便可以带来长期的收益；二是对刻版文字和图像的校正可以一劳永逸。但其缺点是制作成本高，长期保存和维护也需要费用。

除非起先就有强烈的需求以及中长期的稳定市场，这样一种投资才算合乎情理。但金正浩的地图尺幅较大、内容专业，价格可能也十分昂贵，再加上他所处的时期，朝鲜经济凋敝、时局艰难，这部地图集似乎并不能吸引来多少买家。即便在相对繁荣的时期，朝鲜的刻版书籍也都过于昂贵，这样就可以解释为何个别读者和书商宁可制作抄本。现存至今的抄本数量也远大于刻本。许多有重要价值的书籍从未付梓雕印，例如，实学家的名作也只有极少数被刻版刊行。今天我们看到的一些重要的著作，只能找到抄本原稿或复抄本的影印版。即便起初金正浩看到地图有巨大的需求，他也会意识到，其刻本最终只会成为无数抄本的摹写对象，而他从中得不到任何收益。

有人也可能会问，金正浩是否对他自己制作的《青邱图》满意。我们其实觉察到了他的一些矛盾心理，诸如是否在图中强调山川"形势"。不同版本《青邱图》的差异之处，也体现出使用者或摹写者对于风格和内容的不同品味（例如是否包括人口数据），其中的一些踌躇之处可能源自金正浩本人。《青邱图》不可避免地存在一些错误，金正浩自己可能也已

---

⑳　金正浩：《青邱图》第 1 册，第 7 页（导言第 2 页）（注释 232）。

谈到或指出过这些问题。最后，金正浩作为一位聪慧又富有想象力的地图学家，不可能在27年间没有产生任何有关地图学的新思想。不管何种因素导致他最终做出放弃刊行《青邱图》的决定，到1861年，他刊行了一部全新的地图。

　　1861年的时局已殊异于1834年。到1834年为止，西方人的势力并没有深入朝鲜，天主教似乎也在政府的掌控之中。但是到了1861年，朝鲜开始戒备西方，因为就在上一年，英法联军占领了北京，焚毁了圆明园，并强迫中国人接受西方的贸易和外交要求，同时允许自由传教。许多朝鲜人认为朝鲜将会是列强的下一个目标，而且认为1836年以来在朝鲜秘密

324

图10.41　《青邱图》中的仁川和江华岛南部（金正浩，1834）

　　这幅地图的位置是十六层、十五版。请对比图10.42《大东舆地图》对同一区域的描绘。仁川邑治位于地图右下方（地名书于长方框中），此地以西20里（地图外侧的刻度每格代表10里）滨海的旧济物浦为现代仁川市中心。左上方为江华岛南部，王室曾多次到此避难并修筑城堡：请注意沿着海峡布置的防御工事，它们用以防御来自大陆的进攻。镇堡用方格表示，方格内的汉字表示指挥官的级别。火焰状的黑色三角形表示烽燧。右上方的县邑是金浦，现在是国际机场所在地。

　　原图尺寸：27.5×20厘米。

　　经韩国国立首尔大学奎章阁许可。

活动的法国传教士就是间谍。担忧与怀疑使朝鲜人开始着手解决军事和国防问题。金正浩《大东舆地图》的序言反映了这样的担忧。

序言中约三分之一的内容都在引述中国古代军事战略家孙子的一段精彩的原文，强调在战争发生之前必须通晓地势情况。在危急时刻，这样的准备对于处理暴力事件是必需的；而在和平年代，此类知识也可用于管理国家和人民。18、19世纪，包括郑尚骥在内的许多实学家对军事和国防问题都有专门的研究，但他们并没有紧迫感。从金正浩序言的字里行间，我们可以觉察到及至1861年，已不再有时间继续研究，必须即刻转向现实需要。这样一种社会氛围是否也激发出对金正浩地图这一类作品的需求，只能留作推测。但在经济因素之外，我们不应小视爱国主义和民族主义的需要，金正浩可能从某位希望出版该地图的能人那里获得了特殊的经济资助。如果金正浩因危害国家安全被投入狱中的故事实有所本，那就是在公开刊行他的地图时，他的确表明过，自己对国家安全问题的关注。

《大东舆地图》并非是《青邱图》的修订改良版，而是一部全新的地图。[24] 金正浩显然继续着他的考察和旅行，完善了他的距离测量方法，从整体和细节上对朝鲜全国进行了重绘。他设计了一种指示比例尺的新方法，并引入了一套新的图例体系。他彻底改变了自己的绘图风格以及对山脉和岛屿的处理方式。他放弃了文字说明、经济人口数据、废弃的行政单位等内容，但对道路网络作了相当的改进。最后，他还完全改造并重新设计了地图的版式，以长条的经折装替代了交互式的图册，前者更为紧凑，展示更为灵活。现在我们来仔细看看这些变化。

通过重新校准东海岸的总体轮廓，朝鲜国家的形状得以改善。只要简单地将新的东海岸与现代地图相对照（图10.38），我们即可发现这些变化。但是金正浩并没有现代地图可以参考。想要取得这样的进步，必须对横跨朝鲜东部山脊的半岛东西之间的距离数据进行整体优化和压缩。如果没有这样做，唯一的可能就是，他根据一套基于天文学的经度数据更为准确地定位了海岸线。尽管这种进步在地图上是显而易见的，但我们对金正浩或者其他朝鲜学者的此类观察和测量的具体情况一无所知。虽然金正浩重新对准的海岸线还无法满足当时的需要，特别是在北方，但相较于《青邱图》，这已经是一次决定性的进步，而且它在现代以前所有地图上确定的朝鲜半岛海岸线中是最准确的。

有些人认为《大东舆地图》在比例尺方面，相较于《青邱图》退步了，因为它放弃了后者每页边缘上的比例尺刻度。但是实际上，聪明的金正浩已经找到了一种改进方式。首先他在地图册中插入了一个作为样本的方格页，这个方格相当于80×120里。地图本身并没有显示任何方格，但是这个方格页可以裁剪下来用作比例尺。金正浩的第二个点子可能为大多数读者省略了这道手续。在他的新方案中，每条道路都可用作比例尺，因为图中每条道路从头至尾，每隔10里加一条记号。实际上，只要数一数记号的个数，就可以自动得出道路里程。如果读图者想在没有路的地方测量里程，则可以直接借用最近的道路作为比例尺。在多山的地区，（道路上的）记号会密集一些，尽管仍然是一格10里。这样就能提醒旅行者，虽然道路看起来很短，但路程却是迂回而陡峭的。

㉔　总论《大东舆地图》的内容，见李燦《韓國古地圖》第210—211页（注释4）和方東仁《韓國의地圖》第180—189页（注释5）。

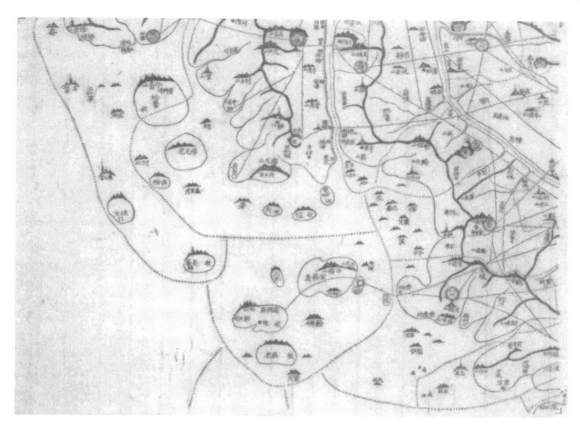

图 10.42　《大东舆地图》中的仁川和江华岛南部（金正浩，1861）

　　这张局部图展示了第十三层的东海岸部分。请对比图 10.41《青邱图》的同一区域。金正浩对江华岛西、南海岸以及处于仁川（标示于右下方圆圈中）西北部地区的地形作了修正。请注意，与早期地图相比，这幅地图对岛屿的描绘比较简略，但道路网络覆盖范围更广，有些陆路延伸到通往近海重要岛屿的渡口并与航线相连。图中用虚线将岛屿群圈入某个行政区域的管辖范围（金正浩错误地将包括紫燕岛和龙流岛在内的 12 个岛屿划到了仁川辖区之外）。图中用圆圈加地名表示邑治，用双圈表示带有城墙的邑治，用方形表示镇堡，用火焰状三角形表示烽燧。在这幅地图上，金正浩省去了文字说明，减少了标注地名的数量，反而使地图看起来更加清晰，实际上增加了地图的可用信息量。

　　原图尺寸：21.5×28 厘米。出自《大东舆地图》1936 年重印本。

　　图片由美国加州大学伯克利分校东亚图书馆提供（Asami Library，cat. No. 20.43）。

　　《大东舆地图》似乎对《青邱图》中地形和地名的内容进行了全面的审定，这表现在对地名的修订、文化地物的增删、海岸线的改进等诸多其他变化上（对比图 10.41 和图 10.52）。军事地点成为特别关注的对象，仔细对比两幅地图中相应的区域，往往能发现镇堡、烽燧等内容的变动或增加。

　　《大东舆地图》中对岛屿的表现较为抽象。小岛的基本标志是一段表示山峰的短线，它们常常画成圆冠状，而较大岛屿的基本标志就扩展成一个细实线的圆圈，其大小随岛屿的幅员而变化。一般而言，除了类似江华岛、济州岛这样的大岛屿外，《大东舆地图》并没有试图展现岛屿的精确轮廓，因为这些信息通常难以获取，这样处理就避免了展示超出其实际掌握范围的地理信息。

326

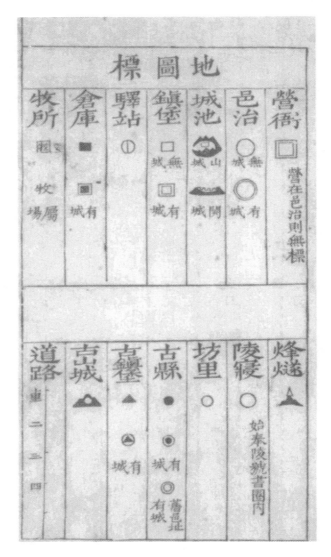

图 10.43　《地图标》

出自金正浩《大东舆地图》。图片上方从右到左：营卫、邑治、城池、镇堡、驿站、仓库、牧所。单圈表示无城墙，双圈表示有城墙。下方：烽燧、陵寝、坊里、古县、古镇堡、古山城、道路。

原图尺寸：未知。

出自《大东舆地图》1936 年重印本。

图片由美国加州大学伯克利分校东亚图书馆（Asami Library，cat. No. 20.43）提供。

《大东舆地图》与《青邱图》最根本的差别在于对山脉的描绘上。前者以朝鲜"形势"风格描绘山脉，是对"形势"风格最突出、也是最完整地呈现。一方面，金正浩的处理方式相当抽象，以黑色实线表示山脉，越平缓线条越细，越高耸线条越粗。对于险峻之处，会以一侧添上锯齿的线条来表示，在上行线条的末梢隐约显示积雪覆盖的山峰。另一方面，这种画法可以很好地表现"形势"学说。有水必有分水岭，"势"随"形"动。在《大东舆地图》中，无论你从朝鲜何处出发，只要找到一条单独的山脊线，这条独脉都可以将你从所在郡县直接导向白头山，至少在理论上，不必穿越溪流或是踏过水洼。在传统时代，无论白头山是否在朝鲜政府的管辖范围内——1712 年以前通常不在——都被普遍认为是朝鲜大地的活力源泉，因此它成为朝鲜最鲜明的自然地物。在《大东舆地图》中，金正浩以夸张的笔触细致描绘白头山，这导致了地图上朝鲜东北边地的严重失真。这样装饰性的夸张描绘同样出现他的单页版地图中，见图 10.46。虽然现在地图已经不这样画了，但这样的感情依然十分强烈。在北边的朝鲜民主主义人民共和国，民族革命思想聚焦此山，到处可见白头山的绘画。在南边的大韩民国，白头山出现在国歌的第一句，歌曲赞颂了朝鲜的"三千里锦绣江山"。如果问哪一个符号最能象征民族团结，所有的朝鲜半岛人都会回答：白头山。打开《大东舆地图》，就可以准确判断身处白头山的何方，本地与白头山有何关系。

金正浩 1861 年地图上一个更加醒目，甚至比山地更为重要的特征就是其地图总体清晰

327

图 10.44　金正浩《大东舆地图》中的开城地区

这张局部图出自第十二层。十三版和十四版与图 10.42 中十三层的十三版和十四版相连。位于地图中央醒目处的是延伸到高丽古都开城（位于首尔西北方）的著名山系，这条山系可将其"元气"传送到白头山。请注意金正浩如何通过加粗的线条、引人注目的雪峰来突出这条山系的重要性。请对比《青邱图》（图 10.34）在描绘同一地区时采用的不同手法。此图更多着眼于山脉和道路形态，同时省略了文字说明和很多小地名。从地图学角度而言，这样的处理使读图者能够更加清晰地看到整个区域之间的联系。

原图尺寸：21.5×28 厘米。

出自《大东舆地图》1936 年重印本。

图片美国加州大学伯克利分校东亚图书馆（Asami Library. cat. No. 20.43）提供。

度的提高。地图上没有纵横交错的方格线。文字说明和注释也被完全移除，它们被归入描述地理的范畴内。更多的信息是由符号来传达的（图 10.43）。在《大东舆地图》上，"面"作为一个门类被省去，尽管还有一些以小居民点的符号标示出来，但大都经过了有目的的挑选。通过比对涵盖同一区域的图 10.34、图 10.44 或图 10.41、图 10.42，我们可以充分感受到这一变化带来的视觉冲击。这一演变彻底打破了传统。虽然事实上，除了金寿弘（图 10.13）等少数制图者的作品，或金正浩本人的《青邱图》外，朝鲜地图上一般也没有过多的文字说明，但金正浩这种新的手法似乎从原则上摒弃了文字材料。虽然一些习惯于传统方式的读者可能会怀念地图上的文字说明，但毫无疑问的是，文字的缺席为地图带来了前所未有的精简和明晰。建筑大师密斯·凡·得·罗（Ludwig Mies van der Rohe）所言的"精简即丰富"，用在地图学上也行之有效。

　　金正浩展示其地图方格的新版式，再次与《青邱图》和一般的传统地图册分道扬镳。正如其地图册系统一向具有创新性和灵活性，金正浩似乎想追求更为自由的展示方式，这一目标在《大东舆地图》中得以实现。在初期的设计中，他可能是将相邻四个代表 28000 平方里的方格并置排列的。在新的版式下，读者可以聚焦想要看到的或大或小的任意单位，直到整幅地图。整幅地图全部展开时，尺幅大约高 7 米、宽 3 米。有人计算出其比例是 1:160000。[243] 因为《大东舆地图》中一个方格代表 80×120 里，较《青邱图》的方格大，所以金正浩只需要 22 层 19 版，而非 29 层 22 版，就可以涵盖全图范围。《大东舆地图》不是以图册形式发行的，金正浩出售的是 22 卷经折装地图。

328　　　《大东舆地图》上的方格系统已经完全被隐藏，在地图的任何地方都看不到方格线。地图上的行数是隐形的，水平方向的每一个长条，代表的就是一层，但不用线条、符号或数字来标注版数。读图者必须根据一些醒目的地物，比如地图两侧的海岸，或者高山大川，将各层上下排列。更糟糕的是，金正浩没有提供一幅参考地图，帮助读图者查找某地。考虑到他在《青邱图》（图 10.32）中评述过方格和参考图的便利性，《大东舆地图》中的这一逆转想必是有意为之，并且经过了深思熟虑。考虑到地图上其他的修改和变动情况，这样的逆转必然是出于保持地图简洁和清晰的愿望：除了将这片大地上实际存在的地理和文化要素标上名称或符号，其他的一律不留下。旅行者一路前行，不会碰到任何方格线，也不会在地图上看到它们。但对于这样一部由以 22 块独立的长条组成的大图，读者的确需要一些指南和参照。令人敬佩的是，1936 年的日本重印本满足了这一需求，编者将每"层"（条）上的各"版"进行编号，并附上了一幅缩略但够用的方格参考图。[244]

　　[243] 方東仁：《韓國의 地圖》第 181 页。这是韩国学界普遍接受的比例，学者们认为 1 里等于 0.4 公里。如果使用本章中确定的 1 里等于 0.43 公里的标准，它的比例尺将会是 1:172000。完整拼接版的《大东舆地图》在首尔的政府综合办公大楼（综合厅舍）展出，乘坐自动扶梯时就可以在一侧的墙上看到。这个陈列是常设展，给人印象十分深刻。

　　[244] 重印本包括《大东舆地图》和末松保和编《〈大東輿地圖〉索引》（京城：京城帝國大學法文學部，1936 年）。重印本影印了朝鲜总督府朝鲜史编修会（后来重组为韩国国史编纂委员会）印制的 1861 年地图集。这份具有无量价值的索引列出了地图上 11600 多个地名。韩国也重印了日本的影印本，即：金正浩《大东舆地图》（韓國史學會，1956 年），但没有附上索引。索引在韩国也单独出版了，见朴性鳳、方東仁、丁原鈺编《〈大東輿地圖〉索引》（慶熙大學校傳統文化研究所，1976 年）。

如果金正浩不想画上方格线，那么他删掉了将页面一分为二的传统雕版识别线（版心）也不会让人感到奇怪。顾名思义，版心是添加书名、卷数和页数的书籍中缝。版心并不太妨碍阅读，因为它与文字间的竖线并行不悖。一张印纸一般以版心为准对折成为前后两面，将叠在一起的双页在一侧缝合起来就做成了一册书。但在制作地图和插图时，这样的做法会将地图或插画分为两半，读者无法同时看到前后两面。机灵的刊刻商有时会在前一块雕版的左边刻上地图的右半页，在后一块雕版的右边刻上地图的左半页，这样一次就可以看到整幅地图，以此弥补缺憾。这也是《天下图》地图册常见的做法。但是这种方式对于一幅长卷式的方格地图并没有什么益处。显然，版心对于印制地图没有任何意义。金正浩清除版心正是为了便于制作地图。他所用的雕版能容纳的雕刻面平均为 30×40 厘米左右，包括两个方格（图 10.45）。他将印好的纸面粘贴到长卷上，这样就能从左到右快速浏览地图。每一个长卷都采用经折装，便于参考和携带。

《大东舆地图》在 1861 年初版后，1864 年又出了一个新版。我们还不清楚该版是简单的重印，还是对雕版本身做了一些修改。现存《大东舆地图》诸副本中有很多都是抄本，许多刻本也常常被单独着色，所以各版本之间的差异相当大。㉕

我还需要提到《大东舆地图》的一种精简版，名为《大东舆地全图》。这是一幅雕版印刷的单页地图，同时也是完整版的精粹，其尺幅为 77×115 厘米。这幅地图现在很常见，显然从问世之初就很流行。地图的一侧印着一段简短的导言，讨论了朝鲜"形势"结构的显著特征，给出了朝鲜各边的长度及总长（10920 里）。结尾之处作者饱含爱国之情地祝愿朝鲜国祚延绵，万世无疆（图 10.46）。

《大东舆地全图》代表着传统地图上留下的最后一个朝鲜国家形状。尽管它与《大东舆地图》之间有着明显的亲缘关系，但二者的整体比例略有差别。表 10.9 展示了金正浩的三幅主要地图中汉城到朝鲜南北端点的相对纬度距离，同时作为对照，还给出了一幅郑尚骥地图和现代地图中的数据。金正浩的大方格地图上的朝鲜北部，相对于南部被稍稍放大，这可能归咎于北部距离数据的膨大。但这些比率表明，单页版《大东舆地全图》并不仅仅是人们认为的《大东舆地图》的按比例缩小本。表中比率所体现的一种持续的进步（以现代地图为标准），似乎证实了金正浩一直为改进距离数据而不懈努力。尽管由于所给定的任意南北端城市的相对位置存在差异，地图上的南北比率并不一致，但是从一幅地图到另一幅地图，总是可以看到进步。最后，尽管金正浩地图在朝鲜半岛东西两端的关系方面仍然存在不少问题——实际上这些问题还有待发现，但在南北比例上，他的地图已经相当接近现代地图。

329

㉕　在李燦所列 9 家韩国重要的图书馆和博物馆所收藏的古地图中（《韓國古地圖》，第 231—249 页），我共发现 8 套完整和 2 套不完整的《大东舆地图》。在这 10 套地图中，5 套是 1861 年的版本，其中 3 套是刻本，2 套是抄本。只有 1 套是 1864 年版的复刻本（收藏在国立首尔大学图书馆），余下 4 套未标明时间的地图中（其中有两幅不完整），一套是刻本，3 套是抄本。尚不能确定韩国和日本小型收藏机构以及私人收藏中的《大东舆地图》副本数量。

郡县地图、区域地图和关防图

郡县地图

与人们对世界地图、东亚地图和全国地图的学术兴趣相比，小范围的朝鲜地图几乎无人问津，甚至连省道地图也为研究者所忽视，尽管它们在《天下图》地图集中十分重要，而且在结构上与郑尚骥型全国地图有着重要的联系。从李燦《韩国古地图》书后所列地图清单来看，相当多的郡县地图分散于一些主要的收藏地。同时，李燦这部了不起的图录的主体部分，刊载了很多令人着迷的郡县地图。但是在李燦的著述中却找不到任何一篇有关地方地图或郡县地图的专题研究。

至少早在梁诚之的时代，人们已经系统地关注郡县地图的汇编。除了其名称暗示为郡县地图总集的《地理志内八道州郡图》外，梁氏1482年的地图清单（附表10.1）中也列举过几幅郡县地图。《地理志内八道州郡图》这个名称很含糊，我们并不清楚它收集的地图是否全面，但至少我们知道世祖曾经下令绘制所有郡县的地图，只是产生于这一工程的地图或文字现在都已湮灭无存。1757年，英祖似乎又发起了一场类似的工程，这一次的许多材料保存至今，但尚未公开开出版。方東仁称，徐命膺收集了其中295郡县（当时约有335个郡县）的地图与图说，撰成一部题为《舆地图书》的著作，书中包括郡县地图以及诸如监营、镇堡、哨所等军事设施图。方東仁的书中刊登了其中的4幅地图，但这些图太小了，无法对之进行研究。[210] 我已经谈论过正祖1791年郡县地图绘制工程，产生于这一工程的几部优秀的地图集留存至今。李燦书中收集了许多奎章阁王室收藏的郡县地图，但是它们的年代都很晚，绝大多数出自19世纪90年代或20世纪最初十年，而且似乎还没有成为专门的研究对象。

从目前可见的图片来看，大致有三种类型的郡县地图。第一类或许可称为地图画（map-painting）；第二类是以一个郡县或一群郡县为单位的"形势"地图；第三种是方格地图。前面已经给出了一些地方"形势"地图（图10.20和图10.21）和方格地图（图10.35和图10.37），现在我介绍几种地图画。

地图画，这个名称本身就意味着，想要对这一类作品进行归类并不总是那么容易，但是考虑到这套《地图学史》各卷采用的是一个更宽泛的地图定义，我们也可以毫不犹豫地称《东莱釜山古地图》是一幅地图，虽然它无疑也是一幅画作（图版19）。作为一幅地图，其上包含了相当多样的地理信息：标示了地方及其名称；标示了陆路和海路，记下了各地点之间的里程；还充分注意展示山脉和河流的位置、方向以及相互关系。一位读者仔细翻阅这幅地图并留意周遭环境，就可以将之作为郡县旅行指南。但这幅地图同样以俯瞰的视角，将地物描绘得如同风景画一般：山上遍地都是树木，一艘船正在驶入港口，东莱治所的城墙与建筑，釜山港和倭馆成为聚焦区域。或许面临着做地图学家还是画家的选择时，这幅图的作者选择了后者：实际上应当偏离中心的半岛却向中央弯曲，这虽然使地图失真，却使画面紧凑且重点突出。

与涵盖郡县全境的东莱地图画不同，《新安地图》聚焦于邑治，在图中略去了其他的

---

⑩ 方東仁：《韓國의 地圖》，第135—126页，图版5—6、8—9（注释5）。

330

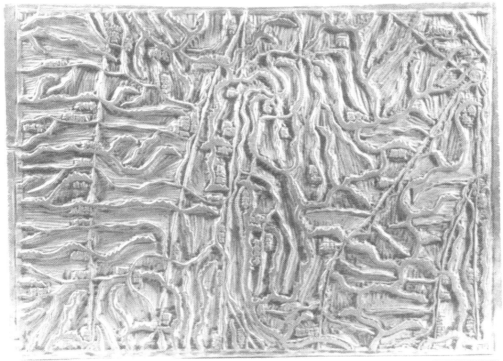

331

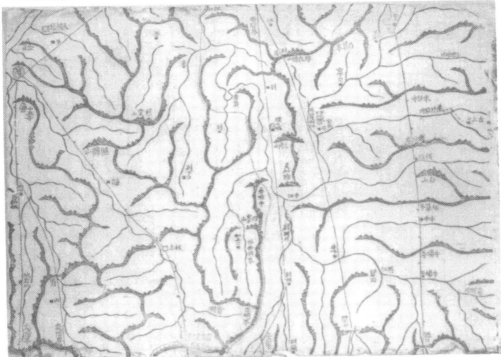

图 10.45　《大东舆地图》某处的雕版与对应的刻本

这块雕版显示的区域接近第六层尾端。雕版右上角有碧潼邑治和一小段鸭绿江（在印本的左上方）。印制《大东舆地图》及其配套文字说明、汉城地图及其他示意图大约需要 120 张类似雕版。

原件尺寸：30×40 厘米。

经韩国首尔崇实大学博物馆（Soongsil University Museum）许可。

大部分地区（图10.47）。㉔尽管该图显示出许多地图学特征，但它似乎更像一幅画作而非地图。《安东邑图》也是同一传统的作品（图10.48）。这两幅地图画都想通过密集的草庐、官衙、书院、孝子和烈女的纪念物来展现郡县秩序，彰显郡县这个统一体。和绝大多数此类地图一样，该图的另一特征是突出显示镇山和远岭，似乎以此揭示郡县与国家形势脉络的节点关系。这些引人遐想的元素，以一种传统地图无法企及的方式，传递出了"全境纤毫悉备"的信息。鉴于这一目的，比例尺和方位之类地图学的基本关注点相对来说就不那么重要了。各种地物的位置与大小不仅仅是为了显示其空间关系，更是为了指示其在统一体中的精神意义。虽然插图中的三幅地图都是上方为北，但此类地图的方向差异很大，而且经常使用由内到外的视角，好似从图画里面观看与阅读所描述和标记的地物（比如图版21）。对于这一类地图，我们需要不时猜测地图上方是什么方位。

通常情况下，地图画也会展示山脉与河流的关系，从这个意义讲，它们与郡县"形势"图有明显的重合，但是后者即便多少采用一些绘画的手法，但其中地图的成分还是多于绘画（如图10.20）。"形势"地图始终采用上北下南的惯例，以便清晰地展示形势分析所看重的方位关系。地图画则变化多端，充满各种各样的奇思妙想。《甲山府形便图》可能是18世纪晚期或19世纪早期的作品，画风相当抽象，与众不同（图10.21）。这件作品的意图不甚明了，可能是出于"形势"思想的某种生物学视角：山脉类似于细胞组织，河流好像充盈血液的静脉，而白头山顶的天池看着像肝脏的形状。然而，无论抱着何种充满想象力的意图，无论采用何种程式化的手法，甲山地区到底还是以地图的方式展现出来的。地物和场所被标注和命名，方位和空间关系也基本符合地图学要求。

如图10.35至图10.37的郡县地图所见，随着18世纪更为科学的制图方法的出现，方格网和比例尺被引入郡县地图和全国地图中。但是，更为精确的新式地图并没有取代传统的地图画和"形势"地图，这一点儿也不难解释。相较于后者，方格郡县地图既没有生气，也缺少情感。它们并不是基于郡县本身构思的，也不是为了提供一份单独的地方地图，而是为了组合成一幅统一的全国地图。全国地图是具有崇高目的的，也是现代的，从金正浩华丽的爱国主义辞藻中可见一斑。他的大尺幅方格地图毫无疑问给当时的朝鲜人留下了深刻的印象，尤其是对于尚在觉醒中的朝鲜民族集体认同这一重要层面而言。但是，同样是这些朝鲜人，当他们想到自己的故乡，大多数人肯定更青睐传统的地图画，因为这类地图可以切切实实地唤起所有来自传统的真实感。在购图者或者制图者看来，郡县地图主要还是传统山水画家的领域，而金正浩这样的地图学家是不大可能从中谋取太多生计的。

汉城和平壤地图

汉城地图可能是从1393年的初次勘测或者1454年首阳大君的步测活动开始流行的。朝鲜首都汉城是具有政治抱负的精英阶层唯一的荟萃之地。某种程度上，中国也没有做到这一点，因为中国国土辽阔邈远，地方精英强大。日本也是如此，其政治结构的基础著于两端，

㉔ 新安是定州的别称，本是此前的驿站名，后来定州邑治迁到此地。1812年，因与洪景来叛乱（同年被镇压）有牵连，中央政府降低了定州的行政级别。这幅地图以新安为名，而且没有使用官定的新地名——定州，说明了它于1812年之后完成于当地人之手。

图 10.46 《大东舆地全图》（金正浩，1861）

　　刻本地图。这幅地图虽然北部界河没有郑尚骥地图画得好，但整体比例更为恰当。这幅地图刊印于朝鲜开始感受到西方威胁的时期，因此带上某种鼓舞士气的宣传性质。地图右边的一段文字首先从国家的山川形势谈起，称白头山为"朝鲜山脉之祖"，接着谈及朝鲜的疆域范围、海岸线与界河（"周一万九百二十里"）。最后谈到传说中朝鲜国的始祖檀君、箕子所留下的独特文明，此时这篇文字达到了高潮，"其为天府金城，诚亿万世无疆之休也欤，呜呼伟哉。"

　　原图尺寸：115.2×76.4 厘米。

　　经韩国首尔国立中央图书馆许可（古朝 6—15）。

333

图 10.47　《新安地图》

　　新安在成为定州（平安北道）邑治之前，一直是驿站名，也是该地的别称，特别是 1812 年之后。当年由于受到洪景来叛乱（同年被平定）的牵连，定州行政级别被降低。驿站和客馆在地图的中部偏左，衙署在其右上方。城市最北端是县学和一片宁静的松林。这幅地图的关注点在邑治中心，并不想将定州东、西、南（前方）全部囊括在内。道路被施以红色，还标注了一些面里、山脉和桥梁名。总体上看，这位画家关注的内容要比制图师多得多。

　　原图尺寸：115.7×94.8 厘米。

　　经韩国首尔国立中央图书馆许可（古朝 61—68）。

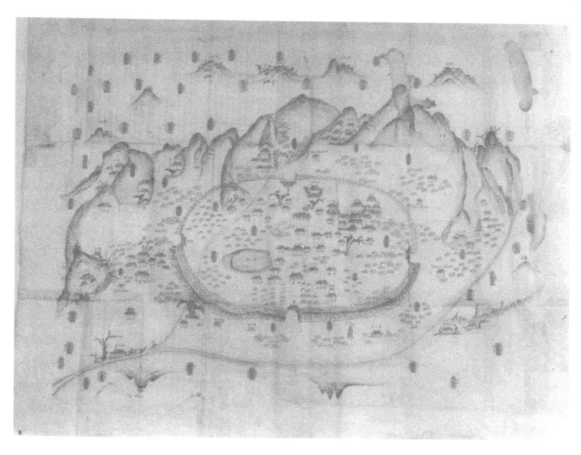

图 10.48　《安东邑图》

　　安东是庆尚北道的一个重要的区域中心，今天此地因保护众多传统文化而闻名韩国。这幅地图给人一种井然有序之感，高高在上却并不张扬的官式建筑和亭台，俯瞰一排排整齐的草屋。树是城市的最爱，它们并没有被绘图者遗忘。图上标注了面里和山脉名称及其到邑治的距离。李重焕18世纪的经典著作《择里志》一书中称此地为乐居之城。

　　原图尺寸：120×148 厘米。

　　经韩国首尔国立中央图书馆许可（古 0233—1）。

其一是居住在都城（镰仓、京都、江户）的幕府将军，其二是位于各自地方权力根据地的66 个大名。来到汉城追求仕途的家族很少会离开这里，即便政治风暴使他们或他们的后人的抱负无法实现。不可否认，这些家族也需要在地方上保有自己的土地，但是一个家族势力越大，其土地就会越接近汉城。汉城不仅是朝鲜的权力中心，实际上也是举国力量之所在。其他一些重要城市，如边境口岸义州和东莱（釜山），区域经济中心平壤、全州、大邱等，都是当地人聚集的赢利之地。尽管朝鲜的精英阶层并没有像他们通常伪装的那般鄙视钱财，但金钱本身并不是构成权力的基础。只在那些在社会阶层的流动中建立起来的财富才是算数的，而且在汉城，只有为政府服务才能使个人的财富得以保持和增长。华丽的屏风或精致的画册上的汉城地图，对于居住在汉城的人们而言是成功的象征。富藏此类地图的人难道是为了靠它们寻路吗？这是颇让人怀疑的。

335

图 10.49　《都城图》

　　王者在朝会中坐北朝南，这幅地图的方位也是如此，可能是备王室之用的。北部的山脉拱卫着城市，也象征性地守护着地图底部隐约呈现的整个国家。这幅地图绘制于 18 世纪后二十五年，那时正祖在昌德宫发号施令，昌德宫即地图中部偏左有大片树木的地方。这幅地图显然想突出"形势"，因此仔细描绘了山脉和河流。1759 年，英祖全面复建了汉城的排水系统，现在它们全都埋在地下了。虽然街道布局经历了许多变化，但从这幅早期地图上还能看到城市核心区的总体格局。请与图 10.50 进行比较。

　　卷轴原图尺寸：67×92 厘米。

　　经韩国国立首尔大学奎章阁许可（古轴 4709—3）。

　　汉城地图与任何邑治地图一样，都会关注山脉、河流、城墙和重要的官衙。但是，由于这些地物和场所与国家有关，而不是仅仅关乎民用，这要求制图人倾注更多的尊崇，施以更多的笔墨。普通郡县没有几条道路可以被称作大街，汉城则不同，它拥有很多相对宽阔的通衢大道。注重街道系统的展示，是汉城地图中特别引人注目的地方，其他绝大多数城镇地图自然不可能如此。新罗都城庆州以及相对较小的 10 世纪早期后百济都城全州，都模仿了唐朝城市的棋盘式网格，直到今天在城里漫步的旅行者还可以感受到这一点，但总体而言，小城市的气质早已损害了原有的街区和住宅。后来朝鲜人敏感地回避了中国的棋盘式城市结构，因而开城和汉城在东亚都城中显得十分特别，城中宫殿的排列形式有点奇怪，城市网络蜿蜒曲折而不对称。在以下两幅图中，《都城图》（图 10.51）是地图画风格的作品，画师下了很大的功夫，街道平面图准确地体现了当时（18 世纪晚期）的情况；《首善全图》（图 10.50）的标题体现了中国汉代的国都观念。《首善全图》展示了一座差不多饱和的城市，

图 10.50　《首善全图》

标题中"首善"一词在古代中国意指都城。这幅刻本地图的制作年代可上溯到 19 世纪中期。城市的北方，也就是地图顶端，隐约可见北汉山以及其上有名的城堡。钟路，现在首尔最为笔直的大道，将地图分为南北两半。木觅山，现在被称为南山，在城市南部最为醒目。汉江流经城市南郊，再向北弯曲，流向西海（今黄海）。一些学者认为这幅地图为金正浩于 1825 年前后所作，但是并未提供支持这一观点的确凿证据。

原图尺寸：25.4×22.2 厘米。

经韩国首尔国立中央图书馆许可（古朝 61—47）。

338

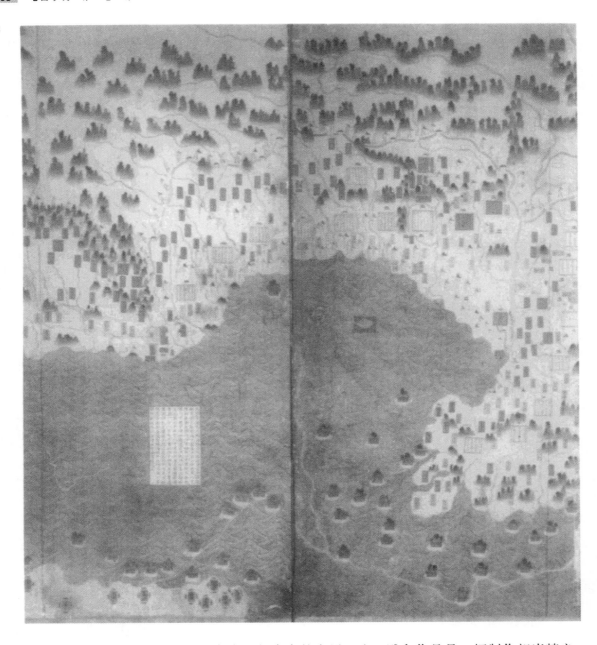

相比《都城图》，城墙之外的地方有了相当大的发展。这一雕印作品是一幅制作相当精良、版本众多的"纯粹"的地图，可能绘制于19世纪40或50年代，其街道规划比《都城图》有所延展，绘制得更加精准，但其结构与早期地图画是相同的，也证实了后者细节上的精确性。

337　　　　平壤是高句丽5—7世纪的都城，但是它的兴起至少可以追溯到公元前几世纪。它是迄今为止朝鲜半岛最古老的城市。在高丽时期，它也是许多备选都城中的一个，迁都于此的方案间或搅动高丽王朝的太平。到朝鲜王朝时期，平壤仍然保有旧日的声誉。作为西北部的重要城市，它参与到中朝两国经济贸易中，也是朝鲜较有实力的几个道治之一，还可能是全国常设军事指挥部的所在地之一。平壤也以其古老的文化胜迹、特色的饮食和妓生娱乐

图 10.51　《辽蓟关防地图》（李颐命，1706）

　　《辽蓟关防地图》绘于一组九扇屏风上，通称《辽蓟图》，以全景图的形式展示了清朝东北和北部边疆，其范围从太平洋延伸到北京西山，但图中显示的这一部分没有越过长城东端。《辽蓟图》汇编了中国内地、东北和朝鲜的各种资料。这幅地图不同于其他朝鲜地图的独特之处在于，它既是一幅带有国际维度的地图，同时也打上了朝鲜地图的独特烙印。地图上的柳条边虽不如图 10.52 那么醒目，但也足够清晰。它西起长城，向东北隆起、绕行并向东延伸到黄海之滨。朝鲜人（使臣）前往沈阳和北京时，需在鸭绿江边境以北 50 公里的凤凰城（边门）会见清朝官员。地图上完整呈现了中国东北的主要山脉与河流的走向，也展示了向东北延伸至乌喇和宁古塔防区的柳条边支线。

　　整幅原图尺寸：139×635 厘米；此图各扇屏风图尺寸：139×64 厘米。

　　经韩国国立首尔大学奎章阁许可（古大 4709—91）。

而闻名，因此，与汉城相比，平壤有更多放纵与享乐的氛围。传统的平壤地图似乎都属于地图画类型，从大同江对岸以鸟瞰的视角展示全城风貌，通常将著名的绫罗岛置于前景之中。[248] 图版 20 展示的就是这种类型的作品，而且更像是一幅表现盛大集会的地图。繁忙的船队行进在江上，官员和兵士挤身其间，妓女和其他人站在河岸观看。这幅图画可能是为了纪念某位官员就任平安道监司而作。图中可见宽阔的监司衙门，平壤城位置醒目而得当。这些地图画在过去应该比其他地图更适合朝鲜人的口味，倘若我们没有被现在留存下来的平壤地图所误导。

关防图

我前面提到过满洲两次入侵朝鲜（1627 年的"丁卯胡乱"、1636 年的"丙子胡乱"），并于 1644 年推翻明朝，朝鲜与满洲的关系变得十分脆弱。这个处境促使孝宗（1649—1659 年在位）重建朝鲜的军队，并强化经济和后勤基础，以期在中国局势逆转时，朝鲜有机会进攻满洲的后方，帮助明朝夺回政权，洗刷 1637 年遭遇的屈辱。当年，孝宗和他的两个兄弟作为年轻的王子，被押往沈阳，挨过了 7 年苦难的质子囚居生活。当然，孝宗并没有等来北伐的时机。他和他的后继者显宗、肃宗，以及一众官僚都对满洲深怀敌视，为此他们保持强大的军事力量，并在边境和全国各地修缮和扩建镇堡，同时制定政策，扩大人力储备，增强后勤潜力，推行多项税收措施，以保障以上开支。

早在 15 世纪 30 年代，郑陟等人就已经开始编绘关防图。我们发现，在朝鲜王朝中期《实录》提到的地图（表 10.6）中，关防图占了相当的比例，但关防图进入全盛时期，还是在孝宗开始总动员以后。关防图通常是保密的并被严密监管，所以不常为公众所关注。如前所述，面对穆克登的需索，即便那些没有什么军事意义的地图，也被朝鲜人警惕地守护着。不过，仍有大量的关防图保存至今，它们构成了朝鲜地图大家庭中一个有趣且重要的地图分支。

340

早在 1706 年，肃宗时期的右议政李颐命（1658—1722）就进献给朝廷一幅《辽蓟关防地图》（图 10.51）。[249] 根据他的序言，在前一年的北京使行中，他购得一部叫作《筹胜必览》的兵书，作者是晚明学者仙克谨。该书通过地图，描绘了长城及其关防系统。[250] 李颐命回到汉城后，萌生了一个想法，想利用仙克谨书中的地图，再加上中国东北北部乌喇地区的地图（来自《盛京通志》）以及朝鲜的两界图和其他资料，汇编出一幅长城以东地区的全图，其范围起于北京，止于太平洋。《辽蓟关防地图》显然是在某位不为人所识的无名助手的襄助下完成的，这位助手可能是一位专业画师。这项工程甫一启动，旋告完

---

[248]　《箕城全图》（箕城是平壤的别称）是一个例外，这幅地图采用的是从正上方高处俯视的视角，给读者一种航拍照片的感觉。见李燦《韓國古地圖》图版 14（第 26 页）（注释 4）。

[249]　奏文和序言见《肃宗实录》卷 43，页 3a—b（注释 17），这个日期相当于 1706 年 2 月 24 日。序言题于图面，收入李颐命的文集。见柳永博《遼蓟關防地圖》，《圖書館》第 27 卷 11 期（1972），第 32—34 页。

[250]　关于仙克谨的生平，除了一个简单的传记之外，我没有找到更多的信息。他出生在中国江南一带，万历年间曾担任山西御史（他还有过其他官职）。这样的经历使他特别关注长城和边境事务。我在中国的目录书中没有发现《筹胜必览》这本书。李颐命是这样介绍这部书的，"臣既承移写以进之命，又取清人所编《盛京志》所载乌喇地方图，及我国前日航海贡路，与西北江海边界，合成一图。"（《肃宗实录》卷 43，页 3a）。这段文字暗示《筹胜必览》这部书中可能有地图，与我推测相符。

工。整项工程让我们回想起三个多世纪前《疆理图》的编绘过程，同样是一位朝鲜使臣利用在北京获得的地图资料，结合汉城可见的地图，创作出一幅超越了当时朝鲜人知识范围的国际地图。

《辽蓟关防地图》又简称《辽蓟图》，被装裱于一件由十块折叠的木板组成的屏风上，总尺寸是 135×635 厘米。由于这幅地图尺幅过大，已出版的复制品（都以朝鲜一侧为主）都把重点放在地图的总体轮廓上，图上的许多文字说明，甚至为数更多的地名都无法看清，但是绘图者对满洲故地中北部和东北部的乌喇—宁古塔防线及其与辽东和朝鲜东北地区的关系表现得十分清晰。

李颐命地图的覆盖范围所展现的雄心壮志和历史参考价值，超出了朝鲜军方的实际需要，因为他们不大可能涉足北京和中国东北地区。不过，正如李颐命在序言中所言，"所可审者，不但在于辽、蓟关防。且其地势相连属，可合为一。不如是，无以辨疆场之大势，知风寒之所在也。"[20] 同时，处于边境的北京地区是中国历史上的一个热议对象，作为一幅既展示北京地区又将其与朝鲜北端联系起来的精准的地图，无疑会引发朝鲜学者的极大兴趣。该图现存有两个基本相同的版本，其一可能是原本。这幅重要的地图尚需要进一步的研究。

《辽蓟图》更靠东的部分将朝鲜直接编绘在内，可想而知引起了朝鲜关防图制作者的频繁关注。其中一个特别引人注目的例子是《西北彼我两界万里一览之图》（图 10.52）。朝鲜的关防由两个指挥部组成，一个在西北的平安道，另一个在东北的咸镜道，故称"两界"。虽然该图的问世并没有像《辽蓟图》那样赢得巨大的喝彩，但其对所涵盖地区的地图学表现更为高超。这幅地图制成于 18 世纪上半叶（但是地图空处的文字提到了康熙"末年"，一般指 1721—1722 年），更清晰地呈现出了中国东北的"形势"以及中朝边境的军事部署。另一个有趣的特色是，该图对 1712 年的边界协议的解读与前面展示过的《北关长坡地图》（图 10.28）有所不同。

18 世纪早期的边境图出现得太早，未能借鉴郑尚骥地图中所绘的更为准确的鸭绿江—图们江一线。边境地图（对边界）的处理方式，虽然较 17 世纪常见的经过改良的郑陟画法有了相当大的进步，但也只是用一条由鸭绿江口向东北方向延伸的平缓的单弧线来表示边界，没有画出郑尚骥直接用来表示边界的独特的河曲。

女真人是朝鲜军事战略家们的防御重点，但不是唯一的重点。朝鲜担心的还有日本。我们回顾日本历史时，一般更重视德川幕府时代（1600—1868）的和平时期，我们还需要努力把握 17 世纪朝鲜对日本的看法，这种看法实际上来自此前不久朝鲜的苦涩经历。1598年，丰臣秀吉去世，为政治解决后勤和战略僵局提供了契机，日军军队撤离朝鲜半岛，但一些明朝军队在朝鲜一直驻守到 1600 年，而此后数年间，朝鲜南部和东部沿岸仍处于高度战备状态。1609 年，朝鲜与对马岛的大名签订贸易协定，保留其在釜山的永久贸易所。经过对马岛大名的调停，朝日关系得以重建，局势也变得相对稳定。但在整个 17 和 18 世纪，朝鲜从未放松警惕。一直到 19 世纪，朝鲜南海岸的城镇中仍驻扎着大批陆军和海军。

㉑ 《肃宗实录》卷 43，页 3a（注释 17）。

341

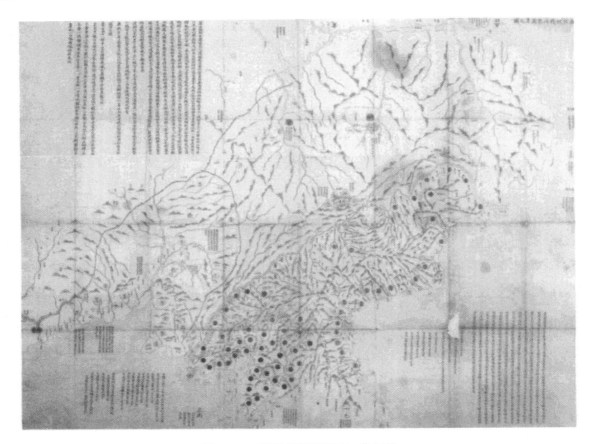

图 10.52 《西北彼我两界万里一览之图》

这幅地图作者不详，年代可能上溯至 18 世纪中期，但图中提到"康熙末年"而且没注明长津，据此知其绘制时间应在 1722—1787 年间。这幅地图的主题与图 10.51 中《辽蓟图》的部分内容相似，但在展示朝鲜和中国东北地形与关防体系方面，前者要优于后者。

原图尺寸：未知。

经韩国国立首尔大学奎章阁许可（古 4709—22）。

《岭南沿海形便图》是留存至今相当罕见的以该地区为重点的关防图之一（图 10.53）。地图画在一条很长的纸面上，从右到左超过 8 米。从形制和外观判断，它可能制作于 19 世纪上半叶。⑳ 虽然图名给人的印象是岭南沿海，但地图实际上覆盖了庆尚道的东海岸和全罗道的西海岸，以及这两个道的南海岸。这条长长的、马蹄形的海岸被画成一幅东西向的全景图一般，上面展示了每一座城镇和港口，每一座岛屿和海湾，以及其他很多与沿海航行和防御相关的有趣地物。飞越这段海岸线的直线距离大约是 750 公里，但它极其曲折，即便不算成千上万大大小小的岛屿，其实际里程也会是直飞航程的数倍。

---

⑳ 这幅地图似乎没有留下任何有关绘制年代的线索。在标绘全罗道的重要城镇兴阳时，作者用的是其别名——高兴，但这条线索最多只能证明这幅地图的绘制时间早于 1913 年（并非有些人声称的 1895 年），这是不言自明的。根据这幅地图的风格，宜将它的年代定在 19 世纪上半叶。

图 10.53　《岭南沿海形便图》细节

　　这幅可能制作于 19 世纪上半叶的地图展示了朝鲜半岛东南、南、西南沿海地区的连续式全景。这幅地图折叠成 50 个小页，底边总长度超过 8 米。地图上显示了该地区所有的城镇、军堡、港口、锚地等地理事物，以注记形式标明了相应里程等信息。地图上还列出了各港口和锚地的船只吞吐量与风力情况。图中这一部分展示的是以统营（地名标注于椭圆中，今地名忠武）为中心的细部图，这里原为三道水军统制使驻地，东北方向离这里不远的镇海为今天韩国海军司令部驻地。位于统营东南部的大岛是巨济岛。一座坚固的水关大桥将统营所在陆地与为它提供补给的近海军堡连接起来。

　　整幅原图尺寸：56.7×816.0 厘米；此局部图尺寸：56.7×81.6 厘米。

　　经首尔韩国国立中央图书馆许可（贵 116，古朝 61–29）。

　　朝鲜关防图上另一个习见的地物是山城。最古老的史书就提到过山城，从考古资料可知，史前时期即已出现山城，它们是朝鲜人在战争中保护人口的悠久举措。朝鲜人口不如强大的邻国，经常陷入力量悬殊的处境，山城体现了他们求生和消耗（敌方）的现实策略。山城遗址需留意天然的防御地形、要塞，以及充足的水源补给和保证持久战的物质储备。山城中的朝鲜军民既可以袭扰敌军，也可以躲避他们，还可通过和谈保障未来的安全。这一策略虽然会带来财物损失，在开阔地区坚壁清野要付出高昂代价，但是它能够挽救大量生命，从而为危难过后的重建与复原提供必要条件。山地对于朝鲜的益处，不只是作为贯通白头山的地脉。

　　我们可以举出一个规模较大的山城作为例子，比如著名的铁瓮城，在宁边府形势图上提到过它（图 10.20）。1461 年，太宗对之展开一次重要的加固工程，为铁瓮城和周边广大地区修筑了一道城墙，其周长为 26815 尺。考虑到世宗时期之前的尺度明显过长，如果按照本

章使用的换算公式，它可能远超过 5.34 千米。当时世宗确立了新的边界，并于 1429 年设立
宁边府，此处成为邑治所在。17 世纪，朝鲜军事力量普遍得到了加强。在此背景下，1633
年，铁瓮城得到加固，城中修筑了一道 550 米的内城墙。1675 年，肃宗增筑了北支城。接
着在 1685 年，整修和扩展整座城市的防御工事，还修筑了一道高 4 米，全长 13.24 公里、
有 4 个主城门的城墙，同时将 3 条小河和 50 口水井或泉眼纳入城中。1759 年，英祖又进行
了更多的重建。所有的建筑群都被描绘到了一幅壮观的地图画中，这幅地图可能完成于 18
世纪某时（图版 21）。㉓

　　总体而言，郡县和专门地图的绘制走的是一条与全国和省道地图不同的道路。抱有传统
思想的人不会觉得有何抵牾之处。设想一下，倘若用地图画的手法去绘制省道地图，乃至全
国地图，无疑也能找到画师，而且这样的地图也会为买家所欣赏，但适合并实际运用地图画
手法的主要是郡县地图和各种类型的关防图。在这些地图上，绘画式手法似乎更受青睐。

朝鲜半岛地图学的历史与社会地位

　　揭示朝鲜半岛地图史早期发展阶段的记载并不多见，现存最早的朝鲜半岛地图，除了绘于
高句丽墓葬的那幅壁画图之外，仅能追溯到 1470 年前后，而此前的作品，若非丧于外国入侵
或内乱，也都湮没于时光的摧残中了。即便是已知的 1402 年地图的三个版本，现在都保存在
日本，这也是战争与掠夺的结果。1402 年地图并非真的标志着这一状况出现了历史性的转变，
因为除了 1402 年地图，15 世纪地图仅有一幅以副本形式保存至今，仅能溯源到 1463 年的全国
地图，而且这个复制本本身也是保存在日本；现存至今的朝鲜地图，很少能确定其年代早于
1592 年的壬辰倭乱，如果再去掉《东国舆胜览》中的地图的话，剩余的样本确实极少。17 世
纪开始出现一小批地图，只有到了 18 和 19 世纪，随着地图的种类和数量的增多，人们才开始
对它们进行认真的研究，而且后来这些地图，也只有极少数能准确断代或确定制作人。

　　虽然存在这些障碍，但确定一些世界上独一无二或者另一些具有突出原创性和价值的朝鲜
地图并非那么困难。朝鲜保存有最早关于五天竺国佛教地图的记载，第一幅真正的世界地图产
生于东亚；从对本国山地地形的感知中发展出一种具有独创性的"形势"地图学；一个受西
方启示制作的珍稀地球仪被别出心裁地安装到一个纯中国式的浑天仪中；通过对古代中国地理
知识所做的有趣的处理而产生的带有宇宙论色彩的《天下图》；以及金正浩绘制的巨幅全国方
格地图，为了便于使用还进行了创新的设计和包装。

　　我们发现，朝鲜对敌方计划的持续关注对其地图学发展产生了重要的影响。地图绘制中
的国家安全因素出现得很早并贯穿始终。这种因素对于《胜览》型地图的影响几乎可以肯
定是负面的；另一方面，它刺激了关防图这一地图类型的发展。关防图地图既是高度功能化
的，又很能吸引眼球。在穆克登事件中，安全顾虑是重要的背景因素。安全因素甚至进入民
间传说，催出了许多围绕金正浩的传奇故事。

　　㉓《文献备考》卷 30，页 8a（注释 51）。鉴于朝鲜政府在 17 世纪对"宁边—铁瓮—北汉山"体系的巨大投入，以
及地图所绘内容与《文献备考》所列设施一致，一些人认为这幅地图是 16 世纪早期或更早期的作品的看法是没有根据
的。从绘画风格看，这幅地图似乎具有 18 世纪晚期的典型特点。

　　朝鲜作为一个大力推崇官僚主义中央集权并由世袭贵族阶层掌控的政体，其地图制作以政府为中心是可以理解的。权近、梁诚之和李颐命就是其中的主流代表。但是，李荟作为1402 年《疆理图》和一幅可能产生于 15 世纪前半叶的标准朝鲜地图的主要绘制者，其社会地位却显然是相对低微的。郑陟来自一个地方官吏的小家族，他仕途的成功更多归功于国王的襄助与交情，而不是来自高级官僚阶层的鼓励。郑尚骥虽然出自名门望族，但他从未参加过科举考试，也未担任过一官半职。金正浩的社会背景并不清楚，他最多只有一点低级军官的家庭背景，而他本人只是一个平常的普通人。他生活的时代，贫穷的贵族与天才的平民之间的界限已经模糊和可跨越。他在某种程度上接受过良好的教育，这一点永远是阶层向上流动的首要条件。

　　在朝鲜王朝早期，绝大部分地图绘制活动都由国家发起，而到了晚期，地图绘制开始出现了脱离政府的新趋势，有一些获得了政府的认可，如郑尚骥地图；另一些，如金正浩地图，仅仅是被动默认（我的观点），甚至还可能受到敌视（如果我们相信民间传说）。政府主导地图绘制的时期，也是地图留存数量最少的时期，因为每当发生火灾或外敌入侵，全部放置在少数几个地方的地图便极易丢失。但 17 世纪以降，地图学获得更广泛的社会基础，通过绘制地图谋生的人成倍增加，地图的存世数量也相应增多。参与其中的不仅有制图人和消费者，还有各种画工、刻工和抄工，但除了少数几个人，他们大多数是无名者。当政府失去或放弃垄断后，朝鲜的地图绘制方迈入一个全盛期。甚至 1791 年制作国家方格坐标和组织绘制郡县地图的王室工程，显然也没有得到官僚机构的支持，甚至没有为史官所措意。直到数年后，在诸如崔汉绮和金正浩之类的民间学者或一些胸怀使命者的努力下，这项工程才得另启炉灶。

　　《疆理图》和地球仪那样耀眼的作品之所以在完成之后便湮没无闻，可能是因为没有太多人参与到对它们的学习和改进之中。为何世宗 1441 年的里程"计里鼓车"，以及世祖 1467 年的三角测量仪"窥衡"首次出现之后，再也没有见到它们的任何改进，或者说实际上没有迹象表明它们曾经被再次使用？是否因为此后一直被使用从而变成了平常之物？或者后人试用之后发现并没有什么效果？如果世宗能派遣观测员到疆土两端测量极高，那么为何此后没有人重复这项工作（这一次的数据保存下来了吗？）1715 年朝鲜政府购于北京的科学观测器械或其他东西是否曾用于确定大地坐标？不知关于这些问题是否有清晰的史料记载，至少我没能找到。这些问题只能留待将来解决。

　　在其历史上的传统时期，朝鲜半岛文化大力借鉴中国文明。这种关系在地图学上也是显而易见的。以金正浩的巨幅方格地图为例，在崔汉绮的《青邱图》序言以及金正浩的《大东舆地图》自序中，都引用并高度赞同裴秀的"制图六体"，可见其与中国地图在方法论上的直接联系。金正浩显然认为他的地图学方法是裴秀六体的一次实际运用，但有趣的是，虽然朝鲜半岛与中国文化一体并受中国直接影响，但朝鲜人绘制地图的方式与中国还是存在差异，其地图的外观也通常与中国地图殊为不同。对待同一批来自伊斯兰和西方世界的材料，两个国家的反应也很不一样。中国制作出了一幅"大明"地图，朝鲜却加上本国和日本后画出了一幅世界地图。朝鲜的确是一个有着自我意识的不同国家。在所有借鉴自中国的文化中，朝鲜自身独立的文化传统从未丧失活力。在任何特定的背景下，中国文化无论在表面上占多大的主导地位，都只是起到了部分作用。地图是展示广义的东亚文明多样性的一种特别

344

有用的媒介，虽然东亚文化由中国文化主导，但不能仅仅从中国的角度来定义东亚文明。

朝鲜对西方的观测与制图科学有着强烈的好奇心。朝鲜人购买、复制、印制西方地图，还为浑仪钟制作了一个地球仪，但是这些似乎对朝鲜地图学并没有任何影响，后者继续沿着自己的路径发展，就像什么也没有发生一样。金正浩印制过一幅西式半球图，复制了从经纬网到黄道的每样内容，但他自己的地图还是走着老路，完全遵循朝鲜的传统。他理解大地坐标的功能，并在工作中参考它们，但仅限于此。他似乎已经满足于 1791 年由正祖历官从地图中提取和确定的坐标。

在 19 世纪结束之际，西方地图的影响力开始强势进入朝鲜，而且它确实击垮了传统地图学。不过，地图学仅仅是现代巨大变革浪潮中的一粒水滴。这一变革涉及两个进程。其一是总体上背离中国文明，其二是西方文明的引入，起初通过新教传教士（主要是美国人），但更具有决定性的是企图扩张的日本人的入侵与殖民。如果说哪一个单独的历史事件能够与此相关联，那应该是 1895 年日本打败中国。此前十年，中国还将朝鲜视为教化的对象，维持着传统的朝贡体系，但随后在袁世凯居留朝鲜的十年间，出现了公然干涉朝鲜内政的情况，这就违背了朝贡体系的基本宗旨。日本的胜利不但削弱了中国作为一个国家的地位，而且摧毁了中国作为一个文明的威信，严重降低了中国在朝鲜权势阶层心中的分量（并不是说在此过程中，日本没有给朝鲜带来巨大的伤痛与苦难）。从那以后，朝鲜接受西式制图法的主要障碍也被荡平了。到那时，也只有到那时，才可以说现代西方地图学在朝鲜终获全胜。

345 附表 10.1 1482 年梁诚之整理的朝鲜地图清单

编号	标题	制作年代	制作者	编号	标题	制作年代	制作者
1	《五道两界图》[a]	高丽中期（约 1150 年）		11	《永安道沿边图》	世祖时期	鱼有沼
2	《八道图》	朝鲜初期（约 1400 年）	李荟	12	《平安道沿边图》	世祖时期	李淳叔
3	《八道图》	世宗时期（1418—1450 年）	郑陟	13	《三南营衙各图》	世祖时期	？
4	《两界大图·小图》	世宗时期	郑陟	14	《日本琉球国图》	世祖时期	日本道安和尚
5	《八道图》	世祖时期（1455—1468 年）	梁诚之	15	《大明天下图》	世祖时期	？
6	《闾延茂昌虞芮三邑图》[b]	世祖时期	梁诚之	16	《地理志内八道州郡图》	世祖时期	梁诚之
7	《沿边城子图》	世祖时期	梁诚之	17	《八道山川图》	世祖时期	梁诚之
8	《两界沿边防戍图》	世祖时期	梁诚之	18	《八道各一两界图》[c]	世祖时期	梁诚之
9	《济州三邑图》	世祖时期	梁诚之	19	《辽东图》	世祖时期	？[d]
10	《沿海漕运图》	世祖时期	安哲孙	20	《日本大明图》	世祖时期	？

a "八道"之类的用语是一个统称，可指代朝鲜。高丽时期以及 15 世纪的大部分时间里，"两界"分属不同的军事辖区。

b 鸭绿江边境地区的三个郡（现代江界地区），分别设立于 1416 年、1443 年和 1443 年，1455 年由于后勤补给不利而被裁撤。

c 此条可理解为八道中各道单独的地图。

d 不清楚 19 号和 20 号地图的作者是不是梁诚之。

资料来源：《成宗实录》（成宗在位时间为 1470—1494 年）卷 138，页 106。梁诚之的奏疏时间为成宗 13 年 2 月 13 日（1482 年 3 月 2 日）。

（李花子审）

第十一章 日本地图学史

海野一隆

（Kazutaka Unno）

导论：日本主要的地图绘制传统

1867 年明治维新以前，日本地图学的特点是颇具多样性。这不仅体现在地图以行政管理和导航工具为主的实用性方面，同时也体现在将地图用于装饰、宣传和文学等方面。与我们对讲究实用的东方社会的预期相符，地图的实用性还远不止这些。日本的实用性地图包括各地的庄园图、宗教机构地产地图、开田图、城市图、诸国图和全国地图。路线图和海图则构成另一类实用地图，而在形而上学领域，还可以看到佛教宇宙地图。

由于江户时代（1603—1867）长期闭关锁国，这一时期欧洲人绘制的世界地图和日本地图传入日本后，往往被视为华丽的装饰品。在装饰房间的屏风、立轴，以及剑柄和盘子等小件物体上（图 11.1），都可以看到此类地图。这里说到的是地图的艺术价值，当然，人们也知道地图在其他许多方面的重要性。江户时代是日本文化开始凝聚为一体的时代，画家在这一时期的地图制作中扮演了重要的角色。并没有确切的证据表明这一时期日本地图学出现了欧洲式的科学革命，因为在开始运用精密仪器和精确方法进行测量的 19 世纪早期之前，现代精度标准都没有在日本得到广泛的传播。尽管存在这些技术上的局限，日本地图仍然被视为重要的知识来源。理解上述现象的关键在于认识那个时代日本特有的历史与社会背景。

日本地图的起源可追溯至奈良时代（710—784）。彼时受中国影响出现的新文化元素正在得到巩固。佛教在这一时期取得了显著的成就。第一个"永久性"都城奈良以唐朝长安（今西安）为样板并根据中国风水理念建成，从 645 年开始的大化改新以及 701 年颁布的《大宝律令》均师法中国的法律与行政模式。日本地图学也是在这一时期开始形成自己的某些传统。一方面，因向佛教寺院捐赠开垦田地的需要，实用的稻田图应运而生；另一方面，在紧接着的奈良时代，出现了一类所谓的行基地图，此类地图出现于 805 年的文献中，是对日本地图的首次记载。

早在 738 年朝廷就曾下诏备制诸国地图。这次诏令见载于《续日本记》，这是一部撰成于 797 年的日本正史。796 年中央政府第二次下令编绘诸国地图，这次诏令记载于成书于 840 年的《日本后纪》（*Nihon kōki*）中。但第二次系统编绘诸国地图的计划并没有落实，直到 1605 年德川幕府建立不久，才开始编绘被称为"国郡图"的诸国地图。随后的

1644 年至 1657 年前后，另一个编绘国郡图的计划也付诸实施。此时日本的地图学已开始引入科学方法，如（政府颁布的）制图细则中有一条规定，要求统一采用相当于 1:21600 的比例尺（即六寸比一里）。这一趋势在 19 世纪前 20 年伊能忠敬、间宫林藏的调查中达到高峰。

行基型日本地图大约可追溯至 8 世纪，然而现存最早的行基地图摹本要迟至 13 世纪末和 14 世纪初。没有证据表明行基和尚亲自编绘了原图。事实上，从已知的行基型地图的内容看，它们所依据的原图年代最早为行基和尚去世后半个世纪前后，但这些地图也可能派生自上面提到的 738 年和 796 年下令编绘的诸国地图。不过，无论行基地图源自何处，也无论其地图学知识与制图技术是否先进，传统的行基地图经过不断的改良，一直沿用到 19 世纪。在江户时代更精确的测绘地图出现之前，行基地图是得到广泛认可的，而且此后仍然在制作。

347　　一般认为，国郡图和全国地图的测绘需要系统化的测量技术，至少要理解基本仪器的使用方法，但我们对这方面的情况了解并不全面。即便研究近代地图史也存在许多这方面的认识缺环，对古代技术与仪器的了解更是处于推测阶段。除了利用日本保存下来的文物之外，唯一的出路就是与中国的制图活动进行类比，因为从中国文献及其日本译本中都可以找到相关的证据。17 世纪以来，这方面的认识才变得清晰一些。这一时期，欧洲的思想、方法和仪器日渐得到重视，尽管许多证据出自 18 世纪的仪器及其使用手册。在向日本传播欧洲测量技术和工具方面起着主导作用的是葡萄牙人，他们也是日本的主要欧洲贸易伙伴。最初将欧洲知识传入日本的是葡萄牙人，某种程度上也包括西班牙人和耶稣会士，这一传播过程是从 17 世纪初罗盘和星盘等仪器传入日本开始的。

贯穿日本地图学史的，还有两种畛域分明的世界地图绘制传统。延续时间最长的传统来自佛教世界观；后起的一种传统则源自 16 世纪以降的欧洲知识。第一类世界地图被断定出现于佛教传入日本的 6 世纪之后，但并不知第一幅日本世界地图的准确年代。到 7 世纪中叶，佛教宇宙观已被日本社会上层所接受。现存最早的佛教世界地图出现于 1364 年（《五天竺图》），此类地图在整个中世纪和 19 世纪以前德川时代的日本都十分流行。

一些基于欧洲思想的世界地图，即所谓的南蛮（Nanban）系地图，是在锁国时代开始之前传入日本的。它们由耶稣会士携来，派生自各种欧洲地图，其中包括亚伯拉罕·奥特柳斯（Abraham Ortelius）1570 年初版的《寰宇概观》（Theatrum orbis terrarum）。作为整个江户时代日本世界地图蓝本的，则是一幅完全派生自利玛窦地图的 1602 年地图。这幅地图的出现为日本人提供了一个佛教宇宙图之外的世界地图选项。与佛教地图一样，利玛窦地图在江户时代后期也拥有了广大的受众。

17 世纪初以降，欧洲对日本地图学的影响还体现在其他方面，尤其是海图和净得型地图（因发现于福井净得寺而得名，见下文）。已知的 5 幅净得型地图有 4 幅绘制于 1592—1627 年之间，第 5 幅的年代是 17 世纪中叶。净得型地图体现了对上述行基型传统的修正。净得型地图的改进，如海岸线轮廓的修正，可能是由葡萄牙人伊格纳西奥·莫雷拉（Ignacio Moreira）完成的，此人曾于 1590—1592 年间旅居日本。净得型地图还被用于航海，故有人认为它们可能与 17 世纪初葡萄牙人带去的海图存在关联。这些存世的（欧洲）海图涉及东亚、东南亚和日本。其现存的复制本年代从 17 世纪初延续到 17 世纪的前 20 年，也有少数复制于 19 世纪中期。这些海图应该绘制于锁国时期，理由是它们一直被当作测量师的执业证明。

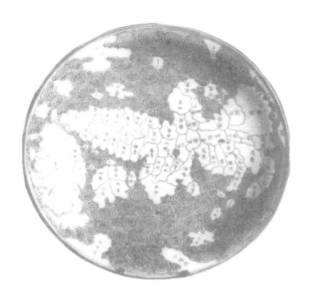

图 11.1　伊万里瓷盘上的日本地图（约 1840）

19 世纪，九州著名瓷业中心生产的伊万里瓷盘上开始出现九州和日本地图。此类日本地图属于行基传统（参见下面关于行基地图的讨论）。

原件直径：49 厘米。

南波松太郎，西宫，兵库县。

照片由海野一隆提供。

　　日本地图学的主要优势在于它以不同的尺度描绘本国。这并不奇怪，日本在地理上与亚洲大陆是分离的，而且长期处于无人打扰的独立状态，经济也自给自足，因此日本人少有动力去描绘其海岸以外的世界地图。对日本人来说，最重要的地方就是日本，而德川幕府的闭关锁国政策强化了这种态度。此外，我们还要考虑日本社会的等级结构，地图绘制也与这个等级结构相适应，体现了政府精英的需求。这些精英关心的只是日本，世界的其他地方只能远远地排在次要的位置（图 11.2 是一幅日本参考地图）。

词汇、比例、方向和材质

　　多个表示"地图"的词语用于指代编绘和使用于不同历史阶段的日本地图。这些词语中最重要的词根就是"图"（zu），可翻译为"地图"或"示图"，这个词从八九世纪就开始使用了。此前成书于 720 年的《日本书纪》所记的 7 世纪内容中，人们开始用 kata（图）一词指代地图；这个词是 Katachi①（图）一词的缩写。使用最广泛的词是"绘图"（ezu），

①　西川如见：《兩儀集說》，见第 381 页及下面注释 142。

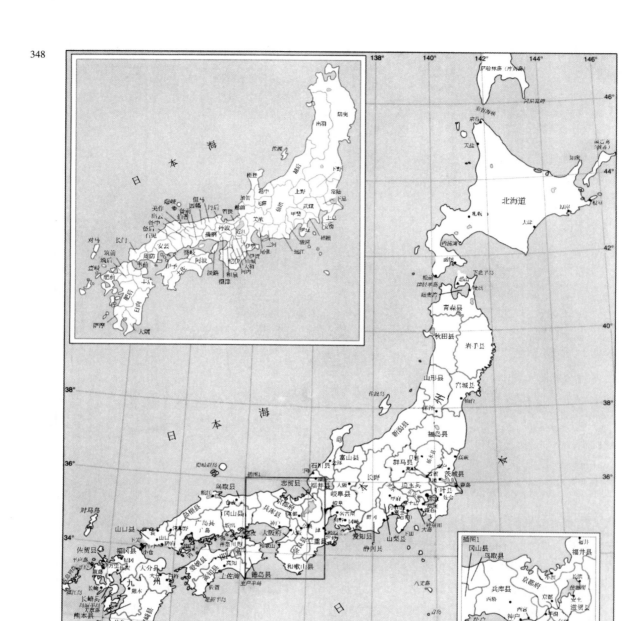

图11.2　日本地图学参考地图

这幅地图展示了本章中提到的大多数地点，包括现代的县和古代的国。

可翻译为图画示图（pictorial diagram），这个词出自分配土地的条里（*jōri*）系统。本章讨论的大多数地图标题中都使用了这个词。该词甚至还是"绘图方"（*ezukata*）一词的组成部分，"绘图方"指德川时代负责官方测绘的人员。

在"图"（*zu*）或"绘图"（*ezu*）前加一个前缀就可以用来界定某一类型的地图。例如，"地图"（*chizu*）是一种陆上地图，"世界图"（*Sekaizu*）是一种世界地图。"白图"（*Hakuzu*，白色或者单色示图）一词指代带有网格的早期示图，这种网格是根据条里框架绘制的，"文图"（*banzu*，图表）则会给出这个系统内某块土地的位置与面积。8 世纪的土地所有权地图被称为"田图"（*denzu*），12—16 世纪之间还出现了一种与之类似的"庄园图"（*Shōenzu*），后者来自"庄"（*shō*）和"园"（*en*）两个词。德川家族编绘的诸国地图被称为"国郡图"（*Kokugunzu*）或"国绘图"（*Kuniezu*），路行图则被称为"道中图"（*dōchūzu*）。与这些日语中的派生词不同的是，海图的日语名称"加留太"（*kauruta*）来自葡萄牙语 "*carta*"（地图）一词。18 世纪早期的一位作家还用"针路版图"（*Shinro hanzu*）一词指代地图，但除了这个人，其他人从没用过这个词。

在日本地图上也会添加一些文字说明，介绍地图的比例尺、方向、材质和大小。在西方，只是在托勒密地理学复兴后，才强调制图的科学性包括指示数学比例。但是在日本，除非有特别的用途，一般是不注明比例尺的。即便是旅行地图，本来应该清楚说明两地之间的距离，但也很少按特定的比例绘制，距离通常是以文字来说明的。作为地标的点或者地物，会以夸张的方式加以标示。

至于方向，并没有一定之规，部分与日本人的读图方式有关。日本地图打开后通常很大，但在居室地板的榻榻米上很容易展开，因为上面几乎没有什么家具。读图者可以采用坐姿或跪姿，根据需要转动地图，因此采用多个视角要好过单个视角。只有当地图绘于屏风或立轴之上时，才有必要遵照一致的方向来记录信息，而人们在地板上是不看屏风地图或手卷地图的。并没有对地图的方位制定某种规范，这一点可以一些行基型地图加以说明，例如唐昭提寺收藏的 16 世纪中期的行基型地图为西向；仁和寺 1306 年地图为南向；《拾芥抄》1548 年和 1589 年的版本为东向；东京国立博物馆 1625 年前后的版本为北向。江户（今东京）和大阪都市图（town plans）则是另外的情况，图的方向取决于城的位置，地图上方为北。江户时代一般的日本地图倾向于采用北向，可能受到了欧洲地图学的影响。

多数日本地图之所以做得很大，可能与日本人常在地板上活动有关。不需要查看地图的时候，可以把它们卷起或折叠并储存在一个小的空间内。制图纸张、毛笔和木板的质量也与地图图幅有较大关系。地图多采用轻薄、结实、柔韧同时也比较粗糙的纸张，用来在地图上写字或绘画的毛笔并不适合绘制纤细的线条，但适合涂色。上述因素自然决定了不可能在地图上书写或描绘任何纤细的东西，大体上对于木雕版印刷来说也是如此。19 世纪以降，线刻技术大为改进，那时一些木版雕刻可能还被人们误以为是铜版雕刻。

在印制多色地图方面，木雕版或凸版印刷比铜雕板（凹版印刷）更有优势。多色印刷在地图制作中的运用，似乎大体与 1765 年前后浮世绘彩色印刷品同时出现，尽管我们并不能确切知道此类地图首次制作的时间。此前，地图是用刷子或者镂花涂装工具（*kappa-zuri*，合羽刷り）上色的。镂花涂装就是将雕好的图案平放在纸上，然后在上面涂颜料。辨别是否采用了镂花涂装法，可以通过仔细观察地图上那些没有着色的地方是否有了镂花涂装留下的痕迹或者瑕疵。镂花图案是用鞣制过的纸剪成的。例如，一个完整的环形是无法上色的。在给一个长带形区域上色时，要用线固定住图案，以免刷子将它们翻起来。这样，固定用的线就会在纸上留下一道痕迹。在给复杂的内容上色时，会使用不止一幅图案，一种颜色就不可避免地与另一种颜色叠加起来，或者有些地方没有涂上颜色。多色木雕版印刷相对来讲就不存在这样的问题，因此通过观察发现地图上那些没有着色或颜色不规则的地方，就可以判断是否采用了镂花涂装法。但做到这一点并不一定容易，因为有时工匠会涂上一些浅淡的颜色来遮掩这些瑕疵。

350　　　印制地图的纸张和木版都不大，通常用很黏的胶水将几张纸粘到一起。印制大幅地图时，则会在纸的背面再粘上一层更结实的纸以起到衬托加固的作用。纸的强度要保证和适合将地图制成手卷或折装书的形式，但实际上，作为备选形式的地图集在日本是非常罕见的。有时还用到麻布和牛皮纸，8 世纪的存世地图大多数采用麻布，少数海图采用牛皮纸。在这些情况下，需要做一张更大的封面，以便清楚描述地图的信息。

历史编纂与主要收藏

　　　日本地图学史目前还在编写之中，随着研究的展开，现有的文献将会有大大地扩展。过去 20 年中已经出版的一批论著，为未来的地图史研究者奠定了良好的基础，便于他们填补诸多迄今存在的主要缺环，如中世纪建筑规划图、河流图、古代和中世纪测绘史。日本地图学史业已越过了第一个障碍，已有的关于日本地图学史的一般的、普遍的知识，为现代和将来具体而深入的探求做了准备。

　　　日本地图学史研究的先驱人物是河田罴，他于 1895 年发表了一篇有关日本早期地图学史的文章。这篇文章分成三部分。文章重点讨论江户时代的官方地图。十年以后，河田发表了另外一篇文章，包含三个部分，讨论江户时代的地图学和历代地理著述。[②] 另一位先驱人物是高木菊三郎，他于 1931 年出版了一部地图测绘简史。[③] 这本书是第一部探讨从古代到 20 世纪早期日本地图学的专著，但这本书有两个缺点。其一，作为国土勘查部的工作人员，作者主要关注 1867 年明治维新后的制图与测绘；其二，书中的描述太过零碎，不能视作一部恰当的地图史。

　　　第一部内容充实的日本地图学史由芦田伊人发表于 1934 年。[④] 该书论及从日本地图到世界地图等各种各样的地图。芦田伊人所接受的历史学训练发挥了作用，使他能对日本地图学史做出精准而富有价值的描述。1932 年，藤田元春出版了他的日本地图学史，但书中的绝大部分内容都是在讲地图学；1942 年，本书的增补修订本得以刊行。[⑤] 近年出版的本领域

　　　②　河田罴：《本邦地图考》，《史學雜志》6（1895）：268—277，349—358，507—518，他的《日本地誌源委を論ず》，《歷史地理》7（1905）：821—827，916—921，1038—1045。

　　　③　高木菊三郎：《日本地図測量小史》，東京：古今書院 1931 年版。

　　　④　蘆田伊人：《本邦地図の發達》，東京：岩波書店 1934 年版。

　　　⑤　藤田元春：《日本地理學史》（東京：古今書院 1932 年版），以及《改訂増補日本地理學史》（東京：古今書院 1942 年版，1984 年東京原書房重印）。

作品有织田武雄的著作，他的书对 1976 年初版⑥的一部地图通史的第二部分（有关日本地图学）进行了扩写。

有两篇论著特别关注日本本国地图的历史。芦田的一篇文章对这一问题进行了简短的陈述，秋冈武次郎的书则对日本地图学史进行了更为细致的论述。⑦　另外还有《日本古地图大成》（1972）第 1 卷，其中既有作为一个整体的日本地图学史，也包括了日本国内的地图、规划图、小区域的海图等⑧，以及秋冈武次郎的世界地图绘制史。⑨

还有一些有关日本地图学的西文论著。早期的作品包括拉明（Ramming）于 1937 年以及秋冈武和室贺于 1959 年发表的文章。⑩　室贺就日本的古地图写过一篇题为 "The Development of Cartography in Japan"（《日本地图学的演进》）的文章。⑪　渡边（Watanabe）《日本的地图学：过去与现在》（1980）在日本举办的国际地图学会（ICA）第 10 次国际会议上发表。⑫　在日本国立国会图书馆举办的一次地图专题展的图录上刊登有对日本官方地图学史的简要英文介绍。⑬　最近的西文著作（本章除外）是由科塔兹（Cortazzi）和海野撰写的。⑭　除此之外，还出版了一些日本早期地图的复制图，但这些地图仅能代表现存日本地图、规划图和海图的一小部分。⑮

⑥　織田武雄：《地図の歷史》（上下册），東京：講談社 1974 年版，他更早的著述是《日本の地図とその發達》，载《地図の歷史》，東京：講談社 1973 年版，第 211—889 頁。

⑦　蘆田伊人：《日本總図の沿革》，《國史回顧會紀要》2（1930）：17—59；秋岡武次郎：《日本地図史》，東京：河出書房 1955 年版。

⑧　海野一隆、織田武雄、室賀信夫：《日本古地図大成》（2 卷本），東京：講談社 1972 年版，第 75 頁。这套书的第一卷加了一个标题 "莊園図と行基図"，包括 133 幅图版，大多数是彩色的，并附图版文字说明，另有 75 幅黑白图；第二卷，题为 "近世日本図"（书名页上写着 "19 世纪中期以前日本地图上的世界"），包括 138 幅图版，大多数为彩色，在单独的封面下面有一个图版说明，另外有 127 张黑白图片。

⑨　秋岡武次郎：《世界古地図集成》，東京：河出書房新社 1988 年版。这部书包含 4 部分（书、28 张单页彩色复制地图、录像带和 48 张幻灯片），书名为《世界古地図集成》，英文标题为：Akioka Collection/Old World Maps/16th – 19th Centuries（東京：河出書房新社 1988 年版）。这部世界地图史覆盖的时代从欧洲文艺复兴以来到日本江户时代。

⑩　M. Ramming, "The Evolution of Cartography in Japan," *Imago Mundi* 2（1937）：17 – 22，以及 Takejirō Akioka and Nobuo Muroga, "The Short History of Ancient Cartography in Japan," *Proceedings of the International Geographical Union Regional Conference in Japan*, 1957 (Tokyo：Organizing Committee of the IGU Regional Conference in Japan and the Science Council of Japan, 1959), 57 – 60. 亦见 Takejirō Akioka and Nobuo Muroga, "The History of Cartography in Japan," in *A Catalogue of Old Maps of Japan*, *Exhibited at the Tenri Central Library*, *September*, 1957, ed. Takeo Oda (Kyōto, 1957), 1 – 6.

⑪　Nobuo Muroga, "The Development of Cartography in Japan," in *Old Maps in Japan*, ed. and compo Nanba Matsutaro, Muroga Nobuo, and Unno Kazutaka, trans. Patricia Murray (Ōsaka：Sōgensha, 1973), 158 – 76. 这本书最初是用日语出版的，题为《日本的古地图》（大阪：創元社 1969 年版）。英文与日本版中的彩色图版是完全相同的，但随文的黑白图片有些微不同。

⑫　Akira Watanabe, *Cartography in Japan：Past and Present* (Tokyo：International Cartographic Information Center, 1980).

⑬　《日本の地図：官撰地図の發達》，第 24 届国际地理学会议及第 10 届国际地图学会第 10 次年会展览图录（東京：国立国会図書館 1980 年版）。

⑭　Hugh Cortazzi, *Isles of Gold：Antique Maps of Japan* (Tokyo：Weatherhill, 1983)，以及 Kazutaka Unno, "Japan" and "Japanische Kartographie," in *Lexikon zur Geschichte der Kartographie*, 2 Vols., ed. Ingrid Kretschmer, Johannes Dorflinger, and Franz Wawrik (Vienna：Franz Deuticke, 1986), 1：357 – 61 and 1：361 – 66.

⑮　较早收集这些地图的是栗田元次《日本古版地図集成》（東京：博多成象堂 1932 年版）。大多数地图都是晚近绘制的，《日本の古地図》收集的范围很有限（注释11）。更具雄心的是海野、織田、室賀编《日本古地図大成》（注释8）。还有秋岡武次郎的《日本古地図集成》（東京：鹿島研究所出版会 1971 年版）以及他的《世界古地図集成》（注释9）。

　　相关的地图散落在公私收藏中，不易获取。⑯尽管在日本主要的图书馆和博物馆出版的图录中都包括了地图，但几乎没有出版过专门刊登这些地图藏品的图录。一些收藏大量古地图的机构出版过图录，包括京都大学文学部地理研究室（Geographical Institute in the Faculty of Letters at Kyoto University）、佐贺县图书馆（Saga Prefectural Library in Saga）以及神户市立博物馆（Kōbe City Museum）。⑰神户市立博物馆的古地图收藏位居日本之首（5500 件左右）。日本另一些重要的收藏包括东京的国立公文书馆和国立国会图书馆。⑱

　　重要的私人收藏目前可知的保存在三家公共机构。地图史学家秋冈武次郎的收藏已经移交给了位于千叶县佐仓市的国立历史民俗博物馆（National Museum of Japanese History）和神户市立博物馆。国立历史民俗博物馆有超过一千件日本地图（包括测绘仪器）；神户市立博物馆则主要是秋冈武次郎收藏的世界地图。尽管还没有全部编目，但部分地图收藏已经印制于 1971 年出版的秋冈武次郎《日本古地图集成》一书和 1988 年出版的《世界古地图集成》一书中。⑲南波松太郎的收藏也在神户市立博物馆。地图史学家鲇泽信太郎的收藏中有一些世界地图和与之相关的材料，捐献给了横滨市立大学图书馆，并出版了一本带注解的图录。⑳

　　奈良东大寺的正仓院保存有 8 世纪的地图，因此值得特别关注。正仓院是 8 世纪主要的土地开垦者，寺院有许多庄园图。20 幅地图得以在正仓院保存下来，归功于这里良好的储存条件，还有就是国家对这些地图的使用限制。这些地图本身之所以能保存下来，是因为它们曾用于平息地界冲突，但是，当这一功能不复存在时，它们也就不再被小心保管，会被毁坏甚至丢弃。㉑

　　欧洲和北美的图书馆也有一些重要的收藏。温哥华的不列颠哥伦比亚大学图书馆的约翰·H. 比恩斯收藏（George H. Beans Collection）（地图和附图书籍加在一起有 300 幅），为

　　⑯　例如江户时代藩主家族收藏的地图后来交给县级或市级图书馆，推测并不是所有这些地图都得到地图史学家的关注。这些地图当然也被称为私人收藏。

　　⑰　京都保存有 500 多幅地图，地图目录编制于三个时期：分别见于一份由研究所编辑的学术期刊《地理論叢》的卷 3 和卷 5（均编于 1934 年）以及卷 9。佐贺所藏地图目录书名为《古地図絵図録：佐賀県立図書館蔵》（佐賀県史料刊行会，1973 年）。神户所藏地图见于《神户市立博物館館蔵品目録：地図の部》卷 6（南波松太郎收藏）；这些书目囊括了世界地图、日本地图、日本诸国地图，城市地图（江户、京都与大阪），日本的北方边地地图，外国地图以及旅游线路图。这家博物馆于 1989 年购得了秋冈武次郎收藏的地图（差不多有 1500 件）。

　　⑱　日本国立公文书馆的地图见于内阁文库收藏的早期地图。1971 年成立日本国立公文书馆时，内阁文库成为一个独立的机构，日本国立国会图书馆专门辟出一个展示现代地图的地图阅览室，但早期的地图是与书籍一道分类的。

　　⑲　秋冈武次郎，《世界古地图集成》。秋冈武次郎收藏的地圖送到日本国家历史博物馆后，博物馆对其中一部分做了编目，这个编目分次刊行于期刊《月刊古地图研究》7, nos. 3 – 11（1976—1977）。一部分副本，见秋冈武次郎《日本古地图集成》（注释 15）。

　　⑳　见注释 17《神户市立博物館館蔵品目録》，这个目录是按地图类型出版的，并且做了一个独立的参考文献。关于鲇沢信太郎的收藏，见《横浜市立大学図書館目録叢刊》第 10 集《鮎沢信太郎文庫目録》（横浜：横浜市立大学图书馆 1990 年版）。

　　㉑　1833 年，为了检修正仓院，将其中每一样东西，包括国宝都搬到别处去检查。在这个过程中，在一个装着废弃材料的中式箱子里发现了 20 张稻田图。见 Kazutaka Unno, "Extant Maps of the Paddy Fields Drawn in the Eighth Century Japan," 提交第 14 届国际地图学史会议论文，乌普萨拉，1991 年。東京大学史料編纂所编《東大寺開田図》2 卷本，复制地图并解说，《大日本古文書·家わけ》第 18 册《東大寺文書》第 4 部分（東京：東京大学史料編纂所 1965—1966 年版；1980 年重印）。

除日本之外的最多的日本地图收藏。㉒ 另外，慕尼黑的 5 处机构也保存着一些明治维新以前的地图，涉及各种主题，如世界地图、外国地图、日本地图和区域图、路行图以及神社图。㉓ 这些收藏以 19 世纪的地图为主。

江户时代以前古代和中世纪的日本地图

考古学证据

日本最早的地图可能是鸟取县仓吉市上神 48 号墓石墓壁上的地形图。这座墓葬推测建于 6 世纪。㉔ 地图系在一方涂满朱砂的石头上刻划而成，其上描绘的景观十分清晰，有房屋、道路、桥梁、树木、鸟类和可能是鸟居的建筑（图 11.3）。地图的绘制目的可能是安慰亡灵；至少不会是出于什么实际的地理用途。在该县境内另有将近 40 座墓葬中也发现过类似的带有鸟、船只、鱼和树的刻划。这些图画，同在石屋中放置剑和珠子的做法一样，可能是为了给死者提供可辨认的物品和景观，以便他们死后可以像生前一样活动。

352

图 11.3 鸟取县仓吉市上神 48 号墓发现的线刻壁画

1974 年发现，这座锁孔形（前方后圆）古墓位于海拔 60 米左右的小山丘上。壁画刻于作为古坟墓葬后壁的巨石上（高 260 厘米，宽 224 厘米）；巨石通体涂红，用锐利的工具在其表面刻划出线条。壁画内容包括（A）房屋，（B）一座桥梁，（C）几条道路，（D）可能为神社鸟居，（E）几只鸟。

该部分壁画尺寸：86×110 厘米。

㉒ George H. Beans, *A List of Japanese Maps of the Tokugawa Era* (Jenkintown, Pa.：Tall Tree Library，1951)，及其增补本 A，B，C（1955，1958，1963）介绍了这些收藏。由于这批收藏是由不列颠哥伦比亚图书馆购得的，需将它们补充进去，现在正在编制图目。海野一隆对 1985 年所做的关于这批收藏的研究进行了讨论，海野一隆，"Hokubei ni okeru Edo jidai chilzu no shūshū jōkyō：Binzu Korekushon o chūshin to shite"北米における江戸時代地図の収集状況——ビーンズ・コレクションを中心として，人文地理 39（2）（1987）：16—41。

㉓ Eva Kraft, *Japanische Handschriften und Traditionelle Drucke aus der Zeit vor 1868 in München* (Stuttgart：Franz Steiner，1986). 地图收藏地有：Bayerische Staatsbibliothek，Deutsches Museum，Munchner Stadtmuseum-Puppentheatermuseum，Staatliches Museum fur Volkerkunde，and Universitatsbibliothek.

㉔ 见野田久男《鳥取縣の装飾古墳》，《教育時報》163（1980）：2—11。

奈良县高松冢古坟的墓壁上也有一些彩绘，可追溯到 7 世纪末 8 世纪初。[25] 这些彩绘属于天文图（见下文第 14 章）。墓顶绘有星图，用金箔表示星星，星星之间以红色直线相连。在正对墓门的北墙上是一幅部分损毁的玄武图（一只乌龟与一条蛇交织在一起），代表北方的守护神。东西两壁也各有自己的守护神。由于高松冢古坟壁画损毁严重，无法对其做出全面的释读。[26]

353 　　近年发现的地图遗存是平城京（今奈良）古都遗址出土的一方刻着景观图的木板。[27] 木板用日本柏树做成，规格为 62×10.8×0.8 厘米，可能是一件托盘的盘底，其上用墨汁绘出一幅草图。这幅图采用了倾斜视角（oblique perspective），内有一组建筑、一座宫殿、墙体和门等。并不清楚这幅画描绘的是真实的还是想象的地方，但从建筑物的结构与布局以及图上所题"奥院"字样判断，它有可能是众多山中佛寺中的一座。与木板一起出土的还有一块木牌，其上提及天平八—十年（736—738），因此有人认为可以代表这幅画的年代。画的下方还有一些汉字，可能是为仪式而题写。其中提及一个叫阿刀酒主（活跃于 739—757 年）的文官姓名，这个名字在正仓院的档案中也出现过几次，他似乎就是这幅草图的作者。

官方史书中有关地图的文献证据

　　与东亚其他地区一样，有关早期日本地图的记录往往采用文学典故的形式，而非实际的地图作品。日本神话将列岛的创始归功于一位男神和一位女神，即伊庄诺与伊奘册。在 712 年写成的《古事记》和 720 年写成的《日本书纪》中，对各岛名称与创造次序的记载稍有不同。《古事记》是现存最古老的日本史书，而《日本书纪》则是第一部日本正史。[28] 两部

354 著作对各岛的大小漠不关心，这一点在《古事记》中表现尤为突出。本书根据各岛创始的次序，一一记录了内海（Inland Sea）、日本海（Sea of Japan）、对马海峡（Straits of Tsushima）和东海（East China Sea）的众多小岛，暗示着这些岛对于航海者的重要性，这些航海者可能早在 57 年和 107 年日本使节出使中国宫廷以前就业已到达过亚洲大陆。[29] 但是，我们

---

　　[25]　古坟发掘于 1972 年。未知墓主身份是否确定，但他或她应该是有着很高社会地位的人。墓中的长方形石室尺寸为 1.13×2.6×1 米（高、长、宽）；墓壁用灰泥粉饰过，除了地板、开设墓口的南壁，其他地方都满布彩画。见猪熊兼胜、渡辺明義《高松冢古墳·日本の美術》，通号 217（東京：至文堂 1984 年版）；橿原考古学研究所编《壁画古墳高松塚》（Nara-and Asuka：Nara Ken Kyōiku Iinkai and Asuka Mura，1972）。

　　[26]　例如，在古代中国的壁画中，太阳和月亮中分别会画三足乌、蟾蜍和兔子。由于盗墓贼的破坏，不能确定这些壁画中是否有这些内容。

　　[27]　发现于 1989 年。见 1989 年 10 月 20 日《読売新聞》第 1 版和 30 版。其他报纸也记录了这一发现，这一发现有待进一步研究。平城的字面意思是"平安的城堡"；这座城堡的特别之处在于，它既是皇宫，又是奈良时代（710—784 年）的奈良城（完全沿用平城京）。

　　[28]　英文翻译见：Basil Hall Chamberlain，trans.，The Kojiki：Records of Ancient Matters（1882；reprinted Tokyo：Charles E. Tuttle，1986）；《日本書紀》的英译见：William George Aston，trans.，Nihongi：Chronicles of Japan from the Earliest Times to A. D. 697，2 Vols. in 1（1896；reprinted Tokyo：Charles E. Tuttle，1985）。两个英译本都有译者序言。关于伊奘诺和伊奘册的讨论见：Vol. 1，secs. 2–12 of the Kojiki（Chamberlain，Kojiki，17–52，including notes），and in Vol. 1，bk. 1 of the Nihon shoki（Aston，Nihongi，6–34）. 关于日本岛的创世，见：Vol. 1，secs. 3–5 of the Kojiki（Chamberlain，Kojiki，19–27，including notes），and Vol. 1，bk. 1 of the Nihon shoki（Aston，Nihongi，10–18）。《日本书纪》中的"书"可能也指各章。

　　[29]　范晔：《后汉书》（编撰于公元 5 世纪），卷 85，12 册本，中华书局 1965 年版，第 10 册，第 2821 页。

图 11.4　公元 8 世纪中叶木板上的景观图

前部地面上的一些建筑可能属于一座山中佛寺；背景中的山岩以及中间靠右的注记中的"奥院"字样支持了这一观点。

原图尺寸：约 20×10 厘米。

奈良国立文化财研究所，奈良。

照片由海野一隆提供。

并不知道航海者具备什么地理知识，现存的材料并没有提供证据。

在日本正史中出现的第一条有关地图的可靠记载可追溯到 646 年，当时使用了"图"（Katachi）这个词。㉚《日本书纪》关于 7 世纪的记载比较可信，其中记载了 646 年的一条诏

㉚　文献记载了一些早期发生的与地图有关的事件。在仲哀天皇九年（391 年？），神宫皇后曾发动对朝鲜半岛上新罗的远征，新罗国王被围城后，呈献该国图籍。汉字"图籍"二字（图指包括地图在内的所有图形，籍指户籍）在日语中读作 shirushihefumita，其中 hefumita 意思是户籍，因此人们可能推测 shirushi（记录）在古代日本就是专指包括地图在内的图形的术语。但是，弥永根据那些存在问题的断代结论，对此提出了质疑，他还怀疑，可能自远古以来中国人就使用的"图籍"一词，在日本只是被简单接受了，见弥永贞三：《班田手續と校班田圖》，载竹内理三《莊園繪圖研究》（東京：東京堂 1982 年版）第 33—34 页。关于征新罗的记载，见 Aston, Nihongi, 1：230—32（注释 28）；阿斯顿（Aston）指出，那些上交的"图籍"是田图。

令，命令各地向中央政府报告诸国面积并附上地图：

> 秋八月庚申朔癸酉十四，诏曰："凡仕丁者，每五十户一人，宜观国国疆界，或书或图（かた）持来奉示。国县之名，来时将定。"[31]

这则诏令很可能与 645 年的大化改新有关，这是一次以中国为样板进行的全国范围的政治革新。[32]

《日本书纪》中的另一条地图资料与一位日本使节在 681 年带回种子岛地图有关。据载：

> （天武天皇十年【681】八月）丙戌，遣多祢岛（Tane no shima，种子岛）使人等贡多祢国图（かた）。其国（Tane no kunile）去京五千余里，居筑紫（Tsukushi，九州）南海中。[33]

三年以后，派往信浓国（Shinano，今长野县）的三野王（Mino no ōkimi）等人编绘了一幅该国地图并将其呈送给朝廷。据载：

> （天武天皇十年【684】二月庚辰）"是日，遣三野王、小锦下彩女、臣筑罗等于信浓，令看地形。将都是地欤。……（闰四月）壬辰，三野王等进信浓国之图。"[34]

当年晚些时候，朝廷还制定了一个更加野心蓬勃的计划，那就是"派伊势国王子和他的手下确定各国边界"[35]。随后的官方史书也表明，古代政府了解有着行政用途的地图的价值。[36] 根据《续日本记》的记载，738 年，中央政府命令各国编绘并提交本国地图。另一部官方史书《日本后纪》也记载，中央政府于 796 年下令诸国编绘地图。[37] 后一条记载很详细，规定须将大大小小的村庄、各驿站的距离以及名山形状：大河宽度都记录到地图中去。

---

[31]　这段引文出自《日本書纪》卷 25；参见 Aston, *Nihongi*, 2：225（注释 28）

[32]　改革发生于 645 年，革新法令颁布于 646 年，646 至 701 年间推行了一系列改革或改良措施。关于大化改新的讨论，见 George B. Sansom, *A History of Japan*, 3 Vols.（Stanford：Stanford University Press, 1958－63），1：56－60.

[33]　见 Aston, *Nihongi*, 2：352（注释 28）那时种子岛是经过琉球群岛通往中国的航线的重要港口，见欧阳修撰《新唐书》（编撰于 1032？—1060 年）卷 220，20 册本，中华书局 1975 年版，卷 20，第 6209 页。（《日本書纪》卷 29《天武纪》，《國史大系》第 1 卷，523 注——译者注）

[34]　见 Aston, *Nihongi*, 2：362 and 364（注释 28）。（《日本書纪》卷 22，《國史大系》第 1 卷，第 532 页，译者注）

[35]　见 Aston, *Nihongi*, 2：365（注释 28）。

[36]　日本有 6 种官修历史，总称"六國史"，覆盖了从 9 世纪晚期以前的日本历史，《日本書纪》是第一部，接下来是《續日本記》（时间为 697 至 791 年），《日本後纪》（时间为 792—833 年），《續日本後纪》（晚期日本编年史，时间为 834—850 年），《日本文德天皇實錄》（时间为 851—858 年），以及《日本三代實錄》，为 859—888 年。

[37]　见《日本纪》卷 13 以及《日本後纪》第 3 册卷 5，载《新訂增補國史大系》（全 66 册，東京：吉川弘文館 1929—1964 年版）第 3 册。

这一时期，中国制图法渐渐传入日本。6—7 世纪在日本历史上至关重要，在这一时期，中国文化要素促成了日本文化的形成，其影响波及今天。其中最为突出的是大乘佛教经由朝鲜传入日本，中国政治理论要素也在日本得以运用。中国模式的运用贯穿整个奈良时代（710—784）和早期平安时代（794—1185）。㊳

例如，现存公元 756 年的《东大寺山界四至图》㊳，上面就有中国式的计里画方网格，而官方记载则暗示着（日本向中国）学习了更深层的知识。根据《日本书纪》，602 年，一名叫观勒的百济僧侣，向日本宫廷呈献了一些天文和地理书籍。这则史料使我们窥见科学知识传播的过程。推古天皇在位（在位期为 593—628）第十年，

> 冬十月，百济僧观勒来之，仍贡历本及天文地理书。并遁甲方术之书也。是时选书生三四人以俾学习于观勒矣。阳胡史祖玉陈习历法，大友村主高聪学天文循甲，山背臣日并学方术，皆学以成业。㊵

一本 833 年的日本法律注疏《令义解》，列举了在故都奈良的大学校园里使用的数学教科书，㊶ 包括《九章》《海岛》《周髀》，分别指中国古代的教科书《九章算术》《海岛算术》《周髀算经》。㊷ 前两种讲运用直角三角形原理测量远处物体的长度与高度，第三本书是关于天体与地球构造的。早在 8 世纪初，这些学科就已经在大学寮里开设过了。《令义解》对 718 年的《养老律令》，即 710 年的《太和养老令》的修订本进行了注疏，这本书与律令有关。㊸ 另外，9 世纪还出现了一部对当时日本所见书籍进行编目的文献，即藤原佐世于

㊳　如 John Whitney *Hall*，*Japan*：*From Prehistory to Modern Times*（New York：Delacorte Press，1970），35 – 74，and Sansom，*History of Japan*，1：45 – 128（注释 32）。有关中国科学，包括宇宙论、占星术和神秘科学、历法科学对日本的影响，参见 Shigeru Nakayama 中山茂，*A History of Japanese Astronomy*：*Chinese Background and Western Impact*（Cambridge：Harvard University Press，1969），7 – 76。

㊳　关于这幅地图的讨论见下文。斯坦利 – 贝克尔（Stanley-Baker）用这幅地图证明日本人如何运用他们有关中国山水画的知识，但是他们在运用时会做一些改动，如画出"舒缓起伏的山岩"以及"以不规则和自然的方式"展示树木。见 Joan Stanley-Baker，*Japanese Art*（London：Thames and Hudson，1984），57 – 58.39。

㊵　见 Aston，*Nihongi*，2：126（注释 28）。（《日本書紀》卷 22，《國史大系》第 1 卷，372 頁，译者注）

㊶　关于"大学寮"，见下书附录 3，"A Note on Higher Education，700 – 1000，" in Sansom，*History of Japan*，1：474 – 76（注释 32）。《令義解》见《新訂增補國史大系》（注释 37）第 22 册。

㊷　中山茂称汉代文献《九章算术》为"中国最早的数学经典"，《周髀算经》（大约为公元前 200 年）为"中国最古老的科学宇宙论经典"，*History of Japanese Astronomy*（注释 38）第 273 页。这两部著作是制作天文历法的必备书（第 72 页），而《周髀算经》则是研究天文学的必备书（第 43 页）。《周髀算经》和《海岛算经》（约成书于公元 265 年）见载于 Joseph Needham 李约瑟，*Science and Civilisation in China*（Cambridge：Cambridge University Press，1954 – ），Vol. 3，with Wang Ling 王铃，*Mathematics and the Sciences of the Heavens and the Earth*（1959），19 – 23 and 571 – 72. 这三部古代中国的数学文献均收入《四库全书》（编于 1773—1782 年），台北：台湾商务印书馆 1970—1982 年版。

㊸　"律"，指刑事法，"令"指行政制度。见 Hall，*Japan*，48 – 61（注释 38）；E. Papinot，*Historical and Geographical Dictionary of Japan*（1910；reprinted Ann Arbor：Overbeck，1948），616；and Sansom，*History of Japan*，1：67 – 74（注释 32）。关于《養老律令》见《新訂增補國史大系》第 22 册；《大宝律令》全文不存，但部分内容可见于公元 875 年成书的《令集解》（对《令义解》的补充），《新訂增補國史大系》（注释 37）第 23—24 册。

891 年前后编撰的《日本国见在书目录》[44]，其中有《晋书》中的一条材料，[45] 那就是中国地图学家裴秀（223—271）的传记，表明那时的日本学者已经了解到裴秀的制图六体。[46]

356

图 11.5　大阪府界市的仁德天皇陵

前方后圆坟。长度为 486 米，圆形部分直径为 249 米，丘高 35 米；方形部分宽 305 米，梯形最高处 33 米。四面有三重围壕。

照片由海野一隆提供。

测量仪器与工程

尽管关于日本早期勘测与制图的记载并不完整，但可以找到一些关于古代工程与仪器的记载，其中一些方法直到相当晚近的时期仍在使用。有人认为，定居于日本的朝鲜人在古代的测绘工作中扮演了十分重要的角色，主要表现在将中国的方法与工具传播到日本。古坟时代（大约为 300—600 年）坟丘的建造，证实了早期日本对测量工具与技术的需要。这是日本历史上

[44]　桑塞姆（Sansom）注意到其年代是 890 年，并说："它记录了 1579 个书名，总计 16790 册书籍。"本书编撰完成于 875 年的大火之后，大火烧毁了一大批书籍，因此 9 世纪从中国输入日本的图书总数应该曾经是一个惊人数字。见 Sansom，*History of Japan*，1：124（注释 32）。《日本國見在書目録》载于《續群書類從》（71 册，1923—1928；第 3 版，全 67 卷）（東京：统群書類従完成会，1957—1959 年）第 3 卷第 2 册。

[45]　房玄龄等撰《晋书》（撰于 646—648 年），其中有《天文志》，现代 10 卷本，中华书局 1974 年版；亦见 Nakayama，*History of Japanese Astronomy*，33-40 and 272（注释 38）。

[46]　《晋书》卷 35（第 4 册）（注释 45）。关于制图六体的讨论见前文第 110—113 页。

的第一个统一时期，即大和国时期，那时的中心区域在今天的大阪与奈良。用于王陵的前方后圆锁孔形坟丘（keyhole-shaped mounds）就起源于这一地区（图11.5）。与日本的大多数文化现象不同的是，这种坟丘从这里向西传播，最后到达九州，而不是从相反的方向。[47]建造坟墓的过程关乎政治权威和社会结构，因此，从勘测开始，这一过程就关系到日本社会各方面的发展情况。建造坟墓不仅需要组建一支庞大而且组织严密的劳动力队伍，而且还需要某种形式的知识储备。坟墓的设计，坟丘的形制以及周边的壕沟都可能需要规划图——尽管它们并没有保存至今。此外，还需要挑选坟墓的修造地点并进行勘测。

357

图11.6　《春日权现验记绘》一书中的插图（1309年）

图中使用的有准绳（水准）、墨斗、绳墨（墨线）、绳芯（墨刺）和曲尺。这幅画的作者为高阶隆兼，他想象了藤原光弘建造春日大社的情景。

原作尺寸：长41.5厘米。

经东京日本宫内厅许可。

　　我们并不能确知用于绘制规划图、勘测地点以及建造坟丘的工具，但是中国与日本的文献有时会提到一些工具，它们在古代中国被用于相似的用途。例如，中国的教科书《周髀算经》就提到过方尺（矩），这种工具似被用来测量高度、深度和距离。[48]源自中国的工具在《倭名类聚钞》中被提到过，这部日本百科全书由源顺（Minamoto no Shita-

---

[47]　关于这些坟堆的简略讨论，见 Hall, *Japan*, 20-23（注释38）；R. H. P. Mason and J. G. Caiger, *A History of Japan*（Melbourne：Cassell Australia, 1976），11-14；and H. Paul Varley, *Japanese Culture*, 3d ed.（Honolulu：University of Hawaii Press, 1984），12-14. 其中最大的坟堆为大阪府堺市大仙町5世纪仁德天皇陵，其长度为486米。

[48]　《周髀算经》卷1。矩的六种用途如下：校准绳（墨线）、检验高度、测量深度、推算距离和画圆，两只矩放在一起可形成长方形。矩可以用来计算高度、深度和距离，由此推测矩是带刻度的。

go，911—983）编撰于大约 935 年。⑭ 图 11.6（出自另外一本书）中的工具都可以在这本书中找到，它们属于东大寺的正仓院，有两个可能为 8 世纪的墨斗。其一饰有漆画，好像为礼仪之用，但与另一件较小的墨斗一样，都没有带墨线。⑮ 现存的尚有实用价值的最古老的墨斗据信为 13—14 世纪发现于东大寺南大门的一条木梁上。墨斗顶部有一根直径为 17 毫米的铁环，使用铅垂线时可以用它起固定作用。这件工具目前收藏于东京艺术大学。天满宫有一幅 1311 年的《松崎天神缘起图》，图上有一个展示墨斗铁环使用方法的场面。⑯

358　　　　东大寺保存着现存最古老的曲尺（矩），据说由住持于 1685 年在江户购得。曲尺为铁制，较长的一边长 37 厘米，较短的一边长 19.8 厘米，两条边的宽度均为 1.46 厘米，外侧厚 1.2 毫米，内侧厚 0.6 毫米。只有长边表面有刻度，说明这个工具的制作年代远早于 1685 年。现代日本曲尺的刻度与传统的尺子近似，只是在较长的一边背面还有一种叫里目（Urame）的刻度，刻度的单位为两条边的平方根。村松认为里目至迟起源于 11 世纪或 12 世纪。有些曲尺上还有一种圆周刻度（*marume*）：其刻度为 π 的倍数。这样，只要用曲尺量直径，就可以读出圆周长度。⑰

　　　　众所周知，日本古坟时代以前，中国就已经有了这些工具。《孟子》一书提到了准（水平仪）、绳（木工用的墨线）和矩（方尺），还提到了画圆的规。⑱ 《淮南子》一书（约成书于公元前 120 年）提到了规、准、绳和矩，还提到了权和衡。在这些工具中，规和矩既是最早设计出来的工具，也是最基础的工具。⑲ 其中绳墨最早出现于日本官方史书中。在《日本书纪》中记载，大约在 490 年，一位木匠编了一首歌唱给一位即将被处死的工友听，

　　　　　　可惜あたらしき（多么可惜啊，）
　　　　　　豬名部工匠ゐなべのたくみ（豬名部的匠人。）
　　　　　　懸かけし墨繩すみなは（他用过的墨绳，）
　　　　　　其しが無なけば（如今束之高阁。）
　　　　　　誰たれか懸かけむよ（以后谁来用它？）

⑭　见《倭名類聚抄》（4 册），载《日本古典全書》第 4 部分（東京：日本古典全集刊行會 1930—1932 年版）卷 15 有古代罗经、规矩、水平仪、墨斗、墨线和墨条的图版，见日本学士院日本科学史刊行会《明治前日本建築技術史》（東京：日本学術振興会 1961 年版；1981 重印）第 189—218 页，中村雄三《圖說日本木工史》（東京：岩波書店 1968 年版）；关于木工具简史，见村松貞次郎《大工道具の历史》（東京：岩波書店 1973 年版）第 149—152 页。

⑮　一件正仓院收藏的墨斗尺寸为 11.7 × 29.6 × 9.4 厘米（高、长、宽）。另一件仅高 2 厘米，长 4 厘米，红木制成，上饰银质图案。

⑯　关于墨斗，见村松貞次郎《大工道具の歷史》第 149—152 页（注释 49）。《松崎天神緣起图》见载于小松茂美编《続日本絵巻大成》（全 20 册，東京：中央公論社，1981—85）第 16 册。

⑰　关于东大寺所藏曲尺的一个较早的年代推测，以及里目制度的起始时间，参见村松貞次郎《大工道具の技術》第 131—32、140—41 页（注释 49）。

⑱　《孟子》卷 7，见《孟子引得》，哈佛燕京学社中国学引得系列，增补本 17（1941）；台北重印：成文出版社 1966 年版。日文版《孟子》（2 卷本）（東京：岩波書店 1968—1972 年版）。

⑲　传刘安（逝于公元前 122 年）编《淮南子》，高诱《淮南子注》卷 20，现代版，台北：世界书局 1962 年版。日本版《淮南子》，载户川芳郎等译《中國古典大系》（全 60 册，東京：平凡社 1967—1974 年版）第 6 册。

可惜墨绳⑤（惜哉，惜哉！）

　　这首歌最终使这位工匠得到了天皇的赦免，也让我们看到了其中"绳"这个词。在晚一些的文献中，可以看到绳墨与墨斗同出的例子，这种工具可能在 5 世纪已经出现了。据此推测，矩、准和规的使用大体与之相类，这些工具对于营造更为重要。

　　文献中还记载了一些可能采用这些工具来测量或绘图的工程，包括修建排水沟渠、运河、道路、庙宇和都城。《日本书纪》提到难波京（今大阪）北边的一处 5 世纪的排水运河。建造这条运河有可能是为了帮助西部低洼潮湿的河内国（今大阪府的一部分）排水。三年后，从难波京往南修建了一条大约 10 公里长的笔直道路。⑤ 日本佛教的兴起也导致了工匠与工具流入日本。6 世纪晚期，修建寺庙的专业工匠开始随着僧侣、制瓦匠人和画工从朝鲜来到日本。例如，一条 577 年的文献记载：

　　（敏达天皇五年）冬十一月，庚午朔，百济国王付还使大别王等，献经若干卷，并律师、禅师、比丘尼、咒禁师、造佛工、造寺工六人。⑤

　　他们所完成的工程，例如大和国阿卡苏的桑岛庙，始建于公元 588 年。还有大阪四天王寺，始建于 587 年，完工于 593 年。⑤
　　勘测技术对于都城布局尤为重要，直到 8 世纪早期，每位新天皇都要重新择都。已经发掘的最古老的都城是难波，可追溯到天武天皇统治时期（672—686 年）。虽然只发掘了宫殿和官署区，但在城市布局中发现了一条北偏东 34′35″的南北向中轴线。⑤ 建于 694—710 年的大和国藤原京，是第一座以中国棋盘式模型建造的大型都城。其方向为北偏西 26′30″。⑥ 8 世纪早期的平城（今奈良）也布局于方格网上。这是日本文化受到中国强烈影响的时代，都城似乎选择在有重要佛教设施的地点，因为这些地点能满足中国堪舆术的要求（见上文，第 216—222 页）。这些要求包括西、北、东三面环山，南面有河流经过或者有一个水塘。城市虽然规模较小，却是以唐代都城长安为蓝本建造的，吸收了长安的矩形网格。发掘工作只揭示了城市的一部分，发现主街方向是北偏西 12′40″。⑥

---

　　⑤　见 Aston，*Nihongi*，1：361—62（注释 28）（这首歌在第 362 页）。这件事发生在雄略天皇在位的 5 世纪。阿斯顿（Aston）认为是 469 年，但有可能是发生在 20 年之后。
　　⑤　难波京按字面意思可翻译成"都城难波"，为仁德天皇的都城。Aston，*Nihongi* 1：280—83（注释 28）提到过建排水渠和道路的事。
　　⑤　Aston，*Nihongi*，2：96（注释 28）。
　　⑤　事例见 Aston，*Nihongi*，2：115［本书第 20—22 页（2：90—156）还提到其他例子］（注释 28）。相关的时代有敏达天皇时代（572—585 年在位），用明天皇（586—587 年在位），崇峻天皇（588—592 年在位），推古天皇（593—628 年在位）。《日本書紀》这条记载和前面一条注释中讲到这些工程时没有提到当时编制或采用过任何地图。
　　⑤　见《難波宮址の研究》卷 7，大阪市文化財協会（1981）第 1 部分，图版 1—25 编例。
　　⑥　见奈良国立文化財研究所《飛鳥·藤原宮発掘調査報告》第 6 册第 21 页（奈良，1976 年）。
　　⑥　见大和郡山市教育委员会《平城京羅城門遺址發掘調查報告》（大和郡山市，1972 年）第 30 页。奈良是第一座不因王室迁离而消失的都城。亦见亦见 Herbert E. Plutschow，*Historical Nara*（Tokyo：Japan Times，1983），esp. 76 - 83。参考：Sansom，*History of Japan*，1：82 - 98（注释 32）；Hall，*Japan*（注释 38），48 - 61，以及 Varley，*Japanese Culture*，30 - 31（注释 47）。

　　所有这些城市的方位，都只是稍稍偏离真北方向，表明街道和建筑的定向在施工以前已经完成。在校准定位时很可能并没有用到磁罗盘，因为那个时期，北极星附近并没有什么亮星，他们使用的很可能是日晷。[62]《周髀算经》解释了日晷在这方面的运用。确定南北方向的方法是，标出早上和下午晷影末端的位置，将两点连接成一条线（东西向），然后从日晷（圆心）画一条到这条线中点的垂线（南北向）。日本没有发现过古代的日晷，但是有可能在 7 世纪后期以前就引进了日晷或者在本国制作日晷。

　　直到 18 世纪，日本才出版了有关勘测技术的书籍，也部分反映了古代的勘测活动，[63]但是还没有一本书揭示错综复杂的日本勘测技术史。学徒们直接从师傅那里学习技术，而且要立下血誓，不将知识透露给任何人。这样才可以在那个没有专利的时代保护其成员的生计。保密的习俗应该源自技术的发展和匠人的组织化，这一点可以帮助我们解释，为何关于古代和中世纪日本勘测方面的记录如此不足。

稻田图

　　现存最早的日本地图是与土地所有权有关的 8 世纪地图（见附录 11.1）。这些地图为当时的勘测与制图情况提供了切实可见的证据。特别需要注意的是日本稻田图上展示的网格结构。这种网格采用了东西、南北相交的线条，以条里系统所用的丈量单位——町（109.09 米）为单位。这一系统为土地管理者提供了一个参照系（图 11.7）。采用条里网格时，在方格中写上"山""海"之类的字样以指示地形特征。推测早期的稻田图也采用了相同的方法。[64]一些早期地图上的网格已超出了可耕地，延伸到海洋或山脉，表明这种网格不只具有实用功能，理论上可以用于任一目的。尽管采用了网格，但地图并没有约定俗成的方向。

　　稻田图之所以被制作并得以保存下来，可以从 8—9 世纪日本土地所有权的演变中找到原因。稻田图是记录土地所有权的实用性文件。这一时期，贵族、神社和佛教寺庙为巩固其私有财产，用地图解决地产纠纷。8 世纪中叶，随着农业改革的推行，社会对田产地图的需要增加了。为了缓解在中央集权制度建立过程中出现的问题，政府采取举措之一就是加快可耕地开垦的步伐。[65]这一举措实施于 723 年，为了促进土地开垦，政府颁布法令，规定新开垦带有池塘和沟渠的土地可传三代，既有池塘和沟渠的开垦土地只能传一代。从 743 年起，开垦地的所有权被永久化。从 8 世纪中期开始，免征新开垦土地的赋税。这项政策首先惠及佛寺，最后落实到其他宗教机构和世俗土所有者。在动手开垦前，开垦者通常需要告知当局政府，同时编绘一幅地图，作为解决将来出现纠纷的证据。政府也会将这些文件

---

　　[62]　见薮内清《難波宮創建時代の方位決定》，《難波宮址の研究》2（1958）：77—82。

　　[63]　包括細井廣澤《秘伝地域図法大全》，这是东京国立国会图书馆所藏的一部 1717 年手稿；松宮俊仍《分度餘術》是东京国立文书馆收藏的一部 1728 年手稿；村井昌弘《量地指南》（1733）；島田道桓《規矩元法長驗辨疑》（1734）。后二者刊于全 46 册《江户科学古典叢書》（東京：恒和 1976—1983 年版）第 9、10 册。

　　[64]　将海域画上条里方格的地图实例是绘制于 1162 年的《摄津八部郡条里图》。

　　[65]　日本向分权式的封建主义的转变可以追溯到 646 年的大化改新法令，该法令中的 4 个条款包含了废除土地私有制和推行一种新的税收制度。从 645 开始，规定天皇授田和征税的权力，被视为绝对君主权的确立。这些改革措施的目的在于建立忠诚于天皇的制度，广泛授田则是弱化强有力家族的重要举措。

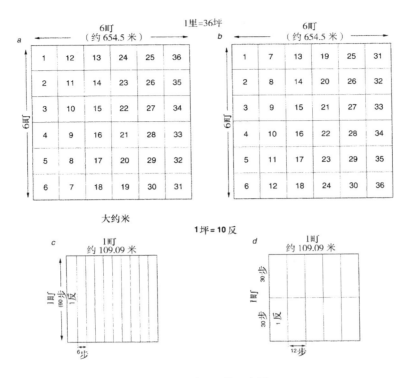

图 11.7 条里系统示意图

这一系统主要的长度单位是町（*chō*，109.09 米），主要单元区域叫坪（*tsubo*，一平方町）。36 个坪组成一个里。条里这个名字取自代表两条轴线的词（条表示行，里表示列；条有两个含义，其一指系统中的列；其一指"里"，即包含36 个坪的方格）。坪的编号有不同的方式：之字形的千鸟式（*chidori shiki*），如图 a 所示，从第一列左上方的第一个方格开始，到最底端，然后从第二列最下一个方格开始，往上编号到最上方，依次类推；平行式（*heiko shiki*），从顶端往下编号，如图 b 所示。丈量一个区域时，1 坪被分成 10 "反"（*tan*），每个反宽 60 步（*ho*）、长 1 町，或宽 12 步、长 30 步（60 步等于 1 町）；长地型（*Nagachi gata*）如图 c 所示；半折型（*haori gata*），如图 d 所示。

用于征税。[66]

    大多数稻田图都是 8 世纪的垦田地图。东大寺就是这一时期的一个垦田机构。正仓院保存了至少 20 幅 8 世纪寺院开垦的稻田图（图 11.8）。其中最早的一幅编绘于 751 年，最晚的一幅为 767 年。除了纸质地图外，其他都绘于麻布上（正仓院另一幅地图也是绘于麻布上，但并不是稻田图，而是一幅 756 年的《东大寺山界四至图》）。[67] 地图上有土地开垦相关各方的签名，大多数情况下还可见诸国的官印，以防止涂改。差不多半数的地图上还有被称为"算师"的算计员签名，暗示着太学寮的数位学生可能参与到了勘测与制图中。这一推测可由以下事实加以证明，那就是，寺院所有的地图"似乎经过了相当精确的丈量"，一些房产图上还有地形详图和罗盘方位。[68] 除了正仓院地图，其他现存的 8 世纪地图还有赞歧国山田

---

    66   在这种情况下，私人土分配的不公最终导致封建制的出现，大化改新和《大宝律令》所预期的强有力的中央政府却落空了。902 年的法令承认了颁田制度的失败，这一法令记录了颁田令的终结。此后政府似乎再也没有分配过土地。关于这些事件更详细的讨论见 Sansom，*History of Japan*，1：56 – 59，83 – 89，and 103 – 11（注释 32）。

    67   大多数地图刊于東京大學史料編纂所《東大寺開田圖》（注释 21）。

    68   Corrazzi，*Isles of Gold*，4（注释 14）。

361

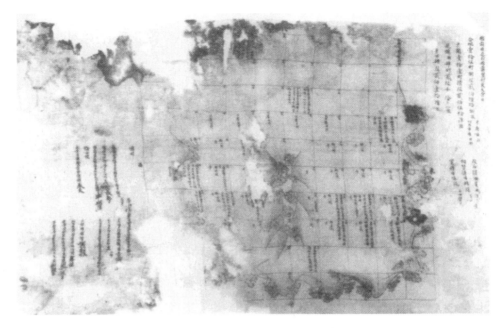

图 11.8　公元 8 世纪的稻田图之一例

　　766 年，麻布手绘地图，表明土地属于越前国（今福井县）足羽郡粪置村的东大寺（奈良）。地图上清晰展示了条理方格，每方 1 平方町。稻田上并没有画方格，但有文字说明其大小。地图上有 12 个签名，最下排左边有一个签名带有算师的头衔。

　　原作尺寸：69×113 厘米。

　　奈良东大寺正仓院。

　　照片由海野一隆提供。

郡（今香川县）的一幅农田图，上面也有方格网，年代为 736 年（见附录 11.1 第 1 号）。

庄园图、神社图与庙宇图

　　庄园（*shōen*，*shō* 意思是庄园，*en* 意思是开垦的土地）是一种宗教机构和贵族的私有土地所有形式。8 世纪以后，庄园通过购买、非法吸纳国有土地以及接受捐赠（即将私人的土地转让给封建领主，寻求保护），土地不断增多。到 11 世纪，全国一半的土地都归属到庄园系统。到 13 世纪，全国出现了将近 5000 个庄园。⑥⑨ 庄园图，就是指庄园制下与土地有关的地图，有一个专门的词"庄园图"（*Shōenzu*），指代这一类地图。⑦⓪

---

　　⑥⑨　更多关于庄园制度的内容，见 *The Cambridge History of Japan*，Vol. 3，*Medieval Japan*，ed. Kozo Yamamura（Cambridge：Cambridge University Press，1990），89 – 127，Hall，*Japan*，68 – 72（注释 38），and Papinot，*Dictionary of Japan*，585（注释 43）。

　　⑦⓪　参见 Ramming，"Evolution of Cartography，" 17（注释 10）。西冈虎之助编《日本荘園絵図集成》，2 卷本（東京：東京堂 1976—1977 年版）收入了差不多所有从古代到中世的现存庄园地图。更大、更清晰的复制图见于东京大学史料编纂所编《日本荘園絵圖聚影》（東京：東京大学出版会 1988 年版）第 3 卷。计划出 5 卷，已出 4 卷。典型中世时期地图、规划图、神社、庙宇和庄园风景图的复制图见京都國立博物館《古繪図：特別展覽會目錄》（京都：京都国立博物館年 1969 年版）以及難波田徹编《古図绘》，《日本の美术》No. 72（東京：資文堂 1972 年版）。古代风景图、地图、神社平面图的复制图见于：宮地直一監修《神社古図集》（東京：日本電報通信社 1942 年版；1989 臨川書店重印），以及福山敏男監修《神社古図集 統編》（京都：臨川書店 1990 年版）。

　　但是，大多数与土地所有权有关的地图只能追溯到日本中世纪，大体从镰仓时代（1185—1333 年）到织田信长（1534—1582 年）进入京都的 1568 年。[71] 庄园、神社和佛寺地图记录的封建体系下的土地，是用来巩固其统治体系的。这时期出现了一种重要的地图类型，即 "四至榜示图"，这个名称既包括世俗田地图，也包括宗教机构田地图。河流与道路多以平面表示，山地则以从上空看到的斜景来表示。这种地图往往画出道路与地块的细节，画风简便且不遵循任何既有的成规。此类地图的前身就是前面提过的旨在描绘东大寺寺产的《东大寺山堺四至图》。

　　现存最古老的庄园图是编绘于 1143 年的纪伊国（今和歌山县）神野和真国庄园地图（图 11.9）。为这处庄园办理年税豁免，理应确定它的面积和边界，但调查时只确定了这处地产的四至边界。同一处寺院收藏的另外两张庄园图也着重画出了重要的边界线，对于地图内部细节不甚措意。其一是 1169 年备中（今冈山县的一部分）足守庄（Ashimori no Sho）地图，其二是 1183 年纪伊国加世田地图。[72]

262

图 11.9　纪伊国那贺郡神野和真国庄园图

　　这幅手绘地图背面的题记表明地图的年代为 1143 年，当年确定了庄园的边界。边界上用圆圈作了标记。地图没有特定的方位，其上信息是按不同的方位书写的。

　　原图尺寸：112.5×92 厘米。

　　京都神功寺（Jingū Temple）。

　　照片由海野一隆提供。

---

　　[71]　镰仓幕府灭亡后，1333 年 6 月后醍醐天皇（1318—1339 年在位）重新即位，开始建武新政。建武政权瓦解后足利幕府出现，这就是室町时代（1336—1573）。

　　[72]　足守地图（157.2×85.4 厘米）的彩色复制图见海野、织田、室贺编《日本古地图大成》第 1 册，图版 4（注释 8）。加世田地图（96×115.6 厘米）的复制图见于京都国立博物馆《古绘图：特别展览会目录》图版 64（注释 70）。

　　1185 年镰仓幕府建立时，领主与地头的利益争端时有发生。为了解决此类争端，政府出台一项政策，将庄园等分为两部分，分别给领主与地头，由是开始编绘一种叫作"下地中分图"的地图。现存的两幅地图可以表现这一过程，一幅是曾藏于京都松尾大社的伯耆国（今鸟取县）东乡庄地图（1258 年），另一幅是萨摩国（今鹿儿岛县）伊作庄地图（1324 年），曾属于奈良的一乘院。⑬ 两幅地图上的河流与道路为平面展示而且相当精确，领主与地头土地的分界线以红线表示。

　　领主需要知道其庄园的实际情况，因此，从 13 世纪开始绘制被称作"土账"（书面语称分类账）的简易地图和被称为"实检绘图"的简易庄园图。两种地图在形式上与古代的地籍图（cadastral maps）相似，地籍图是在 646 年的土地丈量后开始绘制的。有纪年的例子是 1370 年绘制的御伽庄（图 11.10）若月庄土账图，两幅图都属于大和国（今奈良县）奈良的大乘院。⑭ 与其他有着相似用途的地图一样，此类地图的重点在于描绘土地本身的内容而非地块形状。绘入条里系统网格的有地名、稻田和菜地，还有领主与地头的地亩数。有些地图上还有水塘、河流、道路等，但总的来说绘画要素很少。地图用黑白二色绘成，这一点也证明，它们旨在直接服务于实际的目的。

363

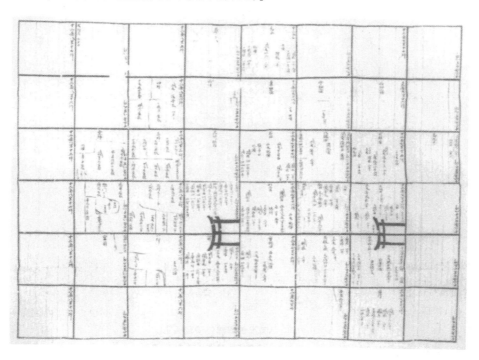

图 11.10　"土账图"之一例：御伽庄园图或土账图

这幅手绘地图由奈良兴福寺下的大乘院于 1265 年绘制，图中展示了庄园的实际状态。条里系统给出了清晰的参照系。
原作尺寸：96.1×127.8 厘米。
东京国立公文书馆。
照片由海野一隆提供。

---

　　⑬　前者（122.5×102.5 厘米）保存于大阪的柳泽收藏，后者（96×62 厘米）由东京大学历史编纂所收藏。两幅图的复制图均载于：京都國立博物館《古繪図：特別展覽會目錄》图 72、图 73（注释 70）。

　　⑭　《若月庄土帐图》（122.6×131.6 厘米）现存于茨城县历史厅，其复制图见于東京大学史料編纂所编《日本荘園繪図聚影》第 3 册图 21（注释 70）。关于田图，参见 Ramming，"Evolution of Cartography，" 17（注释 10）。

人们还用编绘地图来标出神社与寺院的地产。有两幅 1230 年的地图描绘了神护寺和它的分寺高山寺的周边地区，即《神护寺寺领榜示绘图》（图 11.11）和《高山寺寺领榜示绘图》（*Kōzanji jiryō bōji ezu*）。⑦ 请人绘制这些地图，是为了防止附近农民到寺院地面砍树或到河里捕鱼。寺院请求宫廷派官员帮助寺院住持到现场视察，在重要地点树立标志物并将它们标记在地图上。这些地图是四至榜示图的典型例子。还有两个例子是 1347 年的《临川寺领大井乡界畔绘图》，以及应永年间（1349—1428）幕府下令绘制的《应永钓绘图》（*ōei kin-mei ezu*，1426 年）。⑦ 这类地图与四至榜示图的不同之处在于，道路和地块画成直线，表明使用了直尺。前者展示了佐贺临川寺周围一带（今大京都的一部分），并注明每一块地归寺院所有；后一幅图展示的是同一区域，但范围更大，内容更详细：面向道路的庙宇有百余座，但由于这幅图并没有标明土地所有权，显然是为了其他目的而绘制的。

　　除了标明所有权的地图，还有一些地图是用于神社与寺院的重建、修缮和复原的。特别是重建时期，（寺院和神社）会请人绘制详细的规划图，如《普广院旧基封境绘图》

364

图 11.11　《神护寺寺领榜示绘图》（1230）

图中可见 8 处划分地产的界线。地图展示了多重视角，因此注记是从不同方向题写的。

原作尺寸：199.2×160.8 厘米。

京都神宫寺。

照片由海野一隆提供。

---

⑦　后者（163.7×164.6 厘米）的复制图见于京都國立博物館《古繪圖：特別展覽會目錄》图 55（注释 70），彩图见海野、織田、室賀编《日本古地图大成》第 1 册，图 5（注释 8）。

⑦　关于 1347 年地图（140×207 厘米），参见海野一隆、織田武雄、室賀信夫编《日本古地图大成》，卷 1，图 7（注释 8）；关于 1426 年地图（291.2×241.5 厘米），参见京都国立博物館《古繪图：特別展覽會目錄》图 61（注释 70）。

（图 11.12）。普广院是京都相国寺的一个分寺，地图编绘于该寺重建之时，地图上清楚标明了每根柱子的位置。另一个例子是 1591 年《鹤冈八幡宫修营目论见绘图》。[77] 其中的建筑图稍微有点粗略，既可以用于修缮，也可以用于一般的用途。地图还采用了一些斜景图来强调建筑的特点，但这些斜景图通常基于原先的平面图。此外还有 1331 年的《祇园御社绘图》（图版 22）和《宇佐八幡宫绘图》以及 15 世纪前后的《下鸭神社绘图》。[78]

最具有中世纪特色的景观画就是所谓的曼荼罗（日语读 Mandara，即宗教画）类型。曼荼罗最初是作为一种宇宙示图来使用的，在佛教真言宗中，还可用来帮助冥想。这一宗派是 806 年由空海法师（774—835）创立的（参见第 373—374 页）。曼荼罗既可以临时画在地面，仅用于某次仪式，也可以采用绘画和雕刻这类保存更为久远的形式。在平安时代，曼荼罗主要是用于宗教目的，而非艺术品。曼荼罗这个词后来也用来指描绘著名神社或佛教天尊但与密宗没有关系的绘画。

下面要讨论的是一种画有神社与寺院的曼荼罗景观地图，它们是宗教用品。现存的实例表明，这种地图是采用多视角的斜景图，它们可能依据了表现建筑布局的平面图。有了这些地图，人们可以不必亲临其地，只要看到图上所描绘的神社、寺院名称，再加上末尾的梵文曼荼罗，就如同亲自参诣寺庙。[79] 此类图画早在 12 世纪晚期就为人们所膜拜。摄政王九条兼实（1149—1207）在他的日记《玉叶》中记述了自己在这样一幅图画前举行宗教仪式的情景，这幅画是 1184 年由一位奈良的僧人送来的：

> 我从一个奈良的僧人那里得到一幅春日大社画。清晨洗漱之后，我穿上正装，就像亲临神社一样祷告，并且念了一千卷佛经。这就是忏悔。在接下来的七天我还要跟家人一起这样做。[80]

这幅地图就是现实的替代品，在它面前采用的仪轨与亲临寺院、神社是完全相同的。

据花园天皇（1297—1348）的《花园天皇宸记》（1326 年）记载，这类画被称为曼荼罗。天皇在 1326 年 2 月写道："最近三四年，人们在春日大社曼荼罗面前献祭和举行各种仪式，就像在神社里一样。"[81] 由此可以确定，曼荼罗一词至少在 14 世纪的前 25 年已经被人们使用了。现存曼荼罗型绘画大概有 15 幅，最早的一幅是由画师观舜所绘的《春日宫曼荼

365

---

[77] 这幅图由镰仓鹤冈八幡宫收藏，尺寸为 139.2×105 厘米。复制图见：宫地直一监修《神社古图集》图 69，并参见京都國立博物館《古繪図：特別展覽會目錄》图 76（均见注释 70）。

[78] 前两幅地图（167×107.5 厘米、135×139 厘米）分别保存于各自的神社，即八坂神社（今天一般称为祇园神社，在京都）和宇佐神社（在大分）。京都下贺茂神社图（214×193.5 厘米），由京都国立博物馆收藏。这三幅地图的复制图均见于宫地直一监修《神社古图集》首页，这是一幅彩色神社图，图 27 展示细部；另两幅分别在图 128 和图 19。另见于京都国立博物馆《古繪図》图 1、图 6 和图 2（均见注释 70）。

[79] 见 Varley, *Japanese Culture*, 49–50（注释 47），以及 Hugo Munsterberg, *The Arts of Japan：An Illustrated History* (Tokyo：Charles E. Tuttle, 1985), 79 and 96。

[80] 《玉葉》（全 3 册，66 卷，東京：国書刊行会 1906—1907 年版）第 3 册，卷 40，第 22 页。虽然春日大社属神道教，但其僧侣和经文都是佛教的，这与九条的记载是一致的。直到 1868 年明治维新才对神社与佛寺作了清晰的区分，也对两类宗教的神职人员作了分别，但佛教僧侣担任神社社务也没有什么不寻常。

[81] 日记载于《史料大全》第 33—34 册（東京：内外書籍 1938 年版），引文在第 34 册，第 158 页。

罗》（图11.13）。⁸²

在曼荼罗型绘画中，还有一个色彩绚丽、引人入胜的类型，那就是所谓的"参诣曼荼罗"，其历史可追溯到15—17世纪。⁸³ 这类画最独特的一点是画面场景中有普通人。它并不用于法事，而是由萨满巫师携带着到信众和施主家，大概用它来宣传其神社或寺院的辉煌与富庶。

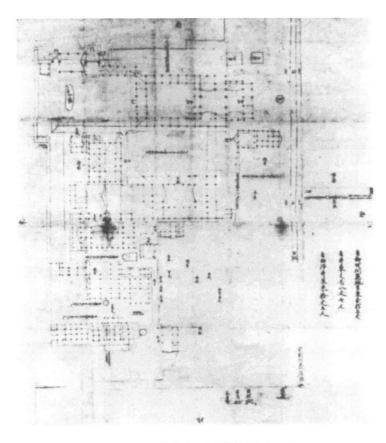

图11.12 《普广院旧基封境绘图》（1510）

这是一幅用于重建寺院的平面图。注意手稿上清楚标明了柱子的位置。（标题是晚些时候添加的）

原作尺寸：157.4×130厘米。

照片由海野一隆提供。

㊂ 其他的例子包括：《生驹宫曼荼罗》，14世纪早期（104.9×41.7厘米），奈良国家博物馆；《石清水八幡宫曼荼罗》，14世纪早期（88.7×27.9厘米），京都东福寺的栗棘庵；《柿本宫曼荼罗》，14世纪中叶（132.9×57.8厘米），山都町文化厅。这些图以及其他现存的曼荼罗复制图见：京都國立博物館《古繪図：特別展覽會目錄》图45（春日）、图43（生驹）、图50（石青水）、图42（柿本），其他图见图37—51（注释70）。生驹与石青水神社曼荼罗图的复制图还见于宫地直一《神社古図集》图47—48、11，春日大神图见于福山敏男監修《神社古図集·續編》图1（均见注释70）。

㊂ 例如：《热田参宫曼荼罗》（名古屋，1529，169.7×144.8厘米），德川黎明會，东京；《富士参宫曼荼罗》狩野元信（1476—1559）绘，16世纪中叶（180.6×118.2厘米），千现神社，富士；《那智参宫曼陀羅》，16世纪晚期（150×160厘米），那智大社神宫，熊野。这些和其他一些"参詣曼荼羅"的复制图见：京都國立博物館《古繪図：特別展覽會目錄》（注释70）图31（热田）、图35（富士）、图28（不二越），其他图见图23至图36（注释70）。热田曼荼羅复制图见：宫地直一監修《神社古図集》图62、图63，不二越和富士复制图见福山敏男《神社古図集·續編》图42和图49（均见注释70）。

行基型日本地图

日本正史表明，（政府）曾于 646 年、738 年和 796 年下令绘制诸国地图。[84] 尽管没有现存的证据表明，曾经根据诸国地图编绘过一幅日本全图，但至少有一些间接的证据显示，那个时代的人们对日本这个国家曾经有过怎样的意象。根据中国官方史书《隋书》记载，日本的原住民讲，自西向东穿越倭国（日本）需要 5 个月时间，从南向北需要 3 个月时间。[85] 或许为了加深中国人的印象，这些数字带有夸张的成分，但它们至少说明，倭国东西方向较南北要长。《延喜式》（编撰于 927 年的律令条文）的记载也表明，那时人们对日本的总体

366

图 11.13　《春日宫曼荼罗》（1300）

　　这幅手稿上画着现存年代最早的曼荼罗图，其庄严甚于精确：此类地图，用于替代实际的神社与寺院，供人们参拜。其典型特征是采用了有着多个视点的倾斜透视。

　　原作尺寸：108.5×41.5 厘米。

　　经大阪汤木美术馆许可。

---

　　[84]　见以上地图的文献证据。

　　[85]　魏征等撰：《隋书》（成书于 629—656 年）卷 81，见 16 册本，中华书局 1973 年版，第 6 册，第 1825 页。"倭"是古代中国文献中对日本的指称。当然，日本那时比现在要小，其范围最东边只到中部的本州。

形状已经有了直观的认识。这部文献提到日本的四至：东至陆奥，西至 Tōchika，南至土佐，北至佐渡，这四个地方分别处于本州东北、九州西部的五岛群岛、四国南部某国以及本州开始向北弯曲的日本海岛屿。[86] 这一记载表明，时人认为日本群岛是从东向西延伸的。以佐渡而不是本州北部的某个点为北部边界，这就暗示着，本州的蜿蜒形状尚未被认识。九州的半部所在位置比四国南部还要靠南，似乎也没有为时人所知。

图 11.14　京都仁和寺收藏的一幅日本全图

　　这幅手绘地图的年代为 1306 年。方向为南向，从山城国首府（今天的京都县）延伸出来的主要道路为红色。展示西部日本的部分已经损坏了，在此无法确定那个时期日本的全貌。

　　原作尺寸：34.5×121.5 厘米。

　　照片由海野一隆提供。

　　第一幅日本总图以示意图的形式，画出了日本诸国以及从都城京都所在的山城国向外延伸的主要道路。[87] 这幅图被冠以僧人行基（668—749 年）之名，称为"行基地图"。行基在传播佛教方面发挥过重要的作用，但他不仅是一位行僧，还是一位土木工程师，因为他曾参与过诸如水坝、运河、大桥和道路等公共工程建设。他可能还与 738 年颁布的编修诸国地图的政令有关：很显然，他对圣武天皇（724—749 年在位）影响很大并在其宫廷中扮演着重要的角色。[88]

　　此类归功于行基的地图，并没有 8 世纪的作品流存于世。[89] 所知的此类地图最早是从 9 世纪初开始绘制的，特别是 14 世纪早期和 19 世纪中叶（见附录 11.2）。此类地图是日本文化中保守元素的典型代表，它所构建的传统国家形象一直保持到 16、17 世纪欧洲人到来之际。科塔兹（Cortazzi）如是描述：

---

　　⑧　见《延喜式》卷 16，载于《新订增补國史大系》（注释 37）第 26 册。帕皮诺（Papinot）将《延喜式》视为："一部 50 种法律条规书的汇编，这些条规涉及宫廷礼仪、官员听政、诸国风俗等。"见：Papinot, *Dictionary of Japan*, 81（注释 43）。这些边界与皇宫中举办的一年一度的仪式有关，在仪式中，人们向神道教的神灵祷告，祈求他们将邪灵驱逐出自己的国家。

　　⑧　一个例外就是横滨称名寺收藏的一幅手绘地图，这幅地图保存于金沢文库。地图现存部分只有日本西半部，而且也提到了蒙古。地图为南向，诸国形状与《舆地图》相近（见下面的注释 98 和 99）。见秋冈武次郎《日本地图史》，图 4，第 19—22 页（注释 7）。科塔兹在书中复制了这幅地图，但他重复了秋冈没有根据的年代推断，指出地图的年代在 1305 年前后，见 Cortazzi, *Isles of Gold*, pl. 4 and pp. 5–6（注释 14）。

　　⑧　例如，Papinor, *Dictionary of Japan*, 134（注释 43），以及 Cortazzi, *Isles of Gold*, 4（注释 14）。

　　⑧　至少有一处资料记载，行基型地图始于 8 世纪，见秋冈武次郎《日本地图史》。

　　尽管行基地图一直在改进，但它们包括的地理信息并不多，日本各岛的形状也是墨守成规的，因此，即便绘图者对（地理情况）了解得更多，他们还是倾向于遵循古老的程式。因循守旧是其共同的特点，这也体现在 11—19 世纪日本文化的其他许多方面，包括诗歌……戏剧艺术……甚至是武术。[90]

　　行基本人是否亲自绘制过地图，不得而知。泉高父于 1175 年编撰的《行基年谱》是最为可靠的行基传记，其中提到他的各种活动，却并没有提到绘制地图。[91] 同样的，也没有奈良时代行基地图的实物证据，（如果有的话）这类地图可能会以日本都城奈良所在的大和国为中心，绘出从这里出发的主要道路。

368

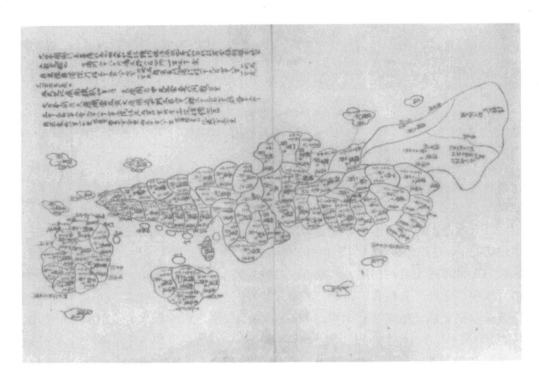

图 11.15　1548 年古写本《拾芥抄》中的《大日本国图》

该图最重要的地物是以都城京都所在的山城国为中心分布的各国，以及主要交通道路（用红色表示）。左上角的说明和地图上的信息，都是从不同方向书写的。前者左行置于顶部，后者右行置于顶部。

原作尺寸：26.3×41.3 厘米。

经奈良县天理市天理中心图书馆许可。

　　人们为何将这类地图归功于行基？这是一个饶有趣味的问题。我们可以从现存最古老的行基地图的题记中找到一些线索。这幅地图绘制于 1306 年，现为京都仁和寺所有（图 11.14）。题记这样写道：复制此图使之免于酷风，地图不宜示予外人。作者标记的日期是：

---

⑨　Conazzi，*Isles of Gold*，10（注释 14）。

⑨　《行基年谱》，收入《続々群書類従》（总 16 册，東京，国書刊行会 1906—1909 年版；1969—1978 年重印）第 3 册，第 428—437 页。

嘉元三年大龙月（12 月），即 1306 年 1—2 月。题记表明，地图可能与一年一度的驱鬼仪式有
一定的联系，该仪式于当年的最后一天在皇宫举行，目的是将邪灵驱逐到国界之外。⑫ 行基与
这种驱鬼仪式有关：根据山城国山崎宝积寺的记录，行基于公元 706 年曾向文武天皇（697—
707 在位）建议采用哪些驱鬼用品。⑬ 描绘日本国边界的地图或许迎合了这一仪式的需要。起
初，驱鬼仪式可能只在皇宫举行，但后来，许多神社和寺院也举行这种仪式。仁和寺的地图可
能正是为这一活动而复制的。奈良唐招提寺（Toshodai）1550 年前后绘制的《南瞻部洲大日本
国正统图》⑭、洞院公贤（1291—1360）所撰类书《拾芥抄》上的日本地图，以及其他行基型
地图上还可见"佛教滋盛也"之类与宗教有关以及为国家祈福的题记。因此，要从这些方面
理解此类地图，而不能将其视作为展示现代意义上的地理信息而设计的实用性地图。

　　典型的行基地图所画的日本群岛，通常是从东向西延伸，在本州岛东部较粗的尾端稍稍
向北屈曲。晚至 16 世纪下半叶的地图上也见不到明显的屈曲，例如唐招提寺 1550 年前后的
地图，以及《大日本国图》的 1548 年摹本，还有 1589 年版的《拾芥抄》（见图 11.15）。⑮
行基地图的其他特征还包括将诸国画成略圆的形状，尽可能地运用曲线，这样海岸线就画成
了由弧线构成的不规则形态。地理精确度并不是一个特别考虑的因素；重要的是诸国的相对
位置，以及从首都所在的山城国出发的主要道路的总体规划。地图的空白处记录的某些信息
提示了地图的实际用途。例如，1558 年和 1589 年版的《拾芥抄》地图就记录了从诸国向中
央进贡所需的天数以及对于旅行者重要的地名，但是，到江户时期（1603—1867）后期重
印这些地图时省略了这些内容。⑯《拾芥抄》地图中书写日程的格式与类书《二中历》（12
世纪）中的地图相似（图 11.16）。⑰ 行基地图的其他例子还包括 805 年的《舆地图》，原图

369

370

---

　　⑫ 一直到 1837 年采纳格里高利历以后，日本才使用阴阳历。新年开始的时间在公历 1 月 20 日到 2 月 19 日之间。见
Papinor，*Dictionary of Japan*，836（注释 43；Nakayama，*History of Japanese Astronomy*，65 – 73（注释 38）。

　　⑬ 行基是该寺的创始者。见寺岛良安编《和漢三才図会》（1715）卷 4，现代版 2 册本（東京：東京美術 1982 年版）
第 1 册，第 56 页。

　　⑭ 在佛教宇宙观中，南瞻部洲是一个包括印度及其周边地区的洲（见下一部分）。在佛教深深影响日本文化的漫长的
中世纪（大约 11 世纪到 17 世纪），日本人通常称自己的国家为"南瞻部洲大日本"。这个称呼似乎被用来说明，日本与中
国和印度一样是南瞻部洲的一部分。这幅地图上可见许多日本政区名称和各种各样的统计数据。这是一幅写本地图（具体
细节见附录 11.2）；复制图见秋冈武次郎《日本地图史》图 12，第 47—53 页；海野、織田、室賀编《日本古地図大成》第
1 册，图 8（注释 8）；Cortazzi，*Isles of Gold*，图 5，图注见第 6 页（注释 14）。

　　⑮ 1548 年与 1589 年摹本藏于天理市的天理中央图书馆以及东京的尊经阁文库。后者于 1976 年发行过黑白图（東
京：古辞書叢刊行会），这幅地图的彩图见载于《國史大辭典》（东京：吉川弘文館 1979—　　）第 11 册（1990 年），彩
页"日本图"，图 2。

　　⑯ 有一幅没有带序跋的庆长（1596—1614）版地图，大约为 1607 年。另外三幅地图标明了年代和印行人，其一于
1642 年由 Nankyoshodo 印行，其二于 1642 年由 Nishimura Kichibee 印行，其三于 1656 由 Murakami Kanbee 印行，三幅地图
都印行于京都。另外也有几幅没有准确年代的其他版本的地图。庆长版地图刊于：栗田元次《日本古版地図集成》之
"解説"折页图版（注释 15）。秋冈武次郎《日本地图史》图 5（注释 7）以及秋冈《日本古地図集成》图 7（注释 15）。
科塔兹从奈良县天理中心图书馆藏的一本较晚刊印的《拾芥抄》中复制了一幅日本地图（17.5 × 27.5 厘米），Cortazzi，
Isles of Gold，8 and 71（pl. 6）（注释 14）。

　　⑰《二中历》是根据先前一种便携式类书《掌中历》和《懷中历》编写的，两种书都编撰于 12 世纪。《二中历》
中的两幅地图是手绘示意图，展示了从京都出发的主要道路，但是没有画出岛屿的地理轮廓。其中一幅地图列出了各地
进献贡物所需天数，另一幅图则没列，根据后者的题记知，这幅地图是 1128 年一位叫三善行康的学者从《懷中历》第一
册中复制出来的。第一张地图上没有此类题记。《二中历》最早的抄本年代大致为 1324—1328 年，现为尊经阁文库所有
（22.7 × 15.3 厘米）。该图书馆于 1937 年刊印过复制图。《二中历》被收入近藤瓶城和近藤圭造编《改定史籍集览》（東
京：近藤出版部 1901 年版）第 23 册，"地图"，第 190 页。秋冈武次郎和科塔兹在他们的书中复制了不带进贡信息的那
幅地图，见秋冈武次郎《日本地图史》图 2（注释 7），以及 Cortazzi，*Isles of Gold*，pl. 3（注释 14）。

369

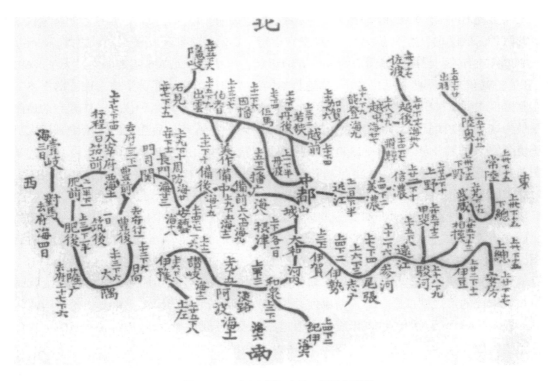

图11.16 《二中历》中的一幅日本地图

　　这幅地图用示意图的方式展示了主要道路与地点,可能是一幅用来协助征税的地图。其上可见位于九州北部的太宰府(中央政府驻地方机构),位于九州顶端、隔着下关海峡与本州相望的门司关。门司关以西诸国的贡赋由太宰府征收,其余由京都征收。

　　原作尺寸:22.7×30.6厘米。

　　复制于近藤瓶成、近藤圭造一编《改定史籍集览》卷23(東京:近藤出版部,1901),第190页地图。

370　不存,据后代的摹本可知其内容,⑱　不过,其上并没有展示交通线。另外还有一幅横滨称名寺收藏的西日本地图。这幅图只有部分保存下来,可上溯至13世纪后半叶。地图上画出一个形似龙或蛇的形象,很可能是龙,因为龙是佛教中的保护神,被认为可以控制云雨和水,在这里可能用它来保护日本。⑲

---

　　⑱　根据藤井贞幹(1732—1797),原图过去属于京都的靖国神社,可惜现在不知下落。出自藤井所著《集古圖》卷2的复制图在佐仓市日本国立历史民俗博物馆等处展出,图中绘有从山城国到其他各国的主要路线(用红线)(见附录11.2)。东京的日本国立公文书馆藏有这幅地图单独的复制图。参见秋冈武次郎《日本地图史》图1,第9—13页(注释7)。

　　⑲　关于称名寺,见上面注释87。从最严格意义上讲,称名寺地图与《二中歷》的地图一样,并不是典型的行基地图。这幅地图与其他地图有很多共同之处,称之为行基地图还需慎重考虑。虽然不知道是否有准确的理由推测地图上画的是龙,但我们从13世纪的最后三十多年发生的事件,可以推测人们赋予龙的象征意义。整个镰仓时代(1192—1333)都可以让人感到来自中国的影响,这种影响在某种程度上是由蒙古占领时期(1234—1279)逃往日本的难民带来的。1274年和1281年蒙古人曾两度企图侵入日本,均受到暴风天气阻隔,这个暴风就是神风的来历。因此,龙可能就是神风的象征,称名寺地图上环绕日本列岛的龙可能是一种神圣的救星和保护神。参见:James Jackson Jarves, *A Glimpse at the Art of Japan* (1876;reprinted Tokyo:Charles E. Tuttle, 1984), 81–82;Basil Hall Chamberlain, *Japanese Things*:*Being Notes on Various Subjects Connected with Japan* (Tokyo:Charles E. Tuttle, 1985;reprinted from an edition of 1905), 443–44;Munsterberg, *Arts of Japan*, 39 and 90(第89—105页专论镰仓时代的艺术)(注释79)以及Noritake Tsuda, *Handbook of Japanese Art* (1941;reprinted Tokyo:Charles E. Tuttle, 1985), 221(第108—141页专论镰仓时代)。

在 15、16 世纪中国和朝鲜印制的地图中，也可见用行基式的地图图像来展示日本。在朝鲜刻本《海东诸国纪》【1471 年由申叔舟（1417—1475）编撰】和 1523 年中国刻本《日本国考略》中可以看到此类地图。[100] 行基型地图也是 16 世纪晚期欧洲地图学家的资料来源，[101] 欧洲档案馆中也有两个行基地图的例子：其一是与东印度贸易有关的美第奇文件，年代大约为 1582—1590 年。当时有 4 位年轻的日本基督徒出使欧洲；[102] 其二是马德里国家历史档案馆（Archivo Historico Nacional）的一份 1587 年文件。这份文件放在 1587 年肥前国平户藩主松浦镇信（1549—1614）派遣到菲律宾总督的使团报告中。[103]

佛教世界地图

日本本土的神道教神话将世界置于一种包括天界、地界和冥界的垂直结构中。[104] 其中并没有讲到水平构造的世界，这也许是看不到神道教地图的原因。佛教却不同，它的宇宙观是包含具体的空间景象的。[105] 6 世纪佛教通过朝鲜传入日本，为日本出现宗教世界地图这一独立的地图种类奠定了基础。

---

⑩　秋冈武次郎称，世界上第一次刊印单独的日本地图的书是《海東諸國記》。秋冈武次郎《日本地图史》第 33—37 页图 8—9（注释 7）提到了这两幅地图，但《海東諸國記》中的这幅地图并不是日本之外出现的第一幅行基型地图：如 1402 年朝鲜世界地图上就出现过行基型地图（现存最早的版本为 1470 年前后），见 Unno，"Japan，" 358（注释 14）。见本书第 10 章。《海東諸國記》日文版已由岩波文库出版，题为《海東諸国紀》，蓝系书 458—1（東京：岩波书店 1991 年版）。

⑩　行基型地图只是西方地图学家的一个信息来源，根据行基地图绘制欧洲地图的例子在下面的著作中有过讨论，几位历史学家的著作中刊出了这些地图。例如，Armando Cortesao，"Study of the Evolution of the Early Cartographic Representation of Some Regions of the World：Japan，" in *Portugaliae monumenta cartographica*，6 Vols.，by Armando Cortesao and Avelino Teixeira da Mota（Lisbon，1960；facsimile edition，Lisbon：Imprensa Nacional-Casa da Moeda，1987），5：170 – 78 and 6：40 – 41（addenda）；Cortazzi，*Isles of Gold*，17 – 25 and pls. 12 – 29，书中展示了一些 1528 到 1646—1657 年的欧洲地图（注释 14）；Erik W. Dahlgren，*Les debuts de la cartographie duJapon*（Uppsala：K. W. ApPelberg，1911；reprinted Amsterdam：Meridian，1977）；George Kish，"The Cartography of Japan during the Middle Tokugawa Era：A Study in Cross Cultural Influences，" *Annals of the Association of American Geographers* 37（1947）：101 – 19；and idem，"Some Aspects of the Missionary Cartography of Japan during the Sixteenth Century，" *Imago Mundi* 6（1949）：39 – 47。

⑩　这四位年轻的贵族是代表九州丰后、大村、有马的基督教领主出使的。这个使团是由耶稣会传教士亚历山德罗·范礼安（Alessandro Valignani）第一次逗留日本（1579—1582）之后安排的，后来他又两度来到日本（1590—1592，1598—1603）。关于这个使团的记载，见 Otis Cary，*A History of Christianity in Japan*，2 Vols.（New York：Fleming H. Revell，1909；reprinted 1987），Vol. 1，*Roman Catholic and Greek Orthodox Missions*，92 – 97. 这张地图发现于美第奇家族一份叫 *Iapam* 的文件中，这是一份没有作者也没有日期的手稿（见附录 11. 2）。关于这张地图的讨论及刊用，见秋冈武次郎《日本地图史》第 186—90 页，图 14（注释 7）；Hiroshi Nakamura，"Les cartes du japon qui servaient de modele aux cartographes europeens au debut des relations de l'Occident avec Ie japon，" *Monumenta Nipponica* 2，No. 1（1939）：100 – 123；Cortazzi，*Isles of Gold*，23 – 24 and pl. 23（注释 14）；Kish，"Missionary Cartography，" 42 – 46（注释 101）。基什（Kish）提到一篇由这幅地图的发现者撰写的文章：Sebastiano Crino，"La prima carta corografica inedita del Giappone portata in Italia nel1585 e rinvenuta in una filza di documenti riguardanti il commercio dei Medici nelle Indie Orientali e Occidentali，" *Rivista Marittima* 64（1931）：257 – 84。

⑩　这张地图是一幅手绘草图，亦见 Cortazzi，*Isles of Gold*，24（注释 14）。Kish，"Missionary Cartography，" 44 – 46（包括图 4）（注释 101）进行了较长的讨论，并将这幅地图与弗洛伦萨的地图进行了对比，书中还引用了中村所作的这幅地图的临摹图，所引中村的文章是：Nakamura，"Les cartes du japon." Sansom，*History of Japan*，2：373（注释 32）文中提到松浦与马尼拉的西班牙人做生意的事，作者在这里将 Matsura 拼作 Matsuura。

⑩　有高天原（天界）、苇原中国（地上界）、根之国、"黄泉国"或冥府（地下界）。见 Chamberlain，*Kojiki*，15，38 – 43（注释 28）。

⑩　对于南亚佛教宇宙观的讨论，见 Joseph E. Schwartzberg，"Cosmographical Mapping，" in *The History of Cartography*，ed. j. B. Harley and David Woodward（Chicago：University of Chicago Press，1987 – ），Vol. 2. 1（1992），332 – 87。

　　根据传入日本的教义，在佛教宇宙的中心，有一座叫须弥山的高山，日本人称为 sumi 或 shumi。它位于一个平坦的圆形地球的中心，在它的周围旋转着太阳和月亮。山脚下是呈同心圆分布的七山七海。七山七海之外，是由另外一列山系环绕的大咸海，咸海中有形状各异的四大部洲，分布于北、东、南、西四个方向。印度及其周边所在的实际地理区域以南瞻部洲来表示，这个洲的形状呈倒三角形，使人想起德干半岛的形状。在梵文中，这个洲叫 Jambvdvipa，来自想象中的巨大阎浮树 Jambv，据信这种树生长在遥远的北印度，"dvipa"这个词意思是陆地。在日本语中被称为"Enbudai"和"Senbushv"，这是根据汉字译文发音转写的。另外的三大洲起初可能是受到环绕印度的大陆的启示，但是在佛教中，它们变成了纯粹想象的大洲。[106]

图 11.17　东大寺大佛像基座所刻须弥山和宇宙的斜景图

　　顶部是二十五诸天，下部可见南瞻部洲以及从无热池流出的四大河流，它们分别通过牛嘴、马口、象口和狮口并绕湖一周。青铜基座铸于 749 年。

　　原件宽约 40 厘米。

　　照片由海野一隆提供。

<hr>

　　[106]　科塔兹写道，在印度宇宙观中，南瞻部洲"代表人类居住的整个世界"，见 Cortazzi, *Isles of Gold*，9（注释 14）。

　　《日本书纪》证实，这种世界观在 7 世纪中叶已被日本人所接受。书中提到，657 年为了给海外来访者接风，在奈良县飞鸟都会地区建造过一个须弥山的模型。书中说："在飞鸟寺西建造了一个须弥山模型，举办盂兰盆节。当晚招待来自货罗国（陀罗钵地，湄南河下游）的客人。"[107] 另外两条文献还提到 659 年和 660 年建造的须弥山模型。[108] 但是，现存最早的须弥山图画刻在大佛雕像基座的一瓣莲花上，供奉于东大寺（图 11.17）。[109] 其上南瞻部洲清晰可辨，常见的四条河流从北方圣湖无热池流出。

　　《五天竺图》是日本现存最早的、可被视作世界地图的地图。这幅地图由僧人净海（生于 1297 年）绘制。天竺指印度，它被分为五个地理区域（北天竺、东天竺、南天竺、西天竺和中天竺），地图上的南瞻部洲被画成蛋形，小头朝下。地图上的许多地名和旅行线路都是依据《大唐西域记》，即中国僧人玄奘（602—664 年）的行纪。地图为彩色写本，装裱成手卷，可能曾经用来表示对印度的朝圣，同时也描绘了当时东亚人所知的世界。由于地图描绘了现实中玄奘的朝圣，因此，《五天竺图》本身也成为祭拜用品。正是由于这个原因，这幅地图的摹本被一些古老的寺院一直保存到今天（见附录 11.3）。[110]

　　《五天竺图》并不是日本人的原创，而是稍稍修改中国地图后摹绘的，中国现存有跟这幅地图差不多完全一样的地图。后世的摹本目前所知的有 1607 年仁潮的《法界安立图》中的《南瞻部洲图》和章潢（1527—1608）所编的插图类书《图书编》中的《四海华夷总图》。[111] 尽管这些图的编绘时间比《五天竺图》要晚得多，但它们并没有受到日本地图的影响，因为在中国和日本的文化传播背景中，日本是接受的一方。这就意味着，这些地图有其中国的原本，这一点章潢也认识到了。[112]

---

　　[107]　见 Aston，*Nihongi*，2：251（注释 28）。在飞鸟遗址，迄今还可以看到一些可能是用于接风的巨大石雕。见 Kazutaka Unno，"Japan before the Introduction of the Global Theory of the Earth: In Search of a Japanese Image of the Earth," *Memoirs of the Research Department of the Toyo Bunko* 38（1980）：39 – 69，esp. 62 – 66.

　　[108]　Aston，*Nihongi*，2：259 and 265（注释 28）。

　　[109]　大佛是日本最著名、参观人数最多的历史遗迹之一。建立这座大佛的目的，是为了在 740 年藤原广嗣（逝于 740 年）的叛乱后将日本人民统一起来。第一次建造大佛的尝试是在信乐（推测在志贺国，今滋贺县大津）和浪速（今属大阪），从 747 年到 749 年，又在奈良八次尝试建造大佛。大佛原高 16 米，完成于 752 年，普鲁契夫（Plutschow）写道，大佛的铸造"是日本中央集权的最后一次象征性行动"（104）；关于大佛和东大寺的讨论，见 Plutschow，*Historical Nara*，100 – 116（注释 61）。

　　[110]　见 Nobuo Muroga and Kazutaka Unno，"The Buddhist World Map in Japan and Its Contact with European Maps," *Imago Mundi* 16（1962）：49 – 69，esp. 49 and 51. 这幅地图的彩版见南波、室贺、海野《日本の古地図》图版 1（注释 11）；海野、织田、室贺编《日本古地图大成》第 2 册，图 1（注释 8）；Cortazzi，*Isles of Gold*，pl. 11（注释 14）；Jose Aguilar，ed.，*Historia de la Cartografía: La tierra de papel*（Buenos Aires：Editorial Codex S. A.，1967），181.《大唐西域记》的法文与英文版，见 Stanislas Julien，trans. *Memoires sur les contrees occidentales*，2 Vols.（Paris，1857 – 58），以及 Thomas Watters，*On Yuan Chwang's Travels in India*，2 Vols.（1904 – 5；reprinted New York：AMS，1970）.

　　[111]　中国文献中的这些地图形式简单，但它们依照的应该是更大而且更详尽的地图。例如，在仁潮的地图上，有一些黑色的圆圈和方格，似乎是用来照着模本地图填写地名的。关于这两幅地图的讨论及其复制图，见 Muroga and Unno，"Buddhist World Map," 52—57（注释 110），包括图 4 和图 5.《法界安立图》刊印于 1654 年（京都：秋田屋平左衞门）；1977 年出版了这张地图 1919 年的版本（台北：新文丰）。《图书编》（成书于 1562—1577 年），刊于 1616 年，重印于 1971 年（台北：成文出版社）。

　　[112]　海野一隆《明清におけるマテオ・リッチ系世界図—主として新史料の検討》见，载山田慶児编《新発現中国科学史資料の研究》（京都：京都大学人文科学研究所，1985 年）第 507—580 页。亦见本书前文第 173、175 页（图 7.4）以及第 255—256 页。

372

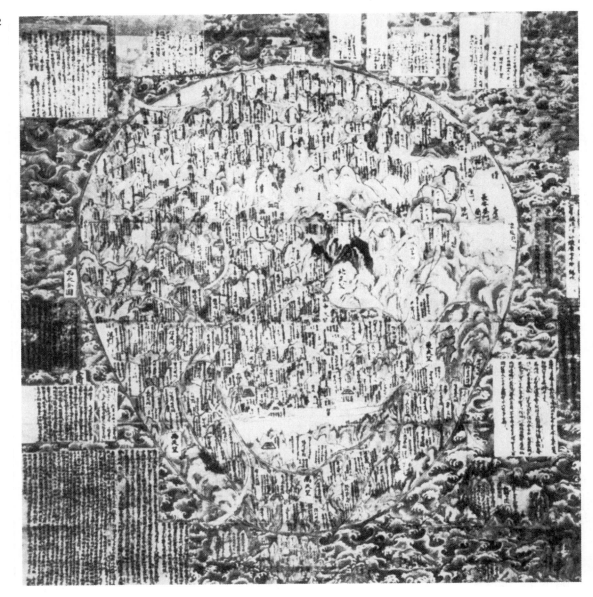

图 11.18　净海绘制的《五天竺图》（1364）
无热池和四大河流画在地图中心靠顶部的地方。图中海洋部分的方块内所写内容出自《大唐西域记》。
原作尺寸：177×166.5 厘米。
奈良法隆寺。
照片由海野一隆提供。

　　现存或已经丢失的《五天竺图》（与京都胜林寺有关）的原型地图是一幅收藏于京都东寺的地图（表 11.1），但这幅地图今已不存，据 1737 年的《西域图麤覆二校录》中的说法，这幅地图是由僧人空海到中国游学后带回的。[113] 大阪府枚方久修园院的《五天竺图》被认为

　　⑬　见 Muroga and Unno，"Buddhist World Map," 50（注释 110）。原图过去保存在东寺，现在列入神户市立博物馆藏品（神户市立博物馆，前秋冈收藏）（列于附录 11.3）。

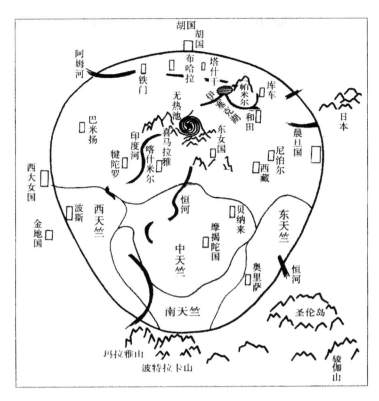

图 11.19 图 11.18 的示意简图

最忠实于原作，可能是僧人宗觉（1639—1720）摹写的。宗觉是一位技术娴熟的画工，曾于 1691—1692 年参与修复东寺金刚世界两戒曼荼罗和胎藏曼荼罗，这些曼荼罗迄今仍为该寺所有。曼荼罗也是由空海从中国带来的。宗觉所绘曼荼罗图表明，《五天竺国图》的摹绘也可追溯到这一时期。还有一幅东寺地图的摹本，是由胜林寺僧人慧空绘制的，1736 年归江户增上寺高僧通誉所有。宝生院所藏这幅地图的改绘图记载了这件事。⑭ 宝生院、知恩院和神户博物馆原秋冈收藏的地图都摹自胜林寺地图（见附录 11.3 和表 11.1）。现存的手绘《五天竺图》（包括上面几幅图）的特点是，图上有日本而没有朝鲜，推测东寺的原作也与此相似。据此推断，这是一幅日本改绘的地图，而非中国原图。中国的制图者遗漏朝鲜，却画上一个大大的日本，是让人生疑的。因此，关于这幅地图从中国携回的传闻，很可能是该寺创始人空海传记中编造的内容。另一种可能是，这幅地图是根据某幅 12 世纪中叶的朝鲜南瞻部洲地图改绘的。朝鲜学者尹誧（逝于 1154 年）曾创作了一幅明显根据玄奘的《大唐西域记》编绘的《五天竺国图》，并将其呈献给朝鲜国王。尹誧地图可能就是一幅加上了朝鲜的中国南瞻部洲地图。⑮

---

　　⑭　上面提到的《西域圖虆覆二校錄》载于《大日本佛教全書》（总 151 册，東京，1912—1922 年）全 4 册之二。《遊方傳叢書》（1915 年；重印于東京：第一書房 1979 年版）第 1—29 页。宝生院地图载于本卷卷首，毁于二战中的一次火灾。

　　⑮　那一时期，朝鲜普遍的做法是在中国古旧地图上添加朝鲜和日本以吸人眼球。尹誧很可能是根据《大唐西域记》和玄奘本传的内容来绘制《五天竺国图》的，他只是简单地将朝鲜添加到中国的南瞻部洲图上并涂上色彩而已。见朝鲜总督府编《朝鲜金石總覽》（全 2 册，朝鲜总督府，1919 年）第 1 册，第 371 页。

374   表 11.1   《五天竺》写本地图的谱系（用虚线表示的地图已经不存在）

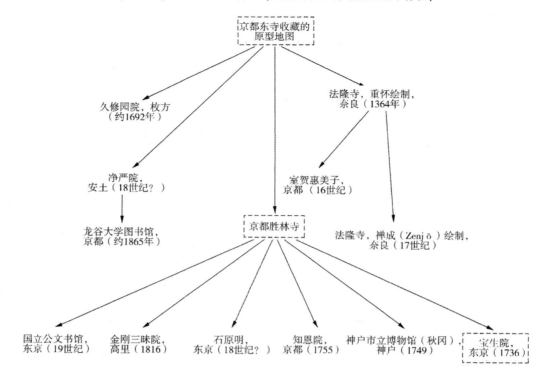

表11.1 展示了《五天竺图》的谱系。法隆寺和室贺的摹本有着共同的源头，即《大唐西域记》中关于海上区域的史料。有可能，重怀地图和 16 世纪室贺地图也只是摹本，法隆寺所藏被断定为 17 世纪的那幅地图也是如此。摹自胜林寺地图的 6 幅地图与其他地图的不同之处在于：其上没有画出胡国、西大女国和金地国。原因在于，到 1736 年，东寺的原型地图已经被毁，复制的时候不可能读到这些题记。[110]

还有一些《五天竺图》比附录 11.3 和表 11.1 中列举的地图图幅更小，也更简化。例如年代最早的古写本《拾芥抄》（本书最早的版本为 1548 年，另一版本为 1554—1589年）中的《天竺图》（图 11.20）。[117] 虽然该图图名为《天竺图》，但实际上与《五天竺图》是相似的，因此也可以被当作佛教世界地图：图中的大陆北部较宽，向南渐渐变窄，上面有一些印度本土以外的地名。[118] 五天竺（北天竺、东天竺、南天竺、西天竺和中天

---

　　[110] "胡国"的标法不同，法隆寺地图上既有方框又有文字，久修园院地图上只有方框，净严院和龙谷大学图上既没有方框也没有文字。

　　[117] 1554 年抄本藏于东京的日本国立国会图书馆，书中有一幅印度地图，但不见日本地图。上面提到的《拾芥抄》的两个写本（1548 和 1589）同时印有日本和印度地图。《拾芥抄》还有其他一些副本，大多数都有印度地图。《拾芥抄》初刊于庆长时期（1596—1614），上面没有印度地图。第一次刊入印度地图是在 1642 年出版的西村著作中，见 Muroga and Unno，"Buddhist World Map，" 51－52 and fig. 2（图出于 1554 年本）（注释110）。

　　[118] 例如，"西女国"的名字写在南瞻部洲西边海域上的方框中，1554 年版的地图上写着"西国"（Sai An Koku，西方的国家称 An），在 1548 和 1589 年地图上则是"西八女国"（Sai Hachijo Koku），两幅图上都将"大"误写为"八"（hachi＝eight）。《大唐西域记》卷 11 中原本称之为西大女国（Saidaijokoko），这个名字在更早的《五天竺图》上也出现过。

竺）不按比例画出，而是用长方框简单示意。[119] 朝鲜则在画在一个与大洲相连的方框中，朝鲜与大陆之间以两条平行线相连。大概是想表明，朝鲜是一个半岛。1548 年、1554 年 和 1589 年的写本地图以及以后的刻本地图，较之《五天竺图》错误少一些，但也有一些错误，可能与频繁复制古写本有关。例如，本应画在西边的安息国（帕提亚）被画到了南瞻部洲东南部。本应在东南部的波罗捺国（瓦拉纳西），却被画在西北部。图上没有河流，特别是也没有画出玄奘西行之路。这可能是采用几何形图式的缘故。四大河流的源头无热池，画在南瞻部洲中偏北的地方。北印度的山区和其他地方以斜景的树来表示，使地图看起来像一幅画。

吸收欧洲地图学的早期阶段

1543—1639 年，日本地图学受欧洲知识的影响将近有一个世纪。在这一过程中，最突出的是来自欧洲航海家的影响，特别是西班牙人和葡萄牙人，他们最早于 1542 年和 1543 年来到日本，耶稣会传教士则于 1549 年和 1639 年活跃于日本。其影响表现在四个领域：海图、日本地图、世界地图以及测量，这一遗产在整个江户时代（1603—1867）的许多日本地图中都有反映。而历史学家所面临的问题之一是，如何对产生于这一受欧洲影响的时代的地图进行断代？地图上没有日期，只能根据地图内容估测其大致年代。

日本接触和吸收欧洲地图学是一个复杂的过程。虽然日本地图学从中受益，但我们不应该过高估计欧洲人，特别是传教士对日本社会与文化的总体贡献。基督教在整个历史进程中只起到了部分的作用，日本并没有基督教化和欧洲化。[120] 耶稣会士在（地图）传播中所起的作用是从 1549 年耶稣会传教士圣方济各·沙勿略（Francis Xavier, 1506—1552）来到日本开始的，有必要认识他们在日本活动的总体背景。[121]

起初，政府对传教士活动的反应是宽容的，也没有看出这种新的宗教有何威胁。一开始只当它是另一种形式的佛教。但是，历史上的基督教有一个弱点，那就是不够包容，因此，

---

[119]　如果注意一下地图上冗余的地名和一些错误，就会发现写在方框外的天竺各国的名称，与僧人行誉作于 1446 年的类书《壒囊钞》卷 7 第 27 段完全相同。在这张地图上中央山地的东西两侧同时标有 “葱岭”，地图东部及其南边一带的 “流砂” 可能是根据《壒囊钞》标注的：“流砂葱岭分隔中国与天竺，葱岭西北是大山（喜马拉雅山）”。这些地名似乎也是在复制地图的过程中加入的。

[120]　关于日本基督教的深入讨论，见 Cary, *History of Christianity in Japan*, 1：13 - 257（注释 102）。很多历史学家对德川时代以前基督徒在日本的活动进行了广泛讨论。桑塞姆（Sansom）关于西方世界及其与日本互动的研究论文为这一论题提供了一个好视角：George B. Sansom, *The Western World and Japan：A Study in the Interaction of European and Asiatic Cultures*（New York：Alfred A. Knopf, 1962），54 - 86，105 - 10，115 - 51，167 - 80。

[121]　关注传教士在日本地图学中发挥作用的论著，例如：Kish, "Missionary Cartography," 39 - 47［注释 101：Joseph F. Schotte, "Map of Japan by Father Girolamo de Angelis," *Imago Mundi* 9（1952）：73 - 78］；Kay Kitagawa, "The Map of Hokkaido of G. de Angelis, ca 1621," *Imago Mundi* 7（1950）：110 - 14；and Chohei Kudo, "A Summary of My Studies of Girolamo de Angelis' Yezo Map," *Imago Mundi* 10（1953）：81 - 86. 相关研究还包括对于葡萄牙旅行者伊格纳西奥·莫雷拉（Ignacio Moreira）的研究，他与耶稣会士一起工作，但并未成为其中的一员，见 Joseph F. Schutte, "Ignacio Moreira of Lisbon, Cartographer in Japan 1590 - 1592," *Imago Mundi* 16（1962）：116 - 28, and Ryoichi Aihara, "Ignacio Moreira's Cartographical Activities in Japan（1590 - 2），with Special Reference to Hessel Gerritsz's Hemispheric World Map," *Memoirs of the Research Department of the Toyo Bunko* 34（1976）：209 - 42。

375

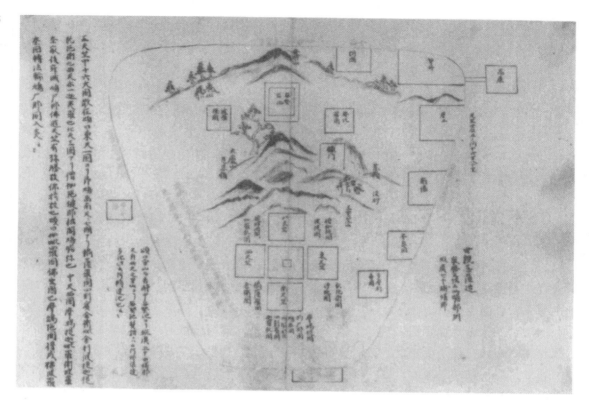

图 11.20 写本《拾芥抄》中的《天竺图》(1548)

这幅地图的设计比《五天竺图》简单，但也是描绘南瞻部洲。手稿下方中部以长方框表示五天竺。

原作尺寸：26.3×41.3 厘米。

经奈良县天理市天理中心图书馆许可。

日本人很快就发现，它难以与神道教和佛教共处。基督教成为一个政治问题：当它使整个藩皈依基督教时，其思想便开始遭到（政府的）抵制。1587 年发生了第一次驱逐传教士的活动，1597 年第一批传教士殉道。17 世纪早期，这一问题再次爆发，德川家康（1542—1616）发布了镇压基督教的诏令。⑫ 接下来，又连续发布三条诏令清除外国的影响。这些诏令有效地禁止了基督教，同时也将日本孤立于世界之外。这就是 1633 年、1635 年和 1639 年的锁国令（Exclusion Decrees）。第一次锁国令只让经过许可的日本船只出海贸易；第二次锁国令禁止日本国民离开日本或从海外返回日本；第三次锁国令驱逐在日本的葡萄牙人，实际上也限制了中国和荷兰商人的进入。从 1641 年起，只在长崎港出岛的小岛上为荷兰人保留贸易点。本来基督教和欧洲贸易都在禁令之内，但由于荷兰人不太热衷于传教，因此对他们网开一面。

377　　　在有关日本与欧洲邂逅的历史叙述中，一些与地图学有关的事件常成为关注的重点。1549 年至 1551 年间旅居日本的沙勿略传入地圆说就是一个这样的例子。在他 1552 年从克钦

---

⑫　从下面这段摘自这条法令的话可知，排斥基督教是一个政治决策："基督徒来到日本，不仅用商船交换商品，也企图传播邪教，推翻正教，以此推翻国家政府，占领我们的土地。这是大灾难的根源，必须被粉碎。"引自 Cary, *History of Christianity in Japan*，1：176－77（注释102）。这条法令颁布于 1614 年 1 月 27 日。

（Cochin）寄往欧洲耶稣会，以及从果阿寄往罗马教父伊格纳西奥·德洛约拉（Father Ignatio de Loyola）的信件中，沙勿略提到，欧洲天文学和气象学在日本已广为人知。从这些信件可知，沙勿略还（向日本人）解说过地圆说，但并没有明说他是否携带过地球仪或者世界地图到日本。[123] 另一些记录则表明，到 1580 年，日本已经出现了第一批欧洲地球仪和世界地图。根据欧洲文献的记载，这一年，织田信长（Oda Nobunaga）带着一个地球仪去会见耶稣会士奥尔冈蒂诺〔Genecchi Soldo（Soldi）Organtino（1533—1609）〕和洛伦索（Lourenço，1526—1592）——一位日本皈依者和传教人。织田向他们询问了一些关于地球仪的问题，也问到奥尔冈蒂诺从欧洲到日本的路线。[124] 1581 年，织田还拿着一幅世界地图向另一位耶稣会士范礼安（Alessandro Valignani，1539—1606）询问从欧洲来日本的路线。[125] 次年（1582 年），四位少年贵族代表三位九州基督教领主出使欧洲，范礼安为他们指点了到欧洲各地，包括到罗马的路线。1585 年在帕多瓦（Padua），少年使欧团从德国植物学家梅尔基奥·吉兰迪尼（Melchior Guilandini，1520—1589）那里得到一幅奥特柳斯绘制的《寰宇概观》（Theatrum orbis terrarum）副本，还有和格奥尔格·布劳恩（Georg Braun）和弗兰斯·霍亨贝格（Frans Hogenberg）所著的《寰宇城市》（Civitates orbis terrarum）前三卷（1572 年、1575 年、1581 年）。1590 年，他们将这些东西带回了长崎，另外还带回了一些地图、海图、星盘和一个地球仪。[126] 下面我们来看看日本与欧洲的早期接触如何促使日本形成几个独特的地图学传统。

南蛮世界地图

16 世纪航行到日本的欧洲人被称为南蛮人（Nanbanjin）。[127] 这个词主要用于从南边到达日本的葡萄牙人和西班牙人。1639 年以后，他们被禁止进入日本，只有荷兰人被许可在日本居留，后者于 1641 年被转移到出岛。这是一个由桥梁与长崎本岛相连的人工小岛。[128] 但

---

[123]　关于这些信件，见 Georg Schurhammer and J. Wicki，eds.，*Epistolae S. Francisci Xaverii aliaque eius scripta*，2 Vols.（Rome，1944－45），EP. 96，110. 亦见海野一隆《西洋地球說の傳來》，《自然》34（1979）：No. 3，pp. 60－67，and No. 6，pp. 62－69.

[124]　Luís Fróis（逝于 1597 年），*Historia de japam*，pt. 2，chap. 26（Lisbon，Arquivo Historico Ultramarino，cod. 1659）；见松田毅一和川崎桃太译《フロイス日本史》15 册（東京：中央公論社，1977—1980 年）第 5 册，第 29—30 页。桑塞姆（Sansom）认为 Fróis 的著作（书名为 Historia do japao）"是有关 16 世纪后半叶耶稣会士在日本的宣传活动最好的独立史料"。这一时期是 1549—1578 年。见 Sansom，*Western World and Japan*，115（注释 120）。Lourenço 是一位近乎失明的日本人，他于 1551 年由沙勿略施洗后改了这个名字。1563 年他成为该会的在家修士，积极参与到基督教在日本的传教事业。见 Sansom，*Western World and Japan*，120，and Cary，*History of Christianity in Japan*，1：47（注释 102）。

[125]　Alessandro Valignani，*Sumario de las cosas de Japón*，ed. Jose Luis Alvarez-Taladriz（Tokyo：Sophia University，1954），150－51. 亦见 Matsuda Kiichi，"Nihon junsatsushi Varinyāno no shōgai Varinyāno no shōgai（Life of Valignani，visitor to Japan），in *Nihon junsatsu ki Varinyāno*（Valignani's summary of things Japanese），trans. Matsuda Kiichi and Kawasaki Momota（Tokyo：Togensha，1965），100.

[126]　Luís Fróis，*Historia de japan*，pt. 3，chap. 13（Lisbon，Biblioteca da Ajuda. cod. 49－Ⅳ－57），见 Matsuda and Kawasaki，*Furoisu Nihonshi*，2：66（注释 124），and Eduardo de Sande，*De missione legatorum Iaponensium ...*（Macao，1590；reprinted 1935）。见后者的日译本：泉井久之助等译《デ·サンデ天正遣欧使節記》（東京：雄松堂書店 1969 年版）第 548 页（有关奥特柳斯地图集以及印有世界上著名城市插图的本册书）。

[127]　*Nan* 意思是"南"，*ban* 是"蛮"，*jin* 是"人"。

[128]　有一个专门的词来特指荷兰人"红毛人"（Dutch-kōmōjin）。汉字"红毛"也可以读作阿兰达（荷兰）。关于长崎荷兰人的讨论，见 Herbert E. Plutschow，*Historical Nagasaki*（Tokyo：Japan Times，1983），45－71.

是此后"南蛮"一词仍在使用，日本人根据欧洲模本绘制于 16 世纪晚期到 1639 年前后的世界地图，统称为南蛮系地图。如此界定，不仅基于地图的制作年代，而且也基于相似的设计与风格元素，因此一些绘制于 1639 年以后的地图也被归入这一类型。例如附录 11.4 中所列的三幅世界地图（等矩形投影，C 形），推测就是 17 世纪后半叶绘制的。[129]

已知有三十多幅南蛮系地图流传至今，其中一些是后来的复制本。附录 11.4 将其中的 28 幅南蛮系地图分为海图、椭圆投影地图、等矩形投影地图和墨卡托投影地图。海图和被认定为 B 型等矩形投影的地图有一个有趣的特征，那就是为了将日本置于世界中心附近，而将东半球放在左边，西半球放在右边（图 11.21，图 11.22）。大多数南蛮地图都绘于用来分割或装饰房间的大型折叠式屏风上，地图有五彩缤纷的装饰，一些地图上没有地名。这些事实意味着，地图的主要功能是装饰。附录 11.4 所列的 17 幅折叠式屏风世界地图与河盛的东半球地图（起初是绘作一套）都绘有配套的插画。14 幅地图的配套插画是日本地图，这表明彼时日本人已经清楚地知道，日本只是一个更广大的世界的一部分。[130] 在折叠屏风上绘制地图本身就是地图的一种不寻常运用，体现的是地图作为一种视觉图像而非传播信息工具的价值。

378

图 11.21　佚名南蛮系世界地图

　　这幅地图的要素包括：两侧刻有纬度，中间下部有比例尺条，没有地名。海洋与河流的区域涂上了海军蓝，一些岛屿涂成红色或绿色。但总体而言，这幅地图没多少色彩。抄本上到处贴有金箔。

　　原作尺寸：154×352，绘于一件六扇屏风上。

　　经福井县小滨发心寺许可。

---

[129]　长滨地图（约 1652 年）的彩图刊于海野、織田、室賀编《日本古地图大成》第 2 册，图版 38（注释 8）；小田原地图（约 1652 年）刊于：中村拓《南蠻屛風世界圖の研究》，キリシタン研究 9（1964）：1—273，特别是图版 6；日光地图（可能是 17 世纪晚期）的彩图刊于《別冊太陽》第 8 期（東京：平凡社 1974 年版）第 56—57 页的折页。与三幅世界地图配套的日本地图系改绘自方形庆长地图，以适应长方形的屏风空间，关于庆长日本地图，见下。

[130]　在颁布了禁教令以及锁国令之后，日本人对欧洲的兴趣还在持续。欧洲式的绘画与地图因其重要性而得到幕府的支持并在日本继续制作。例如，1668 年的法令禁止进口奢侈品，但世界地图不在其列，因为日本人认为世界地图是有用的，但一个有 80 种左右违禁物品的清单中，列入了其他类型的地图。见《长崎记》和《长崎觉书》，载木宫泰彦《日華文化交流史》（東京：富山房 1955 年版）第 690—691 页。没有关于江户时代早期折叠式屏风地图的记载。

图11.22　《寰宇全图》：南蛮系世界地图（约1625）

这幅绘于一件六扇屏风之上的等矩形投影地图，源自皮特鲁斯·普兰修斯1592年世界地图，但地图的标题与插图出自其他地图。与另外4幅已知此类投影的南蛮系世界地图一样，太平洋位于地图的中央，这样可以使日本得到更好的地理视角，美洲就在地图的右边。不像在以大西洋为中心的地图上，美洲离日本较远。

原作尺寸：156×316厘米。

经日本国立博物馆（东京）许可。

　　但是，我们对南蛮世界地图的了解并不全面，包括制作日期、作者、类型划分及其与欧洲地图的关联等具体细节。尽管如此，还是可以找到某些线索。例如，山本久收藏的一幅可能是最早的南蛮地图上有一个叫兀哈良（Orankai）的部落名称。这个名称第一次为日本人所知是在1592年，当时加藤清正（1562—1611）率领的日本军队传回他们入侵这个位于朝鲜东北方的地区的消息。据此，这幅地图最早可上溯到1592年。[131] 追溯南蛮地图的源头并不容易，但是也可以对某些地图做出些许推断。例如，山本、小林、净得寺和河村地图[132]可能源自葡萄牙地图，因为每幅地图上都画出了从葡萄牙和西班牙到东亚的航线（图11.23）。赤道以南南美洲西海岸孤零零地伸出一块，从这一点向南的海岸线为东南向延伸的直线，据此判断，其原型地图可能是奥特柳斯所绘1587年世界地图或其稍晚的修订版。[133]

380

　　[131]　这幅地图的彩图见冈本良知《十六世紀における日本地図の発達》（東京：八木書店1973年版）前言第5页以及海野、織田、室賀编《日本古地図大成》第2册图版32（注释8）。关于侵略朝鲜，参考Sansom, *History of Japan*, 2：352 - 62（注释32）。

　　[132]　这些地图列入附录11.4（椭圆投影）。小林地图的彩图刊于冈本良知《十六世紀日本地図の發達》前言第2页（注释131），以及海野、織田、室賀编《日本古地図大成》第2册图版33（注释8）。关于淨得型地图，见图11.23。河村地图的彩图刊于冈本的前言第4页以及海野、織田、室賀编《日本古地図大成》第1册图版15。

　　[133]　关于奥特柳斯世界地图的版本，见Robert W. Karrow, jr., *Mapmakers of the Sixteenth Century and Their Maps：Bio-bibliographies of the Cartographers of Abraham Ortelius*, 1570（Chicago：Speculum Orbis Press, 1993），1 - 31. 奥特柳斯1570、1586、1587年版地图发表于Rodney W. Shirley, *The Mapping of the World：Early Printed World Maps*, 1472 - 1700（London：Holland Press, 1983），pls. 104, 8, and 130。

379

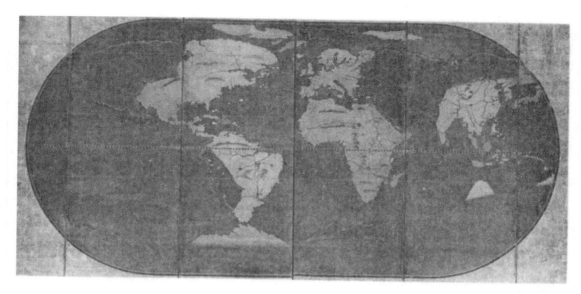

图 11.23　椭圆投影的南蛮系世界地图（约 1595）

南蛮地图是根据欧洲源图绘制的，但具体是哪幅源图，不得而知。地图上的东亚图像反映出彼时日本的欧洲知识有了较大增长。其他的内容，如北冰洋的河流和岛屿似乎与同时期或稍早的欧洲地图没有什么不同。这种特殊类型的南蛮地图的特点是，大西洋位于地图中心且画出了从伊比利亚半岛到东亚的航线。地图绘于一组六扇屏风上并配有图 11.26 中所示的日本地图。

原作尺寸：148.5×364 厘米。

经福井净得寺许可。

附录 11.4 中所列等矩形投影地图中，A 型、B1 型、B2 型一般都可以追溯到皮特鲁斯·普兰修斯（Petrus Plancius，1552—1622）1592 年世界地图；[134] C 型则可能源自 1598 年由亨德里克·弗洛里斯·范·朗格特（Hendrik Floris van Langren，约 1573—1648 年）绘制的普兰修斯地图修订版；[135] D1 型只表现东半球，似乎以范·朗格特地图为底本；[136] D2 型地

⑬㉔　见秋冈武次郎《桃山時代江戸時代初期の世界図屏風等の概報》，《法政大學文學部紀要》4（1958）：263—311. 鸨田忠正：《南蛮世界地图屏風原図考》，《長崎談叢》57（1975）：32—61.《神宮文庫所藏の南蛮系世界図と南洋カルタ》，载《日本洋学史の研究》（1989）：9—36. 东京国立博物馆南蛮文化厅以及加州大学伯克利分校的地图刊于海野、織田、室賀编《日本古地図大成》第 1 册图版 10；Cartography in Korea, Japan, and Vietnam 2, pl. 40, and Vol. 2, fig. 37（注释 8）；科塔兹（Cortazzi）在他的书中复制了南蛮文化厅地图：*Isles of Gold*, pl. 33（注释 14）。福岛地图刊于《國史大辭典》第 9 册彩页，"世界圖"，图版 3（注释 95），南波地图刊于南波、室賀、海野《日本の古地図》，图版 5（注释 11），以及海野、織田、室賀编《日本古地図大成》，第 2 册，图版 39。普兰修斯地图的复制，见 Frederik Caspar Wieder, *Monumenta cartographica*, 5 Vols.（The Hague：Nijhoff, 1925–33），Vol. 2, pls. 26–38. 一些地图上的插图，以及东京和大阪地图上所带的标题 *Typus orbis terrarum*，并非源自普兰修斯地图，而是另有所本。

⑬㉝　见鸨田忠正《南蠻世界圖屏風原圖考》（注释 134）。由范·朗格特修改的普兰修斯地图的复制图见：Wieder, *Monumenta cartographica*, Vol. 2, pls. 39 and 40（注释 134）。对 C 型地图中各图的介绍见上面的注释 129。

⑬㉞　属河盛浩司的河盛地图现藏于堺市市立博物馆。这幅地图与妙觉寺地图的复制图见海野、織田、室賀编《日本古地図大成》第 2 册，分别为图 33、图版 35（注释 8）。臼杵市立图书馆地图见于：Joseph F. Schütte, ed., *Monumenta historica japoniae*（Rome, 1975 – ），Vol. 1, pl. 2（facing p. 16），佐賀縣圖書館地图见：海野一隆《地図史話》（東京：洋书堂出版社 1985 年版）图 27。总持寺地图见中村拓，"南蠻屏風世界圖の研究"，图版 9《世界圖》（注释 129）。

图是 D1 型地图的改绘。⑬ 墨卡托投影地图可能源自彼得·范·登·基尔（Pieter van den Keere，约 1571—1646 年）的 1609 年世界地图和另一些欧洲源图（图版 23）。⑱ 从附录 11.4 中所列另一些南蛮地图的特征判断，有两张海图可能提取自某幅欧洲世界海图。⑲ 除了以上提到的那些地图，另一些类型的欧洲地图也被认为由耶稣会士带到了日本，而且被用于地图的编绘。⑭ 最后，尽管欧洲源图十分重要，但是日本本土的信息也被吸收到南蛮地图中，结果使东亚部分展示得更为精确。

海图

海图是由航行到日本的欧洲领航员传入日本的。虽然日本人懂得海图与其他地图的区别，但是他们还是借用了葡萄牙词汇 carta（地图）创造出日语词汇"加留太"（Karuta），用来指代此类地图。在两张东南亚和东亚海图（附录 11.5 中的海图 8 和海图 10）以及一张日本海图中（附录 11.6 中的海图 4）可以看到这个词。不具著者的《按针之法》（西方航海术），是 1670 年长崎航海家岛谷市左卫门定重的谈话录，也是日本第一部解说海图的著作。本书称加留太为"万国之图"（bankoku no zu），也许因为岛谷始终在讨论展示世界各国的地图。⑭ 西川如见所著《两仪集说》（1714）第一次系统解说海图，将"加留太"（Karuta）一词译为"针路版图"（航海线路图），似乎只有他一个人这样用过。⑫

日本海图可以分为两大类，一类是东南亚和东亚海图，另一类是日本海图。这些海图起初的绘制与欧洲航海技术有关，但是这些技术如何传入日本，不得而知。这一问题有可能无法解决，因为这些海图保存下来的概率很低，而且只被一小群航海者使用，特别是那些

---

⑬　可能由鹰见泉石（1785—1858）根据一件 1691 年地图复制于 1836 年古贺市立历史博物馆地图，载于中村拓《南蛮屏风世界图の研究》图版 10（注释 129），以及海野、织田、室贺编《日本古地图大成》第 2 册图 34（注释 8）。山国神庙地图复制于 1685 年，横滨市立大学图书馆地图题为《舆地图》，山口大学图书馆地图题为《万国总图》。

⑱　宫内厅地图见图版 23；神户市立博物馆地图的彩图见：南波、室贺、海野《日本の古地图》图版 3（注释 11）；中之岛香雪美术馆地图的彩色复制图见于：秋山光和等编《原色日本の美术》（全 30 册，东京：小学馆 1966—1972 年版）第 25 册图版 5《南蛮美术と洋风画》；海野、织田、室贺编《日本古地图大成》第 2 册图版 42（注释 8）。于山本久收藏、净得寺、南蛮文化厅、下乡共济会文库、宫内厅以及中之岛香雪美术馆的南蛮地图彩图载于《探访大航海时代の日本》（全 8 册，东京：小学馆 1978—1979 年版）第 5 册《日本からみた异国》前言。关于范·登·基尔地图及其与威廉·杨松（布劳）地图的关系，见 Gunter Schilder，"Willem jansz. Blaeu's Wall Map of the World, on Mercator's Projection, 1606 –07，and Its Influence," *Imago Mundi* 31（1979）：36 – 54；idem, *Three World Maps by François van den Hoeye of* 1661, *Willem janszoon (Blaeu) of* 1607, *Claes janszoon Visscher of* 1650（Amsterdam：Nico Israel，1981），以及高桥正《南蛮都市图屏风からカエリウス世界图へ》，载于葛川绘图研究会编《绘图のコスモロジー》第 1 册（京都：地人书房，1988 年），第 248—264 页。

⑲　小滨发心寺和池长收藏中的地图发表于海野、织田、室贺编《日本古地图大成》第 2 册，分别为图版 34 和图 31（注释 8）。

⑭　耶稣会士利玛窦彼时也以欧洲地图为源图，在中国绘制了世界地图。更多关于利玛窦的研究，见本书前面第 170—77 以及下文第 404 和 410 页。

⑭　《按针之法》现为东京国立公文书馆所有。该书的性质决定了对它的解读比较支离。海图是海上所用的 6 种工具之一，其他五种工具是：星盘、象限仪、北极图版、罗盘以及大磁石。

⑫　见《两仪集说》卷 7 第 46—48 页（根据东京国立公文书馆藏的手稿原件），载西川忠亮编《西川如见遗书》（全 18 册，东京：求林堂 1898—1907 年版）第 18 册；更早见于他的《华夷通商考》（1695）、《增补华夷通商考》（1708），但西川用的是加留太一词；《增补华夷通商考》（岩波文库重印，东京：岩波书店 1944 年版），第 3384—3385 页；亦见于小野忠重《万国渡海年代记》（东京：照林社 1942 年版）。

1592—1636 年间在远东航行的御朱印贸易船船主。⑭ 中村也注意到这一点，他说，海图资料，特别是日本本土制作的海图是如此稀见，倘若久经沧桑保存下来，是令人惊叹的。⑭ 尽管关于海图记录不完备，但我们可以推测，早在 1542 年或 1543 年，当葡萄牙人在种子岛登陆时，一些日本人就有可能看到海图了。关于海图传入日本最为有力的证据发现于池田好运（大约活跃于 1618—1636 年间）于 1618 年撰写的一本有关欧洲航海原理的著作中。书中讲到，他于 1616 年跟随一位名叫 Manoeru Gonsaru 的欧洲人，也就是葡萄牙船长 Manuel Gonzalez 学习航海。这位船长在 17 世纪初往来于吕宋和日本做贸易。⑭ 他极有可能研究过这些海图。

1. 东南亚和东亚的海图

对日本海图制作影响最大的是葡萄牙海洋地图学。现存海图没有一幅来自荷兰，也没有海图显示出来自荷兰的重大影响。荷兰海图没有传入日本的原因大概是由于其保密政策，但是也有另一种可能，即日本人将从荷兰海图中获取的知识整合到葡萄牙海图的改绘版本中了。虽然我们可以在其他科学方面辨识出荷兰的影响，特别是 18 世纪和 19 世纪（包括江户时代末期荷兰人在长崎海军学校教导航海技术），但需要注意的是，在荷兰独占欧日贸易期间（1639—1853），日本对于实用的海图并没有特别的需求。葡萄牙人比荷兰人更早来到日本，日本航海家设法从他们那里获得的知识显然已经足够。二者与日本人接触的情况也不同，特别是锁国时代，日本与荷兰航海家并没有机会共事。长崎的通事（译员）在出岛的荷兰办事处以及荷兰的船只上也见过海图，但是没有兴趣复制它们，或者将它们带回长崎本岛。这一时期，正如我们在下面还要讲到的，海图只是颁发给土地测量员的毕业文凭。因此，没有必要改进其内容。

通过对比附表 11.5 中海图的内容与特点（总体形状、地名、罗盘玫瑰指南针的形状以及比例尺的放置与装饰），可以确定，除了一幅（16 号）之外，所有的海图都源自同一幅葡萄牙源图，而 16 号这个例外似乎也是根据另一幅葡萄牙海图绘制的。包含葡萄牙地名的例子可见于第 2、3、5 号海图和附录 11.5 中的第 16 号图，以及 3 号海图中 Sebastião、Afez 之

---

⑭　经幕府许可的船只叫御朱印船，其许可证叫御朱印状。颁发许可证的原因有二，其一是保护对外贸易，其二是由丰臣秀吉（1536—1598）实施的打击海盗举措。关于日本贸易和御朱印船，参见：岩生成一《新版朱印船貿易史の研究》（東京：吉川弘文館 1985 年版）。亦见：Hiroshi Nakamura, "The Japanese Portolanos of Portuguese Origin in the XVI th and XVII th Centuries," *Imago Mundi* 18（1964）：24 - 44，esp. 24 - 26. 顺便提一句，日本自古就向中国船员学习，但并不清楚日本人自己的航海知识是怎样的，御朱印船的大部分构造都是中国式的。

⑭　Nakamura, "Japanese Portolanos," 26 - 27 and 35（注释 143）。

⑭　池田著作的手稿现藏于京都大学图书馆。虽然手稿上没有标题，但一般称之为《元和航海記》或《元和航海書》（1615—1623），编入新村出编《海表叢書》（全 6 册，京都：平楽寺書店 1927—1928 年版）第 3 册；《海事史料叢書》［全 20 册（東京：巌松堂書店 1929—1931 年版）第 5 册以及三枝博音编《日本科學古典全書》（東京：朝日新聞社 1942—1949 年版；重印于 1978 年）第 12 册］。从书的前序末尾的一句话 "Ikeda Yoemon nyūdō Kōun" 可以确定他的身份，Yoemon 是他的本名，Kōun 是法号，nyūdō 指居士。他在前序中说，1616 年，有一位名叫曼努埃尔·冈萨雷斯（Manuel Gonzalez）的欧洲人教他航海，他们一起花两年航行到了吕宋。Leon Pages, *Histoire de la religion chretienne au Japon, depuis* 1598 *jusqu'a* 1651, 2 Vols.（Paris：C. Douniol, 1869—70），1：389. Manoeru Gonsaru 有可能是一位西班牙人，因为西班牙那时占领了吕宋，但是，池田书中出现的外国语言主要是葡萄牙语。

类的注记。⑭ 还有一些带着 5 个点的国旗以及一枚十字架符号，它们代表葡萄牙领地和有基督教徒的地方。这些海图一个共同的特点就是带有葡萄牙源图上常见的比例尺，其单位虽然以葡萄牙里格（Léguas）标注，却换算成西班牙海里。这说明日本制图师只是机械地复制了葡萄牙地图，在添加比例尺时并没有充分理解计量单位的数值。现存海图也有一些不带比例尺，说明它们是从二手源图复制而来的（见附录 11.5 中的 9、10、12 和 14 号图）。

在考虑什么是标准的日本海图时，不应被这些技术特性所误导。例如，我们可以考虑海图覆盖地理区域的变化。这些海图覆盖的最大范围（1 号和 16 号）包括从非洲到北海道的整个区域，海图中心在斯里兰卡和印度附近。另一些海图中心在马来半岛西海岸（2、3、4 号图）或吕宋岛西海岸（7、8、10、11、12 和 13 号图），表明它们可能截取自某幅覆盖范围更大的地图。其他海图有的向西截取到斯里兰卡（5 号），有的截到马来半岛西部（6 号）。更西的地区当然不那么重要，因为日本的商船没有走那么远。海图对日本本国及其相邻地区海岸线的展示也各不相同。例如，一些海图上画出了日本海北部沿海的亚洲大陆沿岸（1、4、8、9、10、11、12、13、14 和 15 号图），另一幅海图上北海道则被描绘成大陆的一部分（7 号图）。甚至日本列岛的画法也不相同，值得注意的是，9 号和 12 号图所绘日本形状与一幅 1670 年正保日本地图非常相似，画得非常精确（图 11.34）。

海图的物理特征也各不相同。例如，有一幅海图是固定在一根粗木轴上的，可以像卷轴画一样卷动（2 号图），而另一幅（7 号图）画在日本纸上，然后将纸粘在两块折叠的松木板内侧（与一些准备拿到船上使用的欧洲海图更为相似）。我们至少知道一幅海图上使用了防水漆（7 号图）。这种漆是透明的，透过它可以看到地图的原色。使用防水漆表明这些地图与水户藩 1671 年在长崎的订购有关。据记载，制作一幅东南亚海图需要 43 两白银（"两"，是一种银的计量单位，一日本两相当于 3.75 克，0.12 金衡盎司），一对固定海图的折叠板需要 5 两白银，上漆需要 3 两白银。供货人是岛谷市左卫门，他在长崎学到了欧洲航海技术。⑭ 将海图画在纸上，然后粘贴在沉重的松木板上，用漆做防水处理，以便在海上使用。木板上的带子是用粗皮革制成的，耐得住好几次航行，如今这幅海图上的皮带已经随着时间的流逝而腐烂了。

最后一点，这些海图最初的所有者或资助人也属于不同的群体。有一幅海图为冈山藩主

---

⑭ 题记意思是"由 Sebastião 制作"，但不知所指何人。Domingos Sanches 所绘 1618 年前后的海图上也有一处类似的题记"Dominguos Sanches a fes em Lisboa anno 1618"；见 Michel Mollat du Jourdin and Monique de La Roncière, *Les portulans*：*Cartes marines du XIIIe au XVIIe siècle*（Fribourg：Office du Livre，1984）；English edition，*Sea Charts of the Early Explorers*：13*th to 17th Century*，trans. L. le R. Dethan（New York：Thames and Hudson，1984），pl. 73 and pp. 250 – 51。

⑭ 水户家族是德川家族从 1609 年到明治维新前在常陆国（今茨城县）水户县的一个分支。那时的家族族长可能是德川光国（1628—1700），一位文学与历史赞助人。从 1657 年开始，他资助编纂了《大日本史》（243 卷），这本书在他去世后的 1906 年才完成。帕皮诺（Papinot）指出，这部书抬升皇室王朝地位，从而使人们认为德川为篡权者（第 68 页），本书在帕皮诺著述的明治时代末期（1868—1912），"对历史问题的论述最具权威性"（第 681 页）。德川光国似乎对科学也很感兴趣，见 Papinot, *Dictionary of Japan*，68 and 680 – 81（注释 43）关于水户家族在宽文十一年（1671）6 月 27 日的订货及所付债券，见安達裕之《快風船涉海紀事》，《海事史研究》14（1970）：120 – 28。

池田家所有（2号图）；⑭ 一幅摹自17世纪海图的1833年海图（3号图）为系屋随右卫门（逝于1650年）所有，用于东南亚的贸易航行；⑭ 另一幅海图为大阪商人末吉孙左卫门（1570—1617）的后裔收藏，据信其代理人曾于17世纪前半叶将这幅海图用于一年一度前往吕宋岛或安南（越南）的航行（4号图）。还有一幅海图（6号图）一直保存在三重县松阪市门屋家（图11.24），据信这幅海图起初为居住在今会安（Kōchi）的商人角屋七郎兵卫

图 11.24　东南亚和东亚海图（约 1630）

　　这张海图原为门屋家藏，是日本海图的代表，它没有展示源图上可能存在的马来半岛以西的区域，因为罗盘方位线中心点偏向海图左边，而不是像通常那样处于海图中心。长崎与会安之间有两排针孔，证明这张海图用于实际的航行。

　　原作尺寸：44×38.8 厘米，绘于牛皮纸上。

　　经神宫历史博物馆许可。

---

⑭　备前国（今冈山县）的冈山 1603—1868 年间为池田藩领地，见 Papinot, *Dictionary of Japan*, 199 - 200 and 479（注释 43）。

⑭　系屋为京都人，因与外国人做生意，他定居于长崎，于 1601—1632 年间到海外航行 24 次，逝于 1650 年，除此之外对他没有更多了解。在从事海外贸易的同姓人中，似乎有他的亲戚。这张海图由古地图收藏家 Takami Tadatsune（或称 Senseki, 1785 - 1858）复制，见 Nakamura, "Japanese Portolanos," 27 - 29 and table 1（n. 8）（注释 143）。关于系屋随右卫门的死，见鎬田忠正《御朱印船貿易家系屋随右衛門墓石論》，《長崎市立博物館館報》19（1979）：1 - 7。

（1610—1672）所有。⑩ 大约从 1660 年开始，幕府允许日本人与海外通信，这个人便邮寄了许多信件和其他物品给他在松阪的兄弟们，很有可能这张海图也在其中。⑪ 这张海图的一个有趣的特点是，用一些针孔记录从长崎经台湾海峡到会安的航线。航线分为两条，表示往返航程。

并不是所有的海图都用于海上航行。1680 年长崎地方法官在关于一艘从巴丹群岛漂流到日本的船只的报告中，曾提到一张海图（14 号图）。也许因为这张海图并不用于航行，所以上面没有标明纬度。受方形图幅限制，海图发生了变形，马来群岛和巽他群岛看起来很小。另一个例子是一幅可能用于法律诉讼的海图（11 号图），由通事（译员）卢高明（1847—1923 年？）于 1864 年前后复制于长崎，源图可能保存在长崎地方法院。⑫ 编绘海图的另一个原因是展示速写技能，这可能是神宫图书馆海图（13 号图）的由来，其内容与另外两幅海图（7 号图与 8 号图）相似，地图绘制得一丝不苟。

2. 日本列岛的海图

除了上述 16 幅东南亚和东亚海图，还有一组海图只涉及日本列岛并且在日本绘制。附录 11.6 中列出了已知的 8 个样例，所有这些地图的作者、日期与来源都没有确定。唯一的线索就是上面提到的水户藩 1671 年订购的带折叠背板和涂过防水漆的海图。这幅海图上还题写着"一件日本加留太，三十日本两"的字样。⑬ 这些图与东南亚、东亚海图一样，都是从长崎订购的，看来当时掌握海图绘制技术的仅限于少数几个人。

与东南亚和东亚的海图相比，这些海图一开始就是由日本匠师制作的，其地理和水文细节并没有依据欧洲蓝本（图 11.25）。它们对日本群岛的描绘比东南亚和东亚海图更充分、更准确，图上甚至还标绘出可能来自日本地图的城市名称和诸国边界。其中三幅海图上带有以日本里为单位的条状比例尺，两幅采用日本西部的计量系统——48 町比 1 里（附录 11.6 中的 1 号图和 2 号图），另一幅采用东部计量系统——36 町比 1 里（4 号图）。⑭ 这就意味着（当时日本）存在不同的海图生产中心，它们各自采用本地区可识别的计量单位，并没有采用同一套标准。

尽管这 8 幅海图可能有着一个共同的原型地图，但它们在内容与形式上各不相同（附录 11.6）。最早的两张海图可能代表了此类地图发展的初期阶段（1 号图和 2 号图）。二者都画在牛皮纸上，而且带有欧洲特征，尤其是其罗盘线指示了 32 个方位，并且装饰有罗盘玫瑰，但两幅图还是有很大的不同。第一幅图上，本州岛最北端大约处于北纬 39°30′，而在第二幅图上则是北纬 41°左右。后者参考了实测数据，所以将这个位置画得更精确一些，本州也向

383

385

---

⑩　在松本陀堂《安南记》（1807）的一份从越南带回日本的物品清单中，这张海图的名称是《外国渡海之绘图》。见中村拓《御朱印船航海图》，東京：日本学術振興会 1965 年版，第 72—76 页。

⑪　川岛元次郎：《朱印船贸易史》，大阪：工人舍 1921 年版，第 449—481 页。1639 年以后，法律规定，定居海外的人禁止返回日本。中村认为，这张海图的使用时间为 1631—1636 年，见 Nakamura, "Japanese Portolanos," 29（注释 143）。

⑫　盧高明：《盧高明自敘集》，由作者本人于 1922 年，即他 76 岁高龄时刊行。

⑬　Adachi, "Kaifu sen shokai kiji," 127 – 28（注释 147）。

⑭　附录 11.6 中 1 号与 2 号海图上纬度一度的长度在 32—33 里之间，4 号海图为 43.75 里。在京都以东的诸国图中以 36 町为 1 里，京都以西 48 町为 1 里。在关东地方，还有以 6 町为 1 里的。相关讨论见：Nakamura, "Japanese Portolanos," 28，38 – 42（注释 143）。亦参见中村拓《御朱印船航海图》第 93—120（注释 150）。

北拉长了。第一幅地图（三井）上日本东北部的轮廓、城市名称以及诸国边界与大约完成于 1639 年的庆长日本地图（见下，第 397 页和图版 26）相似，说明后者被当作其他海图的摹本。

384

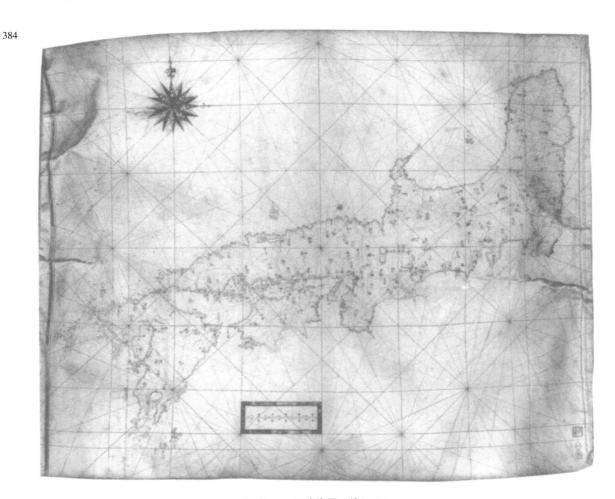

图 11.25　**日本海图**（约 1671）

　　日本海图的特点是，其日本图像不基于任何东南亚和东亚海图。相反的，它可能会采用更多近期的本国地图资源：证据是本州东北部的轮廓线与庆长日本地图相近。还要注意的是，图中画出了诸国边界和主要城市，也表明此图来源与东南亚和东亚海图不同。比例尺是用日本里表示的。

　　原图尺寸：62×76 厘米，绘于牛皮纸上。

　　经东京三井文库馆许可。

　　　　另外 6 幅海图各方面都不相同，有一些是较早地图（4 号、7 号和 8 号图）的晚期摹本，都画在宣纸上，几乎没有一幅涂有专为船用设计的防水层。地图的内容根据个人需要而定。有些海图将朝鲜、北海道、八丈岛、伊豆诸岛以及青岛（Aoga）包括在内，本州置于北纬 41°30′ 和 42°之间（4—7 号图），有的海图则没有朝鲜与北海道（1—3 号图）。根据这些特点以及地名的定位，可以重建日本海图的谱系。判断谱系的标准之一是地图上罗盘方位线的数量。只有一幅绘于宣纸上的海图采用了指示 32 个方位的罗盘方位线（3 号图），另外

4 张海图（4—7 号图）采用的是 24 方位系统，其范本是一幅保存至今的东南亚和东亚海图（附录 11.5 中的 14 号图），还有一幅（8 号图）没有方位线，但在日本海域放上了一个长方形刻度框和两个罗盘玫瑰。

由于存在如此多的差异，很难确定第一幅日本海图是何时绘制以及是谁绘制的。据传，3 号海图是由武藏国（今天分属东京都、埼玉县和神奈川县）川越藩主松平辉纲（1620—1671）绘制的。这一说法的依据来自海图背面的一张贴纸，其上写着"传说此图出自智光院之手"，智光院是松平的戒名。虽然中村质论证此传说属实，认为松平确于 1638 年复制了这幅海图，但他提出的证据是站不住脚的。⑮ 也许我们不应该完全不顾传闻中关于日本海图起源的说法，但是我还是得指出，根据文献记载，这类海图，日本的制作是 1670 年后才开始的，因此，上述传说是不正确的。

更有说服力的推测是，这些海图是官方制作的。其线索来自海图不同于陆图的绘制方式，如图上的方位线和左右两侧的纬度标记，表明纬度测量是在沿海的战略地点进行的，这些测量数据非常准确，与今天的数据几乎别无二致。这项工作不大可能是由私人团体承担的。这种对海岸线地理性质的兴趣更有可能来自中央政府。这一想法可以从已知的岛谷档案的某些文件中找到证据。⑯

根据这些档案记载，1669 年幕府在长崎造了一艘中国船，并任命岛谷为船长。1670—1671 年间，他奉命以江户为起点考察本州岛东北部和长崎的每一座小岛。尽管没有特别提到他曾制作过海图，但我们从其他资料中获知，差不多就在这一时期岛谷曾为水户家族绘制过海图（见上）。此外，回头看一看现存海图，其考究的工艺和详尽的内容都提示我们，绘制这些海图的初衷应来自幕府，而非岛谷等个人。供私人使用的海图应该不会像这些海图一样细心打磨。

幕府为了协助岛谷的工作，可能曾给过他一幅庆长日本地图的副本，这幅地图与一些海图（1 号图和 2 号图）上日本海海岸线的相似，可以支持这一猜想。另外，日本太平洋海岸轮廓是根据岛谷的考察绘制的。最早的两幅日本海图之间的细微差别在于本州北部的纬度，第二幅更精确一些，为北纬 41°，后者最有可能采用了更可靠的数据。根据另外 6 幅海图上本州东北部的纬度与形状判断，岛谷可能将第二幅海图进行了修订并当作这 6 幅海图的模本。这 6 幅海图也可能是其他人绘制的，但是几乎没有哪位航海家的技术熟练到足以进行航海测量工作，或者，他们确有机会和必需的设备去做这些测量。我们不要忘了，岛谷是受幕府委托航行到小笠原群岛的，这次航行的成果之一就是画出展示小笠原群岛与本州岛相对位置的海图。

根据岛谷航海绘制本州北部与长崎之间岛屿的年代，日本海图应该断代为 1670—1671 年。水户藩订购海图的证据也支持这一结论。海图的生产并非出于它们对于日本航海的价值，因为海岸地标已足以为沿海岸航行的船只导航。由于当时法令禁止日本国民出国旅行，

⑮ Nakamura，"Japanese Portolanos，" 35 – 36（注释 143）。
⑯ 具体参考文献见林復齋等《通航一覽》（约 1853 年）（8 册本，東京：國書刊行會 1912—1913 年版）卷 18 附录（第 8 册，第 508—512 页）以及秋岡武次郎《小笠原諸島發見史の基本資料・地図について》，《海事史研究》9（1967）：96—118，特别是第 104—105 页。

因此没有对外海海图的需要。外海海图似乎只是为奖励那些合格的测量技术员而备的。⑮ 由于没有改进海图信息的动机，日本海图制作随后进入了一个停滞期。

日本净得型地图

净得型日本地图，也称为净得寺型地图，因福井净得寺发现的一幅日本地图（图11.26）而得名。这幅地图与一幅世界地图（图11.23）配套，绘于一件六扇屏风上。两幅地图的制图时间与作者都没有确定，应该最早可上溯到1592年。其中日本地图上的一些信息与那一年日本发起的侵朝战争有关，而世界地图上则标出了一个比朝鲜更远的兀哈良部落。在此之前，这个地方不为日本人所知。两幅地图上都有画家狩野永德（1543—1590年）的印鉴，但它们无疑是出自狩野的某个学徒之手。⑱ 另外三幅净得型地图列于附录11.4南蛮世界地图的配套地图（椭圆投影和等矩形投影，D1型）。第5个例子是下面将提到的神户市立博物馆地图。这些地图均源自日本早期的行基型地图，不同之处在于，净得型图表现了十分精细的海岸线细节。这是我们正在讨论的这一时期的一个重要的进步——它们体现16世纪晚期来自欧洲的观念与知识的影响，同时整合了日本本土传统与源自欧洲的知识。

386

图 11.26　福井净得寺日本地图（约 1595）

此图对行基地图的海岸线做了修正，可能部分归功于葡萄牙人的改进工作，特别是九州岛与内海的轮廓。这幅地图绘于一件六扇屏风上，并配上了图 11.23 上的世界地图。

原作尺寸：148.5×364 厘米。

经福井净得寺许可。

---

⑮　见下面注释394。

⑱　关于入侵朝鲜的战争，见 Sansom, *History of Japan*, 2：352–62（注释32）。印信与签名的作用相同，只要妥善保存，印章一直可以使用。使用狩野印信的人这样做不稀奇，学徒或随从在他们的画作上盖上名画家的印信，如同出自后者之手，这样的情形广为人知。

　　净得型地图与行基型地图关系密切但有所改进。有人认为，作为净得型地图最初模本的日本地图，其上的九州是一个从北向南延伸的长矩形，不同于存世行基型地图所见的形状。1471 年刊于朝鲜申叔舟《海东诸国纪》中的一幅日本地图证实了这一猜想。这幅地图上的九州，与行基型地图上的浑圆形状不同，为南北、东北大致等宽的形状，南部海岸线同时向东、西两个方向稍稍外突。净得型地图上九州南部东西两侧也画有实际上并不存在的突起，萨摩和大隅半岛伸出的小尖则被削平。看来，净得型地图的模本上有一个与《海东诸国记》相似的长方形的九州。

　　净得型地图上也有一个由诸国边界线和往返都城京都路线构成的框架，证明其继承了行基型地图，海岸线形状则显然突破了行基型地图传统。虽然净得型地图有其不完善的地方，但它第一次将许多不规则的海岸线展示在了日本地图中。特别是其中九州的形状与其他地图相比极为精确：清晰地绘出了鹿儿岛海湾曲线，肥前国（今长崎县和佐贺县）的半岛和入海口也表现得非常精细；本州中部的琵琶湖（Lake Biwa）以及发源于此并流向大阪湾的淀川河水系，与实际形状相比差别甚微。但也有一些典型的失真之处：例如，没有表现出东北太平洋海岸（以及汇入太平洋的所有河流）的不规则形状，因此所绘土佐海湾和足折与室户半岛，以及四国岛太平洋海岸，与实际情况完全不符。对海岸的简化展示可能沿袭自行基型地图，也表明那时并没有增加新的地理信息。与此相似，为了减少犬牙交错，使海岸线更加圆润，地图将本州北部的津轻与下北半岛，以及二者之间的大陆奥湾排除在外。净得型地图似乎并没有采用新的资料来描绘群岛。除了九州和内海，地图对行基型地图的海岸线作了一些显而易见的改动，但这些改动并没有考虑现实的情形。

　　除了净得寺地图，折叠式屏风上的净得型地图的例子还包括小林中、河村平右卫门和河盛浩司的收藏。与净得寺地图一样，这些全国地图也是与南蛮世界地图配套使用的。[139] 年代最早的是小林地图和净得寺地图，其上仅标出了九州的港口城市博多（福冈）、名古屋（肥前国）和长崎。名古屋于 1591 年因丰臣秀吉入侵朝鲜而得到开发，[140] 1598 年军队返回后迅速衰落，表明这两幅地图大约绘制于 1598 年前后或稍晚。河盛地图上有名古屋，或许可视为同时期的地图，屏风画风格也支持这一推论。配套的世界地图似为 16 世纪最后十年绘制，因为地图上有位于朝鲜以外的东北部落兀良哈，说明地图绘于入侵朝鲜前后。要之，这批地图的绘制年代可断定为 1592—1598 年。

　　河盛地图（图 11.27）在屏风上搭配的是一幅东半球地图。东半球地图上有一个表格，列出了日本与其贸易方的距离、这些地方的一般情况以及出口到日本的货物名目。通过表格中有关台湾的信息可以推测该图大约绘制于 1627 年，[161] 与之配套的日本地图年代应与之相近。但是日本地图上的一些地理要素要比推定的年代早，如九州的名护屋以及其他流行于 16 世纪末的地名，大多是早期的封建中心，但这些封建中心到 1627 年业已衰落。在所有列举的净得地图中，只有河盛地图上有大量的地名并描绘了微小的细节。

388

---

　　[139]　在小林和河村地图上，见上面注释 132。关于河盛地图，见上面的注释 136。

　　[140]　桑塞姆（Sansom）写道，丰臣秀吉于 1591 年开始在名古屋建立基地，并于次年在那里发动了对朝鲜的战争。见 Sansom, *History of Japan*, 2：352（注释 32）。

　　[161]　岩生成一：《石橋博士所藏世界図年代考》，《歷史地理》61（1933）：511—522。地图上的注记称荷兰人居住在台湾，而吕宋的欧洲人住在淡水。两个地方分别于 1624 年、1626 年被荷兰和西班牙占领。

387

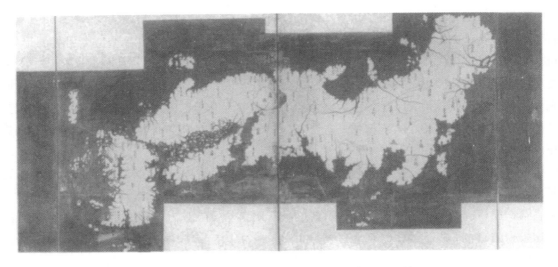

图 11. 27　净得型日本地图之一例：《南瞻部洲大日本之图》（约 1627）

在所有净得型地图中，这幅地图上的地名最多。

原作尺寸：48. 5—56. 3×161 厘米（地图），绘于一件四扇屏风（113×267 厘米）。

大阪府高石河盛浩司收藏。

照片由界市市立博物馆和海野一隆提供。

　　再举一个神户市立博物馆南波收藏中净得型地图的例子。乍一看这幅地图似乎来自 16
世纪，但是地图上面给出的诸国土地产量，则可能是 17 世纪中叶以后由幕府定制的。[162] 这
幅地图上除了 4 个地名之外的所有地名都属于诸国，例外的是一个町（town）和九州西海岸
的岛屿：岛原半岛的有马、五岛列岛、天草诸岛和甑岛列岛。有马也出现在 1580 年以后的
一些地图上，1614 年耶稣会士在这里办了一所神学院。看来，南波收藏中的那幅原图似乎
绘制于 1580 年和 1614 年之间。

　　河盛地图上除了诸国名称外，还有大约 160 个其他地名。有一些地名表明了同欧洲人
的接触，特别是九州西海岸两个岛名——Hanerasu 与 Santakarara，这两个地名源自欧洲地
名 Pannellas 与 Santa Clara（圣克拉拉）。荷兰地图学家林斯霍滕（Jan Huygen van Linscho-
ten，1563—1611）指出，有一个叫 Pannellas（即男岛）的岛就在另一个叫 Meaxuma（即
女岛）的岛的东北面；Pannellas，日本人称 Oshima（男岛）。在林斯霍滕的书中也可以找
到 Santakarara，作 Santa Clara，另一张日本东南亚和东亚海图上也有这个地名（见附录
11. 5 中的 6 号图），它可能是宇治群岛的别名。[163] 河盛地图支撑这一说法。这幅地图大致

　　[162]　南波地图（在一件 56. 8×124 厘米的两扇屏风上）的彩色复制图见：南波、室賀、海野《日本の古地図》图版
21（注释 11）。亦见中村拓《戰國時代の日本圖（1467—1568）》，《横濱市立大學紀要》58（1957）：1—98，特别是
24—27 页。

　　[163]　关于这些名称和岛屿方面的内容，见 Jan Huygen van Linschoten，*Itinerario*，*voyage ofte schipvaert*，5 Vols.（The
Hague：Nijhoff，1910－39），pt. 2，*Reys-Gheschrift vande navigatien der Portugaloysers*（1595），chap. 39（Werken uitgegeven
door de Linschoten Vereeniging 43［1939］：235 and 251－52）. 在 Pal Teleki 书中所附 Arnold Floris van Langren（ca. 1571－
ca. 1644）绘制的东印度群岛地图上，将这些两处岛屿标为"Meaxuma" and "Santa Clara":，见 Pál Teleki，*Atlas zur Ge-
schichte der Kartographie der Japanischen Inseln*（Budapest，1909；reprinted 1966），24；and Cortazzi，*Isles of Gold*，21－22，
pl. 22（注释 14）。

在女岛与喜界岛中间画有4个岛，它们应该就是宇治群岛。河盛地图的日本编绘者要么确实不知道同一个岛屿有着不同的欧洲与日本名字，要么没有适当的信息来区分它们。这两个名字可能是并排写着的，他本来想用日本名宇治岛。Hanerasu 的情形也相似：在河盛地图上，虽然并没有日本名字男岛，但 Hanerasu 就放在女岛和 Ochika Island（今福江岛）之间，这正是男岛所在的位置。

　　河盛地图上使用了欧洲地名，表明其来源包括欧洲地图。这一点还为天理中心图书馆的一幅无日期、无作者的16世纪意大利手稿日本地图（图11.28）所证实。[164] 这幅地图与河盛地图相似，上面也有 Pannellas 和 Santa Clara 这两个地名，分别拼作 Panelas 和 S. Clara。另外，三本欧洲著作所刊日本地图也与河盛地图样式相同：贝拉尔丁·吉纳罗（Berardin Ginnaro，1577—1644）的 *Saverio orientale*（1641），安东尼奥·弗弗朗西斯科·卡（Antonio Francisco Cardim，1596—1659）的 *Fasciculus e Iapponicis floribus*（1646）以及罗伯特·达德

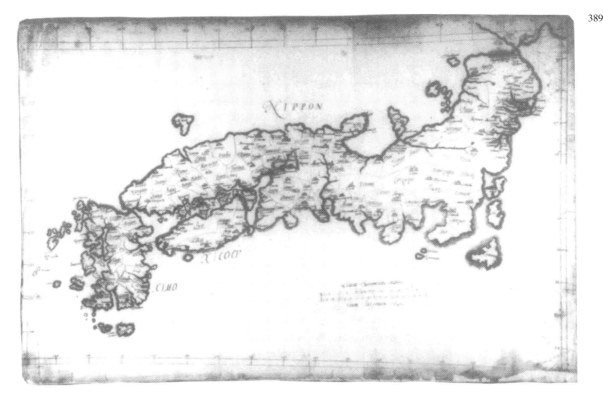

图 11.28　16 世纪意大利手稿日本地图

　　这是河盛地图可能采用的欧洲源图之一例。地名以葡萄牙语拼写，但复制时采用了意大利语；原图可能是 1590—1592 年间旅居日本的伊格纳西奥·莫雷拉绘制的。比例尺有两种，即卢西塔尼亚（葡萄牙）里格和日本里。

　　原作尺寸：46.5×72.4 厘米；40×67.3 厘米（内框）。

　　经奈良县天理市天理中心图书馆许可。

利（Robert Dudley，1574—1649）的 *Arcano del mare* 第 1 卷（1646—1647）。⑯ 这些地图上 Santa Clara 的拼写有微小变化。但 Pannellas（男岛）的情况却不是这样：它在吉纳罗地图上被称作"Osima I."，在达德利地图上称作"I. Oscuma."，这是 Oshima 一词的不同称谓，表明这一名称已经在携往海外的日本地图中使用了。在欧洲出版的三种日本地图中，卡丁那一种最广为人知，这一组 4 幅地图都是以他的名字命名的，根据 4 幅地图的相似之处判断，它们可能采用了同一幅源图。舒特对三幅欧洲卡丁型地图的研究表明，它们与 1590—1592 年间逗留日本的葡萄牙人伊格纳西奥·莫雷拉（生于 1538 年或 1539 年）有关。⑯ 根据莫雷拉的一位同时代人范礼安的说法，莫雷拉绘制的 *Declararşã da descripşão de japşão*，内容差不多与三幅欧洲卡丁型地图一模一样。现存一个拉丁图名 *Iaponicae tabulae explicatio*。⑯

但是，舒特并不知道冈本和高桥所研究的天理地图。后者认为 4 幅地图中，天理地图在形式上与莫雷拉地图最为接近；图上的地名仅限于莫雷拉在日本期间所流行的地名，意大利语的复制本上保留着葡萄牙语的拼写。⑯ 准确的绘制日期不得而知。

390

河盛地图可能是以莫雷拉某幅地图或者在日传教士复制的莫雷拉地图为蓝本的。河盛地图绘制于 1627 年前后，因此它的原始资料可能来自于莫雷拉地图。以故，我们可以认为卡丁型地图在 1592—1598 年间业已成型，这正是早期南蛮世界地图形成的时期。

通过地名所提供的证据，我们可以得出这样的结论：净得型地图受到了在日欧洲人的影响，但是用于后续修订的标准地图副本是由日本人制作的。支持这一观点的证据还有净得型地图上的日本轮廓，除了九州之外，几乎与行基型地图没有什么不同。净得型地图上只有沿海的地名得到了更新。欧洲航海家得到行基型地图之后对之进行了修改。例如，净得型地图

⑯　Berardin Ginnaro, *Saverio orientale*；ò, *Vero istorie de' Cristiani illustri dell'Oriente...* （Naples：Francesco Savio，1641）（有三部分，日本地图在第一部分）；Antonio Francisco Cardim, *Fasciculus e Iapponicis floribus, suo adhuc madentibus sanguine*（Rome：Typis Heredum Corbelletti, 1646）；Robert Dudley, *Dell'arcano del mare*, 3 Vols.（Florence, 1646 – 47；2d ed. 1661）. Joseph F. Schotte, "Japanese Cartography at the Court of Florence：Robert Dudley's Maps of Japan, 1606 – 1636," *Imago Mundi* 23（1969）：29 – 58，特别是第 31 和 46 页上有这些引文；1661 年版达德利（Dudley）印制地图的两张复制图见第 33—34 页。Cortazzi, *Isles of Gold*, 44 – 45，提及吉纳罗、卡丁和达德利制作的地图，包括一张卡丁地图 *Iapponiae nova & accurate descriptio*（Rome, 1646；in the British Library, London）的复制图，还有达德利的两幅地图 *Asia carta diciaset [t] e piu moderna*（1661，藏于大英图书馆）和 *Carta particolare della grande isola del' Giapone edi iezo con il regno di Corai et altre isole in torno*（1661，科塔兹的私人收藏）[Cortazzi, *Isles of Gold*, pis. 64 – 66（注释14）]. 我们后面还要讲到，莫雷拉根据 1590—1592 年间所获信息编绘的地图似乎一直是这些地图的原型地图。

⑯　见 Schütte, "Ignacio Moreira," 126 – 27 n. 108（注释121）。舒特在这里也提到菲利普·布赖特（Philippe Briet，1601—1668）制作的一幅地图，这幅地图见于 Nicolas Sanson d'Abbeville, *L'Asie en plusieurs cartes nouvelles et exactes*（Paris，1652）；地图标题为 *Description des isles de Iapon en sept principales parties*. 布赖特制作的更早的一幅地图 *Royaume du Iapon*（Paris：Mariette, 1650）刊于 Teleki, *Atlas zur Geschichte der Kartographie*, pl. IX – 1（注释163）以及 Cortazzi, *Isles of Gold*, 图版 67 及第 45—46 页（关于布赖特）（注释14）。亦见 Schutte, "Japanese Cartography at the Court of Florence," 这篇文章刊有两幅绘有本州北部沿海地区和北海道南部的达德利手绘地图（图3—4，第 33—36 页）。关于地图模本和原始资料的讨论见第 45—58 页（注释165）。

⑯　167 Archivum Romanum S. J., Jap. Sin. 22, fol. 300r – v；这段译文为舒特文章的附录，见：Schutte, "Ignacio Moreira," 127 – 28（注释121）。

⑯　冈本良知：《十六世纪における日本地图の発達》，第 103—109、163—207 页（注释131）；高橋正：《西漸やる等初期日本地圖について——I. Moreira 系地圖を中心として》，《日本學報》4（1985）：1 – 33；同上，《17 世紀日本地圖におけるテイシユイラ型とモレイラ型——N. サンソンとR. タ"ット"レーの場合》，《日本學報》6（1987）：111 – 135.

上九州西海岸几处无人岛屿的证据就是他们提供的。九州本岛海岸描绘得极其精细，表明了该岛自 1545 年以来在葡萄牙人主导的 16 世纪贸易中相当重要。这些航海家的需求与努力使净得型地图具备了一些海图的特征，例如，日本的东南亚、东亚海图与净得型地图上的日本的形状看上去是一样的。

因此，净得型地图将欧洲航海家和传教士的思想与知识整合到了日本的地图绘制中。一方面，欧洲航海家要寻找他们航行区域的地图，修改这些海图对于后续航行的成功至关重要；另一方面，日本航海家也记录过他们航行路线上的重要岛屿名称。《海东诸国纪》日本地图上标示的一些岛屿看起来很小而且也不重要，可能只是因为它们处于日本与琉球、朝鲜的贸易线路上而被包括在内。这表明，日本的海岸轮廓，特别是西九州及其邻近岛屿在欧洲人到来之前已经被日本人画出。唐招提寺的日本地图也展示了九州西部的大量小岛，这反映了日本与大陆之间的海洋航行模式。将行基型地图修改成一种类似海图的地图，是 16 世纪的一项重要的进步。欧洲人的到来加快了这一进程，净得型地图最终成为日本人与欧洲人共同努力的成果。

地球仪的传入与制作

我在前面提到，1580 年欧洲地球仪已经传入日本。例如，织田信长在某次会见耶稣会士奥尔冈蒂诺（Organtino）时，曾讨论欧洲地球仪的使用方法。[169] 1591 年，三位九州领主的使团自欧洲返回日本后，曾在播磨国（今兵库县的一部分）的室津向许多路过港市的大名们展示欧洲地球仪、地图和海图。[170] 但是，地球仪也并不总是来自欧洲。1592 年，西属马尼拉总督的使节，多米尼加人弗雷·胡安·库珀（Fray Juan Cobo），在肥前国的名古屋会见丰臣秀吉时，曾送给他一个地球仪，上面标注的全都是汉文地名。[171] 此后，欧洲天球仪与地球仪由基督教传教士和荷兰东印度公司雇员继续传入日本，推测这也是一种劝人改宗的方式，或是送给幕府的外交礼物。关于它们的记载与用途在日文和欧洲文献中都有发现。1596 年，日本基督徒 Joao Sotao 陪妻子去京都的一家教堂时，曾给她看过一张世界地图和一个地球仪。[172] 1606 年，儒者林罗山到京都的一所基督堂拜访日本僧人不干齐巴鼻庵，在那里查看了一个地球仪并批评了地圆说，留下了关于地球仪使用方法的文字记载。[173] 到下一个世纪（即 17 世纪）中叶，有关长崎荷兰商馆官员为幕府制作礼品地球仪的记载一共出现过 5 次：1642 年，荷兰商馆馆长杨·范·埃泽拉克（jan van Elzerack）向幕府大目付井上筑后守

---

⑯　见上注释 124。

⑰　见上注释 126。

⑰　Emma H. Blair and James A. Robertson，eds.，*The Philippine Islands*，*1493－1898*，55 Vols.（Cleveland：Arthur H. Clark，1903－9），9：45。

⑰　Luis Freis，Annual Report，3 December 1596（Archivum Romanum S. J.，352），179－230v；亦见佐久间正訳《一五九六年度イエズス会年報》，《キリシタン研究》20（1980）：261—410。

⑰　林羅山：《排耶蘇》，载林鵝峰編《羅山文集》（1662）。现代版《排耶蘇》，收入《羅山先生全集》（京都：平安考古學會 1918 年版）以及海老澤有道等編《キリシタン書　排耶書》，载《日本思想大系》（東京：岩波書店 1970 年版）第 25 册第 413—417 页。

391　（即井上政重，1585—1661）赠送了一个地球仪；[174] 接着在 1647 年，威廉·斯特凡（Willem Verstegen）送给井上一个更大的地球仪；[175] 1652 年，阿德里安·范德伯格（Adriaen van der Burgh）送给他一个地球仪和一幅地图；[176] 1657 年，扎卡里亚斯·瓦格纳尔（Zacharias Wagenaar）送给幕府一个地球仪和一个天球仪，但此后不久毁于火灾；[177] 最后，1659 年，瓦格纳尔又送了一对地球仪和天球仪给幕府。[178] 日本贵族也收购地球仪，如 1661 年，荷兰商馆馆长亨德里克·印迪克（Hendrick Indijck）亲手将领主订制的物品——一个地球仪和一个天球仪交给江户已故大臣井上正重的一位秘书。[179]

　　日本人制作地球仪最初的尝试始于 1605 年，当时天皇命令他那些"普通"工匠制作一个地球仪。[180] 后来幕府还关注过地球仪的维护与维修。幕府官员在前基督徒冈本三右卫门（1677 年以后改名 Giuseppe Chiara，1602—1685 年）等人的协助下，修补了《天地の图》（可能是天球仪和地球仪）。[181] 不过，这些地球仪的年代不得而知。1791—1794 年，幕府曾命令马道良（北山晋阳）修补过威廉·扬斯·布劳（Willem Jansz. Blaeu）制作于 1640 年前后的天、地二球仪。[182]

　　现存最早的日本造地球仪大概是与神父玩偶配套放在玩具上的地球仪，其年代最有可能是江户时代早期。地球仪直径约 3.8 厘米，其地理内容取自椭圆投影的南蛮地图，上面有一条始于葡萄牙的环球航线。[183] 直到 1690 年，天文学家涩川春海（见后面的第 14 章）才根据 1602 年利玛窦世界地图制作出第一台具有实际用途的日本地球仪（图版 24）。七年后，涩川制作了另一台地球仪，他的作品对 18 世纪的日本地球仪制作（见附录 11.7）产生了持久的影响。除了利玛窦世界地图，另一些欧洲地图资源也对 18 世纪的日本地球仪有过影响，

　　[174] 1643 年，井上带着这个地球仪，将其用到一条荷兰航船上做的考察活动，结果这艘船（船长叫 H. C. Shaep）在日本东北海岸被冲上岸：*journael ofte dachregister gehouden bij den schipper H endricq Cornelisz. Schaep . . .*，Algemeen Rijksarchief，The Hague，Overgekomen Brieven，jaar 1645，Book 2，GGG2. Kolonial Archief No. 1055. 这次旅行的日译本见：永积洋子译《南部漂著記》（東京：キリシタン文化研究会 1974 年版）第 61 页。

　　[175] 村上直次郎译《長崎オランダ商館の日記》（1641—1654）（全 3 册，东京：岩波書店 1956—1958 年版）第 2 册，第 178 页。

　　[176] 据威尔曼（Willman）的记录；亦见 Nils Matson Kjöping，*Een Kort Beskriffning Vppti Trenne Reesor och Peregrinationer sampt Konungarijket Japan. . . Ⅲ. Beskrifwes een Reesa till Ost Indien，China och Japan. . . aff Oloff Erickson Willman*（Wisingsborgh，1667）；本书的日译名为《日本滞在記》，尾崎義译，载《新異國叢書》（東京：雄松堂書店 1970 年版）第 38 页。

　　[177] 《通航一覽》卷 242（第 6 册第 242 页）（注释 156）；Arnoldus Montanus，*Gedenkwaerdige gesantschappen der Oost-Indische maatschappy in't vereenigde Nederland，aan de kaisaren van Japan*（Amsterdam：J. Meurs，1669），370–71，386.

　　[178] 《通航一覽》卷 242（第 6 册第 242 页）（注释 156）；Montanus，*Gesantschappen aan de kaisaren van Japan*，399（注释 177）。

　　[179] Montanus，*Gesantschappen aan de Kaisaren van Japan*，414（注释 177）。

　　[180] Pages，*Histoire de la religion chretienne au japon*，1：125（注释 145）。

　　[181] 《查祆餘錄》（1672—1691），载《續々群書類從》第 12 册，第 607 页（注释 91）。

　　[182] 馬道良（北山晉陽）：《阿蘭陀天地兩球修補制造記》（1795），东京日本国会图书馆收藏。亦见 Peter van der Krogt，*Old Globes in the Netherlands：A Catalogue of Terrestrial and Celestial Globes Made prior to 1850 and Preserved in Dutch Collections*，trans. Willie ten Haken（Utrecht：HES，1984），70.

　　[183] 这件地球仪的收藏者茅原弘将其断年为享保年间（1716—1735），但根据其上有丰臣秀吉的印章，以及旋转玩偶的机械比较简单等证据，推测它的制作时间更早。这件玩偶高 2 厘米，像是一个拿着鞭子的耶稣会士，它破碎以前，可以同时转动玩偶和地球仪。见海野一隆《地球儀付きのバテレン人形（アゴラ）》，《地図史話》第 248—250 页（注释 136）。

包括断年为 1700 年，由杰拉德·法尔克（Gerard Valck，1652—1726）和伦纳德·法尔克（Leonard Valck，1675—1746）制作的地球仪（见下）。整个 19 世纪，几乎所有日本地球仪都是根据日本兰学学者绘制的世界地图制作的，这些地图以各种各样的荷兰地图为蓝本。（图 11.29）

图 11.29　沼尻墨仙《大舆地球仪》（1855）

　　这件地球仪上的地图图像、地物与地名，均与其源图——新发田收藏 1852 年绘制的《新订坤舆略全图》完全相同。地球仪的制作，系先制好雕版，然后印制构成球面的各个纸瓣，并人工上色。这件地球仪有 12 根竹制骨撑，可以像传统的日本雨伞一样折叠。沼尻墨仙（1774—1856）是一位地理学家，任教于常陆国（今茨城县）土浦的一所私人学校。

　　原件尺寸：23 厘米。

　　本间隆雄收藏。

　　照片由海野一隆提供。

　　除了派生自欧洲蓝本的地球仪之外，还有一类基于佛教思想的地球仪。僧人宗觉（1639—1720 年）于 1702 年前后制作的地球仪就是现存最早的此类地球仪之一。在这件地球仪上，大致与底座垂直的地球中轴顶端有一个水晶石制作的、形似须弥山的圆柱状物体；地球仪上的地理内容也是根据佛教世界意象绘出的。[184] 与之配套的是一个被称为"须弥山仪"的平面模型，用来释证佛教地平说。此后，大约在 1751 年，另一位佛教僧侣觉洲（逝于 1756 年）从欧洲地球仪中提取地理资料，制作了一个简单的地球仪。[185]

　　将欧洲知识整合到佛教天地意象中的趋向到 19 世纪变得越来越强烈，热衷于传播佛教天文学的高僧圆通（1754—1834 年）制作的"缩像仪"（图 11.30）就是其中的一个例证。圆通缩像仪是一种用来解释四季变化的模型，系根据欧洲太阳系球仪并结合须弥山仪设置的，仪器上有一个钟表装置，用以解释佛教宇宙论。大约在 1848 年，圆通的弟子环中禅机

[184]　对宗觉地球仪的详细讨论，见海野一隆《宗覚の地球儀とその世界像》，《科学史研究》117（1976）：8—16.

[185]　東海散人：《府仰審問増水》（1751），大谷大学图书馆收藏。

图 11.30　圆通的缩象仪（1814）

圆通设计了许多天文模型用以证明佛教地平说，其中之一就是《缩象仪》。制作者须画好草图，以备雕版印刷之用。尽管缩象仪实物已经失传，但是从制作它的雕版中可以了解其大体结构。缩象仪上展示了太阳和月亮在二至点和二分点的运行轨道。下方平坦的地面上所画的是直接取自于欧洲地图的东半球图。缩象仪上还附有一篇圆通的序言，此处没有展示。

原作尺寸：宽 60 厘米。包括序言在内的尺寸：130×60 厘米。

京都龙谷大学图书馆。

照片由海野一隆提供。

（活跃于 1834—1848 年）和更晚的弟子光严（逝于 1871 年）计划制作更为精准的天文钟模型，并请钟表师田中久重（1799—1881 年）将它们制作出来。这些仪器对圆通的缩象仪和须弥山仪作了改进。大约在 1855 年，环中禅机的另一个弟子佐田介石（1818—1882 年）发明出另一种被称为"视实等象仪"的钟表装置。这一模型证明了托勒密的体系以及地平说。后来田中将这件仪器复制了许多。[186]

勘测工具与技术

勘测方法及仪器的传播与接受也是欧洲与日本不期而遇时，欧洲地图学思想传入日本的一个重要方面。虽然绘制地图的传统模式与方法还在流传，但如上文所述，利用欧洲仪器与技术可以改进日本地图，使之更为有效地发挥作用。起初用于航海天文学的欧洲概念与手段，锁国之后也被吸到地形勘测之中。欧洲式的主要勘测中心是繁荣的国际港口长崎。

有关欧洲测量方式传入日本的传闻见于江户时代早期。传闻称，一位名叫"Kasuparu"的荷兰人于 1641 年来到日本，向樋口谦贞（1601—1684 年）传授测量技术。[187] 已知在这个

---

⑱　关于日本的佛教宇宙论，见海野一隆《日本人と須彌山》，巖田慶治、杉浦康平编《アジアの宇宙觀》（東京：讲谈社，1989 年）第 349—371 頁。圆通的须弥山仪图、缩象仪，环中禅机所绘两张同名地图以及佐田的《視實等象儀图》均刊于秃氏祐祥编《須彌山圖譜》（京都，龍谷大学出版部 1925 年版）。

⑱　长崎天文学家，人们也称他小林好伸。据说他逝于 1684 年 2 月 9 日，见盧千里《先民伝》（长崎）（1731）（江户，1819 年）卷 1，s. v. "Kobayashi Yoshinobu."

年份名叫 Kasuparu 的荷兰人只有外科医生卡斯珀·沙姆伯格（Caspar Schamburger），他于 1647 年或 1648 年来到日本。[188] 但即便二者是同一个人，我们也无法确定传授测量技术的就是他。此后荷兰人并没有对日本测量带来过强烈影响，因此我们可以断言，荷兰人并没有参与传播此类知识。

给日本测量带来更多影响的是葡萄牙人。根据卢千里的记载，樋口是在一位名叫林先生（Hayashi Sensei 或 Kichiemon）的人的指导下学习天文学和地理学的。林先生是一位居住在长崎的基督徒，此人于 1646 年殉道。樋口后来受到他老师的牵连，被投入狱中长达 21 年之久。[189] 他的著作之一《二仪略说》就是根据《天主教纲要》（*Compendium Catholicae veritatis*，约 1593 年）的第一部分撰写的。《天主教纲要》由耶稣会士佩德罗·戈麦斯（Pedro Gomez，1535—1600）为他的日本学生撰写。[190] 为樋口授课的是耶稣会士和葡萄牙航海家而不是荷兰人，这一点进一步证明了来自葡萄牙的影响。

吸收（欧洲测绘知识）的证据还可见于细井广泽（Hosoi Kotaku，1658—1735 年）所著的《秘传地域图法大全书》（*Hiden chiiki zuhōdaizensho*）。在这部 1717 年的抄本中用到了外国术语。细井称，荷兰人告诉日本人，测量是 pirōto（航行）的技术。作者解释说，pirōto 是一个外来术语，意思是计算或估测。由此可见，这个词的词源已经被遗忘了。在荷兰语中，"polit"、"loods" 与 "pirōto" 一词没有任何语言学上的相似之处。细井书中有各种测量仪器的插图，包括四分仪（watarante、kuhadarantei）、罗盘（konpansu）、星盘（isutarabiyo、asutarabiyo）（图 11.31），所有这些名称都显示出与葡萄牙语和西班牙语的直接关联。Watarante、konpasu，isutarah 这三个词也可见于 1728 年松宫俊仍（1686—1780）的测量著作《分度余术》中。[191] 松宫并不是细井的学生，当时可能有不同的测绘学派，他们所用仪器的欧洲名称可能也不相同。[192] 其中一些江户时代所用的仪器流传至今。[193]

394

---

[188]　或者是 Schambergen，他是第一位从荷兰到日本的医生并开创了红毛流外科的医学流派。参考 Plutschow，*Historical Nagasaki*，97（注释 128）。

[189]　盧千里《先民伝》（长崎）卷 1，s. v. "Kobayashi Yoshinobu"（注释 187）。

[190]　尾原悟《キリシタン時代の科学思想：ペドロ・ゴメス著「天球論」》，《キリシタン研究》10（1965）：101—178，179—273；廣瀬秀雄《舊長崎天學派の這統成立について——二儀略說に關して》，《蘭學資料研究會研究報告》184（1966）：3—14．对《二仪略说》的讨论，见 Nakayama，*History of Japanese Astronomy*，98—100（注释 38）。目前仅存的复本保存于东京国立公文书馆内阁文库；已刊于古島敏雄等编《近世科學思想》（2 册）下册，收入《日本思想大系》（東京：岩波書店 1971—1972 年版）第 62—63 册；*The Compendium Catholicae veritatis is in Rome*，*Biblioteca Apostolica Vaticana*，Regina Lat. 426；see Joseph F. Schutte，"Drei Unterrichtsbucher fur Japanische Jesuitenprediger aus dem ⅩⅥ. Jahrhunderr," *Archivum Historicum Societatis Iesu* 8（1939）：223–56．

[191]　*Watarante* 或 *kuhadarantei*（也叫 *kuhatarantei*）是葡萄牙词 *quadrante* 或西班牙词 *cuadrante* 的变音；*konpansu* 与 *konpasu* 则来自葡萄牙词 *compasso* 或西班牙词 Spanish *compás*；*isutarabiyo*，*asutarabiyo*，*isutarahi* 来自葡萄牙词 *astroldbio* 或西班牙语词 *astrolábio* 的变音。这些词之所以在日语中有不同的翻译，是因为人们听到同一个外来词，写下来却不一样。另一种可能性则是，这些词虽然源自葡萄牙语，却是由长崎的荷兰人教给日本人的，因为葡萄牙语在 17 世纪 60 年代晚期是日荷贸易中的通用语言，但是葡萄牙语是用来为林氏和樋口这些人授课的，因此很可能葡萄牙语对日本还有一些直接的影响，而非只是间接影响。

[192]　东京国立公文书馆；松宫注意到，罗盘被称为 *passuru*（*passer*）。

[193]　日本的星盘与象限仪见于千叶县佐仓日本历史民俗博物馆的秋冈收藏。罗盘见于静冈市久能山东照宫馆（传为德川家康所有物）以及长崎县平户市松浦历史博物馆。

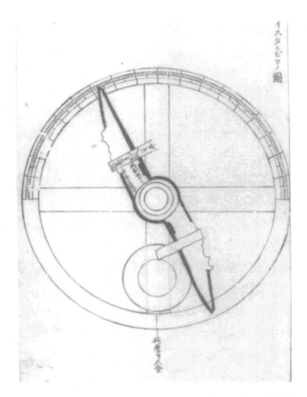

图 11.31 细井广泽《秘传地域图法大全书》中的星盘插图

原件直径：17.2 厘米。

东京国立国会图书馆藏。

照片由海野一隆提供。

在这些著作中，不仅以欧洲名称称呼这些仪器，而且也用欧洲方式指称月份，因为这一点对于磁偏角表很重要。在细井手稿中可见 shanero、hebereiro、setenboro、nobenboro 和 desenboro。虽然松宫并不像细井对发音那么严格，但是他标示每个月读音的方式跟细井是一样的。两部著作都用荷兰语列出了各个月份，可确认的有 yanwari、befuriwari 和 maruto。由于其在欧洲航海中的重要性，这些月份名称似乎是欧洲人（直接）教给日本航海家的。池田于 1618 年所作《元和航海书》（元和为 1615—1623 年）一书中，记录了每个月份的葡萄牙语名称，[194] 细井与松宫书中的内容与池田从欧洲人曼努埃尔·冈萨雷斯（见前注 145）那里学来的航海技术有关。如前所述，细田认为航海术（pirōto）是测量术的基础。松宫也承认，他所掌握的测量技术来自欧洲人的航海。

松宫也错误地认为，是荷兰人而非葡萄牙人将这些知识传入日本。这一看法在江户时代的测量著作中比比皆是，这可能是由于荷兰贸易特权的存在。值得注意的是，在禁教之后，人们也避免与葡萄牙产生瓜葛。葡萄牙人以狂热的福音传道者著称，因此人们避免任何与他们有牵连的事情，而对待重商主义的荷兰人却不是这样。

松宫书中记载了两位早期的测量师——樋口和岛谷。后者是一位精通欧洲航海技术的航海家，但樋口似乎向欧洲航海家学习天文学，同时也曾师从他的上司、富于航海知识与经验的林先生⑲。岛谷于 1675 年完成一次到小笠原群岛的考察航行，本来幕府想请樋口来完成这次航行，但后者以年岁已高而推辞，因此幕府命令岛谷接替他去考察。⑲

根据细井的记载，幕府为所有合格毕业的测量技术员颁发地图。这一点也可以证实欧洲航海科学对日本测量活动的影响。这些地图中有两幅海图，一幅为《咬𠺕海上分度图》，一幅为《日本正图》。第三幅《万国总图》也是基于欧洲知识绘制的。细井强调，没有被颁发地图的测量员，不会被视为真正的测量员。⑲ 还有一种磁偏角表——即《南蛮历》在江户时代也被用作类似的合格证书。⑲

国家与地图学

国家对日本地图学的发展有着重要的影响。例如，我们已经看到，在《日本后纪》中有一条记载，796 年曾令诸国编制地图。此后还有一些有关编制区域地图的零星记载。例证之一来自镰仓幕府 1180—1266 年编年史《吾妻镜》。本书记载，1188 年，将军源赖朝（1147—1199）命令编绘鬼界岛海路图，这可能是他试图歼灭平氏军队残余力量，将九州南部海域纳入其控制范围的部分举措。⑲ 同书中还记载，次年取得本州东北部的控制权后，源赖朝从当地居民处得到了陆奥与出羽两国地图。原图可能是由这一地区先前的统治者藤原藩备制的，因为地图中有关于山川、海洋、平原、村庄和土地的详细定位信息，⑳ 但这些资料中并没有关于绘制全国地图的记载。直到 1591 年，丰臣秀吉政府才着手开展这一工作。我们只能推测其原因是，编绘各国地图早已司空见惯，各个行政机构都会保存、使用，甚至可能出于官方需要订制全国地图。

土地丈量（检地）的主要目的是评估私人占有土地的数量，以便征税。诸国领主将标准土地产量登记在册，被称为"检地簿"或"御前账"，并有与之配套的地图。例如，《多闻院日记》"1591 年"条下就提到这些地图："我听说颁布了命令，要求提交包括所有稻田在内的全国各郡地图，还有海洋、山脉、河流、小村、庙宇、神社和稻田所在地区的地图，这些地图将保存于皇宫。"㉑ 因此领主有责任深入领地内的主要地形单位，特别是丰产区。可以两幅出自此次检地的地图为例，其年代最迟为 1597 年，它们是越后国（今新潟县）濑

---

⑲ 卢草拙的信件中提及过这一点，见细井廣澤编《测量秘言》（1728），这是锁国之后在长崎参与研究欧洲航海天文学的人们的言论集。手稿保存在仙台东北大学图书馆。

⑲ 卢千里：《先民伝》（长崎）卷 2，S. v. "Shimaya Kenryu"（注释 187）。

⑲ 细井称这些地图为加留太；见《秘傳地域圖法大全書》（注释 63）。下面有关于《万国总图》的讨论。

⑲ 日高其吉：《日向佐土原藩土日高重昌の南蠻流町見術その他》，《科学史研究》44（1957）：17—24。

⑲ 《吾妻镜》第 32 册卷 8，本书收入《新訂増補國史大系》第 32—33 册（注释 37）。《吾妻镜》前半部编撰于 13 世纪后半叶，后半部编撰于 14 世纪初。

⑳ 《吾妻镜》第 32 册卷 9，本书收入《新訂増補國史大系》第 32—33 册（注释 37）。据该书记载，源赖朝听到官修陆奥和出羽地图毁于平泉城堡大火时，怅然若失。他的两个兄弟丰前介实俊和橘藤五实昌很熟悉这两国，于是向他呈送了这两国的详图。

㉑ 这条记载在"天正 19 年（1591）七月二十九日"条下，天正朝为 1573—1591 年。见辻善之助编《多闻院日记》（全 5 册，东京：角川书店 1935—1939 年版）第 4 册第 306 页。日记所记从 1478 年到 1617 年。现存于奈良兴福寺，也就是昔日的多闻院。

波郡（图11.32）和颈城郡地图。两幅地图的方向都是东南向，推测地图底端为海岸线。除了包含很多地形细节外，这两幅地图还具有很高的艺术性。[202]

图11.32　越后国（今新潟市）濑波郡地图（约1597）

图上可见河流、道路、都市、村庄、庙寺、神社、一处城堡和一处要塞，还有稻田以及其他耕地和荒地。抄本上还标注了每座村庄的标准土地产量。此图可能是丰臣政权于1582—1603年间开展地籍调查的产物。

原图尺寸：243×693厘米。

山形县米泽上杉（Uesugi）家藏。

照片由海野一隆提供。

可耕地的产量是按每平方尺（一尺，约30厘米）土地收获的稻谷量来计算的，另外还根据土地类型等变量做出折让；以这个固定的数额评估税收标准，同样也会根据土地类型、耕作难度、灌溉渠的维修、运输距离等因素给出折让。水田的主要分类如下：每平方尺产量为1.5石（7.5蒲氏耳）为头等田；1.3石，为二等田；1.1石，为三等田。最后以石为单位产量确定可耕地价值并登记在册。此后的土地转让也是以石为单位，而不是根据田亩数。[203]

丰臣秀吉的土地调查很有可能是不彻底的或者没有取得起初下令所要求的效果。虽然这时候诸国可能已经完成了检地，但是并没有达到预期的目标。如桑塞姆（Sansom）所言，虽然此次调查务求彻底且来势汹汹，但相关的法令只是具文而已。那些过了一段好日子的农民对之激烈抵抗：因为服从命令就意味着向官方暴露私有土地的真实面积和从前逃逸的税收数额。为了破除阻力，推动土地调查的彻底进行，丰臣秀吉威胁将严惩违令者，包括处以刑罚。桑塞姆认为，诸国土地调查完成得不彻底，意味着存在因土地所有者的抵制与隐瞒造成的漏洞。[204] 同时期的文件也证明了这一点。1593年呈交的国籍被列成清单，由丰臣秀吉的侄子丰臣秀次（1568—1595）的助手驹井重勝（1558—1635）送给丰臣秀吉的要臣前田玄以

[202] 这些地图刊载于：東京大学史料編纂所编《越后國郡繪図》第1册（颈城地图，340×586厘米）和第2册（濑波地图）（東京：東京大學，1983、1985、1987）。1987年出版的那一册对这批地图进行了解说并编制了引得，收入了地图上的注记。关于这些地图的讨论，参考伊東多三郎《越后上杉氏領國研究の二史料》，《日本歷史》138（1959）：2—14；以及 Kazutaka Unno, "Government Cartography in Sixteenth Century Japan," *Imago Mundi* 43（1991）：86–91。

[203] Sansom, *History of Japan*, 2：316–19（注释32）。

[204] Sansom, *History of Japan*, 2：316–19（注释32）。

（1539—1602 年）。这张表上注明，66 国中有 29 国只呈交了籍账，13 国既有籍账也有地图；这 13 国是本州岛的上总、下总、武藏、相模、志摩、伊贺、若狭、山城、因幡和伯耆；四国的土佐；九州的丰后与肥前。[205] 相关的举措还有 1605 年德川幕府下令要求重新绘制诸国地图，[206] 但我们并不确定这次命令到底是丰臣秀吉时期土地调查的继续，还是与之完全不同的举措。

我们从布朗出示的证据得知，德川早期进行的几次土地调查结果有相当大的误差。[207] 检地数通常偏少，因为测量员总是抹掉零头，而不是四舍五入到下一间（一间约为 1.82 米）或者算半间。通常使用的麻绳因干湿状况的不同而伸缩，由此产生的误差自不待言。另外，计算土地面积靠的是用绳子编成的方格网，这种方法适合计算正方形或矩形区域的面积，但是不适合丈量不规则或边界弯曲的地块。检地有欠精确带来一个有趣的悖论：不漏算土地面积对统治者显然更为有利，本来也可以找到更为精确的测量方式，但这些却并不能使例行的土地丈量得到预期的改进。布朗指出了许多原因，包括武士阶层（大多数测量员来自这一阶层）看不起实用科学知识、没有接受数学教育、测量技术的保密，最重要的是对测量的需求仅限于公共部门，这样就扼杀了竞争和改进的动力。[208]

在德川幕府统治时期，一共推行了五次编修国土基本地图的大型计划（见附录 11.8），但是无论是在国家还是诸国层面，都没有建立起永久性的（制图）组织。每个计划中的官方制图师——绘图方都是由幕府将军及其家族任命的，但通常只有少数人从事实际工作。参加计划的还包括画师、书法家和杂务工，推测还有负责测量与制图的专门人员。有关第三次计划的记载最为完备，这一计划推行于 1644 年至 17 世纪 50 年代中叶。[209] 官方给出了根据田野调查绘制地图的细则，田野调查则由诸国最有势力的家族来完成。按照规定，比例尺必须是 6 寸比 1 里（1∶216000）；须用粗红线表示公路干线，每一里做一个标记，用细线表示较小的道路，没有桥梁的河流上须标注是否有可供使用的渡口，或者旅行者是否需要涉水而过，至于海滨，地图上须记录为岩石还是沙滩，以及船只是否可以停泊在那里（图版 25）。[210] 第四次和第五次地图编绘计划也制定了同样的细则和相同的比例尺。

由于资料不足，无法界定前两次计划所涉及的区域。第三次计划的地图覆盖了从北边的库页岛、千岛群岛到南边的琉球群岛之间的区域。松前藩上交的库页岛、千岛群岛和北海

397

㉕　Unno，"Government Cartography"（注释 202）。亦见驹井重胜《諸國御前帳》，载宫崎成身编《視聽草》（1830—约 1865）六集之七；这部手稿藏于东京国立公文书馆，给出的手稿年代相当于 1593 年 2 月 6 日。第一次提到这个材料的学术论著是：黑田日出田《江戶幕府國繪圖鄉帳管見》，《歷史地理》93，No. 2（1977）：19—42。

㉖　《德川実紀》（1849）载《新訂増補國史大系》第 38 册（注释 37）以及《寛政重修諸家譜》（全 26 册，1812 年）；《续群书類從完成會》，1964—1967 年重印，卷 494，s. v. "Tsuda Hidemasa."

㉗　Philip C. Brown，"Never the Twain Shall Meet: European Land Survey Techniques in Tokugawa Japan," *Chinese Science* 9（1989）：53–79.

㉘　Brown，"Land Survey Techniques,"78–79（注释 207）。

㉙　关于这几个计划的详细情况，参见川村博忠《江戶幕府撰國繪図の研究》（東京：古今書院 1984 年版）以及 Hirotada Kawamura，"Kuni-ezu（Provincial Maps）Compiled by the e Tokugawa Shogunate in Japan," *Imago Mundi* 41（1989）：70–75.

㉚　参见与近藤守重呈送给幕府的新旧郡图国有关的文献，如河田羆《本邦地图考》（注释 2）。这些文献亦收入《近藤正齋全集》（全 3 册，東京：國書刊行會 1905—1906 年版）第 3 册。

道地图，绘制比例不到 1∶21600，其领地边界极其扭曲变形。[211] 幕府官方收到这幅地图后并没有要求重新测绘，说明他们对这一地区并没有兴趣，因为与丰臣秀吉时期的检地计划一样，绘制地图是为了标明方便征税的作物产量，而北方边地因气候条件不利，素有庄稼歉丰的恶名。

第三次计划的细则似乎没有充分考虑将诸国测绘结果拼合为全国地图时存在的问题。处于诸国地图边缘的山区测绘不准确，而且处于诸国外围的山地采用的是从国中向外看的视角，画出的是图画式地图，根本不可能将其合并到总图中。因此，第四次计划命令诸国按照绘制其他地区的方式绘制山区地图，以便日后编绘全国地图。[212]

所有五次计划中编绘并提交给幕府的诸国地图，只有第五次计划的一套天保诸国地图完整保存下来。[213] 此处还有的 8 页元禄（第四次计划）六国地图保存在东京国立公文书馆。[214] 在日本各地的图书馆和博物馆中保存着各领主绘制的地图副本和草图，以及后来的复制图。[215] 许多地图未标明日期，只有第四次和第五次计划的地图上标有日期和负责地图编绘的领主姓名，这也是这两次计划的特色。研究这些地图的困难在于，除了少数个例，如摄津国地图（图 11.33）外，没有一幅地图能确定无疑地断定为第一次和第二次计划所绘。

正如我们所见，根据诸国地图绘制全国地图是政府计划的一部分。已知现存两幅此类全国地图的原图，分别出自第三次和第四次计划。还有两幅全国地图，可能出自第一次和第二次计划，但并不知道哪幅属于第一次，哪幅属于第二次。后两幅大型手绘地图保存在东京国立国会图书馆和佐贺县佐贺图书馆。国会图书馆的那幅地图习惯上称为庆长日本地图（图版 26），因为是庆长（1596—1614）十年，即 1605 年下令编绘的。虽然未标明绘成年代，但可知大约是在 1639 年，因为粘在地图上的纸条分别写着 1639 年和 1653 年各大名姓名，后一个年份推测为修订版的年份。根据当时在位家族的族徽和那一时期的国土构成得知，这幅地图并不是 1639 年原创，而是根据此前的地图资料编绘的。地图上国土的构成特点是，本州北部被压缩，伸入陆地的陆奥湾用曲折的阴影表示，九州自北向南被拉长。

佐贺图书馆地图由三部分组成，总尺寸为 622×674 厘米。[216] 地图上的空白处标明了诸国标准土地产量，但并没有注明地图完成于哪一年。与庆长地图相比，该图的本州北部和九州形状更切合实际，但是四国的形状二者没有差别。特别是，两幅图上土佐、室户和足摺半岛的曲线都画得不甚清楚。

399

---

[211] 松前家族绘制的地图今已不存，但《皇国道度图》（见第 399 和 400 页）中有其缩小图。琉球群岛地图由萨摩家族完成于 1649 年，今存于东京大学历史地理研究室的"岛津家文书"卷 76，第 2—4、5、6 页。这些地图的彩色复制图见《琉球國绘図史料集》第 1 集（那霸：冲绳县教育委员会 1992 年版）。

[212] 这一命令下达于 1696 年。见《元禄年録》（1688—1703，共 64 册），收入《柳营日次记》（1656—1856，手稿共734 卷），收藏于东京国立公文书馆。亦见福井保《内阁文库书誌の研究》（東京：成象堂 1980 年版）第 365 页。

[213] 天保时代是 1830—1843 年。东京国立公书馆保存有天保地图原图的 83 幅单页地图和 36 张备用页，还有装盛地图的盒子。见福井保《内阁文库书誌の研究》第 355—360 页（注释 212）。

[214] 国立公文书馆的 8 幅单页地图覆盖了日立、下总、日向、大隅、萨摩和琉球（占 3 页）。

[215] 关于地图的副本、草图和后来的复制图见：《科學研究費にとる研究の報告》、《現存古地圖の歷史地理學的研究》，《東京大学史料編纂所報》16（1981）：25—40，特别是 31—33 页。

[216] 这幅地图刊于秋冈武次郎《日本地图作成史》（東京：鹿岛研究所出版会 1971 年版）图 57。

398

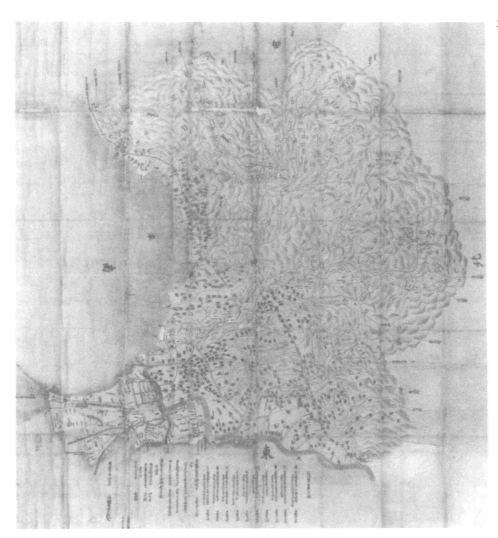

图 11.33　庆长地图之一例：摄津国（今分属兵库县和大阪府）

　　这幅手绘地图上标有庆长十年（1605）九月的日期并注明该图是摄津、河内以及和泉国的片桐市正（Katagiri Ichino-kami 或 Katsumoto）的监管下完成的。椭圆形中标有村落名称，其颜色随属郡不同而不同。主干道旁，每隔 1 里做一个标记。没有一定的方位；记录各种信息的文字按不同的方位书写。

　　原图尺寸：249×225 厘米。

　　兵库县西宫市市政厅藏。

　　照片由海野一隆提供。

　　第三次计划产生了一幅明显改进的总图，称为正保日本地图。虽然并不清楚原稿草图是否存在，但这幅摹本被认为是最接近军事工程师和测绘师北条氏长（1608—1670）根据诸国地图编绘的《皇国道度图》（图 11.34）。[217] 在这幅地图上，日本列岛的主要部分大体与今天的日本地图一样精确，不包括琉球群岛。达到如此高的精度的原因还不清楚。北条

---

　　[217]　彩图刊于海野、織田、室賀编《日本古地図大成》第 1 册，图版 19（注释 8）以及《國史大辭典》第 11 册，图版 5 彩页《日本图》（注释 95）。还有其他很多不同图名的正保地图的复制图。

400

401

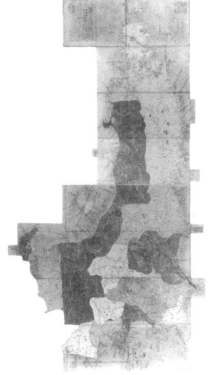

图 11.34 《皇国道度图》（约 1670）

这幅手绘地图编绘自德川幕府第三次检地产生的诸国地图以及绘制于计划之初的正保年间（1644—1647 年）、通常所称的正保日本地图。此图对日本列岛大部分地区的描绘都相当精确，但本州北部（北海道、库页岛和千岛群岛）画得很差。这是由于地图所用松前藩制作的底图存在错误，而松前藩在绘制地图时未遵照幕府所颁行的指导细则。比例尺大约为 1：432000。

原图尺寸：129×178 厘米（西半部），162×83 厘米（东半部）。

经大阪府中之岛图书馆许可。

只获得了村庄与都市之间主要道路的里程数，单凭这些信息不足以绘制出一幅优质地图。因此，有人认为他可能进行过纬度测量。北海道、库页岛和千岛群岛有误，因为他利用了松前藩绘制的不够正确的本地区地图。尽管存在误差，这幅地图仍然是世界上最早将库页岛和千岛群岛大批地名包括在内的存世地图。

"元禄日本地图"则是根据第四次计划中的诸国地图绘制的。[218] 它覆盖了从库页岛、千岛群岛到琉球群岛、八重山群岛与那国岛之间的地区，以及朝鲜半岛南部。绘制这幅地图主要是为了表现海岸线，有关内陆的信息不多。最大的错误出现在本州北部和四国：前者有一个很小的下北半岛，后者过于偏向西南方向。因此，1717 年官方请北条氏条的儿子北条氏如（1666—1727）来修订这幅地图，但结果也不如人意。两年后，吉宗将军（1648—1751）请数学家建部贤弘（1664—1739）负责制图并亲自给出修改这幅日本地图的指令。[219] 根据这些指令，建部贤弘挑选了一些山脉，采取从众山观察国中的视角并将它们绘于地图。作为补充，大名们提供了从国中观察众山的视角。二者结合，就形成了一个交叉观测视角系统，如此构成了建部地图的网络。[220] 建部于 1723 年完成了一幅总图并于 1728 年完成修订。这就是以当时所处的年代（1716—1735）命名的所谓享保日本地图。[221] 其比例尺为 1：216000（6 分比 1 里）。虽然这幅地图纠正了元禄地图上的许多错误，包括四国的倾斜度，但它仍然相当不准确，甚至还比不上正保地图。建部从自己的经历中学到了很多，他写道，未来绘制可靠的地图必须依靠对经纬度的观测。他后来总结说，如果想追求精度，那么采用当时的（交叉）观测法是不够的。换句话说，仅仅利用制高点的观察角度是不够的。[222]

除了诸国和全国地图，德川幕府还下令绘制其他类型的地图、平面图和海图。第三次计划包括命令各家族编绘展示藩厅所在地方的平面图。16 年以后，政府收集到大约 160 幅平面图。[223] 其中 63 幅大比例尺的正保"城绘图"迄今保存在东京国立公文书馆。[224] "城绘图"这个名称强调的是城堡所在的地方（图 11.35）。其特点是，精确表现护城河、城堡的石墙、

㉘　京明治大学图书馆保存的地图（两个单页，每页尺寸为 309×222 厘米，比例为 1：324000）。静冈县静冈中心图书馆的《皇國沿海里程全圖》（355×446 厘米）是此类地图中所知唯一保存下来的例子。此类地图的数量似乎比正保计划产生的地图要少。明治大学地图的彩色复原图见：海野、室贺、织田《日本古地图大成》第 1 册图版 28（注释 8）。以及《国史大辞典》第 11 册图版 6 彩页《日本图》（注释 95）。静冈地图的彩色复制图见于《日本の地图：官撰地图の发达》（注释 13）。

㉙　北條氏如和建部贤弘绘制的地图，见载于川村博忠《江戸幕府撰國圖繪の研究》第 320—49 页（注释 209）。关于吉宗的指示，见建部贤弘《日本繪圖仕立候一件》（约 1723 年），载于《近藤正斋全集》第 3 册（注释 210）。

㉚　见川村博忠《江戸幕府撰國圖繪の研究》第 320—349 页（注释 209）。

㉛　享保地图的复制图编绘于 1793 年（4 张单页地图，从西到东依次为：47×188 厘米、173×203 厘米、172×207 厘米、149×208 厘米），曾保存于陆军测绘部，二战中遗失。这幅地图刊于海野、织田、室贺编《日本古地图大成》第 1 册图 20（注释 8）。

㉜　见建部贤弘《日本繪圖仕立候一件》（注释 219）；《好書故事》（1826）卷 37，载《近藤正斋全集》第 3 册（注释 210）；以及大田南畝《竹橋余筆别集》（约 1803 年）卷 12（现代版，东京：近藤出版社 1985 年版）第 332—333 页。三角测量在日本始于 1872 年。

㉝　《好書故事》卷 28，载于《近藤正斋全集》第 3 册（注释 210）。川村博忠《江戸幕府撰國圖繪の研究》第 121—123 页（注释 209）。

㉞　自 1976 年开始，国立公文书馆便每年以《正保城繪圖》为名出版这些平面图，这一计划仍在进行中，截至 1991 年 12 月，已经出版了 55 件城绘图。小仓（丰前国）、广岛（秋国）、松江（出雲国）、笠间（日历国）和仙台（陆奥国）平面图的彩图见：海野、室賀、织田《日本古地图大成》第 1 册图版 96—100（注释 8）。

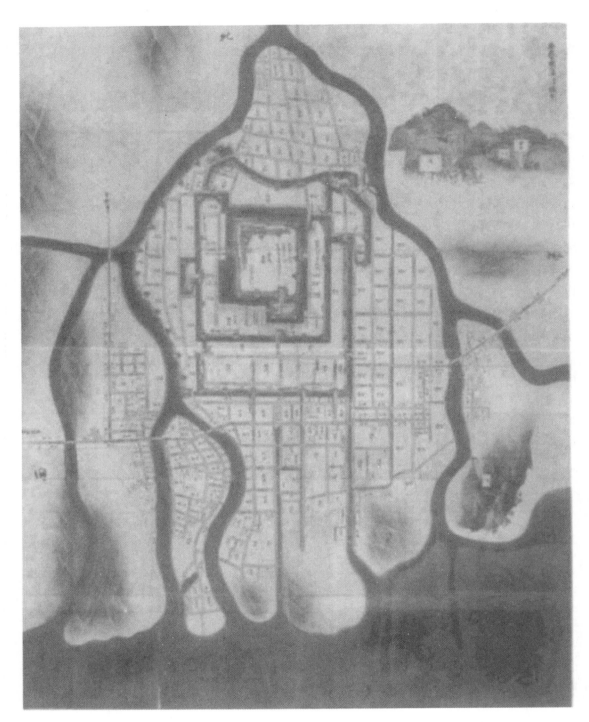

图 11.35 正保城绘图之一例:《广岛城绘图》(约 1645)

虽然这幅地图采用了"城绘图"这一名称,但如图所示,其内容并不仅限于城堡。

原图尺寸:242×193 厘米。

经东京国立公文书馆许可。

城堡大门以及街道宽度。

此外，这一时期还编绘了以精确度和纤毫必具著称的都市详图，包括江户、京都和大阪等处于幕府直接管辖下的城市。[223] 政府派专业人员进行测量，绘制详图，这些图对后来的城市平面图产生了很大的影响。例如，首次精确编绘的江户详图的工作缘起于1657年大火（图11.36），这一任务落在年迈的北条肩上。[226] 京都详图绘制于1637年和1642年前后，由中井家族绘制并保存至今。1637年绘制的京都图题为《洛中绘图》，比例尺为1：1500，该图1642年前后的修订版比例尺约为1：1263（图11.37）[227]。据记载，大阪地图也是由中井家族于1613年受命绘制的。现存最古老的京都详图大约绘制于1655年。[228]

幕府还下令绘制了一批海路和陆路地图。[229] 幕府分别于1634年、1646年和1651年下令绘制了从京都到江户的东海道路线图。[230] 此类陆路图的特点是，用线条表示交通线，不考虑距离与方向，而是注重所绘景观的美感（图11.38）。关于海路图，1667年幕府下令调查江户以西的本州沿海，以及四国和九州海岸。这次调查产生的海岸地图与前面讨论过的海图不同，表现在海岸线被画成一条少有凹曲的直线，但内陆部分则较海图更为准确。[231] 岛谷1670—1671年的测量得到了政府的资助，他绘制的海图就是根据这种海岸地图绘制的，是标明了纬度的科学地图。[232] 除了上面所提及的这些地图，幕府还派出制图专家，命令大名们编绘其他适于官方用途的地图、平面图和海图。

㉓　有关都市图的历史概述，见：矢守一彦《都市圖の歷史》（上、下册，東京：講談社1974—1975年）上册；专论江户都市图的论著有：飯田龍一、俣元昭《江戶圖の歷史》；涉及这一论题并作简单介绍的有：Cortazzi, *Isles of Gold*, 39、50、54、56—58（注释14）。

㉖　学界普遍同意，北条地图与东京三井文库藏手绘江户详图有关，这幅图被刊于《寬文五枚圖》（東京：芳賀書店1970年版）；《日本の地图：官撰地图の発达》（注释13）；以及飯田龍一、俣元昭《江戶圖の歷史》（注释225）。

㉗　第一幅地图（505×236厘米）保存于宫内厅档案与陵墓部。1642年修订版（636×283厘米，262×30厘米）保存于京都大学图书馆。复制图刊于《宮内廳書陵部所藏洛中繪圖》（東京：吉川弘文館1969年版）以及《洛中図繪：寬永萬治前》（京都：臨川書店1979年版）；第一幅地图为1637年手绘地图；第二幅为1642年前后的修订图。

㉘　这幅手绘地图题为《大坂三郷町繪図》（214×236厘米），保存在大阪市立博物馆。彩色复制图见：海野、室賀、織田《日本古地図大成》第1册，图版87（注释8）。中井家是幕府指定的京都大木工。

㉙　较早的地图例子有：《木曾路・中山道・東海道繪圖》（120×1920厘米）和《西國筋海陸繪圖繪圖》（124.8×732.6厘米），两幅地图均为1668年绘制且为国立公文书馆收藏。它们的彩色复制图见：海野、織田、室賀编《日本古地图大成》第1册，图版114与115（注释8）。

㉚　1634年，宫城和甫和秋山正重奉命考察江户到京都的道路与居所，为德川家光（1604—1651或1623—1651）将军前往京都做准备；这两个人一个月后返回江户并提交了这幅地图。见《德川實紀》第2册，载于《新訂增補國史大系》卷39（注释37）。1647年，松田定平与飯河直信奉命考察江户到大阪的道路、驿站和桥梁并绘制地图，见《德川实紀》第3册，载于《新訂增補國史大系》第40册。蘆田伊人《地圖と交通文化》，《交通文化》3—5（1938—39）：282—290，358—364，445—454。

㉛　这些海图参考了1680年考察参与者衣裴玄水的手绘地图《海瀬舟行圖》。它们是这幅海图的三幅复制图，保存于京都大学地理研究室（比例尺约为1：64800，是三本折页图册）、神户市立中心图书馆（五本折页图册，包括日本东海岸）以及南波松太郎收藏（四本折页图册加上四本考察日记）。京都海图的部分复制图载于海野、織田、室賀编《日本古地图大成》第1册图版116（注释8），南波地图的部分复制图载于南波、室賀、海野《日本の古地図》图版34（注释11）。

㉜　见第385页。

402

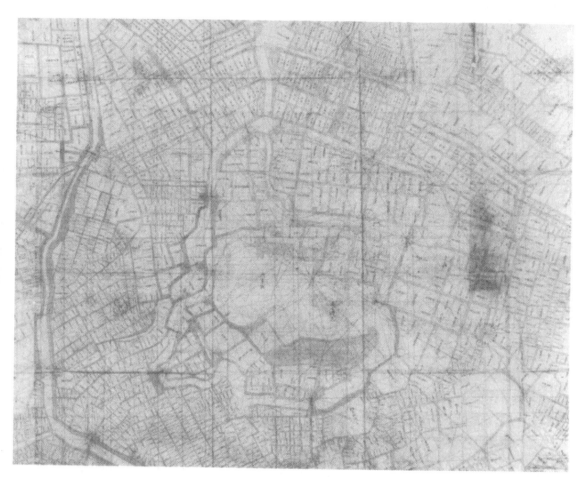

图 11.36　北条氏长所绘江户城图一部分（约 1658）

　　1657 年大火后，幕府下令对江户进行测绘，此图是根据测绘结果绘制的。图上没有特定的方向，但根据细节判断上方为东，江户城堡位于中心。罗盘玫瑰从某些城门延伸出 12 条或 24 条放射状方位线，线条涂成红色或绿色。此图比例为 1 分比 4 间，比值在 1 : 2400（其中 1 间 = 6 尺）和 1 : 2600（其中 1 间 = 6.5 尺）之间。

　　原图尺寸：318 × 418 厘米。

　　经东京三井文库馆许可。

图 11.37 中井家《洛中绘图》修订版的一部分（约 1642）

图中没有标明方向，从细部知上方为北，此图表现了京都的北半部。地图绘于纸面。线条由模具刀（tracing spatula）压制而成。比例尺约为 1:1263，相当于 1 间（1.81 米）比 6 尺（1 尺 = 30.3 厘米）；每个方格边长为 4.75 分（1 分 = 3 毫米），代表一个 10 平方间的区域。

原图全图尺寸：636×283 厘米，262×30 厘米。

经京都大学图书馆许可。

404

图 11.38　通景式路线图：《木曾路中山道绘图》的一部分（1668）

请注意，这幅折页式手绘地图是一座城堡的写实鸟瞰图，推测画工观摩过呈送给政府的木质城堡模型。沿太平洋海岸延伸的东海道和内陆的中山道都连接着江户与京都。

原图全图尺寸：120×1920 厘米。

经东京国立国会图书馆许可。

印制地图贸易的发展

利玛窦世界地图的派生作品

耶稣会传教士利玛窦（1552—1610）最负盛名的是，他在将欧洲思想传播到中国，作为中介将中国地理知识反馈到欧洲的过程中所扮演的角色。但是，他在日本地图学史中的位置与中国有所不同。他在中国所编绘的世界地图流传到日本后，被印制成多种版本。利玛窦世界地图可以作为一个恰当的例证，用来说明与欧洲人初次接触后日本地图贸易发展。

利玛窦在他的回忆录中指出，他的世界地图不仅在他所供职的中国全境十分流行，而且还被带到了澳门和日本。[23] 利玛窦地图初次传入日本的确切时间不得而知，但 1605 年以后他的地图摹本已经被用来在京都的耶稣会堂介绍地理学和天文学了。[24] 在所有利玛窦世界地图中，1602 年的版本对日本影响最为突出，几乎所有现存的日本摹本都是以它为底本的。[25] 利玛窦世界地图（在日本）大获成功的重要原因是，它是用汉文编绘的，因此日本人很容易

---

[23]　Matteo Ricci, *Storia dell'introduzione del Cristianismo in Cina*, 3 Vols., ed. Pasquale M. d'Elia, Fonti Ricciane：Documenti Originali concernenti Matteo Ricci e la Sroria delle Prime Relazioni tra L'Europa e la Cina (1579 – 1615)（Rome：Libreria della Stato, 1942 – 49）, 2：60.

[24]　Henri Bernard, *Matteo Ricci's Scientific Contribution to China*, trans. Edward Chalmers Werner (Beijing：Henri Vetch, 1935), 70.

[25]　一幅 1602 年地图的完整复制图保存于仙台的宫城县图书馆，该图绘于六件挂轴上，整幅图尺寸为 171×361 厘米。现存的另外两幅复制图不如这幅图完整。京都大学图书馆的一幅，绘于六件挂轴上（166.5×366 厘米），上面的耶稣会装饰被挖去。另一幅保存于东京国立公文书馆（高 170.4 厘米），主图周边的文字、增补的地图以及天文图说均不存。这幅复制图也被拆分后粘贴于一部中国抄本地图集的背面。鲇泽信太郎简略论述了利玛窦世界地图的标题以及它在整个江户时代的影响，见 Shintaro Ayusawa, "The Types of World Map Made in Japan's Age of National Isolation," *Imago Mundi* 10 (1967)：123 – 27（此文后附 M. Ramming, "Remarks on the Reproduced Japanese Maps," 128）；鲇泽信太郎的文章参考了栗田元次《江戸時代世界地図の概説》，《史學研究》Vol. 10, No. 1 (1938)：73—80. 亦见：鲇澤信太郎《マテオ・リッチの世界図に関する史的研究：近世日本における世界地理知識の主流》，《横濱市立大學紀要》18 (1953). 从广义的科学角度对利玛窦所作的研究：Nakayama, *History of Japanese Astronomy*, 79 – 86（注释 38）。宫城县图书馆的 1602 年地图由该馆刊于 1981 年，见海野、織田、室賀编《日本古地図大成》第 2 册图版 58（注释 8）。京都大学地图的复制图由禹贡学会刊行于 1936 年（1967 年東京大安重印）。国立公书馆地图刊于：船越昭生《坤輿萬國全図と鎖國日本》，《東方學報（京都）》41 (1970)：595—710，特别是图版 2. 宫城县图书馆还有一幅 1602 年原图的 17 世纪早期复制图，这幅图上画出了日本以东海域的金、银二岛。这幅图的彩色复制图刊于海野、織田、室賀编《日本古地図大成》第 1 册图版 57。

理解。但是，（日本）利玛窦地图上有一些用片假名拼写的地名，表明耶稣会士参与了知识
的传播。尽管当时日本的专家可以阅读汉文，但是他们可能还不会将地名从罗马字母转写成
日本假名，因此需要博学的耶稣会士的帮助。[24] 假名不仅对模仿西方地名的正确读音有帮
助，而且对于转写其他汉文地名也有价值。将 1602 年原版地图上的地名转写到日本的利玛
窦地图上时，唯一的变化就是加上了金岛和银岛，另外还修正了利玛窦把本州以北的岛屿标
记为虾夷岛的错误。

　　1645 年开始有了一些变化，利玛窦地图之外的欧洲地图上的地名传入日本，制图者将
这些地名添加到利玛窦世界地图的陆地轮廓和投影中。1645 年的《万国总图》就是一幅由
利玛窦地图改绘的世界地图（图 11.39）。地图以手卷形式制成，与之配套的是一幅表现世
界民族的插画。地图作者不详，但（可知）印制于长崎，这是一幅首次在日本印制的别具
特色的欧洲型世界地图。尽管处于锁国时期，但似乎还是有一些欧洲传教士或通晓欧洲语言
的日本人参与到这幅地图的编绘中来。该图上南北回归线的译名与利玛窦原图不同，配套的
人物插画也显示出基于墨卡托世界地图的南蛮地图的深刻影响，后者也带有类似的插画。[25]
新的地名是用片假名书写的，包括北非的利比亚内陆（Ribiainderiyoru）和好望角（Kabote-
bowaesuperanshiya）。用草书平假名书写的大区域地名是用木雕版印出的，但其他用方形片
假名拼写的地名是用毛笔书写的，说明地图内容并非一次印制而成，可能需要人工添加更
多地名并且上色，才算最后完工。[28]

　　"万国总图"型地图上方为东。[29] 因此，美洲出现在地图的上方，欧洲和非洲则位于

---

　　[24]　耶稣会对地名的影响，可见于南美洲北部的一处叫 Castilia del Oro 的地名，这个地名是用汉文写的，读作 jin-jia-
xi-la（日语读作 Kin-ka-sai-rō），还有一处片假名 Kasuteradouno（在上面提到的宫城县图书馆藏地图上），这个音听起来既
不像汉文也不像日文；jin（or kin）意思是金。

　　[25]　见附录 11.4. 大阪南蛮文化厅的 B1 型地图和东京出光美术馆原 Matsumi Tatsuo 收藏的 C 型地图（一件六扇屏风，
每扇尺寸为 166×363 厘米，地图尺寸仅 166×484），都配有 40 个表现世界民族的插图。

　　[28]　一般来说，平假名用来书写日语中本来就有的单词或姓名，片假名用来写外来词汇与姓名，平假名也用来强
调片假名中出现的某些词汇或姓名。カタカナ就属于后一种用法，类似于好些欧洲语言中用斜体字表示强调，但是《萬
國總圖》同时用到了两种写法。现存 1645 年《萬國總圖》的唯一复制图藏于下关市立长府博物馆。起初复制于卷轴上，
现在展开并加框。神户市立博物馆《万国总图》的手绘图以及雕版印制的世界民族插图的彩色复制图（地图尺寸为
134×57.6 厘米，世界民族插图为 136×59.5 厘米），刊于海野、织田、室贺编《日本古地图大成》第 2 册图版 60（注释
8）以及 Cortazzi, Isles of Gold, 37－38 and 112－14（pls. 42－43）（注释 14）。下关市立历史博物館（地图尺寸为 132.4
×57.9 厘米；世界民族插图为 132×57.6 厘米）的彩色复制图刊于《國史大辭典》，彩页"世界地图"，图版 9（注释
95）。长崎印制的《萬國總圖》及世界民族插图，根据世界民族插图上方的题记"Hishu Sonoki gori Nagasaki no tsu ni oite
kaihan"（肥前国曽野木长崎刊行）可制印制于长崎。关于《萬國總圖》，见海野一隆《正保刊『万国总图』の成立と流
布》，《日本洋學史研究》10（1991）：9—75 以及海野一隆《「万国世界異形図」について》，《ビブリア》99（1992）：
20—33。

　　[29]　保存至今的还有其他 6 个版本：神户市立博物館收藏的一幅 1652 年《萬國総圖》（65.5×41 厘米），配有《世
界人形圖》（65×41.5 厘米）；伦敦大英博物馆和东京国立公文书馆收藏的一幅 1671 年《萬國全圖》（40×56 厘米，一
张单页上有地图和民族插图，由 Hayashi jizaemon 刊行于京都）；奈良西台寺收藏的一幅未断代地图（128×56.3 厘米，仅
存地图，由 Eya Shobee 刊行于京都）；三重市津市 Sakaguchi Shigeru 收藏的一幅未断代地图（110.5×57.4 厘米，仅存地
图）；神户市立博物館池长收藏的一幅未断代地图（61.5×39.4 厘米，仅存地图）；神户市立博物館和大英图书馆收藏的
一幅年代为正保丁酉（1651，正保时期仅为 1644—1647 年），配有世界民族插图，每幅插图 137×59 厘米；最后一幅是
正保时期以后复制的，上面有一些错误。只有《萬國総圖》原图上带有"正保丁酉"字样。西台寺版和 1652 年版的彩
色复制图，见海野、织田、室贺编《日本古地图大成》第 2 册，图片 59 和 61（注释 8）。1671 年地图的复制图见：
N. H. N. Mody, *A Collection of Nagasaki Colour Prints and Paintings*（1939；reprinted Tokyo：Charles E. Tuttle, 1969）图版 24；
以及 Helen Wallis, "The Influence of Father Ricci on Far Eastern Cartography," *Imago Mundi* 19（1965）：38－45, esp. fig. 7.
坂口地图刊于海野、织田、室贺编《日本古地图大成》第 2 册 55；丁酉地图刊于见：南波、室贺、海野《日本の古地
图》，图版 7（注释 11）；Mody, *Nagasaki Colour Prints*, pl. 23; and Wallis, "Father Ricci," figs. 5－6。

406

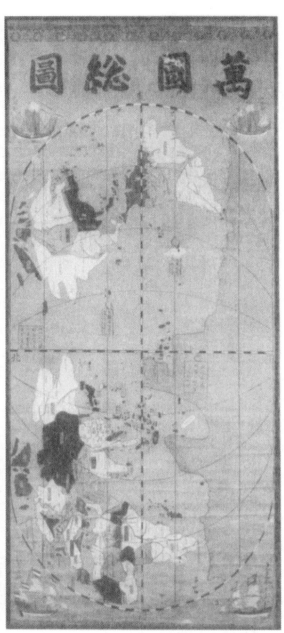

图 11.39 日本印制的第一幅西方世界地图：1645 年《万国总图》

这幅木雕版印制地图取自利玛窦地图的框架，一些地名则来自葡萄牙，用两种日本假名书写。与地图配套的是世界民族插画，也是雕版印制，表明南蛮系世界地图的西式源图本来也是带有人物插画的，例如图版 23。已知的三幅墨卡托南蛮系世界地图都带有世界民族插画。（日本人）用此类地图来修订利玛窦地图上的信息。地图边线外装饰有 4 只帆船，上方有中国式和日本式帆船，底部为欧洲式帆船。地图方向为东向。

原图尺寸：132×57.6 厘米（人物插画），132.4×57.9 厘米（地图）。

下关市立长府博物馆收藏。

照片由海野一隆提供。

底部，庞大的南部大陆占去地图右侧四分之一。与配套的人物插画一样，"万国总图"型地图是为了悬挂在房屋的壁龛间（床の間）而设计的，因此注重地图的装饰性；图轴另一些空白处画着日本船和洋船。

但起初这些地图似乎有着不同的功用。有证据表明，它们曾经是一种颁发给测量学徒的合格证书。据细井1717年手稿记载，他曾收到过一张作为合格证书的《万国总图》。[240] 类似的做法大约始于长崎测量师、早期航海家樋口谦贞。1646年樋口入狱后，地图商发现了《万国总图》潜在的商业价值并开始制作各种版本的《万国总图》。带有插画的小型《万国总图》出现于17世纪的书籍以及为大众撰写的百科全书（类书）之中，[241] 最有学识的读者就是上层阶级与城市人口。帕辛（Passin）认为，"在元禄时期（1688—1704），现代印刷业的发达令人称奇"。除了涌现一批专业作家和书籍插图画家，大型书坊还刊行了大约一万种不同版本的图书，"以满足由于识字普及和城市文化繁荣而涌现的读者之需"。他估计18世纪

图11.40 松下见林《论奥辨证》中的《山海舆地全图》（1665）

这幅地图复制于王圻《三才图会》中的同名中国地图——《山海舆地全图》，后者复制于冯应京《月令广义》（1602），是南京版利玛窦地图的变体。

原图尺寸：19.4×33厘米。

海野一隆藏品。

---

[240] 见原书第394页。

[241] 例子包括：薮田于1693年刊行《头书增补节永集大全》以及1695、1696和1699年类似辞书中的《世界万国总图》和世界民族插图；《年代记绘入》（1706年）和1710、1711、1713年类似编年纪中的《万国之图》。1711年地图和世界民族插图刊于：海野、织田、室贺编《日本古地图大成》第2册，图57（注释8）。

408

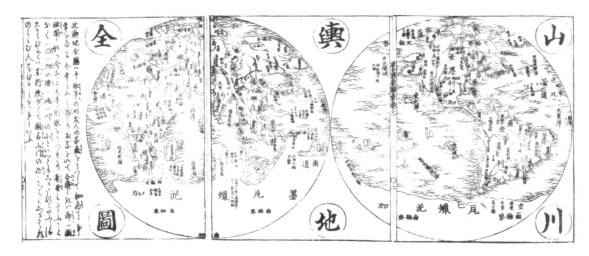

图 11.41 平住专庵《唐土训蒙图汇》中的《山川舆地全图》(1719)

在这部类书中地图占了 3 页。虽然没有画出经纬线，但文字说明中记载了北极圈、北道（北回归线）、南道（南回归线）、南极圈。从地图的结构与地名判断，其原始资料应该来自程百二等撰《方舆胜略》，该书在中国刊行于 1612 年。

原图尺寸：18.3×42 厘米。

海野一隆藏品。

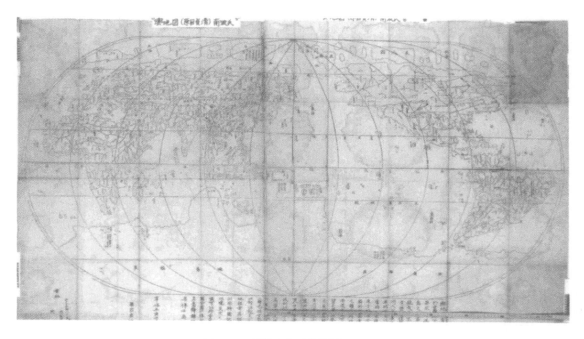

图 11.42 原目贞清《舆地图》(1720)

与利玛窦地图不同，日本东部海洋上绘有金岛和银岛。原目地图似乎复制于利玛窦地图的改绘版，因为各种世界地名是用片假名书写的，这一点同于一些日本利玛窦地图改绘版。

原图尺寸：91.5×154 厘米。

经神户市立博物馆许可。

中叶以降，40%—50%的（日本）男性人口会识字。[212] 但这些复制地图中地理内容的质量出现了恶化的趋势。《万国总图》仅有的修正版，1688年石川流宣（活跃于1686—1713年）的《万国总界图》就是一个例子：虽然该图对亚洲一些较大的区域作了修订，但其余的地理内容实际上比《万国总图》差得远。[213]

　　刊有利玛窦地图的中国书籍也有不少在日本重印。一个较早的例证是前园噌武撰于1661年的《明清斗记》[214] 中的利玛窦地图。这幅地图复制于潘光祖《汇辑舆图备考全书》，该书于1633年刊于中国，其地图复制于1612年，刊于中国的程百二等撰《方舆胜略》。[215] 松下见林（1637—1703）的《论奥辨证》（1665）中有一幅十分简化的利玛窦地图，出自1690年王圻所撰插图类书《三才图会》。[216] 1719年，平住专庵在他所撰《唐土训蒙图汇》一书中也刊有一幅东西半球图（图11.41），[217] 但是这幅地图的绘成更多地归功于1612年《方舆胜略》中的利玛窦地图。

　　单页地图也继续流行。1708年，稻垣光朗重新刊印仿利玛窦1602年北南半球地图——《世界万国地球图》，[218] 其上有世界民族插画和洋船。这幅地图并不是单单模仿利玛窦地图，因为它同时也融合了《万国总图》的一些特色。

　　更具创新性的是1720年首次单独刊行的椭圆投影的利玛窦地图。该图由原目贞清绘制，命名为《舆地图》（图11.42）。[219] 其上东南亚部分内容被修改，大部分地名用片假名标注。《舆地图》似乎刺激了以后的地图刊印活动，如1744年出现的不具作者的《万国图》。这是一种由本屋彦右卫门刊行的小型简易地图。[220] 该图貌似以原目地图为底本，但改动了欧亚大陆和未知的南方大陆：欧亚的一部分取自《南阎浮提诸国集览之图》，这是

---

　　[212]　Herbert Passin, *Society and Education in Japan*（New York：Teachers College Press，Columbia University，1965），11–12，and 47–49。

　　[213]　石川的《萬國總界圖》（127×57.5厘米）由 Sagamiya Tahee 刊行于江户，现存于神户市立博物馆；该图的彩色复制图刊于：海野、織田、室賀编《日本古地图大成》第2册，图版62（注释8）。该图的第2版发行于1708年，与第1版一样没有配套的世界民族插画。1708年版的复制图收藏于神户市立博物馆、横滨市立大学图书馆、东京东洋文库、大不列颠哥伦比亚大学的比恩斯收藏（Beans Collection）等处。

　　[214]　这幅题为《纏度圖》的地图占了本书的4页，刊于海野、織田、室賀编《日本古地图大成》第2册，图52（注释8）。

　　[215]　《方舆胜略》中的地图是一幅利玛窦地图的摹本，由冯应京（1555—1606）于1604年前后刊印。冯应京是一位政府官员，也是利玛窦的朋友。更多关于中国制作的利玛窦地图版本和在这些地图的影响下产生的各种地图，见 Unno，"明清におけるマテオ・リッチ系世界図"（注释112）；亦见本书前文第170—177页。

　　[216]　松下是一位儒士，也是一位医师；*unki* 意为"运气"，《論奥辨证》一书讨论天文学。

　　[217]　这幅地图由小野木市兵卫刊行于大版，由须原屋茂兵卫刊行于江户，又由小川多左卫门于1796年重刊于京都，由河内屋吉兵卫和三位出版商于1802年刊行于大阪。《唐土訓蒙圖彙》现藏于东京国立公文书馆和日本其他许多图书馆。见鲇澤信太郎《マテオ・リッチの世界図に関する史的研究》第205—207（注释235）。

　　[218]　这幅地图（127.5×42.5厘米）由 Ikedaya Shinshiro 和伊势屋刊行于大阪，现藏于神户市立博物馆，刊于海野、織田、室賀编《日本古地图大成》第2册，图版63（注释8）。

　　[219]　原目贞清的1720年地图由 Izumoji Izuminojo 和 Izumoji Sashichiro 刊行于江户。

　　[220]　本屋地图（52.8×71.8厘米）现藏于神户市立博物馆，复制图见：室賀信夫、海野一隆《江戸時代後期における仏教系世界図》，《地理學史研究》2（1962）：135—229，特别是图版6；重刊于地理學史研究會编《地理學史研究》（上下册，临川书店1979年版）下册第135—229页。

一幅佛教世界地图，亦由本屋刊行于 1744 年。[251] 在利玛窦地图中东西向延伸的南方大陆（Magellanica，也叫 Terra Australis，是假想的古代大陆，出现于 15—18 世纪的地图上，这一假想是基于南北半球大陆应该平衡的理论。——译者注）只占据《万国图》的中下部和右下部。《南阎浮提诸国集览之图》由花坊兵藏绘制，本屋还刊行过他绘制的不具纪年的《大日本国之图》。[252] 他有可能就是《万国图》的作者。1783 年，中根玄览以笔名三桥钓客将一幅大型利玛窦型椭圆地图引入日本，命名为《地球一览图》。[253] 这幅图本于原目《舆地图》，但南方大陆的形状与描述与《万国图》相似。三桥地图可能参考了某幅带有南方大陆早期形态的地图。现存有几个三桥地图的晚期版本，每个版本都有不同的标题与刊行人。[254] 这在当时十分常见，地图出版商不仅印制世界地图、日本地图和城市图，还出售版权与木雕版。

影响最大的利玛窦型椭圆地图出自儒家学者长久保赤水（1717—1801）之手，他绘制的世界地图于 1788 年问世。起初这幅地图命名为《地球万国山海舆地全图说》，后来改为《改正地球万国全图》。[255] 这幅图显然是根据原目《舆地图》绘制的，同时改动了日本北部边地的信息，并且添加了新近了解到的世界地名。与其他此类地图一样，长久保地图也出现过好几个版本，还有过一些压缩和简化的版本。直到江户时代末期还在反复印制此类简化版利玛窦世界地图，即便在日本与外部隔绝时期，地理知识仍然在持续不断地传播。[256]

在江户时代的最后三十多年里，利玛窦型地图最著名的代表作是稻垣子戬（1764—1836）绘制的《坤舆全图》。这幅绘制于 1802 年的地图，是最忠实于利玛窦 1602 年地图的作品。它的尺寸缩小到 54.5×114 厘米，将地图上省略的内容放在配套的书中。[257] 但是，在《坤舆全图》刊行的时期，还同时编绘和出售了许多与之竞争的世界地图，后者的原型地图

[251] 《南閻浮諸提國集覽之圖》（53×73 厘米）现藏于神户市立博物馆，刊于海野、織田、室賀编《日本古地图大成》第 2 册，图版 7（注释 8）。这幅地图根据了浪华子（鳳潭）刊行于 1710 年的佛教世界地图《南瞻部洲萬國掌菓之圖》。浪华子地图成为 18 和 19 世纪佛教地图的原型地图；Ayusawa, "Types of World Map," 图 2 复制了这张地图，第 128 页有拉明（Ramming）的评论（注释 235）。关于浪华子地图，见下文。

[252] 地图上有耳科医生华坊宣一的名字。这张佛教世界地图上提到卖卖耳聋药的店铺。结合这条证据可知，宣一与兵藏是同一个人。《大日本國之圖》（48.8×69 厘米）为京都田中良三收藏，刊于《竹仙堂古书展觀目錄》（京都：竹仙堂，1974 年）第 2 册。

[253] 这幅地图现存于东京早稻田大学图书馆等处。所有的版本中，只有早稻田版本的袋子上有中根这个名字，还带有《地球一覽の圖》这个标题，以及刊行人京都 Asai Yuhido 的名字。封面标题为《地球一覽圖》。

[254] 地图（81.5×153.7 厘米）上提到，初版由两个出版商发行，即大阪的 Onogi Ichibee 和京都的 Asai Shoemon。此图刊于栗田元次《日本古版地图集成》，图版 4（注释 15）。后来的版本，包括一个题为《萬國地球細見全圖》的版本，上面都有这三位出版商的名字：大阪的野木市兵衛、京都的梅村三郎兵衛以及江户的须原屋市兵衛。彩色复制图见：海野、織田、室賀编《日本古地图大成》第 2 册，图版 67（注释 8）。

[255] 地图尺寸为 103.5×155 厘米，初版没有提到任何出版商的名字。《改正地球萬國全圖》由江户的山崎金兵衛和大阪的浅野弥兵衛刊行，并有一位不著姓名（桂川甫周？）的前序。

[256] 太多没有包装，简易的版本上只有修订者姓名或出版年代。两幅带年代的地图是田谦的《新訂（制）萬國舆地全圖》（32.5×91.3 厘米，地图尺寸为 25.7×39.5 厘米，1844）和山崎美成的《地球万国山海舆地全圖說》（40.5×60.5 厘米，1850）。两幅图均刊于：海野、織田、室賀编《日本古地图大成》第 2 册，图 100 和图版 110（注释 8）。

[257] 《坤舆全圖說》是对利玛窦地图的地理解说，译成日文后地图上的汉字转写成片假名；见鮎澤信太郎《マテオ・リッチの世界図に関する史的研究》第 182—188 页（注释 235）。

来自荷兰，带有更新的信息。尽管如此，稻垣地图刊行的时候仍然采用 200 年前的过时的信息。原因大概在于，除了一些通晓荷兰语的人士之外，日本人（普遍）认为中国才是文化更为发达的国家。这些人，包括稻垣，之所以重视利玛窦地图，原因在于，他们以为利玛窦是中国人，因为地图上他的名字是用汉字写成的"利玛窦"！

单页印制的民间地图

11 世纪后半叶以来，日本一直在印制书籍，但是直到 17 世纪才开始印制单页地图。这一时期，无论是智识阶层，还是广大民众，对单页地图的需求都日益增长。[258] 因此，有必要讨论这一时期地图的普及问题。日渐复杂化的地图贸易满足了扩大的市场需求并使日本地图的形式和内容都发生了变化。

日本地图

最早在日本印制且带有印制日期的单页日本地图是佚名《大日本国地震之图》（图 11.43）[259] 编绘这幅地图的目的将它用作防范地震的神符，其上有对地震成因的很多迷信的解释。人们认为，不同月份发生的地震，预示着不同的事件。例如，6 月发生的地震预示着瘟疫、旱灾、牛马死亡，当然，也有一些喜庆之事。这些题记表明此类地图是为一般读者设计的。这幅地图上的日本图像沿自行基型地图，这也是整个江户时代许多日历和算命书上的 411 日本地图普遍采用的模式。有些地图上还有一条环绕日本列岛的龙，如《大日本国地震之图》。[260] 佛教认为龙会引发地震。在这幅地图上，龙头被一种叫作"要石"的石头压碎，"要石"藏于茨城县鹿岛神宫的祭坛上。地图上还写有一首和歌（传统的三十一音节韵文形式）。[261]

---

[258]　关于日期早期印制地图，见栗田元次《日本古版地图集成》"序说"第 1—3 页（注释 15）。钱伯伦（Chamberlain）和桑松（Sansom）都注意到日本曾有 10 世纪的印制书籍，木雕版印刷术至迟在 8 世纪就从中国传到日本。另外，希利尔（Hillier）写道，木雕版印刷术"早在 10 世纪就用于印制画作，这个时间有可能更早"，见 Jack R. Hillier, *The Japanese Print: A New Approach* (London: G. Bell and Sons, 1960), 14; Chamberlain, *Japanese Things*, 396 and 509（注释 99）; George B. Sansom, *Japan: A Short Cultural History*, 2d rev. ed. (New York: Appleton-Century-Crofts, 1962), 434. 关于木雕版印刷和与浮世绘有密切关系的画家，见 Hillier, *Japanese Print*, 9 – 17; Stanley-Baker, *Japanese Art*, 184 – 90（注释 39）; and Tsuda, *Handbook of Japanese Art*, 230 – 39（注释 99）。亦见: Hugo Munsterberg, *The Japanese Print: A Historical Guide* (Tokyo: Weatherhill, 1982), esp. 11 – 136（介绍从奈良时期到江户时代末期木雕版印刷术）。

[259]　见 Saburo Noma, "Earthquake Map of Japan, 1624," *Geographical Reports of Tokyo Metropolitan University* 9 (1974): 97 – 106. 更早的日本刻本地图见于约 1607 年的庆长版《拾芥抄》（见上文第 369 页和注释 96）。

[260]　地图上画龙的例子包括：1673、1675、1676、1680、1682 年版的《伊势历》以及 1693、1715、1774、1816、1846、1852 版的无名氏《大杂书》。没有画龙的行基型日本地图的 4 个例子：约 1640 年的《南瞻部洲大日本國正統圖》（70.5 × 185 厘米），东京大学图书馆。1651 年《日本国之圖》（109.5 × 51 厘米），佐仓日本国家历史民俗博物馆。约 1651 年《行基菩薩說大日本國》（8004 × 42.3 厘米），神户市立博物馆。1654 年《日本国之圖》（121 × 53 厘米），名古屋 Kurita Kenji 收藏。这些地图的复制图见：海野、织田、室贺编《日本古地图大成》，第 1 册，图版 12—13 及图 43（约 1640 年地图、1650 年地图、1654 年地图）（注释 8）；秋冈《日本古地图集成》，图版 20（1651 年地图）；秋冈《日本地图史》，折页图版（约 1651 年地图）（注释 7）。

[261]　虽然有人说《大日本國地震之圖》上的动物是龙，但地图上还有一条像龙的动物——鲶（Namazu），流行的说法是它在地下的活动引发了地震。有一段话这样描写这个动物："它长得像鳝鱼但比鳝鱼要肥，扁平的头，长着长须，住在地底下，它一蠕动就会引发地震。"［见 Chamberlain, *Japanese Things*, 444（注释 99）］。不能肯定这幅地图是否用鲶代替了龙，但到了江户末期，很多地图上都开始出现这种动物。

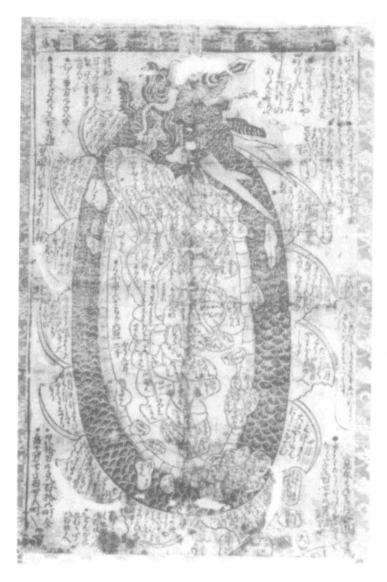

图 11.43　佚名《大日本国地震之图》（1624）

　　一条龙环绕着日本列岛，龙身的 12 条龙鳍上写着与地震有关的每月运势。日本国的画法沿自行基型地图，展示了镰仓这个 1192—1333 年的幕府统治中心，以及 14、15 世纪管理关东诸国的室町幕府治所。

　　原图尺寸：44×26.7 厘米。

　　经 Harada Masaaki 收藏许可，柳田，石川县。

　　从1662 年《新改日本大绘图》开始，雕版印制的地图上的日本国形状第一次发生改变。⑳该图保留着许多行基型地图的做法，例如，同样画出从山城国到其他国的路线，画出了诸如罗

---

　　⑳　这是封面上的标题。地图（59×88 厘米）上所印标题为《扶桑国之圖》，扶桑是古代中国传说中的国家，位于东海之上。地图现存于神户市立博物馆（原南波收藏），佐仓国立日本历史民俗博物馆（原秋冈收藏）、京都大学地理研究室以及名古屋的栗田收藏。但后三者遗失了封面标题。神户市立博物馆地图的刊于：海野、織田、室賀编《日本古地图大成》第 1 册，图版 25（注释 8）。栗田地图刊于栗田元次《日本古版地图集成》，图版 16（注释 15）。

剃国之类传说中的地方，但是日本国形状有了较大的改进：海岸线以及主要的半岛和海湾远比过去画得精准。其所依据的底本似乎是经过修正的庆长型地图，后者是与等矩形投影 C 型南蛮世界地图（附录 11.4）配套使用的。二者对蜿蜒曲折的海岸都做了美化处理，或许是为了提高其绘画价值，地图上所画船只也是出于同样的目的。为满足对《新改日本大绘图》的需求，1666 年又重印了这幅地图。[263] 也是在这一年，日本首次刊行了第一部日本地图集——《日本分形图》（图 11.44）。[264] 制作这部地图集时，按相同比例将庆长地图进行分割并保持原图精度，但是这部地图集不如《新改日本大绘图》之类更具装饰性的地图那么受欢迎。

由于《新改日本大绘图》的风行，1687 年刊行了浮世绘画家石川流宣（Ishikawa Ryūsen）所绘的更具装饰性的版本，题为《本朝图鉴纲目》。这是石川所绘众多地图中的第一幅，它为差不多整个 18 世纪的木刻地图树立了典范（图版 27）。[265] 以石川地图为底本绘制并主要刊行于江户的地图，被称为流宣型日本地图。[266] 石川地图兼具装饰性与实用性，将名胜地图与旅行地图合而为一。地图上有藩主姓名、以稻米石数计算的田亩标准产量、重要地点以及交通线沿线风景地等信息，兼顾了公务人员、旅行者和普通民众的需要。每次重刊都会扩充地图信息并增强其装饰性。[267]

但流宣型地图并非没有对手。1703 年前后大阪开始刊行一种声称更为精确的地图，与流宣地图展开竞争。其中有马渊自藁庵（Mabuchi Jikoan）与冈田篌志（Okada Keishi）合作刊行的木刻地图《校正大日本圆备图》（*Kōsei Dainihon enbizu*）。在至少 30 年时间内，这种地图出现了各种不同的标题和简化版。[268] 这幅地图的资料来源可能包括日本海图，因为西部

---

[263] 这幅地图刊于南波、室贺、海野《日本の古地图》图版 26《扶桑国之圖》（注释 11）、秋冈《日本地图史》折页图版（注释 7）、秋冈《日本古地图集成》图版 24（注释 15）以及 Cortazzi, *Isles of Gold*, 图版 38（注释 14）。科塔兹将标题译为"Map of the land of the rising sun"。

[264] 这部地图集有两个版本，一个收藏于神户市立博物馆南波收藏，另一个收藏于东京明治大学图书馆（装订尺寸：19.5×13.8 厘米）。神户版中的一页刊于：南波、室贺、海野《日本の古地图》图版 28（注释 11）；明治地图集中的 6 幅地图的彩图刊于：海野、织田、室贺编《日本古地图大成》，第 1 册，图版 21（注释 8）。两幅地图集的完整版与《新刊人國記》（1701）收入《近世文學資料類從：古版地誌編》（全 22 册，東京：晚聲社，1975—1981 年）第 22 册（见注释 269）。

[265] 关于浮世浮，参考上面的注释 258。这幅地图现存三个版本：神户市立博物馆南波收藏（60.5×132 厘米）；东京国立公文书馆（58×127.7 厘米）；佐仓国立日本历史民俗博物馆秋冈收藏（60.5×130 厘米）。三个版本的地图均有彩色复制图，第一个版本见于南波、室贺、海野《日本の古地图》图版 27（注释 11）和 Corrazzi, *Isles of Gold*, 图版 44（注释 14）；第二个版本见于海野、织田、室贺编《日本古地图大成》第 1 册，图版 27（注释 8）以及同卷彩色图版 27；第三个版本见于秋冈《日本古地图集成》图版 31（注释 15）。

[266] 同一家族或流派的画家们约定俗成地使用他们的字（given name）。

[267] 后来由石川制作的地图举二例：其一为《日本海山潮陸圖》（1691，82.1×171 厘米），其二为《日本山海圖道大全》（1703，98.5×171.5 厘米）。第一幅图刊于：海野、织田、室贺编《日本古地图大成》，第 1 册，图版 31（注释 8）；第二幅地图刊于：栗田元次《日本古版地图集成》，图版 34（注释 15）。

[268] 例如，名古屋栗元收藏中的地图（75.5×121.5 厘米）和佐仓日本历史民俗博物馆地图（79×123 厘米），分别刊于栗田元次《日本古版地图集成》，图版 21（注释 15）和《秋冈コレクション日本の古地图：企画展示》（佐仓：国立历史民俗博物馆，1988 年）图版 D－2。其他地图还包括《改正大日本備圖》（78.7×122.5 厘米）、《改正大日本全圖》（81.5×126.5 厘米），这两幅地图可能是用《校正大日本圆備圖》（这幅地图最有可能是这一组地图中初次印行的地图）的木雕版印制的，二者除了标题其他都与这幅图一样。两张图的彩色复制图刊入海野、织田、室贺编《日本古地图大成》第 1 册，图版 28（注释 8）以及 Conazzi, *Isles of Gold*, pl. 40（注释 14）。《校正大日本圆備圖》（76.4×121 厘米）的复制图藏于明治大学图书馆和神户市立博物馆（78.8×126.5 厘米）。据樋口秀雄和朝倉治彦修订《享保以後江戶出版書目》（豐橋市：未刊国文资料刊行会，1962 年）第 38 页记载，国立日本历史博物馆的《大日本國全備圖》（65.2×111.3 厘米），没有绘图者姓名，刊印页和诸国表，由 Uemura Yaemon 于 1735 年刊行于京都。

412

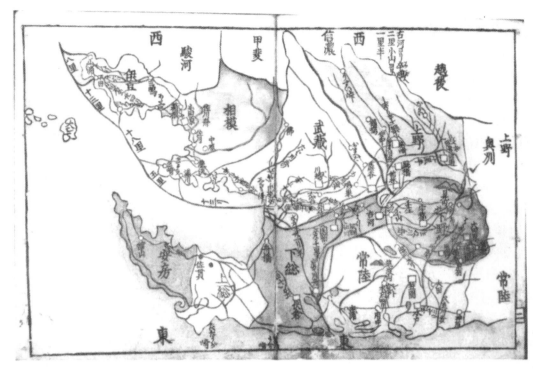

413

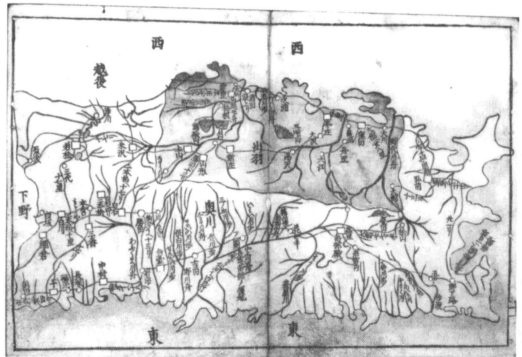

图 11.44　地图集《日本分形图》第 1 页和第 2 页奥羽和关东地方地图（1666）

出于制作地图集的需要，庆长日本地图（图版 26）被分割成 16 个部分（奥羽是陆奥国和出羽国或整个本州北部的通称）。

各图尺寸：18.7×13.5 厘米。

经神户市立博物馆南波收藏许可。

海岸地带看起来比正保地图更为精确。㉙ 尽管《改正大日本圆备图》所绘本州北部和土佐湾有所改进，但是与石川《本朝图鉴纲目》相比，无论是地图信息还是装饰魅力都不敌后者。

　　长久保赤水《改正日本舆地路程总图》（1779）（图11.45）的问世，标志着流宣型地图风行的终结。该图比例尺为1分比10里，或1:1296000，成为接下来大约一个世纪贸易地图的样板。这幅地图在长久保赤水去世后，分别于1791年、1811年、1833年、1840年和1844年修订、重刻并大量制作。㉚ 1783年，长久保赤水绘制出了《改正日本舆地路程总图》的精简版——《重镌日本舆地全图》。㉛ 他的《改正日本舆地路程总图》是第一幅带经纬网

414

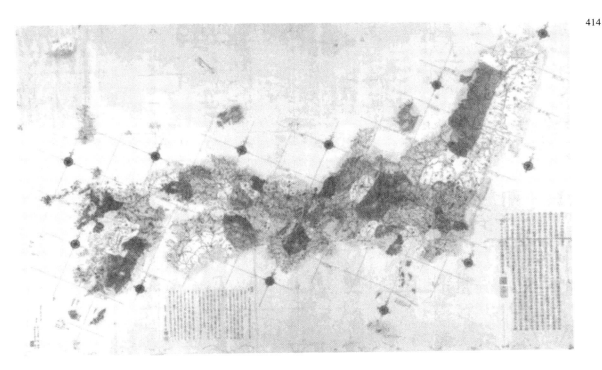

图11.45　长久保赤水《改正日本舆地路程总图》（1779）

　　这是第一幅采用经纬网的日本印制地图，系从某幅现成的日本官方地图套绘而成。本州北部的下北半岛绘成镰形，未画出恐山，说明此图为初版初刻，再刊以及后来其他版本则将下北半岛画成斧形且画出了恐山。

　　原图尺寸：84×136厘米。

　　经温哥华不列颠哥伦比亚大学图书馆比恩斯收藏（Beans Collection）许可。

　　㉙ 保正地图最早由关祖衡刊行于1701年的《新刊人國記》（岩波文库重印，蓝系书No.28—1，東京：岩波書店1978年版），在本书中，该图被分解为诸国地图并加以简化。在关祖衡刊刻《日本分域指掌圖》（1696）的5年前，保正地图还未以地图集形式刊行过。《日本分域指掌圖》中的日本总图见载于海野、織田、室賀編《日本古地図大成》第1册图23（注释8）以及海野一隆《近世刊行的日本地图》，载《地图史話》第126—138页，特别是133页（注释136）。

　　㉚ 从石川流宣的例子看，人们喜欢以一个人的名字称呼地图，后来这种地图被人们被为"赤水地图"。第一幅地图刊行的两个版本分别发现于明治大学图书馆（82.2×132.8厘米）和加拿大比恩斯收藏（图11.45）。在这两幅地图上，下北半岛与后来的版本画得不同。明治大学版刊于海野、織田、室賀編《日本古地図大成》第1册，图版33（注释8）。比恩斯版（83×135.5厘米）刊于南波、室賀、海野《日本の古地図》图版29（注释11）。两幅修订的地图与1799年的副本大小相同。1811年重印本尺寸为83×134.5厘米，属科塔兹私人收藏并刊于Conazzi, *Isles of Gold*, pl.41（注释14）。

　　㉛《重镌日本舆地全圖》由曽谷應圣缩制，子午线和纬线与地图纸边平行，刊于海野、織田、室賀編《日本古地図大成》第1册，图50（注释8）。

的日本地图，经线未标度数，纬线标了度数。经纬网可能套绘自现成的官方地图，如正保地图，而不是根据原始测量数据绘制的。长久保采用经纬网的念头显然来自森幸安（1692？—1757？）的手绘地图《日本分野图》（1754）（图11.46）。[22] 两幅地图似乎都是以京都为经线原点，但都未给出经度值。

415

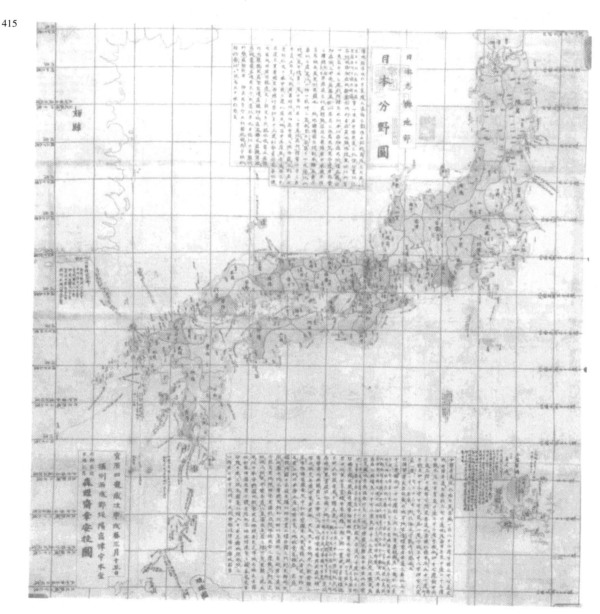

图11.46　森幸安《日本分野图》（1754）

　　这幅地图发现于长久保赤水的遗物中，长久保采用经纬网的想法最有可能来自于这幅地图。与长久保赤水的日本地图一样，这幅手绘地图也只给出了纬度值。森幸安对经纬度的兴趣可能来自于对他对南亚和东亚海图的摹绘。

　　原图尺寸：102.5×95 厘米。

　　经东京国立公文书馆许可。

---

　　[22]　彩色复制图刊于：海野、織田、室賀编《日本古地图大成》第 1 册，图版 29（注释 8）。

另一类日本地图可以图版 28 为例。此类地图可视为江户时代最后 25 年出现的一种介于风景画和地图之间的作品，但是此类地图的实物十分罕见。图版 28 中的地图大约绘制于 1804 年。

诸国地图与都市图

根据德川幕府土地丈量（检地）结果制作的地图逐渐进入一般的地图流通中，因为它们并没有被视为国家机密，另外也有用专供民众市场的诸国地图。㉓ 从 1709 年开始，以林净甫制作的《河内国绘图》为发端，近畿地方㉔的诸国地图被迅速刊行。19 世纪初，诸国地图得到了惊人的发展，大约源于民众对本地方地理的兴趣：63 国中有 36 国的地图刊行于江户时代。同时刊行的还有许多大众地理百科全书（类书）。这些书中的地图与旅行有关，例如《都名所图会》（6 卷）、1780 年和 1791 年的《大和名所图会》（7 卷）以及 1796 年的《和泉名所图会》，以上均出自秋里篱岛（活跃于 1776—1830）之手。另外还有 1836 年刊行的齐藤长秋（逝于 1799 年）所撰《江户名所图会》（20 卷）等。㉕

江户时代还刊行了许多城镇地图和城镇平面图（见附录 11.9）。㉖ 这些地图突出神社、寺庙、历史遗址等名所，不是用于行政管理，而是供普通市民使用。其中保存至今的两幅年代最早的地图是《武州丰岛郡江户庄图》和京都图（图 11.47）。有人认为这两幅地图分别刊行于 1632 年前后和 1641 年之前。现存最古老的大阪地图——《新板摄津大阪东西南北町岛之图》（图 11.48）可上溯至 1655 年。㉗ 京都图沿用了中古一贯的画法，只画出简单的城市网格图形。大阪图（例如见 11.49）和江户图虽然精度不高，但据推测是根据地面实测绘制的。直到 1687 年，京都多家刊刻商刊行的京都图（例如，图 11.50）和大阪图上的居民区还印成黑色，但在后来印制的地图上，同江户图一样，居住区留作空白（图 11.51）。

㉓ 关于江户时代印行的诸国图，见栗田元次《江戶時代刊行の國郡圖》，《歷史地理》84，No. 2（1953）：1—16，以及三好唯義《南波收藏中的刻印诸国图》，《神戶市立博物館研究紀要》4（1987）：27—52。

㉔ 近畿地方地区有山城国、大和国、河内国、摄津国和和泉国，包括了现在大阪府和奈良县，以及京都府和兵库县的一部分。1709 年地图（52×124.9 厘米）刊于海野、织田、室贺编《日本古地图大成》第 1 册，图版 50（注释 8）以及南波、室贺、海野《日本の古地図》图版 52（注释 11）。其他诸国图的其他例子还有：大岛武好《山城名勝志圖總圖》（42.4×61.7 厘米，1711）、石川春榮《大和國細見繪圖》（1734）、一幅 1736 年和泉国图、一幅 1739 年摄津图。

㉕ 除了这些，还有 7 幅地图可归入秋冈的"名所圖繪"图组：*Shūi Miyako*（京都，1787）；摄津（1796—1798）；东海道（1797）；伊势参宫（1797）；河内（1801）；木曾路（1805）；以及近江（1814）。见三好學《名所圖繪解說》，载《岩波講座地理学》（全 76 册，東京：岩波書店 1931—1934 年版）（1932）：1—22。

㉖ 对江户时期刊行的两幅町图的详细介绍见：栗田元次《日本に於ける古刊都市圖》，载《名古屋大學文學部研究論集》2（1952）：1—13. 复制地图的情况见附表 11.9 以及南波、室贺、海野《日本の古地图》图版 60、64、65、67、68、70、73、75 和 76（注释 11）；海野、织田、室贺编《日本古地图大成》，第 1 册，图版 71—76、78、81、83—86、88、90—92、104—105、107—109（注释 8）；栗田元次《日本古版地图集成》，图版 41—70（注释 15）以及 Corrazzi，*Isles of Gold*，pp. 122，126，pls. 50，54，56—58（注释 14）。除了这些出版物和复制图，对这些城市地图的研究还并不全面。例如，我们还不知道，到底刊行过多少幅町图。

㉗ 江户与大阪的平面图见附表 11.9；京都平面图（116.6×54 厘米）由京都大塚隆收藏，曾由森谷义孝收藏。江户与京都刻本地图刊于海野、织田、室贺编《日本古地图大成》第 1 册，图版 72 和 80（注释 8）。关于早期刻印的江户平面图，见长泽规矩也《江戶の版圖について》，《書誌學》n. s.，2（1965）：31—51；饭田龍一、俵元照《江戶圖の歷史》（注释 225）以及岩田豐樹《江戶圖總目錄》（東京：青裳堂書店 1980 年版）；关于早期刻印的京都地图，见藤田元春《都市研究平安京變遷史附古地圖集》（京都：鈴懸出版部，1930；日本资料刊行会重印年，1976 年）以及大塚隆《京都圖總目錄》（東京：青裳堂書店 1981 年版）。

416

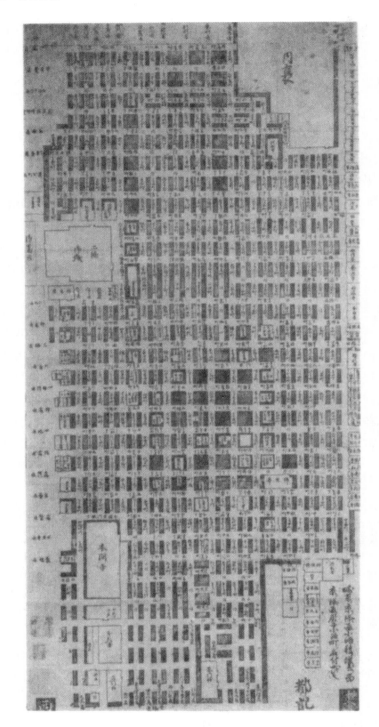

图11.47　京都平面图（绘于1641年前）：对传统都城图示平面图的修正

　　图的右上方是皇宫，中下方的"游廊"（Licenced Quarters）1641年移至西郊（不复入图），据此知地图的绘制早于
1641年。

　　原图尺寸：116.6×54厘米。

　　[京都大冢隆收藏（原守屋收藏）]。

　　照片由海野一隆提供。

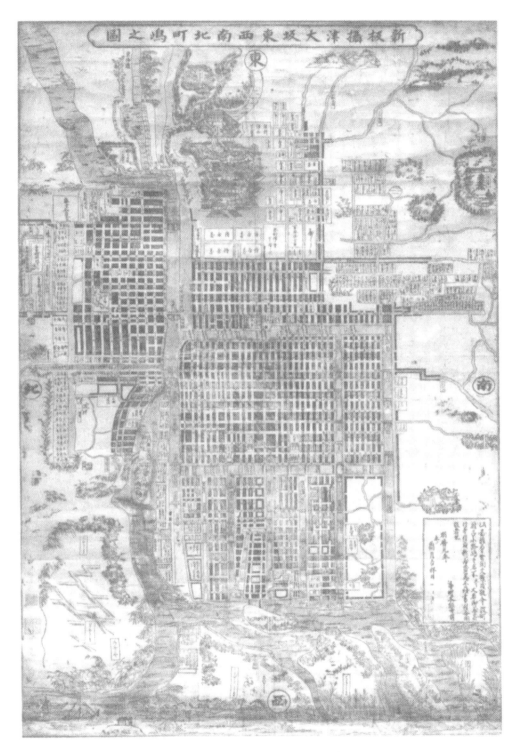

图11.48 《新板摄津大坂东西南北町屿之图》

　　这是迄今所知现存最早的刻印大阪地图。地图方向为东向，城堡放置在上方，遵循大阪平面图的一贯画法。地图为纯粹的示意图，不可能是测量的结果。

　　原图尺寸：119.4×77.5厘米。

　　经温哥华不列颠哥伦比亚图书馆比恩斯收藏（1655.1）许可。

418

图 11.49 大冈尚贤等绘《增修改正摄刊大阪地图》（1806）

就精度而言，这幅地图为刻印大阪平面图的一个里程碑。其修订版刊于 1855 和 1892 年。据曾谷应圣的序言知，此图是根据地图学家泽田员矩（1717—1779）的一幅未完工详图绘制的。

原图尺寸：152×141 厘米。

东京 Iwata Chinami 收藏。

照片由海野一隆提供。

就城市平面图的刊行数量而言，长崎在江户、京都和大阪之后，位居第四。留存至今最古老的长崎平面图——《长崎大绘图》大约为 1681 年绘制。18 世纪 60 年代刊行的平面图多将长崎湾包括在内（图 11.52），而此后的平面图则聚焦于港口，港口内部受到更多关注，《肥州长崎之图》就是如此。㉘

㉘ 详细情况见附表 11.19。

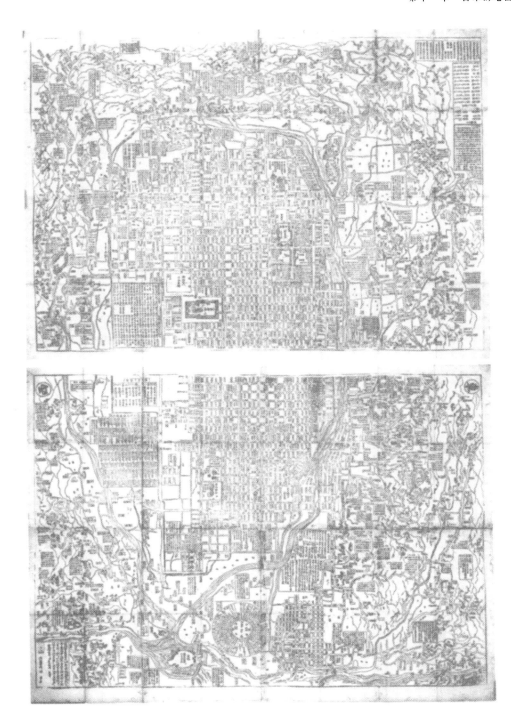

图 11.50　《增补再版京大绘图》(1741 年第 2 版)

　　与图 11.47 相比，这幅京都地图似乎显得不那么刚劲有力，也少了一些人为加工的痕迹。例如，位于郊外的神社、庙宇和名所都添加到地图上来了。上方的一张是京都北部，下方是京都南部，二者以三条（即第三街）为分界线；比例尺为 8 分（约 2.4 厘米）比 1 町（109.09 米），或 1:4500。林净甫是 17—18 世纪京都著名的地图出版商。

　　原图尺寸：87×121.5 厘米。

　　东京 Iwata Chinami 收藏。

　　照片由海野一隆提供。

420

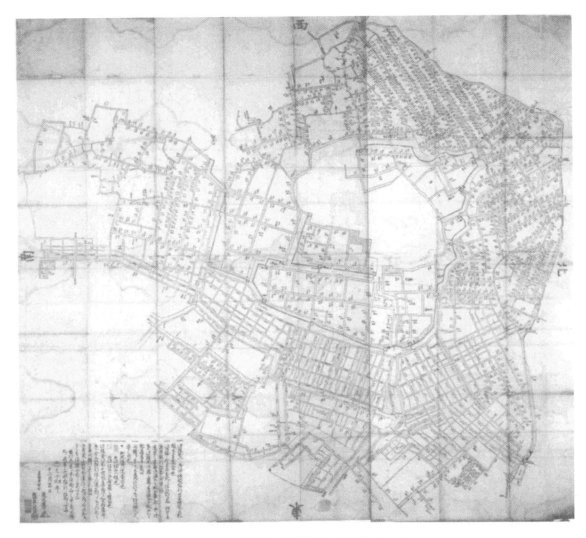

图 11.51 远近道印《新板江户大绘图》（1671）

该图以 1658 年前后的江户平面图（图 11.36）为蓝本，是迄今所知最精确的刻印江户平面图，更确切地说，是江户中心区平面图。到 1673 年，一共刊行了 4 张以上的地图展示江户周边地区，题名为《新板江户外大绘图》。遠近道印是测绘者藤井半知的笔名。比例尺为 1 分比 5 间（1:3250）。

原图尺寸：153.5×162.3 厘米。

东京 Iwata Chinami 收藏。

照片由海野一隆提供。

除了这 4 座城市，江户时代末期出现的城市平面图，主要表现一些有着著名神社、庙宇和历史遗址的都市和风景点。例如 1666 年奈良平面图和 1670 左右的镰仓平面图，分别命名为《和州南都之图》和《相州镰仓之本绘图》。^㉗ 到江户时代末期，随着日本向世界开放，平面图中又加入了下田、函馆与横滨这样的通商口岸。如刊行于 1855 的下田港平面图与

㉗ 第一幅地图，见附表 11.9（第二幅尺寸为 70.9×103.3 厘米）。另见栗田元次《日本に於ける古刊都市圖》（注释 276）。

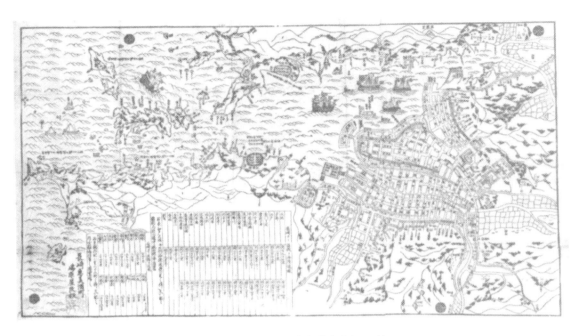

图 11.52 岛原屋所刊《新版长崎大绘图》（约 1760）

这幅地图与早期印制的长崎平面图一样，包括了长崎半岛。从建筑和地物判断，本图所用资料可上溯到 1741—1765 年。

原图尺寸：57×101.8 厘米。

名古屋 Kurita Kenji 收藏。

函馆港平面图，即志都迺屋刊行的《豆州下田港之图》和 Shunjudo 刊行的《箱馆全图》。[280] 横滨港平面图始刊于 1859 年，其中有两幅是《东海道神奈川御贸易亏场》以及高岛凤堂（Takashima Hōdō）绘制的《横滨明细图》。[281] 江户时代后期，诸国都城平面图也开始印制。这些图主要用于造访庙宇、神社和旅行，例如 1840 年左右的冈崎平面图、1842 年和 1868 年的静冈图、1849 年的甲府图、1865 的广岛图以及两幅 19 世纪中叶未定年份的金泽平面图。[282] 在总数达 31 幅的都市图中，还有一些寻欢地图和温泉度假地地图，它们也绘制于江户时代。

　⑳　下田海图（74.5×51.5 厘米）的彩色复制图，见：南波、室賀、海野《日本の古地図》图版 75（注释 11）以及栗田元次《日本古版地图集成》，图版 60（注释 15）。函馆海图尺寸为 72.7×77.3 厘米。志都迺屋是研究大塚蜂郎（1795—1855）的兰学专家。

　㉑　前者（23.5×60 厘米）刊于：海野、織田、室賀编《日本古地図大成》第 1 册，图 69（注释 8）；后者（36.9×46.3 厘米和 15.6×21.8 厘米）刊于栗田元次《日本古版地图集成》图版 62（注释 15）。

　㉒　这些图是：冈田屋一兵衛刊行于江户、Hon'ya Bunkiehi 刊行于大阪的《泰平冈崎繪圖》（43.4×84 厘米）、西野屋刊行于骏府（今静冈）的《駿府獨案内》（33.3×48 厘米）、《駿府名勝一覽圖》（68.9×92.4 厘米）、Murataya Kotaro 刊行于甲府的《懷寶甲府繪圖》（51.9×54.8 厘米）、《广岛町ヶみちしるべ》（广岛町指南，28.8×45.7 厘米）、两幅无标题的金泽图（34.5×41.5 厘米、70.9×97.4 厘米）。复制图见于栗田元次《日本古版地图集成》（注释 15）：《駿府名勝一覽圖》（图版 59）、甲府图（图版 59）、广岛图（图版 67）、金泽二图（图版 65、66）。见栗田元次《日本に於ける古刊都市圖》第 11—12（注释 276）。《駿府名勝一覽圖》和较小的金泽图刊于南波、室賀、海野《日本の古地図》图版 73 和 70（注释 11）。

422

图 11.53　《东海道路行之图》（约 1654）

不明方向。大道从顶部的京都，斜向而行，到达右下方的江户。通过地图上提到的大名姓名可判断这幅图的绘制年代为 1652—1654 年。这是已知现存日本印制的年代最早的日本路行图。

原图尺寸：130.7×57.7 厘米。

照片由大阪 Nakao Shosendo 提供。

423

图 11.54 西田胜兵卫刊《东西海陆之图》的一部分（1672）

上图包括京都、大阪和淡路岛；下图是地图最西边的部分，包括长崎。资料来源显然包括《木曾路·中山道·东海道绘图》（图 11.38）和《西国筋海陆绘图》这两幅幕府下令编绘的手绘地图。

原图尺寸：33.7×1,530 厘米。

经东京三井文库馆许可。

424

图 11.55 远近道印《东海道分间绘图》的一部分（1690）

地图上表现的是富士山南边原村驿和吉原一带。远近道印是一位测量师，他根据先前刊行的一幅东海道路行图编绘出这幅地图，前者完成于 1651 年政府土地丈量之后，地图上的风景与人物由画家菱川师宣（1618—1694）绘制。地图的比例尺为 3 分比 1 町（1:12000），每个地点旁边的方框内标出了方向。这是初版初印，地图给出了各驿站间所需路费。

原折本尺寸：26.7×14.9 厘米（总长 3,610 厘米）。

经东京国立博物馆许可。

路行图

图画式路行图的历史至少可以上溯至 17 世纪。现存最年代最早的刻印路行图是《东海道路行之图》（图 11.53），据信该图刊行于 1654 年，这个年份是地图上提及的藩主们同时当政的年份（1652—1654）。[223] 图中的道路自由蜿蜒，虽然地图上有邮驿，但并没有考虑实测距离与方向，只是标出了各邮驿之间的距离。1654 年版地图的特点是装饰内容丰富，而 1666 与 1667 刊行的袖珍版更多考虑旅游者实际的地理需求。[224] 制图者主要关注的仍然不是精度，而是旅程中具有象征性的装饰要素，同时列出诸如旅行者租用马匹费用等实用信息。

　　第一幅供旅行者之行的路行图是 1672 年根据官方制图资料编绘的《东西海陆之图》（图 11.54）。[225] 该图以官方手绘地图《木曾路·中山道·东海道绘图》和《西国筋海陆绘图》为蓝本，由西田胜兵卫刊行于京都。私人刊刻商应该没有能力获取绘制全国大区域地图的资料，所以有理由相信这些地图的制作得到了德川官方的赞助。1690 年远近道印（活跃于 1670—1696 年）刊行了他的《东海道分间绘图》。他在地图上放置了标有东南西北的方框，以便帮助人们准确读取方位（图 11.55）。[226] 这幅地图利用了北条氏长奉幕府之命主持的检地成果。远近道印本人也参与了这次检地，检地完成后原图被拆分成 5 个折本。地图绘于 28×3610 厘米的长方形纸面，比例为 3 分比 1 町（1∶12000）。光有精度并不足以使地图有个好销路，于是请石川流宣的老师、浮世绘画家菱川师宣（1618—1694）为地图添加旅行者与沿途风景的插画。[227] 这幅地图出现过好多个版本，其中一个是 1752 年桑杨改编的袖珍本，地图名称不变，以方便携带的折本形式刊印。[228]

　　18 世纪以来，描绘日本全境陆路与海路的袖珍本路行图大量印行出版，广受欢迎。它的五种主要类型是：画卷型、曼荼罗型、迷宫型、平行线示图型以及失真最小的"正形"

[223]　复制图由 Nakao Shosendo（图 11.53）以及山品县岩田的吉川家收藏。该版带有潦草的图画和解说，收藏于神户市立博物馆，刊于《神户市立博物館藏名品目録》（1985），图 17（131×58 厘米），同时见于大不列颠哥伦比亚大学的比恩斯收藏，复制图见：Beans, *Japanese Maps of the Tokugawa Era*, facing p. 14（131×59 厘米）（注释 22）。海野一隆《無刊記東海海路行之圖の異版》，《月刊古地圖研究》22，No. 6（1991）：2—5。

[224]　1666 年地图，由伏見屋刊行于京都，尺寸为 56×41 厘米，现存于维也纳的奥地利国家图书馆。川村博忠提及并复制了这幅地图，见川村博忠《オストリア國立圖書館收藏の江戸時代日本製地圖》，《月刊古地圖研究》18，No. 7（1987）：2—6。1667 年地图（56.5×40 厘米），由 Shijo Nakamachi 刊行于京都，发现于大不列颠哥伦比亚大学的比恩斯收藏，该图刊于海野一隆《北米における江戸時代地圖の収集状況——ビーンズ·コレクションを中心として》（注释 22）。1667 年地图可能采用了与 1666 年地图相同的木雕版。

[225]　已知的两幅复制图，一幅保存在国立国会图书馆（35.5×1560 厘米），另一幅保存在三井文库，均在东京（图 11.54）。第一幅图的一部分刊于《日本の地圖：官撰地圖の发达》图 22（注释 13）；第二幅图部分刊于：海野、织田、室贺编《日本古地图大成》第 1 册图版 117（注释 8）。刊于栗田元次《日本古版地图集成》图版 71（注释 15）的《東西海陸圖》是另一个版本。

[226]　遠近道印是调查者藤井半知的笔名。对他的详细讨论，见深井甚三《圖翁遠近道印》（富山市：桂书房 1990 年版）。这幅地图的一部分刊于栗田元次《日本古版地图集成》图版 72（注释 15），南波、室贺、海野《日本の古地图》图版 36（注释 11）以及海野、织田、室贺编《日本古地图大成》第 1 册，图版 118（注释 8）。整幅地图的复制图见：《东海道美所记：東海道分間繪圖》载《日本古典全書》系列之四（東京：日本古典全書刊行會，1931）；《古版江戸圖集成》（别卷）（東京：中央公論美術出版，1960）；以及《古版地誌叢書》第 12 册（東京：藝林社，1971）。《東海道分間繪圖》是一部五卷本的折页书，上述现代版书籍中收入了它的影印本。Koji Hasegawa 将遠近道印的《東海道分間繪圖》与约翰·奥格尔比（John Ogilby）的 *Britannia*（1675）进行了比较，见 Koji Hasegawa, "Road Atlases in Early Modern Japan and Britain," in *Geographical Studies and Japan*, ed. John Sargent and Richard Wiltshire（Folkestone, Eng.：Japan Library，1993），15–24。

[227]　菱川师宣被称为"浮世绘派真正的创始人……他带来了手绘向木雕版印刷的转变"，见 Munsterberg, *Arts of Japan*，154（注释 79）。关于菱川画派的介绍，见 Munsterberg, *Japanese Print*，16–22（注释 258）。

[228]　此图折叠后的尺寸为 15.8×9.2 厘米（展开后全长 1220 厘米），由 Yorozuya Seibee 刊行于江户。这幅地图的一部分发表于海野、织田、室贺编《日本古地图大成》第 1 册图 72（注释 8）。

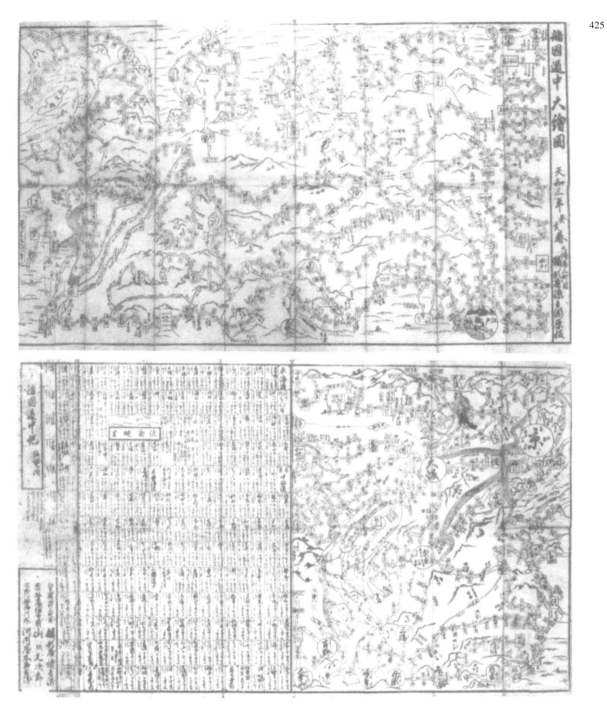

图 11.56　迷宫型路行图之一例：《诸国道中大绘图》

该图由 Urokogataya Magobee 初刊于 1683 年，表现了本州的主要道路和驿站，不关注距离与方位。上方地图右下角的圆圈为江户，下方地图右上方的圆圈为京都。下方地图左半部有一个表格，列出了各驿站之间的路费。单页双面印制。

原图尺寸：38.3×63 厘米。

经神户市立博物馆南波收藏许可。

型。这些地图全都绘于长方形页面，刊行于江户时代。

画卷型路行图，如西田胜兵卫《东西海陆之图》和远近道印《东海道分间绘图》，起初都是装饰用的大型地图，后来出现了缩小的版本，包括远近地图的 1752 年袖珍本以及桑杨编绘的 1756 年版《木曾路安见绘图》（11×16 厘米），都是便携式路行图。许多类似的地图做成长方形线装书式样，道路水平延展，两侧为风景插图。

曼荼罗[289]型的路行图上有蜿蜒曲折的道路，也绘有鸟瞰式沿路风景。此类地图制作得并不太多。较之地图，它们实际上更像绘画，主要作装饰之用，例子有 1654 年前后绘制的《东海道路行之图》（见上图 11.53）；葛饰北斋的两件作品：1818 年的《东海道名所一览》（43×58 厘米）和 1891 年的《木曾路名所一览》（42×56 厘米）；《新刻改正东海道细见大绘图》（70×142 厘米），这幅地图由松亭金水（即中村保定，1797—1862）编绘，由 19 世纪中叶的画家锹形绍意插图。[290]

"迷宫"型路行图不在意距离、方向与陆地形状，通常为单页双面印制，其特点是道路与驿站满布于地图。与曼荼罗地图一样，道路画成蜿蜒的曲线。二者的主要差别在于，迷宫型地图的实用价值胜于装饰价值。此类地图包括图 11.56 中 1683 年《诸国道中大绘图》以及 1788 年《道中独案内图》（29.9×77 厘米；亦双面印制）。[291]

平行线示意型路行图包括 1722 年《海陆日本道中独案内》和 1744 年《大增补日本道中行程记》（图 11.57）。[292] 纵览全图可知，为了将道路与海岸线提炼为平行直线，此类地图上的陆地形状往往严重扭曲。

426

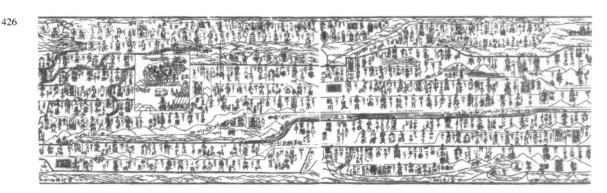

图 11.57　示意型路行图之一例：黑龙齐《大增补日本道中行程记》中以江户为中心的部分（1744）
上方为南；左边的大方块是江户，地图上方是太平洋，下方是日本海。道路用平行直线表示。
原折本尺寸：16.5×7.3 厘米（总长 505 厘米）。
海野一隆收藏。

289　在日本自中世纪以来曼荼罗一词就被用来指代神社和庙宇周边地区。这个词也用指风景画似的路行图，类似于我们前面提到的中世纪地图，见图 364—366。

290　《東海道名所一覧》发表于 Cortazzi, *Isles of Gold*, pl. 59（注释 14），最后两幅刊于南波、室贺、海野《日本の古地圖》图版 37、38（注释 11）。

291　后者由京都 Kikuya Kihee 刊行。

292　二者都是大阪刊行的折页书，第一次由 Kemaya Hachirōemon 刊行，第二次由 Torikai Ichibee 刊行、黑龙齐编绘。

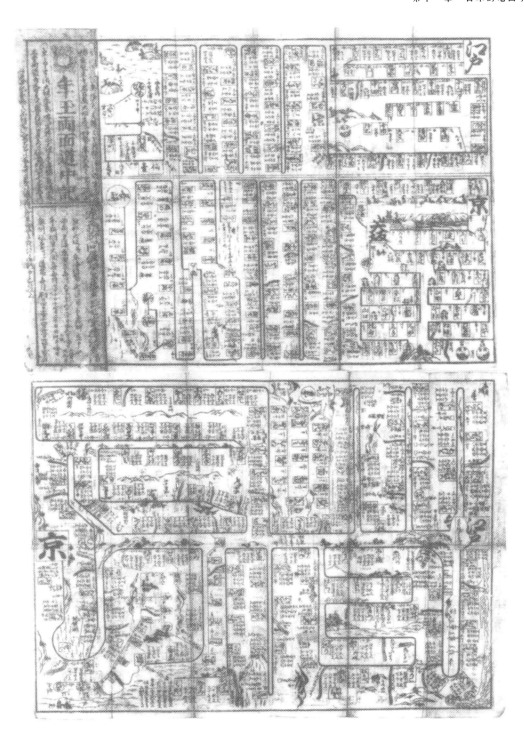

图11.58　双陆型路行图之一例：《年玉两面道中记》

　　双陆型与迷宫型路行图的不同在于，前者标明了每条道路的起点与终点，道路画成直线，两条道路之间以曲线相连。双陆是一种掷骰子的游戏，棋子要从起点走到终点。因此，双陆地图可以变成旅行地图。该图由京屋弥兵卫于18世纪中叶刊行。

　　原图尺寸：30×39.5厘米。

　　海野一隆收藏。

最后说一说"正形"型（"正形"在这里不是指地图投影）路行图，此类地图往往希望最大限度地减少变形。举两个例子，其一是 1830 年秋里篱岛绘制的《大日本道中早引细见图》（37.5×120 厘米），其二是 1844 年《大日本早操道中记》（39.5×91.5 厘米，双面印制）。[23] 这些地图都在江户时代晚期刊行，折叠几下就变成一本便携式书籍。

428

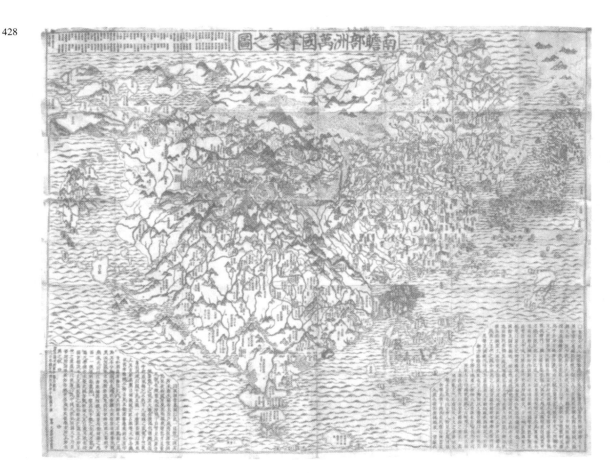

图 11.59　浪华子《万国掌果之图》（1710）

　　这幅地图是直接以神户市立博物馆藏 1709 年前后南瞻部洲地图（图版 29）为底本绘制的，是第一幅带有欧洲地理知识的印制佛教世界地图。欧洲位于地图左上角，被画成一群岛屿，南美洲也是一个岛屿，位于日本南部的大洋上。绘制者对 1709 年原图作了改动，包括省略了部分大陆轮廓线和一些实际上并不存在的岛屿。

　　原图尺寸：113.5×144 厘米。

　　京都大学文学部地理研究室收藏。

　　照片由海野一隆提供。

　　㉓　1830 年地图刊于：海野、織田、室賀编《日本古地図大成》第 1 册，图版 121（注释 8）。1844 年地图由大阪的 Akitaya Taemon 和其他出版人刊行。1830 年地图封面还有另一个标题——《日本海陆早引道中记》。另外还出版了一个对开版，因为地图图幅太大，无法做成折本书。

这 5 个类型并不能囊括所有的路行图，如我们所知，还有一类双陆地图，其名称来自一种与西洋双陆棋戏类似的日本博弈游戏。这是一种介于旅行手册与驿站表之间的地图。例子有 1785 年前后的《天明改正诸国道中记大成》（天明年间【1781—1788】修订的各省路线全图）以及 18 世纪中叶的《年玉两面道中记》（这是一种双面印制、作为新年礼物的路行图，图 11.58）。[294] 还有一种小型路行图，结合了画卷型和示意型的特点，例子有 1864 年《大日本海陆诸国道中图鉴》[295]。

世界地图与中国地图

前面讲了，随着日本地图贸易的发展，出现了很多利玛窦地图的派生地图。除此之外，在这一地图风行的时期，日本人也印制了各种版本的世界地图。[296] 直到 1768 年出版长久保的《地球万国山海舆地全图说》之前，印制世界地图多以万国总图型地图（见上）为蓝本。人们倾向于将这些地图作为书籍插图，可能与对世界地理的兴趣有关。但是这种兴趣可能是肤浅的，因为地图常常严重失真，其绘制目的是唤起异国情调，而不是传播正确的地理信息。

长久保地图在 19 世纪早期广受欢迎，那时市面上有很多摹本出售。虽然这些摹本是较小且简化的版本，通常不题制图者姓名和刊行日期，但我们也能追溯它们所采用的底本。这些底本地图包括田谦的《新制万国舆地全图》（1844）和山崎美成（1796—1856）的《地球万国山海舆地全图说》（1850）。[297]

以《万国总图》和长久保世界地图为底本绘制的世界地图受到了欧洲地图学的影响，但佛教世界地图在整个江户时代一直都有印行。[298] 后者成功印行的原因并不是因为宗教信仰或者人们相信佛教世界形象的真确性，而是由于其上带有传统亚洲——特别是中国和印度的图像和其中的地名，这正是以欧洲地图为模本绘制的地图所缺乏的。不过，也有一些僧侣试图将传统佛教世界图像与欧洲地理知识结合起来。其中值得注意的是宗觉（1639—1720）的尝试，当时他是大阪府枚方久修园院主持。宗觉现存的作品大体包括：东寺《五天竺国之图》（1691）的手稿版，手绘《大明省图》（1691）以及他于 1703 年前后发明的一件佛教地球仪。[299] 根据这些地图的轮廓和地球仪上的地名，有人认为两幅无标题的佚名南瞻部洲地图也出自宗觉之手。这两幅地图没有标明年代，但看起来分别制作于 1689 年和 1709 年。其一为室贺惠美子收藏，其上南瞻部洲（形似萝卜）的北部为空白，没有画出欧洲。其二藏

429

㉔　两张图都是双面印制，第一幅图尺寸为 30.4×39.3 厘米。

㉕　这是一本装有封面的书（8.5×18 厘米），由 Sakaiya Naoshichi 与其他 8 位出版商刊行。

㉖　关于锁国时期（1639—1854）世界地图的介绍，见 Ayusawa, "Types of World Map," 123—27（第 128 页有拉明的点评）（注释 235），以及鲇泽信太郎《世界地理の部》，载開國百年紀念文化事業會编《鎖國時代日本人の海外知識》（東京：原書房 1953 年版）第 3—367 页。

㉗　见注释 256 有关田谦和山崎地图的资料。

㉘　关于佛教世界地图在江户时代的发展，见 Muroga and Unno, "Buddhist World Map," 58—68（注释 110）；室賀信夫、海野一隆《日本に行われた教系世界圖について》，《地理學史研究》1（1957）：67—141；重印于《地理學史研究》上册第 67—141 頁（注释 250）；室賀信夫、海野一隆《江戶時代后期にわける佛教系世界圖》第 135—229 頁（注释 250）。

㉙　地图尺寸分别为 168×172 厘米、382×181.5 厘米、381×179 厘米（两个单页），直径 20 厘米。这些地图均发表于海野、織田、室賀編《日本古地図大成》第 2 册，图版 2、21、5（注释 8）。

430

图 11.60　长久保赤水《大清广舆图》（1758）

此图仿自游艺《天经或问》中的《禹书经天合地图》。《天经或问》于 1672 年在中国刊印并于 1730 年在日本重刊。长久保地图的抬头写着"经天合地"，各省信息取自 1746 年《大清一统志》中的各省地图。

原图尺寸：182×188 厘米。

京都大学文学部地理研究室收藏。

照片由海野一隆提供。

于神户市立博物馆，上有团扇形的完整的南瞻部洲，西北有欧洲（图版 29）。⑩ 后来又有人从僧人浪华子（凤潭，1654—1738）南瞻部洲《万国掌果之图》（图 11.59）中吸收了一些

---

⑩　关于室贺地图（138.5×154.5 厘米），见海野一隆《宗覚の地球儀とその世界像》（注释 184）。两幅地图的复制图，刊于 Muroga and Unno, "Buddhist World Map," figs. 6–7（注释 110）；海野、織田、室賀编《日本古地图大成》第 2 册，图版 3—4（注释 8）。

元素，对宗觉的世界形象作了改进。浪华子地图刊行于 1710 年，内容更符合地理实际。[301]
这幅地图上所带的传统亚洲地名，提升了人们对它的需求，使之在同一年内被两度印制。此
后一直到 1815 年，浪华子地图都在频繁重刊。[302] 1744 年花坊兵藏刊行了一个小型版本，[303] 后
来又出现了几个摹本，晚至江户时代，还有不带年代的新版本刊行。[304]

　　中国也是江户时代流行的印制地图的描绘对象。在这里我们可以回顾一下日本与它的文
化近邻朝鲜和中国在地图绘制方面悠久的联系。江户时代早期所见的中国地图复制于中国人
绘制的地图。但是从 18 世纪中叶开始，日本人开始自己绘制地图并以单页或书籍插图形式
刊行（图 11.16）。第一幅日本印制的地图出现于 19 世纪后半叶，它是以欧洲地图为底本绘
制的。[305]

"戏作" 地图

　　最后，还有一类商业化生产的地图是编绘于江户时代晚期的 "戏作" 地图。[306] 较早的实
例是《娼妃地理记》（*Dōjarō Maa's Shōhi chiriki*，1777）一书中的《大月本国之图》
（*Daigepponkoku no zu*）。标题用的是 "大日本" 的谐音： "日" 字意思是太阳，读作 ni，但
在标题中被写作 "月"，即月亮，读作 ge。[307] 这幅地图将江户的娱乐区吉原画成一群小岛。[308]
我们还可以举出另外两幅地图的例子，也是用世界地图的形式画出京都和大阪的风月场。其

431

　　[301]　两个版本的浪华子地图都由 Bundaiken Uhei 和 Nagata Chōbee 于 1710 年刊行于东京。研究者对 Bundaiken 刊行的
木刻本地图进行了复制和讨论，例如：Ayusawa，"Types of World Map，" 124，128（附拉明的点评）and fig. 2（121×144
厘米）（注释 235）；Muroga and Unno，"Buddhist World Map，" 62–63 and fig. 9（注释 110）；南波、室贺、海野《日本の
古地图》图版 8（注释 11）；海野、织田、室贺编《日本古地图大成》第 2 册，图版 6（注释 8）（图 11.59）；Cortazzi，
Isles of Gold，pl. 48（注释 14）（118×145.2 厘米，收藏于神户市立博物馆）。还有一幅以浪华子地图为模本绘制的 19 世
纪早期手绘地图（127.5×152.2 厘米），现属神户市立博物馆南波收藏，该图刊于 Muroga and Unno，"Buddhist World
Map，" 64–65 and fig. 11，and Cortazzi，*Isles of Gold*，38 and pl. 49。

　　[302]　Nagata Chobee 刊行的一本书中带有一则提到地图的广告，见東光寺桑梁《雪窗夜話》（京都，1815）（许多出版
物收入了这本书，Nagata 享有这本书的版权）。Nagata 也研究过这幅地图的初版，广告中称地图的作者为鳳潭，意味着浪
华子和凤潭为同一人。我在《宗覚の地球儀とその世界像》（注释 184）中质疑二者是否为同一人，根据这则证据，我可
以修正这个观点了。Nagata 刊行的这幅地图刊于 Beans，*Japanese Maps of the Tokugawa Era*，facing p. 21（注释 22）。

　　[303]　见注释 251 和注释 252。

　　[304]　由花坊兵藏绘制、Mikuniya Ryiisuke 于 19 世纪早期刊行于江户的《南閻浮諸提國集覽之圖》（56.5×86 厘米）、
《萬國集覽圖》（封面标题）或《萬國掌菓之圖》（地图标题，47×65 厘米），刊于海野、织田、室贺编《日本古地图大
成》第 2 册，图 7 和 8（注释 8）。

　　[305]　按年代先后，日本刊刻的第一幅中国地图是：Rinsendo 在东京刊刻的《皇明輿地之圖》（1659 年前后，124×57
厘米）；一幅由长久保赤水绘制的大幅中国地图，由 Suharaya Ichibee 和 Suharaya Ihachi 刊刻于江户的《大清廣輿圖》（图
11.60）；東條信耕所绘中国图册、Suharaya Ihachi 等刊刻于江户的《清二京十八省輿地全圖》（1850 年，34.4×23.7 厘
米）；根据欧洲模本刻印的第一幅中国地图，新發田收藏的《大清一統圖》（约 1865 年，45.5×66 厘米）。4 幅地图均刊
于海野、织田、室贺编《日本古地图大成》第 2 册，图 16，图版 26、28、30（注释 8）。

　　[306]　见海野一隆《戯の地図》和《族戯の地図》，分别载于《地図史話》第 5—7，8—17 页（注释 136）。

　　[307]　日本可以读作 nihon 或 nippon，还有其他的读法。 "日" 可读作 nichi，只在称日本这个国家时读作 ni；这里的
"月" 或 getsu 在这里也缩写成 ge。*Shōhi chiriki* 与两种乐器 *Shō* 和 *hirik* 的读音相同。绘图者的笔名 Dōjarō，部分出自他对
自己书斋的戏谑，字义是 "我要做什么呢？" "一派胡言！" Maa 是一个惊叹号！地图占了这本书的两页，由 Kōshodō 刊行
于江户。这幅地图发表于：Unno，"Tawamure no chizu，" 6（注释 306）。

　　[308]　关于江户的风月之地吉原，见 Stephen Longstreet and Ethel Longstreet，*Yoshiwara：The Pleasure Quarters of Old Tokyo*
（Tokyo：Yenbooks，1988）。

一是醉斋子（Suisai）1820年《襍土一览》（*Zatto ichiran*）中的《亚细奈妙州万国总图》（*Ajina Myojii bankoku sozu*），另一是晓钟成（1793—1860）所编《无饱三才图会》（Akan sanzai zue，1822）中的《万客之全图》（*Bankaku no zenzu*）[309]。在《万客之全图》上，日本的形状看起来像草书的汉字“恋”，意为风月。地图上的国名叫“大不止徒国”（Oyamanto no Kuni），是“大日本国”（Oyamato no Kuni）的谐音，意思是人们总是寻欢作乐，难以稍事止息。之所以将地图画成“恋”字，是因为“恋难止”。Ippitsuan Eisen（1790—1848）[310]绘制的《悟道迷所之全图》（*Godō meisho no zenzu*，图11.62）所用平假名与此异曲同工。这张地图出自1846年刊行的《善恶迷所图会》（*Zen'aku meisho zue*）。陆地上写着さとるべし和まような（意思分别是“务必保持清醒”和“勿迷失”）。

431 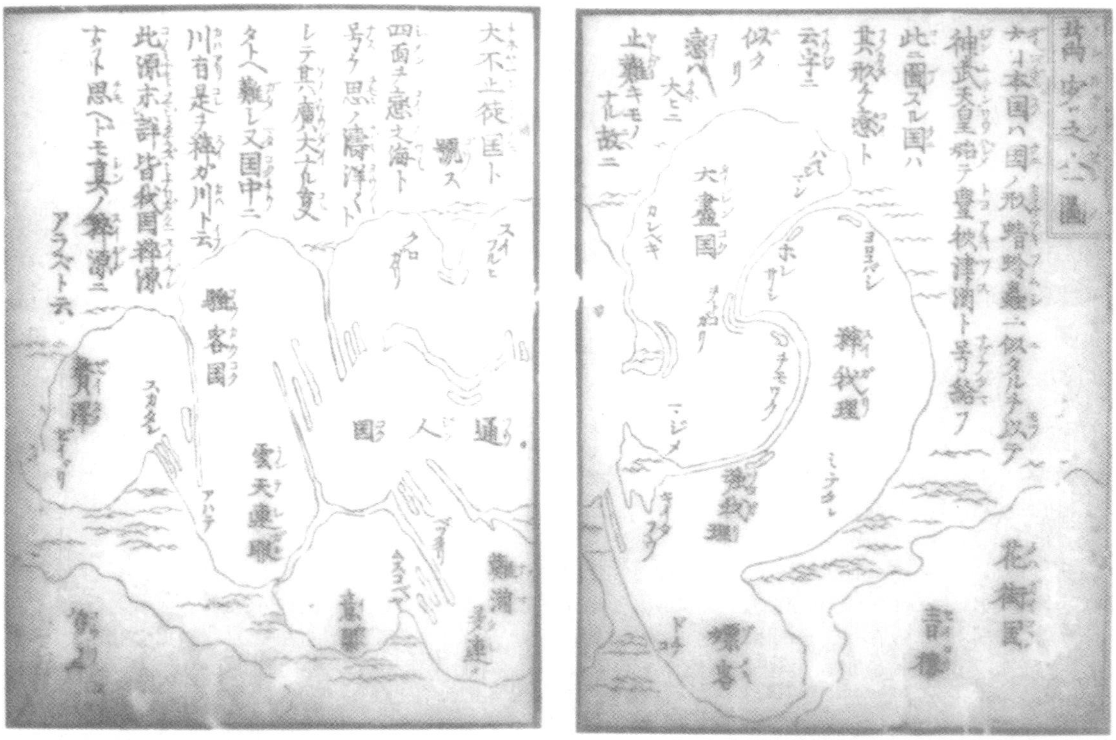

图11.61 《万客之全图》（1822）

当我们把这两张图顺时针旋转90度，地图图形看起来就像一个草书的“戀”字，意为风月。图中的地名指的是一些与寻花问柳有关的地方，如江户的吉原。

原图尺寸：18.7×27.5厘米。

海野一隆收藏。

---

[309] 万国、万客指世界；亚细奈（Ajina）是模仿Asia的发音。《襍士一覽》意思是“大致看看”，由Yoshinoya Jinbee于京都刊于《無飽三財圖會》是对刊行于大阪的《和漢三才圖會》（见注释93）书名的戏谑。两张地图分别刊于海野一隆的《族戲の地図》第9页和《戲の地図》，第6页（注释306）。

[310] 《善惡迷所圖會》第2版由Chōondō，Hon'ya Matasuke于1858年刊行于江户。

日本地图学与"兰学"

"兰学",顾名思义,是日本人研究荷兰语材料的学问。如同先前日本吸收的欧洲海图一样,从 18 世纪中叶开始,兰学对地图学产生了重要的影响。[311] 特别是在德川吉宗(1684—1751)担任幕府将军时期(从 1716 年到 1745 年),在吸收新知识的同时,日本社会进入到一个转型时期。德川吉宗为德川幕府的第八代将军,是一位著名的改革家。[312] 尽管

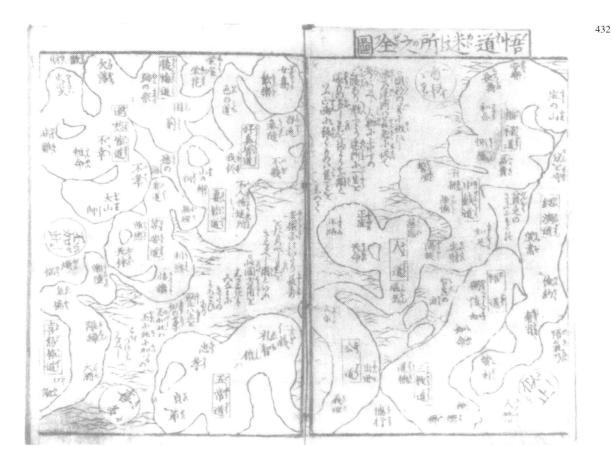

432

图 11.62 《悟道迷所之全图》(1846)

图中可见用平假名写的さとるべし("务必保持清醒")まような("勿迷失")。读的时候首先转动地图使左边朝上,然后从左侧开始斜着读;再转动地图使右边朝上,同样从左侧开始读。另外,图中的一些汉字也语带双关:在不同的地名中读音不同,意思也有变化。

原图尺寸:17.4×21 厘米。

海野一隆收藏。

---

[311] 有关兰学的讨论,举例如下:Nakayama, *History of Japanese Astronomy*,165 – 69(注释 38);Sansom, *History of Japan*,Vol. 3(1615—1867),188 – 89(注释 3);and Plutschow, *Historical Nagasaki*,95 – 109(注释 128)。

[312] 关于吉宗政权的讨论,见 Sansom, *History of Japan*,3:154 – 72(具体论及吉宗对科学的兴趣,见第 168—170 页)(注释 32)。

这一时期商人的地位还很低[313]，但经济发展使他们的社会影响增强，并且在城市中形成了一种自由的空气。儒家思想则开始放弃其理想主义的立场，呈现出一种实证主义的面貌，最典型的就是采用归纳法研究中国经典，这一方法被伊藤仁斋（1627—1705）和荻生徂徕（1666—1728）领导的古学派所吸纳。古学派的出现是对新儒家的回应，后者推进了人与自然世界和谐相处这一观念。古学派还挑战这样一种假说，即社会阶层是自然秩序的反映。古学派将人间之事与天上之事区分开来，认为后者不是理性探究的目标，而只是一种信仰崇拜。[314]

　　在这样的背景下，有关农业与矿业的学术研究被提升为工业政策的组成部分，德川吉宗还试图改革历法，因为历法与农业密切相关。被他任命负责此事的天文学家中根垣圭（1662—1733）注意到，如果不参考由中国的耶稣会士编写的汉文占星与历法书籍，便不可能进行历法改革，但翻看了某部欧洲著作的汉文节选本中的一段话后，中根垣圭告诉德川吉宗：“如果仅仅因为西方书籍的中译本提到了基督教或基督徒，而不让日本人读这些书，日本是无法取得进步的。”[315] 因此，德川吉宗于1720年解除与基督教无关的进口图书禁令。幕府将军对欧洲科学与技术兴趣浓厚，每当长崎荷兰工厂的头目和职员请求到江户晋见时，他都会利用这个机会与他们交谈。通过这些人，他还订购图书、望远镜和其他感兴趣的物品。

　　1740年前后，一批日本学者开始研究荷兰。当时日本有精通外交与商业事务用语的人材，特别是长崎的通事（翻译）。虽然他们准确解读学术著作内容的能力有限，但长崎的通事们还是试图翻译了一些技术资料，特别是地图和地理书籍。

　　第一个努力取得的成果就是从1700年开始对法尔克（Valck）天球仪与地球仪的翻译。这一工作是由天文学家北岛见信（活跃于1719—1737年）和一位可能叫西善三郎（约1716—1768）的通事承担的。他们一起将球仪转绘为平面地图。其中的天球图已经丢失了，但世界地图以图卷形式保存了下来，题为《和兰新定地球图》（意思是“源自荷兰的世界地图”）。尽管地图上既没提到制作年代，也没提到作者，但通过比对下面这段出自北岛见信的一本小册子的描述，可推测这幅地图要么是他的作品，要么是复制原图（图11.63）：这幅地图以球状投影绘成，东西两个半球分成南北两半。虽不能确定北岛见信如何获得这些投影知识，但推测他可能是从林先生的继任者卢草拙（1675—1729）那里学到的。北岛见信于1737年写就这本小册子，介绍了这项工作，翻译了地球仪和天球仪上的名称并对之作了简单的解释。[316] 这项工作是奉当局——可能是长崎治安官（Nagasaki magistrate）的命令进行的。

　　官方通事还参与了几个后续的翻译项目。其中特别下面要提到的是本木良永（1735—

---

⑬　幕府将军以下的4个阶层是大名及其武士、农民、工匠和商人，再往下就是贱民（outcastes）。

⑭　见 Nakayama, *History of Japanese Astronomy*, 108 and 156–58（注释38）。他提到荻生徂徕的《學則》附録（1727），本书收入《日本儒林叢書》（全6册，东京：東洋図書刊行会，1927—1929年）第4册以及丸山真男《日本政治思想史研究》（東京，1952年）第52—54、80—82和210页。

⑮　引文出自 Sansom, *History of Japan*, 3：169（注释32）。亦见 Nakayama, *History of Japanese Astronomy*, 166（注释38）。关于中根垣圭，见渡边敏夫《近世日本天文學史》（2册，東京：恒星社厚生閣1986—1987年版）上册第91—94页。

⑯　这幅世界地图保存于大阪县中之岛图书馆。详细内容见：海野一隆《ファルク地球儀伝来の波紋》，《日本洋学史の研究》8（1987）：9—34。北岛的小书《紅毛天地二圖贅說》（1737）现保存于东京大学图书馆南葵文库、京都大学图书馆、仙台东北大学图书馆。京都大学图书馆本已由珍书同好会影印出版（東京，1916年）。

434

435

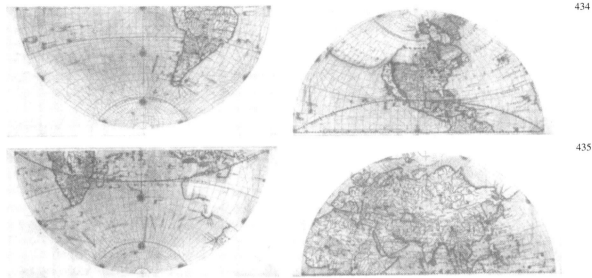

图 11.63　　《和兰新定地球图》（约 1737）

这幅手卷地图可能出自长崎天文学家北岛见信之手，虽然地图上并没有提到他的名字。他参与了将赫拉德（Gerard）和伦纳德·法尔克（Leonard Valek）的地球仪和天球仪转绘成平面地图的工作。

原图尺寸：25.5×247 厘米。

经大阪府中之岛图书馆（Osaka Prefectural Nakanoshima Library）许可。

1794）和松村元纲（活跃于 1771—1792），他们的工作有助于揭示地图学在日本科学史大背景下的位置。有人认为，本木的翻译"之所以重要，是因为它既是第一部哥白尼日心学系统学说的日文译著，也是日本西方语言研究史上的里程碑。"[⑰] 他们的地图译著，或合作完成，或单独完成，大多产生于两个时期，其一是 1770 年代的上半叶，其二是 1790 年到 1793 年。第一阶段他们主要关注年代较早的著作，第二阶段则是翻译新近的作品。

1772 年，本木翻译了约翰·霍布纳（Johann Hobner，1668—1731）1722 年荷兰版《新旧地理概述》（*Kort begryp der oude en nieuwe geographie*）一书中所用地图，并编写了一本名为《阿兰陀地图略说》（意为荷兰世界地图集解说）的小册子。[⑱] 次年又完成了长崎市博物馆所藏手稿中《荷兰地球图说》的翻译。这是 1745 年的《航海地图集》（*Atlas van zeevaart*）前言的译本。[⑲] 最后，在这期间，本木良永还于 1774 年从威廉·扬斯（Willem Jansz）的著作《天地球三分法》（*Tweevoudigh onderwiis van de hemelsche en aerdsche globen*，Amsterdam，1666 [first edition，1634]）[⑳] 编译出《天地二球用法》一书。

---

⑰　Nakayama，*History of Japanese Astronomy*，173（注释 38）；关于本木作品的讨论，见第 173—179 页。

⑱　本木手稿（1772）保存在东京静嘉堂文库。

⑲　*Atlas van zeevaart en koophandel door de geheele weereldt*（Amsterdam，1745）本身是 Louis Renard *Atlas de la navigation et du commerce qui se fait dans toutes les parties du monde*（Amsterdam，1715）的译文，见 Nakayama，*History of Japanese Astronomy*，174（注释 38）。

⑳　本木的这篇手稿保存在长崎市立博物馆。见 Nakayama，*History of Japanese Astronomy*，175（注释 38）。

1790 年，应老中松平定信（1758—1829）之请，⑳ 本木将 1785 年前后出版的约翰尼斯·考文斯（Johannes Covens）与科内利斯·莫蒂尔（Cornelis Mortier）所著《新地图集》Nieuwe atlas，1730）译为《阿兰陀全世界地图书译》（Oranda zensekai chizusho yaku）一书。原作现藏于静冈县中央图书馆。他在每张地图的主要城市上贴上金色和白色的小条，上面写着它们的日文译名。除了这些著作，还有七卷本《星术本源太阳穷理了解新制天地二球用法记》（1792—1793）。这本译著的荷兰语原标题为《天文学基础》（Gronden der sterren-kunde）（1770），这本书译自老乔治·亚当斯（George Adams the elder，约 1704—1773）的《天地二球制作与用法介绍与说明》（A Treatise Describing and Explaining the Construction and Use of New Celestial and Terrestrial Globes，London，1766）。⑳ 最后还有两本地名集的译作，似乎是本木良永复制荷兰地图集的副产品。㉓

松村元纲似乎是本木良木的密友，因为本木大多数译作中都会提到这位合作者，包括《阿兰陀地球略说》和《荷兰地球图说》。我们知道松村还单独编译过两部作品。其一是 1779 年《新增万国地名考》，另一部是一幅东西半球图，上有从其他著作中找来的地名。㉔

与长崎兰学不同，江户兰学的重点在医学。幕府鼓励掌握欧洲医学知识的医生学习更多的欧洲知识，特别是地理学和天文学知识。江户兰学学者最早翻译的具有地图学性质的书籍是 1786 年的《新制地球万国图说》。此书的翻译由桂川甫周（1751—1809）承担，他根据约安·布劳（Joan Blaeu，1598—1673）1648 年世界地图——《世界新图》（Nova totius terrarum orbis tabula）附录中的地形解说来翻译这部书。桂川是幕府御医，幕府收藏无疑是从出岛的荷兰工厂购得布劳地图的。早在 1709 年，新井白石就向意大利耶稣会会士乔万尼·巴蒂斯塔·西多蒂（Giovanni Battista Sidotti）（1668—1715）请教过这幅地图，从中获取地理信息，因此到桂川翻译这本书的时候，这幅地图早为人们所熟知。1791 年译本上加了一个附录，内有一幅彩色的原图缩图，以及其他各种插图和主要地名的译名。㉕

日本首次刊印的受到兰学影响的世界地图是司马江汉（1747—1818）的铜版地图《舆地全图》。这也是日本印制的第一幅铜版地图。《舆地全图》译自亚历克西斯·休伯特·嘉

㉑　松平被任命为中老，以制定因连年饥荒引起的 1787 年骚乱之后的国家政策，从此一举成名。他还被任命为德川政权第 11 代幕府将军德川家齐（1773—1841，在位时间为 1787—1837 年）的顾问。他执政期间发生的变化被称为宽政改革，宽政年是 1789—1800 年。见 Sansom，History of Japan，3：193 - 206（注释 32）。

㉒　其荷兰语全名是 Gronden der starrenkunde，gelegd in het zonnestelzel，bevatlyk gemaakt；in eene beschri；ving van't maaksel en gebruik der nieuwe hemel-en aarrd-globen（Amsterdam，1770）. 见 Nakayama，History of Japanese Astronomy，177 and 285（注释 38）。

㉓　其一是《舆地国名译》（约 1777 年），其二是《天地二球用法國名》（约 1794 年），二者均为手稿。两部书见于海野一隆《天地二球用法國名》，《日本洋学史的研究》3（1974）：113—137。

㉔　这幅 1779 年地图现藏于天理中心图书馆。关于松村的作品，见海野一隆《天地二球用法国名》，第 113—137 页（注释 323）。

㉕　桂川甫周指出，"新訂地球萬國圖" 是译名，原图名称是 Nova totius terrarum orbis tabula. 布劳地图现存于东京国立博物馆。见 Minako Debergh，"A Comparative Study of Two Dutch Maps Preserved in the Tokyo National Museum-Joan Blaeu）'s Wall Map of the World in Two Hemispheres，1648 and Its Revision ca. 1678 by N. Visscher，"Imago Mundi 35（1983）：20 - 36. 桂川甫周的译本载入小野忠重编《紅毛雑話》（東京：双林社 1943 年版），第 1—34 页。包括附录中 1791 年作品在内的古抄本保存在东京明治大学图书馆的芦田收藏、名古屋的蓬佐文库收馆以及国立公文书馆。其中以蓬佐文库和芦田收藏的版本最为完整。

约特（Alexis Hubert Jaillot）改绘的吉拉姆·桑松（Guillaume Sanson）的东西半球图，这幅
地图的发行者为考文斯与莫蒂尔（Covens and Mortier）（阿姆斯特丹，约 1730 年），翻译成
日文时又根据最新的信息作了修订。㉚ 地图用同一套铜版和版权页再版了至少三次，每次都
会在地图周围补充地名或添加插图。从第二版起，标题变成《地球图》（图 11.64）。历次再
版时还会同时发行解说地图的小册子——《舆地略说》，因为初版是最简略的。㉑

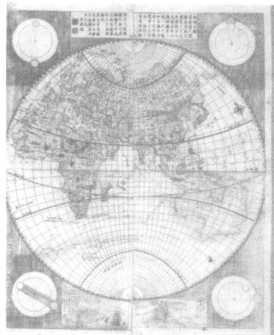

436

图 11.64　司马江汉的《地球图》（约 1795）

　　这是司马江汉 1792 年《地舆全图》的重印本。这幅铜版地图译自考文斯和莫蒂尔 1730 年前后发行、著名的兰学研
究专家大槻玄泽收藏的嘉约特世界地图。这幅地图之所以有名，在于其上有根据幕府第一次探险成果画出了日本的北部
边地。

　　原图尺寸：55×86 厘米。

　　经三重县津市茅原弘收藏许可。

　　最早翻译成日文的是荷兰语地图，但到 18 世纪晚期，日本学者也开始翻译其他外国语

　　㉚　司马江汉的 1792 年地图（50.5×92.8 厘米），刊于栗田元次《日本古版地图集成》图版 5 和图版 6（注释 15）。
考文斯和莫蒂尔出版于 1730 年前后的嘉约特（Jaillot）地图曾经保存在仙台市的宫城县图书馆，但毁于二战空袭。复制
图刊于鲇泽信太郎《地理學史の研究》（東京：爱日书院 1948 年版；1980 年東京原書房重印）前言以及海野、織田、室
賀编《日本古地图大成》第 2 册图 69（注释 8）。司马研究欧洲文化，师法荷兰绘画，研究欧洲天文学、地理学和历史
学，是第一位采用铜刻版的日本人。他在艺术与科学上的素养在地理作品上打下了烙印。有一句话这样概括道："他对空
间透视的科学有特别的兴趣"［Munsterberg，*Arts of Japan*，159（注释 79）］。司马在他的地图上用荷兰语标题并不奇怪，
他承认欧洲在科学等 领域的先进性而且他在江户和长崎跟随兰学学者学习。他在科学领域最伟大的成就是通过以下三部
著作推广哥白尼学说：《地球全圖略說》（1793 年）《和蘭天說》（1796 年）《刻白爾天文圖解》（1808 年）。见 Nakaya-
ma，*History of Japanese Astronomy*，187（注释 38）。
　　㉑　关于这些地图和书籍，见菅野陽《日本銅版畫の研究：近世》（東京：美术出版社 1974 年版）第 358—375 页。

言的地图。例如，桂川甫周不仅翻译了较新的荷兰世界地图，还翻译了亚当·K. 拉克斯曼（Adam K. Laxman，1766—1796？）1792 年送给幕府的俄语地图。[328] 他遇到的第一个竞争对手是司马江汉，当时司马翻译的《舆地全图》已经付梓，而桂川的译本还在进行中。他们两人有一位共同的朋友大槻玄泽（1757—1827），此人曾经为司马提供一幅嘉约特地图，但他知道桂川也在翻译此图而且进展更快，于是劝司马放弃出版译本的计划，但桂川最后也没有完成他的工作，他只印制了一幅木刻版西半球图，而两个半球图的手稿却丢失了。[329] 1794年，桂川根据拉克斯曼地图，绘制了世界地图以及美洲、欧洲、非洲、亚洲和其他地方的地图。这些地图上的信息优于荷兰语地图，这也可以解释为何桂川放弃其他计划而青睐俄国人送来的世界地图。他把从俄语地图翻译而来的地图作为《北槎闻略》（1794）一书的附录。这些俄语地图一直保存于幕府图书馆，从未刊行。[330]

　　司马和桂川在江户的译本为大阪地图出版商带来了影响。最引人注目的是，在司马世界地图启示下，木刻本《荷兰新译地球全图》于1797 年得以发行（图 11.65）。这幅地图据说是大阪兰学者家桥本宗吉（1763—1836）翻译的，但也可能是为这幅地图作序且绘制过其他地图的汉学家曾谷应圣（1738—1797）翻译的。[331] 地图采用的是球状投影，其上日本北部的画法与司马地图相同。迄今所知，这幅地图至少有标明同一年份的 4 个版本。这 4 个版本

---

[328] 拉克斯曼此行有两个目的，一是遣送那些俄罗斯亚洲海岸船难中的日本漂流民，二是洽谈贸易。其中有一位叫津太央的漂流民，曾经在这位水手的父亲瑞典人埃里克·拉克斯曼的保护下，在伊尔库次克教过日语。奉官方之命并在津太央的帮助下，桂川甫周写出了一本关于这次船难的书，书名为《北槎闻略》（1794）。拉克斯曼打开与日贸易的尝试落空，他很失望，并没有返回俄国而是奉命到了长崎。见 Sansom，History of Japan，3：202（注释 32）；Philipp Franz von Siebold，Manners and Customs of the Japanese in the Nineteenth Century（1841；reprinted Tokyo：Charles E. Tuttle，1985），193. 《北槎闻略》上附有 10 种地图。其中的世界地图、亚洲地图、非洲地图、美洲地图和欧洲地图可能是俄国政府送给日本的礼物。其中用俄语制作的两幅欧洲和美洲地图保存在横滨市立大学图书馆（鲇泽收藏）。美洲地图（50 × 63 厘米）刊于海野、織田、室賀编《日本古地图大成》第 2 册，图 83（注释 8）。

[329] 这幅刻印地图上没有地图作者、刊印人和刊印日期。关于翻译荷兰世界地图的详细情况，见海野一隆《桂川甫周の世界圖について》，《人文地理》20，No. 4（1968）：1—12. 西半球（79.5 × 88.5 厘米）地图封面标题是《萬國地球全圖》（约 1792 年）。试印本由 Nakao Ken'ichirō 收藏。装地图的纸盒上有木村兼葭堂的墨迹："月池桂川氏地球圖"。木村是大阪著名的藏家，月池是桂川的笔名。关于这幅地图的复制品及这个纸盒，见海野、織田、室賀编《日本古地图大成》第 2 册，图版 78 和图 68（注释 8）。

[330] 这三幅地图保存在东京国立公文书馆。复制图刊于海野、織田、室賀《日本古地图大成》第 2 册图版 80（东半球和西半球世界地图，每幅直径 56.6 厘米）、图版 81（亚洲地图，46.8 × 58.7 厘米）和图 72（北太平洋地图，46 × 62 厘米）（注释 8）。关于《北槎闻略》，见注释 328。

[331] 怀疑桥本不是这幅地图的作者的原因在于，这幅地图上并没有比以前在日本出版的书籍提供更多资料，也就是说作者并没有参考更多的荷兰语原始文献。在地图上加上桥本的名字，只是为了给人以权威的感觉。众所周知，大阪并没有太多的兰学学者，因此实际的制图人可能是曾谷应圣，但是假若桥本真的参与了制图，他有可能只是解释荷兰地图上的地名和文字说明而已。相关讨论，见海野一隆《喎蘭新譯地球全圖における参照資料》，《日本洋學史の研究》7（1985）：65 – 102. Sotani Rinzo 和另外三位出版商刊行的初版地图见载于 Beans，Japanese Maps of the Tokugawa Era，facing p. 29（注释 22）；Okada Shinjiro 和另外三位出版商刊印的版本（尺寸为 51 × 92 厘米）见载于栗田元次《日本古版地图集成》图版 8（注释 15），以及海野、織田、室賀编《日本古地图大成》第 2 册，图版 82（注释 8）。曾谷應圣编绘的其他地图还包括：《重鎸日本輿地全圖》（1783）（见上文第 414 页和注释 271）、《改正摄津大阪圖》（1789）、《增修改正摄刊大阪地圖圖》（1806）（图 11.49）（附有曾谷 1781 年序）。曾谷还对地图做了订正，这幅图刊于海野、織田、室賀编《日本古地图大成》第 1 册图版 88（注释 8）。

437

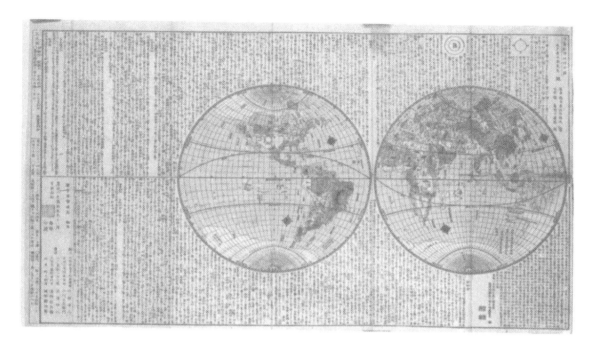

图11.65 《荷兰新译地球全图》

根据地图内容判断其绘制年代为 1796 年，初刻版纸质封面上题为 1797 年。地图内容显示，荷兰原图的年代为 18 世纪前半叶，但所知仅限于此。这幅地图的有趣之处在于采用了稀见的球状投影。

原图尺寸：55.5 × 93.7 厘米。

横滨城市大学图书馆鲇泽收藏。

照片由海野一隆提供。

将不同版本的地图进行拼合，并且在很长时间内反复刊行。也有人仿制过这幅地图，甚至有人把它做成地球仪。[532]

1804 年，俄国公使尼古拉·列扎诺夫（Nikolai Rezanov，1764—1807）将一些滞留在俄国的日本漂流民遣返回国。[533] 列扎诺夫给幕府送来一批地图，这些地图连同漂流民在俄国得到的地图，都被翻译出来。兰学家松原右仲（活跃于 1789—1808 年）翻译了漂流民带回的一幅地图——《万国舆地全图》。这是一幅铜雕版印制的东西半球图，地图上有一些从原图复制过来

---

532 刊行桥本 4 个版本世界地图的出版商分别是：Ogawa Tazaemon, Kitazawa Ihachi, Asano Yahee, Sotani Rinzo；Ogawa, Kitazawa, Asano, Okada Shinjiro；Ogawa, Asano, Okada；Ogawa, Yanagihara Kihee, Okada。地球仪直径约 30 厘米，保存在山口县的萩市乡土博物馆。另有两件仿制图，其一是《喎蘭新譯地球全圖》（32.8 × 20.4 厘米），没有序跋，为地图集形式；其二是田岛柳卿的《喎蘭地球全圖》（1840，45 × 69.5 厘米）。田岛地图刊于：海野、織田、室賀编《日本古地図大成》第 2 册图版 75（注释 8）。关于模仿版，见海野《橋本宗吉世界圖の異版·偽版·模仿版》，《地圖史話》第 305—318（注释 136）。

533 列扎诺夫 1804—1805 年出使日本，还是没有成功打开对日贸易的大门，接下来就是赫沃斯托夫（Khvostov）与达维多夫（Davidov）1806 年对库页岛和北海道的袭击，日本人于 1811—1813 年囚禁了瓦西里·戈洛夫宁（Vasily Golovnin）。见 Sansom, *History of Japan*, 3：202 – 4（注释 32），and von Siebold, *Manners and Customs*, 193 – 203（注释 328）。

的用斯拉夫字母拼成的俄语单词，使地图看起来有点古怪。[334] 虽然地图上并没有给出制图者姓名和出版日期，但根据一本题为《翻刻舆地全图略说》的世界地理著作，可以判断这幅地图出自松原之手，年代大约为 1808 年。这本与地图配套的书出版于 1808 年，为松原如水（右仲）所作。[335]

日本那时正面临着俄国和其他国家要求通商的压力，[336] 因此幕府于 1807 年决定委命位于江户浅草的天文台编绘一幅新的世界地图以备外交之用。这件事由幕府天文官高桥景保（1785—1829）负责。参与地图制作的还有天文学家间重富和两位官方通事——马场佐十郎

438

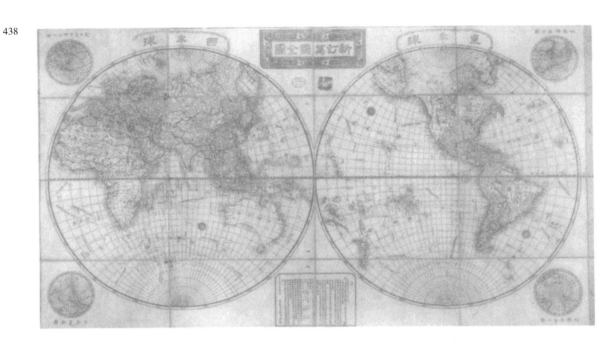

图 11.66 高桥景保等《新订万国全图》（约 1816）

为了将日本放在接近这幅铜雕版世界地图中心的地方，这幅地图将习惯所称的东半球放在左边并标注为西半球，西半球则放在右边，标注为东半球。地图四角还有 4 个小的半球，其中左上角的那个是以京都为圆心绘制的。

原图尺寸：114×198 厘米。

京都大学文学部地理研究室。

照片由海野一隆提供。

---

③④ 折页地图（37×16.5 厘米，每个半球图直径为 33.5 厘米）。它们的复制图保存于仙台的东北大学图书馆和东京早稻田大学图书馆以及三重县津市的茅原弘收藏，刊于海野、织田、室贺编《日本古地図大成》第 2 册图版 85（注释 8）。

③⑤ 如水是笔名。关于这幅地图的讨论，见冈村千曵《忘れられた铜版画家松原右仲》，载冈村千曵《红毛文化史话》（东京：创元社，1953 年）第 198—206 页；海野一隆《漂流民津太夫らの归国と地図の传来》，《日本洋学史の研究》4（1977）：101—22. 据大槻玄泽《环海异闻》（成书于 1807 年）一书对这次航海的记载，俄国地图是由被遣返的在俄船难人员带回日本的。《环海异闻》已有现代刊行本（东京：八坂书房，1986 年），并收入大友喜作解说校订《北门丛书》（全 6 册，东京：北光书房 1943—1944 年版；1972 年重印）第 4 册。本书由池田皓翻译成现代日语（东京：雄松堂出版，1989 年）。松原的《舆地全图》发现于 1985 年。

③⑥ 主要是美国和英国，见 von Siebold, *Manners and Customs*, 188 – 93（注释 328）。

和本木正荣，以及负责刻制铜版的亚欧堂田善。这一团队从日本、中国和欧洲收集各种资料，于1810年完成了展示东西两个半球的地图手稿。这幅地图被命名为《新订万国全图》。一个有趣的现象是，为了将日本放在接近世界中心的位置，制图者调换了习惯上东西半球的位置并调换标记，这样美洲的位置就处于"东半球"了。[337]地球的空白处还添上了两幅半球地图，其一以京都为圆心，另一与其相对。

制图者遇到的最大困难是对库页岛一带的展示。那时这一带还在考察之中，各种欧洲地图上对它的展示相互矛盾。地图完成后，高桥与同僚们根据有关库页岛西岸和黑龙江口一带比较可靠的资料，例如间宫林藏所获资料，对地图进行了校正。为改善地图上的东亚图像，他们还采用了1718年中国编绘的《皇舆全览图》（亦称康熙耶稣会地图集）。[338]1810年《新订万国全图》的修正版于1816年前后由官方刊行，永田善吉负责铜版雕刻，但地图上并没有留下他的名字。这版地图上出现了纬线，但没标明纬度值。总体而言，这幅地图堪与同时期的欧洲地图媲美，也是首次画出间宫（鞑靼）海峡（Mamiya Strait）的世界地图。[339]

《新订万国全图》尚在编绘之时，高桥就试印了一小批地图。这批地图题为《新镌总界全图》（23.3×34厘米），由永田善吉印制于1809年，彰显了他在铜版雕刻方面的才艺。地图上东西半球的排列与名称均与欧洲地图不同。与这幅世界地图一同制于手卷之上的是《日本边界略图》，这是日本第一次主动采用等距圆锥投影并使本初子午线穿过京都（图11.67）的地图。[340]《日本边界略图》的出类拔萃之处在于，它对日本的描绘非常精确，原因在于制图者采用了正在由伊能忠敬（1745—1818）主持的官方海岸考察成果。这幅地图也是菲利普·弗兰兹·冯·西博尔德（Philipp Franz von Siebold，1796—1866）在他1832年出版的《日本》（Nippon）一书中翻译的那幅地图（图11.68）。[341]

冯·西博尔德的地图故事说明了日本政府对地图的重视程度。我们都知道，日本官方一直在搜集外国地图，日本复制的新近外国地图被称为"分类"文书。冯·西博尔德出生于德国南部，一直担任荷兰威廉一世的私人医生。1823年，他作为荷兰东印度公司的一名医师，被派遣到出岛。他在长崎市内行医和教书，并兴办了日本第一所医学院。1829年，在

---

　　[337]　这幅手绘地图（106.5×188厘米）现藏于东京国立公文书馆，彩图刊于海野、织田、室贺编《日本古地图大成》第2册图版87（注释8）。关于这幅图的讨论见：赤羽壮造《高桥景保の新订万国全图について》，《日本历史》131–32（1959）：78–95，51–56。

　　[338]　关于对包括库页岛在内的北部边疆的探险，见下文。木村蒹葭堂搜集的地图中用到了康熙耶稣会地图集并于1808年前后在幕府天文台复制了这套地图集。这套地图集的复制本藏于：东京国立公文书馆、东京国立国会图书馆以及我的私人收藏。地图分两卷32幅图，一卷为《十六省图》，一卷为《九边图》。茨城县古贺市Takami收藏可能是更晚复制的。

　　[339]　大槻玄泽在《兰译梯航》（约1816）中提到了这幅地图（114×198厘米）。大槻玄泽的作品见于沼田次郎等编《洋学》（2册），本书收入《日本思想大系》第64—65册（东京：岩波书店1972—1976年版），作者将地图年代定为1816年前后（第1册第379页）。这幅地图发表于：栗田元次《日本古版地图集成》图版10和11（注释15）以及南波、室贺、海野《日本の古地图》图版16（注释11）。有关铜版地图，见Ayusawa "Types of World Map," 124, 126, and fig. 1；亦见拉明（Ramming）的评论，第128页（注释235）。

　　[340]　《新镌总界全图》发表于海野、织田、室贺编《日本古地图大成》第2册图82（注释8）。

　　[341]　Philipp Franz von Siebold, Nippon, Archiv zur Beschreibung von Japan und dessen Neben-und Schutzländern, 4 Vols.（Leiden, 1832—［54?］），Vol. 1, pl. I（"Japan mit seinen Neben und Schutzlandern"）. 他在地图上标识地名的方式有两种：在一些版本上，如东大阪的近畿大学图书馆地图（22.5×34.1厘米），地名全都是按一个方位书写的，而在另一些版本上，例如福冈的九州大学地图（21.9×34.1厘米），日本西部的地名是按不同方位书写的。关于冯·西博尔德地图的详细介绍，见海野一隆《シーボルトと『日本边界略图』》，《日本洋学史の研究》5（1979）：101—28. 关于伊能忠敬，见下文。

440

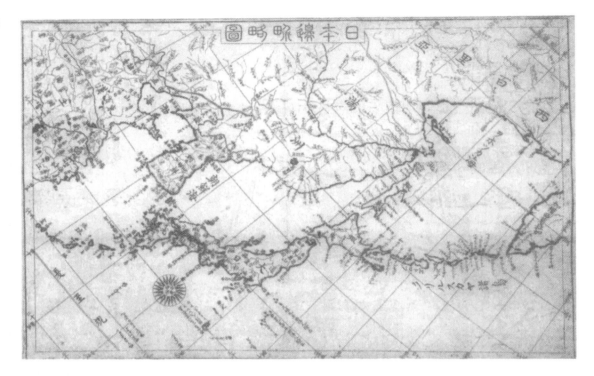

图 11.67 高桥景保《日本边界略图》(1809)

这幅地图与《新订万国全图》的小批试印本《新镌总界全图》一同制于手卷之上。这幅铜版地图是日本人主动采用圆锥等距投影绘制的第一幅日本地图。本初子午线穿过京都。地图上对库页岛的描绘基于间宫林藏 1808 年以前所作的考察报告。

原图尺寸：21.5×34.5 厘米。

照片由海野一隆提供。

他启程返欧之际，日本官员从他的行李中发现了一幅根据伊能地图新近制作的日本地图。收藏这幅地图的冯·西博尔德与赠予他这幅地图的高桥景保因此一同获罪。冯·西博尔德被驱逐出境，高桥景保则被判处死刑（至少是被收监并死在狱中），冯·西博尔德的许多学生也遭到囚禁。虽然原图被没收，但冯·西博尔德还有一幅复制图，他后来刊印了这幅图。[342] 除了企图将日本国家地图走私出境，冯·西博尔德还从事过其他更多的地图间谍活动。众所周知，他到江户旅行时曾秘密进行地形测量，曾探测下关海峡的水深，到幕府图书馆研究本州北部的日本地图，以及查阅一些日本地理著作，包括最上德内（1754—1836）绘制的一幅地图、间宫林藏的一部日记以及高桥的一件推测为北海道和库页岛地图的作品。[343]

这一时期日本地图学与域外的交流还表现在其他方面。高桥地图刺激了其他世界地图和

---

[342] 发表于 von Siebold，*Nippon*（1840）（注释 341）中的地图尺寸为 91.8×67.9 厘米（仅本州、四国和九州）。冯·西博尔德亲口提到 *Manners and Customs*，169–70（注释 328）中的事。

[343] 见 Cortazzi，*Isles of Gold*，51（注释 14）；有人复制了冯·西博尔德的一幅地图（图版 83）；*Karte vom Japanischen Reiche*，1840 年（39.5×55 厘米）。该图保存于伦敦的大英图书馆。关于最上德内的作品，冯·西博尔德称，1826 年 4 月 16 日有人送给他最上德内绘制的江户、千岛群岛和库页岛地图，他承诺 25 年内不出版这些地图。他信守诺言，到 1852 年才刊行了这些地图。关于冯·西博尔德，参见 J. c. Coen，*Reize van Maarten Gerritsz. Vries in 1643 naar het noorden en oosten van Japan . . .*（Amsterdam，1858），336。关于最上德内，见下文。

外国地图的编绘与出版，这些地图主要是以新近获得的欧洲地图为底本的。其中包括箕作省吾（1821—1847）的《新制舆地全图》（1844）、永井青崖（逝于 1854 年）的《铜版万国舆地方图》（1846）（图 11.69）、新发田收藏（1820—1859）的《新订坤舆略全图》（1852）、山路彰常（活跃于 1835—1860）与新发田收藏的《重订万国全图》（1855）、武田简吾（逝于 1859）的《舆地航海图》（1858）以及佐藤政养（1821—1877）的《新刊舆地全图》（1861）。[344]

441

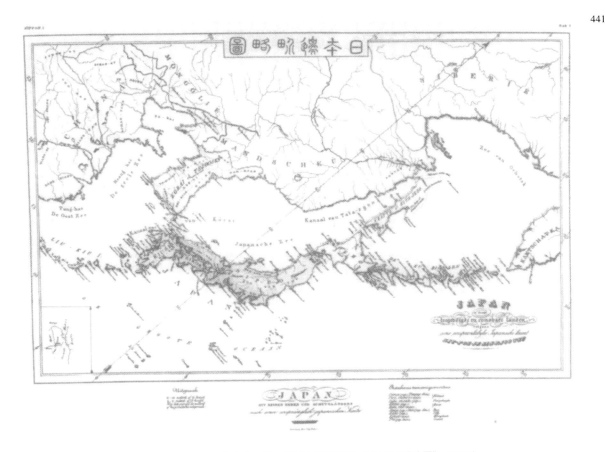

图 11.68 菲利普·弗兰兹·冯·西博尔德出版的《日本边界略图》（1832）

地图顶部的汉字与高桥《日本边界略图》（图 11.67）相同，冯·西博尔德在翻译该图时添加了一些信息，如 "Str. Mamia"，"De la Pérouse Str."（分别指鞑靼海峡和拉贝鲁兹海峡）。

原图尺寸：22.5×34.1（边框）

经大阪府东大阪市近畿大学图书馆许可。

[344] 鲇泽信太郎在他的文章中提及 1844、1846、1855 和 1858 年地图，见鲇泽信太郎，"Types of World Map，" 125-27，以及拉明（Ramming）的评论，第 128 页（注释 235）。这里引用的 6 幅地图分别刊于：海野、织田、室贺编《日本古地图大成》第 2 册，图版 89（1844 年地图，33.5×59 厘米，绘于 35×120 厘米的手卷上）、图版 91（1846 年地图，32×36 厘米，绘于 33.5×109.5 厘米的手卷上）、图版 95（1852 地图，地图尺寸为 40×72.5 厘米，绘于 49×107 厘米的单页上）、图版 99（1855 年地图，104×185 厘米）、图版 100（1858 地图，88.5×156.5 厘米）以及图 94（1861 地图，136×133.5 厘米）（注释 8）。1846 年地图的复制图还发表于南波、室贺、海野《日本の古地図》图版 17（注释 11）。

　　上述各幅地图都有自己的特点，或者对原图有所修正，表明江户时代后期兰学家有广泛的渠道获得地理资源和地理知识。箕作地图对澳大利亚东南海岸作了修订，其余的内容则来自《新订万国全图》，其中部分内容显然来自一幅1835年的法国地图，因为地图上有代表法国殖民地的标志。永井地图声称依据的是一幅1839年英国地图，似乎的确如此，因为永井地图采用了墨卡托投影并画出了大陆轮廓线，这幅图与箕作地图上的地名有很多相似之处，因此它至少还另有一个原始资料来源。㉟ 新发田地图采用老式的椭圆投影，其贡献在于

442

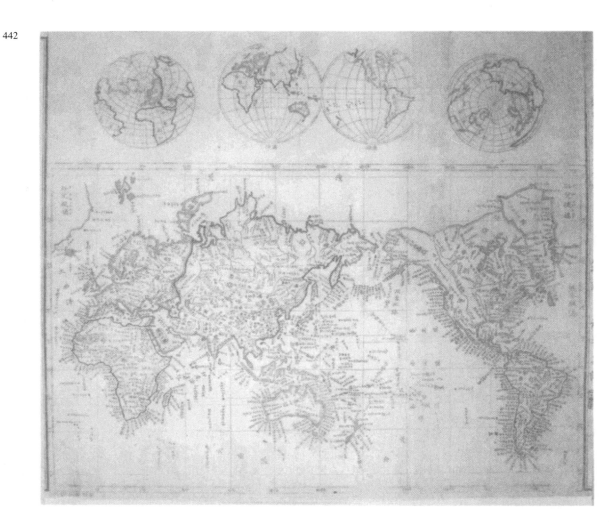

图 11.69　永井青崖《铜版万国舆地方图》（1846）

这幅手卷地图的源图包括《新制舆地全图》和一幅 1839 年英国地图。

整幅手卷尺寸：33.5 × 109.5 厘米（地图尺寸仅为 32 × 36 厘米）。

经三重县津市茅原弘收藏许可。

㉟　安田雷洲是一位负责铜版印刷的画家。日本印制的第一幅采用墨卡托投影的地图是司马江汉的《濒海图》（1805年），图上包含了印度洋和东亚。这幅图藏于不列颠哥伦比亚图书馆比恩斯收藏（38 × 53 厘米）以及东京三井文库，发表于 Mody, *Nagasaki Colour Prints*, pl. 195（注释239）。不知永井地图用到了哪一幅英国地图。

展示了新的地图信息。[346] 此外，这幅地图还用晕线（hachure）来指代山地，晕线在日本印制地图中的运用，首见 1850 年鹰见泉石（1785—1858）所译《新译和兰国全图》。[347] 山路和新发田根据卡尔·佐尔（Karl Sohr）和弗里德里希·H. 汉特克（Friedrich. H. Handtke）1846 年出版的 *Vollständiger Universal-handatlas der neueren Erdbeschreibung über alle Theile der Erde*[348] 一书，订正了澳大利亚南部和北美北部的信息。武田地图译自俄国航海家 1854 年带入日本的约翰·珀迪（John Purdy）1845 年世界地图，同时也参考了另外的资料。[349] 这幅地图与佐藤地图的图幅都很大，而且采用了墨卡托投影。佐藤地图主要源自一幅 1857 年出版的未经鉴定的荷兰地图。

因此，兰学对日本地图学的影响，再高估也不为过。日本自己也编绘和出版新的全国基本地图。这些地图精确、详尽，广受社会欢迎，它们的缩印版和简印版也纷纷面世。

443

日本的地图绘制及其北方边地与海岸线

日本在 18 世纪晚期和 19 世纪上半叶，对北部边疆地区进行了一些重要的勘测工作。这些工作有一定程度的重叠，其主要目标有二。其一到本州以北海岛探险并绘制地图，这是日本地图史上一段旷日持久的经历。[350] 从某种意义上讲，我们可以将这个地区称为"北部边

---

[346] 据新发田的解释，他考虑到球面投影和墨卡托投影存在缺陷，遂采用了椭圆投影。新发田说，由两个圆圈（球面投影）组成的地图使得圆心部分变得太小，而方形地图（墨卡托投影）使得靠近两极的部分变得太大。

[347] 地图尺寸是 57×86 厘米，盒子上印有"许可出版，嘉永三年一月"（1850）的声明。该图刊于海野、織田、室賀编《日本古地図大成》第 2 册，图版 90（注释 8）。野间科学医学研究资料馆（東京，1981）曾出版过这张地图的复印图。

[348] 官版地图《重訂萬國全圖》与《新訂萬國全圖》相似，它对后者做了修订。《重訂萬國全圖》是在山路諧孝的领导下编绘的。鮎泽信太郎认为，这幅图的资料出自佐尔和汉特克地图集中的世界地图。见：鮎泽信太郎，"Types of World Map,"第 126 页，以及拉明的评论，第 128 页（注释 235）。佐尔和汉特克的副本保存于东京国立公文书馆（原 Mitsukuri Shoichi 收藏）。

[349] 鮎泽信太郎在备注中说，武田简吾的地图自 1900 年以来有过好几个版本，见 Ayusawa，"Types of World Map,"126（注释 235）。珀迪（Purdy）的海图是 1854 年由使节叶夫菲米·普蒂亚京（Evfimy Putyatin）带到日本的。美英两国于 1854 与日本达成通商条约。普蒂亚京接踵而至，1855 年也与日本签订条约，打开通商门户。条约是在戴安娜号护卫舰上签订的，该舰下锚于下田港（今静冈县），被海啸和随即而来的地震损坏。关于俄罗斯使团在日本的逗留，见 Howard F. Van Zandt，*Pioneel*；*American Merchants in Japan*（Tokyo：Lotus，1980），77 - 142. 更多关于武田简吾地图的内容，见鮎澤信太郎《武田簡吾の興地航海圖の系統》，载氏著《鎖國時代日本人の海外知識》（東京：原書房 1943 年版；1980 年重印），第 331—349 页。

[350] 关于日本对本州北部的勘察，见 Nobuo Muroga，"Geographical Exploration by the Japanese,"in *The Pacific Basin：A History of Its Geographical Exploration*，ed. Herman R. Friis（New York：American Geographical Society，1967），96 - 105. 关于北部边地的地图史，参考高倉新一郎和柴田定吉合著的 3 篇文章，以及高仓独著的一篇文章：《我国に於ける千島地図作製史》《我国に於ける北海道本島地図の変遷（一）（二）》以及《我國北海道地図の変遷補遺》，分别载于《北海道大学北方文化研究報告》nos. 2（1939）：1—48，3（1940）：1—75，6（1942）：1—80，7（1952）：97—166，11（1956）：49—73. 北方边疆重要地图发表于：北方領土問題調査會编《北方領土：古地圖と歴史》（東京：中央社 1971 年版）；成田修一编《蝦夷地圖抄》（東京：莎罗書房，1989 年）。北海道的重要地图载于：高倉新一郎编《北海道古地図集成》（札幌：北海道出版企画センター，1987 年）。亦见 Teleki，*Atlas zur Geschichte der Kartographie*（注释 163）；Cortazzi，*Isles of Gold*，54 - 61（注释 14）；John A. Harrison，"Notes on the Discovery of Yezo,"*Annals of the Association of American Geographers* 40（1950）：254 - 66；以及 Koreto Ashida，"Old Maps of Hokkaido,"in *Dainippon*（Great Japan），ed. Bunmei Kyokai（Tokyo：Bunmei Kyokai，1936），127 - 37.

444

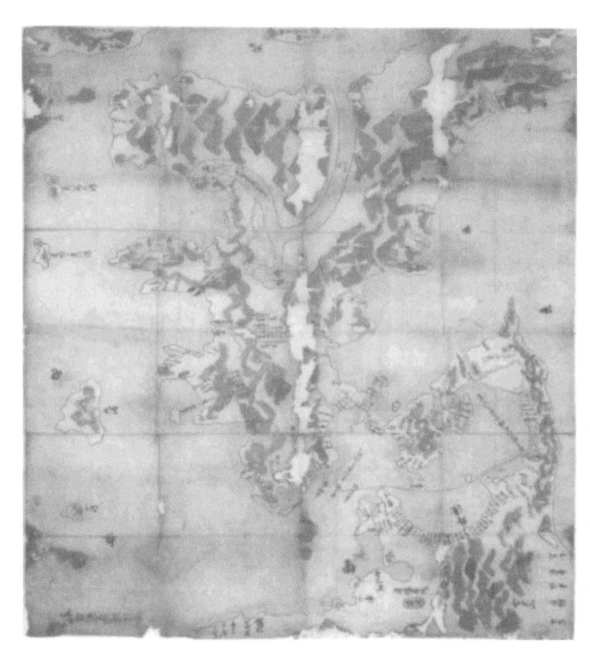

图 11.70 将北海道画成一个半岛例子之一：17 世纪的手稿地图《松前虾夷地绘图》

地图右下角是本州最北端，北海道是从右上角延伸到地图中心的一个半岛。题记称地图左上方的库页岛靠近朝鲜北部。

原图尺寸：113×96 厘米。

经札幌北海道大学图书馆许可。

疆”，尽管现在日本的北部边地只有北海道的日本归属是不存在争议的。(51) 其二是准确绘制了整个日本列岛的地图，这一工作完成于 1821 年，其基础是伊能忠敬对日本海岸线所做的卓越的测量，伊能忠敬过去是一位清酒制造商。

在古代和中古时期，日本列岛的政治统一并不包括本州北部及其更北的岛屿。自古以来，人们称这些岛屿为“虾夷地”（Ezochi）和“虾夷”（Ezo）。(52) 虽然不能确定这两个词的源头，但有人认为虾夷这个词的最后成形应该是阿伊努语“男人”（Emichiw）一词的讹转。在奈良时代之前，人们用“虾夷”（Emishi）和“夷”（Ebisu）这两个词的讹音来指代本州日本人定居点以东的非日本人。当日本人向东边和北北扩展时，这个词语所指的区域也向北移动，用来指那些未被征服和同化的民族。从江户时代开始，从北海道南端的松前藩所在地驶出的船所经由的太平洋和日本海沿海地区，被称为东虾夷和西虾夷。经过西虾夷时，大部分船只直接驶向北方，这条航线的末端被称为“Teshio-furo”，这是阿伊努语 Teshio-kuru（北海道西北部天盐人）一词的讹传。东虾夷地航线被称为 Menashi-furo，这是阿伊努语“东部人”（menashi-kuru，今天的根室地区）一词的讹音。(53)

直到这一时期，今天北海道（这个词是从 1869 年开始出现的）的地理情况在人们脑子里还是一个问号。14 世纪以后，日本人仍然只控制着该岛的西南部而已。1604 年德川家康承认松前家族的领主地位时，仍然不清楚北海道到底是亚洲大陆的一部分还是一个独立的岛屿。据记载，对北方边地的第一次勘测探险活动始于 1633 年，当时松前大名命令其属臣高桥仪右卫门弄清东西虾夷之间的距离。第二次探险似乎是 1635 年由另一位藩臣村上广仪领导的。他奉命环岛航行并绘出北海道地图，但不知是否完成了这次航行或者编绘了什么样的地图（如果有的话）。可以确定由松前家族绘制并上交给幕府将军的第一幅地图与 1644 年幕府绘制正保诸国图的编绘计划有关。这幅地图虽然丢失了，但不甚精确的缩摹本被吸收进了正保日本全图，得以流传下来。1661 年环北海道的再次航行由藩臣吉田作兵卫领导，他于当年夏天沿东海岸向北航行然后回到松前国。在执行 1700 年第四次诸国图的编绘计划时，

---

(51) 从日本的角度来看，在第二次世界大战结束时苏联非法占领了得抚岛（Urup，日语为 Uruppu）南部的千岛群岛（千岛国），因此日本人仍然认为这些地方属于日本。自北向南排列着的择捉岛、国后岛、色丹岛和齿舞群岛。千岛群岛的其他岛屿没有争议，自 1945 年以来一直是俄罗斯的一部分，但从这以前上溯到 1875 年，整个岛链都属于日本。1875 年，日本与俄国达成协议，库页岛（日语称卡拉富图）归俄国，千岛群岛归日本。从 1867 年到 1875 年，库页岛一直为日俄共管。1904—1905 年日俄战争后，库页岛南半部于 1905 年被日本吞并。在 1917—1922 年俄国内战期间，库页岛北部在 1920—1922 年期间成为俄罗斯远东共和国的一部分，但于 1922 年并入苏联。1945 年，苏联吞并了该岛的南半部；现在这里归属俄罗斯已没有争议。

(52) 虾夷分为三部分：松前与虾夷地、大奥（北边或远处是库页岛）、虾夷千岛或千岛群岛。

(53) 例如，意大利耶稣会传教士吉罗拉莫·安杰利斯（Girolamo de Angelis，1567—1623）——第一位到日本的欧洲人，也是第一位绘制今北海道地图的欧洲人，在他 1621 报告所附的一幅地图上，将 Teshio-furo 和 Menashi-furo 写作 Texxoy 和 Menaxi。北海道被画成一个沿东西方向延伸的长条形岛屿，地名则放在岛屿的两头。安杰利斯 1618 年（London，British Museum，Add MS. 9860，fols. 239 – 42）和 1621 年的报告，连同所附地图（39 × 53 厘米；Archivum Romanum S. J.，Epistolae Martyrum，jap. Sin. 34，fols. 49 – 54*v*）一同刊于 Hubert Cieslik，ed.，*Hoppa Tanken Ki* [北部探险记]：*Foreigners' Reports on Ezo in the Genna Period*（Tokyo：Yoshikawa Kobunkan，1962）. 与安杰利斯地图相关的研究，见 Kitagawa，“Map of Hokkaido”；Schone，“Map of Japan”；and Kudo，“De Angelis' Yezo Map”（均见注释 121）。北川与科塔兹文章都刊用了这幅地图，见 Cortazzi，*Isles of Gold*，pl. 84（注释 14）。

松前家族仅上交了另一幅较小但与正保地图所收内容相同的地图。㉞

　　尽管缺乏一手的考察地图，但还是有一些北方边地的其他地图。这些地图是在政府资助的 1785—1786 年虾夷地探险开始之前，根据松前家收藏的地图编绘的。可以根据其对北海道的描绘，将这些地图进行分类：一类将北海道画成一个半岛并夸张地表现河流；另一类将北海道画成自北向南延伸的长形岛屿；还有一类将北海道画成自东向西南蜿蜒的半岛（图 11.70 和图 11.71）。㉟

445

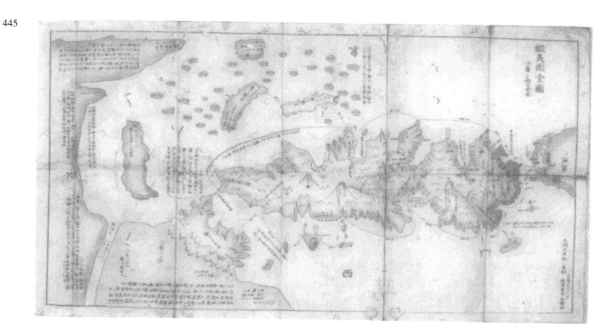

图 11.71　林子平《虾夷国全图》(1785)

　　这是将北海岛画成自北向南延伸的长形岛屿的一个例子，地图方向朝东。伸向地图顶部的岛屿为千岛群岛，库页岛在左边。有趣的是，后来被确定与库页岛为同一个岛的卡拉富图（Karafuto），被画成是亚洲大陆的一部分，位于北海道西北和库页岛西南。这幅地图的数据来自松前家族在官方组织的虾夷地探险（1785—1786）前提交给幕府的一幅地图。

　　原图尺寸：50×92 厘米。

　　经神户市立博物馆（南波收藏）许可。

　　1785—1786 年间幕府对北方边地进行了考察，这一全新的举措是由俄罗斯在东北亚地

　　㉞　关于松前家族制作地图的简史，见松前廣長《松前志》（1781）卷 2，第 122—134 页，收入《北門叢書》第 2 册（注释 335）。亦见松前廣長编《福山秘府》（1776）年歷部，收入《新撰北海道史》（全 7 册，北海道廳编，1936—1937 年）第 5 册。以上也有根据第三、四次考察计划所获信息编绘诸国图、正保和元禄全国地图的资料。松前和虾夷的元禄地图保存于东京大学图书馆，但在 1923 年关东大地震引起的火灾中遗失，留下一个缩小过的副本（83×65 厘米），现存于札幌的北海道大学图书馆，刊于高倉新郎《北海道古地图集成》图版 10（注释 350）。

　　㉟　举一个例子，保存于札幌北海道大学图书馆的 18 世纪早期手绘地图《蝦夷圖》（102×101.5 厘米）就将北海道画得像一个群岛。《和漢三才圖會》（注释 93）中的《蝦夷之图》和林子平的《蝦夷國全圖》（图 11.71）则将北海道画成一个从北向南延伸的长条形岛屿。将北海岛画成半岛的例子是 17 世纪的手绘地图《松前繪圖》（图 11.70）。这几幅图均刊于：海野、織田、室賀编《日本古地图大成》第 1 册，图版 63、64，图 30、58（注释 8）。

区的扩张引发的。⑤ 俄罗斯的举动引起幕府的焦虑，因此北方边地的地理信息对外交和国

446

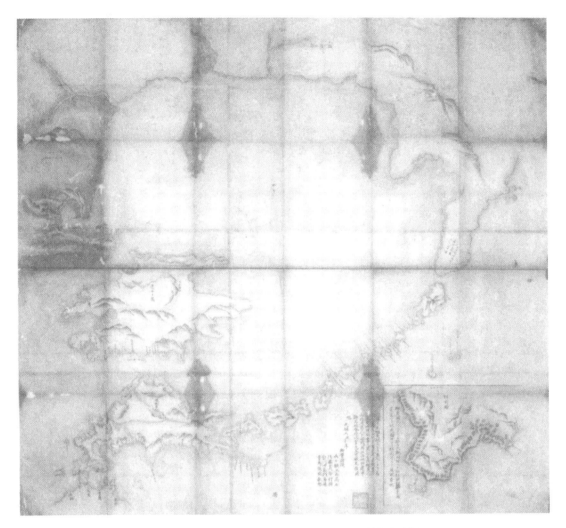

图 11.72　根据幕府组织的 1785—1786 年考察成果绘制的虾夷地图（1786）

这幅手绘地图是一次半途而废的考察的临时汇报成果。地图上库页岛画得比实际要大，但对北海道和千岛群岛的描绘比较得当。地图上有山口铁五郎和另外三人的签名。

原图尺寸：96.5×100.5 厘米。

京都室贺惠美子收藏。

照片由海野一隆提供。

---

⑤　关于俄罗斯进行的与日本有关的扩张，见 Sansom，*History of Japan*，3：201-5（注释 32），以及 Harrison，"Discovery of Yezo，" 259-62（注释 350）。有好几篇有关俄罗斯扩张的论文，讲到俄国人 18 世纪在远东和北太平洋不同寻常的活动。例如：D. M. Lebedev，*Ocherki po Istorii Geografii v Rossii* XⅧ *v.*（1725-1800 *gg.*）（Moscow：zdatel'stvo Akademii Nauk SSSR，1957）；L. S. Berg，*Otkrytie Kamchatki i ekspeditsii Beringa*，1725-1742（Moscow：zdatel'stvo Akademii Nauk SSSR，1946）；G. P. Müller，*Voyages et decouvertes faites par les Russes Ie long des côtes de la Mer Glaciale ie sur l'Ocean Oriental*，*tant vers le Japon que vers l'Amérique*，2 Vols.（Amsterdam：Marc-Michel Rey，1766）；and Innokenty Gerasimov，ed.，*A Short History of Geographical Science in the Soviet Union*（Moscow：Progress，1976）．这一时期地图的刊行，见 A. V. Efimova（Yefimov），*Atlas geograficheskikh otkrytiy v Sibiri i v severo-zapadnoy Amerike* XⅦ-XⅧ IV.（Moscow：Nauka，1964）。

防都不可或缺。以山口铁五郎为首的 10 名幕僚被任命为考察团的正式成员。负责东虾夷的成员有后来以探险家和测绘师著称的最上德内，当时他是青岛俊藏的助手，同行的还有山口和另外两个人。考察西虾夷的五个人中有佐藤源六郎和庵原弥六。1785 年，东虾夷组考察了北海道的太平洋沿岸地区，最终到达千岛群岛，然后从那里返回北海道。西虾夷组到达宗谷后，包括庵原在内的三人渡海到库页岛并从那里去了西海岸的多兰泊（Tarantomari）（约处北纬 47°10′），然后又到达北海道的知床半岛，最后返回宗谷。1786 年，山口铁五郎与最上德内去了千岛群岛的择捉和得抚二岛；大石逸平则沿着库页岛海岸北行到久春内（约北纬 48°），而后才返回。[357] 此次考察按既定的路线进行且到达了目的地。作为此次考察成果的地图，与先前大部分以推测为主的地图相比，体现出国土测绘的显著进步（图 11.72）。

不过，此次绘制的地图也有一些不足，比如北海道的南北跨度比实际缩短了，而库页岛虽形状相似但画得比北海道还大。[358] 首次绘制的这幅地图可能是此次探险活动临时报告的内容，因为这一计划由于发起人、执政老中田沼意次（1719—1788）被罢免而半途而废。虽然这次计划半途而废了，但它标志着对北方边地的认识进入一个新的阶段。这次考察的成果被吸收到长久保赤水 1788 年前后完成的世界地图中。长久保还出版了根据 1790 年测绘地图绘制出另一幅地图——《虾夷松前图》。[359]

在幕府的考察计划悬置之时，松前家族于 1790 年发起了一次对库页岛的独立考察活动。这次考察到达库页岛西海岸的古丹（大约在 48°40′）和东海岸北纬 46° 的知床海岬。考察成果记录于加藤肩吾 1793 年的手绘地图《松前地图》之中，但是这幅地图还是没有纠正前一次考察的错误，将北海道的东西跨度画得过长，只有对知床海岬一带库页岛南部的描绘有所改进。[360]

1791 年，幕府重新开始关注领土问题，再次派遣考察队前往北方。这次考察队由最上德内领导，最上因在第一次考察中作为助手的出色表现而受到高度评价。最上德内的考察从重新测绘择捉、得抚二岛开始，并于 1792 年将测绘工作扩展到库页岛。他在这一带考察了位于知床海岬东岸、北纬 46°30′ 的十弗以及久春内，利用收集到的信息改进了这些区域的地图。[361]

在最上德内考察库页岛的同一年，拉克斯曼（Laxman）的船只驶入根室，1796—1797 年英国船只下锚于内浦港（或称火山口）。[362] 这些事件迫使幕府加强对北方边地的关注。

㊲　关于此次探险的报道，见青岛俊藏《蝦夷拾遺》（1786），收入《北門叢書》第 1 册（注释 335）。见井上隆明的现代日语译本，收入《赤蝦夷風説考》（東京：教育社 1979 年版）第 95—112 页。完整记录 1785—1786 年探险的著作是照井壮助《天明蝦夷探險始末記》（東京：八重岳書房 1974 年版）。

㊳　复制图保存于京都室贺惠美子收藏、东京国立公文书馆、天理中心图书馆（松平定信收藏）以及山口县档案馆（Mori Family Collection）。

㊴　《蝦夷松前圖》（33.3×45.5 厘米）刊于南波、室賀、海野《日本の古地圖》图版 47（断年为 1795 年前后）（注释 11），保存于神户市立博物馆（南波收藏）。

㊶　藩臣高橋寬光负责此次考察，而加藤肩吾则是松前藩的医生，见高倉、柴田《我国に於ける北海道本島地図の変遷》第 14—18 页（注释 350）。

㊱　1791 年派了 6 个人，其中两个人负责探险活动；1792 年，一共有 12 个人。前往库页岛的是最上德内、和田兵太夫、小林源之助，见皆川新作《最上德内》（Tokyo：Dentsu Shuppanbu，1943 年）第 98—129 页。

㊷　推测与布劳顿（Broughton）1795—1797 年的发现有关。见 William Robert Broughton, *A Voyage of Discovery to the North Pacific Ocean* （London：T. Cadell and W. Davies，1804；reprinted Amsterdam：Nico Israel，and New York：Da Capo Press，1967）。

448

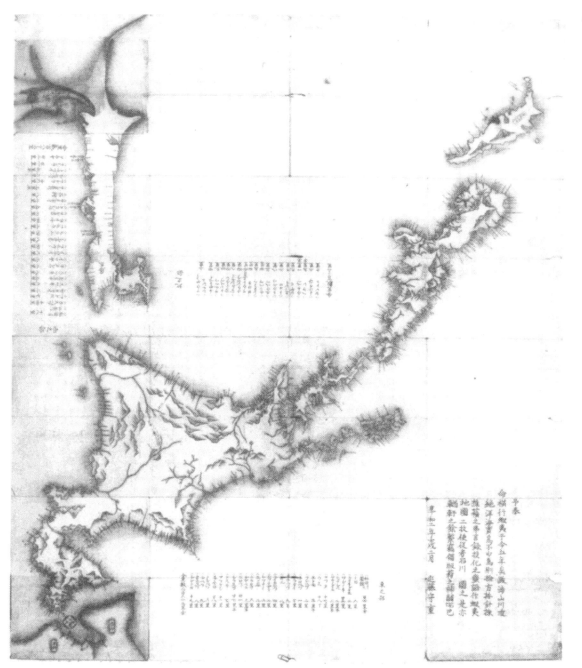

图 11.73　近藤守重 1802 年《虾夷地图式》两个图幅中的一幅

　　这幅地图是根据近藤亲自参加本州以北考察所获信息绘制的，表明对北海道、库页岛和千岛群岛的了解进入到了一个重要的阶段。库页岛的地理位置在当时受到俄罗斯和日本的关注。在这幅手绘地图上，近藤没有肯定库页岛到底是一个岛屿，还是一个半岛。

　　原图尺寸：89.5×74.5 厘米。

　　经函馆市立图书馆许可。

449

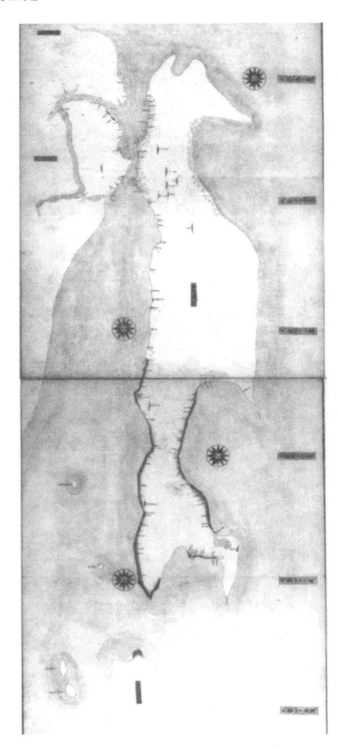

图 11.74　间宫林藏《北夷分界余话》卷首《北虾夷地》（1811）

间宫在他提交给幕府的总共 10 册的报告中，展示了他 1808—1809 年在库页岛的考察发现。这幅手绘地图对日本人尚未考察的库页岛东北部的描绘显然有所不足。

原图尺寸：72.8×29.6 厘米。

经东京国立公文书馆许可。

结果于 1789 年发起了一次规模空前的探险考察。考察队一共有 182 名成员，包括最上德内。这次考察为幕府确立在北方的统治找到了借口。[363] 在对考察成果进行研究之后，幕府于 1799 年决定对北海道东部（东虾夷地方）和南千岛群岛进行直辖统治，不再将其置于松前藩的控制下。随后的考察都是在幕府的支持下进行的，更多的数据被搜集起来，北海道地图也得以改进。[364]

为确保江户到北海道太平洋海岸的航行安全，1799 年，手绘地图《从江都至东海蝦夷地针路之图》也成功问世。这一工作是由幕府天文方（astronomical observatory）助手堀田仁助（1745—1829）奉命承担的。[365] 1800 年，幕府同意尹能忠敬测量箱根到根室间的北海道太平洋海岸，而虾夷沿岸其他地方的测量则是到 1817 年才由间宫林藏完成的。其实在完成这些测量之前，已经可以在地图上正确画出北海道和南千岛群岛以及库页岛的形状了，近藤守重（1771—1829）1802 年所绘《虾夷地图式》（图 11.73）可以为证。[366] 自 1798 年参加幕府考察队以来，近藤就定期对北方地区进行勘测。但他这幅地图的资料来自此前的历次考察。例如，有关库页岛的资料出自 1801 年的考察，在西海岸北约 49°20′ 标处有 Shoya，东海岸以北约 47°20′ 处标有内渊。由于考察队还没有确证库页岛究竟是否与亚洲大陆相连，所以专门编制了一幅库页岛地图，并附上另一张地图，提示该岛可能与大陆相连，将两种观点并列。[367] 近藤对这一问题特别感兴趣，他不仅研究了来自日本的证据，还研究了中国地图以及和有关东北亚的欧洲地图。1804 年，他完成了相关研究并编写出一本题为《边要分界图考》的著作，书中的结论称："卡拉富图是一个被河流与大陆隔开的半岛，因此，不同于被欧洲人称为萨哈林（Sakhalin，即桦太或库页岛）的陆地。"[368]

450

---

[363] 1798 年夏，最上德内与近藤守重一道去了择捉岛，见皆川新作《最上德内》第 140—202 页（注释 361）。关于最上德内的考察报告，见他所著的《虾夷草纸》（1790）和《虾夷草纸后篇》（1800），二者收入《北门丛书》第 1 册和第 2 册（注释 335）。

[364] 除了最上德内，活跃于 1798 年前后江户时代的探险家和测量师还有：近藤守重、秦檍丸（或村上岛之允，1760—1808）以及间宫林藏。近藤与渡边久藏，一位幕府高级官员，于 1798 年前往虾夷地，而且在当年和次年也到达了择捉岛，1798 那次他们是以最上德内为向导的。在 1808 年停职之前，近藤一共考察虾夷地五次。秦檍丸 1798 年与近藤同去考察了东北海道国后岛；1799 到 1807 间，他经常前往北海道考察。1801 年，他和另一位幕府高官松平忠明一道做了一次环北海道考察，这使地图上的北海道形状有了很大的改进。秦檍丸不仅因参与北方考察而闻名，他还是位出名的测量师，他 1789—1793 年绘制的关东道（阿波、伊豆和上总）地图可以为证。见皆川新作《村上岛之允的蝦夷地勤务》，《傳記 7》nos. 4—6（1940）：10—15、19—24、17—24。间宫 1799 年第一次前往虾夷地是作为秦檍丸的助手，次年他被任命为幕府低级官员。在 1822 年幕府解除对他的直接控制之前，他一直致力于虾夷地的测量与考察。他可能从秦檍丸那里学到了测量技术。见赤羽榮一《間宮林藏》（東京：清水書院 1974 版）；以及洞富雄《間宮林藏》（修订本）（東京：吉川弘文館 1987 年版）。

[365] 这幅海图（116.4×270.3 厘米）保存在岛根县津和野的乡土博物馆。这幅图还刊于高倉《北海道古地圖集成》图版 26 和图版 28（注释 350）。

[366] 手稿为两个单页，一页上为 *Ken* 图（北海道和库页岛）（图 11.73），另一页为 *Kon* 图（千岛群岛，45×74.5 厘米）。除了保存在函馆市立图书馆的复制图外，天理市中心图书馆（松平定信收藏）和东京文部省科学史料馆（津轻家藏）也收藏有复制图。

[367] 考察者为中村小市郎（前往内渊）和高桥次太夫（前往 Shoya）。他们绘制的地图保存在东京大学图书馆（南葵文库）和札幌的北海道大学图书馆。后者为一幅手绘地图（107.5×38.8 厘米），刊行于北方领土问题调查會编《北方領土：古地図と歷史》图版 30 以及成田《蝦夷地圖抄》图版 78（均在注释 350）。

[368] 《邊要分界圖考》保存在东京国立公文书馆、东京大东急纪念文库等地。近藤守重（笔名正斋）已有《近藤正齋全集》（注释 210），《邊要分界圖考》载于卷 1。当然，卡拉富图和库页岛从那时以后被证实为同一个岛。

完成库页岛海岸线测量的任务落在了松田传十郎（1769—1843）和间宫林藏身上。1808 年，出于国防需要，幕府派遣二人前往库页岛。[569] 两人分头行动。松田沿西海岸航行，而从阿尼瓦湾（Aniva Bay，中知床湾）出发，沿东海岸航行。间宫到达北知床岬（Cape Terpeniya）后，当地向导指出再地往北走可能有危险，因此他停下来，掉头回转，横穿岛屿，赶上了在西海岸、约北纬 52°的罗卡角（Cape Rakk）的松田，松田确信库页岛就是一个岛屿。由于无论航船或步行都很难到达海岬北端，所以他们一起决定沿西海岸返回北海道。间宫后悔没能一直前行到库页岛北部，所以他在当年晚些时候再次出航，并于 1809 年到达约处北纬 53°15′的 Nanio，Nanio 靠近库页岛和大陆之间海峡北端。他乘坐一条本地船越过海峡，将行程延伸到黑龙江下游的德伦（Delen）。[570] 最后，他坚信卡拉富图就是欧洲地图上的萨哈林岛。在作为考察成果呈送给幕府的手绘地图《北虾夷岛地图》（图 11.74）上，他以三寸六分为一里（1∶36000）的比例详细描绘了库页岛西海岸和黑龙江下游。1811 年，他完成了包括整个库页岛在内的手稿《北虾夷【图】》，其上条分缕析地报道了这次探险活动。[571] 尚未测量的东北海岸线以虚线表示，其上有一些错误，如库页岛北部向东弯曲的部分就画得不准确。

伊能忠敬的测量工作部分与北方边地的地理问题有关。1800 年，他在幕府天文方高桥至时（1764—1804，1797 年幕府采纳了他改革的历法）的指导下测量了从江户到东北海岸的陆路。[572] 他此行的目的旨在确定纬度一度所对应的地面实际距离，同时也增补了天文数据并提高了数据精度，为接下来的历法研究做准备。伊能计算出纬度 1 度对应的长度为 28.2（日本）里（110.85 公里），超出北纬 35°—41°之间的现代平均测值 130 米。这个数据对预测日食和月食有帮助。

次年，伊能开始对日本海岸线进行测量，从本州东北部开始，到 1815 年，完成了整个日本列岛海岸线的测量。他从 1804 年开始，根据测量的结果绘制地图，当年向幕府呈交了一幅日本东北海岸图。幕府为表彰分伊能忠敬的功绩，委任他担任小吏，并要求天文方支持

---

⑤⑥⑨ 关于库页岛的考察报告，见松田傳十郎《北夷談》（约 1823 年）卷 3，收入《北門叢書》（注释 335）以及《日本庶民生活史料集成》（全 20 册，东京：三一书房 1968—1972 年版）第 4 册。亦见间宫林藏《北蝦夷圖說》（1811）（江户，1855），本书收入《北門叢書》第 5 册。

⑤⑦⑩ 见間宫林藏《東韃地方紀行》（1811），收入《日本庶民生活史料集成》第 4 册（注释 369）。亦见洞富雄、谷澤尚一编《東韃地方紀行》，收入東洋文庫東方图书馆书系第 484 种（东京：平凡社 1988 年版）第 115—165 页。德伦是一处中国聚落。

⑤⑦① 间宫林藏考察所作的地图、报告与记录保存在东京国立公文书馆。考察报告题为《北夷分界余话》，由间宫口述，但没有提到他的名字。此书被收入洞富雄、谷澤尚一《東韃地方紀行》第 3—113 页（注释 370）。《北蝦夷地圖》是一幅包括 7 个单页的手绘地图，每页尺寸为 306.5×121 厘米；其中绘有间宫（韃靼）海峡的一幅地图发表在海野、織田、室賀编《日本古地図大成》第 1 册图版 67（注释 8）。

⑤⑦② 高桥至时是高桥景保之父，见 Papinot，*Dictionary of Japan*，629（注释 43）。日本的历法修订（或者说，包括可为制定正式历法提供有用信息的星历表），是在老中高桥和間重富（1756—1816 年）的共同领导下进行的，他们都是大阪独立天文学家麻田剛立（1734—1799 年）的学生。这就是著名的"宽政改历"，"由于这是日本人首次成功在官方历法改革中采用西方测量数据，因此很有意义"，见 Nakayama，*History of Japanese Astronomy*，194 - 95（注释 38）。关于对后半生成为测量师和地图学家的伊能忠敬的研究，见 Ryokichi Otani，*Inō Tadataka*，*the Japanese Land-Surveyor*，trans. Kazue Sugimura（Tokyo：Iwanami Shoten，1932）；Cortazzi，*Isles of Gold*，35 - 37（注释 14）；E. B. Knobel，"Ino Chukei and the First Survey of Japan，" *Geographical Journal* 42（1913）：246 - 50；以及 Norman Pye and W. G. Beasley，"An Undescribed Manuscript Copy of Ina Chukei's Map of Japan，" *Geographical Journal* 117（1951）：178 - 87。

他的测量计划。随着测量工作的进行，伊能定期向幕府提交了其他地图，包括 1816 年测绘的一幅江户图。在高桥景保的领导下，幕府天文台于 1821 年完成了编绘整个日本海岸线地图的任务。

这批地图统称为《大日本沿海舆地全圖》，包括三种比例尺的 225 张单页地图。最大的比例尺是三寸六分比一里（1:36000），有 214 张地图（图 11.75）；中比例尺为六分比一

451

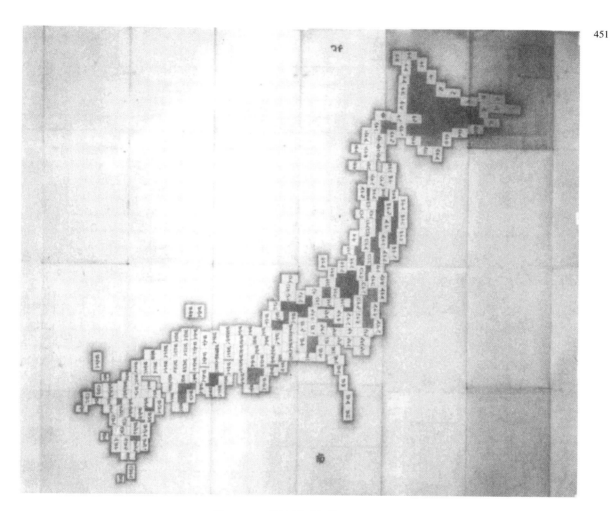

图 11.75　《地图接成便览》（1821）

本图为伊能忠敬测绘笔记《舆地实测录》的附录，由高桥景保于 1800—1821 年间完成。这是一张地图拼图引得，展示了测绘所得的 214 幅手绘地图的编号以及按 1:36000 拼合成大图时各图应摆放的位置。

原图尺寸：107×121 厘米。

经东京国立公文书馆许可。

里（1:216000），有8张地图；比例尺最小是三分比一里（1:432000），有3张地图。[373]

452

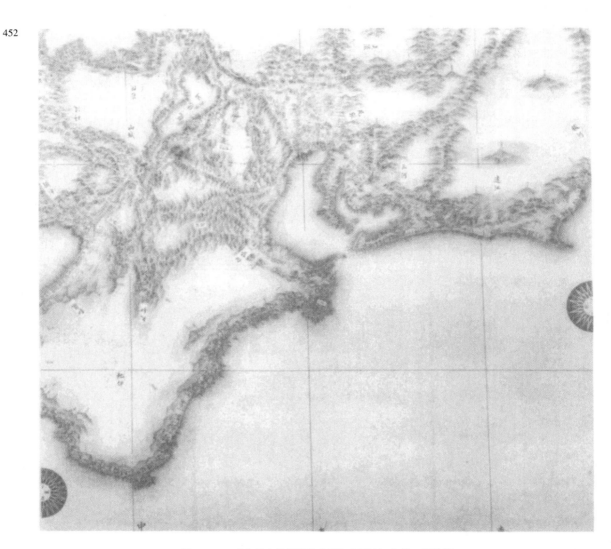

图11.76 《大日本沿海舆地全图》（1821）中的一幅地图

这是8张中比例尺（1:216000，六分比一里）地图之一。虽然部分地图在1818年伊能去世之前就已备制，但绘制整套地图的任务是由幕府天文方承担的，完成于1821年。由于地图的重点在海岸线，因此除了测绘者所到地点之外的内陆地区一律为空白。这里展示的一页手绘地图以名古屋为中心。

原图尺寸：241×131.8厘米。

经东京日本国立博物馆许可。

---

⑬ 中比例尺地图保存在东京国立博物馆，三幅小比例尺地图中的两幅保存在神户市立博物馆，但全套大比例尺地图今已不存。有关伊能的考察和地图的详细讨论，见：Otani, *Inō Tadataka*［注释372；以及保柳睦美编《伊能忠敬の科學的業績——日本地圖作制の近代化への道》（東京：古今書院1974年版，修订版为1980年)］。伊能地图刊于：南波、室賀、海野《日本の古地圖》图版31（神户小比例尺地图之一）和图版30，小豆岛取自大比例尺地图）（注释11）；海野、織田、室賀编《日本古地図大成》第1册图版35（两幅中比例尺地图）、图版36（大比例尺地图上从高崎到三国的道路）、图版37（伊豆群岛中的大岛地图）、图版39（江户图）（注释8）；Cortazzi, *Isles of Gold*, pl. 45（神户的小比例尺之一，203.5×162.1厘米）（注释14）。东京国立博物馆藏地图出版了复印图（東京：武揚堂1993年版）。

地图为梯形投影，本初子午线穿过京都。[53] 除了地图，伊能呈交给幕府的还有他的考察笔记。[54] 三种比例尺的地图中，只有 1∶432000 的地图在开成所（西学研究所）的协助下，补充了地图内部空白处的内容并加上库页岛，于 1867 年印制刊行，题为《宫版实测日本地图》。[55]

225 幅地图有两套原稿，一套呈交幕府，另一套收藏于伊能家族。1873 年江户城堡（皇宫）发生大火，呈交幕府的那一套被烧毁。伊能继承人被迫将家藏的那一套交给明治政府。后来这套地图又被移交给了东京大学图书馆。不幸的是，这套地图在 1923 的关东大地震中丢失了。虽然原图不存，但在编制这套地图的过程中，曾抽出一些小比例尺或中比例尺地图（图 11.76）进行复制，后人又对复制图再次复制。这些复制地图都没有标题，因此只能简称为"伊能地图"。

这批仅画出内陆考察线路的海岸线地图准确度很高。1861 年英国海军也认识到了这一点，他们在开始测绘海岸线时，发现三张 1∶432000 的日本地图副本符合要求，于是着手增补这些地图的内容。这些地图是日本政府送给英国首相的全权大使的，现在还收藏于格林尼治的国家海洋博物馆（National Maritime Museum in Greenwich）。[56]

结　语

本章所介绍的日本传统地图与中国和朝鲜地图相似，只是由于日本在各个时期与外部世界的特殊关系及其强盛的佛教传统，才使之出现一些明显的例外。日本地图除了在等级森严的社会政治和财政管理方面有着显而易见的用途外，也在相当程度上被用于修饰与象征的目的。

好几种与 7 世纪以降的地图有关的文献资料都表明，那一时期地图的价值在于记录疆界和将诸国信息汇总到中央政府。随着 646 年大化改新（主要目的是建立中央集权和引入有关土地所有制、地方政府和税收的新制度）的推进，到 8 世纪和 9 世纪，佛教寺院开始制作开垦土地的稻田图。世界上没有其他的文明像日本一样保存着如此之多的 8 世纪一手地图资料。与此相类，11 世纪的佛教寺院和贵族占有全国一半以上的土地，由此形成了土地私有的庄园制度，地图被用来核定庄园每年的免税田亩数。早期文献中还有关于排灌运河的选址、道路、寺院、都市考察情况的记录。

16 世纪，在各方面协调努力下，丰臣政权于 1591 年开始调查和绘制各郡地图。在接替

---

　　[53]　本初子午线通过京都的西三条第（今中京区西月光町），这里是幕府测时所所在地。见渡邊敏夫《近世日本天文學史》第 2 册，第 469—474 页（注释 315）。地图采用了梯形投影，而不是大谷亮吉所误判的正弦投影。科塔兹（Cortazzi）也重复了大谷的误判，见 Cortazzi, *Isles of Gold*, 36 – 37（注释 14）；见保柳睦美《伊能忠敬の科學の業績——日本地圖作制の近代化への道》第 22—24 页（注释 373）。

　　[54]　这些笔记就是《輿地實測錄》，一共 14 册，与之配套的是 1821 年的《地圖接成便覽》（一个单页，107×121 厘米）（图 11.75），它们保存在东京国立公文书馆。《地圖接成便覽》展示了 214 幅编号地图的摆放位置，发表于海野、織田、室賀编《日本古地图大成》第 1 册图 52（注释 8）。

　　[55]　《宫版實測日本地圖》是由 4 个单页组成的木刻地图，江户开成所印制，1870 年由大学南校（后来的东京大学）发行它的修订版，题为《大日本沿海實測錄》，共 14 册。

　　[56]　Pye and Beasley, "Copy of Ino Chokei's Map"（注释 372）。

丰臣政权的德川幕府统治时期，尽管没有组织系统性的制图机构，但幕府的制图师被指定负责各种各样的制图项目。17 世纪中叶绘制出从本州到琉球国、覆盖全日本的 1∶21600 的大比例尺地图。尽管存在一些问题，如由于舍零取整少算了国土面积，测绘工具也存在一些系统性误差，但正是在德川幕府时期，成功绘制了日本全图，而且北方岛屿也第一次出现在地图上。很显然，此类官绘地图是严格保密的，前面所讲的冯·西博尔德在 19 世纪的遭遇就可以说明这一点。

454　　　江户时代，日本经历一段漫长的独自发展和与世隔离的历史，但不应因此认为日本没有受到过外部影响。正如中国直到 19 世纪和 20 世纪，并没有在总体上完成向欧洲科学地图学的转向，日本虽然在 16 世纪与西班牙人和葡萄牙人（"南蛮"）有过接触，但并没有成为基督教或者欧洲化的国家。然而，从 17 世纪开始，日本的测量与制图活动受到西方的强烈影响。葡萄牙人将测绘与航海仪器传入日本。尽管 17 世纪 30 年代有禁止接触葡萄牙人的法令，但其影响仍然存在。荷兰人在日本的驱逐令中获得豁免（虽然他们与日本的接触很少，而且被小心地与日本大陆割离），但他们使日本出现了一种实证研究（兰学）的风向，且使日本传统社会曾经持有的坚不可摧的天地观念发生裂变。从 18 世纪中叶开始，荷兰的书籍、地球仪和地图开始涌入日本，哥白尼的日心说也随即传入。通过翻译荷兰世界地图集与地球学说，借助荷兰人之眼，日本人的世界视野迅速扩大。无论在扩大日本人的眼界还是编绘技术上更加精确的全日本及其周边海域地图方面，其意义如何高估也不为过。

此外还要提到一个重要的方面就是，江户时代国内与国际的和平环境提高了民众对文化和旅行的兴趣，反过来又刺激了他们对地图的需求。因此，地图的修辞与观赏性变得重要起来，西方地图也被用于观赏，如以西方投影绘制的大型南蛮地图被画在大型折叠式屏风上作装饰之用。与此类似，同样绘于屏风上的净得型地图也主要是装饰性的，这些地图展现的是传统的日本国影像。净得型地图与行基型地图存在关联，行基型地图的性质主要是一种象征性地图，起初行基型地图与一年一度的驱鬼仪式有关。

耶稣会士利玛窦在中国和日本发挥的作用是不相同的，对于日本，其作用是提供了绘制世界地图的模本。在中国，只有一些知识分子对利玛窦地图感兴趣，而日本刊印了好几个版本的利玛窦世界地图，人们以这些地图为模本来刊印用于商贸的地图。在江户时代，地图变

455　得普及，它们被用来悬挂于居室之中或作为学术著作或类书的插图。我们对于这些地图的源图以及从源图中编绘地图的过程，了解得并不全面，还需要进一步研究。地图的普及还体现在它们被用来装饰个人日常用品，如剑鞘、扇子、镜子、印笼（便携式医用手袋）、坠子、梳子和盘子。江户时代晚期还流行表现虚拟之所的"戏作"地图。

荷兰垄断欧洲对日贸易之时，日本显然没有改善海图的特别需求。葡萄牙先前收集到的关于测量和导航的信息显然已足够日本之用，而且那时日本还禁止在任何情况下出国旅行。有趣的是，人们虽然没有更新海图以便用于航海，却赋予了它一种荣誉职能——通常作为测绘学徒的结业证书。这些海图的资料来源千奇百怪，其特征也是千姿百态，因此不可能设想曾经有一个欧洲意义上的"日本海图传统"。

但显然，在 17 世纪的日本存在一个与众不同的佛教世界地图（五天竺图）传统（最早的佛教世界地图为 14 世纪），这一传统一直保持到 19 世纪中叶。此类充斥着佛教宇宙论的地图，是一种礼拜用品。其中有几幅是大型印制地图，也有些是小型刻本书籍插图。与佛教

信仰有关的还有一批佛教宇宙模型和充溢着佛教宇宙世界观的地球仪。天球仪在中国很普遍，但日本人似乎一直对地球仪更有兴趣，这一问题值得进一步探讨。有许多关于17世纪荷兰人将地球仪作为礼物带到日本的报告，也可以找到有关日本地球仪制作以及修复荷兰地球仪的记载，这些荷兰地球仪一直保存至今。

本章是迄今为止有关日本传统地图学最详尽的英文介绍。我们希翼抛砖引玉，使后人能对本文所介绍的地图以及提出的观点作进一步的分析探讨。我们还需要对日本地图学史进行提炼，以便加深对地图学与日本历史上出现的主要势力之间关系的理解，需要对日本、中国和朝鲜的地图学做出更多的比较研究，特别是在有关佛教宇宙地图思想的传播方面。期待历史地理学家以地图为证据重建日本过去各地方的地理。还需要进一步追溯南蛮系地图和其他类型地图的欧洲源头。简言之，我们所处的这个阶段，有可能发现日本地图史上存在的各种相关性并对之进行合理的总结。

附表11.1　　　　　　**现存古代稻田图（按年代顺序，属奈良时代，710—784）**　　　456
地图内容

	地方	国	稻田所有人	完成年代	尺寸（厘米）（高×宽）	材料	方向	国印	测量者签名与否	地图所有者	备注
1	山田郡	赞岐	弘福寺（大和国，今奈良县）	736	28×127.5	纸质	南	否	否	多和文库，志度，香川县	原图日期：天平七年12月15日；可能复制于11世纪末
2	水沼，犬上郡	近江	东大寺	751	68×252	麻布	北	是	未知	正仓院	2号与3号地图连成卷轴（损坏）
3	霸流，犬上郡	近江	东大寺	751	68×252	麻布	北	是	是	正仓院	
4	水无濑，岛上郡	摄津	东大寺	757	28.5×69	纸质	北	是	否	正仓院	原图日期：天宝胜宝八年12月16日
5	大豆处，名方郡	阿波	东大寺	758	28.6×51.9	纸质	西	否	否	正倉院	为正式地图所绘手稿
6	新岛，名方郡	阿波	东大寺	758	57×103	纸质	西（？）	否	否	正倉院	同上图，实为同郡枚方地图
7	伊加流伎，砺波郡	越中	东大寺	759	82×99	麻布	东	是	是	正仓院	
8	须贺，射水郡	越中	东大寺	759	81×108	麻布	东	是	是	正仓院	
9	模田，射水郡	越中	东大寺	759	79×126	麻布	南	是	是	正仓院	
10	大薮，新川郡	越中	东大寺	759	79×141	麻布	东	是	是	正仓院	
11	丈部，新川郡	越中	东大寺	759	79×115	麻布	南	是	是	正仓院	
12	粪置，足羽郡	越前	东大寺	759	78×109	麻布	北	是	是	正仓院	
13	石栗，砺波郡	越中	东大寺	759	56.3×110	纸质	东	是	未知	奈良国立博物馆，（奈良）	可能曾属正仓院（损坏）
14	鸣户，射水郡	越中	东大寺	759	77×141	麻布	东	是	是	福井成功（京都）	可能曾属正仓院
15	额田寺及周边	大和	额田寺	约760	113.7×72.5	麻布	北	是	否	东京国立博物馆	部分缺失

续表

	地方	国	稻田所有人	完成年代	尺寸（厘米）（高×宽）	材料	方向	国印	测量者签名与否	地图所有者	备注
16	粪置，足羽郡	越前	东大寺	766	69×113	麻布	北	否	是	正仓院	见图 11.8
17	道守，足羽郡	越前	东大寺	766	144×194	麻布	北	否	是	正仓院	缺失部分年代，但大体可以肯定为766 年。
18	高串，坂井郡	越前	东大寺	766	55.8×114	纸质	北	否	是	奈良国立博物馆（奈良）	可能曾属正仓院
19	井山，砺波郡	越中	东大寺	767	68×623	麻布	南	是	否	正仓院	19—25 号 7 幅地图连缀成卷轴
20	伊加流伎，砺波郡	越中	东大寺	767	68×623	麻布	南	是	否	正仓院	
21	杵名蛭，砺波郡	越中	东大寺	767	68×623	麻布	南	是	否	正仓院	
22	须贺，射水郡	越中	东大寺	767	68×623	麻布	南	是	否	正仓院	
23	鸣户，射水郡	越中	东大寺	767	68×623	麻布	南	是	否	正仓院	
24	鹿田，砺波郡	越中	东大寺	767	68×623	麻布	南	是	否	正仓院	
25	大薮，新川郡	越中	东大寺	767	68×623	麻布	南	是	否	正仓院	
26	鸣户，射水郡	越中	东大寺	约767	62.6×57.7	纸质	南	否	否	奈良国立博物馆（奈良）	部分缺失，复制于第 23 号
27	鹿田，射水郡	越中	东大寺	约767	37×57.9	纸质	南	否	否	奈良国立博物馆（奈良）	部分缺失，复制于第 24 号同上

458 附表 11.2　　**现存早期日本写本行基型地图，包括半行基型地图（按年代顺序）**

编号	地图所有者	标题	年代	尺寸（厘米）（高×宽）	方向	是否为行基所作	备注
1	称名寺，横滨市	未知	13 世纪下半叶	34.1×52.2	南	否	东半部遗失，没有画出各条路线，保存于横滨丰后金泽市
2	仁和寺，京都	无	1306	34.5×121.5	南	是	与九州有关的部分损坏，见图 11.14
3	东京尊经阁文库，东京	无	约1324—1328	22.7×30.6	北	否	载于《二中历》（12 世纪晚期），只有路线；注记称复制于《怀中历》（1128），见图 11.16
4	东京尊经阁文库，东京	无	约1324—1328	22.7×30.6	北	否	载于《拾介抄》（1548），见图 11.15
							上有各国向中央政府进贡交通所需天数；没有 3 号图中的注记
5	天理中心图书馆，天理，奈良	大日本国图	1548	26.3×41.3	东	是	载于《拾介抄》（1548），见图 11.15
6	唐昭提寺，奈良	南瞻部洲大日本正统图	约1550	168×85.4	西	是	
7	广州中山大学等	日本行基图	约1564	不确	南	是	载于郑舜功《日本一鑑》，1939 复制

续表

编号	地图所有者	标题	年代	尺寸（厘米）（高×宽）	方向	是否为行基所作	备注
8	意大利国家档案馆，弗洛伦萨	Iapam	约 1585	28×60	南	否	所有条目为拉丁文
9	东京尊经阁文库，东京	大日本国图（1589）	1589	26×36.5	东	是	载于《拾介抄》（1589）
10	武藤金太，镰仓	无	约 1595	最长处为 51	北	否	画在扇子上的东亚地图，为上臣秀吉所有
11	北野神社，京都	无	约 1600	直径 98	北	否	喜瀬丈二所制铜镜背面的浮雕地图，没有画出路线
12	东京国立博物馆，东京	南瞻部洲大日本正统图	约 1625	156×315；地图部分仅 57.5×108）	北	是	折叠式屏风，与世界地图配套
13	冈泽佐玄太，西胁	南瞻部洲大日本正统图	约 1640	103×273	南	是	折叠式屏风
14	发心寺，小滨	无	17 世纪中期	154×352	南	否	折叠式屏风，与世界地图配套
15	石川县美术馆，金泽	无	17 世纪中期	155×364	北	否	折叠式屏风，配套的有两条京都平面图和衙署图。没有画出路线
16	曾为神户莫迪（N. H. N. Mody）所有	无	17 世纪中期	204×447	北	否	折叠式屏风，与世界地图配套
17	福岛喜太郎，小滨	南瞻部洲大日本正统图	17 世纪中期	96.5×249	南	是	折叠式屏风，与世界地图配套
18	日本国立历史民俗博物馆，佐仓等	舆地图	18 世纪下半叶	27.5×85	西	否	载于《烧香图》（Shūko zu），原书为 805 年，现佚

459

附表 11.3　　五天竺写本地图列表（按年代顺序）

460

	所有者	标题	年代	尺寸（厘米）（高×宽）	备注
1	法隆寺，奈良	五天竺图	1364	177×166.5	重怀和尚绘，见图 11.18
2	室贺惠美子，京都（前鲇泽信太郎收藏）	天竺绘图	16 世纪	119.4×128	上半部遗失，标题可能非原题
3	久修园院，枚方	五天竺国之图	约 1692	168×172	宗觉和尚复制
4	法隆寺，奈良	五天竺图	17 世纪？	167×175	复制于 1364 地图，禅成绘制
5	宝生院，东京（已不存）	西域图	1736	未知	二战中遗失，载于《西域图麟覆二校录》，后者载于《游方传丛书》第二册（1915），《大日本佛教全书》；地图载于该书卷首
6	神户市立博物馆，神户（前秋冈武次郎收藏，东京）	天竺之图	1749	167.5×134.8	复制于京都胜林寺的佚失版本的副本
7	知恩院，京都	天竺图	1755	156.5×130	佚失地图的副本藏于胜林寺
8	净严院，安土	五天竺图	18 世纪？	159.2×133.8	
9	石原明，东京（去世）	五天竺图	18 世纪？	未知	尚未进行研究
10	金刚三昧院，高野	五天竺绘图	1816	152×130.7	
11	龙谷大学图书馆，京都	五天竺之图	约 1865	173×128.7	
12	国立公文书馆，东京	唐玄奘三藏五天竺图	19 世纪	164×133	标题中的唐玄奘三藏，是生活在唐代的僧人

附表11.4 南蛮型世界地图地图的分类（仅包括只表现旧世界或东半球的地图）

11.4.1 海图

收藏者	配套	规格
发心寺，小滨	行基型日本地图	一对六扇屏风之一；154×352 厘米，见图 11.21
池永孟，神户（从前）	南蛮到达的情景	一对六扇屏风之一；158×347 厘米

特点：

1. 太平洋在地图中心

2. 左右两边均有经度刻度

3. 南美西海岸突出，接近南回归线

4. 无行政区域（发心寺版证实，许多写有地名的纸条是后贴上去的）

5. 底部中间有条状比例尺

11.4.2 椭圆投影地图

收藏者	配套	规格
山本久，堺市	无	一对六扇屏风之一 135.5×269.5 厘米
小林中，东京	净得型日本地图	一对六扇屏风之一；158×368 厘米
净德寺，福井	净得型日本地图	一对六扇屏风之一；148.5×364 厘米，见图 11.23
河村平右卫门，小滨	净得型日本地图	一对八扇屏风之一；117×375 厘米

特点：

1. 大西洋位于地图中心

2. 记录了葡萄牙、西班牙到东亚的路线

3. 南美州西海岸从赤道平直伸向东南

11.4.3 等矩形投影地图（A）

收藏者	配套	规格
曾为 N.H.N. 莫迪收藏，神户	行基型日本地图	一对六扇屏风之一；204×447 厘米
神功图书馆，伊势	无	折页地图；85.3×156.8 厘米

特点：

1. 大西洋位于地图中心

2. 莫迪版上增补了南北半球地图

3. 地名比其他类型地图为多

11.4.4 等矩形投影地图（B1）

收藏者	配套	规格
东京国立博物馆，东京	行基型日本地图	一对六扇屏风之一；156×316 厘米；见图 11.22
南蛮文化厅，大阪	修订后的净得型日本地图	一对六扇屏风之一；155×356.2 厘米
加州大学伯克利分校	修订后的净得型日本地图	一对六扇屏风之一；68×226.5 厘米

特点：

1. 太平洋位于地图中心

2. 火地岛（Tierra del Fuego）、新几内亚（Nova Guinea）以及将"南方大陆"（Terra Australis）画成分离的陆地。

3. 带有南北半球地图以及托勒密理论的图说。

4. 题为 *Typus orbis terrarum*（除加州伯克利版）

11.4.5　等角投影（B2）

收藏者	配套	规格
福岛喜太郎，小滨	行基型日本地图	一对六扇屏风之一；97×273 厘米
南波松太郎	修订过的庆长型日本地图	一对四扇屏风之一；96.5×247 厘米

特点：

1. 太平洋位于地图中心

2. 火地岛、新几内亚以及将南方大陆（Terra Australis）画成分离的陆地。

3. 不包括 B1 型地图中的第 3 点和第 4 点。

11.4.6　等矩形投影地图（C）

462

收藏者	配套	规格
Shimonogo Kyosai 图书馆，长滨	修改过的庆长型日本地图	一对六扇屏风之一；105×262 厘米
益田太郎，小田原	修改过的庆长型日本地图	一对六扇屏风之一；105×266 厘米
护光院，日光	修改过的庆长型日本地图	一对六扇屏风之一；86×239 厘米。屏风第二扇遗失
出光美术馆，东京（曾为 Matsumi Tatsuo 收藏）	地图两侧有 40 幅世界各地民族图	一对六扇屏风；每扇 166×363 厘米；世界地图被分成两半，每半覆盖一个屏风的三分之二，两对屏风拼合尺寸为：166×484 厘米

特点：

1. 大西洋位于地图中心（出光美术馆版将欧洲和非洲将在地图中心）

2. 增补了南北半球地图

3. 画出了新地岛（Novaya Zemlya），1596 年有人到该岛探险（出光美术馆版省略了地图顶部和底部的部分）

11.4.7　等矩形投影地图（D1）

收藏者	配套	规格
河盛浩司，界市，大阪县	净得型日本地图	一对四扇屏风之一；109.5×273 厘米（地图仅 90×152.4 厘米）
妙觉寺，冈山县	无	一对六扇屏风；97×272.5 厘米
臼杵市立图馆，大分县	无	折页式地图；117×137 厘米
佐贺县立图书馆，佐贺县	无	折页式地图；87×160 厘米
总持寺，横滨	无	挂轴；130×140 厘米

特点：

1. 仅表现旧大陆或东半球

2. 没有画出赤道、南北回归线或北极圈

3. 附 1627 年前后出口货物到日本的国家与地图表

11.4.8 等角投影地图（D2）

收藏者	配套	规格
古贺市立历史博物馆，古贺（曾属 Takami Yasujiro）	无	折页式地图；116.5×121.5 厘米
山国神社，京都县	无	折页式地图（?）；118.8×120.5 厘米
横城市立大学图书馆，横滨	无	折页式地图；118.5×117.5 厘米
山口大学图书馆，山口	无	折页式地图；114×120 厘米

特点：

1. 仅表现旧大陆或东半球
2. 带宽永十四年（1637）纪年
3. 扩充了 D1 型上表格的内容
4. 包括赤道和洋船图
5. 政治分界与 D1 型不同
6. 对河流的展示比 D1 型简单

463

11.4.9 墨卡托投影地图

收藏者	配套	规格
宫内厅，京都	二十八都市图	一对八扇屏风之一；地图尺寸：177×483 厘米；见图版 23
神户市立博物馆，神户（池永收藏）	四都市图	一对八扇屏风之一；地图尺寸：159×478 厘米
Kōsetsu 艺术博物馆，神户	勒班陀战争图	一对六扇屏风之一；地图尺寸：153.5×370 厘米

特点：

1. 大西洋或欧洲位于地图中央

2. 南方大陆（Terra Australis）的部分对着南美州凸出部分

3. 增补了南极和北极地区地图（但 Kosetsu 艺术博物馆版没有）

4. 带有世界民族图说

附表 11.5　　　　　　　　　　**日本绘制的东南亚和东亚海图列表与谱系**

编号	收藏者	图名	绘制者或复制者	材质	极西区域	中村拓[a]（表1）	备注[b]
1	国立博物馆，东京	东洋诸国航海图	无名	牛皮纸	马达加斯加岛	4	约 1615 年，标题为后加
2	冈山艺术博物馆，冈山	无	无名	牛皮纸	阿拉伯海	1	16 世纪后半叶
3	市立历史博物馆，古贺（曾属 Takami Yasujiro）	无	鹰见泉石（复制者）	纸质	阿拉伯海	2	复制系屋随右卫门（逝于 1650 年）收藏的一幅海图，1833 年
4	末吉勘四郎，大阪	无	无名	牛皮纸	阿拉伯海	5	约 1610 年；注记为中文，据记载为 1787 年添加。画出了北回归线，标有外国地名和条状比例尺
5	冈本道子，东京	红毛夷海路图	内山八三郎（复制者）	纸质	斯里兰卡	3	复制于 1845 年
6	神功历史博物馆，伊势	无	无名	牛皮纸	马来半岛	7	约 1630 年，曾属角屋家藏，见图 11.24
7	清水孝男，京都	无	无名	纸质	马来半岛		绘于两块木板上，木板以绞链相连。小竺原群岛（彼时称巽岛）被标在北纬 27°，该群岛的位置是在 1675 年岛屋奉幕府之命领导的探险中确定的

464

续表

编号	收藏者	图名	绘制者或复制者	材质	极西区域	中村拓（表1）注释 a	备注（b）
8	东北大学图书馆，仙台	小加留太	无名	纸质	马来半岛	8	
9	国立公文书馆，东京	浑圆天度合体图	森幸安（复制者）	纸质	马来半岛	10	复制于 1752 年
10	长久保厚，高萩	红毛加留太图	长久保赤水（复制者）	纸质	马来半岛		
11	长崎县立图书馆，长崎	无	卢高明（复制者）	纸质	马来半岛	11	复制于 1865 年前后
12	国立公文书馆，东京	天线地方之图	森幸安（复制者）	纸质	马来半岛	9	复制于 1752 年；这幅海图改动了好几个地方，例如南纬28 度以上的区域过去一直画得太宽，以至于整个区域占了 1 个纬度
13	神功图书馆，伊势	无	无名	纸质	马来半岛		
14	长崎县图书馆，长崎	无	无名	纸质	马来半岛		手稿《波丹人绘卷》（1680）；中村表格 1 中的 15号海图复制于这张海图
15	已出版	万国图革省图	无名	纸质	马来半岛	12	见稻叶通龙《装剑奇赏》（1781）
16	南波松太郎，西宫	无	无名	纸质	几内亚湾	6	

465

a. Hiroshi Nakamura, "The Japanese Portolanos of Portuguese Origin in the ⅩⅥth and ⅩⅦth Centuries," *Imago Mundi* 18 (1964)：24 - 44，第 26 - 27 页表 1。

b. 第 1、2、6、7、8、11、14 及 16 号图的彩图见于海野一隆、织田武雄、室贺信夫编《日本古地图大成·世界图编》（上、下册）（东京：讲谈社 1972—1975 年版），图版 46、45、47、48、50、51、52 以及 49；第 5 号图《红毛夷海路图》的彩色复制图见：冈本良知《十六世纪日本地图的发达》（东京：八木书店，1973 年版）卷首页 7。第 1 号图的彩色复制图见于 Michel Mollat du Jourdin and Monique de La Roncière，*Les portulans*：*Cartes marines du ⅩⅢ^e au ⅩⅦ^e siècle*（Fribourg：Office du Livre，1984），英译本见，*Sea Charts of the Early Explorers*：13*th* to 17*th* Century，trans. L. de R. Dethan（New York：Thames and Hudson，1984），pl. 72。

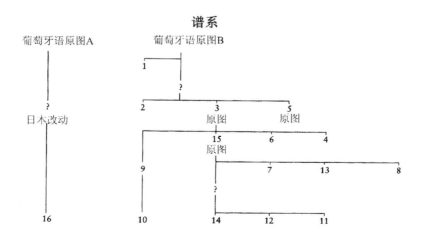

谱系

附表 11.6　　　　　　　　　　　**日本绘制的日本海图列表与谱系**

序号	收藏者	作者或复制者	罗经点数	材质	中村[a]（表2）	备注[b]
1	三井文库馆，东京	无名	32	牛皮纸	19	地图左右两侧都加装木轴。见图 11.25
2	东京国立博物馆，东京	无名	32	牛皮纸	18	
3	大河内正敏，东京	［松平辉纲?］	32	纸质	17	
4	古贺市立博物馆（曾属 Takami Yasujiro，古贺）	鹰见泉石（复制者）	24	纸质	16	图名：*Pirōto no hō Karuta*（Chart used by pilots）；复制于 1811 年
5	佐贺县图书馆，佐贺	无名	24	纸质		
6	日本国立历史民俗博物馆，佐仓（曾属秋冈武次郎）	无名	24	纸质	20	
7	长久保厚，高萩	长久保赤水（复制者）	24	纸质		两件副本，其一对本州北部有修改
8	长崎市立博物馆，长崎	藤岛长藏（复制者）	24	纸质		复制于 1920 年，同时复制的还有中国地图

a. Hiroshi Nakamura，"The Japanese Portolanos of Portuguese Origin in the XVIth and XVIIth Centuries," *Imago Mundi* 18 (1964)：24 – 44，第 28 页表 2。

b. 第 1、2、3 号图的复制图见于海野一隆、织田武雄、室贺信夫编《日本古地图大成》（上、下册）（東京：讲谈社 1972—1975 年版）上册图版 18 和 17（彩色），以及图 17；2 号图的彩图见于 Michel Mollat du Jourdin and Monique de La Roncière，*Les portulans：Cartes marines du XIII*[e] *au XVII*[e] *siècle*（Fribourg：Office du Livre，1984），英译本见，*Sea Charts of the Early Explorers：13th to 17th Century*，trans. L. de R. Dethan（New York：Thames and Hudson，1984），图版 77；3 号图见于秋冈武次郎《日本古地图集成》（東京：鹿岛研究所出版会 1971 年版）图版 16；5 号图见于海野一隆《地图史话》（東京：雄松堂，1985 年版）图 28；6 号图见于南波松太郎、室贺信夫、海野一隆编《日本の古地图》（大阪：创元社 1969 年版），本书英文版：*Old Maps in Japan*，trans. Patricia Murray（Osaka：Sogensha，1973），图版 22（彩色）以及秋冈《日本古地图集成》图版 15。

467

谱系

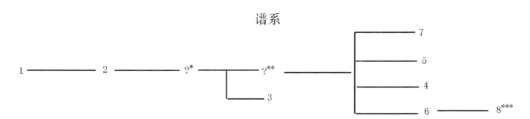

* 更正本本州北部
** 加入北海道和朝鲜
*** 与中国地图一起

附表 11.7

早期日本地球仪（按年代顺序）

	所有者	作者	年代	直径（厘米）	手绘或印制	材质	制图图像来源（a）	复制图资料出处"	配套的天球仪	备注
1	神功历史博物馆，伊势	涩川春海	1690	24	手绘	纸质	利玛窦地图	海野、织田、室贺等《日本古地图大成》第2册，图版56	33厘米，纸质	
2	国立科学博物馆，东京	涩川春海	1697	33	手绘	纸质	利玛窦地图	秋冈《世界地图作成史》页190	36厘米，纸质	从前属 Tani Kanjo 收藏
3	茅原弘，津市		17世纪	约3.8	手绘	木质	南蛮形、椭圆投影	海野一隆《地图史话》页249		可能会同时使地球仪和上面两个玩偶旋转
4	南蛮文化厅，大阪		17世纪	25.2	手绘	木质？漆制	日本复制的利玛窦地图	神户市立博物馆《古地图に见る世界と日本》图版26	25厘米，漆制	
5	久修园院，枚方	宗觉	约1702	20	手绘	纸质	佛教世界地图	海野、织田、室贺等《日本古地图大成》第2册，图版5	52厘米，用铜复制春海的天球仪	
6	日本国立历史民俗博物馆，佐仓（秋冈收藏）	入江脩敬?	约1750	20	手绘	纸质	杰拉德和伦纳德·法尔克的地球仪，1700	秋冈《日本地图作成史》页15；秋冈《世界地图作成史》页186；神户市立博物馆《古地图に见る世界と日本》图版27；同上《秋冈古地图コレクション名品展》图版37	35厘米，纸质	
7	山内神社，高知	川谷蓟山	1762	?	手绘	木质漆制	涩川的地球仪	高城武夫《天文教具》页122；山本大《高知县の历史》卷首		池川总九郎印制；原始日期：宝历11年12月
8	茅原弘，津市		18世纪?	21	手绘	纸质	涩川的球仪		23厘米，石膏，春海天球仪	曾为伊达安芸家藏
9	室贺惠美子，京都		18世纪?		手绘	纸质	利玛窦地图			底座遗失
10	京都大学地理研究室		18世纪	32	手绘	纸质	杰拉德和伦纳德·法尔克的地球仪，1700	藤田元春《改订增补日本地理学史》页425、428；海野、"福尔克地球仪之波纹"		
11	须江文人，岩出山町，宫城县		18世纪?	约28	手绘	纸质	利玛窦地图		约28厘米，纸质	曾在岩出山町展出

续表

	所有者	作者	年代	直径（厘米）	手绘或印制	材质	制图图像来源	复制图资料出处	配套的天球仪	备注
12	神户市立博物馆，神户（池永收藏）		约1805	25.3	手绘	纸质	稻垣子歔《坤舆全图》与《坤舆全图说》(1802)	神户市立博物馆《古地图に见ゐ世界と日本》图版24		
13	太鼓谷稻成神社，津和野	Hotta Nisuke	1809	36	手绘	纸质	桂川甫周地球仪，1794	海野、织田、室贺等《日本古地图大成》第2册，图版86	37厘米，木质	桂川甫周的地球仪保存在水户市的 Shōkakan 图书馆；原件年代：文化五年12月
14	Eisei 图书馆，东京	司马江汉	1810	45.2	手绘	木，漆制	嘉约特地图 约1730	菅野阳《永青文库所藏司马江汉制地球仪》图1、2、8、10、13		
15	镰田互助会博物馆，坂出	chūjō Sumitomo	1838	28.7	手绘	纸质	高桥景保《新订万国全图》(1816)			底座丢失
16	饭塚重三，姬路	赤塚欢贞	1843	15.5 × 16.4	手绘	泥质				变形，重1.78千克
17	明石天文馆，明石	藤村覃定	1847	37.6	手绘	纸质	箕作省吾《新订舆地全图》(1844)	海野《明石市立天文科学馆所藏古地球仪について》		
18	萩市乡土博物馆，萩市		19世纪早期	28	手绘	纸质	桥本宗吉地图(1797)	Kawamura, Unno, and Miyajima, "List of Old Globes in Japan," 图版38		地轴是水平的
19	熊本市立博物馆，熊本	久米通贤	19世纪上半叶	约20	手绘	纸质	桂川甫周地球仪	秋冈《世界地图作成史》页193	21厘米，纸质，鹤丸城遗址博物馆藏品，鹿儿岛	
20	镰田互助会博物馆，坂出		19世纪上半叶	30.3	手绘	纸糊石膏		高城武夫《天文教具》页122	28厘米，纸糊石膏	损坏严重
21	下关市立艺术博物馆，下关		19世纪中期	30.6	手绘	纸质	田谦《新制万国舆地全图》(1844)			曾属 Kazuki Yasuo 收藏；地轴是水平的
22	神户市立博物馆，神户（池永收藏）		19世纪中叶	31	手绘	纸质	下关市立艺术博物馆藏地球仪的改版（见上）	神户市立博物馆《古地图に见ゐ世界と日本》图版25		地轴水平，底座武式样与下关地球仪相同
23	翔龙寺，和歌山	中谷桑南	19世纪中叶	21.4	手绘	纸质	桥本宗吉地图，1797	高城武《天文教具》页122	22厘米，纸质	

续表

	所有者	作者	年代	直径（厘米）	手绘或印制	材质	制图图像来源	复制图资料出处	配套的天球仪	备注
24	宫内厅，东京	鲈重时	1852	119	手绘	纸质		海野、织田、室贺等《日本古地图大成》第2册，图版93		
25	本间隆雄，土浦	沼尻墨仙	1855	23	印制	竹骨纸面	新发田收藏《新订坤舆略全图》，1852	海野、织田、室贺等《日本古地图大成》第2册，图版103		12根竹骨可折叠式，见图11.29
26	神户市立博物馆，神户	沼尻墨仙	1855	23	刻本	竹骨纸面	新发田收藏《新订坤舆略全图》，1852	神户市立博物馆《秋冈古地图名コレクション品展》图版32		12根竹骨可折叠式
27	Mori博物馆，防府	沼尻墨仙	1855	23	印制	竹骨纸面	新发田收藏《新订坤舆略全图》，1852	Kawamura, Unno, and Miyajima, "List of Old Globes," pl. 37		12根竹骨可折叠式
28	神户市立博物馆，神户（南波收藏）	堀内直忠	1855	31.7	手绘	纸质	箕作省吾《新制舆地全图》（1844）	神户市立博物馆《古地图に见ろ世界と日本》图版28		
29	Shoko Shusei博物馆，鹿儿岛	高木秀丰与三木一光斋	1856	19.5	印制	纸质	新发田收藏《新订坤舆略全图》，1852	海野、织田、室贺等《日本古地图大成》第2册，图版102		
30	日本国立历史民俗博物馆，佐仓（秋冈收藏）	高木秀丰与三木一光斋	1856	19.5	印制	纸质	新发田收藏《新订坤舆略全图》，1852	神户市立博物馆《古地图に见ろ世界と日本》图版29；秋冈《世界地图作成史》页193		
31	阿部正道，东京	东京县立中学	1871	41（轴）	印制	钢骨布面	J. Betts的新武式便携式地球仪，约1860年			可折叠式
32	茅原弘，津市	梶木源次郎	1873	16	印制	纸质				
33	茅原弘，津市	大星恺敔	1873	21	印制	纸质		藤田元春《改订增补日本地理学史》页525		题为《万国富营球》

a. 秋冈武次郎《日本地图作成史》（东京：鹿岛研究所出版会，1971年）（东京：河出书房新社，1988年）；藤田元春《世界地图作成史》（东京：河出书房新社，1988年）；秋冈武次郎，"List of Old Globes in japan," Der Globusfreund 38-39 (1990-91): 173-75；朴》（东京：刀江书院，1942年，重印于东京：原书房，1984年）；秋冈武次郎《古地图に见ろ世界と日本》（神户，1983年）；同上；Kazutaka Unno and Kazuhiko Miyajima, "List of Old Globes in japan," Der Globusfreund 38-39 (1990-91): 173-75；神户市立博物馆《古地图に见ろ世界と日本》（神户，1989年）；管野阳《永青文库所藏司马江汉制地球仪》，《日本洋学史研究7》(1985): 47-64；城武夫《天文教具》（东京，1973年）；海野一隆、织田武雄、室贺信夫编《日本洋学史について》，《科学史研究》124 (1977): 235-36；海野一隆《ブァレグ地球仪の波纹》，《日本洋学史研究8》(1987): 9-34；山本大编《高知县の历史》（东京：山川出版社1970年版）

472　附表11.8　　　　　　　　　　　德川幕府时期编制诸国地图的计划

计划	官方宣布的年份	完成年份	比例尺	总页数	基础各道地图的日本总图	备注
第1次	1605	未知	未知	未知	未知成图年份，但存在相同的作品	
第2次	1633？	未知	未知	未知	未知成图年份，但存在相同的作品	
第3次	1644	约1656	6寸比1里（1∶21600）	76	约成图于1670年	制作过藩厅所在的城市平面图和东海道沿线城堡模型
第4次	1697	1702	6寸比1里（1∶21600）	83	约成图于1702年	
第5次	1835	1838	6寸比1里（1∶21600）	83	未绘制	

附表11.9　　　　　　　　　　　　　早期六大城市规划图

	图名	年代	作者	出版者	所有者	复制或备注*
1	武州丰岛郡江户庄图	约1632	无	无	国立公文书馆，东京	97×128.5厘米；海野、织田、室贺编《日本古地图大成》第1册，图版72
2	新板武洲江户之图	1661	无	京都：河野通清	三井文库，东京	84×121厘米；栗田元次《日本古版地图集成》图版42
3	新板武洲江户之图	1662	无	无	东洋文库，东京	上面提到的河野类型的地图
4	新板武洲江户之图	1664	无	京都：河野通清	神户市立博物馆，神户（南波收藏）	
5	新板武洲江户之图	1664	无	无	不列颠哥伦亚大学图书馆，温哥华（比恩斯收藏）	Beans, *Japanese Maps*, facing p.13；上面提到的河野类型的地图
6	新板武洲江户之图	1666	无	京都：Kawano Kakunojō	大東急記念文庫，东京	95.1×120.6厘米
7	无	1666	无	江户：Daikyōji Kahee	东京大学图书馆，东京	47.5×70.2厘米
8	新板增补江户图	1666	无	京都：Kawano Kakunojō	南波松太郎收藏，西宫 Nishinomiya	51.4×71.8厘米；南波、室贺、海野编《日本的古地图》图76
9	新板江户大绘图	1671	远近道印	江户：Kyōjiya Kahee	国立国会图书馆，东京，等	海野、织田、室贺编《日本古地图大成》第1册，图版73

473

续表

	图名	年代	作者	出版者	所有者	复制或备注*
10	无	1624—41	无	无	大塚隆收藏，京都（曾由原守收藏）	栗田元次《日本古版地图集成》图版48；《京都市史．地图编》图版14；海野、織田、室賀编《日本古地图大成》第1册，图版80。见图11.47
11	平安城本立卖ヨリ九条迄町并之图	1624—41	无	无	日本国家历史民俗博物馆，佐仓（秋冈收藏）	包括东郊；栗田元次《日本古版地图集成》图版49；秋冈《日本地图史》图版46；秋冈《日本古地图集成》图版93
12	平安城东西南北町并之图	1624—41	无	无	三井图书馆，东京；栗田收藏，名古屋	包括东郊和西郊；藤田元春《都市研究平安京变迁史附古地图集》图版2；《京都市史．地图编》图版15
13	平安城东西南北町并之图	1641—52	无	无	日本国家历史民俗博物馆，佐仓（秋冈收藏）	包括岛原的红灯区；秋冈《日本地图史》图版47；秋冈《日本古地图集成》图版92
14	平安城东西南北町并之图	1652	无	山本五兵卫	京都大学日本历史研究所	藤田元春《都市研究平安京变迁史附古地图集》图版3；《京都市史·地图编》图版16；海野、织田、室贺编《日本古地图大成》第1册，图版81
15	新改洛阳并洛外之图	1654	无	无	?	绘有鸭川河和大堰川河；《京都市史·地图编》图版17；初版日期：正应二年12月
16	新板平安城东西南北町并洛外之图	1654	无	（京都）：无庵北山修学寺村	不列颠哥伦比亚大学，温哥华（比恩斯收藏）	藤田元春《都市研究平安京变迁史附古地图集》图版4；Beans, "Tall Tree Library," 147
17	新板平安城东西南北町并洛外之图	1657	无	京都：丸屋	佐藤收藏，刘谷，爱知县	可能是后来印制的1654无庵版本
18	新改洛阳并洛外之图	1657	无	无	神户市立博物馆，神户（南波收藏）	可能是后来印制的1654年版本，标题同前次
19	新板摄津大坂东西南北町岛之图	1655	无	京都：无名	不列颠哥伦比亚大学，温哥华（比恩斯收藏），曾为Kanda Kiichiro收藏；Kidō图书馆收藏，岸和田，大阪县；蓬左文库，名古屋；佐光收藏，大阪	119.4×77.5厘米；见图11.48
20	新板大坂之图	1657	无	京都：Kawano Michikiyo	神户市立博物馆，神户（南波收藏）	栗田元次《日本古版地图集成》图版52；海野、织田、室贺编《日本古地图大成》第1册，图版86
21	?	1661	无	Maruya Shozae mon	神户市立博物馆，神户（南波收藏）	
22	增补大坂之图	约1670	无	无	佐光收藏，大阪	
23	新板大坂之图	1671	无	京都：Fushimiya	Kidō图书馆收藏，岸和田，大阪县	

474

475

续表

	图名	年代	作者	出版者	所有者	复制或备注 *
24	新板大坂之图	1678	无	京都：Fushimiya	大阪县中之岛图书馆，大阪	
25	新撰增补大坂大绘图	1686	无	京都：林吉永	不列颠哥伦比亚大学图书馆，温哥华（比恩斯收藏）；早稻田大学图书馆，东京；等等	
26	新撰增补大坂大绘图	1687	无	京都：林吉永	三井文库，东京；大阪县中之岛图书馆，大阪；佐光收藏，大阪	栗田元次《日本古版地凶集成》图版53；海野、织田、室贺编《日本古地图大成》第1册，图版91
27	新板大坂之图	1687	无	京都：林吉永	Kido 图书馆收藏，岸和田，大阪县	
28	长崎大绘图	约1681	无	无	天理中心图书馆，天理神户市立博物馆，神户（池长收藏）；大英图书馆，伦敦	63.4 × 143 厘米（天理复制件）；京都古典同好会，《古版长崎地图集》图版1；Cortazzi, *Isles of Gold* 图版50
29	唐船来朝图长崎图	约1690	无	江户：松会（村田泗郎）	天理中心图书馆，天理；栗田收藏，名古屋；神户市立博物馆，神户（池长收藏）等	栗田元次《日本古版地图集成》图版68；海野、织田、室贺编《日本古地图大成》第1册，图版108；京都古典同好会《古版长崎地图集》图版2
30	长崎大绘图	约1730	无	长崎：Nakamura Sanzō（Chiku-juken）	神户市立博物馆，神户（池长收藏）	
31	改正长崎图	1745	八仙堂主人	京都：林治左卫门	栗田收藏，名古屋；不列颠哥伦比亚大学图书馆（比恩斯收藏）；神户市立博物馆，神户（池长与南波收藏）	发行于 1808 和 1830 年，后者标题改为《长崎细见图》
32	新刊长崎大绘图	1752	无	长崎：Nakamura Sōzaburō（Chiku-juken）	原莫迪收藏，神户	Mody, *Collection of Nagasaki Colour Prints and Paintings* 图版29
33	新刊长崎大绘图	约1760	无	长崎：岛原屋	（栗田收藏，名古屋）神户市立博物馆，神户（池长收藏）	57 × 101.8；海野、织田、室贺编《日本古地图大成》第1册，图版107。见图11.52
34	肥州长崎图	1764	无	长崎：大田文次右卫门	不列颠哥伦比亚大学图书馆温哥华（比恩斯收藏）；神户市立博物馆，神户（池长与南波收藏）	61 × 88.5 厘米（比恩斯收藏）；Beans, *Japanese Maps*, facing p. 23；京都古典同好会《古版长崎地图集》图版5
35	肥州长崎图	1778	无	长崎：大田文次右卫门	不列颠哥伦比亚大学图书馆温哥华（比恩斯收藏）；神户市立博物馆，神户（池长与南波收藏）	栗田元次《日本古版地图集成》图版69；海野、织田、室贺编《日本古地图大成》第1册，图版109；京都古典同好会《古版长崎地图集》图版6

续表

	图名	年代	作者	出版者	所有者	复制或备注 *
36	和州南都之图	1666	无	奈良：Ozaki San'emon	东北大学图书馆，仙台；奈良县立图书馆，奈良	99.3×62.4 厘米
37	和州南都之图	1709	无	奈良：Yamamura Juzaburo	神户市立博物馆，神户（南波收藏）	栗田元次《日本古版地图集成》图版 55
38	和州南都绘图	1778	无	大阪：Shibukawa Seiemon 和 Yanagihara Kihee	神户市立博物馆，神户（南波收藏）	南波、室贺、海野编《日本の古地图》图版 67
39	泉州堺之图	1704	无	堺市：Takaishi Kimei	神户市立博物馆，神户（南波收藏）	海野、织田、室贺编《日本古地图大成》第 1 册，图版 104
40	界大绘图改正纲目	1735	河合守清	大阪：Murakami Ihee	栗田收藏，名古屋；国立国会图书馆，东京	栗田元次《日本古版地图集成》图版 56；封面标题为《改正界绘图纲目》
41	界细见绘图	1798	无	界市：Kitamura Sahee；大阪：Kashiharaya Kahee	神户市立博物馆，神户（南波收藏）	海野、织田、室贺编《日本古地图大成》第 1 册，图版 105

477

* 秋冈武次郎《日本地图史》（東京：河出书房 1955 年版）；同上：《日本古地图集成》（東京：鹿島研究所出版会 1971 年版）；George H. Beans, *A List of Japanese Maps of the Tokugawa Era* (Jenkintown, Pa.: Tall Tree Library, 1951), supplements A, B, and C (1955, 1958, 1963); idem, "Some Notes from the Tall Tree Library," *Imago Mundi* 11 (1954): 146–47; Hugh Cortazzi, *Isles of Gold*: *Antique Maps of Japan* (Tōkyō: Weatherhill, 1983); 藤田元春《平安京变迁史：都市研究附·古地图集》（スズカケ出版部，1930 年；日本资料刊行会重印，1976）；栗田元次编《日本古版地图集成》（東京：博多成象堂 1928 年版）；京都古典同好會《古版長崎地图集》（京都：京都古典同好会，1977 年）；《京都市史·地图编》（京都，1947 年）；N. H. N. Mody, *A Collection of Nagasaki Colour Prints and Paintings* (1939; reprinted Tōkyō: Charles E. Tuttle, 1969); 南波松太郎、室贺信夫、海野一隆编《日本の古地图》（大阪：創元社 1969 年版）；英文版: *Old Maps in Japan*, trans. Patricia Murray (Ōsaka: Sogensha, 1973); 海野一隆、織田武雄、室贺信夫编《日本古地图大成》（上、下册）（東京：講談社 1972—1975 年版）。

（王妙发审）

第十二章　越南地图学史

约翰 K. 惠特莫尔

（Johok K. Whitmore）

　　学术界对于过去五个世纪越南所绘地图，迄今几乎还没有展开研究。要探索越南的地图史传统，需要广布罗网，搜集以各种形式零星存在的材料，以便理解这一地图学传统形成的过程。虽然法国远东学院（Ecole Française d'Extrême-Orient）的学者［如马伯乐（Henri Maspero）、鄂卢梭（Leonard Aurousseau）和埃米尔·加斯帕东（Emile Gaspardone）等］已经为越南地图学史的研究做好了文献书目的基础工作，但殖民时期对越南历史地图的研究工作仍然几近于无，仅有古斯塔夫·迪穆捷（Gustave Dumoutier）在1896年对一条通往越南南部的早期路线进行了考察（见下）。

　　我们现在可以看到的主要作品是一批被称为《洪德版图》（Hồng Đức Bản Đồ）［即洪德时期（1471—1491）地图］的地图收藏，这批地图三十年前（应该是20世纪60年代前后——译者注），由西贡（Sài Gòn，今胡志明市）的历史研究院（Viện Khảo cổ）刊印。①本书编制了一份优质的地图所见人名索引，还有由张宝林（Trương Bửu Lâm）撰写的简介性研究文章（越南语撰文，附法语梗概）。这篇文章为我们提供了1800年以前越南地图的重要信息。最近十多年来，裴切（Bùi Thiết）在河内发表的几篇有关越南本土制作的旧都（今河内）地图的文章，对张著进行了补充。②裴文不仅涵盖了1800年以前的历史，而且将其延续至19世纪。此外，蔡文检（Thái Văn Kiểm）也撰写了多篇关于阮朝（Nhà Nguyễn，1802—1945）地图绘制的研究文章。③然而，尽管如此，学界对越南前现代时期约五百年的地图史仍然缺乏综合性研究。

　　在北美地区进行越南地图的研究并不容易。包括地图在内的越南古旧手稿的收藏主

---

　　①　张宝林编《洪德版图》，西贡：国家教育部，1962年。尽管A. 2499（卷141，编号253）是通用的副本，考古研究院的学者们却选择了日本东京东洋文库中与之几乎相同的副本（缩微胶卷，编号100.891）；《洪德版图》，XVI – XVII、XXVIII – XXIX。

　　②　见Bùi Thiết，"Sắp xếp thế hệ các bản đồ hiện biết thành Thăng Long thời Lê"，*Khảo Cổ Học* 52，No. 4（1984）：48 – 55，esp. 49 – 50。

　　③　Thái Văn Kiểm，"Lời nói đầu"，in *Lục tỉnh Nam Việt*（*Đại* Nam Nhất Thống Chí）（Saigon：Phủ Quốc vụ khanh Đặc Trách Văn Hóa，1973），Tập Thượng，V – XIII；idem，"Interpretationd'une carte ancienne de Saigon,"*Bulletin de la Société des Etudes Indochinoises*，n. s.，37，No. 4（1962）：409 – 31；同前，*Cố đô Huế*（Saigon：Nha Văn hóa Bộ Quốc gia Giáo dục，1960）。

要是由位于河内的法国远东学院完成的，这批收藏于 1954—1955 年由越南民主共和国接管，目前保存于河内的汉喃研究院（Viện Nghiên Cứu Hán Nôm），其早先的法语编码系统（即 A. + 数字）仍然得以沿用。④ 除此之外，20 世纪 50 年代后期，位于顺化市（Huế）的皇家图书馆收藏被拆分，其中阮朝时期的档案移交到大叻（Đà Lạt）（今属胡志明市?），1800 年前的资料则保存在历史研究院。虽经战火，这批收藏却几乎毫发无损。法国人撤离时，将河内最重要的文件资料制作成缩微胶卷并分别存放于两地，即前文提及的历史研究院和巴黎的法国远东学院。另外，法国亚洲学会（Société Asiatique，马伯乐收藏，采用 HM + 数字的编号方式）和东京的东洋文库（Oriental Library）也收藏有一些越南手稿。

　　在美国看得到的历史时期的越南地图只有黑白复印件（有些甚至经过了多次复印）。《洪德版图》中发表的地图图片是从日本缩微胶片负片复制出来的，书中的黑白照片没有一张很清晰。⑤ 美国学者要想做这方面的研究，基本只能依靠康奈尔大学和火奴鲁鲁的夏威夷大学所藏法国远东学院制作的缩微胶片。因此，很难获取有关这些地图实际构图的直观感受。它们几乎是手绘作品，而非印制地图。地图采用中国式的装帧方式，有关其格式、介质、尺寸、比例、材料和绘制风格等问题，只能留待那些能够亲手接触到现存地图的人们来解决，最好是河内的学者。下文中有关这些问题的描述依据的是约瑟夫·施瓦茨贝格（Joseph E. Schwartzberg）对巴黎所藏手稿的考察。他曾经惠允我查看他的（观摩）笔记。当然，解读上存在的任何问题都将由我个人负责。

　　尽管存在上述困难，我还是在这一章中尽可能地搜集了越南前现代化时期的地图资料，希冀为进一步研究越南地图史提供一个历史轮廓。如我们所见，目前尚未有大越（Đại Việt）时期最早的两个王朝——李朝（Nhà Lý，1010—1225）和陈朝（Nhà Trần，1225—1400）的地图存世，全国性的地图只是在后黎朝的第一个百年（Nhà Lê，1428—1527）才出现的，随后的莫朝（Nhà Mạc，1528—1592）似乎也绘制过地图，但目前存世最早的实物地图为后黎朝中兴（1592—1787）后郑、阮（Trịnh-Nguyễn）两大统治家族，即北部京畿地区的郑主和南部边地的阮主所制。其中北方编制了地图集和路程图，南方编制的是一幅路程图。越南地图制作的最高潮出现在 19 世纪。此时阮氏家族重新统一全国，建立了著名的阮朝，也称大南（Đại Nam）。然而遗憾的是，我们已经无从知晓这些地图的制作过程。千余年来，这个被称作越南的国家，从以河内为中心的北方原生小国起势，一路南下，最终扩展至遥远的印度支那半岛（Indochinese peninsula）东海岸。这一扩张多发生在 17 世纪和 18 世纪，他们先后占领了原占城人（Chams）和高棉人（Khmers）统治的低地，并与暹罗湾周围的其他东南亚人民建立了往来关系。1600—1900

479

---

　　④ 有关这批手稿，可参见 1954—1955 年所制缩微胶片目录（卷 3，编号 8—9），此目录包含了 3600 多个文书卡片。本章中采用该目录中带地图的文书时，均标注其卷数和编号。还有一个接近 600 张缩微胶片的列表，可能收录于 G. Raymond Nunn, ed., *Asia and Oceania: A Guide to Archival and Manuscript Sources in the United States*, 5 Vols. (New York: Mansell, 1985), 3: 1054 – 60。所有以 A 命名的原始文书，现均存河内，只有复制的缩微胶片保存别处。关于这些早期地图的列表，包括本章中大部分地图，也可参见 Trần Nghĩa, "Bản đồ cổ Việt Nam", *Tạp Chí Hán Nôm*, 2, No. 9 (1990): 3 – 10。

　　⑤ 为了避免混淆，请注意，已出版的《洪德版图》中的网格线并非原有，而是为转录汉字所用的索引网格。

年的越南地图恰好反映了这一发展过程。

越南的地图绘制风格基本是汉式的。其发展与 15—19 世纪越南的汉化进程同步。彼时越南知识分子精通汉文，能够阅读来自中国的文献，但他们究竟接受了多少中国式的地图学理念还有待进一步研究。越南语中关于地图的术语均来自汉字"图"一词，意为插图、图画和规划等，引申开去，也称作版图（bản đồ）、地图（địa đồ）、舆图（dư đồ）、全图（non nước）等。

宇宙图

"河山"（non nước）是越南人用来指代自己国家的一个词，其越南语（不是汉—越语）的意思就是"山和水"，这个词似乎代表了越南人空间展示（Spatial representation）的方式。石泰安（Rolf Stein）通过研究盆景，证明越南人这种重要的世界观一直延续到了 20 世纪。这类模型建造于民居和寺院中，主体为一个装满石头和水的容器，石头上或种植或摆放真实的微型植物，伴有陶瓷质地的建筑模型、人和动物。这种盆景为一种山水景观，表现了人们对自然和超自然的理解。在许多著名的千年古寺里，都可以发现各式各样的假山和池塘（图 12.1）[6]，用以象征宇宙（天、地和水）。从中我们似乎可以窥见越南的宇宙图式，也就是他们对宇宙的图形描绘。这种描绘十分简单，也正因此，越南人似乎愿意将其作为他们对周遭世界以及自然界法力与生命力的图像。

与此相关的还有 10—11 世纪越南国王为王室庆典而建造的假山。越南的三位君主，前黎朝的黎桓（Lê Hoàn）、李朝的太祖和太宗，分别在 985 年、1021 年和 1028 年下令建造竹制假山以庆祝王室寿辰，这些假山也被称作"南山"（Nam Sơn），它们是庆典仪式的焦点。985 年的假山建在河流当中的一条船上，与当时的竞舟有关（可能即龙舟节）。1028 年庆典所用假山有五座山峰，主峰居中（须弥山？），余四峰环绕四周（可能代表四方？），山峰之间盘踞着一条龙（或者水神）。[7] 可以看到，上述假山和河流组合的景象已然构成了一幅极简的山水图像，并以小见大，成为越南人心中宇宙及其力量的象征，而这种山水图景跟同时期柬埔寨吴哥（Angkor）和缅甸蒲甘（Pagan）的寺院建筑亦十分相近。[8]

尽管无从知晓这类庆典是否延续至 1028 年以后，但显然，这种山水意象在接下来的三个世纪里被佛教建筑继承下来。坐落于旧都升龙（Thăng Long，今河内）以北的古佛寺——万福寺（Vạn phúc Tự），其历史至少可追溯至 1057 年，寺院主体为一座 140 英尺高的砖塔，建于层层露台之上，两方圣池位列两侧。尽管寺院本身为中国样式，但圣池的布局却完全

---

⑥　Rolf A. Stein, *The World in Miniature*: *Container Gardens and Dwellings in Far Eastern Religious Thought*, trans. Phyllis Brooks (Stanford: Stanford University Press, 1990), 13 – 21, 36 – 37, 52, 58, 77, 83, 89 – 91, 103, 104, 109.

⑦　Stein, *World in Miniature*, 39 – 40（注释 6）；吴士连（15 世纪）《大越史记全书》，3 卷，陈荆和编校（东京：1984—86），1：190, 214, 219（14）。

⑧　关于吴哥和蒲甘，见 Eleanor Mannikka, "Angkor Wat: Meaning through Measurement"（Ph. D. diss., University of Michigan, 1985）, and Michael Aung-Thwin, *Pagan*: *The Origins of ModernBurma*（Honolulu: University of Hawaii Press, 1985）。

图 12.1　越南人的宇宙论

这是一幅 20 世纪 40 年代早期真武观（河内）盆景图，展示了越南宇宙论中的山水形态。

原图尺寸：12.7×19.2 厘米。出自 Rolf A. Stein，"Jardins en miniature d'Extrême-Orient," *Bulletin de l'Ecole Franšaise d'Extrême-Orient* 42（1943）：1–104，esp. pl. Ⅲ 。

是越南式的，延续了其宇宙论中以山水为象征的做法。⑨ 这种式样的佛寺和佛塔，从 11 世纪一直流传至 14 世纪，即李朝和陈朝，可以看到，相对于同时期中国的宋朝，越南在这几个世纪里与当时的东南亚国家更为亲近。这一时期越南的政治统治更多依赖的是个人纽带，而非官僚体制，其宇宙论也是印度教和佛教式的。

越南于 13 世纪中期开始加强中央集权，但 13 世纪后半期来自蒙古的威胁和随后的入侵阻碍了这一进程。最初，京畿一带由王室直接管辖，外围区域则由当地乡绅或君主指定的权势人物（皇室成员或其他）代为管理。也就是说，中央并不直接管辖这些外围地区，只有当他们向中央保持臣服时，国王才有权使用那里的资源。尽管成书于 1479 年的越南史书——《大越史记全书》（Đại Việt Sử ký Toàn Thư）记载过两次中央政府对畿外地区进行治理，一次发生于 11 世纪晚期，另一次发生于 12 世纪晚期，但目前并没有这两个时期的大越地图留存于世。这两次治理，第一次由名相李常杰（Lý Thường Kiệt）于 1075 年起草方案，其区域涵盖了当时与占城接壤的南部边境［乂安省（Nghệ An）和海云关以南，旧时的南境］。⑩ 据说，绘成于 12 世纪 70 年代的《南北藩界地图》（Nam Bắc Phiên Giới Địa Đồ）

481

⑨　Louis Bezacier，*Cart viêtnamien*（Paris：Editions de l'Union Franšaise，1954），135 ff.；idem，*Releves de monuments anciens du Nord Việt Nam*（Paris：Ecole Française d'Extrême-Orient，1959），pls. 14–23；Stein，*World in Miniature*，14–15（注释6）。

⑩　《大越史记全书》卷1，页 248（注释7）。尤其是，此次地图范围包括了布政、地哩（林平）和明灵；参见《洪德版图》，第 16—17、46—48、193 页（注释1）。

就利用了当时朝廷对海岸线和边境考察的成果。⑪《大越史记全书》特别提到作为两次治理之焦点的"山水"（汉—越语称"山川"）。

　　然而总体来看，几乎没有证据可以表明，15 世纪以前的越南有太多绘制地图或者出于中央集权的需要整合资料编制全国地图集的意向。他们的宇宙论仍然是一座山和一池水这种最简单的意象，并延续数个世纪。根据山水所在的特定地点，宇宙论还会与一些神灵崇拜联系起来。这种精神地理尽管没有被绘成地图，却为越南人民提供了一种地方感，同时也反映了中国风水术的影响。如安格尔（Ungar）所言，"人们会想象一幅神圣之地的精神地图：山和水之间在结构上最强的联结点是隐秘的'脉'（mạch），风水的能量通过这些'脉'流动到各地"。在这几个世纪里，越南人对他们的文化疆土及其边界有了更多的感知。消逝于远方的疆土不再是一个模糊的概念，越南人开始实实在在地感知它的边界以及边界另一侧的文化形态。⑫ 北部与汉地接壤，南部和西部则毗邻占城人、泰国人、老挝人以及其他东南亚族群和王国。

　　到 14 世纪晚期，越南人已经可以将自己与周边文化区清晰区分开来。14 世纪 70 年代，越南王室禁止穿着"北方"（即中国）服饰以及使用占城语和老挝语。半个多世纪以后（15 世纪 30 年代），以中国《禹贡》为蓝本，第一本越南地理学著作——《舆地志》（Dư Địa Chí）诞生，并继续明确区隔大越领土和周边其他民族的文化边界。⑬ 但是，越南政府仍然没有编绘出可视化的领土地图。尽管 14 世纪末到 15 世纪初的越南和中国文献中已经有不少关于越南水文属性的详细介绍⑭，但没有一幅存世地图展示那一时期所见的错综复杂的水上交通，也没有用地图将越南和非越南的领土区分开来。

大越时期的地图

　　15 世纪后半期，随着中国式官僚模式在大越的推行，地图对于越南人开始变得重要起来。14 世纪 70 年代至 15 世纪 20 年代期间，越南经历了半个世纪的内忧外患［占婆入侵，1371—1390 年；胡朝（Nhà Hồ）建立，1400—1407 年；明朝占领，1407—1427 年］，最终由起义者黎利（Lê Lợi）推翻旧政权，建立新王朝（即后黎朝）。新政权延续了若干旧有制度，但新国王也热衷于建立新的公共土地系统，以确保中央政府拥有更强大的资源基础。后黎朝廷在意识形态方面也比较开放，当时越南国内的年轻学者还掀起一股新思潮，即以中国

　　⑪　《大越史记全书》卷 1，页 299（注释 7）；Emile Gaspardone，"Bibliographie annamite，" *Bulletin de l'Ecole Française d'Extrême-Orient*34（1934）：1–173，esp. 45–46（#21）。

　　⑫　Esta S. Ungar，"From Myth to History：Imagined Polities in 14th Century Vietnam，" in *Southeast Asia in the 9th to 14th Centuries*，ed. David G. Marr and A. C. Milner（Singapore：Institute of Southeast Asian Studies，1986），177–186，引文在第 179 页；关于越南的风水术，参见 Pierre Huard and Maurice Durand，*Connaissanee du Viet-Nam*（Hanoi：Ecole Française d'Extrême-Orient，1954），70–71。

　　⑬　O. W. Wolters，*Two Essays on Đại Việt in the Fourteenth Century*（New Haven：Council on Southeast Asia Studies，Yale Center for International and Area Studies，1988），31，32，41；John K. Whitmore，*Vietnam*，Hồ Qúy Ly，*and the Ming*（1371–1421）（New Haven：Yale Center for International and Area Studies，1985），16；阮廌（1380—1442）《舆地志》，收入《阮廌全集》（河内，1969），第 186—227 页，特别是第 222—223 页。

　　⑭　Wolters，*Two Essays*，xvii，xxxviii n. 21（注释 13）。

明朝儒家理念为蓝本的现代主义新儒家思潮。

　　经过 30 年断断续续的冲突，新儒家学者在年轻皇帝黎圣宗（Lê Thánh Tông）黎灏 (Lê Hạo)（1460—1497）的支持下，最终战胜了开国功臣集团中的保守派军事寡头，圣宗也趁此机会改变国家的走向。15 世纪 60 年代，他开启了三年一次的新儒学考试，任用有成就的学者入朝为官，建立中央集权的官僚体制。由文官组成的政府得以通过各种途径将其统治渗透到村社，一方面宣扬新的道德准则，另一方面加强对地方资源的控制。与此同时，大量的信息从各省汇入都城升龙，其中包括 1465 年的人口数据。中央希望地方官员巡察各其辖区，亲自了解当地情况。政府要求官员在赴任的一百天内提交一份有关其辖区的详细报告。⑮

482

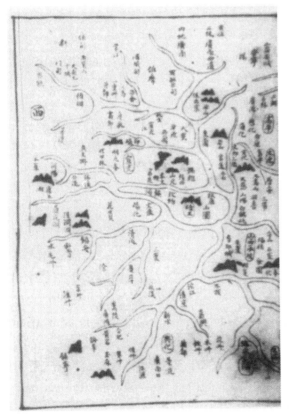

图 12.2　《总括图》

　　这幅 16 世纪前后的（莫朝）地图（现存最早的越南地图？）展示了大越国的地理情况，但地图对北部的重视甚于南部（黎氏老家）（地图上方为北）。

　　照片由檀香山市夏威夷大学马诺阿校区汉密尔顿图书馆（Hamilton Library，University of Hawaii at Manoa）提供（缩微胶卷收藏号：A. 2499）。

---

⑮　John K. Whitmore，*Transforming* Đại Việt：*Politics and Confucianism in the Fifteenth Century*（forthcoming），chap. 5.

1467 年，黎圣宗下令全国十二省协助制作全国地图。他要求地方政府绘制省内详细地形图，画出山脉和溪流，标明战略要地、交通路线和古今地物。1496 年，这些地图陆续呈送至都城，通过整合地方村社的种类及数量等数据，最终形成官方十二省地图。21年后，即 1490 年，圣宗将（这一套）"天下版图"（Thiên Hạ Bản Đồ）定为后黎朝官方地图集，因 1479 年征服占城及对其北方领土的吞并，此时的地图集已扩展至十三个省。[16]

河内学者裴切认为，可能并没有这一越南地图发展初期的地图存世。[17] 如下文所见，目前我们所知可溯源到这一时期的存世地图都是 17 世纪甚至更晚时期编绘的。但存世地图中有一幅或许可追溯至 1600 年以前，据我所知目前尚无人对之进行研究。这幅地图与所谓的后黎朝标准地图不太相同，其上保留了大量信息，需研究者对其进行一番细致研究方可全面了解。这里我仅对这幅地图做一下介绍，并阐述一些初步的认识。

483 这幅被我称为《总括图》（Tổng Quát Đồ）的地图放在后黎朝地图集附录中的"本国版图总括目录"（Bản quốc bản đồ tổngquát mục lục）部分。[18] 此图与所附文字说明之间没有关系，图上只涉及大越，几乎没有提及周边的国家和人群（唯一的例外是中国西南某县）。这幅地图方向为正北，绘于一张纸的正反面，是一张风格简单的草图（图 12.2）。图上以线条表示河流以及河流间的土地，没有画出河流中的水波纹，用标准的中国笔架山造型符号标出少量稀疏的山脉。[19] 众多的地名仅以手书汉字标示，没有任何注记符号。整幅地图让人感觉到的只有拥挤的地方和无陆地的水域。因此，从风格上看，它正好可代表越南人图绘国家的早期尝试。

地图上似乎混乱了不同时代的地名，至少我在初步审读时发现了这一点。图上共有 300多个地名，其中 50 个加上圆圈以示强调。这 50 个地名包括了都城——安南龙边城（An Nam Long Biên Thành）（这一地名与唐代对这一地区的控制有关。唐朝在此设置安南都护府——译者注）、都城外面的西湖、雄王（Hùng Vương）庙和十二省。当时位于京畿地区（即红河三角洲）的中央五省［即京北（Kinh Bắc）、海阳（Hải Dương）、山西（Sơn Tây）、山南（Sơn Nam）和安邦（An Bang）］被称为承政（Thừa Chính），此称谓源自 15 世纪 60年代。位于北部、西部山区和南部平原的七省，仅标识其名称。奇怪的是，其中有一个高平（Cao Bằng）省实际上到 17 世纪晚期才独立成省。另外，1469 年建成的第 12 个省中，位于最南边的顺化（Thuận Hóa），在地图上仍然标示为建省前的两部分——顺州（Thuận Châu）和化州（Hóa Châu），且名称外不带圆圈。1490 年新成立的第 13 个省，位于顺化南边的广南（Quảng Nam），其名称外亦不带圆圈，显示为一个河口（广南口）。总之，这幅地图看起来显然对南方兴趣不大。后黎朝的大本营清化省（Thanh Hóa）和义安省也没有用圆圈标示，而黎氏的发源地西京（Tây Kinh）根本就没有画出来。

---

⑯ 《大越史记全书》卷 2，页 665（62）、676（11）、736（8）（注释 7）；Gaspardone，"Bibliographie，"46（#22）（注释 11）。

⑰ Bùi，"Bản đồ" 49–50（注释 2）。

⑱ 《洪德版图》，页 50—53（注释 1）。

⑲ 关于中国地图中的山脉式样，参见 David Woo，"The Evolution of Mountain Symbols in Traditional Chinese Cartography，" 该论文发表于 1989 年美国地理学学会年会集中。

之所以认为这幅地图时代较早，最重要的原因是，安邦没有采用 16 世纪晚期后改名的安广（An Quảng），太原（Thái Nguyên）没有采用 1469—1490 年间使用的地名——宁朔（Ninh Sóc）。[20] 此外，图中都城为奉天（Phụng Thiên），众所周知这是黎圣宗时期所用称谓。尽管图中所用地名可能追溯到 15 世纪晚期，但我仍然倾向于认为这幅地图的年代应在 16 世纪的莫朝。新建立的莫朝忽视了对前朝极具意义的地点，当时尚未控制南方，因而地图对那一带不甚关注，而将注意力明显集中在了北部山区（尤其高平省，这里可作为政权失败后的退路）。此外，我将在后文提到，一个强有力的理由使莫朝沿袭了黎圣宗洪德时期（1471—1497）的制度。在更细致的有关此图地名的研究成果出来前，我们可以将这幅地图视为目前仅存的 17 世纪以前的越南地图。

后黎朝地图集的规范源自 15 世纪后半期的制图活动，但从所有现存版本看，这些地图均在 17 世纪或更晚时期被重新绘制过。究其理由，首先，安邦现在叫安广，这一改称发生在黎朝中兴的 1592 年；其次，都城图上绘有郑主（Trịnh Chúa）的住所和王府，表明其时代应为中兴之后，彼时黎朝再度复兴，随后郑氏在首都升龙取得实际统治权。[21]

后黎朝地图集包括 15 幅地图：1 幅全境图、1 幅都城图和 13 幅省图（图 12.3）。这些地图以西为正向[22]，比先前提及的《总括图》要复杂很多。特别是，河流和海洋中添加了水波纹，使得陆地看起来更有坚实感。山脉仍然采用笔架山式样，但在景观中点缀得更多，使人能更好地感受越南的地形特点。地图上的人工建筑（墙、寺院和宫殿）以正立面图表示，其他要素均用手书文字标注。这些地图主要用于行政管理，故而记录了不同政区（省、府、县）的治所，这些地点一般用不分层级的长方形框表示。地图上还有一些未画出的山脉、河流的名称，偶尔还会提到一两处人工建筑的名称。

大越全境图中包括了南北方的邻国——中国和占婆国的边境地段。北部绘有一道墙以示边界，南部则可见一方界石碑（图 12.4）。[23] 图中亦标注了两座越南都城的位置，即位于红河三角洲中部的中都（Trung Đô，即升龙，今河内）和位于清化省上游的西京（即西都）。图中唯一的寺院反映了当时的一种礼仪性配置。中都外围矗立着一座李翁仲（Lý Ông Trọng）庙，李翁仲为传说中的越南英雄，人们相信他曾帮助秦始皇（公元前 3 世纪）打击蛮人，又保护了越南京畿地区[24]（其事迹可参见《岭南摭怪》卷之二《李翁仲传》——译者注）。中都的东、南、西、北四方各立一座佛寺以拱卫统治（分别是法来寺、琼林寺、普明寺和佛迹山的天福寺）。

---

[20] 《洪德版图》，第 189、196、198 页（注释 1）。

[21] 《洪德版图》，XI、XIV – XV、XXV（注释 1）；也可参见 Bùi，"Bản đồ"，图 50—52（注释 2）。

[22] 《洪德版图》，第 2—49 页（注释 1）。京北和太原省地图以东为正向，海阳和谅山省地图以北为正向。后黎朝地图集也被称作《洪德版图》，但我在这一章中将仍视为后黎朝地图集，以防与更大规模的地图集和出版物混淆。

[23] 《洪德版图》，第 4—5 页（注释 1）。

[24] Keith W. Taylor，"Notes on the Việt Điện U Linh Tập," *Vietnam Forum* 8（1986）：26 – 59，esp. 38.

484

图 12.3　大越地图研究参考地图

出自 Nguyễn Khǎc Vệin 阮克援，*Vietnam：A Long History*（Hanoi：Foreign Languages Publishing House，1987），99。

中都（即升龙）地图是目前所见越南19世纪以前重要的城市地图（图12.5）。此地图仅用于政府活动和皇家仪式，故几乎不表现繁华的市井和商业生活。[25] 图中的中都外城呈不规则状，护城河环绕其外，内城十分规整，采用中国式的坐北朝南布局。内城城墙外立有宝天塔（Bảo Thiên），象征7世纪中叶以来越南人印度教－佛教宇宙论的中心。另有15世纪的儒教祭天之所——"南郊坛"（Nam Giao）以及"白马祠"（Bạch Mã từ）、"真武观"（Trần Vũ）和"国子监"（Quốc Tử Giám）。内城还分布着中央各机构所在地和宫殿，以及举办科举考试的"会试场"。

位于三角洲地区的五省（包括京北、山西、海阳、安广，特别是山南，图12.6）地图反映了当地多水的环境属性。[26] 从地图中我们可以看到这五省河网密布、水道交织，曲折

485

图12.4　后黎朝地图集中的大越

这幅17世纪（郑主）地图摹自15世纪的后黎朝地图集，以前现代地图的经典方式表现了这个国家（地图上部为西）。

照片由檀香山市夏威夷大学马诺阿校区汉密尔顿图书馆提供（缩微胶卷收藏号：A.2499）。

　　[25]《洪德版图》，页8－9（注释1）；Hoàng Đạo Thúy, Thăng Long, Đông Đô, Hà Nội, 第46和47页插图；Nguyen Thanh-nha, *Tableau économique du Viet Nam aux XVIIe et XVIIIe siècles* (Paris：Editions Cujas, 1970), 111－17。

　　[26] 关于这种环境，参见 Pierre Gourou, *Les paysans du deltatonkinois*：*Etudes de géographie humaine* (1936；Paris：Mouron, 1965), 17－108（"Le milieu physique"）。

486

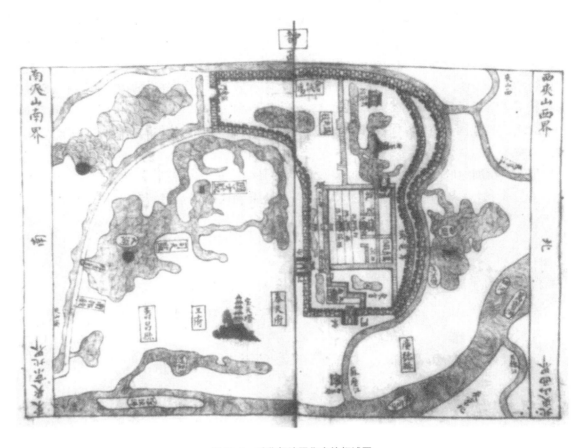

图 12.5　后黎朝地图集中的都城图

这幅 17 世纪（郑主）地图摹自 15 世纪晚期地图，表现了位于红河下游水网三角洲的越南首都升龙（今河内）（地图上部为西）。

照片由檀香山市夏威夷大学马诺阿校区汉密尔顿图书馆提供（缩微胶卷收藏号：A. 2499）。

的河水一路流经叉口（ngã ba）、津（kinh，运河）、桥（cầu）、渠（cửa）和城门（môn）等处。人文要素方面，可见佛寺（tự）、庙宇（miếu）和一些巡（tuần，哨所），偶见几处重要历史遗迹（如古螺旧都遗址）或者墓葬（如唐将高骈墓）。与三角洲地区不同，北部和西部的四省（包括太原、宣光、兴化、谅山）地图则以山脉为重，图中画出并标注了隘口（ải）以及其他零散分布的自然地物。主要的人文要素有军营、卫所（巡）和城等。谅山省境内有一处大的边塞，可通往中国的广西。由于后黎朝的根据地在南部的清化省和义安省，故将这两幅省图置于地图集之开篇。这两个省与新设立的顺化和广南二省地图上的要素相同。这四个省位于今越南中部，这一带为山海之间狭窄的低地，其间有一些自西向东、平行流淌的溪流。图上主要表现的地物是城门。

越南的地图模式为黎圣宗于 15 世纪晚期所建立，随后 16 世纪至 18 世纪的政治环境为此模式的延续提供了保障。圣宗死后，继任者宪宗（Hiến Tông）竭力守成，以维护圣宗于洪德盛世中所创成果，然而宪宗 1504 年驾崩后，黎朝便陷入了混乱，直至 1528 年权相莫登庸（Mạc Đăng Dung）篡位建立莫朝，这一混乱局面才告结束。为表明莫氏即位及其家族的合

图 12.6　后黎朝地图集中的一幅省图

这幅 17 世纪（郑主）地图摹自 15 世纪晚期地图，表现了位于红河三角洲水网东南部的山南（地图上方为西）。

照片由檀香山市夏威夷大学马诺阿校区汉密尔顿图书馆提供（缩微胶卷收藏号：A. 2499）。

法性，莫登庸遵循 60 年前黎圣宗所建立的官僚制度，重新建立中央集权。[27] 甄别现存证据可知，莫朝确实巩固并发展了 15 世纪建立起来的政治制度。如果《总括图》确为莫朝时期所绘，那么至少在其控制范围内，莫朝势必延续洪德时期的省级行政组织。

此后，郑氏军事集团扶持黎朝复辟，重拾莫朝保持的洪德制度。然而，因与昔日同盟阮主的争权夺利正如火如荼地进行，郑主此时并未将重心放到民生上。到 16 世纪，阮主在新设立的广南省建立了自己的根据地，并宣称郑主为篡位者，两大家族就此对峙近两个世纪。因双方均奉圣宗所立十三省为圭臬，故地图的绘制亦无所更张。

17 世纪中叶，我们今天所称的洪德版图始收集齐全。显然，黎/郑朝的学士们重新绘制了后黎朝地图集，继续洪德时期的工作并略加修改。学者杜伯（Đỗ Bá）编制了上文提及的《本国版图总括目录》，并将它与上述推测为莫朝时期的地图合并，置于 17 世纪晚期重绘的后黎朝地图集之后。他还增加了一组 4 幅行程图[28]，我将在下一节讨论。显然，以上工作使

㉗　John K. Whitmore，"*Chung-hsing* and *Ch'eng-t'ung* in Đại Việt：Historiography in and of the Sixteenth Century，" in *Textual Studies on the Vietnamese Past*，ed. Keith W. Taylor（forth coming）。

㉘　《洪德版图》，XV – XVI、XXVII – XXVIII，第 52—53、68—69 页（注释 1）。

得大越的官方地图在接下来的一个世纪得以保存并延续至 1787 年黎朝灭亡。尽管人口在增多，国家（行政）组织却几乎没有发生变化。㉙

　　17 世纪晚期，当郑主终于将莫朝从避难地——北部山区高平府逐出后，大越境内郑主的势力范围始发生重要的地理变化。1592 年莫朝战败，其残余势力逃往高平，并得到明朝政府的外交庇护。1644 年，明朝被满族推翻，接下来的 20 年里，黎/郑朝廷未对莫氏用兵，

488

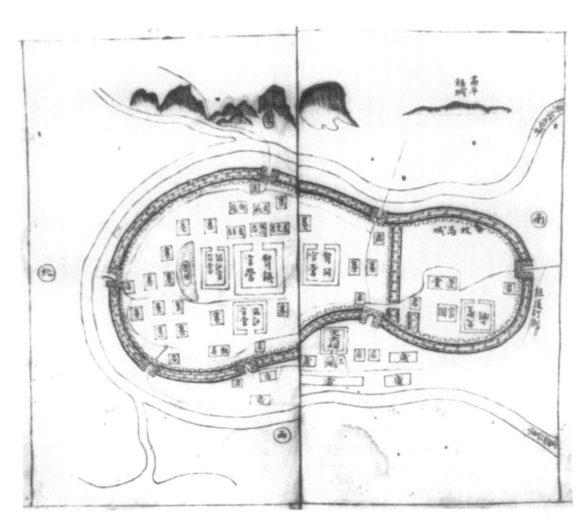

图 12.7　牧马城防图

　　牧马城位于靠近中越边境的北部山区，属高平府，此幅 17 世纪（郑主）地图展示了莫朝城防内的营寨（地图上方为东）。

　　照片由檀香山市夏威夷大学马诺阿校区汉密尔顿图书馆提供（缩微胶卷收藏号：A. 2499）。

㉙　Đặng Phương Nghi（邓方仪），*Les institutions publiques du Viet-Nam au XVIIIe siecle*（Paris：Ecole Française d'Extrême-Orient，1969），77 – 79；Gaspardone，"Bibliographie，" 47（注释 11），本文报道有一个 1723 年的"新型地图"，该地图延续了旧的洪德体系。

这一方面是因为黎/郑王朝不确定清政府的态度；另一方面，此时的郑主正全力粉碎顽敌阮主在南方的叛乱。1667 年，郑主占领高平，但两年后清政府对郑主施加外交压力，迫使其放弃高平。1677 年，郑主设法通过外交手段，重新获取高平[30]。《洪德版图》中现存三幅高平地图，可能绘制于 1667—1669 年，即郑主征服莫氏和清政府施压劝降的两年间。这些地图展示了高平全境、牧马（Mục Mã）营防和高平城区（即福和县，Phục Hòa）[31]。第一幅图的风格极为简化，与《总括图》相似。河流只有轮廓，但高地山脉与后黎朝地图集更为相近，呈现出更好的地形感。不同之处在于图中过境道路的风格更接近下文的路程图。行政单位的名称外均画有椭圆圈。除了山地和峒（tổng，村落），其余多为军事设施，包括 11 个屯

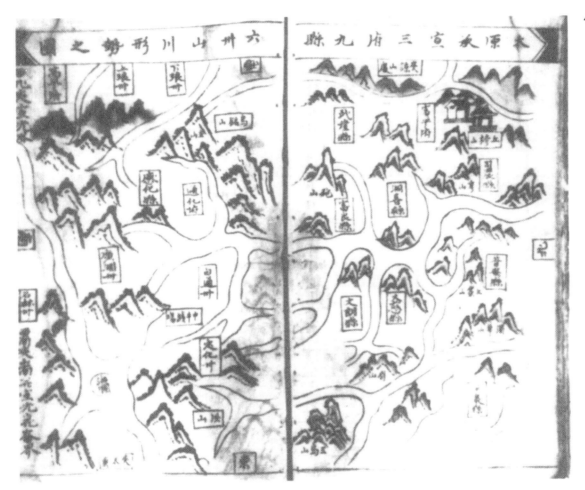

489

图 12.8 《安南形胜图》中的太原省

此图可能是一幅 15 世纪晚期地图的摹本，展示了位于北方高地的太原省，图中采用了新式的直立山地画法（地图上部为西）。

照片由檀香山市夏威夷大学马诺阿校区汉密尔顿图书馆提供（缩微胶卷收藏号：A. 3034）。

---

[30] Keith W. Taylor, "The Literati Revival in Seventeenth-Century Vietnam," *Journal of Southeast Asian Studies* 18 (1987): 1-22, esp. 17；《洪德版图》，XIV、XXVII（注释 1）。

[31] 《洪德版图》，第 174—185 页（注释 1）。

（dồn，军营）、牧马城的主要防御工事和城墙环绕的福和县。第二幅地图详细描绘了牧马城防御工事（图 12.7），标示出了城墙、12 个店（diếm，据点）、16 个内城寨（trại，军营）和要塞西侧的 5 个铺（phổ，聚居区）。与第二幅地图相比，第三幅即福和县及周边地区的地图仅仅只是草绘。毫无疑问，这些地图都产生于 1667 年的战事及其余波，补充了后黎朝地图集中太原省（当时属高平府）的标准省区图。

1802 年阮朝建立后，一位不知名的学者可能出于辅助新统一的王朝行政管理的需要[32]，将这批 17 世纪的北方地图，即杜伯收藏的地图（后黎朝地图集、《总括图》和下章将讨论的四幅路程图及三幅高平图），与主要绘制于南方的《平南图》（Bình Nam Đồ）以及较晚的北方所绘《大蛮国图》（Đại Man Quốc Đồ）（此二图将于下文讨论）统合起来，这就是今天人们所称的《洪德版图》。毫无疑问，《洪德版图》是目前最重要的地图资料，但并非唯一，存世尚有其他古地图，至少有一部分《洪德版图》的副本存世。

后期版本的主要例子有《安南形胜图》（An Nam Hình Thắng Đồ）[33]。《安南形胜图》中的后黎朝地图集基本与《洪德版图》相同，甚至每幅地图的正方位都一样（京北省为西向，海阳省为北向），但绘制风格却大相径庭（图 12.8）。尽管水流和陆地仍仅用线条勾勒，山脉却已由早期的笔架山式转变为写实。绘图者将山体画得笔直而高挺，与中国地图的画法如出一辙。[34] 越南制图者借鉴了北部边境喀斯特地貌的样式，以工笔技法代替单线勾勒，山体覆盖的植被也以苔点示意出来，寺庙和城墙则比中国地图画得更为细致，其中一幅甚至绘出了拍打海岸的波浪。我比较武断地推测，《安南形胜图》当重绘于 18 世纪。其中，最明显的改变体现在全境图的中心区，此时的李翁仲庙不再出现于都城范围内（仅保留在山西省图上），取而代之的是宝天塔，体现了对护国佑民的佛教元素的重视，这可能正是 17、18 世纪佛教在越南复兴的结果。

总体而言，后黎朝地图集所确立的传统似乎对越南地图史产生了有深远的影响。这一传统在 18 世纪和 19 世纪，甚至迟至 20 世纪衍生出多种版本和艺术风格，但地图所包括的内容几乎没有改变，原因或如约瑟夫·施瓦茨贝格（Joseph E. Schwartzberg）浏览这些地图手稿时所言："参与地图绘制的画工想必人数众多，这才导致地图风格如此多样，许多细节都显示了各种独特的运笔修饰。"[35] 这一传统在越南流传久远，几乎没有发生过实质性的改变，一个很好的例证便是 20 世纪早期重绘的一幅精美地图（见下），它近乎准确地复制了（除几处错误）两个多世纪以前后黎朝地图集所包含的信息。[36]

大越路程图

后黎朝另一个主要的地图类型就是路程图，多描绘首都至南北边境或国内其他地方的路

㉜ 《洪德版图》，XIV、XVII、XXVII、XXIX（注释 1）。

㉝ A. 3034（reel 114，No. 171）.

㉞ Woo，"Evolution"（注释 19）。

㉟ 私人通信（1991 年 7 月）。

㊱ Tạ Trọng Hiệp（谢重协）"Les fonds de livres en Han Nom hors du Vietnam: Elements d'inventaires，" *Bulletin de'Ecole Française d'Extrême-Orient* 75（1986）：267–93，esp. 285–286。也可参见 Bùi，"Bản đồ"，51–52（注释 2）。

程。这类地图似始于黎圣宗 1471 年击败了南方占婆国的大规模远征。据《大越史记全书》记载，在这场战役中，当军队南下时圣宗曾参考过一幅占婆国地图并为那里的山川改名。深入占婆之后，他担心对这一地带了解不足，便在一位当地首领的帮助下重绘了一幅更细致的地图，重点关注军事要塞和翻山越岭的便捷路线。㊲ 毫无疑问，这为后来《天南四至路图书》（*Thiên Nam Tứ Chí lộ Đồ Thư*）卷首四组图，即南行占婆路程图的绘制奠定了基础。当然，这些地图最初于何时绘制已不得而知。"天南"一词最早为圣宗所用，故此书当不早于 15 世纪。

491

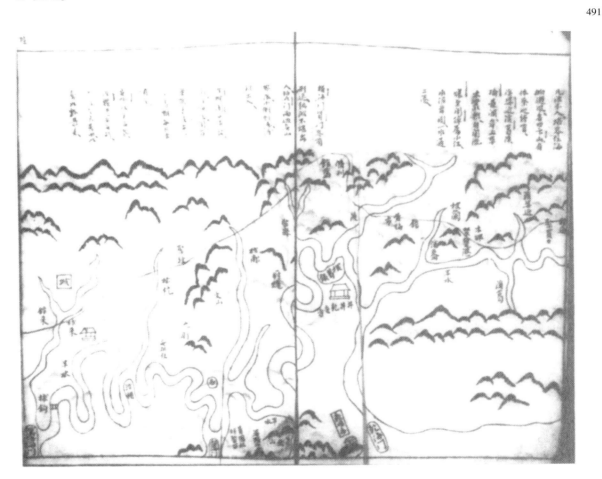

图 12.9　《天南四至路图书》南段

这幅 17 世纪（郑主）路程图展示了穿越南部山区的清化省和义安省的路段（地图上方为西）。

照片由檀香山市夏威夷大学马诺阿校区汉密尔顿图书馆提供（缩微胶卷编号：A. 2499）。

㊲ 《大越史记全书》卷 2，页 682（27）和 683（1）（注释 7）；Gustave Dumoutier，"Etude sur un portulan annamite du XVᵉ siècle," *Bulletinde Géographie Historique et Descriptive* 11（1896）：141–204，esp. 141–142。

我们目前所知的相关文献来自 17 世纪。如前所述，17 世纪晚期，因道路维护变得日益重要，学者杜伯便将这些路程图与后黎朝地图集以及《本国版图总括目录》合并起来。[38] 从首都升龙出发的路线有 4 条，一条向南至占婆首都（31 页地图），一条向东北，沿着靠近中越边境的海岸线，最终到达广西的钦廉二地（10 页地图）；一条由西北进入中国西南的云南省（10 页地图）；一条向北到达中国广西的门户（10 页地图）。[39] 这些地图仅以线条区分陆地和水流，其风格又回到了《总括图》。不过，地形以笔架山符号表示，行政区以带方框的地名标注，这些又与后黎朝地图相似。地图上勾勒出了一些人工建筑，特别是南方的防御工事，并画出了穿过这些景物的道路（图 12.9）。各部分的文字说明是按照陆路、水路、海路来安排的，各条道路上展示的三种不同自然环境中独具特色的要素也各不相同。

南行至边境和占婆[40]的路程图是从标识一些不同环境的地物开始的：陆路——旅舍和桥梁；水路——河流、运河和港口；海路——河口、洋流、浅滩和大海。与后黎朝地图集相比，路程图展现了更多有关日常生活和商业活动的细节。沿着穿行南部省份的路线，我们可以看到紧贴路边的村庄、市场、旅舍、寺院、岗哨和其他当地机构，桥梁、渡船、小溪、溪流交汇处、急流、河口和危险地带等也在图中标记出来。这条路线离开红河三角洲，经清化和乂安二省，经过原先的边境（南界）后进入军事地带。控制南方的阮主在该地带筑建了防御墙。半个世纪（从 17 世纪 20 年代到 70 年代）以来，郑主断断续续对这条长墙发起进攻，但未能攻破。地图上画出了这一系列的防御墙，人们多称之为"同海"（Đồng Hới）。地图上这片区域一直延伸至岘港（Đà Nẵng）。之后地图上的内容减少了，不奇怪，因为这是北方人画的南方路程图。经过会安（Hội An）大港，沿着海岸线一路向南，主要地物有村庄、环礁湖、河口、岛屿和重山。过了芽庄（Nha Trang）和金兰湾（Vịnh Cam Ranh）就到达了占婆国都。地图上这一部分的里程偏离了实际，因为北方人对这一带没有地方感，绘图者只是将有关远方的道听途说与手头旧地图的内容混在一起而已。[41]

这部图集中的另外三条路线都在北方，由越南首都到中越边界附近某处。第一幅图通往东北方向，穿过三角洲抵达海岸。除了常见的旅店、桥梁和溪流外，还画出了礁石和波浪，以突出海洋。图上标注的当地主要人工设施是市场，可能旨在说明这是一条商路。第二条路通往西北，穿山越岭到达云南，突出表现沿路的山脉和穿行其间的河流。除军营和驿站外，主要的人文景物只有一些仅标出地名的峒寨或高山村社。该路线溯流而上，经过河源，到达云南广南府。最后一条路线是越南使臣前往中国首都北京的官道。这条路从越南首都出发，图中展示了沿途常见的自然与人文景物。在穿过峡道进入河流上游，经过谅山城抵达中越

㊳ 《洪德版图》，XII– XIII、XXV – XXVI（注释 1）；Henri Maspero（马伯乐），"Le protectorat general d'Annam sous les T'ang（I）：Essai de géographiehistorique," *Bulletin de'Ecole Française d'Extrême-Orient* 10（1910）：539 – 84, esp. 542；Nguyen, *Tableau*, 177 – 81（注释 25）. Nguyen, *Tableau*, 177 – 81（注释 25）.

㊴ 《洪德版图》，第 66—137 页（注释 1）。奇怪的是，向西去往老挝的路线被忽略了；参见 Nguyen, *Tableau*, 177 – 81（注释 25）。

㊵ 《洪德版图》，第 70—103 页（注释 1）。

㊶ 《洪德版图》，XIII、XXVI（注释 1）。

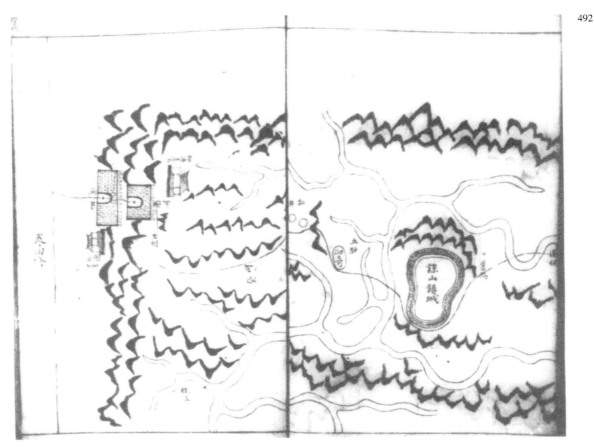

图 12.10　《天南四至路图书》至广西路段

图中所示为此条路线北边的最后一段，这条道路穿过谅山省（及其镇城）到达中国广西省的户门，这也是越南使节前往中国常走的路线。

照片由檀香山市夏威夷大学马诺阿校区汉密尔顿图书馆提供（缩微胶卷收藏号：A.2499）。

边境至广西的关门（图 12.10）之前，沿途可见市场、驿站和军营。这些地图并没有像前面的道路图那样展示高山村社。

　　由上可知，《天南四至路图书》是大越国主要地区的行路指南，这些地图展示了当时的"通衢"（beaten paths），即贯穿越南的主要交通路线以及沿途的自然和人文景物，同时还有对外交流的陆路，但忽略了重要的海上连接线。然如前所述，这些路程图没有显示出当时的越南全境。北方黎/郑的制图者阮主为其防御长墙所阻隔，无法深入南方。而此时在南方，阮主也在积极地向更远的南方沿海低地扩张，经占婆领土进入高棉境内，并在沿线修筑道路。有关这一地区的情况，我们需要看一看《平南图》。这批地图覆盖范围"自同海【边墙】至高棉边境"（共 28 页地图）。根据图上的文字说明该图似可上溯自 1654 年。⑫ 这批阮朝地图开篇即详细描绘了防御工事和军事区域（图 12.11）。其手法与北方地图几无二致，

---

　　⑫　《洪德版图》，XIII－XIV、XXVI－XXVII，第 138—67 页（注释 1）；）；Nguyen, *Tableau*, 179－80（注释 25）。谢重协（Tạ Trọng Hiệp）认为最早的时代应为 1774 年；来自约瑟夫·施瓦茨贝格的笔记。

493

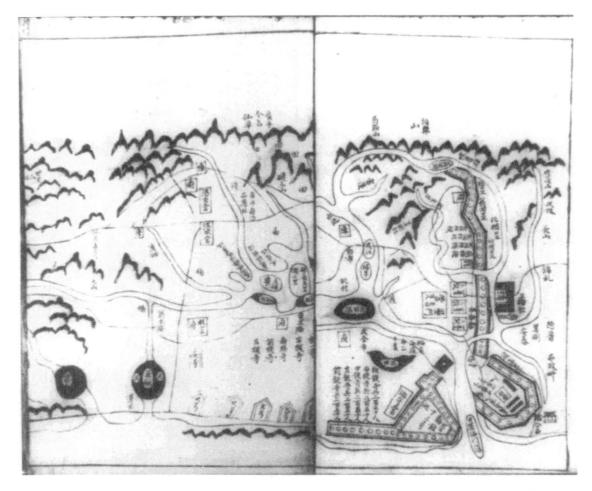

图 12.11 《平南图》北端

这幅 17 世纪（阮主）路程图展示了位于广平省（原兴化）北边的防御工事（地图上方为西）。

照片由檀香山市夏威夷大学马诺阿校区汉密尔顿图书馆提供（缩微胶卷收藏号：A. 2499）。

只不过某种程度上更加艺术化：山间绘有大象，海中绘有乌龟。一路南下，可以看到稻田、聚落、寺院、兵力和河口水渠深度等北方地图上不见的信息。我们甚至可以看到一座依古老的宇宙图式绘制的、坐落于湖边的佛塔。路线途经古占婆、岘港、会安国际港和归仁（Quy Nhân），越过黎圣宗 1471 年的征服地和芽庄，穿过占婆国余下的地方，最后抵达柬埔寨的吴哥（图 12.12）。再往南走，地图上的细节开始减少，在 15 世纪的边境线之外，地图上的内容更加稀少。虽然湄公河三角洲和吴哥的地理关系已经超出了阮朝制图者的认知，但他们确实从柬埔寨挑选了一些有趣的内容。以平面图表示的吴哥城市结构十分有趣。据说图中柬埔寨有一处广州人的定居点，其东有一个福建人的转口港（波荣浦，Ba Vinh Phố；不确定他们讲闽南语还是潮州话），故此图也记录了南中国海的商业往来。此外，图中还可识别出湄公河地区同老挝和云南的往来，以及高地酋长火王（King of Fire）与柬埔寨的交往。这批地图主要探索越南的南进（Nam Tiến），即其在 17 世纪、18 世纪向南方的扩张（图 12.13），并提供了一些有关阮主统治时期的社会扩展和商业利益的有趣资料。

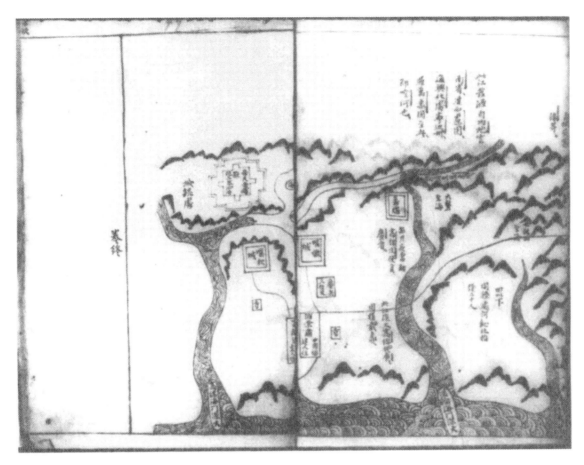

图 12.12　《平南图》南端（卷终）

　　此幅局部图与图 12.11 出自同一幅地图，图中展示的是柬埔寨，绘出了吴哥窟平面图以及当代概念中的湄公河下游（地图上方为西）。

　　照片由檀香山市夏威夷大学马诺阿校区汉密尔顿图书馆提供（缩微胶卷收藏号：A. 2499）。

　　上述路程图的制作年代虽然仍有争议，但大体上似可追溯至 17 世纪后半期，这让人再一次想到与《洪德版图》并存的《安南形胜图》。目前《洪德版图》已全面出版，《安南形胜图》却仍然只有手稿，有待细致研究。如上所述，《安南形胜图》中的部分地图画得比《洪德版图》更好。我根据大概印象将前者暂将其定在 18 世纪，但是这个问题仍需更细致的讨论。《安南形胜图》是在北方绘制的，重绘时又增加了两个部分，即后黎朝地图集（如前所述）和《洪德版图》中的《天南四至路图书》（表 12.1）。但这里讨论的四幅行程图都没有标题，其路线较长且被当作国内路线，并未连接到边境和邻国，不能明确这些路线是否从首都出发，终点是否在邻国。其中，南下的路程图（其中穿插精绘的山脉和寺院）越过了占婆国都，与越南南进路线同步；西北向的路程图止于云南边境；北行的路线只画到作为终点的边境大门。因此，这些路线只能视为省际路线。

　　《安南形胜图》（共 50 页地图）增加了一个非常有趣的部分，即未命名的第二组地图。这组地图详细观察了西北山脉、河流以及沿河岸而建的人民聚落。与后黎朝地图集和《安

495

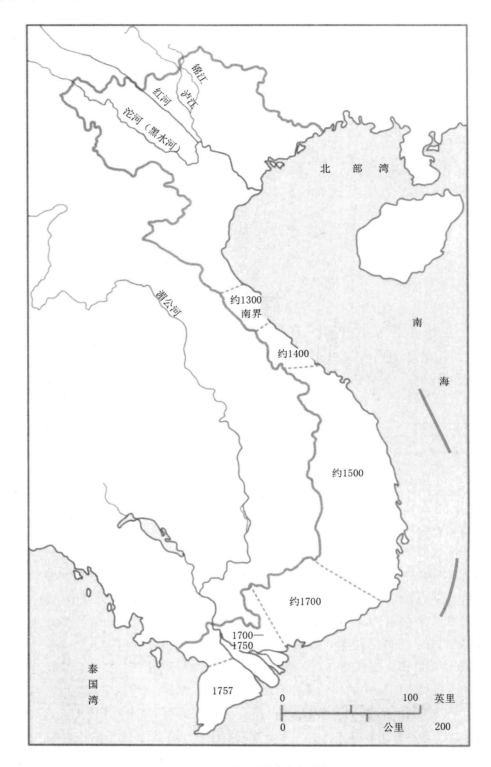

图 12.13 越南向南扩张参考地图

这是一幅与越南向南扩张有关的参考地图。出自 Vietnam：A Country Study，ed.，Ronald J. Cima，Federal Research Division，Library of Congress（Washington，D. C.：Federal Research Division，1989），22；based on information from Joseph Buttinger，Vietnam：A Political History（New York：Praeger，[1968]），50。

南形胜图》中的南行路程图不同，这组地图非常简略，甚至比之前的《总括图》还要简略。全图仅由表示河床或路线的线条构成。居民区以带方框的地名表示，其他地名则不带方框。虽然地处山区，图上却没有画出山脉。这一组地图的价值在于表现了大量沿着溪流而建的村落和其他建置。

因此，《安南形胜图》可能是18世纪前后大越北方地区绘制的地图集。除这部书之外，也有那一时期其他类型的地图存世，它们或集合了后黎朝地图集和路程图，或仅包含路程图。《纂集天南路图书》（Toàn Tập Thiên Nam Lộ Đồ Thư）、《天南路图》（Thiên Nam Lộ Đồ）和《乾坤一览》（Kiền Khôn Nhất Lãm）[43] 等皆为18世纪地图集和路程图的变体，而《平南指掌日程图》（Bình Nam Chỉ Chưởng Nhật Trình Đồ）[44] 和前述《乾坤一览》则可视为同时期南方阮主地图的变体。《乾坤一览》由范廷虎（Phạm Đình Hổ）编绘，范廷虎为北方人，可能在郑主趁西山起义一举攻克阮主都城后接触到了南方地图。三部手稿中，《纂集天南路图书》和《平南指掌日程图》分别代表了北方和南方的路程图风格，施瓦茨贝格在巴黎曾考察过它们，二者均为雕版双色套印，黑色为基本色，红色用以突出道路和建筑。前者还在山脉中印出了灰色阴影。这两幅行程图可能正是19世纪以前越南地图风格的典型代表。[45]

但是，《安南形胜图》第四部分是一次由水路穿行南中国的精彩插图游记（有100页地图）。插图包括山脉、森林和居民区。这是一次大约发生于1729—1730年间的外交出使，但游记未到中国首都便截止了。这条路线经越南北部山区谅山省，越过中越边境，进入中国广西，然后择水路而上，途经广西思明、太平、南宁以及贵州省，最终到达中国中东部的江苏淮安府。

表 12.1 　　　　　　　　《洪德版图》与《安南形胜图》的对比 496

《洪德版图》	《安南形胜图》
1 后黎朝地图集，15 幅地图（9 幅地图每幅 2 页，6 幅地图每幅 1 页）	1 后黎朝地图集，15 幅地图（9 幅地图每幅 2 页，6 幅地图每幅 1 页）
2《本国版图总括目录》，1 幅地图（2 页）	2 未命名（西北山脉），50 页地图
3《天南四至路图书》 南方路线：31 页地图 东北路线：10 页地图 西北路线：10 页地图 北方路线：10 页地图	3 未命名（《天南四至路图书》） 南方路线：38 页地图 东北路线：12 页地图 西北路线：11 页地图 北方路线：12 页地图
4《平南图》，28 页地图	4《使臣水行》（一次水路出使中国），100 页地图
5《大蛮国图》，1 幅地图（2 页）	
6《高平府全图》（Cao Bằng Phủ Toàn Đồ），3 幅地图（每幅 2—3 页）	

---

[43] 巴黎亚洲学会，HM2241（所有以 HM 命名的原始文件都在亚洲学会），分别为 A.1081 和 A.414（卷 32，编号 58）。

[44] HM2207.

[45] Gaspardone，"Bibliographie，" 46 – 47（注释 11）；Bùi，"Bản đồ" 52（注释 2）；施瓦茨贝格的笔记。

另有两组地图可能也来自 18 世纪，风格相近，都富有艺术性。两组均为前往中国首都的路程图。在第一组抄本地图中，河流为赤褐色，道路呈红色，山脉为灰、蓝或紫罗兰色，城墙（无论单圈还是双圈）均为红、灰或蓝色，村落屋舍为黑白色（图版 30）[46]，这一组图很好地阐释了越南人眼中南中国及其沿江地区的生活图景。视角是沿河道向两岸延伸的，可见桥梁、城墙、旗帜、住所、寺院和山脉。寺院为正立面图，绘制精细，山脉为写实风格，突出垂直立面。

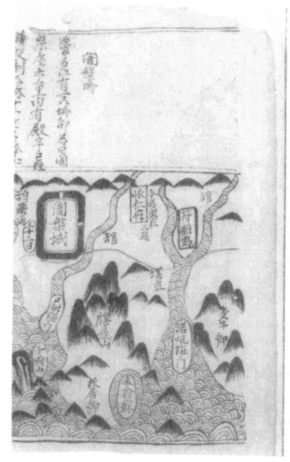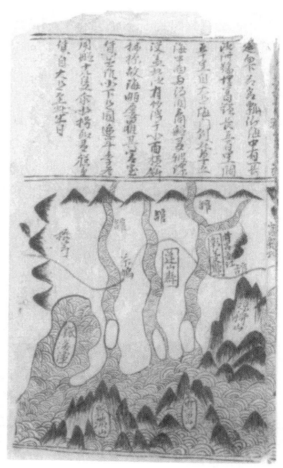

图 12.14 《平南指掌日程图》

这幅图（可能）是 18 世纪南方路程图的代表，展示了穿越广南省，经原占婆阇槃城的部分路段。

每页尺寸：约 25.5×14.5 厘米。经巴黎亚洲学会（Société Asiatique）许可（HM2207, fols. 18b – 19a）。

我们所看到的其他 19 世纪以前越南地图中，只有一幅外国地图，这也是唯一一幅出自西山朝（1788—1802）的地图。这就是 18 世纪末在越南西部山区兴化省绘制的（1798

---

⑯ HM 2182（untitled）and HM 2196（题为《使程图画》）；关于越南大使北上北京的其他路线，参见 Trần Văn Giáp 陈文玾，"Relation d'une ambassade annamite en Chine au XVIIIᵉ siècle," *Bulletin de fa Société des Etudes Indochinoises*, n. s., 16, No. 3 (1941)：55 – 81，esp. 55 – 58。

年绘制，序言写于 1800 年）《大蛮国图》（图 12.15）。[47] 这里的"国"指的是居住在越南西部的泰人（dân tộc Thái）地界。泰人广泛分布于北部山区至南部沿海，由自己的行政机构"芒"（màng）（泰语中的勐 muang）和"镇"（trinh，chieng 或 xieng）统管其稻村，数目众多，其中心为"蛮国正府"（显然此时还是大城府而非曼谷）。由图可知，它们曾经是暹罗（Xiêm La）的一部分。同当时的内陆地图一样，该图对海岸与河口的描绘均不准确。此幅地图以北为正向，自海岸一直延伸到山区，河流自北向南，于戎河、湄南河居中，东部为湄公河流域，西部可能为萨尔温江流域。东边坐落着川圹（Xieng Khouang）、老龙国都（万象？）、前高棉国都（吴哥）以及占婆。看起来地图绘制者与更早的《平南图》作者一样，也不熟悉湄公河及其三角洲。他们没有画出柬埔寨的大湖，还弄混了入海口。这幅地图表明，其中对暹罗和柬埔寨的描绘依靠的是中国的文献记载。这种混用古今信息的做法，很可能导致他们无法分辨出南部和西部的一些政治现状。但无论如何，这幅地图展现了当时已知的地理信息。由于旨在为人们提供一份出行指南，图上还列出了在不同地点之间旅行的天数。值得注意的是，所有的路程图均为陆路和水路，而不是海路。这幅地图体现了 19 世纪以前绝大多数越南地图的标准风格，以线条分隔水流和陆地，尽管同缅甸地图一样，许多河流两岸画有作为溪流发源地的山脉，以此来界定陆地。山脉采用常见的笔架山式画法，不仅装饰了多山的东部、北部和西部，也使地图画面看上去不至于太空荡。其中，连接各地点（名称加框）的线路即为交通路线，"蛮国正府"则仅以双框及一座门来表示。

大南地图

19 世纪，越南地图学发生剧变，其风格更加西方化，也更加中国化，后黎朝地图那种简单的草图式风格被这些国际性影响因素取代。阮朝开国君主嘉隆皇帝（Gia Long，1802—1819）追思 300 年前黎圣宗洪德盛世，于是有意识地加强了对中国文化的吸收，而西方的影响则主要源自阮氏当初为统一越南而组建的多国部队（mélange）中的小股法国军人。这种外来影响尤其体现在阮朝所建的新型城堡上，这些城堡吸收了沃邦（ébastien Le Prestre de Vauban，1633—1707，法国元帅和著名军事工程师，由他设计建造的斯特拉斯堡要塞、兰道要塞和新布里萨克要塞，是当时欧洲最坚固的要塞。——译者注）城堡风格并杂糅了中国思想元素。[48]

当阮福映于 1802 年取得政权时，其首要工作便是搜集全国各地地图和前朝地图，以着手从地图上整合越南。阮朝官员需要突破根植于 15 世纪的固化的后黎朝传统，将 17、18 世纪纳入其统治的南方疆土添加到了全国地图上。此外，阮氏在流亡期间对越南所处的国际环境有了更多了解，因而他执政伊始就开始努力搜集被我视为后黎朝时代代表的《洪德地图》。

499

---

[47]　《洪德版图》，XIV、XXVII，第 168—173 页（注释 1）。

[48]　Alexander Barton Woodside，*Vietnam and the Chinese Model：A Comparative Study of Nguyễn and Ch'ing Civil Government in the First Half of the Nineteenth Century*（Cambridge：Harvard University Press，1971），16.

498

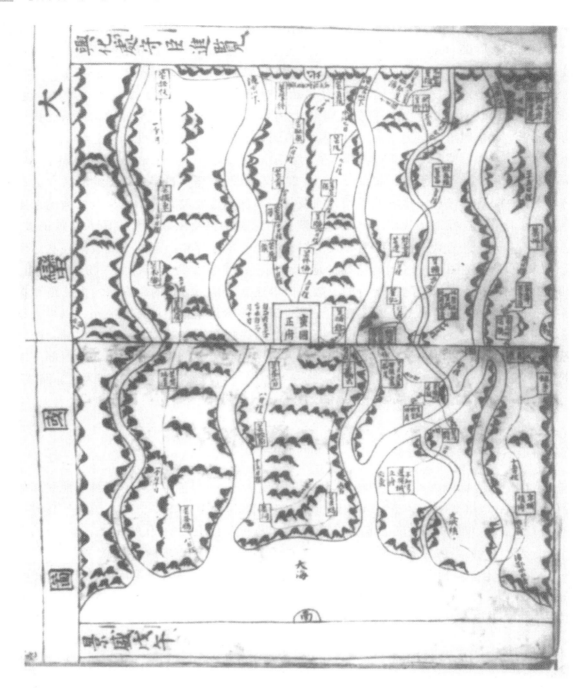

图 12.15　《大蛮国图》

这幅 1798 年（西山朝）越南西部泰界地图，绘制于位于越南西北山区的兴化省，体现了当地人对湄公河、湄南河和萨尔温江（可能）水系的认识（地图上方为北，此处将原图逆时针旋转了 90°）。

照片由檀香山市夏威夷大学马诺阿校区汉密尔顿图书馆提供（缩微胶卷收藏号：A. 2499）。

　　虽然《洪德地图》始撰于 17 世纪，但其中保留了当时人们对 15 世纪那个时期的记忆。

　　除了国际影响，我们还需要考虑到另外两点，其一是政治，其二是书籍编撰。政治上，尽管嘉隆皇帝统一了整个越南，并改称大南，但他却并没有对各地区实施直接统治。越南中部（这是古老的南方和两个世纪以来阮氏的权力大本营）由位于顺化的阮朝王室直接控制，北方和更南的地区则派遣总镇（viceroy）进行管理。这两位分别叫阮文诚（Nguyễn Văn Thành）和黎文悦（Lê Văn Duyệt）的总镇，处于王权及其统辖的人民之间[49]。实际上，二人就是军阀。这种间接统治方式，对北方地区而言，意在抚慰亡国伤痛，毕竟这里是后黎朝都城所在，也是后黎朝官员的家乡；对于最不发达的南方地区，则是便宜之计。但无论如何，这种三方格局确实阻碍了整个国家官僚制度的发展，也不利于地方资料的积累。阮朝的官僚体制和地图学经历了三十多年才逐步发展起来。首先，1816 年立储（即后来的明命皇帝，1820—1840 年在位）危机以后，北部总镇阮文诚被撤销职位。1819 年明命皇帝即位，致力于推行官僚体制，但在 1831 年南部总镇黎文悦逝世之前，官僚体制也未能推广到南方。王权向南方的推进还引发了 1833—1834 年的大规模叛乱，叛乱随后被镇压。直到 19 世纪 30 年代中叶，越南才得以建成统一的官僚体制，并随之取得地图学的成就。

书籍编撰方面的发展体现在，摒弃了后黎朝以来的地图集形式，改用中国明清王朝发达的地理志编撰传统。明朝政府于 1461 年编写出第一部地理总志《大明一统志》。越南 19 世纪出现的第一部地理总志，也称"一统志"（越南语为 nhất thống chí）。这类地理志是由各省组织的，其卷目有统一的标准，一卷一个主题。越南出现的第一部此类新型地理书是《乌州近录》（Ô Châu Cận Lục），这是一部研究 16 世纪莫朝时期南方顺安地区（Thuận An）的书籍。在政府倡导的借鉴中国的潮流下，阮朝决定发展这种地理书写方式，并将全国、都城及各省地图囊括进来。

1806 年，约在《洪德版图》撰成后不久，黎光定（Lê Quang Định）完成了嘉隆皇帝下旨编写的《一统舆地志》（Nhất Thống Dư Địa Chí）。本书与 150 年前杜伯编辑的地理书类似，但没有地图。全书共 10 卷，前 4 卷收入了新都顺化到南北边境的路程图，后 6 卷重点放在各省但并没有特别组织各卷主题。[50] 如上所述，位于顺化的阮朝在其统治之初主要关心的还是直接管辖的越南中部地区。

在北方，学者们继承了后黎朝时期的地图学传统，因为北方地区的地图在各种文集中随处可见。1810 年，谭义庵（Đàm Nghĩa Am）撰成《千载闲谈》（Thiên Tài Nhàn Đàm），书中按后黎朝地图集的基本图式（如笔架山图式）重绘了后黎朝地图集，并在风格上有所发展。书中的全境图表达了一个北方人对南方领土扩张的看法（图 12.16）。[51] 例如，在占婆以南地区增加了嘉定（Gia Định，即西贡地区），并在一幅新绘的"西南"地图上加上了柬埔

　　[49]　Woodside, *Chinese Model*, 102 – 3，136，141 – 42，220，284 – 85（注释 48）；Ralph B. Smith, "Politics and Society in Viet-Nam during the Early *Nguyễn* Period（1802 – 62），" *Journal of the Royal Asiatic Society of Great Britain and Ireland*，1974，153 – 69。

　　[50]　A. 1829；A. 2667；Maspero, "Essai," 543（注释 38）；Leonard Aurousseau, Review of Charles B. Maybon, H*istoire moderne du pays d'Annam*（1592 – 1820），in *Bulletin de l'Ecole* Française *d'Extrême-Orient* 20，No. 4（1920）：73 – 121，esp. 83 n；Ralph B. Smith, "Sino-Vietnamese Sources for the *Nguyễn* Period：An Introduction," *Bulletin of the School of Oriental and African Studies* 30（1967）：600 – 621，esp. 609；Thái, "Lời nói đầu" X（注释 3）。

　　[51]　HM2125；Bùi, "Bản đồ" 52（注释 2）；施瓦茨贝格的笔记。

寨（高棉）和暹罗。他省略了嘉定和占婆旧都之间的南部海岸，不过这部文献中出自《平南图》的其他地图可以补上这一块缺失的区域。谭义庵对地图进行了艺术化处理，如山间有老虎嬉戏，海滨爬行着螃蟹，海水中还有游鱼。前朝的国都不再称作都，改名升龙，并增添了某些内容以示现状。此后不久（1830 年），另一部类似的地理书出现了，称《交州舆地图》（Giao Châu Dư Địa Đồ）（交州为古代中国对越南北部的称谓），其中的地图分为三个部分。[52] 这些地图以黑色绘制，其上以他色复绘，水用灰色，山脉作明暗处理，道路用红色。

500

图 12.16　《千载闲谈》中的《天南全图》

　　这幅 1810 年（阮朝）地图复制于 15 世纪晚期的大越（或天南）全图，展现了北方传统的国家认识，其中对延伸至南方（嘉定）的国土关注不多（地图上方为西）。请与图 12.3 比较。

　　每页尺寸：约 25.3×18.7 厘米。经巴黎亚洲学会许可（HM2125）。

　　[52]　HM2240；A. 2716（reel 143，No. 267a）；施瓦茨贝格的笔记。

山脉的画法由笔架山式转变为更加自然写实的风格，突出笔直高挺的喀斯特地貌景观，虽然有些地方看起来比以前更圆润。有趣的是，离岸岛屿不只是画成从水中凸起的山脉，而是以透视方式展示，画出了环绕山峰的海岸线（图12.17）。这种画法更具地形感，这是越南制图者采用更为写实的绘制方式的开端。不过，地图上仍然有艺术化的处理，如添加了大象和猴子。本书还以更为清晰的格式复制了大蛮国——泰界地图，但省略了某些细节（如有关云南的内容）。《千载闲谈》成书几年后，又出现了《北城地舆志》（*Bắc Thành Địa Dư Chı*），这是一部考察北方各省的书籍，书中仍然没有地图，11省及旧都（升龙）独立成卷。⑬

501

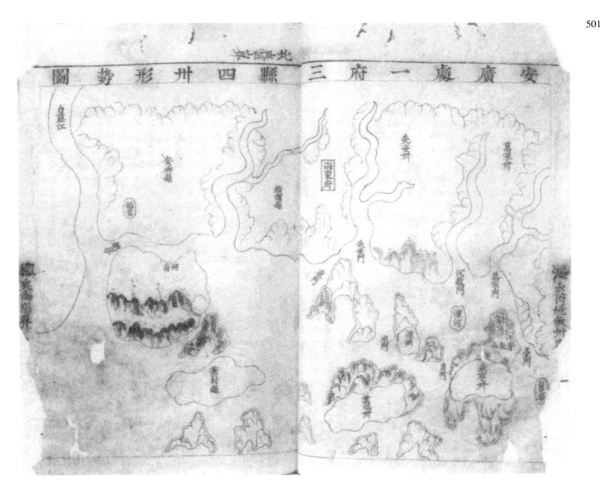

图12.17　《交州舆地图》中的安广省

此图为越南东北部的安广省图，于1830年（阮朝）绘制于北方。图中对岛屿的描绘采用了欧洲透视法（地图上方为西）。每页尺寸：约25.3×17厘米。经巴黎亚洲学会许可使用（HM2240）。

---

⑬　A. 1565（reel 17，No. 45，and reel 143，No. 264a）；A. 81（reel 188，No. 435；French copy）；Maspero，"Essai，" 543（注释38）；Aurousseau，Review of Maybon，83-84 n（注释50）；Smith，"Sino-Vietnamese Sources，" 608（注释50）；Thái，"Lời nói đầu" X（注释3）；Woodside，*Chinese Model*，142（注释48）。

　　南方地区由总镇黎文悦控制，几乎完全独立，那里也自行绘制了地图。1816 年，陈文学（Trần Văn Học）绘成嘉定省（即西贡地区）地图，地图采用平面视图并带有强烈的西方色彩（图 12.18）。长伴皇帝左右的陈文学，在 18 世纪 90 年代统一全国的长年战争中与印度的法国人有过接触。1790 年，他在西贡参与阮朝第一座沃邦式城堡的修建并成为后来诸多建筑的主要设计者。这幅地图鲜明地反映了陈文学这方面的能力。此后，我们看到的不再是后黎朝时代那种印象派式的草绘地图。陈文学的地图让人感觉河流的测量更加精确，城堡则源自沃邦。大街小巷和城墙看起来都很准确，沿着道路和城墙画出了建筑和水池的轮廓。与过去的升龙地图不同，这幅地图营造出的是一种城市中正在进行的日常商业生活的氛围，但是图中没有显示山丘或海拔变化。图上注记指示各类重要的自然和人文地物，不再像后黎朝地图那样画出寺庙或其他建筑。所有的地物都是严格的垂直俯视，没有正立面视图（如寺院、大门、墙壁等）。[54] 19 世纪 20 年代，曾在南方任职的郑怀德（Trịnh Hoài Đức）

502

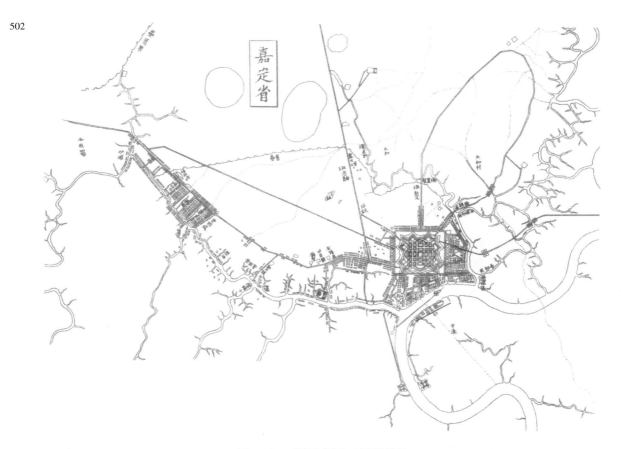

图 12.18　《嘉定省图》（西贡地图）

　　这是描绘西贡及其周边地区的 1816 年（阮朝）地图的复绘图，该图采用了欧式的平面视图，为南方人陈文学所绘（地图上方为北）。

　　重绘尺寸：约 27.3×38 厘米。出自 Thái Văn Kiêm，"Interpretation d'une carte ancienne de Saigon," *Bulletin de fa Société des Etudes Indochinoises*，n. s.，37，No. 4（1962）：40931，esp. fig. 29。

---

　　[54]　Thái，"Interpretation"（注释 3）。

编撰了《嘉定城通志》（*Gia Định Thành Thông Chí*），包括南方五省但仍然没有绘制地图。[55]
此后十年间，又出现了《南圻图会》（*Nam Kỳ Hội Đồ*），包含全境图和当时六个省份的地
图，都采用欧洲模式。[56]

　　如前所述，越南的官僚体制在 19 世纪二三十年代发展缓慢。1833 年，明命皇帝下
令编撰《皇越地舆志》（*Hoàng Việt Địa Dư Chí*）。此书非常简短，仅用两卷的篇幅便覆
盖了全国，重点放在中部和北部，仍然没有地图。另一幅 19 世纪 30 年代早期新绘的河
内（升龙的新名）地图，则与 15 年前陈文学所绘南方地图一样精确，设计也相同。[57] 直
到 19 世纪 30 年代晚期，大南在政治上充分整合后才得以掌握所有省份的资料。具体的
结果恐怕几十年里还无从得知，但我们终于可以展现明命皇帝统治下的整个越南了。首
先是《大南版图》（*Đại Nam Bản Đồ*）的编绘，它体现了古老的传统。《大南版图》是对
三十多年前的《洪德版图》的再版重绘，但二者在风格上略有差异。《大南版图》包含
了后黎朝地图集、四条北部行程图（《天南四至路图书》）、高平地图、南部行程图
（《平南图》）和泰界地图（《大蛮国图》）。图上的柬埔寨标为高棉府，不再画出吴哥，
这一点表明《大南版图》的始绘时间为 19 世纪 30 年代。[58] 在这十年中，柬埔寨失去了
以吴哥为象征的主权，被越南人视为属地。这正是 19 世纪 30 年代中期越南一度占领柬
埔寨的结果。

　　与此同时，越南朝廷对来自西方的先进技术和军事技术也更加开放。[59] 这也促使其他的
越南制图师开始使用西方技术为统一后的国家绘制出一套新的地图，其版图一直延伸至泰国
湾。1839 年，《大南全图》（*Đại Nam Toàn Đồ*）[60] 诞生，这幅全境图显示了 19 世纪越南 32
个省（包括柬埔寨）和沿着整条海岸线分布的 82 个河口的情况（图 12.19）。这幅地图以更
加写实的西方样式风格而成，以更高的精度展示海岸形状和复杂的水文，甚至包括了湄公河
水系（如柬埔寨的大湖）。省级地图比较个性化，轮廓是欧式的，着力于表现自然地物。水
系画为树枝状，山脉尽管仍然采用简单的笔架山式，但大多数被命名。地图上还有大片的森
林。看起来这些地图均为新绘，打破了之前的传统。此外这一时期还有另外两幅地图，它们
收于北部行程图的一个抄本《天南四至路图书引》（*Thiên Nam Tứ Chí Lộ Đồ Thư Dẫn*）中，
比《大南全图》中的全境图更简单、也更传统。[61] 以上三幅地图均以相似的视角展现了印度
支那半岛及其河口以及柬埔寨（和柬埔寨大湖）附近的海岸线，后两幅与《大南全图》多
有重复，但并不那么精确，其中一幅比另一幅更简单。

---

　　[55] A. 1561（reel 100，No. 154）；Smith，"Sino-Vietnamese Sources，" 609 – 10（注释 50）；Thái，"Lời nói đầu" X
（注释 3）。

　　[56] A. 95（reel 13，No. 29）；Woodside，*Chinese Model*，142（注释 48）。

　　[57] A. 71（reel 12，No. 25）；A. 1074（reel 135，No. 220）；Maspero，"Essai，" 544（注释 38）；Aurousseau，Review of
Maybon，83 n（注释 50）；Smith，"Sino-Vietnamese Sources，" 609（注释 50）；Hoàng，Thăng Long，54—55 页之间图版
（注释 25）。

　　[58] A. 1603（reel 139，No. 245）；施瓦茨贝格的笔记；《洪德版图》，x（n. 4）、XXIV（n. 5）（注释 1）。

　　[59] Woodside，*Chinese Model*，281 – 84（注释 48）。

　　[60] A. 2559（reel 18，No. 43）.

　　[61] A. 73（reels 9 – 11，No. 22）；A. 588（reel 156，No. 305）；Woodside，*Chinese Model*，145（注释 48）；施瓦茨贝格
的笔记。

503

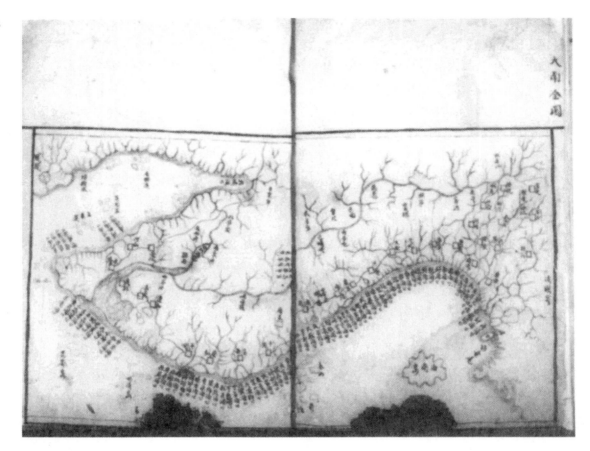

图 12.19　《大南全图》

这幅 1839 年（阮朝）全国地图描绘了湄公河水系和柬埔寨的大湖（地图上方为西）。地图以欧洲风格绘制。

照片由檀香山市夏威夷大学马诺阿校区汉密尔顿图书馆提供（缩微胶卷收藏号：A. 2559）。

　　《书引》手稿中还有一幅星空图，但只有恒星的图式，没有对恒星或星群的证认，也没有为这幅天文图本身命名。这幅图只是附在手稿上。我在越南文献中见过的唯一的天文图显然是一幅中国星图，收录于《天下版图》的晚期版本中，《天下版图》即后来的后黎朝地图集。在这幅图中，恒星和星群被命名并与黄道带相连。此外，在天文图中心且朝向它的还有一幅中国和东亚地图，该地图过于简化，绘制也不够科学。尽管图中显示了朝鲜、日本和琉球，但图上所画越南（安南）和东南亚表明，（绘图者）对越南一无所知。这也是我在越南手稿中看到的唯一一幅东亚地图。[62]

　　虽然越南绍治皇帝（1841—1847 年在位）也曾汇编过一部简短的地理志——《大南通志》（Đại Nam Thông Chí），但直到其继任者嗣德皇帝（1848—1884 年在位）时期，方有能

㉒　A. 1362（reel 21, No. 55）；Archives d'Outre-Mer, Aix-en-Provence, France, B. 439–40.

504

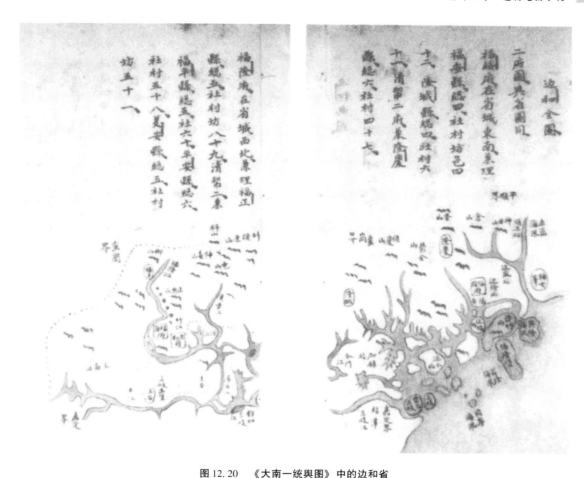

图 12.20　《大南一统舆图》中的边和省

这幅地图出自 19 世纪 60 年代早期编绘的国家地图，展示了南部的边和省。

照片由檀香山市夏威夷大学马诺阿校区汉密尔顿图书馆提供（缩微胶卷收藏号：A.68）。

力撰写其统治时期的重要地理著作，并将地理撰述与地图整合到一起。19 世纪 60 年代早期，朝廷制作了《大南一统舆图》（*Đại Nam Nhất Thống Dư Đồ*）。其中有各省地图（甚至还有一些府图），覆盖越南全境直至最南部的安江省（An Giang）。[63] 图中对边界、水系和海岸线的处理体现了西方的影响，但总体风格仍然与后黎朝样式有不少相似之处，如散布四处的标准笔架山式山脉和其他自然地物（图 12.20）。不难看到，越南地图此时已经变得更加国际化，并且比早期地图展示了更多周边国家的信息，如湄公河水系（图 12.21）。

　　《大南一统舆图》在 19 世纪 30 年代的《大南全图》和接下来的主要（制图）工程之间搭建了桥梁。它继续借用来自欧洲的新写实主义风格，并将其与中国的地理传统相融合。1865 年，越南以中国的《大清一统志》（1746）为蓝本，开始修撰《大南一统志》（*Đại Nam Nhất Thống Chi*），并于 1882 年完成。在《大南一统志》中，国都顺化、京畿地区

　　63　A.3142（reel 138，No.240）；A.490；A.1307（reel 19，No.52）；A.68（reel 13，No.28）；A.1600（reel 137，No.230）.

505

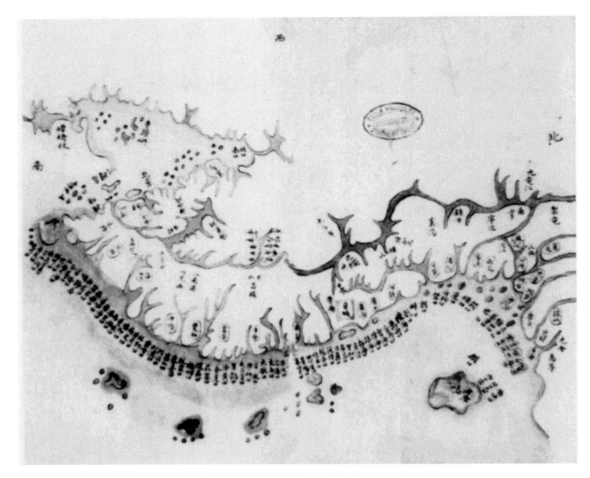

图 12.21　《大南一统舆图》中的全国总图

这幅地图与图 12.20 出自同一稿本，展示了大南全境及其邻国。

照片由檀香山市夏威夷大学马诺阿校区汉密尔顿图书馆提供（缩微胶卷收藏号：A.68）。

506　（承天，Thừa Thiên）以及 29 省均按中国体例，各配一幅地图和图说，总论一省及其所辖各部分的地形、气候、风俗、城市、学校、田赋、山脉、河流、寺庙、人物和物产。⑭

　　嗣德皇帝的地理总志是 19 世纪唯一一部覆盖全境的地理书，虽然南方六省国土已于 1867 年底丧失，但地图仍然覆盖了全境。皇帝从未放弃收复这六省的希望，于是通过地图来表达重新统一国土的心愿。1884—1885 年，法国占领越南北部和中部后，新即位的同庆皇帝（1885—1889 年在位）立即编写了本朝地理志——《同庆舆地志略》（*Đồng Khánh Địa Dư Chí Lược*）。该《志略》风格依然欧洲化，只覆盖了越南中部和北部。同庆朝还出现另一部由黄有秤（Hoàng Hữu Xứng）进呈的《大南国疆界汇编》（*Đại Nam Quốc Cương Giới Vị Biên*）（以下简称《汇编》）⑮。《汇编》中只有一幅全境图、

　　⑭　A. 1448（reel 20，No. 54）；A. 69（reel 191，No. 457）；Maspero，"Essai，" 544－45（注释 38）；Aurousseau，Review of Maybon，83 n（注释 50）；Smith，"Sino-Vietnamese Sources，" 609（注释 50）；Thái，"Lời nói đầu" *X－XI*（注释 3）。

　　⑮　HM2133；A. 1342（reel 179，No. 395）；A. 748（reel 145〔2〕，No. 2586）.

一幅国都图和 31 幅省图。全境图介于中国传统风格和西方风格之间。印度支那半岛基本可辨，但海岸线形态一循陈法，湄公河水系与《大南一统舆图》相似。各省地图都比较相似，介于西方写实风格和传统风格之间。

20 年后（1909），维新皇帝（1907—1916 年在位）重编了《大南一统志》中的越南中部。这个版本共 17 卷，每卷都配有一幅地图，包括 11 个省、都城和京畿地区，以及全境图、越南中部地图和都城内的紫禁城图。这些地图标出了 4 个罗盘方位点，并附所用符号（包括铁路）的图例，更具西方风格。河流和海岸线非常写实，但没有表现山脉。⑯

而此时在法国殖民统治下的越南学者则开始发展出一种不那么写实且更为中国化的新风格。从两部地图集中可以看到这种风格。第一部是《南北圻画图》（ *Nam Bắc Kỳ Họa Đồ* ），为 19 世纪 60 年代早期所撰《大南一统舆图》的副本。它受发展中的法国地图学写实风格的影响，但也有一些重要的中国特色——汹涌的海洋、喀斯特风格的笔直山脉。第二部是对早期作品的新奇模仿，书名为《前黎南越版图模版》（ *Tiền Lê Nam Việt Bản Đồ Mô Bản* ）。本书对后黎朝地图集进行了艺术化和色彩渲染处理（有几处错误）。⑰ 谢重协（Tạ Trọng Hiệp）认为此图来自 20 世纪早期，由受雇于法国远东学院的学者绘制。⑱ 这部地图集还重绘了 1839 年《大南全图》中的全境图，这是对后黎朝地图集的一个补充。图中展示了印度支那的海岸线和水系。其风格脱离 19 世纪西方写实主义风格而转向印象主义的中国风格。实际上，这两幅作品似乎都代表了在法国殖民统治下越南文人的选择，即采纳艺术化的中国风格而拒绝西方的科学内容。

其他 19 世纪中晚期的地图都是阮朝吸收法国沃邦风格所筑城堡的地图。海外档案库（Archive d'Outre-Mer）有大批这样的城堡地图，它们来自河内、山西、宣光、南定（Nam Định）和芽庄。⑲ 虽然每幅图的画法多少有些不同，如墙壁的设计等，但均为西方风格。尽管存在差异，但所有这些地图都反映了自最初的沃邦设计到 1816 年陈文学所编嘉定省地图以来的连续发展。但是，这些地图并不是陈文学编制的那种城市地图。从这个意义上讲，它们更像是后黎朝时期的升龙地图，仅显示城墙和某些衙署院落以及皇室礼仪建筑，而不表现日常和商业生活。

到 19 世纪 80 年代，法国人横扫越南北部时似乎也利用当地的地图来协助其行动。巴黎的国家图书馆（Bibliothèque Nationale in Paris）和慕尼黑的巴伐利亚州立图书馆（Bayerische Staatsbibliothek in Munich）藏有一些明显是法国人挑选出来并在战争中使用过的地图⑳，他们甚至可能复制或请人绘制其中一些地图来获取当地的地形知识，地图上罗马化的文字（国

---

　　⑯　A. 537（reels 9 – 11，No. 17）；HM2133；Aurousseau，Review of Maybon，83 n（注释 50）；Smith，"Sino-Vietnam-ese Sources，"609（注释 50）；Thái，"Lời nói đầu"XI（注释 3）；Tạ 284 – 85（注释 36）；施瓦茨贝格的笔记。

　　⑰　Ecole Française d'Extrême-Orient，Paris，Viet. A. Geo. 4；施瓦茨贝格的笔记。

　　⑱　A. 95（reel 13，No. 29）；Tạ，"Fonds，"285 – 86，图版 5—6（注释 36）。

　　⑲　Archives d'Outre-Mer，Aix-en-Provence，France，Est. A. 80 – 81，83，85，and B. 331；施瓦茨贝格的笔记。

　　⑳　Departement des Cartes et Plans，Res. Ge. A. 394 – 96，15298，D. 9069 – 71，9148，F. 9443 – 44；Bayerische Staats-bibliothek，Cod. Sin. 82 – 84；施瓦茨贝格的笔记。

语，quốc ngữ）表明地图是为了方便法国人使用。其中有 3 幅河内地图，2 幅红河三角洲南部的宁平（Ninh Bình）和南定地图，2 幅山西地图，剩下 6 幅为北方以及西北方山区（老街、太原、谅山）地图。这些地图延续了之前的模式，大体以黑色为主色，并以不同颜色表示不同地物（道路为红色，河流为蓝色，山脉则为棕色或灰色）。城堡（河内以及各省之内的）则画出其所具有的沃邦风格。这 13 幅地图为我们提供了 19 世纪下半叶越南北部地区本地所见地图的一些情况。

　　保存至今的还有一些阮朝的地方地图。河内所藏地图的编目卡片上列有一批村庄图，但我没有见过其中的任何一幅。[71]另有一类地方地图对中央政府最为重要，即地簿图（địa bộ）。地簿图上，一个村庄连着一个村庄，绘图者勾出每一块土地的轮廓及其面积和类型。政府对这些地块逐个进行了调查，但这些调查究竟是如何进行的，我们知之甚少（有些记录已经丢失）。1836 年到 1875 年间处理土地和土地税时，阮朝政府将其领土分割成三个区域，这三个区域与先前的政区（political jurisdictions）相似，但不完全重合。几个世纪以前的大越境内，自河静（Hà Tĩnh）到中越边境，公共土地的税赋沉重而私人土地的税赋很轻；越南中部从广平（Quảng Bình）到庆和（Khánh Hòa），公共和私人土地的税收较轻而且相同；越南南部从平顺（Bình Thuận）到湄公河三角洲的税收总体较轻。地籍调查也主要依照以上三个区域推进。最早的记录来自阮朝成立之初（1805—1806）对第一区最北端九个省进行了调查，随后于 1810—1818 年调查了中央区域。嘉隆时期在第一区南部四个省和位于南方的第三区所作调查的原始资料没有保存下来。1830 年前后，北部和中部的调查已经完成，第一区未完成调查的四个省也在 19 世纪 30 年代进行了调查。最后，19 世纪 30 年代中期黎文（Lê Văn Khôi）叛乱失败后，南部的省份也于 1836 年完成了调查。此后在 1837—1840 年间，重新调查了四个北部边境省份，而且南方新开发地的地图绘制证据也保存下来了。[72]

　　我们涉及的最后一组越南地图与此前有很大不同，它们把我们带回了本章开头所说的山水模式。这组地图就是阮朝皇室的陵墓图（图 12.22）。与西式墓葬图不同，这些陵墓图以山水为特色，同时反映出中国对阮朝影响的日渐增长。石泰安曾指出，越南墓葬和他研究的盆景十分类同。[73]可见，虽然整个 19 世纪，越南已经更加汉化，但这些地图上仍然保留了作为越南地图学基础的神奇的山水元素，并从那时一直延续到现代。

---

　　[71]　A. 1844，1895－96，2964，法国远东学院图册目录的缩微胶片目录（reel 3，nos. 8－9）。

　　[72]　Smith，"Sino-Vietnamese Sources，" 616－17（注释 50）；Nguyễn Thế Anh阮世英，"La reforme de l'impot foncier de 1875 au Viet-Nam，" *Bulletin de l'Ecole* Française *d'Extrême-Orient* 78（1991）：287－96，esp. 288－89。没有发现 "地部" 的图存世，我的这番描述来源于 1966 年我与拉夫·史密斯（Ralph Smith）在大叻对文献的调查，这批材料，据我所知还没有被研究清楚，现存于胡志明市。1838—1840 年对新开发南方土地地图的绘制，参见 Paul J. Bennett，"Two Southeast Asian Ministers and Reactions to European Conquest：The Kinwun Mingyi and Phan-thanh-Gian，" in *Conference under the Tamarind Tree：Three Essays in Burmese History*（New Haven：Yale University Southeast Asia Studies，1971），103－42，esp. 110，and Louis Malieret and Georges Taboulet，eds. ，"Foire Exposition de Saigon，Pavilion de l'Histoire，la Cochinchine dans Ie passé，" *Bulletin de la Société des Etudes Indochinoises*，n. s. ，17，No. 3（1942）：1－133，esp. 40－42。

　　[73]　Stein，*World in Miniature*，104，111－12（注释 6）；Thái，"Cố đô Huế"，图版 29、36（注释 3）。

结　语

　　越南地图学是在政府加强中央集权、扩大对国家的控制之后发展起来的。地图与官僚
体制相关，绘制地图集则旨在显示不同辖区的位置，通常还会记录各区域的村庄数量和
类型，以方便政府获取其土地、人力和物质资源。这些资源来自村落，地图可直观地显
示出它们的分布情况。因此，从保存至今的作品看，前现代时期的越南地图与政府接纳
中国模式并将越南置于中国式官僚体系密切相关。此后的越南地图总体上呈现出中国风
格。朝廷为了管理村庄，以地图集作为官僚统治的工具。在早先的几个世纪，即李朝和
陈朝统治时期，由于存在间接统治，越南君主既不能控制全国，也没有绘制全国地图的
意愿。到后黎朝和阮朝时期，官僚统治为全国地图的绘制提供了条件，全国地图又反过
来为官僚统治服务，帮助其达到控制资源的目的。因此，在地图绘制方面着力最多的时
期也正是官僚统治强有力的时期，即 15 世纪的最后 30 多年、17 世纪后半段以及 19 世纪
30 年代和 60 年代。

508

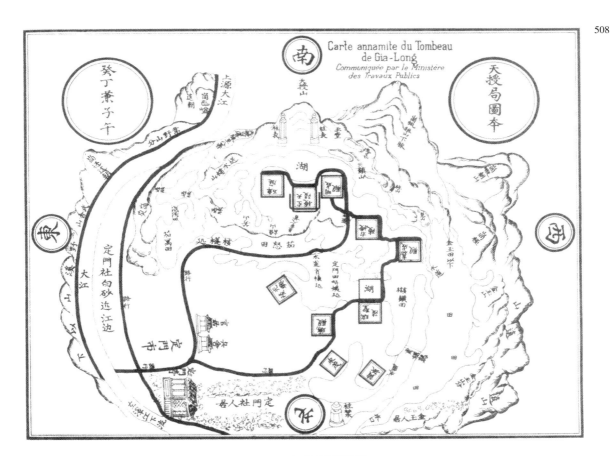

图 12.22　顺化的阮朝陵墓

　　这幅图重绘了嘉隆皇帝的陵寝图。陵墓为南向，在越南王陵中实为罕见，该图再次展示了山水融合的宇宙论。

　　出自 Charles Patris and L. Cadiere, *Les Tombeaux de Hué：Cia-Long*（Hanoi：Imprimerie d'Extreme-Orient,
1923），pl. XXI。

越南的地图绘制主要针对国内，而非外部世界。路程图主要通往北部和南部边境，却不会延伸更远。南部的路程图起初画到了占婆国都，但这个地区很快就成为越南的领土。这条路线最终延伸到吴哥，而这里后来也（一度）成为越南的一部分。只有进入中国和暹罗的路线延伸到了越南以外的区域，这些都是陆路。越南尚未发现绘有海路的海图。18 世纪晚期和 19 世纪早期，越南的对外交流的确使东南亚大陆更多的地区被绘入越南地图。但我们基本上不知道已有的越南地图藏品中，是否存在东亚和亚洲总图以及世界地图。路程图提供了有关越南本国的有趣内容，同时保留了 1800 年以前的地图风格，它们似乎并未完成向 19 世纪中期的写实风格的转变。这种新的写实风格似乎只存在于政府制作的地图集中。

当然，本章只是一个开端，不可避免地存在许多问题。越南地图中有许多工作有待开展，包括对缩微胶片和河内所藏手稿的整理和利用。这些工作无疑会使一些重要的地图资料浮出水面，对这些资料的解读也将改变本文所概述的内容。我们特别需要更为深入细致地审读 19 世纪的文献，以便更好地了解阮朝政府在地图学方面所作的努力，同时也需要更好地理解越南人所能接触到的西方和中国地图元素，以及他们如何运用这些元素。总之，我们必须通过这些地图资料进一步理解越南社会及其在现代世界早期的发展。

（秦爱玲审）

东亚的天文制图

第十三章　中国和朝鲜半岛的星图与星表

理查德·斯蒂芬森
（F. Richard Stephenson）

　　绘制星图与描绘地面事物，如大陆和岛屿，完全不同。因为恒星是一些光的散点，将其分为组群的任何尝试必定是有主观性。在不借助外力的情况下，天穹之上肉眼可见的恒星有6000多个，它们的亮度各异，这大大增加了恒星群组划分的随意性。值得注意的是，历史上得到广泛运用的星图绘制模式只有两个。一个是巴比伦—希腊系统，另一个是源自中国的系统，后者的星图系统是本章要讨论的主题。① 欧亚大陆各种文化的互动，很大程度上限制了其他星空图式的发展。两大主要的星图系统之间所存在的巨大差异乃是人为而非自然的原因造成的。

　　虽然中国的天文制图已成为历史（民间层面除外），但最近一些年，人们对其科学价值重新发生了兴趣。这一变化主要是由于，越来越多的人认识到上古和中世纪的暂星（新星和超新星）和彗星观察的重要性——如中国历史中记载的著名的哈雷彗星。人们细致描述了这些星体在天球中相对于特定星座的位置。除了几个孤例，中国对天文现象的观察，在欧洲文艺复兴前，堪称无与伦比。②

　　中国近几年也出现了几幅对比东西方星群的星图及恒星表（如巴耶尔希腊字母或弗兰姆斯蒂德数字）。③ 这些成果大大超过了威廉姆斯（Williams）、施格莱尔（Schlegel）、维利（Wylie）、土桥八千太（Tsutsihashi）与舍瓦利耶（Chevalier），以及近来何丙郁等人的知名之作。④

---

　　① 源自巴比伦—希腊的系统在这套《地图学史》的其他卷内也有讨论。"天文制图学"（astrography）这一术语是星体制图或星图绘制（astral cartography）的同义词。在本章中，有时还用到另一个词"uranograhppy"（星图学或星图绘制）。

　　② 对于历史上，特别是中国文献中观测超新星的详细讨论，见于 David H. Clark and F. Richard Stephenson, *The Historical Supernovae*（Oxford：Pergamon Press，1977）。关于哈雷彗星的观测史研究，见于 T. Kiang，"The Past Orbit of Halley's Comet，" *Memoirs of the Royal Astronomical Society* 76（1972）：27 – 66；F. Richard Stephenson；Kevin K. C. Yau，"Far Eastern Observations of Halley's Comet，240 BC to AD 1368，" *Journal of the British Interplanetary Society* 38（1985）：195 – 216。

　　③ 例如，陈遵妫：《中国天文学史》，台北：名人书局1984年版；伊世同：《全天星图：20000》，北京，1984年。

　　④ John Williams，*Observations of Comets from B. C. 611 to A. D.* 1640（London：Strangeways and Walden，1871）；Gustave Schlegel，*Uranographie chinoise；ou，Preuves directes que l'astronomie primitiveest originaire de la Chine，et qu'elle a été empruntée par les ancienspeuples occidentaux à la sphere chinoise*，2 Vols.（Leiden：E. J. Brill，1875；台北成文出版社重印，1967）；Alexander Wylie，*Chinese Researches*（Shanghai，1897），pt. 3（scientific），110 – 39；P. Tsutsihashi and Stanislas Chevalier，"Catalogue d'etoiles observees a Pe-kinsous l'empereur K'ien-Iong（XVIIIe siecle），" *Annales de l'Observatoire Astronomique de Zô-sè*（*Chine*）7（1911）：I-DI05；以及由 Ho Peng-yoke（何丙郁）翻译并注释，*The Astronomical Chapters of the Chin Shu*（Paris：Mouton，1966），67 ff. and 263 ff.。

　　自李约瑟的多卷本著作于三十年前问世以来，迄今并没有人用欧洲语言发表过任何关于东亚星图学的详尽研究成果。⑤ 在这一章中，我将反复引用过去十年来（指 20 世纪 80 年代）出版的两本中文书。一本是《中国古代天文文物图集》，书中展示了许多精美的天文图或浑象图片（包括部分彩版，还有一些其他的天文文物），⑥ 书中还有简短而实用的说明。另一本是潘鼐的《中国恒星观测史》，书中对中国星图学的历史展开了广泛的讨论。⑦ 本书也有大量插图，可惜这些插图质量一般：其中主要是中国星图和浑象，也包括一些日本和朝鲜的星图。这两本书的编写为研究东亚天文制图学提供了不可或缺的帮助。

512

独立发展的中国天文制图学

　　早期的文献证据表明，中国古代天文学是独立于其他文明而发展起来的。现有的文献并没有明确显示，在公元前 130 年前后，中国与其他文化之间曾经有过互动。⑧ 考虑到中国的相对封闭，这种互动的缺乏也就不足为奇了。不时有人说起远古以来中国与西方的文化交流，但是这些论断很大程度上是基于推理而非真确的记录。⑨

　　对于中国与印度之间天文接触的记录，直到唐代（618—907）才开始出现。⑩ 然而在此之前，政治占星体系在中国已有数百年的历史。⑪ 尽管唐代宫廷中已经出现了印度天文学家，但中国天文学的历程并没有因此发生根本的改变，特别是在星图学方面。在中古时期中国的几幅主要的星图上，西来的革新只留下了微不足道的痕迹。只有在一些非官方层面，才能感觉到一点外来的影响，例如唐代流行的占星术。⑫

---

　　⑤　Joseph Needham, *Science and Civilisation in China*（Cambridge：Cambridge University Press，1954 – ），Vol. 3，with Wang Ling, *Mathematics and the Sciences of the Heavens and the Earth*（1959）. 有关朝鲜天体制图的最新及简短的讨论，参见 Sang-woon Jeon（Chŏn Sang'un），*Science and Technology in Korea：Traditional Instruments and Techniques*（Cambridge：MIT Press，1974），esp. 22 – 33，and Joseph Needham et al.，*The Hall of Heavenly Records：Korean Astronomical Instruments and Clocks*，1380 – 1780（Cambridge：Cambridge University Press，1986），esp. chap. 5。

　　⑥　中国社会科学院考古研究所：《中国古代天文文物图集》，文物出版社 1980 年版。

　　⑦　潘鼐：《中国恒星观测史》（学林出版社 1989 年版）。

　　⑧　中国使节张骞于公元前 128 年最远到达西边的大夏。司马迁《史记》（约成书于公元前 91 年）卷 23 对张骞的行程有详细记述。张骞纪行的英译，见 Friedrich Hirth，"The Story of Chang K'ien, China's Pioneer in Western Asia：Text and Translation of Chapter 123 of Ssǐ-rna Ts'ién's Shǐ-ki," *Journal of the American Oriental Society* 37（1917）：89 – 152。

　　⑨　例如，Joseph Needham, *Science and Civilisation in China*（Cambridge：Cambridge University Press，1954 – ），Vol. 1，with Wang Ling, *Introductory Orientations*（1954），150 ff.；Edwin G. Pulleyblank，"Chinese and Indo-Europeans," *Journal of the Royal AsiaticSociety of Great Britain and Ireland*，1966，9 – 39. – 39。有关古代中国文化封闭性的研究参见 A. F. P. Hulsewe，*China in Central Asia：The Early Stage*，125B. C. – A. D. 23（Leiden：E. J. Brill，1979），39 ff. Michael A. N. Loewe（鲁惟一序）。

　　⑩　Yabuuchi Kiyoshi（Yabuuti Kiyosi），"Researches on the *Chiuchih* Li-Indian Astronomy under the T'ang Dynasty," *Acta Asiatica* 36（1979）：7 – 48，对这一论题有帮助。

　　⑪　中国的占星活动至少从公元前 2 世纪就开始了，一些宫廷天文学家参与其中，定期观察白天和晚上天空出现的预兆，如日食、月食、彗星以及月球与行星的相交。他们根据一套细则以及在星官内部或其附近看到的现象解读这些征兆。进一步了解古代中国的征兆学，参见 Ho，*Astronomical Chapters*（注释 4）。

　　⑫　有几幅相当粗糙的中古时期的中国星图，例如，画在一座 12 世纪墓葬顶部的星象图，其上同时绘有西方的黄道十二宫和东亚的星座。唐代黄道十二宫图的例子见 Edward H. Schafer，*Pacing the Void：T'ang Approaches to the Stars*（Berkeley and Los Angeles：University of California Press，1977），58 ff.。

阿拉伯天文学家自元朝（1279—1368）开始在中国活跃起来。到明初（1368），北京设立了回回司天监。但是直到 16 世纪耶稣会天文学家来到中国以后，我们才能在中国的星空图上看到一些源自外国的重要改进。几位耶稣会士在中国宫廷获得高位，包括负责皇家天文台。耶稣会天文学家绘制的星空图，其准确性在中国无人能比，他们绘制的星图还详细介绍了遥远的南方星座，但是没有证据表明，他们试图以西方的星座取代中国传统的星座。只有到了 20 世纪，西方传统的星图绘制才最终在中国获得优势。

在第一个千年的后半期，中国的天文与占星术以及中国文化的其他方面，传播到了朝鲜和日本，再后来传到越南。各国开始以中国的方式观察天体，这一模式持续到相当晚近的时期。[13] 不足为奇的是，现存的朝鲜和日本星图（越南似乎没有保存下来什么重要的星图，见第 504 页）清楚地显示出中国的影响而且普遍缺乏原创性。本章的末尾将讨论朝鲜的星图，第 14 章则主要讨论日本星图。

513

中国天文制图学的发轫

中国星图学起源于遥不可知的上古。由于缺乏相应的文献材料，很难追溯古代中国天文制图的起源与发展。西汉（公元前 206—公元 8 年）以前的星图或星表都没有流传至今。事实上，在现存的中文文献中，几乎找不到成书于汉代以前的天文学著述，只是在后世的著作中零星提到这些书籍。因此，对于中国天文学在漫长古代的发展历史——也可能是最关键的发展历史，研究者必须主要依靠甲骨文、历书、编年体史书，甚至是诗歌类的其他史料。尽管公元前 1000 年的铭文中提到过几个星座，但是事实上，公元前 100 年的文献中留下来的独立星座或星官（asterismos）也只有 30 个左右。后世的著述却说，早在公元 300 年前后，夜空就可以划分出将近 300 个星座。[14]

由于缺少存世星图，仅根据已有的星表认为星图绘制达到相当高的水平，就会存在问题。我们并不能确知星表与星图之间存在怎样的关系。准确的星图通常是根据星表绘制的，但星座略图（如许多墓葬中发现的）也可以独立存在。另外，通常单纯用于占星的星座表只会简单提及恒星之间的相对位置。

依照追述数百年前所发生事件的传统，人们认为中国的天文实践早在文明产生之初就出现了。因此，伟大的历史学家和天文学家司马迁（约公元前 145—前 85 年）在他成书于公元前 91 年前后的《史记》中写道，根据他的了解，以往的中国统治者，几乎没有不重视天文观察的。[15] 司马迁还列举了从最早的传说时代到他所生活时代的一些重要的天文学家。7

---

⑬　在中国，许多此类观测记录保存至今。如可参见 Seong-rae Park，"Portentsand Neo-Confucian Politics in Korea，1392 – 1519，" *Journal of Social Sciences and Humanities* 49（1979）：53 – 117；Kanda Shigeru，*Nihontenmon shiryo*（Japanese astronomical records）（Tokyo，1935）；Ho Peng-yoke，"Natural Phenomena Recorded in the *Dai-Viêt su'-ky toanthu'*，an Early Annamese Historical Source，" *Journal of the American Oriental Society* 84（1964）：127 – 49。

⑭　参见房玄龄等撰《晋书》（编撰于公元 646—648 年）卷 11；现代版卷 10（中华书局 1974 年版）。详后。"Asterism，" 是一个出自希腊的词语（*asterismos*），意思是小星座，这个词常被用来描述中国的星官。

⑮　这段话出自《史记》卷 27《天官书》。英译本由 Edouard Chavannes 翻译，*Les mémoires historiques de Se-Ma Ts'ien*，5 Vols.（Paris：Leroux，1895—1905），3：339 – 412。

世纪的李淳风（602—670）将历代天文著述写进《晋书》的时候，也遵循了类似的传统，通过追述圣王统治时代来强调天文学的重要性。[16]

半传说性质的《书经》，其部分内容成书于周朝（约公元前1027—前256年），其中的《尧典》有一条有趣的记录。它讲远古的圣王尧命令羲和他的兄弟："钦若昊天，历象日月星辰，敬授民时。"[17]《尧典》还说到，住在中国极边的天文学家观察到了4个恒星（鸟、火、虚、昴），用以确定季节。但是，这段记叙太理想化了，似乎只是一个带有想象的故事，很少或根本没有什么事实依据。[18]

实际上，并没有留下有关商代（约公元前16—前11世纪）以前中国天文活动的直接证据，[19] 史料中的记载也十分稀少，但正是从这一时期（也就是殷朝）开始，最早的文字记录得以保存下来。在商朝以前，中国历史属于传说。例如，根据传统的中国历史，商是紧接着夏的朝代。[20] 有人认为《夏小正》中有源自夏朝或稍晚的天文资料。这部著作基本上算是农夫的历法，它只记录了某些月份可见的特定的星群。[21]

目前建立的商代年表并不可靠；这一早期时代留下来的纪年文本极少。商代的原始记录几乎就是甲骨文，这是一种用汉字的原始形式刻在龟甲或其他动物骨头上的占卜文字。[22] 到目前为止，只能从中略略窥见商代的天文学。甲骨文上的天文观察极少，大概与这种文字的性质有关，上面只提到了少数几个星座的名称。

众所周知，甲骨文中间接提到过"食"，在过去数十年中，人们试图通过天文计算，推算出商人对食所作观察的日期。[23] 最近又有研究者对商代甲骨文中的其他天文记录做了进一步的爬梳。[24] 除了"食"，甲骨文中有时还提到木星、彗星（都没有年代）以及某些星座。

---

[16] 《晋书》卷11的翻译引自 Ho Pengyoke，*Li，Qi and Shu：An Introduction to Science and Civilization in China*（Hong Kong：Hong Kong University Press，1985），115 – 16。

[17] 译自 Ho，*Li，Qi and Shu*，116 – 17（注16）。

[18] 与此大体相同的观点见于薮内清《中國の天文歷法史》（東京：平凡社，1969；1990年修订版），第267页。

[19] 第25页表2.1给出了中国各朝代的编年。大多数年代是精确的，但商代的起始年代还属于推测。

[20] 关于这一点以及夏的地位的讨论，见 Charles Patrick Fitzgerald，*China：A Short Cultural History*，4th rev. ed.（［London］：Barrie and Jenkins，1976），26 – 28. 最近 *Early China* 15（1990）：87—133 所登文章的多位作者对于夏朝采用了相当保守的观点。

[21] 《夏小正》的译本见于 William Edward Soothill，*The Hall of Light：A Study of Early Chinese Kingship*（London：Lutterworth Press，1951），237 – 42. Herbert Chatley，"The Date of the Hsia Calendar *Hsia Hsiao Cheng*，" *Journal of the Royal Asiatic Society of Great Britain and Ireland*，1938，523 – 33，总结了本书中的天文资料并探讨了书中所提到的各种星座的可见性。作者的结论是，《夏小正》中的所有年代都与其成书年代公元前350年相一致。这个年代距离夏朝结束有一千多年。

[22] 关于甲骨文和商代占卜富有价值的讨论见于 David N. Keightley，*Sources of Shang History：The Oracle-Bone Inscriptions of Bronze Age China*（Berkeley and Los Angeles：University of California Press，1978），3 – 27，and Hung-hsiang Chou，"Chinese Oracle Bones，" *Scientific American* 240（April 1979）：134 – 49。19世纪晚期在安阳附近发现的这些甲骨，可能属于商代后期，公元前1350—前1050年间。目前已编目16000个字，大部分为刻有少数文字的碎片。

[23] 参见董作宾《殷历谱》，四川李庄：中国科学院，1945年，图片2，第1—37页。Homer H. Dubs，"The Date of the Shang Period，" *T'oung Pao* 40（1951）：322 – 35；张培瑜、徐振韬、卢央：《中国早期的日食记录和公元前十四至公元前十一世纪日食表》，《南京大学学报》（自然科学版）1982年第2期：371—409，特别是381—384页。

[24] 西方语言中唯一详尽的讨论见：Xu Zhentao，Kevin K. C. Yau，and F. Richard Stephenson，"Astronomical Records on the Shang Dynasty Oracle Bones，" *Archaeoastronomy* 14，suppl. to *Journal for the History of Astronomy* 20（1989）：S61 – S72。此前有一个用中文发表的研究，温少峰、袁庭栋：《殷墟卜辞研究：科学技术篇》，四川省社会科学院出版社1983年版，第1—66页。

514

图 13.1　商代甲骨文有关火星的记录

　　这片刻字的牛骨发现于安阳附近，时代约为公元前 1300 年，上面记录有中国历史上最早的星宿。在这片甲骨的中间部位，可以看见"火"这个星名。（此为拓片）

　　原物尺寸：14×4.5 厘米。

　　照片由 F. 理查德·斯蒂芬森拍摄。

　　木星以外的其他行星都没有在商代铭文中得到确认。星座无一例外是在有关祭祀的背景中提到的；显然当时有向星座献祭的习惯（包括向木星献祭），如下文所记："在乙酉日占卜。庚日夜祭祀斗星。在庚日占卜。辛（亥）夜再祭祀斗星。"[25]

　　在上面这个例子中，乙酉、庚辛、辛亥是连续的日期，六十甲子中的第 46、47、48 天。　515
直到现在，中国人仍然可以毫无障碍地使用这种循环的纪年法。

　　其他甲骨残片上也提到北斗星群。这个星群可能就是大熊星座中的大斗星或犁星（Big Dipper or Plow），其形状特征性很强，可能是最早被辨识出的星座。斗星在接下来的周代还被记录，此时已经可以明确它就是北斗七星（见下文）。另外两个甲骨文上提到的传统星宿

―――――――――――――

　　[25]　Xu，Yau，and Stephenson，"Astronomical Records，" 568（注释 24）。下面对商代星座的讨论也引自这本书。

或星群是火宿（图 13.1）和心宿。这两个名字的得来可能分别与明星的红色心大星（Antares）和环绕心大星的三个一组的星群有关，它们在后来的中国历史上继续被采用。商人间接提到的其他星座就相当少了，很难确定这些星座中恒星的组成，特别是，铭文中没有任何有关其星空位置的说明。

若非对商代文献做进一步的考察，否则不可能断定那一时期的人们到底是注意到了夜空中那些主要的恒星，还是已经识别出各种各样的星座。尽管迄今为止，商代铭文中只有极少数星座得到了确认，但是这些记录在天文制图史上还是有意义的；因为它们包含了已知中国人将恒星归入星座的最早的可靠记载。同样值得强调的是，甲骨文中提到的星座以及商人对于木星的记载，是世界上所有文明所留下的最古老的记载。

西周和春秋时期（约前 1027—前 486 年）对星座的构想

与商代相比，接下来的周代有关天文学的原始文献相当稀少。但是，从几部后代抄录且一直刊印或反复重刊的周代文献中可以找到一些重要的天文学资料。这些著述要么撰成于周代，要么包含了许多当时的材料，主要有《春秋》《左传》《诗经》。

《春秋》是中国早期封国之一鲁国的编年史，鲁国存在的时间从公元前 722—前 480 年。[26] 这部编年史，传统上认为由孔子编纂，书中记录了许多次日食，几次提到彗星和流星。[27] 到了春秋时期，各个诸侯国的统治者延请天文学家观察天象，同时确保历法的可靠。有几位天文学家的名字流传下来。[28] 据《春秋》记载，公元前 613 年，彗星进入北斗，即大斗星座。这是《春秋》记载的唯一的一个星群。[29]

公元前 525 年，彗星再次被记录，这一次它出现于大辰，也就是后来人们所知的大火星，大辰是岁星十二次（Jupiter Stations）之一。这是迄今所见中国历史上最早的根据木星运动十二等分星空的相关记载（后来出现十二等分天赤道），还有对于与木星旋转方向相反的不可见的太岁的想象。[30] 由于木星大约 12 年在天空中走完一周，太阳在其轨道上每走一格要花一个月的时间。除了 12 这个数字，"次"（在相当晚近的中国占星术上也十分重要）与西方黄道十二宫（Western zodiac）没有任何相同之处。后者对星空的划分是基于黄道（ecliptic），而不是天赤道（celestial equator）。在中国天文学和占星术中，黄道十二宫的地位从来不是很重要，但在民间思想中有所例外。

㉖　其他封国内也有类似的编年史，但是据推测，大多在秦代（公元前 221—前 207 年）的焚书中被毁掉。参见 Burton Watson, *Early Chinese Literature*（New York：Columbia University Press, 1962），37.

㉗　孔子删《春秋》出自《孟子》，见《孟子》；现代英译版见 James Legge, ed. and trans., *The Four Books*（1923；reprinted New York：Paragon, 1966），676 – 77. 对于《春秋》中天文记录的最新讨论见 F. Richard Stephenson and Kevin K. C. Yau, "Astronomical Records in the Ch'un-ch'iu Chronicle," *Journal for the History of Astronomy* 23（1992）：31 – 51.

㉘　例如，《史记》卷 27（见现代版卷 10，中华书局 1977 年版）以及《晋书》卷 1（注 14）。Ho, *Astronomical Chapters*, 46 – 48（注释 4）根据《史记》中的传记资料对这一时期的各个天文学家作了有益的点评。

㉙　在早期历史中，常见的名称是斗。后来的文献常以此指南斗，即与北斗类似的人马座六星组。

㉚　更多细节见刘坦《中国古代之星岁纪年》，科学出版社 1957 年版。以及 Needham, *Science and Civilisation*, 3：402 – 4（注释 5）。

《左传》是对《春秋》编年史的扩展，其中零星记载了许多与星群有关的内容，特别是火星。[31] 书中好几处提到"次"。《左传》涵盖的时代相当于春秋，但其编纂年代尚存在较多争议。古人认为《左传》是由当时一位叫左丘明的儒生所作，[32] 但现在普遍认为其大部分内容成书于公元前 300 年前后，部分内容为后代增补。[33]《左传》以叙事材料详尽而著称，这一点与《春秋》本身简洁的风格形成对比。其部分材料可能来自传说，但许多应该是依据早已消失的材料写成的史实。《左传》有关天文活动的记录，其可信度不仅可以与其他史料互证，还可以为考古资料所证实。[34]

《左传》在公元前 600 年以前的年份里提到的恒星一般是作为季节标识存在的，后来才发展到占星预测，占星主要是依据前人关于天象与地上事件偶合的记录。以公元前 532 年发生的一件事为例：

> （昭公）十年春，王正月，有星出于婺女。郑裨灶言于子产曰："七月戊子，晋君将死。今兹岁在颛顼之虚，姜氏、任氏实守其地。居其维首，而有妖星焉，告邑姜也。邑姜，晋之妣也。天以七纪。戊子，逢公以登，星斯于是乎出。吾是以讥之。"戊子日，晋平公薨。[35]

《诗经》汇集的各种早期民谣中有几处也提到星座。[36]《诗经》大约编成于公元前 600 年，其中许多篇章可能早到此前数个世纪。[37]《诗经》中只提到 10 个独立的星座，由于只是随机提到，很可能在那么早的时代已经有更多的星座被人们辨识出来了。除了一两个为古名，大部分星座的名称与后来相同。

《诗经》在中国历史上第一次提到天汉（银河）。有必要从中引用一段，这段话中同时提到了天汉和几个独立的星座：

> 维天有汉，鉴亦有光。跂彼织女，终日七襄。虽则七襄，不成报章。睆彼牵牛，不以服箱。东有启明，西有长庚。有捄天毕，载施之行。维南有箕，不可以簸扬。维北有

㉛ 《春秋左传》的英译见于 James Legge, *The Chinese Classics*, 5 Vols. （Hong Kong：Hong Kong University Press, 1960 [reprint of last editions, 1893 – 95]）, Vol. 5, 由 Seraphin Couvreur 翻译, *Tch'ouen Ts'ou et TsoT chouan*, 3 Vols. （Hochienfu：Mission Press, 1914）。

㉜ 参见《史记》卷 14（注 28）。

㉝ Watson, *Early Chinese Literature*, 40 – 66（注释 26）对此进行了富有价值的历史学评论。Timoteus Pokora, "Pre-HanLiterature," in *Essays on the Sources for Chinese History*, ed. Donald D. Leslie, Colin Mackerras, and Wang Gungwu（Canberra：Australian National University Press, 1973）, 23 – 35, 对于其他汉代以前文献也作了重要的探讨。

㉞ 例如，可参阅 Roland Felber, "Neue Möglichkeiten und Kriterien für die Bestimmung der Authentizität des Zuo-Zhuan," *Archiv Orientální* 34（1966）：80 – 91。

㉟ 译文见于 Legge, *Chinese Classics*, 5：628 – 29（注释 31）。我在全章在引用本书和其他译文或引文时，替换掉了罗马化的拼音。

㊱ 以下两书提供了对《诗经》的精彩英译：Arthur Waley, trans., *The Book of Songs*（London：Allen and Unwin, 1937）, Bernhard Karlgren（高本汉）编辑和翻译, *The Book of Odes*（Stockholm：Museum of Far Eastern Antiquities, 1950; reprinted 1974）.

㊲ Watson, *Early Chinese Literature*, 202 – 30（注释 26），本书对《诗经》的年代做出有益的解读。

斗，不可以挹酒浆。维南有箕，载翕其舌。维北有斗，西柄之揭。[38]

这里提到了摩羯座（Capricorn）的牛宿，人马座（Sagittarius）箕宿的箕星（Winnowing Basket）。如上所述，斗指北斗七星。北斗七星的斗柄可以围绕天极转动，许多早期文明根据斗柄转动位置来记时或标识季节，例如苏美尔人、印度人和埃及人。[39] 由于昼夜二分点岁差（precession of the equinoxes），古代的北斗七星比现在更靠近天极。[40] 可见，北斗七星围绕天极的转动是特别醒目的。

极星（pole star）的概念至少可以上溯到春秋时代。因此，成书于公元前5—前4世纪的《论语》写道："子曰：'为政以德，譬如北辰，居其所而星共之。'"（孔子说："政府以德行治理国家，就好比北极星，它在那里，所有的恒星都拱卫着它。"）[41] 那一时期，与北天极最近的亮星可能是帝星（Kochab，βUMi），它离北天极只有大约7度之遥。[42]

值得注意的是，《诗经》中提到的星座，大多数（包括前面提到的牛、箕），都可以与后来文献中的"宿"（lunar lodges）对应。二十八宿环绕在天赤道附近的天空（宿 xiu，

517　表 13.1　　　　　　　　　　　　二十八宿表

编号	星宿名	距星	推算距度
1	角	室女座 α 星	12°
2	亢	室女座 κ 星	9°
3	氐	天秤座 α 星	15°
4	房	天蝎座 π 星	5°
5	心	天蝎座 σ 星	5°
6	尾	天蝎座 μ1 星	19°
7	箕	人马座 γ 星	11°
8	斗	人马座 φ 星	27°
9	牛	摩羯座 β 星	8°
10	虚女	水瓶座 ε 星	12°
11	虚	水瓶座 β 星	10°
12	危	水瓶座 α 星	17°
13	营室	飞马座 α 星	17°

---

[38] 《诗经》第 203 首的译文出自 Karlgren（高本汉），*Book of Odes*，155（注释 36）。

[39] 关于"北斗七星"对于早期文明重要性的讨论见 Donald J. Harper, "The Han Cosmic Board (*Shih* 式)," *Early China* 4 (1978): 1–10。

[40] 岁差主要是由太阳和月亮的力矩作用于旋转的地球所致。这些力矩使地球的自转轴以约 26000 年的周期（在天球上）画出半径约为 24° 的圆，因此造成天极相对于恒星的缓慢位移。

[41] 《论语》第 1 章，译文出自 Legge, *Chinese Classics*，1：145（注释 31）。

[42] 这颗星似乎一直是北天极的标志，直到东汉以后，由于岁差的影响，它与北天极的距离增加到近 10°（见下文）。在公元前 500 年前后，北极星（αUMi）距北天极 15°。

续表

编号	星宿名	距星	推算距离
14	东壁	飞马座 γ 星	9°
15	奎	仙女座 ζ 星	16°
16	娄	白羊座 β 星	11°
17	胃	白羊座 35	15°
18	昴	金牛座 17	11°
19	毕	金牛座 ε 星	18°
20	觜觿	猎户座 λ 星	1°
21	参	猎户座 ζ 星	8°
22	东井	双子座 μ 星	33°
23	鬼	巨蟹座 θ 星	4°
24	柳	长蛇座 δ 星	15°
25	觜觿	长蛇座 α 星	7°
26	张	长蛇座 υ1 星	17°
27	翼	巨爵座 α 星	18°
28	轸	乌鸦座 γ 星	17°

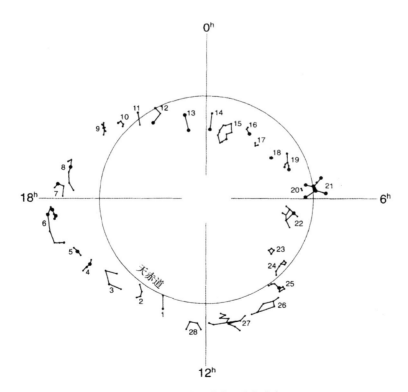

图 13.2 二十八宿的不均匀分布

这幅示图清晰显示了这一点并用不同大小的符号标明恒星的亮度。虽然在古代，星宿一般来说更接近天赤道，但其对应关系并没有那么完美。见表 13.1，其中列举了各宿名称和距星（determinative stars）以及计算得出的角距（angular extent）。

是宿 su 的派生词，本义是住宿）。与《诗经》同时代的一些青铜器上也出现过二十八宿中某些宿的名称。[43] 这就表明，在相当早的公元前 1 千纪，至少有一些宿已经被赋予了特殊的意义。但是，根据已有的文献，那时并没有牢固树起独立的宿的概念，这一概念的形成要迟至公元前 5 世纪。[44]

至迟从西汉以后，宿在星图学中变得至关重要。它们被用来确定其他星群的天球坐标（celestial coordinates），以及说明太阳、月亮和行星的位置，同时也被赋予重要的占星学意义。但是，宿这一概念如何从大略的天体标识，演变为一套发达的坐标系统的基础，由于缺少证据，还无从详细追溯这一过程。

表 13.1 中给出了一套标准化的二十八宿表，这个表是根据公元前 3 世纪以降的文献制作的。此后，单个星宿所包含的恒星只有微小的变动。这张表按各宿传统的顺序编号并附上译名。开头的七宿与它对应的青龙的各种特性相关联（见下文），但其他宿是随意组合的，总体而言，它们比西方黄道十二宫符号更偏向世俗。

通过计算二分点岁差可知，宿的起源时间极其久远。宿所靠近的大圆现在与天赤道完全不能重合（图 13.2）。运用岁差很容易发现古代二十八宿所在的大圆比现在更接近天赤道。现代学者根据这一点和其他类似思路所做的研究表明，在公元前 3 千纪中叶已产生了宿的构想，[45] 但中国在这一久远的年代还没有一种高度发达的文化，这个年代比中国最早的书写记录的产生要早出至少一千年。

现在无法确定，在周代早期和春秋时期，人们到底只能识别出一些相对显著、可完全确认的星座，还是已经像晚近时期一样将恒星做了分群。当然，目前并没有线索表明周代已经有了星图。这一时期的天文学家似乎还没有什么观测仪器。例如，《左传》中只提到了日晷（gnomon）。[46] 直到战国时期才第一次对夜空进行系统的划分，而且这个信息还主要是从可靠性不确定的二手材料中获取的。

战国时期的天文制图（前 403—前 221 年）

紧接着春秋的战国时期，以哲学思考而著称。[47] 但令人失望的是，关于天文学在战国时期的发展，几乎找不到可靠的资料，也没有任何这一时期的星图幸存至今。几个世纪以后的

[43] 参见 Needham, *Science and Civilisation*, 3: 248 note d（注释5）。本章中将"宿"译为"lodge"，而不是"mansion"，引文中也做了这样的处理。

[44] 一件依次写有全部二十八宿名称的衣箱，年代大约为公元前 433 年，发现于 1978 年。更多细节见第 519—520 页。

[45] 例如，Chu K'o-chên, "The Origin of the Twenty eight Lunar Mansions," *Actes du VIIIᵉ Congrès International d'Histoire des Sciences* (1956) (Florence: Gruppo Italiano di Storia delle Scienze, 1958), 1: 364 – 72; David S. Nivison, "The Origin of the Chinese Lunar Lodge System," in *World Archaeoastronomy*, ed. A. F. Aveni (Cambridge: Cambridge University Press, 1989), 203 – 18。

[46] 《左传》中记录了公元前 655 年对冬至的一次观测。见 Legge, *Chinese Classics*, 5: 142 and 144（注释31）。

[47] 例如，伟大的哲学家孟子（公元前 372—前 289 年）、墨子（公元前 470—前 391 年?）以及韩非子（逝于公元前 233 年）都生活在战国时期。

著述将几幅星空图的缘起追溯到这个时代。[48] 传统上，人们坚持认为，战国时期的星图绘制对于后来的星图学有着重要的影响。例如，成书于 635 年的《晋书》卷 11《天文志》写道：

> 武帝（在位时间为 265—290 年）时，太史令陈卓总甘、石、巫咸三家所著星图，大凡二百八十三官，一千四百六十四星，以为定纪。今略其昭昭者，以备天官云。[49]

《晋书》接下来描绘了 240 个星座，但其中没有测量数据，重点放在占星内容。《晋书·天文志》的内容在《隋书·天文志》中（魏征等撰于 629—656 年）也有详述。《隋书》的成书年代与《晋书》相同，增加的内容见于 7 世纪早期的一本天文著述，该书由伯希和（Paul Pelliot）1908 年发现于敦煌。[50] 下面将进一步讨论与这些文献相关的内容。

长期以来，人们认为战国时期魏国的天文学家石申所编的一部分星表保存在比它晚得多的《开元占经》中，后者由印度天文学家瞿昙悉达（Siddhartha）编撰于 730 年。[51]《开元占经》的《星经》部分，列出了二十八宿中主要恒星的北极距（north polar distances）和其他内容，另有 92 个其他星群中的参照星（reference stars），差不多占可见星空的一半。[52]《史记》和《后汉书》（成书于 5 世纪，范晔编）等早期史书将一本名为《星经》的书归于石申名下。[53]

几年前，前山保胜（Maeyama）详细探讨了《开元占经》"星经"部分中恒星位置的测量数据。[54] 他根据岁差，从中推断出一个公元前 70 年前后几十年的年代，这个年代离战国已经很远了。薮内清（Yabuuchi）所做的独立研究也得出了相同的结论。[55] 这个年代早就进入西汉，在希帕恰斯（Hipparchus）提出著名的恒星表半个世纪之后。因此，保存至今的《星经》不可能是归于石申的同名著作。前山强调："原先被广泛接受的假说，即认为石申（公元前 350 年）首次对赤道坐标上 120 个星座做出了系统测量，现在被证明是虚构的。"[56]

现存《星经》中的观测数据是否是对已经失传的更古老的观测数据的订正，尚存争议。即便如此，我们还是无法得知原始数据。在接下来的秦汉章节中，我们还会讨论到《星经》

---

⑧　战国之后数个世纪的现存文献中并没有这样的断言。

⑨　译文出自 Ho, *Astronomical Chapters*, 67（注释 4）。班固撰于 1 世纪前后的《汉书·天文志》引用了据称出自石申和甘德的几段话，但大量声称出自甘德、石申和巫贤著作的史料见载于更晚的天文著作《开元占经》。通过研究这些零星的史料，马伯乐（Maspero）得出一个结论，认为这几个人都生活在公元前 350—前 250 年的某个时期，见 Henri Maspero（马伯乐），"L'astronomie chinoise avant les Han," *T'oung Pao* 26（1929）：267 – 356, esp. 269 – 70。他特别强调，巫贤可能是一个化名，起先他是商朝一位有名的天文学家（《史记》卷 28，注释 28）。

⑩　Maspero（马伯乐），"L'astronomie chinoise," 272 and 319（注释 49）。

⑪　例如，Needham, *Science and Civilisation*, 3：197 and 266 – 68（注释 5）。瞿昙曾任中国的皇家天文官。

⑫　《开元占经》卷 60—68（1786 北京刊印本）。《星经》也被收入《道藏》第 284 部，题为《通占大象历星经》。

⑬　例如，《史记》卷 27（注释 28）以及《后汉书》卷 12。参阅 12 册现代点校版，中华书局 1965—1973 年版。

⑭　Yasukatsu Maeyama, "The Oldest Star Catalogue of China, Shih Shen's Hsing Ching," in *Prismata：Naturwissenschaftsgeschichtliche Studien*, ed. Yasukatsu Maeyama and W. G. Salzer（Wiesbaden：FranzSteiner, 1979），211 – 45.

⑮　薮内清：《『石氏星经』の観測年代》，李国豪等主编《中国科技史探索》，上海古籍出版社 1982 年版，第 133—41 页。

⑯　Maeyama, "Oldest Star Catalogue," 212（注释 54）。

的内容。由于缺乏适用的历史记录，我们无法充分评价《星经》对这一时期对天文学的贡献，特别对战国时期天文制图学的贡献。但是，我们或许可以认为，有关石申与推测中的与他同时代的甘德、巫贤曾经绘制过详尽夜空图的证据，主要是基于后代的（追记）传统而不是实证。

我们早就知道，在《月令》中保存一份几乎完整的二十八宿表。《月令》可能是编纂于战国时代的历书。[57] 这本有关农业、宫廷礼仪等内容的书，在每个月上标明太阳在不同星座中的位置，以及特定星群在黎明和黄昏的最高位置中星或中天（culmination）。

1978年湖北考古学家的发现让我们开始了解到二十八宿的历史。去世于公元前433年的曾侯乙，其墓葬中出土了一个漆箱。[58] 箱盖上刻有一个近乎圆形的图案，上有二十八宿的名称（图13.3）。除了少数例外，这些以当时艺术风格书写的二十八宿的名称与后代文献上的名称以及常见的书写顺序完全吻合。[59] 二十八宿围绕着一个大大的"斗"（北斗）字，其间穿插着一只虎和一条龙。这些文字为二十八宿的存在提供了最早的文献证据。在这次发现之前，已知年代最早的完整二十八宿表差不多比它晚两个世纪。

二十八宿的名称在箱盖的排列并不是匀称的，这一点耐人寻味。似乎龙和虎的图案和大字"斗"是最先写上去的，而二十八宿的名称则在剩下的空间中填入，[60] 好像也没有刻意使二十八宿呈现不对称的空间分布（图13.2）。对夜空做五宫的划分已知最迟在西汉已经出现[61]，推测这两只动物拟代表五宫之二的青龙、白虎。但是，箱盖所绘的二十八宿的方向与这两只动物的相对关系很不吻合（差不多扭曲了180度）。

秦朝与汉朝（前221—220年）

同战国及以前的时代一样，迄今对秦代天文学的认识还很不全面。但是，传说在这个短命王朝，曾有数量庞大的天文学家（300人以上）为统治者服务，可见观星在秦朝的重要性。[62] 将来若对位于西安临潼的秦始皇陵进行发掘，可能会带来有关秦代天文制图的珍贵信息，但到现在为止，只调查过几个陪葬坑，出土了举世闻名的兵马俑，秦始皇陵本身还有待发掘。司马迁对于这座密闭于公元前210年的陵墓的内部曾有如下描述：

---

[57] 《月令》译文出自 Seraphin Couvreur, ed. and trans. , *Li Ki*；*ou*，*Memoires sur les bienseances et les ceremonies*，2ded.，2 Vols.（Paris：Cathasia, 1913），Vol. 1, chap. 4, 330-410。汉代的几位评论家认为，本书出自吕不韦（逝于公元前235年）之手，但其撰写年代一直存在争议。20世纪前半叶一些学者倾向认为《月令》编撰于春秋时期，但这么早的年代不会有《月令》中高度程式化和结构化的历书风格。具体可参见 Churyo Noda, *An Inquiry concerning the Astronomical · Writings Contained in the Li-chi Yueh-ling*（Kyoto：Kyoto Institute, Academy of Oriental Culture, 1938），2。野田（Noda）通过天文计算推出《月令》的年代大约为公元前620年前后一个世纪，不过，这个年代是否可靠还取决于他的解释是否正确。

[58] 这件衣箱现存于武汉的湖北省博物馆。具体参见，王健民、梁柱、王胜利《曾侯乙墓出土的二十八宿青龙白虎图像》，《文物》1979年第7期，第40—45页。

[59] 有几个名字也采用了同音（通假）字。

[60] 王健民、梁柱、王胜利《曾侯乙墓出土的二十八宿青龙白虎图像》第一次提到这一点（注释58）。

[61] 其他三个天宫命名为朱雀、玄武和紫垣（见下）。

[62] 《史记》卷6（注释28）。

图 13.3　一座公元前 433 年的墓葬出土箱盖上给出的二十八宿名称

各宿名称大多数与今名吻合，它们环绕一个大大的"斗"字题写。箱子出土于 1978 年发掘的曾侯乙墓，其上有迄今所知最早的二十八宿名目。

原物尺寸：82.8×47.0×19.8 厘米。经湖北省博物馆（武汉）许可。

　　以水银为百川江河大海，机相灌输，上具天文，下具地理。以人鱼膏为烛，度不灭者久之。[63]

　　推测这些"天文图"中画出了星座。最近的发现表明（见下文），西汉以降，在墓顶绘制星图的做法在中国似乎相当普遍。

　　在秦始皇统一中国前不久的秦国，有人编写了一本自然哲学方面的书籍——《吕氏春秋》，书中依次提到了二十八宿。这是公元前 5 世纪的曾侯乙墓衣箱发现之前，已知最早的完整星宿表。《吕氏春秋》约编撰于公元前 3 世纪中期，由丞相吕不韦召集一批学者共同撰写。[64] 他们是在讨论哲学的时候提及这些星宿的，二十八宿的名称与表 13.1 所列基本一致。

521

　　1973 年马王堆（湖南）的考古发掘提供了有关秦和西汉早期天文学的新资料。[65] 其中一座汉墓出土了大量的帛书，根据帛书文字知，墓葬的埋葬年代为公元前 168 年。其中一

---

　　[63]　《史记》卷 6《秦始皇本纪》，译文出自 F. Richard Stephenson and C. B. F. Walker, eds., *Halley's Comet in History* (London: British Museum Publications, 1985), 45。

　　[64]　几位汉代的评论家认为《月令》出自吕不韦之手（注释 57，见上）。《吕氏春秋》前 12 章实际上与《月令》内容完全相同。

　　[65]　关于马王堆发现的具体情况，参见 Michael A. N. Loewe（鲁惟一），"Manuscripts Found Recently in China: A Preliminary Survey," *T'oung Pao* 63（1977）: 99 – 136，以及氏著，*Ways to Paradise: The Chinese Quest for Immortality*（London: George Allen and Unwin, 1979），12 ff.。

段帛书文字指出如何根据星宿来标注行星的位置，这是已知最早的此类说明。[66] 今天被称为《五星占》的这份帛书，除了记述其他内容外，还详细介绍了公元前 246 年至公元前 67 年间火星升起与降落时所处的不同星宿。[67] 此类信息以往只在公元前 100 年以后的文献中有过发现，例如《史记·天官书》——虽然《开元占经》认为类似的资料出于甘德与石申之手。

汉代的记录表明，那时的人们坚信，天上与地上存在某种呼应。宫廷天文学家（太史令）被指定负责天文、星象和皇帝的起居。他的职责是记录"自然异象，（这些异象）被认为是上天对人间统治者不端行为和不良统治的警告"。[68] 天文活动主要集中在汉代和以后各代的都城进行，负责观察的官员采用各种仪器，他们受到严密保护，以防为普罗大众所窥见。因此，中国历史上所有重要的星图与星表实际上都是由皇家天文学家制作的。

中国现存最古老的星图出自汉代，但保存下来的极为稀少，上面只画了少数几个星座。不过，有充分的证据表明，汉朝的星图学取得了很高的成就。据历史记载，汉朝人画过几幅星图，还制作过浑象（celestial globe），两张当时的星表（stellar catalogs）流传至今。我们还发现，西汉中国曾有过天球坐标系统，直到 20 世纪这一系统还在使用，其中二十八宿起到关键性的作用。球面坐标（spherical coordinate）的选择与浑天说（the huntian theory）的发展相一致的，浑天说这个关于球状天空的概念至少在西汉就已经出现。不然，东汉时期（25—220 年）不会（突然）出现这个理论。[69]

在汉代，星图似乎很常见，尤其是在西汉后期。李约瑟注意到时人几次提到星图。例如，《汉书·艺文志》中有一本名叫《月令帛图》的书，由耿寿昌于公元前 52 年进呈给皇帝。《汉书》卷 99《王莽传》（公元前 45—公元 23 年）还提到《紫阁图》。[70] 我们对这些图的了解仅限于此。92 年，天文学家进行了一次有趣的讨论，这次讨论被记录在《续汉书》中，他们提到，绘制星图总是要用到刻度（如坐标）方法[71]，意味着这一时期此类星图数量庞大。

汉代文献中记录的星座与星数与后来归功于石申等战国天文学家的星数并没有关系。因此，由马续作于公元 1 世纪末的《汉书》卷 26《天文志》，有如下论述：

> 凡天文在图籍昭昭可知者，经星常宿中外官凡百一十八名，积数七百八十三星，皆

---

⑥⑥　这座墓葬发现的另一件帛书，由于其上画出了各种彗尾而引起广泛的关注，参见 Xi Zezong（席泽宗），"The Cometary Atlas in the Silk Book of the Han Tomb at Mawangdui," *Chinese Astronomy and Astrophysics* 8（1984）：1 – 7, and Michael A. N. Loewe（鲁惟一），"The Han View of Comets," *Bulletin of the Museum of Far Eastern Antiquities* 52（1980）：1 – 31。

⑥⑦　帛书文字参见，马王堆汉墓帛书整理小组《"五星占"附表释文》，《文物》1974 年第 11 期，第 37—39 页。金星每隔 8 年重复一次它的能见度模式。

⑥⑧　引文出自 Wang Yü-ch'üan，"An Outline of the Central Government of the Former Han Dynasty," *Harvard Journal of Asiatic Studies* 12（1949）：134 – 87, esp. 165。

⑥⑨　Maeyama Yasukatsu，"On the Astronomical Data of Ancient China（ca. – 100 + 200）：A Numerical Analysis（Part 1）," *Archives Internationales d'Histoire des Sciences* 25（1975）：247 – 76, esp. 248.

⑦⑩　Needham，*Science and Civilisation*，3：276（注释 5）。

⑦①　Needham，*Science and Civilisation*，3：276 note d（注释 5）所引。

有州国官宫物类之象。⑫

522

与马续同时代的伟大的天文学家和数学家张衡（78—139），⑬ 对恒星数量做了独立的估计。他于116年被任命为宫廷天文学家（太史令），为汉代天文制图作了重大贡献。在仅有残篇断简保存至今的《灵宪》篇⑭（约撰于118年）中，张衡写道：

> 中外之官，常明者百有二十四，可名者三百二十，为星二千五百，而海人之占未存焉。微星之数，盖万一千五百二十。庶物蠢蠢，咸得系命。⑮

在那么早的年代，枚举这2500颗恒星虽然是殊为不易，但也并非不可企及。只是11520颗这个精确的数字，差不多是整个星空中一般肉眼可见恒星数目的两倍，似乎令人难以置信。很可惜，张衡的引文太简短了。如果他说得更详细一些，或许可以帮助我们深入了解汉代的天文制图学。关于"水手观察的恒星"（"海人之占"），李约瑟指出，到东汉时期，汉朝的船员已到达了东南亚，在那里他们可以看到在中国看不到的星座。⑯ 虽然以后的朝代有了更多关于赤道附近南方星座的可靠记录，但是明代以前的南方拱极星座（circumpolar asterisms）图并没有保存下来（见下文）。

遗憾的是，张衡制作的星图失传已久。《隋书·天文志》讲到，它们佚于汉末的丧乱中。这些星图的名称与内容都没有保存下来。⑰

现存张衡的另一残篇有着对浑天说最早的描述。浑天说是与盖天说和宣夜说相对立的理论：

> 天如鸡子，地如鸡中黄，孤居于天内，天大而地小。……周天三百六十五度四分度之一，又中分之，则半覆地上，半绕地下，故二十八宿半见半隐，天转如车毂之运也。⑱

张衡于公元117年制作了可旋转的浑象，似乎可以准确地表现星座：

> 至顺帝时，张衡又制浑象，具内外规、南北极、黄赤道，列二十四气、二十八宿中

---

⑫　译文出自 Ho, *Astronomical Chapters*, 66（注释4），这段话出自《汉书》，但抄录于《晋书》卷11。

⑬　张衡的简略生平，见于 Yu-che Chang, "Chang Hen, a Chinese Contemporary of Ptolemy," *Popular Astronomy* 53（1945）：122—26。

⑭　这段《灵宪》的引文主要来自《杨辉算法》（成书于1275年）。

⑮　译文出自 Needham, *Science and Civilisation*, 3：265（注释5）。（本章在引用李约瑟书时，有时会省略掉原书括号内的注释）

⑯　Needham, *Science and Civilisation*, 3：265 note d（注释5）。

⑰　《隋书》卷19，译文出自 Needham, *Science and Civilisation*, 3：264（注释5）。

⑱　译文出自 Needham, *Science and Civilisation*, 3：217（注释5）。之所以采用"度"（一个圆周为365.25度）这个单位，是因为太阳相对于其背景恒星日均运动1度（0.986度）。大多数研究中，将 degree 译为"度"比较方便。更多关于浑天和盖天说理论的内容，参见前面，第117—124页。

外星官及日月五纬，以漏水转之于殿上室内，星中出没与天相应。[79]

这件浑象周长为 14.61 尺（3.4 米），制成之后被精心保存了两个世纪，最后却陷入多舛的命运。316 年以来，北方割据政权时期，浑象去向不明。直到长安被攻陷一个世纪后，才有人看到张衡的浑象，虽然从外形仍可辨识，但其上的刻度以及所绘恒星、太阳、月亮和行星都荡然无存。（《宋书·天文志》："衡所造浑仪，传至魏、晋，中华覆败，沉没戎虏，绩、蕃旧器，亦不复存。晋安帝义熙十四年，高祖平长安，得衡旧器，仪状虽举，不缀经星七曜。"译者注）[80]

遗憾的是，从汉代直到中古时期，已知任何稍稍注重精度的原始星图都没有流传下来。虽然汉代人所绘的星座图有不少保存至今，有些为晚近出土，[81] 但是它们往往是装饰性质，不具有实际的功用，通常只包括少数画得不太准确的星座。

已知最早包括全部二十八宿的图像于 1987 年发现于西安，地点邻近西汉首都长安（图 13.4）[82]，绘于一座墓葬的顶部。根据所出铜钱和其他物品，估计这座墓的年代为西汉末年。

523

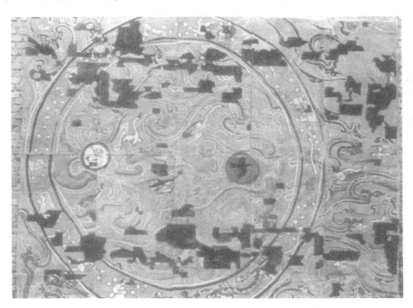

图 13.4　一座西汉墓葬顶部所绘二十八宿的摹本

这是一幅不久前制作的西汉墓顶壁画全比例精细摹本。在壁画边缘一圈，按顺序画有二十八宿（从右下方开始，逆时针方向）

内圈尺寸：约 2.5 米。西安交通大学。经钟万勋许可。

---

[79]　译文出自 Ho, *Astronomical Chapters*, 59（注释 4）。

[80]　沈约编撰于公元 492—493 年的《宋书》，译文出自 Joseph Needham, Wang Ling, and Derek J. de Solla Price, *Heavenly Clockwork: The Great Astronomical Clocks of Medieval China*, 2d ed.（Cambridge：Cambridge UniversityPress, 1986），95–96。这里省略了 *Heavenly Clockwork* 一书中大多数括号内的注释。

[81]　这几篇文章中的插图见《中国古代天文文物图集》（注释 6）。

[82]　参见，陕西省考古研究所、西安交通大学《西安交通大学西汉壁画墓发现简报》，《考古与文物》1990 年第 4 期第 57—63 页。另参见，雒启坤《西安交通大学西汉墓葬壁画二十八宿星图考释》，《自然科学史研究》1991 年总第 10 期，第 236—245 页。这篇文章附有彩色照片，展示了这幅星图的几个部分。

二十八宿草绘于一个直径约2.5米的圆圈外的窄环带上（带宽约25厘米）。圆圈内画有典型的道教风格的太阳和月亮、云朵和仙鹤，主要颜色是蓝色、绿松色、红色、白色和黑色。

　　这幅画似乎是古代盗墓者有意毁坏的。尽管它的总体保存状况很差，但星座图案还是完好地保存了下来。恒星用大小基本相等的圆圈表示，似乎没有刻意表现相对亮度。个别恒星以短直线连缀成组。不表现亮度和以短直线连缀成组，这两点是贯穿后来中国历史星图的典型特征。绘有二十八宿的环带上还有男人、动物等，有些与星座本身存在关联。[83] 这是一个

524

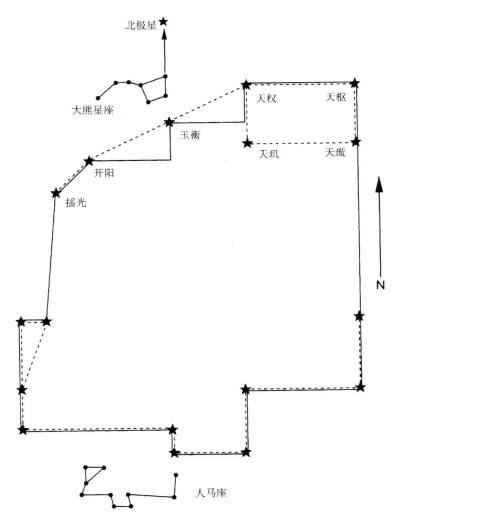

图13.5　汉代长安城墙示意图

　　自古以来，就有人强调，汉长安北城墙（建于公元前194—前190年）采用了北斗（属大熊星座）的形状，而南城墙则采用了南斗（属人马座）的形状。霍塔林的研究证实了这一点。参见 Stephen James Hotaling, "The City Walls of Ch'ang-an,"（长安的城墙）*T'aung Pao*（通报）64 (1978): 1–46, fig. 22。

---

　　[83]　例如，牛宿下画有一只公牛，但遗憾的是，许多插图破损严重。有一篇附有彩色照片的非专业英文介绍，见 F. Richard Stephenson, "Stargazers of the Orient," *New Scientist* 137, No. 1854 (1993): 32–34。

不同寻常的特点，在整个东亚历史上，以绘画符号（pictorial symbols）表示星宿的情况十分罕见。（东亚星图）通常只是画出恒星构形（star configurations）——有时将其高度理想化。这个例子与西方做法也形成强烈对比，后者是用纯粹的符号象征黄道十二宫的。

在韩国首尔的一家博物馆保存有一幅详细而准确的汉代星图摹本。这幅全天图（planisphere）于 1395 年刻于大理石上，几个世纪以来遭到损坏，但是同比例的 1687 年精细摹本却保存良好（另外几个晚期的摹本也保存完好）。以后我们还要详细讨论这些星图，在此仅作初步的说明。

韩国这幅星图是以天极（等距）投影（equidistant /polar projection）的方法绘制的。按图中题记，这幅图是根据数百年前中国赠送给朝鲜的一幅石刻星图的拓本制作的。原碑在公元 670 年朝鲜半岛发生的一次战争中丢失。根据这幅全天图现存复制品上二分点位置进行推算，原碑的年代接近公元前 1 世纪末。[84]

用极大的比例表现南斗和北斗两个星座的独特做法，在西汉早期就应该出现了。可能成书于 3—4 世纪的《三辅黄图》[85]，详细叙述了修筑于公元前 194 年至公元前 190 年间的西汉都城长安的城墙。文中特地强调："城南为南斗形，北为北斗形。至今人呼汉京城为斗城是也。"[86]

霍塔林（Hotaling）对汉长安城墙做了详尽研究，他写道："北城墙独特的形状使汉长安城有别于中国数以百计的其他有城墙的城市。"借助比例示图，他得出的结论是：北斗和南斗这两个星座的确与城墙的形状相吻合。[87]北城墙大约长 7 公里，而南城墙只有大约不到 1 公里。在所有文明中，长安的城墙恐怕是对星座所做的最为宏大的摹绘。

1956 年至 1958 年间，在长安的废墟中，还发现过绘有代表四方非极天宫（nonpolar celestial palaces）的四神瓦片。[88]在后面的插图中（见下文），玄武（代表北宫）画作龟蛇缠绕状，青龙、白虎、朱雀则以一种更易识别的样式画出。

525   上面简单提到过恒星坐标（Stellar coordinates）。中国的天球坐标（celestial coordinates）不同于最近几百年才采用的西方黄道系统（ecliptic framework），前者是一种赤道坐标，大致接近现代赤纬（declination）和赤经（right ascension，RA）系统。[89]赤纬位置的坐标被称为"去极度"（degrees from the pole），相当于现代的北极距（NPD），它是从当时的天极来测量的。位置用度来表，与今天的"度"十分接近（见上图）。

成书于 1 世纪的蔡邕的《月令章句》提供了关于赤纬圈（declination circles）在星图中使用的重要细节。他指出，星图上画有三个同心圆圈。最小的那个圆圈是恒可见圈（circle of constant visibility），其半径等于它所在地方的纬度；中间的圆圈代表天赤道；最外的圆圈

㉘　对这个年代的推断见下文第 563—564 页。本章所用 planisphere（全天图）一词用来描述基于天极投影、以一个或两个半球表现夜空的圆形地图。

㉙　关于这里提到的《三辅黄图》的年代，参见 Dubs in Ban Gu, *The History of the Former Han Dynasty*, 3 Vols., trans. Homer H. Dubs（Baltimore：Waverly Press, 1938 - 55），1：125 n。

㉚　译文出自 Stephen James Hotaling, "The City Walls of Ch'ang-an," *T'oung Pao* 64（1978）：1 - 46，引文见第 6 页。

㉛　Hotaling, "City Walls," 29, 39（注释 86）。

㉜　潘鼐《中国恒星观测史》图版 3（注释 7）。西安陕西历史博物馆展出了一些这样的瓦当标本。

㉝　赤纬是一个等同于地理纬度的天球坐标。赤经（RA）与地球经度密切相关。在现代天文实践中，赤经是沿天赤道测量的，从春分点起算，一周 360 度或 24 小时。

是恒隐圈（circle of constant invisibility）。在它之外，没有恒星会升到地平线上来。[90] 最内圈与中间一圈，中间一圈与最外圈之间的距离是相等的。上面提到的朝鲜星图上也有与之相同的三个圆圈。五代（907—960）及以后流传下来的几幅星图上也可以看到这三个圆圈。显然，这种早期的传统在后来的东亚天文史上相沿成习。

在确定某个天体的赤经（RA）时，中国的天文学家并不是采用单一的坐标原点（如春分），而是以二十八宿中某个宿的距星为标准，由西向东测量这个天体与这个距星之间的赤经差，即入宿度。"宿"这个词既代表星官本身，也代表它所覆盖的赤经区域。以北极距而言，赤经是以度来表示的。各宿的赤道距度（各宿的标准子午线与其东另一条相邻的参考子午线之间的角度），小则1—2度，大则33度左右。

表13.1列出了汉代二十八宿中的距星以及所计算出的赤道距度（精确到度）。表格的第3列根据前山保胜的研究，给出了与每个距星对应的现代参考星座（巴耶尔希腊字母或弗兰姆斯蒂德数字）[91]，第4列则说明了各宿的距度。

毕奥（Biot）在一个多世纪以前指出，二十八宿每相隔14宿，其宽度就呈现显著的相关性。例如二十八宿中最宽的两个星座，南斗（8号）与东井（22号）[92]。这种特性至今没有得到令人满意的解释。为何各宿的间隔是不均衡的？《史记·天官书》给出了一点线索。书中提到北斗诸星与二十八宿中的某些距星（角、南斗、参）之间的赤经是一致性的。毕奥证实，最初选择各宿距星，就是根据它们与拱极星之间赤经的一致性。[93] 照理说，几百年来，由于拱极星与偏南的星座之间的不同岁差，对各宿距星的选择可能会发生改变。但是，传统会对此施加重要的影响。李约瑟援引的证据表明，到中世纪，各宿与拱极星之间的任何联系都被人们遗忘了。[94] 直到明朝才对二十八宿中的距星作出改动（见下文）。

《汉书》卷27《五行志》记载了大量的日食，大多数这样的记录中，都列举了对太阳赤经的估值，精确到度。[95] 例如，公元前181年的日全食记录为营室九度。由于当时营室距星的赤经为319°，日食对应的赤经就是328°。西汉的资料相当粗略（平均误差为5°），但到了东汉时期，相应的观测结果就相当精确了（平均误差为2°）。[96]

---

[90] 对蔡邕这段话的总结，见薄树人《天体测量测量学及天文仪器》（载中国科学院自然科学史研究所编《古代中国科学与技术》，外文出版社1983年版）第15—32页，特别是第18页。

[91] Maeyama, "Oldest Star Catalogue"（注释54）。

[92] J. B. Biot, review of *Ueber die Zeitrechnung der Chinesen* by Ludwig Ideler, *Journal des Savants*, 1839, 721 – 30, and 1840, 27 – 41.

[93] 但好几个宿的距星并不与拱极星关联。见 T. Kiang, "Notes on Traditional Chinese Astronomy," *Observatory* 104 (1984): 19 – 23。

[94] Needham, *Science and Civilisation*, 3: 239（注释5）。李约瑟注意到，沈括撰于1088年的《梦溪笔谈》记载，司天台管理者曾问他，为何各宿的宽度是不均匀的。他回答说，这是为了让各宿的度数为整数。因此，沈括并不知道真正的原因。

[95] 对西汉时期日食记录的编录与翻译，见 Ban, *Former Han Dynasty*, esp. 3: 544 – 59（注释85）。

[96] 这些数字是根据我尚未发表的分析得出的，另参见 N. Foley, "A Statistical Study of the Solar Eclipses Recorded in Chinese and Korean History during the Pre-telescopic Era"（M. Sc. diss., University of Durham, 1989）。

526

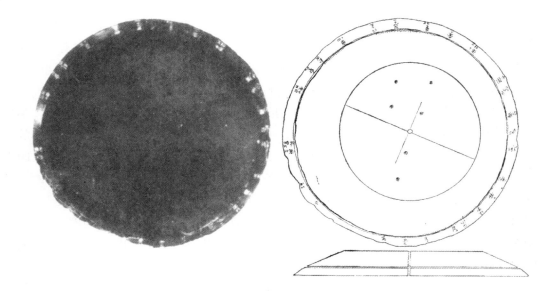

图 13.6　带刻度的漆盘所绘间距不等的二十八宿

　　此盘发现于公元前 169 年的一座汉代贵族墓。这是最早展示二十八宿不均衡距度的用具。它可能是式盘的祖型。右边是对两个组成部分的复原；左边是带有二十八宿名称的漆盘边缘照片。

　　原物直径：25.6 厘米。[经安徽省阜阳地区博物馆许可（左）]。

　　复原图（右）采自中国社会科学院考古研究所编《中国古代天文图集》（文物出版社 1980 年版）。

　　用宿来说明赤经与用黄道十二宫表示黄经的做法相当，后者直到最近几百年还在被西方天文学界普遍采用。但是，除了一个采用赤道坐标，一个采用黄道坐标且二十八宿恒星群数量更多，二十八宿与黄道十二宫之间还有某些根本的区别，其中显著的一点就前者各宿分布范围（宽度）不匀。[⑨]

　　众所周知，二十八宿与印度的月宿（*naksatra*）有几个相同的特点。公元前 1000 年前后的《吠陀》列出了二十七或二十八个月宿。潘格雷（Pingree）和莫里西（Morrisse）最近的研究力斥它们与二十八宿出于一源的说法，甚至否认它们存在过任何联系。[⑩] 在某个不可知的时期，月宿与二十八宿一样，也曾有过距星，但公元 5 世纪以前并没有对这些距星的位置进行过测量（见诸如 *Paitāmahasiddhānta* 之类的著作中）。最近的测量结果清楚表明，差不多有四分之一的印度距星（*yogatārā*）与二十八宿的距星吻合，但与余下各宿距星的差别还是很大的。无论如何解释两个系统之间的相似之处，到 5 世纪，中国的星宿系统已经牢固建立了好几个世纪，根据现有的证据可能很难做出令人信服的个案研究，证明二十八宿是由印度的距星演变而来的。

　　1977 年，一件表现各宿大致范围的用具在安徽出土。这件用具，由一个带刻度的漆盘组成，发现于一位死于公元前 169 年的贵族之墓（图 13.6）。这件器物从下葬到现在经历了

527

---

　　⑨　当然，这与二十八宿最初的意思不同，宿的意思是月亮过夜的地方。

　　⑩　David Pingree and Patrick Morrissey, "On the Identification of the *Yogatārās* of the Indian naksatra," *Journal for the History of Astronomy* 20（1989）：99－119. 更多关于印度星宿及其与地图学的关系，参见 Joseph E. Schwartzberg, "Cosmographical Mapping," in *The History of Cartography*, ed. J. B. Harley and David Woodward（Chicago：University of Chicago Press，1987－），Vol. 2. 1（1992），332－87。

相当长的时间。[99] 盘子边缘有刻度，标记了二十八宿名称。这是二十八宿非均匀分布的最早的直接证据。

同一墓室中还发现了保存完好的"式"盘，也是迄今发现最古老的式盘。[100] 20 世纪 70 年代，曾在其他墓葬中出土过一大批类似的汉代装置，或为漆器或为青铜器。[101] 这些仪器式样相当统一：一般是在一个较大的方盘（"地盘"）上放置一个较小的盘，即所谓的"天盘"。两个盘子通过一个中心轴连接在一起，并可通过这个轴来回转动。上边盘子的边缘刻有二十八宿以及一年 12 个月的名称，盘心有北斗七星图案。下边盘子上刻有 12 个罗盘方位以及各宿名称。此类式盘上画有想象的天穹上可见的北斗七星，也就是说，它所描绘的是天球的表面。式盘从汉代以来用于占卜。古代中国赋予北斗七星特别的重要性，认为它是上天力量的象征。[102]

最早完整列出二十八宿赤道距度的是道家文献《淮南子》（约成书于公元前 120 年）。本书于公元前 139 年，由汉武帝的叔叔，淮南（今安徽）王刘安呈送给武帝。据称，这本书那时刚刚完成不久。武帝很高兴，于是将它保存在自己的私人图书馆里。我在一篇未发表的文章中分析了《淮南子》卷 3《天文训》关于二十八宿宽度的记载，发现误差为 0.5 度。

两部汉代的正史（指《汉书》和《后汉书》）经常描绘彗星穿过天空的视路径（apparent paths）。[103] 此类记载从星图学的角度来看特别有趣，因为彗星与月亮和地球不同，它（的活动范围）并不局限于黄道带。例如，《汉书》卷 27 讲到哈雷彗星的一次运动时，注意到它穿过或靠近十多个独立的星座。[104] 这些记录有助于检验有关著名的哈雷彗星运动的现代理论的准确度。公元前 2 世纪中叶有关彗星的记录很少提到二十八宿以外的星座，也没有提及后来记载的二十八宿以南或以北的许多星座。这一点虽然很重要，但必须强调的是，现在所见的只是对原始观测的总结，许多关键的信息可能丢失了。

《汉书》中关于公元前 138 年彗星的报告特别有趣，因为这里第一次提到由一些相当清晰的星链所组成的主要星座群——三垣中的两垣[105]，即太微垣和紫微垣，它们处于室女区和北拱极区（另一垣是天市垣，主要位于武仙座和蛇夫座）。在天文学中，太微垣特别重要，因为它为黄道所经过，因此，处于月亮和其他行星的运行轨道上。紫微垣所包围的区域，大体是中国中部和北部地区地平线上恒见的星区。

《汉书》中公元前 50 年前后的几条记载表明，这一时期的星图学有所进步，至少已经为某些星座的组星指定了参考编号。因此，在记录公元前 48 年出现的一颗可能的新星时，

---

[99]　这件仪器的线图见于，殷涤非《西汉汝阴侯墓出土的占盘和天文仪器》，《考古》1978 年第 5 期，第 338—343 页。

[100]　殷涤非：《西汉汝阴侯墓出土的占盘和天文仪器》（注释 99）一文发表了这件仪器的照片。

[101]　Harper，"Han Cosmic Board"（注释 39），这篇文章简单介绍了式盘的细节，还转引了中国期刊中关于式盘的主要研究，我接下来对式盘的介绍主要根据哈珀（Harper）的文章。

[102]　《汉书》卷 99 对占卜盘用法的记载引人入胜；现代版见，7 卷本，中华书局 1970 年版。英译见 Dubs in Ban, *Former Han Dynasty*，3：463 – 64（注释 85）。

[103]　这些记载的英译见：Ho Peng-yoke，"Ancient and Mediaeval Observations of Comets and Novae in Chinese Sources," *Vistas in Astronomy* 5 (1962)：127 – 225，143 ff.《汉书》卷 26《天文志》，卷 27《五行志》，内容以天象为主，同时也有许多诸如彗星、食等天体现象的记载。

[104]　关于这条记载的英译与讨论见：Stephensonand Yau，"Far Eastern Observations，" 201 – 2（注释 2）。

[105]　《汉书》卷 26（注释 102）。亦参见 Ho，"Ancient and Mediaeval Observations，" 144（注释 103）。

《汉书》写道：客星"出于南斗第二星附近约四寸处（大约0.4度）。"[106] 汉代文献提到的恒星参考编号的情况还相当少，但从晋代（265—420）开始，这一现象变得普遍起来（详后）。

两大主要的星表从那时保存下来，提供了关于西汉时期如何绘制夜空图的宝贵信息。它们分别出自《史记》和《星经》。关于《星经》的编撰，前面已经简单提及。

528　　《史记》卷27《天官书》所载星表最早覆盖了整个中国的可见星空。虽然《星经》中的星表（见《开元占经》卷60—63）大致与本书同时，但是流传至今的《星经》版本是不完整的。司马迁在《史记》中简要介绍了大约100个星座（包括二十八宿），将它们归为5个天区：中宫、东宫、南宫、西宫和北宫。在这五个天区中，中宫也被称为紫禁宫（紫微宫），它是圆形的，属于拱极星区，这一星区在中国北部地理纬度范围内是永远不会降落的。余下四宫呈短扇形，从恒显圈延伸到恒隐圈。后来，东宫又被标志为青龙、南宫为朱雀、西宫为白虎、北宫为玄武。司马迁的记述或多或少被成书于2个世纪以后的《汉书》卷26《天文志》所重复。直到7世纪以后，我们才能看到更大范围内的星座。

从中宫的拱极星开始，《史记》对每个星官（小星座）做了定性描述。东宫的星群，覆盖了大致从赤经12时到18时的范围，包括了二十八宿中最前面的7宿；北宫（18时到24时）包括接下来的7宿；西宫与北宫依次。[107] 没有位置测量数据，个别星官的相对位置也只有模糊的描述。书中频繁提到占卜，表明编制星表的主要动机之一是为了占星。[108]

《史记》对各星官的描述着墨不一。对于一些重要的星官，如北斗七星，每一个组星都有各自的名字。通常会说明某一星官中组星的数量，但也不总是这样，即便对于二十八宿。星官的组星数量从一个到十多个不等，如天狼星（Sirius）或老人星座（Canopus）。总的来说，中国星官的范围较西方星座小得多。

《史记》中大多数星官的名字与后代著述相同。与西方星座相比，这些名字往往比较世俗化。它们不是以神和女神来命名，而是以中国皇帝为中心来命名的，如皇帝与他的家人，大臣与将领，家畜，宫殿、市场、监狱、马厩等建筑物。星官的外形发生变化或者客星进入该星座，则被认为预示着地上相应的对象要发生什么事情。

有关《史记》和后代星表的研究文章，都强调这些星表有独立的起源，很少提及中国与巴比伦—希腊星座名称之间的对应关系。除了显眼的北斗七星，只有另一个轮廓分明的星座——微星以及狼星被提及。微星就是中国星图上的龙尾、西方星座中的蝎尾。狼星相当于明亮的天狼星。天狼星是大犬座（Canis Major）的属星，狼星则被认为是一个孤立的星体。[109]

---

[106] 《汉书》卷26（注释102）。亦参见 Ho，"Ancient and Mediaeval Observations，" 147（注释103）。

[107] 《史记》卷27记载的不在中心的四宫次序是东、南、西、北四宫。由于各宿宽度不均，这些宫实际的宽度从约75度到110度不等。

[108] 例如，《史记》卷27就有一条记载（注释28）谈到心宿，心宿由天蝎座的3颗恒星组成："心为明堂，大星天王，前后星子属。不欲直，直则天王失计。"甚至到以后的时代，中国的天文学家仍然相信，一个星座中各恒星的相对位置会发生某种程度的改变，但他们有一个奇怪的想法，那就是只测量各星座中的主星，而不仔细测量其他恒星。见《晋书》卷11（注释14））和其他正史天文志。

[109] 关于中国和西方发现的星座图像的相似之处的讨论，见下文。

在《史记》的星表中，有 11 颗星被描述为大星。薄树人注意到，实际上所有这些恒星都是今天观察到的最亮的恒星，但是他说司马迁所看到的恒星达到了五级亮度，我认为这一点还远不能自圆其说。[⑩] 托勒密将恒星分为六等（1 = 最亮，6 = 最微弱，这是现代恒星分等的基础），迄今还没有找到比对公元前中国星分等的方案。如果一颗恒星被当作某个星座的组星，它在占星上的重要性似乎并不亚于同一星座中更亮的恒星。

被前山保胜和薮内清断定为公元前 70 年前后 30 年的《星经》[⑪] 给出了 120 个星群的准确位置。除了二十八宿，其北边的 62 个星官和南边的 30 个星官也列入星表。除了二十八宿，这个星表只列入了中宫、东宫、北宫的星群。《开元占经》中发现的《星经》文本也见载于《道藏》，题为《通占大宪历星经》，附有每个星座的略图，但是这些略图未必就是早期所绘。

虽然《星经》中的星表并不完整，但最初的星表可能包括了对西宫和南宫星座位置的类似测量数据。现存的部分星表似乎代表了对中国北方部分整个可见夜空的系统测量。

通过仔细探究，前山信心满满地确认了《星经》所列 120 个星官中几乎所有的重要恒星。[⑫] 在纠正了一些明显的传抄错误后，他发现位置测量的真实精度通常在 1 度左右。这种精确的测量可能是借助浑仪来进行的。浑仪由一根窥管和一条对着北极安装的赤纬圈组成。晚期的中国史书将这种装置归功于公元前 104 年落下闳的发明。但我们知道，至迟到公元前 52 年，浑仪上已经加上了第二道圆环（与第一道相交成直角）。[⑬]

特别有趣的是《星经》对天球纬度，即黄道南北的测定。[⑭] 这些测定表明，当时人对于太阳每年所经星座的轨迹已经有了明确的界定。已知对二十八宿黄道距度的估计是在东汉时期。[⑮] 但应该强调的是，中国历史上更加重视的还是赤道坐标。

三国至隋朝（220—618 年）

汉代结束后，中国开始了数百年的混乱时期。南北方广泛开展的天文活动也成为这一时代的特征。尽管我们知道有几样重要的星图和浑象都制作于这个时期，但它们没有一个流传下来，只有少数粗糙的星图保存至今。

数百年后编写的正史提到了三国时期（220—265）星图与浑天仪的制作，但记载得十分简略。史书上还不经意地提到吴国太史令陈卓（活跃于 3 世纪后半叶）制作的一幅星图。这幅图绘制于 265 年至 280 年之间。据《晋书》记载，陈卓星图上绘有 1464 颗恒星，共计 283 个星官。[⑯]《隋书》补充了一些细节。《隋书》载，汉代星图在汉朝末年动

---

⑩ Bo Shuren（薄树人），"Sima Qian-The Great Astronomer of AncientChina," *Chinese Astronomy and Astrophysics* 9 (1985)：261-67。薄树人发现除了很少几颗被称"大星"的恒星外，几乎没有关于恒星亮度的参考资料。

⑪ Maeyama，"Oldest Star Catalogue"（注释 54）；Yabuuchi，*Sekishi Seikyo no kansoku nendai*（注释 55）。

⑫ Maeyama，"Oldest Star Catalogue"（注释 54）。

⑬ 例如，Ho，*Li，Qi and Shu*，124-25（注释 16）。

⑭ 天赤道在中文中叫赤道，即红色的轨道。

⑮ 见 Maeyama，"Astronomical Data of Ancient China," 269 ff.（注释 69）。

⑯ 见第 518 页，据《晋书》卷 11（注释 14），陈卓在晋朝开国皇帝晋武帝（265—290）在位时制作他的星表。由于吴国于 280 年臣服于晋国，这个星表的年代范围缩小到 265—280 年。

乱中遗失：

> 三国时，吴太史令陈卓始立甘氏、石氏、巫咸三家星官着于图录，并注占赞，总有二百五十四官，一千二百八十三星并二十八宿，及辅官附坐一百八十二星，总二百八十三官，一千五百六十五星。[117]

上面这一段话中有一个明显的错误，那就是，恒星数量应该是 1464 个，而不是 1565 个。在这里，我们看到了战国时代形成的星图学传统的复活。增加的星数是耐人寻味的。汉代所编的星表（包括现存的《星经》版本）给出了二十八宿中的 164 颗星，但初唐（618—907）以后的星表，二十八宿中有六宿的星数增加了，总数达到 182 颗，[118] 其中有 118 颗与陈卓星表相同。也许那时由陈卓亲自负责修订了二十八宿组星的数目。在他之后，似乎再也没有大的改动。令人遗憾的是，史书中除了叙述星官（群）与星数之外，没有留下陈卓绘制星图的任何信息。我们还知道他写过几本天文学和占星术方面的书，包括《星述》，这本书至少在 12 世纪还可以见到。[119]

530　　《晋书》认为陆绩（活跃于 220—245）制作过一件浑象（浑天），陆绩与陈卓一样，也是吴国的天文学家。[120] 据《隋书》，吴国的第三位天文学家叫葛衡（活跃于 250 年前后），他"改作浑天，使地居于天中，以机动之"。[121] 但对于上述这两样装置的记述都只有只言片语。吴国的天文学家和数学家王蕃（219—257）曾批评以前的浑象要么做得太小，球上的星星显得拥挤不堪；要么做得太大，转动起来太困难。"蕃以古制局小，星辰稠概，衡器伤大，难可转移，更制浑象，以三分为一度，凡周天一丈九寸五分四分分之三也。"[122] 遗憾的是，我们并不知道这件浑象如何展示星星。据《晋书》，陆绩与王蕃制作的天文仪器在 4 世纪游牧人入侵中国的北方一带之后一并消失了。[123]

有关晋代（265—420）星图与浑象制作的史料是微不足道的。尽管如此，《晋书》（以及《宋书》）记录了大量的天文观察，似乎暗示，这一时期也曾出现过质量上乘的星图。大量关于月亮、行星、彗星和流星的观测记录被保存下来。除二十八宿外，文献中还记录了其他的许多星座。

前面已经提到，汉代就已经为各星官组星指定了参考编号。现存晋代文献中有许多以下面的格式记录的例子："月亮遮住了轩辕第二星（在狮子座）"或"金星侵入房星（在天蝎座）南边"。因此，如果选择一个合适的日期计算月亮和行星的位置，就可确定黄道附近特定星群中单个恒星的位置。[124] 虽然这种编号方案直到相当晚近还在被使用，但不能确定它在

[117]　《隋书》卷 19《天文志》、出自 Needham, *Science and Civilisation*，3：264（注释 5）。

[118]　参见《晋书》卷 11（注释 14）。

[119]　见 Needham, *Science and Civilisation*，3：207 and 264 note。（注释 5）。

[120]　《晋书》卷 11（注释 14）。

[121]　《隋书》卷 19、现代版卷 6（中华书局 1973 年版）。

[122]　《晋书》卷 11 的译文出自 Ho, *Astronomical Chapters*，66（注释 4）。

[123]　《晋书》卷 11（注释 14）。

[124]　关于 4—5 世纪中国文献中提到的 50 颗黄道星证认的讨论见，刘次沅《由月亮掩犯记录得到的五十颗黄道星的东晋南北朝时期星名》，《天文学报》27（1986）：276—278（英文摘要见第 278 页）。

数百年间是否发生过显著的变化。

晋朝之后是刘宋（420—479），为六朝之一。刘宋建立后不久，太史令钱乐之在南京制作出一件青铜浑天（他还制作过一件青铜浑仪）。在这件仪器上，他以不同颜色的珍珠标识不同的星座，虽然当时对于哪个星座用何种颜色还存在争议。《宋书》中最早记录此事如下：

> 文帝元嘉……十七年，又作小浑天，径二尺二寸，周六尺六寸，以分为一度，安二十八宿中外官，以白黑珠及黄三色为三家星，日月五星，悉居黄道。[125]

《隋书》关于不同恒星所采用颜色的记录与《宋书》并不一致。《隋书》卷19《天文志》有两处记载与《宋书》略有差别。其一与《宋书》的描述相同，但有所增补："安二十八宿中外官星备足。以白、青、黄等三色珠为三家星。"[126] 另一段话则称，"宋元嘉中，太史令钱乐之所铸浑天铜仪，以朱、黑、白三色，用殊三家，而合陈卓之数"。保存下来的文本之所以存在差异，可能是人们对钱乐之制作的浑仪与浑象的特点有所混淆的缘故。

在浑象和星表中用三种颜色标识恒星的做法在中世纪中国延续下来，[127] 而且传到了朝鲜，直到18世纪这种做法在朝鲜还很流行（见下文）。这种做法是否反映了源自战国的传统，至今仍未找到答案。虽然无法得知钱乐之根据何种资料将恒星精确展示于浑象之上，但直到581年隋朝统一中国时，这件浑象仍然在使用。据载，钱氏制作的浑仪和浑象均于581年带到长安，16年后，它们被搬到洛阳的天文台。[128] 650年后，就再也没有关于这些仪器的消息了。

531

现存最早的极星（Pole Star）北极距测量数据是刘宋时期留下的。许多世纪以来，亮星帝王星或大帝星，即 βUMi，一直是北极的显著标志，尽管它与真极的距离从来没有低于7度。但是，东汉时期，由于岁差的存在，帝星与天极的距离增加了很多，那时的天文学家便用牛星（纽星，Pivot star）来替代之。[129] 牛星属于北极星群，可能就是鹿豹座的一颗暗星（鹿豹座，32 H Cam）。在史密松星表（Smithsonian Astrophysical Catalog，SAO）中，这颗星的编号是2102号，这是那一时期天极轨道附近为数不多的肉眼可见的恒星。

据《隋书》记载，南朝宋天文学家祖冲之（429—500）测量了牛星的北极距，发现它与"不动处"的距离不低于1度。与之相比，计算所得史密松星表2102号星在460年的北极距为1.9度。[130]

几个世纪以来，史密松星表2102号星一直是天极标志，但现在最终为天皇大帝星——

---

[125]　出自《宋书》卷23《天文志》，译文出自 Needham, Wang, and Price, *Heavenly Clockwork*，（有略微改动）（注释80）。

[126]　译文出自 Needham, Wang, and Price, *Heavenly Clockwork*，97（注释80）．

[127]　例如，李约瑟评述道："从一个落选的科举士子的故事中我们得知，直到1220年，还有表现传统色彩的星图。"Needham, *Science and Civilisation*，3：264（注释5）。

[128]　《隋书》卷19《天文志》，译文出自 Needham, Wang, and Price, *Heavenly Clockwork*，98（注释80）。

[129]　潘鼐《中国恒星观测史》（第166—169页，注释7）对中国恒星识别史作了富有价值的探索，很大程度上取代了李约瑟的相关讨论（Needham, *Science and Civilisation*，3：259—62，注释5）。

[130]　《隋书》卷19（注释12）。

αUMi 或北极星（Polaris）所取代。

550 年前后，刘宋都城建康制作了一个巨大的浑象。史书这样写道：

> 浑象者……以木为之。其圆如丸，其大数围。南北两头有轴。遍体布二十八宿、三家星、黄赤二道及天汉等。别为横规环，以匡其外。高下管之，以象地。……正东西运转，昏明中星，既其应度，分至气节，亦验，在不差而已。[131]

这件装置下落不明。当隋朝开国皇帝征服南方的陈朝之后，史书记载：

> 得善天官者周坟，并得宋氏浑仪之器。乃命庾季才等，参校周、齐、梁、陈及祖暅、孙僧化官私旧图，刊其大小，正彼疏密，依准三家星位，以为盖图。[132]

用来参照的还有此前数百年的各种"旧图"。

尽管从三国至隋代，人们对星图学的兴趣是显而易见的，但只有少数几幅这个时期的星图保存下来。其中的两幅星图值得一书。在 1973 年洛阳发掘的一座北魏墓中发现了一幅星图。[133] 墓葬年代为 526 年。星图直径约 3 米，在浅黄色地子上用大小相近的红圈画出恒星（图版 31）。一些恒星被连缀成组，但大多数并不相连。整个星图外观相当粗糙。除了北斗七星，很少有星群能被轻易辨识。这幅图的不同寻常之处在于突出了天汉的重要性，蓝色的天汉平分夜空。这可能是中国最早的天河图像。不过，前面也说过，比这幅星图早一千多年的《诗经》也提到过天汉。

几年前，一座高昌（今新疆吐鲁番）墓葬中出土了神话中圣王伏羲和女娲的帛画，其年代在 500 年到 640 年之间。[134] 这是中国极西北（位于或靠近古老的丝绸之路）发现的几处重要的星图之一。这幅画的规格为 2.25 米 × 1 米，在浅黄地子上粗略地画出了大约 30 个白色的星群，并画出了部分天汉。1908 年敦煌（甘肃）发现的一座 897 年墓葬中也出土了一幅与之十分相似的帛画。类似的物品在墓葬中似乎并不罕见，通常是将帛画固定在墓顶。[135]

还有两个可能产生于唐代以前的星座表也值得一提，尽管两个表都没有任何测量数据。这两个星座表都是以诗歌的形式写出的。其中最有名的一首出自隋代诗人王希明之手。王希明，别号丹元子（活跃于 590 年前后）。他的《步天歌》简略地唱出了大约 300 个星官，并枚举每个星官中的星数。李约瑟认为，丹元子"相当于中国的亚拉图（Aratus）或马尼留

---

[131] 《隋书》卷 19《天文志》，译文出自 Needham, *Science and Civilisation*，3：384（注释 5）。

[132] 《隋书》卷 19《天文志》，译文出自 Needham, *Science and Civilisation*，3：264（注释 5）。

[133] 对这幅星图的讨论以及一幅这张星图的彩色照片，发表于：王车、陈徐《洛阳北魏元乂墓地星象图》，《文物》1974 年第 12 期，第 56—60 页，图版 1。作者识别了星图上所绘的大约 30 个星群。见《中国古代天文文物图集》图 8（注释 6）。

[134] 《中国古代天文文物图集》第 9、120 页（注释 6）。

[135] 潘鼐《中国恒星观测史》，图版 25（注释 7）。

532

（Manilius），尽管他比后二者要晚很多年"[136]。因此，《步天歌》在此后的几个世纪受到高度重视，据说"所有讨论星座的人都是以《步天歌》作为标准的"[137]，到了 12 世纪，有人建议人们在晴朗的夜空吟唱这首诗歌，以便熟悉星座。[138]

后代的文献称，这首诗描写了 283 个星官，总共包括 1464 颗恒星。[139] 这个数字与公元 3 世纪陈卓星图所列星官数和恒星数相同。[140]

1908 年在敦煌发现了的两件写本上载有另一首星座诗，这首诗可能与《步天歌》同时或者更早。这两件写本现藏于巴黎法国国家图书馆（Bibliotheque Nationale in Paris）。与王希明的构思不同，写本中题为《玄象诗》的诗歌似乎流传得并不广。这两件均出自伯希和所发现的大量敦煌千佛洞写本。[141] 其中一件题有这首诗的写本（第 2512 号）带有相当于 621 年，即初唐的纪年，但是它可能抄自更早的源本。另一件写本（第 3589 号）上没有留下纪年。最近邓文宽对这首诗做了全面的研究，认为它作于三国至隋代的某个时期。[142]

《玄象诗》不如《步天歌》详细，而且带有一种王希明诗中所不见的占星倾向。另外，《玄象诗》（佚名）根据各星座与古代天文学家石申、甘德和巫贤的关系，将其分为三组。邓文宽据此认为这件作品的年代要早于《步天歌》（后者是按各星座所处星宫来分组的）。邓氏还注意到，在第 3589 号写本的其他地方，有一段摘自陈卓天文著作的话。不过，这些特征并不一定表明它的年代更早。

第 2513 号写本上有一个单独的部分对一份未详细说明的星表内容做了解说，据说这份星表中的恒星是以三色标注的（使人回想起钱乐之制作的浑象）。[143] 这一段文字开头列出二十八宿，叙述组成各宿的星数。此外还给出了距星的北极距（以度为单位）。这些数字与汉代的测量值完全一致，（也就是说）它们并不是当代的测量数据。二十八宿中所有的组星加起来有 182 个，包括与二十八宿中的六宿毗邻的 17 个恒星。这个总数与传说中陈卓星座表所包含的星数相同。

接下来简单描述了二十八宿南边和北边的另外 256 个星官。最前面的 94 个星官据说来自石申，后面的 118 个来自甘德，余下的 44 个来自巫贤。三组没有任何重叠。每一组都有一套独立的星座。对于每个星官，都给出其组星的数字，并简要描述该星官与其相邻星官之间相对位置。没有提供任何测量数据。

星官总数和恒星总数（284，1464）大体与《晋书》和《隋书》所载陈卓所建星表以及

⑬⑥　Needham，*Science and Civilisation*，3：201（注释 5）。

⑬⑦　这则评论出自一幅 18 世纪朝鲜天文屏风上的文字。见 Joseph Needham and Gwei-djen Lu，"A Korean Astronomical Screen of the Mid-Eighteenth Century from the Royal Palace of the Yi Dynasty（Choson Kingdom，1392 – 1910），" *Physis* 8（1966）：137 – 62，esp. 148。

⑬⑧　Needham，*Science and Civilisation*，3：281（注释 5）。

⑬⑨　Needham and Lu，"Korean Astronomical Screen"（注释 137）。

⑭⑩　Soothill，*Hall of Light*，244 – 51，翻译和讨论了这首诗（注释 21）。

⑭①　斯坦因（Mark Aurel Stein）是第一个探索敦煌大量文书档案的欧洲人。1907 年，他为大英博物馆购得大量的写本。一年以后，伯希和（Paul Pelliot）为法国国家图书馆购得不少敦煌剩下的写本。最后，中国政府运走了余下的写本。

⑭②　邓文宽：《比"步天歌"更古老的通俗诗性作品——玄象诗》，《文物》1990 年第 3 期，第 61—65 页。

⑭③　参阅 Maspero，"L'astronomie chinoise，" 272 and 319 ff.（注释 49）。我根据（法国）国家图书馆提供的写本文献缩微胶片确定了下面的细节。

钱乐之的浑象相同。下面我们还会谈到，这些数字直到相当晚近的世纪还保持着权威性。

533 西方黄道十二宫的符号最早是在隋代经由印度传入中国的。中国文献中最早提到西方黄道十二宫的是《大藏经》，这是梵文佛典（Buddhist Tripiṭaka）的中国译本，佛经中称之为《大方等大集经》。[144] 有关黄道十二宫的文献见于《大藏经》第 397 部，是从隋代由梵文转译到中国来的。《大方等大集经》卷 42 列出了掌控农历十二个月份的黄道十二宫符号。其名称翻译如下：一月，公羊；二月，公牛；三月，双鸟；四月，螃蟹；五月，狮子；六月，天女；七月，天秤；八月，蝎子；九月，射手；十月，摩羯；十一月，水瓶；十二月，天鱼。[145] 大多数名称很容易与黄道十二宫的名称对上，只有六月和十月的名称明显不同。特别是，摩羯一词，为梵文词 makara（海兽）的音译，相当于摩羯宫。直到唐代，我们才第一次看到中国人用图画方式展示至少部分黄道十二宫。

唐五代时期

  唐代（618—907）是一个有着伟大文化成就的时代，不止在天文学方面。两部官修唐书保存了许多细致观察太阳、月亮和其他行星，以及与星座有关的彗星运动的记录，[146] 表明这一时期皇家天文学者已经可以精确描绘夜空了。然而，总体来说，唐代星图的留存状况并不比它以前的时代好。我们对唐代星表和浑象制作的情况也几乎一无所知。

  7 世纪和 8 世纪，几位印度天文学家在唐代都城长安的观象台（imperial observatory）担任官职。这些人，包括在 739 年编撰《开元占经》的瞿昙悉达，虽然获得了太史令的尊位，[147] 但是没有证据表明他们对中国星图学的发展有何重要的影响。印度天文学家特别关注以希腊方法为基础的数学天文学，并用它来预测日食等天体活动。

  一行（682—727）是中国本土人，他既是佛教僧侣，又是顶尖的天文学家，他在长安制作了好几个重要的（天文）仪器，其中之一似乎就是浑象。据两唐书《天文志》载，该仪器"为圆天之象，上具列宿赤道及周天度数。注水激轮，令其自转，一日一夜，天转一周"。[148] 这个装置由一座水钟驱动，每二十四小时转动一次。遗憾的是，找不到任何更多相关的天文制图学细节了。

  我们也找不到任何有关唐代绘制的其他星图的资料。一行以发起到安南（今越南）的探险而著称，在这次远征（还有其他目标）中观测到在中国看不到的南方星座。[149] 此次行动发生于 724 年，由太史令南宫说领导，同行的有大相元太。尽管没有记载说明他们所绘制的

---

[144] 《大藏经》曾以《大正新修大藏》（由大正大学修订的中国三藏经）为名出版，由高楠顺次郎和渡边海旭监修，85 册，（東京：大正一切经刊行会 1924—1932 年版），见 W. Eberhard, "Untersuchungen an astronomischen Texten des chinesischen Tripitaka," *Monumenta Serica* 5 (1940): 208 – 62, esp. 232 ff.

[145] 感谢杜伦大学的 A. C. Barnes 就《三藏经》发现的西方黄道十二宫符号的识别所作的富有价值的评论与建议。

[146] 刘昫等撰《旧唐书》（编撰于 940—945 年）卷 35；见现代版，16 卷本，中华书局 1975 年版。欧阳修等《新唐书》（编撰于 1032—1060 年）卷 31；见现代版，20 卷本，中华书局 1975 年版。

[147] 详细介绍见 Yabuuchi, "Researches on the *Chiu-chih Li*"（注释 10）。

[148] 译文出自 Needham, Wang, and Price, *Heavenly Clockwork*, 77（注释 80）。

[149] 详细介绍见 Arthur Beer et al., "An 8th-Century Meridian Line: I-Hsing's Chain of Gnomons and the Pre-history of the Metric System," *Vistas in Astronomy* 4 (1961): 3 – 28。

南方星图有多完整，但《旧唐书》卷35的记载也相当有趣：

大相元太云："交州望极，才出地二十余度。以八月自海中南望老人星殊高。老人
星下，环星灿然，其明大者甚众，图所不载，莫辨其名。大率去南极二十度以上，其星
皆见。乃古浑天家以为常没地中，伏而不见之所也。"⑮⁰

　　明代（1368—1644）流传下来的中国航海图上画出了几个南方的星座，但是直到在耶
稣会士的时代以前，没有任何证据表明，中国广泛绘制过南方拱极星座。（见下文）

　　20世纪初在敦煌石窟中发现的两幅内容相当详细的星图，其时代可能追溯到唐五代时
期（907—960）。其中，1907年斯坦因为大英博物馆购得的写本中有一幅星图，内容更为详
尽。第二幅星图在此后几年（欧洲人的探险之后）被中国官方发现，现存于敦煌。

　　最早开始探讨斯坦因为大英博物馆购得的这幅星图的人是李约瑟，他在文章中公布了这
幅星图的部分照片。⑮¹李约瑟指出该图的年代大约为940年，但他并没有给出推测的理由。
然而，中国的学者更倾向认为其年代比940年早出200年左右，⑮²但也没有什么证据，得不
出定论。斯坦因在敦煌发现带纪年的手稿中，最早的年代为405年，最晚为995年。⑮³

　　这幅粗糙但色彩丰富的星图绘制于一卷宽24.5厘米的浅黄色纸张上（图13.7至图
13.10）。在大英博物馆的编目中，这件写本被称为质量"中等"。⑮⁴将全长3.4米的卷子展
开，直到最后三分之一，才看到星图。在星图之前，画的是各式各样的"星气"（celestial
vapors）。这幅星图分为13个部分。其中之一展示的是恒显区（约在赤纬 + 55°以北），另外
十二部分描绘的是中国可见星空的余下部分。每一个长方形条展示的范围差不多是30度，
覆盖了十二次之一。绘图者也没有试图表现投影。相对于垂直（赤纬）比例，水平（赤经）
比例明显被放大。

　　这幅星图用三种颜色——红、黑、黄表现恒星，任一星官的所有组星只用单一颜色表示
（伯希和发现的621年敦煌写本也采用同样的颜色），只是粗略勾画出各种星座，很少或根
本没有测量数据，二十八宿之间的界线、天赤道等也没有画出来，但是上面标有每个星官的
名称，不同星官的形状类似于后来的星图。到目前为止，敦煌图所显示的星座和恒星的数量
似乎还没有统计出来。这幅地图主要的诱人之处在于它的年代。它可能是任何文明中，现存
最早的展示整个可见夜空的星图原作。⑮⁵

537

　　⑮⁰　译文出自 Beer et al., "Meridian Line," 10（注释149）。

　　⑮¹　Stein No. 3326（写本现藏于大英博物馆）；Needham, *Science and Civilisation*, 3：264 and PL. s. 24 and 25（注
释5）。

　　⑮²　Xi Zezong, "Chinese Studies in the History of Astronomy, 1949 – 1979," *Isis* 72（1981）：456 – 70, esp. 464；潘鼐
《中国恒星观测史》第156页（注释7）。

　　⑮³　Lionel Giles, *Descriptive Catalogue of the Chinese Manuscripts from Tunhuang in the British Museum*（London：British Mu-
seum, 1957），xi.

　　⑮⁴　Giles, *Descriptive Catalogue*, 225（注释153）。

　　⑮⁵　席泽宗：《敦煌星图》，《文物》1966年第3期，第27—38页。本文提供了一幅完整的插图并详细讨论了这幅星
图。

534

图 13.7　大英博物馆收藏的敦煌星图

这里展示的是叠合的 4 个部分（参见图 13.8—图 13.10）。每一部分从右向左读。图中画出了北拱极区外围的星座。根据文字中对恒显区的描述，每张长条状的图画出了"十二次"中的一"次"。这幅粗糙的星图没有考虑投影。

整卷尺寸：24.5×340 厘米。经伦敦大英图书馆东方与印度部许可（斯坦因，第 3326 号）。

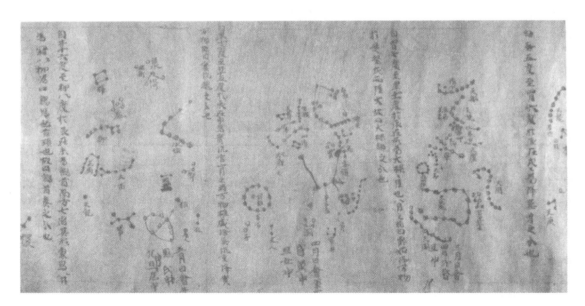

图 13.8　上接图 13.7

此图接续的是原图东边上方 90° 的范围，不算重叠部分。右侧的星区包括金牛宫的昴和毕，中心区有参（猎户座的主星）。注意左侧带状区的"弓和箭"形状，它们指向狼星——天狼星（亮星）。

经伦敦大英图书馆东方与印度部许可（斯坦因，第 3326 号）。

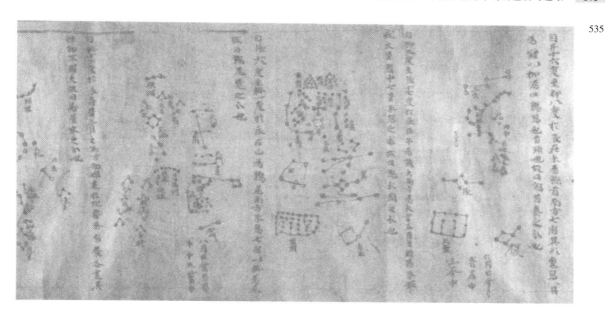

图 13.9　上接图 13.8

　　这一部分继续向东，也包括正上方 90 度的部分，折叠部分除外。此图右侧直行的文字以及其他部分的文字，除了记录其他内容外，还给出了所绘恒星所在的赤经（相对于二十八宿）。

　　经伦敦大英图书馆东方与印度部许可（斯坦因，第 3326 号）。

图 13.10　上接图 13.9

　　这一部分位于原图的中部偏右，在图 13.9 的东侧，（与前面三部分一起）绘制出一幅除了拱极区之外的完整星空图（circuit）。左边的区域表现了北拱极区，其下缘有醒目的北斗七星。

　　经伦敦大英图书馆东方与印度部许可（斯坦因，第 3326 号）。

　　敦煌现存的星图仍然是碎片状态，并且只覆盖了极地星座（图13.11），将恒星以黑、红二色绘于污损严重的黄色写本上。这幅星图上的恒星位置比大英博物馆星图画得仔细一些，而且画出了两个赤纬。潘鼐认为这幅图摹自一幅更早的7世纪星图。[154]

　　1964年在吐鲁番阿斯塔拉一座唐墓的墓顶发现绘有二十八宿星座的壁画（图13.12）。[155] 图中将高度理想化的星座摆放在一个方框之中，每边7个，四边分别对应4个非极天宫的一宫。绘图者没有尝试说明二十八宿的间距是不均匀的。纽约美国自然历史博物馆收藏的一面

536

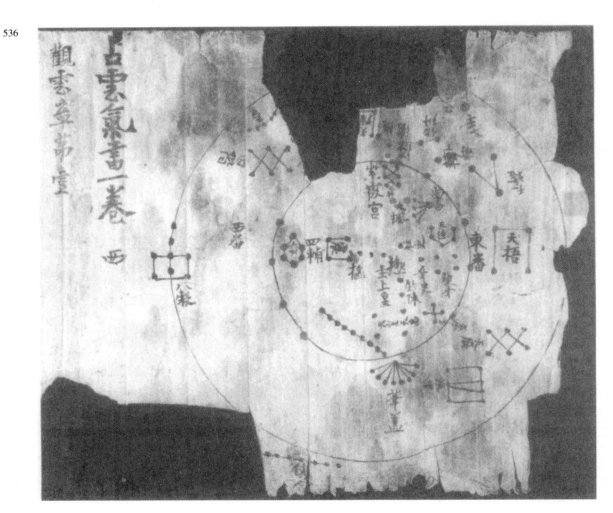

图 13.11　敦煌现存的星图（北极区）

这张残破的纸质星图上绘有北拱极区的星座。两个圆圈的赤纬大致为 +50° 和 +70°。

原图尺寸不详。

照片采自中国社会科学院考古研究所编《中国古代文物图集》（文物出版社1980年版）图12。

---

　　[154]　潘鼐：《中国恒星观测史》第156页（注释7）。《中国古代天文文物图集》图12是一幅敦煌星图的精美彩色图片（注释6）。

　　[155]　参见新疆维吾尔自治区博物馆《吐鲁番县阿斯塔那哈拉和卓古墓群发掘简报》，《文物》1973年第10期，第7—27页，特别是第18—19页。亦见 Schafer, *Pacing the Void*, 79–81（注释12）。

唐代青铜镜上的星图也是如此。镜子的背面以圆形画出二十八宿的示图。[153] 这些物品的重要性主要在于，它们是年代最早且完好保存、整体描绘二十八宿组星构形的星图，而比它们更早的那些图（如汉代的星图）在时间的推移中遭受了太多的损毁。

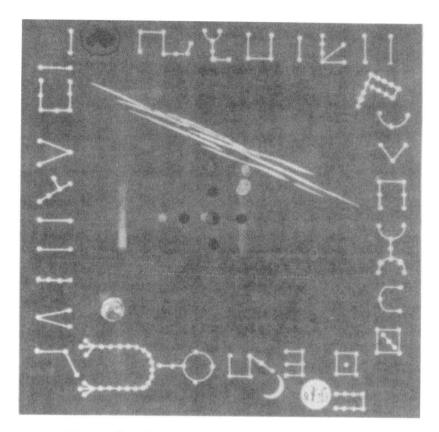

图 13.12　绘于吐鲁番（今新疆）阿斯塔拉唐墓顶部的二十八宿图

高度理想化的二十八宿，分布于一个正方形的四边，每边 7 个一组，对应 4 个非极天宫的一宫，四宫与四向有关联。

原物尺寸：不详。

新疆维吾尔自治区博物馆，乌鲁木齐。照片采自中国社会科学院考古研究所编《中国古代天文文物图集》（文物出版社 1980 年版），第 69 页。

还有两个从初唐（约 635 年）保存下来的星座表，但是没有测量数据，只有对 250 个星官的定性描述。两个星表十分相似，分别出自《晋书·天文志》（卷 11）和《隋书·天文志》（卷 19—20）。[159] 二者是由唐朝的太史令李淳风所编，系对王朝正史所载天体活动的补充。《晋书》星表中可以数出 240 个星官，1298 颗恒星。[160]《隋书》星表中则有几个不见于《晋书》的星官。

538

---

[153]　相关讨论与图片见于 Edouard Chavannes，"Le cycle turc des douze animaux，" *T'oung Pao*，2d ser.，7（1906）：51 – 122。

[159]　《晋书》星表译文见：Ho，*Astronomical Chapters*，67 – 112（注释 4），这是《晋书·天文志》的一部分。本章曾多次引用这部分精彩的译文。从汉到明代的正史天文志中，迄今只有《晋书·天文志》译成了西方语言。

[160]　Ho，*Astronomical Chapters*，19（注释 4）。

《晋书》和《隋书》的星表说明了所列各星座的恒星数，但是对各星座相对位置的描述却是模糊不清的。比起《步天歌》，它们的夜空向导作用是不足的。它们的主要作用是作为占卜手册，这方面的内容倒是极其全面。

在晋代和隋代星表的末尾，有一段关于天汉的有趣的描述。这段描述十分详细，循着天汉的轨迹，穿越天空，从天蝎座向北到达仙后座，然后向南到达船帆座，值得在此全文引用：

> 天汉起东方，经尾箕之间，谓之汉津。乃分为二道，其南经傅说、鱼、天籥、天弁、河鼓，其北经龟，贯箕下，次络南斗魁、左旗，至天津下而合南道。乃西南行，又分夹匏瓜，络人星、杵、造父、腾蛇、王良、傅路、阁道北端、太陵、天船、卷舌而南行，络五车，经北河之南，入东井水位而东南行，络南河、阙丘、天狗、天纪、天稷，在七星南而没。[161]

这可能是最古老的关于环银河世界某一部分的详细描述。

725 年，一行和他的同僚准确测定了一批恒星的位置，包括二十八宿距星的北极距。这些数据保存在《旧唐书》和《新唐书》的《天文志》中，作者还将这些数据与汉代做了比较。一行做出的大多数测量数据都精确到度，但也有少数几个精确到 0.5° 的数据。对这些数据的分析表明，常见误差小于 1°。[162] 一行还确定了某些恒星的黄道纬度，他注意到这些恒星自汉代以来好像发生过变化。他推测，由于变化太大，已不能用恒星自身的运动来解释，这应该是测量的误差以及对黄道的错误界定造成的。[163]

唐代天文学记录的最有趣和最有价值的内容之一，是对 837 年春穿越诸星座的哈雷彗星轨道的记述。那一年的彗星运动，在已知的整个历史时期中最接近地球（彗星与地球的距离大约是地月距离的 12 倍）。彗星靠近我们所在的这个行星时，其运动会受到很大的扰动。事实证明，中国人所做的观测非常精确，对于探索彗星过去轨道的现代天文学家来说，具有巨大的价值。[164] 我无法将《旧唐书·天文志》中冗长的原文翻译于此，[165] 大约有 10 个晚上，对彗星的赤经（用入宿度表示）测量精确到度，有时是半度。在距离地球最近的地方，彗星每天都会以大于 40 度的角度穿越夜空。唐代的记录非常精确，可能将近日点（perihelion）的日期和时间（彗星最接近太阳的时间）推导到大约 1 小时以内。这一哈雷彗星的记录是欧洲文艺复兴以前，世界上最全面、最准确的关于彗星运动的记录。

正如我在上一节所提到的，一部隋代所译印度佛经包含了汉文文献中最古老的关于西方

---

[161] 译文见：Ho, *Astronomical Chapters*，112 – 13（注释 4）。

[162] 这个结论是根据我未发表的分析得出的。

[163] 席泽宗：《僧一行（公元 683—729 年）观测恒星位置的工作》，《天文学报》4（1956）：212—218，特别是第212 页。Ang Tian Se, "1-Hsing（683 – 727 A. D.）: His Life and Scientific Work"（Ph. D. diss., University of Malaya, Kuala Lumpur, 1979），378 – 85。

[164] 例如，Donald K. Yeomans and Tao Kiang, "The Long-Term Motion of Comet Halley," *Monthly Notices of the Royal Astronomical Society* 197（1981）：633 – 46。

[165] 全文翻译加译注见：Stephenson and Yau, "Far Eastern Observations," 206 – 7（注释 2）。

黄道十二宫的记载。唐代继续翻译佛经，760 年翻译的《宿曜经》进一步提到黄道十二 539
宫。[166] 虽然在唐代，黄道十二宫符号的汉文名称并没有变化，但双子座却通常被认定为一个
男人和一个女人，处女座则变成了两个女人。摩羯座仍然是海兽，但名字成为 Ma-giat 或
Ma-kiat，这是进一步转写梵文 makara 的结果。这些名字在中国随后的历史时期沿用下来。

　　最早表现黄道十二宫的中国式图像符号也是唐代创造的。1975 年吐鲁番发现的写本中
就有这样的图形，[166] 虽然有所残损，但还是可以看出上面所画的几个黄道十二宫符号。例
如，在二十八宿附近画出了处女座（两个女人）和天秤座（天平）的符号。[168] 对比西方黄
道十二宫和中国二十八宿的符号是十分有趣的（图 13.13）。在唐代后期，中国出现了基于
黄道十二宫的生辰占星学（horoscope astrology）。这种占星学在民间层面上变得十分流行，
特别是在佛教信徒中，但是对朝廷官方占星活动的影响微乎其微。[169]

　　混乱的五代从 907 年延续至 960 年，我们对这一时期的天文制图几乎一无所知。正史的
天文志也很简略，由薛居正主持编撰的（912—981）《旧五代史》卷 139《天文志》和由欧
阳修主持编撰的（1007—1772）《新五代史》卷 59《司天考》，都没有提及这一时期星图的
制作。虽然这些史书都有大量天文观察（日食、月食、行星运动、彗星等）的记录，但几
乎不见任何恒星位置的测量数据。尽管如此，还是有一些有趣的二十八宿图像从五代时期保
存下来。

　　江苏省发现了几块南唐时期（937—960）的墓碑，上面刻有理想化的、7 个一组沿正方
形各边排列的二十八宿轮廓。[170] 但五代时期最重要的发现——钱元瓘（逝于 941 年）和他的
妻子吴汉月（逝于 952 年）陵墓石顶上所刻的两幅星图，其上对二十八宿的展示比这几
块石碑星图精细得多。钱元瓘是小国吴越的统治者，吴越国存在于整个五代。第一幅星
图于 1958 年发现于吴汉月墓。[171] 1975 年进一步发掘时在她丈夫的墓中发现了第二幅星图。[172]
这两张全天图（plani sphere）十分相似（图 13.14 和图 13.15），[173] 两张图都只绘出了少数几
个星座：二十八宿和几个拱极星座以及著名的北斗七星。采用的是天极投影（等距投影）。
各图都画出了恒显圈，星图的外圈则代表恒隐圈。钱元瓘墓星图上还标出了天赤道。对这幅
图的测量表明，恒显圈的半径为 37°，星图边缘延伸到赤道以南 38 度。这些数据与中国北
方星空更吻合，因为杭州的纬度只接近 30°。

---

　　[166]　《大藏经》第 1299 部；参见 Eberhard，"Untersuchungen an astronomischen Texten，" 232 If（注释 144）。

　　[167]　详见夏鼐《从宣化辽墓的星图论二十八宿和黄道十二宫》，《考古学报》1976 年第 2 期，第 35—58 页，特别是
第 49 页。重刊于氏著《考古学和科学史》，科学出版社 1979 年版，第 29—50 页，特别是第 46—47 页。

　　[168]　照片刊于夏鼐《从宣化辽墓的星图论二十八宿和黄道十二宫》，图版 13（顶部）（注释 167）以及《中国古代天
文文物图集》图 70（注释 6）。

　　[169]　对于唐代占星术的讨论，见 Schafer，*Pacing the Void*，58 - 119（注释 12）and Shigeru Nakayama，"Characteristics
of Chinese Astrology，" *Isis* 57（1966）：442 - 54，esp. 450。

　　[170]　图片刊于《中国古代天文文物图集》第 75—76 页（注释 6）。

　　[171]　详见：浙江省文物管理委员《杭州临安五代墓葬的天文图和秘色瓷》，《考古》1975 年第 3 期，第 186—194 页，
特别是第 190—91 页。本文还有一张带按比例绘制的线图（原石已不存）。

　　[172]　伊世同：《最古的石刻星图——杭州吴越石刻星图评价》，《考古》1975 年第 3 期，第 153—157 页。本文还刊发
了一张拓片照片和一张按比例绘制的线图。石碑已损坏，但表面保存得不错。石碑尺寸约为 4.2 × 2.7 米，现在保存于杭
州碑林的一个巨大的玻璃罩中。

　　[173]　两张星图及其讨论见于《中国古代天文文物图集》第 72—73、122 页（注释 6）。

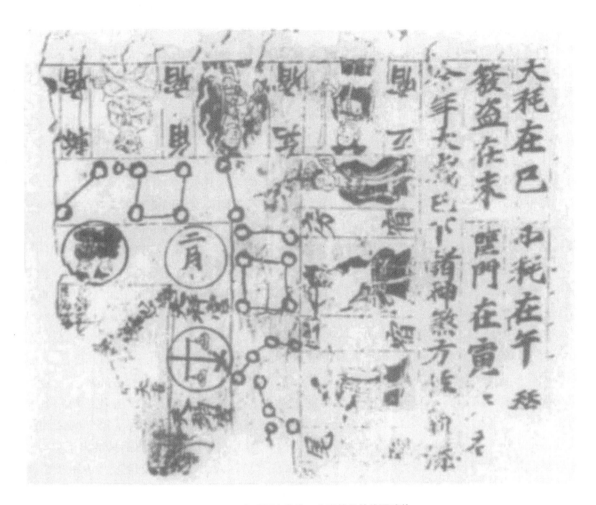

图 13.13　表现西方黄道二十宫符号的线图残片

在这张新疆吐鲁番出土的佛经写本上，画出了黄道十二宫之处女座（特点是画成两个女人）和天秤座符号。

原物尺寸：未详。

照片来自中国社会科学院考古研究所编《中国古代天文文物集》，第 70 页。

吴越国全天图上各种星官的轮廓与它们实际的构形相当接近，典型的位置误差大约为 3 度。因此，虽然上面只画出了少数星座，但钱元瓘石碑是迄今所知年代最早的带有精度的中国星图。两幅星图还有一个很有趣的小特点，即北斗星座有 8 个恒星：7 个是已知的组星，另一颗星是 80 UMa（Alcor），这颗星距离比它更亮的 UMa（Mizar，开阳）星只有 11 微分。这可能是已知最早展示距离很近的双星的图像，阿拉伯人用这种双星来检验人的眼力。

540

图 13.14　表现二十八宿的吴越国星图

　　这方石碑上刻制的星图与图 13.15 非常接近。石碑于 1958 年发现于吴汉月墓，但据说原碑在"文化大革命"中被毁。幸运的是，这张用精确比例绘制的线图保存下来了。

　　原物直径：80 厘米。

　　据中国社会科学院考古研究所《中国古代天文文物图集》第 73 页重绘。

图 13.15　同样表现二十宿的吴越国星图的拓本

　　所拓石碑已严重损坏，原碑以不错的精度表现了二十八宿和少数极地星座。该碑于 1975 年发现于钱元瓘墓。

　　原物直径：190 厘米。

　　照片采自中国社会科学院考古研究所编《中国古代天文文物图集》第 72 页。

宋及同时代的王朝（960—1279 年）

　　我们知道，许多天文图和浑象都制作于宋代，而且这一时期的两件作品至今存世。它们可能是前耶稣会时代流传下来的最详细、最精确的夜空图。不同于以往朝代的星图，这两件宋代的作品都见载于存世的宋代文献，因此可以详细追溯其历史。其中之一于 1247 年刻石，迄今仍然保持原貌；另一幅图，虽然最初的制作年代更早（1094），但现在留下来的只是后期的摹本。初始版本是世界上第一幅印制星图。本节稍后还会详细讨论这两幅宋代的星图。

541　　史书上提到的其他宋代的星图和浑象早就消失了。10 世纪晚期的《太平御览》（编纂于 983 年）记录了一本题为《列星图》的著作，但没有提及撰者。后来，大约成书于 1115 年的马永卿《懒真子》提到，他常与几个藏有星图的和尚们讨论天文。之后不久，郑樵（1106—1166，活跃于 1150 年）在他的《通志》中抱怨道，那些刻印的星图不大可靠，而且很难对它们进行修订。[174] 如何精确地切割所需雕版（连同星座名字），用它们制作质量上乘的印模，一定是他们经常考虑的问题。郑樵的议论表明，在 12 世纪中叶，夜空地图的印制在中国已经相当普遍，这比欧洲提前了 7 个世纪。

　　根据《宋史》记载，976 年，位于宋朝首都汴京（今开封）的司天监太学生设计了一个可能是浑象的仪器。这个仪器由一台水钟驱动，据说上面有"紫微宫、列宿、斗建、黄赤道"。[175] 但并没有讲浑象上有多少星官或恒星，也不知道这台浑象使用了多久。

　　据《宋史》卷 80 载，在 1102 这一年，宰臣王黼说了下面一段话：

> 臣崇宁元年邂逅方外之士于京师，自云王其姓，面出素书一，道玑衡之制甚详。比尝请令应奉司造小样验之，逾二月，乃成璇玑，其圆如丸，具三百六十五度四分度之一，置南北极、昆仑山及黄、赤二道……列二十八宿、并内外三垣、周天星。[176]

　　在上面这段话中，"三垣"即紫微垣、太微垣和天市垣。遗憾的是，关于这个璇玑如何展示各星座的信息透露得太少了。这个璇玑最终的命运也不得而知。

　　此前不久的 1092 年，伟大的天文学家苏颂，奉帝国之命建造了一台浑仪和一台浑象。这些仪器被安置在汴京的一座钟楼中，也是由水钟驱动的。[177] 据说这两件仪器能准确再现天体运动的情形。在刊印于 1091 年的《新仪象法要》一书中，苏颂如是描述这件浑象：

> 浑象体正圆如球，径四尺五寸六分半，上布周天三百六十五度有畸，中外官星其名

---

⑭　关于这些已经遗佚的宋代星图的参考资料出自 Needham, *Science and Civilisation*，3：281（注释 5）。

⑮　脱脱等：《宋史》（1346 年）卷 38；见现代版，40 卷本，中华书局 1977 年版；亦参见 Needham, Wang, and Price, *Heavenly Clockwork*，71 – 72（注释 80）。

⑯　译文见 Needham, Wang, and Price, *Heavenly Clockwork*，119 – 20（注释 80）。

⑰　关于这座钟楼建设的详细描述以及其中的仪器，见 Needham, Wang, and Price, *Heavenly Clockwork*，chaps 4 – 6，（注释 80）。

二百四十六，其数一千二百八十一。紫微垣在浑象北，上规星其名三十七，其数一百八十三，二项总名二百八十三，星数一千四百六十四。东西绕以黄、赤二道，二十八舍相距于四方，日月五星所行。⑰

　　这台浑象上标出了283个星官，1464颗恒星，这些数字沿袭自古代。⑲ 可悲的是，苏颂制作的这台浑象和其他仪器并没有使用很长的时间。1126年，宋朝皇帝和朝廷将汴京丢给了入侵的金朝军队，后来宋高宗在南方的临安（今杭州）建立了新都。《金史》（编撰于1345年）卷22《历志》写道："金既取汴，皆辇致于燕，天轮赤道、牙距拨轮、悬象钟鼓、司辰刻报、天池水壶等器久皆弃毁，惟铜浑仪置之太史局候台。"⑱

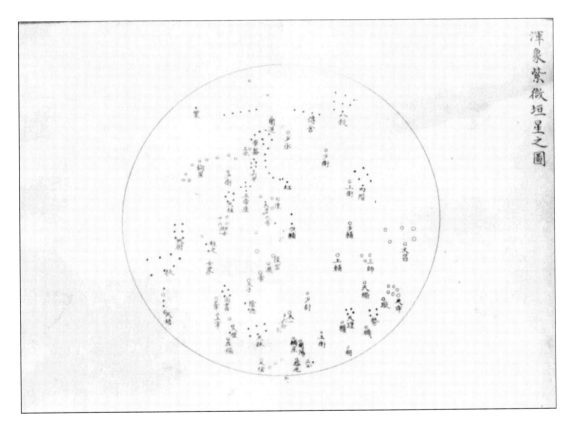

542

图 13.16　苏颂的北极区星图

　　这幅星图上绘制了北拱极区（北纬 +58°）37 个星官的 174 颗组星。这幅和图 13.16 至图 13.20 中的星图，最初都制作于 1094 年，是最早的印制星图。原图早已失传，这里展示的几幅图来自 1781 年版的《新仪象法要》，这个版本的底本是 1172 年抄本。

　　每页尺寸：30×22 厘米。

　　经北京国家图书馆许可。

---

⑰　译文见 Needham，Wang，and Price，*Heavenly Clockwork*，46（注释 80）。

⑲　例如，产生于 3 世纪的陈卓星图据说准确展示了这些星官和恒星数目。见上文。

⑱　译文见 Needham，Wang，and Price，*Heavenly Clockwork*，132（注释 80）。

　　幸运的是，在苏颂《新仪象法要》的后期刊本中，还可以找到可能严格遵照苏颂浑象星图制作的星图。[180] 这本书现存最早的版本刊于1781年，收藏在北京的国家图书馆。据说这个版本是根据1172年刻本的精抄本复制的，后者为藏书家钱曾于1670年花数月抄制完成。成书于1773—1782年的《四库全书》汇编了珍本书目录，其中记载本书的流传情况如下：

> 　　南宋以后流传甚稀。此本为明钱曾所藏。后有"乾道壬辰九月九日吴兴施元之刻本，于三衢坐啸斋字"两行。盖从宋椠影摹者。元之，字德初，官至司谏，尝注苏诗行世，此书卷末天运轮等四图及各条所附一本云云，皆元之据别本补入，校核殊精，而曾所抄尤极工致，其撰《读书敏求记》载入是书，自称图样界畫，不爽毫发，凡数月而后成，楮墨精妙绝伦，不数宋本，良非夸语也。[182]

543

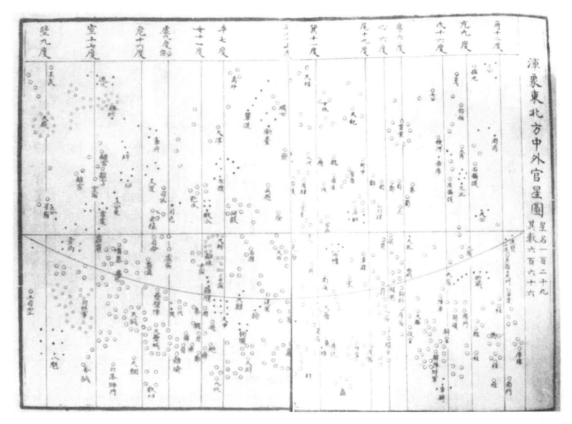

图 13.17　苏颂星图上赤经 12—24 时的区域

　　据说这幅星图的赤经 12—24 时的非极区域总共有 666 颗恒星、129 个星官。二十八宿的边界用直线表示；图中画出了赤道和黄道。

　　每页尺寸：30×22 厘米。

　　经北京国家图书馆许可。

[180]　见《中国古代天文文物图集》第77—81、122—23页（注释6）。

[182]　译文见 Needham, Wang, and Price, *Heavenly Clockwork*, 12（注释80）。

　　在《新仪象法要》中，夜空被分为如下五部分：（1）北部拱极区（赤纬 +58°左右）（图 13.16）；（2）赤经 12—24 时（从秋分至春分）之间且赤纬范围大致在 −58° 至 +58°之间的恒星（图 13.17）；（3）赤经在 0—12 时之间且与（2）有着同样赤纬的恒星（图 13.18）；（4）整个北部半球区（图 13.19）；（5）南部半球区向下至恒隐圈（接近赤纬 −58°）（图 13.20）。为了比较，开封的余纬度（colatitude）接近 55°。[183]

　　书中第 1 张、第 4 张和第 5 张图（图 13.16、图 13.19 和图 13.20）都是圆形，采用天极投影（等距投影），第 5 张图中心的空白代表恒在地平线下的天区。余下矩形图，没有采用真投影，但采用了大致相同的赤经和赤纬比例尺。李约瑟暗示这些图采用了"墨卡托"投影，他的话使几位粗心大意的作者误入歧途。[184] 在第 2 张和第 3 张图（图 13.17 和图 13.18）上，二十八宿的边界是用平行线表示的，而在第 4 张和第 5 张图上，则是用从天赤道到恒显圈或恒隐圈边缘的放射线表示的。第 2 张和第 3 张图上都画出了黄道和赤道，

544

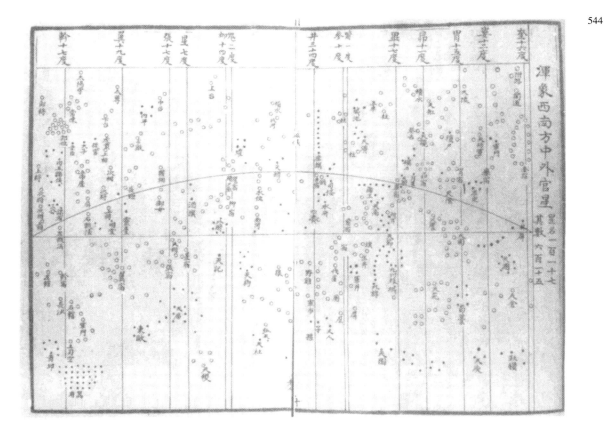

图 13.18　苏颂星图上赤经 0—12 时的区域

这幅图上画出了非极区赤经 0—12 时之间总共 117 个星官、615 颗恒星，同时画出了二十八宿边界、赤道和黄道。

每页尺寸：30×22 厘米。

经北京国家图书馆许可。

___

⑱　任何特定地点的恒显圈与恒隐圈的赤纬，折射忽略不计，其度数等于该地点的余纬度（90°减去纬度）。

⑱　Needham，*Science and Civilisation*，3：278 and fig. 104（注释 5）。

但省略了天汉。每张图上都给出了星座和某些恒星的名称。

第 3 张图的标题称"星名一百一十七，其数六百一十五"（117 个星官，615 颗恒星）；第 2 张图称"星名一百二十九，其数六百六十六"（129 个星官，666 颗恒星）。苏颂浑象上确切的星座与恒星数据说是 246 和 1281。我数了一下，第 1 张图上北部拱极区的星官是 37 个，恒星是 174 颗；（这三张图的）星座数（283）与浑象上相同区域的数量正好相同，虽然恒星的数量略有差别（三张图上是 1455，而通常认为是 1464）。

在苏颂星图上，每一个特定星座中所有的恒星都是用不闭合的圆圈或黑色圆圈表示的，没有尝试区分不同亮度的恒星，反映了在耶稣会夜空图出现之前的基本情况。虽然恒星的分群是显而易见的，但图上并没有将它们串联成组（在后代的版本中，恒星是用直线串连成组的）。每一个星座以及某些重要的单个恒星都标上了名称。用不闭合的圆圈表示的恒星所组成的星官，其分布与更早的敦煌星图相当吻合，后者用红色或黄色绘制星官。同样，《新仪象法要》中星图上的黑色圆圈与敦煌星图上的黑色圆圈的样式也如出一辙。不过，苏颂和他的同僚似乎不大可能看到敦煌星图或受到它的影响。因此，二者可能是分别再现了星座群组的古老传统。

545

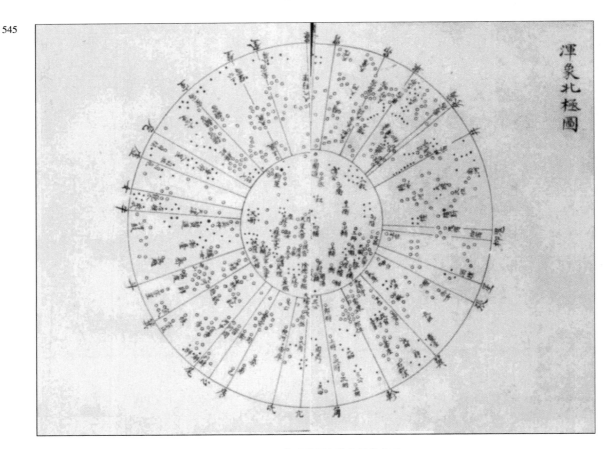

图 13.19 苏颂星图上的北部半球区

这幅图画出了整个北半天球的星座。图中可见表示恒显圈和天赤道的两个圆圈。二十八宿的边界是用放射线表示的。

每页尺寸：30×22 厘米。

经北京国家图书馆许可。

今天可见的刻本苏颂星图上，每个星官都画得十分整齐，给人的第一印象是，这些图的绘制技术似乎十分高超。虽然第 2 张图和第 3 张图上对各宿的赤道距离作出了相当精确的说明（精确到度），但测量这些图时，还是发现其中几处数据存在 2—3 度的误差。许多星官是以理想化的图形画出的，常见的有圆形、椭圆形或其他对称性的图形。我做了一个检验（未发表），取 20 颗亮星做样本，分析它们的位置，结果发现赤纬的平均误差高达 4 度，有些偏差甚至高达 10 度以上。这些结果使人想起郑樵的抱怨，在他的时代（12 世纪中期），刻印星图一般都是不可靠的。

江苏省苏州博物馆现存有一幅相当高超的 1247 年宋代星图。这里离南宋都城杭州不远。这幅全天图，直径约 1.05 米，刻在一块尺寸约 2.2 × 1.1 米的石碑上（图 13.21）。这块石碑保存得极为完好，现在在中国还可以买到碑石原拓。这幅图自名为《天文图》，其上还有一段话总结了那个时代有关宇宙和占星的基本知识。[183]

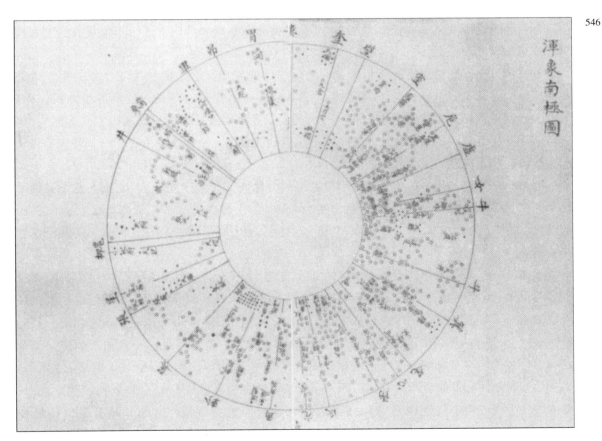

546

图 13.20　苏颂星图中南边的半球区

这幅图上画出了中国可见的天赤道南边的星座。没有画出恒显圈（赤纬 −58°）与南天极之间的恒星。

每页尺寸：30 × 22 厘米。

经北京国家图书馆许可。

　183　由于这张星图是淳祐年间（1241—1252）刻石的，有时被称为《淳祐天文图》。

近半个世纪以前，鲁弗斯（Rufus）和田兴其全面研究过苏州这幅全天图。[186] 最近潘鼐也对之进行了探讨。[187] 大家认为，《天文图》及其上的文字说明都系 1193 年文士黄裳所作。彼时，黄裳是嘉王的老师，不久以后，嘉王登极，即宁宗（1194—1224 年在位）。虽然黄裳的这件作品受到高度重视，但直到 1247 年，即宁宗去世 20 多年后它才被雕刻在石头上。

苏州全天图用天极投影（等距投影）描绘了中国中部的整个可见夜空。图上可见恒显圈（赤纬 +56°）、天赤道、黄道（被错画成一个圆圈）、二十八宿边界以及天汉的轮廓。二十八宿的边界用放射线表示，放射线从恒显圈延伸到星图边缘，即恒隐圈（赤纬 –57°）。恒星用小点表示并且用直线连缀成组。虽然图中用很大的点来表示几个非常明亮的恒星，如天狼星和老人星，但并没有尝试系统区分不同亮度的恒星，或者将星官分成古代的三组合（三家星）。每个星座都被命名，几个重要星座的组星也被标上名字。沿着外圈边缘标上了二十八宿名称，并用度来表示其宽度（内圈），标有十二次名称，还标有表示方位的十二地支和其他的一些内容（外圈）。鲁弗斯和田兴其从中数出了 1440 颗恒星，潘鼐则数出了 1434 颗。两个总数都大大少于传统的 1464 颗。鲁弗斯和田兴其记下了 313 个星官，大大超出标准数 283。[188]

看得出苏州星图对星官的形状做了一些理想化的处理，但是比起《新仪象法要》来并不那么明显。从该图中挑选的 20 颗亮星，对其赤纬进行检测（与前面检测苏颂地图一样）发现，其误差很小，大约小于 2°，唯一较大的误差发生半人马座 α 星的测值中（7.5°），但这可能是其接近星图边缘的缘故。单个宿的宽度精确到度。从这幅图上看，宋朝晚期的天文图制作已经相当成熟。

郭盛炽最近对宋代各宿赤道距度测量数据的分析证实了上述结论。[189] 北宋天文学家姚舜辅于 1102 年测定的二十八宿宽度值精确到 1/4 度，这一数据记录于《宋史·天文志》。郭氏的讨论认为，这些测量数据的典型误差低至 1/4 度，比中国历史上以往任何时期的测量精度都要高。

薮内清、潘鼐和王德昌所做的研究确定了苏州全天图和《新仪象法要》星图所绘大批恒星的位置。[190] 他们还对马端临所撰政书《文献通考》以及其他宋代著作中所记的一批恒星的位置进行了观测。这几位作者还从中辨识出与之对应的 360 颗西方恒星。在宋以前，只能用西汉《星经》的星表来给出比较详细的恒星证认列表。遗憾的是，潘鼐和王德昌并没有说明为什么他们这么自信（基于对测量误差的评估），认为他们的证认能被大家接受。

如苏颂星图和苏州星图所见，与西方星座相似的中国星官并不多。在较大的星群中，只有少数几个在夜空中特别耀眼的星座可以找到其对应的西方星座，如北斗七星（已经被

[186] W. Carl Rufus and Hsing-chih Tien, *The Saochow Astronomical Chart* (Ann Arbor: University of Michigan Press, 1945).

[187] 潘鼐：《苏州南宋天文图碑的考释与批判》，《考古学报》1976 年第 1 期，第 47—61 页。亦见《中国古代天文文物图集》第 84—85、123 页（注释 6）。

[188] Rufus and Tien, *Soochow Astronomical Chart*（注释 186）。潘鼐：《苏州南宋天文图碑的考释与批判》（注释 187）。

[189] 郭盛炽：《北宋恒星观测精度刍议》，《天文学报》，30（1989）：208 - 16，英文摘要见第 216 页。

[190] Yabuuchi Kiyoshi, "Sodai no seishuku" (Description of the constellations in the Song dynasty), *Toho Gakuho* (Kyoto) 7 (1936): 42 - 90；潘鼐、王德昌：《皇祐星图——一部中世纪早期的中国恒星表》，《天文学报》1981 年第 5 期，第 441—448 页。

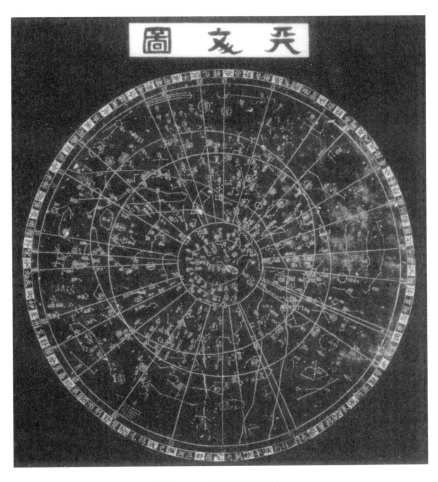

图 13.21　苏州星图的拓本

　　估测这幅详细的星图上展示大约 1440 颗恒星。投影方式为天极（等距）投影。二十八宿的边界用放射线表示，图上可见恒显圈、赤道和黄道。图的边缘为赤纬 −57°。

　　原作直径：105 厘米。

　　江苏苏州博物馆。照片出自 W. Carl Rufus and Tien Hsing-chih, *The Soochow Astronomical Chart* 苏州天文图（Ann Arbor：University of Michigan Press，1945），pl. 1A。

频繁提及）、参星（对应猎户星的 4 个主星以及猎户腰带和宝剑上的恒星）、尾星（中国星图学中的龙尾，对应西方天蝎尾）。相反地，仙后座中的亮星所形成著名的 W 形，在中国星图上被分成两个不同的组：王良（以战国时期一位有名的御者命名）和阁道。不足为奇的是，金牛座中界限分明的昴宿和毕宿星团在中国也被视作独立的星体（命名为昴宿和毕宿），（除此之外）很难举出更多的例子，说明东亚和西方星座在形状上的对应关系。

　　宋代对恒星位置（不仅仅限于二十八宿）进行过好几次全面测量。这几次测量分别在下面的年号内进行：景祐（1034—1038）、皇祐（1049—1054）、熙宁（1068—1077）以及元丰（1078—1085）。潘鼐对这些数据的相对精度做过讨论。[199] 他特别指出，苏颂星图和苏

---

　　[199]　潘鼐：《中国恒星观测史》，第 169—175 页（注释 7）。

548

图 13.22 辽代星图（1116）

这幅星图绘制于河北宣化的一座佛教徒官员墓葬的墓顶，显示了全部的黄道十二宫符号（出土时金牛座就有破损）以及二十八宿。

原物直径：约 220 厘米。

照片采自中国社会科学院考古研究所编《中国古代天文文物图集》，第 13 页。

州星图都是根据元丰的测量结果绘制的。金朝（1115—1234）在北部中国建立后不久，其官方天文学家也开始用中国传统的方式进行天文观测。从《金史·天文志》（卷 20）中保存的许多观察数据来看，金朝的天文学家显然与宋朝天文学家一样，也配备了能派上用场的星图。但是，金朝的星图似乎没有保存下来。

549　　1971 年，在离北京不远的河北宣化的一座墓葬中，出土了一幅保存相当完好的辽代（916—1125）星图。[192] 这幅星图绘制于张世卿墓的墓顶，张世卿去世于 1116 年，是一位笃

---

[192]　河北省文物管理处、河北省博物馆：《辽代彩绘星图是我国天文史上的重要发现》，《文物》1975 年第 8 期，第 40—44 页。Edward H. Schafer, "An Ancient Chinese Star Map," *Journal of the British Astronomical Association* 87（1977）：162；伊世同：《河北宣化辽金墓天文图简析——兼及邢台铁钟黄道十二宫图象》，《文物》1990 年第 10 期，第 20—24 页。

信佛教的朝官（图13.22）。这幅图对天文精度毫不措意，它的主要兴趣在于同时展示一套完整的二十八宿和西方黄道十二宫符号。除了唐代留下的残图（见上文），这是现存同时展示两套星座的最早实例。

这幅辽代圆形星图的直径大约2.2米。星图中心是一只青铜镜（原文为盘，据考古报告改——译者注），红色的莲瓣环绕镜周。紧贴莲瓣外的是北斗七星和几个推测表示太阳、月亮和行星的红色圆盘。环绕它们的是用红色画出、沿着一个圆圈排列的二十八宿。最后，在外圈上，用不同的颜色绘出代表西方黄道十二宫的12个符号。金牛座的符号出土时已经被涂掉了，但其他符号保存得相当完好。从中可以轻易辨认出白羊座、巨蟹座、狮子座、天秤座、天蝎座和双鱼座。但是，与佛经所见一样，双子座画成一个男人和一个女人，处女座画成两个女人，人马座是一个男人和一匹马，摩羯座是一个海兽，水瓶座是一个华丽的容器。

这一时期另外两处表现西方黄道十二宫的图像也保存下来。与辽墓星图一样，这两处图像也与佛教有密切的关系。河北邢台的一口大钟的侧面铸有引人入胜的装饰图案，其上完整保存有西方黄道十二宫的图像。[193] 这口钟高2米多，底周7.2米，铸于金朝的1174年。它原先悬挂在开元寺，最近才被移到附近的公园。20世纪，在敦煌千佛洞壁画上也发现了制作十分精美的黄道十二宫符号（图13.23）。[194] 它们绘制于西夏（1032—1227）的某个时期。

元朝和明朝

元明是一个天文活动相当丰富的时代，宋濂所编元代正史——《元史》（编撰于1369—1370）记载的大量天文观测活动可以为证。人们将宋元时代并称为中国天文学的全盛时期。[195] 但遗憾的是，没有一件元代浑象和重要星表流传下来。伟大的天文学家和数学家郭守敬（1231—1316）在北京制作的浑象幸存到了18世纪，最后却被销熔了。现存唯一的星图可能出自郭守敬之手，但从中无法得知郭守敬与他同时代的人在这方面所取得成就达到了何种水平。这幅局部星图没有坐标，许多星座的图形经过了理想化处理。下面介绍元代浑象的发展概况，随后简单讨论一下这幅局部星图。

1276—1279年间，郭守敬为大都（北京）的皇家天文台（司天台）配备了各种各样的新仪器，包括一台大型浑象。据《元史》卷48《天文志》记载，浑象直径六尺（约1.7米），带有赤经和赤纬两种刻度。上面画出了天赤道和黄道，"黄道出入赤道内外，各二十四度弱"。还说浑象"置于方匮之上，南北极出入匮面各四十度太强，半见半隐，机运轮牙隐于匮中"。[196] 遗憾的是，这段话并没有讲到这件浑象是如何展示星座的。黄赤交角（obliquity of the ecliptic，略大于24度）与实测结果23.5度十分接近。南北天极的纬度"四十度太强"这个数也与北京的纬度非常接近（39.9度）。

⑩③　伊世同：《河北宣化辽金墓天文图简析——兼及邢台铁钟黄道十二宫图象》（注释192）。

⑩④　夏鼐：《从宣化辽墓的星图论二十八宿和黄道十二宫》，特别是47页，以及图版11—12（注释167）。

⑩⑤　Ho, *Li, Qi and Shu*, 164（注释16）。

⑩⑥　译文见 Needham, Wang, and Price, *Heavenly Clockwork*, 137（注释80）。

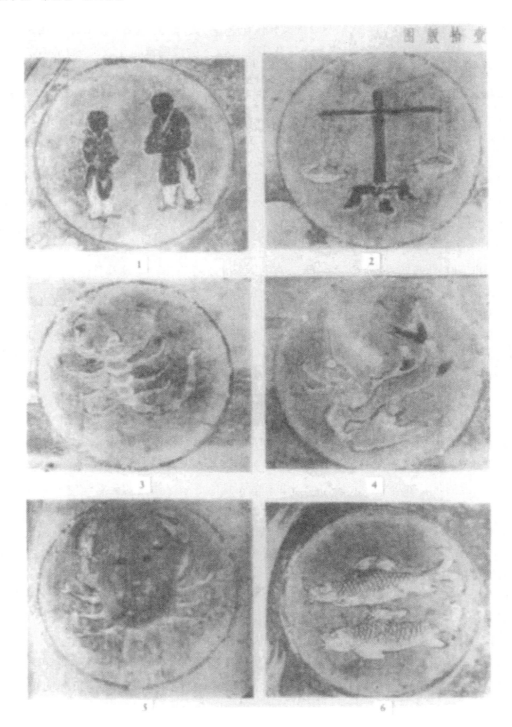

图 13.23　西夏时期的十二宫符号

　　这是出自佛教壁画中一整套黄道十二宫符号的部分内容。依次为：（1）双子，（2）天秤，（3）天蝎，（4）摩羯，（5）巨蟹，（6）双鱼

　　原画尺寸：不详。

　　出自夏鼐《从宣化辽墓地星图论二十八宿和黄道十二宫》，氏著《考古学和科技史》（科学出版社 1979 年版）第 29—50 页。

郭守敬制作的浑象和其他仪器，终元一代一直在北京使用。1370 年前后，明太祖将这些仪器运到南京继续使用，尽管两座城市的纬度相差很大（差不多是 7°）。明朝第三位皇帝于 1421 年重新定都北京，却将元朝的天文仪器留在了南京。1437 年，司天监奏请将南京做成的木质复制品运往北京。[197] 随后，铜质复制品在北京铸成，并于 1442 年安放于新的观象台。

在随后的 150 年间，几乎没有关于这些木质或铜质天文仪器的任何消息，但它们的命运应该并不令人愉悦。1599 年（接近明朝末年），伟大的耶稣会学者利玛窦（1552—1610）在南京检查了郭守敬制作的浑象和其他仪器。虽然利玛窦并不知道这些仪器的准确年代以及来源，但他写道："似乎可以确定，这些仪器是鞑靼人统治中国时制作的"，不过他误入歧途，先入为主地认为设计者"具备某些欧洲的天文科学知识"。[198] 下面再从他的游记中摘取几段，以便了解一些有趣的细节：

> 这里（南京）安装有一些金属铸造的天文仪器或器械，其大小与设计之精巧超过了以往在欧洲见过或阅读过的任何一件此类物品。这些仪器历经近 250 年（原文如此）的雨雪与气候变化的考验，光彩依然。还有 4 件更大的仪器……
>
> 第一件是一件大型的浑象，需三人合抱方能绕其一周。上面标有子午线和按度数分布的纬线。浑象立在一个装置于大型铜方的枢轴上，铜方上有一小门，可伸进去转动球体。浑象表面没有刻划任何内容，没有恒星或星区。因此，它似乎是一件未完成的作品……
>
> 后来，利玛窦神父在北京也见到了类似的仪器，或许就是这些仪器的复制品，而且无疑是由同一位工匠铸造的。[199]

正如李约瑟所言，3 个多世纪以来，南京浑象风化的严重程度可能远远超过利玛窦的想象。[200] 在利玛窦目睹之后，这件浑象又幸存了一个世纪。1670 年，它和另一些元代的仪器一道被运到北京，重新安放在司天监。三年以后，比利时耶稣会士南怀仁（Ferdinand Verbiest）认为元代这些东西一无用处，遂将它们收进仓库，好为他所制作的新仪器腾地方。1688 年，另一位耶稣会传教士李明（Louis Le Comte）看到，元明时期的仪器蒙上了厚厚的灰尘。李明还注意到一件更大的浑象，直径大约 1 米，制作得相当粗糙。[201] 关于这件仪器，所知仅限于此。1715 年，由于来华耶稣会士、钦天监监正纪理安（Bernard Stumpf）需要铜料制作新的四分仪（quadrants），朝廷命令，除 4 件明代复制品之外，将其他所有元代和明

551

---

[197] 详见，于杰、伊世同：《北京古观象台》，中国社会科学院考古研究所《中国古代天文文物论集》，文物出版社 1989 年版，第 409—414 页。

[198] *China in the Sixteenth Century：The Journals of Matthew Ricci*, 1583 - 1610, trans. Louis. Gallagher from the Latin version of Nicolas Trigault (New York：Random House, 1953), 331.

[199] *China in the Sixteenth Century*, 329 - 31（注释 198）。

[200] Needham, *Science and Civilisation*, 3：368（注释 5）。

[201] Louis Henry Le Comte, *Nouveau memoires sur t'etat present de La Chine*, 2 Vols. (Paris：Anisson, 1696), 1：138 - 48.

代天文仪器全部予以销毁。[202] 4 件明代复制品逃过此劫，包括一件浑象和三件仪器：浑仪、简仪和圭表。其中浑象可能在 1900 年拳乱中丢失，没有保存下来，但其他三件仪器于 1931 年从北京运到南京，至今保存在紫金山天文台。

潘鼐复制了一批他认为出自郭守敬之手的小型局部星座图（总共约 75 幅）。这些星图一共描绘了大约 4 个星官，并标出了其名称，多数情况下还标出了其组星名称，但各图没有给出参考坐标，甚至没有说明各部分之间的相对位置。星座图像大体是高度理想化的，其中明显可见许多对称的形状（特别是圆形）。潘鼐从北京国家图书馆收藏的一本题为《天文汇钞》的书中找到这些地图，以及另一些他认为出自郭守敬之手的资料。[203]

郭守敬在忽必烈时代的太史院担任官职，他被认为是赤道式安装（equatorial mounting）的发明者。[204]《元史》卷 52—57《历志》是他的众多著述之一。他杰出的成就是创制了两套星表，分别是《新测二十八舍杂座诸星入宿去极》和《新测无名诸星》。这些星表完成于他为北京的司天监制作仪器后不久。[205] 显然，后一份星表包含了前代星图上不曾画出的恒星。虽然这两份星表已经失传很久，但潘鼐最近从他发现那张局部星图的明抄本中找到了一份星表，似乎是第一份星表的摹本。[206] 他细致审查了这份星表的文字，并将其中的细节与《元史·历志》中稍简略的内容进行比对，最后宣称自己找到了包含许多原始测量数据的郭守敬第一份星表的摹本。这份星表中保存有 741 颗恒星的坐标（赤经和北极距），都精确到 0.1 度。潘鼐详细介绍了这份星表，并对之进行了注解。他将经过岁差校正后的所测坐标与现代星表进行对比，证认了其中几乎所有恒星所对应的西方星名。

《元史·历志》中，郭守敬列出了他在 1280 年所测二十八宿宽度以及二十八宿距星的北极距测量数据。这些数值精确到 0.1°。将这些数值与潘鼐计算出来的对应值[207]比较会发现，二十八宿宽度的平均误差大约是 4 角分。这些数值比宋代相应数值的精度高出许多。虽然元代北极距测量数值的平均误差相对较大（19 角分），但经过核对后发现，造成误差的部分原因显然是错误地设置了仪器的纬度。

元代的测量数据表明，到 1280 年，受其距星与毗邻的参宿（猎户座 ζ 星）（表 13.1）之间相对岁差的影响，二十八宿中最窄的觜宿的宽度几乎缩减至 0°。郭守敬所测觜宿的宽度（0.05°）只相当于大约 3 弧分，这个数字意味着其宽度几乎变成了负数，所以觜宿实际上消失了！直到清代早期，耶稣会天文学家汤若望（Johann Adam Schall von Bell，见下文）重新界定其宽度前，人们只是想当然地认为差不多已经没有宽度的觜觿还是存在的。

元代早期（1267），马拉加天文台的波斯天文学扎马鲁丁（Jamāl al-Dīn）将一批作为旭

[202] Aloys Pfister, *Notices biographiques et bibliographiques sur les Jesuites de t'ancienne mission de Chine*，1552 – 1773，2 Vols. （Shanghai：Mission Press，1932 – 34），2：645.

[203] 潘鼐：《中国恒星观测史》图 40，第 276 页（注释 7）。

[204] Needham, *Science and Civilisation*，3：377 – 82（注释 5）。

[205] 潘鼐：《中国恒星观测史》（注释 7）。

[206] 详见潘鼐《中国恒星观测史》第 276 页及以后各页（注释 7）。

[207] 潘鼐：《中国恒星观测史》第 272—273 页（注释 7）。

烈兀汗（或他的继任者）礼物的天文仪器带到北京呈献给忽必烈。[208] 这些仪器，包括一个浑象和一个星盘，见《元史》卷 48 记载。[209] 这些仪器是为黄道（而不是赤道）测量而设计，并且有 360°的刻度。但这些东西根本就没有引起郭守敬等天文学家的注意。在元朝的大部分时间里，宫廷内都有阿拉伯天文学家。明朝建立（1368）以后，成立了伊斯兰的回回司天监，与传统的司天监并存。阿拉伯天文学家特别关心历法问题以及数学天文学，但他们对中国星图学的影响似乎一直是无关紧要的。直到 17 世纪耶稣会士来到北京时，回回司天监还十分活跃。

552

天文学的发展在宋元时期达到高潮，明代则进入一个下滑的时期。明代在星体位置测量方面没有任何重大的进步，也没有证据表明（这一时期）制作过任何重要的星图或星表。[210]何丙郁在他关于中国明代司天监的重要论文中，举出了几个例子说明那时的司天监官员如何不称职，包括他们对天文仪器装置的一知半解、历法与实际不符，以及在预测日食和月食时存在的严重错误。[211] 与这种令人不悦的状况相随的，是现存明代星图质量的不尽如人意，虽然有人可以辩称，这些星图未必代表明代最好的星图。目前所知，也没有任何明代的浑象流传至今。

稍后将讨论晚明（以及清代，1644—1911）由耶稣会士绘制或者与之相关的中国风格的夜空星图。这一节余下部分讨论的内容仅限于明代中国本土的作品。现存明代星图可以分为两个基本的类型：表现华北或华中整个可见夜空的圆形星图和几套局部星图。

明代保存下来的 3 幅圆形星图，每幅都画出了中国可见夜空，这些图的形式不一，主要发现于：（1）北京附近隆福佛寺旧寺顶壁画（断代为 1453 年）；（2）江苏常熟的一方石刻（断代为 1506 年）；（3）福建莆田一座旧道观保存的纸质示图（断代大致为 1572 年以后）。[212]在讨论每幅图的内容之前，我想总结一下这三幅星图共有的主要特点。

这三幅全天星图总体来说都与了不起的苏州宋代星图相似。每幅图都采用了天极（等距）投影。图中画出了恒显圈与天赤道，外圈都代表恒隐圈。二十八宿的边界用从恒显圈到星图外圈的放射线表示。恒星用圆圈表示并用直线串联成组。每幅星图上，表示恒星的符号大小大致相等，与前耶稣会时代的大多数星图一样，这三幅星图也没有尝试区分不同亮度的恒星。像苏州星图一样，隆福寺与常熟星图的外围也标出了二十八宿名称、十二次和方位等细节，但莆田星图上没有这些内容。

现存年代最早的明代星图来自北京隆福寺（图 13.24）。这幅图绘制于一块装裱于一个八角形（直径大约 1.8 米）木块的布料上。该寺始建于 1453 年，1977 年拆毁时发现了这幅星图。1901 年，寺院因遭大火，大面积毁坏，所幸的是中央大殿完整保存下来。这幅夜空

---

[208] 详见，Needham, *Science and Civilisation*，3：372 – 75（注释 5）。

[209] 中国人对这样的星盘并不熟悉，甚至叫不出它的名字。找不到任何证据说明中国天文学家曾经使用过星盘。

[210] 其他科学在明代也有所退步，如从明初到 1500 年之间几乎没有产生任何有价值的数学著作。见 Ho，*Li，Qi and Shu*，106（注释 16）。

[211] Ho Peng-yoke，"The Astronomical Bureau in Ming China," *Journal of Asian History* 3（1969）：137 – 57.

[212] 这三幅图的照片或线图见于《中国古代天文文物图集》第 96—99 页（注释 6）；第一幅和第三幅星图见于潘鼐《中国恒星观测史》图 64 和图 70（注释 7）。

图直径为 1.6 米，在蓝色背景下用金色绘出 1420 颗恒星。㉑ 后来这幅图被移送到北京古观象台。图上几乎没有标注任何星座的名称，也没有画出黄道与天汉。如果图上赤道位置无误

553

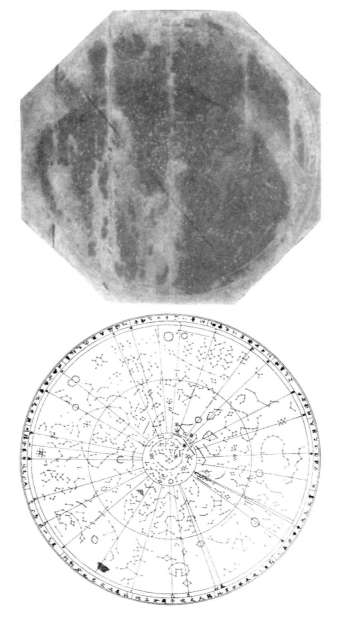

图 13.24　隆福寺星图的照片与线图，1453

　　这幅图绘制于布面，在蓝色的背景上用金色展示了 1420 颗恒星。这幅图与图 13.21 上的苏州星图有许多相似之处，只是精度降低了许多。

　　原图直径：160 厘米。

　　经北京古观象台许可。根据中国社会科学院考古研究所《中国古代天文文物图集》图 96 重绘。

　　㉑　《中国古代天文文物图集》第 125 页（注释 6）；潘鼐《中国恒星观测史》第 309—310 页（注释 7）。我 1992 年观摩这幅地图时，其保存状况很差，但那时已经计划修复。

的话，则恒显圈处于赤纬 +60°，而星图外圈则处于赤纬 -62°。相对于北京周边，这两个赤纬对于华南地区更为适当。我对中国社会科学院考古研究所发表的线图[214]的比例尺做过测量，发现虽然图上二十八宿的范围画得十分精确（精确到 1°左右），但总体来说，恒星位置标注得十分草率，同时各星座的形状也经过了高度理想化的处理。我从这幅图中挑选的 20 颗亮星，其赤纬的标准误差高达 7°—8°，使得好几颗亮星的识别出现困难。

比它稍晚的作品是 1506 年刻石的常熟全天图碑（图 13.25）。这块石碑保存于离苏州不远的江苏常熟文物处。与苏州星图一样，这幅图也叫《天文图》，它似乎是摹自宋代的作品。这块图碑的尺寸为 2.0 × 1.0 米，厚 24 厘米。星图本身的直径为 70 厘米。[215] 其上绘有 284 个星官，总共 1466 颗恒星，基本接近古老的传统星数。图上画出了天汉和黄道。恒显圈所处的赤纬，较之江苏，更适合华北。虽然二分点相距 180 度（似乎是有意让赤道和黄道的半径略有不同导致的结果），黄赤交角只有 19 度。图上给出了各星官的名称。与隆福寺全天图一样，这幅图也相当精确地展示了单个星宿的宽度，但对其组星只做大致的定位，同时一些星座的形状经过了理想化处理。虽然常熟星图总体上与隆福寺图相近，但前者单个恒星的位置误差更大。

第三张明代全天图是 1572 年后某年印制的，现今保存状况较差。所幸的是，潘先生制作了一张比例精细的示图（图 13.26）。[216] 图纸尺寸为 150 厘米 × 90 厘米，星图直径为 60 厘米。图中绘有总共 288 个星官的 1400 颗恒星，没有画出天汉。从图上标出了 1572 年客星（仙后座的一颗明亮的超新星）时，而没有标出 1604 年客星（蛇夫星座的第二颗超新星），可推知这幅星图绘制的时间。[217] 虽然恒显圈与星图的外圈以及二十八宿边界所在的圆圈，都是以北天极为圆心的，但天赤道与黄道的位置摆放不正确。后两个圆圈以 180 度相交，它们的圆心大约偏离星图圆心 10 度，并位于相反的一侧。与附近星座关联的赤道和黄道的轨道走向，与其实测的相对位置倒是相当吻合。这意味着，误置和扭曲星座是为了使之与误差巨大的赤道和黄道圆圈相适应。这种奇特的制图手法在中国历史上绝无仅有，却与一幅 18 世纪后期的朝鲜星图如出一辙（后者也可能是独立制作的，见下文）。

由王圻编撰、刊于 1609 年的《三才图会》印制了一系列的星图，大部分属于小型的局部夜空图。各种示图在制作时显然几乎没有经过测量。本书中最主要的星图以天极（等距）投影的方式描绘了低至赤纬 -55°的夜空。与这幅图同时刊印的还有一大批局部星图，例如，以 28 个长方条展示恒显圈与恒隐圈之间的区域（大约为赤纬 +60°—55°之间），每一个长方条带都以一个单独的星宿为中心，其他的星图则主要表现北天极附近地区。这些局部星图覆盖了天空中某个部分，并且都画出了天汉的轮廓。这些图也没有尝试区分不同亮度的恒星，恒星是用同样大小的圆圈来表示的，并用直线串联为星座。每个星座都标上了各自的名称。

　　[214]《中国古代天文文物图集》第 96 页（注释 6）。
　　[215] 详见《中国古代天文文物图集》第 125 页（注释 6）以及潘鼐《中国恒星观测史》第 316—18 页（注释 7）。
　　[216] 潘鼐：《中国恒星观测史》图 70（注释 7）。
　　[217]《中国古代天文文物图集》第 99 页和 125 页（注释 6）。关于 1572 年和 1604 年超新星的详细讨论见：Clark and Stephenson，*Historical Supernovae*，chaps. 10 and 11（注释 2）。

554

图 13.25 1506 年常熟全天图碑拓片

这幅图与苏州天文图碑十分接近，但星座位置画得不准。所绘赤道与黄道正好呈 180 度交叉，这种绘法在当时很不寻常。

原图直径：70 厘米。

江苏省常熟文物局。照片采自中国社会科学院考古研究所《中国古代天文文物图集》图 97。

  茅元仪《武备志》（编撰于 1621 年前后）中保存了一些星座略图。[218] 这部书中还有 4 幅协助印度洋航海的海图。这几张图虽然画得很潦草，但特别有意思，因为它们描绘了几处

  ⑱ 这些星图的讨论见于：George Phillips, "The Seaports of India and Ceylon, Described by Chinese Voyagers of the Fifteenth Century, Together with an Account of Chinese Navigation," *Journal of the Royal Asiatic Society*, *North China Branch* 20 (1885)：209 – 26, esp. 216 – 18. See also Joseph Needham, *Science and Civilisation in China* (Cambridge：Cambridge University Press, 1954 –), Vol. 4, pt. 3, with Wang Ling and Lu Gwei-djen, *Physics and Physical Technology*：*Civil Engineering and Nautics* (1971), 564 – 67。

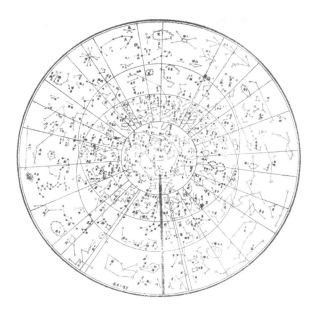

图13.26　一张明代纸质全天图的线图

　　虽然不知道这幅星图的准确年代，但推断它可能是1572—1604年间的某一年绘制的，因为标出了1572年出现的超新星所在的位置，但没有标出1604年的超新星的位置。原图在蒲田天后宫。注意，图上赤道与黄道都发生了位移，这种处理很不寻常。

　　原图直径：60厘米。

　　采自潘鼐《中国恒星观测史》（上海，1989年）图70。

远在南方的星座，包括灯笼骨座（图13.28）。[219]

<h2 style="text-align:center">朝鲜半岛的天文制图</h2>

　　由于与中国毗邻，朝鲜半岛的历史从远古时代起，就受到其强邻的深刻影响，朝鲜半岛的天文学与占星术也是如此。朝鲜半岛所发现具备天文学意义的最古老的遗存就源自中国。其中有两件绘有北斗七星和二十八宿的式盘（cosmic boards，关于式盘的制作与用途，见上文）。这两件东西的时代都是公元前1世纪，发现于今平壤附近的中国（汉朝）官员墓葬。[220]那一时期，汉朝在今天朝鲜半岛北部设立了好几个郡。

　　早于公元500年前后的朝鲜半岛天文物品或有关天文现象的可靠文字记载似乎都没有流传下来。那时，朝鲜半岛上早已建立了高句丽、百济、新罗三个王国。属于这个三国时期的星图，迄今只发现于高句丽。一些公元500年前后的墓葬出土了几幅星图，图上以中国风格绘制了所选定的几个星座。其中一幅带比例的示图，发现于靠近今中朝边境鸭绿江的一座墓葬的墓顶，已经由全相运发表。[221]这幅图相当精确地表现了二十八宿中的数宿，其中尾宿（龙

---

　　[219]　《中国古代天文文物图集》第94—95页以及124—125页（注释6）有这些示图的复原图和相关讨论。

　　[220]　更多内容见，W. Carl Rufus，"Astronomy in Korea,"*Transactions of the Korea Branch of the Royal Asiatic Society* 26（1936）：4-48，esp. 4-6。

　　[221]　Jeon，*Science and Technology in Korea*，fig. 1. 1（注释5）。

556

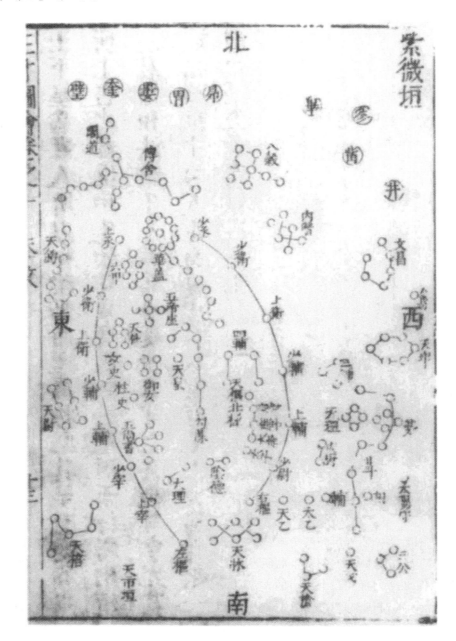

图 13.27 《三才图会》上表现紫微宫（恒显区）星座的刻本局部星图

这是一系列粗糙星图中的一张，始刊于 1609 年。

原图尺寸：21×14 厘米。采自王圻撰《三才图会·天文》（1609 年本），卷 1，页 13。

照片由哈佛大学哈佛燕京图书馆提供。

尾）格外醒目。其他高句丽墓葬也出土了相似的星图，它们也清晰地反映出来自中国的影响。

在平壤（高句丽国都）附近的几座墓葬的内壁发现了四神图，四神在中国神话中代表天空四方。这些色彩绚丽的图画出自公元 550 年前后的一座墓葬中，被认为是这一时期东方流传下来的最精美的绘画之一。[22] 在主室东壁上绘有青龙，南壁有朱雀（图13.29），西壁有白虎，正对着墓口的北壁则有玄武（在中国以缠绕的龟蛇来表示）（图13.30）。

正是经由高句丽，东亚地图最古老的天文图得以流传至今，然而，现存只有早期原作的摹本。这些摹本中年代最早的一幅现存于首尔博物馆，于1395年刻石。石碑上简明叙述了这幅星图的来历，其内容基本上可为朝鲜历史文献所证实。[23] 碑文称，在某个未知的日子里，某位中国皇帝将一件石刻星图作为礼物送给了高句丽国王。遗憾的是，中国史书上并没有类似记载。这件作品一直被悉心保存于平壤，直到670年，它的命运出现波折。当时高句丽被新罗军队征服，这块碑被沉入附近的大同江。虽然它再也没有被找到，但许多世纪以后（1392），有人送给李朝的建立者一块该石碑的拓片。国王对这件礼物的印象非常深刻，不久以后就请人将它刻在一块大理石上。由于这块大理石碑的年代大大晚于三国时期，因此我将稍后再详细讨论它。

557

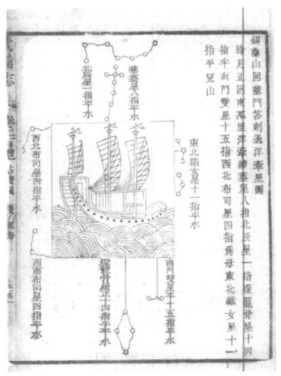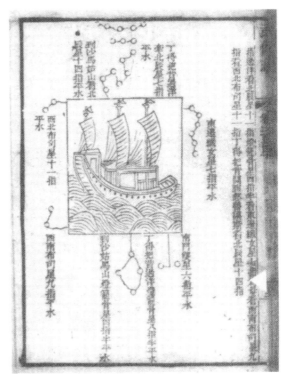

图13.28　《武备志》中的明代海图

绘制这些海图的目的在于协助印度洋上的航海活动。图上画出了远在南方的两个星座，即右图上的南门座（α和β半人马座）和左图上的灯笼骨座。

原图尺寸：未知。

图片由华盛顿特区国会图书馆地理与地图分部提供。

---

[22]　这些画的高精复制图见于，Editorial Staff of Picture Albums, ed., *Korean Central Historical Museum* (P'yongyang: Korean Central Historical Museum, 1979), 56–59。

[23]　有关这幅星图的历史概述见《增补文献备考》（首尔：弘文馆，1908），参见 W. Carl Rufus, "The Celestial Planisphere of King Yi Tai-jo," *Transactions of the Korea Branch of the Royal Asiatic Society* 4, pt. 3 (1913): 23–72, esp. 37–38。

在新罗国都庆州遗址，至今还耸立着一处（建筑），它可能是过去的观星台。这处建筑呈瓶形，人们称之为瞻星台，建于647年，即善德女王十六年。[224] 塔高约9米，从底到顶直径5米到3米不等。虽然对于这座塔是否被用作天文台或者只是新罗天文学的象征符号，一直存在争议，但还是可以证明，这一时期曾经有过发达的天文学。[225]

在670年前后征服高句丽和百济后，新罗开始了对朝鲜半岛长达250年的统治，这一时期大致与中国的唐朝相当。《三国史记》讲到，692年，一位名叫道证（Tojǔng）的僧人从中国带回一幅星图。[226] 遗憾的是，我们无从知晓这幅图的绘制情况，中国史书似乎也没有相应的记载。除了《三国史记》，我们还知道，749年，新罗任命了一位掌星占的官员。[227]

558

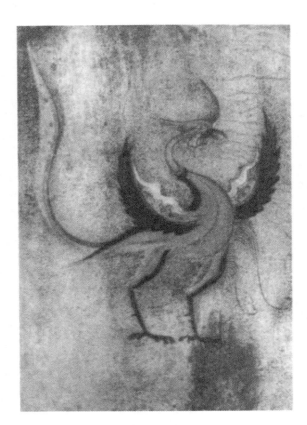

图13.29 高句丽墓葬中的朱雀图

这幅朱雀图绘制于一座墓葬的南壁，这正是它应处的方位。这幅和另外几幅壁画都特别精致（另见图13.30）。

原图尺寸：不详。

采自图册编委会编《朝鲜中央历史博物馆》（平壤：朝鲜中央历史博物馆，1979年），图57。

---

[224] 关于瞻星台的详细描述见，Kim Yongwoon, "Structure of Ch'ŏmsŏngdae in the Light of the Choupei Suanchin," *Korea Journal* 14, No. 9 (1974): 4 – 11.

[225] Jeon, *Science and Technology in Korea*, 33 – 35（注释5），感谢作者帮我确认该建筑是一处天文台。Kim, "Structure of Ch'ŏmsŏngdae"（注释224）更为谨慎。

[226] 金富轼编《三国史记》，卷8，见9卷本（庆州，1512年；1931年重印于首尔）。

[227] 《三国史记》卷9（注释226）。

　　《三国史记》记载了新罗统治下进行的 50 多次对天文现象，尤其是日食或月食、彗星、流星、月球和行星运动的独立观测。[228] 从这些记录来看，新罗的夜空观察者显然遵循着同时代中国人的观测方式，特别是采用了中国的星座图式。因此，《三国史记》对公元 670 年后所见的大约 20 多次彗星和流星位置的记录，是根据中国的星官，包括二十八宿中的几个星官来加以说明的。这样的观测表明，新罗的天文学家可能曾经拥有来自中国的星图，而且这些星图是适用于朝鲜的。由于《三国史记》没有给出星体位置的实测数据（按度），我们也无从知晓这些星图到底是不是精确的。

　　整个高丽王朝，从 918 年王建建国到 1392 年，都找不到有关高丽人如何获取中国星图，或者本土天文学家如何绘制类似作品的直接信息。只有当时的官修史书《高丽史》（1451），简单提及伍允孚制作的一幅星图，此人逝于 1305 年。伍允孚简短的传记称，他是一位勤勉的观测者，不论寒暑，彻夜观察星空。他制作的星图据说"与所有的经典教义相谐一致"，但可惜的是，并没有关于这幅图流存情况的记载。[229]

　　尽管高丽时期的星图资料比较缺乏，但有充分证据表明，这是一个天文活动相当活跃的时期。《高丽史》卷 47—49 有大量有关彗星、月球与行星活动以及流星的天文记录。这些记录表明，与中国一样，天文观测的主要动机是占星。虽然朝鲜的天文学家系统吸收了中国划分夜空星座的方式，但他们诠释的是所见天文现象对本国统治者和国家的影响。[230]《高丽史》中对彗星的记录特别详细，表明宫廷的夜空观察者们拥有全面的星座知识。例如，1110 年的一则记录描绘了一颗彗星通过拱极区的 9 个分离的星官。[231]《高丽史》中没有保存任何天体位置测量数据，但毋庸置疑，这些官方天文学家们能够在国都松都（开城）见到高质量的星图。

　　《高丽史》有关彗星、月球、行星和流星运动的记载，提到了中国天文学家所绘星图上的几乎所有的星官，包括二十八宿。这些星官在不同的文献中被反复提及。很显然，高丽绘制星座的传统并没有多少独特之处。《高丽史》有很多记录带有精确的纪年，其中特别有意思的是有关月球或五大亮星穿过或接近各星官的记载。通过计算月球和行星经行日期的天球坐标（推算到公历），就有可能大致画出黄道带区域的星群轮廓。[232] 据此可知，这一时期朝鲜和中国天文学家所认识的星座图式并没有显著的差异，对天文制图史的这一方面的进一步研究似乎还存在较大的空间。

　　大约在 1200 年，《高丽史·天文志》开始有了一些零星的记录，提到对各星官中的恒星进行编号。例如，在 1223 年的一次观测中，行星金星"侵入南斗第五星"。[233] 在中国，对星官中的单个恒星进行编号，至少从公元前 1 世纪就开始了（见上文），但是几乎没有证据表明，1200 年以前，高丽有过类似的做法。1200 年以后，高丽天文学取得了明显的进步，

---

　　[228]　这些观测散见于《三国史记》第 6—12 章（注释 226）。

　　[229]　郑麟趾等编《高丽史》卷 122；见 3 卷本，首尔：亚细亚文化社 1972 年版。《高丽史》承袭中国正史的体例，分纪、志、传。

　　[230]　例如，Park，"Ponenrs and Neo-Confucian Politics"（注释 13）。

　　[231]　《高丽史》卷 47（注释 229）。

　　[232]　潘鼐、王德昌：《皇祐星图》第 441 页（注释 190）。我曾做过类似的考查，但未发表。

　　[233]　《高丽史》卷 49（注释 229）。

559

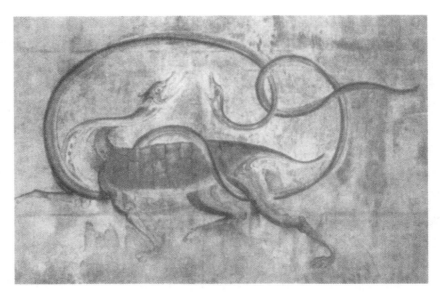

图 13.30　高句丽墓葬中的玄武图

这幅图绘制于与图 13.29 同出的墓葬壁画中，图中绘有相缠的龟蛇，即北方玄武。

原图尺寸：未知。

采自图册编委会编《朝鲜中央历史博物馆》（平壤：朝鲜中央历史博物馆，1979 年），图 58。

也相应地产生了精细化的要求。可惜的是，此类为恒星编号的例子在《高丽史》中极其稀少，所以几乎无法通过计算月球与行星的运动，将其与同时期中国人的编号方案加以比较。

1389 年，李成桂推翻高丽王朝，成为新建李朝的太祖（在位时间为 1392—1398 年）。李朝延续了 500 多年，直到 1910 年被日本吞并。1394 年，太祖将国都迁到汉阳（今首尔），终李朝一代，再未迁都。太祖发现前朝司天监不称职，遂组织了一个新的天文机构——书云观（sŏun'gwan）。在同一时期，编撰了一些与天文和占星有关的新书。[224] 这一时期和以后书云观所做的观测，汇总于《朝鲜王朝实录》，本书有朝鲜王朝最初 25 位国王在位时期所发生事件的系列编年纪事。[225] 这些观测也采用了与《高丽史》天文记录相同的方式，但通常更加详细一些。

太祖朝的一个重要的天文学贡献是，1395 年将一幅源自古代星图碑的拓片星图刻于石。这尊古老的星图碑在 670 年高句丽覆灭时失踪。关于这幅星图的简单来历，上文已有介绍。鲁弗斯（Rufus）将现存 1395 年摹本上的一段题记翻译如下：

由于原碑遗失已久，其原拓市面上也难得一见。但是，当太祖登基，有一个人将所持原拓献给太祖。太祖褒赞有加，遂令宫廷天文学家重新刻于石上。天文学家们回答说，这幅星图太古老了，恒星的度数已经过时了，需要通过确定现在的四季中点与晨昏中星对之加以修正，设计一幅可用于将来的全新星图。太祖回答道："还是照原样刻吧！"[226]

---

[224]　Rufus, "Astronomy in Korea," 22（注释 220）。

[225]　这些著述的年代从 1392 年到 1863 年（韩国在这一时期称朝鲜，也叫李朝）。《高丽史》可能是根据同散佚已久的史料相近的材料编撰的。

[226]　Rufus, "Celestial Planisphere," 31 – 32（注释 223）。

图 13.31 新罗瞻星台（庆州，建于 647 年）

关于这处建筑的确切性质还存在不同意见。如果它真是一处观象台（如同其名称所暗示），那么它就是世界上现存最古老的此类建筑。

照片由 F. 理查德·史蒂芬森提供。

太祖登基不久即开始备制新的全天图。这一工作由权近和书云观其他官员组成的天文学家团队承担。[237] 1395 年夏，他们准备了一张星图的初稿。鲁弗斯检查这张星图后发现，与最终版本相比，位于中央的星图是反转的。[238] 可惜的是，无从知晓这张初稿以后的情况。到 1395 年 12 月，一幅圆形星图被刻于一块黑色的大理石上，标题为《天象列次分野之图》。附带的题记除了讲述该图的来历之外，还包括了各种天文表和其他信息。[239]

太祖想拥有一份古老星图摹本的主要动机可能是"以新的星图作为新王朝王室权威的象征"。[240] 实际上保存下来的这幅图很可能是一幅时代相当早的中国星图的摹本。《增补文献备考》（一部 18 世纪的类书）一书称，虽然这幅高句丽星图上的铭文更新了，但刻在石头

---

[237] Jeon，*Science and Technology in Korea*，26（注释 5）。

[238] Rufus，"Astronomy in Korea，" 23（注释 220）。

[239] 地图题记全文翻译自出：Rufus，"Celestial Planisphere，" 29 1f.（注释 223）。

[240] Jeon，*Science and Technology in Korea*，25（注释 5）。

上的星图图像却保持着原样。㉑

　　太祖朝的天文学家相信呈献给他们统治者的拓本的确出自古老的高句丽星图，而不是别的早期星图，无从得知他们是否拿出过令人信服的证据。虽然 1395 年所刻石碑的表面已经损坏了，但有几幅质量上乘的拓片保存下来。从拓片上看，石刻星图所据原图的确十分古老。

　　这块 1395 年的石碑，重约一吨，高约 2.1 米，宽约 1.2 米，厚 12 厘米。圆形星图本身直径大约 90 厘米。㉒ 因火灾、水蚀和运输，石碑数次遭到损坏，例如，1592 年日本入侵时，存放石碑的建筑被毁。㉓ 这幅星图至今还在首尔德寿宫王室博物馆（Royal Museum in Toksu-gung Palace）展出。

561　　1993 年 10 月我访问首尔时曾观摩和拍摄过这方石碑。除了一小部分（约占全天图的10%）严重磨损外，所有星官以及天汉、坐标圈和二十八宿边界尚清晰可辨。据记载，1571 年曾制作过 120 张该石碑的拓片，㉔ 说明彼时这块碑的整个表面还完好无损。推测这些拓片很早就遗失了。

　　幸运的是，一幅太祖全天图的 17 世纪精确复制图至今保存完好。这件复制品于 1687 年刻于一方白色大理石上（图 13.32、图 13.33），它是肃宗（在位时间为 1674—1720 年）下令制作的。㉕ 这块碑的平面尺寸差不多与原碑相同，但要厚出许多（30 厘米）。㉖ 据称这块新刻石碑除了将题名挪到了碑顶外，其他内容均忠实摹自旧碑。㉗ 目前这块碑在首尔世宗大王纪念馆展出，同时展出的还有一幅（装裱）加框的拓片。下面的介绍依据的就是我对所能找到的拓片照片的考察。㉘

　　石碑正中的星图是圆形的，直径大约 90 厘米，采用以北天极为中心的天极（等距）投影。在这幅图上，恒星都是以大小相近的圆点来表示的。老人星、天狼星和其他一两个亮星用特别大的圆点来表示，但是，同中国前耶稣会时代的星图一样，这幅星图无意系统展示恒星亮度。恒星由直线连缀成组。两个同心圆代表北拱极区的边界和天赤道。假设赤道是准确定位的，那么北拱极圈的赤纬就是 +52°。星图外圈是恒隐圈，其赤纬为 −55°。这两个赤纬对于华中、华北和朝鲜都是适用的。与前耶稣会时代东亚制作的星图一样，黄道被错误地画成了一个圆圈。二十八宿的边界是用从北拱极圈到星图外圈的放射线表示的。

　　尽管天汉画得相当精确，但各星官的轮廓画得相当潦草。每个星官被单独命名了，但是

㉑ 《增补文献备考》卷 2（注释 223）。

㉒ 见 Na Ilsŏng "Chŏson sidae in chŏn'mun ŭigi yŏn'gu"（Study of astronomical instruments in the Choson period），*Tongbang hakchi* 42（1984）：205 – 37，esp. 209. 243.《增补文献备考》卷 3（注释 223）。

㉓ 《增补文献备考》卷 3（注释 223）。

㉔ 《世宗实录》（世宗在位时间为 1567—1608 年）卷 5，见《朝鲜王朝实录》，首尔：国史编纂委员会影印，1955—1958 年。

㉕ Rufus，"Celestial Planisphere，" 27（注释 223）给出了一些历史细节。

㉖ 见 Na，"Chosŏn sidae，" 212（注释 242）。

㉗ Jeon，*Science and Technology in Korea*，28（注释 5）。

㉘ 杜伦大学（University of Durham）的 K. L. Pratt 曾参观首尔世宗大王纪念馆，他拍下了碑和加框的拓片照片并慷慨地为我加印了一套照片。十分感谢首尔延世大学的罗逸星送给我他收藏的另一张拓片的照片。

其组星的构形有时与中世纪中国星图殊为不同。鲁弗斯与 Chao 从图中数出了 1464 颗恒星，这个数字与经典星数相吻合，[219] 但是星官数（总共 306）完全不同于战国传统。

562

图 13. 32　1395 年星图碑的 1687 年拓本

　　制作这件拓本的碑石据说精确复制于 1395 年刻石的一张星图。后者是根据一件失传于 670 年的中国星图拓本复制的。经推算，这幅中国星图的年代约为公元前 30 年。

　　原图直径：约 90 厘米。经首尔世宗大王纪念馆许可。

---

　　[219]　例如，Rufus, "Astronomy in Korea," fig. 24（注释 220）；W. Carl Rufus, "Korea's Cherished Astronomical Chart," *Popular Astronomy* 23（1915）: 193 - 98, esp. pl. X；W. Carl Rufus and Celia Chao, "A Korean Star Map," *Isis* 35（1944）: 316 - 26, esp. 316 - 17（展示了拓片的底片洗印件）；Jeon, *Science and-Technology in Korea*, fig 1. 3（注释 5）。

　　星图外圈标注了以度为单位的刻度，紧挨着刻度的是一个十二等分的窄状条带。每一等分上有三种不同的注记：（1）西方十二宫的汉文名称；（2）表示方位的十二地支；（3）本区恒星所对应的古国名，据信从远古的时候起这些古国就为这些恒星所控制。第1种和第3种之间的关联有点奇怪。当然，西方的黄道十二宫与根据十二次所做的东方式分区并不能直接对应。[249] 此外，由于这幅星图是赤道式的（这是前耶稣会时代习惯的做法），因此等距排列的黄道十二宫符号只能勉强接近其实际位置。

　　图中大部分黄道十二宫的名字与中国6世纪以降所译梵文佛经（见上文）高度吻合。依次是：白羊（白羊座）、金牛（金牛座）、双子（即，阴阳，双子座）、巨蟹（巨蟹座）、狮子（狮子座）、双女座（处女座）、天秤（天秤座）、天蝎（天蝎座）、人马（射手座）、海兽（摩羯座）、水瓶（水瓶座）和双鱼（双鱼座）。[250] 看来这些名字在1395年的碑石上也可能是存在的。在一幅官方制作的星图上加入黄道十二宫是十分令人惊奇的，因为中国官方天文学家制作的任何星图上没有找到相同的例子，而且李朝统治者始终没有接受佛教教义，他们公开宣扬的都是儒家哲学。

563

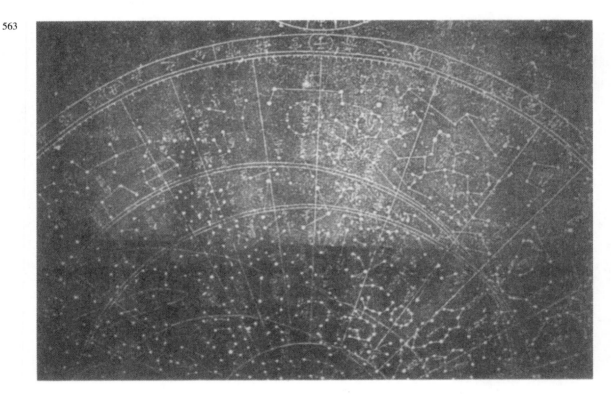

图13.33　图13.32 细部

此图展示了图13.32上黄道、赤道、天汉、恒显圈以及二十八宿边界以及许多星座的细部。

首尔世宗大王纪念馆。照片由杜伦大学K. L. 普拉特提供。

---

[249]　Rufus and Chao, "Korean Star Map," 326（注释249）。

[250]　对于黄道十二宫符号朝鲜名称的不同翻译见 Rufus, "Astronomy in Korea," table 3（注释220）。

　　朝鲜星图碑上的铭文有好几处间接提到所佚原碑的制作年代。铭文提到，东略过角五度（二十八宿首宿），西稍距鬼（第十五宿）十四度。这些位置指示了一个公元前40年到公元前20年之间的日期。[52]对这幅星图上秋分点的测量也可以得出相似的日期（春分点有好几度的误差，这只是由于黄道被画成一个圆造成的）。总体上，恒星的位置画得不够精确。按照假定的公元前30年这个时间，对图中所选的20个亮星的北极距进行测量分析表明，标准误差为正负5度。[53]这些北极距测值精确度较低，它们与古代星图的接近程度超过了中世纪星图。

　　这幅星图现存副本的正下方所刻的二十八宿表也表明最初的星图年代较早。这张表列举了每个宿的组星数量以及赤道距度和北极距，坐标精确到度。图中展示的各宿宽度与附表中所列数值相当吻合（在1度以内）。组星的北极距则画得稍为粗糙，但是，典型误差总计也只有几度。鲁弗思暗示，太祖朝的天文学家重新测定了上述坐标，[54]但是这一观点是不正确的。（因为）表中所列各宿的宽度都与古老的《星经》（见上文）完全吻合。距星的北极距总体上也与《星经》十分吻合，一些差异或许意味着此图存在独创的成分。对比表中记录的北极距与计算所得的北极距，表明此图的年代在公元1世纪前后，[55]这个结果也充分支持了由春分和秋分点推算出来的日期。虽然1395年图碑（以现存副本所见）暗示，这幅图是备将来之用的，但是似乎找不到支撑这个论断的任何直接证据。

564

图13.34　现存于爱丁堡的日本帆船上发现的全天图

这件航海装置精确复制于一件1668年制作的日本青铜器上的星图，而后者则精心复制了1395年朝鲜星图。

原物直径：34.5厘米。

经苏格兰国家博物馆许可，1993（NMS T1878.37）。

---

[52]　这里据本人还未发表的论文来推算。

[53]　这些推算也是我自己的。

[54]　Rufus，"Astronomy in Korea，"24（注释220）。

[55]　这里据我未发表的论文来推算。

565

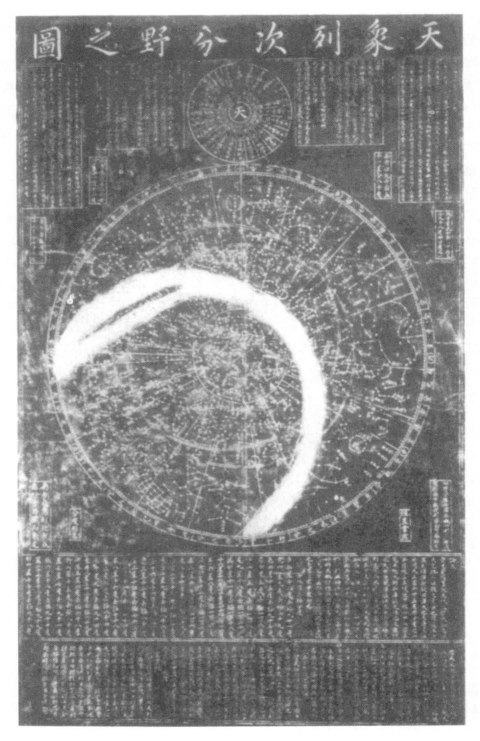

图 13.35 1395 年地图的雕印本

与 1395 年星图的大多数刻本一样，这幅图上的天汉也十分醒目。此图内容与 1687 年图碑（图 13.32）十分吻合。图上的文字包括对图的历史、内容以及石碑本身的描述。

尺寸：未知。

图片由首尔延世大学罗逸星天文台提供。

　　1395 年全天图还在 17 世纪复制于一件青铜器上。这件作品，一般称为"分度之规矩"，是由日本天文学家福峤国隆于 1668 年制作的。这件器物有一件青铜制作的精确复制品，现藏于爱丁堡的苏格兰皇家博物馆。其制作年代未详，似乎是 19 世纪某个时期从一个远离日本海岸的小岛上的日本失事帆船中发现的（图 13.34）。[29] 这是一件航海仪器，盘口嵌入了两个小罗盘。好像是鲁弗斯和 Chao 率先发现这件物品与朝鲜星图的共同

566

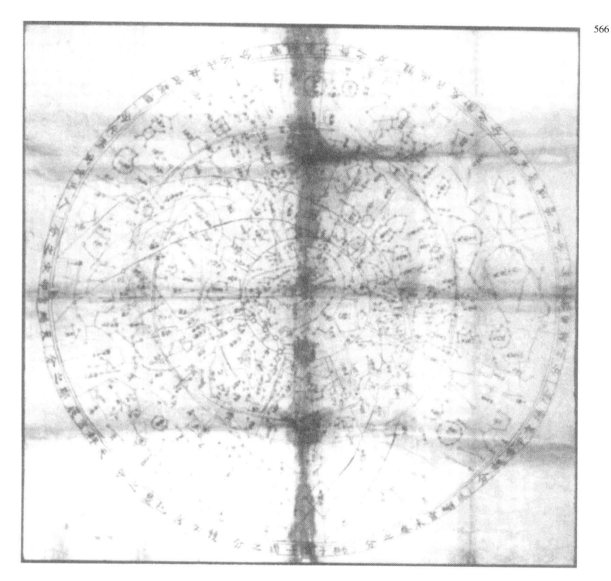

图 13.36　1395 年星图的抄本副本

此副本的年代未知，但时代可能稍晚（可能是 19 世纪）。

尺寸：未知。

图片由首尔延世大学罗逸星天文台提供。

---

[29]　E. B. Knobel，"On a Chinese Planisphere," *Monthly Notices of the Royal Astronomical Society* 69（1909）：435 – 45.

之处的。[257] 这件仪器目前保存状况良好。[258]

爱丁堡收藏的"分度之规矩"直径约为 34 厘米，其上星图直径为 24 厘米。恒星由突起的小圆点表示并串连成组。虽然没有写出星座名，但这幅星图（包括各圆圈和二十八宿边界）显然是 1359 年朝鲜星图的精确翻版。

567

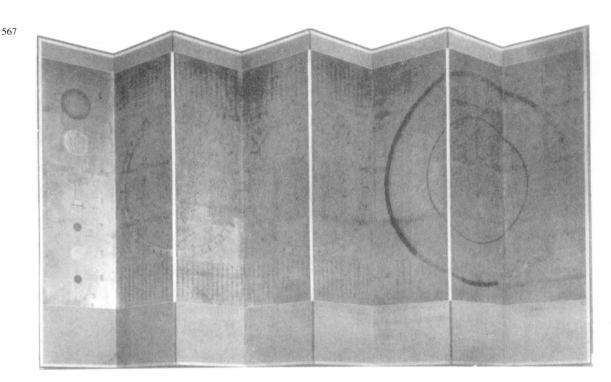

图 13.37 朝鲜屏风

这件色彩绚烂的屏风上同时绘出了 1395 年全天图（右方）和一幅南北半球星图，后者由来华耶稣会天文学家绘制于 1723 年。

原图尺寸：230×440 厘米。

图片由剑桥惠普尔科学博物馆（Whipple Museum of Science）提供。

1687 年全天图的几个早期副本还通过各种形式保存下来，包括刻本（图 13.35）、抄本（图 13.36）和丝绸屏风。一些博物馆和图书馆的藏品中至少保存着 6 幅 18 世纪以来的刻本星图，它们的尺寸几乎与图碑等大，在黑色背景下标绘白色圆点。天汉画得十分显眼，为一条白色的条带，但刻本更接近从图碑上制作的拓本。这方图碑现存的副本很多，有些距今不超过 1 个世纪。[259]

其中一例就是英国剑桥惠普尔博物馆收藏的一件丝质屏风，这是由一位韩国收藏家捐赠

⑤⑦ Rufus and Chao, "Korean Star Map," 317（注释 249）。

⑤⑧ Knobel, "Chinese Planisphere," Pls. 17 and 18（注释 256）, and F. Richatd Stephenson, "Mappe celesti nell'antico Oriente," *L'Astronomia*, No. 98（1990）：18－27, esp. 22. 亦见 Clark and Stephenson, *Historical Supernovae*, PL. .5（注释 2）。

⑤⑨ 本段中关于拓片 1 和拓片 2 的信息来自我与罗逸星的私人通信。

的。这一副本绘制于一件华丽的八扇屏风上，其年代可追溯到 1755—1760 年（图 13.37）。屏风的尺寸大约是 4.4×2.3 米，其上同时绘有出自耶稣会士之手的两幅星图（见下文）。最早由李约瑟和鲁桂珍对之进行过详细的探讨，近来李约瑟等人又有研究。[20] 这幅星图在浅黄色地子上用不闭合的红色或黑色圆环代表恒星，并将它们用直线连缀成带命名的星座。虽然这幅星图与敦煌星图差异很大，但二者也存在一些惊人的相似之处。特别是，二者用不同颜色（红、黑、黄）所标识的恒星分布情况相当吻合。这再次使人想起了古老的三家星。但是，还需要对之做进一步的历史研究，以便充分解释这种共性。

在朝鲜屏风上，黄道绘成黄色，以与"黄色的通道"之意相称；相应的，天赤道则绘成红色。二十八宿的边界也作了明确的标示。仔细观察就会发现，这幅星图完全是复制于 1687 年星图，它绝不只是装饰性的。

568

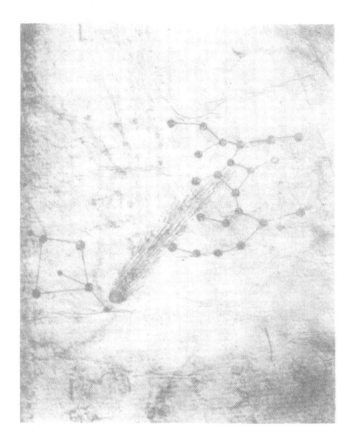

图 13.38　朝鲜所绘 1664 年彗星略图

朝鲜宫廷天文学家绘制的这张略图，在朝鲜和中国所绘的许多类似星图中可能具有代表性。可叹的是，这些图，包括这幅图所摹原图都找不到了。

采自 Carl Rufus，"Astronomy in Korea," *Transactions of the Korea Branch of the Royal Asiatic Society* 26（1936）: 448，esp. fig. 27。

---

[20]　Needham and Lu，"Korean Astronomical Screen"（注释 137），and Needham et al.，*Heavenly Records*，153–79（注释 5）。

众多副本表明，太祖时期的这幅全天图几个世纪以来备受推崇，但是我们对于李朝后期的官方天文学家如何看待这幅星图，以及这幅星图如何影响到朝鲜的天文制图，尚知之甚少。可能这方图碑主要的价值在于它是一个历史遗存。很难想象这样一幅用古老方式绘制的夜空图，能在天文定位中扮演严肃的角色。除了恒星位置的错误，岁差对星座的可见性也有重要的影响。例如，图上所标的某些星座彼时在朝鲜的纬度上已经看不到了，而另一些图上未画的星座则进入了视野。可惜的是，关于李朝本土星图学的资料保存下来的很少。除了偶尔可见一些宫廷天文学家绘制的单个星座的略图，例如指示彗星位置的略图（图 13.38），目前所知，没有任何前耶稣会时代的朝鲜星图或浑象保存下来。

《增补文献备考》称，1433 年，一幅全天图曾被刻于石碑上，但书中没有提供其他任何细节。不久以后的 1473 年，世宗在他新近落成的皇家天文台安装了一件浑象。在他 1450 年去世时，据说这个天文台还"保存着世界上最为精美和最为完备的天文仪器"。[261] 下面这段话出自《世宗实录》，描述了这件浑象（约 1418—1450）：

> 浑象之制，漆布为体，圆如弹丸，围十尺八寸六分，纵横画周天度分，赤道居中，黄道出入赤道内外，各二十四度弱，偏布列舍中外官星。[262]

可惜的是，这段文献并没有讲到浑象上的星图是根据新的观测记录绘制的，还是至少部分依据了 1395 年星图。这件浑象使用了整整一个世纪，1526 年可能对它进行了维修。1549 年它被一件复制品取代，但是，这件复制品在 1592 年丰臣秀吉入侵时被毁，同时损坏的还有太祖时的大图碑。[263] 1601 年制成了另一件浑象[264]，但找不到关于它的制作与使用时间的任何资料。虽然李朝时期的朝鲜是中国的藩属国，而且这种状况由来已久，但似乎没有任何直接证据表明，在耶稣会天文学家的时代以前，中国的星图或浑象曾传到过朝鲜。

耶稣会士的贡献

在明末和清代的大部分时间里，中国的天文制图受到了耶稣会传教士的强烈影响。[265] 这些人很多都是训练有素的天文学家，他们想通过自己的知识"引起中国人的好奇心和对西方教义的兴趣"。[266] 一些耶稣会士还在清朝钦天监谋得职位，他们对中国和朝鲜天文制图学的影响是如此之大，以至于在 1600 年以后（直到 20 世纪现代知识传播进来之前）中朝两国制作的重要星图，无一不受到耶稣会士的影响。虽然在 20 世纪之前，并没有耶稣会成员到

---

[261] Needham et al. , *Heavenly Records*, 94（注释 5）。

[262] 《世宗实录》卷 77，译文见 Needham et al. , *Heavenly Records*, 74 – 75（注释 5）。

[263] Jeon, *Science and Technology in Korea*, 67 – 68（注释 5）。

[264] 《世宗实录》卷 77，译文见 Needham et al. , *Heavenly Records*, 100（注释 5）。

[265] 这句话也同样适用于天文学的其他分支以及一般的科学。

[266] 这一段切题的引文出自，Pasquale M. d'Elia, "The Double Stellar Hemisphere of Johann Schall von Bell S. J. , " *Monumenta Serica* 18（1959）：328 – 59，引文见第 328 页。

过朝鲜，但朝鲜使节到中国后可以接触到由耶稣会士传入的西方科学，有一些受到欧洲影响的星图的副本也因此传到"隐士王国"——朝鲜。

1583 年，意大利学者利玛窦成为第一位到达中国大陆的耶稣会成员。他最终于 1601 年定居于首都北京，并于 1610 年在北京去世。虽然利玛窦并不专攻天文，但他的天文知识，如预测日食和月食以及推算历法，给中国人印象至深。耶稣会对中国天文学的发展施加直接影响的时期，从利玛窦等先行者开始，持续到 1773 年教皇克雷芒十四世（Pope Clement XIV）临时解散耶稣会。[267] 后来罗马天主教传教士主持钦天监，一直到 1826 年，但是他们从来没有取得其耶稣会先行者那样的成就。彼时，中国天文学已经不可逆转地向西方观念开放。

在星图学方面，耶稣会天文学家使中国当时的星空图绘制取得几个重要的进步。除了以中国人从未达到的高精度测量恒星坐标外，他们还将南方拱极区的详尽知识首次介绍到中国。[268] 他们建立了西方式的恒星分等体系，按亮度将恒星分为六等，这一体系起源于古希腊。此前中国天文学家从不关注肉眼可见恒星亮度的变化范围。除开林林总总的欧洲式革新（例如采用黄道坐标），耶稣会士无意以西方星座取代中国传统的星官，尽管他们在绘制星图时添加了许多恒星。1631 年，耶稣会士在中国制作了第一台望远镜，此后不久，又从欧洲运来好几件类似的仪器，[269] 但这架望远镜从未得到过中国和朝鲜官方天文学家的青睐，而且就像欧洲的约翰内斯·赫维留（Johannes Hevelius）一样，耶稣会士自己也更喜欢用窥管而不是望远镜来测量恒星坐标。

众所周知，利玛窦制作了一大批黄铜和铁质天球（astronomical spheres）和浑象[270]，但是这些仪器都没有保存下来，也找不到对这些仪器的描述。利玛窦好几次写信到罗马请求派一些天文学家来帮助中国修订历法，因为前一次历法修订还是 1280 年由郭守敬主持的。直到 1630 年（利玛窦去世的前 20 年），德国人汤若望（Johann Adam Schall von Bell，592—1666）和意大利人罗雅谷（Giacomo Rho，1593—1638）来到北京，利玛窦的愿望才得以实现。

不久以后，皈依基督教的徐光启（1562—1633）主持了明廷的历法改革，他刊行了几幅小型星图，并将这些星图呈送给思宗（1628—1645）。徐光启绘制的星图吸收了西来的革新，但正如徐光启本人所说，这些图太小了，最大的一幅直径只有 50 厘米，不足以准确展示恒星。[271] 其中两幅星图的纸质初印本保存在梵蒂冈图书馆，题为《见界总星图》和《黄道总星图》。[272] 徐光启所绘的第三幅星图题为《赤道两总星图》。这幅图刊印于汤若望等耶稣会士编制的类书《崇祯历书》（1635）中。第四幅局部星图题为《黄道二十分星图》，保存

㉗　这一序列是由教宗庇护七世（Pope Pius Ⅶ）于 1814 重新建立起来的。

㉘　从前中国人绘制的恒星图上只有少数几个南方星座（见上文）。

㉙　Pasquale M. d'Elia, *Calileo in China*: *Relations through the Roman College between Calileo and the Jesuit Scientist-Missionaries*（1610 - 1640），trans. Rufus Suter and Matthew Sciascia（Cambridge: Harvard University Press，1960），41. 270. *China in the Sixteenth Century*，169（注释 198）。

㉚　*China in the Sixteenth Century*，169（注释 198）。

㉛　D'Elia, "Double Stellar Hemisphere," 347（注释 266）。

㉜　Biblioteca Apostolica Vaticana，MS. Barberini，Orient. 151/1c，151/1d（a copy of 1c），and 151/1e. 第一幅图的雕版现收藏于巴黎国立档案馆（Bibliothèque Nationale）。

570

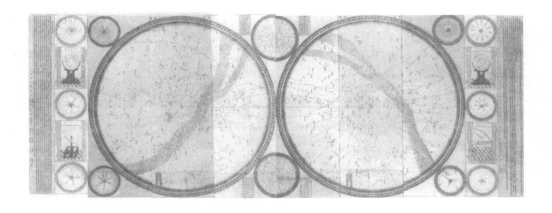

图 13.39　汤若望 1634 年星图局部，表现了天赤道以南的恒星

这是一幅与图 13.40 相似的印本星图的一部分。在这幅以天极（立体平面）投影绘制的赤道星图上，恒星被分为 6 等。注意黄极与黄道十二宫边界（以弧线表示）。

原图整体尺寸：170×450 厘米。

经罗马梵蒂冈图书馆许可（MS. Barberini，Orient. 149）。照片由潘鼐提供。

于北京故宫博物院。下面简单介绍前三幅图。[23]

　　最大的一幅星图题为《见界总星图》，外径为 57 厘米，内径为 54 厘米，[23] 以天极投影方式描绘了低至南赤纬 50° 的整个可见星空，与传统的中国星图十分相似。恒星按典型的古老方案分组，无意表现星等。天汉十分醒目。星座单独命名，但图上信息拥堵，特别是朝向中心的地方。整幅图没有任何实际用途。图中画出了天赤道、黄道和恒显圈以及二十八宿的边界（用从恒显圈延伸到星图边缘的放射线表示）。似乎没有提供所绘恒星数量的信息，但大致接近 1460 这个标准数字。

　　两幅较小的星图采用两个单独的半球，描绘整个可见夜空。两个半球以黄道或天赤道为界。梵蒂冈印本可测到精确的尺寸：每个半球外径为 29 厘米，内径为 22 厘米。[25] 它们可能是现存最早的中国绘制的南方星空图。画出整个天汉（以及麦哲伦星云），以及南拱极区的好几个星座；南方星座差不多有 20 个。没有标明二十八宿的边界。每个半球都采用了天极（立体平面）投影，似乎没有必要在这样的小比例尺图上用这么精致的画法。

　　《黄道总星图》上的两个半球各以南北黄极为中心，每个半球都延伸到黄道。没有表现天赤道。虽然是按传统的方式将恒星归并到各个星官，但采用了 6 个不同大小的符号来指示星等，还标出了某些星云（气）。用等距的放射线标出了黄道十二宫符号的边界，放射线从两极延伸到黄道。

571　　《赤道两总星图》与《黄道总星图》看起来十分相似。两个半球各以南北天极为中心，并延伸到天赤道。画出了黄道，以从黄极向图的边缘延伸的弧线表示黄道十二宫的边界。此

㉓　亦见潘鼐《中国恒星观测史》图版 58—60（注释 7）。

㉔　D'Elia，"Double Stellar Hemisphere," 338（注释 266）。

㉕　D'Elia，"Double Srellar Hemisphere," 338（注释 266）。

外，两个半球图都被从天极向赤道延伸的放射线分割为 12 等分，其中两条放射线通过二分点。

　　1628 年，徐光启修改了二十八宿中觜宿、奎宿和昴宿的距星，并挑出更亮的邻星。觜宿的参照星由 φ'Ori 更改为 λOri，奎宿从 ζ 变为 η，昴宿从 17 钛（Tau）星变为 η 钛星。在此前的中国历史上，似乎从未有过类似的更改。然而，徐光启并没有解决因觜宿的消失带来的难题。觜宿，这个一直最窄的星宿，由于岁差的存在变得越来越窄，到元代其宽度变为零。在徐光启进行修改后不久，汤若望又再次调整。[276] 汤若望采取一个大胆的举措，调换了觜宿和参宿的顺序，这样觜宿就变成了第二十宿，而参宿变成第二十一宿。结果，参宿的宽度就从 11 度 44 分减少到仅 24 分，而觜宿的宽度则变为 11 度 24 分。岁差的长期影响会缓慢增加参宿的宽度，这样它就没有消失的风险了。

　　在 1633 年去世前不久，徐光启发起绘制一幅表现两个半球的大比例尺夜空图。这一包括重新测定大批恒星坐标的宏大工程，是由汤若望、罗雅谷和几位中国学者承担的，也包括徐光启本人。这幅图于次年（1634）完成，并被分成 8 个部分制成雕版，每块版的尺寸为 1.6×0.5 米（图 13.39），印本尺寸为 4.2×1.6 米，适合置于屏风或墙面。在图前所附序言中，这件作品被题名为《赤道南北两总星图》（原文为 Huangdao，误——译者注）。北京保存着一幅由 8 个单独部分组成的纸质印本星图（图 13.40）。据传，这幅图曾由汤若望呈

572

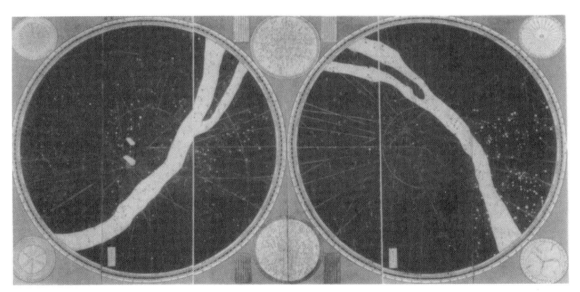

图 13.40　汤若望 1634 年所绘星图，现藏于北京

这幅彩色印本地图（蓝底金星）据说曾呈献给明朝末代皇帝。图上总共绘有 1812 颗恒星，以及天汉和麦哲伦星云。

原图尺寸：1.6×4.2 米。北京故宫第一历史档案馆。

照片采自中国社会科学院考古研究所《中国古代天文文物图集》第 16 页。

---

[276]　潘鼐：《中国恒星观测史》第 348 页（注释 7）。

献给明思宗（明朝最后的统治者）。㉗　还有一些小尺幅的纸质印本保存在梵蒂冈图书馆（两例）、巴黎法国国家图书馆（两例）和博洛尼亚意大利国家研究院（Consiglio Nazionale di Ricerche）㉘。北京印本上的天空背景为蓝黑色，天汉为白底黑线，单个恒星为金色。梵蒂冈印本之一上色十分有趣：天空为淡蓝色，天汉与恒星为金色。这件副本原先是呈献给明朝末帝的内阁大学士的。两件这样的副本都保存良好。其他保存于罗马、巴黎和博洛尼亚的印本更简单一些，没有上色，而且印制于普通的中国纸张上。巴黎和博洛尼亚的印本保存良好，但梵蒂冈的单色印本有些褪色了。㉙

573　　　总体上看，现存于北京、罗马、巴黎和博洛尼亚的各印本主要差别在于介质与色彩。在每个例子中，星图内的主干内容是两幅圆形星座图，其直径为 1.55 米，其一覆盖北天球，其二覆盖南天球。徐光启和汤若望撰写的解说性序言放在星图外侧，余下的空处则被一些小示图占据。这些示图大部分画的是行星运动以及某些天文仪器，其中有两幅小型全天图，每幅直径 43 厘米，画出了华北的可见恒星，一幅以天极为圆心，另一幅以黄极为圆心。

　　两幅大的半球图分别覆盖了从北天极或南天极延伸到赤道的范围，以此展示整个天空。在星图所附序言中，徐光启解释了为何要将南天极星座包含在内的原因：

　　　　在可见恒星以外的南半球，在天极点附近看不见的区域也有恒星。旧图上没有画出这些恒星。虽然（中原）各省不能直接看到它们，但从（东南）海岸以下到马六甲，这些恒星都是可见的。这些地方属于我国领土范围，怎么能把那里可见的恒星排除在外呢？㉚

　　每幅图都是以天极投影（立体平面投影）于 1628 年精确绘制的，其基本图式与徐光启的赤道两星图相似。恒星被组织为中国传统的星官并画出了整条天汉（还有麦哲伦星云）。在接近赤纬 23.5 度的地方画出了黄道，并用从黄极向各图边缘延伸的弧线表示黄道十二宫边界。恒星以大小不同的符号分为六等。另外，还画出了恒显圈与恒隐圈（分别在南北赤纬 36 度），用延伸至星图边缘的射线表示二十八宿的边界。每幅半球图的圆周同时标上了通用的刻度与度数。图上还画出了许多通过望远镜才能看到的星云。

　　图上总共画出了 1812 颗肉眼可辨的恒星，比中国本土星图上传统的 1460 颗左右的星数多出了不少。在旁注中，汤若望指出，所有这些恒星中，有 16 颗一等星，67 颗二等星，216 颗三等星，522 颗四等星，419 颗五等星，572 颗六等星。新增的恒星大多数位于华北的

　　㉗　但是，潘鼐《中国恒星观测史》第 354—355 页（注释 7）称，故宫收藏的这件印本星图为清初（约 1650 年）。

　　㉘　D'Elia，"Double Stellar Hemisphere," 337（注释 266）；潘鼐：《中国恒星观测史》第 354 页（注释 7）以及潘鼐：《十七世纪初世界首屈一指的恒星图》，《科学》42（1990）：275—80。

　　㉙　关于北京版和梵蒂冈呈送本，见《中国古代天文文物图集》第 16 页和第 101 页（注释 6），以及 d'Elia，"Double Stellar Hemisphere," PL. s. Ⅰ and Ⅱ（注释 266）。潘鼐认为，梵蒂冈呈送本是现今最早的印本。例如，其中包括了所有 10 位编绘者的名字，而北京版只带有汤若望的名字。潘鼐还根据色彩和其他细节来论证其论点，见潘鼐《十七世纪初世界首屈一指的恒星图》（注释 278）。感谢 Consiglio Nazionale di Ricerche 为我提供悬挂在他们博洛尼亚办公室的这幅印本星图的大比例尺照片。

　　㉚　译文见 d'Elia，"Double Stellar Hemisphere," 348（注释 266）。

可见星空。他强调，早期中国星图对这一区域的描绘还远不够全面。此外还有126颗增星属于南方拱极区的23个星座。汤若望说："迄今为止还没有人画过这些恒星，因此它们没有名字，此处所用的名称是从其西方原名转写而来的。"[281] 实际上，这些星群中一些恒星的现代中文名就是其对应的西方恒星的译名，如火鸟星（凤星）和三角星座。当然，也有几处名称有明显的差别。

　　我对这两幅星图所做的测量（未发表）表明，这些恒星通常是按精确到分的度数精确标定的。这是一件付出过艰苦卓绝的努力的开创性作品，毫无疑问是到那一时期为止中国所绘制的最完整和最精确的夜空图。虽然清代绘制的星图包含了更多的星数，但由汤若望编绘的这幅图才是中国星图绘制史上真正的里程碑。

　　汤若望成为清朝的第一任钦天监监正。20年后他被免职，由一位中国天文学家接替。汤若望于1666年逝世。不久以后，人们发现他的继任者不够称职，于是1667年比利时耶稣会士南怀仁（Ferdinand Verbiest，1623—1688）成为新的钦天监监正，他在这个位置一直工作到1688年去世。此后罗马天主教传教士继续担任钦天监官员，直到1826年，作为压制中国基督教的举措之一，清宣宗（道光皇帝，在位时间为1821—1850年）将他们驱逐出中国。

　　存世清代星图和天球仪数量大增，得用专文才能进行详细介绍。在整个清朝的天文文物中，我要提到的星图与天球仪仅限于下述活动的产物：（1）南怀仁于1672—1673年修改汤若望星表；（2）戴进贤（Ignatius Kogler，1680—1746）及其继任者对星空的精细测量；（3）中国本土天文学家于1842—1845年所做的进一步测量。

　　南怀仁对各恒星位置进行了测定和修正，并增加了少量以前不曾绘出的暗星。他修改的星表列出了1876颗肉眼可辨的恒星。经检验，其中二十八宿各距星坐标的准确性达到了相当高的精度，位置误差（positional errors）很少超过1弧分。[282] 南怀仁将他的研究成果，包括完整星空详图，于1674年刊行于所著《仪象志》一书中。此前一年，他铸造了一个展示众星的大型浑象。这个球仪直径6尺（约合1.5米），是南怀仁安装于北京皇家观象台的众多新仪器之一。这些仪器都是为借助窥管的肉眼观测而备的。1900年拳乱之后，浑象和另外四样仪器被运到了柏林，安放在波茨坦宫的皇家花园中，1921年又运回中国。在露天放置了3个多世纪之后，它们仍然基本保持原貌，（如今）在它们原先安放的地方——北京古观象台还可以见到（图13.41和图13.42）。[283]

　　1744年，在戴进贤的领导下，清朝展开了一次为期8年的全面观测活动，绘制出包括300个星座、多达3083颗恒星的星图。计划伊始，另一位耶稣会士刘松龄（von Hallerstein，1703—1774）充当戴进贤的助手。戴进贤于1746年去世后，刘松龄接替他做钦天监监正，另外两位耶稣会士——鲍友管（Anton Gogeisl，1701—1771）、傅作霖（Felix da Rocha，1713—1781）则协助他完成这项工作。这些星表和相应的星图收入1757年刊行的《仪象考成》一书。这些精准的赤道星图是以天极（等距）投影方式绘制的。十分奇怪的是，图上

㉘　译文见 d'Elia，"Double Stellar Hemisphere，" 356（注释266）。

㉚　潘鼐：《中国恒星观测史》，第381页（注释7）。

㉛　《中国古代天文文物图集》，第105页（注释6）。

574

图 13.41　南怀仁与他的天球仪

19 世纪中叶的日本印本中可见身着中国官服的南怀仁,他在 1667 年到 1688 年间任钦天监监正。图上还可见他的六分仪和天球仪。

原图尺寸:37.5×26 厘米。经伦敦大英博物馆许可。

居然没有表现星等,所有的恒星都是用等大的圆点表示的。20 世纪之交,又刊行了这些地图的上乘复制品 (图 13.43 和图 13.44)。㉘ 1723 年,戴进贤制作出一幅展示两个半球的黄道星图。已知这幅星图有数个副本流存于世。㉕

1842 年又展开了一次新的观测,虽然这一次是由中国天文学家主持的,但他们也利用了耶稣会士的旧仪器。这一工作持续了两年半 (直到 1845 年),总共点绘了 3240 颗恒星。测绘结果刊于《仪象考成续编》一书,书中有展示两个半球详尽星空的赤道星图,亦采用

㉘ Tsutsihashi and Chevalier, "Catalogue d'étoiles," Dl – D16 (注释 4)。

㉕ 《仪象考成续篇》于 1845 年前后刊行于北京。

图 13.42　北京的南怀仁浑象

这件天球仪放置在北京古观象台，是南怀仁铸造的许多仪器中的一件，它至今保持着原貌（图右上方）。

原物直径：约 1.5 米。

北京古观象台。

照片采自中国社会科学院考古研究所《中国古代天文文物图集》图 104 和图 105。

576

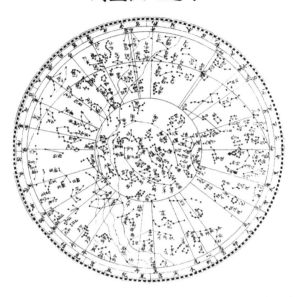

图 13.43　戴进贤与刘松龄所绘星图的复制本（1757，北半天球）

此图与图 13.44 组成一幅星图，据刘松龄的介绍，它描绘了天赤道北部的夜空。两幅图都是为北京所在的纬度，即北纬 40°备制的。采自 Tsutsihashi and Stanislas Chevalier，"Catalogue d'étoiles observées à Pé-kin sous l'empereur K'ien-long（XVIIIᵉ siècle），" *Annales de l'Observatoire Astronomique de Zô-sè（Chine）* 7（1911）；I－D105，plates between IV and V。

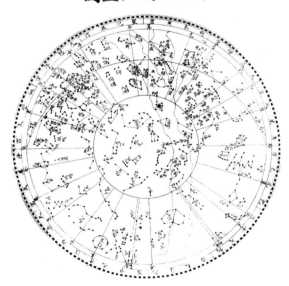

图 13.44　戴进贤与刘松龄所绘星图的复制本（1752，南半天球）

这幅刻本是 1757 年包括刘松龄在内的耶稣会士绘制的两幅星图之一的印本（见图 13.43）。与其他耶稣会士绘制的星图不同，此图无意表现星等。这幅赤道星图是以天极（等距）投影绘制的。采自 P. Tsutsihashi and Stanislas Chevalier，"Catalogue d'étoiles observées à Pé-kin sous l'empereur K'ien-long（XVIIIᵉ siècle），" *Annales de l'Observatoire Astronomique de Zô-sè（Chine）* 7（1911）；I-D105，plates between IV and V。

天极立体平面投影绘制。⑳

最后一个有关清代天文制图的重要例证来自 1903 年，即清朝灭亡的前几年。这是一件大型的青铜浑象（直径 0.96 米），其上以传统的星座展示了 1449 颗恒星（图 13.45）。制造这个仪器是为了代替被南怀仁运到德国去的天球仪。这件清代的天球仪至今保存完好，可在南京的紫金山天文台见到。这件天球仪安装后仅 8 年，民国建立，此后绘制的星图上就只有西方星座了。

图 13.45　南京的清代天球仪（1903）

有关清代星图学的最后一个重要的例证就是这个大型的天球仪，它于清朝结束的前几年用青铜铸造。其上显示了中国传统星座中的 1449 颗恒星。

原物直径：约 100 厘米。

南京紫金山天文台。

照片由 F. 理查德·斯蒂芬森提供。

在明代，耶稣会传教士与朝鲜人之间似乎没有任何重要的天文学接触。但是，1631 年，即明朝灭亡前不久，李朝大使郑斗源带着一批天文书籍和几件科学仪器从北京返回朝鲜，其中包括一台由葡萄牙耶稣会士陆若汉（João Rodrigues）赠送的望远镜和一幅星图。㉕ 不久以后的 1644 年，明朝灭亡，作为质子留在明朝的朝鲜昭显世子（Prince Sŏhyon）返回家乡，

---

⑳　Needham et al., *Heavenly Records*, 178（注释 5）。

㉕　Donald L. Baker, "Jesuit Science through Korean Eyes," *Journal of Korean Studies* 4（1982 - 83）: 207 - 39, esp. 219 - 20.

带回了几样来自汤若望的礼物，其中包括一台浑象。㉘ 不久以后的 1648 年，另一位曾受教于汤若望的朝鲜人宋以颖带回了一幅大型的星图。㉙ 遗憾的是，我们对朝鲜旅行者所获浑象或星图的制作情况均一无所知。许多年以后，李氏王朝天文机构复制了一幅汤若望 1634 年星图并将它呈送给肃宗国王。据说它与所摹的中国星图一样，一共展示了 1812 颗恒星。㉚。可惜的是，现在这些复制图也都了无踪迹。

现在首尔保存着一幅 18 世纪晚期的雕版全天图，其图式不同一般。这幅题为《浑天全图》的星图以天极（等距）投影方式描绘了朝鲜的可见夜空。㉛ 尽管旁注文字称其上有 336 个星座，1449 颗恒星，而环南天极的恒显星数加起来有 121 个，分为 33 个星座，但这幅星图几乎没有体现出耶稣会的影响。例如，图中并没有画出南拱极区（尽管旁注中有），而且极少或者几乎无意区别不同亮度的恒星。整幅星图以从星图内圈延伸到外圈的放射线分为 12 等分。外圈各部分标注各"次"，但只是大概的定位；其中两条通过分至点的射线也画得不准确。

这幅图有一个不同寻常的特点，就是将黄道与天赤道画作相互偏离的圆圈，这一点在 16 世纪晚期的明代星图上也可以看到。每个圆圈的圆心距星图中心（也是恒显圈的中心）13°，两个圆圈的交叉点正好相距 180°（即位于分至点上）。与明代全天图一样，这件作品上的星座也存在明显的失真，这是为了使之适应星图的图式。

戴进贤 1723 年星图的一些副本保存下来了，其中有两幅绘于屏风之上。㉜ 其一年代为 1755—1760 年，现藏于英国剑桥。其上以迷人的色调同时摹绘了戴进贤星图与 1395 年（朝鲜）太祖国王的全天图。㉝ 晚至 1834 年，有人还做过一幅戴进贤星图的复刻本。㉞ 那时，虽然还有相当多的人对中世纪的太祖星图带有怀旧感，但严肃的朝鲜天文制图学显然已经受到了西方新式星图的全面影响。

结　语

尽管大家公认，在公元前 2 千纪后期，中国人已经辨识出好几个星座，但我们对中国星图学的早期发展状况的认知还是支离破碎的。为方便起见，我们可以将天文制图的历史划分为 4 个并不连续的时期。最早的一个时期从公元前 1300 年前后到公元前 100 年，这一时期没有留下任何星图或星表。这个漫长的时期只留下了不到 30 个星座的名称：仅仅是二十八宿与北斗七星。第二个时期，大约在公元前 100 年到公元 700 年之间，被证实存在广泛的星图绘制活动，但是总的来说，这一时期留下的星图只画出了少数几个星座。第三个时期，大约从 700 年到 1600 年。这一时期，特别是其后半段，有一些重要星图流传下来。最后是

㉘　图片见 Jeon, *Science and Technology in Korea*, fig. 1.4（注释 5）。
㉙　Needham et al., *Heavenly Records*, 159 – 69 and 175（注释 5）。
㉚　《增补文献备考》卷 3（注释 223）。
㉛　图片见 Jeon, *Science and Technology in Korea*, fig. 1.4（注释 5）。
㉜　Needham et al., *Heavenly Records*, 159 – 69 and 175（注释 5）。
㉝　精美插图见：Needham et al., *Heavenly Records*, figs. 5.1, 5.3, and 5.5（注释 5）。
㉞　Jeon, *Science and Technology in Korea*, 31（注释 5）。

1600 年以后（第四期），所有重要的星图都受到了西方的影响。耶稣会天文学家将西方绘制星空的技术传入中国，虽然他们无意以西方的星座取代中国传统的星官。

近期有关古代星图的最重要的发现是公元前 433 年衣箱上所刻的二十八宿。这是最早确定的完整的二十八宿。虽然根据岁差，人们倾向于认为宿的起源时间更早（公元前 3 千纪），但这一观点并没有得到文献证据的支持。今后的考古发现有望进一步揭示这一问题或其他问题。具有重要天文意义的考古发现总是十分偶然的，而且这种模式似乎可能会持续下去，至少在不久的将来是这样。

虽然几乎没有公元前 100 年到公元 700 年前的星图流传下来，但历史记录表明，这一时期曾经制作过许多星图和浑象，令人扼腕的是它们都丢失了。那个时期的许多星表（其中有名的如保存在《星经》中的星表）与星座表保存下来了，说明（那一时期）的星体制图学取得了高水平的成就。朝鲜似乎保存有公元前 1 世纪的一幅中国星图的副本（从原图上转誊多次）。这些副本（最早为 1395 年）的星座构形与中世纪中国星图存在明显的差别。亟须对此进行细致的考察。在朝鲜，人们认为所有现存的前耶稣会时代的朝鲜星图都复制于 1395 年星图。

苏州全天图（1247 年刻在石头上）为宋代天文制图学的成就提供了直接的证据。这一时期另一些只保存有晚期摹本的著名星图，均源自苏颂 1094 年星图。这些星图是全世界已知最早的星图。敦煌发现的彩色星图，年代可能早到 8 世纪，虽然绘制粗糙，但却是那个时代唯一幸存下来的星图。敦煌星图用三种颜色展示恒星，使人联想到古老的三家星。敦煌和苏颂星图上的星座有许多共同之处，对之进行仔细的对比有望揭示归之于"古代浑天家"各个传统这样的大问题。令人遗憾的是，根据伟大的元代天文学家郭守敬所铸浑象制作的明代复制品，于 20 世纪早期遗失了。倘若能追踪到它的下落，将弥补中世纪中国天文制图研究的重要缺环。

人们业已对耶稣会天文学家在中国制作的几幅星图进行过广泛的探讨，有充分的证据表明，这些星图绘制技术十分完美。然而，对于几件已经发现的重要的清代作品尚无精细的探究，包括由南怀仁于 1673 年制作的青铜浑天象（现存于北京古观象台），几幅彩色星图（现存于北京故宫中国第一历史档案馆），以及晚至 1903 年铸造的青铜天球仪（展示于紫金山天文台）。显然，有关清代的星图学，还有许多内容有待书写。

（孙小淳审）

第十四章　日本明治时代以前的
天文制图

宫岛一彦
（Kazuhiko Miyajima）

古代与中世纪的天文图

几乎没有什么材料能告诉我们，古代和中世的日本有过何种天文图，但我们可以推测，如果有，大部分应该源自中国。它们要么被人带到日本，要么用抄本的形式复制于日本。[①]我们有两类证据来支撑这个说法。其一是奈良县的一处古墓——高松冢的考古证据，另一类则是普通的地图与文书。

高松冢古坟墓顶的星图
7 世纪晚期或 8 世纪初的高松冢古坟墓顶发现了一幅珍贵的星空地图，这是已知最早的日本天文制图的实例。[②] 从其中的二十八宿可以看到来自中国的影响，二十八宿在中国和以后日本的天文学中都有着重要的位置。二十八宿排成方形，中间为四辅（Shiho）星座与北斗七星（Hokkyoku）（图 14.1）。[③]

除了墓顶的星图，墓的四壁也布满了色彩斑斓的图画。其中有四神兽赞（Shi shinjū），在中国传统中它们是四方守护神：东壁为青龙（Seiryū），南壁推测为朱雀（Suzaka，14 世纪有人进入墓室几乎毁坏此壁），西壁为白虎（byakko），正对着入口的北壁为玄武（genbu）。绘制东壁的太阳和西壁的月亮时使用了金银箔片，其下有许多水平的平行红线代表云

---

① 关于日本天文学的英文综述文章，见 Shigeru Nakayama（中山茂），*A History of Japanese Astronomy：Chinese Background and Western Impact*（Cambridge：Harvard University Press，1969）；但这篇文章并没有讨论地图学史和天文制图。关于日本的天文制图，推荐阅读下面的日文文献：井本進《本朝星圖略考》图版 1、2，《天文月報》35（1942）：39—41、51—57；同上《續本朝星圖略考》《天文月報》35（1942）：67—69；同上《まぼろしの星宿圖》，《天文月報》65，No. 11（1972）：290—92；藪内清《中國、朝鮮、日本、印度の星座》，载野尻泡影主编《新天文學講座》第 1 卷（東京：恒星社 1957 年版），123—56；渡邊敏夫《近世日本天文學史》（上、下册）（東京：恒星社厚生閣 1986—87 年版），下册，特别是 737—846 页。

② 据高松冢古墳聯合學術調查會《高松冢古墳壁画調查報告書》（京都：便利堂，1974 年），古坟南北向内径为 2.6 米，东西向内径为 1 米，高 1.13 米。

③ 四辅中，只完整保留了 4 颗恒星中的 3 颗；北极星座只保留了 5 颗恒星中的 4 颗。上面也讨论过高松冢古坟，见第 352—353 页。

雾。零星点缀其中的还有蓝色或绿色的山峦符号，很可能是用一种古老的手法表示太阳和月亮正从山峦和云层中升起。

我们最好不要称高松冢古墓的这幅图为星图，因为星图是如实表现特定星座相对位置的图形，我们最好称之为星象图，即表现某些恒星和星座的示意性图画。

在中国和朝鲜的另一些墓葬中发现过展示二十八宿的壁画（见上文，特别是第523—524、537、548—549页）。墓顶的二十八宿加上四神与人物图像，在墓室中创造出一个小宇宙。时代稍晚的带有二十八宿的星象图实例发现于长刀鉾顶部，这是一架装饰精美的中世纪马车。如今京都一年一度的祇园祭还会用到复制的长刀鉾。

江户时代以前（至1600年）的其他星图以及相关文献

其他天文图、书籍和文书也证实了中国对日本天文制图的影响。例如，负责宫廷修历与占星的世袭家族就是根据来自中国的源图及其副本来编绘天文图的。在东大寺古老的正仓院（Shōsōin）清册以及藤原佐世《日本国见在书目录》（约编于891年）中都可以找到中国天文图与书籍的名录，④ 例如其中两本书——《石氏星经簿赞》和《簿赞》，其标题取即自中国的《星经》和《簿赞》，这两本书被认为出自（战国时期）魏国天文学家石申（日语为Seki Shin）之手。

还有一些史料表明，在12世纪的前40年，日本可能就已经有了天文图。1131年成书的《中右记》记载，1127年，阴阳寮发生火灾，除了一个漏刻和一个浑天图（Kontenzu）外，所有的仪器都被焚烧殆尽。后者可能是浑象，但并不能确定，因为zu这个词也可以指代地图。⑤

这些相关材料使我们得以对日本天文制图的早期历史窥知一二。由若杉家传承的抄本《石氏簿赞》有助于进一步探索这一问题，他们是土御门（Tsuchimikado，以前叫安部）家族管家的后代，也是阴阳寮的世袭传人。这个抄本出自组成一件大型文书的两幅单独的长卷之一。其来源包括陈卓撰于4世纪的《簿赞》和分别题为石申、甘德以及巫贤所撰的《簿赞》。由于日本的书目中提到了这些史料，以此得知这些书早就传入日本。⑥ 这两幅长卷上有关于星座的简要介绍显然依据了中国石氏、申氏和巫氏的星文记录，此三者被认为是战国（公元前403—前221年）晚期人。

④ 《日本國見在書目錄》，载《續群書類從》（1923—1928年，71册），第3版，67册（東京：續群書類從完成会，1957—1959年），第2册卷30。

⑤ 《中右记》作者中务宗忠也就是人们所知的藤原宗忠。《中右记》相关部分发现于《史料大成》（43册）（東京：内外書籍，1934—1943年）12：286—87。这些内容见载于《方技部》（1909），收入《古事類苑》（1896—1914年），51册（東京：吉川弘文館1982年版）。亦见载于渡边敏夫《近世日本天文學史（下）》第463—464页（注释1）。

⑥ 这些评论是根据村山修一《陰陽道基礎史料集成》（東京：東京美術1987年版）第187—203和368—381页的两幅手卷副本和书目信息做出的。在村山修一的书中，这两幅手卷标记为《石氏簿讚》和《雜卦法》。《日本國見在書目錄》等书目和其他文献，在陈卓《簿讚》一书中，只提到书名，无法知道其内容。更多关于石申、甘德和巫贤的内容，见前面第13章。

580

581

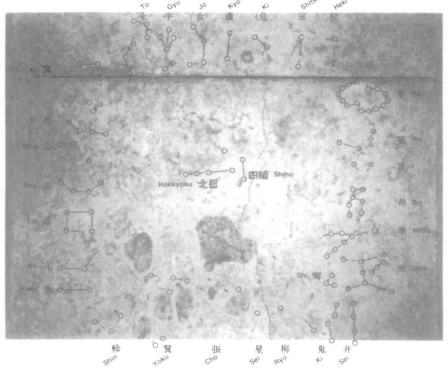

图 14.1　高松冢古坟顶部的星象图（约 700）

　　每颗恒星都是用直径 9 毫米的金箔薄片表示的。恒星之间以直尺绘出的直线连缀为星座。从下往上看，二十八宿被分为 4 组，每个 7 宿，各处一个方位（顶部为北）。每宿采用中国古代星图上常见的星数。在此图下方，我们在原图上加上了二十八宿的名称与字符（原图上并没有）。图中靠近顶部有一条水平线，这是岩石间的接缝。

　　由星座围成的正方形尺寸：80×80 厘米。

　　照片由京都薮内清提供。

不知道从中国传来的源图在日本被复制过多少次。已知 1215 年安部晴亲制作过一个副本并作了评注。安部晴亲版本中的一些星座显然复制于源本（或者其副本），另一些星座则来自另一部抄本——《格子月进图》。⑦ 安部晴亲所用的源本上有图，而一个世纪以后人们用到的另一个源本却没有图，因为安部泰世（Abe no Yasuyo）1314 年所作的评注称，他采用的源本（或其副本）没有任何图，所以不得不依靠家族收藏的其他书籍来画出星座。⑧ 这些评注表明，这幅图至少有两个不同的版本。安部晴亲和安部泰世的著作后来被一位不知名的抄工放在一起，并由安倍有世（Abe no Ariyo，1327—1402）作注（图 14.2）。

582

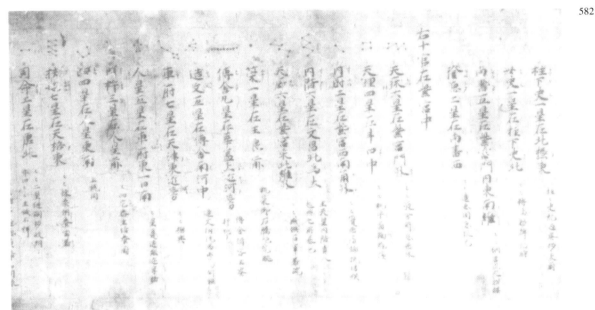

图 14.2 《石氏簿赞》抄本局部

这幅由土御门家族传承的以长卷形式制作的星表，根据中国古代文献对各星座构形进行了描绘与图示。在描述星座的文字上方，用红色画出了星座的构形。

原图尺寸：未详。

京都县博物馆。照片采自村山修一《陰陽道基礎史料集成》（東京：美术，1987）第 193 页。

这些长卷上只展示了单个星座的构形，但并没有画出整个星空。日本人编纂《格子月进图》（图 14.3）只是为了观察从月球与单个恒星或星座之间近距离穿过的掩星（occultations）之类的天文现象而编绘的天文图。《格子月进图》不知何年由安部家族的人编绘，后来由安部泰世复制。在二战时期毁于战火之前，它一直是日本最古老的存世天文图。近年根据佐佐木英治所拍照片以长卷形式复制了这幅图。复制图抓住了原件的基本特点，尽管还有

583

---

⑦ 在一篇 1215 年的后记中，安部称"虽然原书中有一些图，但我还是从《格子月进图》复制了一些图，用以取代不确定出自原书的那些图"。

⑧ 渡边敏夫：《近世日本天文學史（下）》第 763 页（注释 1）以及村山修一《陰陽道基礎史料集成》第 372 页（注释 6）。

一些地方不那么确定。⑨ 它包括了两幅星图，一幅为圆形，另一幅为矩形。根据渡边敏夫的说法，二十八宿的边界是根据唐代一行（682—727）观测数据的近似值画出的，⑩ 其上也画出了中国的星座、黄道⑪和天汉。

上面提到的这些有关中国星座和天文图的书籍都是用来占星的，日本与东亚其他地区一样，占星术与政治统治以及宫廷活动都存在关联。占星的秘密不可让普罗大众窥知，负责星占的官员是世袭的，这样便于对占星活动加以控制。根据 833 年的《令义解》，法律禁止私人收藏巫术手册、占星书籍、星图以及浑仪之类的装置。⑫ 因此，在古代和中世纪，日本星图的传播范围不广，唯一的例外是在战国时代（1467—1568），因为政府无暇顾及保密之事。

日本战国时代的两幅天文图是现存最古老的日本星图。二者都是圆形星图，延续了中国的星图传统。年代较早的一幅叫《天之图》（图 14.4），为立轴式，可能制作于 1547 年以前［好像由 1547 年住在泷谷寺的一位叫谷野一柏的僧侣捐赠给越前（今福井县）藩主朝仓孝景］。这幅立轴现在被认定为国家重要文化财。它的独特之处是，在一幅狭窄的条带上表现恒显圈，并注明了十二箕（ji，中文叫岁次）名称。虽然中国人将天空等分为十二次，但这幅星图上的箕却不是等分的，其上标注了各箕的度数。另一个显著的特点是画出了 366 条带赤经的子午线，它们呈放射状延伸到最外圈，即恒隐圈边缘，其外就是恒在地平线以下的天球。赤经是以中国的度为单位的，一圈大约为 365.25 度。星图上也画出了天赤道和中国星座，但没有画出黄道。⑬ 第二幅星图，曾为井本进所收藏，据称编绘于天文时代（1532—1555）⑭ 其上绘有中国的星座、天汉、表示二十八宿边界的放射状直线、黄道，三个同心圆分别代表恒显圈、天赤道和恒隐圈。

江户时代以前留下来的另一件作品是后阳成天皇（1586—1611 年在位）所绘星图。这幅星图很简单，其上有北辰或北极星，以及其他被称为天盖星的北极区恒星。⑮

---

⑨　原作丢失于 1945 年 5 月 25 日的空袭中。福井县的佐佐木英治，根据井本进《まぼろしの星宿圖》（注释 1）中的照片，并参考了泷谷寺收藏的《天之圖》（见下文）。摹本中没有画出原作中用细交叉线做出的阴影，也有几处星座的名称写错了。没有注明原图尺寸，复制图尺寸为 27×78 厘米（矩形部分），27×22 厘米，圆形部分半径为 9 厘米，注记部分为 27×54 厘米。在复制图末尾佐々木添加了一个关于复制过程的说明。

⑩　一行，本名张遂，是佛教一派密宗的领袖，也是最重要的天文学家。他于 727 年去世时，基本上完成了《大衍历》的编制。这部影响巨大的历法于 735 年到 861 年间传入日本。见渡邊敏夫《近世日本天文學史（下）》，第 760—765 页，特别是 762 页（注释 1），以及大崎正次《中國の星座の歷史》（東京：雄山閣 1978 年版）更多关于一行的介绍，见上文，特别是第 123、533、538 页。

⑪　大崎正次《中國の星座の歷史》（注释 10），认为这条线是月亮的运行轨道，而不是黄道，但黄道画的似乎是正确的。

⑫　《令義解》，载于《新訂增補國史大系》，66 册（東京：吉川弘文館 1929—1964 年版），第 22 册，卷 10。亦见载于《古事類苑·方技部》，第 284 页（注释 5）。

⑬　二十八宿的名称与分界线是沿着圆周分布的，各星座的赤经度数同于贺茂在方所著《歷林問答集》（1414）。

⑭　根据井本进《本朝星圖略考》（注释 1），这幅地图绘制于立轴之上。地图边缘的题记出自东汉张衡（公元 78—139 年）所制浑天仪，孔颖达（574—648）《月令正义》以及其他此类书籍。北斗七星（日语读 Hokuto）和北极星（日语读 Hokkyoku），二十八宿和三垣，即紫微垣（日语读 Shibi）、太微垣（日语读 Taibi）和天市垣（日语读 Tenshi）用填上红色的圆圈来表示。其他恒星以填上黑色的圆圈表示。天汉则涂上白色阴影，赤道和黄道分别以红色和黄色的圆圈表示。

⑮　天盖星在日本可以指放在佛像上面的丝质伞盖。这幅地图保存于宫内厅，它是一幅立轴地图，由于是天皇亲自绘制的，因此很重要。迄今并未对这幅图展开过研究。

584

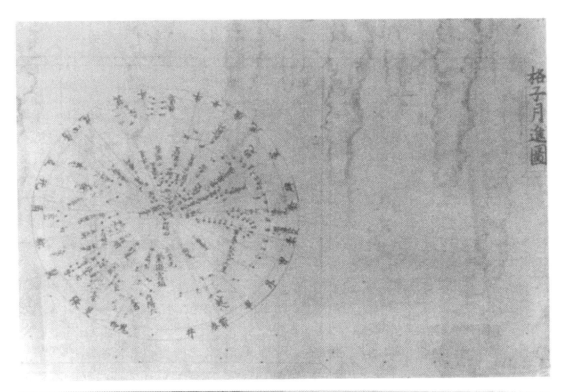

585

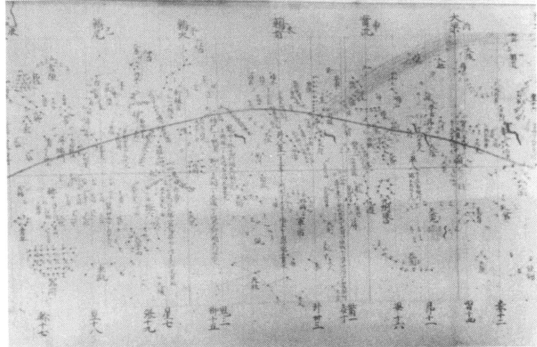

图14.3　《格子月进图》

　　这两幅详图，其一是以北极为圆心的圆形星图，其二是展示天赤道地区的长方形星图（从春分点赤经零时到秋分点赤经12时）。后一幅星图上的天赤道以一条从图中央穿过的水平直线表示。非等距排列的垂线是赤经线，其上标有距星，这些直线用来表示二十八宿边界。

　　原图尺寸：不详。采自井本進《まぼろしの星宿圖》，《天文學報》65，No. 11（1972）。

江户时代的天文图

来自中国与朝鲜天文图的影响

江户时代（1600—1868）早期带有天文图的中国书籍被携入日本。其中最有影响的是陈元靓的《事林广记》（大约成书于1250年）、王圻的《三才图会》（成书于1607年，刊印于1609年）以及游艺的《天经或问》（1672）。《事林广记》是一种民间百科全书（类书——译者注），其中有一些与普通人生活有关的条目，为日常活动而作。《事林广记》现存有两个元代版本，三个明代版本，一个日文版本。《三才图会》全书都有插图。游艺的《天经或问》试图调和古代和晚近的中国学说与西方的天文学，但作者对中国和欧洲思想的理解都不够。书中从西方耶稣会士撰写的天文学书籍中引用的许多内容都有错误。[16] 这些著作传到日本之后，在日本刊行的天文著作中出现了根据这些书籍制作的天文图。

日本重印的《事林广记》，据称刊行于1699年，根据的是中国1325年版本，其中一张长方形星图和一张圆形星图不见于现存的中国古籍。[17] 这两张星图不仅对于研究日本星图很有价值，而且对于研究宋代中国的天文制图也很有价值，因为它们既不同于苏颂刊行于1094年的《新仪象法要》，也不同于根据早期星图刻制的著名的1247年苏州全天图。[18]

585

《天经或问》大约于1672—1679年间传入日本，这本书结合了古代中国的学说与自然哲学家朱熹（1130—1200）的学说，以及晚近方以智（1611—1671）学习耶稣会士所传知识后形成的哲学思想。虽然《天经或问》在中国并没有引起太多关注，但在日本却随处可见，许多注解性和评论性书籍都是在本书的启发下出现的，特别是在西川正休（1693—1756）在1730年刊行本书的第一个日本版本之后。尤其重要的是，本书中记录了以前的天文图中从未出现过的南方拱极区星图，使日本人第一次了解到了这些恒星。寺岛良安的《和汉三才图会》（1715）的天文和占星部分的内容也是从《天经或问》和《三才图会》中摘取的。[19] 这两本来自中国的书籍也影响到后来日本的天文图。

另一件影响日本天文制图的作品是《天象列次分野之图》，这是一幅1395年刻石的朝鲜星图。[20] 虽然1395年星图碑的拓片或印本并没有在日本保存下来，但是其影响却是显

---

⑯　入江脩（见下面的注释34）的《天經或問注解圖卷》（1750）指出其中的一些错误。有些佛教僧侣认为游艺的《天经或问》冒犯了他们，因为这本书与佛教宇宙观不吻合。

⑰　《事林广记》初刻于1325年，后来留下来的中文版本质量较差。

⑱　关于《新仪象法要》，见上文第541—545页，亦见 Joseph Needham，Wang Ling，and Derek J. de Solla Price，*Heavenly Clockwork: The Great Astronomical Clocks of Medieval China*，2d ed.（Cambridge：Cambridge University Press，1986）. 在为日本精工手表公司复原苏颂水运仪象台时，我研读过中文原文，研究结果尚未发表。现存《新仪象法要》并不是初刻版。关于苏州天文图的讨论，见第545—548页，亦见薮内清《中國の天文暦法》（東京：平凡社1969年版；修订版，1990年）。日本发现了一大批苏州天文图的拓片，有些明显是明治时代以前带入日本的，它们影响了日本的天文制图。

⑲　寺岛良安《和漢三才圖會》（東京：東京美術重印，1982年）。

⑳　见上文第560—561页，以及 Sang-woon Jeon（Chŏn Sang'un），*Science and Technology in Korea: Traditional Instruments and Techniques*（Cambridge：MIT Press，1974），26–28. 本书的日文版题为《韓國科學技術史》（東京：高麗書林，1978年）。

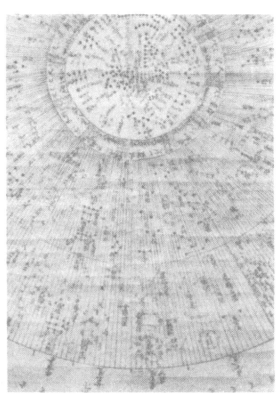

图14.4 福井县泷谷寺《天之图》及其细部

图上画出了恒显圈，十二次名称与范围，以及根据以中国度数绘制的赤经子午线。星图上方写着一首名叫Hoten Ka
的星座诗（见下，第598页）。在二十八宿名称周围，用20个字（8个地支，8个天干和4个占卜符号）标注了100个方
位，每个字使用5次。分别以带开口的黑色圆圈表示巫贤系统的恒星，用红色和黑色圆圈表示石申和甘德系统的恒星。

原图尺寸：144.2×156.5厘米。

图片照片由Sasaki Eiji，Asahi-cho提供。

而易见的。日本保存有这方图碑的1687年拓片和印本（除了将星图标题移到顶部之外，其
他与1395年图碑相同）。有些印本上的字母与数字是黑底白字，另一些是白底黑字，有些副
本还在淡蓝色的背景下显示出无色的天汉。《天象列次分野之图》还为福岛国隆1668年制
作的天文仪器——"分度之规矩"（字面意思是距离测量标准）、涩川春海的《天象列次之
图》（1670）以及《天文分野之图》（1677）提供了资料。[21]

福岛的"分度之规矩"是一件盘状青铜仪器，其圜底上铸有一幅依照《天象列次分野
之图》刻成的星图（图14.5）。这件仪器在第13章曾被提及，它精确复制于本章介绍的

---

[21] 涩川的作品下面都会讨论到。这里提到的两幅地图是黑白雕版地图，有些黑白雕版地图后来加上了彩色。《天下
古今大揔便覽圖》和《三才圖会》中的星图可能日本初次所刻星图的原始资料。这幅地图出自大原武清（Ōhara
Takekiyo）绘制于1653年的《四書引蒙略圖解》。由于恒星的分布与星座形状不同，所以尚不能确定二者之间的关系。这
幅图见载于渡边敏夫《近世日本天文學史》（注释1），并本进《本朝星圖略考》图版2（注释1）亦有过讨论。这是一张
圆形地图，占两页纸，北极居中。三个同心圆代表恒显圈、赤道和恒隐圈。图中画出天汉。除了二十八宿，图中只画出
了少数恒星，它们用实心或空心的黑色圆圈表示。

587

图 14.5 福岛国隆的《分度之规矩》（1683）

这件盘状青铜仪器的特色是，其微凹的内底中心刻有一幅根据《天象列次分野之图》制作的星图。盘的边缘有两个用来放置磁罗盘的小槽。原物是由军事工程师北条氏长于 1668 年订制的。根据福岛在盘背面所作的铭文知，1683 年莲池藩主锅岛直之请一位叫 Choken 的铁匠复制的"分度之规矩"。

原物尺寸：直径约 34 厘米，星图直径约 24 厘米。贺佐县图书馆。

照片由大阪宫岛一彦提供。

"分度之规矩"。据信前者出自一艘船只，李约瑟推测它用于导航。[22] 从插图上看，福岛的"分度之规矩"是一种大圆分度。[23] 松宫俊仍记载过其上的星图，但他并没有将其与这件仪器的功能联系起来。这件仪器主要用途有二：一是在内底凹陷处注水，当水平仪使用；二是借助圆周的刻度测量方位角。[24]

涩川春海的星图与新星座

涩川春海（1639—1716）是日本最伟大的天文学家之一，他是幕府时代的围棋大师安井算哲（1590—1652）之子。[25] 涩川乳名安井六藏（Yasui Rokuzo）。父亲过世后，改名算哲。春海则是他的笔名。1677 年刊行他的《天文分野之图》时，他又将自己的姓改回安井（第

---

[22] Joseph Needham, *Science and Civilisation in China* (Cambridge：Cambridge University Press, 1954 –), Vol. 3, with Wang Ling, *Mathematics and the Sciences of the Heavens and the Earth* (1959), 279 and 282. 亦见 E. B. Knobel, "On a Chinese Planisphere," *Monthly Notices of the Royal Astronomical Society* 69 (1909)：435 – 45, esp. 436.

[23] 《分度餘术》是一部有关测绘技术的手稿，现藏于位于东京的国立公文书馆。

[24] Kazutaka Unno, "A Surveying Instrument Designed by Hōjō Ujinaga (1609 – 70)," 东亚科学史第七次国际会议论文，京都，日本，1993 年 8 月。

[25] 围棋是在由 19 条纵线和 19 条横线画成的棋盘上下黑白两色石棋子的游戏，目标是围住棋盘上更大的空间并吃掉对方的棋子。

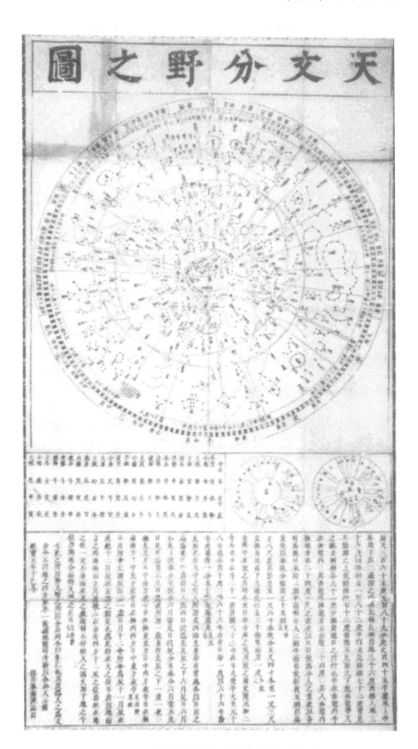

图 14.6　涩川春海的《天文分野之图》（1677）

　　这幅圆形星图是根据《天象列次分野之图》绘制的，涩川在其上添加了日本吸收中国分野星占的内容，即将地上分区与天上分区对应起来。

　　原作尺寸：108×55.5 厘米。

　　照片由大阪宫岛一彦提供。

一个字的写法不同）。1702 年，他再次改姓，这一次才叫涩川，这是安井家族过去的姓。

　　涩川尤以其创造的历法系统而著称，这一历法于 1684 年被采用并以贞享年号（1684—1688），命名为贞享历。贞享历取代了宣明历。贞享历之所以有名，是因为它与此前完全依赖于中国学说的日本历法不同，它是根据涩川本人所做的系统天文观测制定的，也是日本自行制作并被广泛采用的第一部历法。[26] 历法改革使涩川被幕府任命为天文方，此后这一职位变成世袭。从此以后，日本不再采用中国历法，而是改用自己的历法。

　　在着手进行历法改革以前，涩川曾经编绘《天象列次之图》，这幅图部分依据了《天象列次分野之图》。但是，他所采纳的二十八宿赤经宽度值来自 1279 年郭守敬的《授时历》。[27]用来区分二十八宿的距星的赤纬值则采用了黄鼎编纂的《天文大成管窥辑要》（1653）所

589

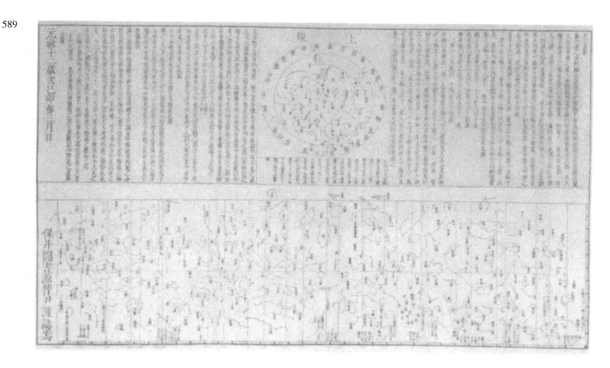

图 14.7　涩川春海所绘《天文成象图》（1699）

　　这幅地图是以涩川春海之子尾高的名义刊行的。恒星以黑色的小圆圈（甘德系统的星座）以及涂上黄、红和蓝色的半闭合黑色小圆圈表示。黄色代表巫贤系统的星座；红色是石申系统的星座；蓝色则是涩川春海本人新近添加的星座。

　　原图尺寸：49.9×82.5 厘米。

　　照片由大阪宫岛一彦提供。

---

　　[26]　Nakayama（中山茂），*History of Japanese Astronomy*，120（注释 1）。

　　[27]　宋濂等编《元史》（编于 1369—1370 年）中留下了《授时历》天文系统。见《元史》第 15 册，卷 52—55，中华书局 1976 年版。《授时历》并没有受到伊斯兰天文学的多大影响。据薮内清《中国の天文暦法》第 145 页（注释 18），《授时历》的推算程序中没有明显来自伊斯兰的影响；它基本上延续了中国的传统，伊斯兰的影响只表现在建立历法体系时采用了一些新的伊斯兰仪器。

引《宋史》（1346）的数值。[28] 通过测量星座中的某颗星并将它标注在星图上，以此确定星座的位置，星座中其他恒星则是根据肉眼所见添加的，并没有进行测量。山本格安在他的《星名考》（1744）一书中提及这种标注方法的缺陷："即便借助传统星图来观察这些星座，还是无法将它们识别出来。"[29]

在中国的分野占星学中，十二次是与古十二州关联起来的，根据这个对天象做出解释。与此相类，二十八宿中的九宿也与与古老的九州关联（见第 208—210 页）。在《天文分野之图》中，涩川亦将这种对应关系运用到日本各区域中。这种新的对应体现了《天文分野之图》与朝鲜《天象列次之图》的主要差别，但这并不是二者唯一的差别。[30] 据老人星的位置可知，涩川对《天文分野之图》进行了某些修改。在朝鲜《天象列次分野之图》和《天象列次之图》中，这颗星被放置在天狼星的西南，处于离它的实际位置很远的西南地方。《天文分野之图》则将老人星画在天狼星正南，更接近其实际的位置。涩川还在《天文成象图》（1699）中改动了老人星的位置，使之定位大体准确。

《天文成象图》由两部分组成，上方为圆形星图，下方为长方形星图（图 14.7）。圆形星图是以北天极为中心的，画出了北方拱极区的星座，外侧注明了二十八宿的名称，图的下方列出了日本各地的纬度。圆图两侧各栏简要评述了与中国古老的甘德、巫贤和石申三家星系相关的星座，还提到涩川发现的新星座，并认为新增的星座使这幅星图与浑仪观察到的恒星位置相符。

长方形星图上有三条平行线，最上面的一条代表恒显圈，中间一条是天赤道，最下面一条为恒隐圈。在上面一条线外侧还画出了少数几个星座，在下面一条线上同时以 1 度和 10 度为间距标明了赤经，这一点继承了中国和日本传统。一周标出 365 度。垂线代表二十八宿边界。右侧以 1 度和 10 度为间距标出了赤纬刻度，从星图顶部到底部的赤纬范围超过 108 度。

除了二十八宿中的星座，中国还有许多星座对应着官僚体系的各部分，这种做法由来已久。如果某个星座中偶尔发生了不寻常的现象，占星术士就会声称，与之相应的政府部门要承担责任。这种制度是从晋代开始的，当时国家天文观察台（灵台）由陈卓领导，他整合了三家星和各占星学派所用的星座。为了确定其来源，将各星座归入某位战国占星家系统下。巫贤系包括 44 个星座，共 144 颗恒星；石申系有 138 个星座，810 颗恒星，以及二十八宿；甘德系包括 118 个星座，511 颗恒星。在涩川的有生之年，日本政府继续采用中国的星座。但一些肉眼可见的恒星还是没有纳入已有的星座中，涩川因此将总共 308 颗新恒星组成 61 个新的星座并将它们与日本官僚系统关联起来。他在 1698 年印行的《天文琼统》中刊布了自己的星座体系。这一体系出现在 1699 年的

590

---

　　[28]《天文大成管窥辑要》中距星的赤纬值据说出自《宋史·律历志》，但实际上二者有细微差别，涩川的测值与《天文大成管窥辑要》可以匹配。80 卷的《天文大成管窥辑要》带有插图，编自 143 本天文占星著作。本书还提到了天气现象和用动植物占卜。

　　[29] 引文在《星名考》一书末尾。见渡邊敏夫《近世日本天文學史（下）》第 766—767 页（注释 1）。

　　[30] 渡邊敏夫《近世日本天文學史（下）》第 733 页（注释 1），作者称，除了这一点创新之外，这些地图与源图一模一样，甚至复制了后者的错误。

《天文成象图》中。[31] 人们习惯以黄、红、黑三色表示中国三家星座系统，涩川独创的日本星座则用蓝色表示。《天文成象图》与《天文分野之图》以及《天象列次之图》不同，它囊括了一些根据涩川测量所得原始数据绘制的天文图。因此，《天文琼统》与《天文成象图》上恒星的位置都更为精确。

涩川制作的天文图屏风是一件六扇鎏金屏风，大约制成于 1697—1715 年（图 14.8）。[32] 一幅大型的圆形天文图占据了右边三扇和第四扇的一部分。左边的三扇屏风上则有两幅小型圆形天文图和一幅长方形天文图。两幅圆形图分别以北极和南极为中心，第一幅圆图与长方形图都摹自《天文成象图》，第二幅圆图可能摹自《天经或问》。这些天文图相当传统，但右侧的大型星图很不寻常，虽然它也是以北极为中心，而且以最外的圆圈表示恒显圈，但它却是一幅镜象星图，好似从天球之外观察所得。

涩川春海的影响

涩川的天文图对当时和后代的天文图以及浑象产生了很大的影响。例如，井口常节的《天文图解》（1689）和苗村丈伯的《古历便览备考》（1692），以及井口的《天象北星之图》（1698），都摹自《天象列次之图》。[33]

《天文图解》是日本刊行的第一部天文著作。虽然所有五卷讲的都是数学天文学研究，但第一卷中有一些圆形星图，第二卷有二十八宿图像。大多数恒星是用黑色圆圈表示的，但圆形星图中的二十八宿以及其他一些有名的恒星用白色圆圈表示，二十八宿的距星也是如此。二十八宿各宿的起始点与《天象列次之图》相同，后者的错误也照录不误。苗村丈伯的《古历便览备考》中有一幅与井口的《天文图解》相同的星图。

591　　井口展示北天球的《天象北星之图》与他的《天象南星之图》都刊行于 1698 年。这两幅图宽 52 厘米，长 125 厘米。它们的摹本很少，而且尚未有人对之展开深入研究。相较《天文图解》中的星图，这些星图上没有画出区分二十八宿的子午线。二十八宿以及其他星座中有名的恒星是用白色圆圈表示的。

同时代的许多其他星图都受到了涩川春海作品的影响，其中著名的有入江脩的《天经或问注解图卷》中修订的星图（1750），[34] 本书是入江脩对游艺《天经或问》的第二次注解与修订。在第 2 卷开头，入江修写道："虽然安井春海的星座研究取得了卓越的成就，但他创作的圆形星图并没有正确地表现星座的形状。只有他后来制作的长方形星图才正确展现了星座形状。我用罗盘和尺子从他的长方形星图中摹绘了恒星的排列形式，然后加以修订并将其排在原图后面。"《天经或问》中有 8 种圆形星图。入江修重印了这 8 张原图并印制了除

㉛　《天文琼统》是献给幕府家族和伊势神宫的一部八卷本天文学手稿。本书与占星有关的内容系引自《天文大成管窥辑要》，但内容相当简化。本书天文学方面的内容则受到《天经或问》的很大影响，但作者也批评了《天经或问》。涩川春海详细谈到他的观测活动以及用于观测的仪器。《天文成象圖》就是根据这些数据绘制的。

㉜　涩川春海的《天文圖屏風》由南波松太郎存放于大阪市立博物館，下面的文献有过讨论：秋岡武次郎《坤輿萬國全圖屏風總說，涩川春海描并に藤黄赤子描的的世界圖天文圖屏風》，《政法大學文學部紀要》8（1962）：1—28.

㉝　渡邊敏夫《近世日本天文學史（下）》第 827—830 頁（注释 1）。

㉞　《天經或問》和《天經或問注解圖卷》对《天經或問》（日语读作 Tenkei wakumon）作了解说。前者有一篇关于游艺的友人为《天经或问》所作序言的注解，注解中解释了技术书语以及书名的由来。《天經或問注解圖卷》则评论了《天经或问》开头的文本中出现的插图及其解说。

《南极诸星垣界星图》以外所有星图的修订图。如果原图的图像或注解有误，他就根据涩川的《天文成象图》出示一条修订意见（或者给出他认为正确的答案）。他没有修订恒隐区星图——《南极诸星垣界星图》的原因在于："这个天区在日本和另外一些国家看不到，所以古代的浑象中不会把它画出来。西方天文学传入中国，在南方越洋旅行的西方人观测到了这一区域并绘出星图。我们在日本看不见这个区域，所以无法对之进行订正。"关于恒显区的修订图——《北极紫微垣见界改正图》，入江修写道："我复制了三种全天星图，相对原图，各有优缺点。安井春海的《天文星象图》基本是正确的，虽然它并不完美。这幅图很有名，所以我修订了它并制作了每一幅图的修订图。我希望见到这些星图的人对之作进一步的修订。"他还摹绘了《天文成象图》中的星图，并将这些图放在《南极河汉星见界改正图》下方。

同志社大学还收藏有一件 1701 年的天球仪，这件浑象是根据涩川的《天文分野之图》制作的。在这件纸制（papier-mache）天球仪的表面标有巫贤、石申和甘德三家星，分别用金色、红色和黑色加以区分。天汉上贴有金箔。虽然这件天球仪是在涩川新星座确定后制作的，但其上并没有表现这些新星座。其上保留有《天文分野之图》的错误，似乎表明浑象是根据这幅图制作的。幸存于 1127 年阴阳寮大火的浑天图，据信曾经是一件浑象，除此之外，涩川以前的天球仪都没有见诸记载。日本现存最早的天球仪是由涩川与他同时代人制作的。这些天球仪形体较大（直径大约 50 厘米），用红铜制作，而后来制作的浑象形体较小（直径大约 30 厘米），以纸制作，或者将纸糊于木头或石膏上。还有几件浑象是黑漆制作的。[35]

后世有一件显然是按照《天文成象图》制作的作品，那就是原长常的《天文经纬问答和解抄》（1779）中的天文图。[36] 这幅图上代表恒星的点的位置与大小以及二十宿的边界与涩川星图略有不同，原长常星图并没有区分三家星座与涩川新星座，但是逐字照录了《天文成象图》中有关每个星座构形的解说。其价值在于，它是为数不多的南北倒置（仿佛从天球之外观察）而且既标有汉字星座名又附有平假名读音的星图。

岩桥善兵卫（1756—1811）曾在日本制作了一台折射望远镜，并发明了一台叫作"平天仪"（字面意思是全天图）的可旋转示图板。几个不同半径的彩色圆盘相互叠加且可围绕中心旋转。它们依次（从里向外）表示地球（以北极为中心，半径约 4.5 厘米）、由月球位置产生的潮汐、由太阳位置决定的阴历日、二十八宿、一天中的时辰（半径约为 12.5 厘米）。所附文字说明《平天仪图解》介绍的基本天文知识主要来自《天经或问》。书中的星图包括题为《恒星之图》的 6 页长方形星图以及两幅分别表现南北拱极地区的圆形星图（各两页）。长方形星图和表现北方拱极区的圆形星图是根据《天文成象图》绘制的。另一幅表现南方拱极区的圆形星图是根据《天经或问》绘制的。

　　㉟　见宫岛一彦《同志社大學所藏元禄 14 年制天球儀の位置づけ》，《同志社大学理工研究报告》21（1981）：279—300. 有大量的文献介绍和报告单个天球仪，但很少有著作对天球仪整体进行研究，见廣瀬秀雄《天球儀覺ぇ書き》，*Gōto Puranetaryumi Gakugeihō* 6（1978），以及宫岛一彦《昔の天文儀器》，载于《天文學史》Vol. 15（1983）. 关于日本天球仪的统计列表是根据我的研究（天球仪）和海野一隆的研究（地球仪）Kazutaka Unno，见 Hirotada Kawamura（川村博忠），Kazutaka Unno, and Kazuhiko Miyajima, "List of Old Globes in Japan," *Der Globusfreund* 38 – 39（1990）：173 – 77.

　　㊱　我并没有见过原长常星图，渡邊敏夫《近世日本天文學史（下）》第 833—834 页（注释 1）有复原图和讨论。

592

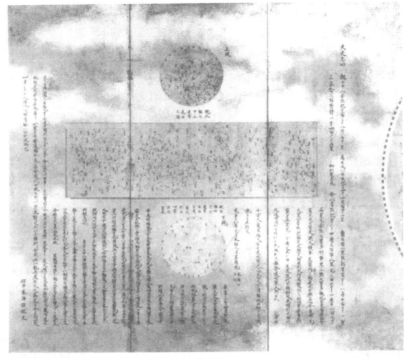

593

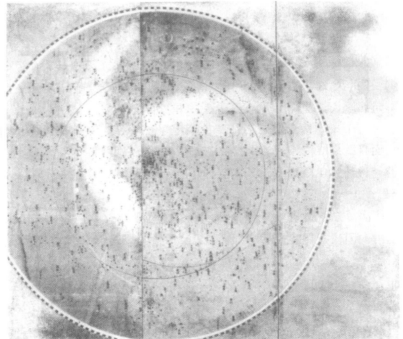

图 14.8　涩川春海制作的《天文图屏风》

　　这是一件带有 4 幅天文图的六扇屏风，其中 3 幅为圆形，1 幅为长方形。大型的圆形星图展示了似乎从天球外部观察到的北半球的恒星。

　　整个屏风尺寸：184×377.5 厘米。

　　大阪城市博物馆。

　　照片由西宫市 Nanba Matsutarō 提供。

长久保赤水绘制的天文图

　　水户地理学家长久保赤水的著作《天象管窥钞》（1774）附有一件稀见的带有中国星座的可旋转全天图。[37] 其上的文字解释了为何要制作这些天文图板以及怎样使用它们。

　　《天象管窥钞》是一个小册子，其中有一张小型的圆形天文图，用一条穿过星图中心（北天极）的线将其固定在页面上，这样图就可以转动了（图14.9）。图上画出了二十八宿，

594

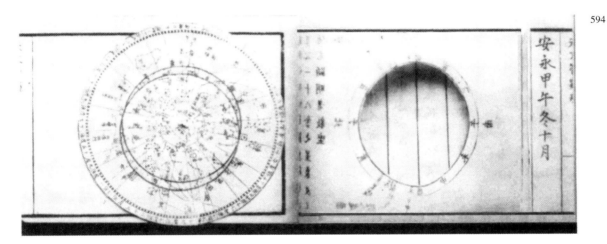

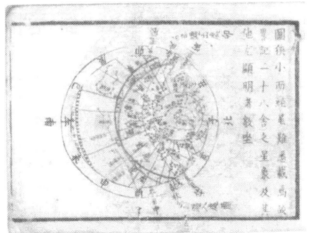

图 14.9　长久保赤水《天象管窥钞》中的旋转星图（1774）

　　左上方第一幅图展示的是一件旋转星图，右上方的页面上挖出了一个代表地平圈的圆孔，把这一页叠加在第一幅图上，就是左下方图示的样子。这幅星图以北极为中心，画出了赤道（同心圆圈）和黄道（偏心圆圈）。

　　旋转星图直径：10.8厘米；地平圈直径：7.7厘米。

　　Kazu Tsuguto 收藏。

　　照片由大阪宫岛一彦提供。

　　[37]　渡边敏夫《近世日本天文學史（下）》第832页。（注释1），以及一本1824年的著作《天文星象圖解》（其内容与《天象管窥钞》相同，书中有一幅旋转式星座图）。

但省略掉了大多数星座。天汉是蓝底白色，恒星以黑色或白色圆圈画成，赤道为红色，黄道为黄色。太阳在黄道上的位置被标为等距离的 12 个点，其中包括冬至点和春分点。另外，画出了恒显圈和恒隐圈。最外圈标出了以度为单位的刻度和二十八宿的范围。覆盖在星图上方的页面开有一个代表地平圈的圆孔。

据称，佚名地图《天文星象图》（图 14.10）的作者也是长久保赤水。这幅图比《天文星象图解》一书所附全天图要大一些，画出的恒星也多一些。之所以作出这样的推断，是因为两幅星图外形相近而且名称相同。[38]

有一幅带有长方形天文图的长卷，先前曾为小林义生（逝于 1991 年）所有，绘制年代为 1796 年，其上题字曰："鄙人赤水绘制此图。"（图 14.11）图上恒星的排列与注记完全复制于涩川的《天文成象图》，只是比后者多出了天汉、黄道和（与京都的纬度相应的）35 度北赤纬线。[39]

耶稣会士天文图与星图的影响

明末，耶稣会士来到中国，他们通过观测编绘星表和星图，试图将中国星座与西方星座相互证认。耶稣会士所著中文书籍及其传播的欧洲天文学知识——其中最有名的是根据星等对恒星进行分类，对江户时代的日本天文制图产生了影响。但是，正如中山茂所言，要当心高估这种影响，

> 研究利玛窦、汤若望等来华的传教士报告的学者，倾向于将 17 世纪中国科学的图景投射到同时期的日本科学上，通常猜想日本的科学也受到耶稣会士早期贡献的重大影响。但是，两国的情况大不相同。17 世纪初，……日本政府严格禁止基督教和西方学术的传播。……因此在日本，传教士的学说被清除得几乎不见踪影。[40]

尽管如此，在 18 世纪和 19 世纪初的日本星图上还是可以看到耶稣会士的影响。耶稣会士的影响是通过《仪像考成》来传播的。这本书由戴进贤等人编纂于 1744 年。该书 1755 年修订本收入了乾隆星表（1752）。[41] 这张星表给出的星等有可能被日本哲学家三浦梅园（1723—1789）吸收到其所绘南北半球图中（装裱为立轴），这些图将恒星分为六个

㊳　《天文星象图》与涩川《天文成象图》读者相同，只是一个为"星"，一个为"成"。《天文星象图》见载于渡边敏夫《近世日本天文学史（下）》第 833 页（注释 1），渡边认为长久保赤水绘制了这幅图。已故的茅原元一郎给我看过一幅与渡边书中刊用的《天文星象图》相同的星图。我见到的这张星图是折叠式星图，其红棕色封面上贴了一张白纸，上面写道："《天文星象图解》，赤水长玄珠大师写"，赤水长玄珠是长久保赤水的笔名。我还曾见过一幅由京都大学收藏的相同的星图，蓝色封面上也贴有一张白纸，其上写着"天文星象图卷"。虽然两个标题有些微差别，但《天文星象图》和《天文星象图解》肯定是长久保赤水绘制的。

㊴　1937 年前后小林还是大三国中学生时，就有人送给他这幅发现于他的英文老师珀金斯（Perkins）先生家中的长卷。

㊵　Nakayama, *History of Japanese Astronomy*, 79 – 80（注释 1）。

㊶　见 Joseph Needham et al., *The Hall of Heavenly Records: Korean Astronomical Instruments and Clocks, 1380 – 1780*（Cambridge: Cambridge University Press, 1986），171。

595

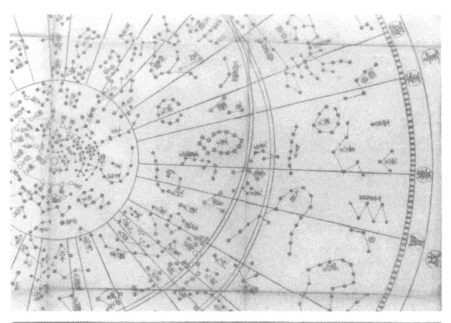

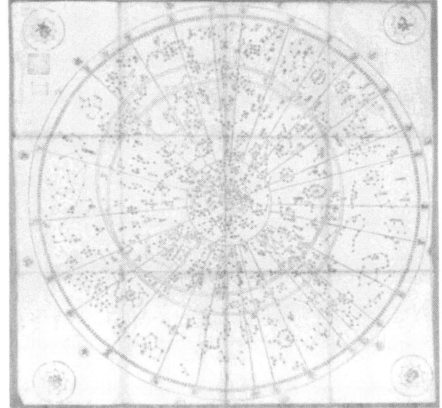

图 14.10 佚名《天文星象图》（第 594、595 页）及其细部

这幅天文图，以北天极为中心，以黑色双线画出了赤道圈和黄道圈，以红色绘出二十八宿，以黑色圆圈和黑点标出其他的恒星。

原作尺寸：约 77×77 厘米。

京都大学。照片由大阪宫岛一彦提供。

596

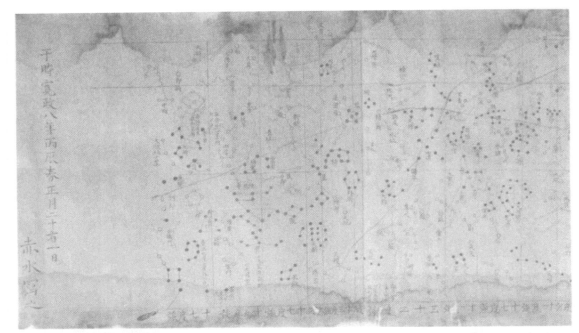

597

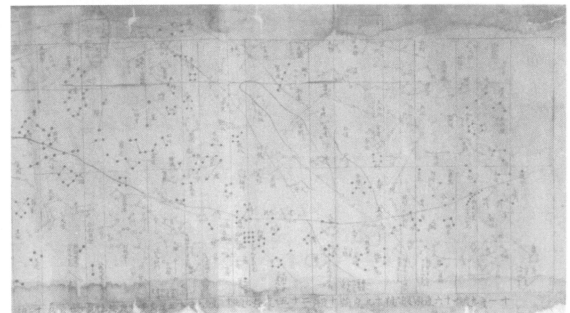

图 14.11　带有长方形天文图的长卷（1796）

　　这幅图是根据涩川的《天文成象图》而作的。星图大体绘于黑色边线之内，在边线之外的星图顶部空白处（北）还画出了几个星座。下方的空白处以度为单位标出了二十八宿的角距。星图边线、赤道、二十八宿边界是用直尺画出的黑线。天汉、黄道和赤纬35度附近（京都的纬度）为手绘的红线。石申的星座用红色表示，甘德的星座用黑色，巫贤和涩川的星座用开口的小圆圈表示。

　　原作尺寸：51.5×178 厘米。

　　经 Kobayashi Tsuruko 许可。

　　照片由大阪宫岛一彦提供。

星等。[42] 习惯上，中国与日本天文图上画得较大的往往是较重要而非较明亮的恒星。通常是将恒星画为等大的小圆圈，并不区分亮度。根据亮度对恒星分类是由耶稣会士引入中国的。在三浦星图上，一等和二等星分别用六角形和五角形表示，并用放射线来强调其亮度。三等、四等星则用不带射线的六角形和五角形表示，五等星、六等星用带有五六条射线的小圆圈表示。

在欧洲影响下出现的划分星等的做法也可见于高桥景保（1785—1829）和石坂常坚（1783—1844）所绘星图中。高桥在考虑岁差之后，对《仪象考成》中的星表进行订正，并绘制了一幅天文图——《星座之图》（1802），在这幅图上，他将恒星分为五等。[43] 石坂的《方圆星图》（1826）则将恒星分为六等。一等星用 5 条放射线表示。其他星等则用大小不等的圆圈表示。

这里要提到的另一件作品是《改正二十八宿之图》，这幅图从前归茅原元一郎所有，不知绘制日期与绘制人，但可能是由司马江汉（1747—1818）绘制的。[44] 这幅图表现了赤道地带的二十八宿和周边的恒星。赤道画成水平的直线，表示二十八宿边界的垂线没有从顶部贯穿到底部，但大体是从星座上方延伸出去的。耶稣会士在这些图上的影响表现在对恒星星等作出区分。二十八宿的距星被涂成红色。二十八宿和其星座的部分恒星用直线串联起来形成单个的星座。另一个不寻常的特征是，二十八宿的宽度与距星的赤经值大大超过了观测所得精度。[45] 二十八宿的宽度（距星之间的赤经距离）与 1200 年前后的观测值相吻合。那时的观测值相当精确，但令人费解的是，这些观测值并不为人们所采用。

江户时代晚期的天文制图

江户时代晚期，一些天文图显示了来自欧洲的影响，另一些则带着占主导地位的传统元素。前者的代表有二。其一是梅谷恒德的《天象总星之图》（1814）。[46] 这是一幅长方形星图，中间的水平线代表天赤道。顶部和底部的直线代表恒显圈和恒隐圈。黄道是随手画出的曲线。北斗七星等星座就画在恒显圈之上。图上还画出了涩川发现的新星座。二十八宿的边界以垂线表示。这些垂线的排列以及各星座中恒星的分布与《天文成象图》等天文图所用

598

---

④　恒星的位置以及恒星之间的关联根据的是较早的材料。这些地图保存于三蒲故居。那里还有一个三蒲制作的天球仪。

④　见渡边敏夫《近世日本天文学史（下）》第 836 页，以及井本进《本朝星图略考》（均见注释 1），本书将《星座之图》称为"天文测量图"。这张图见载于：千叶市立乡土博物馆编《星の美术展——东西のな贵重古星图を集めて》，展览图录，图 12（千叶，1989 年）。本书将恒星按亮度分为六个星等。渡边错误地认为只能分成 5 个星等。《星の美术展》一书中所刊为一幅长方形星图，其上的恒星是用黑线画出的，六角形和五角形恒星上有的有放射线，有的没有。二十八宿的边界是垂线，赤经线也是垂线。赤纬线画作水平，以 10 度为间隔（体现出西方将圆分为 360 度的做法，而中国传统上采用的圆周是 365¼）。关于高桥卷入冯·西博尔德事件一事，见上文，第 439—440 页。

④　这幅图的尺寸为 32 × 94 厘米，左边的空白处写着"Toto Shinsenza, edition of Shunharō"Shunharō 是司马江漢的笔名。

⑤　例如第一宿测量为 11 度 81 分 27 秒 57 毫秒，第二宿测量为 20 度 96 分 31 秒 23 微秒。

⑥　《天象總星之圖》现存于千叶市乡土博物馆，地图见载于《星の美術展》第 22—23 页，图 14（注释 43）。地图左边写着"梅谷恒德根据北水大师的星图绘制，缩小到原图的十六分之一"（北水大师的原图是 266 × 809 厘米）。北水大师可能就是朝野北水，即作者、剧作家、博物学者和技师平贺源内的弟子。朝野北水发表过关于古代传统天文学的演讲，写过一本关于天文学的通俗书，他还是一位活跃的艺术家。见渡邊敏夫《近世日本天文學史（上）》第 423 页（注释 1）。

的老式系统殊为不同，也与《仪象考成》和《方圆星图》体系不同。但它与老式系统也有相同之处，如星座相对较少，而且许多赤纬误差很大。

其二是佐藤常贞的《新制天球星象图》（1815），这幅图模仿了世界地图所用的赤道球面投影，以 10 度为间隔，画出赤经与赤纬线。[47] 虽然有一些误差，但将这种投影运用到天文图上是很有意思的：这样的例子不仅很少，而且反映了荷兰人携入日本的世界地图所带来的欧洲影响。这幅图一共有 4 页，画出了两个圆形半球图。其一的赤经线从 0 度到 180 度，另一的赤经线从 180 度到 0 度，使得这幅星图看起来很像分成东西两个半球的欧洲世界地图。周天以双圈表示，其上以 1 度为间隔，以黑、黄二色交替标出赤纬度数。赤道以星图中央一条水平直线表示，每隔 2 度以黑、红二色标出赤经度数。南北回归线为黄色。恒显圈与恒隐圈为红色，其他赤经和赤纬线为黑色。恒星标为红色或黑色并以黑线连缀成星座。天汉和大小麦哲伦星云画为灰白色。大麦哲伦星云上可见修改的痕迹。图上也画出了南天极周围的恒星。

有些星图则体现了传统的延续。其一是一幅十分精确的单行本中国星座图，即《天象改正之真图》，年代不确。[48] 这是一本图册，每页上画出几个星座。以大小表示恒星亮度。各星之间的角距记为尺或寸，这是中国和日本丈量地面物体长度的单位。虽然各个国家、各个时期和各种用途的度量单位有所差别，但一尺大体为 22.5—33.3 厘米，10 寸等于 1 尺。用来表示星图中的角距时，一寸大约等于 1 度。

土御门家族在 1824 年绘制过一幅很有意思的星图，即《星图步天歌》（*Seizu hoten ka*）。它显然是根据中国的《步天歌》绘制的，Hoten ka 汉语读"步天歌"，这是一首用来记诵星名的歌谣，由王希明（别名丹元子，活跃于公元 590 年前后）所作。[49] 这幅图画在一张折页上，尺寸为 20×10 厘米。第 2 页有安部晴亲所作的序言，称此图为初学者而刊。第 3 页和第 4 页是展示恒显圈的圆形天文图。以黑色和白色圆圈区分两种类型的恒星。每个星座内的恒星用直线相连，二十八宿的名称写在第二和第三个同心圆的间隙。没有画出涩川发现的星座。圆形天文图上并没有诗歌，但同书的一幅长方形天文图中载有《步天歌》中的一些诗句。[50] 上面提到，土御门（安倍）家族负责宫廷天文星占。他们的工作是保密的，因此，渡边指出，这幅天文图的刊行值得注意。[51]

顺带一提的是，中国的《浑天一统星象全图》的几个副本也在日本保存下来，其中传入日本的是 1822—1826 年间的版本。天文图一共 8 页，装订在一起。图为木雕版印制，刻本为蓝底白文（图 14.12）。[52]

---

[47]《新制天球星像圖》现存于山形县鹤冈市地图博物馆，见载于《星の美術展——東西のな貴重古星圖を集めて》第 10—11 页，注释 1，说明文字见第 44 页（注释 43）。佐藤常贞是庄内町某家族（今山形县西北部）的一名家族成员。

[48] 这幅地图由名古屋的 Ogi Sadami 收藏，见载于《星の美術展——東西のな貴重古星圖を集めて》第 22 页，图 15，说明文字见第 45 页（注释 43）。

[49] 见上文第十三章，特别是第 532 页。

[50] 与渡边敏夫的私人通信。

[51]《近世日本天文學史（下）》第 834—836 页（注释 1），讨论并刊用了这部著作开头 4 页。

[52] 我之所以介绍它们，是因为有关中国天文制图的两部重要文献——中国社会科学院考古研究所编《中国古代天文文物图集》（文物出版社 1980 年版）和潘鼐《中国恒星观测史》（学林出版社 1989 年版）都没有提及。

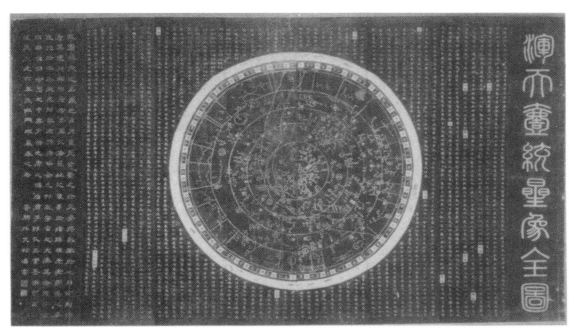

图 14.12　《浑天一统星象全图》（1826）

这幅中国星图以北极为中心，画出了天汉的轮廓以及同一圆心的恒显圈、南北回归线、赤道和及恒隐圈。在恒隐圈和最外圈之间为十二时和十二次。

原图尺寸：125×219.5 厘米。

津山地方博物馆。

照片由大阪宫岛一彦提供。

表现西方星座的天文图

1720 年以前，江户政府采取的是闭关锁国的政策。在部分解除进口书籍的禁令之前，日本人只能通过《天经或问》等几部中国书籍了解欧洲天文学。这一状况使得日本出现了大量中国和荷兰书籍，并带来了兰学，即通过荷兰语资源学习欧洲的学问的兴起。1854 年，下田向美国商人开放，随之出现了研究西方科学的学问，日语叫洋学。明治时代（1868—1912）及以后，根据西方天文学绘制的天文图成为主流，这是兰学和洋学打下的基础。

江户时代的司马江汉以传播日心说（Copernican theory）而知名，[53] 他绘制的星图表现出欧洲风格天文图的倾向。铜版雕刻的《天球图》（*Tenkyu zu*）（图 14.13）是日本刊行的第一幅带有西方星座的天文图。此图包括南、北两个半球，都以黄极为中心。从两幅圆形天文图的中心，画出以 12 度为间距的放射线代表黄经。在北天球图上，以偏心圆表示赤道和北回归线；在南天球图上，以相似的圆圈代表赤道和南回归线。两幅图上都有赤纬 66°30′ 的圆圈，代表北极圈与南极圈。星座是以各种颜色绘制的。

㊼　见菅野陽《司马江汉の著书『種痘傳法』铜版と「天球图」について》，《日本洋學史之研究 5》（1979）：65—100. 关于司马江汉的优秀研究成果，见黑田元次《司馬江漢》（東京：东京美术，1972 年）。

600

601

图 14.13　司马江汉的铜版星图《天球图》

右边的圆形星图以北黄极为中心，以黄道为外圈。在右上方画出了土星，左上方画了木星。左边的星图以南极为中心，上角画有盈亏月相，下角则画着一些观测仪器。北半球图的左方附有文字说明，南半球图的左方题有司马江汉和本田三郎右卫门（修订人）的名字和刊行日期。两个半球的外圈上都有以 1 度为间距的刻度。星图上还写有中国星座和恒星名称。

原图尺寸：40.7 × 90.1 厘米。

所有者：Miyamoto Masayuki

照片由大阪宫岛一彦提供。

《天球图》是根据弗雷德里克·德威特（Frederick de Wit）于 1660—1680 年前后制作的 *Planisphoemrium Coeleste* 绘制的，只不过将星座与恒星替换成中文名称，两个半球变成了镜像图。《天球图》很有意思，因为上面画出了西方星座。传统中国和日本的星图只用直线连接各恒星，而不会画出这样的星座图像。[54]

星曼荼罗

佛教密宗所用的曼荼罗被称为星曼荼罗，有圆形和长方形两种（图 14.14 和图 14.15）。[55] 这些图为示图形式，中间为须弥山，这是佛陀所居的佛教宇宙中心，环绕它的是北斗神，九个星神（太阳、月亮、五大行星以及想象中的天体计都与罗睺）[56]，黄道十二宫以及二十八宿诸神。

原住民的天文图

日本北方（东北和北海道）以及千岛群岛和库页岛曾经有过许多原住民——虾夷人，现

---

[54]　*Planisphaerium Caeleste* 是在阿姆斯特丹出版的，据说德威特的星图是根据画在威廉·杨茨·布劳（Willem Jansz Blaeu）*Nova totius terrarum orbis tabula* 最上角的星图绘制的；见今井溱《蘭學資料研究會研究報告》136（1963），以及廣瀬秀雄《和蘭天說》，载于《洋学》，2 册，收入沼田次郎等《日本思想大系》第 64—65 册（東京：岩波書店 1972—1976 年版），第 1 册。

[55]　关于日本的曼荼罗和佛教宇宙观，见第 364—366 页。

[56]　这些都是梵文名称，常用来指月亮停留的点（月站）。

602

图 14.14 圆形星曼荼罗

中间为须弥山，其周环绕各种天神。这幅曼荼罗的时代为平安时代（794—1185）末期。

原图尺寸：117×83 厘米。

奈良法隆寺。

照片由京都薮内清提供。

现在这些人已经很少了。虽然他们创造的星座也流传下来了，但没有证据表明他们曾经绘制过星图。

　　日本本土的西南方是琉球群岛，包括奄美岛、冲绳岛和八重山诸岛。位于冲绳县和八重山诸岛的琉球王国从 7 世纪开始向日本进贡，并从 14 世纪开始向中国进贡，即便到了江户时代，这一地区仍然处于来自九州的萨摩家族的控制下。甲午中日战争（1894—1895）之后，这些岛屿才完全由日本管控。在文化上，琉球王国自古受到中国和日本的双重影响，现在仍然可以见到这种影响。但在天文观念方面，琉球本地的星座与中国和日本流传下来的星座并没有什么关联。

图 14.15　长方形星曼荼罗

此图布局与图 14.14 相似。

原图尺寸：未详。

Sanukibō 寺。

照片由京都薮内清提供。

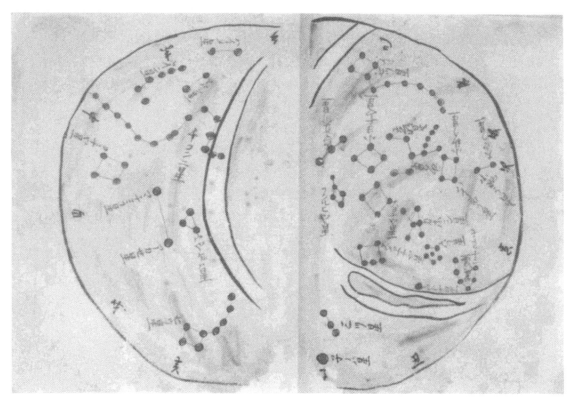

603

图 14.16　来自琉球的星图

这幅星图为一条黑色的线条所环绕，沿着弧线标注十二时，代表罗盘上的点。天汉的轮廓也是用黑线画的，用半闭合并涂有红色的黑色圈圈表示恒星，用红线将恒星串连起来。星座名称用黑色或红色写成，底部醒目之处画有北极星。

原图尺寸：25×21 厘米。

八重山博物馆，石垣岛。

照片由大阪宫岛一彦提供。

例如，我最近注意到一幅天文图上就有此类星座。[57] 这幅图出自一本题为《星图》的书籍，一共两页，首页介绍称该图复制于 1827 年。这本书的内容涉及恒星的排列、各恒星出现的时间和位置、风与海浪以及农耕情况等。地图上大多数星座都可以与现代恒星和星座进行证认，但还是有一些无法证认，因为它们只在当地使用或者书中没有提供进一步的信息（如方位、编绘日期和出现时期）。推测这幅星图描绘了某个特定日期或时期的夜空，但是这一点还需要进一步求证。

结　语

现存最早的日本星图是高松冢古坟顶部的星图。虽然这幅图并没有画出整个天空，而且

57　八重山博物馆馆员玻名城泰雄首次讨论这幅星图，见氏著『星圖』について中对第一幅地图作过讨论。*Ishigaki Shi Shi no Hiroba*（Ishigaki Municipal History Forum）11（1987）：1，3 – 7. 虽然当地人从那时起就知道这幅地图，但在日本主岛并没有引起重视，我有幸于 1992 年观摩了这幅星图。

也不太精确，有些星座画得也不对，但是星图的部分内容是相当写实的。欧洲天文学传入日本以前，现存所有日本星图上都可以看到来自中国的影响，包括高松冢古坟星图。二十八宿边界采用非等距排列的直线，而不用欧洲星图上的赤经或黄经线。这类星图上只有几个圆圈，常见的有天赤道和黄道，对应西方的赤纬圈和黄纬圈。日本星图很少展示恒星亮度，也很少绘制星座图。代表恒星的点或小圆圈仅用直线相连。除了中国式星座，17世纪涩川春海还补充一些日本式星座。

在江户时代，欧洲天文学先是通过中国文献，尔后通过荷兰著作或其他书籍传入日本。渐渐地，日本星图中的欧洲元素逐渐增多，日本人开始画出更多环绕南天极的星座。从明治时代至今，日本天文图主要是根据欧洲天文学绘制的。

农夫与渔民都有他们自己的星座，但他们似乎很少绘制星图。日本北方和冲绳原住民过去也用过其他的星座。这些星座绘制在冲绳县石垣岛印制的江户时代的书籍中。

（孙小淳审）

东南亚地图学史

第十五章　东南亚地图学史导论

约瑟夫·E. 施瓦茨贝格

（Joseph E. Schwartzberg）

在本书中，我们将大陆东南亚界定为中国以南亚洲大陆的组成部分，它位于印度和越南之间，也包括以马来人为主体的亚洲诸岛（见图 6.1）。这一区域可分为以小乘佛教为主要信仰的地区，包括缅甸全境、泰国、老挝和柬埔寨，以及以伊斯兰教和基督教为主要信仰的马亚世界，包括印度尼西亚的大部分，文莱和菲律宾。越南被排除在外，因为其文化与中国有亲缘性，这种亲缘性在其丰富的地图学遗产中有着强烈的反映（见第 12 章）。

相对而言，在我们所界定的这个东南亚地区，现存的前现代本土地图极少呈现出统一性。本书之所以将这个区域作为一个整体，很大程度上是考虑到各作者分工编写的便利。当然，这一地区随处可见的反映印度教和佛教世界观的宇宙图作品（建筑或地图），存在某些共同之处。缅甸和少量出自泰国的陆上地图也有相似之处。但这两个国家的地图与马来世界保存下来的少数地图之间几乎没有什么相似之处。更明显的是，马来世界的任意两幅地图之间几乎没有相似之处。最后，我们还要注意到，某些东南亚国家，特别是菲律宾，以及老挝和柬埔寨，迄今所知没有一幅本地制作的前现代非宇宙图保存至今。

除了某些建筑上的宇宙图和一些寺庙壁画上类似于地图的浅浮雕之外，没有任何一幅 16 世纪以前的东南亚地图留存于世。因此，除了文献中提到的少数几幅年代稍早的地图之外，所有现存东南亚地图的年代都在葡萄牙人到来之后。迄今所知的东南亚地图几乎是 18世纪及以后绘制的。但本章和接下来的几章讨论的大多数东南亚地图，除了海图，几乎看不出西方地图学思想的传播。与此形成鲜明对比的是来自中国的影响，后者在缅甸和泰国的许多地图上都有反映。可惜我们还没有根据文献厘清，中国地图学观念是何时以及通过何种方式传播到东南亚的。

在本章接下来的内容中，我将首先介绍我们对东南亚本土地图学学术现状的认识，然后讨论现存东南亚地图资源库的性质。下一章则要谈到宇宙图，讨论古建筑和城市平面图以及其他形式的宇宙图式，如何展现占支配地位的宇宙观念。第 17 章将主要论述陆上地图：地形图、路线图、城镇平面图，并举例说明几个其他类型的地图。第 18 章讨论少数几幅保存至今的海图及其主要的西方源图。在简短的结语章中，我将对现存的东南亚地图资料做出评价并为下一步的研究提出几条建议。

现今的认识状况

许多人注意到，有关南亚地图学的相关文献（《地图学史》第2卷第1册有过讨论）相当稀缺，东南亚的情况则有过之而无不及。这一地区实际上也被大多数地图史学家所忽略。例如，在巴格罗（Bagrow）的《地图学史》（*History of Cartography*）中，仅用了一段来介绍东南亚地图，在此全文引述如下：

> 暹罗、柬埔寨和马来群岛的地图在欧洲同样无人知晓。但是这些地图一定存在过：印度总督阿方索·德阿尔布克尔克（Aflonso d'Albuquerque）在1512年写给葡萄牙国王的信中说，他将送给国王一幅由爪哇领航员绘制的大型地图的复制图，这幅地图展现的是印度洋，从好望角到红海、波斯湾和马鲁古（Moluccas），还有到中国的台湾（Formosa）的航海线路，及其内部的陆上交通线。爪哇人是富有经验的航海者：1513年，贾帕拉（Djapara）国王就拥有一支由80艘战舰组成的舰队。但不幸的是，我们对他们的地图一无所知，几乎没有希望在将来发现什么东西，因为他们绘制地图所用的棕榈叶并不能长时间保存。[①]

690　　　我们不知道为何巴格罗（此人在1943年前有一些著述）没有提及缅甸、老挝，也不知被他放在"东南亚"标题下的今越南的情况如何。可以肯定的是，巴格罗将缅甸视为印度的一部分，尽管缅甸在1937年已经是一个单独的殖民地王国。他可能与我们在本书中的处理方式一样，将越南视为中国文化的辐射区。同样，老挝可能只是被当作暹罗文化的附属体。但是由于他在讨论中国或印度时没有提及这些地区的地图，因此可以推测他完全忽视了我们所界定的东南亚这个区域中留存下来的地图。尽管在他编撰《地图学史》一书时，欧洲的杂志上业已刊登过很多相关的东南亚地图。另外，在欧洲的图书馆中也收藏有出自东南亚的地图，只是它们还没有成为学术研究的对象。

巴格罗错误地认为"几乎没有希望在将来发现什么东西"，因为东南亚地图是用棕榈叶绘制的，质地脆弱，不易保存（他从何处得来这个错误的信息，不得而知）。尽管有些地图的确是绘制于棕榈叶上的，但是我们现在已经知道，大多数地图并非如此。巴格罗所得结论是令人遗憾的，不仅在于其所述事实不够准确，而且更为严重的是，这些结论可能为其他学者搜寻东南亚本土地图带来了负面影响。我们对他的批评可能也适用于荷兰文《荷兰—印度百科全书》（*Encyclopaedie Dan Nederdandsch-Indie*）中地图学词条的作者，虽然后者程度稍轻一些，他误判道："在荷兰人到来之前，不存在任何爪哇地图或本土地图。"[②]

我们并不清楚，后来的地图史学家，如布朗（Brown）、克罗内（Crone）和基什

---

① Leo Bagrow, *History of Cartography*, rev. and enl. R. A. Skelton, trans. D. L. Paisey（Cambridge：Harvard University Press；London：C. A. Watts，1964；reprinted and enlarged Chicago：Precedent Publishing，1985），208.

② Frederik Caspar Wieder，"Dude Kaartbeschrijving" section in "Kaartbeschrijving," in *Encyclopaedie van Nederlandsch-Indië*，8 Vols.（The Hague：Martinus Nijhoff，1917－40），2：227－36；引文在第229页。

（Kish）是否受到过巴格罗著作的影响，但是值得注意的是，他们中没有一个人提到东南亚的本土地图。③ 将我的注意力引向缅甸、泰国、越南和印度尼西亚地图的是海野一隆。他介绍的地图中有两幅出自印尼的业已失传的爪哇地图：④ 其中一幅是巴格罗提到的阿尔布克尔克1512年前后给葡萄牙国王的信函讲到的那幅地图，另一幅是一位爪哇王子于1293年呈献给蒙古统帅以示臣服的地图。另外还有一幅爪哇地图保存下来，自述绘制于16世纪，由一位印尼地质学家拉赫马特·库斯米亚迪（Rachmat Kusmiadi）公布于世，后来刊印于哈维（Harvey）所著《地形图史》（History of Topographical Maps）⑤ 一书中。但是，似乎无论是库斯米亚迪或海野还是哈维都不知道这幅地图早在1858年就被发现了，一位荷兰语言学者霍莱（K. F. Holle）将地图上详细的巽丹文（Sundanese）说明翻译出来并于1877年刊发于一篇文章中，那时距离库斯米亚迪将其公之于世已经过去了整整一个世纪。⑥

但早在霍莱的文章发表以前，弗朗西斯·汉密尔顿（Francis Hamilton，曾名Buchanan，1762—1892年）就先后在《爱丁堡哲学杂志》（Edinburgh Philosophical Journal，1821—1824年）和《爱丁堡科学杂志》（Edinburgh Journal of Science，1824年）发表了一系列缅甸地图的介绍文章和刻印地图。⑦ 汉密尔顿1795年旅居缅甸期间，搜集了好几十幅这样的地图，后来又搜集了另外几幅印度和尼泊尔的本土地图，他因此成为编撰印度区域地志的独树一帜的先驱人物。据我所知，他还是第一位对东南亚本土地图进行学术介绍的欧洲人。

继汉密尔顿之后，另有几位英国收藏家，其中最著名的是享利·伯尼（Henry Burney，1792—1845）和詹姆斯·乔治·斯科特（James George Scott，1851—1935年），也在缅甸获得了数量可观的本土地图。⑧ 伯尼是一位优秀的东方语言文化学者，也是第一位长住缅甸王宫的英国人（1830—1838），他早先还曾在泰国和马来国供职。1884年，斯科特第一次以战地记者的身份前往缅甸，成为南北掸邦的英国居民，从1891年到他退休的1910年，他一直在缅甸和泰国供职。斯科特收藏的许多地图都是按他的要求制作的掸邦地图。虽然这些地图绘制地属于缅甸，但它们与泰国的文化联系多于缅甸。1979—1985年公开出版之前，没有人关注过伯尼或斯科特有关其所收藏东南亚地图的著述（虽然这些著述涉及的内容很广）。人们对这些地图的了解归功于帕特里夏·赫伯特（Patricia Herbert）的努力，他对皇家英联邦学会图书馆（Library of the Royal Commonwealth Society）收藏的伯尼论文做了编目，安德鲁·多尔比（Andrew Dalby）和掸族历史学家召·赛蒙·芒莱（Sao Saimöng Mangrai）则对

③ Lloyd A. Brown, *The Story of Maps*（Boston：Little，Brown，1949；reprinted New York：Dover，1979）；Gerald Crone，*Maps and Their Makers*：*An Introduction to the History of Cartography*（London：Hutchinson University Library，1953，and four subsequent editions up to 1978）；and George Kish，*La carte*：*Image des civilisations*（Paris：Seuil，1980）.

④ 感谢海野一隆向我传递这个信息。

⑤ Rachmat Kusmiadi，"A Brief History of Cartography in Indonesia"（paper presented at the Seventh International Conference on the History of Cartography，Washington，D. C.，7–11 August 1977），1–3；P. D. A. Harvey，*The History of Topographical Maps*：*Symbols*，*Pictures and Surveys*（London：Thames and Hudson，1980），114.

⑥ K. F. Holle，"De Kaart van Tjiëla of Timbangantěn，" *Tijdschriftvaar Indische Taal-*，*Land-en Volkenkunde* 24（1877）：168–76，以及封底折页地图。

⑦ 这些地图散见于13篇单独的文章，引文全文见于本书第18章以及附录中的参考文献。

⑧ 文献详细情况见于：Thaung Blackmore，*Catalogue of the Burney Parabaiks in the India Office Library*（London：British Library，1985）；and Andrew Dalby and Sao Saimöng Mangrai，"Shan and Burmese Manuscript Maps in the Scott Collection，Cambridge University Library"（unpublished manuscript，n. d.［ca. 1984］），15 pages and catalog（47 pp.）with 39 figs. and 8 pls.

剑桥大学的斯科特收藏做了编目。⑨

692　　　　随着缅甸的独立，该国历史学家也开始对其地图学遗产表现出兴趣。许多已经被尘封和遗忘的地图被收集起来且得到了缅甸历史委员会（Burmese Historical Commission）的保护，其中最值得一提的是吴貌貌廷（U Maung Maung Tin）和丹吞（Than Tun）所做的工作。但是据我所知，迄今为止几乎没有任何已刊著述讨论过他们的发现。唯一值得关注的例外是对缅甸敏东（Mindon Min）国王 1850 年前后在曼德勒开发新都的计划的充分讨论。⑩ 其他的类似讨论是否见于缅甸文著作，不得而知。

前现代泰国本土地图比缅甸和越南要少得多。但是，对于这些有限的地图资料，前人还是做出了几件有价值的工作：温克（Wenk）对于泰国的宇宙论文献《三界论》（*Traibhūmikathā*）地理部分的插图进行了简略的研究；肯尼迪（Kenedy）对一幅 19 世纪早期泰国东北部的军事地图进行了非常全面的研究；弗莱塔格（Freitag）撰写了一部包括前现代和现代时期的泰国地图学史略。⑪ 这部书是所有东南亚国家中唯一一部由地图史学家撰写的堪称详尽的著作，此外仅见基里诺（Quirino）对菲律宾地图学的研究，但这一研究缺少本土的老地图，完全是参考外国（中国或欧洲）的地图以及现代著作写成的。⑫

马来世界现存的地图十分稀少，有关它们的研究文献更是罕见。如果不算下面要谈到的有关宇宙图的探索，学界仅对寥寥数幅地图进行过研究。其中包括霍莱（Holle）和库斯米亚迪对一幅被当作 16 世纪的爪哇地图所作的解读。还有人研究过一份 1933 年目录中介绍的另一幅年代未定的爪哇或巴厘地图，这幅地图制作于一幅蜡染披肩之上。⑬ 马来半岛原住民萨卡伊（Sakai）部落中曾有许多竹制文物，其上刻有各种神秘的图画，有人将其解读为当地地图。人类学家史赫洛夫·V.蒂文斯（Hrolf Vaughan Stevens）对此有过相当详细的解读。⑭ 除此之外，还有人对东南亚复制的欧洲地图或者在欧洲源图强烈影响下绘制的东南亚地图发表过评论。前者包括勒鲁（Le Roux）对几幅包括东南亚大部分区域的 19 世纪早期的

---

⑨　赫伯特目录的一部分作为附录附于 Blackmore, *Burney Parabaiks*（注释 8）。但这个附录并没有提到地图，却包括了在伦敦皇家英联邦协会可以找到的一个未刊行目录的部分内容。苏格兰所藏地图的介绍见于 Dalby and Saimöng, "Shan and Burmese Manuscript Maps"（注释 8）。感谢赫伯特和多尔比给我的殊遇，他们帮助我找到和读懂缅甸以及掸族地图。赫伯特为我牵线搭桥，更是不可多得的助益。

⑩　U Maung Maung Tin and Thomas Owen Morris, "Mindon Min's Development Plan for the Mandalay Area," *Journal of the Burma Research Society* 49, No. 1（1966）: 29–34.

⑪　Klaus Wenk, "Zu einer'Landkarte' Sued-und Ostasiens," in *Felicitation Volumes of Southeast-Asian Studies Presented to His Highness Prince Dhaninivat Kromamun Bidyalabh Bridhyakorn . . . on the Occasion of His Eightieth Birthday*, 2 Vols.（Bangkok: Siam Society, 1965）, 1: 119–22 with 1 pl.; Victor Kennedy, "An Indigenous Early Nineteenth Century Map of Central and Northeast Thailand," in *Memoriam Phya Anuman Rajadhon: Contributions in Memory of the Late President of the Siam Society*, ed. Tej Bunnag and Michael Smithies（Bangkok: Siam Society, 1970）, 315–48 and 11 appended maps; and Ulrich Freitag, "Geschichte der Kartographie von Thailand," in *Forschungsbeiträge zur Landeskunde Süd-und Südostasiens*, Festschrift für Harald Uhlig zu seinem 60. Geburtstag, Vol. 1, ed. E. Meynen and E. Plewe（Wiesbaden: Franz Steiner, 1982）, 213–32; see also Klaus Wenk, *Thailändische Miniaturmalereien nach einer Handschrift derindischen Kunstabteilung der Staatlichen Museen Berlin*（Wiesbaden: Franz Steiner, 1965）, 64 and pl. XI.

⑫　Carlos Quirino, *Philippine Cartography*（1320–1899）, 2d rev. ed.（Amsterdam: Nico Israel, 1963）.

⑬　Koninklijk Instituut voor de Tropen, *Aanwinsten op ethnografisch en ethnografisch gebied van de Afdeeling Volkenkunde van het Koloniaal Instituut over 1933*, Afdeeling Volkenkunde 6（Amsterdam, 1934）, 24–26.

⑭　Hrolf Vaughan Stevens, "Die Zaubermuster der Ôrang hûtan," pt. 2, "Die'Toon-tong'-Ceremonie," *Zeitschrift für Ethnologie* 26（1894）: 141–88 and pis. IX and X.

布吉（Buginese）海图所做的相当详尽的示范性研究；后者包括菲利莫尔（Phillimore）在《世界印象》（*Imago Mundi*）杂志中介绍的一幅被认为出自 18 世纪的马来半岛地图。[15]

　　以上所列文献虽然不是详尽无遗的，但也应该涵盖了目前所知已发表的有关东南亚现存本土地图的主要参考资料，这些地图本质上并不属于宇宙图性质，而学界对作为地图史学家研究对象的宇宙图的重视是远远不够的。对于世俗王国之外的宇宙论展示方式的讨论，我们必须主要依赖民族志学者、宗教学者和艺术史学家。就东南亚而言，这里所有的宗教都是外部起源的，有关东南亚宇宙论的大多数研究主要在其他地区进行，研究的也是其他地区，特别是印度教与佛教的发源地——印度，该地区在有文字记载的大部分历史上，都由这两种宗教共同支配的。[16]

　　就我所知，最早出版的佛教宇宙图像见于巴斯蒂安（Bastian）所著《理想世界》（*Ideale Welten*，1892 年）[17] 一书，这些图像展示了缅甸和老挝人所摹绘的宇宙。巴斯蒂安还用一套更具概括性的图画尝试解释小乘佛教宇宙的主要组成部分。[18] 差不多在同时，吉里尼（Gerini）按照泰国人的构想画出了一小世界（Cakravāla）这一宇宙中心的详图，他还为举行为期一周（1892 年 12 月 25 日至 1893 年 1 月 1 日）的庄严的剃度仪式复建了一个铁围山（三维，大比例）。[19] 这一时期另外一件重要的作品是坦普尔（Temple）的《三十七灵神》（*The Thirty-seven Nats*），反映了缅甸的灵神崇拜与民间佛教的互动，书中有一幅宇宙世界图。[20] 迄今所知，从那时到"二战"以后，除该书之外，再也没有其他以插图形式对东南亚佛教宇宙图的讨论。在接下来的章节中，我将把这些图放在各自的背景下加以介绍。

　　直到相当晚近的时期，人们才开始试图理解许多东南亚部族人群的宇宙体系。尽管许多后殖民地时期的人类学研究涉及这一论题，甚至有一些研究将它作为关注的重点，但对信奉万物有灵的部族民所构想的宇宙主要组成部分的图像重建并不多见。这方面特别值得一提的是瑞士传教士、民族志学者汉斯·舍勒（Hans Schärer）所做的开创性工作，此人第一次将婆罗洲恩加朱－达雅克人（Ngaju Dayaks）丧仪所用地图介绍给世人。[21] 此后，其他学者接踵其后，也介绍了其他恩加朱－达雅克族群中类似的崇拜活动，但是在马来群岛的其他地区，并没有出现可以清楚地界定为地图的宇宙图作品。人类学家主要是关注房屋、村落乃至

⑮　C. C. F. M. Le Roux，"Boegineesche zeekaarten van den IndischenArchipel，" *Tijdschrift van het Koninklijk Nederlandsch Aardrijkskundig Genootschap*，2d ser.，52（1935）：687－714 and folding map，and Reginald Henry Phillimore，"An Early Map of the Malay Peninsula，" *Imago Mundi* 13（1956）：175－79.

⑯　有关南亚宇宙论的研究见于 Joseph E. Schwartzberg，"Cosmographical Mapping，" in *The History of Cartography*，ed. J. B. Harley and David Woodward（Chicago：University of Chicago Press，1987－），Vol. 2. 1（1992），332－87.

⑰　Adolf Bastian，*Ideale Welten nach uranographischen Provinzenin Wort und Bild*：*Ethnologische Zeit-und Streitfragen*，nach Gesichtspunkten der indischen Völkerkunde，3 Vols.（Berlin：Emil Felber，1892），Vols. 1 and 3.

⑱　Adolf Bastian，"Graphische Darstellung des buddhistischen Weltsystems，" *Verhandlungen der Berliner Gesellschaft für Anthropologie*，*Ethnologie und Urgeschichte*，1894，203－15 and pls. 3－7，in *Zeitschriftfur Ethnologie*，Vol. 26.

⑲　Gerolamo E. Gerini，*Chūlākantamangala*；or，*The Tonsure Ceremony as Performed in Siam*（Bangkok：Siam Society，1976；first published in 1895），diagram 1（facing p. 136）.

⑳　Richard C. Temple，*The Thirty-seven Nats*：*A Phase of Spirit Worship Prevailing in Burma*（London：W. Griggs，1906）；第 8 页旁有一幅宇宙世界地图。Patricia M. Herbert（London：P. Strachan，1991）新近发表的版本上附有一篇文章和参考书目。

㉑　Hans Schärer，*Die Gottesidee der Ngadju Dajak in Süd-Borneo*（Leiden：E. J. Brill，1946），English translation，*Ngaju Religion*：*The Conception of God among a South Borneo People*，trans. Rodney Needham（The Hague：Martinus Nijhoff，1963）；and idem，"Die Vorstellungender Ober-und Unterwelt bei den Ngadju Dajak von Sud-Borneo，" *Cultureel Indië* 4（1942）：73－8.

印度尼西亚各地小国空间布局的宇宙论意义。㉒

东南亚地图资源库的性质

我们并不知道地图绘制于何时发轫于东南亚。在本地区的早期岩画或其他史前考古遗存中尚没有发现任何类似地图的元素。我们也不知道有哪些古代历史文献明确提到过地图。尽管许多印度教和佛教文献都有大量有关宇宙论和地理学的内容，如印度史诗、《往事书》(Puranas) 以及雅加达的传说等，它们已经成为东南亚印度化区域文学遗产的一部分。同样我也不知道，在欧洲人到来之前的哪个时期的文献中提到过地图。我们可以认为，公元前1000 年从印度来到东南亚的早期移民，从其祖居之国带来了有限的地图学知识，虽然此推测不无道理，但并没有实物或文献证据支持这种假设。也没有确凿的证据表明，制图技术是从中国传到这里的，即便在蒙古扩张到这两个地区的 13 世纪也是如此。似乎有理由认为，从纪元初年定居于马达加斯加并且直到 15 世纪还与这一岛屿保持海上联系的印度尼西亚人，一定绘制过某种作为导航工具的海图，但同样找不到确凿证据。

这样我们就不得不将目光转向建筑，它们无疑是东南亚宇宙观念首选的视觉表达形式。一些王室印度神庙是该地区许多印度化国家政治权力的重要象征，这些神庙处于圣地的中心，代表着须弥山这一宇宙世界的轴心。现存最早的此类庙宇在爪哇岛，其年代可追溯到 7世纪。包含此类宇宙论原理的佛教寺庙至少可以追溯到 8 世纪晚期。婆罗浮屠是爪哇最伟大的佛教庙宇（见图 15.1），建于 800 年前后，而最著名的爪哇印度教建筑拉腊让格朗寺 (Lara Janggrang Temple) 在 900—930 年建于印尼普兰巴南 (Prambanan)。此后不久，人们开始着手修建宏伟的吴哥窟。此后历代高棉君王都会建造一座或多座属于自己的寺庙山，12世纪前半叶毗湿奴派的吴哥窟 (Angkor Wat) 的建成使这一建造活动达到巅峰（图 16.3）。与此同时，还建造了影响更为广泛的大乘佛教吴哥通王城 (Angkor Thom) 和巴容庙 (Bayon) 建筑群（1200 年前后）。13 世纪后期泰国征服高棉，该地区改信业已在这一地区以西占支配地位的小乘佛教，加上其他一些因素，此类宏伟工程遂告一段落。但无论是印度教、大乘佛教，抑或小乘佛教（传统常常混合三者），东南亚的宗教建筑都带着强烈的宇宙论象征意义。在小乘佛教中，占支配地位的形式变成了支提 (chetiya)，这是一种南亚佛塔的变体，也象征着须弥山。由于有关这一主题的文献卷帙浩繁，易于获取，因此没有必要在这里总结东南亚建筑的发展演进，即便仅限于宇宙论方面也意义不大。

一些建筑群的修建旨在重现印度东北部菩提伽耶 (Bodh Gaya) 及其周围遗址群的神圣地理，那里是佛陀证悟之地。㉓ 人们至少进行了四次复建菩提伽耶大神庙的尝试。据说该庙为孔雀王朝阿育王于公元前 3 世纪所建。这四次复建包括两座分别建于 13 世纪和 15 世纪的缅甸蒲甘 (Pagan) 和勃固 (Pegu) 的庙宇，以及两座建于 15 世纪的泰国北部的城镇清迈 (Chiang Mai) 和清莱 (Chiang Rai) 的庙宇。

696

㉒　见后文的讨论，原文第 739—40 页。

㉓　例如 Donald M. Stadtner, "King Dhammaceti's Pegu," *Orientations* 37, No. 2 (1990)：53 – 60。

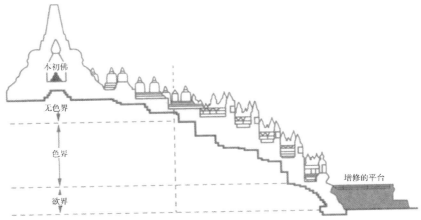

图 15.1　婆罗浮屠

　　婆罗浮屠这一雄伟的大乘佛教山丘宙宇建于爪哇中部。塔基呈正方形，塔身由五层逐渐缩小的近正方形台基构成。塔顶由三层逐渐缩小的圆形台基构成，正中是一座大型圆塔。整个建筑象征着宇宙的统一。每一层台基的墙面雕刻都描绘了不同的修炼境界增益和减损功德的行为。在较低的各层，雕刻内容为世俗主题，而在更高的层次上，主题变得越来越形而上，到顶部则意味着证悟的极乐。婆罗浮屠的设计受到了印度浮屠塔的启示，同时它也可能成为吴哥所建众多寺庙山的灵感来源。

　　图片由伦敦罗伯特·哈丁图片图书馆有限公司（Robert Harding Picture Library Limited）提供。线图根据 Philip Rawson, *The Art of Southeast Asia*（London：Thames and Hudson, 1967），224 - 25 绘制。

695

图 15.2 吴哥窟

吴哥窟形体巨大（1550 米长，1400 米宽），为印度教毗湿奴派的山丘庙宇，它建造于 12 世纪前半叶，是高棉君主所建的众多象征其神性和宇宙统治的建筑中的一个。中心的塔代表着须弥山及其环海。超过 1 英里长的浮雕形成寺庙各层的装饰带，表现了各种各样的世俗和神话主题，其中最突出的就是作为水的供给者和繁衍之源的神王。印度宇宙神话有缠绕须弥山的蛇，它被用作搅动世界之海（乳海）的绳索，吴哥窟的大型雕塑中也展现了这一神话。

引自 George Groslier, *Angkor*, 2d ed. （Paris：Librairie Renouard, 1931）, fig. 80。

泰国的编年史并未提及提罗卡（Tiloka，负责重建这两处泰国建筑的国王）从何处获得这些庙宇的规划图，但缅甸的编年史记载，国王达磨支提（Dhammacetiya）差不多与提罗卡在同一时间开始在勃固复建印度庙宇，并且特别讲到他遣送大批工匠到菩提伽耶制作平面图和模型。㉔

㉔ Robert L. Brown, "Bodhgaya and South-east Asia," in *Bodhgaya：The Site of Enlightenment*, ed. Janice Leoshko（Bombay：Marg Publications, 1988）, 101 – 24；引文见第 110 页。本书 15 章讲到早期的西藏菩提耶加模型。A representation of Mount Meru surrounded by seven concentric mountain chains was painted on the wall of Ānanda monastery in Pagan, in central Burma, about 1776. This work is illustrated in Jane Terry Bailey, "Some Burmese Paintings of the Seventeenth Century and Later, Part Ⅱ：The Return to Pagan," *Artibus Asiae* 40（1978）：41 – 61；illustration facing 59. 缅甸中部蒲甘的阿南达（Ānanda）修道院 1776 年前后的壁画上表现了须弥山以及呈同心圆环绕它的七重山系。壁画图见于 Jane Terry Bailey, "Some Burmese Paintings of the Seventeenth Century and Later, Part Ⅱ：The Return to Pagan," *Artibus Asiae* 40（1978）：41 – 61；illustration facing 59。

图 15.3　一座爪哇寺院的浅浮雕平面模型

这个平面模型是用石头雕塑的，发现于爪夷寺（Jawi Temple）的北墙上，该寺于 13 世纪晚期建于爪哇中部。

浅浮雕尺寸：30×70 厘米。

出自 Jacques Dumarçay，"Notes d'architecture Javanaise et Khmère," *Bulletin de l'Ecole Française d'Extrême-Orient* 71 (1982): 87 – 147. 特别是图版 11。

　　除了建筑构造，这些寺庙还十分热衷于细部雕塑以及壁画绘制。我下一章要谈到，晚近所建庙宇中的许多此类壁画本身就是宇宙图，几乎可以肯定，此类传统可以追溯到许多世纪以前。但是由于绘画作品很少能保存几百年，我也举不出什么恰当的例子来说明这种记录宇宙论的古老壁画。㉕东南亚庙宇中的雕塑内容涉及各种题材，既有世俗的，也有宗教的。有些浅浮雕似乎想表现鸟瞰景象，包括寺院、村庄、庭院、农田，有时也有溪流和其他自然景物。在没有对东南亚庙宇雕塑进行系统盘点的情况下，我不敢贸然对此类地图图像出现的频率发表意见，虽然它们似乎并不常见。图 15.3 和图 15.4 给出了 13 世纪晚期到 14 世纪爪哇的例子。

　　佛教徒对宇宙论的普遍关注在文学文献的插图中得到了体现。其中之一就是《三界论》（*Traibhūmikathā or Trai phum*），据称它们由泰国国王帕峦（Phra Ruang）于 1345 年改编自斯里兰卡的巴利文经典，书中详细描绘了宇宙三界以及构成宇宙的三十一天的结构。一些保存下来的编订本（不见 18 世纪以前的完整副本）带有大量的插图。事实上，这些插图占据的版面空间远远多于其所对应的文字。原本或者其他早期的修订本是否也同样装饰有插图尚不

――――――――――――――――

　　㉕　这段经文首次全文译出后遭到众多批评，译文见于 George Coedès and C. Archaimbault, *Les troismondes* (*fraibhūmi Brah R'van*) (Paris: Ecole Française d'Extrême Orient, 1973)。同样遭到众多批评的插图精美的英文译本，见于 Frank E. Reynolds and Mani B. Reynolds, *Three Worlds according to King Ruang: A Thai Buddhist Cosmology* (Berkeley, Calif.: Asian Humanities Press, 1982)。关于这书的背景介绍和它的各种修订本的年代以及它的用途，见 Craig J. Reynolds, "Buddhist Cosmography in Thai History, with Special Reference to Nineteenth-Century Culture Change," *Journal of Asian Studies* 35 (1976): 203 – 20。

得而知，但有理由推测有一些应该是带有插图的。㉖

　　同时制作的还有其他形式的宇宙图：绘画、棕榈叶手稿、立体雕塑、家具装饰，倘若依据当代东南亚的工艺实践推测，这种图像应该还存在于各种民间艺术中。在巴厘岛，寺庙大门和其他建筑构件与寺院一样，都会雕刻出须弥山以及围护其周的几座山脉。在上缅甸钦敦江（Chindwin River）下游的庞文栋（Powun-daung，Powin Taung），有一组从9—20世纪开凿的石窟寺，其中一个石窟寺（年代不详）的外侧展示了须弥山的横断面，它被凿成高达8米的石雕体。㉗

　　最后，我们必须指出，宇宙论并不是伟大的宗教传统所独有的，那些信奉万物有灵的宗教也与之有关。然而，要揭示东南亚众多部落族群宇宙观念的视觉表现，还需要进行更详尽的实地考察。我们也大可放心地推断，这种视觉表现一定有多种形式，它们在与周邻非部落社区的佛教徒、穆斯林和基督徒的接触中，一定在不同程度上受到其信仰体系与物质文化的影响。接下来的一章中会举出几个例子来说明这一点。

697

图 15.4　浮雕的爪哇景观

这个雕塑景观中有一座庙宇，它的近旁有溪流、两座桥，水边有岩石、稻田，还有一座村庄（左上角）。这件雕塑，最初出自爪哇中部特拉武兰（Trawulan）村落中的一座14世纪寺庙，1931年借出到巴黎展览时遭到火灾，被严重损坏。

原物高：67厘米；总宽度：未详。

引自 August Johan Bernet Kempers，*Ancient Indonesian Art*（Amsterdam：C. P. J. van der Peet，1959），图版288。

㉖　这段经文首次全文译出后遭到众多批评，译文见于 George Coedès and C. Archaimbault，*Les troismondes（fraibhūmi Brah R'van）*（Paris：Ecole Française d'Extrême Orient，1973）。同样遭到众多批评的插图精美的英文译本，见于 Frank E. Reynolds and Mani B. Reynolds，*Three Worlds according to King Ruang：A Thai Buddhist Cosmology*（Berkeley，Calif.：Asian Humanities Press，1982）。关于这书的背景介绍和它的各种修订本的年代以及它的用途，见 Craig J. Reynolds，"Buddhist Cosmography in Thai History，with Special Reference to Nineteenth-Century Culture Change，" *Journal of Asian Studies* 35（1976）：203 – 20。

㉗　Robert Heine-Geldern，"Weltbild und Bauform in Sodostasien，" *Wiener Beiträge zur Kunst-und Kulturgeschichte Asiens* 4（1928 – 29）：28 – 78，特别是原书70页旁边的图片和原书第71—72页的文字说明。

已知关于东南亚地图（相对狭义）最早的记载是在《元史》中，这是由宋濂等人编撰于 1367—1370 年的一部官修史书。本书提到 1292—1293 年元朝入侵爪哇一事，当时凯迪里国（Kediri）一位叫拉登·维贾亚（Raden Vijaya）的首领向入侵者呈送了一幅地图以及该国的户籍以示臣服。这条史料似乎表明，当时爪哇国曾有过官方行政地图。由于地图是一国领土权的象征，因此，在海野一隆看来，向敌方呈送地图等于放弃领土。㉘ 这一解释与一幅现存爪哇地图（来自西巽他地区）上丰富的文字记述是一致的，这幅地图的年代可能为 16 世纪晚期，下一章我将加以讨论。我们由此得到启示，即爪哇官方地图绘制传统可能在很久以前就淡出了人们的记忆。

除了上面提及的两幅地图，马来世界还为我们提供了另外几幅地图。我上面提过所谓罗德里格斯（Rodrigues）地图（即巴格罗注意到的那一幅）。这幅海图摹自一幅 1513 年前后绘制的爪哇海图，后者在一次通往葡萄牙的船只失事中丢失。㉙ 威尼斯旅行家卢多维奇·瓦尔特马（Ludovic Varthema）提到，他 1505 年从婆罗洲前往爪哇岛的航行中，见到当地的一位领航员在查阅一幅海图。㉚ 此后才出现或多或少以欧洲地图为模本绘制的海图。其中之一是一幅 18 世纪早期描绘马来半岛和泰国湾的作品。㉛ 其他大概改绘自一幅或多幅 19 世纪早期的欧洲原图，几乎描绘了整个东南亚。在已知曾经存在过的 4 幅地图中，我只找到了其中的两幅。㉜ 这两幅海图尺幅很大，上面有大量用布吉（Bugi）字书写得极其详尽的文字说明。来自苏拉威西岛（Sulawesi，旧称西里伯斯岛）的布吉人（Bugis），在近几百年的历史上，是印度尼西亚主要的本土海民。有证据表明他们依靠自己的航海经验，对源图做出了修订，因此，他们所绘地图极具价值。

除此之外，仅有另外 3 幅印尼地图引起过我的注意，但没有一幅与前面讨论过的地图有任何相似之处：其一是一幅来自东爪哇或巴厘、未标明年代的蜡染（batik）地图；㉝ 其二是一幅来自中爪哇，推测为 19 世纪的地图，可能用于某种行政目的；其三是加里曼丹（旧称婆罗洲）坤甸（Pontianak）苏丹领地的地图，暂定为 1826 年，虽然地图上的文字为马来文，但其制作至少部分地受到欧洲地图的启示。最后，还有一些前面提到过的由马来西亚内地萨卡伊原住民制作的地图，其时代虽然已是晚近，但也足以代表几百年来的一个传统。

在 18 世纪晚期和 19 世纪，缅甸似乎也曾出现过官方授权制作的地图，它们有多种不同的用途——军事、工程、地籍等，但是并不清楚此前是否有过某种地图学。有几位受过良好教育的欧洲人，曾于 18 世纪晚期 19 世纪早期在缅甸长期居留，他们与缅甸人有过广泛而友善的接触，因此，他们很可能也影响到后来缅甸地图学的发展。其中意大利圣保罗教会传教士加埃塔诺·曼泰加扎（Gaetano Mantegazza）在缅甸逗留的时间从 1772 年到 1784 年。彼时

㉘　感谢海野一隆为我提供《元史》卷 49，13 页中的这条记载。

㉙　相关讨论见于 Heinrich Winter，"Francisco Rodrigues' Atlas of ca. 1513，" *Imago Mundi* 6（1949）：20 – 26。

㉚　Ludovic Varthema，*The Travels of Ludovico di Varthema in Egypt，Syria，Arabia Deserta，and Arabia Felix，in Persia，India，and Ethiopia，A. D. 1503 to 1508*，trans. John Winter Jones，ed. George Percy Badger（London：Printed for the Hakluyt Society，1863），249。

㉛　Phillimore，"Map of the Malay Peninsula"（注释 15）。

㉜　关于已知的 5 个地图副本的现今和传说中过去的收藏地，以及关于其中几幅地图的详细讨论，见 Le Roux，"Boegineesche zeekaarren"（注释 15）。

㉝　见上面的注释 13。

曼泰加扎正在为这个国家备制一幅相当优良的地图，倘若没有当地为他提供信息和重要帮助，他恐怕很难完成这一壮举。[34] 另一位圣保罗教会传教士——温琴佐·圣杰马尔诺（Vincenzo Sangermano）1783—1807 年或 1808 年居住于缅甸，他在仰光建立了一所大学。那儿有"50 个学生……学习几种学问以及科学；有些人成为神职人员，另一些则成为熟练的工程师，内科医生甚至是领航员"。圣杰马尔诺一定也是具有相当才干的地图学家。他曾受英国雇佣，"制作仰光港的地图，他为此一展才华，以便得到赖以谋生的薪金"。圣杰马尔诺关注的重点之一是缅甸佛教徒的宇宙论以及这个佛教帝国的地理，在他去世后出版的手稿中可以读到有关二者的详细讨论。[35]

我还注意过弗朗西斯·汉密尔顿，他在 1795 年在缅甸进行的为期 8 个月的旅行中，收集了大量的缅甸地图。大多数地图，如果不是全部的话，是应他之请制作的，可以明显看出他指导的痕迹。由于他并没有提到自己见到过任何本土地图，因此人们可能以为当时缅甸几乎没有地图。但另一方面，他所搜集的地图表现出一种老练和复杂，而且许多地图符号带有某种非欧洲的风格，这就说明，绘制地图的人并不是制图新手。不管怎样，一幅尺幅超大、详细描绘 18 世纪 50 年代缅甸入侵曼尼普尔时所越国境的地图（见下图版 37），以及另一幅与缅甸人 1767 年进攻泰国首都大城府有关的军事地图（见下图 18.38），都说明制作地图对于缅甸人来说，不应该是一种全新的尝试。

缅甸人对于国家所需地图的鉴赏能力，从缅甸国王雇用欧亚船主、船长威廉·吉布森（William Gibson）绘制地图一事中可见一斑。此人长期居住在缅甸，他绘制的"缅甸领土图，包括了相邻的国家印度、暹罗和交趾支那（越南南部的旧称——译者注）"。据报道，他从 1819 年开始从事这项工作，但并不知道他被雇用了多久，也不知道这一工作是否最终完成。但值得注意的是，吉布森在 1822 年被要求陪同缅甸外交使团前往越南，目的是建立一个反暹罗联盟。我们大概有理由推测，绘制地图是他在这次行程中所担负的额外的职责。[36]

尽管暹罗从未屈服于殖民统治，但从 16 世纪早期开始，也同样有传教士、商人、外交使节和雇佣兵等欧洲人旅居于此。1688 年，法国试图在暹罗取得支配权的企图宣告失败，其结果是大多数外国人遭到驱逐。直到 19 世纪，暹罗才恢复与西方的关系。[37] 虽然在经过修订的宇宙论文献《三界论》地理部分的插图中可以看到欧洲船队、船员及其地

---

[34] Gaetano Maria Mantegazza, *La Birmania*：*Relazione Inedita del*1784 *del Missionario Barnabita G. M. Mantegazza*（Rome：Ed. A. S.，1950）；本书原文为法文，前言和编后记用意大利文。

[35] Vincenzo Sangermano, *A Description of the Burmese Empire Compiled Chiefly from Native Documents*，trans. and ed. William Tandy（Rome：Oriental Translation Fund of Great Britain and Ireland，1833），preface by N. Wiseman，iii - iv.

[36] B. R. Pearn，"The Burmese Embassy to Vietnam，1823 - 24，" *Journal of the Burma Research Society* 47，No. 1（1964）：149 - 57，特别是本书第 150 页援引了一位很熟识吉布森的美国传教士的记载，吉布森在日记中也提到过这个任务（结果没有完成），但这一任务在他 1824 年去世前夕转交给了约翰·克劳福德（John Crawfurd），后者于 1828 年发表了这幅地图。我还没有机会研究这份材料。

[37] 关于暹罗与欧洲人接触的性质和范围，见于 Reynolds，"Buddhist Cosmography，" 211 - 13（注释 26）。雷诺兹（Reynolds）注意到，孟库（Mongkut）王储在他做僧侣的那些年（1824—1851）起过特别重要的作用，他努力增进与受过良好教育的欧洲人之间的联系。他的老师中有美国传教士杰西·卡斯韦尔（Jesse Casswell），这个人可能教给孟库了解西方的重要知识，孟库还跟随法国神父让·巴蒂斯特·帕里果瓦（Jean Baptiste Pallegoix）学习天文。

理知识，但并没有任何直接的证据表明这一时期以前，暹罗地图学受到过西方的影响。考虑到在 18 世纪和 19 世纪的大部分时间里，暹罗都是东南亚最强大的国家，也是文化最为发达的国家之一，可是这个国家并没有前现代的地图保存下来，这似乎有些匪夷所思。一个可能的原因是，1767 年缅甸人对大城府的洗劫使皇家图书馆被毁。另一个解释可能与暹罗的一种叫查姆拉（chamra）的官僚制度有关。据威尔逊（Wilson）称，这是一种定期销毁官方文件的制度，只有那些记载当时所认可和接受的事实的文件才得以保存下来。[38] 随着现代测绘方法的引入，早期地图相形见"绌"，因此人们很可能通过查姆拉制度将其销毁。

　　除了宇宙图以及西方图书馆保存的不太惹人注意的少数几幅地图之处，现在人们注意到 699 的前现代泰国本土地图，是一幅很长的、多页折叠式地图（可能追溯到 17 世纪晚期或 18 世纪初），主要涉及马来半岛东海岸的萨蒂法拉半岛上的宗教机构。另外还有一幅很大且相当详细的军事地图。据说 19 世纪初绘制这幅地图的目的，是为了平定今泰国东北部呵叻高原（Korat Plateau）的老挝人居住区。[39] 但是，1824 年 8 月 3 日詹姆斯·洛（James Low）中尉的来信提供了有关泰人制图能力的证据。那时，他向威尔士亲王岛（即槟榔屿）政府递交了一份信件，提到一幅巨大的"暹罗、柬埔寨和老挝地图"，"这幅地图最初完成于 1822 年……依据一大堆原始资料绘成，包括当地的平面图和行程图以及口头信息，我对其真确性坚信不移……此后，我一直在进行修改和扩充"。洛的信件还提到，将来这幅地图完成后，可以放进即将出版的《地理备忘录》（Geographical Memoir）一书中。[40] 洛所用的资料是否包括泰人之外的族群所绘制的地图，尚不得而知，尽管他提交的信函提及"不时光顾暹罗的这个岛屿（槟榔屿）……其他来自印度中国的当地人"，他从这些人那里获得绘制地图所需的信息。[41] 最后，并不清楚，他所提及的本土地图，是否像汉密尔顿收藏的地图一样，是出于洛的要求绘制的——或者是否有一些地图在此之前业已存在。1830 年，洛发表了其旅居加尔各答期间制作的第二幅地图。虽然这幅地图的标题有点大——"暹罗、北老挝、马达班、丹那沙林和部分马来半岛地图"，但基本上是最初绘制于 1822 年的那幅地图的更新版。洛并没有逐一说明其引用的资料，只说"在过去十年中，收集了大量缅甸和暹罗的原始海

　　[38]　参阅 Wilson, "Cultural Values and Record Keeping in Thailand," *CORMOSEA*［Committee on Research Materials on Southeast Asia］*Bulletin* 10, No. 2 (1982): 2–17, 特别是第 4—6 页的这段话："理解泰国档案管理制度，查姆拉（Chamra）是一个重要的概念（意为净化）。查姆拉是泰国文化是组成部分，是一个完全可以接受的过程，它背后有着悠久的历史。查姆拉可以指对一份文件作轻微清理或编辑：纠正语法错误，使拼写现代化，或更新个别档案的名称，也可以指更大幅度的清理过程：填充手稿中的空白区域，重写材料，清除回收的公文。查姆拉是一个连续的过程。随着观念的改变，净化的需求也随之改变。20 世纪早期已经清理过的记录，今天出于不同的原因可能被重新清理。由于清理制度的存在，我们不能将这些档案看作是一成不变的物理集合，而是必须把它们看作是一个不断变化的状态，因为手稿可能被添加或删除一些内容，重新分类或拿到别处。清理的过程永远不会终止。自从手稿首次被收集到一起后，国家图书馆对许多单独分类的文件又进行了重新编目。"

　　[39]　关于前者，参见第 784—785 页；关于后者，参见 Kennedy, "Nineteenth Century Map"（注释 11）。

　　[40]　洛的信件保存伦敦大英图书馆在东方与印度收藏部（Straits Settlement Factory Records, Prince of WalesIsland Public Consultations, Vol. G/34/94, 442–45）。这张地图是单独存放的（Maps Ⅶ, 51）。下文中刊发了这封信，Sternstein, "'Low' Maps of Siam," *Journal of the Siam Society* 73 (1985): 132–57, 引文见第 132、133 页。

　　[41]　引自 Sternstein, "'Low' Maps of Siam," 132（注释 40）。Sternstein, "'Low' Maps of Siam," *Journal of the Siam Society* 73 (1985): 132–57, 引文见第 132、133 页。

图或行程图"。[42]

掸人是与泰人有着种族关系的族群，主要居住在缅甸东部和老挝。许多掸人地图发现于英国各家图书馆，特别是有明确出处的、知名的剑桥斯科特收藏（Scott Collection）。[43] 这些地图细节丰富，虽然有某些共同之处，但还是展现出相当多的个性化风格。这些地图虽然大多是应斯科特（英国在掸邦的政治代理人）之请制作的，但人们可以感觉到，同汉密尔顿和伯尼的收藏一样，许多地图并非出自制图新手之手。

虽然我没有听说过任何存世的老挝地图，但是一位到老挝的法国探险者曾介绍过了老挝人通常如何绘制地图。[44] 在与老挝相邻但文化迥异的柬埔寨地区，我不知道有任何保存至今的地图（除了两幅宇宙图），而且，除了在老挝地图中可能包含过一些柬埔寨的信息外，也没有发现有关柬埔寨地图的文字资料。17 世纪至 19 世纪，柬埔寨显然处于衰落期，并向它的强邻泰国和越南定期纳贡，遭受它们的蹂躏。在这样的处境下，高棉可能不会认真关注绘制地图这桩事，这一点是情有可原的。

显然，我们在本卷中解读的地图，绝不能当作其绘制期间整个东南亚地区地图资源库的代表性样本。我几乎无法根据地图的来源、年代或类型论及东南亚传统地图分布的相关情况。关于这一问题的结论受制于诸多因素，其中最重要的或许是，地图流失的频率因其类型、环境和历史境遇的不同存在很大的差别。南亚的情况也是如此。可以推测，许多地图因气候、腐烂、虫害、火灾和其他事故以及战争的摧残而遭到破坏。有意损毁过期地图、宗教或政治尚好的改变也在其中起作用。泰国的查姆拉制度就是一个相关的例子。推测许多地图的绘制乃是应一时之需，制作时并没有考虑当它们不再具有实用价值后如何长久保存。当然，由于材料的脆弱或表面裸露于外（特别是一些绘于寺庙墙面的宇宙图），有些地图显然比其他地图更易朽烂。

与已知的南亚地图资源库相比，东南亚在地形图方面要远胜于前者，但其城市与城堡、庙宇的平面图数量则少得多。城市地图的相对稀少（与其他地区相比，缅甸的城市地图还不算太少）部分原因可能是，直到晚近，东南亚的都市化程度都比印度次大陆低得多。但是，就寺庙和其他宗教建筑的作用而言，二者的差别并不那么明显。我们对东南亚寺庙与宗教建筑平面图知之甚少。东南亚地图资源库中，与朝圣有关的地图同样是稀缺的，而在南亚，朝圣地图相对来说更为重要。考虑到朝圣在东南亚所处的地位不如南亚那么重要，也就不让人感到惊讶了。而且，东南亚的穆斯林人口占总人口的一半，他们的主要朝圣地位于遥远的中东。路线图、工程图、地籍图以及军用地图在东南亚地图资源库中各占一个相对较小的部分。东南亚的军用地图比印度要少得多。与南亚一样，东南亚的星图和海图也只占存世古地图的一小部分。另一方面，两个地区的宇宙图都很丰富，虽然本册介绍的宇宙图可能比例偏低。最后，我们几乎将星图和各种形式的占卜示图完全排除在外，有待专攻这些学科的学者对之加以解读。

---

　　[42]　引文出自 Sternstein，"'Low' Maps of Siam，" 153（注释40）。这幅地图收藏于东方与印度部（Maps Ⅶ，52）。相对于我们的研究目的，其遗憾之处在于，斯坦因写这篇文章旨在于对洛本人所做的地图学工作而非其所用的当地和欧洲地图资料进行评述。因此，他并没有讨论甚至都没有考虑过洛所参考的当地地图的质量问题。他也没有说明，这些地图是否有保存下来的。

　　[43]　Dalby and Saimöng，"Shan and Burmese Manuscript Maps"（注释8）。

　　[44]　"1m Innern von Hinterindien（nach dem Französischen des Dr. Harmand），" Globus 38，No. 14（1880）：209 – 15.

第十六章　东南亚宇宙图

约瑟夫 · E. 施瓦茨贝格
（Joseph E. Schwartzberg）

导　论

　　多种宇宙观念在东南亚的汇集，反映的是这一地区居民的种族与宗教的多元性。与东南亚的主要宗教佛教、伊斯兰教，以及在当地占支配地位的基督教和印度教并行的，还有各种令人困惑的万物有灵论信仰。每一种传统自然都有其观想宇宙的方式，有一些曾用十分独特的图形生动地表达其宇宙观，另一些则似乎不用图形。居住在东南亚的大量部落和其他族群，相当一部分没有受到足够的学术关注。即便如此，人类学著作以及其他相关文献所提供的有关本土宇宙论的图像材料数量也是极其巨大的，我们所知的只是冰山之一角。在许多皈依伊斯兰教和基督教的人群中，只是偶尔发现少数几处带有特定的基督教和伊斯兰教成分的图像材料，它们被置于一些合成的宇宙图中，这些成分有时是皈依这些宗教的结果。而在佛教和印度教群体以及某些印度尼西亚的泛灵信仰人群中，我们发现了大量有趣的例子，它们以不同方式描述宇宙，或宇宙的特定层面，或者将其宇宙观映射到地面。以上构成了本章的主要内容。

　　我将从部落宇宙图开始，并将特别关注丧葬祭仪、占卜、天文和测时法；然后我将讨论佛教宇宙图，特别是占支配地位的小乘佛教，以及与印度教相关的宇宙图（在东南亚有时很难将二者完全割裂开来）。在处理这两类基本上起源于印度的伟大传统时，我会首先考量支撑这两种信仰的宇宙观念，然后阐述宇宙整体及其特定的组成部分在二维和三维空间中如何被描绘，接着我将讨论天文学，并举例说明作为风水与占卜辅助手段的图形；最后，我将关注宇宙观念与建筑、宗教和政治相关的各类人工工程（空间）秩序之间的关系。虽然我并不认为自己对存世的（东南亚）宇宙图像的介绍具有代表性，这介绍也并不全面，但是我希望读者能从中感到与该主题相关的作品如此浩繁，也希望能启示后来者，沿着本书的思路，对这一研究对象做出更为全面的观察。①

---

　　①　迄今为止，我只知道有一本书试图就本章所关注的整个东南亚地区展开宇宙进化论、宇宙论和宇宙图式等多个维度的探讨，即 Horace Geoffrey Quaritch Wales，*The Universe around Them*：*Cosmology and Cosmic Renewal in Indianized Southeast Asia*（London：Arthur Probsthain，1977）。本书所作的学术之旅旨在勾勒出这一地区从史前到现代，各部落人群、印度徒、佛教徒中宇宙论观念的源起与演进，作者还将一些观念的源头追溯到远至古代苏美尔、西伯利亚的萨满传统，以及东南亚大陆北部史前巨石文化中的东山（Dong-son）文化。我们从这一研究中得到的经验是，地图学史家必须记住，人们表述的某种观念的起源，与在特定历史时期传递这一观念的图形或象征形式的起源，通常是两个非常不相干的问题，虽然二者有可能存在联系。二者之间的鸿沟常常跨越几个世纪甚至千年之遥。

在东南亚，部落与非部落社会的界限通常是很不清晰的。一般而言，学者们倾向于将那些持所谓泛灵信仰的群体以及晚近才转向某种主要的世界性信仰的群体称为部落社会，包括那些所居环境与所在国家主要族裔群体所处环境只有微弱联系以及所用语言不同于政治上占主导地位的主体族群的群体、人口较少（有时只有几百人，极少超过 100 万人）的群体以及那些以轮作（shifting cultivation）为主的群体。但是，许多部落群体或具备其中一个特性，却不具备另一些特性，尤其是在宗教方面。例如，在缅甸和泰国的大族群——掸人中，大多数人很久以前就皈依了佛教，而人数同样众多的苏门答腊米南卡保人（Minangkabaus）据说已经成为虔诚的穆斯林。相反地，在某个占主导地位的族群中，许多存在地区差异的群体可能皈依了伊斯兰教、佛教或基督教，但泛灵论信仰与仪轨仍然是其世界观与文化行为的重要组成部分。

702 　　在东南亚，宗教的融合是十分普遍的，几乎不见哪种人群仅奉行单一的世界宗教，而将一种或多种早期的传统完全排除在外。此外，不仅在那些所谓"更进步"的人群中保留着泛灵的仪轨，而且自印度人最初移居东南亚以来的千余年间，那些可以清晰界定为部族（tribal groups）的群体，似乎也从印度教、佛教中借用某些东西，并根据自己的文化倾向对之加以改造。随着时间的推移，这些群体也对其他信仰的侵入做出同样的反应。这一点无疑会影响到许多部落或准部落群体的宇宙论体系，或许还会影响到其心象地图（mental maps）的外在表达形式。因此，任何人若试图寻找专属某个东南亚人群的纯粹宇宙图式都将是徒劳的，即便是在那些似乎相对孤立和原始的人群中寻找，也是如此。在潮湿的热带环境下保存下来的具有地域特色的有形物品有可能受到了不同文化的影响。

　　例如，在回顾现今马来西亚半岛上那些表面上由穆斯林村民的创世神话时，斯凯特（Skeat）提到以下内容："高加索山（Mountains of Caucasus）……叫作……Bukit Kof"，它像一堵保护墙，使大地免于"狂风与猛兽"；"有一种叫'Yajuj 和 Majuj 的人'"，正在穿墙，如果他们成功了，一切将随之终结；"一座叫 Mahamerur 的巨大的中央山脉"。斯凯特还从一本马来符咒书中找到另一条记载，称"Kacbah 是大地的肚脐眼，它能像树一样生长……它有四个分枝，分别向北方、南方、东方和西方延伸，在那里它们被称为大地的四隅"；上帝曾派加百利（Gabriel）去杀死一条人形的蛇 Sakatimuna，它很可能是印度对"那伽（Naga）的记忆"；"跟托盘一样大的大地"和"像雨伞一样大的宇宙"；有时说大地"由一个巨大的水牛用角尖托着"等。这些思想的源头都可以追溯到古希腊，或基督教、阿拉伯、伊朗、印度佛教以及印度—穆斯林。[②] 虽然我尚不知道马来世界是否存在明显带有这些元素的宇宙图式，但即便发现它们，也不会让我感到惊讶，因为这一地区正是以丰富的造型和图形艺术闻名的，尽管这里信奉伊斯兰教，但在人、动物和神话人物的图像展示方面，却并没有任何强烈的禁忌。

---

② Walter William Skeat, *Malay Magic: Being an Introduction to the Folklore and Popular Religion of the Malay Peninsula* (1900; London: Macmillan, 1960), 1–5. 大多数参考文献显然是为已经读过《地图学史》第二卷第一分册的读者准备的。认为世界由一只水牛角支撑的观念，显然是印度—伊斯兰世界观的变体，后者认为世界是由一只公牛支撑的，这一观念起源于伊朗。参见 Joseph E. Schwartzberg, "Cosmographical Mapping," in *The History of Cartography*, ed. J. B. Harley and David Woodward (Chicago: University of Chicago Press, 1987–), Vol. 2.1 (1992), 332–87, esp. 第 378 页。

部落宇宙图

丧葬祭仪中的宇宙图

吸收到许多部落宇宙论中的泛印度尼西亚宇宙观念常基于二元对立：生/死、人类/动物、村庄/森林、金属/织物、男性/女性、战争/耕作，等等。③ 同样常见的还有上界与冥界对立的观念，大地界于其间，单个的部落领地、村落或房屋则是与宏观宇宙等对的微观宇宙。④ 在许多持泛灵论的社会宇宙论里，众多精灵将生命体和无生命体投放到人间世界，而且精灵则有专属的世界，它们与我们的世界分离却可以对之施加影响。在印度尼西亚各地区，精灵的世界既可以属于上界，也可以属于冥界或者同属二者。下葬之后，死者在墓中适当停留，然后借助礼仪被送往各界。在婆罗洲（印度尼西人更喜欢称之为加里曼丹）内陆和沿海各部落，类似的丧葬祭仪是与一种精心构织的文化复合体关联在一起的，这一复合体吸收了前面所提到的所有部落宇宙论的特性。那些精心安排的、在特定的季节举行的二次葬仪式则构成这个复合体的重要组成部分。

与丧葬祭仪有关的最大的、也是研究得最好的婆罗洲部落是恩加朱 - 达雅克（Ngaju Dayaks）人，他们居住在该岛南部巴里托（Barito）河、卡普阿斯河（Kapuas）和卡哈扬（Kahayan）河沿岸地区。他们的祭仪催生了一批马来世界最引人瞩目的地图。其中一些地图曾被瑞士新教传教士汉斯·舍勒（Hans Schärer）在他的经典研究中引用和讨论，这一研究也是他的博士论文的组成部分。舍勒曾于 1932—1939 年间在恩加朱 - 达雅克部落生活并学习他们的宗教。1946 年舍勒重游故地，直到 1947 年去世。⑤ 舍勒的研究包括 4 幅精心制作的宇宙图，三幅为上界，一幅为冥界，此外还有许多局部图，描绘宇宙的特定部分（如死者的村落）以及与之相关的物品（如运送死者到冥界的灵船，运送至尊神祇到地面的船只，上界中一种独特的住所——"生命树"）。舍勒说，这些绘画具有非常重要的礼仪意义。

703

---

③ Susan Rodgers, "Batak Religion," in *The Encyclopedia of Religion*, 16 Vols., ed. Mircea Eliade (New York: Macmillan, 1987), 2: 81 - 83, esp. 82.

④ Horace Geoffrey Quaritch Wales, "The Cosmological Aspect of Indonesian Religion," *Journal of the Royal Asiatic Society of Great Britain and Ireland*, 1959, 100 - 39.

⑤ Hans Schärer, *Die Gottesidee der Ngadju Dajak in Süd-Borneo* (Leiden: E. J. Brill, 1946). 这本书的英译本题为 *Ngaju Religion*: *The Conception of God among a South Borneo People*, trans. Rodney Needham (The Hague: Martinus Nijhoff, 1963). 舍勒还做过一个更为简明的讨论，见氏著 "Die Vorstellungender Ober-und Unterwelt bei den Ngadju Dajak von Süd-Borneo," *Cultureel Indie* 4 (1942): 73 - 81. 舍勒去世后，他的另一本书得以问世，即 *Der Totenkult der Ngadju Dajak in Süd-Borneo*, 2 Vols., Verhandelingen van het Koninklijk Instituut voor Taal-, Landen Volkenkunde, Vol. 51, pts. 1 - 2 (The Hague: Martinus Nijhoff, 1966). 其他关于达雅克丧仪的讨论包括：Philipp Zimmermann, "Studien zur Religion der Ngadju-Dajak in Südborneo," *Ethnologica*, n. s., 4 (1968): 314 - 93; Waldemar Stöhr, "Über einige Kultzeichnungen der Ngadju-Dajak," *Ethnologica*, n. s., 4 (1968): 394 - 419and 12 pls. (对齐默尔曼收集的宇宙画的评论)，以及 "Das Totenritual der Dajak," *Ethnologica*, n. s., 1 (1959): 1 - 245 (对发现此类信仰的婆罗洲部落葬仪的比较分析); Verena Münzer, *Tod*, *Seelenreise und Jenseits bei den Ngadju Dajak in Kalimantan*, Lizentiatsarbeit, Universitat Zurich, Philosophische Fakultat I, Abt.: Ethnologie (Zurich: Published by the author, 1976); and Wales, "Cosmological Aspect" (注释4). 与其他婆罗洲部落丧仪相关的著作包括 Charles Hose and William McDougall, *The Pagan Tribes of Borneo*: *A Description of Their Physical*, *Moraland Intellectual Condition with Some Discussion of Their Ethnic Relations*, 2 Vols. (London: Macmillan, 1912); 以及 Peter Metcalf, *A Borneo-Journey into Death*: *Berawan Eschatology from Its Rituals* (Philadelphia: University of Pennsylvania Press, 1982).

这些地图由恩加朱－达雅克人的祭司在"施法过程中"绘制，当"他们在颂歌中唱到要去的那些地方（上界和冥界）的路程时"，会将地图摆放在面前。[6] 在祭司吟唱颂歌时，此类地图为他们提供一套帮助记忆的可视符号。整个过程通常长达数个夜晚，颂歌将引导男性死者，在半神半人的桑吉昂（sangiang）的陪伴下，到达他们最后的安息之地。[7] 男性前往上界，女性则往冥界。所有的地图据说都会"讲到早期的神圣活动……将歌曲中传诵的内容和祭司颂歌表现为神秘的天启"。[8] 但是，舍勒提到的几幅地图，据称全都制作于1946年他的著作出版前的半个世纪。地图上没有给出具体的年代，舍勒也没有说明制作此类地图的习俗是何时开始出现的，但是施托尔（Stöhr）根据舍勒后来出版的一些著述推断，舍勒书中刊用的地图绘制于20世纪初以后。[9] 尽管这些地图外表独特，但是它们还是在某种程度上受到了所接触的外来影响，包括最早于1836年来到恩加朱－达雅克部落的荷兰人的影响。舍勒并没有详述这些地图的材质与大小，但是他引用的那些地图显然是用产自西方的铅笔和蜡笔绘于纸上的。在有些由舍勒和其他人公之于世的地图上，还有相当多的文字，许多是根据恩加朱－达雅克语音（这种语言在欧洲传教士到来之前尚不是一种书面语言）用潦草的罗马字母写的。由于另一些地图上没有任何文字，人们据此推测，这些文字是传教士自己或者请恩加朱－达雅克向导添加上去的，以便详尽说明地图内容。舍勒引用的4幅地图中的两幅都带有注释，称"Joh. Salilah"所作，这个名字听起来很像一个基督教皈依者；另一些则没有注解，只是简单注明由祭司制作。[10]

我们还知道其他很多宇宙图。舍勒本人提到过一位有名的恩加朱－达雅克祭司和教师马赛德·辛科（Massaid Singkoh），他生活在卡哈扬河中游，大约在1900年，第一次用地图教导学生。"这些原本非常简单的图画后来被复制和放大，我们现在拥有许多这样的作品，其中的一些作品表现出十足的艺术感。"[11] 目前并不知道这些众多的地图到哪里还可以找到，但有一批可能为瑞士巴塞尔的巴塞尔使团（Baseler Mission）所有，因为舍勒去世之前一直隶属于这个使团。我在巴塞尔民俗博物馆（Volkerkundemuseum in Basel）对一幅未署年代的上界地图做过简单的研究，这幅地图曾经用于恩加朱－达雅克丧葬祭仪中。瑞士苏黎士大学博物馆（Volkerkunde Museum of the University of Zurich）也有一幅未署年代的上界地图。在所有已知的地图中，下面要讨论的这一幅得到过最为透彻的研究。[12]

在科隆的劳滕绍赫－乔斯特民俗博物馆（Rautenstrauch-Joest-Museum fur Volkerkunde in Cologne）有两幅大型宇宙图。它们由德国传教士菲利普·齐默尔曼（Philipp Zimmermann）的

---

⑥　Schärer, *Ngaju Religion*, 11（注释5）。

⑦　Schärer, *Der Totenkult*, 441－42（注释5）。

⑧　Schärer, *Ngaju Religion*, 11（注释5）。

⑨　Stöhr, "Über einige Kultzeichnungen," 415（注释5）。

⑩　Schärer, *Ngaju Religion*, pls. 3（上界）和4（冥界）（注释5）。

⑪　Schärer, *Der Totenkult*, 441（注释5）。关于马赛德·辛科的年代出自：Münzer, *Tod, Seelenreise und Jenseits*, 105（注释5）。

⑫　巴塞尔民俗博物地图的尺寸大约是108×75厘米。没有记下该图的编目号。苏黎士大学所藏地图（编目号：15650）的尺寸是98×43厘米。

图 16.1　恩加朱 – 达雅克人的冥界地图

　　来自加里曼丹（婆罗洲）南部，20 世纪早期（1905 年前后），用黑色墨水和蜡笔绘于欧洲纸面。地图对死者灵魂之路（Djalan liau）做了说明。在地图底部可以看到大地，或者称为中界，恩加朱 – 达雅克人相信中界由那伽（界蛇）驮于其背。紧接着大地上方的就是三十一天（thirty-one layered firmament），一条跨越雾海的路穿越其中。其上是最浅的三重海洋，海洋周围，包括汇入其中的河流沿岸地方，与给大地带来厄运的六个恶毒罗阇（raja）有关。这个区域和地图最上方的部分之间是桑吉昂和其他半神居住的领地，这里的地物组合十分复杂，可以看到灵船必须穿越的河流、罗阇的道路（靠近地图左侧空白处的一条长长的垂线）、施过巫术的山脉、复元山、火旋涡（左上方）等等。靠近地图的顶部还有一个长方形的海，两条湍急的溪流注入其中，一条运河将海水引出，成为到达下方诸海的唯一通道。再往上就是摩诃达拉的领地，其宏伟的城堡位于左上方的高丘之上，还有处于生命树之间的众神之屋。城堡附近可见一株乳白色的椰子树。

　　原作尺寸：138×69.5 厘米。图片由科隆劳滕绍赫 – 乔斯特民俗博物馆提供（编号：51288）。

705

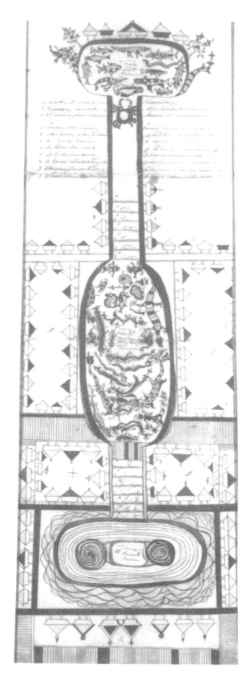

图 16.2　达雅克人的冥界地图

　　绘制地点与时间与图 16.1 相同，用黑色墨水、水彩和蜡笔绘于欧洲纸面。地图上的文字注释大多无法辨认，有人认为出自德国传教士菲利普·齐默尔曼之手。与图 16.1 形成对比，这幅地图须从上往下读。与图 16.1 一样，大地或中界是出发之地。代表中界的是一处由界蛇托起的海边村落。海洋本身包于蛇头之中，表示二者合而为一。在通往冥界的入口处，有一只巨蟹站在那里守望。下方有一条运河，左右两侧的文字无法辨识，其含义也未能明了。再往下是七重门，其材质越来越坚固，也越来越珍贵，第一座是用落叶做成的，最后一座是用石头做成的。处于七重门下方水蛇阴影中的可能是原海（primeval sea），其中游动着许多特别的水生物，它们是雅塔的属下。（其下方）另有七重依次用象牙、黄铜、红铜、锡、银、金和钻石做成的门，通往一座被村落环绕的金碧辉煌的海洋，这才是雅塔的王国。

　　原作尺寸：115×36 厘米。照片由科隆劳滕绍赫 – 乔斯特民俗博物馆提供（编号：51989）。

家人赠送该馆。齐默尔曼曾在婆罗洲传教，1903—1904 年、1920—1928 年的大部分时间主要生活在恩加朱－达雅克部落。[13] 这些作品推测为齐默尔曼前一次逗留于婆罗洲时所得。施托尔推断，根据其风格，这些地图的制作年代早于舍勒书中所引用的那些地图，但除此之外，施托尔并没有试图确定这两幅地图的年代。[14]

另外，劳滕绍赫－乔斯特民俗博物馆还藏有一张十分详尽但已残破的上界地图照片，不能确定这幅地图的制作地。这张照片自 1967 年以来一直保存在该馆，但是不知上面那幅地图目前在何处，也找不到任何关于这幅地图来历的信息。但有几点值得注意：其一，地图似乎绘制于本地产的树皮布而不是欧洲纸上；第二，其上所带的大量文字似乎为阿拉伯文字，这是马来通用书写语言（这种语言不仅见于地图本身，而且见于地图所附的两个侧页上，折叠地图时用侧页来包住地图）；第三，这幅地图有许多独特的风格；最后，其上绘有大量拟人化的动物，推测代表神灵而不是动物图腾。实际上，在其他达雅克地图上，这些动物也十分常见。

与舍勒的地图相比，这些地图可能看起来不那么美妙动人，也不那么生动有趣，而且比较简单，但是我还是把它们挑出来刊登于此（图 16.1 和 16.2）。图 16.1 描绘的是上界，表现的是与至高神祇摩诃达拉有关的界域，摩诃达拉的图腾标志是一只犀鸟。下面是舍勒的一段概括，从中可见恩加朱－达雅克人对宇宙中这一部分的钟情，虽然其中的某些细节与地图上的注解并不完全相符：

> 摩诃达拉生活在上界的原山之上，在人类所居住的世界之上。升往上界时，须穿过 42 层各有名称的云层，它的口是一条宽阔的河流。上界是此世界图像的真实再现，但是那里的每样东西都更加丰满，更加美丽。许多河流与湖泊之上都居住着桑吉昂，他们是最初的一对人类夫妻所生的三兄弟中两个兄弟的后裔。在进行宗教仪式的时候，桑吉昂会下来帮助那留在大地上的第三个兄弟……上界中河流的上源居住着更高级的神灵。原始是所有河流的发源地，是摩诃达拉的登临之处。[15]

图 16.1 下有更清楚的解说，依据的就是施托尔的介绍，虽然还远不全面。[16]

冥界由女神雅塔（Jata）作主，她的图腾是一条蛇，舍勒讲道：

> 雅塔住在冥界（或称原海），冥界处于人界的底下，可由近旁的村落进入，村里有一条支流汇入河流干流，干流的水格外深……通过这条河道，可以进入河流下面的许多

---

⑬　见施托尔为齐默尔曼所作的序言，"Studien zur Religion der Ngadju-Dajak," 314；以及 Stöhr，"Über einige Kultzeichnungen," 415（注释 5）。

⑭　Stöhr，"Über einige Kultzeichnungen," 414–15（注释 5）。苏黎士大学的地图与图 16.1 的相似之处暗示，这幅图的年代也比舍勒地图要早。

⑮　Schärer, Ngaiu Religion, 16（注释 5）。图 16.1 所绘到底是四十二层云和还是三十一天，尚有不同意见，未见定论。后一种观点可能来自某些信仰小乘佛教的地区，因为小乘佛教设想的宇宙中就包含有三十一重天界（本章接下来会有讨论）。无论持哪一种观点，人们力求精准的做法，都正好与我们对"原始"人群的预判相反。事实上，整个丧葬文化的复杂程度足以与世界上任何一种主要宗教的仪轨分庭抗礼。

⑯　Stöhr，"Über einige Kultzeichnungen," 415–16（注释 5）。

村落，那里是雅塔和她的臣民居住的地方。

雅塔的手下有鳄鱼……雅塔的村落坐落在一条冥界河边上，这条河叫 Basuhun Bu-lau，或 Saramai Rabia，是一条用金子或淘洗过的金沙堆成的河流。[17]

706

为了更全面地介绍这幅地图，我们还得回过头再看看施托尔的叙述，图16.2下面的解说依据的正是他的介绍。[18] 在读这两幅地图时要记住，我们只是对图中可见的内容作了一些入门式的基本分析，并没有阐发其深层的含义，后者尚需进一步的分析，但由于这个问题过于复杂，限于篇幅，无法在此充分展开。

迄今为止，对恩加朱－达雅克人的宇宙论所做的最全面的分析来自闵采尔（Münzer）对苏黎世的一幅带有大量题记的上界地图所做的研究。[19] 闵采尔将这张地图分为6个部分，每个部分各以一张照片显示具体内容。但实际上，这幅地图上所展示的地物数量要远远超过她的介绍。例如，仅河流就多达160条。虽然闵采尔为此付出了惊人的努力，但她还是承认自己对图上语汇的翻译和解读多出于推测。她在讨论中特别感兴趣的是地图表现生命树的不同方式。生命树是遍布印度尼西亚许多地区的重要符号，有时它被画成多少带有写实色彩的树，有时则是一把伞，一支矛，或者是一个金色的头盖，其上装饰有宝石，它属于神祇摩诃达拉。[20] 还有一点值得注意是，地图上很多东西上都带有飘扬的旗帜，好几位作者对此发表过意见。许多旗帜看起来像荷兰三色旗，虽然也会用到三色以外的其他颜色。舍勒提醒我们不要像某位作者那样猜想，认为这表示达雅克人承认自己处于荷兰人的保护之下。他指出，荷兰人在婆罗洲建立统治之前，达雅克人就有了三角旗，旗子的颜色与特定的神祇有关，而这些神祇只是至高神祇的各个面相而已。红色与黄色或金色组合在一起，大概象征着冥界和雅塔；白色象征着上界和摩诃达拉；黑色则代表至高神祇的邪恶面相。每个村落都有一面旗帜，其颜色代表与之相关的神祇，旗帜与旗杆放在一起则象征着生命树。[21]

---

[17] Schärer, *Ngaju Religion*, 16 – 17（注释5）。

[18] Stöhr, "Über einige Kultzeichnungen," 417 – 18（注释5）。

[19] Münzer, *Tod, Seelenreise und Jenseits*, 105 – 27，带有6幅照片图版（注释5）。在下面的展览图录上登出了整幅地图：Elisabeth Biasio and Verena Münzer, *Übergiinge im menschlichenLeben: Geburt, Initiation, Hochzeit und Tod in aussereuropii-ischen Gesellschaften* (Zurich: Völkerkundemuseum der Universitat Zurich, 1980), fig. 134, with note on p. 185.

[20] 关于作为世界枢轴的宇宙山与起着同样作用的生命树之间的关联性问题，文化史学者已经有过诸多讨论与争辩。其中关于生命树最有力和最主要的作者也许数弗雷德里克·博施（Frederick Bosch），他关注印度文明波及的地区。他认为，至少从西方人的视角来看，位于大宇宙中心的须弥山"就其机体而言，是由无生命的物质支配并由它们构造而成的。与之形成对比的是"，他接着说："我认为大宇宙反过来又根植于一种更古老和更深厚的土壤中；也就是说，这一系统不单由无生命的物质构成，同时又是由它内在的生命激发而成的。这就是宇宙生命树的机能，它为所有的创造树立了典范，并在大宇宙这一最伟大最崇高的创造物的观念上打上了自己的烙印。"见 Frederick David Kan Bosch, *The Golden Germ: An Introduction to Indian Symbolism* (The Hague: Mouton, 1960), 231；最初用荷兰文发表 *Degouden kiem: Inleiding in de In-dische symboliek* (Amsterdam: Elsevier, 1948). 本章早早地提到这个观点，因为读者将会注意到，在东南亚宇宙图中，圣树与圣山同时出现的情况非常频繁。

[21] Schärer, *Ngaju Religion*, 25（注释5）。

图 16.3　一件婆罗洲竹器所刻的宇宙图

恩加朱－达雅克，1905 年前后。图上的三栏（不算纯装饰的下部边缘），自上而下描绘了上界、中界（地上）和冥界，人们主要是通过丧仪中的颂歌得知居住在上界和冥界的生灵的。这种丧仪是大多数婆罗洲宗教中的重要内容。但是无法确认这幅图上的大部分生灵。图上所描绘的事物包括生命树、犀鸟（至高神祇摩诃达拉的鸟图腾），将死者从地上运送到上界的灵船以及桑吉昂（在宇宙之旅中引领死者灵魂的半神）。整个活动从准备一次盛宴开始，在接下来的几天中举行神圣的丧仪。

原图尺寸：高 27.5 厘米，测算周长 15.1 厘米。

照片由科隆劳滕绍赫－乔斯特民俗博物馆提供。

　　恩加朱－达雅克人的象征主义还有很多内容，无论在地图还是在其神圣艺术的其他形式上都得以体现。这种象征主义的大量内容与相互对立的阳性的上界和阴性的冥界观念有关，在各种情形的地上礼仪中，以及运送亡灵到其最后的安息之地的过程中，都可以看到阳界与阴界的结合。例如，灵船有一个犀鸟状的船头代表着摩诃达拉，蛇状的船尾则代表着雅塔。

　　达雅克人的信仰体系似乎具有很强的可塑性。他们的上界地图会留出一些地方画出分别属于印度人、阿拉伯人、中国人、欧洲人以及其他外国人的河流，还有一些属于与之交往的来自其他部落村落的陌生人的河流。㉒ 在过去的一个世纪中，很可能由于接触到新的图形工具和媒介，达雅克人的（地图绘制）风格迅速演进，体现出强烈的创新倾向。我们还可能找到一些少有或没有欧洲影响痕迹的宇宙图吗？

　　除了上面我讨论的那些地图，还有三幅确凿无疑的宇宙图，它们装饰于三件竹制容器上，描绘了上界、冥界以及介于其间的大地。其中两件属于传教士菲利普·齐默尔曼家族：其一出自恩加朱－达雅克部落（图 16.3），另一件来自附近的奥特－达努姆（Ot Danum）部落。第三件容器现存荷兰莱顿，与图 16.3 十分相似，因此施托尔猜测二者可能是由同一个人制作的，虽然莱顿的这一件是 1893 年获取的（获取时它做成了多久，不得而知），而图 16.3 中的那一件，据齐默尔曼的记录，是由他到达婆罗洲之后认识的一位多才多艺的工匠制作的，时间在 1911 年（即写下这些笔记时）之前。这位工匠在完成此件作品后不久就去世了。㉓ 虽然对其中任何一幅宇宙图都无法做出全面的解读，但是这三件作品都表现了达雅克人彼此关联的三分宇宙，并且表现了与丧葬祭仪有关的现象。图 16.3 与莱顿的容器上都是刻花，但奥特－达努姆那件上却是浅浮雕花纹。没有发现揭示制作这三件作品的工具与过程的证据。施托尔书中两件容器的插图采自齐默尔曼本人在原物上所做的拓片。从图像学的视角看，三幅图包含了许多相同的元素，但是其风格有很大差异，与恩加朱·达雅克的那件相比，奥特－达努姆的那件内容较少而且做得没那么精细。

　　这些容器上所绘的许多元素，尽管含义未明，但是大多数都放在它们在宇宙中当处的位置。但图 16.3 宇宙图上放在中界的几个元素，在莱顿图上却被画在上界，施托尔觉得后者更恰当，他认为可能由于前一幅图上界的空间用完了。图上还可见一个同样的例子。那就是中栏左侧的一棵棕榈树，树上插了一根长矛（也是多种形式的生命树之一），长矛上栖着一只巨大的神鸟（在当地神话中它像房子一样大）。紧挨着这株树有一个被识别为藏骨堂（ossuary）的小建筑，再往右是一座干栏式房屋，房屋筑于中栏底部，屋顶却伸到了代表上界的上栏内。在这里，我们可以根据印尼文化做出解释，即房子本身代表着三界的微观宇宙。虽然房子是建于地面的，但其阁楼伸入到了上界。阁楼上悬挂的几样用来储存圣物的达雅克

　　㉒ Schärer, *Ngaju Religion*, 12 – 15（注释 5）。

　　㉓ Stöhr, "Über einige Kultzeichnungen," 394 – 95（注释 5）；有关所有这三件作品的讨论见于第 394—399 页。但是对第三件容器的讨论很简短，这件容器由荷兰莱顿国立民族学博物馆（Rijksmuseum voor Volkenkunde）收藏（收藏号为 942132），施托尔书中并没有它的图片。但在以下几种论著中有相关介绍和插图：Hendrik Herman Juynboll, *Borneo*, 2 Vols.（Leiden：E. J. Brill, 1909 – 10），2：376 – 377；J. A. Loebér, "Merkwaardige kokersversieringen uit de zuider-enooster-afdeeling van Borneo," *Bijdragen tot de Taal-*, *Land-en Volkenkunde van Nederlandsch-Indie* 65（1911）：40 – 52；and B. A. G. Vroklage, "Das Schiff in den Megalithkulturen Südasien und der Südsee," *Anthropos* 31（1936）：712 – 757, esp. fig. 13. 如施托尔所言，这件器物与图 16.3 中器物的相似性是显而易见的。但是相关的说明太少了，而且也没有与宇宙图关联起来。

风格的器皿。阁楼右部可见"神妓"表演，据推测，这种礼仪一般在开始念经、启动亡灵阴间之旅的前一天晚上进行。中栏的一些地方还可以看到备宴的场景。画中的一些人物，可以认出有男女祭司。还有一些更为神秘的元素，如靠近右侧的树（这是一幅展开图，所以左侧也可以看到这些树）看起来像发芽的来复枪和其他武器。这是此件作品中十分少见的来自欧洲的影响。

上界描绘的大多数事物看起来具有世俗性质，这一点给人印象至深。一个解释是，大多数我们在地上想要的东西都可以在上界找到，只是它们形态上更加宏丽。而且，上界也会狩猎和打渔——猜测这是一些令人愉快的活动，只是更容易捕到猎物，这可以从画中最左边（最右边也有）一个手持来复枪的人那些找到原因。图中所绘许多动物和鸟都可以辨识，至少可以分辨其门类，但还是有一些来自神话，桑吉昂就多少带一点拟人化的性质，这些半人半神者协助人们将灵魂从地上运往上界。上栏中最醒目的元素是两株巨大的生命树，树枝低垂，结满果实，彼此缠绕在一起。一只巨大的犀鸟——至高神祇摩诃达拉的象征，栖息于右边这棵树的上下枝干之间。左边的三角形中可见带犀鸟形船头的运送死者的灵船。

图 16.3 的最下栏（不算纯装饰边）代表冥界，在某种程度上这一部分是最难释读的。其中的水族当然适合出现在女神雅塔的领地，女神自己的形状就是一条水蛇。一些水族正游向一个怪异的渔栅，这被初步解释为，渔栅中的鱼就是为生活在上界者所备的主要食品，它们在这里等到某个特定的仪式到来时，将自己献祭出去。

施托尔书中还刊载了齐默尔曼收藏的另一件恩加朱－达雅克竹器上的图案，其上绘有桑吉昂与另一些神话人物发生冲突的情景，[24] 其风格与图 16.3 相似。虽然这件作品也包含一些宇宙元素，但其布局不如我们刚才讨论的那件作品整齐有序，而且也不能称之为地图。

如果没有舍勒、齐默尔曼和施托尔这些人所做的学术工作，有人可能会合乎情理地推断，达雅克人绘制的这类如此详尽的地图一定经过了相当长时期的发展，事实上似乎恰好相反。但是，这并不意味着在欧洲人到来之前，婆罗洲人完全不知道绘制地图。在接下来关于这一地区的讨论中，我将出示更多的证据来说明，绘制地图很可能早就是部落传统的一部分，而且达雅克人的思维中包含一种强烈的地图意象（cartographic imagery）元素，也就是说，他们拥有一种高度敏锐的绘制心象地图（mental maps）的知觉。

图 16.4 系对一幅沙捞越马当部落（Madang tribe of Sarawa）头人所绘地图的摹写，推测这幅地图绘制于本世纪（指 20 世纪，译者注），描绘了"亡灵之地以及鬼魂到达那里所穿越的地方"。据霍斯（Hose）和麦克杜格尔（McDougall）称：

> 这幅地图以婆罗洲人绘制本国地图的一贯（always）方式制作而成，即，在地面上放一些棍棒和其他小件物品表示主要的地形要素与地形关系。我们曾检验过其描述的真确性，请他在随后的场合重复这一过程。他这样做了，并且与先前的描述没有任何明显的背离。[25]

24　Mahatala，"Über einige Kultzeichnungen," pl. XX，描述见第 399 页（注释 5）。

25　Hose and McDougall, *Pagan Tribes*, 2：43－44（注释 5）。

霍斯和麦克杜格尔还将马当地图放到更宏大的婆罗洲丧葬祭仪的背景中加以考量，他们注意到，这幅地图与这一基本观念是相吻合的，即"阴间是由山脊分割的河流盆地，鬼魂从这里启程"[26]。值得注意的是，在上一段引文中，用到了"一贯"一词，作者完全没有觉得这位头人的技艺是异乎寻常的。

在讨论一个很小（1600人左右）的沙捞越柏拉旺（Berawan）部落的葬仪时，梅特卡夫（Metcalf）解释了颂歌的地理特性，死者的灵魂正是在颂歌的引导下逆流而上，走向亡灵之地的。这一旅程最初的一段是通往高山分水岭，类似于图16.4中所绘的山脉，此后的道路

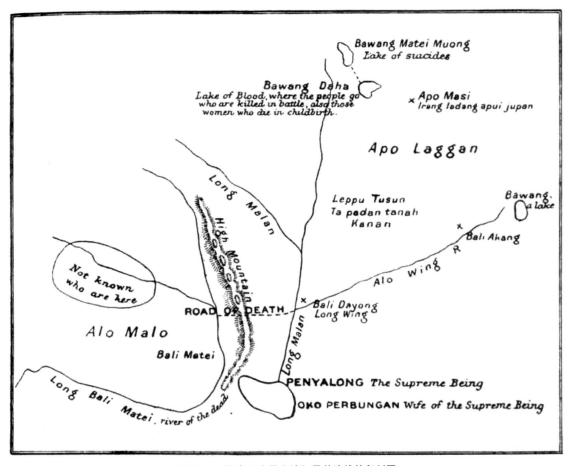

图16.4 马当"亡灵之地"及其路线的复制图

这幅地图是应某位殖民地当局官员之请制作的，是根据20世纪早期一幅用棍子和其他小物件搭成的地图复制的。虽然这幅图的细部同与它年代相近的恩加克－达雅克地图有着明显的差异，但图中所表达的思想，如属于亡灵的一块或数块土地，通往那里的无比艰险的道路，总体上与整个婆罗洲部落的信仰体系是一致的。这一信仰体系是以精心安排的葬仪为核心的。请人绘制这幅地图的官员找到这件作品并不困难。

出自 Charles Hose and William McDougall, *The Pagan Tribes of Borneo: A Description of Their Physical, Moral and Intellectual Condition with Some Discussion of Their Ethnic Relations*, 2 Vols. (London: Macmillan, 1912), Vol. 2, fig. 78.

㉖ Hose and McDougall, *Pagan Tribes*, 2: 44（注释5）。

则变成虚构的。柏拉旺的礼仪是吟诵式的。领歌者反复地问集会群众，"这是什么地方，你们这些活人哪？"群众回答时，要说出从上游长屋（longhouse）分流的一条又一条溪水的名字，（如"这个地方叫长［地名］啊，你这个死人"）。这些沿路被称为"长"（long）的地方，可能相距只有几百码，"因此"，梅特卡夫说：

> 灵魂之旅继续着，一首诗接一首诗，一个河口……接着一个河口……对柏拉旺人来说，河流就是他们的大道。他们通过河流到达农庄，并游走于其他村落。因此，他们对河流所有的蜿蜒曲折，支流小溪烂熟于心。每个人都可以轻易地想象出这一旅程……但是这并不仅仅是空间的旅程，还是时间的旅程。每次通过先前长屋的所在地，都要提到它……就像［是第一次知道它一样］。因此，这些歌也是在反复诉说社区祖先的迁徙之路。[27]

有人可能会说，这首歌表达了一幅关于柏拉旺历史地理的心象地图。这幅地图部分来自真实的世界，部分则依稀描绘了神话世界。有人可能进一步猜测，马当酉长为霍斯绘制的这一类临时使用的地图，可能出自其他任何一个婆罗洲部落成员之手。在这些部落中，有关死者身后的旅程的颂歌构成了当地丧葬祭仪的一部分。

最后请注意，虽然从柏拉旺的例子看，心象地图基本上是线性的（例如路线图），但我们有理由推测，大多数族群共有的是跟马当头人一样的多维度的心象地图。舍勒在讨论"圣地"，即恩加朱－达雅克共有的领地时指出，这些人对于神话边界与现实边界是同样敏感的。处于上界与冥界之间、驭于水蛇雅塔（见图16.2）背上的圣地是"以（水蛇）翘起的尾巴和冥界天神的头来分界的"。[28] 这片土地，即原初的村落 Batu Nindan Tarong，与恩加朱－达雅克人家园中的村庄合而为一，这里的众生都称之为"全世界最大、最美丽的地方"，只有在这里"才能找到和平、安宁、幸福和美好生活"。[29] 恩加朱－达雅克人也会走到其圣地物理边界之外——印度人、中国人、阿拉伯人、欧洲和其他友善的达雅克族群的世界，他们会在自己神圣的宇宙图中为这些人群留下一席之地，赋予这些地方以意义，并展示与这些意义相适应的礼仪行为方式。[30]

马来人的葬仪最远传播到马达加斯加。对这个岛屿的研究表明，其宇宙论与我们所讨论的婆罗洲葬仪存在关联。在稍近的马亚西亚西部霹雳州和彭亨州（Perak and Pahang）内陆，有一种原生的马来文化——塞梅来（Semelais）文化。詹诺（Gianno）曾画过一幅相当复杂的下界地图，并描述与之相关的信仰，这一信仰涉及关亡灵到达阴间的途径。但遗憾的是，她并没有说明，她的地图是摹写于某幅本土塞梅来作品还是完全基于口头记录所做的复原。[31]

---

[27]　Metcalf，*Borneo Journey into Death*，216－217（注释5）

[28]　Schärer，*Ngaju Religion*，60（注释5）。

[29]　Schärer，*Ngaju Religion*，61（注释5）。

[30]　Schärer，*Ngaju Religion*，64－65（注释5）。

[31]　Rosemary Gianno，*Semelai Culture and Resin Technology*，Memoirs of the Connecticut Academy of Arts and Sciences，Vol. 22（New Haven，1990），map 4，图例见第XI页，讨论见第46—48页。

710

图 16.5 沙捞越卡扬部落民正在检看一块用以占卜的猪肝，20 世纪初

这一活动与整个婆罗洲部落人群都有关系。在一些人群中，肝腹侧的不同小叶被认为代表特定的地理区域和神灵世界，可以根据它预测未来。见图 17.16。

出自 *Charles Hose and William McDougall*，*The Pagan Tribes of Borneo：A Description of Their Physical*，*Moral and Intellectual Condition with Some Discussion of Their Ethnic Relations*，2 Vols.（London：Macmillan，1912），Vol. 2，pl. 159。

用于占卜的图形

东南亚部落普遍相信，未来是可以预测的，那里有很多种占卜方式。在这里，我只能简略提及其中数种包含地图学成分的占卜方式。

说起占卜，只需要看看上面讨论的与丧仪有关的某些婆罗洲部落就可以了。在这些部落中，人们往往根据猪肝上的纹路，找到与事件走向相关的信息。的确如霍斯和麦克杜格尔所言，这就是一头猪"最重要的功能"。㉜ 图 16.5 和图 16.6 说明，猪肝的不同部

㉜ Hose and McDougall，*Pagan Tribes*，2：61（注释 5）。

位代表某个占卜礼仪中特定的地区和人群。"各种波瓣和小叶代表与占卜有关的各个区域，根据波瓣连接的韧度与紧密度，判断其所代表的相互交往的各地人群之间交情的长短与程度。"㉝

　　刚才讲到的这种占卜方法与人们所猜想的"皮亚琴察铜肝（Bronze Liver of Piacenza）"的占卜方法十分相似，后者是公元前3世纪伊特鲁里亚人的物品（虽然后者展示的似乎主要是大地之外的事物），它可能与大英博物馆收藏的一块年代更早的迦勒底人红陶肝所用的占卜方式相似。㉞由于通过动物脏器占卜的方式流传很广，将来找到可资比较的器物，来填补古代西方人与现代婆罗洲人占卜实例之间巨大的时空缺环，大概也不会令人惊诧。

711

　　在卡扬人（Kayans）西南，有时被称为海上达雅克人的伊班人（Ibans）中，也有类似的习俗，但是其中涉及的区域并不是专指我们生活的大地。左肝代表人类生活的大地，将左肝与右肝中间和波瓣分开的胆囊代表神的世界，它在占卜中格外重要。胆囊底部是一条韧带，连着左、右两边的波瓣，似乎代表着人类与善神之间的桥梁，后者通过这里，来到受病痛折磨的人身边。㉟

　　在苏门答腊北部巴塔克人（Bataks）中，有几种完全不同于刚才所讨论的占卜方式。巴塔克人是若干部落群的集合体，他们的宇宙论在许多方面与达雅克人相似，但是长期以来，他们与非部落人群有过更多的接触，并且与少数其他部落群一样，发明了自己的书面语言与文学。帕金（Parkin）在其神学博士论文中，相当详尽地讨论过巴塔克人的占卜模式，他写道，爪哇和马来社会继承了与之相似的（占卜）系统并对之加以简化。巴塔克系统，确定无疑出自印度，具有时空二重性。㊱以下我只讨论它视觉方面的内容。

　　遗憾的是，帕金的论文中并没有提供巴塔克人在占卜活动中所画图形的照片，只提供了一些简单的黑白示图（diagram）。这些示图中最关键的要素是一种八臂形示图，称为"desa na ualu"，表示八个主要的罗盘方位。在这些示图中，南与北分别等同于上游与下游，而东与西则表示太阳的上升和降落。它所描绘的宇宙世界，不仅有人，还有移动的那伽，即"掌控着空间与时间"的蛇，"它的移动决定了中界（阳界）的历史进程"（在一些族群中，用龙、蝎子或海龟取代蛇）。据信，蛇从东方开始一年的循环往复，它在四个主方位上依次停留3个月。㊲印度是八臂形放射线的起点，称为 *binbo*，是宇宙力量聚集的地方。㊳

　　㉝　Hose and McDougall, *Pagan Tribes*, 2：62（注释5）。

　　㉞　下文讨论了这两样东西，并有皮亚琴察铜肝的插图：O. A. W. Dilke, "Maps in the Service of the State：Roman Cartography to the End of the Augustan Era," in *The History of Cartography*, ed. J. B. Harley and David Woodward（Chicago：University of Chicago Press, 1987 –), 1：201 – 11, esp. 202 – 4 and figs. 12.2 and 12.3.

　　㉟　Erik Jensen, *The Iban and Their Religion*（Oxford：Clarendon Press, 1974), 138 – 39.

　　㊱　Harry Parkin, *Batak Fruit of Hindu Thought*（Calcutta：Christian Literature Society, 1978), esp. chap. 8, "Magic and Divination," 199 – 217. 下面的论著简单叙述了爪哇占卜制度的基本原理：Clifford Geertz, *The Religion of Java*（Glencoe, 111.：Free Press, 1960), 32 – 35, 以及 Skeat's *Millay Magic*, 532 – 80（注释2），后者讨论了各种各样的马来人占卜活动。

　　㊲　Parkin, *Batak Fruit of Hindu Thought*；引文见第199—200页（注释36）。

　　㊳　Parkin, *Batak Fruit of Hindu Thought*, 207（注释36）。

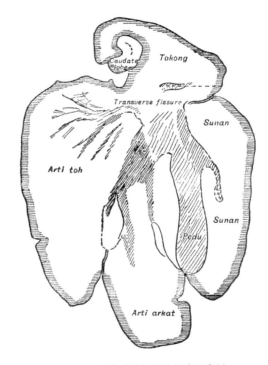

图 16.6　占卜时读取征兆的猪肝腹侧

　　在这张图上，克扬人用猪肝的各部分代表不同的区域，并给出相应的名称，以便从中读取信息。通过检查猪肝上相连或分离的韧带、裂纹和各种突出物的分布与状态，来预测这些地方的人民相互关系的发展变化。霍斯和麦克杜格尔（Pagan Tribes，2：63）讨论的那次占卜中，涉及三个地区和一个特定的村庄。分隔两个区域的短小的胆囊（Pedu）被认为是一个好兆头，发育好的大尾叶和有力的韧带也被认为是好兆头。参见图 16.5，出自 Hose and McDougall，*Pagan Tribes*，Vol. 2，图 79。

　　与八臂形示图配套的还有一只待宰的动物牺牲，它画在拴系牺牲的柱子脚下。只有在画好所需示图之后，才能举行那些存在空间危险的活动或仪式（例如，建新村落或规划新的灌溉系统，准备作战或施行法律）。这种宇宙示图（cosmogram）：

　　　　不同于定位罗盘，也不只是一种用来确定所需信息的工具，而是巫术与宗教空间的即时再现，"它以视觉和当地的形式，重建全部宇宙力量原初的焦点。""救赎"或成功取决于能否使当地的活动与特别的空间力量（*kratophany*）相偕一致。[39]

　　帕金还说明了巴塔克占卜系统与马来世界以及印度的其他占卜系统之间的关系。[40] 人们弄出了一套规则，沿哪个方向走动或在哪个时刻行事都有讲究，各种复制的示图时有变化。他对此做了适当的解说。

---

　　[39]　Parkin，*Batak Fruit of Hindu Thought*，201（注释 36）。另一种与帕金有微小不同的记述见于：Anicetus B. Sinaga，*The Toha-Batak High God*：*Transcendence and Immanence*（Saint Augustin，West Germany：Anthropos Institute，1981），127 - 32. 例如这个记述中注意到，人们将一只乌龟，而不是一条蛇（虽然蛇还是叫那伽）埋在祭祀桩下面，以之代表冥界，以一个八角形表示中界，以一只犀鸟（如在达雅克人中）表示上界。两种记述都认为人们需要在屠宰桩所在地基周边地面上画出宇宙图，屠宰桩代表生命树。

　　[40]　关于印度占卜图的讨论见于：Schwartzberg，"Cosmographical Mapping，" 343 - 51（注释 2）。

图 16.7 婆罗洲的肯雅 – 达雅克族人通过测量正午日晷影长来确定稻田播种时间

出自 Charles Hose 和 William McDougall，*The Pagan Tribes of Borneo：A Description of Their Physical，Moral and Intellectual Condition with Some Discussion of Their Ethnic Relations*，2 Vols.（London：Macmillan，1912）Vol. 2，pl. 60。

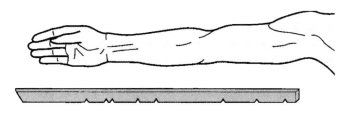

图 16.8 肯雅·达雅克人使用的日晷底座

日晷刻度上标示有开展各种农事活动的时间。根据已有的四季经验，通过观察正午日影落在连续的刻度之间的日期，确定是否适合开展特定的农事。这些刻度是根据村落中专司气候者手臂各部分的长度来校准的。

出自 Gene Ammarell，"Sky Calendars of the Indo-Malay Archipelago：Regional Diversity/Local Knowledge，"，*Indonesia* 45（1988）：84 – 104，eps. 87。

另一种类型的示图，由帕金所讨论的地图派生而来，为从某个点到权力中心 *bindu man-toga* 的 *bindu* 详图。此类地图由两个正方形（一个正方形内画出一个菱形，以便将正方形每边等分为二，这个符号表示中土）组成，以红色、黑色和白色绘制，表示宇宙三位一体。示图中会添加一些宇宙符号，如那伽、生命树、一只鸡蛋、斧和锛等。据介绍，此类地图边长一般在 1 米左右，绘制于礼仪活动所施对象居所外的地面上。地图的某个边必须平行于房子的前部，地图的某个角必须朝向东方[41]。我注意到这些现象，但不打算做详细介绍，只是想说明，在一些被认为简单的部落社会，也同样有着对宇宙思想的思考。他们采用了表达宇宙思想的宇宙示图，但我们目前对之只有一鳞半爪的了解。

天文与测时

实际上，只要人们的生活受季节调节，他们仰望星空，观察天体运行，就可以获得一些最基本的天文知识，无论这些知识多么粗浅。但是，我们对各种无文字社会如何通过图形表达和传递他们的天文知识，以及这些图形有哪些具体的形式，尚知之甚少。东南亚居住着成百上千的部族人群，我们无法在一本并非专论天文知识的书中充分讨论这一话题，甚至也不能对现代学者已经取得的相关认识做一概述。可以确定的是，东南亚许多部族已经辨认并描绘过一些有名的星座，他们也能理解和大致画出太阳和月亮的运动规律。

首次对马来群岛人群的天文学知识所做的尝试性总结出自马斯（Maass）1924 年发表的文章[42]。马斯的研究没有区分部落与非部落，也没有区分有文字和无文字的人群，这点不足为奇，因为他主要是想弄清楚有文字部落的知识与信仰，其中大部分内容与占星有关，并不是本章关注的重点。

阿马雷尔（Ammarell）在 1988 年做了一个非常简单的综合分析，重点关注那些被视为部落的人群。他发现，马来群岛"存在一个既有区域特色，又有局部多样性的传统"。他将马来人的天文观察分为三大类：其一是根据正午太阳高度进行的观测，其二是与所熟悉的星座年度变化相关的观测，其三是跟踪月球周期变化进行的观测[43]。

图 16.7 和图 16.8 是按阿马雷尔三个分类中第一类方法所做的观测。这种方法，源自我前面引用的霍斯和麦克杜格尔的研究，是婆罗洲部落用来确定播种时间的方法之一。肯雅·达雅克人（Kenyah Dayaks）为确定播种时间，会专门做一个日晷来观察日影变化。而另一个婆罗洲族群——卡扬人，则根据从公共长屋屋顶的孔洞照射到部落天气预测人房间地面的正午日影位置（来确定播种时间）。还有一些人群则会采用与之完全不同的基于恒星观测的技术[44]。

在阿马雷尔的报告和图示的各种类型的日晷中，有一种特别复杂和精确的日晷，被称为

---

[41] Parkin, *Batak Fruit of Hindu Thought*, 207 – 9（注释 36）。

[42] Alfred Maass, "Sternkunde und Sterndeuterei im Malaiische Archipel," *Tijdschrift voor Indische Taal-*, *Land-en Volkenkunde* 64（1924）：1 – 172, 347 – 460, 附录在 66（1926）：618 – 70.

[43] Gene Ammarell, "Sky Calendars of the Indo-Malay Archipelago: Regional Diversity/Local Knowledge," *Indonesia* 45（1988）：84 – 104；引文见于第 86 页。奇怪的是，阿马雷尔并没有引用马斯的文章，他引用的许多材料大多数年代都晚于马斯。

[44] Ammarell, "Sky Calendars," 90（注释 43）；以及 Hose and McDougall, *Pagan Tribes*, 1：105 – 9（注释 5）。

bencet，大约从 1600 年到 1855 年间在爪哇使用。从 *bencet* 还派生出一种独特的爪哇历法，包括 12 个月份，每个月从 23 天到 43 天不等。⑤

根据阿马雷尔的说法，恒星观测技术有两种类型，一种是基于确定单个恒星或星座的偕日现（heliacal apparition），另一种是中天（culmination）观测。偕日现是指在黎明或黄昏时分，恒星最初或最后见于地平线的位置，中天是指特定的恒星在昏旦经过子午线（最高点）的时刻。为制定历法而观测中天，似乎仅限于马来文化的范围内。⑯

图 16.9 画出了苏拉威西岛（西里伯斯，Sulawesi 或 Celebes）的布吉渔民所发现的两个星座，它们相当于西方天文学中的天蝎座。马斯还提供了其他马来人的星图，以资比较。图 16.10 比这两幅图更为全面，画出了在菲律宾巴拉望岛所见的整个星空，并将巴望拉岛星座系统与西方进行了比较。⑰ 我们并不知道，来自不同马来族群的人们是否在某个时候，因某个原因，在没有受外人请托的情况下，绘制过星座示图。但是各族群所认识到的星座通常看起来具有一致性，说明他们经常通过画图来表现星座，不然很难想象，他们的天文知识如何在一个个没有文字且操着不同语言的社会之间传播。同样的，从人们用一些简单的方法绘制星座（如在树叶或沙地上画星座）这一事实，也可以得知天文知识何以在某个特定的社会中代代相传。

714

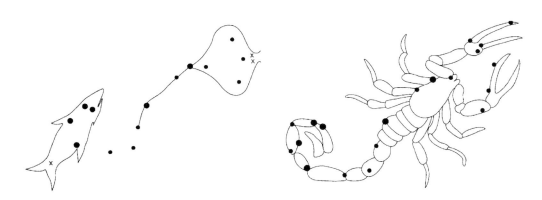

图 16.9　布吉人对组成国际认定的星座天蝎座各恒星的认识

虽然两幅图上所画的天蝎座中的大部分恒星是相同的，但国际认定的西方天蝎座（右）为单一星群（右），而布吉航海者看到的天蝎座却有两个独立的星座，一个被构想为一条鳐鱼，另一个被构想为一条鲨鱼（图中的×由信息提供者所画，图上并没有标出）。

出自 Gene Ammarell，"Navigation Practices of the Bugis Seafarers"。（在亚洲研究协会第 41 次年会上宣读的论文，华盛顿特区，1989 年 3 月 18 日）

---

⑤　Ammarell，"Sky Calendars，" 90（注释 43）。

⑯　Ammarell，"Sky Calendars，" 91，95，以及第 92—93 页的插图与插图说明（注释 43）。书中所述方法并不都涉及用图形方法记时。我的讨论仅限于用图形方法记时的情况。

⑰　下文对巴拉望天文体系有过相当详尽的讨论：Nicole Revel，*Fleurs de paroles：Histoire naturelle Palawan*，3 Vols.（Paris：Editions Peeters，1990），Vol. 2，*La maîtrise d'un savoiret l'art d'une relation*，189 – 242. 本书中包括由 Anna Fer 绘制的大量插图。除了绘制巴拉望所见全夜空图之外，这部著作还透彻研究了大量单个星座的构形，以及它们与巴拉望人星空观对应的情况，同时，书中还给出了一幅与五个巴拉望神话母题相对应的巴拉望星空分区图。

佛教和印度教宇宙图

基本概念

在前面的章节中，我概述了印度教、佛教和耆那教传统中共有的一些宇宙观念，[48] 这些传统在印度的兴起与共存经历了 1500 多年。其中的两个——印度教和佛教——在基督时代之始就在东南亚扎根了，随后扩散到东南亚的大部分地区。与印度教相关的基本宇宙观念首先被这一印度以东地区的精英们所接受，最终被这里的大众所接受。因此，我不打算赘述前面讨论过的印度宇宙论的发展及其总体特点，仅在此对之做一个初步的概述，然后讨论如今在东南亚大陆的大部分地区占主导地位的小乘佛教宇宙论的一些特有的内容。[49] 基本不讨论如今仍然流行于越南的大乘佛教宇宙论。简而言之，无论在印度本土还是在东南亚，印度宇宙论的主要内容可表述如下：

1. 宇宙巨大且非常复杂，由大量尺度和形状精确可知的相互分离的陆地单元所组成。

2. 存在多重宇宙（小乘佛教宇宙论认为宇宙数量是无穷的。）

3. 每个宇宙都以其中巨大的须弥山为中心（小乘佛教的巴利文经典称为 Sumeru），以须弥山为轴心，将其上方和下方的世界连成一体。在垂直方向上，须弥山本身还可分为好几层，各层与环绕其四周的宇宙一样，在功德、众生、植物等方面有着各自的特点。须弥山四周有七重金山、四大部洲以及多重环海。

4. 大宇宙中的各个小宇宙都是垂直构造的（因此，宇宙的视觉展示通常是侧视图而不是大多数陆地地图最常见的平面图）。

5. 每个宇宙基本上都划分为三部分。对于不同的系统和不同的地区，三部分的排列及其次区都各不相同（宇宙其他方面的变化也与此类似）。

6. 详细说明了宇宙中太阳、月亮和恒星的运动，它们相互之间的空间关系以及与宇宙其他部分的空间关系。

7. 宇宙是伦理化的，换句话说，它的各个组成部分被认为有优劣之分，而且其存在的时段也各不相同。一般而言，宇宙较高的部分比较低的部分有更多的功德。解脱（印度教）或涅槃（佛教，罗马化的东南亚语言写作 nibbana）是最高的境界。

8. 其宇宙论宗教哲学本质上是末世论，这种哲学植根于轮回信仰，并寻求通过实现解脱或涅槃脱离轮回。

---

[48]　Schwartzberg, "Cosmographical Mapping," 332 – 43（注释 2）。

[49]　有关佛教宇宙观最全面的二手资料见于：Willibald Kirfel, *Die Kosmographie der Inder nach Quellendargestellt*（Bonn：Kurt Schroeder, 1920；重印本为 Hildesheim：Georg Olms, 1967；Darmstadt：Wissenschaftliche Buchgesellschaft, 1967）. 与上篇一样极有价值的研究是 W. Randolph Kloetzli, *Buddhist Cosmology, from Single World System to Pure Land：Science and Theology in the Images of Motion and Light*（Delhi：Motilal Banarsidass, 1983），这本书除了有自己的原创分析之外，还包括一份有关原始和二手文献的有价值的指南。下文则对这一主题进行了简单的综述，W. Randolph Kloetzli, "Buddhist Cosmology," in *The Encyclopedia of Religion*, 16 Vols., ed. Mircea Eliade（New York：Macmillan, 1987），4：113 – 19. 从比较历史学和文化视角进行的研究，推荐阅读 Wales, *Universe around Them*（注释 1）。

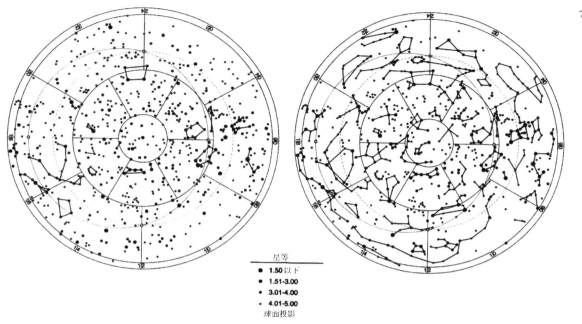

星等
● 1.50 以下
● 1.51-3.00
● 3.01-4.00
· 4.01-5.00
球面投影

图 16.10　菲律宾巴拉望岛可见的北半球星座

　　巴拉望岛民所认识的星座数（左）远远少于西方天文学家认识的星座数（右）。尽管二者都倾向于列出较亮的恒星，但是两种星座结构还是有着很大的不同。南十字星，巴拉望人称为 Büntal，并没有出现在巴拉望岛民绘制的星图上。星图出自 Nicole Revel，*Fleurs de paroles*：*Histoire naturelle Palawa*n 巴拉望自然历史，3 Vols.（Paris：Editions Peeters，1990），Vol. 2，La maîtrise d'un savoir et l'art d'une relation，226 – 27。

　　9. 与人类和宇宙中的其他有情存在一样，宇宙本身也是可以重生的，也要经历发生、败坏和消亡的循环。

　　10. 宇宙中的各个部分除了人类以外还有其他众生：各种各样的精灵、巨人，有着各种法力的神祇、菩萨（佛教观点）等。还有许多真实存在或神话中的植物和野兽，这些动植物的寿命、大小，甚至形状都可能与它们所处的那部分宇宙有关（它们或为单体，或为合体，在宇宙论中被当作宇宙某一特定部分的标志）。

　　11. 在所有系统中，人界远非最值得称赞的，而且没有一个系统是以人类为中心的。同样，当下的时代也不是一个黄金时代，而是恶世和即将解体的时代。

　　具体到一般意义上的佛教或东南亚地区特有的佛教，其宇宙论并没有单一的体系，但其中最古老而且迄今还最为普遍的观念称之为"一小世界"或"一世界"（Cakravāla）。在巴利文经典和佛教梵语文献中对这一宇宙论做过全面概括，其中铁围山（Cakravāla，巴利语作 Cakkavāla）指的是包围着一世界的大山，它也是一世界的最外一圈，其内天体以须弥山为轴心运动。

　　下面这段话是克洛茨利（Kloetzli）根据 4—5 世纪的印度文献《俱舍论》（*Abhidharmakośa of Vasubandu*）写的。这段话讲到一世界时，对其含义作了严格限定，即指代宇宙中大地所处的部分，可参看图 16.11 和图 16.12，它们分别是以适当比例展示的一世界的平面视图和截面图：

716

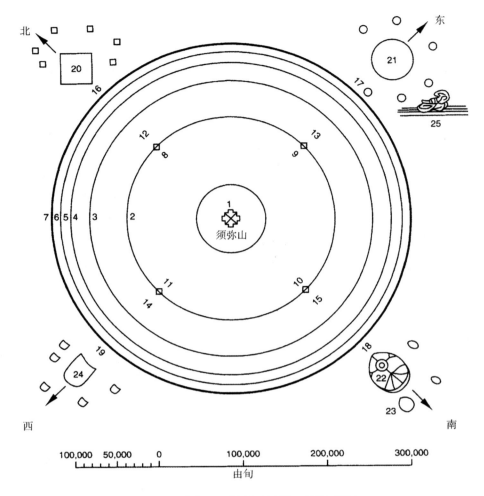

图 16.11　根据《三界论》绘制的一世界平面图

这幅图由格里尼（Gerini）绘制，用来帮助解释泰国王子的某次重要的过渡仪式，该仪式融合了出自《三界论》这一泰国主要宇宙论文献中的宇宙象征主义。这张示图采用的只是近似的比例。因此，直径为 10000 由旬（1 由旬 = 15 公里以上）的须弥山被放大了，以便看上去更加醒目。图中没有画出铁围山，因为它离须弥山非常远，画出来会占太多的空间。图 16.12 画得更恰当，可以弥补这张图的比例偏差。出自 Gerolamo E. Gerini, *Chaūākantamangala*, *or*, *The Tonsure Ceremony as Performed in Siam*（Bangkok：Siam Society, 1976；1895 年第 1 版），diagram No. 1；1. 须弥山顶的帝释宫，三十三天。2—7. 重山（Kulācalas）。8—11. 四大天王住所。12—19. 海：12，金海；13，银海；14，玫瑰海；15，蓝海；16，黄海；17，乳海；18，咸海；19，水晶海。20—24. 四大部洲和海岛：20，北俱卢洲；21，东胜身洲；22，南瞻部洲；23，兰卡（斯里兰卡）；24，西牛贺洲。25，漂浮在乳海之上的毗湿奴，斜躺在一条千头蛇上。

　　一世界呈盘形，四周是以须弥山为圆心呈环状排列的七金山，最外是铁围山。从须弥山由内向外，依次被称为须弥山、佉提罗山、伊沙陀罗山、游乾陀罗山、苏达梨舍那山、頞湿缚羯拿山、毗那多迦山、尼民达罗山和铁围山。须弥山高八万由旬，入水八万由旬。各山从内向外高度和深度依次降低一半。山之山之间各有海水相隔。[50]

---

[50]　Kloetzli, "Buddhist Cosmology," 114（注释49）。

尼民达罗山与铁围山之间隔着咸海，咸海中有四大洲，即北俱卢洲、东胜身洲、南瞻部洲、西牛贺洲。这些名称不仅指代空间，也有神学的意义。如，南瞻部洲，是以该洲所发现的瞻部树命名的，意思是证悟果。

> 所有这一切都立于中央金轮之上，除了铁围山，其他山都是从中央金土生出来的，铁围山的金土在水轮之上，水轮下有风轮，风轮立于虚空。[51]

大咸海中的四个部洲大小与形状各不相同。例如，北俱卢洲为方形，每边长 2000 由旬。生活在各部洲上的众生寿命也各不相同，如北俱卢洲的众生寿命为 1000 年。四大部洲每洲的两侧又对称分布着形状相近的小洲，小洲的大小只有大洲的十分之一。四大部洲及其旁边小洲上的居民的脸形据说与各洲的形状相近。

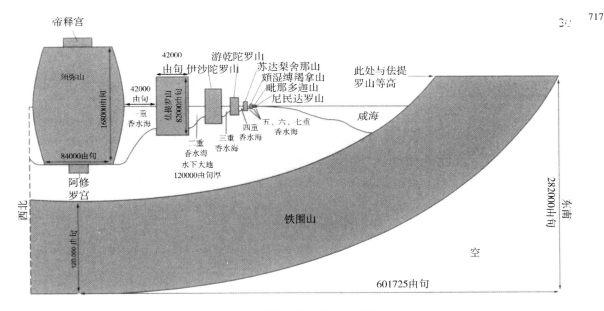

图 16.12　切过铁围山的一世界横截面图局部

这幅横截面图是由几幅图按同一比例拼合而成，展示了巴利经典中佛教宇宙各个主要组成部分的水平和垂直尺度。这几幅图依据的是从斯里兰卡修道院复制的另一套图，其原件是在某个不详的日期从缅甸带到斯里兰卡来的。由于铁围山是以须弥山为圆心对称分布，因此没有必要显示其完整的水平范围。这幅图各部分的关系从图 16.11 一望而知。铁围山的高处与佉提罗山的高度相等。在二者之间的环形空间中，太阳、月亮和星星围绕着须弥山运转。太阳与佉提罗山的距离及其在天空的高度变化，带来佉提罗山阴影长度的季节变化和昼夜变化，也带来四大部洲白天和日影的长短变化。因为这幅横截面图是从西北向东南方向延伸的，而不是从东向西或从南向北延伸的，因此图 17.11 所示的四大部洲在这幅图中都没有显示，好像它们就在咸海内一样。位于大地下部水域中的八级地狱，处于四大部洲之下，又以各大洲为中心，因此它们也同样没画出来。据 Adolf Bastian，"Graphische Darstellung des buddhistischen Weltsystems," *Verhandlungen der Berliner Gesellschaft für Anthropologie, Ethnologie und Urgeschichte*，1894，203 – 15，in *Zeitschrift für Ethnologie*，Vol. 26，特别是图版 5 和第 210—213 页。

---

[51]　Kloetzli，"Buddhist Cosmology," 114（注释49）。

718　表 16.1　　　　　　　　　　　一世界体系佛教宇宙的纵向层次

界	分类	层次	纵向范围	世界	梵界/天界
Ⅲ.无色界		31.非想非非想处天			梵界四无色天
		30.无所有处天			
		29.识无边处天			
		28.空无边处天			
Ⅱ.色界	四禅八天	27.色究竟天	$2^{22} \times 40$ Ky	大千世界	梵界
		26.善见天	$2^{21} \times 40$ Ky		
		25.善现天	$2^{20} \times 40$ Ky		
		24.无热天	$2^{19} \times 40$ Ky		
		23.无烦天	$2^{18} \times 40$ Ky		
		22.广果天	$2^{17} \times 40$ Ky		
		21.祸生天			
		20.无云天	$2^{16} \times 40$ Ky　$2^{15} \times 40$ Ky		
	三禅三天	19.遍净天	$2^{14} \times 40$ Ky	中千世界	
		18.无量净天	$2^{13} \times 40$ Ky		
		17.少净天	$2^{12} \times 40$ Ky		
	二禅三天	16.光音天	$2^{11} \times 40$ Ky	小千世界	
		15.无量光天	$2^{10} \times 40$ Ky		
		14.少光天	$2^{9} \times 40$ Ky		
	初禅三天	13.大梵天	$2^{8} \times 40$ Ky	一世界	
		12.梦辅天	$2^{7} \times 40$ Ky		
		11.梵众天	$2^{6} \times 40$ Ky		
Ⅰ.欲界	欲界六天	10.他化自在天	$2^{5} \times 40$ Ky		天界
		9.化乐天	$2^{4} \times 40$ Ky		
		8.兜率天	$2^{3} \times 40$ Ky		
		7.夜摩天	$2^{2} \times 40$ Ky		
		6.初利天	2×40 Ky		
	须弥山四阶众生	5.四大天王　常放逸天　持华鬘天　坚手天	40 Ky		
		4.人道			
		3.阿修罗道			
		2.畜生道			
		1.地狱道			
铁围山下		金轮	320 Ky		
		水轮	800 Ky	1120 Ky	
		风轮	1600 Ky		

空

Ky：由旬

注解：梵语给出的是宇宙中不同部分或其居者的名称。其后的括号内为英文对译名。"40Ky"（指 40000 由旬，一由旬为 15 公里以上）这个缩略语指宇宙特定部分的纵向范围，这些数据引自《俱舍论》。此图改编自 W. Randolph Kloetzli, *Buddhist Cosmology, from Single World System to Pure Land*: *Science and Theology in the Images of Motion and Light*（Delhi：Motilal Banarsidass, 1983）一书中的图 2、3、8，并在 1991 年 9 月 4 日与作者的私下交流中增补了一些内容。这幅图上没有显示克洛茨利给出的宇宙各部分的水平尺度（见本书图 4、5，采用了两个系统）、宇宙各界众生的寿命及其身高（见本书图 6）。

克洛茨利将宇宙的垂直结构（表 16.1）总结如下：

一世界之上有分为三部分：（1）欲界六天，它们与六种欲天（kāmadeva）对应；

(2) 色界十七天，分为四禅界，(3) 四空天。有几种天的特征值得关注。忉利天为帝释天所统，他居于须弥山顶。兜率天的独特之处在于这里是菩萨的诞生之地，释尊成佛之前住在兜率天，从这里降生到南瞻部洲成佛。兜率天众生的寿命与某个佛出现的时间相应。最高的天为非想非非想处天，四空天指无色界天。(52)

在我对南亚宇宙图的讨论中，曾提到一种与占卜有重要关联的印度宇宙论传统。这一传统与此前在印度本土宗教中占主导地位的、以须弥山为中心的宇宙体系几乎没有任何关系。(53) 乌龟是这一传统的图像之一，如同在印度，在如今还信奉印度教的巴厘岛宇宙论中，乌龟依然是大地的象征，同印度一样，龟常常与那伽（蛇）联系在一起，而且与印度尼西亚其他地方的宇宙论图像一同出现。

东南亚宇宙论吸收了很多起源于印度的占星术的内容。许多出版物和手册以及图册上都有很多展示天体和星座的图像，人们认为它们能决定人类的命运。但有关这一主题的内容太多，也过于专门，无法在本书中充分讨论。

代表性的宇宙图作品

虽然我对东南亚宇宙论的探讨还相当初步，但我的研究将表明，东南亚的宇宙论可见于纸张、棕榈叶、石头和其他载体，它们体现了来自印度小乘佛教和印度教的观念。这些作品或许数量并不多，但种类相当丰富。在本节中，我不打算研究所有宇宙图，只讨论和阐述一组颇有代表性的作品。我首先从那些设计整个宇宙的视图开始，接下来将我的关注范围缩小 719
到人界；然后会进一步集中讨论须弥山这一世界轴心及其周边的事物；最后我会讨论一些与宇宙某些特定局部有关的样本。下一节则会主要讨论不太具象的结构，这些结构被认为是与东南亚人信仰中统治宇宙的力量相关。在这一部分我会简单讨论一下天文学，以及婢女般与天文学如影随形的占星术，还有风水术以及占卜术。最后，我会提及对纪念性建筑布局、庙宇分布和朝圣路线以及治国之道都有着重要影响的心象宇宙图（mental cosmographic maps）。

1. 表现宇宙结构的视图

有几幅印度宇宙图及其派生的东南亚宇宙图，表现的就是我们上面所见的宇宙构造，即带有垂直轴的宇宙及其三个基本组成部分。图 16.13 是 19 世纪初绘制的一幅多层次宇宙图的一部分，从中可以体现这一观念。这个宇宙，包含有多重天界和多重地狱，还有数重欲界，其中包括大地本身这一层，其内容与表 16.1 相当接近。(54) 据我所知，没有任何一幅

(52) Kloetzli, "Buddhist Cosmology," 114（注释49）。缅甸人设想的垂直宇宙模型跟这个不太一样但更简单，参见 John B. Ferguson, "The Symbolic Dimensions of the Burmese Sangha"（Ph. D. diss., Cornell University, 1975）, table 1. 这种差异产生的原因在于，缅甸人需要从他们的宇宙中找到安顿其三十七天神的位置，它们是佛教传入之前缅甸人的天神，现在缅甸人还要安抚这些天神，并将它们安排在缅甸的佛教活动中。

(53) Schwartzberg, "Cosmographieal Mapping," 337 – 38（注释2）。

(54) 虽然我没有根据辨析这幅画是否为真品，但有两部有关泰国绘画的享有良好声誉的著作都提到它。值得注意的是，这件作品是受一位英国中尉詹姆斯·洛的委托绘制的，他当时在暹罗南部的六坤（Ligor）临时任职，画作由一位居住在当地的华族画家完成。这件作品的一部分以彩色插图形式刊于 Wladimir Zwalf, ed., *Buddhism: Art and Faith*（London: British Museum Publications, 1985）第 179 页，文字说明在第 184 页。另见 Henry Ginsburg, *Thai Manuscript Painting*（Honolulu: University of Hawaii Press, 1989）第 15 页。关于詹姆斯·洛的说明是 1983 年 12 月 21 日皇家艺术学会图书馆（Library of the Royal Asiatic Society）提供给我的。

图 16.13　垂直排列的宇宙

　　这是一幅绘于欧洲纸张上的委托定制画作，作者是泰国华裔画家 Bun Khong，大约于 1825 年收入詹姆斯·洛的泰国图册中。这幅画上部有一些小楼阁，每个楼阁都有自己的神祇。它们代表须弥山之上升起的各层天界。须弥山两侧夹峙着由马车拉着的太阳、月亮，还有星星以及两个身份不明的神话人物。须弥山脚下画有居住着野兽的魔幻森林，在此之下围绕须弥山的是用平面视图展示的四大部洲，它们处于巨大的那伽双蛇环抱的大海中。再往下是各层地狱，每座地狱以其特有的形式惩罚那些因所犯过错而被遣送到这里的人。

　　原图尺寸：146×27 厘米。经伦敦大英博物馆东方与印度部许可。（Add. MS. 27370，fol. 5）。

泰国宇宙图能在一幅图中包括如此多的宇宙内容。显然，由于宇宙各部分的尺寸很大，没有人想过要按比例画出这样的宇宙图，已知的其他传统的东南亚宇宙图都不例外。但这并不意味着东南亚佛教徒不了解宇宙的广袤巨大。例如，1882 年，一名缅甸学者 U Kalyāna （可能是一名僧人）编撰了一本图文并茂的书籍，题为 Hbôn sin （根据佛教宇宙图制作的图表）在其中注明了宇宙各部分的尺度。大英图书馆收藏了这张图表的一张大型印刷版，上面标有宇宙各部分的尺度，但缺少相关的说明文字[55]。在若干更早的手绘宇宙图上也会提到宇宙尺度。

德国民族学家阿道夫·巴斯蒂安（Adolf Bastian）发表了一幅与之相似但风格不同的缅甸宇宙全图。[56] 这幅以黑色墨水精心绘制的宇宙图是僧伽罗修士根据一幅缅甸宇宙图绘制的，其中附有大量关于宇宙各部分的说明文字。这位僧伽罗修士试图完全忠实于缅甸的巴利文原文，因此造成了不少错误。巴斯蒂安并没有照搬原图上那些读不通的说明，而是把所有的名字都翻译成了他比较熟悉的梵文。宇宙的每个部分的尺度也由巴斯蒂安提供，但遗憾的是，他并没有给出原图和复制图的尺寸。

最重要和最知名东南亚宇宙图出自《三界论》（梵文中的 Traibhūmikathā）[57] 这一作品汇集了 30 多种佛教文献，也是泰国最古老的文学作品，被认为是当时的素可泰王朝立泰（Phya Lithai）王子所作，据说完成于 1345 年。编撰此书主要是为了劝导他母亲皈依佛教，同时也是为了将佛教的达摩信仰传递给未来的臣民。后来数个世纪对此书有多次修订，欧洲

720

---

　　[55]　这件作品收藏于大英图书馆东方与印度部，编号为 OP 218（32）。图（60×48 厘米）上带有大量文字，除标题 Bengalee Job Printing Press. -Ranoon ［sic］. 之外，全部为缅甸文。宇宙图有许多层，每层上都画有少许程式化的装饰性图案，但似乎并没有特别的含义。承蒙帕特丽夏·赫伯特（Patricia Herbert）为我搜索到这件起初放错位置的文件，并送给我它的复印件。

　　[56]　Adolf Bastian, *Ideale Welten nach uranographischen Provinzen in Wort und Bild*：*Ethnologische Zeit-und Streitfragen*，*nach Gesichtspunkten der indischen Volkerkunde*，3 Vols. （Berlin：Emil Felber，1892），Vol. 1，pls. II and III，with detailed key on 280 – 82. 两幅插图中主要的一幅还见于 Robert Heine-Geldern，"Weltbild und Bauform in Sodostasien," *Wiener Beitriige zur Kunst-und Kulturgeschichte Asiens* 4（1920 – 29）：28 – 78，fig. 22，opposite p. 65。

　　[57]　《三界论》的完整译文和详细注解见于 George Coedès and C. Archaimbault, *Les trois mondes*（*Traibhūmi Braḥ R'van*）（Paris：Ecole Française d'Extreme Orient，1973）；以及 Frank E. Reynolds and Mani B. Reynolds, *Three Worlds according to King Ruang*：*A Thai Buddhist Cosmology*（Berke ley，Calif.：Asian Humanities Press，1982）（这本书包括 12 幅下面将要引用的柏林手稿的彩色图版，另有三幅泰国当代画家绘制的现代风格的宇宙图的复原图）Craig J. Reynolds 也写过一篇精彩的史学论文，见氏著 "Buddhist Cosmography in Thai History, with Special Reference to Nineteenth-Century Culture Change," *Journal of Asian Studies* 35（1976）：203 – 20. 对于《三界论》的历史与性质的叙述见于 Klaus Wenk, *Thailändische Miniaturmalereien nach einer Handschrift der indischen Kunstabteilung der Staatlichen Museen Berlin*（Wiesbaden：Franz Steiner，1965），14 – 22，这本书包括 24 幅精美的出自柏林手稿的彩色插图（手工金箔制作）；另一本带有漂亮插图的著作，内有 53 幅四开本彩色照片，即 *Samutphāp traiphūm burān chabap Krung Thon But/ Buddhist Cosmology Thonburi Version*（Bangkok：Khana Kammakān Phičhāranā Iæ Čhatphim Ėkkasān thāng Prawattisāt，Samnak Nāyok Ratthamontrī，1982）. 这本书的正文，除了标题页和简短的文字说明外，全部用泰语。另一套与曼谷吞武里手稿不同的图片刊登于 Sugiura Kohei, ed., *Ajia no kosumosu + mandara*（The Asian cosmos），catalog of exhibition，"Ajia no Uchūkan Ten," held at Rafōre Myūjiamu in November and December 1982（Tokyo：Kōdansha，1982），28 – 33. 另一本由一位艺术史学家撰写的著作，其中以彩图为主的大量插图即有出自年代最早的大城府手稿，也出自曼谷吞武里手稿的插图，见 Jean Boisselier, *Thai Painting*, trans. Janet Seligman（Tokyo：Kodansha International，1976）。Ginsburg, *Thai Manuscript Painting*，第 13—18 页，也有一些有用的说明和插图，其中的四幅插图，三幅出自柏林手稿，一幅出自哈佛手稿（注释 54）；另有温克的书评，*Thailändische Miniaturmalereien*，by Elizabeth Lyonsin *Artibus Asiae* 29（1967）：104 – 6. 最后是一篇对这件作品所作的通俗易懂的概述，George Coedès, "The Traibhūmikathā Buddhist Cosmology and Treaty on Ethics," *East and West*（Rome）7（1957）：349 – 52。

与美国的博物馆和图书馆都收藏着此书插图精美的版本，当然，泰国的博物馆和图书馆也有收藏。但现存版本没有一个早于 16 世纪。[58] 在泰国旧都大城府据说曾经收藏有几本，但是在 1767 年缅甸入侵者的洗劫中几乎无一幸免。[59]

721　　大多数装饰华丽的手稿中只有很少的文字。例如，在曼谷的三份手稿中，只有一份有较多的文字，即便在这一份中，文字在 300 多页的英译版中所占不过十分之一。《三界论》在现代泰国人心目中仍占有重要地位，一个明显证据是，在 1912 年至 1972 年间该书全文再版了 8 次。这本书主要是用于大学教学，另外还刊行过一些简本和缩略本。[60] 但是不知道这些晚近的版本是否包含我们在本章重点关注的宇宙图视觉元素。

　　《三界论》的各个修订本的内容不一定前后一致，但都按当时的信仰对之前的宇宙论做过修正。在下一章有关地理地图的内容中，会更清楚地看到这些修正。可想而知，随着时间的推移，插图的艺术风格也会有所改变。例如，19 世纪末期的插图采用的基本是西方的透视法。

　　在已知包含有《三界论》部分内容的手稿中，受到最多关注的是柏林收藏本。该书中的大多数插图都涉及三界（同表 16.1）宇宙论以及东南亚和印度洋的神秘地理观，其他部分关注佛陀的尘世生活以及各种各样佛本生故事（这些故事常被置于神话背景当中）。[61] 我所知道的《三界论》手稿都有很多卷，每一卷有几十幅插图，主要是大型的对折页宇宙图。这些图是用当地生产的厚纸绘制的，采用了折叠粘贴的经折装形式，这样图想展开多少就可以展开多少。因此，这本书被认为包含有"世界上最长的宇宙图"。[62] 用这种方式做成的书被称为折本手稿（*samud khoi*，用鹊肾树树皮制成的未经漂白的纸）。折本首尾装有木板，可以一面一面地翻看。缅甸手稿也是用这种方式做成的，叫作 parabaiks（缅甸人常用白墨水或滑石写在黑色纸上）。

　　如上所述，《三界论》手稿尺寸很长，据布瓦瑟利耶（Boisselier）讲，有一部手稿长达 34.72 米。[63] 与之相当但更完整的柏林手稿，总共有 272 页，总长达 50.90 米。单个对折页

　　[58] 曼谷泰国国家图书馆收藏有三种不完整的《三界论》手稿副本。其中第一种篇幅最短，年代为 16 世纪前半叶或 17 世纪早期（分别见载于 Wenk, *Thailändische Miniaturmalereien*, 20, 以及 Boisselier, *Thai Painting*, 89［注释 57］），为保存下来最古老的《三界论》版本；第二种，风格与刚才说到的第一种相近，年代为 17 世纪前半叶；第三种，称为吞武里版，年代确切，为佛历 2319 年/公元 1776 年以后所作（泰国历史上的吞武里时期从 1767 年到 1782 年，即在缅甸人洗掠原先的都城大城府之后，定都于今曼谷的湄公河对岸）。已知收藏有《三界论》手稿的泰国以外的藏书处包括：Museum für Indische Kunst, Berlin（MIKII 650，由 Adolf Bastian 于 1893 年获取），这个版本比与它同时代的曼谷吞武里手稿更完整。纽约公共图书馆（New York Public Library）藏有 3 件，即泰国手稿 1 号（20 世纪）、25 号和 26 号（均为 19 世纪）；哈佛大学艺术博物馆（Harvard University Art Museum）Hofer Collection 517（1984），这一件虽然是晚近的作品，但用的是传统的经折装。在泰国北部清迈附近的一所佛塔的发掘中出土了另一部《三界论》手稿的一部分，一共有 61 页，用兰纳泰文写成，参见 Sommāi Prēmčhit, Kamon Síwichainan, and Surasingsamrūam Chimphanao, *Phračhedt nai Lānnā Thai* (Stupas in Lanna Thai)（Chiang Mai: Khrongkan Suksā Wichai Sinlapa Sathapattayakam Lānnā, Mahāwitthayālai Chiang Mai, 1981）. 这部手稿尚未编目，也没有被任何西方学者翻译和研究，现收藏于康奈尔大学图书馆埃克斯东南亚藏品（Echols Southeast Asian Collection），手稿于 1965 年获取。

　　[59] Reynolds and Reynolds, *Three Worlds*, 37 – 38（注释 57）。

　　[60] Reynolds and Reynolds, *Three Worlds*, 24（注释 57）。

　　[61] Wenk, *Thailändische Miniaturmalereien*, 16（注释 57）。

　　[62] *Ajia no kosumosu*, 28（注释 57）；由艾米·威克斯（Amy Weeks）翻译。

　　[63] *Ajia no kosumosu* 一书中的插图为 4 个连续的文字说明部分（两个对开页），每个部分包括 16 个连续的对折页；另外两部分每部分有 7 个对折页，都是用大比例绘制的；还有一部分有三页半的对折页，也是用大比例绘制的，第 28—33 页。另外参阅 Boisselier, *Thai Painting*, 90 – 94（注释 57）。

的平均宽51.5厘米，高23.9厘米。刚刚提到的4幅最长的包含16个对折页的插图长达8米，为连续插图，其中一个场景往往会占据好几个连续的对折页。所以一点也不奇怪，无法轻易复制一份像图16.13那样包括整个宇宙的简图。[64]

从柏林和曼谷的吞武里手稿前言可知，这项工作是1776年遵照达信国王（Phrya Taksin）的诏令，在拉康寺（Wat Rakang）住持的指导下完成的，上面有4位插图绘制者和4位抄写员的名字，训练有素的艺术史学家可以发现其中绘制质量的参差不齐，以及绘画者的个人特色。泰国手稿画师采用了丰富的色彩；吞武里手稿所用的颜色包括"白色、黄色、朱红色、青金色、蓝色、孔雀绿色和黑色，以及混合这些颜色和金粉调成的颜色"。[65]《三界论》中的插图涉及小乘佛教所讲的三界三十一天。每个天涵盖的主题包括四生说（化生、湿生、卵生、胎生），每一界的存在状态，所遇到的生灵与事件的性质以及众生死亡的方式与死后的命运。对5个较下层的界，即地狱道、畜生道、饿鬼道、阿修罗道和人道进行了特别详细的描述。在这之后有一章专门讨论

那些没有思想和鲜明特征的事物，如山脉、河流、树木等等，它们为生活在欲界中较低层的众生提供了"自然"环境。在这一章中，帕立泰描述了须弥山及其四周的香海、七金山，以及构成我们所生活的一世界宇宙单元的部洲。他描述了一个显然古老但相当符合逻辑的天文学系统，描述了环绕须弥山的太阳、月亮、恒星和行星的运转方式。他还融合了印度北部和周边地区高度神化的地理知识，他将这一地区认定为一世界南部大陆，并称之为南瞻部洲。[66]

布瓦瑟利耶和温克在吞武里手稿以及更早的校订本中，看到了地图绘制风格所受到的各种各样的外部影响，他们说"对景观、树木、岩石和水流的展示始终体现着来自中国的影响，而其中所画的人物，如17—18纪的穆斯林、中国人和欧洲人，其服装永远保持着经典的异国情调。"[67] 然而，一位评论人对温克，也是间接地对布瓦瑟利耶关于泰国绘画在何种程度上受到了中国影响的观点提出了异议。[68] 无论中国和西方对泰国绘画的影响有多大，讨论这种影响在泰国地图绘制上的表现，也还是有道理的，特别是在下一章讨论地理地图的内容时。

在一些泰国寺庙壁画中，可见与《三界论》中相同的宇宙论主题，虽然大多数因年代久远而残破不堪。[69] 拉玛一世统治时期（1782—1809），对曼谷的帕彻独彭寺（Wat Phrachettuphon）进行了修复与扩建。在寺院北面的墙壁上添加了《三界论》故事，此类壁画还

722

---

　　[64] *Ajia no kosumosu*，32 – 33（注释57）右列中的这一组10张连续的对折，似乎描述了与图17.13中十分相像的一系列天界。

　　[65] Boisselier，*Thai Painting*，90，92，引文见第94页（注释57）。

　　[66] Reynolds and Reynolds，*Three Worlds*，35（注释57）。

　　[67] Boisselier，*Thai Painting*，92（注释57）。

　　[68] Lyons，review of *Thailändische Miniaturmalereien*，106（注释57）。

　　[69] Reynolds and Reynolds，*Three Worlds*，21 – 22；Wenk，*Thailiindische Miniaturmalereien*，7；and Boisselier，*Thai Painting*，esp. 10（均见注释57）。

被绘制于其他寺院。这一时期来访的美国旅行者写道，一座寺院的墙壁：

> 整面墙上都是展示天空、大地、地狱和他们的书中提到的某颗恒星的图画，还有天使、男人、猴子、外邦人以及白人男子的漫画，还有当地贵族，陆上与海上的战争，平安的寺院与妓院，快乐与悲伤的情景，圣书中提到的，多才多艺的壁画绘画者所能想到的，这里应有尽有……我的向导——王子说，绘制这些壁画的目的在于通过画中的场景教导那些不识字的人。[70]

看来，《三界论》及其宇宙论思想迄今仍对泰国人有着广泛影响。其他古老的宇宙论文献虽然不如《三界论》那么有名，但也有人阅读它们。一篇 15 世纪的泰国北部文献，叫作《马拉伊佛经》（Phra malai sutta），"只讲悲惨的地狱和天国功德，关注大众所期盼未来将降临于人世的弥勒佛"[71]。

723　　　　两个叫雷诺兹（Reynolds）的人引用了晚近建成的两处著名建筑来证明大众对宇宙论主题的兴趣。其中之一就是位于素攀府（Suphan Buri）的发龙瓦寺（Wat Phairongwua），"它分布在一块宽达数公顷的土地上，其间生动地展示着来自天国的各种乐趣，这些乐趣只有那些有着善行的人才能享受，而对于作恶之人所要遭受的罪责也展示得触目惊心"。一点也不比这里逊色的是，是建于巴吞他尼府（Pathum Thani）佛教中心乌敦寺的一处建筑，它

> 展示了三界和三十一天。在黑暗的地下室，游客们穿过并观察三个处于最低处的受

---

⑦　David Abeel, *Journal of a Residence in China, and the Neighboring Countries, from 1829 to 1833* (New York: Leavitt, Lord, 1834), 258. Reynolds, "Buddhist Cosmography in Thai History," 补充说，"印度教和佛教的天堂画也布满了众大殿的墙面，" 第 211 页（注释 57）。Elizabeth Wray, Clare Rosenfield, and Dorothy Bailey, *Ten Lives of the Buddha: Siamese Temple Paintings and Jataka Tales* (New York: Weatherhill, 1972), 第 118 页绘出了一幅带有以宇宙图为主的壁画的泰国主要寺院分布图。该书图 2（图版 124）有一张照片，展示了位于吞武里的 Suwannaram 寺南墙上的一幅类似的巨幅壁画。遗憾的是，壁画处于背阴处，它前面被一尊大佛像挡住，使得一部分壁画看起来模糊不清，因此很难欣赏这件作品。关于描绘佛本生经的壁画，作者写道（第 133—134 页）："壁画中的景物是按照它们发生的地点而不是时间先后排列的。例如，Sarna（故事中的一个人物）在好几个事件中都受了伤，人们哀悼 Sarna，从时间上讲是两次独立的事件，但这两件事被画在同一个地点，即森林中。"虽然这样的描述可能不太符合地图的标准，但的确表现出对空间和地形特别的敏感，以及一种与西方文化中习以为常的组织叙事方式截然不同的模式［早在公元前 2 世纪中叶，在今印度中央邦巴尔胡特（Bharhut）佛塔栏杆上；迟至晚近，在中国西藏和尼泊尔描绘喇嘛生活事件的绘画中，都可以看到类似的组织叙事系统］。在缅甸的寺庙里也发现了宇宙论主题的壁画，尽管我不知道，壁画上绘出宇宙图的情况有多普遍。一幅这样的宇宙图见于 Jane Terry Bailey, "Some Burmese Paintings of the Seventeenth Century and Later, Part II: The Return to Pagan," *Artibus Asiae* 40 (1978): 41 - 61. 这篇文章第 59 页旁边的图 24，展示的是一幅蒲甘阿难达寺的一幅画，上面描绘了须弥山以及环绕它的七重山。这幅画的年代是 1776 年，其风格与泰国大城府国家博物馆暹罗陈列室门扇上的一幅 18 世纪画作所绘风景风格颇为相似（见下面的图 16.21）。贝利（Bailey）的一段话可以对这种相似性做出很好的解释（第 61 页），他说："暹罗画师是 1767 年从大城府掳掠而来的，他们很可能参与了缅甸的绘画工作。"这一段话同样可以解释我下面要讲到的一幅缅甸手稿宇宙图，它使人想起某种泰国渊源。

⑦　Reynolds and Reynolds, *Three Worlds*, 21（注释 57）。Ginsburg, *Thai Manuscript Painting*, 72 - 73（注释 54），作者注意到，已知带插图的《三界论》手稿只有 18 世纪晚期和 19 世纪早期的版本，其中的插图"包括天堂、地狱和地上日常生活的场景。"虽然他挑选的 10 件复制品都不符合地图的特征，但 Boisselier, *Thai Painting*（注释 57）中的其他一些作品更接近《三界论》插图的风格，有必要根据金斯伯格（Ginsburg）所提供的信息，到美国和欧洲的博物馆所藏的大量手稿中检索出其他的插图。

难道，然后穿过位于一楼的大佛像主层，观察畜生道和人道。一层层往上爬，通过一组依次叠建的 9 个房间，然后到达寺庙的屋顶。接着，他们穿过并观察了欲界六天、色界十六天、无色界四天。引人入胜的是，这一路还被赋予了某种象征意义：三界被分成九组，每一组对应佛陀一生中的一个事件，还对应于一个特别的行星和一周中的某一天。因此，游客向上攀升，穿越人界以上的二十个天，他们实际上经历并观察到了佛陀一生中的关键事件，也经历了最重要的九重天，而且还经历为期一周的时间周期。[72]

虽然到现在为止，我们的讨论还集中在现今泰国，但是《三界论》所体现的宇宙观念并不局限于泰国：

　　　　所有上座部佛教人士都认同巴利文传统经典中讲述的宇宙论。巴利经文及其注解的部分内容还被传到了缅甸、老挝、蒙古和高棉的宫廷。数百年来，这种宇宙论逐渐深入到东亚大陆佛教信仰的内核之中。即便在上座部不占主导地位的东南亚，艺术家们也在佛教建筑上制作宇宙图。爪哇中部大乘佛教婆罗浮屠寺庙的浮雕也描绘了在地狱中受到惩罚的罪人，这种图画来自于尼泊尔文献。事实上，宇宙图并非完全为上座部佛教所独有，它是印度教佛教传统的一部分。[73]

　　虽然印度教在东南亚几乎已经绝迹（撇开不论从印度近期移居东南亚的印度教徒），印度教的观念却贯穿许多东南亚人群的世界观，而且正如我们所见，印度教还对许多部落的宗教体系有一定的影响。唯一以印度教为主要宗教的地区是印度尼西亚的巴厘岛和邻近的龙目岛部分地区。这一地区的宇宙图恐怕比东南亚其他大多数地区都要多，它们是民间文化的重要组成部分，宇宙论象征主义在建筑、火葬仪式和其他宗教活动、国家治理模式以及巴厘岛著名的舞蹈中扮演着重要角色。例如，巴厘岛的每个村庄都有自己的寺庙，每座寺庙都有一个或数个多层须弥宝塔。也许火葬仪式上装载尸体的巨塔，正是对巴厘宇宙论最具特色和最壮观的展示吧。[74]

　　虽然我不能用太多笔墨讨论巴厘宇宙论的其他方面，但我还想指出，巴厘岛还有各种各样的宇宙论绘画。博世（Bosch）的书中刊有一张带有垂直轴线的多层次宇宙图，是一幅不知年份的巴厘岛主神大湿婆图，"原始的男性生殖器林伽……从冥界升起，穿越天空，刺向最高的天界"。[75]

---

⑫　Reynolds and Reynolds，*Three Worlds*，25 – 26（注释 57）。

⑬　Reynolds，"Buddhist Cosmography in Thai History，" 206 – 7（注释 57）。文中所引这段话的两个脚注提到泰国以外的东南亚其他地区的一批作品，我还没有机会去这些地方做调查。从这些作品中找到更多的宇宙图示，也不会让人感到惊讶。在本章的后面，我将要提到几幅缅甸的宇宙图画，但根据其独特的画风，这些画一定是出自《三界论》。

⑭　参见 Miguel Covarrubias，*Island of Bali*（1936；New York：Alfred A. Knopf，1956），371 – 72，本文对此进行了详细的描述和解释。

⑮　Bosch，*Golden Germ*，图版 62 及第 165 页说明文字（注释 20）。更多的画作参阅 Covarrubias，*Island of Bali*，6 – 7，插图中有龟蛇母题并带有解说文字（注释 74）；*Ajia nokosumosu*，第 110 页（与刚才提到的绘画一样），第 111 页（同一主题的另一种场景），第 124—125 以及第 126 页（绘有火葬塔，表现火葬仪式的现代画作）（注释 57）。

2. 四大部洲和须弥山系统

如前所述，佛教宇宙论对大地的理解与印度教和耆那教相同，即认为地是一个以须弥山为中心的水平放置的圆盘（须弥山即梵文的 Meru，在本节中我一直采用巴利文的写法）。须弥山外东、南、西、北四个方向各有一个部洲，其形状各异。图版 35 与表 16.14 以缅甸的例子说明了这一宇宙论。前一幅插图虽然非常简单，但某些方面更忠实于经典中的描述，特别是清晰区分了四大部洲的形状。我们这样的人类，就居住在须弥山南边楔形的南瞻部洲。南瞻部洲的得名来自瞻部树，佛陀曾经在此树下静坐证悟。这幅宇宙图上的两大部洲与泰国和西藏宇宙图不同，后二者则是相似的。这幅图上，北俱卢洲是圆形的，而西牛贺洲是方形的。在非缅甸语的宇宙图中，正好与之相反。这里展示的四大部洲的形状是正确的（至少对于缅甸来说），这幅图与另一幅画在棕榈叶上的宇宙图一模一样。[76] 人们应该认为后者（即画在已出版的棕榈叶手稿宇宙图）才是典型的宇宙图。这幅图绘制于 9 片棕榈叶上，虽然我们不知道它的绘制时间，但是从其面貌和风格推测，应该比图 16.14 中的那幅棕榈叶图（有人认为是 19 世纪）年代要早得多。这样说来，前者更接近古代的传统。

724

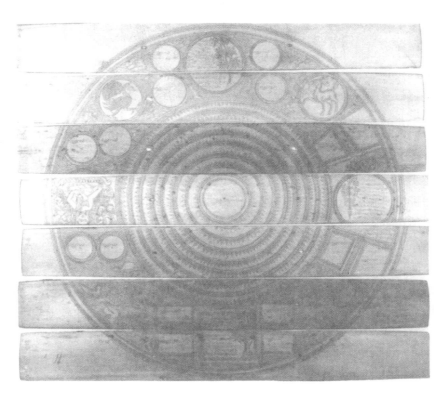

图 16.14　棕榈叶上的缅甸宇宙图

　　图中的 7 片叶子是一部包含 113 个对折页（加上几个未使用的叶子）手稿的一部分，仅在叶子的一面书写，叶片两端装有彩绘的木尾，图像用尖笔蚀刻，随后用油烟固定。该手稿于 1949 年购得，年代未知，但有人认为是 19 世纪。叶片所描述的主题大体上类似于图版 35，但是由于不可知的原因，佛陀端坐于被认为是北俱卢洲的地方。

　　每片棕榈叶尺寸：约 6×25 厘米。

　　经伦敦大英博物馆许可（Add. MS. 17699 A）。

---

　　[76]　这幅棕榈叶宇宙图发表于缅甸百科全书 *Myanma swezoun kyan*，2d ed.，15 Vols.（Rangoon，1968），10：295。

　　图版 35 上各洲文字的书写方向各异，所以不能明确地说出地图的哪一部分是"上"， 725
但三种手稿的装订方式提示我们，顶端为东。虽然三幅图总体上相似，但还是有一些重要的
不同之处。特别引人注目的是四大部洲旁边各小洲的数量与形状各不相同。在图版 35 以及
未刊载于此的棕榈叶手稿地图上，四大部洲和旁边各小洲的形状是相同的，但在图 16.14
中，西边的形状发生了变化。在两幅棕榈叶手稿地图上，各大洲都有对称分布的 4 个小洲，
两两分布在大洲旁边，而在图版 35 上，每个大洲旁边的小洲数量并不相等（这一点与一些
巴利文文献记载相同，但这些文献上记载的小洲往往是数以百计的）。从有 4 个附洲的南瞻
部洲出发，顺时针走，可依次来到有 6 个附洲的西牛贺洲、有 5 个属洲的北俱卢洲、只有 3
个附洲的东胜身洲（西藏佛教宇宙图中各洲也存在差别，但四大部洲属洲的数目与图版 35
并不一致，似乎与某种约定俗成的艺术表现方式有关）。图版 35 与那幅未作介绍的棕榈叶宇
宙图的最后一点相似之处是，两张图上都用大圆圈表示太阳和月亮，二者对称地放置于东胜
身洲两侧，但图 16.14 中的太阳与月亮都不明显。

　　由于棕榈叶手稿不适合涂颜色，所以，不能将缺少色彩视为图 16.14 与以多种颜色绘成
的图版 35 之间的重要差别。虽然在佛教和印度教宇宙图中，会用不同的颜色指示许多事物，
特别是用来指示方位，但图版 35 中的地图在颜色的使用上似乎是相当随意的。虽然一般人
会认为，某个四个部洲及其属洲总是会采用相同的颜色，而一般应该用不同的颜色表示四大
部洲，但是这张图上有两个部洲的颜色是一样的（也有可能其中一个洲因时间太久而褪色
了）。环绕须弥山的咸海都是浅绿色的，而须弥山和环绕它的七金山以及最外圈的铁围山则
是用混合的色调来表示的。须弥圣山本身涂上了金色，这与经文中讲的是一样的。

　　图 16.15 是泰国绘制的一世界图，与图版 35 和图 16.14 相当。这幅图出自前面讨论过
的柏林版《三界论》宇宙图，它在很多特殊细节上与同时期曼谷版手稿的展示方式极为相
像。在图 16.15 中，从形状判断，南瞻部洲位于图的左下角，顺时针方向可见西、北、东各
洲，每个部洲都有若干相同形状的属洲。然而，与柏林手稿相比，曼谷手稿的不同寻常在
于，从左到右逆时针排列南、西、北和东各部洲，正好与图 16.15 相反。其他可以观察到的
差别还有，两图描绘的四大部洲的景物也有所不同。例如，在柏林手稿上，每个部洲都有一
个置于宫殿中的佛像，宫殿旁边或者后面都有一棵标志性的树，但曼谷手稿上的景物更加复
杂，宫殿被置于带有白色围墙的建筑体中，其中有两大部洲（南瞻部洲和西牛贺洲）外面
各画有一个男人和一个女人。建筑体所在地面的背景色在曼谷手稿中是很醒目的，四大部洲
与各自属洲的颜色搭配也很恰当，但是柏林手稿中却看不到这种依照文献说明所做的配色。
在两图中，七金山在四个象限的颜色都很醒目，而且在曼谷手稿中，七金山在四个象限的颜
色与四大部洲的颜色也是匹配的。

　　这两幅手稿地图采用的主要是平面视角，但须弥山就像一根垂直竖起来的柱子一样，穿
越全图将宇宙上下各部分联结起来。它一直伸展到海底，从两幅图上画在山体上部的波浪纹
可以看出这一点，而上部则没有这种纹饰。

　　在山脉、海洋、树木、人物、鱼和动物的绘制风格以及色彩运用上，《三界论》中的宇
宙图与缅甸宇宙图很不一样。鉴于两国艺术传统的不同，以及有关作品绘制于不同时期，这
些差异大多是可以理解的，而且在地图学上也是无关紧要的。

　　最近从泰国北部的佛塔中挖掘出来一本树皮纸手稿，用兰纳泰语写成，其中有一幅包括

图 16.15 《三界论》所示环绕须弥山的四大部洲

彩绘，树皮纸手稿，经折装，泰国，1776 年（佛历 2319 年）。此处展示的是总共 272 页的柏林手稿《三界论》中的 4 个连续的对折页。这件作品是奉当时暹罗国王达信之令制作的，手稿中注明了 4 位画家和 4 位抄工的名字。这幅插图表现了作为纵轴的须弥山、环绕它的七重山、香水海以及居住着生灵的四大部洲。四大部洲形状各有特色，大洲附近还有众小洲（这里只是随意画出了 3 个）。每个部洲内都画有一个守护神，它们坐在各自的宫殿中。宫殿近旁或后面有一棵树，是各洲的标志。

全图原尺寸：51.8×3195 厘米；每帧尺寸：51.8×23 厘米。

经柏林国家博物馆普鲁士文化基金会许可（Museum für Indische kunst, Staatlich Museen zu Berlin-Preussischer kulturbersitz, MIK Ⅱ 650/RF 10－16）。

图 16.16 须弥山与环绕它的七重山

　　图中的照片表现了朝东的须弥山横截面，这是开凿于庞文栋活岩石上的一组规模巨大的寺院洞窟的一部分。从地面到最上面两个壁龛下部四瓣花饰顶部的高度约为 8.2 米，石窟底部的宽度为 4.6 米。洞穴拱形入口约宽 2.4 米，高 2.1 米。须弥山上方有两个壁龛，一个代表帝释天在三十三天（忉利天）中的九层宫殿，另一个门楣及上方有两棵交织在一起的刺桐花树，这种许愿树是忉利天的象征（见表 17.1 第 6 行）。在这一层下面是水平排列的两排小壁龛，每排 4 个。上排壁龛中推测曾经有过图像，今不存；下排壁龛中据说有一个古怪的图像（在这张照片中不容易辨别），亦不存。上排壁龛可能曾有四大天王图像，下排壁龛或表现四大部洲上的人类，或表现居住在人界下面的半人半神的阿修罗。阿修罗在须弥世界的位置与经典的记载可能并不相符，但必须在洞窟入口处放下各种设计元素，这种实际需要在构图上起到了决定性作用。庞文栋的洞窟以及与之相关的遗迹是用于冥想和祷告的，并不是寺院附近社区的住宅。据说它们始建于 9—10 世纪，可能是现在已经灭绝的骠人（Pyu，为缅人正式到来之前占据上缅甸的藏－缅人）建成的，扩建过程一直延续到 20 世纪。图中展示的这部分洞窟的兴建年代不详，但应该不在新近开凿的洞窟之列。

　　洞窟实际尺寸：高于 10 米。出自 Charles Duroiselle，"The Rock-Cut Temples of Powun-daung," in *Archaeological Survey of India Annual Report*，（Calcutta，1920）第 42—55 页，特别是图版 XXX。

须弥山和周边四大部洲的宇宙图。这幅地图是用黑色墨水绘制的，猜想可能是用来构建佛塔和须弥山之间的宇宙联系。这幅图与泰国南部的宇宙图完全不同，它是以非具像的方式来表现的，其内容相当简化，仅显示须弥山附近的一圈山峰，再向外就是分成四个象限的圆环，每个象限按方位标有四大部洲的名称，还有一段关于各部洲宽度（用由旬表示）的文字说明。⑦

727

我所知道的二维佛教宇宙图，可能没有一幅比得上图 16.16 的宏伟壮观，后者展示了须弥山和它周围七金山的横截面，这一景观开凿于缅甸北部庞文栋的一个沙丘悬壁之上。须弥山高达 10 米，是一座未曾完成的庞大的石窟佛龛群的一部分，具体年代未详。它们从 9—10 世纪开始凿建，一直延续于 20 世纪。就我所知，并没有任何一位现代宇宙论研究者对它有过关注，因此我在图说中做的一些推测还有待修正。⑧

这个横截面所呈现的须弥山与其周围的七金山形象，出现在各种形式的东南亚建筑中：比如说作为宗教建筑物和其他建筑物门窗上的装饰，风格多样。帕尔芒捷（Parmentier）在他的一本关于老挝艺术的书中，刊载过一个被称为灯台（parte-luminaires）的移动式木雕祭坛，其上可见处于突出位置的须弥山。祭坛上装有弯曲的铁杆，上面放置蜡烛，灯光从坛上反射出来，散发出神圣的光芒。在老挝北部班芒村（Ban Mang）的一座寺庙中，发现了一件同类的祭台，非常雅致，年代不详。这件竖琴形的物品最高处约为 2.35 米，最宽处 1.42 米。祭台上的每座山都有一个狭窄的多层尖塔，这是老挝佛塔的典型式样。它们向内收缩，指向正中心的须弥山尖，后者高高矗立在众山中间。这个错综复杂的雕刻作品上最突出的特征是一对盘绕着须弥山的那伽，而且在两层上相互缠绕，还有一些那伽盘绕着须弥山底部，另一些则成为整体构图的组成部分。帕尔芒捷并没有讨论，这件器物上为何如此强调那伽，它们到底有什么象征意义。⑨

据我所知，没有一幅出自柬埔寨的须弥宇宙图与我刚才讨论的作品相似。但是，13 世纪晚期，泰国征服了信仰大乘佛教的高棉帝国。自此，柬埔寨开启了作为小乘佛教国家的历史，因此柬埔寨的文化与泰国和缅甸有很多共同之处。在柬埔寨发现与后二者相似的宇宙图

⑦ 这幅地图占有整部手稿总共 61 个对开页的 2 个对开页。这部手稿（我在后面讨论陆路地图时还会提到）属于康奈尔大学图书馆爱科尔斯东南亚收藏（Echols Southeast Asian Collection）。Phramaha Wan 帮我检索了这张地图的缩微胶片，据他说，这张地图的好几个部分出自《三界论》。除了每个部洲上的简短文字说明，表示须弥山的圆环内还有 8 排说明文字，表示各部洲的圆圈外围还有一些简单的题记，从这些圆环延伸出的装饰带上也有简单的说明文字，排列于地图四角。另外一部折页手稿上的一幅一世界宇宙图，虽然出自缅甸，但与图 16.15 上出自《三界图》的宇宙图有许多相似之处。这件作品见于 Ajia no kosumosu, 35（注释 57）一书的插图。这张插图占有 6 个连续的对开页，以连续但不完整的画面展示了须弥山及其顶部的帝释宫。环绕须弥山是渐次降低的七重山峦，每座山的山顶都有一座自己的宫殿；须弥山右边是一个带有公鸡图像的红色太阳，左边是带有兔子图像的白色月亮。须弥山中轴上还有另外一些图像。可惜的是，这部手稿腐坏严重，很可能是不完整的（有 10 张左右对开页从照片上看不清楚）。图上没有注明这件内容丰富、绘制工整的作品的年代、物理特征、作者以及制作背景。图录上注明照片由 Takao Inoue 提供，但并没有说明这部手稿现在的下落。

⑧ 这个祭坛装置的插图与详细讨论见于 Charles Duroiselle, "The Rock-Cut Temples of Powun-daung," in *Archaeological Survey of India Annual Report*, 1914 - 15（Calcutta, 1920），42 - 55, esp. 49 - 51, 较为简洁的说明见于 Heine-Geldern, "Weltbild und Bauform," fig. 26 and pp. 71 - 72（注释 56）。

⑨ Henri Parmentier, *L'art du Laos*, 2 Vols.（Paris: Imprimerie Nationale and Hanoi: Ecole Française d'Extrême-Orient, 1954），1: 45 - 47 and 262 - 66, Vol. 2, pl. XIV.

的可能性很大。[80]

除了以平面形式展示一世界系统和须弥山组合之外，东南亚的建筑也会象征性地表现这两方面的内容。在本书第15章曾简略提及这一点，并展示了爪哇中部的婆罗浮屠这一伟大的“山丘庙宇”的图片（图15.1）。有关东南亚建筑的文献范围很广，但并不总是能确定其 728
中是否存在与宇宙论有关的内容，因此，试图总结这一领域的艺术史学家所做的详细论述和复杂分析，好像也没多大用处。[81]

即便是仪式当中临时使用的作品，其上也会以宏大的尺度十分详尽地表现宇宙论。特别是那些与重要的过渡仪式（rites of passage）有关的作品，例如加冕仪式、奉献仪式、火葬仪式，以及首次剃度仪式，特别是对于皇室成员而言。如今此类作品虽然不如过去几代那样宏伟，但仍然是泰国君主制宇宙合法性的表征，也是缅甸和柬埔寨皇家仪式的特点。[82] 不仅礼仪需要宇宙化，君主本人也需要宇宙化，正如文献中所显示的那样，君主认为自己是宇宙的轴心，并认为他身体的各个部分，以及他特有的服饰和相关用具，都代表着宇宙的特定部分。[83] 最后，我们还发现，一些临时构建的宇宙也被用于民间宗教活动。例如，在缅甸，为了庆祝佛陀升到忉利天后向父母说法的节日——忉利天节（Tawadeintha），人们用轻竹做一个须弥山。[84] 对东南亚大陆的宗教活动进行全面研究，有望找出其他一些例证，说明民间仪式中宇宙图的使用情况。

在评价须弥山在印度教和佛教信仰体系中的重要性时，马贝特（Mabbett）总结出以下问题（同时补充了我尚未涉及的某些问题）：

---

[80] 据说出自柬埔寨的一对宇宙图画，见于 *Ajia no kosumosu*，93（注释57）一书插图。只知道它们出自柬埔寨，两幅画合称“Kumeru Mandara”（须弥山曼荼罗），它们曾为一位伦敦艺术品商人 Jean-Claude Ciancimino 所有。除此之外，我们对于这两幅画的其他信息（尺寸、年代等）一无所知。我在伦敦见过这两幅画中的一幅，觉得它是非常晚近之作，甚至可能绘于20世纪。这两幅画与印度南部城市马杜赖（Madurai）的 Mīnākṣī 寺中的一对题为 *Bhūgolam*（意为地球地理）和 *Khagolam*（意为天穹）的大型画作有着惊人的相似之处。据传出自柬埔寨的这两幅画的第一幅显然是描绘印度宇宙图中的天盘，大体同于 Schwartzberg，“Cosmographical Mapping，”图16.9以及图16.10的一部分（注释2）。另一幅是天文图，与该文图16.19马杜赖绘画相像。这两幅画画的是印度教而不是佛教内容，因此，它不会出自柬埔寨。由于柬埔寨文字与泰米尔（Tamil）文字有些相似，二者都衍生于一种古老的巴利语，因此可想而知它们为何被人错误地认为出自柬埔寨。

[81] 有关东南亚建筑之宇宙象征这一问题的主要著述有：Bosch，*Golden Germ*（注释20）；Heine-Geldern，“Weltbild und Bauform”（注释56）；Paul Mus，*Barabudur*：*Esquisse d'une histoire du Bouddhisme fondee sur la critique archeologique des textes*，2 Vols.（Hanoi：Imprimerie d'ExtremeOrient，1935）；and Wales，*Universe around Them*（注释1）。

[82] 已发表的有关这一论题的著述有：Wales，*Universe around Them*（注释1）；Horace Geoffrey Quaritch Wales，*Siamese State Ceremonies*：*Their History and Function*（London：Bernard Quaritch，1931）；Dhani Nivat，“The Gilt Lacquer Screen in the Audience Hall of Dusit，”*Artibus Asiae* 24（1961）：275－82；Gerolamo E. Gerini，*Chū ḷākantamangala*；*or*，*The Tonsure Ceremony as Performed in Siam*（Bangkok：Siam Society，1976；first published in 1895）；Robert Heine Geldern，*Conceptions of State and Kingship in Southeast Asia*（Ithaca，N. Y.：Cornell University，1956），这篇文章的同名修订版刊于 *Far Eastern Quarterly* 2（1942）：15－30，该文重点概述了下面两篇文章的许多观点：Heine-Geldern“Weltbild undBauform”（注释56）；以及 *Ajia no kosumosu*（注释57）。

[83] 例如，Heine-Geldern，“Conceptions of State and Kingship，”21－22（注释82），作者注意到，在柬埔寨西索瓦国王1906年的加冕礼上宣读的官方文件称：“国王对应着须弥山，他的右眼代表太阳，左眼代表月亮，手臂和腿代表东、南、西、北四个方位，他头上的六重伞盖代表下方的六重天堂，他带尖的王冠代表须弥山顶帝释宫的尖顶，他的拖鞋代表地球。也就是说，国王对应着宇宙的轴心。”换句话说，国王自己就成了一幅地图。

[84] Heine-Geldern“Weltbild und Bauform，”72（注释56）。

寺庙和佛塔建筑，曼荼罗和密宗仪式展示的象征意义具有模糊性和多重性，说明须弥山的性质具有二重性，如果只将它作为二维地图上的一点，这种性质并不能一望而知，哪怕是读一幅宇宙图。因为宇宙图展示的只是"外在的"空间，哪怕图上画有大象般大小的瞻部果和环绕流敞的河流，它所表达的信息也是凡胎肉眼无法看到的（就像宇宙微尘和磁场一样），因此需要将它们当作具体和有着真实感的实物。以须弥山为中心的宇宙图原理与作者认为是客观科学的硬道理是一致的。[85]

3. 宇宙局部图

泰国《三界论》和东南亚小乘佛教主要宇宙论文献的宗旨在于教化，各种手稿、寺院

729

图16.17　《三界论》宇宙图中的号叫地狱

这个地狱中满是冒着火苗的莲花，这是收容那些作伪证、诽谤他人、犯偷盗和抢劫的罪人的地方。他们想在冒火的莲花中重生却不能挣扎出来。这张图上还可以看到16个附属的小地狱，沿着四个方位一字排开，每边4个，朝向中间的大地狱。

原图尺寸：未详。

出自 *Samutphāp traiphūm burān chabap Krung Thon Burī/ Buddhist Cosmology Thonburi Version*（Bangkok：Khana Kammakän Phichāranā Iræ Chatphim ʿĒkkasān thāng Prawattisāt, Samnak Nayok Ratthamontrī, 1982），pl. 36.

---

[85]　I. W. Mabbett，"The Symbolism of Mount Meru," *History of Religions* 23（1983）：64–83，esp. 79.

壁画和其他绘画艺术形式中描绘宇宙各个组成部分，其目的都在于昭告观者，他们现在和将来积累的善业和恶业，将会给自己带来相应的喜乐或惩罚。各种地狱的景象特别多见，以至于人们都知道，哪方面的罪过对应哪种类型的地狱。在阎罗王统治的八大地狱中，各有 16 个与之相关的小地狱，它们与世间的道德领域存在着逻辑对应关系。图 16.17 出自曼谷手稿《三界论》的吞武里修订版，它描绘了一幅令人生畏的号叫地狱的场景。这幅图引导着读图者沿着笔直而狭窄的道路前行，从大叫号地狱开始，到阿鼻地狱为止，依次下行。下段这段译文说明图画何等忠实于原文：

> 八大地狱的四角各有一门，位于东南西北四个方向。地狱的地面铺着一层用烙铁做成的滚烫的地板，房顶的天花板也由烙铁制成。地狱是方形的，每边长 100 由旬（大约 1500 公里）……四侧墙、地板和屋顶各厚 9 由旬。地狱里没有空处，到处都是生灵，紧紧地挤压在一起……八大地狱中，每一个周围都有 16 个较小的地狱，每侧四个，拱卫着大地狱。每个小地狱……再由无数更小的地狱环绕，就像我们人类世界中环绕城市的村落一样；每个小地狱宽 10 由旬。这些小地狱，加上大地狱，总共有 136 个。[86]

当然，书中还有更多的描述，包括在每个地狱施刑的时间和地狱本身的寿命，直到劫波（kappa，梵文 Kalpa）到来，宇宙解体为止，这是一个创造与毁灭的循环。这就告诉我们，宇宙的每一部分不仅有比较容易用图形表达的空间维度，还有时间维度。后者在佛教徒的世界观中是同等重要的。

佛教绘画中也常见对诸天和其他神圣宇宙空间的描绘，包括对涅槃的描绘，通常以宫殿正面图或斜视图来展示这些空间，宫殿中画出一个神祇或一群神界众生。宫殿近旁的一些事物，如花园或结有丰硕果实的树林，有时画出，有时不画出。孤立地观察这些图画时，并不总能意识到它们是地图，只有认识到它们是一个宏大宇宙整体的组成部分，并逻辑地占据其中恰当的位置，其作为宇宙图构成元素的特性才能显现出来。在宇宙论绘画中特别常见的上界以及相关的三维建筑还有忉利天宫。它位于须弥山顶部，为帝释所居，帝释掌管三十三个较小的神祇和涅槃本身。忉利天宫之所以受到欢迎，很大程度上是因为它紧接着须弥山，还有部分原因是它代表了最近切的修行目标——与更遥远的天界不同，这一目标并不高居于不完美的普罗大众的愿望之上。

图 16.18 表现的是涅槃，涅槃是人们普遍期望达到的境界。虽然达到涅槃后，也可能很快重生，但涅槃对佛教徒仍然有很大的吸引力，可以说是一个好的佛教徒所渴求的最终目标。这里有一个悖论，一方面在《三界论》之类的书中，将涅槃画在宇宙图中，使其可视；另一方面，涅槃又代表着最高级的梵天，即无色界天，甚至在"无所有处天"之上。虽然，如表 16.1 所示，最高一层天理论上是"非想非非想处天"，但《三界论》这类为那些可能觉得无法理解空性这个概念的俗众而写的书，是通过下面这段话来解决这个问题的：

730

---

⑧ Reynolds and Reynolds, *Three Worlds*, 67–68（注释 57）。

完全清除了自身污秽的人可以获得两种涅槃……一种叫有余涅槃，另一种叫无余涅槃。证得罗汉果是达到了有余涅槃。没有五蕴色身留在人间就是证得了无余涅槃。[87]

730

图 16.18 装饰华美的《三界论》所示涅槃大城

这是吞武里修订版中的两个对折页，纸本绘制，暹罗传统经折装。以下是这张插图部分文字说明的译文：

它的地面铺着水晶沙粒

凉爽而清澈的湖水莲花盛开

蜜蜂忙着采蜜

孔雀、鹤、野鸭、白天鹅和红天鹅发出悦耳的歌声

虽然这种具象的描绘同以无形式、无思维为特征的经典中的涅槃概念相去甚远，但画中有一张无人斜躺的长凳或表达了空性的意思。图中的城是通过城墙以及其上的大门，还有铺垫过的小路以及宫殿之外的另一个建筑物来表现的。

原作尺寸：未知。

出自 *Samutphāp traiphūmburān chabap Krung Thon Burī/ Buddhist Cosmology Thonburi Version*（Bangkok：Khana Kammakān Phičhāranā Iæ Čhatphim ʽĒkkasān thūng Prawattisāt，Samnak Nāyok RatthamontrI，1982），pl. 1。

因此这里描绘的似乎只是涅槃的第一层次（上面讲的五蕴指是色蕴、受蕴、想蕴、行蕴、识蕴）。[88]

㊆ Reynolds and Reynolds，*Three Worlds*，329－30（注释57）。

㊇ Reynolds and Reynolds，*Three Worlds*，336－37（注释57）。

图 16.19 表现了缅甸人的忉利天观念。虽然这张图没有标注日期，但（估计）大致与我刚才讨论的涅槃图同时，而且体现的思想内容相近，只是画法不同而已。这幅图出自一本有 29 个对折页的棕榈叶手稿，按适当的顺序，在图的一侧绘有一系列天上宫阙，另一侧则绘有一连串的地狱。

731

图 16.19　缅甸棕榈叶手稿中忉利天宫中的释迦

这里展示的是一本装饰得金碧辉煌的 29 叶缅甸宇宙图手稿中的 5 片棕榈叶。它的一侧画着渐次上升的天宫，另一侧画着一连串渐次下降的地狱。这部手稿中的许多叶片都是单独描绘某个天堂或某个地狱，但这里挑出的 5 张叶片是以拼合的图像来表现这些地方。这部手稿年代不详，有人认为属于 18 世纪。

原作尺寸：约 7.0×49.5 厘米。

经大英图书馆东方与印度部许可（Or. 12168，fols. 3－7）。

虽然对一世界和南瞻部洲地理的描述只占了《三界论》全书 11 章中一章的一部分（这一章其余的内容主要是讲天文），但吞武里修订版差不多一半是与神话地理有关的插图。多数画面上可见一条到五条河流流经一些奇妙的景观。景观通常是山区和森林，那里居住着各种各样的人类和拟人化的生灵，当然还有野生动物、鱼类和鸟类。尽管文本并没有显示来自西方的影响，至少从两个雷诺兹的译本看是这样的，但插图却并非如此。例如，在柏林手稿的一个场景中，有两个猎人，其一携带一支步枪。如此说来，吞武里修订本的插画家被特许在他们的作品中插入某些只能在文字中暗示一下的内容，或者文字中根本就没有提及的内容，如带着来复枪的猎人之类（下一章还要说明，新的地理知识是如何在远离暹罗的地方被带进插画的）。

南瞻部洲五条主要河流的源头是小乘佛教宇宙图中最受欢迎的主题。图 16.20 中的插图不是来自《三界论》（虽然《三界论》中也有很多地方画过这五条河流），而是来自图版 35 所在的富丽堂皇的缅甸手稿。[89]

---

⑧⑨　进一步了解这部手稿，参见 Zwalf，*Buddhism：Art and Faith*，173－74（注释 54）。

732

图 16.20 上缅甸宇宙图手稿中的无热池与世界众河之源

这是一本带有缅甸文的 59 页折页手稿中的两个对折页,手稿为纸本,部分烫金,色彩明丽,成书于 19 世纪。图中描绘了喜马拉雅山地景致,众山环抱之中有一个圆形的湖泊,它就是无热。4 个山间峡口,形如牛头、马头、狮头和象头,河水从这里流出,奔向东、南、西、北四个方向。很多文献特别强调,每条河流流出无热池时,都要绕湖三周,图中对此的表现是,在环湖的水带上画了一些漩涡纹,但并没有像其他画作那样画成三道螺旋式的水道。流向右侧的河流,就是恒河之源。它冲向一座山,随后弹向高空,又落下地面,潜入地下河道,最后重新冒出地面,形成 5 条支流。在佛教发祥地北印度地区,还可以找到这 5 条支流的名称。

原图尺寸:20.5×54 厘米。经伦敦大英博物馆许可。(Or. 14004, fol. 33)。

由于没有找到这幅图的缅甸文图说的译文,我在这里引用了《三界论》中的相关段落:

喜马拉雅山有七大水体:其中之一称为无热池⋯⋯

五座山脉环绕无热池。其中之一叫善见山⋯⋯

善见山满是金子,它像围墙一般环抱着无热池⋯⋯

无热池有四个出水峡口,分布于东、南、西、北四个方向。四个峡口一个像狮子脸,一个像大象脸,一个像马脸,一个像公牛脸⋯⋯

河水从床头的方向(即南边,因为南瞻部洲的人据说睡觉时脚对着须弥山)流出,环绕无热池三周。这段河叫 Avattagaṅ-gā⋯⋯它然后流向床头的方向⋯⋯这段河叫 Kanhagaṅ gā 河;再往前碰到一座山,河水向上直射到 60 由旬高处⋯⋯这段河叫 Ākāsangangā(对应天上的银河);然后落在一块叫 Tiyaggala 的岩石上⋯⋯河水又落下潜入岩石下面⋯⋯然后穿过岩石⋯⋯这一段叫 Bahalagaṅgā;河水继续在岩石下流⋯⋯

这一段叫 Ummagga-gaṅgā；它又流向一座叫 Vijjhanatiracchāna 的山，然后涌出地面，并 733
且变成······五条大河。其中之一叫恒河，一条叫亚穆纳河，一条叫阿利罗跋提
（Aciravatī）河一条叫摩酰（Mahī）河，一条叫萨罗浮（Sarabhū）河。这些河（分别是
现代印度恒河、恒河右岸支流亚穆纳及其支流拉普提河、甘达克河和格拉河）流向有
人民生活的国度（印度），然后流向大海。[90]

这段经文并不适用于每一幅插图，而且省略掉的内容中还有一些其他的含义。但是经文
与图像的对应关系在大多数情况下还是显而易见的。总之，我们从中可以发现，神话世界开
始融入已知的南亚和东南亚地理知识中。我们还观察到，南亚印度教和耆那教的宇宙论也是
如此。[91]

在对泰国绘画进行了大量深入的研究之后，布瓦瑟利耶展示了几张表现无热池周围神话
景观的图片，这些图片既有彩色也有黑白的。在许多类似的作品中，最具装饰性的是一个
18 世纪黄黑二色漆质图书馆书橱上的图案。它以丰富的构图描绘了整个须弥山的构造，包
括每座山脉顶部的宫殿，其中以帝释宫城最为辉煌（图 16.21）。在喜马拉雅山上方、须弥
山下方是太阳、月亮，诸行星和各星座的宫殿，众神盘旋于其间的天空，而喜马拉雅山
"之"字形的山顶下方就是云集着动物、茂盛森林和众多湖泊的大地。[92]

还有一个表现无热池以及发源于此的河流的高棉时代的三维作品，比我刚刚描述过的这
件绘画作品要早几个世纪。这是一座发现于高棉故都吴哥窟废墟中的迷人的建筑群——涅槃
寺（Neak Pean）。1191 年登基的阇耶跋摩七世（Jayavarman Ⅶ，约 1181—1219 年）统治期
间，它是吴哥祭祀中心最重要的建筑。布瓦瑟利耶对此作过详尽的阐述，随后威尔士
（Wales）作了进一步的评述分析，此不赘言。[93]

涅槃寺建筑群的重要性，不仅在于其理念，而且在于其年代古老。似乎有理由相信，
与可拉沙山（Kelāsa）和无热池相关的佛教宇宙论，尽管不如与须弥山相关的宇宙论那
么有影响，但曾经有过的展示前者的作品，应该也比现存的多得多。布瓦瑟利耶曾经提
到 6 世纪以来不同文明在今泰国地区留下的绘画作品，据此知不耐久的宇宙图或许没有
经受住时间的摧残。[94] 如果我对于已经遗失的展示无热池的作品的推测无误，那么，编
织品、雕刻和雕塑作品中此类宇宙图的情况也应如此，它们曾经表现过广袤而复杂的佛
教宇宙的其他组成部分。

坦普尔研究过缅甸的民间宗教活动，他也讨论过几幅宇宙图画，其中至少有两幅能看出西
方影响的迹象。图 16.22 特别有意思。虽然坦普尔为这幅图取了一个不太恰当的标题——"显

---

[90]　Reynolds and Reynolds，*Three Worlds*，292 - 96（注释 57）。这些河流与现代印度河流名称的对应是根据 Joseph
E. Schwartzberg，ed.，*A Historical Atlas of South Asia*（Chicago：University of Chicago Press，1978）。

[91]　Schwartzberg，"Cosmographical Mapping"（注释 2）。

[92]　Boisselier，*Thai Painting*，fig. 109，and caption on facing page（140）；see also figs. 26，115，and 116（注释 57）。
Ajia no kosumosu，第 25 页刊有这件漆制橱柜的大比例尺图，第 26—27 页还对无热池周边地区进行了更加详细的描述（注
释 57）。

[93]　Jean Boisselier，"Pouvoir royale et symbolisme architectural：Neak Pean et son importance pour la royauté angkorienne，"
Arts Asiatiques 21（1970）：91 - 108，以及 Wales，*Universe around Them*，128 - 33（注释 1）。

[94]　Boisselier，*Thai Painting*，13 - 19（注释 57）。

734

图16.21 描绘无热池周边神话景观的泰国图书馆橱柜

　　木胎黑漆和金漆。须弥山构成其上华丽构图的轴心，两侧是环绕它的七重山脉。像须弥山一样，每座山的山顶有一个或多个宫殿，里面居住着各自的守护神。七重山之间的空处有表示间海的常见的水波纹。这里展示的是整个一世界的垂直截面图。宇宙大象支撑起须弥山顶的高原，但《三界论》中没有记载这一点。山顶高原是善见城（三十三天神之城）和帝释宫，佛陀曾升到帝释宫看望他故去的母亲。稍低一点可见太阳和月亮，它们与七金山中最高的佉提罗山顶宫殿在同一条直线上。须弥山脚下呈锯齿状的山脉是Trikūtas，它们支撑着宇宙之轴。在这群山中可见阿修罗城。夹峙着Trikūtas的是喜马拉雅山，它的山脊也呈锯齿状，是天界与南瞻部洲的分界线，南瞻部州上有人类、各种神奇动物以及茂盛的植物。靠近左下方是无热池，同图16.20一样，4条河从这个湖流出。其中一条流向右下方，这就是恒河源头，而且同图16.20一样，它冲向一座山，升向高空，又落下地面。

　　原图尺寸：196×122×87厘米。经大城府昭萨帕拉雅国家博物馆许可。

735

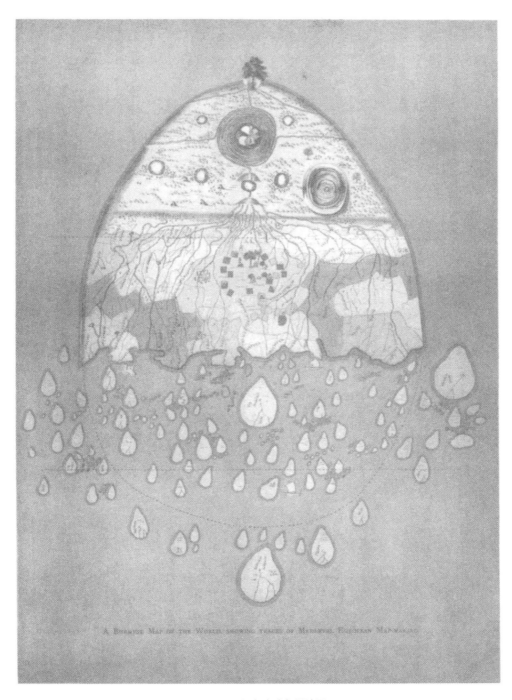

图 16.22　缅甸南瞻部洲地图

　　墨绘水彩纸本。这幅宇宙图的绘制地点、时间（可能是 19 世纪）、作者、尺寸不详，目前的下落不明。该图描绘了巴利文佛教史料中所见南瞻部洲的许多重要特征：南瞻部洲的形状、它众多的属洲、大瞻部树、无热池以及发源并环绕这个大湖的四条河流、须弥山及其环绕它的山脉（直到东南边的大湖）、河网纵横的印度平原，以及环绕着这个大部洲的铁围山。这幅图对传统的空间关系作了很大的改动。地图符号提供了欧洲影响的确切证据：相邻的空间涂上不同的颜色，似乎为区分政治实体，两条平行的虚线好像是纬线。

　　出自 Richard C. Temple，*The Thirty-seven Nats：A Phase of Spirit-Worship Prevailing in Burma*（London：W. Griggs，1906），紧贴着第 8 页的图。

736

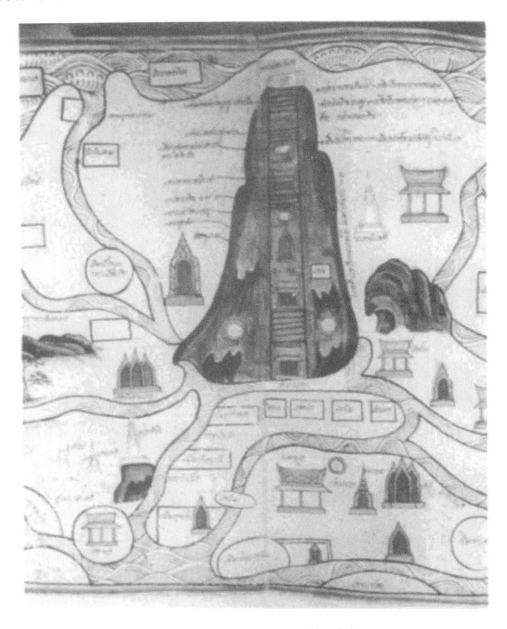

图 16.23 《三界论》所见斯里兰卡亚当峰

　　在斯里兰卡亚当峰顶，最吸引眼球的是一个大约 1.5 米长的凹坑，佛教徒把它当作佛祖的足迹（印度教徒和穆斯林分别把它当作湿婆和亚当的足迹，因此这个峰顶是三种信仰共有的朝圣之地）。山顶刻有两个高度，428 或 528 sens（数字不完全清晰）6 *wās*，大约分别相当于 8572 米或 10572 米，实测高度为 2238 米。图中半山腰的一处景物被考证为（文献中的）尼拉洞穴（Nila cave）。峰顶上、本岛以及其他岛上大部分被命名的景物还没有考证确切。虽然图中斯里兰卡的形状不可识别，但陡峭、不对称，被形容为类似于瑞士马特宏峰（Matterhorn）的山峰，可见绘图者尝试传达给朝圣者（关于斯里兰卡的）视觉印象。地图上其他地点与斯里兰卡的关系同地理现实几乎没有任何相符之处。例如，右下角附近的大岛上有普吉、塔兰和宋卡几个地名，分别指代马来半岛西海岸的一个岛屿、普吉岛上的一个小镇和半岛东海岸的一个小镇。

　　原图尺寸：未知。

　　出自曼谷手稿《三界论》（吞武里修订版）。

　　图片由约瑟夫·E. 施瓦茨贝格提供。

示中世纪欧洲地图绘制痕迹的缅甸世界地图"，但有必要在此引用他对这幅地图的大段评论：

> 在这幅当地人制作的地图上，顶部（北端）表现了南瞻部洲和瞻部树……该洲被铁围山环绕且被喜马拉雅山从中切过。喜马拉雅山是缅甸人的仙境，喜马拉雅山及其上方（北面）每样东西都是不可思议的。图上有7个大湖，包括中间的无热池，湖中生长着莲花，所有的大河发源于此，并绕湖而流。图上还有用七宝做成的须弥山（奇怪的是，须弥山不在中间），七重山峦环绕着须弥山。
>
> 喜马拉雅山下的世界居住着缅甸人所知的所有的人类，位于中心的地方有菩提圣树和众多的佛教圣地，它们由圣树旁边和南边的一些古色古香的红色小方块和圆形斑块表示。在南边，所有的地物都在大海之中。苏门答腊与南瞻部洲的500个小岛连在一起，那里居住着跨海而来的下层人民……有趣的是，这一切都是"自然"地理。缅甸人所熟悉的所有海洋都在南部，山地主要在北部、东部和西部。在这些地方之外，居住着一些道听途说的、令他们感到神奇的人们。
>
> 至于地图的式样，这幅地图试图摹制一幅17世纪的欧洲彩色地图，这一点尤其反映在地图指示山脉和河流的方式上。复制时最有意思的或许是色彩的运用，绘图者用色彩来区分不同国家，用虚线来显示各国主要的政区边界，但上面没有标明任何一个国家。绘图者甚至走得更远，他们还画出了赤道和南回归线（可能应该是赤道和北回归线），但对于二者的含义一无所知。⑮

遗憾的是，坦普尔并没有多说这幅迷人的地图是如何被绘制出来的，这幅地图好像也不一定是他请人定做的。也许更有意思的是，他根据什么断言绘制者知道某幅无名的17世纪欧洲地图，并且依照这幅地图的样子来地图。

要找到比坦普尔介绍的这幅地图更详尽表现南瞻部洲宗教地形的地图，还要回到《三界论》这部书。书中有相当一部分内容专门讲从无热池发源的河流所流经的陆地，提到了坐落这些河流沿岸以及它们所汇入的水体近旁的200多个地点。这些地点大多数是城镇或国家。其名称多写在长方框中，偶尔写在椭圆圈或圆圈中。宗教场所多是通过与之相关的事件或人物的图画来显示的。许多长方框内没有任何名称或其他文字。可以认定的地方，许多是印度和尼泊尔历史上与佛陀生活有关的地点，以及南亚和东南亚神话传说中与佛陀相关的地点。这些地方的地形与现代地图所示不符。河流的流向大部分是虚构的。单条溪流或一组溪流在几部手稿中连续的对折页中平行流淌时，往往时分时合。根据我过眼这些手稿的印象，这种图式或多或少是保持不变的，表明画家试图完全按照原始文献中的记录来绘制地图。

1984年，曼谷的《三界论》手稿中的12个连续的页面被复制后做成日历，作为泰国

737

---

⑮　Richard C. Temple, *The Thirty-seven Nats: A Phase of Spirit Worship Prevailing in Burma*（London: W. Griggs, 1906），插图在第8页后，说明文字在左页，两页都没有页码（另有新的版本［London: P. Strachan, 1991］，其上有一篇由Patricia M. Herbert撰写的文章和参考文献）。

《文化与艺术》（*Sinlapa Wattanatham*）杂志的新年赠品发行。其中前四个半页面中的河流所流过的大部分地方都与印度北部有关，但是从这一地区流出的两条河直接流经东南亚各国，根本看不到现代地图上所见的横亘高山。因此，这些河流可能是讲故事用的图画指南，而不是为了传达可靠的地理感。一些地点的排序显然是随意的，例如今巴基斯坦的塔克西拉（Taxila）出现在第4面，而第5面却突然跳到暹罗北部。第6面包括缅甸和暹罗北部各地。第7面画的是一个包括前缅甸国都蒲甘在内的广大地区，地图正中央画出暹罗首府大城府（Ayutthaya）和暹罗东北部呵叻高原的一些地方，地图顶部还有两个方框，写有阮（越南）和占婆城。占婆原先是一个信仰印度教的王国，于15世纪被越南占领。第8面上有缅甸南部丹那沙林（Tenasserim）海岸的土瓦（Tavoy）和马达班（Martaban）、暹罗中部的一些城镇、马来半岛的暹罗部分以及暹罗湾的岛屿。第7面和第8面上地名的摆放总体是呈东西走向。虽然第8面上似乎讲的是已知的地点，但豆岛、香蕉岛和南瓜岛之类的地名却很成问题。第8面上还讲到了神猴哈奴曼（Hanuman），它是印度史诗《罗摩衍那》中的英雄，沿着一条堤道前往哈奴曼岛。这个岛在第9面上，同马来半岛的另外一个暹罗城画在一起。然而，第9面大部分内容与水有关。其中有两艘大型船只，一艘看起来像中国船，另一艘是暹罗船。第三艘船，大概是欧洲船，出现在第10面。第10面画的主要还是水域，其中有一个不知名的环岛，另有包括斯里兰卡在内的其他几个国家。图16.23展示了第11面上的群岛。虽然难以断定这些岛屿的名称，但可以判断其中最大的岛屿是斯里兰卡，因为其中画出了亚当峰顶（Adam's Peak）上佛祖留下的足迹。前面提到的几个岛屿延伸到了第12面。其中有一个面包卷形状的岛屿，标为"裸体人生活的那伽蛇岛"。这一面上还有各种各样的鱼，有的真实，有的出于想象。其中一条鱼还长着象鼻和象牙。其附近有一个大型长方形岛（也许只是用来写说明文字的方框），上面写着："大鱼聚集的地方，其中最大的一条是鱼首领阿农（Anon），阿农摇动身体，就会发生地震。"[96]

天文、占星、风水和宇宙世界心象地图

在整个有文字记载的历史中，绝大多数东南亚万物有灵论者、印度教徒、佛教徒和穆斯林，无论身份如何，都相信他们的生活在很大程度上受到宇宙各处发射出的看不见的力量的控制，因而，他们的行为也要符合宇宙的节律。正如海涅－格尔德恩（Heine-Geldern）所说，他们在这方面关注的焦点是：

> 小宇宙与大宇宙、宇宙与人类的同步。根据这种信仰，人类总是会受到来自罗盘方位、恒星和行星的影响。个人和社会团体，特别是国家是能否成功地使其生活和活动与宇宙相谐统一，决定宇宙力量带来福祉、繁荣，还是带来破坏。个人通过遵循占星家的指示，遵守吉日和非吉日以及其他次要的规则来实现这种和谐。帝国与宇宙间的和谐则

⑯ 感谢奥马哈市内布拉斯加大学历史系的洛兰・格里格（Lorraine Gesick）教授送给我这个12页台历并挑选一部分说明文字译出，同时我还要感谢泰国尖竹汶府教师学院的Chanthaburi Thawut，他为我释读第11和12页提供了特别的帮助。

可以通过将帝国安排成宇宙的模样，建构一个小宇宙来实现。[97]

威尔士（Wales）认为，东山文化青铜时代铜鼓的设计证明，东南亚大部分地区以及东南亚岛民"在公元前3—4世纪已经了解到行星宇宙学"。[98] 无论这一推论是否正确，有一点可以肯定，那就是随后的印度化使印度天文知识以及相关的占星知识和图像传入这一地区。这些知识在东南亚广泛用于历法、计时、占星、航海和农业管理，也在建筑、城市规划和国家政治空间安排上发挥指导作用。

各种各样的基于太阳和月亮运动知识的日历与占星历迄今还在东南亚使用。或许大多数日历和占星历上都有插图。有些几乎是照搬印度模式，有些则是在东南亚自行发展起来的。印度及其派生的东南亚（天文）系统都需要证认合适的黄道带星座。东南亚手稿中常包含有占星示图——实际上是在特定时刻重要天体的定位地图，这些示图或绘制或以浅浮雕形式装饰于寺院或其他重要建筑物的墙面上，推测是为了纪念这里曾经举行的朝圣活动的吉日。

《三界论》第9章大约有一半内容专门用于对天文学的精心解释。它是这样开头的：

> 太阳、月亮、行星和众多恒星在铁围山和佉提罗山之间的空间中运行，以有序的方式在各自的轨道上来回运动，我们据此知晓年、月、日、夜，以及学会预测吉凶。[99]

文中还提供识别星座的指南，例如："一个叫作阿湿缚庾阇（*assayuja*）的星座有5个一字排开的宝石形星舍，胃（*bharanī*）星座有3个宝石形星舍，它们排在一起就像炊壶的三个支具。"[100] 手稿插图中的这些示图展示了此类天体之间的关系，并帮助人们识别特定的黄道带星座构形。

尽管占星术很重要，但东南亚似乎从未有过任何形式的、用于精确测量各种天体的位置和经年运行路径的天文观测台，比如萨瓦伊·贾伊·辛格（Sawai Jai Singh）在印度建造的那种。[101] 长期以来，东南亚也没有使用过平面或球状的星盘或其他任何（与印度相当的）复杂天文仪器。尽管如此，据埃德（Eade）称，1048—1287年间的缅甸国都蒲甘曾有过一批带有纪年的铭文，其上以度和分给出了行星的位置，他发现其精度在2—3分之内，几个数据甚至精确到1分以内，但他并没有说明缅甸人是如何达到这个精度的。[102]

东南亚许多地方的证据表明，普通百姓对于自己在宇宙空间中的定位颇具敏感性，他们通常会特别参照罗盘方位，但有时候也参照其他二元指示物，如天/地（同时象征着男性/

[97]　Heine-Geldern, "Conceptions of State and Kingship," 15（注释82），亦见他的"Weltbild und Bauform"（注释56）。海涅-格尔德恩（Heine-Geldern）所举例证与讨论，很多与威尔士更加全面的专著 *Universe around Them*（注释1）是重复的，前者也对后者做了一些补充，偶尔观点相左。

[98]　Wales, *Universe around Them*, 5（注释1）。

[99]　Reynolds and Reynolds, *Three Worlds*, 277–89；引文见第277页（注释57）。也可参阅本书第360—361页出自柏林手稿的未编号彩色图版，这幅图版展示了"星道"和天文系统示图。

[100]　Reynolds and Reynolds, *Three Worlds*, 280（注释57）。

[101]　关于贾伊·辛格，参见 Schwartzberg, "Cosmographical Mapping," 361–67（注释2）。

[102]　J. C. Eade, *Southeast Asian Ephemeris*: *Solar and Planetary Positions*, A. D. 638–2000（Ithaca, N. Y. : Cornell Southeast Asia Program, 1989），7.

女性），上界/冥界（男/女），山（内陆）/海，上游/下游，内部/外部（谈到房屋时），朝向国都/远离国都等。须知，一个人想要在某种特殊情况下正确定位，脑袋里需要装备具有特定内容而又不断变化的心象地图，因为对于某周或某月的某一天适用的星位运行模式，可能在另一天就完全不适用了。深入研究这一问题已超出了本章的范围，但是这一问题应该引起关注，因为这是一个特别有前景的未来研究领域，它可能对我们认识在何种情形下心象地图向有形地图转变这一问题，提供富有价值的启示。[103]

　　除了占星术和其他形式的占卜，东南亚的信仰还包括风水术等受方位影响的宇宙力量的内容。我不知道中国风水系统在多大程度上被东南亚各族群所接受，图 16.24 所示的图形来自缅甸文献，它提供了戒堂选址的规则。这一套规则似乎与风水术相吻合。但这部出版于1967 年的著作本身还存在一些疑问，据说它是巴利文佛典《三藏》的部分译本，后者最初于公元前 3 世纪编定于印度，但印度并没有明晰的风水传统（这段文献出自《三藏》中的律藏，律藏涉及僧人戒律方面的内容）。对于这一矛盾之处，或许可以这样解释：晚近缅甸修订的巴利文文献（这种文献是由许多教派经年累积的众多文献之一）大大偏离了原文，

739

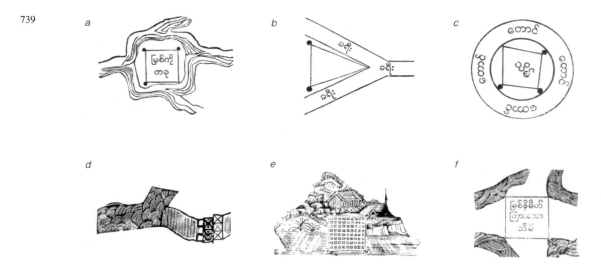

图 16.24　缅甸僧侣戒堂选址规划示范图

这是总共 80 个戒律示图中的 6 个图，每幅图都附有一个简短的文字说明，其中规定了戒堂的选址与禁止的施工形式（如高度），目的在于使戒堂与建造地的自然特征在宇宙空间中相谐统一。例如，a 图的规定称，戒堂必须有四个墙角（图中三个点再加一个点），只能有一个墙角临河。b 图的规定称，建在三岔路口的戒堂必须有三个墙角（大概），其一必须延伸到岔口上。c 图的规定称，建造双圆形的戒堂，可以使用白蚁土堆（但不知如何用以及为何用）来定位戒堂边界。仅仅从样子来看，d－f 图以及其他图的规定似乎涉及在各种类型的地形地貌（光滑的地面、岩石、耕地、丘陵、森林）以及在不同形态的溪流边选址的问题，如靠近圣树、带栅栏或人为设限的地方等。这些示图出自 1967 年版的四种文献汇编集中的某本书，这四种文献是古代巴利文佛教经典《三藏》1863 年修订本的一部分。这个汇编集以缅甸文印行但用巴利语撰写。

---

　　[103]　讨论这一论题的作品有：Geertz, *Religion of Java*（注释36）；H. L. Shorto, "The Planets, the Days of the Week and the Points of the Compass：Orientation Symbolism in 'Burma,' " in *Natural Symbols in South East Asia*, ed. G. B. Milner（London：School of Oriental and African Studies, 1978）", 152－64；and Wales, "Cosmological Aspect"（注释4）。

非经典的《三界论》也是如此。这些示图似乎有可能出自汇编了四种文献的 1863 年新版本，而这四种文献是缅甸敏东国王当年召集的第五次佛教大会的成果。彼时中国的风水思想可能已经在缅甸生根，于是被吸收到佛教戒律中来。[104]

东南亚寺院修建所遵循的原则，也许并不是中国意义上的风水，但其中也包含了与宇宙力量及其所指示的方位相谐统一的理念。而且，这些原则最终以一幅画在地上的图形展示出来，这个图形是一幅由 8 个方形组成的曼荼罗，它代表着宇宙巨人。这一做法沿袭自前面我们介绍和图示过的印度的建筑施工礼仪。由于曼荼罗中包含有印度教诸神中的主要神祇，将曼荼罗图像置于寺院基础内，可以在作为小宇宙的寺院和作为大宇宙的天下间建立起人们所希求的纽带。[105]

与此类似，在规划传统都城时，东南亚君主及其谋臣们十分留意如何与运行于大宇宙的力量相谐统一，以及如何通过宇宙象征彰显其统治合法性。毫无疑问，他们曾经绘制过用于某些都城布局指南的建筑平面图，虽然并不是用于所有都城，但这些平面图都没有保存下来（只有一个例外，就是下一章要讨论的曼德勒平面图）。考古遗存中可以见到这种具有指南性质的平面图，它们往往是一些用石头砌成的巨型宇宙图。国家本身的布局也通常遵循宇宙学原理，尽管就我们所知，并没有此类图示保存下来。海涅－格尔德恩在总论东南亚时写道：

> 有确凿的证据表明，这一地区的国家与王权建立的依据就是宇宙论。此类证据可见于很多文献和铭文。国王、王后和官员的头衔，皇后、大臣、宫廷教士、行省等的"宇宙"式数目。将礼仪、习俗、艺术作品、都城布局与结构、宫殿与寺院放在一起，就会形成一个清晰的画面。这一画面在东南亚比其他地方更加完整，因为在这里，佛教国家和王权的古老形式一直保存到十分晚近的时代。受到伊斯兰教和欧洲的影响之后，东南亚群岛的这一传统才变得晦暗不明。
>
> 在东南亚，都城代表着整个国家，这一点甚至超过欧洲……用建筑形式将都城变成地上的"宇宙"。都城是帝国的写照，而帝国则是各种小宇宙中较小的宇宙。一些古代城市的遗存清楚地证明，宇宙论思想在整个统治体系中都有体现。[106]

因此，在吴哥和其他地方，护城河和人造湖用来代表宇宙河流、湖泊和海洋，规模巨大的雕塑作品通常被用来再造宇宙神话。由于本文篇幅和讨论焦点所限，不能对这一话题展开讨论。这里对宇宙空间及其重心的讨论只是抛砖引玉，感兴趣的读者可以从艺术史家和其他

---

[104] 这里说到的文献汇编是由一位缅甸僧人 Maingkhaing Sayadaw 完成的，书名为 *Withi bbum cañ‵ chan‴ puṃ siṃ‵puṃ*。1967 年版（巴利语写作，缅甸文印制）由仰光 Ū″po‵Ran‵ -Do‵ Co Ran‵为 Ratana‵ wǎdi Pitakat‵书店出版。汇编内的 4 本书分别是 "Wihtē pon"（《心智过程》）、"Bonsin"（从插图判断，这是一部有着宇宙图和部分《阿毗达摩论藏》的著作）、"S‵an-pon"（《论诗》）、"Sein pon sima"（《戒堂建筑》）。此处挑选的示图出自这四个部分的最后一部分（第 161—188 页）。承蒙来自马里兰州蒙哥马利县缅甸佛寺的尊敬的 Kelatha，以及华盛顿特区的 Maung 先生帮助我解读这本书。

[105] Schwartzberg, "Cosmographical Mapping," 378 - 79（注释 2），以及 Wales, *Universe around Them*, 40 - 41（注释 1）。

[106] Heine-Geldern, "Conceptions of State and Kingship," 16 - 17（注释 82）。

学者的大量著作中找到更多的讨论。[107]

最后，我们还应该注意到，国家不仅与佛教宇宙论有联系，也与印度天文学有联系。海涅－格尔德恩在书中还讨论了《新唐书》（编撰于 1032？—1060 年）中的一段话：

> 9 世纪的爪哇国被分为 28 个小国，各国有首领，4 位大臣，32 位官员。这可能源自一种古老的星官体系，28 国对应 28 宿，4 大臣对应 4 个方位神。显然，在这里，帝国被构想成一幅有着恒星与神祇的天上世界的形象。[108]（《新唐书》卷 222 下《南蛮》："王居阇婆城，其祖吉延东迁于婆露伽斯城旁，小国二十八，莫不臣服，其官有三十二大夫，而大坐敢兄为最贵。"——译者注）

附　记

本章提交之后，又发现了一幅重要的柬埔寨宇宙图手稿。这幅未注明日期（可能是 18 世纪晚期或 19 世纪初）的地图色彩明丽，改绘自泰国的《三界论》，用本地纸张做成与泰国版一样的经折装。这件作品收藏于曼谷的泰国国家图书馆。在国家图书馆美术部的条目中，本书为 79 页多插图单行本，题为 Traiphum chahap phasa khamen，由 Amphai Khamtho 译为泰语（Bangkok：Ammarin Printing Group，1987）。

---

[107]　有关吴哥窟的研究，按出版年代顺序，主要有 Henri Marchal, *Guide archéologique aux temples d'Angkor，Angkor Vat，Angkor Thom，et les monuments du petit du grand circuit*（Paris：G. Van Oest, 1928），本书中许多遗址平面图特别有用。George Groslier, *Angkor*, 2d ed.（Paris：Librairie Renouard, 1931），这是一本早期的介绍性著作。George Coedès, *Angkor：An Introduction*, ed. and trans. Emily Floyd Gardiner（Hong Kong：Oxford University Press, 1963），最初出版时题为 *Pour mieux comprendre Angkor*（Hanoi, 1943），这是一本诠释分析著作；Bernard Philippe Groslier and Jacques Arthaud, *Angkor：Art and Civilization*, rev. ed., trans. Eric Ernshaw Smith（New York：Frederick A. Praeger, 1966），书中有精美照片。

[108]　Heine-Geldern，"Conceptions of State and Kingship,"21（注释 82）。

第十七章　东南亚地理地图

约瑟夫·E. 施瓦茨贝格
(Joseph E. Schwartzberg)

引　言

尚存的东南亚非宇宙图存在各种各样的形式，从西马来西亚原住民展示当地微观环境的神秘的无文字地图，到覆盖区域超过 100 万平方公里的小比例尺缅甸地图，再到囊括大半个亚洲、较为粗略的泰国地图。据我所知，现存的东南亚地图没有一幅的年代可以追溯到 16 世纪之前。这些地图在地域上分布得非常不均匀。虽然许多缅甸地图出自少数掸人而非缅人之手，但到目前为止，发现东南亚地图最多的国家正是缅甸（越南的存世地图比缅甸多，但在本册地图史中，我们是将越南作为汉文化区而不是东南亚国家来对待的，见第 12 章越南的地图学）。出自泰国和马来世界的地图相比之下少之又少。在东南亚大陆，就我所知，柬埔寨或老挝没有一幅非宇宙图保存下来。同样，已有的地图史研究中，也没有记录过任何一幅传统的菲律宾地图①。在马来世界的其他地方，如西马来西亚、爪哇和婆罗洲（加里曼丹）曾经产生过地图作品。在谈到海图时，我们会提到苏拉威西岛（西里伯斯），这是后一章的主题。

本章讨论的地图材料不适合任何整齐划一的分析模式，从中也很难发现连续的逻辑关系。我的介绍将从覆盖区域大的地图到覆盖区域小的地图，首先介绍差不多覆盖大半个亚洲的泰国地图（不止一幅手稿中载有这幅地图），接下来介绍国家地图和主要地区的较大比例尺区域地图。首先从东南亚大陆说起，进而到岛屿，然后从涉及广大地域的路线图，转向范围较小的大比例尺乡村位置地图（可在一天内从某个中心位置到达其范围内的各处）、大比例尺城市地图，最后是一幅大比例尺建筑平面图。

一幅包括大半个亚洲的地图

前面关于东南亚宇宙图的第 16 章曾指出，有着丰富插图的泰国《三界论》描绘的地方，虽然大部分属于神话中的圣地，但随着宗教文本的历次修订，它们渐渐地融入泰国人所

---

① CaHos Quirino, *Phippine Cartography* (1320－1899), 2d rev. ed, (Amsterdam: Nico Israel, 1963). 本书引用的欧洲人到来之前的地图，没有一幅源自菲律宾。

知的物质世界。因此，我们发现地图上的河流从颇具神话色彩的印度流到今天的泰国北部地区，而泰国的河流实际上是向南流入泰国湾的。泰国人不可能对中间的几条山系一无所知，他们只是在创作地图时简单地将它们遗忘而已。艺术家似乎有意忽视地理事实，这一点也表现在其他方面，例如在《三界论》中，至少有一条河流，向南流经马来半岛下方的海湾北端，到达今马来西亚边境的北大年（Pattani）地区。这表明东南亚人有使用河流作为视觉纽带来讲述有关地点的故事的习惯。如果事实确实如此，那么地图上显而易见的错误就不能被视为对地理的无知或缺乏制图能力的表征。而且，那些阅读者，已经充分了解手稿中的地理内容，并不会只从字面上理解地图。

　　根据我手头掌握的信息还不能断定，1776 年吞武里手稿之前的《三界论》修订版内是否也有地理地图。我也说不出曼谷和柏林的吞武里手稿以及其他地方更晚的《三界论》中此类地图到底占几个对折页。② 这些地图中，就像我们前面所见的照片，有一些主要与今天泰国境内的地区有关，另一些则超出了泰国的范围。后一种的最佳例子就是图版 36③ 中的地区。地图所覆盖的区域从阿拉伯海（右边），经过印度（第一个大半岛）、孟加拉湾、印度支那半岛（可识别出马达班海湾，但奇怪的是，没有画出马来半岛的狭长形），到中国东部和朝鲜（在大陆远处最左端）。地图左边远离海岸的是一批星云状的岛屿，合在一起像是马来群岛（包括菲律宾）和日本。地图的右半边大致呈三角形的岛屿无疑是斯里兰卡，沿着右侧边界的推测是马尔代夫和拉克代夫群岛（Laccadives）。另外，地图右边边界附近有一个大半岛，几乎可以肯定是属今印度古吉拉特邦（Gujarat）的卡提瓦半岛（Kathiawar）。这幅地图大致上是构想出来的，有人认为它右半部的方向朝南，左半部的方向朝东。

　　沿着几条蓝绿色海岸线标示的有几个省份和很多城市，可以确定其中有泰国的 11 个城市以及湄空河（Mae Klong）和塔钦河（Tha Chin）的入海口。奇怪的是，当时的都城吞武里却没有被标出来，标出来的是不久前被摧毁的旧都大城府。温克（Wenk）认为，能指认的岛屿屈指可数（本书的叙述部分根据温克），如斯里兰卡、爪哇岛和构成日本的四个岛屿。地图左半部分几乎所有岛屿的大小、形状都是相同的，且呈南北走向，但有一个显著的例外，那就是爪哇岛，地图上显示出其北岸的深水港。所有的岛屿都画成黄色，这使人想起古代印度人对东南亚的描述，他们称之为"金州"（托勒密称之为黄金岛）。一些城市和岛屿之间用纤细的赭色线连接，这些连线上不时给出两地之间的距离，用由句表示。由于温克

---

　　② 16 章注释 58 说明了已知的几份《三界论》手稿的年代和收藏地点。

　　③ 克劳斯·温克（Klaus Wenk）在下面这篇文章中以黑白二色刊登了整幅地图："Zueiner 'Landkarte' Sued-und Os-tasiens," in *Felicitation Volumes of Southeast-Asian Studies Presented to His Highness Prince Dhaninivat Kromamun Bidyalabh Bridhy-akorn. . . on the Occasion of His Eightieth Birthday*, 2 Vols.（Bangkok：Siam Society, 1965），1：119 – 22，另见图版。他还在下面这篇文章中提供了一张两个页面的大型彩色插图，展示了与图版 36 相同的区域：*Thailändische Miniaturmalereien nach einer Handschrift der indischen Kunstabteilung der Staatlichen Museen Berlin*（Wiesbaden：Franz Steiner, 1965），图版 XI，说明文字在第 64 页。他在这两篇文章中并没有征引任何早于吞武里手稿的地图实例，也没有将我用来说明本章观点的手稿中大量展示"地理、宇图和神话"的图式视作"地图"。地理学家乌尔里希·弗雷塔格（Ulrich Freitag）在他关于泰国地图学的两篇文章中也没有确认这些地图：Zur Periodisierung der Geschichte der Kartographie Thailands，" in *Kartenhistorisches Collo-quium Bayreuth 82*, 18. – 20. *März* 1982：*Vorträge und Berichte*, ed. Wolfgang Scharfe, Hans Vollet, and Erwin Herrmann（Ber-lin：Dietrich Reimer, 1983），213 – 27；and "Geschichte der Kartographie von Thailand," in *Forschungsbeitrage zur Landeskunde Süd-und Südostasiens*，Festschrift für Harald Uhlig zu seinem 60. Geburtstag, Vol. 1, ed. E. Meynen and E. Plewe（Wiesbaden：Franz Steiner, 1982），213 – 32. 从他所征引的文章，看不出弗雷塔格本人是否知道这些地图的存在。

无法确定若干标注名称的地点，因此他有关地图测绘精度的测试并不是完全可靠的④。由于地图上标明了的这么多的距离，人们推测这幅地图旨在协助导航。但鉴于泰国没有强大的航海传统，这样的推断似乎靠不住。此外，该地图与这套《地图学史》第二卷第一分册有关亚洲各地海图的描述几乎没有任何相似之处。还有，这幅地图出自前面讨论过的宇宙论手稿《三界论》，这一点也不支持这幅地图用于航海的说法。最后，地图标明了两个神话中的地方（主要是岛屿）之间的距离，这种做法在宇宙图上也并不少见，这一点也支持这幅地图并不是为航海而作的这一结论。

在地图右侧和中间的对开页上的醒目之处绘有美人鱼和其他神话中的海洋生物，一艘欧洲帆船（船员正在用望远镜观察）以及黄海中的一艘中国帆船。这些事物强调了这样一个事实：在地图绘制的这一期间，与欧洲和中国的接触改变了泰国人的世界意象。此外，结合其他方面的考量，还可以提出一个问题：即欧洲或者中国地图是否为绘制这幅地图的泰国制图者提供了蓝本？没有证据表明泰国关于地图上大部分地区的知识是独立获取的，也没有明显的证据表明，这张地图并没有尝试像《三界论》中其他册页一样，详尽地表现海岸形状，因此，差不多可以肯定，这幅地图的信息是外来的。由于地图上很少显示远离海岸的地物，因此它最可能的蓝本应该是海图。到 1776 年，该地区可见的欧洲海图已经很多了，制图者应该可能见到它们。在经历了第 16 章所提到的 1688 年事件后，虽然不是所有的西方人都被驱逐出境了，但直到 19 世纪，泰国人才重新感知西方的存在。我所知道的 1688 年以前的地图作品，没有一幅海图以这幅地图的方式表现亚洲海岸的结构。然而，在地图中间和左部连续分布的岛链，确实能使人回忆起被认为出自亚伯拉罕·克列斯克（Abraham Cresques）之手的 1375 年前后《加泰罗尼亚地图集》十二张地图中最东端的那一幅。⑤ 温克在考虑这幅地图可能的来源时，认为它最有可能是以一幅类似于《武备志》中的中国海图为蓝本的。⑥

地图左半部几处醒目的地物可以支持中国蓝本的观点。首先，停泊在中国南海的帆船周围有一些画得很有特点的礁岛，可能表示海南岛、西沙群岛和南沙群岛的浅滩和礁石（对比斯里兰卡左边两处黑色的岛屿，可能是安达曼岛和尼科巴群岛）。其次，地图上所有的港口都是用长方形表示的，在其中一个独特的长方形港湾中画有一个最大的港口，处于印度支那半岛指向中国大陆向东凸出部分的位置上，这就是著名的广州港，这里离海岸凸出处不远。其次，在广州港左边，还有一处醒目的内陆山脉，但地图上并没有与之相类的地物。最有说服力的是一条很大的河流（河岸边有两个内陆城镇），这条大河就是将中国东部一分为二的长江，地图的其他地方也没有与之相类的地物。地图上的印度、泰国和其他印度支那半岛没有一条明确展示为从内地到入海口的河流。最后，这幅地图上海洋的绘制程式具有许多中国地图的特征。由于指向以《加泰罗尼亚地图集》或类似西方地图为蓝本的这一观点的证据看起来与之冲突，我们得想到这部地图集的一个重要的资料来源——《马可·波罗游

743

---

④ Wenk，"Zu einer 'Landkarte' Sued-und Ostasiens，" 121（注释 3）。

⑤ 藏于巴黎法国国家图书馆（MS. Esp. 30）；这幅地图为下面这本书的插图之一：Kenneth Nebenzahl, *Atlas of Columbus and the Great Discoveries*（Chicago：Rand McNally，1990），第 6—7 页，第 8 页有关于东部岛屿的详图。

⑥ Wenk，"Zu einer 'Landkarte' Sued-und Ostasiens，" 122（注释 3）；见本书第 54—55 页《武备志》中的海图。

记》。马可·波罗讲，在远离亚洲东海岸的海洋上有一个巨大的岛链。由于马可·波罗只是不断复述所接受了中国知识，因此，这两种认识之间并没有矛盾。[⑦]

虽然前面讲的是《三界论》柏林吞里武手稿中的亚洲地图，但曼谷国家图书馆的手稿中也有与之大体相同的地图，后者左半部有科德斯（Coedes）所做的图解说明。[⑧] 不过，其中有很多细节与前者有所不同：南海中中国船舶的大小（比柏林手稿画得小一些）、中国东部海域的地物数量和种类更多（进一步支持了中国底本说）、岛屿的数量和排列方式（但没有说明总体形状）、中国内陆山脉的形状、所绘港口以及其他沿海地物的数量。

国家与区域地图

缅甸各邦地图

感谢四位英国官员——亨利·伯尼（Henry Burney，1792—1845）、弗朗西斯·汉密尔顿（1762—1829）、阿瑟·珀维斯·菲尔（1812—1885）和詹姆斯·乔治·斯科特（1851—1935）（伯尼、汉密尔顿和斯科特在缅甸的活动也见于第 16 章），在他们的努力下，我们可以幸运地看到 18 世纪末和 19 世纪缅甸地图的大量资料。此外还有在吴貌貌廷和缅甸历史委员会的丹吞的努力下保存下来的另一些地图。[⑨] 本章不可能讨论所有这些地图，我只选取了一个有代表性的样本来进行说明，并在附录 17.1 和附录 17.2 中简要介绍了余下的地图。在讨论缅甸地图时，我需要经常提及非专业人士通常不熟悉的东南亚的一些地方。图 17.1 为我们提供了这些重要地点的地理位置。

弗朗西斯·汉密尔顿收集的地图

图 17.2 至图 17.6 是 1795 年汉密尔顿作为第一位英国大使迈克尔·赛姆斯上尉的助手，在缅甸逗留八个月期间请人绘制的几十幅地图（参见附录 17.1）的部分副本。虽然汉密尔顿认为这些地图"准确度极差"，但他还是表示，那些请来画地图的人，"能迅速理解我们所需地图的性质，其中一些人，我可以为他们提供有利的职业，使他们的生活很快得到改善。他们在构思和制图时，都倾向于说明所谓远方印度半岛的地理情况。"[⑩] 虽然并不知道是否存在更早的有确切年代的地图，人们可能会认为，早在赛姆斯（Symes）使团之前，缅甸人业已从事着地图制作。如果缅甸人真的像汉密尔顿所说的那样善于学习欧洲地图，他们应该也会从与中国人的广泛接触中，习得中国地图的绘制方法，这可比他们与欧洲人打交道的时间要早得多。因此，缅甸人能为汉密尔顿绘制那么详尽和独具特色的地图，决

---

⑦　上文图 16.22 所示的缅甸宇宙图中也画出了南瞻部洲以南的众多岛屿（出自 Richard C. Temple, *The Thirty-seven Nats: A Phase of Spirit-Worship Prevailingin Burma* [London: W. Griggs, 1906]，facing p. 8），说明缅甸也有类似的认识。

⑧　George Coedès, *The Vajirañāṇa National Library of Siam* (Bangkok: Bangkok Times Press, 1924), pl. XIX.

⑨　我还未能从丹吞那里确定哪几幅地图现在或曾经为他所收藏。

⑩　Francis Hamilton（曾用名为 Francis Buchanan），"An Account of a Map of the Countries Subject to the King of Ava, Drawn by a Slave of the King's Eldest Son," *Edinburgh Philosophical Journal* 2 (1820): 89–95, 262–71，以及图版 X；引文见第 90 页。

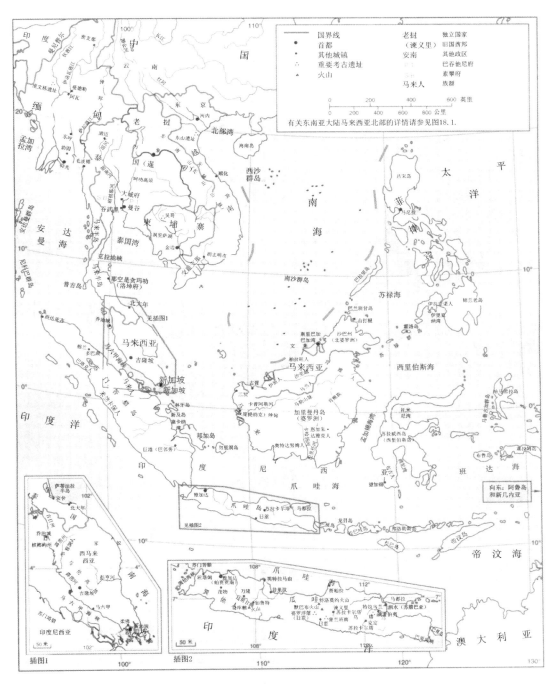

图 17.1　东南亚大陆参考地图

　　这张地图展示了本章中提到的大多数地点、地物和族群的位置。本章后面重点谈到区域地图时，可以找到此处未列出的区域地图。

不能归因于他们接受了欧洲人的任何指导。

　　汉密尔顿于 1820—1824 年间，以 12 篇文章在《爱丁堡哲学杂志》上发表了他收集的　　745
14 幅刻版地图。他发表 1824 年的两篇文章时，这本杂志已改名为《爱丁堡科学杂志》。在
准备刊发这些文章时，汉密尔顿说："我认为发表一些原本地图是很有意思的，这些地图的

比例尺虽然小得不能再小了，却是按原图精准缩小的，跟当地人画的完全一样。"⑪ 以下关于这些地图的讨论，主要是根据他对这些作品的解读。学者们如果查阅伦敦大英图书馆东方和印度部收藏的未发表的汉密尔顿日记，可以更加详细地了解缅甸地图学。

据我所知，原本地图并不是跟这些日记一起找到的，不知那些地图是否存世。有人似乎制作过好几张相当逼真的复制图，而且将地图上原来的缅甸文翻译或转写成英文。后来又有人用墨水或铅笔在上面做过注释，以便帮助人们理解地图所画内容。这些复制地图，有一套被带到欧洲，另一套流到印度总督手中，被亚历山大·道尔林普（Alexander Dalrymple）用作他所绘制的东南亚地图的原始材料。我不知道后来的复制地图是否与新德里印度国家档案馆汉密尔顿收藏中的复制地图是一样的，也不知道印度国家档案馆地图与缅甸原本地图的大小是否相同，更不知道汉密尔顿在发表的文章中讨论过的不在印度国家档案馆收藏之列的地图，如今保存在何处。在看到他的日记之前，我无法提供他在缅甸逗留的那相当活跃的 8 个月期间所搜集地图的确切数目。除了下面将要讲到的地图外，我还要特别提到本章附录中我有所了解的一些地图，特别是附录 17.1 中的地图。

图 17.2 是一幅地图的刊行版，虽然地图上写的是"阿瓦国王之地"，因为缅甸曾被称为阿瓦国，但实际上地图覆盖了东南亚东部一个广阔的、边界模糊的区域。这幅地图是汉密尔顿从一个穷困潦倒的人那里所购地图中的一幅。这个人说，他已经沦落为（缅甸）王储的家奴，债务缠身，委身为仆，但从他的学识与举止看，这个人显然曾经有着相当高的社会地位，而且接受过良好的教育。他向汉密尔顿反复解释了这些地图的性质和摆放方式，以及一些地点的方位和距离。⑫

汉密尔顿并没有讲到这个沦为奴仆的人的族属，但我倾向于认为他是一个掸人，因为这个人所画的其他好几幅地图都与阿瓦王朝的朝贡地区有关，这些区域至今还处于掸人和与之有亲缘关系的泰人居住区之内，现在分属缅甸、泰国和中国。制图者似乎对这一地区了如指掌，但他在绘制缅甸南部的前勃固王朝地图时就没那么自信了，勃固距离掸人主要聚居区相当遥远。

汉密尔顿对地图总体特征的描述非常简洁：

> 在这幅地图中，阿瓦帝国当时的边界以虚线标记，而臣服于它的国家以点化线加以区分。山脉与它们所在的平原用直线表示，山峰则用波浪线表示。这张地图主要用于说明半岛各国家之间的关系和相对位置，轮廓画得很不准确。相对于从南到北的长度，从东到西的范围画得太大了。特别是向南延伸的半岛画得非常狭窄，暹罗湾和马来亚半岛完全没有画进来。[缅甸地图上经常遗漏马来半岛，令人好奇的是，图版 36 中的泰国地图也是如此。] 由于遗漏马来半岛，地图极其扭曲变形，湄公河画得比湄南河还要短。再次，都城北部的 [掸邦] 被拉长了很多……
>
> 地图上的城市用方块表示，帝国都城以一个填有小方块或点的方块表示，朝贡国王子所在地以一个填有十字形的方块表示。⑬

---

⑪　Hamilton，"Map of the Countries Subject to the King of Ava，" 90（注释 10）。

⑫　Hamilton，"Map of the Countries Subject to the King of Ava，" 93 – 94（注释 10）。

⑬　Hamilton，"Map of the Countries Subject to the King of Ava，" 94（注释 10）。

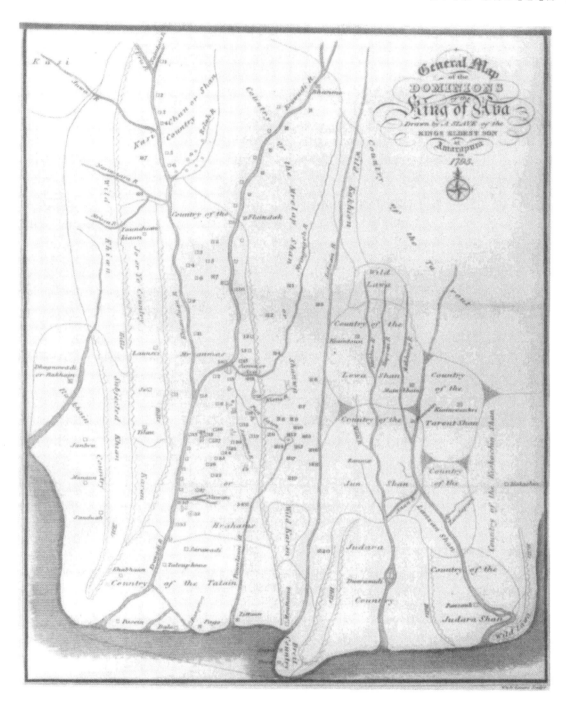

图 17.2　阿瓦王国及其东面的陆上地图

自北向南流经整幅地图的萨尔温江，大致是除了远在南边的"丹老国"（Breit Country）之外的阿瓦国的东界，丹老国指代缅甸向南延伸到丹那沙林海岸的区域。与图版 36 一样，马来半岛并没有被画入地图。该图覆盖区域包括了萨尔温江以东地区，包括湄南河和湄公河，粗略表现了印度—太平洋半岛的非缅人区域。

原图尺寸：25.6×19.8 厘米。

出自 Francis Hamilton，"An Account of a Map of the Countries Subject to the King of Ava，Drawn by a Slave of the King's Eldest Son，" *Edinburgh Philosophical Journal* 2（1820），pl. X.

　　汉密尔顿没有提到他是否建议那位奴仆采用某种制图程式。关于城市，汉密尔顿写道，由于发表时缩小了地图比例，写不下城市名称，他只好用数字表示并列出了与图上 78 处数字一一对应的城市名称，其中 9 个在卡西掸（克钦部落区），15 个属于阿瓦北部缅族区（当时首都阿马拉布拉，有时指新阿瓦），34 个是阿瓦南部缅族区，20 个在中部掸邦（大致相当于今天的掸邦）。[14]

747　　地图东半部包括塔罗特国（Tarout，中国），以认山地部落（加显［Kakhion］生蕃和佤族［Lawa］生番）为主的区域，以及其他泰人族群的领地。"掸"这个词在这里似乎泛指缅族以外的族群，包括卡西（Kasi）掸［处于卡西或曼尼普尔人以西］，洛瓦（Lowa）掸，塔罗特掸，庸（Jun）掸［首都在清迈（Zaenmae）］，阿瑜陀耶（Judara）国（Ayuttāya，暹罗本土），澜沧（Lanzaen）掸（老挝）。这些国家的东边还有阿瑜陀耶掸国（柬埔寨，当时是暹罗属国）和交趾支那掸国。交趾支那有一处"生佤族山"（Wild Lawa Hills），山名令人费解，应指安南山脉（Annamite Cordillera）。再向外就是中国南海。西南边的若开（Rakhain）国指位于孟加拉湾的阿拉干（Arakan）国。西北方有"Jo"或"Yo"country 以及"Wild Khiaen"，指缅甸本土和印度之间钦族（Chin）部落区。南边是马来半岛，如上所述，它没有画入地图，但地图上所画"Briet country"的两个城镇"Dawae"和"Breit"提示了马来半岛的存在，它们分别指土瓦和丹老。地图最西北的一个点是"Main Ghain"的卡西掸城（地图上的 1 号），我认为就是今天的孟关。

　　如果对这些地方的识别是正确的，那么这幅地图的覆盖范围就是从大约北纬 12° 到北纬 27°，东经 92° 左右到东经 108°。在 1795 年，一个人能掌握如此广阔区域内的知识，而且能将这一区域在地图上描绘得大致无误，说明掸人或缅人有过一个非常发达的地理知识传统，很可能他们也曾有一个与之相应的发达的地图学传统，只是没有 1795 年以前的地图留传于世而已。值得注意的是地图产生的背景，这幅表现作为缅甸属国的卡西掸的地图，被英国拿到手后，经由英国派往阿瓦朝廷的大使亨利·伯尼（Henry Burney）的建议，作为权威证据，用于支持缅甸于 1832 年索回第一次英缅战争后根据 1826 年《杨达波条约》（*Treaty of Yandabo*）划归曼尼普尔的某些领土。[15]

　　图 17.3 是汉密尔顿委托一位在阿马拉布拉的东吁当地人帮他绘制的一幅缅北地图的缩图，后者是缅甸政府中一位高级公务员。这幅地图的绘制方式进一步证明了一种本地制图传统的存在，如用波浪线表示山系，用各种树木和草地符号表示植被，这种方式与欧洲或中国地图全然不同，[16] 但是从后来一些缅甸本土地图中，我们看到了与之呼应的风格。东吁，制图者的家乡坐落于下缅甸的锡当河（Sittang River）之滨，离图中所绘一些较大的区域相距数百英里，这一点进一步证明绘制者有能力采集和内化地理知识并将它们绘制成精确的地图，使熟悉所描绘区域地理的人一眼就能识别地图内容。

　　在汉密尔顿看来，这位制图者"并不像给我那幅总图（图 17.2）的那位奴仆一般聪

---

⑭　Hamilton，"Map of the Countries Subject to the King of Ava，" 95（注释 10）。

⑮　W. S. Desai，"A Map of Burma（1795）by a Burmese Slave，" *Journal of the Burma Research Society* 26，No. 3（1936）：147 – 52.

⑯　对这幅地图的刊行及其出处的介绍见：Francis Hamilton，"Account of a Map of the Country North from Ava，" *Edinburgh Philosophical Journal* 4（1820 – 21）：76 – 87，以及图版Ⅱ，特别是第 76 页。

敏"，他并不是一位经验丰富的制图师，从他绘制地图的方式可见一斑：

> 他一开始绘制地图就与我估计的一样，有点毛手毛脚。他从某个地方开始……沿着某个方向，逐一在路线上标上地点，后来纸上地方就不够了。他不得不让线条转个弯，直到画完整条道路。然后他又回到起点，开始画第二条道路，采用相同的方法，如此反复直到画完所有想画的内容。因此，远处的区域往往严重扭曲变形。但是他很卖力，反复修改，最后完成了现在我们看到的这幅地图。⑰

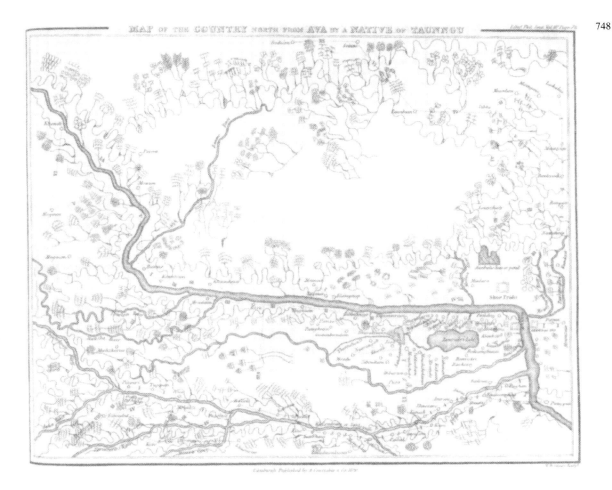

图17.3　北阿瓦地图

地图上方为东，那时的都城为（新）阿瓦，即离今天曼德勒不远的阿马拉布拉，它位于接近地图右边空白处的伊洛瓦底江拐弯处。这幅地图上最有特点的地物是绘有大量细节毕具的植被，这一点与其他缅文地图相同。

所刊地图尺寸：19.3×23.8厘米。

出自 Francis Hamilton，"Account of a Map of the Country North from Ava," *Edinburgh Philosophical Journal* 4（1820 – 21），pl. Ⅱ。

---

⑰　Hamilton，"Map of the Country North from Ava," 76（注释16）。

河流体系构成了将地图要素关联在一起的总体框架，地图的各个组成部分很容易从现代地图上识别出来。其中最为醒目的当然是伊洛瓦底江（Irrawaddy）和它右岸的主要支流——钦敦江（Chindwin，"Khiaenduaen"）。伊洛瓦底江向东北屈曲（而不是一直向北），这样画是为了留出填写 Khandi 镇（左上方）的空间，这个镇对应今天什么地方不是很确定，也许是密支那（Myitkyina）。地图上另一些醒目的地物还包括伊洛瓦底江西边的两个湖，虽然它们的面积被夸大了，但很容易从现代大比例尺地图上找到；Aunbreælæ Kun，这是一处水面绘有莲花的池塘，位于 Shue Prido（阿马拉布拉）东边；当时或从前的都城，每一个都以双线方框表示，包括 Shue Prido、Ava（阿瓦）和 Zikkain（实皆）。其他聚落都是用小圆圈表示的。汉密尔顿对植被符号的解读存在问题。他说："有理由认为，（制图者）为每一种植被安排了一个恰当的符号，尽管对于植物学家来说，它们之间可能有很大的不同……特别要提到的是表示茶树的符号，茶树自发生长于半岛的许多地方。"[18]（但我并不清楚哪几种植被符号表示茶树）

与汉密尔顿收集的其他大多数地图一样，这幅地图还有一个重要的特色，就是会在两个地名之间注明二者之间的距离，或者用行程所需天数（标为罗马数字）表示，一些较短的里程用缅甸里格（dain）表示，1 里格相当于 2.2 英里，也标为阿拉伯数字。[19] 通过对比地图上的直线距离与行程时间，我们可以对地图上一部分相对于另一部分的比例失真程度有所了解。总体而言，离阿马拉布拉越远，比例尺就变得越小。汉密尔顿显然并不关心各地点之间的实际路线；相反，各地点之间的连线是用直尺画出的虚线表示的，这当然不是绘制者所为，而是汉密尔顿自己添加的。这就提出一个问题：汉密尔顿到底是怎样介入地图绘制过程的？介入程度又有多深？我们在解读这些被他做过改动的地图时，需要十分谨慎。

很显然，刚才讲到的这位制图者在为汉密尔顿绘制作为前面那幅地图的补充的阿马拉布拉以南的缅甸地图时，汉密尔顿在其中发挥了重要的影响。据汉密尔顿说，这幅缅南地图，与缅北地图"风格迥异，编绘时略掉树形符号，因为我告诉他这些符号与其说有装饰作用，不如说是累赘"[20]。（因此我们也许可以推断，在接下来为汉密尔顿制作的地图上，植被符号的缺席或减少有违缅甸制图者囊括这一重要景观元素的初衷，表现只是这位英国收藏家的意望，只有用这种方式他才能最为快捷地得到一幅有用的地图。）虽然我并不会展示和详细讨论这幅地图，但我还是想指出，在汉密尔顿对这幅地图的描述中似乎存在欧洲人在解读东南亚水系时所存在的一个相当普遍的误解：

> 这幅地图上所展现的这个国家（缅甸）最为显著的特征之一是，尽管其地形并不平坦，石质缓丘起伏，许多地方还常常升起为绵延的高山，尽管海拔不高，但地图上河流频繁交汇，就像地形平坦，完全没有岩石地貌的孟加拉低地一样。[21]

[18]　Hamilton，"Map of the Country North from Ava，" 76 – 77（注释 16）。

[19]　Hamilton，"Map of the Country North from Ava，" 77（注释 16）。

[20]　Francis Hamilton，"Account of a Map Constructed by a Native of Taunu，of the Country South of Ava，" *Edinburgh Philosophical Journal* 5（1821）：75 – 84，以及图版 V，引文见第 75 页。

[21]　Hamilton，"Map Constructed by a Native of Taunu，" 75（注释 20）。

汉密尔顿认为，他复制和出版的地图与另一些他赠送给人的地图一样，都格外注意表现河流交汇的情况，这一点的确是对的。但他认为地图展示的水系是非常可信的，这一点却并不正确。虽然汉密尔顿掌握了大量伊洛瓦底三角洲的一手资料，关于河流交汇情况的介绍也大体无误，但他过于相信地图上所绘伊洛瓦底江和其东锡当河之间，以及伊洛瓦底江中游，锡当河与萨尔温江之间的连接线了，萨尔温江在更东边，与伊洛瓦底江之间横亘着一片群山。绘图者在描绘两个不同流域的主要河道时，常以双线表示河源附近的河道，使其穿越分水岭，然后再向下延伸到另一条河流源头附近的河道。刘易斯所介绍的美国原住民在绘制某些地图时也是这样处理的。㉒ 我后面讲到其他几幅区域地图时还会提到对这种缅甸制图习惯的误解，其中包括一些 19 世纪末期制作的地图。

要了解汉密尔顿对一幅或多幅缅甸地图的最终面貌影响到底有多大，让我们看一幅掸文地图，并将它与图 17.4 和图 17.5 中的地图进行对比，后两幅地图是专门为这个被称为庸掸的族群所建立的国家而绘制的，地图的重心在今天泰国北部的清迈，邻近缅甸的掸邦和老挝，当时这个国家是缅甸的朝贡国，据汉密尔顿估计，其范围大约有 46000 平方英里。虽然相对距离和所覆盖区域很不一样，但两幅地图上很多地形要素的吻合度还是一望而知的。我将要讨论的第一幅地图是汉密尔顿在得到亚洲总图后不久获取的，但“这幅（第一幅）地图上没有标明里程，他（那位奴仆）应我之请，制作了第二幅地图并在其上标明了里程而且改变了绘制方式”。㉓

大部分的变化十分明显，也有很多人提到过了，如地图的方位从东向变成了北向，省略了所有对植被的描绘，压缩了三座原本突出表现的寺院（包括著名的七塔寺），但值得注意的是，第一张地图上出现过的大量城镇［朝西边的萨尔温江，朝暹罗边地和 Kiainroungri（今地未知）以及湄公河东边］。在第二幅地图上被省略掉了，因为绘图者想不起到这些城镇的距离或者城镇之间的距离。看得出第二幅地图试图使比例尺更好地保持一致，但似乎并不太成功。因此，据说离清迈只有 6 里格（约 20 公里）的 Sinhoun（南奔），却画得比 Anan（不知是今天什么地方）远得多，后者据到清迈有 3 天的路程。㉔ 与第一幅地图相同，第二幅地图虽然也稍作努力，想表现河流的实际流向，而不是像第一幅地图那样只画出大致的南北向流向，第二幅地图并没有仔细描绘这一地区令人眼花缭乱的相关水系，但从其上众多交汇的支流与蜿蜒的河流可以看出这一特征。

第二幅地图极西处的是萨尔温江，而据说第一幅地图上的萨尔温江画在地图左侧的空间处；所有人都清楚地知道画在地图中央的是湄南河，东边是湄公河。第二幅地图称可以通

㉒　G. Malcolm Lewis，“Indian Maps，” in *Old Trails and New Directions：Papers of the Third North American Fur Trade Conference*，ed. Carol M. Judd and Arthur J. Ray（Toronto：University of Toronto Press，1980），9－23，特别是第 19 页。

㉓　Francis Hamilton，“Account of Two Maps of Zaenmae or Yangoma，” *Edinburgh Philosophical Journal* 10（1823－24）：59－67 以及图版Ⅲ；引文见第 59 页。

㉔　Hamilton，“Two Maps of Zaenmae or Yangoma，” 61（注释 23）。

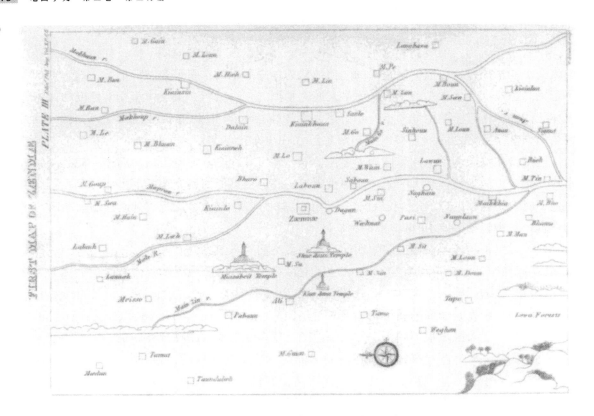

图 17.4　以今泰国北部清迈为中心的大区域地图

这张地图与图 17.2 和图 17.5 都由同一个奴仆绘制。这是原版地图的复制图。请与图 17.5 进行比较。

地图尺寸：12.2×16.8 厘米。

出自 Francis Hamilton，"Account of Two Maps of Zaenmae or Yangoma，" *Edinburgh Philosophical Journal* 10（1823 – 24），pl. Ⅲ。

航的 Anan 河（我认为是今湄南河）连接着湄南河和湄公河，而实际上并没有一条河流连通二者。这是将地图上的河流符号延伸到河流实际范围之外的另一个例子，河流翻越了分水岭，继续与另一条河流的河道相连。

总的来说，解读图 17.4 和 17.5 中的地图，对于非专业人士来说真不容易，因为缅甸以外的地名采用的是 18 世纪晚期所用缅文的过时的英译。根据汉密尔顿给出的地名读音根本无法从现代地图上找到与之对应的泰国地名。

在汉密尔顿收藏的大批地图中，我要考察的最后一幅区域地图是一位在阿马拉布拉的丹沙那林土瓦城（Tavoy，"Dawae"）本地人为他绘制的（图 17.5）。地图所覆盖的南北距离约为 350 英里，从 "Mouttama"（马达班）到 "Breit"（丹老），但那时的土瓦省以外的北部区域画得不如土瓦本身完备，该省的边界是用虚线表示的。这幅地图最大的特点也许是它变化的视角。虽然根据地图上地名的书写方式，绘图者好像打算使地图朝北，但起初在缅甸纸上用皂石笔所绘草图，由一位穆斯林（Mahommedan）画家转绘到欧洲纸上后，就看不出绘图者的意图了。

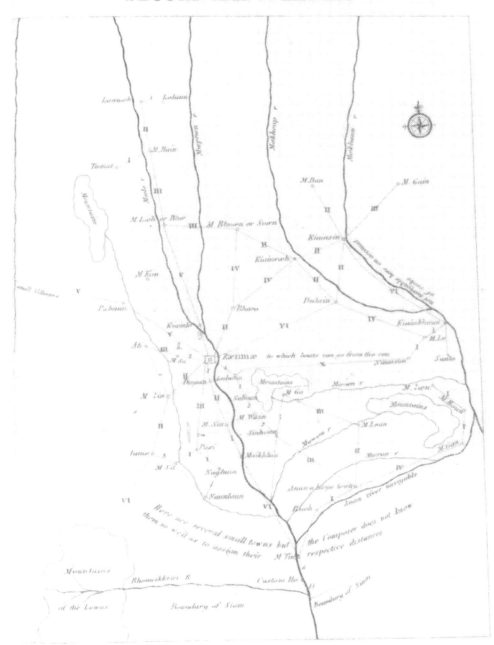

图 17.5　以清迈为中心的地图的修订版

　　这是吸取批评意见后改进重绘的图 17.4 所示地图。这一版将标有名称的地点两两连缀成直线并在其上标明旅行所需天数。两幅地图西南角都有 Lawa 这个山地部落的名称。湄公河与其他河流大致平行，似乎通过 Anan 河与湄南河的西北支流 Maepraen 河相连，但实际情况并非如此。

　　所刊地图尺寸：16.6×12.2 厘米。

　　图片出自 Francis Hamilton，"Account of Two Maps of Zaenmae or Yangoma，" *Edinburgh Philosophical Journal* 10（1823 – 24），pl. Ⅲ。

752

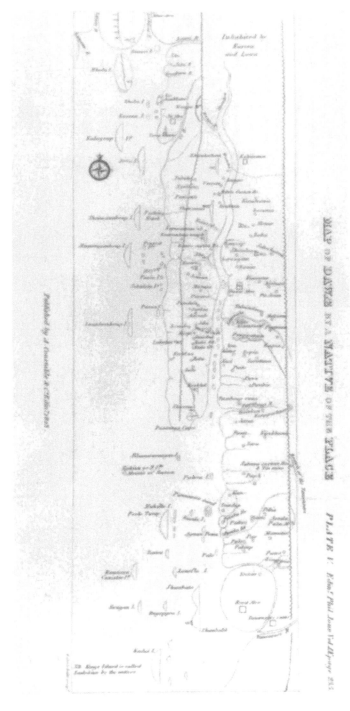

图 17.6　阿瓦丹那沙林海岸局部地图

　　这幅地图最初由土瓦当地人为弗朗西斯·汉密尔顿用皂石笔在本地纸上绘制。从北部的马达班（Mouttama）到南方的丹老（Breit）和国王岛（king Island），南北距离不到 475 公里。这幅地图和许多其他缅甸地图共有的特征性地物是一些以正立面表现的高山和宝塔。它们远离视线，故可一览无余。

　　已发表地图的尺寸：24.3×7.6 厘米。

　　出自 Francis Hamilton，"Account of a Map Drawn by a Native of Dawae or Tavay," *Edinburgh Philosophical Journal* 9 （1823），pl. Ⅴ。

罗马字的名称是汉密尔顿自己添加的，"好似他事先准备好了一份清单"㉕。名称之外，许多地物都是以简化的正立面表现的，以一种当地人最常见的朝向。因此，靠近地图东缘、构成丹那沙林中脊并作为与暹罗分界边地的一长串山地是朝向东边的，而横穿北边大半岛，占据地图三分之二长度的山峰是朝向西边的，取的是从中部偏北的土瓦向西的视角，岛屿的朝向与之相同，取的是从大陆朝马达班海湾观看的视角。佛塔多建于山顶，远离地图中轴线，或朝东或朝西。地图提供了相当详细的有关定居点的资料，同许多其他缅甸地图一样，用方块表示城镇，以区别于用圆圈表示的村庄。其他内容还包括粗略的水系和杂七杂八的有用信息，如暹罗边界上的一处海关和一处锡矿，还标出了非缅甸民族的地标以及一些沿海水文情况。

英国吞并上缅甸之前的缅文和掸文区域地图

在所有已知现存的缅甸传统地图中，最大也是最古老的一幅地图涉及 1752—1760 年间，动荡不安的雍籍牙（King Alaungpaya）国王统治时期发动的针对曼尼普尔的某次军事行动，几乎可以肯定是 1758—1759 年由国王亲自指挥的那次战役。这幅详细的地图覆盖了整个曼尼普尔河谷（Vale of Manipur）的曼尼普尔邦及其周边的印度东北部和缅甸北部（图版 35）。这幅由两块布（可能是印度薄细布）缝制而成的地图，于 1928 年由剑桥大学圣约翰学院的尤尔（G. U. Yule）赠予伦敦的皇家地理学会（Royal Geographical Society）。尤尔在自己的家庭财产中发现了这幅地图。推测这幅地图是由他的叔叔亨利·尤尔爵士（Sir Henry Yule）1855 年陪同英国使团出使阿瓦宫廷时获取的。㉖ 尤尔请一位缅甸文讲师（可能执教于剑桥大学）A. G. 库克（A. G. Cooke）来研究这幅地图。库克试图将地图上的地名、河流名与印度测绘局所绘地图进行对应，结果喜忧参半。库克认为，绘制地图的人可能并没有参考地图上所描绘的这次远征，不然他应该了解边境城镇 Tammu（今塔姆），曼尼普尔人就是这里开始向缅甸渗透的，但库克看到，地图上的 Tammu，没有画在 Yu Yabwe River 边，而是画在下方这条河与钦敦江交汇的地方。他因此得出结论，画家"可能是半靠传说，半靠直觉"来绘制这幅地图的。㉗ 然而，地图上并没有标出钦敦江，库克很可能是将与之拼写相近的 Nantwee 误作钦敦江了。库克还说"地图上画的路线就是国王雍籍牙……（1750 年前后）实际走过的"，这段话使人们怀疑他的专业水平，因为 1750 年之后两年雍籍牙才登基，这个年代比他率领的远征早了 8 年。㉘

相同区域的第二幅地图，带有同样的缅甸风格，也与缅甸的这次入侵有关，但是地图上的文字全部用英文写成，后来成为伦敦皇家英联邦学会（Royal Commonwealth Society）缅甸藏品的组成部分（具体见图 17.7）（在后面的讨论中，我将分别简称这两幅地图为 RGS 和 RCS，即皇家地理学会地图和皇家英联邦学会地图）。直到 1984 年，人们对 RCS 地图的内容

753

㉕ Francis Hamilton，"Account of a Map Drawn by a Native of Dawae or Tavay," *Edinburgh Philosophical Journal* 9 (1823)：228–36，以及图版 V；引文见第 228 页。

㉖ G. U. 尤尔 1928 年 1 月 20 日写给皇家地理学家秘书处的信件。

㉗ A. G. 库克手写的笔记，日期为 1928 年 1 月 19 日。

㉘ 库克手写的笔记。库克的判断可能受到他所得知的与该地区河道有关的英缅外交争端的影响。下文我还会提到这次争端。

的认识都不够，地图上的一条附注错误地认为地图描绘的是萨尔温江畔的一个区域，而实际上它远在曼尼普尔的东方。皇家英联邦学会于 1921 年获得 RCS 地图和伯尼的其他收藏。这张地图绘于纸面，比与之对应的 RGS 地图要小得多，有人根据这一点认为这幅地图是复制品。由于伯尼有可能是在他 1829—1837 年以英国大使身份逗留缅甸时得到这幅地图的，因此，我们将 RGS 地图的起迄年代定为 1759 年和 1837 年，而将 RCS 地图起迄年代定为最有可能的 1829 年和 1837 年。

　　不知是否曾有比这两幅地图更早的地图，如果有，它们可能是实地测绘并用来作为我们正在讨论的地图的蓝本地图。考虑到缅甸与它从前的朝贡方曼尼普尔所存在的长期关系，以及在第一次英缅战争之前业已有过缅甸军事地图（下面会讨论到），这个猜测是完全有可能的。而且，缅甸曾经有过系统收集地理情报，以服务于征税和人口调查之需的历史，为此绘制地图对他们来说应该相当容易。例如，在国王孟云（Bodawpaya）1781 年登基不久曾下令进行一次税收普查，这次普查的结果被编制成册，人们称之为《缅甸末日审判书》（*Burmese Domesday Book*）。㉙

　　具体到西北边境争端，值得注意的是 1829 年到 1832 年的这几年。1829 年，伯尼第一次到达阿瓦（阿瓦于 1823 年再次成为缅甸首都，直到 1837 年）。大量外交函件记录了这一争端。㉚ 在函件中，缅甸征引了很多地图、税收调查报告和其他支持其立场的文件。这些文件的年代可以上溯到缅甸国王明恭二世（Minkhaung Ⅱ，1481—1502）在位时期，据说那时曾编制了一份掸国编年史以确定边界线，这一编年史非常详细，从 9 个方位界定了曼尼普尔的领土范围，这 9 个方位可能指"四个正方位加上四个次方位，再加上中心点"。㉛ 遗憾的是，缅甸文献中提到的这些地图没有一幅标有年代，也没有一幅曾有过详细的描述使我们能够明白无误地将这两幅地图与之关联起来。这种情况下，值得关注的是缅甸人不满于英国人关于缅甸人对于自己所绘边界（1829 年）"过度自信"的评判。他们断言，"我们绘制地图的一贯做法是，用粗线条表示河流，用较细的线条表示溪流"；他们提到长期以来代表缅甸政府在边境地区执政的官员（*myetaing*，土地收入评估师）；他们承认缅甸送给加尔各答用于支持其诉求的地图由于绘图师出错未能正确显示有争议的河流；他们还提到 1767 和 1783 年在边境地区所做的税收调查；他们还收集过一幅关于缅甸和印度之间通过安村关（An Pass）的简略路线图以及缅甸地图上有争议的河流 Nantwee，缅甸人认为这条河流是实际存在的，而英国人则认为是虚构的。㉜ 在所有地图中，如此表现"Nantwee"的是 RGS 地图和 RCS 地图；不管现在这条溪流叫什么，它的确是钦敦江和今天缅甸和曼尔普尔边界之间不多的几条溪流之一。有一幅类似的地图（可能不是图版 35 中的那幅地图）于 1828 年 3 月被携往钦敦江边的英国邮政所，地图上画有"一条名叫 Ningtee 的大河，它从嘉宝谷地（Kabaw Valley）西流，他们声称这条河就是缅甸和曼尼普尔的真正边界"，但是彭伯顿中尉（Lieutenant Pemberton），一位定居于缅甸的英国官员，亲自调查过这一地区，声称这幅缅甸地图是伪造

754

㉙　Daniel George Edward Hall, *A History of South-east Asia*, 3d ed.（New York：S－. Martin's Press, 1968），585.

㉚　下文翻译和谈论了其中的许多缅文函件，见：Thaung Blackmore 翻译和讨论的大部分缅甸文信函见于：*Catalogue of the Burney Parabaiks in the India Office Library*（London：British Library, 1985）。

㉛　Blackmore, *Burney Parabaiks*, 69 n. 3（注释 30）。

㉜　Blackmore, *Burney Parabaiks*, 61, 62, 68, 82, 85, and 89（注释 30）。

的，他断言，Nigntee 河只是钦敦江的当地名称。[33] 1832 年，在伯尼的敦促下，英国将嘉宝河谷从曼尼普尔手里归还给了缅甸。总之，根据 1826—1832 年间英国人对这一地区存在浓厚兴趣这一点，RGS 的曼尼普尔地图极有可能就绘制于这一时期，而伯尼的 RCS 地图则可能绘制于 1829—1832 年之间，也有可能晚至 1837 年。

　　这两幅地图的风格明显是非欧式的。虽然 RCS 地图几乎可以肯定是从 RGS 地图复制而来（除非两者出自第三幅源图），但它在复制过程中被稍稍简化了。RGS 地图中的山脉和山系呈现的是非常自然的黑色和淡紫色，而在 RCS 版本中，它们被涂上碧蓝色，可能由于地方不够，省略掉了好几处小型山脉。在这两幅地图上，山峰通常指向远离缅甸的西方，但也不总是这样。所有的山系顶部都带有树木标示，显示森林的存在。树木在 RGS 地图上以浅灰色表示，但 RCS 复制图上以更大胆的程式化绿色来表示。这两张地图都强调湖泊和溪流，并以蓝色编织纹来表示，但 RCS 地图中的湖泊形状稍微简化，并没有如实体现 RGS 版本上的湖泊形状。由于 RGS 地图尺幅较大，有足够的空间画出表示河流的椭圆形漩涡纹，每条河流上常常纹画好几个。地图上河流的特点是，没有一条画的是从曼尼普尔河谷（占地图西边部分三分之二）流出，而且地图上可以确定为曼尼普尔河的河流，与现代地图上一样从北部山区流向南部山区，并不与"大湖"（"Loup Tait"）相通。它在曼尔普河谷的实际出口画得隐晦不清。地图北部中央有两个云雾状地块，可以确认为稻田，RGS 地图将其显示为黄褐色，而 RCS 地图上则显示为水绿色。

　　两幅地图上表示定居点的方式相似。绘图者显然想表现出不同的层级。RCS 地图上所有的定居点（其他地物也是一样）都用红墨水画出轮廓。靠近边境的两个地方（其一是塔姆镇，用栅栏标注）用双线方框表示；另外 8 个城镇（6 个在缅甸，2 个在曼尼普尔）用单线方框表示，方框四边各有一个表示城门的缺口；其他的定居点（RCS 地图上所画定居点，122 个在曼尼普尔，47 个在缅甸）都用小方框或长方框表示。两幅地图上，缅甸的聚居地都用黄色表示，而曼尼普尔的聚居地，RGS 地图用淡紫色或黄褐色表示，RCS 地图仅用红色表示。虽然 RGS 地图用两种颜色表示定居点，但用淡紫色表示的可能是印度化的曼尼普人所居村镇，而黄褐色表示的则是由尚未归化的那伽部落所占据的地方，后者在当地占大多数。地图上的缅甸部分还画有二十多座宝塔，均展示其正立面，塔顶均指向西方。这一景观与曼尔尼普形成鲜明对比，后者只在都城因帕尔（Imphal，地图上叫"Munipura Myo"）画有一座印度寺庙。

　　缅甸塔的塔顶有时会飘扬着一面三角旗，其象征意义不明。在后来的缅甸地图上，三角旗是军事哨所的标志，但这里放在塔顶的三角旗，其含义应该与之不同。另一方面，在后来的定居点中，既可以看到宝塔，也可以看到哨所。

　　两幅地图关注的焦点是雍籍牙的军事行动，其关键部分如图 17.7 所示，入侵路线以黄色虚线标出。在离曼尼普尔不远处，可见两条表示敌对双方阵列的平行直线。缅甸阵线上的事物，与地图上其他缅甸地物一样，都用黄色表示，在 RCS 地图上写有"Alaungphra's use of great mud defence"。曼尼普尔阵线上的事物，在 RGS 地图上用淡紫色表示，RCS 地图上

──────────

　　[33]　Daniel George Edward Hall, *Henry Burney：A Political Biography*（London：Oxford University Press，1974），186；另外，第 214 页还有详细说明。

用红色表示，与其他定居点的颜色一致，并写有"Kelzein Munipore mud defences"。缅甸的入侵线路继续向前延伸，突破了曼尼普尔的防线并最终到达曼尼普尔首都，意味着缅甸人不仅取得了战斗的胜利，而且紧接着占领了敌方领土。这两幅地图的特色似乎旨在使缅甸对曼尼普尔的领土诉求合法化。

我不能说这两幅地图试图对这一地区及其发生的事件作出了合理和客观的描述，或者是否炮制地图的一部分以证明缅甸在对英外交事务中的立场。和库克在 1928 年所做的一样，我试图将地图的内容与该地区现代地图的内容进行关联时，也是喜忧参半，但我的注意力主要集中在地形因素上。总的来讲，这两幅地图传达出一种良好的地方感，它对曼尼普尔的描绘包括：山脉谷地，覆盖森林的山峰，湖泊众多的河谷，西南有拉克塔克，东北有几个较小的湖泊，主要呈南北走向的相当复杂的水系，这一切都符合当地的实际情况。但在试图追溯个别河道时，读者很快就会遇到困难，而且，将地图上的缅文或掸文地名与现代地图上看到的曼尼普尔、那伽和钦等地名一一对应，这对外行来说有着不可逾越的障碍。这样我们就容易理解，为何 19 世纪早期的英国读图者会认为这样的地图是伪作，虽然它们如此写实。人们很可能对为汉密尔顿制作的许多其他地图也会如此率尔轻断，而这些地图在大多数情况下都是非常符合实际的。如前所述，与曼尼普尼有关的地图非常之多，它们与下面要讲到的图 17.38 中的早期军事地图相比，对包括颜色在内的制图符号的运用是相当老练的。这些地图可以作为缅甸地图学史研究的典范。也正因为如此，我们就不必要再以同样详尽的笔墨去讨论其他许多与此类似的 19 世纪缅甸制作的地图了。

尽管不难发现亨利·伯尼对缅甸地图很感兴趣，但我们找不到关于他阅读和使用过的那些地图的明确记录。在出任驻阿瓦宫廷大使之前，他曾绘制过一幅"集驻交趾支那缅甸大使馆主要人员和欧洲权威人士知识于一体的大型阿瓦帝国暹罗和交趾支那地图"。那幅地图上标有"加尔各答，1824 年 10 月 22 日"。几乎可以肯定的是，地图整合了备制汉密尔顿地图所用的各种来源不同的地图资料。伯尼还备制过一幅马达班、土瓦和曼谷之间的路线图，并附有一条说明："这张草图是根据当地缅甸基督徒和暹罗旅游者作为家居陈设的地图绘制的"。此外，在伦敦皇家联邦学会图书馆还有另外两幅显然也属缅甸风格的地图，系伯尼从原件中复制。他在阿瓦得到的地图原件现在大概是看不到了。[34] 后面将会讨论到这些地图和其他一些地图，另外可参见附录 17.2。

在存世的缅甸区域地图中，有一幅带有缅历 1183 年/公元 1821 年的日期，绘制于伯尼到达阿瓦之前。这幅布绘地图是大英图书馆东方和印度部收购的三幅掸地地图中年代最早的一幅。移交信是 L. A. 戈斯写的，日期为 1907 年 2 月 26 日，信上讲，这三幅地图都是为缅甸政府绘制的，购于 1885 年英国占领上缅甸之前。[35] 这幅绘制于 1821 年的地图涉及许多掸族土司（sawbwas）中的两个，即孟昔（Maing Tsait）和孟本（Maing Pone），当时缅甸试图保持对它们的控制。地图上有定居点和水系的详尽细节，许多方面与曼尼普尼地图相

㉞ 所有这 4 幅地图都列入了由埃文斯·路易斯（Evans Lewis）、帕特里夏·赫伯特（Patricia Herbert）和 D. K 怀亚特（D. K. Wyatt）编撰的皇家英联邦协会伯尼文件的附录，见 Blackmore, *Burney Parabaiks*, 101 – 18，特别是第 104 和 117 页（注释 30）。

㉟ 我非常感激大英图书馆东方与印度部的帕特里夏·赫伯特，她协助我解读了这三张地图以及上文提到的伯尼收藏中的那些地图并释读了地图上大量的文字说明，我才得以确定地图表现的地理情况并对其内容作简要的概述。

图 17.7　1759 年缅甸与曼尼普尔之战的战场以及随后 1759 年缅甸入侵因帕尔的路线

　　这里显示的区域是地图的一小部分，似乎是从图版 37 中的地图复制而来，但是绘制于纸面并且尺幅缩小了许多。这张复制图保留了传统的缅甸风格，但地图上的文字完全是英文，其年代大概可以追溯到 1829—1837 年，很可能是时任英国驻缅甸大使亨利·伯尼为搜集情报而下令绘制的。总的来说，复制图非常忠实于原图，尽管详细程度稍逊。此图中的地图方向为东，与图版 35 一致。与原图一样，这张地图上与缅甸有关的地物用黄色表示，与曼尼普尔相关的地物用红色表示，缅甸的入侵路线用黄色虚线表示，但没有画出敌方军队的行军路线，两军的战线以各自的颜色展示。

　　原图尺寸：34×47 厘米。经伦敦皇家英联邦学会许可（Royal Commonwealth Society, London, Burney Collection, box XV, fol. 9, map C）。

似，例如，用平行于地图布边的线条表示山系，地图符号所采用的颜色和类型也类似。

　　东方和印度部收藏的另外两幅地图的军事意义是毋庸置疑的。其中之一的绘制年代为 19 世纪 50 年代到 60 年代，地图覆盖了一个介于萨尔温江和湄公河之间的广大区域，也就是今天的缅甸东部和泰国北部。地图将交通线（以点化线表示）、定居点、水系和山岳描绘得十分详尽。许多在椭圆圈中标注名称的村庄，包括有的土司驻地，可以确定被认定为（军事）"营地"，许多方框中写着"军队"字样，旁边同时标注土司名称。这些标记似乎与受缅甸指挥的掸族武装有关，他们试图将地图上位于北边的两座城市清莱和清迈的控制权从暹罗手中夺回来，这些地区长期以来为这两个相邻的政权所争夺。与其他两幅不同的是，这幅地图上写的不是缅文，而是以缅文字母转写的掸文。这幅地图全部用黑色墨水绘成，在三幅地图中看起来最为独特。特别值得注意的是，地图以起伏

756

的波浪形墨线表现山岳，波浪线的深浅呈现出某种规律。与缅文地图采用不同类型的符号展现植被的惯常手法不同，这幅地图的制图者只在起伏的波浪线间填以细密的线条来表现森林。

大英图书馆东方与印度部藏品中的第三幅缅甸区域地图年代为缅历 1223 年/公元 1861 年。它覆盖了横跨萨尔温江的一个广大区域，很大程度上与我们刚才讨论过的那幅地图范围重叠，只是比后者向东延伸略少，而向西延伸更多。图 17.8 展示的只是这幅地图的一小部分。这幅地图最大的特点是以一种高度程式化的中国风格渲染山脉，对山岳之上的森林以及山岳之间的丛林的描绘更是精细无比。地图上各处的植被看起来很不一样（图 17.8 截取的这一部分不明显），因此人们怀疑地图是否出自一人之手。另一种解释听起来也不无道理，认为不同的画法反映了不同类型的植被。地图上的各个空白处，用缅文写着"伐木用林"或"植树用林"，用来分别成熟的树木和没有成熟的树木。在其他地方，森林符号是被着色的，说明森林由来自某某镇的人砍伐。在这张地图和前面讨论过的地图上，山丘的排列方式与 1821 年地图有所不同，它们没有为了与地图边缘平行而呈现出单一的南北向或东西向，而是按实际的走向绘制。从这一点和其他方面可以看出缅甸制图技术的显著发展。就像许多缅甸地图一样，这幅地图上的大河也是与小溪有所区分的。制图者还采用两种不同的长度单位在道路上标出里程。

大英图书馆还有三幅较小也更简略的缅甸地图，虽然没有注明日期，但推测其年代大致相当于我们刚才讨论过的两幅掸地地图。这三幅地图是亚瑟·普尔维斯·法尔（Arthur Purves Phayre）的部分收藏，在 1834 年至 1867 年的大部分时间里，他都在缅甸各地任职，但这些地图对于本章的撰写没有特别大的用处。

印度新德里的国家档案馆现藏有两幅出自缅甸毛淡棉市（1824 年由英国接管）的地图，一幅绘制年代为 1871 年，另一幅绘制年代也可能是 1871 年。两幅地图体现了新统治者——英国在这一过渡时期的利益所在，彼时英国对本地区东北部进行了开发，一来看中这里是优质木材的来源地，二来可能开辟了一条经过清迈通往中国的贸易路线（从未真正达到目的）。虽然两幅地图都是英国人命令缅甸的伐木者绘制的，但毫无疑问，制图者遵循的还是缅甸本土的制图传统。

缅甸国王敏东（1853—1878）的统治时期大部分是和平的，但是到了他统治的末期，与英国的关系开始恶化，部分原因是缅甸与法国和其他欧洲列强建立了外交关系。英国人视后者为自己势力影响范围内的潜在对手。敏东的继承人锡袍（Thibaw），也是缅甸最后一位君主，不如敏东谨慎，与英国王室关系进一步恶化，从心照不宣的相互威胁最终发展到 1885 年的敌对状态。因此，可以确定为这一时期的区域地图，有几幅显然是军事性质的，这也不足为奇。[36] 三幅地图均被认为绘制于 1870 年到 1885 年［随着与英国外交上的对立，缅甸于 1870 年占领了原本只与之部分接壤的红克伦地区（Red Karens）］。三幅地图中的第

---

[36] 这三幅地图（附录 17.2 中的第 m、n、o 条）的图版、地图图例和其他相关说明是由廷貌吴提供的，他是缅甸历史委员会（Burmese Historical Commission）吴貌貌廷的学生，他们都来自曼德勒，后者收藏有一大批原创或复制的缅甸地图，我在附录 17.2 和 17.5 中频繁引用到其收藏。自 1984 年在曼德勒与廷貌吴会晤以来，他一直通过信件使我得以接触到这批收藏并征引它们，对此深表谢忱。

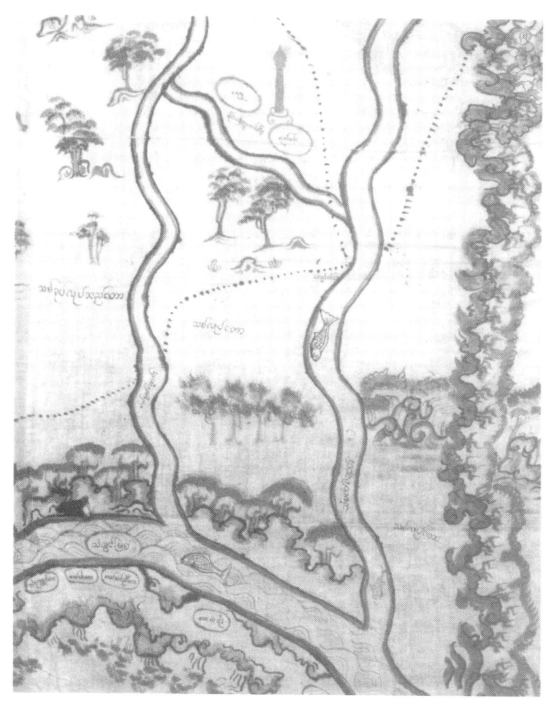

图 17.8 缅甸东部掸邦地图的一小部分

　　这幅绘制于 1861 年的巨幅布面彩绘地图覆盖了横跨萨尔温江的大片区域，包括现在的缅甸和泰国。这里节选的部分所涵盖的具体区域尚无法确定。地图上提供了大量关于定居点、道路和河渠的详细信息，它最鲜明的特点是所描绘植被的丰富多样，但地图对山脉的描绘则稍显逊色。

　　原图全图尺寸：299×275 厘米。

　　经大英图书馆东方与印度部许可。

758

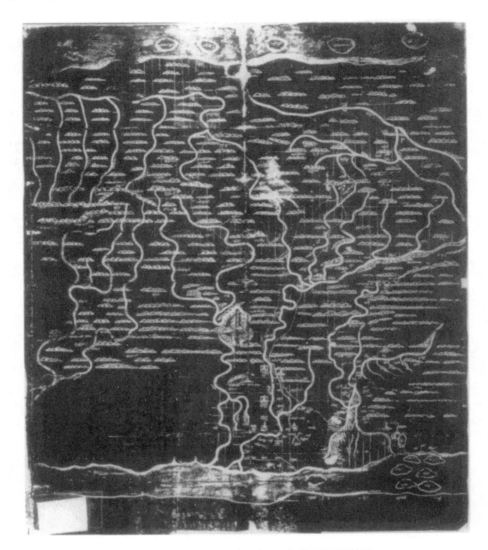

图 17.9　孟加拉湾和伊洛瓦底江之间的区域军事地图

　　这幅地图的年代可以追溯到 1870—1885 年，可能主要是根据缅甸在此前一个世纪前后进行的调查和测量绘制的，这一地区到 1824 年大部分落入英国人之手。若开山地区曾经断续由缅甸控制，1784 年缅甸发起一次精心策划的入侵并最终占领这一地区。原图是一幅黑色折子纸地图，图上最为引人注目的一点是画出了多处独立的山系。但实际上，这一地区只有一处有名的山系，即若开山。地图上众多的小山大概表现了这一地区连绵起伏的多山地貌。同样值得注意的是几条虚线表示的路线（1784 年缅甸人入侵时走的可能就是这几条路线，一个世纪以后还想卷土重来）。

　　特别值得注意的一点是，在孟加拉湾和伊洛瓦底江之间，画有一条穿越若开山、看起来畅通无阻的水路，但实际上并没有一条这样的水路；通过安村关的陆路与以它作为分水岭的河道为主的路线，在画法上并没有什么不同（见图 17.5 所示沿 Anan 河的路线也是这样的画法），这是缅甸中部与若开山之间的两条传统陆路之一。地图上有几处地势很高的地方，可能是地标，我将它们挑出来以示关注（在这张小比例尺的复制图上不太明显）。它们用五颜六色的圆圈表示，但颜色的含义不甚清楚。地图上的颜色显然是有所指的，例如英军和缅甸的军事哨所分别用红旗和黄旗表示。城镇用方框表示，村庄由小圆圈表示，地图上还有大量的宝塔。最后值得注意的一个特征是地图上的黄色矩形网格。这种网格在缅甸折子纸地图上很常见。然而，这并不是现代军事网格。相反，它一般用于从草图中复制地图，特别是用于复制放大局部细节。

　　原版尺寸：131×109 厘米。

　　曼德勒吴貌貌廷收藏。

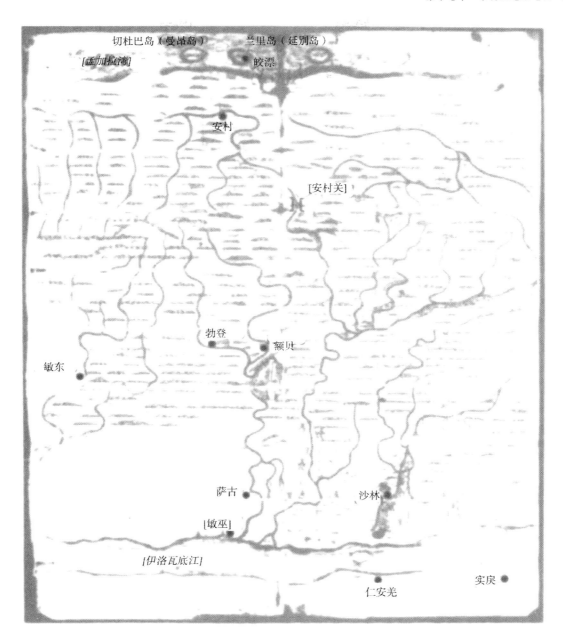

图 17.10 图 17.9 所示的主要地物

据 1984 年廷貌吴为图 17.9 所作的带注释的草图改绘。方括号内的地名不是原图上的。

一幅，覆盖了一个南北延伸、跨越英国和上缅甸边界的广阔地域。

　　在这张绘制得十分详尽的地图上，英国和缅甸的军事哨所和要塞（每一个都有特定的颜色）以及边境哨所占据着显要的位置，但是值得注意的是，与其他大多数缅甸军事地图一样，这幅地图上也画有大量的宝塔、圣骨匣和精舍等宗教地物。另外值得注意的一点就是，这张地图的覆盖范围与前面提过的那张部分重合，都是从当时英缅边地的中心部分，沿东西方向延伸，但这幅地图比前一幅内容要简略一些，它被介绍为"一幅绘有西山（阿拉干或若开山系）和红克伦地区之间军事前哨的地图"，这幅地图表现军事地物时采用了与先前介绍的那幅地图相同的一套符号。

第三幅军事地图（图 17.9），描绘了孟加拉湾沿岸阿拉干（若开）某地，还有伊洛瓦底江中部盆地的一部分，初步认定为 1870—1885 年前绘制，也有人认为它绘制于 1842 年第一次英缅战争之前。[37] 认为该图绘制于 1824 年之前的理由是，地图上的一个广大的地区——阿拉干，

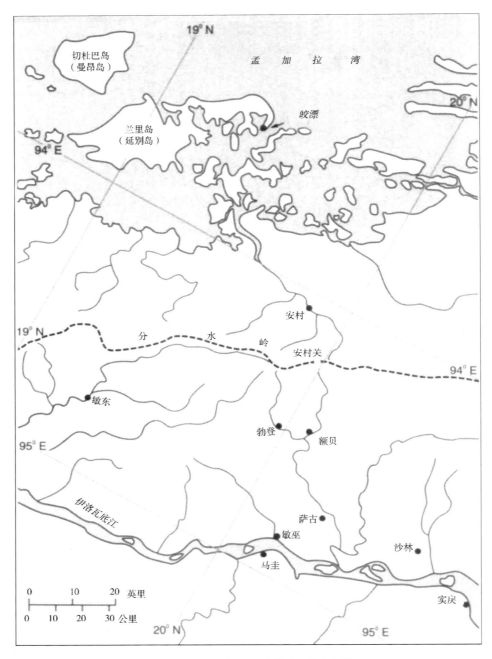

图 17.11 图 17.9 和 17.10 覆盖地区的现代地图

---

[37] 廷貌吴在地图的说明中提出这个想法。

于 1824 年从缅甸转移到了英国人手中，虽然这幅地图与前两幅一样，它所包含的大部分是缅甸的领土。我对地图年代的结论依据的是它与前面讨论过的两幅地图的绘制目的与风格两方面的相似性。从风格上看，与第二次英缅甸战争（1855）之前绘制的那些地图相比，两幅地图都有了很大的进步。虽然 1824 年以后，缅甸不再能实地绘制阿拉干地图，但它的确曾准备过一幅阿拉干区域地图，伯尼曾提到，这幅地图上汇集了 1784 年之后到缅甸与英国交恶并最终失败之前有关阿拉干的大量信息。1784 年，缅甸经过精心策划和多线入侵后吞并了此地，而且，至少有两万名阿拉干人于 1785 年被驱赶到缅甸本土，因此缅甸人想得到制作阿拉干地图所需情报并不困难。[38] 图 17.10 和图 17.11 突出显示了图 17.9 中的重要地物。

剑桥斯科特收藏的 1885 年以后的地图

1886 年英国人吞并上缅甸后，即认为他们从此合法继承了缅甸对东部 30 多个掸邦的宗主权。此后至 1890 年英国人有效地实施这一宗主权，而且使流血冲突减少到最低限度，这一目标的达成很大程度上归功于詹姆斯·乔治·斯科特（James George Scott），他于 1879 年开始在缅甸任职，于 1891 年被任命为北掸邦的全权代表并在这里度过了他余下的任期，到 1910 年他从掸邦总督的位置上退休。此期间他曾担任三个边界委员会的成员，这三个委员会确定了 1889—1900 年缅甸与暹罗、法属印度支那以及中国的边界。他利用任职期间的各种便利，收集了大量与缅甸有关的手稿，后来这些手稿被他的兄弟罗伯特·福赛斯·斯科特（Robert Forsyth Scott）继承，后者是剑桥大学圣约翰学院（St. John's College）的教师。1933 年罗伯特的遗孀将这些手稿赠予牛津大学。[39]

斯科特的手稿中有一个引人瞩目的收藏就是 47 幅地图。这些地图大多是从掸邦和上缅甸的其他地方获取的。剑桥大学图书馆的安德鲁·多尔比（Andrew Dalby）在掸族历史学家 Sao Saimöng Mangrai 的协助下对这些地图进行了编目，剑桥大学专门邀请后者过去协助整理和分析斯科特的收藏。多尔比指出，大部分地图是"斯科特本人或他在英国政府中的某位同僚下令绘制的"。其中 7 幅上缅甸地图是由缅甸职员绘制的，这些人曾受雇于缅甸政府，被安排来陪同新到此地就任的英国长官，后者想通过亲自考察使自己熟悉所管辖地区的情况。在所有的掸邦地图中，至少有 7 幅可视为大区域的普通定位地图。这些地图采用的语言是缅文，"这表明地图产生于英国刚刚兼并上缅甸的那个时期，那时只有会说缅语的掸人和会说英文的缅人同时在场时才能与英国官员交流"。地图对萨尔温江以东广大地区的展示被认为是很不准确的，因为那时缅人对这些地区也几乎没什么了解。另外 7 幅地图是关于单个掸邦的。这些地图强调的是内部交通线、国界或二者兼有，尽管在以掸族主导（所谓掸族地区，掸族人口只有一半左右）的种族混杂的部落地区，过去并没有领土边界线概念。这 7 幅地图中有 4 幅用的是缅文，另外 3 幅分别用掸文、坤（Khün）文和卢（Lü）文（都是部

㊳ Hall，*History of South-east Asia*，585（注释 29）。

㊴ *Dictionary of National Biography*，suppl. 1931 – 40（London：Oxford University Press，1949），797 – 99；and Andrew Dalby and Sao Saimong Mangrai，"Shan and Burmese Manuscript Maps in the Scott Collection，Cambridge University Library，"未刊手稿未注明日期（大约为 1984 年），共 15 页，文后附有一个 47 页的插图目录（39 幅图，8 张图版）。

族语言）。后 3 幅地图，多尔比认为"看起来比其他地图受到的欧洲影响少"。余下的 26 幅地图，7 幅与英国人的探险活动有关，3 幅与各邦之间的争端有关，11 幅涉及边疆，1 幅涉及道路交通，一幅"与村庄头人的邮驿申请有关"。还有 3 幅地图的用途不明。总的来说，这些地图有 12 幅用掸文，有一幅差不多是用汉掸文，一幅用坤文，一幅用卢文，32 幅用缅文。⑩

这些地图采用的材质各不相同。较详尽的地图，包括我们在这里关注的（在本章接下来的部分会对其他类型的地图作简单的介绍）大多数地形总图大多绘制于白棉布上。其他地图大多绘制于"用当地碎树皮制成的结实耐用的整张米色掸纸上"，一幅绘制于一种用于制作折子纸（*parabaiks*）的厚纸上，缅甸的折子纸相当于前面讲过暹罗折页书（*samud khoi*）。地图的尺寸，小至 21.8×30.8 厘米（地图所占面积），大至 172×255 厘米和 164×269 厘米。

这些地图的风格也有相当的差别。上缅甸地图用黑墨水和几种亮彩绘成。"这些地图显然是在办公室不紧不慢地画出来的，展示了所有类型的缅甸手稿地图所带有的那种近乎强迫的整洁。"画在纸面的地图详尽程度通常稍显逊色，它们用欧洲产的铅笔绘制，有时添上一两种墨彩。有些地图上带有斯科特本人潦草的铅笔字迹，通常是转写地名，或是转写地图标题（不一定准确）。总体而言，掸文地图（只有一个例外，下面要讨论）的风格比较简练，在多尔比看来，美感稍差。关于那些他认为带有纯掸族制图风格的地图，他这样写道：

761　　　　表现山脉、河流以及最有名的大城镇时，采用较大的，有时带有装饰性的圆圈，将名称和其他细节写在地图符号中，这些地图彼此之间的共性大于它们与作为蓝本的欧洲地图之间的共性。由于这些地图是通过不同途径购得的，而且时空上也很分散，很难认为它们之间会相互影响。的确，从这批藏品地图的情况判断，没有一幅地图……【除了要讲到一件例外】曾经久留于掸邦，使得它们有可能在风格上相互借鉴……这就提醒我们，在欧洲地图传入之前曾经有过一个掸—坤—卢制图类型，这批藏品地图的绘制者虽然受到委托他们制图的欧洲人的影响，但仍然会绕回自己的轨道上来。

当多尔比写下上面这段话时，他还没有看到附表 17.2 中我收集和列举并且在本章中讨论的那些 1885 年以前的地图，但是他的观察证实了我关于存在一个独特的掸文制图类型的观点，而且我还猜想，在汉密尔顿 1795 年到访印度之前这一掸族传统就业已存在了，正因为如此，那位缅甸王储的奴仆（可能是掸人）才能够为他制作出那些了不起的地图。

多尔比注意到，斯科特收藏的地图方向一般是朝东的，虽然有些地图在标注文字和图画符号时有时没有保持方向的一致。标示四个正方向的缅文通常是写在地图边缘合适的地方。地图上画有数量和种类繁多的植被。缅文地图上的城镇一般用方块表示，而掸文地图用圆圈

⑩　Dalby and Saimöng, "Shan and Burmese Manuscript Maps," 导言（无页码）（注释39）。接下来所有涉及斯科特收藏地图的引文，若非特别注明，均来自这篇 6 页的导言。

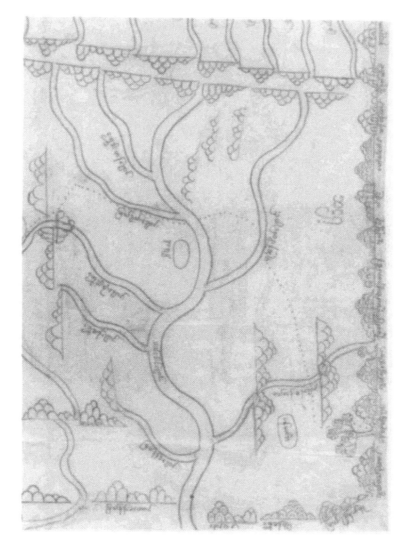

图 17.12 缅甸地图上横跨萨尔温江的两个掸邦孟茂和 MÈ HSA KUN 地图

此图约占地图全图的四分之一，大约可以追溯到 1888—1889 年在此区域组织的边界调查。全图用铅笔绘于宣纸上，推断其覆盖区域大致为 1600（40×40）平方公里，主要位于缅甸掸邦南端与今泰国交界处。地图上的文字为缅文。

整图尺寸：52×52 厘米。

经剑桥大学图书馆（Syndic of Cambridge University, Scott LL. 9.92）许可。

表示，宝塔通常作为地标，道路常用红色虚线表示，地图上还有其他一些与堰、灌溉渠道、堤岸、水槽和桥梁有关的符号，很少表现边界线。除了 3 幅地图，极少用彩色涂料区分属于两个不同政区的疆土。然而，关于政区的文字说明却很常见。大多数地图的比例尺都很大，虽然比例尺并不连续一致。许多地图上标有位于两个聚落之间的邮驿的注记。有几段注记还说明地图上多少驿等于一"指"（thumb，大约为一英寸），以及一指相当于多少英里。至少有一幅地图标出了各地点间的里程，如走完一段路需要几"晚"，其上至少有一段路，需要长达 15 晚的时间才能走完。地图上还常见铅笔网格，这也习见于许多 1885 年以前的缅甸地图。[41]

762

图 17.13 景栋地图

这幅地图用六种颜色和黑色墨水画在一块有着铅笔网格的棉布上，大约是 1896 年以后绘成的。地图上的缅文字称，此图是掸族土司托画工绘制的，可能是为了送给斯科特。景栋邦从西边的萨尔温江（见于地图顶部）延伸到东边的湄公河。不清楚绘图者为何采用各种形状和不同的颜色来表示山脉，也不能确定为何使用不同的符号来指代 26 个定居点，尽管从族群或行政的意义上来说，也有一定合理性。红色虚线表示山间小路。

原图尺寸：90×91 厘米。

经剑桥大学图书馆（Scott LL. 9. 101）许可。

㊶ 本段主要是我本人的观察，文中提到的术语出自我 1984 年的记录。

我只从斯科特的收藏中挑出两幅区域地图刊载于此（其他几幅位置地图本章稍后会讨论到）。图 17.12 截取自一幅相当简单的边疆地区地图，这幅图似乎是这一组地图中年代最早的一幅，因为地图上有一段注记讲，这幅图于 1890 年 8 月 17 日接收于剑桥。说明文字是用缅文写的。还有一幅景栋（Kengtung）地图（图 17.13），比图 17.12 的地图要详尽得多，也可能是斯科特收藏中最新的一幅，在所有掸邦地图中，它的覆盖面积是最大的（差不多有 31000 平方公里）。这幅地图所描绘的区域从西边（地图上方）的萨尔温江到东边的（湄公河）。两条河都是以简练的风格画成的，它们看起来就像是在相邻地方的上方而不是在地表上流淌。较小的河流用纤细的单线表示。地图上的大部分地方画满了多少有些写实的山脉，并在其上以各种灰色调进行渲染。今天主要属于老挝的地方留下了空白，掸邦与景栋不同，这里画的内容极少（没有聚落），景栋涂上了蓝色或紫色水彩。[42]

暹罗地图

763

与数量丰富的缅甸区域地图形成鲜明对比的是，此类地图在历史上的暹罗[43]十分少见，这一点值得关注，我们尤其需要思考这两个国家之间的交往关系——当然常常是敌对的关系，还有一个事实是，我前面提到的缅甸地图有相当一部分是由掸人绘制的，后者与暹罗人有密切的关系。造成这一异常现象的一个可能的原因是暹罗的查拉姆制度，这是一种定期清理过期文书的制度，在本书（原书）第 689—699 页曾经提到过。除了少数具有地理性质的《三界论》中的宇宙图外，暹罗地图的数量屈指可数，我们归为区域地图的只有两幅。

其中年代较早的一幅，图名为《拉玛一世时期的后勤补给地图》，绘制于 1910 年后的某个时期，这幅地图并不详尽，也不精确，但幸运的是，肯尼迪对它进行了极其透彻和全面深入的研究。不过，肯尼迪讨论的并不是原图，而是一幅 20 世纪的复制图，原图据说绘制于拉玛一世朝（1782—1809），虽然地图标题这样讲，但这幅复制地图表现的是 1809—1834 年间暹罗国的情形[44]。复制图对原版地图进行了修改，或者说基本上重新绘制（图 17.14）。如果是后一种情况，那么这幅地图"吸收了 1827 年战争（在呵叻高原抵抗老挝军队）中呈送的情报，那些情报的质量以及行军路线决定了地图的形式"。无论是哪一种情况，将地图下限断定为 1834 年都是合适的。遗憾的是，我们既不知道推测为 18 世纪后期的原图的下落，也不知道其 19 世纪版本下落。但是，在后来绘制这幅地图的过程似乎参考过这些年代较早的地图并纠正了其上的错误，特别是有关水系的错误。[45]

[42] 更全面的介绍见：Dalby and Saimong, "Shan and Burmese Manuscript Maps"（注释 39）。

[43] 这里的"Siam"（暹罗）和"Siamese"（暹罗人）指"Thailand"（泰国）和"Thai"（泰人）。后者作为一种政治指称并不适合用在本章所讨论的时代。泰语作为一种民族语言指称也是容易引起混乱的，掸人是泰人的一种，前面已经将掸人的地图学和居住在缅甸统治区其他人群一起讨论过了。

[44] Victor Kennedy, "An Indigenous Early Nineteenth Century Mapof Central and Northeast Thailand," in *In Memoriam Phya AnumanRajadhon*: *Contributions in Memory of the Late President of the SiamSociety*, ed. Tej Bunnag and Michael Smithies (Bangkok: Siam Society, 1970), 315–48 and 11 appended map plates; see esp. 315–16 and 322–23.

[45] Kennedy, "Nineteenth Century Map," esp. 348（注释 44）。

764

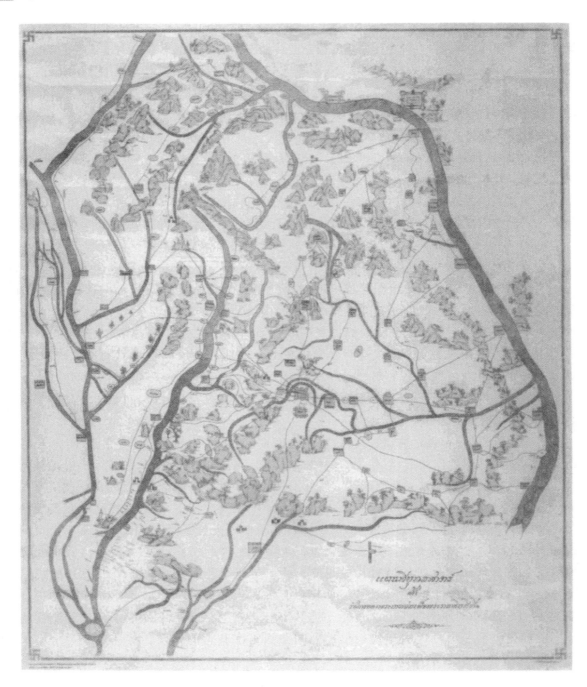

图 17.14 呵叻高原及邻近地区的军事地图

　　这幅 20 世纪的地图复制于一幅据称可上溯到暹罗国王拉玛一世（1782—1809）统治期间的地图，但显然在 1834 年之前的某个时期进行过修改或重绘。从现今版本看，地图似乎包含了 1827 年在该地区的一次军事行动中收集的情报。复制图用黑色墨水绘于纸上。原图尺寸、材质与收藏地不明。参见图 17.15—17.17。

　　尺寸为 101.5×84.5 厘米。经曼谷泰国皇家测绘局（Royal Thai Survey）许可。

　　总体而言，这幅地图比我所研究过的缅甸区域地图还要出色。这一点有力地支持了关于曾经有过一个泰国地图学传统的观点，这一传统如今被人们遗忘了，它的古老与发达程度完全可以与缅甸传统相提并论。总的来说，这幅地图堪称它所描绘的各个地方到暹罗境内任何一个区域的行路指南（见图 17.15 和图 17.16）。各个地方的比例尺和方向往往是相当一致的，但肯尼迪观察到：

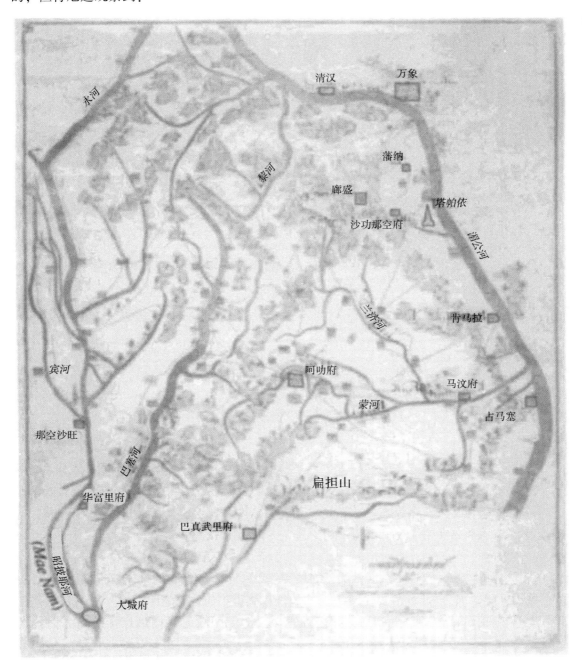

图 17.15　呵叻高原军事地图（部分地物译名）

请与图 17.16 对照。

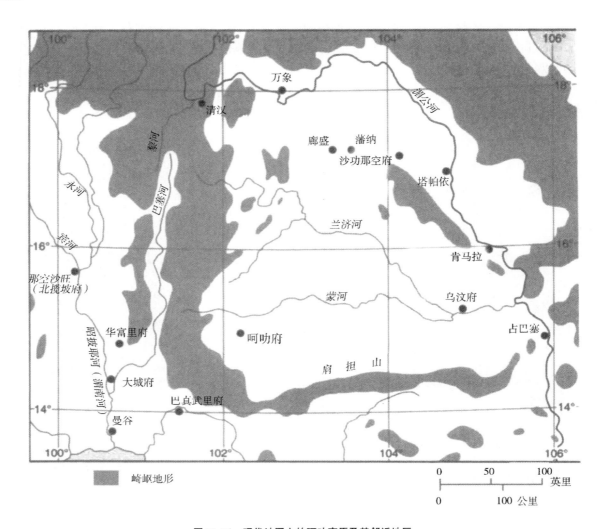

图 17.16 现代地图上的呵叻高原及其邻近地区

在这张地图上，我们可以找到图 17.15 所示的大部分地物。

　　相邻两个地区的连通表现得不好。对于某个山系间的城镇——如将巴塞河谷与多山的呵叻高原西北分隔开来的那条山系两边的城镇，其相互关系表现得不够准确，对于被通常无法逾越的屏障所隔离的任意两个邻区之间关系的表现也是如此。在这种情况下，比例尺会突然发生变化，从地图上读不到真实的旅行方位。⑯

　　两个区域的内在一致性不敌通常所见的地图。第一个令人惊讶的例子是暹罗中部河段，"大概原因简单，因为人们太熟悉这个地方了，所以画得不如其他地区详细"。⑰ 另一个例子是图 17.17 中相对偏远的靠近越南的湄公河地区。那个区域的"比例尺从南北方向上的

---

　　⑯　Kennedy，"Nineteenth Century Map，" 322（注释 44）。虽然我并没有拿出像肯尼迪审查我们正在讨论的这幅地图的劲头，研究过任何一幅缅甸地图，但我感觉，他在这段引文中对这幅地图的批评也同样适用于其他缅甸地图。

　　⑰　Kennedy，"Nineteenth Century Map，" 322（注释 44）。为便于分析，肯尼迪将地图所覆盖的区域分成 16 个自然区域，他将论文的大半篇幅用来讨论地图上各区的内容与绘制的精准度。

1∶8000000到另一个方向上的1∶2500000"。在同一个大区内，方向和其他细节严重失真，肯尼迪添加于地图上以辅助分析的地理方格"在藩纳（Phan Na）和万象之间，纬线几乎变得与西边的经线平行了，（而且）从藩纳到廊盛（Nong Han）的路线画成穿越山系……而实际上这条道路经过的是稻田"[48]。

尽管不够准确，但图17.17所示地图上采用的图画式符号的确可以使人心领神会。大

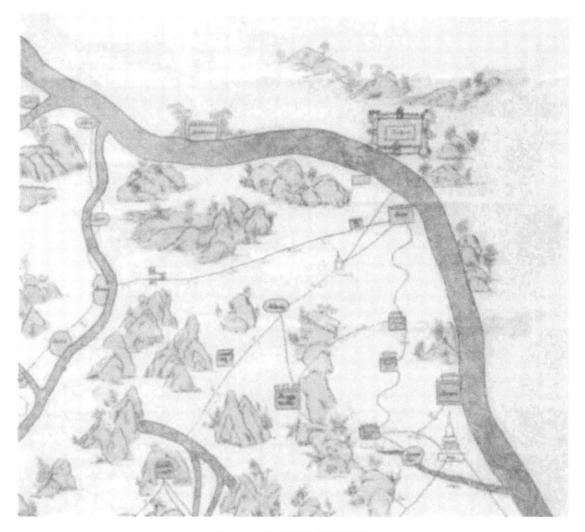

图17.17　呵叻高原军事地图局部

这张图只是图17.14的一小部分，包括位于今天泰国东北角以及与之毗邻的老挝湄公河沿岸地区。这张局部图所展示区域可能是整幅地图中画得最不准确的部分，当然随便看一眼是不可能发现这一点的。例如，地图中下部有条穿越山丘的道路，但实际上这条路穿过的是一片低地稻田。当然，总体上，该地图显然也包括大量有关定居点、道路和地形的详细而可靠的信息。

局部图尺：约30×30厘米。

经曼谷泰国皇家测绘局许可。

48　Kennedy，"Nineteenth Century Map，" 343 n. 45（注释44）。

部分地图符号的含义都是不言自明的，而且在许多方面（如描绘河流的方式）与缅甸和中国地图相似。奇怪的是，没有给任一条大河标上名称，反倒是给较小的溪流标上了名称。[49]同样值得注意的对定居点层级的区分（这一点与许多缅甸地图一样），用方块表示城镇，大多数城镇带有城垛，挑选的村落则用椭圆形表示。这幅地图一个显著的特点是对崎岖地形着意甚多，采用各种形式并以相当夸大的纵向比例予以表现。表现植被的方式也是多种多样的，虽然不如大多数缅甸地图那样突出。但我们并不知道，地图所采用的各种描绘地形和植被的方式，到底在多大程度上试图表现了绘图者所认识到的自然界中实际存在的地形和植被类型。

据一位广泛研究过泰国档案的历史学家康斯坦斯·威尔逊（Constance Wilson）说，泰国国家图书馆收藏的1万—2万份折页书只有5—6份包含地图，而我们只知道其中一幅地图的性质。[50]这件并不吸引眼球的作品就是我们所知的第二幅暹罗地图。这幅地图用白色粉笔绘制于折成八面的覆炭树皮纸上，年代为1867年。地图方向大致朝南，所覆盖区域南界于湄南河，东界于湄公河，也就是蒙河注入的河流。西边的比例尺似乎压缩得很厉害，

766

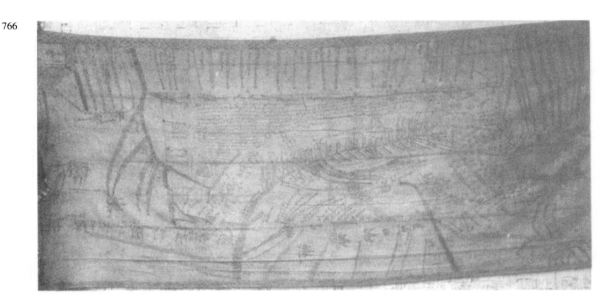

图 17.18　廷班甘滕酋长的圣物地图（16 世纪晚期）

　　这幅大型的、非常详细的布质地图是用墨水绘制的，上方为南，几乎覆盖了爪哇岛西部三分之一的地区。地图中间的大长方形以十分夸张的比例描绘了前廷班甘腾酋邦的领地，其中包括保存和礼拜圣物地图的奇伊拉村（Ciela）。在长方形内，有一篇用巽他语书写的长文，指出为何绘制这幅地图、何人绘制以及为何人绘制（但无法确定其时代）。长文还称，绘制地图的目的在于确定属于请人绘制这幅地图的王子（sunan）的土地，后者宣称自己是一位好穆斯林。该地图特别值得注意的是其地图符号的独创性，其上有一些明显不同于其他东南亚地图的符号。

　　原图尺寸：91×223 厘米。

　　图片由约瑟夫·E. 施瓦茨贝格提供。

⑭　Kennedy, "Nineteenth Century Map," 316（注释 44）。

⑮　1984 年 3 月与迪卡布尔北伊利诺伊大学康斯坦斯·威尔逊（Constance Wilson）的谈话。

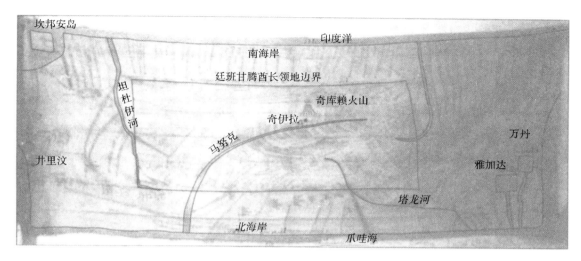

图 17.19　图 17.18 上的主要地物

以便使地图范围延伸到呵叻镇（那空叻差是玛，Nakhon Ratchasima），这是蒙河南边不多的几个被标注名称的地方之一。因此，地图的整体覆盖面积大约为东西 400 公里。北边是空白的，不确定范围，但可能不超过蒙河以北 150 公里。南北方向上也进行了压缩，以便显示蒙河汇入湄公河的那片区域。由于地图呈长条形，因此不得不将湄公河的河道沿逆时针方向弯曲，使得两条河看起来似乎相互平行，但实际上它们几乎是垂直的。这幅地图似乎是急就之作。除了画出 5 条河流（用填以潦草波浪纹的双线表示）外，地图上还标绘出了 17 个地点。10 个地名写在长方框中（9 座城镇，1 处村庄），5 个写在椭圆圈中（呵叻，两处标为"王地"的神秘地点，两处村庄），另有两个以上的地点用圆圈表示（一处村庄，一处未能识别）。这些地方除 7 处外都有道路相通，道路以纤细的白线表示。除一处外，所有的村庄都位于路边或河畔。两个行政区——乌汶府和素旺那蓬（Suwannaphum）标注了名称，但都没有画出边界。推测这幅地图与地方行政有关。[51]

马来地图

少数几幅现存的来自马来世界的区域地图构成了一个彼此迥异的组群。这些地图中有一幅出自西爪哇，大约为 16 世纪晚期；另一幅是神秘且无法断年的蜡染地图，可能来自东爪哇或巴厘；第三幅地图出自爪哇中东部，可能绘制于 19 世纪中叶；最后一幅地图出自西婆罗洲，初步断定为 1826 年。没有迹象表明其中的任何两幅出自某个共同的制图传统。另外，还有许多宜视为海图的作品。以下我将接上面的顺序依次介绍这 4 幅区域地图。

---

[51]　载有这幅地图的手稿现藏于曼谷的泰国国家图书馆（C. S. 1229/161，约为 24 × 61 厘米），标题为 *Chotmaihet Ratchakan thi* 4。威尔逊（Wilson）惠赠我这幅地图的照片，翻译了地图上几乎所有的文字说明，并且提供了一些很有帮助的地图解说（1984 年 4 月 10 日的通信）。

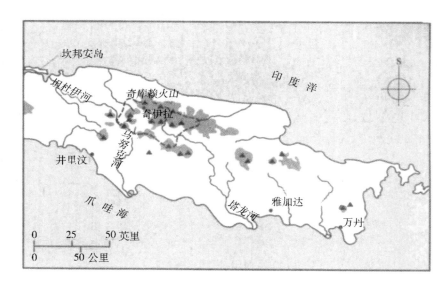

图 17.20　图 17.18 和 17.19 所示区域的现代地图

　　图 17.18 和图版 36 分别展示了一幅非常详尽的大型西爪哇布面地图的全景和局部。这幅作为圣物（*pusaka*）的地图如今被小心保存在爪哇巽他加鲁特（Garut）区的奇伊拉（Ciela）村，过去人们曾在此定期礼拜这幅地图。奇伊拉村位于万隆西南大约 65 公里的奇库赖（Cikuray）火山脚下，该火山在地图上十分醒目。1976 年，一位供职于爪哇地质勘探局的印度尼西亚地质学家拉赫马特·库斯米阿迪（Rachmat Kusmiadi）在该村发现了这幅地图（实际上，我们后面会明白，是重新发现）。次年，库斯米阿迪在向第七届国际地图史会议提交的论文中公布了这幅地图。[52] 随后，哈维（Harvey）刊出了这幅地图并对它进行了简要的讨论。哈维认为这幅地图"外形像中国汉代早期介于符号地图和图画地图之间的作品"。[53] 1984 年，我得以在爪哇亲眼观摩这幅地图。那时我才了解到，早在 1858 年这幅地图就被一位名叫 J. C. 兰姆斯·范托伦堡（J. C. Lammers van Toorenburg）的荷兰官员发现（在一位爪哇向导的帮助下），其他一些人试图解读这幅地图但无功而返，此后解读地图的任务交给了一位名叫 K. F. 霍利（K. F. Holle）的语言学家。霍利于 1862 年对之进行了仔细研究，制作了两件副本并于 1877 年发表了一篇关于这篇地图的文章，文章中刊载了一幅按比例缩小的插图。[54] 1990 年，这幅地图在电视纪录片《世界的形状》（The Shape of the World）

　　[52]　Rachmat Kusmiadi，"A Brief History of Cartography in Indonesia，" 1977 年 8 月 7—11 日华盛顿特区第七届地图学史国际会议论文。

　　[53]　P. D. A. Harvey，*The History of Topographical Maps：Symbols，Pictures and Surveys*（London：Thames and Hudson，1980），114.

　　[54]　K. F. Holle，"De kaart van Tjiëla of Timbanganren，" *Tijdschrift voor lndische Taal-Land-en Volkenkunde* 24（1877）：168 – 76，以及底封的折页地图［这篇文章是 1984 年 6 月由吕泰尔（L. Ruyter）为我翻译的］。已发表的地图尺寸非同寻常，为 29.7×78.7 厘米，特别值得那些具有语言能力的学者仔细研究。但我在荷兰得到的这幅地图绘制于易碎的纸张上而且保存状况很差。在原图的一角（复制图上没有表现出来），霍利写下了一句话："Den 1 Daag 1862 een copy genommendoor K. F. Holle."但库斯米阿迪似乎并没有注意到。拉默斯是否是第一位见到这幅地图的欧洲人尚存疑，因为有一位叫内切尔（Netscher）的先生称，一位不具名的德国学者在早些时候已经研究过这幅地图。内切尔注意到（转引自霍利），这位学者的研究并没有引起广泛的关注（第 172 页），据此有人推测这幅地图从未发表过，除此之外，我们对这位德国人一无所知。

中做了重点介绍。[55]

彼时奇伊拉村是一个叫廷班甘腾的小酋邦所在地，这是16世纪70年代晚期巽他印度教 768
帕贾亚兰王国（Pajajaran，都城为北汕，紧邻今茂物）被万丹（Bantam）苏丹占领后离析而成众多小邦国之一。万丹在此前半个世纪刚刚接受了伊斯兰教。接着，当地权贵也被迫皈依伊斯兰教。[56] 地图上写着廷班甘腾酋长的名字并认为他是一位穆斯林，他可能就在这批皈依者当中。不管是这位酋长还是他的继任者皈依了新的信仰，库斯米阿迪断言地图为15世纪的说法都是站不住脚的，因为1525年以前爪哇没有任何地区接受伊斯兰教。[57] 印度尼西亚博物馆在介绍一幅目前在雅加达城市博物馆展出的霍利地图副本时称“估计（这幅地图的）年代距今300年以上”。[58] 但是，在地图上“据说以错误百出的旧爪哇语”写成的长篇题记中，制图者称自己为马萨亚（Masjaya）并且说是他的王子Lawas Jaya（历史上没记载此人），一位穆斯林下令绘制这幅地图，用它来确定其王国的边界。Lawas Jara的本名叫Was Jara Cacandran，表明他那时的确已经皈依伊斯兰教并改了名字。[59] 根据统计资料，地图列出了各酋邦和邦国中78个村庄（*kampongs*）的名字，Laws Jaya将“王国划分为三个大区，又依次划分次区”，这一工作完成于“元年（Alip year），第一月，14日，星期五”。[60] Alip是阿拉伯文的首字字母，这里可能指代元年，表明王子在他的王国开启了新的纪元。地图上有一些貌似边界标记的线条格外醒目，我认为这个长方形边界就是整个王国的范围。虽然王国的内部分区并不明显，但霍利的看法与博物馆的说明不同，他认为廷班甘腾以沿着弧形河道流向奇库赖火山北边的马努克（Manuk）河分为两部分。[61]

博物馆收藏的地图副本和已发表的版本都带有一套非常详细的由数字和字母组成的地图索引。文字说明部分标有Ⅰ－Ⅲ的罗马数字，用阿拉伯数字、大写和小写字母、大写或小写字母加上符号表示的地物至少有250个。索引可能是霍利制作的，但在文章中没有

---

[55] 英国格拉纳达（Granada）电视有限公司制作的六集系列片的开场与尾声谈论到这幅地图。

[56] Hall, *History of South-east Asia*, 215（注释29）。

[57] Kusmiadi, “Cartography in Indonesia,” 1－2（注释52）。库斯米阿迪不知道早在一个世纪以前霍利就研究过这幅地图，也不知道雅加达博物馆有这幅地图的复制件。哈维踵接库斯米阿迪，也认为这幅地图出自15世纪，见Harvey, *Topographical Maps*, 114（注释53）。

[58] 博物馆的标签于1984年3月由雅兰·费因斯坦（Alan Feinstein）在雅加达帮我完整翻译出来。我对他的帮助深表谢意。标签的另一处讲地图距今“300年”，而不是“300年”以上。然而，并不清楚标签的书写时间。它有可能是根据霍尔或他的同伴在一百年前最初书写的荷兰语文字转写为印度尼西亚文，并没有对原文做出改动。如果地图是在16世纪70年代该地首领皈依（伊斯兰教）不久后绘制的，如果标签（未定年代）写于霍尔开始撰写这篇地图文章的1877年前后，那么两种说法就都有道理。Holle, “Dekaart,” 174（注释54）称，这幅地图距今不到300年。支持这幅地图绘制于16世纪晚期的一点证据是，地图称呼雅加达时用的是旧名——巽他加巴拉（Sunda Kalapa）。虽然1525年万丹占领该地后改了地名，但新的地名为人们所接受还需要一段时间，但是时间越久，人们称之为雅加达的可能性越大。

[59] 博物馆标签上译自地图题字介绍性部分的内容有点令人费解。费因斯坦替我翻译的是：“（绘制这幅地图）是廷班甘腾地方首领Susunan Cantayam布置的任务。但是他所有的（土地）都是Maharaja Tunggal的地产，由他继承而来。Maharaja Tunggal的头衔是Maharaja Sukma，他是Ratu Tunggal的女婿，人称Tuwinis。”费因斯坦提醒我注意前面这段话中人称代词“who”的模糊性，而我觉得Susunan Cantayam和Maharaja Tunggal与Lawas Jaya之间的关系也很模糊。我们在此处理的是类似封建制度中的多种政治权力层级。我猜想，文中提到的Cantayam的头衔*susunan*，应该比Lawas Jaya所拥有的头衔*sunan*级别高，而比Maharaja低。但是，他皈依后为何还用maharaja这个头衔，而不是Sultan呢？

[60] Holle, “De kaart,” 174－75（注释54）。

[61] Holle, “De kaart,” 175（注释54）。

提到这一点。我曾想在雅加达城市博物馆地图上找到这些索引但无功而返。霍利在他的文章中也没有详细阐述这幅地图的地理内容。

没有地图索引，外行人士对地图尝试作出的读解必然只能是推测性的。但是，有几个重要内容是可以确定的。第一，地图的方向尽管并不统一，但与大多数伊斯兰来源的地图一样，主要是朝南的。第二，地图覆盖的区域（见图17.19和17.20）几乎是除爪哇岛西端以外、井里汶以西几乎整个爪哇，覆盖面积达40000平方公里左右，包括了传统上巽他的全部疆土。第三，地图中央的长方形代表的廷班甘腾酋邦，是以极其夸张的比例展示的，它占据了整幅地图略多于四分之一的范围以及地图上将近十分之三的陆地表面，但实际上它可能只占其中一个零头。第四，虽然比例尺被放大并且没有索引，读图者完全可以将地图上的水系要素和地形，以及霍利文章中确认的那几处地物，与已知的现代爪哇地图上进行比对，从而清楚认识到这幅地图所取得的了不起的地图学成就。

廷班甘腾地图上采用的制图符号非常独特。其中最具表现力的是奇库赖火山（见图版38），其他山脉则采用各自不同的表现形式，但不清楚到底哪一座是火山。地图上绘有一百多条河流及其支流，都画成富有特点的蠕虫形。许多河流似乎发源于山泉，以粉色线条表示，特别是在廷班甘腾南边，表明那里为喀斯特地貌。[62] 这里主要的水系是将廷班甘腾一分为二的马努克水系，在地图的西北角（图17.18中在右下方）可见塔龙河的巨大三角洲。制图者在绘图过程中似乎意识到塔龙河的河道画得不够偏西，有必要修正这个错误，所以我们从地图中可以看到原先画在靠东边的河道和两次所画支流（原先画的支流有三条在南边，一条在北边）交错之处有一片较暗的区域（原图上才有，霍利发表的复制图上没有，绘图者没有把它们擦干净）。第三条水系，我尚不能明确识别，它的一段河道是沿着酋邦东缘流淌的。但显然东北角和东南边的国界就以这条河为界。沿着酋邦北界分布着4个长方形。根据其中点缀的波浪纹可知，有两个长方形为湖泊或人工水塘，另外两个是空白。沿着边界还有9个三角形地物，推测代表着高耸的山峰（6个在北，3个在南），这些山峰似乎也是边界标志。地图边缘还有一种荷叶边形的图案，代表着大海。在奇伊拉村我才意识到，分布于马努克河源一带的圆圈与其中的符号加在一起代表的是阔叶林。其他地方的植被符号一般很小，也很分散，在本书插图的这个比例尺下不易分辨。其中最醒目的是位于地图东南角珀南戎（Penanjung）湾一个方形岛屿上的一株棕榈树。

不难发现，地图上没有任何表示城镇或村庄的特定符号。这可能由于在爪哇的这个区域，乡村聚落那时尚不发达，而且至今仍是如此。据地图上丰富的文字说明可知，廷班甘腾的78个村庄以及其他一些聚落，很可能被标注于恰当的位置。霍尔将靠近地图西北角的两个大方框中的一个识别为巽他加拉巴（Sunda Kalapa），这是雅加达的旧称（如上文提到的，是一种过时的用法），另一个识别为万丹，还画出两条通往海边港口的连线。万丹港一带画有很多房屋，可能表示这一地区带见的滨海干栏式住宅（万丹和雅加达画得离海这么远令人费解）。第三座城镇英特拉马由（Indramayu），位于马努克河（Manuk）注入爪哇海的入海口，是用一个潦草的方框表示的。地图上没有表现出欧洲人在沿海或其他地方活动的地

㉒ 爪哇地质地图见于：Charles A. Fisher, *South-east Asia：A Social，Economic and Political Geography*（London：Methuen，1964），第226—227页以及第228—229页的相关文字。

点，早在 1522 年欧洲人在这一带已经有了零星的活动，虽然直到 1611—1622 年欧洲人才在西爪哇地区设立商馆（由代理商管理贸易站）。

在本节开头我曾提到，廷班甘腾地图被人们当作圣物。地图是奇伊拉村的圣物（pasakas）之一，由村里一位极受尊重的世袭村官（kuncen）看管。霍尔走访奇伊拉村时，见到的村官是一位老妇人；我去的时候是一位中年男人。其他圣物还有一件波状刃短剑（kris，一种爪哇短剑），一件投枪，一件小型黄铜大炮的枪管，一件石环，还有一面绘有双刃短剑图案的布旗。[63] 这个图案可能是国徽，可能代表马努克河的南北支流。所有这些东西都保存在两个黑色木制遗物箱（karpeks）中。地图是其中尤为神圣的东西。霍尔写道：

> 周五晚上可以看到这幅受到特别尊崇的地图。彼时，看护地图的长官会打开地图让人们观摩。然后，在黄铜盆中点燃熏香，长官用阿拉伯语喃喃细语，不断祷告，而且只允许她一个人做祷告。人们在屋里站着，热切地聆听着祷告声，虽然他们并不能听到祷语。人们认为这幅地图曾经为他们先前的首领所有，而且是由一位强有力的首领（dalem）绘制的，因此他们对它由衷敬畏。[64]

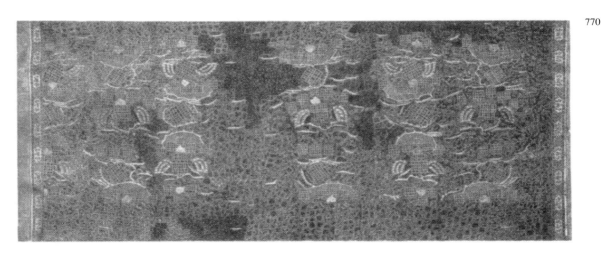

770

图 17.21　东爪哇或巴厘岛某个未知地点的蜡染地图

这一精美的作品以蜡染的方式印制于一件棉布披肩上，底色为黑色，图案为淡蓝色和橘黄色，其上以金箔（prada）突出特别的地物。地图上没有文字，这使解读工作变得异常困难。很难确定地图展示的到底是真实存在的还是想象的地域，或者是否可能将地理元素和宇宙论元素糅合在一起，但毫无疑问，从其采用的各种符号可知，这幅地图展示了东爪哇或巴厘岛精耕细作的景象。

另参见图 17.22。

原件的尺寸：93×233 厘米。

经阿姆斯特丹荷兰皇家热带研究所热带博物馆（Royal Tropical Institute Tropen museum,）许可。

---

[63] 将 pusakas，特别是 Krises 视为具有保护作用的遗物，是爪哇民间宗教的一个典型特色，照理说该岛普遍皈依了伊斯兰教，应该厌恶此类拜物活动。但是奇伊拉村村民自认为是善好的穆斯林，他们领我参观村里的清真寺和邻近的伊斯兰学校（madrassah）。在库斯米阿迪介绍的这些物品中，我本人并没有见过投枪和石环。

[64] Holle，"De kaart，" 171－72（注释 54）。

　　先前，当地居民对地图心存好奇，由于看护村官吓唬他们说，看了地图会有各种可怕的
后果，人们只好作罢。但是当拉默斯（Lammers）走访该村，几位有头面的村民壮着胆子陪
同他到村官的房子里观摩圣物。⑥ 我走访该村时，村官仅做了一些必要的仪式后就向我展示
了圣物，仪式包括向圣物中的精灵供奉水果和咖啡，村官用非伊斯兰祷语做祈祷时，是向南

771

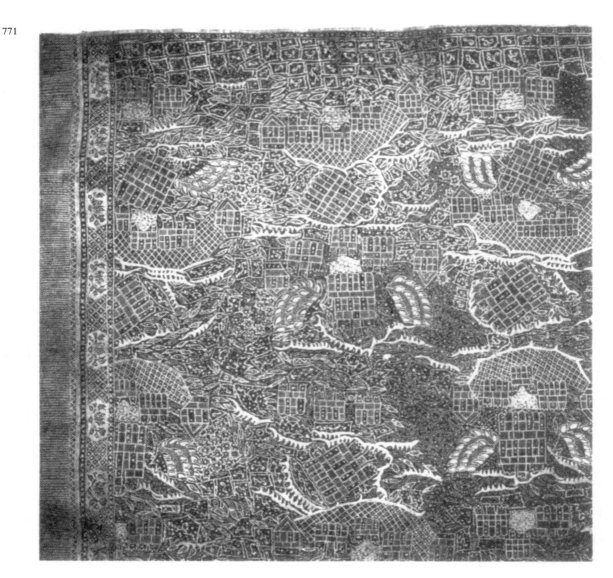

图 17.22　东爪哇或巴厘岛蜡染地图细部

　　这是图 17.21 的局部。尽管由于完全没有文字，无法确定这幅地图确切的绘制时间、地点或目的。地图的铺张豪华
及其主题都清楚地表明，它的定制者应该财力雄厚且保留印度教文化的某些方面。其题材中最突出的是所谓的普里门
（Puri gates），即装饰有翅膀的、象征着通往天堂的大门。这正是爪哇印度教寺庙的特征。如果地图出自东爪哇的说法无
误，而此地直到 18 世纪晚期才接受伊斯兰教，那么，地图的绘制日期可能不会晚于 1800 年太久。

　　经阿姆斯特丹荷兰皇家热带研究所热带博物馆许可。

---

⑥　Holle，"De kaart，" 172（注释 54）。

面朝奇库赖火山而不是向西朝向麦加。⑯ 遗憾的是，我不能确定现在是否还会经常向村民展示这些遗物。

下面我要讨论第二幅（可能出自）爪哇的地图，这幅地图的传统色彩不下于廷班甘腾地图，但二者之间的反差也很鲜明。后者（图 17.21 和图 17.22）绘制于一幅精心制作的棉质大披肩（slèndang）上，于 1933 年由阿姆斯特丹的皇家殖民学院（Koninklijk Koloniaal Instituut）购得。有人认为它出自爪哇东部或巴厘岛，但迄今并没有人对它的年代和所描绘区域提出过富有见地的观点。由于地图上没有任何文字说明，因此很难对之进行解读，甚至无法确认地图到底描绘的是一个单一的区域还是一个或多个普通的景观类型。然而，似乎毫无疑问，从其上大量宗教性图案可以看出，这幅保存完好的地图是为那些保留着印度文化某些方面的人们绘制的。如果地图出自至今还是印度教地区的巴厘，那么这个特点无助于我们判断地图的年代；倘若地图出自东爪哇，那么地图的年代可能不晚于 1800 年，而且可能更早，因为该地区（以及整个爪哇）的最后一个印度教王国马打兰到 18 世纪晚期接受了伊斯兰教。⑰ 1934 年，有人发表文章详细介绍了这幅地图并对之进行了初步分析，以下的讨论主要就是依据这篇文章。⑱

地图上华丽的蜡染图案是用淡蓝色和橘色印刷的，图案中所织金箔满布于除边缘之外的整个披肩，在深沉的靛蓝映衬下格外醒目。披肩边饰为相对简单的狭长形图案，地图的纵向边饰宽 2 厘米左右，横向边饰宽 10.5 厘米，边饰两端装饰略为繁复。地图本身的图案则极其密集，哪怕放一枚直径 7 毫米的硬币，也会遮挡掉一些图形。地图上的图案可分为左、右两组，各占地图总面积的三分之一和三分之二左右。每一组都会重复某些基本的设计图案，但这些设计图案并不严格对称。

最主要的图案是被分成若干长方形小区的方形区域，其上带有三个尖角的屋顶，一个居中，两个位于两翼。其中右边有 4 个呈菱形排列，左边有 5 个呈 X 形排列，但是没有任何两个是相像的。一些屋顶朝向地图顶部，另一些朝向底部。这个主要的图案被认为是传统的爪哇印度教神庙宫门（Puri gate），象征着圣山（如须弥山）上的天堂之门，每个正方形中的长方形则被认为指代村庄（kampongs）。每个正方形下都有带着波浪图案的五边形区域，被认为象征着环绕须弥山的海洋或湖泊。宫门形图案附近还有一些单顶小屋。斜置的棋盘式区域则被认为表示花园。

第二个主要的图案也是正方形，与第一种最主要的图案相似但是没有两翼的屋顶，其近旁的地物也与前者稍有不同。此类图案点缀于右区中第一种图案中形似大 X 形的图案以及左区形似菱形的图案（与第一种图案相对的图案）之中。

在这些图形之外，地图上满布各种看似随意排列的近方形图形，它们代表水稻田

772

---

⑯　格兰纳达电视系列片中播放过观摩这幅地图的仪式。

⑰　Hall，*History of South-east Asia*，215（注释 29）。

⑱　Koninklijk Instituut voor de Tropen，*Aanwinsten op ethnografisch en antropografisch gebied van de Afdeeling Volkenkunde van het Koloniaal Instituut over* 1933，Afdeeling Volkenkunde 6（Amsterdam，1934），24 – 26. 非常感谢曾任职于乌得勒支大学地理研究所的特耶得·蒂凯拉（Tjeerd R. Tichelaar）为我翻译了这篇介绍和分析文字。这条披肩的局部照片以及简短的介绍见：H. Paulides，"Oude en nieuwekunst op Bali，tegen den achtergrond van het Westen，" *Cultureel Indie* 2（1940）：169 – 85，esp. 174 and 180.

（sawah）。其间散落的叶子和枝条被认为表示树木和茂盛的植被，而星形的花卉图形而可能指代花园（tamans），此外还有其他几种图案。地图上十分醒目的还有水平放置、长短不同的锯齿线，被认为表示河岸、沟壑和人造堤坝。这些地物使人想到爪哇密集农业区典型的梯田地貌。大部分锯齿线的齿尖指向地图底部（如图所示），暗示着这个方向多是坡地，虽然也有例外。地图下方特别是右下部集中分布的水稻田，与地图所提示的那一带河流的大致走向是一致。

虽然并不清楚蜡染地图的制作意图，但有人指出，这幅地图总体上旨在描绘"双城"，左右两部分都由一组以传统的印度—爪哇传统图案——Moncâ-pat 排列的村庄组成。[69] 范·奥森布鲁根（van Ossenbruggen）在写到这种图案时讲道：

> 中爪哇的 Moncâ-pat（荷兰语拼作 Montjâ-pat）指的是某地（desa）及其四邻，它们呈中央－四方的排列形式。这一组中央四方的单位扩展开来，可以将遥远的地方囊括进来。这一单位与旧爪哇的一统体系有关，甚至到今天，我们仍可从各王国的法律中找到蛛丝马迹。[70]

这一制度流传到 20 世纪以后，似乎仅限于各村防范特定地区的犯罪行为以及履行协助维持秩序和平以及缉拿罪犯的义务。在先前的数世纪里，这一系统可能得到了更为广泛的应用。在系统内部，一个村庄与位于它四向的村庄的联系，被认为比它与其他村落的联系更为紧密。[71] 因此，人们认为有必要从一个特定的参考点（比如首都）沿着某个确定的方向向外安排所有的定居点，以便让人们了解相互之间的义务。如果这个假设无误，那么我们就可以理解蜡染地图制作者为何以较为规律的间距排列那些代表聚落的符号，而在处理诸如水稻田、花园、山谷、阶地等符号时就没有这么办，后者似乎是以一种较为自然的方式放置于地图之上的。这一点可以用来解释我们先前提到的两种主要地图图形的对称性问题。

假设地图上描绘的并不是神话中的地方，那么我倾向于认为这些地方与巴厘岛无关，而是与日惹（Yogyakarta）和梭罗（Surakarta）这两个相邻的苏丹国有关。我还有更进一步的想法，与上面所说的将地图与"双城"联系起来的观点正好相反，我认为地图想表现的是两个有联系的"国家"的同名都城，以及与各自都城有关的地方网络。由于在 Moncâ-pat 体系中，各地点之间的关系依据的是对空间而非定居点规模的考量，因此不难理解为何图中各地点之间缺乏明显的层级。日惹和梭罗是 1775 年解体的马打兰王国的后继者，也是 1830 年后仅存的两个名义上属于原住民的国家，此时荷兰人已经掌管了岛上其他地区的统治权。这两个地方都有着活跃的蜡染制造传统，很可能是宫廷赞助下，才生产出像我们正在讨论的这件作品一样美轮美奂的蜡染作品。地图上十分醒目的带翼宫门显然是这一地区的建筑特色，

---

⑥⑨ *Aanwinsten op ethnografisch en anthropologisch gebied*，25－26（注释 68）。

⑦⓪ F. D. E. van Ossenbruggen，"De oorsprong van het Javaanschebegrip Montja-pat，in verband met primitieve classificaties"（The origins of the Javanese concept of *Monca-pat* in connection with primitive classifications），*Verslagen en Mededeelingen der Koninklijke Akademievan Wetenschappen*，*Afdeeling Letterkunde*，5th ser.，pt. 3（1918）：6－44，特别是第 6 页。感谢明尼苏达州大学历史系博士生马库斯·文基（Marcus Vinky）为我翻译了这篇重要文本的关键部分。

⑦① Van Ossenbruggen，"De oorsprong van het Javaansche begrip Montjâ-pat，" 7（注释 70）。

加上我们从地图中推断出的 Moncå－pat 图形，更能证明地图出自爪哇而非巴厘。不过，另一方面，地图上散见的金箔则更具巴厘纺织品的特点。[72]

审视地图上的地形也可以论证所在地为爪哇。这幅地图的一个重要的视觉特点是没有任何表示火山的地物。因为爪哇总体上是一个以火山景观为主的地区（不亚于巴厘），人们会觉得爪哇地图上应该会以某种方式展示火山（在本章讨论过的其他爪哇地图上就有火山）。但是，在日惹和梭罗之间、相距约 60 公里的一个以水稻田为主的地区并没有火山，虽然图 17.21 地图中上部也表现了位于默拉皮（Merapi）火山东南翼的斜坡，但这一带却几乎没有稻田。此外，地图上大致平行、呈西南—东北走向的山谷与水系的走向相当一致。在巴厘，水系模式大体是放射状的，没有火山的区域其面积都不能与刚才提到的爪哇的那片地区相比。[73] 但是，如果认为地图与日惹和梭罗有关的想法是正确的话，那么地图并非涉及两地所有的地方，因为两地都延伸到爪哇南海岸，而地图上并没有海洋的迹象。其上所描绘的大量稻田提示我们，地图所覆盖的区域可能是这两座城市周边和它们之间肥沃的走廊，这一带的景观正是以稻田为主的。

已知爪哇地图中的第三件作品图版 31 在巴黎法国国家图书馆编目为 "Carte javanaise ms. en couleurs à identifier（S. l.，n. d.）［无地点与日期］" 的地图。该地图是 1878 年提交给国家图书馆的 36 份文件中的一部分。地图上所用语言和文字是爪哇文（爪哇文字已不再使用，只有极少数少爪哇人可以阅读它）。在一名爪哇记者的帮助下，我终于能确定地图所涉及的地区为中爪哇地区，其中最显著的两处地物是默巴布火山（3142 米）和特洛莫约（Telomoyo）火山（1894 米），并确定地图方向朝南。地图的外观相当现代，尤其是对道路（一条主干道和两条次一级道路）和水系的描绘，可能绘制于法国国家博物馆收购前不久。所示道路可以在爪哇的现代大型地图上找到，但我还没有确定这些道路修建的时间。地图上的主干道将北部的三宝垄港口（Semarang）与东南边的梭罗的老王国首都连接起来。地图所覆盖地区估计为南北约 35 公里，东西 50 公里。

我还没有确定这幅地图是受何人请托以及为何种用途而绘制的。该地图覆盖了爪哇最为丰产以及人口密度最大的区域，其最显著的特色在于对定居点的描绘。地图上展示了大约 230 个村庄。这些村庄的名字写在大致呈卵形的图形中，这些图形往往彼此叠压。卵形图形为不同颜色的圆点环绕，通常周边比中间色调要深沉一些。背景色有黄、橙、红、蓝、浅灰、深绿、浅灰、深灰等 14 种，形成 14 个区块，它们相互之间由纤细的边界线、溪流或一段大道分隔。我将这些区块视为低级行政区域或税收评估单元。这些地块的面积悬殊，每个地块包含的村庄数从 1 个到 51 个不等（地图上只展示了其中的一部分；可想而知，只包含 1 个村庄的地块只是附近具有相同颜色的区域的一块土地），只有位于两个火山之间但主要位于默巴布山南部的区域是没有定居点的。在地图的南部（上部），尤其是东南角，定居点很稀疏。虽然不能确知其必然原因，但可以想见是因为东南角全部或部分位于梭罗苏丹的管

---

⑦ *Aanwinsten op ethnografisch en anthropologisch gebied*，26（注释 68）。

⑦ 相关地图见：*Atlas van Tropisch Nederland*（Batavia：Koninklijk Nederlandsch Aardrijkskundig Genootschap，1938），map 16. a，16. b，17. a，19. d，21，22.

774

图 17.23　出自加里曼丹（婆罗洲）前坤甸苏丹国的一幅大地图细部

　　这幅地图用黑色墨水和黄色、棕色、蓝色和红色水彩画于欧洲纸张上。据称绘制于 1826 年。地图方向朝南，描绘了加里曼丹内陆的一部分。荷兰人当时大概并没有获取有关这一地区的第一手资料。值得注意的是地图展示地形的细致程度以及绘图者对于从图片下方山壁间奔流而出的溪流的描绘。

　　原图整图尺寸：92.7×83.1 厘米。

　　经荷兰乌得勒支大学地理研究所地图收藏部（Kaartenverzameling，Geografisch Instituut，Rijksuniversiteitte Utrecht 许可）（ce. No. Ⅷ. C. d. 1）。

辖范围内。彩色区域一直延伸到地图的边缘，有 4 个村庄直接画在地图的边线上，表明这幅地图是一套有着相同用途的系列地图的组成部分。

　　鉴于溪流在地图上的突出展示和灌溉在当地的重要性，人们可能会猜想这幅地图与水源管理有关。但是，绘图者对与水道有关的辖区的处置缺乏逻辑性，因此我们认为地图不可能与水源管理有关。溪流和道路本身是白色，其轮廓为黑色。主干道上绘有 7 座桥梁，分两种式样，一座桥门，可想而知这是一座检查站或收费站。两座火山画作圆形，以与周邻地区相同的深灰色着色。没有溪流从火山的西翼发源并流向默巴布山南边，而且地图上这一部分也没有任何村庄，表明这一地区基本上超出了制图者的视野。

　　这幅地图的外观虽然相当现代，但看起来并不像荷兰地图，何况其上还有爪哇文字。尽管地图的方向是朝南的，我还是推测这幅地图是应荷兰人的要求订制的，因为彼时荷兰人试图规范对该地区的行政控制。我进一步推测，由于当时缺乏足够的荷兰测绘员，只得退而求其次，在当时征聘人手，尽可能利用那些懂得制图或推定具备必要制图资质的人员，英国人在缅甸遇到类似情况时也大体采用这样的办法。我们显然还需要对这一问题做进一步的研究。

我要讨论的最后一张区域地图（图 17.23 和图 17.24）出自今天的印度尼西亚，主要是描绘婆罗洲（加里曼丹）西部的坤甸（Pontianak）地区。有人在地图上写下"1826?"这个日期。地图上数百个地名和相关注记采用的是阿拉伯字母写成的马来语。后来又用铅笔在其上添加了罗马字母写成的地名和注记（有好几行），但字迹褪去，今已不辨。还用有黑色墨水写的另外几个名字和注记。与地图放在一起的是一幅该地区的现代钢笔略图，所描绘范围从南边的卡普阿斯河（Kapuas River）大三角洲向北延伸 300 多公里到今沙捞越边界一带。这幅地图在东西方向上被大大压缩，使东西向尺寸小于南北向尺寸，但实际上东西向从海岸一直延伸到 500 多公里以外的穆勒山脉（Müller Mountains）。

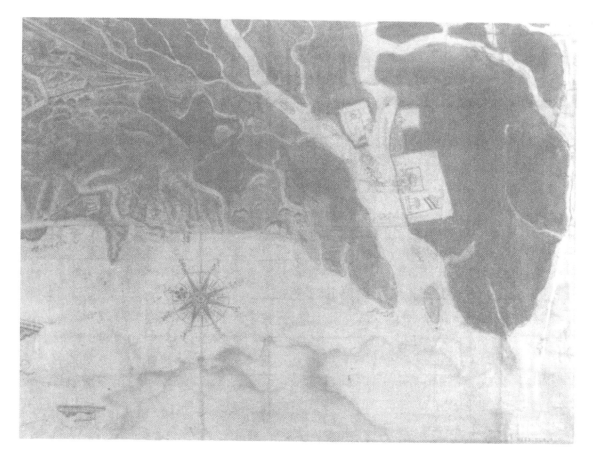

775

图 17.24　图 18.23 坤甸地图上的另一处细部

这个细部图展示了卡普阿斯河河口三角洲，包括苏丹的宫殿和附近的"Residentie"（住宅），荷兰驻地行政官治所。此图上欧洲的影响是显而易见的，例如其上有一个罗盘玫瑰，另外（在图上这个区域之外）还有一个华丽的椭圆形装饰，好像是苏丹的纹章。原图尺寸：92.7×83.1 厘米。

经荷兰乌得勒支大学地理研究所地图收藏部许可【acc. No. ⅦLC. d. 1）。

如果地图所题日期 1826 年无误，那么这幅地图是在 1822 年荷兰人控制坤甸之后不久完成的。彼时荷兰人对婆罗洲内部的知识应该是微不足道。因此，地图上几乎所有远离海岸的细节只能来自当地的知情者；尽管地图是在荷兰人的监制下完成的，但实际绘制地图的应该是这样一些人。虽然地图上带有一个 32 向罗盘玫瑰且标明了 8 个方位的名称，而且北方最为突出，但地图上的文字说明（包括一个可能带有当地苏丹纹章的相当精致的椭圆形装饰），表明地图的主要方向还是南向，前面提到的两幅爪哇地图的方向也是南向。

776　　除了大量带地名的定居点外，地图还有许多与地形有关的细节。丘陵和山脉以正立面绘制，相当写实，通常以蓝色绘制，边缘上有一些阴影。山脉虽然朝着不同的方向，但也呈现出与地图边缘平行的趋向。我认为靠近地图东侧的，是作为卡普阿斯流域盆地东部边界、位于婆罗洲中部、以俯视角度画出的穆勒山轮廓，其外不再有土地。以白色表示不同宽度的河流，也相当写实。卡普阿斯三角洲尤其如此，画得准确无误（图 17.24）。一些溪流似乎从两峰之间的山顶流出。图上许多条溪流都从远高于山脚的山前洞口流出，这使人想起廷班甘腾地图上对泉水的着力表现。

有关各个地方的文字说明的显著特点是，它们都以一个完整的句子表达，例如"这座山就是潘丹山"或者"这个地方叫作达亚拉瓦（达亚人的地方）"。[74] 这些解说型句式表明这幅地图是专为来到此地的陌生人，也就是荷兰人，提供指南的。

定居点通常以正立面绘制的白色房屋表示，也有不同的朝向，但不时可以找到带围墙的平面图。其中包括红色围墙内的苏丹宫殿（kraton）以及其近旁一个标为"residentie"的黄色长方形，表明这里是荷兰驻防官员的住所。在这个黄色长方形和另外两个黄色围墙内有荷兰国旗。尚不清楚这些围墙外面的红线到底表示墙壁还是道路。地图的背景颜色主要是浅棕色，推测表示苏丹的领地，而一些小块的沿海区域（涂有黄色）似乎是当时专限荷兰人租住的地方。地图北部的山上似乎写有"伦敦"（用马来语）一词，可能意味着这个地区以外在英国人的控制下。这里讨论的地图上所画的区域可能一直是沙捞越南部桑巴斯（sambas）苏丹国的领地，这一地区于 1813 年落于英国人之手，但在 1824—1830 年前一度由荷兰人接管或者就是沙捞越，但它于 1841 年由文莱苏丹割让给了鲁珀特·布鲁克（Rupert Brooke），如果是后一种情况，则地图上标示的 1826 年这个日期便不能成立。[75]

勒鲁（Le Roux）的一篇主要讨论马来海图的文章提供了关于这幅坤甸地图绘制于何时以及如何绘制的线索。他指出，19 世纪初，"南苏拉威西（South Celebes）的示意地图是由某位叫德昂·马芒贡（Daeng Mamangung）的人应荷兰政府之请制作的"。鉴于该地图的质量，作者于 1824 年 8 月 25 日获得了荷兰语和布吉语的官方证书，声明该地图"配得上最高的赞誉"，并鼓励地图制作者"沿着业已开启的光荣之路坚持不懈，勇往直前，勤奋努

---

　　[74]　这些材料以及其他材料是明尼苏州大学的马来西亚学生奥斯曼（Mohammed Radzi Haji Othman）从不太清晰的幻灯片上的地图文字中为我整理制作的。我非常感谢他的帮忙。

　　[75]　关于奥斯曼释读的"London"，我不清楚这座山与桑巴斯河（Sambas River）的相对位置是怎样的，也不清楚假设的两条边界哪一条更具可能。

力"⑦。如果说在 19 世纪 20 年代，荷兰人可能认为引导一位有文化的布吉人制作自己家乡的地图是一种方便之计，那么他们同样有理由在坤甸以及其业已实施统治的地方依此行事。在坤甸这一英国人业已表现出兴趣的地区，荷兰人获取地方情报的需要应该更加迫切。勒鲁曾经有这样一种看法，认为也许可以从茂物、雅加达（巴达维亚）或万隆的某个档案中找到苏拉威西岛地图，而且他打算进一步研究这个问题，但我并没有看到更多关于这个问题的信息。

路线地图

我们下面分析的路线图与那些归为区域地图的作品一望而知殊为不同，特别是由弗朗西斯·汉密尔顿公布的那些地图。将某些地图归之为路线图的标准是，它们重点描绘的是某类要素的分布路线，例如道路、朝圣路线、河流，甚至包括电报线路，此类地图很少或基本不关注其他地物，除非它们正好位于地图所关注的路线近旁。一些适于某种特殊用途的路线图可能是长条形的，但这种图形不适合大多数路线图。下面的讨论分为两部分，第一部分涉及与佛教朝圣有关的地图，第二部分为世俗性质的地图。

推定涉及佛教朝圣的路线图

777

大英图书馆收藏有两部 19 世纪的缅甸宇宙论手稿，每部手稿上都有一幅轴辐式地图，轴心是佛陀，沿着 12 根辐条排列着 16 幅画面，其上描绘了与佛陀在世生活有关的地点。画面的排列方向一般从菩提伽耶（这个地方位于印度东北部，为佛陀证悟之处）开始，依次记录从菩提伽耶到达各处的时间。⑦ 一幅绘于棕榈叶上，另一幅绘于纸上，但二者十分相似。每幅地图上都标明其与佛教圣地菩提伽耶所在辐条的相对方位与夹角。似乎从顶部的米提拉（Mithila）开始，据说此地位于东方，但它与菩提伽耶所在辐条的实际夹角只有 25°。其他地点的方向也不正确，误差与米提拉相近或更大。距离菩提伽耶的行程从 5 天到 1 个月不等，也相当不可靠。

将这些示图称作"路线图"也许有点牵强，但它们并非不适合我们所讨论的主题，因为将它们与图 17.25 作一对比就会发现，二者之间存在明显的关联性，而后者，毫无疑问就是一幅路线图。尽管这些示图不具备地理准确性，但其布局却不是随意的，而是遵循了各自所在的手稿中某些未曾译出的规定。⑦ 这些示图有可能是为那些希望前往最神圣

---

⑦　C. C. F. M. Le Roux，"Boegineesche zeekaarten van den IndischenArchipel," *Tijdschrift van het Koninklijk Nederlandsch Aardrijkskundig Genootschap*，2d ser.，52（1935）：687 – 714 以及一幅折页地图，引文在第 701 页。感谢吕泰尔帮我翻译了这整篇文章。

⑦　作为手稿组成部分的两幅示意图见于图 17.14、图 17.20 和图版 35。

⑦　感谢大英图书馆的帕特里夏·赫伯特（Patricia Herbert）为我翻译了此处讨论的两幅示图之一的地图题字。这张图刊于：Heinz Bechert，" To be a Burmese Is to be a Buddhist'：Buddhism in Burma," in *The World of Buddhism：Buddhist Monks and Nuns in Society and Culture*，ed. Heinz Bechert and Richard Gombrich（London：Thames and Hudson，1984），147 – 58，esp. 155. 这种有着 12 个条幅的示图有多种可能的用法。12 个条幅可能指示到某地去的吉祥月份，或者朝圣特定的地点理想月份的次序。另一种可能性是，这些条幅可能与十二年一循环（生肖年）的中国历法有关，指示十二年中某年出生的人适于到某地朝圣。下面这篇文章讨论了一份根据出生年份列出的泰国北部僧侣朝圣地清单：Charles F. Keyes，"Buddist Pilgrimage Centers and Twelve-Year Circle：Northen Thai Moral Orders in Space an Time"，*History of Religion* 15（1975）：71 – 89。

的印度佛教圣地的朝圣者准备的，是基本的指南图。但若是如此，它们用起来效果可能也并不好。更大的可能是，这些示图旨在通过讲述佛陀的生活以及半神话性质的旅行来教化信众。

另外，一本 48 页的折页书（24 对开页，总共有 39 页文字）中也有两幅涉及佛教圣地的示图，手稿出自泰国北部清迈附近的某个地方，主要用兰纳泰文写成。鉴于其保存状态完好，怀亚特（Wyatt）将这部未知年代的手稿推定为 20 世纪初的作品，但这部手稿也可能全文或部分复制于某部年代更早的手稿。泰国学者宋迈·炳集（Sommāi Prēmčhit）于 1978 年在其有关泰国北部佛塔的泰文著作中对这部手稿进行过研究。[79] 这本书还讲到如何建造印度菩提伽耶摩诃菩提寺（Māhabodhi Temple）风格的佛塔（chedi）等内容。

这部手稿中有一类示图会标出菩提伽耶佛塔内部以及周边的主要圣地。手稿中第 21 张对开页上的一幅示图叫作延陀罗（yantra），据说是由一位强势的僧人 Upaguttathera（梵文叫 Upagupta，泰语为 Phra Uppakhuṭ）设计的。阿育王时代（公元前 3 世纪）[80] 他应该在印度北部居住。示图被刻在银盘上，通过适当的仪式后，被安放于佛塔塔顶，以免遭后世毁坏。泰国的佛塔（支提）上是否也安放延陀罗，不得而知，但我们没有理由断定它不会被安放在几个佛塔之上。因为在缅甸和泰国北部，至少有 4 个佛塔是以菩提伽耶佛塔为原型建造的。[81]

该示图由 9 个小正方形（3×3）组成一个大的正方形。位于中正间的方块被称为"佛座"（在菩提伽耶），据说这里是"宇宙中所有城市的中心"，两侧（除中下方和右下方的两个方块，上面只有圣语）的 6 个方块中的三角形上写有 Champu Dipa（即南瞻部洲，这里大体指印度）中与佛陀有关的主要圣地名称，根据它们与菩提伽耶的空间关系排列。[82] 尽管这幅地图上的少数细节与上面讨论过的缅甸十二辐条示图存在某些差别，但二者也有不少相似之处，足以提示我们存在这样一类值得进一步研究的佛教制图传统。

[79] Sommāi Prēmčhit, Kamon Siwichainan, and Surasingsamrūam Chimphaneo, *Phrachedinai Lanna Thai*（Stupas in Lanna Thai）（Chiang Mai：Khrongkan Suksā Wichai Sinlapa Sathapattayakam Lānnā, Mahāwitthayālai Chīang Mai, 1981），89–90 and 104–5（in Thai）.

[80] 尽管人们普遍认为此人与阿育王有关联，但在历史上他可能生活于公元前 3 世纪到公元 1 世纪之间。公元 1 世纪，东南亚大陆兴起了一种崇拜此人的民间宗教。关于这一问题的深入讨论，见：John S. Strong, *The Legend and Cult of Upagupta：Sanskrit Buddhism in North India and Southeast Asia*（Princeton：Princeton University Press, 1992）。全面研究这幅地图有助于阐明本节所讨论的地图。

[81] 缅甸蒲甘的第一座此类佛塔建成于 13 世纪。另外三座，一座在勃固（缅甸），还有两座于 15 世纪建于清迈和清莱。其中，泰国的两座塔都命名为七塔庙（Wat Jed Yod）。有关这些宏伟建筑的详尽历史以及东亚南与印度的接触对建筑的影响，见 Robert L. Brown, "Bodhgaya and South-east Asia," in *Bodhgaya：The Site of Enlightenment*, ed. Janice Leoshko（Bombay：Marg Publications, 1988），101–24.

[82] 上述评论基于威斯康辛大学 Thong-chai Winichakul 和康奈尔大学的戴维·怀亚特（David Wyatt）对宋迈·炳集文本的解读。戴维·怀亚特为我提供了一个关键段落的手译稿。非常感谢他们的帮助。

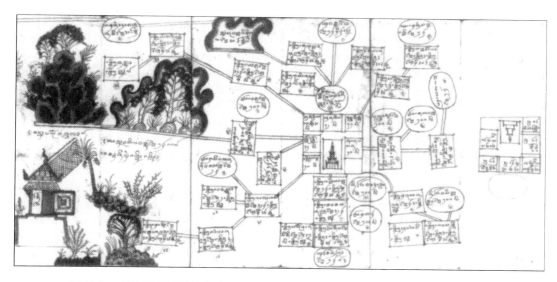

图 17.25　兰纳泰国地图的一部分（据信与一位长居印度的泰国朝圣者走过的朝圣地有关）

这幅神秘的泰国北部地图出自 48 页以宇宙论为主的折页书的一部分，绘制日期不详。据说这部手稿被存放在一座佛塔内，以保护建筑免受损害。佛塔可能在清莱附近。这份手稿是在 1981 年前的某个时候唐娜·马克汉（Donna Markham，当时她还是一名研究东南亚的研究生）为埃科尔斯的东南亚收藏（Echols Collection on Southeast Asia）购得，至今尚未进行编目或完全翻译。地图上显示了许多城市、村庄、圣地以及一些与菩提迦耶及其周边地区有关的自然地物。地图上另外还有 41 处地方，其中能够被识别的都与佛陀生前的重要地点有关，或者是他去世后的几个世纪一直都很重要的地方。

整幅地图尺寸：36.5×277 厘米。

经纽约伊萨卡康奈尔大学图书馆许可（这里展示的地图包括 23—26 号对折页的全部或部分）。

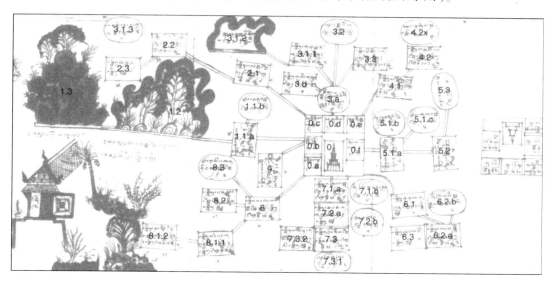

图 17.26　图 17.25 所示地点图解

此图将图 17.25 中所有的地点都以一一对应的数字和字母标示出来。与菩提伽耶有道路相连的地点给出一个主数字编号（1—9）且按顺时针方向排列。从该地点延伸出去的各条路线上的其他次级地点，由近及远给出第二层数字序号（如 8.1、8.2）。若同一条路线不止一个次级地点，则依次给出第三层数字序号（如 8.1.1、8.1.2）。若一群地点靠得很近（2 公里以内）且地图上没有画出连接的道路，则以数字加字母的方式进行编号（如 0.a、0.b、0.c、0.d）。字母 X 加某数字表示此地与有着相同数字的另一个地方相连，但不知确切距离且地图上无路线相连。表 17.1 原样照录了他人为我提供的地图上文字的译文，只略作编排以统一体例。

表 17.1　　　　　　　　　　　　　　　　**图 17.25 中所标地点检索表**

a. 检索号对应的地点见图 17.26

b. 译文由 Phramaha Wan Surote 和戴维·怀亚特提供，方括号的文字是我添加的。

检索号 （对开页）[a]	文字说明译文[b]	备注
0（24）	无文字说明（据插图为菩提伽耶神庙）	佛陀证悟之地
0. a（24）	Ratana-ghara（Ruenkaeo），40 *wās*	0. a（24）至 O. f（24）位于菩提伽耶附近，并与佛陀证悟的具体事件有关
0. b（24）	Cankama（Conkrem），15 *wās*	
0. c（24）	AnimissaCetiya，10 *wās*	
0. d（24）	Ajapāla，32 *wās*	
0. e（24）	Muccalinda，35 *wās*	
0. f（24）	Rajāyatana，40 *wās*	
1. 1. a（24）	Rajāgaha，行程 10 天，16 门大城	公元前 5 世纪初首次佛教大会的地点
1. 1. b（24）	Veluvana，森林，500 *wās*	靠近 1. 1. a
1. 2（25）	Usila-dhajja，山地，行程两天，此路向北	未确定
1. 3（25）	Panku-paeenta，山区	未确定
2. 1（24）	Padmāvati（Pavara），行程 12 天；16 门大城	今帕瓦娅（Pawaya）
2. 2（24）	Pataliputta，相距 1 座山；16 门大城	孔雀帝国都城，今巴特那（Patna）
2. 3（24）	Nāḷa，小城	那烂陀（Nālandā），重要佛学院所在地
3. a（24）	主涅槃之地，里程为 500 *wās*	靠近 3. b
3. b（24）	拘尸那罗（Kusinārā），行程为 3 *gāvuddha*；小城	见 3. a；*gāvuddha* 是一种距离单位
3. 1. 1（24）	（Jetuttanagara），行程 1 月；16 门大城	亦称 Madhyamikā
3. 1. 2（24）	苏万纳古利塔拉 Suvannagiritala，山区，10 由旬	地名意为"金山"；毗邻印度南部城市古蒂（Gooty）
3. 1. 3（25）	Ācāra-nadi［河流］，10 由旬	未确定
3. 1. 4（26）	Cetarabba，原或名栴檀树菌茸（Maddava），10 由旬	未确定，处于图 18.25 左边，未标出
3. 1. 4. x（26）	Palileyyaka，很大的大象森林	未确定，处于图 18.25 左边，未标出
3. 1. 5（26）	Ketumati-nadi［河流］，距离为 10 由旬	未确定，处于图 18.25 左边，未标出
3. 2（24）	Gajjangala，村庄，向东行程 5 天	推测为揭罗村（Kajangala）
3. 3（23，24）	Mithilanagara，行程 1 个月；101 门大城	米提拉（Mithilā）；为公元前 4 世纪早期和 3 世纪中叶第二次和第三次佛教大会的地点
4. 1（23）	Sankassanagara，行程 7 天；16 门大城	桑伽施（Saṅkissa）
4. 2（23）	Takkasilā，行程 1 个月；101 门大城	呾义始罗（Takṣasilā），重要佛学院和寺院所在地，巴基斯坦西北
4. 2. x（23）	Sallavatti，河流；行程 5 天	萨拉瓦蒂河（Salalavatī River）；标示地点有问题
5. 1. a（23）	Sāvatthi，行程 1 个月；大城	今塞德马黑德（Set Mahet）
5. 1. b（23）	Pubbarama［寺院］，行程 500 *wās*	靠近 5. 1. a
5. 1. c（23）	祇园精舍林（Jetavana forest），行程 500 *wās*	靠近 5. 1. a。果园通常是佛陀休憩之所
5. 2（23）	Kalingaraja，行程 2 个月；大城	推测为古代某国都城迦陵迦城（Kaliṅganagara）
5. 3（23）	Setakanna，村庄，行程 5 天	未确定

780

续表

检索号 （对开页）（a）	文字说明译文（b）	备注
6.1（23）	Madhulanagara，行程 1 天；小城	未确定
6.2.a（23）	高善必（Kosambi），行程 1 个月；16 门大城	佛塔与佛寺所在地
6.2.b（23）	Nigodhasitārāim 寺院，行程 700［400?］wās	靠近 6.2.a
6.3（24）	Ālovī，小城	未确定
7.1.a（23）	迦毗罗卫国（Kapilavātthu），行程 5 天；16 门大城	佛陀出家之地
7.1.b（23，24）	Nigodhārām 寺院，行程 500 wās	靠近 7.1.a
7.2.a（24）	Devadahanagara，行程 12 天；小城	德瓦帕塔纳（Devapaṭṭana），孔雀王朝阿育王曾造访此地
7.2.b（23，24）	Mahavana 森林，行程 500 wās	靠近 7.2.a；意为大果园
7.3（24）	科利耶（Koliya），行程 1 个月；16 门大城	在佛陀时代，科利耶是佛陀时代的共和国城邦；其首都罗摩加马的地点存疑
7.3.1（24）	Donabrahma 村庄，行程 5 天；	未确定
7.3.2（24）	Sumsumāragiri，行程 15wās；小城	地点存疑；15 wās 可能有误（可能是绘制图或抄工笔误）；可能需要 12 天
8（24）	巴拉纳西（Bārānasī），行程 12 天；16 门大城	拉瓦拉西/贝拿勒斯（Varanasi/Benares）
8.1.1（24）	占婆那喝罗（Campanagara），行程 1 个月；16 门大城	占婆国（Campā）
8.1.2（25）	Moriya，自占婆那喝罗行程 1 个月；16 门大城	佛陀时代的共和制城邦；都城在毕钵（Pipphal-ivana）
8.2（24）	Veraňjā，行程 2 个月；小城	亦称 Adaraňjiya
8.3（24）	Isipatana-migadayavana，行程 2 天；	鹿野苑（Sarnath），佛陀首次布道之地；靠近韦兰迦村（Veraňjā）
9（24）	毗舍离（Vesali），行程 3 天；16 门大城	Vaisāll，古代离车城邦联盟的都城

比延陀轮更有趣的是手稿对开页 23—27 页上的一幅更为复杂的示图，图 17.25 复制了 **781** 这幅示图的一部分。图 17.26 和表 17.1 则解说了该示图的部分内容。图中的核心要素是一个以程式化方式展示菩提伽耶摩诃菩提寺及其周边 6 个带名称的圣地的正方形。这些地点的排列与上面说的延陀罗示图相同，但其所涉及的区域范围明显不同。从正方形延伸出 9 条路线，有些路线还有两条或两条以上的支线，它们连接或靠近 24 个长方形，每个长方形都带有一个城市的名字；14 个椭圆形内有村庄、寺院、森林（树林）、河流或其他圣地的名称；另外还有 3 处图画式山脉。地名下面有简短的描述性解说。虽然已经有人为我音译了这些假想线路上的 41 个地名，但迄今为止我只能确定其中的 27 个地名。[83] 每个地名都与印度某地

---

[83] 地名的音译与辅助性文本的翻译是由 Phramaha Wan Surote，一位泰国北部的僧侣，以及一位生活在马里兰银泉（Silver Spring）的一位不知名的泰国居士完成的。这些翻译得到了戴维·怀亚特的肯定并稍加补充。对于他们的帮助，谨致最大的谢意。除了一处地名，其他已确定的地名均见于下书中的地图或照片，见：Joseph E. Schwartzberg, ed., *A Historical Atlas of South Asia* (Chicago：University of Chicago Press, 1978), 16, 19, 21, and 23，可通过查阅地图集索引找到这些地名。不在其列的一个地名 Devadahanagara，在下书中得到了确认：*The Geographical Encyclopaedia of Ancient and Medieval India*, ed. K. D. Bajpai (Varanasi：Indic Academy, 1967 –), 1：107, s. v. "Devadaha."

有关，它们在佛陀的一生中或在接下来的几个世纪里都十分重要。举一个有代表性的例子（在图 17.26 中编号为 7.1.a），一条地名题记写道："迦毗罗卫国 Kapilavatthu，行程 5 天，有着 16 个城门的大城市。"这个地方指的就是佛陀放弃追求世俗目标的地方（梵文叫 Kapilavastu）。

在 24 座城市中，编号为 3.3 和 4.2 的 Mithilanagara 和塔克西拉（古代的呾叉始罗；现代的塔克西拉）被描述为拥有 101 座城门的大城市；据说另外 12 个是拥有 16 座门的大城市；两个大城市没有具体提到城门；7 个小城市；一个（3.1.4）仅知是城市，没有具体的规模（界定城市规模的理由往往不明确，也没有像传统上以城门数量如 16 或 101 判断城市规模）。椭圆形内的 14 个地名中，有 3 个是村庄，3 个是修道院，一个是毗邻城市的圣地，3 个是河流，4 个是森林或圣林（vanas）。除了从菩提伽耶出发的路线沿线的三座图画式山峰外，在第 25—27 对开页（图 17.25 左侧）上还有 6 个其他的图画式地物：一个简称为"厨房"的建筑；Acutta，"隐士的小屋"；"猎人之子的住所"；Palileyyaka，一座大象森林、牟枝磷陀龙王池（Muccalinda Pond，在一周的淫雨中，此处一条瞎眼的蛇为佛陀挡雨），以及甘达玛丹娜山（Gandhamadana Mountain，东喜马拉雅山的旧称）。

地图的拓扑逻辑还远不清楚。地图上标明的菩提伽耶到各地点的距离直线与在现代印度地图上的直线距离没有相关性。但这幅地图上椭圆形中的地点与距离它最近的长方形中的地点空间关系的紧密程度与现代地图是一致的，否则标出特定路线上的一连串地方到达菩提伽耶的里程数就毫无意义了。我们可以通过对比图 17.26 和图 17.27 中从菩提伽耶到 8 号（Bārānasī/Varanasi）、8.1.1（Campanagara/ Campā）和 8.1.2（Moriya/Pipphalivana）号城市的路线就来说明这一点。第一程，从菩提伽耶到巴拉纳西（Bārānasī），据说有 12 天的路程，往西北方向行 190 公里，据说历时 12 天。第二程，从巴拉纳西出发，东北方向行 205 公里，历时一个月到达恒河边某个城镇。第三程，也就是最后一程，历时一个月，到达菩提伽耶西北 290 公里的某个古老的共和城邦都城。[84] 根据这些地点，显然无法说明原图的方向，也无法判断其比例。从菩提伽耶或其他某个确定地点出发到达另一些确定地点的实际地理方位，也与这幅地图上显示的方向不存在明显的联系。

从地图上地名后面所附关于距离的文字说明中，我们可以看到一组更有意义的关系。这里的距离是用线性单位或时间单位表示的，通常指一个地点到另一个地点的距离，而不是从所有路线的起始点——菩提伽耶开始累加的行程或距离。只有在从菩提伽耶到迦毗罗卫国，德瓦帕塔纳和科科耶（7.1、7.2、7.3）这个例子中，后一种算法才更说得通。长距离通常用月或由旬（yojanas）表示〔（5.1 到 5.2，8 到 8.2 用了两个月，还有用 1 个月到达 9 个城市的情形）（在这幅地图的语境下，1 个月可能指 15—45 天不等）〕。在另外 12 个情形中还有一种比较常见的做法，就是以天计算里程（从 2 天到 12 天不等）。直线距离是用由旬（由旬是一种变量单位，通常用 1 由旬表示 16 公里，但用在这里远不到这个数）、gāvuddhas

---

[84]　值得注意的是，地图上唯一标出里程的是 Campanagara 和 Moriya 之间的一条路线。我不知道它是否是很重要的路线。图 18.27 所显示的路线沿袭了莫卧儿时代（17 世纪）的常用路线，参见 Irfan Habib, *An Atlas of the Mughal Empire*: *Political and Economic Maps with Detailed Notes*, *Bibliography and Index*（Delhi：Oxford University Press，1982）. 虽然不知道兰纳（Lanna）泰国地图讲的是哪个时代，但我认为，我所描述的路线非常接近于这幅地图所涉及的朝圣者先前所行进的路线。

（只有一例用这个单位，不确定相当于多少公里）、wās（大约 2 公里）给出的。只有一条路线是用由句数给出的，即从 3.1.2 到 3.1.5，据说两地距离上一个地点都是 10 由旬。7 例用到了 wās（5 例是 500wās，1 例是 700wās，1 例只有 15wās，差不多可以断定解读错了）。到椭圆形中所标地点的距离无一例外是用天或 wās 来表示的，其距离比它们附近长方形中所标地点要短。这就意味着，地名（还有许多地点未确认）在某种程度上是与附近的城市相关联的。在有些例子中，这种关联性可以为历史所证实。

　　为了验证地图上标明的 18 对相互连接的城市之间的旅行时间与距离，我核查了走过实测路线的里程所需时间，以测试其可信度。在 15 个例子中，一个人可以通过图 17.27 所示的假想路线在指定的时间内以每天不足 40 公里的速度走完假想路程，在 11 个例子中，每天按不到 25 公里的速度行进可走完假想路程。但在 3 个例子中，地图上的旅行时间是不可信的。其中最极端的例子是菩提伽耶到桑卡桑纳加拉（Sankassanagara，4.1）的路线，每天必须行进 85 公里以上才能走完地图上标明的"7 天行程"。此处或其他地方存在的错误，要么是原图上就已存在，要么是从一个手稿复制到另一个手稿或翻译地图文本时产生的。有几个给定的时间与特定地理距离不符，例如，从菩提伽耶到拉贾加哈（Rajāgaha，1 号地点），距离只有约 70 公里，地图上标注的旅行时间却长达 10 天。但是，如果地图上标定的时间并不是走完某段行程所需的最短时间，而是包含了虔诚的朝圣者在途中多次逗留（也可能要考虑除旅行时间之外停留于特定地点的时间）实际花费的时间，这个问题就不那么费解了。

783

782

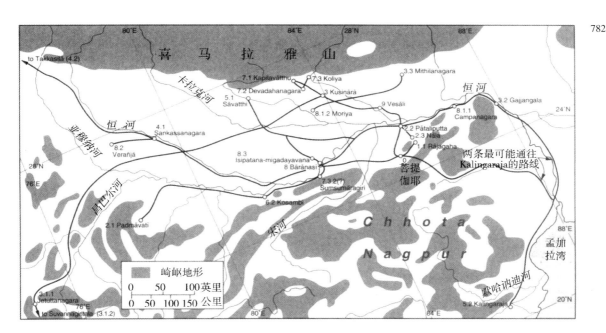

图 17.27　图 17.25 所示数条线路的假想重建

　　图中所显示的路线是那些可以识别的地点之间的路线。各地点的主数字（没有附加字母）以及地名与图 17.26 和表 17.1 一一对应。图上没有直接显示的是西北方向的塔卡西拉（Takkasilā，靠近今巴基斯坦拉瓦尔品第城）和苏万纳吉利塔拉（Suvannagiritala，印度南部安得拉邦的古蒂）。对于一个前现代的朝圣者来说，至少要在印度逗留几年，才能走遍所有这些路线（包括前面提到的通往两个最遥远地点的路线）。

　　这幅地图的原作者几乎可以肯定来自泰国北部。他要么是一位记录自己持续数年朝觐印度佛教圣地之旅的僧人，要么是记录某个个人或团体早年旅行记录的抄写员。我倾向于相信地图与个别僧人的旅行有关（我在讲到其他个例时，曾提醒读者留意朝圣者以地图形式记录其旅行）。[85] 如果这个假设是正确的，从菩提伽耶辐射出来的九条路线中的每条路线可能代表一段从菩提伽耶这个最圣洁的修行之地开启的单独的旅程（可能是某一特定年份），没有任何迹象表明旅行者还会回到菩提伽耶。乍看之下，沿着某条特定的路线分布的那些可以确定的地点，其排列次序似乎相当随意。但是，倘若旅行的便利与时间的优化并不是虔诚朝觐者考虑的重点，加上选择任何路线都将部分取决于天气情况，在特定月份、沿特定方向旅行还需要占卜吉日以及解释各种不可预知的征兆，那么看似不切实际的路线也就变得可以理解了（举例来说，当我们重建一些早期中国佛教朝觐者的印度求经之路时，发现其行程也往往比较曲折）。[86]

　　地图上没有提供任何明晰的线索证明它最早绘制于何时，也没有任何与其所覆盖地区的伊斯兰或英国的统治有关的任何地物，前者的统治可追溯到 12 世纪末期。这也不足为奇，因为地图作者关注的无一例外都是佛教圣地。他的印度之行可能发生在 15 世纪，即虔诚的兰纳泰国君主蒂洛卡（Tiloka）统治时期，有人认为他曾派僧侣到菩提伽耶（与当代缅甸君主一样）绘制那里的寺院平面图，以便在泰国依样重建（见上）。[87] 假设这幅地图从那时起便被反复复制，那么由于复制时会出错，因此不难解释为何地图上会有一些我前面提到的令人费解的内容。

　　如果按照假设，从菩提伽耶出发的 9 条路线中的每一条代表着从这个中心启程的一次单独的旅行，那些我们需要考虑一下旅行的次序，因为据此可以解释地图的逻辑。虽然这种安排可能完全是随意的，但我倾向于认为旅行者是沿着从菩提伽耶到拉贾加哈（即图 17.26 中的 1 号地点）的路线，按顺时针方向进行的。拉贾加哈为圣地且靠近菩提伽耶，因此它可能成为旅行者出行的第一站。拉贾加哈左边有两座大型图绘山脉，虽然我尚不能成功地确认它们，但这两座山应该就是环绕着该城的五座山丘之二，它们见载于《摩诃婆罗多》（*Mahab-harata*）和《巴利年鉴》（*Pali annals*）二书。[88] 手稿对开页 25—27 页中其他的图绘细节表现的可能也是与这一地区相关的众多圣地。地图左边突出显示了作者眼中最能代表印度宗教地理的要素。[89] 之所以推定存在一个顺时针的次序，是因为在绕行（*padakkina*）朝圣地时，佛教徒总是从右边开始走。作者也许想通过地图传达从菩提伽耶启程的朝圣巡行之旅，因此并不考虑各地点实际的方向，好似在做一次绕行，在这里，对时间的考虑是优先于空间的。

　　当然，也可以有其他的替代性假设。首先，这幅地图可能是作为后代朝圣指南之用的，

---

　　[85]　例如耆那教朝圣地图，参见 Joseph E. Schwartzberg，"Geographical Mapping," in *The History of Cartography*, ed. J. B. Harley and David Woodward（Chicago：University of Chicago Press, 1987 - ），Vol. 2.1（1992），388 - 493，特别是第 440—442 页；或者是上文第 649—650 页介绍的某位 Cikhidi 订制的尼泊尔地图。

　　[86]　这些地图刊登于 Schwartzberg, *Historical Atlas of SouthAsia*, 28（注释 83）。

　　[87]　清莱寺可能是在 16 世纪中期缅甸占领该地区期间被摧毁的。1844 年以来，该寺得到部分修复。详见 Brown, "Bodhgaya andSouth-east Asia," 111（注释 81）。

　　[88]　关于王舍城周边诸圣地的介绍，见 Bimala Churn Law, *Rājagriha in Ancient Literature*, Memoirs of the Archaeological Survey of India, No. 58（Delhi：Manager of Publications, 1938）。

　　[89]　绘图者首先在 23 页画出了一个表示菩提伽耶的中心方框，它的位置正好与 24 页颠倒过来，这样一来，快延伸到 22 页的文字说明时，方框左边只余下极少的空间。因此王舍城左边就画不了什么重要地物，只能另起一页来画。这是支持地图表现区域位于菩提伽耶左边这一猜想的突出证据。

但由于地图是根据道听途说的信息绘制的，因此它不可能反映实际情况。然而，我们很难想象，地图路线性质难以捉摸且与现实不符，却仍然被人们用作一般的朝圣指南。其次，这幅地图很可能是僧人 Upaguttathera 将其旅行编成神话后加以展示的。最后，这幅地图可能是人们将佛陀行程神话化的结果。⑨ 目前，这些假设都不易得到证明。⑨

784

图 17.28　马来半岛洛坤与宋卡之间长幅泰国路线图局部

　　此图展示了整幅路程图的一小部分。这是一幅折装地图，地图绘于泰国本地纸上，年代可追溯到 17 世纪晚期或 18 世纪早期，是已知最古老的东南亚大陆地理地图。这幅地图在旧手稿地图（1615 年）的基础上增补了一些内容。旧手稿地图涉及帕刑寺（Wat Phra Kho）及其分寺的土地以及散落于居民区的地产。该地图最显著的特点的突出展示宗教建筑，代表居民点的符号总体上处于次要地位。另外，图上对动植物的描绘细致入微。

　　整幅原图尺寸：大约 40×1200 厘米。曼谷泰国国家图书馆。

　　图片由纽约伊萨卡康奈尔大学图书馆埃科尔斯收藏提供（Wason film 4309）。

世俗路线图

　　图 17.28 给出了我所知道的最古老的东南亚世俗路线图中的一小段。这件作品曾被错误地认定为"洛坤府（Nakhon Si Thammarat）地图"（洛坤府并不在地图范围内，只是不远处的一座城镇），其年代为 17 世纪末 18 世纪初，是与马来半岛泰国南部某个地区有关的历史文献一部分。⑫ 地图所在的手稿为折装类型，拍摄时可见地图部分由 40 个对开页组成。地图方向朝东，即面向泰国湾。几乎可以肯定地图原先的内容应该比现在多，因为有明确的

---

　　⑨　虽然根据对佛陀生平的历史考证，他根据不可能到过地图上所画的许多地方，但佛陀去世后产生的神话却传闻他到过印度和其他国家的许多地方，其实没有任何历史依据。例如，传说斯里兰卡的亚当峰就留下了佛陀的脚印。

　　⑨　宋迈·炳集发现，自他 1973 年开始研究兰纳泰国手稿以来，他从未见过与我在这里讨论的地图类似的地图（Sommāi，Kamon，and Surasingsamrūam，*Phrathēdī nai Lānnā Thai*，105［注释 79］）。因此，没有其他已知的模型可用来检验我在本章中提出的观点。

　　⑫　这幅地图现藏于泰国曼谷国家图书馆手稿收藏部，定年为 Čhulasakarat 977（1615）。戴维·怀亚特拍摄的一份缩微胶片（Wason Film 4309）现藏于纽约伊萨卡的康奈尔大学图书馆。1984 年，洛林·格西克（Lorraine Gesick）（当时他是奈尔大学的访问学者，现在是奥马哈的内布拉斯加大学访问学者）让我注意到了这幅地图。1985 年 4 月 15 日，她给我寄来了整幅地图缩微胶卷的影印本。本书的许多描述都是基于她提供的相关信息，对此我非常感激。下面是一本有关这幅地图的专著，书中几乎影印了整幅地图（只缺一页半），见 Suthiwong Phongphaibun，*Phutthasātsana Thāp Lum Thalēsāp Songkhla Fang Tawan'çk samai Krung Sī 'Ayutthayā*；*Rāingān kānwičhāi*（Report on the research on the Buddhist religion around the Thale Sap basin on the eastern shore in the Ayutthaya period）（Songkhla，1980）。

证据表明，这部多处严重受损的手稿曾经被撕成好几部分，后来将它重新装订起来时，丢失了现今第 33 和 34 对开页（国家图书馆编号）之间的很多内容。第 35 和 36 对开页之间也缺失了少许内容。尽管第 39 对开页好像就是原图南端，但不能确定第 1 个对开页是否为原图的北端。该地图的现存部分描绘了萨蒂法拉半岛（实质上是一个海边沙洲，从北到南长约 70 公里，而且没有一处宽度超过 10 公里）。所示区域有一条陆路和水路参半的路线，部分为陆路，部分为海滨回水处，从北部的宋卡（Songkhla）延伸到洛坤府。原图尺寸已不得而知，余下部分的长度据说超过 12 米，宽度有 35—40 厘米。假定上面的数据可信，我据此推算出地图南北方向的比例尺大约为 1∶6000。

手稿的开头部分附有一件相当于 1610 年的皇室法令副本，另外，紧接着第 39 对开页有一份当地的历史记录，其最晚年代为 1700 年前后，因此有人认为地图大致是在此前后绘制的。这幅地图的焦点放在著名的帕刑寺（Wat Phra Kho）（见于第 26 页），并将很多其他寺（wat）标为这座寺院的分寺（khyn）。该地图一个重要的用途显然是展示哪些是寺田，哪些是民田。虽然地图并未采用统一的比例尺，但其上用泰国南部字体书写的题记说，它"非常精确，［大概］是当地人绘制的"。[93] 地图所展示的大约 250 个地物中，最醒目的是寺庙、佛塔和其他（宗教？）建筑。整幅地图上，不那么醒目的是几十个写着地名的长方形和椭圆形，它们可能代表大大小小的聚落，或者是属于那些聚落的田地。这些地方大多在路边或道路近旁。但是这些看似道路的地物，实际上是运河、回水和溪流，特别是在地图的北部。从其上偶尔所绘的鱼、鳄鱼或小龙虾可以得知这一点。这类地物，有些是单独的线条，有些相互平行，延伸于整幅条带形地图之上，因此我们有理由将这件作品归为路线地。与一些缅甸地图一样，这幅地图上的某些水路与陆路并没有明显的区别，因此如果不去看文字说明，或者不了解地图所描绘的这个区域的话，很难确定哪些是水路，哪些是陆路。

这幅地图有一个令人费解的特点，那就是对动植物的描绘大费周章。与众多缅甸地图一样，植被图形颇为引人注目。地图上描绘了十几种树木（其中大多数是反复展示）。几乎所有树木都是单个出现的，而不是以树林或森林形式出现。树上常常结满水果，有些树上栖息着鸟类、猴子和其他动物。只有悬于萨蒂法拉半岛沙洲南端、隔着狭窄的海峡与宋卡相望的几座岩石山上才可以见到貌似森林的图像。森林里似乎有一只正在追逐一头鹿的老虎。半岛与宋卡之间的海峡以一段带波浪纹的窄弧线表示。这种波浪图案也见于地图的其他地方，表示它们处于海洋地带。海洋地带有多种形态的海洋生物，最令人称奇的是一只游泳的大象（类似于在第 16 章有关《三界论》的一个画面上处于鱼群中的那种生物）。

附录 17.3 介绍了我界定为路线图的 9 幅缅甸地图的基本信息。其中年代最早的三幅出自弗朗西斯·汉密尔顿在缅甸逗留期间收购的大批地图（1795 年）。另外三幅与河道有关：一幅为伊洛瓦底江下游，可能是在 1852 年英国吞并该地区之前绘制的。另外两幅绘制于 1867 年之前的某个时期，其一展示了蒲甘南部伊洛瓦底江中游河道，另一幅展示了从中国流出、在上缅甸与伊洛瓦底江汇合的瑞丽江（Shweli，即中国怒江。译者注）沿岸地带。余下三幅地图绘制于第二次和第三次英缅战争之间，包括一幅应某位有意于在北暹罗寻找商机的英国人之请，由一位护林人绘制的地图；一幅展示暹罗和交趾支那之间主要路线的大型地图；一幅展示从英属下缅甸边界到曼德勒的电报线路的长折子纸

---

⑨3　洛林·格西克的信函（1985）。

地图。除了附录中简短的介绍，尚需对 9 幅地图中的几幅地图加以讨论。

对于汉密尔顿采购的三幅地图，我只想特别提及其中的一幅。这幅地图虽然很简洁，但并不只是为了表达制图者的历史兴趣，因为这幅地图与某个特定的年份缅甸国王派遣使节前往觐见中国皇帝的朝贡有关。原图（可能已不存）可能是由八莫（Bhamo）边境城市长官（zabua）应汉密尔顿之请绘制的。汉密尔顿说：

> 这是我所购置的最粗糙的地图之一，但是这幅十分重要，因为其上的地理信息具有高度的权威性和全面性，有助于理清关于从西藏和中国其他地方流入遥远印度半岛（即印度—太平洋半岛）的河流的一些最为有趣的问题，因此这幅地图可以使我们更有把握地确认其他地图上（中国）不同地点的相对位置。[94]

786

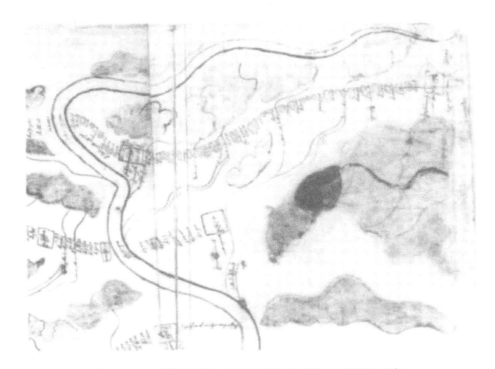

图 17.29　一幅表现"掸人从交趾支那出发路线"的缅甸地图细部

这幅地图覆盖了东南亚大陆的大部分地区。虽然地图上标明日期为 1871 年的某一天，还写有绘图者名字 U Yit，但是，这件巨幅的、粗糙而详尽的作品依然有未解之谜，包括今天收藏这幅地图的档案馆为它所取的这个说明性标题。这幅地图是用墨水和水彩画在欧洲纸张上绘制的。此处展示的局部图中的湄公河和安南山脉的一部分（即照片右半部几处黯黑起伏的形状）严重变形。地图上列出了三条路线中的前两条：地图上方的路线，可能从顺化（右上角的方框）出发；中间的路线，几乎可以确定是从西贡（靠近地图中心的方框）出发的。见图 17.30 和 17.31，原图尺寸为 64.5 × 122.5 厘米。

经新德里印度国家档案馆许可（Historical map fol. 91，No. 14）。

地图包含了从当时的缅甸首都阿马拉布拉（Amarapura，称为"Shue Prido"或黄金城）到清朝都城北京以及使节们不得不前往的承德围场的整条路线。地图全长大约五分之三用于

㊾　Francis Hamilton，"Account of a Map of the Route between Tartary and Amarapura，by an Ambassador from the Court of Ava to the Emperor of China，" *Edinburgh Philosophical Journal* 3（1820）：32 – 42，图版 I，引文在第 32 页。

展示缅甸境内行程的部分细节，这一段只用了 14 天，其余五分之二用于展示中国境内总共
121 天的行程。各个标明名称的城市之间写有各段行程所需的旅行天数，这一点与汉密尔顿
订制的其他地图十分相同。

　　这条路线中国境内的部分是用双线表示的，沿着路线写有一条注记："由运河需 10
天"，再往北写着"马车道"，但通过地图符号我们并不能分辨这段道路与另一段道路的不
同。地图上几乎没有与旅行无直接关系的内容，特别是在中国部分。

　　另一幅重点表现缅甸国界线以外的路线图，其覆盖的区域西至暹罗，东至交趾支那。图
17.29 展示了这幅地图的一小部分。地图的作者被认定为 U Yit，写有准确缅历日期"1232
年农历十一月初八"，相当于 1871 年 1 月 28 日。⑤ 这幅巨大而详细的地图画工相当粗糙，用
棕色墨水和棕色、蓝色和黄色水彩绘制于 4 张粘贴在一起的纸张上。地图上很多内容都令人
费解，但是在我们试图解开它的几个谜团之前，有必要详细说明目前了解到的地图的内容。

　　这幅地图的基本内容涉及暹罗境内的湄南河 – 宾河河谷（Mae Nam Ping Valley）到貌似
金边的城市、西贡以及西贡北边的另一座城市，很可能是顺化之间的三条路线。这三条路线
在西边的汇合处——宾河谷地似乎并没有什么特别的重要性（见图 17.30 和图 17.31，这三
条路线是整幅地图的主要内容，可据此在现代地图上定位地图上的相关地物），但其东边

787

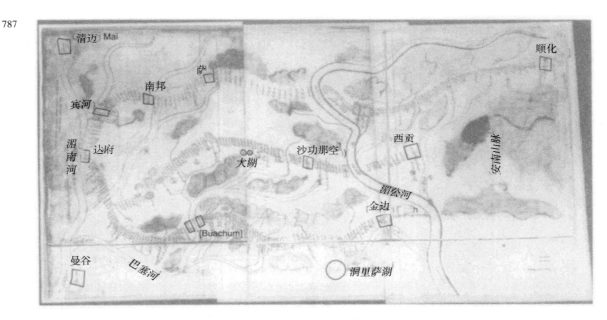

图 17.30　表现"掸人从交趾支那出发路线"的缅甸地图

这是图 17.29 所示地图的复制全图，图上标有初步认定的各种地物（参见图 17.31 图例）。

---

　　⑤ 我尚未见到已发表的有关这幅地图的参考文献。尤其要感谢大英图书馆的帕特里夏·赫伯特（Patricia Herbert）
在我开始尝试识别地图上的地名时给予的帮助。通过翻译我手抄的日期和我自认为比较重要的地名，她帮我确认了一些
地物并尝试识别其他一些地物。以此为基础我得以识别更多的地物。1992 年 1 月 13 日我将自己拍摄的一些全比例但不是
特别清晰可辨的这幅地图的照片（一共 6 张）寄给 Michael Aung Thwin，他挑出了其中一些地名进行音译。他在 1 月 30 日
回信称，请他音译的地名，只要可识读均进行了音译，但有些缅甸语地名很难与今天的泰国地名明确对应。Aung-Thwin
在 2 月 14 日的来信与一次长时间通话使我确定关于这幅地图的一些想法。至于对这幅地图的分析中所存在的不足，由我
本人负责。

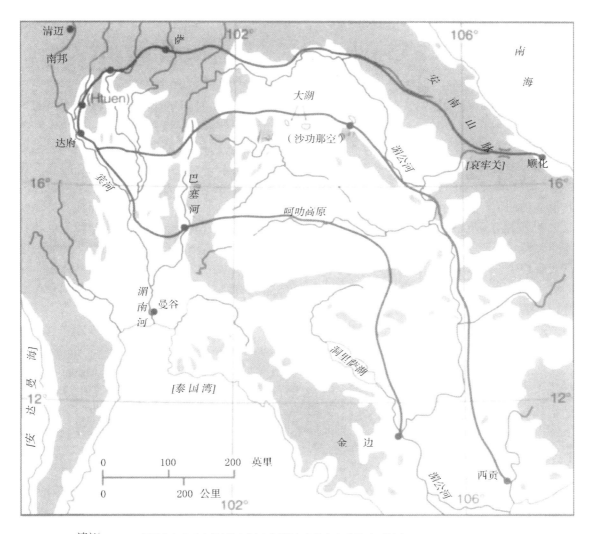

清边　　原图上相当确定的缅甸语地名根据读音地名大致认定了地名
南邦　　根据读音大致认定的地名
[泰国湾]　根据上下文和原图上没有标注的主要自然地物推测出的地名

━━━━　假想路线

■■■■　崎岖地带，不分海拔高度

图 17.31　图 17.30 中的三条路线在现代地图上的假想复原

　　复原的前提是，这三条路线是越南人和柬埔寨人（不是"掸人"）外交协作的内容之一，彼时二者想寻求缅甸的援助，以阻止当时正在迅速推进的法国人对印度支那的管控。这三批特使所走的路线在泰国西部交会，但他们似乎从未真正到达其缅甸的假定目的地，我们可以推断，这些特使被拦截并被劝阻不要继续执行这项任务。

　　与东南边的始发地并未连通。这三条线最北边的一条沿线出现了大约 105 个地名（不包括与之交叉的 11 条河流的名称），其中有 6 个地名写在方框中，可能代表城镇；中间的路线上有 70 多个地名（加上 5 个河口，其中有 4 个写在方框中）；南边的路线上约有 80 个地名（加上 13 个河口），其中 3 个写在方框中。此外，中间路线南边还有 4 个写在圆圈中的地名，它们与主线之间以表示道路的细线相连。填写地名的方框与圆圈边缘涂成棕色，有的则另加一周黄色或浅黄色调，以示强调。

地图上展示了很多条河流，有些用宽度不同的褐色双线表示，有些用单线表示。偶尔当溪流穿过某条路线时，交叉点以下的路线会由单线变成双线。地图上的主要河流可确认为湄公河和宾河，制图者用浅棕色的条带来强调前者。从柬埔寨大湖洞里萨湖流出的巴塞河，也很容易辨识，但其他的溪流只能靠推测，不能指望地图上所画的流向是可靠的。顺化（右上）近旁和西贡（右下）东南的大片空白处显然应该是未标出的中国南海。山脉和丘陵大体是用浅蓝色水彩潦草画出并以棕色勾画轮廓，偶尔加上一圈黄色以示强调。这些地方大多有一些不规则的形状，有些非常大，单个或成群出现并排成一条
788 线。这幅地图给人的印象是，制图者似乎无意于描绘地物的准确方位，只是想表明它们与其他地物的相对位置，或者处于地图上三条路线的左侧还是右侧。沿着这三条路线，特别是北边的那条路线，在标有地名的相邻定居点之间会插入一些小的卷云形地物，推测它们指代需要翻越的山顶。北线从湄公河到这条路线的东端之间一共有 29 个这样的符号，表明这条路线有相当长一段要穿越安南山脉，这条山脉在顺化境内沿南海延伸数公里，而顺化正是我们推测中的北线起始点。此外，北线上只有 6 处这样的地物，4 处为成双出现，道路从中穿过，可能代表关隘。

这幅地图的标题被译为（不知译者何许人）"来自交趾支那的掸人绘制的印度和暹罗以外的亚洲路线图"（"Asia beyond India, Siam, Routes by Shans from Cochin China Yahme."）。这个标题本身就提出了几个问题。例如，Yahme 这个词，我和我咨询的几位专家都不知道是什么意思。关于交趾支那这个名字，须知其所指远不止法属印度支那的五个组成部分之一，它曾包括整个安南。[96] 关于"掸人"，这幅地图描绘的正是他们的旅行路线，我认为不应该将这里的掸人与现今被辨识为掸人的人群等同起来，他们甚至不属于泰人的任何一支。如果这里所说的掸人是一个族群，那么，从缅人的角度来看，标题中应该写"到交趾支那"，而不是"来自交趾支那"。我在查看为汉密尔顿备制的几幅地图时注意到，很多非缅人族群被指认为掸人，并在"掸"的前面加上这样或那样的限定词。例如在阿瓦和附近各国地图（图 17.2）上，"Country of the Judara shan"和"Country of the Kiokachin shan"显然只能指柬埔寨和交趾支那，二者都不是泰人的区域。这表明，在某些情景下，对于缅人来说，掸人就是外国人的通称。如果这个推理无误（且假设地图标题的翻译无误），那么我们正在讨论的这幅地图展示的可能是一些非缅人从三个不同的地方出发前往暹罗宾河谷地所走的路线，这三个地方属于广义的交趾支那。地图的东半部采用的比例尺似乎比西部要大得多，使得湄公河与安南山脉看起来格外醒目。这一点可以支持三条路线起始于东边而非暹罗的观点。值得注意的是，三条路线中无一可达曼谷或清迈。将二者标示于地图的一角似乎只是为了给路线终点所在地提供定位参照。人们是偶一经行还是反复经行这几条路线，不得而知。前者的可能性似乎更大，因为这些路线非常偏僻，很难作为常规的贸易干道。

这样看来，地图西部两个最重要的地点——曼谷和清迈都不是这三条路线的旅行目标。那么，沿着这三条路线如此漫长又无比艰难的旅程的目标是什么呢？我认为，旅行者和地图绘制者应该带有政治动机或军事动机，或者二者兼有。然而，沿途并没有出现有明显政治意义的暹罗目的地。一种可能性是，旅行者最后并没有达到目的地，他们从各自的出发地启

---

⑯   关于交趾支那，见 Henry Yule and A. C. Burnell, *HobsonJobson: A Glossary of Colloquial Anglo-Indian Words and Phrases, and of Kindred Terms, Etymological, Historical, Geographical andDiscursive*, 2d ed., ed. William Crooke（1903；Delhi: Munshiram Manoharlal, 1968），226－27。

程，考虑到各处的人行进速度不一，他们打算到宾河河谷这个大地方会合。我们可以从当时柬埔寨和安南所处的政治背景为他们找一个合理的动机。西贡在 1859 年被法国占领，柬埔寨在 1863 年成为法国的保护国，交趾支那（狭义是指安南南部）在 1862 年和 1867 年间被法国吞并，法国人还打算控制这个国家的其他地方。考虑到这一威胁的存在，并假设在法国已经接管的地区中有人暗中对抗法国的统治，因此，来自西贡、金边和顺化以及暹罗和缅甸的代表，可能会寻求相互支持，以阻止法国人的扩张，甚至完全脱离法国统治，有了这样假设，地图的内容就说得通了，也可以解释为何各国需要派出多个使节，因为其中一个或几个使节可能会遭到法国人的拦截，这是必须考虑在内的。

即便接受了这个推测性的假设，我们还得解释，为何地图上用的是缅甸文，而不是暹罗文、高棉文或越南文，却没有任何迹象表明这三个国家的使节曾经到达缅甸。一个合理的解释是，事先有人告知缅甸，各国将于某天（或某几天）派出使节。经过讨论，援助安南和柬埔寨的动议遭到了否决，缅甸可能派遣地图的作者 U Yit 前往暹罗拦截各国大使，并劝阻他们不要继续前往曼德勒（以免不必要地冒犯法国人），他从旅行者那里获取尽可能多的有关他们能记得的所经行路线的信息，以备缅甸日后决定再介入时采用。[97] 从地图的粗制滥造和只采用有限的三种颜色这一点可见想到，这幅地图可能是在野外无法携带足够装备的情况下匆忙绘成的，它与我们前面讨论过的通常采用 6 种或 6 种以上色彩的众多缅甸地图形成了鲜明对比。

假如是这样，那么这幅地图就是一份缅甸情报文件，它应该曾经被小心翼翼地保存于缅甸首都曼德勒。这幅地图后来为英国人所得，因为它现藏于新德里的印度国家档案馆，最有可能是得之于这幅地图的前一个收藏者——加尔各答印度档案调查处（Survey of India Archives）。最后一点，除了英文标题之外，这幅地图上应该曾题有英文注记，但这些注记在几次传抄中的某一次丢失了。[98]

下面要介绍的这幅地图，与我刚刚讨论的神秘地图形成鲜明对比，这是一幅有关 1860—1880 年架设的从英属缅甸边界上的良乌（Nyaungu）到曼德勒的电报路线平面图（图 17.32）。这张地图上贴有"Parabaik No. 191"的标签。[99] 地图是用白色墨水和红色粉笔画在一张折叠的黑色折子纸上。地图的内容不证自明，无须点评。但值得注意的是，

---

　　[97]　绘制这幅地图之际，正值当时在位的缅甸国王敏东有意与几个欧洲大国，特别是法国和意大利，建立友好关系，以制衡缅甸王国的主要威胁——英国。关于这一问题的谈论详见：Hall, *History of South-east Asia*，第 626 页和第 628 页。值得注意的是，假想中派往缅甸的使团却反映出相反的情况。1823—1824 年，由两位缅甸官员和一位名叫吉布森（Gibson）的英裔印度人组成的外交使团被派往交趾支那，他们带着礼物和一封御笔书信，信中提议两国合作，吞并并瓜分泰国"（B. R. Pearn, "The Burmese Embassy to Vietnam, 1823 – 24," *Journal of the Burma Research Society* 47, No. 1 [1964]: 149 – 57, esp. 149）。显然，鉴于这种形势，使团当时是由海路而不是陆路派出的。关于缅甸和越南在力争保持独立的最后几年中的此类外交活动，见 Paul J. Bennett, "Two Southeast Asian Ministers and Reactions to European Conquest: The Kinwun Mingyi and Phan-thanhGian," in *Conference under the Tamarind Tree: Three Essays in Burmese History* (New Haven: Yale University Southeast Asia Studies, 1971), 103 – 42. 感谢 Aung-Thwin 为我提供这条参考文献。

　　[98]　关于随着时间的推移，信息丢失和扭曲的探讨，详见 Sri Nandan Prasad, ed., *Catalogue of the Historical Maps of the Survey of India (1700 – 1900)* (New Delhi: National Archives of India, ca. 1975)，220 页，该文指出，这幅地图没有注明日期，有人推算过它的年代。作者还指出，从地图的标题看，这条路线的起点是"Cochin China Yahune"，而不是"Cochin China Yahme"。

　　[99]　这张地图的照片和相关详情是 1985 年吴貌貌廷（地图现今的收藏者）的学生廷貌吴向我提供的（未注明派发日期）。他认为这幅地图制作于 1860 年至 1880 年之间，但并没说明根据。不过，这幅地图的制作年代不会晚于英国人占领上缅甸的 1885 年。

地图上有大量与电报没有直接关系的内容，包括许多缅甸地图上所见的宝塔和其他醒目的建筑。

790

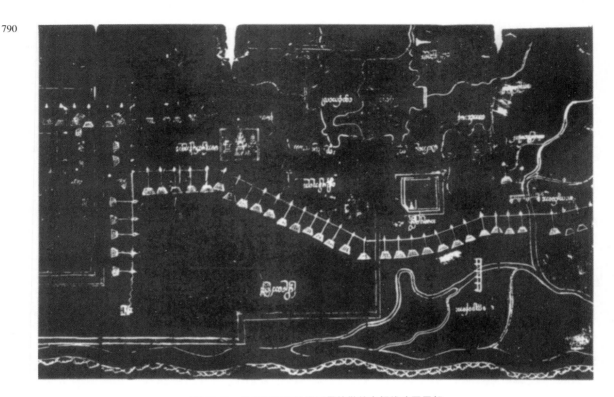

图 17.32　从英属缅甸边界到曼德勒的电报线路图局部

这幅地图绘制于 1860 年至 1880 年之间，用白色墨水和红色粉笔绘制，包括至少 31 个黑色折装书页。图中大部分信息都与电报有关，同时也提供了很多辅助性内容。

每个折页尺寸：37.5×12.8 厘米。缅甸曼德勒吴貌貌廷收藏。

在结束对路线图的讨论之前，我还想提请大家注意，我偶然发现的一条明确无误的证据。与大陆东南亚的其他民族一样，老挝人也制作过地图。这一说法的权威性来自德文改写的一段法国旅行者"哈曼德博士"的日记，他于 1877 年 2 月至 8 月间曾从湄公河上的肯马拉旅行到顺化这个安南城市。[100] 日记以普通的形式以第三人称按旅行顺序书写，采用比较流行的文体，其中讲到 6 月 19 日，某个老挝小村庄的长官为哈曼德画了一幅他们正在经行的色邦亨河道图。关于这幅与旅行日志一同发表的黑白路线图，哈曼德观察道：

> 地图用白粉笔绘于一块用于起草文书的黑漆板上。后来又将这幅草图刻蚀于棕榈叶上，然后用油和灯黑的混合物擦在上面，使图形显现为不易褪去的黑色。[101]

这幅地图（假设发表的副本是忠实于原图的）内容相当简单。色邦亨河从一个推测代表安南山脉的弯曲区域流出，并以单曲线形状流向湄公河。它的两岸各有四条支流。尽管每

---

⑩　"Im Innern von Hinterindien (nach dem Franzosischen des Dr. Harmand)," *Globus* 38, No. 14 (1880)：209–15.

⑩　"Im Innern von Hinterindien," 213；212 页刊有这幅地图（注释 100）。

边的支流出现的顺序无误，但合起来看时就发现它们的排列顺序有误。例如，日记上讲左岸的 Se Pahom 河（不确定其对应哪条现代河流）从位于右岸的 Se Tamouk 河（今色塔穆克河）的东边注入色邦亨河，但地图上前者却是在后者相当偏西的地方注入色邦亨河的。不过，我们显然不能说这样一幅仓促制作的地图在老挝地图学中具有多大的代表性。

以乡村地域为主的地图

已知的比例尺相对较大的东南亚地图主要出自缅甸。参见附录 17.4 中 1885 年以前的 13 幅缅甸地图样本，这些图是按照已知或推测的年代排序的。未收入此表的还有一些出自剑桥大学斯科特收藏的晚期地图作品，1985 年曾对这批地图做过一个综合的编目，但并未发表。[102] 除了缅甸地图，我还知道唯一的一幅源自暹罗的地域地图，还有一批出自西马来西亚萨卡伊原住民部落（Sakai tribe）的优质地图。[103] 下面将要讨论的首先是一小批缅甸地图的样本，然后依次讨论暹罗和马来地图。

791

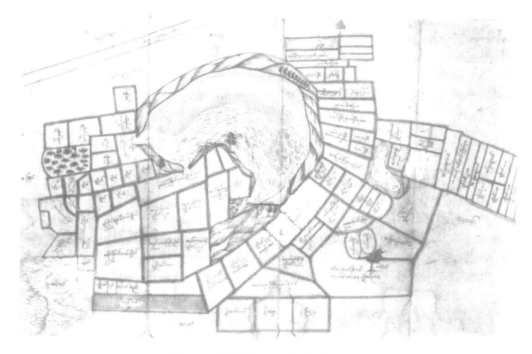

图 17.33　地籍图（可能为缅甸中部某地）

这幅绘于 19 世纪中晚期的地图为四幅系列地图中的一幅，这四幅地图涉及某位王室大臣所继承的几个村庄的土地。这些地图可能是他下令丈量后绘制的。地图上的注记写明，哪些地块属于这位大臣，哪些属于其他人，还有不同田块上可以移植水稻的捆数。图上还注明了留作他用的田块的具体情况。

原图尺寸：52×81.6 厘米。

现藏仰光大学图书馆（MS. 9108）。

图片由约瑟夫·E. 施瓦茨里格提供。

---

[102] Dalby and Saimong, "Shan and Burmese Manuscript Maps"（注释 39）。

[103] 下面的讨论中没有对巴厘岛中部古老的印度神庙壁画上的几幅石雕地图进行分析，它们貌似描绘了乡村地域。本书第 15 章提及过这些地图，但找不到有关地图所展示地域的详细材料。

　　图 17.33 是 4 幅地籍图性质的地图中的第一幅，这些地籍图与王室大臣 Mahamingyaw Raza 在数个村落继承的土地有关，大概是在他下令所做的土地丈量中绘制的。[104] 我既不能确定地图所描绘地区的位置，也无法得知地图的年代，但可以判断这些地图涉及离曼德勒不远的上缅甸的一部分，并且是在 1885 年之前不久绘制的。第 4 幅地图显然并没有完成，并且地图所用的折子纸上有六个空白的折页，根据空白处所占图幅比例推断，此次土地丈量只完成了不到四分之三。地图上的注记标明了哪些地块属于大臣，哪些属于其他人，包括大臣的管家和祖母。大多数田地上写有数字，注明该地块上可移植多少捆稻谷，另一些田地则被定为秧田。休耕的稻田上则没有任何数字。未开耕垦的田地用棕色表示。为突出显示，田块边界被涂为绿色，但是一些大田块上的注记称，这里没有将各个田块加以区分。地图上还注明了那些种植水稻之外的其他作物的田地，还以写实的手法画出了一棵棵棕榈树、各种阔叶树以及一丛丛高大的草本植物，均用深浅不同的绿色和蓝色表示。土堤、渠道、池塘（用扇形波纹表示）、道路等都有各自的符号。在其他未刊出的三幅地图上，建好的村落是用几座小房子来表示的，多采用倾斜视图，写实程度不一，也有一些采用平面视图或立面视图。在第 3 幅地图北部的空白处有一座以深浅不一的蓝色和棕色用写实手法表现的山系。地图四边注明四个主方位。有三幅地图方向朝东，只有一幅朝北，大概是由于采用折子纸展示椭圆形村落时，无法使地图朝向通常采用的方向。

　　接下来要讨论的缅甸地图来自斯科特的收藏。其中最煞费苦心，制作最为慎重的作品（也许居于所有藏品之首）是一幅位于曼德拉南到西南 115 公里伊洛瓦底平原上的密铁拉（Meiktila）南郊地图。[105] 图 17.34 展示了这幅地图的一部分。节选部分的重点放在城镇本身（1891 年，人口 4255 人）及其附近的湖泊。《印度皇家地名录》（*Imperial Gazetteer of India*）对这座城镇的记录如下："该城位于一个人工大湖近旁，湖的边缘呈不规则的锯齿形。这个湖实际上由两个水体组成，即南湖和北湖……以一座狭窄的木桥相通。"地图上可以看到这个湖泊。[106] 地图上有很多关于当地的信息，许多内容与密铁拉赖以闻名的灌溉工程有关。渠水自西灌入大湖，湖东岸清楚地画出了堤岸。根据颜色判断，有两种类型的支流从堤岸外流过。其中一些流入一个由彩色粗线圈出的不规则区域中，区域内有植物符号（推测可能是灌溉水稻）。地图上还散落着其他植被符号，有些显然代表其他类型的栽培作物或树木。城镇北部有两片长有树木的丘陵。定居点是用黄色方块和圆圈表示的，不同颜色的边线示意其政区归属。奇怪的是地图上没有画出道路。地图由于霉变而污损严重，这些霉斑有可能被误认为是人为绘制的点状图案。

　　斯科特藏品中还有另一张涉及密铁拉地区的地图，这是一幅以大比例尺绘制的汤博镇地图（图 17.35）。[107] 此图以多种颜色绘于布面，也有许多与前一幅地图相同的地物。

　　图 17.36 展示的则是一幅相当简略的 Kang Huang（今景洪）一带的地图，此地位于湄公河西，今属中国云南省。[108] 地图带有典型和单一的掸人地图风格。地图上的文字是用掸文的一种变体——坤方言写成的，后面加有缅语译文。推测这幅地图绘制于斯科特 1891 年 3 月

---

[104]　感谢手稿部负责人吴纽貌（U Nyunt Maung）和仰光大学图书馆助理馆员迈基温（May Kyi Win）协助我解读这幅地图。

[105]　Dalby and Saimöng，"Shan and Burmese Manuscript Maps"（注释 39）。

[106]　*Imperial Gazetteer of India*，new ed.，26 Vols.（Oxford：Clarendon Press，1907 – 9），17：287。

[107]　Dalby and Saimöng，"Shan and Burmese Manuscript Maps"（注释 39）。

[108]　Dalby and Saimöng，"Shan and Burmese Manuscript Maps"（注释 39）。

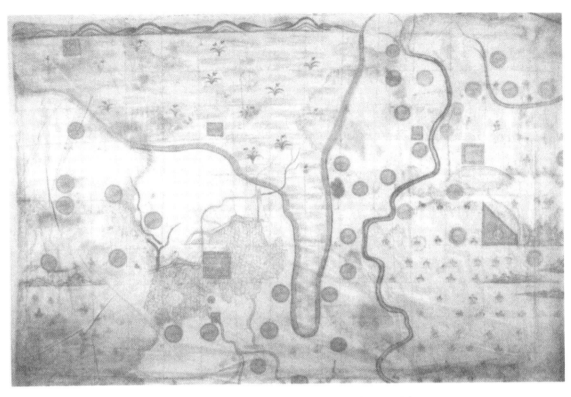

图 17.34 缅甸中部密铁拉近郊大比例尺土地利用图局部

　　这幅 19 世纪晚期的地图用 9 种色彩和黑墨水绘制于两块缝制起来的带铅笔方格网的白棉布（calico）上。地图的重心是位于一个大型人工水库边、用方框表示的密铁拉镇。地图看起来相当精确，图上表现了大量与灌溉、土地利用和聚落有关的细节内容，但奇怪的是并没有画出道路。

　　原图整图尺寸：255×178 厘米。

　　经剑桥大学图书馆许可（Scott LR. 13. 25）。

到访缅甸期间，后于 1892 年 1 月被送到剑桥。图上的内容显然主要涉及定居点，以 43 个圆圈来表示。不过，绘图者有意对这些圆圈加以区分，有些是双圈，有些是单圈；有些单圈上加上扇贝形；有的扇贝朝外，有的朝里。定居点的分布相对比较密集。这是一个分布有大量相互毗邻的部族的区域，因此推测这三四种类型的圆圈可能表示不同的族群。各圆圈的大小亦有差别，可能是大致根据它们所占人口的比例画出的。若果真如此，这幅地图就是一个带有分级圆圈的东南亚地图的样本。目前尚不清楚图中唯一的一个双线长方形代表什么，但是如果我对族群关系的推测无误，这个长方形应该是对那些用双线圆圈表示的定居点进行行政管辖的定居点。这些正是斯科特感兴趣的内容。

　　不用说，地图上的河流是非常醒目的，不过，不太醒目的河流交叉处以及同样若隐若现的某些小径也是值得注意的。最后还要一提的是，环绕地图一周、以相当程式化方式画出的森林山丘也是若隐若现的，除一处之外，几乎所有的村庄都在它的包围中。这表明地图所绘为一处小型谷地。一些印度现代地图也可以看到一处类似的河谷，景洪也在其中。⑩

---

　　⑩　例如，印度测绘局制作的《印度帝国地图集》（*Imperial Atlas of India*）（1904 年测绘，1910 年更新）带晕线的 1:1000000 地图 102。

793

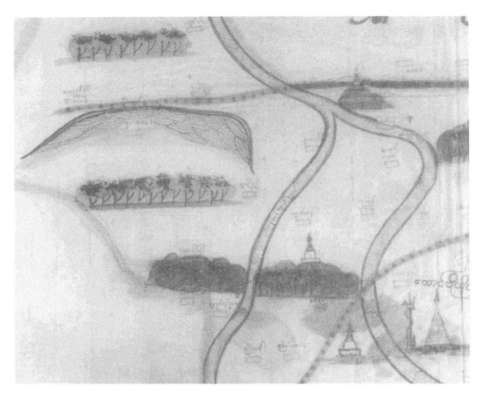

图 17.35　一幅缅甸中部密铁拉地区汤博镇的大比例尺地图细部

这幅布面地图与图 17.34 所示地图主要的不同在于，其上有许多单个而醒目的地物采用的是正立面视图。例如，图
中没有任何两座宝塔是完全相同的，而且图上画出了道路。

原图尺寸：未知。

经剑桥大学图书馆许可（Scott LR. 13. 32）。

　　图版 38 还展示了斯科特收藏的一幅相当复杂的作品。[⑩] 该地图覆盖了南毛河（缅甸称
瑞丽江）两岸沿西—西南向东—东北方向延伸的 15 英里的区域，也就是当时有争议的中缅
边境地带。地图上的说明文字是用汉掸文写成的，并用铅笔添加了缅文注解。位于中国境内
的地图北部（沿着河流分布，远离平行山地的一侧）被涂成黄色，并用掸文注明"孟人
界"。南边的缅甸部分注记称"南坎（Nanmkham）界"，表示领土权属的彩色是在英国当局
的要求添加的。东部的一块黑色飞地标为"Selan"（不知与今何地对应）。地图的精度非常
高，很容易从现代地图中找到图中南毛河弯曲的河道。除了表现水系之外，地图还画出了
80 多个村庄并标注名称。画出了南坎镇（靠近缅甸西部的不规则形），并用蓝色调和紫色调
画出各式各样的山脉。

795　　达尔比的文章中引用了北掸邦总督戴利（H. Daly）的日记，这段引文很可能与这幅地
图有关（这似乎是斯科特收藏中极少的几幅——可能是唯一的一幅斯科特本人没有负责的
地图）：

---

⑩　Dalby and Saimöng, "Shan and Burmese Manuscript Maps"（注释 39）。

图 17.36　现代地图上的今景洪近郊地区

这幅地图用黑色墨水和铅笔绘成，主要表现聚落，大概是詹姆斯·乔治·斯科特 1891 年造访该地时为他绘制的。该地区是一个很大的部族混居区，图上展示的 43 个图案各异的圆圈似乎代表不同部族所辖村庄，大小渐变的圆圈可能与人口数量有关。如果是这样，那么这幅地图代表了所谓 "原始" 人群所取得的高超的地图学成就。

原图尺寸：79×57 厘米。

经剑桥大学图书馆许可（Scott LR. 13. 36）。

　　15 日（1889 年 5 月）Selan。山谷布满了大大小小的村落，但分属 Meungmow（中国的勐卯）Theinni（缅甸的 Hsinwi?）村落混杂在一起，据说这也是近年来河道发生改变的原因。我请当地人帮我备制了一批展示分属各个国家和各个圈子的村落地图。[11]

　　出自暹罗的唯一一幅乡村地图来自伯尼的收藏（Burney Collection）。如图 17.33 所示，这幅地图主要与土地利用有关，不一定与税收评估有关。由于一些地物延伸到了地图边缘，因此这幅地图有可能截取自一幅更大的地图，但目前并没有发现有关后者的信息。地图上的字体风格可追溯到 19 世纪初，由于亨利·伯尼在泰国从 1825 年逗留至 1827 年，这幅地图的绘制年代有可能迟至 1827 年。[12] 可想而知，这幅地图是应伯尼之请绘制的。由于地图上几乎没有英文注记，也没有明显涉及任何重要的地点或主题，因此很难想象伯尼请人绘制它的目的。地图上展示的显然是一个相当小的区域，其上有三个地名无法识别。地图采用的完全是平面画法，没有任何象形符号。它所展示的 47 个区域，大小悬殊，彼此之间以曲线分隔。有些曲线可能是运河或溪流，另一些则可能是道路，也许是沿着河道延伸的道路。到底是何物，并不能一望而知，必须参照地图上的说明文字加以判断。地图上只注明了一条道路。田块之间的分界线是用黑墨双线表示的，其上添加浅黄以示强调。所有的田块和带有轮廓的区域，只有一个标明了性质或用途，有些田块和区块不止一种性质。翻译出来，有 11 个地块，都非常小，标记为 "岛屿"；两个沼泽，一条小溪，一个奇形怪状的区域被称为 "运河口"；各种类型的田块（6 处为

　⑪　引自：Dalby and Saimong，"Shan and Burmese Manuscript Maps"（注释 39）。

　⑫　伦敦皇家英联邦学会（ser. E，box Ⅲ，No. Ⅷ），尺寸为 29.8×32.3 厘米。感谢大英图书馆东方和印度部的亨利·金斯伯格（Henry Ginsburg）对地图文本勤勉的翻译。

稻田，一处为野地，一处为草地，两处养水牛，一处养大象）；各种代表林区的地块，简称"森林"；一处山丘和一处土包；几处小村庄，但并没有全都标出名称；两座宝塔；两处失修的庙宇和一处火葬场，还有一个单独的"灵墓"。

唯一一件出自马来世界且适合我的乡村地域图这一分类的作品是一组刻在竹子上的图像，这是霍罗夫・沃恩・史蒂文斯（Hrolf Vaughan Stevens）从今西马来西亚的几处矮黑人（Negrito）部落所获的一批大约 1500 种 19 世纪晚期物品的组成部分。这批物品中有大量竹刻图案，其中有 10 个可以认为带有地图成分（图 17.37 就是其中的一件）。[113]

796

图 17.37 马来西亚西部萨卡伊部族竹乐器所刻地图

这件 19 世纪晚期的法器上有一幅图，旨在保护其主人免受某种伤害或帮助其完成某事。使乐器产生法力的方式是将其放在地下敲打，拍出乐调。在这个例子中，竹乐器是为了保护房子附近生长的庄稼免受动物之害。图案分为三部分。最下方画有一幢房子，其右上角有一个梯子形图案，表示通往这幢房子的台阶。山丘上有一块红薯地，底部小丘上红薯尤为密集。中间由单条直线表示的死树之间画有各种各样的作物，从右到左有玉米、山药、木薯、甘蔗（三枝秸秆）、玉米、木薯、香蕉（下方）和另一种山药（上方）。作物周围的点表示草。上方画着这件法器所防备的动物。主人不让法器须史离身，图片上是一件现场制作的与原件一模一样的器物。

原尺寸：高 24 厘米。

经柏林德国国家博物馆（Museum für Vökerkunde, Staatliche Museen zu Berlin-Preussischer Kulturbesitz）许可。

---

⑬ 这批藏品已赠送并保存于柏林民族博物馆（Berlin Museum für Volkerkunde）。关于本文特别感兴趣的几件作品的讨论，见于 Hrolf Vaughan Stevens, "Die Zaubermuster der Oranghutan," pt. 2, "Die 'Toon-tong'-Ceremonie," *Zeitschrift für Ethnologie* 26（1894）：141 – 88，图版Ⅸ、Ⅹ。史蒂文斯（Stevens）关于几个矮黑人部落艺术的解读方法，遭到了 Skeat 和 Blagden 的严肃批评，见 Walter William Skeat and Charles Otto Blagden, *Pagan Races of the Malay Peninsula*, 2 Vols.（London：Macmillan, 1906），1：395 – 401. 对史蒂文斯的批评大多针对这样一个事实，即他的研究是借助马来语进行的，而马来语对于他和被调查者来说都是陌生的，这样就会导致一些根本性的误读。但是，斯基特和布莱格登也承认了这一工作的开拓性，他们随后发表的文章与德文原文同样详尽，在翻译时引用了德文原文的大部分内容（401—992），同时剔除了"明显的错误"（401）。对于我们最关心的这几件物品，斯基特和布莱格登没有提出任何异议。我在这里的叙述主要依据他们对史蒂文斯解读的概述。他们也原样复制了史蒂文斯文章中的插图，包括所有带有地图元素的插图。他们的讨论比我更加全面。

所有这些我们感兴趣的图案均出自同一个萨卡伊人部落，这个部落主要以狩猎、捕鱼和采集为生，辅之以刀耕火种。这些图案是作为巫术图案刻制于一种被称为 tuang-tuang 的乐器上的，这种乐器用于法事，以驱赶萨卡伊人可能遇到某种特定类型的邪灵，偶尔也被用于某些实用的方面，比如求雨和寻找合适的建筑材料。表演的时候要同时演奏两件这样的乐器，一只手一件，在地面上敲击发声，以达到预期目的。[114] 竹刻图案内的地图元素通常是高度抽象的，局外人不大能弄清它们的含义。这些元素旨在表明萨卡伊人居住的领地内某些特定地点的重要地物，如沼泽（nipa swamps）、农田隙地（clearings）、种植特定作物的区域、捕鱼区、蚁穴、致命毒蛇栖息地、房屋地点等。这幅地图上的图案指出了其所赋予的象征意义以及它们与乐器制作之间的关系。

我不知道除了萨卡伊人之外，是否还有其他无文字的东南亚部族绘制（或曾经绘制）过类似的与现实世界有关的地域图。这一地区生活着许多小型的、各自为政的部落，人们对他们几乎没有过研究，因此我们没有理由认为只有萨卡伊人能绘制地图。这一问题还有待进一步的研究。[115]

以城市区域为主的地图

在我前面所讨论的许多区域地图上城市都占据着突出的位置，有些地图试图展示城市内部结构的差别，但是在已知的地图资料中，只有极少数地图以城区地域为主或完全展示城区地域，而且几乎仅见于缅甸。[116] 但是我们没有理由认为，将来的研究中不会发现更多出自缅甸或其他国家的地图。附录 17.5 记录了 16 张已知出自缅甸的地图，这些地图无一例外是展示缅甸及其邻国的旧都。有 11 幅地图画的是曼德勒，其中 7 幅只表现了它的部分地区。还有两幅地图着重展示的是与之毗邻的旧都阿马拉布拉。但是，在一些曼德勒地图上也画出了离曼德勒不远的旧都阿瓦和实皆。只有一幅地图涉及泰国旧都大城府，该城于 1767 年遭到缅甸洗劫。最后还有一张由缅甸间接统治的泰国北部兰纳王国首都清迈地图，该图是一幅貌似由某位缅甸掸人绘制的极简图。我在这里只会提到上面所说的地图中的三幅（大城府、阿马拉布拉和曼德勒地图）并刊载前两幅。同时还会讨论到大体属于建筑平面图的几幅地图。

据说关于大城府的缅甸地图（图 17.38 展示了这张地图的一小部分）是为 1776 年大城府之战前夕和作战期间搜集军事情报而备的。这幅地图是宇宙图之外、已知现存的年代最早的缅甸地图。这幅绘制于白色厚折子纸上的地图许多地方被撕裂了，各页放在一起并不能拼

---

[114]　Skeat and Blagden，*Pagan Races*，1：471 – 72（注释 113）。

[115]　我们可以留意一项针对几近灭绝且物质文化非常原始的昂格（Onge）部落所进行的制图认知过程的人类学研究，这项研究是 1983 年至 1984 年对小安达曼群岛进行实地调查的。详见 Vishvajit Pandya，"Movement and Space：Andamanese Cartography，" *American Ethnologist* 17（1990）：775 – 97。虽然安达曼群岛属于印度，位于东南亚之外，但它们在文化上更接近东南亚，而不是南亚。然而，由于潘迪亚（Pandya）论文中所用的安达曼地图是在相当人为的实验条件下制作的，而且也没有说明是哪一种类型的地图，所以我本章中没有刊用这些地图。也许在外国调查者到来之前，安达曼人已经绘制过自己的地图了。

[116]　我唯一能举出的非缅甸的传统东南亚城镇或城市地图是一张非常简单的略图，这是用铅笔和墨水在欧洲纸张上绘制的泰国南部城镇六坤（Ligor，今那空是贪玛叻）地图（55×75 厘米）。这幅地图由一位叫 Bun Khong 的已经本土化的华裔画家为当时前往该城执行外交任务的詹姆斯·洛船长绘制。这是他为船长绘制的一系列略图中的一张，现藏于皇家亚洲学会（Royal Asiatic Society of London，RAS 340）。

798　　接成一幅连续的地图。地图的面积最少也有 7.5 平方米。^⑪ 并不清楚这幅折子纸地图到底是
以连续的长卷形式展示还是各页依次并排展示。考虑到地图涉及的并不是一个与线状地物有
关的区域，后一种展示方式应该更加切合提供军事情报这一用途。类似的折子纸地图我仅见
过这一例，它的展示方式与布面或大幅纸面地图以及非折叠式的多页拼接地图殊为不同。

797

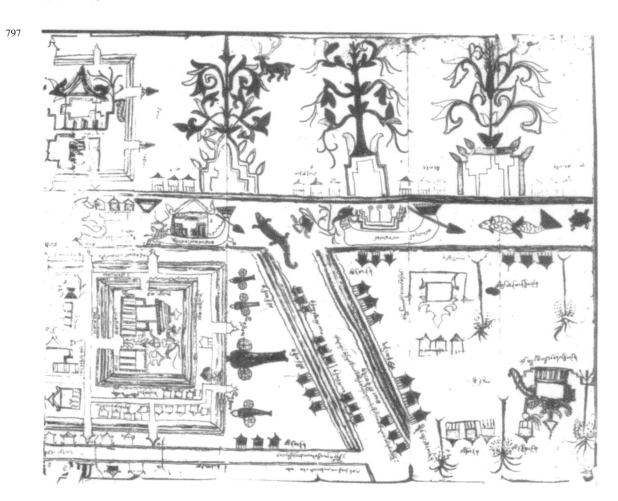

图 17.38　一幅大型缅甸军事情报地图细部

　　这幅地图与 1767 年缅甸对当时暹罗首都大城府的战役有关，此图为全图的一小部分。该图可能是根据战前收集的情
报绘制的，因为战争中大城府被夷为平地。全图尺寸不详，其中一部分可能已经丢失。地图绘制于至少 48 面白色折子纸
上。该地图的一个显著特点是将显而易见的军事内容，例如炮阵，与其他同军事无关的动物、植物和宗教建筑物等细节
糅合在一起。

　　每个折页的尺寸：87.6×17.8 厘米。

　　缅甸仰光国家档案馆。

　　图片由约瑟夫·E. 施瓦茨贝格提供。

---

　　⑪　我并没有目睹这件重要的作品，只是通过一张 19×24 厘米的彩色照片了解到这幅地图。照片上，组成地图的页
面铺开成四行（通常是不连续的）。除此之外，我还收到了 3 张局部放大的大比例尺黑白照片和一页与地图相关的文字说
明。这张彩色照片是由安德鲁·达尔比提供的，当时他是剑桥大学图书馆的工作人员，其他资料则由廷貌吴（Tin Maung
Oo）提供。所有的照片都是在吴貌貌廷曼德勒的家中拍摄的。这张照片是这幅地图被仰光国家档案馆收藏之前拍摄的系
列彩照中的一张。我未能在此档案馆看到该地图或查到收录号。我对这三个人所给予的帮助深表感谢。关于这幅地图的
大部分讨论都是根据廷貌吴提供的笔记展开的。

　　并不清楚这幅地图是如何备制的。由于它与当时缅甸劲敌的都城有关，因此我认为地图是由某个间谍绘制的。地图的信息可能提取自间谍穿行于大城府的大街小巷和运河时所做的笔记，在他返回本国的安全之所后不久，制作成我们现在所见的地图形式。图 17.38 描绘了城中众多建筑群中的一处，可以隐约识别出差不多二十处类似的建筑群。地图上展示了建筑群内部丰富的细节，可见政府机构、寺院等重要建筑物，或许还有高级官员的住所，但是图中处于运河终点处的最大一处我认为是皇宫的建筑群，其内部却相当空旷。[118] 这表明，地图对于那些间谍可以直接造访的重要地点的表现更为成功。以黑色墨水所做的注记通常十分简略但数以百计。从缅甸发给我的一封邮件称，这幅地图"描绘了房屋、木垛、粮仓、大炮、修道院和守卫的位置"。[119] 我们在插图中可以看到一门大炮和三门小炮，其轮子向两侧展开，一望而知所画为何物。

　　该地图的风格非常华丽，色彩格外生动。房屋涂成蓝色、蓝绿色、绿色、黄色、红色、黑色和白色；树木呈蓝绿色、黄色、红色和棕色；道路分黑色以及其他五种颜色；驳船分四种颜色，等等。如同许多缅甸地图一样，地图上的植被画得十分醒目并且呈现出许多不同的但也许是约定俗成的样式。动物在地图上画得过大。运河里画满了鱼、鳄鱼，偶见鹤或乌龟。其他地方至少出现过一只大象、鹿、猴子、猪和鸟。这种繁华的景象似乎与传说中地图的军事用途抵牾，但考虑到这幅地图有可能要呈送给国王，为这样一个威严的大人物多花点时间也在情理之中，如此则上述矛盾就可以得到合理解释了。

　　与大城府地图相比，绘制于 1850 年前后的阿马拉布拉及其周边地图看起来更加现代。原图绘于 4 面折子纸上，尺寸不详。下面的介绍根据的是 20 世纪 70 年代阿马拉布拉 Taung Lay None 修道院的 6 位僧侣在欧洲纸上复制的一幅类似原图的地图（图 17.39）[120]。据说复制图非常忠实于原图，但我怀疑其上采用的浓墨重彩是否也同样类似原图，但总的来说，这幅地图的风格与其他 19 世纪中叶的缅甸地图是非常吻合的。地图上可见古老的皇城以及城内的街道，分布于皇城外的小区与村落、修道院、宝塔、运河、渠道、周期性泛滥区以及筑于其上的两条堤道、各种各样的植被（几乎都用写实手法绘成）。越过伊洛瓦底江，靠近地图顶部可见以正立面表现的布满森林的实皆山，用程式化手法绘制的云朵飘过山顶的天空，与某些西藏地图有所类似。这幅地图与大多数缅甸地图最大的不同是其方向朝西。

　　如前所述，至今有 11 幅英国占领曼德勒之前的该城地图留存下来。所有这些地图都被认为绘制于 1850 年初至 1885 年英国占领该城之前。最早的一幅是由敏东国王下令绘制的，用来作为他提议的新都营建指南。这件作品于 1954 年发现于曼德勒的 Shwenandaw 修道院，现在褪色磨损严重。地图自 1886 年以来一直保存在那里。目前这幅地图在曼德勒大学博物馆的缅甸展区展出，对它的说明是："这是现存一个世纪以前缅甸测绘活动的最佳例证"，且认为地图绘制始于 1853 年，完成于 1855 年，这一动议出于国王希望将都城从不卫生且拥挤的地点迁移到阿马拉布拉的愿望。[121] 尽管地图上并没有留下任何人的姓名，但可以推知这

　　⑱　它的布局符合我个人 1980 年大城府遗址的游览记忆。

　　⑲　廷貌吴在 1985 年寄出的信函中所做未标明日期的笔记。

　　⑳　1984 年 3 月 4 日，我在修道院里看到并拍摄了这张地图。感谢曼德勒的吴巴克（U Ba Khet）带我到阿马拉布拉郊区的这所修道院并请那里的僧侣为我解说这幅地图。我还要感谢修道院院长吴彬尼巨梭达（U Pyin Nya Zaw Ta）允许我研究这幅地图，地图原件当时为缅甸历史委员会的丹吞持有，他后来去了日本。

　　㉑　U Maung Maung Tin and Thomas Owen Morris, "Mindon Min's Development Plan for the Mandalay Area," *Journal of the Burma Research Society* 49, No. 1 (1966): 29 - 34 以及两幅地图；引文见原书第 29 页。

幅这幅规划图的绘制者显然并不在负责新都营建布局的测绘师和工程师之列。没有任何证据表明有欧洲人直接参与了这幅规划图的设计，否则他们"不可能完全不了解弗雷泽船长在仰光城镇规划中产生的影响"。[122] 值得注意的是，这幅规划图并不完全符合建成后的情况。曼德勒的营建迟至 1857 年才开始，因为种种原因，批准的方案与与最初的规划有所偏差。例如，最初的规划拟使宫城东西长于南北，但在最终确定的方案中宫城为一个边长为 600 缅甸尺，周长 2400 缅甸尺（*tas*，约合 2.06 公里）的正方形，2400 这个数字正好是自佛陀涅槃以降的年数。为确保新城有足够的水源供给以及加强其防御能力，还做了一些其他修订[123]。

799

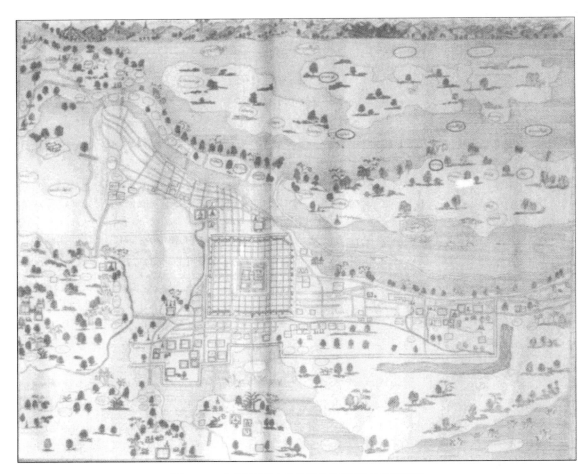

图 17.39　定都曼德勒之前的缅甸首都阿马拉布拉地图

　　这是一幅 19 世纪绘制的地图的现代临摹图，由阿马拉布拉 Taung Lay None 修道院的缅甸僧侣制作，这幅图如今保存于该修道院。虽然复制图是用尖头钢笔画的，但据说与由 4 面折子纸做成的原图风格十分接近。

　　复制图尺寸：93.7 × 105.7 厘米。

　　图片由约瑟夫·E. 施瓦茨贝格提供。

⑫　Maung Maung Tin and Morris，"Development Plan，" 30（注释 121）。

⑬　Maung Maung Tin and Morris，"Development Plan，" 30 – 31（注释 121）。

800

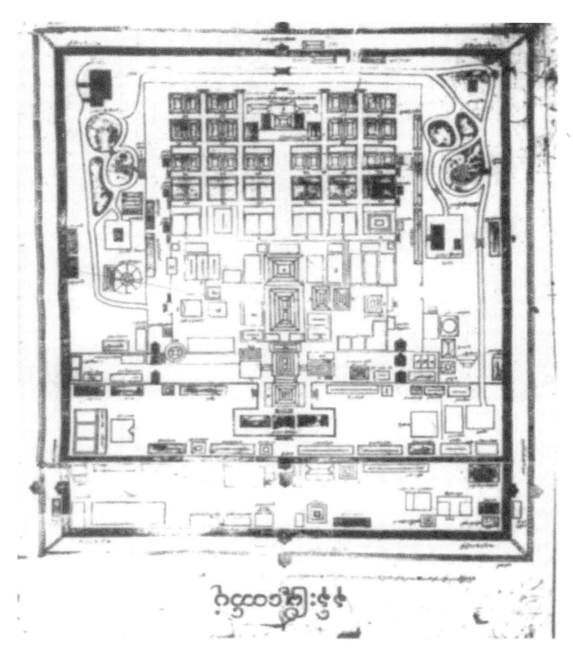

图 17.40 曼德勒皇宫中的缅甸国王住所平面图（约 1870）

这幅由吴貌貌廷制作的地图原样复制于白色折子纸原图，似用黑色墨水绘于欧洲纸张上。宫殿围墙内的建筑纤毫毕具，看来如实展现了建筑比例与内部差异。

复制图尺寸：约 76×56 厘米。

图片由约瑟夫·E. 施瓦茨伯格提供。

801

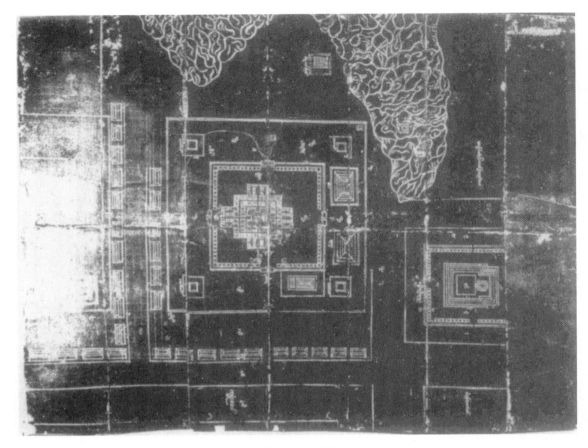

图 17.41　曼德勒山麓的皇家寺院（约 1875）

　　此图是一幅相当详细的大型建筑平面图的一部分，这些建筑由一组庙宇及其相关建筑物（戒堂、静修室、图书馆等）组成，于 1857 年后某时建成，但于 1890 年前后被毁。该图用白粉笔绘制于 6 页折子纸上，方向为东，全图覆盖面积约为 4.5（1.3×0.5）公里。

　　原图尺寸：约 114×61 厘米。

　　曼德勒吴貌貌廷收藏。

　　这幅规划图用 5 种颜色绘制于一张带网格的黑色折子纸上，纸很大，尺寸差不多是 229×145 厘米，覆盖了东至山，西至伊洛瓦底江的整个曼德勒平原，其南北延伸的范围更大。地图上每个方格的边长为 3.18 厘米，换算后代表 893 米。奇怪的是，方格的起始点并不在拟建的皇宫内，而是在离这里稍远的堤岸上的某个点。但是，地图上的定向箭头（不是缅甸地图的传统要素）通过了拟建皇家建筑（Shwemyodaw）正中心。[124] 皇宫的外墙、城市的防御沟渠以及城墙都与方格网平行并最终依此建造。但方格网的坐标并非完全符合四个主方位，实际上存在三度半左右的误差。尽管规划图中没有出现比例尺，但比对曼德勒的实际距离与地图上的距离可以清楚地发现，至少在地图的中心部分，2.253 英寸代表 1 英尺（1：28123），[125] 但是在远离城区的地方，可以注意到建筑物的实际位置与它们在该平面图中应处的位置还存在明显的差别，虽然"从测绘员和制图员所采用的基本方法和材料看，二

⑫　Maung Maung Tin and Morris，"Development Plan，" 31（注释 121）。

⑫　Maung Maung Tin and Morris，"Development Plan，" 31（注释 121）。

者的差别应该不会大得离谱"。下面这段话解说了当时所采用的测绘方法：

> 他们应该是采用了一定数量的粗略的三角测量来确定伊洛底江及其右岸的岛屿和村庄的位置，若非如此，则可能是沿着方格网线或以之为起点进行测量，以此确定所有的控制点。如果所有的村落、运河、湖泊和山麓全都是通过规划图上全覆盖的网格线来确定的，那就意味着，在这次测绘工作中，需要测量、记录和标绘相当于 1600 多英里长的线条。[126]

从拟建新城的宏大规划来看，它显然是准备用作缅甸王国的长久都城。规划图上相关的供水、防洪和排水系统（包括许多新建和扩建的堤防和运河以及长约 15 公里、宽 4 公里的人工湖），表明其工程建设在当时已达到了相当成熟的水准。倘若不是第三次和最后一次英缅战争使缅甸走了一条完成不同的道路，缅甸人还将在测绘、制图和工程技术方面取得哪些进步？这是一个永远无法找到答案的问题。

其余的 5 幅曼德勒地图，一幅是全城地图，4 幅涉及城市特定部分，后者似乎也用于辅助规划和工程施工。全城地图的用途尚不明确，其上有详细的街道分布并注明了当地政要的住所。另一幅地图则将周边广大的地区囊括在内，显然是用于地籍工作的。还有三幅地图涉及的区域相对较小，对建筑细部的描绘尤其丰富。这些地图到底是在所绘建筑营建之前还是之后绘制的（更多关于这些地图的介绍，参见附录 17.5 第 g、h、i、o、p 条），并不都很清楚。

图 17.40 描绘了位于曼德勒城堡中木栅栏内的国王住所（围住它的黑色细线周长差不多正好是曼德勒地图上讨论过的 2400 缅甸尺）。图中所绘细节的性质表明，这并不是一幅规划图，而是一幅用作历史记录的地图。除了被确定为皇家住所的建筑外，图上还展示了官员住所、一处铸币厂、一处礼品存放所、一座钟楼、仆人区、一处厨房、花园、一处澡池、一座"水上宫殿"。宗教建筑包括一所修道院，一座缅甸守护神栖息所，还有一座保存佛牙圣物的塔楼。军事性地物包括木寨（平面图的最外一周）、守卫哨所、军营、军械军、马车棚和象棚。[127]

最后要举一个较小的城市区域的例子（图 17.41），这幅地图画的是曼德勒山麓的皇家寺院建筑群平面图。这幅平面图可能是在所示建筑物实际施工以前绘制的，其中包括位于平面图顶部的山达穆尼塔（Sandamuni Pagoda），它处于被标为皇家花园的区域和临时宫殿所在地之间；地图中心是比它更大的乌库塔奇塔（Kyauktagyi Pagoda）；一座图书馆（左边的一处小型建筑）；用一系列相似的小矩形表示的静修室。平面图四角用来表示大塔的正方形被确认为圣菩提树（Ficus religiosa）遗址。宝塔左上角附近的建筑是 Pathana Sima，一处戒堂。地图底部一片模糊不清的封闭区域尚未被确认。[128]

（严赛审）

---

[126]　Maung Maung Tin and Morris，"Development Plan，" 31 – 32（注释 121）。

[127]　原件在吴貌貌觉（U Muang Muang kyaw，我无法确认他的身份）手中。这里的描述是基于廷貌吴提供的信息。令人遗憾的是，他并没有指出规划图中哪些内容与我所介绍的他的笔记相吻合，尽管其中一些内容显然是一致的。

[128]　我的介绍主要是根据廷貌吴提供的资料，另外加上安德鲁·达尔比 提供的一些其他历史细节（1984 年 12 月 10 日的信）。

附表 17.1

弗朗西斯·汉密尔顿 1795 年在缅甸期间请人绘制的东南亚各地区域地图

覆盖区域	地图收藏地与检索号	绘制地与年代	尺寸（厘米）（高×宽）	方向	载体	描述（除非特别注明，这些地图都由缅文译成英文）	出版信息
a. 覆盖了缅甸以及不太确定的一个广大周边地区，特别是缅甸东部	印度新德里国家档案馆历史地图集（National Archives of India, New Delhi, Historical Map Folio 1）157, No. 13	最初由一位缅甸王储家奴于1795年绘制于阿马拉布拉	60×47.1 [2]	北	用黑色墨水、灰色和橙色涂料在欧洲纸上绘制，今用布裱糊	见正文和图17.2	Francis Hamilton, "An Account of a Map of the Countries Subject to the King of Ava, Drawn by a Slave of the King's Eldest Son," Edinburgh Philosophical Journal 3 2 (1820): 89–95, 262–71, and pl. X; w. S. Desai, "A Map of Burma (1795) by a Burmese Slave," Journal of the Burma Research Society 26, No. 3 (1936): 147–52
b1. 和 b2. 缅甸北部，从阿马拉布拉（肇近今曼德勒）到莫德斯河以北大约400公里的范围	NAI, HMF 157, nos. 14 and 16	阿马拉布拉 1795; 由锡当河下游东吁的一位当地人绘制	两幅地图尺寸均为47.5×60，所绘区域几乎相同	东	黑色墨水绘制，添加铅笔说明，今加布裱糊	见正文本和图18.3。一张（第14张，地图b1）比另一张地图（第16张，地图b2）细节更丰富，可能是因为汉密尔顿在后者中找到了一个像 c（见下）一样不那么混乱繁杂的版本。	Hamilton, "Account of the Country North from Ava," EPJ 4 (18201): 76–87 and pl. II.
c. 缅甸南部，从阿马拉布拉往南到班海湾，南北向跨越700公里左右（实际上是图b向南延伸的部分）	推测由印度国家档案馆收藏，但前去参观时未见	阿马拉布拉 1795; 由绘制图a的画面图b的同一个当地人绘制。	未见实物；已出版的版本尺寸为24.5×19.8，推测原图尺寸同b	北	推测原图与图b相同	近似于图b但地图上未画植被。关于该图河流的画法，见正文。	Hamilton, "Account of a Map Constructed by a Native of Taunu, of the Country South from Ava," EPJ 5 (1821): 75–84 and pl. V
d. 位于伊洛瓦底瓦江和钦敦江之间的上缅甸地区，从两条河交汇处延伸到中国边境	原图所在地点不详；印度国家档案馆可能有复制件	原图由上文提到的家奴的绘制图a的家奴于1795年制作于阿马拉布拉	原图推测为39.6×23.8，据汉密尔顿称，印制版本的比例为原图的一半	北	推测用墨水绘制于欧洲纸上	地图强调旅行时间，以天或单位标明行程（2.2 英尺）。图上所标26个地名均用圆圈表示。河流则根据其重要性，用双线或单线表示。阿马拉布拉河北边的那默特湖（Yemyet Lake）被夸大很多。用波浪线提示几条山系。西北方向的比例被大大压缩。	Hamilton, "Account of the Country between the Erawadi and Khiaenduaen Rivers," EPJ 6 (1821–22): 107–11 and pl. IV

1　以下简称 NAI, HMF

2　除非特别说明，此处的尺寸均指新德里印度国家档案馆复制图的尺寸。

3　以下简称 EPJ。

续表

覆盖区域	地图收藏地与检索号	绘制地与年代	尺寸（厘米）（高×宽）	方向	载体	描述（除非特别注明，这些地图都由缅文译成英文）	出版信息
e. 伊洛瓦底江以东的一个地区，阿马拉布拉以南，西到阿瓦，东到卑谬，东到东吁	与d相同	同d	原图尺寸不详；已出版的版本为19.8×11.6	北	同d	基本上与d相同，但地图越往南变形越大，而且掸邦高原的西缘用写实手法画成一条自北而南贯穿整幅地图的山系，实际上构成地图的东界	Hamilton, "Account of a Map by a Slave to the Heir-Apparent of Ava," *EPJ* 6 (1821 – 22): 270 – 73 and pl. IX
f. 今云南省中南部的一处不确定的区域，在北部湾西北和老挝北部相邻	NAI, HMF 157, No. 38	与a相同	27×38	北	用黑色墨水绘制手欧洲纸上	这是一幅简单的地图，湄公河流经地图的西缘，Mainmain Kiaung河（显然注入红河）及其两条支流经经地图中部。以及它们与中国大陆、北部湾和缅甸之间的边界。12条放射线将地图中心城镇 Kiaunroungye（未确定）与它周边的15个城镇连接起来。线上标明了该城与这15座城之间的行程时间（从3天到12天不等）	Hamilton, "Account of a Map of the Tarout Shan Territory," *EPJ* 7 (1822): 71 – 75 and pl. III
g. 以蒲甘为中心的缅甸中部地区	NAI, HMF 157, No. 25	原图是1795年一位蒲甘的城镇职员在观察瓦密汉多尔顿地图后绘制的	39×31	西北	用黑色墨水绘制手欧洲纸上	这是一幅展示距离蒲甘7天行程的区域的简图。蒲甘用长方形表示，另外17座城镇用圆圈表示。图上还画出了伊洛瓦底江和它的几条支流，还用绘画手法画出了两条山系和两座弧山以及窝蒲甘近似不等的6座寺庙	Hamilton, "An Account of a Map of the Vicinity of Paukgan, or Pagan," *EPJ* 7 (1822): 230 – 39 and pl. IV
h. 丹那沙林海岸，从南部的马达班一带到北部的马达班一带；大约相距525公里	原图与复制图均收藏地点均不详	阿马拉布拉1795，土瓦（属丹那沙林）当地人	原图尺寸不详；已发表的版本为24.3×7.6	多个方向	先用滑石铅笔绘于黑色缅甸纸上，然后由一位Mahommedan的画工誊画到欧洲纸上	见正文和图17.6	Hamilton, "Account of a Map Drawn by a Native of Dawae or Tavay," *EPJ* 9 (1823): 228 – 36 and pl. V
i. 今泰国北部，当时属缅甸掸邦，这一地区与老挝相邻	同h	同a	已发表的地图为12.2×16.8	东	同a	见正文和图17.4	Hamilton, "Account of Two Maps of Zaenmae or Yangoma," *EPJ* 10 (182324): 59 – 67 and pl. III.
j. 基本与i相同	NAI, HMF 157, No. 22	同a	52×38	北	同a	见正文和图17.5	Hamilton, "Account of Two Maps of Zaenmae or Yangoma."

续表

覆盖区域	地图收藏地与检索号	绘制地与写年代	尺寸（厘米）（高×宽）	方向	载体	描述（除非特别注明，这些地图都由缅文译成英文）	出版信息
k. 伊洛瓦底江与萨尔温江之间的一大片地，大约从北纬19°到北纬25°	同 h	同 a	已发表的地图为 17.3×7.6	北	同 a	用单线表示两条河，用一串山丘标出掸邦高原西边的峭壁，用一个双圈表示阿瓦布拉（靠近地图西缘），用圆圈表示另外25座城镇。标示各地之间距离的方法同图 b	Hamilton, "An Account of a Map of Koshanpri," EPJ 10 (1823–24): 246–50 and pl. VIII
l. 以景栋为中心的地区，即今掸邦东部加上老挝的一小部分	NAI, HMF 157, No. 27	同 a	27×38	东	同 a	用双方框表示景栋城，用单方框表示另外12座城，用圆圈表示其他12个定居点；这些地方，除4个外，用15条虚线与景栋连接并在虚线上标明各地到景栋的旅行时间（最多为12天），以或多或少的写实画法画出图上的10条山系的正立面	Hamilton, "Account of a Map of Upper Laos, or the Territory of the Lowa Shan," Edinburgh Journal of Science 1 (1824): 71–73 and pl. II
m. 南缅多地，包括前勃固王国	原图收藏地不详	同 a	原图尺寸不详；已发表的地图为 10.1×12.3	北	同 a	较为详细地表现了伊洛瓦底江及其三角洲上的支流和相关湖泊；靠近地图东缘处可见萨尔温江；画出了两处沙质海岸的前部；几条山系的画法用图 a；用小圆圈表示14个带名称的定居点，另外8处其他地名用 x 表示，还画出了7座带名称的宝塔的正立面。汉密尔顿评论称，这幅地图的作者对这一地区的展示远不如它北边的地区可靠	Hamilton, "Account of a Map of the Kingdom of Pegu," Edinburgh Journal of Science 1 (1824): 267–74 and pl. X
n. 缅甸一个大区域，从马达班海湾到八莫以北某地	NAI, HMF 157, No. 12	缅甸，1795	120×49	北	用黑色墨水绘制于欧洲纸上	一幅非常详细的地图。地图重视不同定居点之间行程时间（以天计算）或里程（以里格为单位），这些定居点有三个层级（双方框、单方框和圆圈）。图上还画出了佛塔、河流、山丘和山系	不详
o. 下缅甸的一部分，从北边的东吁到南边的土瓦（位于丹那沙林海岸）	NAI, HMF 157, No. 15	缅甸 1795，显然由绘制图 b 和图 c 的同一位当地人绘制	59.8×47.5	西（?）	用黑色墨水绘制于纸上，添加了铅笔笔记，今用布背衬	地图的构思与图 b1 十分相似，正文有介绍。图上所绘植被十分丰富，三个地方添加了"柚木林"注记	None, but discussed in Hamilton's Journal（note on map reads "No. 22. See Journal p. 173"）1

1　汉密尔顿日记有许多现存卷宗藏于伦敦大英图书馆东方与印度部。其中有两卷与他逗留在缅甸的时期有关。

807

续表

覆盖区域	地图收藏地与检索号	绘制地与年代	尺寸（厘米）（高×宽）	方向	载体	描述（除非特别注明，这些地图都由缅文译成英文）	出版信息
p. 从若开山到马达班海湾的缅甸沿海地区	NAI, HMF 157, No. 18	缅甸 1795，由一位丹那沙林土瓦当地人绘制	62.4×53.2	北	用黑色墨水绘于纸上	地图似乎想提供某种绘制水文图所需要的详细信息。一些可以识别的带有特殊符号的地物包括岩石（海岸？）、沙洲、一处锚地，一处海关所，几座佛塔。根据其所画坐标可以认出一些地方。地图左侧的空白处画出了一个粗糙的风玫瑰的东半部。河流用双波浪线表示。与若开海岸同名且平行的若开山用很细的之字形线表示。定居点名称旁有时有圆圈。有时很稀少。地图上所画的内陆地物十分稀少。地图上的英文由缅文翻译而来，右上角还留有6个缅文单词	无出处；但在汉密尔顿的日记中有过讨论（地图上的记录为"No. 27，Journal p. 257"）.
q. 马达班海湾以北和东北的缅甸滨海地区	NAI, HMF 157, No. 19	缅甸, 1795	60×48	北	用黑色墨水绘制于欧洲纸上	近似于图 p. 但对内陆村落描绘较细致，此外风格和地图符号也有一些变化	不详
r. 缅甸的一个地区，北到阿马拉布拉，西南到卑谬，东南到东吁	NAI, HMF 157, No. 20	缅甸, 1795	75×27.5	北	用黑色墨水绘制于欧洲纸上	地图主要表现的是 4 个层级的定居点，从圣城（阿马拉布拉）到小村落，连接各定居点的虚线旁边注明了行程时间（以天计）或里程（以里格为单位）	不详
s. "Lawa Yain or Wild Lawa,"掸邦东部和泰国北部的一个地区	NAI, HMF 157, No. 23	缅甸, 1795	38×27	北	用黑色墨水绘制于欧洲纸上	地图画了 69 个带有名称的定居点和宝塔。定居点用方框或圆圈表示，塔则以立面图以示区别。图上还用不同程度的写实手法画出了 7 条山系，但其风格显然既非缅甸，也非欧洲	不详
t. 缅甸的一个地区，主要关注阿马拉布拉东北	NAI, HMF 157, No. 26	缅甸, 1795	46.5×34.5	北	用黑色墨水绘制于欧洲纸上	非常近似于图 j	不详
u. 阿马拉布拉以东掸邦某地	NAI, HMF 157, No. 28	缅甸, 1795	37×27	北	用黑色墨水绘制于欧洲纸上	非常近似于图 t，但比例尺大	不详

续表

覆盖区域	地图收藏地与检索号	绘制地与年代	尺寸（厘米）（高×宽）	方向	载体	描述（除非特别注明，这些地图都由缅文译成英文）	出版信息
v. 缅甸和泰国的一个地区，从西南的内格雷斯（Negrais）海岬到西北的Saymmay（清迈）	NAI, HMF 157, No. 29	缅甸，1795	38×54.5	北	用黑色墨水绘制于欧洲纸上	近似于图j，但其简略粗糙，特别是图东边的三分之一。地图上没画马来半岛	不详
w. 马达班海湾周围一带，包括整个伊洛瓦底三角洲和丹那沙林海岸，南到"Breit"（丹老）	NAI, HMF 157, No. 30	缅甸，1795	54.5×38	北	用黑色墨水和灰色涂料绘制于纸面	此图重点放在河道上，推测可以通航的河道涂上灰色水彩以示强调。图上大约表现了50座城镇，6座宝塔和几条山系	不详
x. 大部分区域在今泰国及其邻近地区，似乎包括老挝和柬埔寨的许多地区	NAI, HMF 157, No. 35	缅甸，1795，图上的注解极可能出自汉密尔顿	37×27	北	用黑色墨水绘制于欧洲纸上	地图覆盖了一个很大的区域，上面标有许多国家、地区（如仰叻）和城镇的名称。地图上虽然没有画出湄公河，但好像画出了安南山脉。还给出了许多带有名称的地点之间的行程时间（以天计）。另有一条注说明："从Sammay（清迈）到暹罗（大城府）船行7天"	不详，但汉密尔顿日记上的注称："No. 114, Journal p. 169"
y. 以柬埔寨、老挝和泰国的湄公河沿岸为中心，东南似乎延伸到了西贡	NAI, HMF 157, No. 36	缅甸，1795	37×27	北	用黑色墨水绘制于欧洲纸上	地图展示了了湄公河和包括巴塞河在内的湄公河支流，并画出了湄公河里萨河的连接线。图上有大小不同的城镇，最大的城市叫Zandapure（位于地图中央，可能是金边）、Sagun（推测是西贡）、Main-laung（位于北边，未确认）。主要地点之间标注了行程时间（以天计）。其上说，从Zandapure到其西北边Saymmay（清迈）需要33天时间。图上柬埔寨的边界画得模糊不清	不详
z. 柬埔寨和越南南部	NAI, HMF 157, No. 37	缅甸，1795，带有汉密尔顿的注解	37×27	北	用黑色墨水绘制于欧洲纸上	地图上所绘地物有南海（"Kio Bain"），安南山脉（只沿越南海岸画出了图形但不写名称），西南方的一条高大的山系（象山山系?），还有两个地名可能是西贡（"Sankaung"）和金边（"Pyayn Zouk"）。从大城府（"Siam or Yoodnya"）到金边的注记与图y相同。从旅行有关的注记与图y相同。从旅行总共的行程总共为19天	不详

附表 17.2

1885 年以前的缅文和掸文地图

覆盖区域	地图收藏地与检索号	绘制地与年代	尺寸（厘米）（高×宽）	方向	载体	语言、文字与描述	出版信息
a. 印度曼尼普尔及其与缅甸接壤地区	伦敦皇家地理学会（Royal Geographical Society），London, Burma S. 59	缅甸，1759—1837	大约 203×284	多个方向	用多种色彩印制于布面	缅文、带一些掸文地名。见正文和图版 37	不详
b. "Maing Tsait and Maing Pone"；Maing Pone 似乎是位于缅甸南部掸邦本河上的孟本	伦敦大英图书馆东方与印度部（Oriental and India Office Collections 1, British Library, London）购于 1907 年（下面图 f 和图 g 相同）	掸邦，缅历 1183 年（公元 1821）	173×133	多个方向	墨水加水彩（5 种以上颜色）绘制于布面	用缅文字母拼写的掸文。风格与图 f 相近。地图覆盖了两个掸族土司的地域。地图表现了两座城镇，大约 90 个村落和 7 座宝塔。所有的山系帮成与地图边缘平行，如同图 a	不详
c. 差不多与图 a 相同	皇家联邦学会图书馆（Royal Commonwealth Society Library 2），box XV, fol. 9, map C	缅甸，推测复制于一幅 1829—1837 间绘制的地图	34×47	多个方向	黑、红墨水加上多种颜色的水彩绘制欧洲纸上。原图绘于布面	缅文和掸文译为英文。见正文和图 18.7	Thaung Blackmore, *Catalogue of the Burney Parabaiks in the India Office Library*（London: British Library, 1985），117
d. 东部掸邦（?）	RCSL, box XV, fol. 9, map iv	缅甸，可能为 19 世纪初（原图）；伯尼的复制图为 1829—1832 年	原图为 "12 英尺乘以 7 英尺"；伯尼的复制图为 74.9×50.2	不详	复制图用黑色墨水绘制于欧洲纸上；原图推测绘于布面	英文。摹自缅文原稿。据称为一幅大型草图。地图上的说明称"该图复制于一幅从阿瓦国王的宫殿秘密带给伯尼中校的大型地图"	Blackmore, *Burney parabaiks*, 117
e. "Territory to East of Karenni"	RCSL, box XV, fol. 9, map v	阿瓦或泰国北部，原图制于 19 世纪早期，并于 1831—1837 年间复制于阿瓦	原图尺寸不详；复制图尺寸为 38×49	不详	用黑色墨水绘制于欧洲纸上	掸文（推测）英译，图上注记称："该图来自 Mrudaragyee 国王的遗霜，一位年届 42 的 Zenmay【清迈】本地人。阿瓦，1831 年 1 月 10 日。"未见其他细节	Blackmore, *Burney parabaiks*, 117

1　以下简称 OIOC。
2　以下简称 RCSL。

续表

覆盖区域	地图收藏地与检索号	绘制地与年代	尺寸（厘米）(高×宽)	方向	载体	语言，文字与描述	出版信息
f. 东掸邦和泰国萨尔温江与湄公河之间的区域，为北纬18°30'—21°，东经98°30'—100°15'。	OIOC, Map Division, R & L 196/07，（与图b和g一起购于1907年）	掸邦，19世纪50—60年代；英国人购于1887年以前并于1907年移交给OIOC	292×172	多个方向	用黑色墨水绘于白纸上	掸文，以缅文字母写成。见正文	不详
g. 缅甸和泰国北部萨尔温江两岸的掸邦地区，大约为北纬18°90'—20°20'，东经98°—99°45'	OIOC，购于1907年（与上面的图b和f一道）	掸邦，缅历1223年（公元1861年）	299×275	多个方向	用各种水彩绘于布面	缅文。见正文和图17.8	不详
h. 缅甸境内东至曼德勒伊洛瓦底江和萨尔温江之间的地区，南北范围不确定	伦敦大英图书馆（Or. T. C. I. d），Or. 3478，No. 1，part of Phayre Collection	缅甸，1867年以前	147×165	东	用多种色彩绘于欧洲纸上	缅文。近似于图f和g，但更画得更粗糙。山脉平行成行，河流主要以双波浪线表示。定居点分为两个层级，另外还画出了要塞、宝塔和道路	不详
i. 与图g表现区域大体相同	伦敦大英图书馆（Or. T. C. I. d），Or. 3478，No. 2，part of Phayre Collection	缅甸，1867年以前	95×91	东	以红，绿，黑绘于欧洲纸上	缅文。近似于图h，但看起来有一点类似于欧洲地图。定居点分为三个层级	不详
j. 与图g表现区域大体相同	伦敦大英图书馆（Or. T. C. I. d），Or. 3478，No. 6，part of Phayre Collection	缅甸，1867年以前	93×63	东	用黑色墨水绘制于欧洲纸上	缅文。一幅简单的略图。道路用虚线表示，河流用单线表示，定居点用小圆圈表示（有时也连级成线），山脉用一排逗号表示	不详

续表

覆盖区域	地图收藏地与检索号	绘制地与年代	尺寸（厘米）（高×宽）	方向	载体	语言、文字与描述	出版信息
k. 介于缅甸丹那沙林海岸的毛淡棉与泰国西北部清迈之间的乡村地区	NAI, HMF 90, No. 20	缅甸，可能于1871年绘制于毛淡棉，作者确定为 Tsayafa 和 Ko Shong Kho	112.5×71.5	北	以红、棕、蓝墨水和蓝、棕、黄水彩绘于纸面	缅文并英译。图上添加的英文标题是"Map composed by Tsaya Pai & Ko Shong Kho of the District between Moulmein and Zimmay (Original)"。河流用蓝色水彩勾出轮廓，两岸之间添以蓝色水勾。山脉形似毛毛虫。定居点层级十分详细。城镇画出城门与城墙，均用棕色墨水。村庄用圆圈表示，并标记为 ywa（意为村子），但没有具体名称。道路用粗标线条表示。虽然这幅地图是为英国人所作，但其缅甸色彩仍然十分引人瞩目。	不详
l. 丹那沙林海岸的毛淡棉和泰国西北部"Zimmay"（清迈）之间的乡村地区	NAI, HMF 90, No. 19	毛淡棉，缅甸，"1871？"	40.8×34.3	东（？）	以红墨水和铅笔绘于纸面	缅文，添加铅笔的英译。虽然这幅出自英国人之请绘制的地区表示出英国人对林业及和前景的兴趣。但其风格仍然是缅甸式的。河流用双线表示，小路用虚线表示，十米个用方框表示业的聚落，框内都标有 ywa（村落），铅笔画出的细线可能指代森林。这幅图可能是图 k 的一个简化版。	不详
m. 缅甸东吁和央米丁地区，面积为65（南北）×65（东西）平方公里，跨越第二次英缅战争后确定的边界	曼德勒吴貌貌朝廷收藏	缅甸，19世纪，推测绘制于1870—1885年间	大约75×160	东	以红、绿、白、黄色绘于带方格的黑色折子纸上，并安装木轴	缅文。一幅格外详尽的地图，与图 o 十分近似，很可能是第二次和第三次英缅战争之间（1852—1885）形势进一步恶化时，为搜集军事情报而备制的。图上可确认的相关符号有"outpost for a village"（乡村哨所），"outpost for a town"（城镇哨所），British forces at a town（英军要塞），"British force"（英军，其他），"border pillar"（边界桩），"path"（道路，分两类），此外，还有有关定居点、图上的宗教符号山丘、森林等方面的内容。及塔，精舍和静修所。	不详

续表

覆盖区域	地图收藏地与检索号	绘制地与年代	尺寸（厘米）（高×宽）	方向	载体	语言，文字与描述	出版信息
n. 横穿缅甸的东西向条带状地区，介于若开山与红克部族区之间，面积约为122（东西）×25（南北）平方公里	吴貌貌缅廷收藏，曼德勒；得自 Yethaphan 寺院	缅甸，1857—1885年	大约 140×55.5	东	以黑、红、绿、黄印制干带方格的白色折干纸上，一共有七面	缅文。称"该图是为西山（若开山系）与红克伦地区的邮驿（军事性的）的"。虽然此图内容不用图 m 丰富，但两图所用的一套与军事相关的地物符号是相同的	不详
o. 孟加拉湾到伊洛瓦底江之间的缅甸地区，从敏东（约北纬19°20）到勃萨尔城（约北纬70°50'）	1978年，由 Yethaphan 寺院藏品变为曼德勒吴貌貌缅廷收藏	缅甸，据说绘制干1824年以前（第一次英缅战争以前），但是根据此图与图 m 相似度判断，它更可能是 1870—1885 年间绘制的	大约 131×109	西	以绿、红和黄色绘制干黑色折干纸上，纸上带有黄色方格网（每格约为 1.9 厘米）	缅文。参见图 17.9 和正文	不详
p. 木各具地区，上缅甸伊洛瓦底江西部	仰光大学图书馆 P/26144	一幅19世纪晚期地图的相当晚近的复制品	101.5×120.5	西	用红、黑墨水和绿色水彩绘制干布面	缅文。一幅采用写实符号的总图（河流填以水波纹，长满森林的山丘表现为正立面，等）。椭圆形符号中标注村庄名称。图上多处还有各种各样的注记（如，"这里长了许多庄稼"）	不详
q. 上缅甸北部钦敦江两岸的皎色（Kyauk Ye）地区，介于北纬22°—26°之间	曼德勒吴貌貌缅廷收藏	缅甸，19世纪晚期（?）	大约 37.5×154.5	东	用白色滑石干黑色折干纸上，分为九面	缅文。相当简单的略图，画有几条河流，两列平行的山系和四座城镇	不详
r. Auntgyi Kin Chaung 森林；地点不详	复制于丹纳各收藏的一幅地图，东京；复制品为曼德勒吴貌貌缅廷收藏	缅甸，年代不详	大约 14×119	不详	原图用白色滑石和黄色、红色颜料绘干一张黑色折干纸上，分为15面	缅文。图上出画了林中小道、边界、村庄、宝塔、溪流和山丘，具有19世纪晚期流行的典型风格。所表现的区域似乎非常小	不详

附表 17.3

缅文和掸文路线图

覆盖区域	地图收藏地与检索号	绘制地与年代	尺寸（厘米）（高×宽）	方向	载体	语言，文字与描述	出版信息
a. 阿马拉布拉和 Taraek（鞑靼）之间的路线，特别是到中国皇帝，北京以外的承德围场的路线	原图收藏地不详	此图于 1795 年由阿瓦东北中缅甸边界的八莫王子送到阿马拉布拉的赛姆斯船长（Captain Symes）	窄长形地图。原图尺寸不详；刊印地图尺寸为 30.4 × 9.0	地图的大部分内容方向大致朝北，部分与中国有关的内容方向为东北	推测绘于欧洲纸上	缅文英译。原图可能是应弗朗西斯·汉密尔顿之请，由八莫王子的一位官员绘制的。图上有 25 座缅甸城镇，但只有 10 座中国城镇，用长方形（重要地方用双框）表示，河流宽度不一，有些只注名称（如编号为 4 的小河流）但不画出来。给出了两座城镇之间的旅行天数。绘制者将地图五分之三的长度用来绘制从“Shue Prido”（阿马拉布拉）到八莫之间的里程，这段里程总共需要旅行 14 天。剩下五分之三差不多都在中国境内，这一段需要旅行 121 天。从八莫到热河的路线是用双线表示的，部分路段标有“驼行十天”字样，更北则有“车道”。在北京和热河之间是一段弯曲的道路，注记有“山”，指长城所依之山。此外图上并没有其他自然地物。	Francis Hamilton，“Account of the Route between Tartary and Amarapura, by an Ambassador from the Court of Ava to the Emperor of China,” *Edinburgh Philosophical Journal* 3（1820）：32 – 42 and pl. I
b. 从勃生到曼谷的线路	NAI，HMF 157，No. 21	缅甸，1795 年	33 × 48	北	推测绘于欧洲纸上	缅文英译。勃生与马达班（“Monttama”）之间，经由仰光的道路只有一条，但还有两条通往仰光的道路，一条更加便捷（推测经过三塔关和桂河河谷），另一条经过土瓦（“Davoy”）和丹那沙林海岸的丹老（“Byeit”）。各路段的里程或用天数表示或用“里格”数表示。一条虚线或似代表缅甸与暹罗的边界。丹老以下的马来半岛与附表 18.1 中的图 a 一样被省略。	不详
c. 印度支那半岛的大部分，西北有清迈、东吁、马达班，东南有金边（?）和西贡（?）	NAI，HMF 157，No. 34	缅甸，1795 年，据图上注解推测出自汉密尔顿之手	27 × 37	东北	推测绘于欧洲纸上	缅文英译并添加了铅笔注记。地图重心放在大城府（“Ayoitaya”）。在大城府最东边，需 35 天行程的城市是“Tyeinseen”，接下来是用铅笔标出的“Prob. Saigon”。该地图非常粗糙，除了提供十几个重要旅行节点之间的旅行时间以外，几乎没有提供其他信息	不详
d. 伊洛瓦底江下游	曼德勒吴貌貌廷收藏	缅甸，日期不确定，推测在 1852 年英国占领缅甸之前	未见原图；多折页缅甸折子纸	多个方向；地物背向河流	涂有白垩的白色折子纸；图中内容以黑色、绿色和红色绘制	缅文。绘于带网格的纸上。河流非常写实。干流用绿色渲染，支流（仅显示较短的距离）则未涂色。其他地物用红色或黑色画出轮廓。文字用黑色	不详

续表

覆盖区域	地图收藏地与检索号	绘制地与年代	尺寸（厘米）（高×宽）	方向	载体	语言，文字与描述	出版信息
e. 跨越中缅边界瑞丽江两岸的掸邦地区	大英图书馆（Or. T. C. l.d），Or. 3478, No. part of the Phayre Collection	缅甸，1867年前	180 × 49	不确定	推测绘于欧洲纸上	所用语言不确，或为掸文，或为缅文。这是一幅很大的比例绘制的高度写实的地图。图上地名很少，所有河流中都有游鱼，瑞丽江上的小船上还有两位渔夫	不详
f. 蒲甘以下的伊洛瓦底江	大英图书馆（Or. T. C. Ld），Or. 3478, No. 7, part of the Phayre Collection	缅甸，1867年前	189 × 31	北（？）	用墨水（？）绘制于欧洲纸上	缅文。简图。河流用双线表示，定居点（几乎沿着河流）用小圆圈表示；图上还注明边界（界桩？）	不详
g. 从缅甸巴奔（"Paphoon"）到泰国东北清迈（"Zimmay"）的线路	NAI, HMF 90, No. 12	缅甸，1870年	40.4 × 35.8	西（？）	用黑墨水绘于欧洲纸上，两页粘在一起	缅文后，后来添加英译。图名为"这是与一位林务员讨论文来到清迈时所画的草图。该图显示从巴奔到清迈的线路。"（此处的"其他地图"推测是附录17.2的中的图j和k）地图上还画有一条河流，三个城镇（以方框表示），其他两个地点（以椭圆形表示）和一条小路（以虚线表示）	不详
h. 从曼谷和清迈东到金边和西贡的区域	NAI, HMF 91, No. 14	缅甸，缅历1232年（公元1871年）制图者可确定为 U Yit	64.5 × 122.5	东	用棕色墨水，加上棕色、蓝色和黄色水彩绘于纸上	见正文和图17.29	不详
i. 从良乌或伊洛瓦底江（接近英国时期英占缅甸的国界线）到曼德勒的电报线路	曼德勒吴貌貌廷收藏，"Parabaik No. 191"	缅甸，绘于1860—1880年间	31面，每面尺寸大致是37.5×12.8；总长度为3.97米	多个方向；地物背向伊洛瓦底江	以白色墨水和红色粉笔绘制于折叠的黑色纸上	缅文。参见正文和图17.32。除了电报线路本身，还有大量的细节，如宝塔和沿线突出的建筑，沿伊洛瓦底江底江的排水堤坝，以及远离伊洛瓦底江的山丘	不详

附表17.4

以乡村地域为主的缅文地图

覆盖区域	地图收藏地与检索号	绘制地与年代	尺寸（厘米）（高×宽）	方向	载体	语言、文字与描述	出版信息
a. 阿拉布拉及其周边地区，面积约为80×65平方公里	NAI, HMF 157, No. 17	缅甸，1795	60×48	北	用黑色墨水绘制于欧洲纸上。	缅文译成英文。着重画定居点。城镇用方框表示并注明名称；图上有许多用圆圈表示的村落，但未标注名称；另有宝塔、河流、湖泊（包括西北部两个大湖）和山系	不详
b. 以阿马拉布拉北部的一处大湖（Yemyet?）和另外一处小湖为中心的区域，覆盖面积估计为75×45平方公里	NAI, HMF 157, No. 31	缅甸，1795	42×27	北	用黑色墨水绘制于欧洲纸上。	缅文译成英文。着重强调定居点之间的旅行时间	不详
c. 与图 b 大致相同	NAI, HMF 157, No. 32	缅甸，1795	47.5×30	北	用黑色墨水绘制于欧洲纸上。	缅文译成英文。着重强调定居点之间的旅行时间	不详
d. 伊洛瓦底江在阿马拉布拉大拐弯处的一处区域，估算的面积为10×50平方公里	NAI, HMF 157, No. 33	缅甸，1795	47.5×30	北	用黑色墨水绘制于欧洲纸上。	缅文译成英文。着重强调排水系统的形态。图上引人注目的是几处河流的弯曲。掸邦高原西部的悬崖以一列山体表现	不详
e. "Mhineloonghee Forest,"萨尔温江北部一处，温江东西向地带，可能属掸邦	皇家地理学会，Burma S 29。Also NAI, HMF 90, No. 11	1871年六月复制于加尔各答，原图为一幅由"Messrs. Todd, Findlay & Co., Moulmein 所有的当地地图"	82.9×68.2	北	用黑色墨水绘制于欧洲纸上。	缅文。图上标出这片森林各个部分的名称。采用写实手法表现河中的礁石。宽达4.5厘米的双线格外突出显示河流。山脉也依次画出（没有画成正立面，座山画成一样）。一个定居点内以正立面画出成一圈的干栏式房屋	不详

续表

覆盖区域	地图收藏地与检索号	绘制地与年代	尺寸（厘米）（高×宽）	方向	载体	语言、文字与描述	出版信息
f（i–iv）．几处村庄，地点未确定	仰光大学图书馆，MS. 9108	上缅甸，19世纪晚期，推测为1885年以前	（i）52 × 81.6；（ii）26.5 × 52；（iii）52 × 141.5；（iv）52×61. 折子纸每折尺寸为52×20.5	i、ii、iv 为东；iii 为北。每幅地图边缘标有方向	用红色、两种绿色、棕色、蓝色、黄色和白色水彩，加上墨水绘制于折子纸上	缅文。参见图18.33 反正文。这些地图基本上是与几处村庄内的土地有关的地籍图。这些土地由一位名叫 Mahamingyaw Raza 的大臣所继承。很可能是他于今进行调查并绘制了这批地图。地图 iv 显然并没有完成，因此我们不能断定这次调查总共拟覆盖多大的范围。但是没画满的折子纸暗示我们，调查只完成了不到四分之三。地图上的标记指出哪些地图属于大臣，哪些属于其他人。大多数地块上都写有数字，标明其种植稻谷的拥数。其他地块则标示为育秧田。以绿色突出显示田界。在一些较大的田块中，还说明并没有画出这些地的分割情况。图上还标出种植水稻以外的其他谷物的地块。土坝、水塘、道路等也有鲜明的标志。用几座房子倾斜视角来表现的写实画法，或多或少采用了各种各样的植被，包括棕榈树、阔叶树。地图 iii 的北侧的许多地方画出各处空白处以写手法画出了一条山系	不详
g. 上缅甸瑞波地区的一部分	不详	缅甸，1881年；地图是锡袍国王下令绘制的	原图比例尺是所引文献中复制地图的4倍	不详	折子纸，其他材料不详	缅文。"It shows the irrigation system of the Shwebo Myinne [modern equivalent unknown] the Ma embankment and the Mahananda Tank." （"地图表现了 Shwebo Myinne [对应今地不详] 的灌溉系统，马埂和马哈南达池水塘。" 原图给出了大约80处管道的名称。图上也表现了村落及其辖区	A. Williamson, comp., Burma Gazetteer, Shwebo District, vol. A (Rangoon: Superintendent, Government Printing and Stationery, 1929), 引文在第54 页，地图装在封面袋中
h. 上缅甸胶克西地区局部	不详	缅甸，根据该图与图 g 的关系，推测其绘制于1881 年前后	不详	不详	折子纸，其他材料不详	缅文。推测近似于图 g	Ralph Neild, H. F. Searle, and J. A. Steward, Burma Gazetteer, Kyaukse District, vol. A (Rangoon: Government Printing and Stationery, 1925), 有关灌溉技术（英国人之前）的内容见第72—74 页

续表

覆盖区域	地图收藏地与检索号	绘制地与年代	尺寸（厘米）（高×宽）	方向	载体	语言、文字与描述	出版信息
i. 小片乡村地区，推测在上缅甸	曼德勒吴貌貌貌廷上收藏	缅甸，1885年以前	未见	不详	以白色和红色等绘于黑色折子纸上	缅文。地图上带有缅文题记"调查员 Nga Thein 的记录"。这幅图的性质属于地籍图，同时还注明土配给皇子、公主以及官员为蔬菜作物的情况；并标明地块每年块上谷物与蔬菜作物次数两次以上。以红点等隔断的白线标明了耕种两地次或两种作物之间的土块边界。图上还标出了貌似水库、运河、道路和山系的地物	不详
j. 上缅甸耶素大镇（Yesagyo）地区的一部分数钦越敦江到上，跨钦敦江，离洛瓦底江口的人江口不远	曼德勒吴貌貌税廷收藏	缅甸，可能绘制于19世纪后半叶	大约93×105	东	用黑色、红色、蓝绿色颜料绘于布面	缅文。比例尺相当大。图上用蓝绿色画了好几条河，宽度不一。地图东北角上孤立的林山也是用蓝绿色画的。图上还有将近60个长方框，内里蓝绿色画的的村落名称。图上文字用黑色写成	不详

附表17.5　以城区为主的缅文地图

覆盖区域	地图收藏地与检索号	绘制地与年代	尺寸（厘米）（高×宽）	方向	载体	语言、文字与描述	出版信息
a. 前泰国首都大城府	仰光国家档案馆（National Archives, Rangoon）	缅甸，1767年前后	大约87.6×356；共有20面，各面尺寸为87.6×17.8厘米	不详	以数种颜料和黑色墨水绘于白色折子纸上	缅文。见图18.38及正文。该图华美的装饰与其军事情报的功能不符	不详
b. 蒲甘一带	British Library, Oriental Manuscripts and Printed Books, Add. MS. 18069	缅甸，1850以前，因为大英博物馆购之于该年2月	有一个尺寸为44厘米，但其余尺寸未知	不详	以白色滑石笔绘于黑色折子纸上，一共有40折，每幅尺寸为44×17厘米	缅文；这折子纸手稿上共有3幅地图，其中最大的一幅是蒲甘地区，表现了该城经流瓦底江北部和南部不远处的伊洛瓦底江。另外两幅较小，为蒲甘草图，但内容不得而知	不详

续表

覆盖区域	地图收藏地与检索号	绘制地与年代	尺寸（厘米）（高×宽）	方向	载体	语言、文字与描述	出版信息
c. 阿马布拉及其周边地区，包括实皆和曼德勒郊区	原图为东京大学的丹下收藏。复制图在阿马拉布拉的 Taung Lay None 寺院	阿马布拉，原图绘制于1850年前后；复制图绘制于20世纪70年代，由6位僧人手绘并上色	复制图为93.7×105.7（推测原图同此）	西	原图绘于4面折于纸上，推测用墨水和颜料绘制成。复制图欧洲纸上两张粘在一起，并粘于布上，用毡头墨水笔以黑、红、蓝、紫、棕色和绿色绘成	缅文。与城市定居点有关的地物用红色表示，包括旧皇城及其城墙，宫殿与街道；城外有树林，小村，蓝色或黑色椭圆圈写有小村名称；圆圈内有椭圆圈写有河流、运河、沟渠、洪泛区和两个木堤道名称；植被形态各异，以绿色或紫色，用写实手法表现其正立面；文字用黑色。地图上部（西）边缘据说依照正立面，其下画了布满森林的安皆山脉（西部）。这些色彩据说依照正立面。有云朵（以西藏风格画出）了原图	不详
d. 阿马布拉及其周边，大约9×6平方公里	原图据说在伦敦，但令今藏地不详；复制图由U Tet Htut于1962年从伦敦送给曼德勒的吴貌貌貌廷	据说是18世纪，但更可能是19世纪中叶（阿马拉布拉作为缅甸首都是1783—1823 以及 1837—1857年）。	51.4×48.9	西	以红色、蓝色和两种绿色，黄色和颜料，加上墨水绘制于白色折于纸上	缅文。上文对图c的描述大多适用于本图。不同的是此图上的一些小村名称并没有标注于椭圆圈内，另一些则标示于规则的卵形圈内。实皆山上森林覆盖较少，山顶多有宝塔；伊洛瓦底江内还出现了了带有边轮的汽船（如果原图上有这种汽船，那么此地图不可能绘制于19世纪中叶以前）	不详
e. 曼德勒	曼德勒大学缅语语系	阿马布拉或曼德勒，1853年前后	未见原图	未见原图	未见原图	缅文。据说是一幅开发规划图	U Maung Maung Tin and Thomas Owen Morris, "Mindon Min's Development Plan for the Mandalay Area," Journal of the Burma Research Society 49, No.1 (1966): 29-34 附地图2幅
f. 曼德勒及其周边，覆盖面积约为43×27平方公里	曼德勒吴貌貌藏品；早先为实皆的 Sin Nin 寺院所有（在实皆城内？）	曼德勒，1856年前后	大约108×54	东	以白色、绿色、黄色和黄色绘制于黑色折于纸上	缅文。地图标题为 "Map of the Boundaries of the Royal City."（皇城四界图）。这幅地图似乎原本打算用作规划。城区内几乎没有什么地物，但标出了与皇家花园相关的地名。有大量与山地（所有的山都画成正立面）和天然、人工排水系统有关的具体内容。图上还画有15座宝塔，另有数座寺院现正立面	Than Tun, "Mandalay Maps," Papers of the Upper Burma Writers' Society, 1966；我未能找到这篇参考文献

续表

覆盖区域	地图收藏地与检索号	绘制地与年代	尺寸（厘米）（高×宽）	方向	载体	语言、文字与描述	出版信息
g. 曼德勒以及其西边和南边的小片地区，面积大约为 18×21 平方公里	曼德勒的 Pagan Atwin Wan 寺院；注记根据的是曼德勒的吴貌貌是曼德勒廷收藏的一幅复制图	曼德勒，1857—1866 年	大约 71×102	东	折子纸，细部以蓝色、红色和黄色绘制，文字与轮廓用墨水	缅文。着重强调街道布局和坡内不同街区；标出了人所在的街区名称；以写实手法画出了伊洛瓦底江的各种河道，细节毕具。西边的实皆山采用了正立面图	不详
h. 曼德勒及其周边，包括阿马拉布拉和阿瓦	复制的底片藏于馆美国国会图书馆 Burma，n.d. 原图收 1：--。原图收藏地不详	推测绘制于敏东国王统治时期，1853—1878，在其他 1857 年定都曼德勒之后	43×56	东	根据对地图图例的译文知，原图使用了两种黄色、红色和蓝色（可能）还有其他颜色，可能混合颜料和墨水绘制于纸面	缅文。这是一幅非常详细的地图，其性质为地籍图。图的一侧标有边长为7.5毫米的方格网。地图表现了城市和宫殿的总体布局与广阔的周边地区，每个圆圈所在地块布局齐或一的小圆圈，其中有数百个名字，推测是圆圈所在地块所有者的姓名。另一种黄色则是由政府官员所有的地块，红色表示世袭的地块，蓝色表示私人的地块。道路以虚线表示；排水系统绘画山系，溪流宽窄不一；以写实手法描绘立面，但所有的山脉高度是一致的，其他地物还包括一些有着密集乡村聚落的区域，大量的宝塔（采用正立面），树丛（采用倾斜绘画视角），树丛以及灌溉水塘等是寺院的建筑	不详
i. 曼德勒的一部分，据说面积为 890×830 平方米，包括木栅栏的国围和要塞内的国王居所	原图收藏地不详（据说为吴貌貌觉所有）；复制图由曼德勒的吴貌貌廷制作	缅甸，制作于 1857—1885，年间，可能在这一阶段的后半段	大约 76×56	不详	复制图似用黑色墨水绘制于欧洲纸上。原图绘于纸上，白色折子纸，材料不详	缅文。见正文和图 18.40. 图上表现的地物包括木栅栏、卫兵、军械库、营房、马车房、象棚、官员居所、水官、礼品存储（？）、小人房、厨房、寺院、神憩处（缅甸神）、钟楼、铸币厂、室内游泳池和花园楼、佛牙圣物塔	不详
j. 曼德勒东边和南边，覆盖面积约为 32.5（6.5×5）平方公里	曼德勒吴貌貌廷收藏品；购于西部的 Lone Taw 寺	曼德勒，1859—1885 年	大约 71.5×48.5	不详	用黄色、红色和白色绘制于黑色折子纸，共 4 折	缅文。该图被称为"皇城东边和南边这一描述意即水系统平面图"。图上的地形大多与这一描述意思相符：溪流、河道、排水冶壕、坡壕、桥梁。其他地物还包括一座城堡的轮廓、通道、街道和花园	不详

续表

覆盖区域	地图收藏地与检索号	绘制地与年代	尺寸（厘米）（高×宽）	方向	载体	语言，文字与描述	出版信息
k. 曼德勒东北的一部分，大约为 9.5×3.5 平方公里	曼德勒国家图书馆与博物馆，acc. No. 143, 25.5—60	推测同图 j	大约 72.5×125	东	用红色、绿色、白色和黄色绘于黑色折子纸	缅甸文。此图似乎与排水工程施工相关。地图符号大体复制自图 j。其中之一注明"测杆"。此图上独一无二的符号是"用于题字的构件"	不详
l. 曼德勒西部伦托（Lone Taw）与 Sedawgyi 大坝平面图	曼德勒吴貌貌捐赠廷藏品；购之于伦托寺院	推测同图 j	大约 43×95	东	用白色糟石和黄色颜料绘于带有网格的黑色折子纸上，共6面	缅甸文。用很大的比例尺展示了大坝辖区及其邻近自然地貌。部分采用平面视图（如排水系统），部分采用倾斜视图（一座单体房屋）	不详
m. 清迈（"Zim-may"）与通往它的道路	NAI HMF 90, No. 17. 复制图存于泰国北部或掸于皇家地理学会，Thailand S/ S2 No. 39.	泰国北部或掸邦，1870 年由 Sa-ya-pay 绘制	27.5×20.8	北	用蓝色铅笔绘于欧洲纸上。后来在图上添加了墨水题写的文字说明英译	推测为掸文，并附后来添加的英译。图上包括城市伦廓，主要城区以及两个内城门以及三条道路。	不详
n. 曼德勒东部靠近扬金山（Yankin Hill）的小片地区	曼德勒吴貌貌捐赠廷藏品	上缅甸，1876（?），由调查员 Nga Thein 绘制	大约 42.5×60	东	用白色、红色、绿色和棕色颜料绘制于带子带的黑色折子纸上	缅文。此图被描述为"调查员 Nga Thein 的笔记"。它很可能是一幅某处皇家地产图，因为图上包括了一处宫殿周边的土地。另一些地物包括村庄、宗教建筑、道路、一条运河、溪流和小山	不详
o. 曼德勒北郊某地，面积约为 1.3×0.5 平方公里	曼德勒吴貌貌捐赠廷藏品	曼德勒，19 世纪晚期	大约 114×61	东	用白色粉笔绘于黑色折子纸	缅文。见正文和图 18.41。包括存细绘制的一些建筑，如 Kyauktawgyi 佛塔、Sandamuni 佛塔、Pathana Sima（戒堂）和其他靠近曼德勒山南麓的宗教与皇家建筑。	不详
p. 曼德勒黄金寺（Golden Temple）及其周边，包括曼德勒山的一部分	不详	推测在曼德勒，19 世纪晚期	不详	多个方向	不详；似乎用白色水彩绘于黑色折子纸上；纸的折数不详	缅文。已发表刊行的插图中只有四分之一的大殿。在表现寺庙的整体布局时采用平面视图，展示大门、佛塔、特定的宗教建筑时则采用正立面视图	Barbara Nimri Aziz, "Maps and the Mind," *Human Nature* 1, No. 8 (1987): 50–59, 插图在第 58–59 页

第十八章 东南亚海图

约瑟夫·E. 施瓦茨贝格
(Joseph E. Schwartzberg)

　　史前时代晚期，南岛语族文化曾在一个超过经度 208°的辽阔海域内传播，从西部的马达加斯加（Madagascar）到东部的复活岛。如此广泛的传播意味着航海技术与相应的海洋与恒星知识在早期已得到长足发展。前面提到了的星图绘制，就是其中一些知识带来的结果（第 712—713 页），人们不禁要问，这些知识在多大程度上促成了各式各样海图的诞生？有关马歇尔岛民（Marshall Islanders）的棍棒海图已有很多记载，但是这些海图是如何演变而来的呢？它们是否经历了从附近的马来语世界传播而来的过程？正如弗兰德（Ferrand）所言，马来航海者（Malay seafarers）不仅到过马达加斯加，而且至迟在公元 1 世纪已远航至好望角。他们是否在往复的航海中学会了使用地图？[①] 遗憾的是，并没有足够的确凿证据来回答这一些问题。无可争议的是，葡萄牙人在 16 世纪初确实就利用过爪哇海图。1512 年 4 月 1 日印度总督阿方索·德·阿尔布克尔克（Afonso de Albuquerque）从科钦港寄给曼努埃尔国王（King Manuel）的一封信中提到，信中附有一幅弗朗西斯科·罗德里格斯（Francisco Rodrigues）制作的地图。此人是地图学家，也是发现马鲁古群岛（Molucca Islands）的西班牙无敌舰队主要领航员。信中讲，那幅地图残片来自

　　一位爪哇领航员的大型地图，图中有好望角、葡萄牙、巴西、红海和波斯湾，丁香群岛（Clove Islands），描绘了中国人［包括 Gores（高山族居民）］的航行，上面有他们的罗盘方位，船只所走的直线，陆上腹地则表现各个国家如何接壤。在我看来，爵士先生，这是我见过的最好的东西，而殿下您见到它也会很开心。地图上有用爪哇语写的名称，我也找了一位会读写的爪哇人跟我一起看。我把这件作品呈送殿下，它由弗朗西斯科·罗德里格斯摹写自另一幅地图，殿下您从中可以确凿地看到中国人来自何方，您的船队到达丁香群岛必经的路线，还有金矿、爪哇岛和班达岛，出产肉豆蔻的群岛，暹罗王国的土地，以及中国人航行所采取的方向以及最终到达的地方。主图失于弗罗德拉马尔号（Frol de la Mar）。我曾与领航员和佩洛·德·阿尔波因（Pero de Alpoim）讨论

---

　　① Gabriel Ferrand, "A propos d'une carte javanaise du XVᵉ siècle," *Journal Asiatique*, 11th ser., 12 (1918): 158 – 70. 关于马来人与马达加斯加人的海上交往，参见 Gabriel Ferrand, "Les voyages des Javanaisà Madagascar," *Journal Asiatique*, 10th ser., 15 (1910): 281 – 330.

过这幅地图的意思，为的是让他们向殿下您解释这幅地图。您可以相信这幅地图是非常精准和确定无疑的，因为这是一次知道何所始、何所向的真正的航行。[②]

虽然费兰德好像接受了阿尔布克尔克信中似乎隐含的说法，即爪哇人实际上知道葡萄牙和巴西等地，但我认为这一说法站不住脚，可能只是对上面一段漫不经心写就的文字的字面理解。阿尔布克尔克可能是想说，我们所讨论的这幅地图，实质上是当时已知世界的地图，它部分依据了爪哇地图。但即便是这个比较低调的解读，也可以说明，爪哇人的确绘制过用来协助航海的地图。

除了这幅和弗罗德拉马尔号一起沉没的地图外，罗德里格斯还画过其他很多地图，一共有 26 幅此类根据直接观测和各种二手资料绘制的地图，其中似乎也包括已经丢失的爪哇原图。经过整理后，这些地图连同许多其他插图一起编入一本题名《弗朗西斯科·罗德里格斯之书》（*O livro de Francisco Rodrigues*）的地图集，于 1513 后出版，现在这本地图集的副本收藏于巴黎法国国家图书馆。[③] 手稿原件据传由著名的葡萄牙神学家、哲学家和历史学家杰罗尼莫·奥索里奥（Jeronimo Osorio，1506—1580）所持有，巴黎的副本可以追溯到 1520 年之后的某个时候。[④] 温特（Winter）对罗德里格斯地图集进行了研究分析，他讨论了这些基于一手观测的地图与那些没有基于一手观测的地图之间风格上的显著差别。[⑤] 图 18.1 和图 18.2 表明了这一差别。关于罗德里格斯作品的文章已经不少了，所以我不打算进一步讨论。

图 18.3 展示了一幅马来半岛地图。菲利摩尔（Phillimore）发现这幅地图并在两位马来学者的帮助下对之进行了仔细的分析。[⑥] 到 1956 年为止，这幅地图由帕森斯－史密斯（S. T. C. Parsons-Smith）收藏，是由他母亲的克拉克罗夫茨（Cracrofts）家族传承下来的。这一家族中有很多人曾在印度服役，其中一人可能在某次从印度出发的海上航行中得到了这幅地图。有人认为这幅地图的年代是 18 世纪早期。图中的许多自然地物被涂上靛蓝以示强调。同样突出显示的还有几艘鼓满风帆的欧洲帆船，这些帆船的形制可以帮助断代。地图上醒目的文字提示读者，地图出自一位受过教育的马来人之手。

地图上的主方位和次方位是用直线和文字来表示的，半岛扭曲的形状令人略感惊讶。菲利摩尔观察到：

---

② 引自下面这本书中 Armando Cortesão 的葡萄牙原著的译文：*The Suma Oriental of Tomé Pires. . . and The Book of Francisco Rodrigues . . .*，2 Vols.（London：Hakluyt Society，1944），1：1xxviii – lxxix。

③ 科尔特索（Cortesao）在 *Suma Oriental*，2：519 – 26（注释 2）附录 2 中逐一简介过这些地图。他还在所著 *Cartografia e cartógrafos portugueses dos séculos XVIe XVI*，2 Vols.（Lisbon，1935），2：122 – 30，也有所讨论。法国国家档案馆收藏的所有这些地图见载于：Manuel Francisco de Barros e Sousa，Viscount of Santarem *Atlas composé de mappemondes*，*de portulans et de cartes hydrographiques et historiques depuis Ie VIe jusqu'au XVIIe siècle*，3 Vols.（Paris，1849）；复制件编入 *Atlas de Santarem*，由海伦·沃利斯和 A. H. 西蒙斯（Helen Wallis and A. H. Sijmons）撰写图说（Amsterdam：R. Muller，1985）。

④ Hiroshi Nakamura，*East Asia in Old Maps*（Tokyo：Centre for East Asian Cultural Studies，1962），28 – 35 and fig. 8. 中村（Nakamura）没有对原图现在的下落发表任何冒昧的看法。

⑤ Heinrich Winter，"Francisco Rodrigues' Atlas of ca. 1513，" *Imago Mundi* 6（1949）：20 – 26.

⑥ Reginald Henry Phillimore，"An Early Map of the Malay Peninsula，" *Imago Mundi* 13（1956）：174 – 79.

半岛的南半部扭到了东边……这样一来，东海岸的大方向跑到西面稍微向北，到克拉地峡（Isthmus of Kra）开始收缩，然后摆向东边，形成一个类似暹罗湾的轮廓。仿佛地图制作者发现他用的纸张南北不够长似的。

地图绘制者对于新加坡与槟榔屿之间 4 度的纬度差值全不理会，这与他作为一位精通星盘术的职业水手的身份不符，但另一方面，他的注意力似乎完全被沿海的细节所吸引，这正是领航员的兴趣所在，而且他似乎对北大年的安全港口有着特别的兴趣……地图上出现的大多数地名是河口（Kuala）、海岬（tanjong）、岛屿（pulau）或山丘（bukit）等可能对导航有价值的地点。⑦

地图上有一个特别值得注意的地物是北大年山，从这里延伸出 8 条放射状的方位线，格外醒目。另外一些可以确认的地物是近海的滩涂以及许多与航海没有直接关系的地物，例如三个稻米产区，靠近柔佛和北大年的所谓平原，北大年的边界（用文字注明，但没有画出）以及离开北大年边境的一个岛屿。地图上频频提及与北大年有关的地方。事实上，除了北大年，注记中没有讲到任何其他边界或边境，而且北大年这个地点也被放大了，这些事实表明（尽管菲利摩尔并没有明说）制图者就是这个地方的居民。在 1785 年被暹罗占领之前，北大年曾经是一个独立的马来苏丹国的都城，这个地方与荷兰和英国的贸易十分繁荣，而在此之前，北大年与葡萄牙人，以及来自中国和日本的商船做生意。我还推测，绘图者本人或他的雇员也应该与欧洲人有着频繁的商贸接触。首先，他画的地图上只有欧洲的船只；其次，他在地图上插了 8 条方位线，这只是依葫芦画瓢地模仿西方地图，无补于地图的实际功用；最后，我假设，某个商人可能以北大年作为转口港，收集那些主要由定期往来于地图上标注的沿海港口的本地船只运来的小宗货品，这些货品包括大米、香米和其他货物，然后将这些货物转销给欧洲人或其他外来的商人。下面我还会进一给出这一假设的理由。

无论地图上标绘的内容多么不准确，但他们都是有用处的，而且这些地点沿着海岸分布的次序也是正确的，岸上以及靠近半岛的地物的分布也是无误的。但这幅地图几乎没有提供任何远离海岸的内陆地区的信息。关于这一点，菲利摩尔观察道：

显然，绘图者对于内陆的地理是不关心或者是不了解的，表现在，他将彭亨（Pahang）河和霹雳（Perak）河连接起来，从海岸到海岸，直接穿过半岛的腹心地带，绘图者似乎对金马伦高原（Cameron Highlands）上最高峰在 2000 米以上，令人敬畏的巨大山体完全没有概念。图上没有表现任何国家疆界或政治边界（有关北大年边界的内容可以证明他的这一说法不完全正确）以及分区。没有城镇或要塞，也没有陆上交通线。⑧

但是，菲利摩尔没有说到一个问题，那就是为什么绘制者会专门画出这一条，而不是其他穿过半岛的连接线。我觉得他并不是一时兴起，显然，这幅地图上所画的河流连接线，

⑦　Phillimore，"Early Map，" 178（注释 6）。
⑧　Phillimore，"Early Map，" 178（注释 6）。

830

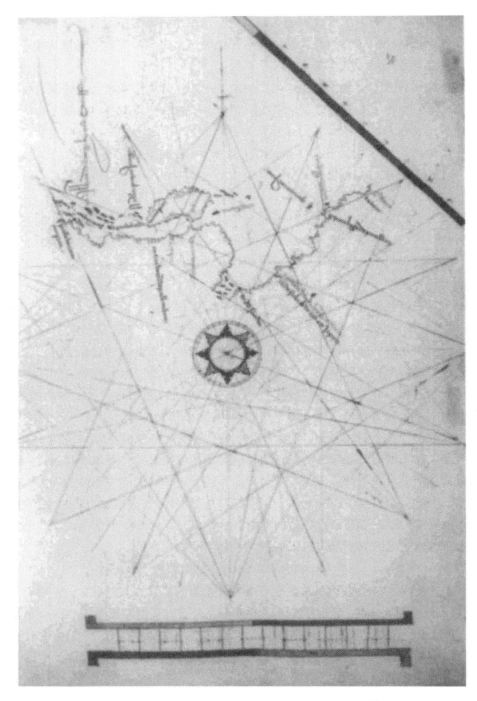

图 18.1 弗朗西斯科·罗德里格斯地图集上的马来群岛西部岛屿

弗朗西斯科·罗德里格斯的地图最初绘制于 1513 年，有人判断图 18.1 和图 18.2 出自据说绘制于 1520 年后某个时期的这部地图集副本。两幅地图上绘制岛屿的方式表明，它们是根据完全不同的源图绘制的。这幅图上展示了苏门答腊、邻近的林加群岛、邦加岛以及爪哇西北海岸。它无疑是根据个人观测绘制的，表现出那一时期其他葡萄牙地图的绘制风格。

原图尺寸：39×27 厘米。经巴黎法国国家档案馆许可（Bibliotheque de l'Assemblee Nationale, Paris, *Journal du Pilote Portugais Francisco Roï*, MS. 1248, fol. 30）。

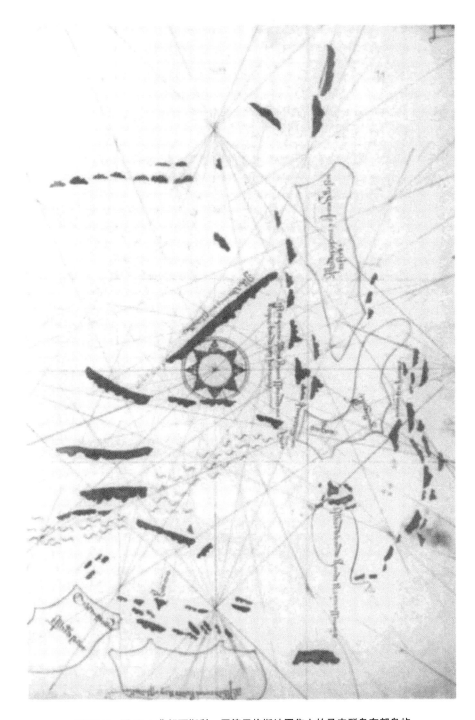

图18.2　图18.1弗朗西斯科·罗德里格斯地图集上的马来群岛东部岛屿

　　这幅地图展示了与图18.1完全不同的制图风格。在这里，索洛（Solor）和弗洛勒斯（Flores）东部被合并为一个单独的岛屿。图上还画出了帝汶岛、班达岛、马鲁古群岛、安汶岛以及塞兰岛。将速写式的平面视图与海岸轮廓结合起来的做法是爪哇地图的特色。这幅地图的画法与图18.1迥然有别，这就意味着这样一个事实，即罗德里格斯本人并没有到过这一地区，故不得不完全依赖本土资料，从中获取信息。

　　原图尺寸：39×27厘米。

　　经巴黎法国国家档案馆许可（Joural du Pilote portugais Francisco Roïs，MS. 1248，fol. 37）。

就像我们前面提到的许多缅甸和暹罗地图（也包括宇宙图）一样，表现的并不是一条完整的水路，而只是一段水路与一段经过山岭的陆路连接而成的水陆联运线路。如果推测无误，我们假想的商人所关心的主要是与贸易和货物收购有关的地点，这些地点大多分散得很广，至于他的货物由海上来还是从陆上来，这不是他关心的问题。虽然海运通常比陆运更便捷和经济，也更受欢迎，但是正如该地区的历史一再证明的那样，在某些情况下，选择陆运也常有它的道理。也许最常见的情况是海盗猖獗，几个世纪以来海蓝在地图上显示的区域（尤其是马六甲海峡）活动频繁，使这里变得异常危险，船只不得不避开他们经常出没的路线。另一种情况下人们也会选择陆运，那就是在某个转口港，比如说槟榔屿和马六甲，商人们相互串通，形成垄断，将某些商品的收购价压得太低，中间商宁可付出额外的成本，另找一个

831

图 18.3　有关马来半岛和暹罗湾的马来海图
　　这幅私人收藏的 18 世纪早期作品用黑色墨水绘制于本地生产的粗纸上。上面的文字是用阿拉伯字母转写的马来语。这幅地图是本土和欧洲元素的奇特混合。欧洲元素表现在从北大年的一处山丘上延伸出来的放射线，此山是港口附近、北大年湾右边的一处地标。这幅地图所画的地物形状、距离和方向很潦草和不准确，但据信它对于以北大年为中心的沿海贸易有所助益。穿过半岛的河流令人费解，它给人的印象是，有一条可以通航的水道穿过今马来西亚西部。在缅甸和泰国的地图上也可以看到此类并不存在的水道，这样的水道到底指的是什么，恐怕有不同的解释。
　　原图尺寸：约 30×40 厘米。出自 Reginald Henry Phillimore, "An Early Map of the Malay Peninsula," *Imago Mundi* 13 (1956)：174－79。

或许在远处的批发市场。例如，当荷兰人试图垄断印度马拉巴尔（Malabar）海岸的香料贸易时，却发现他们最需要的商品是从巴尔卡德山口（Palghat Pass）运到东部的科罗曼德尔（Coromandel）海岸，然后卖给另一批贸易商。⑨ 因此，对图中所画线路更为合理的解释是，这条路线似乎可能是供货商在必要时实际选取的路线，更大的可能是从马来西亚西海岸运送货物到北大年的小商人所走的路线。

当然，绘图者可能还画过其他一些路线。惠特利（Wheatley）在一篇论文中出示并讨论了其中的两条路线，他的文章探讨 1519 年至 1623 年间欧洲地图上反复出现的那些并不存在的穿过半岛的河流。⑩ 惠特利还指出，这些路线偶尔会用于贸易。只不过他并没有大胆推测，最初在欧洲地图出现的这些河流，是由于一些欧洲人缺乏该地区的第一手资料，遂不加怀疑地将本土地图上看到的河流复制过来，但这种可能性似乎值得进一步研究。还可能有一种相反的情况，即马来绘图者从欧洲地图上照搬了此类穿过半岛的河流。但是，已知画有这类河流的欧洲地图没有一幅晚于 1623 年（假设惠特利所列地图清单是完整的）。这个年代比这幅马来地图的估测绘制年代早一个世纪左右，因此，似乎不太可能出现后一种情况。

最后一个值得考虑的问题是，人们为何认为有必要绘制我们所讨论的地图？地图上的文字对于很多人（如果不是大多数人的话）来说是没有意义的，沿海岸航行的小型船只的领航员，有可能并不识字。港口或海岸地带的地图同我们下面要讨论的地图迥然有别，但它们相互之间顶多只有细微的差别，而且可能是无意间造成的。在沿着地图上所绘海岸线航行时，当地的船只极少远离海岸，大多在看得见海岸的范围内。而且，与南亚航行图（sailing maps）不同的是，这幅地图上没有航行时间等具体说明，没有牵星定位指南，也几乎没有任何不便于当地领航员记忆的内容。⑪ 戈斯林（Gosling）从中观察到，他们像现今离北大年以南不远的马来国丁加奴（Trengganu）的海员们那样记录航海：

> 航海很简单，主要是根据已知的地标来导航。用简单而且通常不够精确的罗盘在看不见陆地的海域航行也很普遍。近岸航行的成功不靠海图，很大程度上靠经验和判断："心中要装着地图。"不管是心中还是脑海中，丁加奴领航员的"心象"地图都给人印象深刻。他们在整个泰国湾航行时，可以准确确定航行路线的大致方位及各个港口。他们还能画出相当精确的海图，只在航行时间上有所出入，而航程是不会出错的。除了这些"心"图之外，他们还通过口耳相传来传授复杂的航行定位知识。⑫

---

⑨　荷兰人在印度的经历被详细记录于 Marcus Vink，"The Dutch East India Company and the Pepper Trade between Kerala and Tamilnad，1663 – 1795：A Geohistorical Analysis，" unpublished paper，University of Minnesota，December 1990。

⑩　Paul Wheatley，"A Curious Feature on Early Maps of Malaya，" *Imago Mundi* 11（1954）：67 – 72. 惠特利列举 32 幅此类欧洲地图。大多数地图上只画出了一条穿越半岛的河流，有的画了两条。地图上表现的所有河道都在我们正讨论的这幅地图上的河道（图2，原书第 68 页）的南边，后者正好在北大年偏北的地点，但一些河流在东边相同的地方注入彭亨河。

⑪　关于南亚的帆船，参见 Joseph E. Schwartzberg，"Nautical Maps，" in *The History of Cartography*，ed. J. B. Harley and David Woodward（Chicago：University of Chicago Press，1987 – ），Vol. 2. 1（1992），494 – 503。

⑫　L. A. Peter Gosling，"Contemporary Malay Traders in the Gulf of Thailand，" in *Economic Exchange and Social Interaction in Southeast Asia：Perspectives from Prehistory，History，and Ethnography*，ed. Karl L. Hutterer（Ann Arbor：Center for South and Southeast Asian Studies，University of Michigan，1977），73 – 95；这则引文在第 85 页。

这些观察使我想到，这幅地图正是为了方便我们设想的北大年商人同他的外国客户之间的商贸交易而绘制的。说得再具体一点，后者从地图上可以了解到，商人可能会在哪些地区得到所需货物，也顺便告诉他们，如果有必要，可以通过陆路获取或处置这些货物。

在结束我的讨论时，我注意到一组三幅极为相似的海图，它们比马来地图晚了大约一个世纪，每一幅都覆盖了东南亚的大部分地区。勒鲁（Le Roux）在他的一篇精心之作中对这三幅海图进行过透彻的分析，以下大部分讨论都是基于他的研究而展开的。[13] 这三幅海图上有大量用布吉文书写的详细地名，以及数以百计的以西方风格书写的阿拉伯数字，它们是记录海水深度的探测数据。虽然所有的地图都采用了布吉人的语言和文字，他们是那个年代马来世界一流的本土航海者，但是绘图者似乎采用过一幅或多幅欧洲原型地图。图 18.4 展示了其中的一幅地图。这幅地图据报道绘于 1935 年，是皇家巴达维亚艺术与科学学会（Koninklijk Bataviaasch Genootschap van Kunsten en Wetenschappen）地图藏品中的一幅，在今雅加达境内，但我并不知道印度尼西亚取得独立后由哪个机构收藏它，也不知这幅地图现在是否还在那里。图 18.5 中节选了另一幅海图的内容。这幅图现藏于乌特勒支大学地理研究所（Geografisch Instituut van de Rijksuniversiteit）。第三幅图现藏于马德里的海军博物馆（Museo Naval）。下面我简称这三幅地图为巴达维亚图、乌特勒支图和马德里图。[14]

三幅地图中两幅的获取方式相当有意思。其中，马德里图是在苏禄（Sulu）群岛的霍洛（Jolo）附近被截获的一艘菲律宾"摩罗"（Moro）海盗船上的竹筒中发现的，随后被送给一名西班牙海军军官，后者于 1847 年将其捐赠给海军博物馆。根据地图上的语言，我们可以放心地推断它是通过武力或其他方式从布吉人那里获得的。关于巴达维亚图，附在其上的一张纸条称，它是由荷兰海军军官乔登斯（J. H. G. Jordens）于 1859 年在苏门答腊海岸"新及岛塞卡纳湾的桑特尔海盗村庄"里发现的。[15] 至于乌特勒支地图，很遗憾，没有任何记录表明它是如何到达目前的收藏地的。

这三幅海图都是用墨汁绘制于牛皮上，并以各种水彩突出显示一些内容。三幅图的尺寸和所覆盖区域稍有差别。乌特勒支图，是其中保存最好的一幅，尺寸大致为 76 × 105 厘米，巴达维亚图为 75 × 105 厘米，马德里图为 72 × 90 厘米。三幅图的北界均为北纬 17° 或 18°，因此覆盖了东南亚大陆的许多地区，几乎包含整个菲律宾；南面囊括了蒂汶岛（Timor），乌特勒支图还画出了澳大利亚的一小部分海岸；这幅图的最西边包括了安达曼和尼

---

[13]　C. C. F. M. Le Roux, "Boegineesche zeekaarten van den Indischen Archipel," *Tijdschrift van het Koninklijk Nederlandsch Aardrijkskundig Genootschap*, 2d ser., 52（1935）：687–714. 这篇文章由 L. 鲁伊特（L. Ruyter）帮我全文译出，在此致谢。

[14]　巴达维亚地图是三幅地图中我唯一亲眼看过的一幅，在 1913 年的地图目录中它被编为 1410 号。乌得勒支地图在爱德华·科尼利厄斯（Edouard Cornelius）关于苏拉威西岛的著作中，得到了透彻研究，见 Edouard Cornelius Abendanon, *Midden-Celebesexpeditie*: *Geologische en geographische doorkruisingen van MiddenCelebes*（1909–1910），4 Vols.（Leiden：E. J. Brill, 1915–18），4：1868–71，特别是本书第 1870—1871 页和图版 183。马德里地图，据勒鲁说，在目录中编号为 "R. 151"，但我在 1984 年 9 月按此查找时，却没有找到原图，其名称下只简单注明 "Carta indigena filipina［sic］en dialecto BUGI MAKASSAR"，编号为 90。那时正在对这幅地图进行修复。两个月前，法国克里希的让－保罗·G. 波特（Jean-Paul G. Potet）对这幅地图进行了研究，但我不知道他的研究成果是否发表出来了。

[15]　Le Roux, "Boegineesche zeekaarten," 687（注释 13）。

科巴群岛，另两幅图则止于苏门答腊最北端以西；乌特勒支图和马德里图的东界延伸到马鲁古群岛塞兰岛东端；巴达维亚图则包括了远至新几内亚南边的阿鲁（Aru）的另外好几个岛，但没有画出新几内亚。

833

图18.4 一幅源自欧洲地图的布吉海图摹本（约1830）

原图（今收藏地不详）用多种颜色绘制于牛皮上，这是三幅相近作品中的一幅。这三幅地图改编自荷兰地图，供布吉航海者在马来群岛的广大海域航行时使用。这幅地图是从远离苏门答腊海岸的小岛上的布吉海盗那里获取的。除了丰富的地名内容和大量海深探测数据之外，该地图还包含大量有关海岸构造、海岸轮廓（从海上看）、暗礁和浅滩以及港口位置的详细信息，它甚至还展示了占据该地区一些重要海上要地的各欧洲势力的旗帜。

原图尺寸：未知。

重绘自 C. C. F. M. Le Roux, "Boegineesche zeekarten van den Indischen Archipel," *Tijdschrift van het Koninklijk Nederland-sch Aardrijkskundig Genootschap*, 2d ser., 52（1935）, map Ⅳ。

　　地图上几乎所有的信息都与海岸或海岸附近的地貌有关，许多条海岸上的高地是以正立 834
面画出的，就像从海上看过去那样，一些高地近旁附有文字描述。对于浅滩、海涂、海洋河岸和海水深度等海洋要素的描述相当细致。每张地图上有好几百个测深数据。南海的西沙群岛（Paracel Islands）在图中显得尤为突出。河口和河湾的面积被放大了许多，尤其是水深，比这一时期人们在荷兰海图看到的要高得多。三条主要河流也被标示为深水港湾，卡普亚斯河"湾"在加里曼丹（婆罗洲）西部，湄公河"湾"深入到内陆城市金边，湄南河"湾"则几乎到了大城府。实际上，各地图对这些地物的表现略有差异，表明地图制作者的地方知识在其中起了一定的作用。例如，北苏拉威西（Sulawesi）的托米尼湾（Gulf of Tomini），只在巴达维亚图和乌特勒支图上有显示。在这两幅地图上，海岸线用虚线表示，而在马德里图上则画得确定得多。

地图用独特的色彩来系统区分特定类型的地物。尤其值得注意的是，至少在保存最为完好、色彩最为鲜艳的乌特勒支图上，用红色圈出那些向来是海盗巢穴的岛屿。勒鲁在援引一份 1873 年关于东印度群岛海盗的荷兰文报告时写道，"海盗们在自己的海图上用冒烟的烟囱标出可能会遇到汽船的地点……以警示不要自投罗网"。[16]

许多地点上画着旗帜，主要是荷兰旗，少数地方是英国旗，表明欧洲列强的存在。不同地图上所画的旗帜也差别很大，它们是确定每幅地图年代的重要特征。例如，三幅地图上的新加坡没有出现英国旗，因为新加坡这座岛屿于 1824 割让给英国，5 年后才建成城市。奇怪的是，乌特勒支图上的马尼拉有一面荷兰旗。

另一个用于断代的关键特征是巴达维亚图左下角附近所绘带有辅助帆的侧轮汽船。直到 1825 年，范德卡佩伦号（*Van der Cappelen*，在东印度群岛建造的第一艘小型私人汽船）才下水，因此，这幅地图的年代不可能早于 1825 年。但图上的船看起来相当大，很可能代表 1836 年从荷兰抵达的第一艘汽船（只是次年就被撞毁），或者是 1840 年从一家英国公司购买的荷兰女王号（*Koningin der Nederlanden*），或者是某艘英国船。汽船上的旗帜是荷兰国旗，但 1840 年，麦克琳·沃森（Maclaine Watson）的英国公司业已在巴达维亚成立，船长所穿的红夹克提醒了勒鲁，他是一个英国人。[17]另外，所有三幅地图注明了回历日期，这是它们最初完成的时间，但地图上的内容未必与这个日期同步，它们可能是根据早于这个日期的某些知识绘制的，或者反映的是后来补充更新的信息。乌特勒支图上注明 A. H. 1231（1816 年），巴达维亚图为 A. H. 1244（1828 年）。马德里地图上的日期，只是（后来）从照片上看出来的，荷兰语言学家 A. A. 森斯当时并没有读出来，他曾与勒鲁一起工作，共同解读这三幅海图。[18]

三幅地图都有一个或多个西式条形比例尺，采用法国海里或德国海里或兼而有之，以阿拉伯数字标出刻度。估算比例大约是 1∶4500000。三幅地图的方向均为北向，图上有罗盘玫瑰（马德里图上有一个，乌特勒支图上有两个，巴达维亚图上有三个）并均匀分布有罗盘方位线。沿着主方位和次方位延伸的罗盘方位线被画成黑色粗线，介于其间的另外 16 条方位线用较淡的虚线或铅笔线绘出。

发现巴达维亚图的新及岛（Singkep）距离发现马德里图的霍洛（Jolo）有 1000 多英里，使用布吉人复制于欧洲地图的海图的范围似乎很广。人们自然想知道，除了我们记录的这些海图之外，布吉人还制作和修订了多少幅海图。借用过巴达维亚图的森斯（Cense），约莫在 20 世纪 30 年代，曾将这幅图拿给一些望加锡（Makassar）的布吉水手看。有人告诉他，做过长途海上航行的人只有少数几个还在世，但其中一个接受他问询的人说，他年轻的时候，看到祖父查阅过一幅画在牛皮上的海图，那幅图跟我们讨论的很可能是同一个类型。[19]

---

[16] Le Roux, "Boegineesche zeekaarten," 692；引文在第 690 页注释 1（注释 13）。

[17] Le Roux, "Boegineesche zeekaarten," 693 –94（注释 13）。

[18] Le Roux, "Boegineesche zeekaarten," 694 –95（注释 13）。

[19] Le Roux, "Boegineesche zeekaarten," 694（注释 13）。

　　这些地图上一个令人费解的特点是保留着欧洲的方位线系统。每幅地图上的方位线位置略有不同，但是整套主方位和次方位是完全相同的。这种使用方位角线的方法与差不多同时代的马来航海法已是判若云泥，我在引用戈斯林的话时提到过后者。但我们必须记住，布吉航海者比东南亚其他海上人群航行的距离远得多，到了 19 世纪早期，他们还可能通过与欧洲人的接触而改变了自己的航海方式。另一方面，他们也可能出于对原图的某种敬意，如实复制了其上所绘的方位线，不管它们是否有用。

835

图 18.5　一幅布吉海图上所绘的爪哇岛及其邻近岛屿

这幅局部图出自已知三幅海图中图幅最大、保存最好且覆盖范围最大的一幅。同其他两幅一样，这幅图也绘于牛皮上。图中这一小部分海图，内容十分详尽。这也是三幅海图共有的特点。

原图整图尺寸：76×105 厘米。

经荷兰乌特勒支大学地理研究所许可（Sign. VIII, C. a. 2.）。

　　但是，具体而言，哪幅或哪些地图可能为如此详尽的布吉海图提供了范本呢？为了回答这个问题，勒鲁将这三幅海图与一大批欧洲地图（主要是荷兰地图）进行了比对，指出这些地图流入布吉人之手的可能途径。他总结道，大致而言，布吉海图上的海岸结构和其他特征可与 17 世纪后半叶和 18 世纪前半叶的羊皮手稿海图相对应，他专门列举了海牙荷兰国家档案馆的 5 幅此类地图。布吉海图上零星分布着来自欧洲地图的细部特征，他提到的书包括范克伦二世（Johannes Van Keulen II）出版于 1753 年的《新的巨大的照耀着的海洋火炬》（*Die nieuwe groote lichtende Zee-Fakkel*），特别是本书第 6 部分有关荷兰东印度公司的内容。赫里特·德·汉（Gerrit De Haan）出版于 1760—1761 年的手稿地图集《照耀着整个东印度水上世界的海洋火炬》（*Ligtende zee fakkel off de geheele Oost lndische waterweereldt*）。许多有关马鲁古群岛和菲律宾的内容出自弗朗索科斯·瓦连京（François Valentyn）的各种著作。⑳ 因此我们可以断定，布吉绘图者得到了一大批欧洲地图，并且有能力以大致统一的比例根据这些地图编绘出原创的海图，他们从不同的源头挑选自己所相信的地物，同时摒弃其他部分的内容。

836

我们可以十分肯定地说，下面这幅欧洲地图曾经是布吉海图的资料来源。英国航海家托马斯·福里斯特（Thomas Forrest，1729？—1802？）在东印度公司服役多年并精通马来语（东印度群岛的通用语言），他在一艘以马来船员为主的小船（当地设计的 10 吨位帆船）上绘制出新几内亚、马鲁古群岛和婆罗洲的大部分海岸线，并于 1774—1776 年游览棉兰老岛（Mindanao）。关于布吉人，福里斯特观察到：

> 他们喜欢海图，我给一些舵手（*Noquedas*）送了许多海图，他们非常感激，我读出海图上的地名，他们常常用自己的语言书写出来。他们总是对欧洲和印度（*Neegree Telinga*）感到好奇……早在绕过好望角的航线发现之前，在那些尚未遭受荷兰人压迫的岁月里，布吉人主要是去和东边大多数岛屿进行贸易……并使许多岛屿臣服于他们。

在另一处，福里斯特写道：

> 现在我根据舵手 *Inankee* 提供的信息描述一下大湾（*Sewa*，南苏拉威西的波尼湾）……我送给舵手一套我在新几亚航行的海图（*Pata*）和陆图（*Toolisan*）；他在每幅地图上写下布吉语地名和解说，得到这些礼物令他非常高兴。㉑

福里斯特不仅对布吉人十分慷慨，对他所接触到的其他族群也是一样。其中之一是居住在棉兰老岛西南部伊拉亚纳湾（Illana Bay）的伊拉诺人（Illanos）。他写道，在西南季风到来期间，他曾作为伊拉诺苏丹的客人，在那里长久逗留，他想要回报他们的好客：

> 我将两块厚木板钉在一起，在上面绘制了一幅世界地图，其大小为 8.5×4.5 英尺，四边留白。地图完成后，又刻出各大陆和岛屿（来自一幅小海图）的鲜明轮廓，这幅地图悬挂在穆迪奥苏丹（Rajah Moodo）的大厅里，除非遭受火灾，地图可能长久留在

---

⑳ Le Roux，"Boegineesche zeekaarten，" 696 – 97（注释 13）。

㉑ Thomas Forrest，*Voyage from Calcutta to the Mergui Archipelago*，*Lying on the East Side of the Bay of Bengal*（London：J. Robson，1792），82 and 87. 下面这本书对福里斯特的航行做了详尽展示，Leslie Stephen and Sidney Lee，eds. ，*The Dictionary of National Biography*：*From Earliest Times to 1900*，22 Vols. （first published in 66 Vols. ，1885 – 1901；reprinted London：Oxford University Press，1937 – 38），7：443 – 44。

那里。而那些我送给他的纸质地图，极可能丢失、破损或者被遗忘。㉒

图 18.6 所展示的就是这幅世界地图。他还讲到，曾经将几件航海罗盘和一幅平面图作为礼物送给伊拉诺人和苏禄岛的居民。㉓

当然，福里斯特情愿送出的地图极有可能是他的地图中最过时的那些。如果我们假设那些地图成为我们正在讨论的布吉海图的范本，那就可以解释勒鲁所描述的 17 世纪晚期到 18 世纪早期的海岸构造。

但是福里斯特并不是第一个向马来世界中好奇的人们提供地图的欧洲人。他还注意到，弗朗西斯科·多明戈·费尔南德斯·纳瓦雷特（Francisco Domingo Fernāndez Navarrete）1650 年到望加锡旅行时，就有人向他出示过一些欧洲地图和书籍（也有中国书籍），这些东西被收入他房东的父亲著名的藏书楼中。㉔ 勒鲁提示道，这里提到的藏书家是一位名叫卡兰·帕廷加隆（Karaeng Pattingalloang）的知名学者，他曾被荷兰政府任命为望加锡的领导者。帕廷加隆酷爱地理学，通晓多种语言，包括拉丁文。他在荷兰东印度公司任职期间，被奖励了一个约安·布劳（Joan Blaeu）制作的巨型铜质地球仪。㉕

这样看来，我们似乎可以确定，布吉航海者不难赏鉴和理解来自外国的地图。勒鲁深信，除了接受来自福里斯特的地图外，布吉人还从荷兰东印度公司的雇员那里购买地图，虽然它们多半是出自地图集的地图，印制拙劣而且也没有专利。㉖ 但是布吉人和与之相邻的东南亚海民何时开始制作自己的地图仍然是一个需要进一步讨论的问题。撇开已经讨论过的问题，即罗德里格斯于 1511 年得到的印度尼西亚东部、据传为 15 世纪的爪哇地图，还有一些有关印度尼西亚地图的可靠证据。

尽管他确实给马来人送过地图，但翻阅福里斯特关于他在东南亚航行的两部著作，上面却并没有提到他曾从马来人那里得到过地图。然而，1832 年的一份有关马来手稿目录的介绍文字却提供了这方面的证据。在著名马来学者威廉·马尔斯登（William Marsden，1764—1838）的图书馆里有一本布吉手稿，其中就有福里斯特赠送给马尔斯登的带布吉语地名的地图。书中并没有说明地图的数量，但这篇介绍文字的注脚说，马尔斯登将原图送了伦敦亚洲协会图书馆（"Bibliothèque de la Société asiatlque de Londres."）㉗。这说明勒鲁对地图的搜寻是不成功的。这个图目还指出，马辛达诺（棉兰老岛旧名）的帕哈雷丁（Pahareddin）国

㉒　Forrest，*Voyage from Calcutta*，139（注释 21）。这段话的出处有点意思。它就是一篇好几页的题为"制作世界地图的想法"的专题论文。在文中，福里斯特问道："为何没有人将一片平坦的方寸之地变成一幅世界地图？"随后他提出了制作世界地图的办法，他写道："年轻人将乐见其成并获得裨益……（制作世界地图）可以使年轻人成为简明地理学的专才，远远超过他们年长之后从书本和地图中学到的东西"（该书第 139 页）。我之所以要引用这段话，是因为这段话以及福里斯特书中的另一些内容都表明了他对教育的爱好。可以推想，在他与马来人民经年友善的相处中，曾经教给过本地同船水手以及所结交的酋长们多少有用的地图学知识。

㉓　Le Roux，"Boegineesche zeekaarten，"699（注释 13）。

㉔　Forrest，*Voyage from Calcutta*，81（注释 21）。

㉕　Le Roux，"Boegineesche zeekaarten，"699 – 700（注释 13）。

㉖　Le Roux，"Boegineesche zeekaarten，"701（注释 13）。

㉗　"Cartes de l'archipel oriental, avec les noms des lieux écrits en caractères boughis（reçu du C. Th. Forrest），"in E. Jacquet，"Mélangesmalays, javanais et polynésiens，"*Nouveau Journal Asiatique*，2d ser.，9（1832）：97 – 132 and 222 – 67，esp. 262 – 63.

837

图 18.6 棉兰老岛苏丹王宫墙面上托马斯·福里斯特制作的世界地图（1774）

福里斯特是一位英国航海家和水文学家，他因处境所迫，在苏丹那里做客数月，其间在木板上画出一幅大型世界地图，他将这幅地图送给东道主以回报他的殷勤好客。图上对婚礼场景的浪漫描绘无关主旨。这只是欧洲人与各种马来海上人群之间双向传递地图信息的众多实例中的一个。在马来海上人群中，布吉人对所有与地理和航海有关的问题表现出最强烈的好奇心。

出自 Thomas Forrest，*Voyage from Calcutta to the Mergui Archipelago*，*Lying on the East Side ofthe Bay of Bengal*（London：J. Robson，1792）。

王（即苏丹或拉贾）的兄弟法基穆拉纳（Fakkymoulana）王子向福里斯特船长赠送了几幅棉兰老岛语海图。[28] 这些很可能是为了交换福里斯特为苏丹制作的木质世界地图。其中的一幅地图，据勒鲁讲，藏于伦敦博物馆（大英博物馆?），福里斯特在记述他的棉兰老岛之旅时提到过这件事。我不知道那幅地图或者其他与之相关的地图是否保存下来了。除了他公布

[28] Jacquet，"Mélanges' Malays，Javanais et Polynésiens，" 263（注释 27）。

的那幅外，勒鲁好像并不知道其他任何一幅地图的下落。[29] 但是，他注意到伦敦马斯德尼亚图书馆目录（Bibliotheca Marsdeniana）中有这样一条记载："圣经学会（荷兰圣经学会，Nederlandsch Bijbelgenootschap）的收藏中有荷兰东印度群岛的地图，地图上的地名间或用布吉文字书写。"勒鲁曾经试图寻找那幅地图，但无果而终。[30]

比福里斯特更有名的同时代人亚历山大·道尔林普（Alexander Dalrymple）也曾接受过马来地图。例如，他的书中写道，1764 年，他在菲律宾时，一位从吕宋岛的伊洛科斯（Ilocos）来的仆人佩德罗·曼努埃尔（Pedro Manuel）曾画过一幅平面图，上面标了几个地名，"我（道尔林普）敢肯定，它们的方位与实际吻合"。[31] 另外的迹象也表明，道尔林普依靠包括地图在内的当地资料，对他的水文图进行了增订。他于 1770 年 11 月 30 日发表《婆罗洲部分地区和苏禄群岛地图：主要根据 1761 年、1762 年、1763 年和 1764 年的观测结果绘制》（*Map of Part of Borneo and the Sooloo Archipelago：Laid down Chiefly from Observations Made in 1761，2，3，and 4，*），标题下方有一条注记这样写道："从雄尚（Unsang，今沙巴洲的东山打根）往南的婆罗洲海岸并没有经过精确的观测，而是从拿督萨拉夫丁（Dato Saraphodin）的一幅草图和诺克达·科普洛（Noquedah Koplo）的一幅海图上摹写的，后者于 1761 年去过那里的海岸。"这里说到的草图，其上的海岸长达数百英里，细节上与地图的其他部分并无显著差别。地图上另一条注记显示，许多地方很大程度上是根据道尔林普自己的观测确定的，另一些则是根据阿尔维斯（C. Alves）所定方位确定的。接着他补充道："其他地图是根据我从苏禄人（Sooloos，苏禄群岛上的一支马来人）那里得到的草图绘制的，但主要还是从一位年长而聪明的领航员巴哈托尔（Bahatol，没有给出族群辨识信息，但肯定来自某个马来族群）那里得来的信息。"道尔林普于 1770 年 11 月 30 日发表了一幅比例尺更大的海图，即《苏禄半岛地图：主要基于 1761—1764 年观测结果绘制》（*The Sooloo Archipelago Laid down Chiefly from Observations in 1761，1762，1763，and 1764*），其上也有一条注记讲，某些带有 "F" 的观测 "来自法尔茅斯战船（the Falmouth，Man of War），不太确定"；另一些标有 "S" 的观测 "来自苏禄人的报告"。我数了一下，带有 "S" 的总共有 9 处。其中 5 处单独勾画出海岸，最大的一处覆盖了面积大约为 15×3 公里的地区，另外 4 处为点状符号，注记称 "没有陆地"，推测指未能通过探测确定海底深度。因此，在没有欧洲航道测量师到场展开充分调查的情况下，道尔林普对当地马来海员的观测和速写能力也有足够的信心，并且将他们的发现吸收到自己的海图中。[32] 但是，我们并没有切实的根据推测，那里的马来人除了应欧洲人之请，原本就有备制各种海图和速写图习惯，尽管可能存在一两个上面

---

[29]　Le Roux，"Boegineesche zeekaarten，" 699（注释 13）；Thomas Forrest，*A Voyage to New Guinea，and the Moluccas，from Balambangan，Including an Account of Magindano，Sooloo，and OtherIslands...during the Years* 1774，1775，and 1776，2d ed.（London：G. Scott，1880；reprinted Kuala Lumpur：Oxford University Press，1969），pl. 18（in two parts）.

[30]　Le Roux，"Boegineesche zeekaarten，" 689（注释 13）。

[31]　Alexander Dalrymple，*A Collection of Charts and Memoirs*（London，1772），viii. 我大大受益于大英图书馆东方与印度部所藏安德鲁·库克（Andrew Cook）的这本参考书。虽然道尔林普称佩德罗·曼努埃尔（Pedro Manue l）是 "本地人"，但按库克的说法，这个人可能有一部分西班牙血统（1993 年 3 月 17 日的通信）。

[32]　我只在明尼苏达州的詹姆斯·福特·贝尔（James Ford Bell）图书馆查到了道尔林普制作的大量海图中的少数几幅，我想，如果在更大的范围内搜寻的话，可能会找出除我在文中所引资料之外，更多有关东南亚本土地图使用情况的实例。

所说的例外情况。

直到现在，据我所知，除勒鲁之外，没有人曾为寻找马来海图的证据付出过如此持续和系统的努力，也没有人试图从东南亚大陆找到这样的地图。如果这些地图真的存在，其数量可能也不会太多，但是有必要进一步查找当地图书馆和私家档案，以及前殖民国家的相关档案。③

---

③ 例如，新加坡东南亚研究中心的图书馆员告诉我，（马来西亚）古晋的沙捞越档案馆就有一些本土地图。我给那个机构写过信，但没有得到回复。如果亲自去那里，可能会发现我想找的资料。

第十九章　东南亚地图学史小结[*]

约瑟夫·E. 施瓦茨贝格

（Joseph E. Schwartzberg）

现存地图资源库的性质与分布

正如我们在南亚所看到的那样，人们普遍认为东南亚几乎没有地图学传统的说法证明是站不住脚的。相关学术研究的不足，而不是缺少存世地图，才是李奥·巴格罗（Leo Bagrow）、R. A. 斯凯尔顿（R. A. Skelton）等地图史学家对东南亚地图绘制持轻视论调的根源。的确，迄今还没听说有过东南亚制作的地球仪，也没有非宇宙图的世界地图，只有一幅泰国制作的地图（图版 36）其范围差不多包含东南亚大陆。的确，一些国家发现的前现代地图资料很少，而柬埔寨、老挝、菲律宾之类的国家，几乎从来没有发现过前现代地图。但是也有另一些国家，特别是缅甸，曾经有过各种各样的地图。而且，我们可以看到地图学在缅甸经历了一个连续的发展过程，其发展从 18 世纪后半叶以来臻于成熟。尽管缅甸地图学的发展，以及不大容易通过文献查证的其他地区地图学的发展，无疑要大大归功于它们与西方和中国的接触，可能也要归功于东南亚伊斯兰教的影响，但是在东南亚几乎完全被纳入欧洲殖民统治之前，外国地图绘制模式的影响并不足以抹杀本土地图独特与多彩的特质。

关于东南亚留存下来的地图资料，存在一个有趣的问题：缅甸和泰国的存世地图，虽然出自相近的文化，其保存状况却有着明显差别。如果把基本可归为宇宙图的作品除开不算的话，已知存世的泰国地图数量相当稀少，虽然已知最古老的萨蒂法拉半岛地图（图 17.28）可能比最古老的缅甸地图——那幅与 1767 年大城府劫难有关的地图，要早一个世纪。在泰国存世地图中，有几幅技法相当成熟，给人的印象是，此前应该经过了若干发展环节。但是，对于这些环节的性质，我们唯有推测而已。关于缅甸，我的研究时间虽然很短，但也发

---

* 1981 年以前，我没有听说任何一幅东南亚本土地图，因此倾向于认为，根据现有地图学史的说法，以后也不会有什么发现。但是，我还是答应在研究南亚地图学史的同时——这也是我对"地图学史"课题的主要兴趣所在，寻找东南亚地图。从那以来，我对东南亚地图的了解，都来自与几位东南亚专家的广泛通信——他们大多数都是某个国家的专家——其领域多样，尤其是历史、艺术史和宗教；另外也源自我在明尼苏达大学图书馆进行的研究，以及我在美国、欧洲、印度和东南亚各地博物馆和档案馆的参观访问。我寻访东南亚地图的时间主要花在仰光、蒲甘、曼谷和爪哇。这些访问是如此重要，因为我从中得知，还有许多地图等待着各地那些积极主动而且有研究能力的专家们去发现。但是在前面的章节中提到的地图，并不是我注意到的全部地图资料。它们只是与我在有限时间内有机会研究的问题相关的地图。在我的印象中，毫无疑问，未来的学术研究将证明，这些章节只不过是系统分析迄今尚未得到承认的丰富的传统东南亚地图学的一个迟到的开端。

现了将近 150 幅传统地图，涵盖了从十分详尽的地籍图到大比例尺建筑群以及单个城市平面图，再到覆盖面积达 100 万平方公里的地图。这些地图不仅包括缅人的作品，还包括相当多的缅甸境内一些地区掸人的作品。山居的掸人，如前所述，是泰人的一支，他们在技术方面不如低地泰人和缅人进步，但是他们会不时出现在二者的政治空间中。缅甸与泰国的存世地图之间存在的显著差别，原因有几个。第一，在缅甸方面，英国的外交和政府人员，如弗朗西斯·汉密尔顿、亨利·伯尼、詹姆斯·乔治·斯科特都懂得欣赏本土地图的价值并留意它们的制作、复制和保存问题；其次，缅甸人自己也珍视地图，因为很明显，许多地图被保存在寺院里。另外，缅甸历史委员会的两名成员，吴貌貌廷和丹吞也特别注意追踪并获取他们认为有保存价值的地图；相反，泰国的查姆拉（chamra）制度，即定期销毁过期手稿的制度，使得无数文件被毁，我们可以有把握地推测，其中必定包括相当数量的地图。但是也要注意到，我对泰国地图的研究，是基于我对曼谷国家图书馆以及少数泰国以外的博物馆和图书馆的参观访问，以及与泰国专家们的通信，比我为寻找缅甸地图所花的气力要少得多。大量的泰国寺院收藏着什么地图，以及一部分寺院如何用宇宙图装饰庙宇壁面，还有待进一步的研究。

840

　　如果已知泰国地图的稀缺可以部分归因于寻找地图的各种不便，那么，迄今为止几乎没有看到什么老挝和柬埔寨的地理地图也就容易理解了，因为在 20 世纪 70 年代以前，西方学者一直无法访问这两个国家。但是，这两个国家都与它们的邻居，有时还是宗主国的越南交流频繁，越南曾经有过比缅甸更有活力的地图学传统。为何没有证据显示地图学知识从东南亚的一个地区向另一个地区扩散呢？这一问题尚需要进一步的调研。

　　考虑到已知古地图数量有限，马来世界保存下来的地图种类可能不会太多，从神秘的竹刻乐器 tuang-tuang（图 17.37），这种由西马来西亚的森林原住民萨卡伊人制作、用来避开各种隐身恶魔的护身符，到十分详尽的大型海图（图 18.4，图 18.5）。这些海图绘制于牛皮上，使用者为布吉和伊拉诺（棉兰老岛和苏禄岛）海盗，也有人推测由南苏拉威西岛航海的布吉水手所使用。虽然已经证实此前已有欧洲海图传入此地，但这丝毫无损这些海图所具有的独创性。但是本书所讨论的这些地图是因何原因而制作的？我们对其中一些缺失的环节几乎一无所知。因此，必须认识到，已有的推测很可能离题甚远。马来王国的地图记录是如此零碎，迄今还没有清晰的证据表明这曾经有过某种持续稳定的制图风格。例如，三幅十分详细的爪哇（有一幅或来自巴厘岛）地图之间存在的巨大差异：一幅可能为 16 世纪晚期的地图，着重表现廷班甘腾酋长领地（图 17.18，图版 36），上面填满了文字和可辨识的地方以及自然地物；另一幅蜡染地图，无法断代但无疑年代更晚，风格神秘（肯定是神话）（图 17.21，图 17.22），其上没有任何文字，也没有可供查证的地方；还有一幅来自中爪哇的相当晚近的地图（图版 39），推测是为某种行政目的而制作的。

　　可以确定为地图的宇宙图，其种类之多令人难以置信，从用作占卜工具的猪肝（图 16.5，图 16.6），到诸如婆罗浮屠和吴哥窟这样的建筑奇观（图 15.1，图 15.2）。在这两个极端的例子之间，当然还可以发现许多绘制于纸张、布面、棕榈叶和其他大体是二维表面的地图，它们与传统的地图式样更为接近。如泰国的《三界论》中的地图（图 16.15、图 16.17、图 16.18、图 16.23）反映了内容丰富、广为流传的小乘佛教经典中的宇宙论，而诸如恩加朱－达雅克人部落丧葬礼仪所用地图则反映了高度地方化的观念（图 16.1，图

16.2）。从美学角度而言，它们是东南亚地区最具吸引力的地图之一。

有关宇宙图的章节并没有对大量的建筑资料做出应有的讨论，其中许多建筑作品被认为展示了整个宇宙，另一些则表现了宇宙中的某些场所或有着特定宇宙意义的事物，如须弥山组合（尤其是图16.16）或从无热池流出的大河（如涅槃寺，前文有过讨论但未附插图）。艺术史家和宗教专家已经充分讨论过这些主题——如果说还没有穷尽的话。我只想尝试证明，在东南亚所有主要的地区，类似地图的宇宙论图像曾经存在过，至今仍附带有巨大的文化意义。我还想指出，将宇宙的全部或者一部分拿出来进行文化建构，无论是刻在石头上还是印在纸张上，或是在以各种媒质、为重大仪式而建造的临时构造上，对于信徒而言，它们并没有什么差别。所有的宇宙图，实际上是神圣空间的地图！

东南亚地图的物理特征

东南亚的二维地图绘制于各种各样的介质之上，这些介质由许多种不同的材料制成，形态和尺寸各异。主要的传统材料包括：棕榈叶，它们大多数只用来绘制宇宙图；还有用鹊肾树皮和其他树皮制成的厚实的本地纸张，黑色或棕色，或者经过漂白；还有布和牛皮。一页页的本地纸张常常粘在一起做成长长的折页书（缅甸称 parabaiks，泰国叫 samud khoi），在许多这样的折页书中，地图与所附文本形成一个整体。缅甸常见的是6个左右折页和一个纵向折叠的单页。欧洲纸从18世纪晚期开始在东南亚使用，到19世纪就越来越普遍了。用此类纸绘制的地图不少是按照欧洲人的要求绘制的，例如为汉密尔顿和斯科特绘制的那些地图。

地图制作于何种材质表面，部分地决定了其绘画方式。在棕榈叶上绘制地图，须先用尖笔刻出线条，然后施以烟垢，使刻槽更加清晰可见。黑纸上的地图则通常以滑石或粉笔绘制。一般来说，他们喜欢同时采用绘画颜料和墨水，创造出一种色彩斑斓、富于变化的图像。地图上的文字通常是用墨水书写的。工期也是一个（影响地图的）因素。如果工期很紧，画工就采用单一的绘制方式，常见的多用黑色墨水，偶尔用到铅笔或粉笔。东南亚所见的大量地图，包括几乎所有与汉密尔顿有关的地图，都是摹本，原作出于何处，是否保存至今，都不得而知。

地图的尺寸差别很大。最小的地图也不会小于典型的八开本书页。将几页纸粘在一起以备制某一幅大型地图的情况并不罕见。大多数大型地图都是绘制于布面的，偶尔可见两块布缝制在一起，其中许多地图的面积超过1平方米。我见过的最大的布面地图是一幅缅甸地图，尺寸为2.03米×2.84米，内容与缅甸1758—1759年入侵曼尼普尔有关。折子纸地图很长。最长的一幅是柏林手稿泰国《三界论》中的宇宙图，长达50.9米，萨蒂法拉半岛地图据说长达40米左右。

东南亚地图学的特点

在以下的段落中，我的评述仅限于二维地理地图（非宇宙图），思考这些地图相互之间的差异、与现代地图绘制方式的不同，以及它们可能存在的任何共同之处。我还要列举前面提及的地图。为了引述的方便，如果不作特别说明，我在这里说到的就是整个东南亚地区。

1. 总体上，东南亚地图与现代地图之间最明显的差异是，前者几乎没有一幅地图是采用统一的比例尺绘制的。已知唯一的例外是 1850—1885 年缅甸丧失独立期间的几幅地图，以及布吉人绘制的海图，这是仅有的几幅带有比例尺的地图。

2. 没有一幅地图是按照可辨识的投影方式绘制的。同样，布吉海图可能被视为一个例外。有人认为它们保留了某幅欧洲蓝本地图上的投影，但是就我们对布吉人的了解，他们很可能只是无意为之。

3. 所有地图都没有经纬度地理网格。但是许多缅甸地图上有整齐划一的矩形方格，很可能沿用自中国模式，用来协助绘图者将地图从一种比例复制到另一种比例（通常是从一个较小的草图复制到一个最后的大图上）。

4. 几乎没有一幅地图对地图符号的图例做过说明，但读图者还是可以推测大部分地图图例的内容。19 世纪以来，缅甸的地图符号出现了一种标准化趋势，缅甸和暹罗的地图符号还出现了某种趋同。例如，在描绘定居点时，习惯用方形或长方形框标出主要城市和城镇，特别是具有行政功能的定居点，用椭圆形和圆形标出次要的城镇。

5. 某些表示聚落、河流、海岸线和湖泊的符号，通常采用平面画法，而其他符号，特别是山脉与山系、植被和著名建筑（舍利塔、庙宇、寺院等）则常采用正立面视图。山脉与植被的画法或多或少倾向于写实的画风。在缅人、掸人和泰国地图上，会用大小不等地图符号表现不同种类的植被及其繁密程度。在河流与其他水体中常常会出现鱼类和其他水生物，陆上生物则不那么常见。大型水体内通常会填充程式化的水波纹，有时河流也画上水波纹。

6. 多色地图上对于特定色彩的使用有固定的程式，缅甸地图尤其如此，这一特点与现代地形图并没有太大的区别。聚落多用红色或者红色加黄色边框标示；道路用黑色或红色标示；山脉多用淡紫色标示，次为棕色，有时二者兼用；植被用深浅不同的绿色标示，常用其他颜色表现细部；水体用蓝色，偶用绿色标示；等等。

7. 地图方向因地区而不同。缅甸地图上最常见的方向是东向，这是沿用印度的画法，当然也有许多例外。马亚世界的非部落地图则沿用阿拉伯人的画法，方向为南。暹罗地图的例子太少，无法进行概括。即便（地图上）有一个主要的方向，但画师出于便利的需要，也会使某些地物朝向其他不同的方向，特别是那些采用正立面视图画出的山系。19 世纪以来，取北向的地图越来越常见。

8. 东南亚地图很少标明年代。那些有纪年的地图，有人估计可能是出于某种政治目的，或者是按照某些欧洲人的要求绘制的。

9. 地图上从未给出地图绘制者或测量者的名字。值得注意的例外是廷班甘腾的爪哇地图（图 17.18），以及从越南南部（法国殖民统治期间称交趾支那——译者注）西行的掸人行程图（图 17.29），还有那些为欧洲人绘制的地图，其上的姓名是应定制者的需求添加的。

10. 除了几幅缅甸地图，几乎没有一幅地图有整齐的边框。还有一些地图（几幅来自缅甸，一幅来自暹罗，一幅来自爪哇）的内容从左向右延伸到地图所在页面或布面的边缘，表明其只是某种大型系列地图的一部分。但这一点尚未被证实。

11. 没有发现地理地图集。不过，有人可能觉得泰国的《三界论》是一种宇宙图集，但它所包含的地图并不构成连续的图像，另一些折子纸长手稿上的地图也是如此。

12. 除了布吉海图，或许还有泰国《三界论》中包括亚洲大部分地区的地图之外，没有清楚的证据表明，这一地区曾经从各种已经存在的地图中挑选数据，编绘地图。

东南亚地图上的符号十分清晰，由此带来的风险是，可能有人误以为某些"显而易见的"符号与现代学者更熟悉的地图上的含义是完全相同的。最明显的例子是对某些"河流"符号的解读，它们看起来似乎是连续的河道，但（实际上）大部分是河道，一部分是连接两条河流的陆路。因此，汉密尔顿曾质疑一幅缅甸南部地图上引人注目的河流的贯通性，事实上那一地区的河流并不是相互连通的，他未加评论地复制了一批缅甸地图，其上就有一些想象中相互连通的河流，这里处于掸邦高原及其东部邻区，地理环境决定这一带河流不大可能是连通的。同样，菲利摩尔发现一幅马来海图上有很多穿越今天西马来西亚的河道，他将此归因于制图人的无知。我们还可以举出其他类似的例子。解读东南亚地图存在的第二个风险是对以象形符号表现的地物大小的误判，虽然人们不会根据比例以为地图上所绘植被有数英里那么高，但有时地图上看起来好像是重要屏障的高山实际上只是一些无关紧要的冈峦。

未来的任务

东南亚地图学的研究只是刚刚开始。维克多·肯尼迪（Victor Kennedy）对呵叻高原泰国军事地图、勒鲁对布吉海图进行过研究，但东南亚的大多数地图尚未成为此类认真、广泛、深入的学术探究的目标。将东南亚地图与其他地区的地图进行比较研究的必要条件，首先是对地图上的文字进行全文翻译或转写，然后将更多的地点落实到它所描绘区域的现代地图上。做不到这一步，我们甚至连地图的绘制目的都不会弄清楚。

将地图与其历史背景联系起来也是必要的，但是许多档案资料残缺不全，或者在完全没有相关史料的某些情况下，完成这一任务想必也非易事，尤其对于那些不能准确断代的地图而言。

了解更多经过官方许可的地图绘制活动也是很有必要的。至少在缅甸，曾经有过官方资助的勘测活动，曾经确立过关于勘测和地图绘制活动的标准，但是我们并不能推断，类似的活动在东南亚其他地方不曾发生过。

在宇宙图方面，地图史学家有必要对产生它们赖以产生的文化有足够的了解，以便根据各自的情况对之进行诠释。我们可以有把握地推测，在东南亚的寺院和庙宇中还可以找到更多此类地图，那里迄今仍是最珍视宇宙图的地方。事实证明，获取当地僧侣和祭司的帮助，有助于我们对这些地图做出令人满意的解读。

最后，我想说，最重要的是，有必要展开持续的调研，以确定还有哪些东南亚传统地图资料保存至今。照理说在这方面没有人能比得上东南亚本地人。但是据我所知，在整个东南亚地区，尚没有出现一位认真从事地图学史研究的学者。在前面的章节中，我曾反复提及那些曾经存世但如今消失的地图。遗佚地图的数量，无论是出于疏忽，还是偶然丢失，或者漫不经心的破坏，无疑都会随着时间的推移不断增加。是时候了，应该担起重任，对被大大低估和忽视的东南亚各族人民的地图学成就做出公正的评价。我希望我的阐述能为未来的学术研究辅平道路。

第二十章　全书总结

戴维·伍德沃德　余定国　约瑟夫·E. 施瓦茨贝格

（David Woodward，Gordell D. K. Yee and Joseph E. Schwartzberg）

　　本册各章，连同本卷（二卷）第一分册的各章，在我们看来，展示了对亚洲传统地图学所做的最广泛的探索。在此结语中，我们将前面有关中国汉地、日本、朝鲜、青藏高原及其周边地区、越南以及东南亚地图学史的研究结论放在一起略作总结，同时也对 2 卷 1 册有关伊斯兰和南亚地图学的结论做出补充。我们的工作主旨在于对以往地图学史的做法进行纠偏，因为后者总是倾向突出地中海和西欧的成就。以往的地图学史并不经常讨论这些内容，顶多只在鸿篇巨制的欧洲地图学史之外，以寥寥数章，轻描淡写，要么放在结尾处附带说明，要么放在开头与史前地图学一起，被当作不断进步的科学地图"原始"起源的组成部分。因此，这些地区的古地图常常被人们当作奇珍异物放在地图学通史中的古物部分中。事实上，从西方的视角来看，所有的亚洲地图都只是"稀奇古怪"的东西。

　　有些亚洲地图的确稀奇古怪：如猪肝上的占卜地图，刻在竹竿上作为符咒的地图，还有在弩箭和陷阱的防护下，流淌着水银的陵墓中的立体地图模型（指秦始皇陵，——译者注）。但是除了这类地图，本册各章还表明，在欧洲影响范围之外的各个文化都有其自身丰富的地图学传统。有些非西方的地图学史与西方一样历史悠久，甚至可能比西方更为漫长。在东亚和东南亚的地图学中，对中国与日本研究最多。在东南亚和中国西藏，有关传统地图学的文献稀缺，给人留下了中国传统占据支配地位的印象。但我们在本书中已充分说明，那种认为东亚与东南亚地区非中国的地图学总是与"中央之国"有关的见解，是有一定的限定条件的。中国文化可能在这一地区一直存在强大的影响，但是周边文化并非只是被动的接受者。接受影响的文化有时并不认同那些在中国文化中十分重要的内容，比如，《山海经》对朝鲜地图绘制和地理认识的影响，就超过其对中国传统的影响，至少从保存下来的地图来看是这样。相似的情形也发生在伊斯兰地图学中。伊斯兰地图学似乎在中国保存了很长时间，后来传入朝鲜，而它在那里发生的影响更大。同样地，佛教宇宙图对日本地图绘制传统的影响比它对中国的影响更为深远，尽管佛教是通过中国和朝鲜传入日本的。

　　尽管本册讨论的东亚和东南亚的地图学史，其历史悠久程度和多样性，都可以与西方相媲美，但这一地区的地图学史，却不如《地图学史》1 卷以及 3—6 卷对西方地图学史的展示那般详尽和完备。原因之一，正如本册几位作者所指出的，就是非欧洲地图学史的研究仍然处于起步阶段，虽然这一阶段已经进行了半个多世纪。对于某些时段来说，例如中国的唐代，资料太少；对于其他时段，如清代，资料又多到需要进行编目和评估的程度。在地图稀

少的情况下，也许可以通过文献资料来了解地图。但是在许多情况下，由于找不到一个能与
"map"相对应的词语，这样就会妨碍我们对文本的理解。类似的情形也出现在其他各卷，
（历史）记录的不连续性妨碍了我们建构地图学史的尝试。

　　另外，正如我们在本册中时常强调的那样，对地图绘制背景与绘制过程的理解还只是刚
刚开始。与欧洲、伊斯兰世界和南亚一样，本册中讨论的各个文化中绘制地图的人大体上还
是知识精英。除了 18 和 19 世纪的缅甸可能是个例外，没有任何专业职业绘图者或地图绘制
专家，绘制地图的人通常是努力追求博学多闻的学者。他们的制图活动跨越了现代意义上的
学科边界，我们可以称之为地图学家、地理学家或天文学家。地图绘制曾经介入艺术、文
学、科学、宗教、占卜、巫术、哲学和政治各个领域。地图图像的形式与内容随着其用途的
不同而变化。直到相当晚近的时期，各文化中的地图绘制者才感到有必要忠实于理性与数学
精度标准，而后者才是现代地图业的特征。

对比欧洲与亚洲的地图学史

　　从本书的总结知，东亚和东南亚的地图学史与欧洲地图史在许多方面存在相似之处。倘
若如此，人们很可能要问，将前者与讲述欧洲地图学史的各卷分开来写是否合适？为什么要
在亚洲和欧洲地图学史之间划出一道界限？设想西方与东方的地图学都是一步一步朝着逼真
和精确这一目标发展进步，虽然理论上不乏可能，但我们认为并不符合实际。这一设想认
为，这些地区非专业制图形式逐渐被托勒密倡导的最有影响力的应用几何技术的专业形式所
取代，这是与欧洲人接触的结果。持这种"趋同说"的人认为，在欧洲，中世纪的非数理
地图学也是在文艺复兴时期重新发现托勒密之后被（数理制图）取代的；同样，中世纪中
国、日本和朝鲜的数学技术的发展，也可以作为采用托勒密技术的基础；在欧洲人将托勒密
地图学引入亚洲之前，中国、日本和朝鲜的地图绘制者业已制作过给人印象至深的具有数理
精度的地图。

　　作为"趋同"的结果，全世界的地图学活动在两种意义上走向了专业化：其一，由经
过专业训练的人从事地图绘制工作，其二，地图与其他空间图形表达形式之间出现显著的分
化。今天谈论地图绘制的文化与民族风格，不如谈论绘画与书法的这些风格更有意义。来自
不同文化背景的读图者可以毫无困难地识读今天制作的地图，无论其出自哪个国家，尽管用
不同文字书写的图例还会成为阅读的障碍。过去的情况则可能并非如此。

　　只有当一个人接受下面这两个命题时，地图学史的"趋同说"才说得过去：其一，大
多数文化的地图绘制活动都是以追求今天的数理地图为目的的；其二，西方人将托勒密技术
引入亚洲只是加速了这一发展。但是，《地图学史》的编者们所持观点与之相反，他们所收
集的有力的证据表明，来自东亚和东南亚文化的地图绘制者们并没有刻意发展这样一种数学
技艺，在东南亚和青藏高原及其周边地区尤其如此，而中国汉地、日本和朝鲜的地图制作者
通常也是如此。在许多情况下，东亚的地图制作者读到前人关于测量制图和地形测绘的叙
述，也知道它们的用处。他们有办法绘制出《禹迹图》（1136）之类引人瞩目的大地域地
图。他们还开发了天文仪器，照理说能够利用投影和坐标体系绘制地图。但是，从来没有出
现一种绘制具有托勒密地图技术特点的地图的需要。本册研究的所有文化，没有一个文化认

为地球是球状的，更准确地说，人们觉得没有必要去考虑这个问题。如果只注意其数学技术与仪器，人们恐怕会得出这样的结论，即东亚的制图者已经向现代地图学迈开了独立的一步。但是，尽管具备各种数理和测量技术，但是他们往往并不采用比例尺地图展示测量结果，因为这些制图者通常属于受过良好教育的精英成员，他们一直是将书面文本当作权威的交流手段。（地图与测量值的）不一致并不能归咎于对地图制作的理解不够全面，更能不说是因为他们缺乏技巧或者落后。

除了东亚天文制图之外，我们在这里讨论的亚洲地图学的实例都表明，欧洲地图学史不一定提供了理想的地图模式。那种认为地图学史存在一个从图画式地图发展到图、画混合式地图，再到数理地图的"正常"发展模式的说法似乎并不恰当。只是到了 20 世纪，某些类型的地图（如地形图，通常被认为是最具有客观性的）在世界范围内变得越来越相似，倘若认为这是趋同的结果，也是没有见地的。随便看看今天各国的地形图就会发现，它们在风格、内容选取标准和绘制方法上都存在着不可忽视的巨大差异。事实上，研究本书讨论的各地区传统地图学如何影响现代民族国家的"官方"地图，本身就是一个具有学术前景的重要问题。同样具有前景的方向是，将那些曾经屈服于欧洲殖民统治的亚洲（包括国家最多的东南亚）国家与那些不曾经历过殖民统治的国家（特别是中国、朝鲜半岛和日本）所受到的欧洲地图学的影响进行对比就会发现，在前一类国家中，本土地图学被有效地压制，出现断裂，而这种情况在后一类国家则不太明显。

845　　　　欧洲数理地图学取代传统制图实践，并不一定代表着"进步"。在某些方面，可能还是一种损失。这种损失就是地图图像中清晰醒目的人文元素的丢失。现代地形图倾向于将景观同质化，采用通行的符号来表示地面要素。结果，它们常常缺乏人文性，因为这些地物并非出自某个观察者的视角，而是出自多重视角：包含每个地方的视角等于没有视角。此外，统一使用平面视角的现代地形图通常掩盖所描绘地物的基本特征，而采用倾斜视角或多种组合式视角则会设法突出那些相同的基本特征。还有一点颇为典型，现代地图将读图者的经验与世界隔离开来，只将后者当作一种数理对象。概括与抽象能力正是地图学的强项之一，但却可能是以牺牲展示方式的人文性为代价的。

东亚和东南亚社会也曾制作过具有抽象效果的大地域地图，如前面提到的《禹迹图》，这类地图过去一直为学术界所关注，但比它们更为普遍的是局部地区的大比例尺地图，此类地图可让读图者融入景观之中。让读图者参与的方式之一就是采用变化或倒转的视图，常需要读图者转动身体或从不同位置阅读地图，以便使地图的展示方式符合人们惯用的观图方式。通过这种方式，绘图者试图将读图者放置在景观当中，在那里，人们必须转动头或身体以便从各个方向观察地形，或者在所描绘的景物（如一处寺院）周围移动，以便观察它的各个侧面。传统的地图绘制者对图像的偏爱超过对地形特征的抽象展示，这样的地图会给人带来一种地理幻觉（illusion）。绘画式展示手法当然也有它的风格和章法，但至少会带给读图者一点"看风景"的味道。

读图者的反应通常是传统东亚和东南亚制图者关注的重心之一。这也是为什么地图与图画的始终难分彼此的另一个原因。一幅地图不仅有助于保存地理信息，同时也能唤起读图者的审美与宗教情感，例如中国地图上会留下人们的题诗，记录读图者面对地图图像时所发生的情感。在西藏绘画的构图中，圣徒和天神常作为与之相关的圣地地图的补充内容而存在，它们有时处于支配地位，有时则从属于地图的组成部分。

地图与文本

地图上的诗文展示了许多亚洲传统地图的另一个重要层面：地理展示的文本性（textuality）。在地图学中，这种文本性并不限于地图注记的排印或书法，也不限于注记框的存在，而是常常延伸到文字与图像之间的互补关系。大多数亚洲社会都非常重视书面文字，因此，这些社会的士人精英习惯上用文字叙述的方式保存特定地点或各地点之间里程的定量数据。地图图像主要用于展示所描绘区域的面貌，并根据所描绘地物的相对重要性或神圣性来显示地物之间的空间关系或层级关系。在这样的情况下，按系统的几何比例绘制地图就不像前人所说的那么重要了。对美学和宗教地图而言，更重要的是地图制作者可以随意改变比例以突出某些内容，增强修辞效果和强化情感冲击。今天完全用地图图像来表示的内容——形状和距离，曾经是由文字与图像共同分担的。现在被界定为地图集的书籍，在某些早期的环境中可能只被视作插画书。因此，仅仅依据地图图像很难评价一个文化的地理知识的准确性，要正确评估某个文化的地理知识，我们还须经常查看不同类型的文本。

在东亚，地理信息是通过印制的媒介——书本，而不是通过人际接触在士人之间传递的。例如，日本、朝鲜半岛和越南的士人精英认为应该输入和阅读中国书籍，他们经常使用中国地图和其他地理资料来制作自己的地图。在编绘《混一疆理历代国图之图》（1402）时，朝鲜的绘图者依照的是他们所能得到并认为最好的中国、朝鲜和日本地图。类似地，中国的绘图者在将朝鲜地图整合到他们的"天下图"中时，依据的似乎也是朝鲜制作的地图。前几章中的这些例子所表明，在东亚，绘图者既要有实际经验，又要具备查阅书目的能力。东南亚和青藏高原周边地区是否有可资比较的例子，尚不得而知。但是，很明显，他们在制作地图时，也依靠从各种渠道累积的知识。这方面的例证可见于尼泊尔的中亚地图，或是《三界论》的某些版本中那幅展示亚洲大部分地区的地图。因此，绘制地图在很大程度上是一个重新处理和重新解读原始资料的过程，尽管不完全是这样。对于地理学家来说，尤其是在东亚，研究一个地方意味着首先阅读相关的图形材料，而不是亲自跑到那里考察，这样说并不夸张。

表现物质世界和超自然世界

理解一个地方可以是一个计量问题，也可以是一个灵感问题。这一点使我们想起多视角带来地理幻觉的另一个方面。绘制一幅地图不仅是为了传递事实层面的信息，也是为了传递制图者对于大地的智性、感性和情感的体验。从传统的角度来看，现代地图绘制活动似在这些方面显得有点苍白。

传统的东亚和东南亚地图绘制至少还以另一种方式展现出一种显而易见的人文维度。与欧洲中世纪地图绘制一样，对宇宙的探索也促进了这一地区地图学的发展。不同的是，在亚洲，地图绘制并没有切断它与人文活动的联系。前几章已经表明，地图生产与宗教探索和政治诉求的关系何等密切。在某些情况下，二者你中有我、我中有你。政治中心通常也是宗教中心，此外它们往往还是地图制作中心。正如前文时常指出的那样，地图对于实施政治控制是有用的，但是地图除了为统治精英服务，向他们提供有关其统治地域的信息外，并没有太多世俗的用途。地图不仅表现目所能及的世界，也塑造看不见的世界：包括了精神范畴的整个宇宙、天堂和冥界、不同的存在王国，以及自然之力的无形构造——例如，选址和占卜地图。地图的重要性不仅在于它可以指引穿越地理空间的旅行，而且在于它可以为灵魂指路。我们在本册和前面各册的许多章节曾提及的，不同类型的空间常常并不是界域分明的。世俗的空间常常也是神圣空间。政治空间往往也是精神空间。精神空间时常叠加于建筑空间中，特别是宇宙、墓葬和圣物匣，这些东西本身就是三维的宇宙模型。试图将地图内容做精神和物质的二分往往是徒劳的。

所谓展示不可见的宏观世界或者说不可见的存在的地图，通常是抽象的、几何形的，这一点不难理解，因为这些地图所依据的知识是超越感官知觉的。这一类地图，例如西藏曼荼罗和东南亚宇宙图，展示的是更为纯粹的观实形态，相对于我们所看到的东亚和东南亚传统地理地图，它较少受到物质世界的不规则性的影响。因此，在这些地区，尽管人们对自然世界的认识不断深化，仍有越来越多的抽象内容出现在地图上。通常来说，只有抽象性、简化性和规则性才能满足展示非物质、非物质的世界的需要。毕竟，超验的价值在于它是一种逃避物质世界的偶然性、无序性和不可预测性的途径。准确地讲，从这种经验中产生的展示手法，需唤起人们对世外桃源般的和谐、恒定、宁静的想象。

相比之下，对地上世界的准确展示通常意味着不规则和具体化。地上世界的图像中也确有类似九宫格和（棋盘）方格的抽象示图，但它们多出现在带有政治诉求的地图上（如强加或想象的秩序和稳定）。在这种情况下，地图图像表达的可能是一种统一天上与地下、世俗与宗教世界的政治愿景，有人认为中国皇帝就曾经这样做过。但只要看一看地形就会发现，大地景象并不像这种地图所描绘的那样井然有序。王朝疆域内有各种异族，叛服无常，疆土旋得旋失。对地方的认识，以及对地方特殊性的尊重，也许可以从另一个侧面解释，为何在可用于地图学的量化技术发展很久之后，地图的绘画式模式还持续了相当长的时间。对绘画式地图的态度或许可以解答，为何亚洲地图学并没有像前人以为的那样很快西化和全盘西化。有人认识到，现代欧洲地理地图过于抽象，过于同质，不能展示自然的丰富性，因此不是一种有效的地理表现形式。绘画式地图与现代数理地图哪一个更逼真，取决于读图者希望从中获取什么；展示同质空间与展示异质空间的地图哪一个更有用，则取决于地图的不同用途。因此，展示同质空间的现代地图学并非先天更为优越。

最后这一句话并不是有意轻视现代地图学，而是想提醒人们，现代地图学还需学习被它甩在身后的东西。由于重视人文维度，传统的东亚和东南亚地图留给我们的世界印象，跟与之相对的数理地图形成对比：传统地图上的世界是一个有活力的地方，在这个地方，人与地图存在互动，地图不只是被动地汇集了各种物质形态。有人可能因此对现代性的胜利产生失落感。毫无疑问，现代地图在许多方面仍然是胜利的，而且还将继续胜利。现代地图学令人赞叹的东西在于：它的技术令人眼花缭乱，它的制作更为快捷，它更有效率，它比前现代地图学更为精确，而且它还在不断精进。但是现代地图学没有像传统地图学那样，体现广泛的人类文化和经验，用机械的现代图形复制方法，无法仿效手工绘制或者手工雕刻线条所蕴含的那种表现力。读过本册刊载的地图作品，人们会开始对地图绘制中的美学与科学的需要有更加全面的了解。

我想强调前一句话中所用的"开始"一词。正如老子在《道德经》中所言："其出弥远，其知弥少。"同样的，《地图学史》这个课题走得越远，它所能掌控的东西似乎就越少，尤其是需要分析和回答的问题。因此，我们懂得越多，就越清楚，想通过一己之力写出一部全面的地图学史的时代已经一去不复返了。尤其是在一个学者专精于特定学科的时代，更是如此，因为通常需要借助多学科交叉的方法，才能对地图有最好的理解与鉴识。本册呈现的结论只是一个初步的发现——或者，往往更像是暂时的假说——我们旨在提请人们继续关注和探索亚洲传统地图学的重要性。

《地图学史》亚洲部分的研究大约告一段落了，但是这一领域的工作还将继续。尚存在几个基础的学术任务：已搜集的亚洲地图有待识别；需要对这些藏品进行编目；需要对地图本身的内容进行分析。当这些任务完成之后，才更有可能得出有关地图类型与风格的结论，这方面尚有很大的完善空间。此外，有关描述性术语的基本问题还需要有所推进。

尝试分类

我们还需要从本书介绍的地图中总结出有关地图主要功能的某些规律，看是否可能，依据人类经验的范围，对它们做一个尝试性的分类。但是这一工作存在一些困难和误区，因为不同的地图功能并不都是通过特定的比例尺来表现的。地图的主要功能也并不总是很清楚。因此，我们的目的不是要识别一大批地图的类型与种类，而是要拿出一个更加宽泛的功能分类作为讨论的基础。将这一分类放在表格中是存在很大风险的，可能让读者望文生义，表面上的权威性，或许会掩盖局限性。尽管如此，我们还是想依据人类经验范围尝试列出这些功能，见表20.1。

区分自然世界和形而上世界的地图增加了分类的复杂性。二者对于制图者和读图者来说是同等"真实的"，并不是简单的讲哪一个更逼真的问题。而且，许多地图在表现从一个世界到另一个世界的过程时采用的是同一种展示手法，（过渡）十分自然（例如，从宇宙地理到自然地理）。

下面对表格内容做一些概括。表格中比例最小的是宇宙图，虽然给人的感觉是，宇宙图在表现上界或冥界时一般是不用比例尺的，但是佛教宇宙图中展示的天国和地狱的尺度往往十分明确。

以指路功能为主的地图大多采用中比例尺（例如省图和区域图），表现山脉和水系之类地形信息和堡垒工事之类战略要地的情报地图也是如此。最常见的圣地、地产、城镇、资源和国家地图等采用的是多种比例尺。占卜地图在表现墓地、神坛、戒堂、房屋、庙宇和城市时，多展示现场，但在对出行或军旅吉凶做出预测时，往往覆盖更大的地域。

只有充分了解地图的起源和背景，才能拿出更好的术语来描述它们。由于不解其制作过程和复制习惯，我们还无法确定很多地图的年代。

848 表 20.1 试列举与人类经验尺度相关的地图功能

地图主要功能（实际功能和形而上功能）

资源	地方
	自然资源
	地产
寻路	航海
	朝圣
	商业
情报	地形信息
	战略设施
教育	
规划与工程	建筑
	城市
	水文工作
	花园
行政管理	政治的
	金融的
纪念	政治影响
	事件
占卜	占星术
	选址
祭祀	遗迹
	冥想
	记忆

不同尺度的人类经验范围（从小到大）

房间
建筑物
社区
城镇
地方行政区域（如，县）
地区行政地区（如，省）
国家
洲
世界
宇宙

只有当地图的年代序列工作有所推进之后，我们才能更好地理解特定作品与地图类型之间的关系，只有对地图作品进行恰当分类和断代，才可能确立一个标准，从美学、宗教、技术或者历史意义等方面对之进行深入的评估。某些来自传统时代的作家，如沈括，已经开了一个

头，但是还没有人以一种严肃而扎实的方式跟进这一工作。

未来的需要

东亚和东南亚地图学研究中的一些基础工作还有待那些具备必需的文化感觉和知识的学者来承担。在未来，诠释传统亚洲地图的学者必须拓展知识并使之深入，以便更好地理解地图所承担的功能。未来的亚洲地图史学家不仅需要研究科学和技术，还要研究艺术、神话和宗教。人们很久以前就认识到基于宗教需要的天文学的起源，但是对于宗教地图起源的理解与认识还很不够。在很大程度上，欧洲的制图者在文艺复兴时期就中断了（地图与宗教的）这种关系，但是在亚洲，这种关系一直保持到 19 世纪，甚至在某些地区，特别是青藏高原及其周边，地图与宗教的关系迄今仍十分密切。但是，亚洲宗教中的地图，例如佛教地图，学界涉及甚少，特别是中国和朝鲜制作的佛教地图。至于此类地图中有哪些保存至今，它们有何用途，有着怎样的制作程序，我们仍然知之不多。

另一个具有前景的研究前沿是地图制作的技术层面。绝大多数的东亚地图都是通过木雕版书籍传播的，但是雕版的制作和印制过程与其西方的同类印刷工艺很不相同。我们需要问一问：为何用于装饰性金属制品上常见的线刻工艺没有用于中国地图的印制，而相对简陋的木雕版却被认为适合制作地图？在一些文化中，地图可以有多个副本，我们需要了解更多有关地图的复制和刊行的具体情形，以及传播、售卖和收藏的情况。由于印制地图总是会出现在书籍中，因此，我们还得咨询研究中国书籍制作的学者，但以前似乎并没有人向他们咨询过这样的问题。

另一件显然紧迫的工作就是，我们需要勾勒出一个更清晰和更完整的图景，说明何种制图动力（cartographic impulses）在哪一个特定的时期，从亚洲的一个地区传播到另一个地区，以及在亚洲几个主要的地区与世界的其他地区之间进行传播。我们还需确定这种传播的特定路线、时间和中介者以及传播的原因。一般而言，要确定此类事实需要对相关史料进行更为深入的研究。我们还需要积累一批足够完整的纪年地图，这样才能在我们所关注的每个区域重建不同时期内产生的地图类型的序列。我们已有的地图学知识以及有关地图作品传播的认识是如此匮乏，这也许是亚洲地图学史家所面临的最大的空白。先前的一些研究曾尝试提出某些地图学思想的传播路线，例如计里画方。李约瑟在《中国的科学与文明》（第 3 卷，表 40）中发表过一张示意图。这张图显示，裴秀著称于世的计里画方可能是由托勒密的经纬网思想传播而来的。也是在这张示意图上，他从宋代的计里画方地图讲到艾卡兹维尼（Al-Qazwīnī）、马里诺·萨努多（Marino Sanudo）和欧洲文艺复兴时期的地图，讨论其中可能存在的这种思想的双向传播路线。但是，正如我们所看到的那样，中国的计里画方概念（它对于有序置放城镇和景观很有用处）与全球经纬网思想大不相同，中国人几乎没有使用过经纬网，对它也没有兴趣。因此，研究地图学思想的传播，必须始于精确理解这些思想本身以及它们在所处文化中的真正含义。

传统亚洲地图学的研究范围也可能在许多方面被拓宽。迄今为止我们的认识主要是基于以社会精英为中心的考查。要完全理解本册研究的制作和使用于不同文化的地图，我们还得确定，精英们对地图的认知是否与普通人不同？这种差别是怎样的？无文字的部落社会的地

849

图则引发了一系列不同的问题，尚需证明它们是否与某些社会所制作的作为书写材料补充形式的地图存在哪些本质的不同。

走向新的地理学历史相对主义

本书诞生之时，正值人们对历史研究重新产生兴趣之际。本书与历史学领域近期许多研究中展示的多学科倾向同步，也是对一种理解跨文化历史的总体论方法或模式的反动。我们尽可能地做到实证和归纳，从各种文化自身的话语出发对之进行研究，从资料中引出结论，而不是让先入为主的现代观念扭曲我们的见解。

我们的方法与"新历史主义"有诸多相通之处。新历史主义认为，应该将文化物品放到它所产生的背景中，依据历史证据加以解读。有人提出异议，认为这种方法存在史料不足以及由文化相对主义造成的标准缺失问题，但这种反对之声并不能贬损我们用这种方法做出的知识贡献。第一，虽然一些材料可能已经无可挽回地丢失了，但这并不妨碍我们重建过去的叙事，因为我们所做的是一种多元化叙事，这与用材料弥补历史记录的缺环有所不同；第二，多元化叙事往往是与语境论（contextualism）结合在一起的，而后者通常与相对主义的真理观（认为真理并没有一定的知识依据）相关联的。这种方法并不一定会导致标准或价值观的丧失，却很可能重组或重新发现价值观。例如，在《地图学史》中，通过观察其他地区的地图学史，我们学会了以一种全新的眼光看待现代西方地图学。西方地图学是从实践中发展出来的，这种实践至少在某种程度上也是认可我们上面讨论的人文维度的。东亚和东南亚传统的制图实践包括某些西方地图学本来可以遵循却没有遵循的路径，西方地图学因此有所损失。

多元化叙事，并不像那些希望总是采取中心叙事的人所说的那样，会带来混乱，甚至让人失望。多元化叙事仍然可以区分合理与不合理、可信与不可信、好与坏。我们采取的这种叙事，可以说是基于现有材料所做的最合理的叙事。前面也解释过，为何我们相信本书的叙述是对过去的叙事方式的改进。我们也期待着后来者的评说，期待从其他的讲述者那里得到教益。

文献索引

本册文献检索

本册采用两种形式提供文献信息：脚注和书末文献索引。

各书首次引用某条参考文献时，会在脚注中提供完整的引证信息；第二次及以后重复出现时则采用简略形式（短标题），但在其后括号内标明完整引证信息所在的注释号。

此文献索引完整地列出了脚注、表格、附录、插图和图版说明中引用的所有论著。粗体阿拉伯数字表示具体引用的参考文献页码。本索引分为5部分。第一部分和第二部分提供了中文、韩文、日本的著作汇编（或丛书）以及期刊的译名与本国语写法；第三、四部分提供了所有中文、韩文和日文资料（分为1900年以前和1900年以后，按作者姓氏音序排列）的译名与本国语写法；第五部是按作者姓氏音序排列的其他语种的资料索引。

中文、韩文和日文资料
著作汇编

Baibu congshu jicheng 百部叢書集成 (Complete collection of collectanea from one hundred classifications). Taipei: Yiwen Yinshuguan, 1965–71.

Chosŏn wangjo sillok 朝鮮王朝實錄 (Royal annals of Chosŏn). 48 vols. Ed. Kuksa P'yŏnch'an Wiwŏnhoe 國史編纂倭員会 (National History Compilation Committee of the Republic of Korea). Seoul: Kuksa P'yŏnch'an Wiwŏnhoe, 1955–58.

Hokumon sōsho 北門叢書 (Northern gateway series). 6 vols. Ed. Ōtomo Kisaku 大友喜作. Tokyo: Hokkō Shobō, 1943–44. Reprinted Tokyo: Kokusho Kankōkai, 1972.

Lidai tianwen lüli deng zhi huibian 歷代天文律曆等志彙編 (Collected treatises on astrology, astronomy, and harmonics in the standard histories). 9 vols. Beijing: Zhonghua Shuju, 1976.

Nihon shomin seikatsu shiryō shūsei 日本庶民生活史料集成 (Collected historical records about the lives of the Japanese people). 20 vols. Tokyo: San'ichi Shobō, 1968–72.

Shintei zōho kokushi taikei 新訂續國史大系 (Series of histories of our country revised and enlarged). 66 vols. Tokyo: Yoshikawa Kōbunkan, 1929–64.

Sibu beiyao 四部備要 (Essential collection [of books] from the four classifications). Shanghai: Zhonghua Shuju, 1927–35.

Sibu congkan 四部叢刊 (Collection [of books] from the four classifications). Shanghai: Shangwu Yinshuguan, 1920–36.

Siku quanshu 四庫全書 (Complete library from the four treasuries, comp. 1773–82). Taipei: Taiwan Shangwu Yinshuguan, 1970–82.

Zoku gunsho ruijū 續群書類從 (Classified series of various books: Continuation, 1923–28 in 71 vols.). 3d rev. ed. 67 vols. Tokyo: Zoku Gunsho Ruijū Kanseikai, 1957–59.

Zokuzoku gunsho ruijū 續續群書類從 (Classified series of various books: Second continuation). 16 vols. Tokyo: Kokusho Kankōkai, 1906–9; reprinted 1969–78.

期 刊

Bessatsu Taiyō 別册太陽 (The sun, special issue)

Biburia ビブリア (Biblia [Bulletin of the Tenri Central Library])

Chirigakushi Kenkyū 地理學史研究 (Research in the history of geography)

Chiri Ronsō 地理論叢 (Collected articles in geography)

Chōsen Gakuhō 朝鮮學報 (Journal of the Academic Association of Koreanology in Japan)

Denki 傳記 (Biography)

Dixue Zazhi 地学杂志 (Geographical journal)

Doshisha Daigaku Rikōgaku Kenkyū Hōkoku 同志社大學理工學研究報告 (The science and engineering review of Doshisha University)

Fudan Xuebao 夏旦学报 (Journal of Fudan University in the social sciences)

Gekkan Kochizu Kenkyū 月刊古地圖研究 (Antique maps)

Gotō Puranetaryumi Gakugeihō 五島プラネタリウム學藝報 (Gotō Planetarium literature report)

Han'guk Hakpo 韓國學報 (Journal of Korean studies)

Han'guk Munhwa 韓國文化 (Korean culture)

Han'guk sa Yŏn'gu 韓國史研究 (Korean historical studies)

Hokkaidō [Teikoku] Daigaku Hoppō Bunka Kenkyū Hōkoku 北海道 [帝國] 大學北方文化研究報告 (Studies from the Research Institute for Northern Culture, Hokkaido [Imperial] University)

Hōsei Daigaku Bungakubu Kiyō 法政大學文學部紀要 (Journal of the Faculty of Letters, Hōsei University)

Ishigaki Shi Shi no Hiroba 石垣市史のひろば (Ishigaki Municipal History Forum)

Jinbun Chiri 人文地理 (Human geography)

Kagakushi Kenkyū 科學史研究 (Research in the history of science)

Kaiji Shi Kenkyū 海事史研究 (Journal of maritime history)

Kaogu 考古 (Archaeology)

Kaogu Xuebao 考古學報 (Journal of archaeology [Acta Archaeologia Sinica])

Kaogu yu Wenwu 考古与文物 (Archaeology and cultural relics)

Keji Shi Wenji 科技史文集 (Collected works on the history of science and technology)

Kexue 科學 (Science)

Kexue Shi Jikan 科学史集刊 (History of science)

Kirishitan Kenkyū キリシタン研究 (Christian research)

Kōbe Shiritsu Hakubutsukan Kenkyū Kiyō 神戸市立博物館研究紀要 (Bulletin of the Kōbe City Museum)

Kōkogaku Zasshi 考古學雜誌 (Journal of the Archaeological Society of Nippon)

Kokushi Kaikokai Kiyō 國史回顧會紀要 (Bulletin of the Society for Recollecting Japanese History)

Kōtsū bunka 交通文化 (Traffic culture; Cultural intercourse)

Kyōiku Jihō 教育時報 (Journal of Education)

Nagasaki Dansō 長崎談叢 (Memoirs of Nagasaki)

Nagasaki Shiritsu Hakubutsukan Kanpō 長崎市立博物館館報 (Journal of the Nagasaki City Museum)

Nagoya Daigaku Bungakubu Kenkyū Ronshū 名古屋大學文學部研究論集 (Journal of the faculty of literature, Nagoya University)

Naniwakyū Shi no Kenkyū 難波宮址の研究 (Reports of the historical investigation of the forbidden city of Naniwa)

Nanjing Daxue Xuebao 南京大学学报 (Journal of Nanjing University, Natural Science)

Nihongakuhō 日本學報 (Japanese studies [Ōsaka University])

Nihon Rekishi 日本歴史 (Japanese history)

Nihon Yōgakushi no Kenkyū 日本洋學史の研究 (Studies on the history of Western learning in Japan)

Ōsaka Gakugei Daigaku Kiyō 大阪學藝大學紀要 (Research papers of Ōsaka Gakugei University)

Ōtani Gakuhō 大谷學報 (Journal of Ōtani University)

Rangaku Shiryō Kenkyūkai Kenkyū Hōkoku 蘭學資料研究會研究報告 (Reports of the Society of Dutch Sources in Japan)

Rekishi Chiri 歴史地理 (Historical geography)

Ryūkoku Daigaku Ronshū 龍谷大學論集 (Research papers of Ryūkoku University)

Seikyū Gakusō 青丘學叢 (Blue Hills journal)

Shigaku Kenkyū 史學研究 (Review of historical studies)

Shigaku Zasshi 史學雜誌 (Journal of the Historical Society of Japan)

Shizen 自然 (Nature)

Shoshigaku 書誌學 (Bibliography)

Tenmon Geppō 天文月報 (Astronomical monthly/Astronomical herald)

Tianwen Xuebao 天文學報 (Journal of astronomy [Acta Astronomica Sinica])

Tōhō Gakuhō 東方學報 (Journal of Oriental studies)

Tōhō Shūkyō 東方宗教 (Eastern religions)

Tōkyō Daigaku Shiryō Hensanjo Hō 東京大學史料編纂所報 (Journal of the Historiographical Institute, University of Tokyo)

Tongbang hakchi 東方學志 (Journal of Far Eastern studies)

Tosŏgwan 圖書館 (Bulletin of the Central National Library of Korea)

Wenwu 文物 (Cultural relics)

Wenxian 文獻 (Documents)

Yokohama Shiritsu Daigaku Kiyō 横濱市立大學紀要 (Journal of the Yokohama City University)

Yomiuri Shinbun 讀賣新聞 (Yomiuri newspaper)

Yu Gong Banyuekan 禹贡半月刊 ("Tribute of Yu" semimonthly [Chinese historical geography])

Zhongyang Yanjiuyuan Jindaishi Yanjiusuo Jikan 中央研究院近代史研究所季刊 (Bulletin of the Institute of Modern History, Academia Sinica)

Ziran Kexue Shi Yanjiu 自然科学史研究 (Studies in the history of natural science)

1900年以前

"1596 nendo Iezusu Kai nenpō" 一五九六年度イエズス會年報 (Annual report of the Society of Jesus, 1596). Luís Fróis. In *Kirishitan Kenkyū* 20 (1980): 261–410. Trans. Sakuma Tadashi 佐久間正. 390

Ainōshō 塵嚢鈔 (Bag of rubbish, 1446). Gyōyo 行譽. 376

Akan sanzai zue 無飽三財圖會 (Encyclopedia of the insatiable spending of money, 1822). Akatsuki no Kanenari 曉鐘成. 431

Azuma kagami 吾妻鏡 (Mirror of the eastern lands, compiled late thirteenth to early fourteenth century). 395

Baopuzi 抱朴子 ([Book of] the master who embraces simplicity, ca. fourth century). Ge Hong 葛洪. 226

Beitang shuchao 北堂書鈔 (Transcriptions from the Northern Hall, compiled ca. 630). Yu Shinan 虞世南. 112

Bundo yojutsu 分度餘術 (Techniques of protraction, manuscript of 1728). Matsumiya Toshitsugu 松宮俊仍. 359, 587

Changjiang tushuo 長江圖說 (Illustrated account of the Yangtze, 1871). Ma Zhenglin 馬徵麟. 103

Changxing ji 長興集 (Collected works of [the viscount of] Changxing). Shen Kuo 沈括 (1031–95). In *Shen shi san xiansheng wen ji* 沈氏三先生文集 (Collected works of the three masters of the Shen clan, compiled 1718). 114

Chaoshi congzai 朝市叢載 (Collected notes for going to market, 1833). Yang Jingting 楊靜亭. 188

Chikkyō yohitsu besshū 竹橋餘筆別集 (Superfluous writings at Bamboo Bridge, Edo Castle, extra volume, ca. 1803). Ōta Nanpo 大田南畝. 399

Ch'ŏnggudo 青邱圖 (Map of the Blue Hills, 1834). Kim Chŏngho 金正浩. Modern edition ed. Yi Pyŏngdo 李丙燾. 314, 316, 321, 323

Chŏngjong sillok 定宗實錄 (Annals of King Chŏngjong, r. 1398–1400). 245, 247

Chŏngjo sillok 正祖實錄 (Annals of King Chŏngjo, r. 1776–1800). 310, 311, 320

Chōsen nichinichi ki 朝鮮日日記 (Record of days in Korea [Keinen's diary], 1597–98). Keinen 慶念. 292

Chŭngbo Munhŏn pigo 增補文獻備考 (Documentary reference encyclopedia, expanded and supplemented, 1903–8, revising first edition of 1770 and unpublished revision, 1790). 252, 253, 275, 285, 286, 288, 298, 305, 310, 311, 343, 556, 560, 561, 576

Chungjong sillok 中宗實錄 (Annals of King Chungjong, r. 1506–44) 249, 267

Chunqiu Guliang zhuan 春秋穀梁傳 (Spring and autumn [annals] with the Guliang commentary, fourth century). Comp. Fan Ning 范甯. 206

Chūyūki 中右記 (Diary of the Nakamikado, 1131). Nakatsukasa Munetada 中務宗忠.
In vol. 12 of *Shiryō taisei* 史料大成 (Series of historical materials). 43 vols. Tokyo: Naigai Shoseki, 1934–43. 581
In *Koji ruien* 古事類苑 (Historical encyclopedia of Japan, 1896–1914). 51 vols. Tokyo: Hyōgensha, 1927–30). *Hōgibu* 方技部 (Volume on technical specialists). 581

Cunxing bian 存性編 (Treatise on preserving the nature, completed 1669, first printed 1705). Yan Yuan 顏元. In *Sicun bian* 四存編 (Treatises on the four preservations). Taipei: Shijie Shuju, 1966. 225

Da Jin diaofa lu 大金弔伐錄 (Record of the Great Jin's consolation [of the people] and punishment [of the guilty], compiled ca. twelfth century). 83

Da Ming yitong zhi 大明一統志 (Comprehensive gazetteer of the Great Ming, 1461). Li Xian 李賢 et al. 57, 60, 294, 296

Da Qing huidian 大清会典 (Qing administrative code, 1732 edition). 305, 312

Da Qing Shengzu Ren (Kangxi) huangdi shilu 大清聖祖仁（康熙）皇帝實錄 (Veritable records of Shengzu, emperor Ren [Kangxi], of the Great Qing, compiled ca. 1739). 82–83, 92, 180

Da Qing Shizu Zhang (Shunzhi) huangdi shilu 大清世祖章（順治）皇帝實錄 (Veritable records of Shizu, emperor Zhang [Shunzhi], of the Great Qing, compiled ca. 1672). 177, 178, 180

Da Qing yitong yutu 大清一統輿圖 (Comprehensive geographic map of the Great Qing, 1863). Comp. Hu Linyi 胡林翼 et al. 198, 202

Da Qing yitong zhi 大清一統志 (Comprehensive gazetteer of the Great Qing realm, completed 1746; last revision completed 1820). **190, 191**

Da zang jing 大藏經 (Great storehouse of sutras). Chinese translation of the Buddhist Tripiṭaka. In *Taishō shinshū Daizōkyō* 大正新脩大藏經 (The Tripiṭaka in Chinese revised by Taishō University). 85 vols. Ed. Takakusu Junjirō 高楠順次郎 and Watanabe Kaigyoku 渡邊海旭 . Tokyo: Taishō Issaikyō Kankōkai, 1924–32. **533**

De Sande Tenshō Ken'ō shisetsu ki デ・サンデ天正遣歐使節記 (Record of the mission to Europe in the Tenshō era [1573–91] by de Sande). Eduardo de Sande. Trans. Izui Hisanosuke 泉井久之助 et al. Tokyo: Yūshōdō Shoten, 1969. **377**

Dili chuoyu fuluantou gekuo 地理琢玉斧巒頭歌括 (A summation of songs on the pattern of the earth, chiseled jade, and pared hilltops, 1828). Xu Zhimo 徐之鏌. **219, 221**

"Dili lüe" 地理略 (Monograph on geography). In *Tongzhi* 通志 (Comprehensive treatises, ca. 1150). Zheng Qiao 鄭樵 . **222**

Dili renzi xuzhi 地理人子須知 (Everything that geomancers should know, first printed 1559). Xu Shanji 徐善継 and Xu Shanshu 徐善述 . **219**

Dongguan Han ji 東觀漢記 (Han records from the eastern tower, compiled ca. first to second century). Liu Zhen 劉珍. **77**

Dongpo shi jizhu 東坡詩集註 (Poetry of Dongpo [Su Shi] with collected annotations, compiled twelfth century). Su Shi 蘇軾 . Ed. Wang Shipeng 王十朋. **135, 136**

Dongxi jun 東西均 (The adjustment of things, 1653). Fang Yizhi 方以智 . **226**

"Du *Shanhai jing*" 讀山海經 (Reading the *Shanhai jing*, ca. 400). Tao Qian 陶潜 . In *Tao Yuanming juan* 陶淵明卷 (Collected materials on Tao Yuanming [Tao Qian]). 2 vols. Beijing: Zhonghua Shuju, 1962. **133**

Engi shiki 延喜式 (Rules pertaining to the execution of laws, edited 927). **366**

"Er jing fu" 二京賦 (Two metropolises rhapsody, ca. 107). Zhang Heng 張衡 . In *Wen xuan* (below). **120**

Erya 爾雅 (Progress toward correctness, compiled Qin or early Han). In *Erya yinde* 爾雅引得 (Index to the *Erya*), 1941. Reprinted Taipei: Chengwen Chubanshe, 1966. **72**

Ezo shūi 蝦夷拾遺 (Supplement of Ezo, 1786). Satō Genrokurō 佐藤玄六郎 . **445**

In *Akaezo fusetsu kō* 赤蝦夷風説考 (Research on the rumors about the Red Ezo [Russians]). Trans. Inoue Takaaki 井上隆明 . Tokyo: Kyōikusha, 1979. **445–46**

Ezo sōshi 蝦夷草紙 (Draft of Ezo, 1790). Mogami Tokunai 最上德内. **447**

Ezo sōshi kōhen 蝦夷草紙後篇 (Draft of Ezo: Sequel, 1800). Mogami Tokunai 最上德内. **447**

Fajie anli tu 法界安立圖 (Maps of the configuration of Dharmadhātu [physical universe], 1607). Renchao 仁潮 . **174, 373**

Fangyu shenglüe 方輿勝略 (Compendium of geography, published 1612). Cheng Boer 程百二 et al. **178–79**

Fugyō shinmon zōhyō 俯仰問門增豫 (Research on heaven and earth, with comments, 1751). Tōkai Sanjin 東海散人 . **392**

Fukuyama hifu 福山秘府 (Important records of Fukuyama [Matsumae], 1776). Ed. Matsumae Hironaga 松前廣長 . *Nenrekibu* 年歷部 (Chronicle). In vol. 5 of *Shinsen Hokkaidō shi* 新撰北海道史 (Newly compiled history of Hokkaidō). 7 vols. Ed. Hokkaidō Chō 北海道廳 (Hokkaidō Office). Sapporo, 1936–37. **444**

Furoisu Nihonshi フロイス日本史 (History of Japan by Fróis [d. 1597]). Luís Fróis. 15 vols. Trans. Matsuda Kiichi 松田毅一 and Kawasaki Momota 川崎桃太 . Tokyo: Chūō Kōronsha, 1977–80. **377**

Gakusoku, furoku 學則, 附錄 (Appendix to the principles of learning, 1727). Ogiu Sorai 荻生徂徠 . In vol. 4 of *Nihon jurin sōsho* 日本儒林叢書 (Collection of Confucian writings in Japan). 6 vols. Tokyo: Tōyō Tosho Kankōkai, 1927–29. **433**

Gansu tongzhi 甘肅通志 (Comprehensive gazetteer of Gansu, 1736). **158**

[*Genna kōkai ki*] 元和航海記 or [*Genna kōkai sho*] 元和航海書 (Book of the art of navigation in the Genna era [1615–23]). Ikeda Kōun 池田好運 .

In vol. 3 of *Kaihyō sōsho* 海表叢書 (Series of literature on lands overseas). 6 vols. Comp. Shinmura Izuru 新村出 . Kyōto: Kōseikaku, 1927–28. **381**

In vol. 5 of *Kaiji shiryō sōsho* 海事史料叢書 (Series of materials on maritime history). 20 vols. Tokyo: Ganshōdō Shōten, 1929–31. **381**

In vol. 12 of *Nihon kagaku koten zensho* 日本科學古典全書 (Series of Japanese scientific classics). Ed. Saigusa Hiroto 三枝博音. Tokyo: Asahi Shinbun Sha, 1942–49. Reprinted 1978. **381**

Genroku nenroku 元祿年錄 (Diary of the Genroku years, 1688–1703). In *Ryūei Hinamiki* 柳營日次記 (Diary of the shogunate, 1656–1856). **397**

Guangping fu zhi 廣平府志 (Gazetteer of Guangping Prefecture [in modern Hebei Province], 1894). **91, 143, 162, 196**

Guang yutu 廣輿圖 (Enlarged terrestrial atlas, ca. 1555). Luo Hongxian 羅洪先. **51, 125, 126, 241, 303**

Guanzi 管子 ([Book of] Master Guan, compiled first century B.C.). **73**

Gu huapin lu 古畫品录 (Classification of ancient painters, ca. sixth century). Xie He 謝赫 . Modern edition ed. Wang Bomin 王伯敏 . **135, 143, 166**

Gujin tushu jicheng 古今圖書集成 (Complete collection of books and illustrations, past and present, completed 1726, printed 1728). Comp. Chen Menglei 陳夢雷, Jiang Tingxi 蔣廷錫, et al. **183, 204, 207, 310**

Guo yu 國語 (Discourses of the states, late Zhanguo period). **74**

Gyōki nenpu 行基年譜 (Chronological history of Gyōki, 1175). Izumi no Takachichi 泉高父 . **367**

Gyokuyō 玉葉 (Leaves of gem, late twelfth century). Kujō Kanezane 九條兼實 . **365**

Hadong Chŏngssi taedongbo 河東鄭氏大同譜 (Comprehensive genealogy of the Hadong Chŏng lineage). **277, 307**

Haedong cheguk ki 海東諸國紀 (Chronicle of the countries in the Eastern Sea, 1471). Sin Sukchu 申叔舟. **269, 270, 271, 273**

Japanese edition, *Kaitō shokoku ki*. **370**

Haidao suan jing 海島算經 (Mathematical classic for seas and islands, ca. 263). **355**

"*Haiguo tuzhi* hou xu" 海國圖志後序 (Postface to the *Haiguo tuzhi*). Wei Yuan 魏源 . In *Zengguang Haiguo tuzhi* 增廣海國圖志(Expanded *Haiguo tuzhi*, 3d ed. 1852). **193**

"*Haiguo tuzhi* yuan xu" 海國圖志原序 (Original preface to the *Haiguo tuzhi*). Wei Yuan 魏源 . In *Zengguang Haiguo tuzhi* 增廣海國圖志(Expanded *Haiguo tuzhi*, 3d ed. 1852). **192**

"Hai Yaso" 排耶蘇 (Denouncing Christianity). Hayashi Razan 林羅山 . In *Razan bunshū* 羅山文集 (An anthology of Razan's prose, 1662). Ed. Hayashi Gahō 林鵞峯 . **390**

In *Razan sensei zenshū* 羅山先生全集 (Collected work of the teacher Razan). Kyōto: Heian Kōkogakkai, 1918. **391**

In *Kirishitan sho Haiyasho* キリシタン書 排耶書 (Books on Christianity and writings denouncing Christianity). Ed. Ebisawa Arimichi 海老澤有道 et al. Nihon Shisō Taikei 日本思想大系 (Series of Japanese thought), vol. 25, 413–17. Tokyo: Iwanami Shoten, 1970. **391**

Hanazono tennō shinki 花園天皇宸記 (Autographic record of the emperor Hanazono [1297–1348]). Hanazono 花園. In *Shiryō taisei* 史料大成 (Series of historical materials), vols. 33–34. Tokyo: Naigai Shoseki, 1938. **365**

Han Feizi 韓非子 (third century B.C.). In *Han Feizi suoyin* 韓非子索引 (Concordance to *Han Feizi*). Ed. Zhou Zhongling 周鍾靈 et al. Beijing: Zhonghua Shuju, 1982. **73, 74, 115**

Han shu 漢書 (History of the Former Han, compiled first century A.D.). Ban Gu 斑固. **71, 75, 76, 77, 78, 88, 109, 527**

In *Xinjiao Han shu jizhu* 新校漢書集注 (Newly collated *Han shu* with collected commentaries). 5 vols. Taipei: Shijie Shuju, 1973. **210, 214**

Hefang yilan 河防一覽 (General view of river control, 1590). Pan Jixun 潘季馴. **98**

Hegong qiju tushuo 河工器具圖說 (Illustrated explanation of the tools used in river works, 1836). Linqing 麟慶. **101**

Henan Chengshi yishu 河南程氏遺書 (Surviving works of the Chengs of Henan, 1168). Cheng Hao 程顥. Ed. Zhu Xi 朱熹. In *Er Cheng quanshu* 二程全書 (Complete works of the two Cheng [brothers], collected 1323). **225**

Henan tongzhi 河南通志 (Comprehensive gazetteer of Henan, 1882; rev. ed. 1869). **198**

Hen'yō bunkai zukō 邊要分界圖考 (Cartographical study of the important frontiers of Japan, 1804). Kondō Morishige 近藤守重. In *Kondō Seisai zenshū* (below). **450**

"Hetu Luo shu shuo" 河圖洛書說 (Explanation of the Yellow River chart and Luo River writing). Song Lian 宋濂 (1310–81). In *Song Wenxian gong quanji* 宋文憲公全集 (Complete collected writings of Song Wenxian, 1810). **224**

He yuan jilüe 河源紀略 (Short accounts of the sources of the Yellow River, commissioned and printed 1782). Wang Niansun 王念孫. **158**

Hiden chiiki zuhō daizensho 祕傳地域圖法大全書 (Complete book of the secret art of surveying and mapping, manuscript of 1717). Hosoi Kōtaku 細井廣澤. **359, 394**

Hokui bunkai yowa 北夷分界餘話 (Miscellaneous records of the northern Ezo region, completed 1811). Mamiya Rinzō 間宮林藏. In *Tōdatsu chihō kikō* 東韃地方紀行. Ed. Hora Tomio 洞富雄 and Tanisawa Shōichi 谷澤尚一. Tōyō Bunko 東洋文庫 (Eastern library series), no. 484. Tokyo: Heibonsha, 1988. **450**

Hokui dan 北夷談 (Story of northern Ezo, ca. 1823). Matsuda Denjūrō 松田傳十郎. **450**

Hongxue yinyuan tuji 鴻雪因緣圖記 (Illustrated record of my life experiences—[traces of] a goose [treading on] snow, 1847). Linqing 麟慶. **101**

Hou Han shu 後漢書 (History of the Later Han, compiled fifth century A.D.). Fan Ye 范曄. **77, 82, 88, 125, 354, 519**

Huainanzi 淮南子 [Book of the] Master of Huainan, ca. 120 B.C.). Attributed to Liu An 劉安.

In *Huainanzi zhu* 淮南子注 (Commentary on the *Huainanzi*, third century). Ed. Gao You 高誘. **97, 98, 118, 132, 358**

Japanese edition, *Enanji* 淮南子. Trans. Togawa Yoshio 戶川芳郎 et al. In vol. 6 of *Chūgoku kotenbungaku taikei* 中國古典文學大系 (Series of Chinese classics). 60 vols. Tokyo: Heibonsha, 1967–74. **358**

Huangdi zhai jing 黃帝宅經 (The Yellow Emperor's site classic). Wang Wei 王微 (415–43). **222**

Hua shanshui xu 畫山水序 (Preface to painting landscape, ca. fifth century). Zong Bing 宗炳. In *Lidai minghua ji* (below). **143**

Huidian. See *Da Qing huidian* (above).

"Hunyi tu zhu" 渾儀圖注 (Commentary on a diagram of the armillary sphere, ca. 117). Zhang Heng 張衡. In *Zhang Heng nianpu* 張衡年譜 (Chronological biography of Zhang Heng). Sun Wenqing 孫文青. Rev. ed. Shanghai: Shangwu Yinshuguan, 1956. **118**

Hyŏnjong sillok 顯宗實錄 (Annals of King Hyŏnjong, r. 1659–74). **298**

Jiacang ji 家藏集 (Writings for the family repository, published ca. 1636–37). Wang Tingxiang 王廷相. In *Wang Tingxiang zhexue xuanji* 王廷相哲學選集 (Selected philosophical works of Wang Tingxiang, 1965). Taipei: He-Lo Tushu Chubanshe, 1974. **226**

Jiali 家禮 (Household rituals, 1781). In *Wenyuange Siku quanshu* 文淵閣四庫全書 (Manuscript copy of the *Siku quanshu* in the Wenyuange Library), vol. 142. Taipei: Shangwu Yinshuguan, 1983. **285**

Jiezi yuan huapu 芥子園畫譜 (Mustard seed garden manual of painting, 1679). Wang Gai 王概. **147**

Jingding Jiankang zhi 景定建康志 (Gazetteer of Jiankang [Nanjing] of the Jingding reign period [1260–64], compiled ca. 1261). Comp. Zhou Yinghe 周應合. **91, 92**

Jingjin Dongpo wenji shilüe 經進東坡文集事略 (Arranged and presented prose collection of Dongpo [Su Shi] with brief commentary, presented 1191). Su Shi 蘇軾. Ed. Lang Ye 郎曄. **136**

Jin shi suo 金石索 (Collection of carvings, reliefs, and inscriptions, 1821). Feng Yunpeng 馮雲鵬 and Feng Yunyuan 馮雲鵷. **11**

Jin shu 晉書 (History of the Jin, compiled 646–48). Fang Xuanling 房玄齡 et al. **75, 82, 110, 112, 115, 125, 288, 355, 513, 515, 528, 529, 530**

Jiu Tang shu 舊唐書 (Old history of the Tang, compiled 940–45). Liu Xu 劉昫 et al. **50, 82, 88, 113, 123, 124, 137, 210, 238, 53?**

Jiuzhang suanshu 九章算術 (Nine chapters on mathematical art, Han dynasty text). **355**

Jizhou zhi 薊州志 (Gazetteer of Jizhou [in present-day Hebei Province], 1831). **142, 195**

Kai tsūshō kō 華夷通商考 (Trade with China and other countries, 1695). Nishikawa Joken 西川如見. **381**

Kaiyuan zhanjing 開元占經 (Kaiyuan treatise on astrology, compiled ca. 730). Guatama Siddhārtha (Qutan Xida 瞿曇悉達). **519**

Kanbun gomai zu 寬文五枚圖 (Five-sheet plans of Edo published during the Kanbun era [1661–72]). **401**

Kangxi di yuzhi wenji 康熙帝御製文集 (Collected commentaries of the Kangxi emperor, 1733). Aixinjueluo 愛新覺羅 (Aisingioro) Xuanye 玄燁 (Kangxi emperor). **87**

Kankaiibun 環海異聞 (Novel news from a trip around the world, completed in 1807). Ōtsuki Gentaku 大槻玄澤. **438**

Modern Japanese translation by Ikeda Akira 池田晧. **438**

Kansei chōshū shokafu 寬政重修諸家譜 (Genealogies of families revised during the Kansei era, 1812). **396**

Kiku genpō chōken bengi 規矩元法長驗辨疑 (Explanation of surveying, 1734). Shimada Dōkan 島田道桓. In vol. 10 of *Edo kagaku koten sōsho* 江戶科學古典叢書 (Series of scientific classics during the Edo period). 46 vols. Tokyo: Kōwa Shuppan, 1976–83. **359**

Kitaezo zusetsu 北蝦夷圖說 (Illustrated exposition on Kitaezo [Sakhalin], 1811). Mamiya Rinzō 間宮林藏. **450**

Kondō Seisai zenshū 近藤正齋全集 (Collection of Kondō Seisai's [Morishige, 1771–1829] works). **397, 450**

Koryŏ sa 高麗史 (History of Koryŏ, 1451). Comp. and ed. Chŏng Inji 鄭麟趾 et al. **240, 241, 243, 255, 274, 278, 295, 558, 559**

Kōsho koji 好書故事 (Historical allusion of worthy books, 1826). Kondō Morishige 近藤守重 . In *Kondō Seisai zenshū* (above). 399

Kunaichō Shoryōbu shozō Rakuchū ezu 宮内廳書陵部所藏洛中繪圖 (Plan of Kyōto owned by the Imperial Household Agency, 1637). 401

Kyŏngguk taejŏn 經國大典 (Great codex of state administration, 1469; revised 1476). Ch'oe Hang 崔恒 et al. 285, 286, 295

Kyŏngsangdo chiri chi 慶尚道地理志 (Administrative geography of Kyŏngsang Province, draft dated 1426). 274, 287

Kyŏngsangdo sokch'an chiri chi 慶尚道續撰地理志 (Administrative geography of Kyŏngsang Province continued, draft dated 1469). 274, 287

Lidai dili zhizhang tu 歷代地理指掌圖 (Easy-to-use maps of geography through the dynasties, 1098–1100, supplemented 1162). 58, 59, 168

Lidai minghua ji 歷代名畫記 (Record of famous painters through the dynasties, completed 847). Zhang Yanyuan 張彥遠 . 112, 125, 134, 135, 139, 142

Li ji jishuo 禮記集說 (Collected explanations of the Record of rituals). Annotated Chen Hao 陳澔 (1261–1341). In *Sishu wujing Song-Yuan ren zhu* 四書五經宋元人注 (Song and Yuan commentaries on the four books and five classics). 3 vols. Beijing: Zhongguo Shudian, 1984. 206, 207, 222

Lingbao wuliang duren shangjing dafa 靈寶無量度人上經大法 (Great rituals of the supreme scripture on the infinite salvation of Lingbao [numinous treasure]). In *Zhengtong Daozang* (below). 167

"Lingxian" 靈憲 (Spiritual constitution of the universe, ca. 118). Zhang Heng 張衡 . In *Zhang Heng nianpu* 張衡年譜 (Chronological biography of Zhang Heng). Sun Wenqing 孫文青 . Rev. ed. Shanghai: Shangwu Yinshuguan, 1956. 119, 120

Linquan gaozhi ji 林泉高致集 (Lofty aims in forests and springs, eleventh century). Guo Xi 郭熙 . In *Hualun congkan* 畫論叢刊 (Collection of treatises on painting). 2 vols. Ed. Yu Anlan 于安瀾 (Haiyan 海晏). Beijing: Renmin Meishu Chubanshe, 1962. 134, 136

Lixiang kaocheng 曆象考成 (Summation of measurements and observations, 1723). Comp. He Guozong 何國宗 and Mei Gucheng 梅瑴成 . In *Siku quanshu zhenben* 四庫全書珍本 (Rare editions from the Siku Manuscript Library). 2,400 vols. 4th ser., vols. 151–54. Taipei: Taiwan Shangwu Yinshuguan, 1971. 305, 310, 311, 312

Lixue yiwen 曆學疑問 (Queries on astronomical studies, presented 1702). Mei Wending 梅文鼎 . In *Meishi congshu jiyao* 梅氏叢書輯要 (Epitome of Mei's collected works, printed 1771). Ed. Mei Gucheng 梅瑴成 . 226

Lun heng 論衡 (Balanced discussions, ca. 82–83). Wang Chong 王充 . 112

Lun yu 論語 (Analects [of Confucius], compiled possibly fifth or fourth century B.C.). In *Lun yu zhengyi* 論語正義 (Orthodox interpretation of the *Lun yu*). Ed. Liu Baonan 劉寶楠 (1791–1855). 74

Lüshi Chunqiu 呂氏春秋 (Master Lü's Spring and autumn [annals], ca. third century B.C.). Commissioned by Lü Buwei 呂不韋 . 209

Mao shi Zheng jian 毛詩鄭箋 (Zheng [Xuan]'s commentary on Mao [Heng]'s version of the *Shi [jing]*, second century). Zheng Xuan 鄭玄 . 72

Matsumae shi 松前志 (History of Matsumae, 1781). Matsumae Hironaga 松前廣長 . 444

Mengxi bitan 夢溪筆談 (Brush talks from Dream Brook, ca. 1088). Shen Kuo 沈括 .
　　In *Xin jiaozheng Mengxi bitan* 新校證夢溪筆談 (Newly edited *Mengxi bitan*). Ed. Hu Daojing 胡道靜 . 1957; reprinted Hong Kong: Zhonghua Shuju, 1975. 83, 87, 114, 115, 117, 137, 146
　　In *Mengxi bitan jiaozheng* 夢溪筆談校證 (*Mengxi bitan* edited). 2 vols. Ed. Hu Daojing 胡道靜 . Rev. ed. 1960; reprinted Taipei: Shijie Shuju, 1961. 83, 87, 114, 115, 117, 137, 146

Mengzi 孟子 . Mencius (372–289 B.C.).
　　In *Mengzi yinde* 孟子引得 (Concordance to Mencius). Harvard-Yenching Sinological Index Series, suppl. 17. 1941; reprinted Taipei: Chengwen Chubanshe, 1966. 71, 205, 358 Japanese edition, *Mōshi* 孟子 . 358

"Mengzi Xunqing liejuan" 孟子荀卿列传 (Collected biographies of Mencius and Xunqing). In *Shi ji* (below). 204

Ming shi 明史 (History of the Ming, 1739). Zhang Tingyu 張廷玉 et al. 86, 120

"Mingtang Yueling lun" 明堂月令論 (A discussion of the luminous hall [in connection with the] Monthly ordinances, second century). Cai Yong 蔡邕 . In *Cai Zhonglang ji* 蔡中郎集 (Collected writings of Cai Zhonglang [Yong], second century). 212

Ming Wanli jiu nian yulin tuce 明萬曆九年魚鱗圖冊 (Fish-scale map register of the ninth year of the Ming dynasty's Wanli reign period [1573–1620], 1581). 85

Munhŏn pigo. See *Chŭngbo Munhŏn pigo* (above).

Munjong sillok 文宗實錄 (Annals of King Munjong, r. 1450–52). 283

Nagasaki Oranda shōkan no nikki 長崎オランダ商館の日記 (Diary of the head of the Dutch Office in Japan, 1641–54). 3 vols. Trans. Murakami Naojirō 村上直次郎. Tokyo: Iwanami Shoten, 1956–58. 391

[Nagasaki] senminden [長崎] 先民傳 (Biographies of the pioneers in Nagasaki, 1731). Ro Senri 盧千里 . 393, 394

Nanbu hyōchakuki 南部漂着記 (An account of a shipwreck cast ashore at [the daimyate of] Nanbu [now in Iwate Prefecture], 1645). Trans. Nagazumi Yōko 永積洋子 . Tokyo: Kirishitan Bunka Kenkyūkai, 1974. 391

Nancun chuogeng lu 南村輟耕錄 (Notes taken by Nancun [Tao Zongyi] while at rest from plowing, 1366). Comp. Tao Zongyi 陶宗儀 . 63

Nanyang fu zhi 南陽府志 (Gazetteer of Nanyang Prefecture [in present-day Henan Province], 1694). 194

Nichūreki 二中歷 (Two guides, twelfth century). In vol. 23 of *Kaitei shiseki shūran* 改訂史籍集覽 (Revised collection of historical books). Ed. Kondō Heijō 近藤瓶城 and Kondō Keizō 近藤圭造 . Tokyo: Kondō Shuppanbu, 1901. 369, 370

Nigi ryakusetsu 二儀略說 (Brief explanation of the heavens and earth, seventeenth century). Higuchi Kentei 樋口謙貞 (1601–84). In vol. 2 of *Kinsei kagakushisō* 近世科學思想 (Scientific thought in the modern ages). 2 vols. Ed. Furushima Toshio 古島敏雄 et al. Nihon Shisō Taikei 日本思想大系 (Series of Japanese thought), vols. 62–63. Tokyo: Iwanami Shoten, 1971–72. 393

Nihon bunkei zu 日本分形圖 (Separate maps of Japan, 1666). In vol. 22 of *Kinsei bungaku shiryō ruijū, kohan chishi hen* 近世文學資料類從: 古板地誌編 (Classified series of materials of modern literature, early printed geographical descriptions). 22 vols. Tokyo: Benseisha, 1975–81. 412

Nihon ezu shitate sōrō ikken 日本繪圖仕立候一件 (The process of compiling a map of Japan [ca. 1723]). Takebe Katahiro 建部賢弘 . In vol. 3 of *Kondō Seisai zenshū* (above). 399

Nihon kōki 日本後紀 (Later chronicles of Japan, 840). 354

Yunlu manchao 雲麓漫抄 (Random jottings at Yunlu, 1206). Zhao Yanwei 趙彥衛 . 138

Yuzhou zhi 禹州志 (Gazetteer of Yuzhou [in present-day Henan Province], 1835). 153

Zatto ichiran 褸土一覽 (Handbook of "Zatto," 1820). Suisai 醉齋子 . 431

Zen'aku meisho zue 善惡迷所圖會 (Illustrated book of noted places of good and evil, 1846). 431

Zengguang Haiguo tuzhi 增廣海國圖志 (Expanded Illustrated record of maritime kingdoms, 1847 and later eds.). Wei Yuan 魏源 . 199, 200

Zhangde fu zhi 彰德府志 (Gazetteer of Zhangde Prefecture [in modern Henan Province], 1787). 90

Zhanguo ce 戰國策 (Intrigues of the Warring States, perhaps third century B.C.). 73, 74

Zhangzi zhengmeng zhu 張子正蒙注 (Master Zhang's correcting youthful ignorance with commentary). Zhang Zai 張載 (1020–77). 225

Zhejiang tongzhi 浙江通志 (Comprehensive gazetteer of Zhejiang, 1736). 156

Zhengding fu zhi 正定府志 (Gazetteer of Zhengding Prefecture [in modern Hebei Province], 1762). 90

Zhengtong Daozang 正統道藏 (Daoist canon of the Zhengtong reign period [1436–49]). 167, 262

Zhenjiang fu zhi 鎮江府志 (Gazetteer of Zhenjiang Prefecture [in present-day Jiangsu Province], no date, presumably the 1596 edition). 100, 101

Zhihe fanglüe 治河方略 (Summary of river-control methods, 1767). Jin Fu 靳輔 . Ed. Cui Yingjie 崔應階 . 100

Zhoubi suan jing 周髀算經 (Arithmetical classic of the Zhou gnomon, ca. 200 B.C.). 42, 118, 355, 357

Zhou li 周禮 (Ritual forms of Zhou, compiled during the Han). 75, 76, 77, 88

Zhou li Zhengzhu 周禮鄭注 (Ritual forms of Zhou with Zheng's commentary, second century). Zheng Xuan 鄭玄 . 210

Zhouxian tigang 州縣提綱 (Essentials of prefectural and county [government], eleventh century). Chen Xiang 陳襄 . 91

Zhuzi yulei 朱子語類 (Classified conversations of Master Zhu, 1270). Zhu Xi 朱熹 . Comp. Li Jingde 黎靖德 . 119

Zōho kai tsūshō kō 增補華夷通商考 (Enlarged edition of *Kai tsūshō kō* [Trade with China and other countries, 1695], 1708). Nishikawa Joken 西川如見 . In *Bankoku tokai nendaiki* 萬國渡海年代記 (Chronicle of Japanese intercourse with all the countries). Ed. Ono Tadashige 小野忠重 . Tokyo: Shōrinsha, 1942. 381

Zuozhuan 左傳 (Zuo's tradition [of interpreting the *Chunqiu*], ca. 300 B.C.). In *Chunqiu jingzhuan yinde* 春秋經傳引得 (Concordance to the *Chunqiu* [Spring and autumn annals] and its commentaries). 4 vols. 1937. Reprinted Taipei: Chengwen Chubanshe, 1966. 71–72, 99, 129

1900年以后

Adachi Hiroyuki 安達裕之 . "Kaifū sen shōkai kiji" 快風船渉海紀事 (Navigational record of the ship *Kaifū*). *Kaiji Shi Kenkyū* 14 (1970): 120–28. 382, 383

Akaba Eiichi 赤羽榮一 . *Mamiya Rinzō* 間宮林蔵 . Tokyo: Shimizu Shoin, 1974. 447

Akabane Sōzō 赤羽壯造 . "Takahashi Kageyasu no Shintei bankoku zenzu ni tsuite" 高橋景保の新訂萬國全圖について (On the *Shintei bankoku zenzu* by Takahashi Kageyasu). *Nihon Rekishi* 131–32 (1959): 78–95, 51–56. 439

Akioka Korekushon Nihon no kochizu 秋岡コレクション日本の古地圖 (Old maps of Japan in the Akioka Collection). Exhibition catalog. Sakura: Rekishi Minzoku Hakubutsukan Shinkōkai, 1988. 413

Akioka Takejirō 秋岡武次郎 . *Nihon chizu shi* 日本地圖史 (History of maps of Japan). Tokyo: Kawade Shobō, 1955. 247, 249, 350, 367, 368, 369, 370, 411, 473

———. "Momoyama jidai Edo jidai shoki no sekaizu byōbu tō no gaihō" 桃山時代、江戸時代初期の世界圖屏風等の概報 (Outline of the world maps on folding screens of the Momoyama [ca. 1583 to ca. 1602] and early Edo periods). *Hōsei Daigaku Bungakubu Kiyō* 4 (1958): 263–311. 380

———. "Kon'yo bankoku zenzu byōbu sōsetsu, Shibukawa Harumi byō narabini Tō Kōsekishi byō no sekaizu tenmonzu byōbu" 坤輿萬國全圖屏風總說, 澁川春海描並に藤黄赤子描の世界圖天文圖屏風 (General remarks on the *Kon'yo bankoku zenzu byōbu* [a folding screen on which a world map is drawn], and some remarks on folding screens with world maps and star maps by Shibukawa Harumi and by Tō Kōsekishi). *Hōsei Daigaku Bungakubu Kiyō* 8 (1962): 1–28. 590

———. "Ogasawara shotō hakken shi no kihonshiryō chizu ni tsuite" 小笠原諸島發見史の基本資料・地圖について (On the fundamental documents concerning the discovery of the Bonin Islands). *Kaiji Shi Kenkyū* 9 (1967): 96–118. 385

———. *Nihon chizu sakusei shi* 日本地圖作成史 (A history of the making of Japanese maps). Tokyo: Kajima Kenkyūjo Shuppankai, 1971. 399, 469

———. *Nihon kochizu shūsei* 日本古地圖集成 (Collection of old maps of Japan). Tokyo: Kajima Kenkyūjo Shuppankai, 1971. 351, 369, 411, 412, 413, 465, 473

———. *Sekai kochizu shūsei* 世界古地圖集成 (Collection of old world maps). English title, *Akioka Collection/Old World Maps/16th-19th Centuries*. Tokyo: Kawade Shobō Shinsha, 1988. Including *Sekai chizu sakusei shi* 世界地圖作成史 (A history of making world maps). 350, 351, 467, 469, 471

Akiyama Terukazu 秋山光和, ed. *Genshoku Nihon no bijutsu* 原色日本の美術 (The fine arts of Japan in color). 30 vols. Tokyo: Shōgakkan, 1966–72. Vol. 25, *Nanban bijutsu to Yōfūga* 南蠻美術と洋風畫 (Nanban art and Western-style painting). 380

Aoyama Sadao 青山定雄 . "Gendai no chizu ni tsuite" 元代の地圖について (On maps of the Yuan dynasty). *Tōhō Gakuhō* (Tokyo) 8 (1938): 103–52. 245, 246, 248, 289

———. "Richō ni okeru nisan no Chōsen zenzu ni tsuite" 李朝に於ける二三の朝鮮全圖について (On several Yi [Chosŏn] dynasty maps of Korea). *Tōhō Gakuhō* (Tokyo) 9 (1939): 143–71. 291, 292

Ashida Koreto 蘆田伊人 . "Nihon sōzu no enkaku" 日本總圖の沿革 (History of general maps of Japan). *Kokushi Kaikokai Kiyō* 2 (1930): 17–59. 350

———. *Honpō chizu no hattatsu* 本邦地圖の發達 (The evolution of cartography in Japan). Tokyo: Iwanami Shoten, 1934. 350

———. "Chizu to kōtsū bunka" 地圖と交通文化 (Maps and transportation culture). *Kōtsū bunka* 3-5 (1938-39): 282–90, 358–64, 445–54. 402

Ayusawa Shintarō 鮎澤信太郎 . "Mateo Ritchi no sekaizu ni kansuru shiteki kenkyū: Kinsei Nippon ni okeru sekai chiri chishiki no shuryū" マテオ・リッチの世界圖に關する史的研究: 近世日本における世界地理知識の主流 (Historical research on Matteo Ricci's world map: On the main current of the knowledge of world geography during the Tokugawa age). *Yokohama Shiritsu Daigaku Kiyō* 18 (1953). 404, 409, 410

———. "Sekai chiri no bu" 世界地理の部 (Section of world geography). In *Sakoku jidai Nihonjin no kaigai chishiki* 鎖國時代日本人の海外知識 (Japanese knowledge of overseas during the age of national isolation), ed. Kaikoku Hyakunen Kinen Bunka Jigyō Kai 開國百年記念文化事業會 (Society of Cultural Projects to Commemorate the One Hundredth Anniversary of the Opening of the Country), 3–367. Tokyo: Kengensha, 1953. 426–28

———. *Chirigakushi no kenkyū* 地理學史の研究 (Studies on the history of geography). Tokyo: Aijitsu Shoin, 1948; reprinted Hara Shobō, 1980. 435

———. "Takeda Kango no Yochi kōkaizu no keitō" 武田簡吾の輿地航海圖の系統 (Genealogy of Takeda Kango's *Yochi kōkaizu*). In *Sakoku jidai no sekaichirigaku* 鎖國時代の世界地理學 (World geography in the age of national isolation), by Ayusawa Shintarō, 331–49. Tokyo: Nichidaidō Shoten, 1943; reprinted Hara Shobō, 1980. 443

Bessatsu Taiyō (The sun, special issue). No. 8. Tokyo: Heibonsha, 1974. 377

Cao Wanru 曹婉如. "Lun Shen Kuo zai dituxue fangmian di gongxian" 论沈括在地图学方面的贡献 (On Shen Kuo's contributions to cartography). *Keji Shi Wenji* 3 (1980): 81–84. 50, 114

———. "Youguan Tianshui Fangmatan Qin mu chutu ditu di jige wenti" 有关天水放马滩秦墓出土地图的几个问题 (Several problems concerning the maps excavated from the Qin tomb at Fangmatan in Tianshui). *Wenwu*, 1989, no. 12:78–85. 39

Cao Wanru et al., eds. *Zhongguo gudai ditu ji* 中國古代地圖集 (Atlas of ancient Chinese maps). Beijing: Wenwu Chubanshe, 1990–. Vol. 1, *Zhanguo-Yuan* 战国 ─── 元 (Warring States to the Yuan dynasty). 36, 38, 39, 40, 41, 47, 55, 64, 69

Chang Yong 常勇 and Li Tong 李同. "Qin Shihuang lingzhong maicang gong di chubu yanjiu" 秦始皇陵中埋藏汞的初步研究 (Preliminary study of the mercury interred in Qin Shihuang's tomb). *Kaogu*, 1983, no. 7:659–63, 671. 79

Chen Feiya 陈菲亚 et al., eds. *Zhongguo gudai dilixue shi* 中国古代地理學史 (History of ancient Chinese geography). Beijing: Kexue Chubanshe, 1984. 46, 62, 164, 170

Chen Guansheng 陳觀勝 (Kenneth Ch'en). "*Fangyu shenglüe* zhong geguo dufen biao zhi jiaoding" 方輿勝略中各國度分表之校訂 (Edited table of geographic coordinates for various countries in the *Fangyu shenglüe*). *Yu Gong Banyuekan* 5, nos. 3–4 (1936): 165–94. 175

———. "Li Madou dui Zhongguo dilixue zhi gongxian ji qi yingxiang" 利瑪竇對中國地理學之貢獻及其影響 (Matteo Ricci's contributions to and influence on Chinese geography). *Yu Gong Banyuekan* 5, nos. 3–4 (1936): 51–72. 173

Chen Zhengxiang 陳正祥 (Chen Cheng-siang). *Zhongguo dituxue shi* 中國地圖學史 (History of Chinese cartography). Hong Kong: Shangwu Yinshuguan, 1979. 170

Chen Zungui 陳遵媯. *Zhongguo tianwenxue shi* 中國天文學史 (History of Chinese astronomy). Taipei: Mingwen Shuju, 1984–. 511

Chikusendō kosho tenkan mokuroku 竹僊堂古書展觀目錄 (Chikusendō's catalog of an exhibition of antique books). Kyōto: Chikusendō, 1974. 409

Ch'oe Ch'angjo 崔昌祚. "Chosŏn hugi sirhakchadŭl ŭi p'ungsu sasang" 朝鮮後期實學者들의 風水思想 (The geomantic thought of "practical learning" scholars in the late Chosŏn dynasty). *Han'guk Munhwa* 11 (1990): 469–504. 275

Ch'oe Pyŏnghŏn 崔柄憲. "Tosŏn ŭi saeng'ae wa Namal Yŏch'o ŭi p'ungsu chiri sŏl" 道詵의 生涯와 羅末麗初의 風水地理說 (Tosŏn's career and geomantic theory in late Silla and early Koryŏ). *Han'guk sa Yŏn'gu* 11 (1975): 102–46. 277

Chŏn Sang'un 全相運 (Sang-woon Jeon). *Kankoku kagaku gijutsu shi* 韓國科學技術史 (Science and technology in Korea). Tokyo: Koma-Shorin, 1978. 586

Chōsen Sōtokufu 朝鮮總督府 ([Japanese] Government-General in Korea), ed. *Chōsen kinseki sōran* 朝鮮金石總覽 (A comprehensive survey of ancient Korean inscriptions). 2 vols. Seoul: Chōsen Sōtokufu, 1919. 240, 255, 374

———. *Chōsen shi* 朝鮮史 (History of Korea). Six series comprising 37 vols. Seoul: Chōsen Sōtokufu, 1932–37. 250, 254

Deng Wenkuan 邓文宽. "Bi 'Butian ge' geng gulao di tongshu shixing zuopin—'Xuanxiang shi'" 比《步天歌》更古老的通俗识星作品 ── 《玄象诗》(A popular work for star recognition older than the "Butian ge"—"Xuanxiang shi"). *Wenwu*, 1990, no. 3:61–65. 532

Ding Fubao, ed. *Shuowen jiezi gulin*. See *Shuowen jiezi* (above).

Dong Zuobin 董作賓 (Tung Tso-pin). *Yin lipu* 殷曆譜 (On the calendar of the Yin dynasty). Lizhuang, Szechuan: Academia Sinica, 1945. 514

Fu Xinian 傅熹年. "Zhanguo Zhongshan wang Cuo mu chutu di 'zhaoyu tu' ji qi lingyuan guizhi di yanjiu" 战国中山王響墓出土的《兆域图》及其陵园规制的研究 (A study of the mausoleum map unearthed from the tomb of King Cuo of the Zhanguo period's Zhongshan kingdom and the planning of the mausoleum). *Kaogu Xuebao*, 1980, no. 1:97–118. 37

Fuchs, Walter. "Pekin no Mindai sekaizu ni tsuite" 北京の明代世界圖について (On the Ming-period world map in Beijing). *Chirigakushi Kenkyū* 2 (1962): 3–4, with 2 pls. Reprinted in *Chirigakushi kenkyū* 地理學史研究 (Researches in the history of geography), 2 vols., ed. Chirigakushi Kenkyūkai 地理學史研究會 (Society for Research in Historical Geography), 2:3–4 and pls. 1–2. Kyōto: Rinsen Shoten, 1979. 246

Fujita Motoharu 藤田元春. *Toshi kenkyū Heiankyō hensenshi, tsuketari kochizu shū* 都市研究平安京變遷史附古地圖集 (History of the Kyōto region, accompanied by collected old plans). Kyōto: Suzukake Shuppanbu, 1930; reprinted Nihon Shiryō Kankōkai, 1976. 421, 473, 474

———. *Nihon chirigaku shi* 日本地理學史 (History of Japanese geography). Tokyo: Tōkō Shoin, 1932. 350

———. *Kaitei zōho Nihon chirigaku shi* 改訂增補日本地理學史 (Revised and enlarged history of Japanese geography). Tokyo: Tōkō Shoin, 1942; reprinted Tokyo: Hara Shobō, 1984. 350, 469, 471

Fukai Jinzō 深井甚三. *Zuō Ochikochi Dōin* 圖翁遠近道印 (Zuō's [Fujii's] Ochikochi Dōin). Toyama: Katsura Shobō, 1990. 423

Fukui Tamotsu 福井保. *Naikaku Bunko shoshi no kenkyū* 內閣文庫書誌の研究 (Studies on the bibliography of the Naikaku Library). Tokyo: Seishōdō, 1980. 397

Fukuyama Toshio 福山敏男, supervisor. *Jinja kozu shū zokuhen* 神社古圖集續編 (Collected old drawings of shrines, continuation). Kyōto: Rinsen Shoten, 1990. 362, 365, 366

Funakoshi Akio 船越昭生. "Kon'yo bankoku zenzu to sakoku Nippon" 『坤輿萬國全圖』と鎖國日本 (Ricci's world maps and Japan in the age of national isolation). *Tōhō Gakuhō* (Kyōto) 41 (1970): 595–710. 405

Gansusheng Bowuguan 甘肃省博物馆 (Gansu Provincial Museum). "Wuwei Mozuizi sanzuo Hanmu fajue jianbao" 武威磨咀子三座汉墓发掘简报 (Brief report on the excavations of the three Han tombs at Mozuizi in Wuwei County). *Wenwu*, 1972, no. 12:9–21. **120**

Gansusheng Wenwu Kaogu Yanjiusuo 甘肃省文物考古研究所 and Tianshui Beidaoqu Wenhuaguan 天水市北道区文化馆 (Institute of Archaeology, Gansu Province, and Cultural Center of Beidao District of Tianshui). "Gansu Tianshui Fangmatan Zhanguo Qin Han muqun di fajue" 甘肃天水放马滩战国泰汉墓群的发掘 (Excavation of the tombs from the Qin state of the Warring States period and from the Han dynasty). *Wenwu*, 1989, no. 2:1–11. **40**

Gongzhongdang Qianlong chao zouzhe 宫中檔乾隆朝奏摺 (Palace memorials from the Qianlong reign period in the palace archives). 69 vols. Taipei: Guoli Gugong Bowuyuan, 1982–88. **102**

Gu Jiegang 顧頡剛 et al., eds. *Gushi bian* 古史辨 (Essays on ancient history). 7 vols. 1926–41; reprinted Hong Kong: Taiping Shuju, 1962. **76**

Gu ditu lunwenji 古地图论文集 (Essays on ancient maps). Beijing: Wenwu Chubanshe, 1977. **43, 45, 52**

Guo Shengchi 郭盛炽. "Bei Song Heng xing guance jingdu chuyi" 北宋恒星观测精度刍议 (On the accuracy of observations of the North Star during the Northern Song). *Tianwen Xuebao* 30 (1989): 208–16. **548**

Han Ugŭn 韓沽劤 et al., eds. *Yŏkchu Kyŏngguk taejŏn: Chusŏk pyon* 譯註經國大典：註釋篇 (The annotated *Kyŏngguk taejŏn*: Notes and commentary, translated [from Chinese into Korean] and annotated). Seoul: Han'guk Chŏngsin Munhwa Yŏng'guwŏn, 1986. **285, 295**

Han Zhongmin 韓仲民. "Guanyu Mawangdui boshu gu ditu di zhengli yu yanjiu" 关于马王堆帛书古地图的整理与研究 (Concerning the restoration and study of the ancient silk maps from Mawangdui). In *Zhongguo gudai ditu ji* 中國古代地圖集, ed. Cao Wanru 曹婉如 et al., 1:12–17. Beijing: Wenwu Chubanshe, 1990–. **54, 64**

Hanaki Yasuo 玻名城泰雄. "Seizu ni tsuite" 『星圖』について (On a star chart). *Ishigaki Shi Shi no Hiroba* (Ishigaki Municipal History Forum) 11 (1987): 1, 3–7. **601**

Harada Tomohiko 原田伴彥 and Nishikawa Kōji 西川幸治, eds. *Nihon no shigai kozu* 日本の市街古圖 (Old Japanese plans). 2 vols. *Nishi Nihon hen* 西日本編 (Western part of Japan) and *Higashi Nihon hen* 東日本編 (Eastern part of Japan). Tokyo: Kajima Shuppankai, 1972–73. **400**

Hashimoto Masukichi 橋本増吉. *Shina kōdai rekiho shi kenkyū* 支那古代曆法史研究 (Studies on the history of ancient Chinese calendrical astronomy). Tokyo: Tōyō Bunko, 1943. **208**

He Shuangquan 何双全. "Tianshui Fangmatan Qin mu chutu ditu chutan" 天水放马滩秦墓出土地图初探 (Preliminary study of the maps excavated from the Qin tomb at Fangmatan in Tianshui). *Wenwu*, 1989, no. 2:12–22. **38, 39**

———. "Tianshui Fangmatan Qin jian zongshu" 天水放马滩秦简综述 (Comprehensive account of the Qin bamboo slips from Fangmatan in Tianshui). *Wenwu*, 1989, no. 2:23–31. **38**

Hebeisheng Wenwu Guanlichu 河北省文物管理处 (Hebei Province Cultural Relic Agency). "Hebeisheng Pingshan xian Zhanguo shiqi Zhongshanguo muzang fajue jianbao" 河北省平山县战国时期中山国墓葬发掘简报 (Excavation of the tombs of the Zhongshan kingdom of the Zhanguo period at Pingshan County, Hebei Province). *Wenwu*, 1979, no. 1:1–31. **37**

Hebeisheng Wenwu Guanlichu, Hebeisheng Bowuguan 河北省文物管理处, 河北省博物馆 (Hebei Province Cultural Relic Agency, Hebei Provincial Museum). "Liaodai caihui xingtu shi woguo tianwenshishang di zhongyao faxian" 辽代彩绘星图是我国天文史上的重要发现 (The Liao period star map, an important discovery in the history of Chinese astronomy). *Wenwu*, 1975, no. 8:40–44. **549**

Hidaka Jikichi 日高次吉. "Hyūga sadowara hanshi Hidaka Shigemasa no Nanban ryū chōkenjutsu sonota" 日向佐土原藩士日高重昌の南蠻流町見術その他 (Hidaka Shigemasa's studies on the surveying of the Occidental school, etc.). *Kagakushi Kenkyū* 44 (1957): 17–24. **394**

Higuchi Hideo 樋口秀雄 and Asakura Haruhiko 朝倉治彥, revisers. *Kyōhō igo edo shuppan shomoku* 享保以後江戸出版書目 (Bibliography of books printed from the Kyōhō era). Toyohashi: Mikan Kokubun Shiryō Kankōkai, 1962. **413**

Hiraoka Takeo 平岡武夫. *Chōan to Rakuyō: Chizu* 長安と洛陽 地圖 (Chang'an and Luoyang: Maps). T'ang Civilization Reference Series, no. 7. Kyōto: Jinbunkagaku Kenkyūsho, Kyōto University, 1956. **140**

Hirose Hideo 廣瀬秀雄. "Kyū Nagasaki tengakuha no gakutō seiritsu ni tsuite: 'Nigi ryakusetsu' ni kanshite" 舊長崎天學派の學統成立について ―― 二儀略說に關して (On the formation of the old Nagasaki school of astronomy: Concerning *Nigi ryakusetsu*). *Rangaku Shiryō Kenkyūkai Kenkyū Hōkoku* 184 (1966): 3–14. **393**

———. "Oranda tensetsu" 和蘭天說 (European astronomical theory). In *Yōgaku* 洋學 (Western studies). 2 vols. Ed. Numata Jirō 沼田次郎 et al. Nihon Shisō Taikei 日本思想大系 (Series of Japanese thought), vols. 64–65. Tokyo: Iwanami Shoten, 1972–76. **600**

———. "Tenkyūgi oboegaki" 天球儀覺え書き (Memorandum on celestial globes). *Gotō Puranetaryumi Gakugeihō* 6 (1978). **591**

Hoppō Ryōdo Mondai Chōsakai 北方領土問題調査會 (Japan Society for Research on the Northern Territories), ed. *Hoppō Ryōdo: Kochizu to rekishi* 北方領土，古地圖と歷史 (The northern territories of Japan: Old maps and history). Tokyo: Chūōsha, 1971. **443, 450**

Hora Tomio 洞富雄. *Mamiya Rinzō* 間宮林藏. Rev. ed. Tokyo: Yoshikawa Kōbunkan, 1987. **447**

Hoshi no bijutsuten: Tōzai no kichōna koseizu o atsumete 星の美術 ―― 東西の貴重な古星圖を集めて (Exhibition of stellar arts: A collection of rare old star charts of East and West). Exhibition catalog, ed. Chiba Shiritsu Kyōdo Hakubutsukan 千葉市立郷土博物館 (Chiba City Local Museum). Chiba, 1989, no. 12. **597, 598**

Hoyanagi Mutsumi 保柳睦美, ed. *Inō Tadataka no kagakuteki gyōseki: Nihon chizu sakusei no kindaika eno michi* 伊能忠敬の科學的業績 ―― 日本地圖作製の近代化への道 (A new appreciation of the scientific achievement of Inō Tadataka). Tokyo: Kokon Shoin, 1974; rev. ed. 1980. **453**

Hu Daojing 胡道静, ed. *Mengxi bitan jiaozheng*. See *Mengxi bitan* (above).

———. *Xin jiaozheng Mengxi bitan*. See *Mengxi bitan* (above).

Hunansheng Bowuguan 湖南省博物馆 and Zhongguo Kexueyuan Kaogu Yanjiusuo 中国科学院考古研究所 (Hunan Provincial Museum and Institute of Archaeology, Academia Sinica). "Changsha Mawangdui er, sanhao Han mu fajue jianbao" 长沙马王堆二、三号汉墓发掘简报 (Preliminary excavation report on Han tombs 2 and 3 at Mawangdui, Changsha). *Wenwu*, 1974, no. 7:39–48 and 63. **150–51**

Iida Ryūichi 飯田龍一 and Tawara Motoaki 俵元昭. *Edozu no rekishi* 江戸圖の歷史 (History of the maps of Edo). 2 vols. Tokyo: Tsukiji Shokan, 1988. **400, 401, 421**

Imai Itaru 今井湊 . "Edo Jidai kagakushi no naka no Blaeu" 江戸時代科學史の中の Blaeu (Blaeu in the history of science during the Edo period). *Rangaku Shiryō Kenkyūkai Kenkyū Hōkoku* 136 (1963). **600**

Imoto Susumu 井本進 . "Honchō seizu ryakkō" 本朝星圖略考 (Summary of researches on celestial maps made in Japan), pts. 1 and 2. *Tenmon Geppō* 35 (1942): 39–41 and 51–57. **579, 583, 587, 596**

———. "Zoku honchō seizu ryakkō" 續本朝星圖略考 (Summary of researches on celestial maps made in Japan, continuation). *Tenmon Geppō* 35 (1942): 67–69. **579**

———. "Maboroshi no seishuku zu" まぼろしの星宿圖 (A lost celestial map). *Tenmon Geppō* 65, no. 11 (1972): 290–92. **579, 583, 585**

Inokuma Kanekatsu 猪熊兼勝 and Watanabe Akiyoshi 渡邊明義 . *Takamatsuzuka kofun* 高松塚古墳 (The Takamatsuzuka burial mound). Nihon no Bijutsu 日本の美術 (Japanese art), no. 217. Tokyo: Shibundō, 1984. **352**

Itō Tasaburō 伊東多三郎 . "Echigo Uesugi shi ryōgoku kenkyū no nishiryō" 越後上杉氏領國研究の二史料 (Two historical materials for studying the domains of the Uesugi family in Echigo). *Nihon Rekishi* 138 (1959): 2–14. **396**

Iwao Seiichi 岩生成一 . "Ishibashi hakushi shozō sekaizu nendai kō" 石橋博士所藏世界圖年代考 (On the date of the world map in the collection of Dr. Ishibashi). *Rekishi Chiri* 61 (1933): 511–22. **388**

———. *Shinpan shuinsen bōeki shi no kenkyū* 新版朱印船貿易史の研究 (Studies on the history of trade under the vermilion-seal licenses of the Tokugawa shogunate, revised and enlarged edition). Tokyo: Yoshikawa Kōbunkan, 1985. **381**

Iwata Toyoki 岩田豊樹 . *Edozu sōmokuroku* 江戸圖總目錄 (General catalog of plans of Edo). Tokyo: Seishōdō Shoten, 1980. **421**

Iyanaga Teizō 彌永貞三 . "Handen tetsuzuki to kōhandenzu" 班田手續と校班田圖 (Procedure for apportioning paddies and the maps prepared before and after). In *Shōen ezu kenkyū* 莊園繪圖研究 (Studies on manorial maps), ed. Takeuchi Rizō 竹内理三 , 33–34. Tokyo: Tokyōdō Shuppan, 1982. **354**

"Kagaku Kenkyūhi ni yoru Kenkyū no Hōkoku" 科學研究費にとる研究の報告 (Reports on the research depending on scientific research expenses), "Genson Kochizu no Rekishi Chirigakuteki Kenkyū (Ippan Kenkyū A)" 現存古地圖の歴史地理學的研究 (一般研究 A) (Historical geographical research on extant old maps [general study A]). *Tōkyō Daigaku Shiryō Hensanjo Hō* 16 (1981): 25–40. **397**

Kanda Shigeru 神田茂 . *Nihon tenmon shiryo* 日本天文史料 (Japanese astronomical records). Tokyo, 1935. **512**

Kashihara Kōkogaku Kenkyūjo 橿原考古學研究所 (Kashihara Archeological Institute), ed. *Hekiga kofun Takamatsuzuka* 壁畫古墳高松塚 (Takamatsuzuka: A burial mound with mural paintings). Nara and Asuka: Nara Ken Kyōiku Iinkai and Asuka Mura, 1972. **352**

Kawada Takeshi 河田羆 . "Honpō chizukō" 本邦地圖考 (Study of the map of our country). *Shigaku Zasshi* 6 (1895): 268–77, 349–58, and 507–18. **350, 397**

———. "Nihon chishi gen'i o ronzu" 日本地誌源委を論ず (On the transition of geographical descriptions in Japan). *Rekishi Chiri* 7 (1905): 821–27, 916–21, 1038–45. **350**

Kawamura Hirotada 川村博忠 . *Edo bakufu sen kuniezu no kenkyū* 江戸幕府撰繪圖の研究 (A study of the provincial maps compiled by the Tokugawa shogunate). Tokyo: Kokon Shoin, 1984. **396–97, 399**

———. "Ōsutoria Kokuritsu Toshokan shūzō no Edo jidai Nihonsei chizu" オーストリア國立圖書館收藏の江戸時代日本製地圖 (On the maps made by Japanese in the Edo period, owned by the Austrian National Library). *Gekkan Kochizu Kenkyū* 18, no. 7 (1987): 2–6. **423**

Kawashima Motojirō 川島元次郎 . *Shuinsen bōeki shi* 朱印船貿易史 (History of trade by the authorized trading ships). Ōsaka: Kōjinsha, 1921. **383**

Kikutake Jun'ichi 菊竹純一 and Yoshida Hiroshi 吉田宏 , eds. *Kōrai butsuga* 高麗佛畫 (Korean Buddhist paintings of the Koryŏ dynasty). Exhibition catalog. Nara: Yamato Bunkakan, 1978. **256**

Kim Yangsŏn 金良善 (pen name Maesan). *Maesan kukhak san'go* 梅山國學散稿 (Selected writings in Korean studies by Maesan). Seoul: Sungjŏn Taehakkyo Pangmulgwan, 1972. **237, 249, 250, 253, 254, 260, 264, 267, 289, 301**

Kimiya Yasuhiko 木宮泰彦 . *Nikka bunka Kōryūshi* 日華文化交流史 (History of cultural intercourse between Japan and China). Tokyo: Fuzanbō, 1955. **379**

Kōbe Shiritsu Hakubutsukan 神戸市立博物館 (Kōbe City Museum). *Kochizu ni miru sekai to Nippon* 古地圖にみる世界と日本 (The world and Japan as seen in old maps). Kōbe, 1983. **467, 469, 471**

———. *Akioka Kochizu Korekushon meihin ten* 秋岡古地圖コレクション名品展 (A collection of masterpieces: The Akioka collection of old maps). Kōbe, 1989. **469**

Kōbe Shiritsu Hakubutsukan kanzōhin mokuroku 神戸市立博物館館藏品目錄 (Catalog of the collections at the Kōbe City Museum). 6 vols. Kōbe, 1984–89. **351**

Kōbe Shiritsu Hakubutsukan kanzō meihin zuroku 神戸市立博物館館藏名品圖錄 (Masterpieces of the Kōbe City Museum). Kōbe: Kōbe Shi Supōtsu Kyōiko Kosha, 1985. **422**

Kohan chishi sōsho 古版地誌叢書 (Series of early printed geographical descriptions). Vol. 12. Tokyo: Geirinsha, 1971. **424**

Kohan Edozu shūsei 古版江戸圖集成 (Collection of early printed plans of Edo). Bekkan 別卷 (supplement, separate volume). Tokyo: Chūō Kōron Bijutsu Shuppan, 1960. **424**

Kokushi daijiten 國史大辭典 (Large dictionary of the history of our country [Japan]). Tokyo: Yoshikawa Kōbunkan, 1979-. **369, 380, 399, 405**

Komatsu Shigemi 小松茂美 , ed. *Zoku Nihon emaki taisei* 續日本繪卷大成 (Series of Japanese picture scrolls: Continuation). 20 vols. Tokyo: Chūōkōronsha, 1981–85. **357**

Kurita Mototsugu 栗田元次 . "Edo jidai no sekai chizu gaisetsu" 江戸時代の世界地圖概說 (Outline of the world maps of the Edo period). *Shigaku Kenkyū* 10, no. 1 (1938): 73–80. **404**

———. "Nihon ni okeru kokan toshizu" 日本に於ける古刊都市圖 (Old printed maps of cities in Japan). *Nagoya Daigaku Bungakubu Kenkyū Ronshū* 2 (1952): 1–13. **420, 421, 422**

———. "Edo jidai kankō no kokugunzu" 江戸時代刊行の國郡圖 (Printed provincial maps of the Edo period). *Rekishi Chiri* 84, no. 2 (1953): 1–16. **416**

Kurita Mototsugu, ed. *Nihon kohan chizu shūsei* 日本古版地圖集成 (Early maps and plans printed in Japan). Tokyo: Hakata Seishōdō, 1932. **351, 369, 410, 411, 413, 420, 422, 423, 435, 437, 439, 472, 473, 474, 475, 476, 477**

Kuroda Genji 黑田源次 . *Shiba Kōkan* 司馬江漢 . Tokyo: Tōkyō Bijutsu, 1972. **599**

Kuroda Hideo 黑田日出男 . "Edo bakufu kuniezu gōchō kanken" 江戸幕府國繪圖鄉帳管見 (A personal view of provincial maps and books of standard land productivity prepared by the order of the Tokugawa shogunate). *Rekishi Chiri* 93, no. 2 (1977): 19–42. **396**

Kwŏn Sangno 權相老. *Han'guk chimyŏng yŏnhyŏk ko* 韓國地名沿革考 (A study of historical changes in Korean place-names). Seoul: Tongguk Munhwa Sa, 1961. **311**

Kyōto Kokuritsu Hakubutsukan 京都國立博物館 (Kyōto National Museum), ed. *Koezu: Tokubetsu tenrankai zuroku* 古繪圖――特別展覽會圖錄 (Old picture maps: A special exhibition catalog). Kyōto: Kyōto Kokuritsu Hakubutsukan, 1969. **362, 363, 364, 365, 366**

Kyōto Koten Dōkōkai 京都古典同好會 (Kyōto Classical Studies Group), comp. *Kohan Nagasaki chizushū* 古版長崎地圖集 (Early printed plans of Nagasaki). Kyōto: Kyōto Koten Dōkōkai, 1977. **475, 476**

Kyōto shi shi, chizu hen 京都市史，地圖編 (History of Kyōto City, section of plans). Kyōto, 1947. **473, 474**

Li Daoping 李道平, ed. *Zhou yi jijie zuanshu* 周易集解纂疏 (Collected commentaries and annotations on the Zhou change [Book of changes]). Taipei, 1967. **214**

Liang Fangzhong 梁方仲. *Zhongguo lidai hukou, tiandi, tianfu tongji* 中国历代户口、田地、田赋统计 (Population, field acreage, and land tax statistics for China through the dynasties). Shanghai: Renmin Chubanshe, 1980. **71**

Liu Ciyuan 刘次沅. "You yueliang yanfan jilu dedao di wushike huangdao xing di dong Jin Nanbei chao shiqi xing ming" 由月亮掩犯记录得到的五十颗黄道星的东晋南北朝时期星名 (Names of fifty stars on the ecliptic during the Eastern Jin and Northern and Southern dynasties, obtained from records of close lunar conjunctions). *Tianwen Xuebao* 27 (1986): 276–78. **530**

Liu Laicheng 刘来成 and Li Xiaodong 李晓东. "Shi tan Zhanguo shiqi Zhongshanguo lishishang di jige wenti" 试谈战国时期中山国历史上的几个问题 (Tentative discussion of certain problems in the history of the Zhanguo period's Zhongshan kingdom). *Wenwu*, 1979, no. 1:32–36. **37**

Liu Tan 劉坦. *Zhongguo gudai zhi xingsui jinian* 中國古代之星歲紀年 (Ancient Chinese Jupiter-cycle calendar). Beijing: Kexue Chubanshe, 1957. **515**

Lu Liangzhi 卢良志. *Zhongguo dituxue shi* 中国地图学史 (History of Chinese cartography). Beijing: Cehui Chubanshe, 1984. **28, 47, 57, 62, 164, 170, 186, 193**

Luo Qikun 雒启坤. "Xi'an Jiaotong daxue Xi Han muzang bihua ershiba xiu xingtu kaoshi" 西安交通大学西汉墓葬壁画二十八宿星图考释 (On the star map painted on the wall of a Western Han tomb in the campus construction site of Xi'an Jiaotong University in Shaanxi). *Ziran Kexue Shi Yan Jiu* 10 (1991): 236–45. **523**

Maruyama Masao 丸山眞男. *Nihon seiji shisō shi kenkyū* 日本政治思想史研究 (A study of the history of political thought in Japan). Tokyo, 1952. **433**

Matsuda Kiichi 松田毅一. "Nihon junsatsushi Varinyāno no shōgai" 日本巡察師ヴァリニャーノの生涯 (Life of Valignani, visitor to Japan). In *Nihon junsatsu ki Varinyāno* 日本巡察記ヴァリニャーノ (Valignani's summary of things Japanese). Trans. Matsuda Kiichi 松田毅一 and Sakuma Tadashi 佐久間正. Tokyo: Tōgensha, 1965. **377**

Mawangdui Han Mu Boshu Zhengli Xiaozu 马王堆汉墓帛书整理小组 (Study Group on the Han Silk Manuscripts from Mawangdui). "Wuxing zhan' fubiao shiwen" 《五星占》附表释文 (Explanatory table for "Prognostication from the Five Planets"). *Wenwu*, 1974, no. 11:37–39. **521**

―――. "Changsha Mawangdui sanhao Han mu chutu ditu di zhengli" 长沙马王堆三号汉墓出土地图的整理 (Restoration of the maps excavated from Han tomb 3 at Mawangdui, Changsha). *Wenwu*, 1975, no. 2:35–42. **41**

―――. "Mawangdui sanhao Han mu chutu zhujun tu zhengli jianbao" 马王堆三号汉墓出上驻军图整理简报 (Preliminary restoration report on the military map found in Han tomb 3 at Mawangdui). *Wenwu*, 1976, no. 1:18–23. **41, 148**

Minagawa Shinsaku 皆川新作. "Murakami Shimanojō no Ezochi kinmu" 村上島之允の蝦夷地勤務 (Murakami Shimanojō's service in Ezochi). *Denki* 7, nos. 4–6 (1940): 10–15, 19–24, 17–24. **447**

―――. *Mogami Tokunai* 最上德內. Tokyo: Dentsū Shuppanbu, 1943. **447**

Miyaji Naoichi 宮地直一, supervisor. *Jinja kozu shū* 神社古圖集 (Collected old drawings of shrines). Tokyo: Nippon Denpō Tsūshinsha, 1942; reprinted Rinsen Shoten, 1989. **362, 364, 365, 366**

Miyajima Kazuhiko 宮島一彦. "Dōshisha Daigaku shozō Genroku 14 nen sei tenkyūgi no ichizuke" 同志社大學所藏元祿 14 年製天球儀の位置づけ (The position of the celestial globe made in 1701 and owned by Dōshisha University). *Dōshisha Daigaku Rikōgaku Kenkyū Hōkoku* 21 (1981): 279–300. **591**

―――. "Mukashi no tenmon giki" 昔の天文儀器 (Astronomical instruments of old days). In vol. 15 of *Tenmongaku shi* 天文學史 (History of astronomy). 1983. **591**

Miyoshi Manabu 三好學. "Meisho zue kaisetsu" 名所圖會解說 (Explanation of the *Meisho zu*). In *Iwanami kōza chirigaku* 岩波講座地理學 (Iwanami lectures on geography). 76 vols. Bekkō 別項 (supplement), 1932, 1–22. Tokyo: Iwanami Shoten, 1931–34. **416**

Miyoshi Tadayoshi 三好唯義. "Nanba Korekushon chū no kankō shokokuzu ni tsuite" 南波コレクション中の刊行諸國圖について (On the printed provincial maps in the Nanba Collection). *Kōbe Shiritsu Hakubutsukan Kenkyū Kiyō* 4 (1987): 27–52. **416**

Mok Yŏngman 목용만. *Chido iyagi* 지도 이야기 (Map conversations). P'yŏngyang: Kunjung Munhwa Ch'ulp'ansa, 1965. **236**

Mun'gyobu 文敎部 (Ministry of Education, Republic of Korea), comp. *Kugŏ 5-2* 國語 5-2 (Fifth-grade Korean reader). Seoul: Ministry of Education, 1987. **314**

Muramatsu Teijirō 村松貞次郎. *Daiku dōgu no rekishi* 大工道具の歷史 (A history of carpenters' tools). Tokyo: Iwanami Shoten, 1973. **357, 358**

Murayama Shūichi 村山修一, ed. *Onmyōdō kiso shiryō shūsei* 陰陽道基礎史料集成 (Compilation of basic material on the techniques of divination). Tokyo: Tōkyō Bijutsu, 1987. **582**

Muroga Nobuo 室賀信夫 and Unno Kazutaka 海野一隆. "Nihon ni okonowareta Bukkyō kei sekaizu ni tsuite" 日本に行われた佛教系世界圖について (On Buddhist world maps in Japan). *Chirigakushi Kenkyū* 1 (1957): 67–141. Reprinted in *Chirigakushi kenkyū* 地理學史研究 (Researches in the history of geography), 2 vols., ed. Chirigakushi Kenkyūkai 地理學史研究會 (Society for Research in Historical Geography), 1:67–141. Kyōto: Rinsen Shoten, 1979. **225, 256, 429**

―――. "Edo jidai kōki ni okeru Bukkyō kei sekaizu" 江戶時代後期における佛教系世界圖 (Buddhist world maps in the Late Edo period). *Chirigakushi Kenkyū* 2 (1962): 135–229. Reprinted in *Chirigakushi kenkyū* 地理學史研究 (Researches in the history of geography), 2 vols. ed. Chirigakushi Kenkyūkai 地理學史研究會 (Society for Research in Historical Geography), 2:135–229. Kyōto: Rinsen Shoten, 1979. **409, 429**

Na Ilsŏng 羅逸星. "Chosŏn sidae in ch'ŏn'mun ŭigi yŏn'gu" 朝鮮時代의 天文儀器 研究 (Study of astronomical instruments in the Chosŏn period). *Tongbang hakchi* 42 (1984): 205–37. **560, 561**

Nagasawa Kikuya 長澤規矩也. "Edo no hanzu ni tsuite" 江戶の
版圖について (On the printed plans of Edo). *Shoshigaku*, n.s., 2
(1965): 31–51. **421**

Nakamura Hiroshi 中村拓. "Sengoku jidai no Nihonzu" 戰國時代
の日本圖 (Maps of Japan at the time of the civil wars [1467–
1568]). *Yokohama Shiritsu Daigaku Kiyō* 58 (1957): 1–98. **388**

———. "Nanban byōbu sekaizu no kenkyū" 南蠻屛風世界圖の
研究 (Research on the world map on *Nanban* folding screens).
Kirishitan Kenkyū 9 (1964): 1–273. **377, 380**

———. *Goshuinsen kōkai zu* 御朱印船航海圖 (Sea charts used by
the authorized trading ships). Tokyo: Nihon Gakujutsu
Shinkōkai, 1965. **383, 384**

———. "Chōsen ni tsutawaru furuki Shina sekai chizu 朝鮮に傳わ
る古きシナ世界地圖(Mappemondes antiques chinoises
conservées chez les Coréens)." *Chōsen Gakuhō* 39–40 (1966): 1–
73. **255, 259, 260, 261, 262, 263**

Nakamura Yūzō 中村雄三. *Zusetsu Nihon mokkōgu shi* 圖說日本
木工具史 (Illustrated history of Japanese woodworking tools).
Tokyo: Shinseisha, 1968. **357**

Nanba Matsutarō 南波松太郎, Muroga Nobuo 室賀信夫, and
Unno Kazutaka 海野一隆, eds. and comps. *Nihon no kochizu*
日本の古地圖 (Old maps in Japan). Ōsaka: Sōgensha, 1969. **351,
373, 380, 388, 404, 407, 411, 412, 414, 416, 420, 422, 423,
426, 429, 439, 441, 447, 453, 465, 473, 476**

Naniwada Tōru 難波田徹, ed. *Koezu* 古繪圖 (Old picture maps).
Nihon no Bijutsu 日本の美術 (Japanese art), no. 72. Tokyo:
Shibundō, 1972. **362**

Naniwakyū Shi no Kenkyū 難波宮址の研究 (Reports of the
historical investigation of the forbidden city of Naniwa). Vol. 7,
1981. Issued by the Ōsaka Shi Bunkazai Kyōkai 大阪市文化財
協會 (Ōsaka City Cultural Properties Association). **358**

Nanjing Bowuyuan 南京博物院 (Nanjing Museum). *Nan Tang erling
fajue baogao* 南唐二陵發掘報告 (Report on the excavation of
two Southern Tang mausoleums). Ed. Zeng Zhaoyue 曾昭燏.
Beijing: Wenwu Chubanshe, 1957. **80**

Nara Kokuritsu Bunkazai Kenkyūjo 奈良國立文化財研究所 (Nara
National Cultural Properties Research Institute). *Asuka
Fujiwarakyū hakkutsu chōsa hōkoku* 飛鳥藤原宮發掘調査報告
(Reports of the excavation of the site of the Fujiwara imperial
palace, Asuka). Vol. 6. Nara, 1976. **359**

Narita Shūichi 成田修一, ed. *Ezo chizu shō* 蝦夷地圖抄 (Extracted
maps of Ezo). Tokyo: Sara Shobō, 1989. **443, 450**

Nihon Gakushiin 日本學士院 (Japanese Academy), ed. *Meiji zen
Nihon kenchiku gijutsu shi* 明治前日本建築技術史 (History of
Japanese architectural techniques before the Meiji era). Tokyo:
Nihon Gakujutsu Shinkōkai, 1961; reprinted 1981. **357**

Nihon no chizu: Kansen chizu no hattatsu 日本の地圖 ―― 官撰地
圖の發達 (Cartography in Japan: Official maps, past and
present). Exhibition catalog, National Diet Library, Twenty-
fourth International Geographical Congress and Tenth
Conference of the International Cartographic Association. Tokyo:
Kokuritsu Kokkai Toshokan, 1980. **351, 399, 401, 423**

Niida Noboru 仁井田陞. "Shina no tochi daichō 'gorinsetsu' no
shiteki kenkyū" 支那の土地臺帳「魚鱗圖册」の史的研究
(Historical study of Chinese land register "fish-scale" maps).
Tōhō Gakuhō (Tokyo) 6 (1936): 157–204. **86**

Nishioka Toranosuke 西岡虎之助, ed. *Nihon shōen ezu shūsei*
日本莊園繪圖集成 (Collected maps of Japanese manors). 2 vols.
Tokyo: Tōkyōdō Shuppan, 1976–77. **362**

Niu Zhongxun 鈕仲勛. " 'Zheng He hanghai tu' di chubu yanjiu"
《郑和航海图》的初步研究 (Preliminary study of Zheng He's
nautical chart). In *Zheng He xia Xiyang lunwenji* 鄭和下西洋論
文集 (Collected essays on Zheng He's expedition to the Western
Ocean), ed. Zhongguo Hanghai Shi Yanjiuhui 中国航海史研究会
(Research Association for the History of Chinese Navigation),
1:238–48. Beijing: Renmin Jiaotong Chubanshe, 1985. **61**

Noda Hisao 野田久男. "Tottori ken no sōshoku kofun" 鳥取縣の
裝飾古墳 (Decorated tombs in Tottori Prefecture). *Kyōiku Jihō*
163 (1980): 2–11. **352**

Oda Takeo 織田武雄. "Nihon no chizu to sono hattatsu" 日本の
地圖とその發達 (Japanese maps and their development). In
Chizu no rekishi 地圖の歴史 (History of maps), 211–89. Tokyo:
Kōdansha, 1973. **350**

———. *Chizu no rekishi* 地圖の歴史 (History of maps). 2 vols.
Tokyo: Kōdansha, 1974. **350**

Ogawa Takuji 小川琢治. *Shina rekishi chiri kenkyū* 支那歷史地理
研究 (Studies in Chinese historical geography). 2 vols. Tokyo:
Kobundō Shobō, 1928–29. **245**

Ohara Satoru 尾原悟. "Kirishitan jidai no kagaku shisō" キリシタ
ン時代の科學思想 (Scientific thought in the Christian period).
Kirishitan Kenkyū 10 (1965): 101–78. **393**

———. "Pedoro Gomesu cho 'Tenkyūron' no kenkyū" ペドロ・ゴ
メス著「天球論」の研究 (A study of "De sphaera" by Pedro
Gomez). *Kirishitan Kenkyū* 10 (1965): 179–273. **393**

Okamoto Yoshitomo 岡本良知. *Jūroku seiki ni okeru Nihon chizu
no hattatsu* 十六世紀における日本地圖の發達 (Development of
the map of Japan in the sixteenth century). Tokyo: Yagi Shoten,
1973. **379, 380, 390, 463**

Okamura Chibiki 岡村千曳. "Wasurerareta dōban gaka Matsubara
Uchū" 忘れられた銅版畫家松原右仲(A forgotten copperplate
artist, Matsubara Uchū). In *Kōmō bunka shiwa* 紅毛文化史話
(Historical essays on Dutch culture), by Okamura Chibiki, 198–
206. Tokyo: Sōgensha, 1953. **438**

Ōsaki Shōji 大崎正次. *Chūgoku no seiza no rekishi* 中國の星座の
歴史 (History of Chinese constellations). Tokyo: Yūzankaku,
1987. **583**

Ōtsuka Takashi 大塚隆. *Kyōtozu sōmokuroku* 京都圖總目錄
(General catalog of plans of Kyōto). Tokyo: Seishōdō Shoten,
1981. **421**

Pak Sŏngbong 朴性鳳, Pang Tong'in 方東仁, and Chŏng Wŏn'ok
鄭元玉, comps. *Taedong yŏjido saegin* 大東輿地圖索引 (Index
to the *Taedong yŏjido*). Seoul: Kyŏnghŭi University, Han'guk
Chŏnt'ong Munhwa Yŏn'guso, 1976. **328**

Pan Nai 潘鼐. "Suzhou Nan Song tianwentu bei di kaoshi yu
pipan" 苏州南宋天文图碑的考释与批判 (Examination and
critique of a Southern Song astronomical chart on a stone stele a
Suzhou). *Kaogu Xuebao*, 1976, no. 1:47–61. **545**

———. *Zhongguo hengxing guance shi* 中国恒星观测史 (History of
stellar observations in China). Shanghai, 1989. **512, 524, 531,
532, 536, 537, 548, 551, 552, 554, 555, 569, 571, 572, 574, 59**

———. "Shiqi shiji chu shijie shouyou yizhi di heng xingtu" 十七世纪
世界首屈一指的恒星图 (A unique star map of the early
seventeenth century). *Kexue* 42 (1990): 275–80. **572, 573**

Pang Tong'in 방동인. *Han'guk ŭi chido* 한국의 지도 (Korean
maps). Seoul: Sejong Taewang Kinyŏm Saŏphoe, 1976. **237, 26(
284, 287, 295, 297, 301, 305, 307, 314, 316, 318, 324, 327, 32**

Pi Xirui 皮錫瑞. *Jingxue lishi* 經學歷史 (History of classical studie:
printed 1907). Annotated Zhou Datong 周大同. Taipei: Yiwen
Yinshuguan, 1966. **224**

———. *Jingxue tonglun* 經學通論 (Comprehensive discussions of
classical studies, printed 1907). 4 vols. Taipei: He-Lo Tushu
Chubanshe, 1974. **224**

Qing shi 清史 (History of the Qing). 8 vols. Taipei: Guofang
Yanjiuyuan, 1961. **181**

Qing shi gao jiaozhu 清史稿校註 (Edited and annotated draft
history of the Qing, original draft completed 1927). 15 vols.
Taipei: Guoshiguan, 1986–. **181, 183, 187**

Rekishi ni okeru minshū to bunka: Sakai Tadao Sensei koki shukuga kinen ronshu 歴史における民衆と文化 —— 酒井忠夫先生古稀祝賀記念論集 (Peoples and cultures in Asiatic history: Collected essays in honor of Professor Tadao Sakai on his seventieth birthday). See Strickman, Michel (below).

Ren Jincheng 任金城 . "Xibanya cang Ming ke *Gujin xingsheng zhi tu*" 西班牙藏明刻《 古今形胜之图 》(The *Gujin xingsheng zhi tu* printed during the Ming and preserved in Spain). *Wenxian* 17 (1983): 213–21. 59

Ro Kōrō 盧高朗. *Ro Kōrō jijoden* 盧高朗自敍傳 (Ro Kōrō's autobiography). Published by the author, 1922. 383

Ryūkyū Kuniezu Shiryōshū 琉球國繪圖史料集 (Collected historical materials of provincial maps of Ryūkū). No. 1. Naha: Okinawa ken Kyōiku Iinkai, 1992. 397

Saga Kenritsu Toshokan zō kochizu ezu roku 佐賀縣立圖書館藏古地圖繪圖錄 (Catalog of early maps and plans in the Saga Prefectural Library collection). Saga, 1973. 351

Shaanxi Sheng Kaogu Yanjiusuo 陝西省考古研究所 (Shaanxi Archaeological Institute) and Xi'an Jiaotong Daxue 西安交通大学 (Xi'an Jiaotong University). "Xi'an Jiaotong daxue Xi Han bihua mu fajue jianbao" 西安交通大学西汉壁画墓发掘简报 (Preliminary report on the excavation of the Western Han tomb with murals in Xi'an Jiaotong University). *Kaogu yu Wenwu*, 1990, no. 4:57–63. 523

Sŏul Kungnip Taehakkyo Tosŏgwan 서울國立大學校圖書館 (Seoul National University Library), comp. *Han'guk ko chido haeje* 韓國古地圖解題 (Bibliographical notices of old Korean maps). Seoul: Seoul National University, 1971. 250

Suematsu Yasukazu 末松保和 , ed. *Daitō yochizu sakuin* 大東輿地圖索引 (Index to the *Taedong yōjido*). Seoul: Keijō Imperial University, College of Law, 1936. 328

Sugano Yō 菅野陽 . *Nihon dōhanga no kenkyū: Kinsei* 日本銅版畫の研究 —— 近世 (Studies on Japanese copperplate prints: The modern age). Tokyo: Bijutsu Shuppansha, 1974. 435

——. "Shiba Kōkan no chosho *Shutō dempō* to dōhan *Tenkyū zu* ni tsuite" 司馬江漢の著書『種痘傳法』と銅版「天球圖」について (On Shiba Kōkan's book *Shutō dempō* [The introduction of vaccine] and the copperplate print *Tenkyū zu*). *Nihon Yōgakushi no Kenkyū* 5 (1979): 65–100. 599

——. "Eisei Bunko shozō Shiba Kōkan sei chikyūgi" 永青文庫所藏司馬江漢製地球儀 (Shiba Kōkan's terrestrial globe in the Eisei Library collection). *Nihon Yōgakushi no Kenkyū* 7 (1985): 47–64. 469

Sugiura Kōhei 杉浦康平 , ed. *Ajia no kosumosu + mandara* アジアのコスモス + マンダラ (The Asian cosmos). Catalog of exhibition, "Ajia no Uchūkan Ten," held at Rafōre Myūjiamu in November and December 1982. Tokyo: Kōdansha, 1982. 608, 621, 622, 623, 632, 720, 721, 723, 727, 728, 733

Sun Wenqing 孫文青 . *Zhang Heng nianpu* 張衡年譜 (Chronological biography of Zhang Heng). Rev. ed. Shanghai: Shangwu Yinshuguan, 1956. 132

Takagi Kikusaburō 高木菊三郎 . *Nihon chizu sokuryō shōshi* 日本地圖測量小史 (A brief history of cartography and surveying). Tokyo: Kokon Shoin, 1931. 350

Takagi Takeo 高城武夫 . *Tenmon kyōgu* 天文教具 (Tools for teaching astronomy). Tokyo, 1973. 469, 471

Takahashi Tadashi 高橋正 . "Tōzen seru chūsei isurāmu sekaizu" 東漸せる中世イスラーム世界圖 (Eastward diffusion of Islamic world maps in the medieval era). *Ryūkoku Daigaku Ronshū* 374 (1963): 86–94. 247, 248

——. "Seizen seru shoki Nihon chizu ni tsuite: I. Moreira kei chizu o chūshin to shite" 西漸せる初期日本地圖について —— I. Moreira 系地圖を中心として (On the early maps of Japan by Europeans, emphasizing the I. Moreira-type maps). *Nihongakuhō* 4 (1985): 1–33. 390

——. "Jūshichi seiki Nihon chizu ni okeru Teisheira gata to Moreira gata: N. Sanson to R. Daddoree no Baai" 17 世紀日本地圖におけるテイシェイラ型とモレイラ型 —— N. サンソンと R. ダッドレーの場合 (About the Moreira- and Teixeira-type maps of seventeenth-century Japan: The atlases of N. Sanson and R. Dudley). *Nihongakuhō* 6 (1987): 111–35. 390

——. "Nanban toshizu byōbu kara Kaeriusu sekaizu e" 南蠻都市圖屛風からカエリウス世界圖へ (From maps of cities on the Nanban folding screens to Kaerius's map of the world). In *Ezu no kosumorojii* 繪圖のコスモロジー (Cosmology of picture maps), ed. Katsuragawa Ezu Kenkyūkai 葛川繪圖研究會 (Katsuragawa Picture Map Research Society), 1:248–64. Kyōto: Chijin Shobō, 1988. 380

Takakura Shin'ichirō 高倉新一郎 . "Hokkaidō chizu no hensen hoi" 北海道地圖の変遷,補遺 (Development of the cartography of Hokkaidō: Supplement). *Hokkaidō [Teikoku] Daigaku Hoppō Bunka Kenkyū Hōkoku* 11 (1956): 49–73. 443

——, ed. *Hokkaidō kochizu shūsei* 北海道古地圖集成 (Collection of historical maps of Hokkaidō and the adjacent regions). Sapporo: Hokkaidō Shuppan Kikaku Sentā, 1987. 443, 444, 447

Takakura Shin'ichirō 高倉新一郎 and Shibata Sadakichi 柴田定吉 . "Wagakuni ni okeru Karafuto chizu sakuseishi" 我國に於ける樺太地圖作製史 (History of the development of the cartography of Sakhalin in Japan). *Hokkaidō [Teikoku] Daigaku Hoppō Bunka Kenkyū Hōkoku* 2 (1939): 1–48. 443, 447

——. "Wagakuni ni okeru Chishima chizu sakuseishi" 我國に於ける千島地圖作製史 (History of the development of the cartography of the Kuriles in Japan). *Hokkaidō [Teikoku] Daigaku Hoppō Bunka Kenkyū Hōkoku* 3 (1940): 1–75. 443

——. "Wagakuni ni okeru Hokkaidō hontō chizu no hensen" 我國に於ける北海道本島地圖の變遷 (Development of the cartography of Hokkaidō in Japan), 1 and 2. *Hokkaidō [Teikoku] Daigaku Hoppō Bunka Kenkyū Hōkoku* 6 (1942): 1–80 and 7 (1952): 97–166. 443

Takamatsuzuka Kofun Sōgō Gakujutsu Chōsakai 高松塚古墳總合學術調査會 (Joint Committee for the Scientific Investigation of Takamatsuzuka Burial Mound). *Takamatsuzuka kofun hekiga chōsa hōkokusho* 高松塚古墳壁畫調査報告書 (Report on the investigation of the Takamatsuzuka fresco by the Agency for Cultural Affairs). Kyōto: Benrido, 1974. 579

Tan Qixiang 谭其骧 . "Erqian yibaiduo nian qian di yifu ditu" 二千一百多年前的一幅地图 (A map from more than 2,100 years ago). *Wenwu*, 1975, no. 2:43–48. 41, 51

Tanbō daikōkai jidai no Nippon 探訪大航海時代の日本 (Japan in the age of great navigation: The inquiries). 8 vols. Tokyo: Shōgakkan, 1978–79. Vol. 5, *Nippon kara mita ikoku* 日本からみた異國 (Foreign countries interpreted by the Japanese). 380

Tang Ruchuan 唐如川 . "Zhang Heng deng huntianjia di tian yuan di ping shuo" 張衡等渾天家的天圓地平說 (On the theory of Zhang Heng and other uranosphere school cosmologists that the sky is spherical and the earth flat). *Kexue Shi Jikan*, 1962, no. 4:47–58. 118

Tao Maoli 陶懋立 . "Zhongguo dituxue faming zhi yuanshi ji gailiang jinbu zhi cixu" 中國地圖學發明之原始及改良進步之次序 (The origins of cartographic invention and steps toward reform and progress in China). *Dixue Zazhi* 2 (1911): no. 11, 1–9, and no. 13, 1–9. 27–28

Teramoto Enga 寺本婉雅 . "Waga kokushi to Toban to no Kankei" 我が國史と吐蕃との關係 (The relation between our [Japanese] history and Tibet). *Ōtani Gakuhō* 12, no. 4 (1931): 44–83. 642

Terui Sōsuke 照井壯助 . *Tenmei Ezo tanken shimatsu ki* 天明蝦夷探檢始末記 (The circumstances of the exploration of Ezo during the Tenmei era). Tokyo: Yaedake Shobō, 1974. 446

Tokita Tadamasa 鴇田忠正. "Nanban sekaizu byōbu genzu kō" 「南蠻世界圖屏風」原圖考 (On the originals of the world maps on folding screens, 2). *Nagasaki Dansō* 57 (1975): 32–61. 380

———. "Goshuinsen bōekika Itoya Zuiemon boseki ron" 御朱印船貿易家糸屋隨右衛門墓石論 (On the tombstone of Itoya Zuiemon, authorized trading-ship trader). *Nagasaki Shiritsu Hakubutsukan Kanpō* 19 (1979): 1–7. 383

Tokushi Yūshō 禿氏祐祥 , ed. *Shumisen zufu* 須彌山圖譜 (Collection of pictures of Mount Sumeru). Kyōto: Ryūkoku Daigaku Shuppanbu, 1925. 392

Tōkyō Daigaku Shiryō Hensanjo 東京大學史料編纂所 (Historiographical Institute, Tokyo University), ed. *Tōdaiji kaiden zu* 東大寺開田圖 (Maps of paddy fields reclaimed by Tōdai Temple). 2 vols. (facsimile and explanation). In *Dainihon komonjo, Iewake* 大日本古文書家わけ (Old documents of Great Japan, Every family), vol. 18, *Tōdaiji monjo* 東大寺文書 (Records of Tōdai Temple), pt. 4. Tokyo: Tōkyō Daigaku Shuppankai, 1965–66; reprinted 1980. 352, 361

———. *Echigo no kuni gun* (or *kori*) *ezu* 越後國郡繪圖 (Maps of counties in Echigo Province). Tokyo: Tōkyō Daigaku, 1983, 1985, 1987. 395

———. *Nihon shōen ezu shūei* 日本莊園繪圖聚影 (Collected facsimiles of maps of Japanese manors). Tokyo: Tōkyō Daigaku Shuppankai, 1988. 362, 363

Unno Kazutaka 海野一隆 . "Tenri toshokan shozō DaiMin kokuzu ni tsuite" 天理圖書館所藏大明國圖について (On the 'Map of Ming' held by the Tenri Library). *Ōsaka Gakugei Daigaku Kiyō* 6 (1958): 60–67, with 2 pls. 249

———. "Katsuragawa Hoshū no sekaizu ni tsuite" 桂川甫周の世界圖について (On Katsuragawa Hoshū's map of the world). *Jinbun Chiri* 20, no. 4 (1968): 1–12. 436

———. "Kodai Chūgokujin no chiriteki sekaikan" 古代中國人の地理的世界觀 (The ancient Chinese people's geographical conception of the world). *Tōhō Shūkyō* 42 (1973): 35–51. 120

———. " *Tenchi nikyū yōhō kokumei* " kō 「天地二球用法國名」考 (On the *Tenchi nikyū yōhō kokumei*). *Nihon Yōgakushi no Kenkyū* 3 (1974): 113–37. 434

———. "Sōkaku no chikyūgi to sono sekaizō" 宗覺の地球儀とその世界像 (Sōkaku's globe and his image of the world). *Kagakushi Kenkyū* 117 (1976): 8–16. 391, 429

———. "Akashi Shiritsu Tenmonkagakukan shozō kochikyūgi ni tsuite" 明石市立天文科學館所藏古地球儀について (On the early terrestrial globe in the Akashi Planetarium collection). *Kagakushi Kenkyū* 124 (1977): 235–36. 469

———. "Hyōryūmin Tsudayūra no kikoku to chizu no denrai" 漂流民津太夫らの歸國と地圖の傳來 (Introduction of European cartography when Tsudayū [one of the repatriated castaways] and others returned to Japan). *Nihon Yōgakushi no Kenkyū* 4 (1977): 101–22. 438

———. "Seiyō chikyūsetsu no denrai" 西洋地球說の傳來 (Introduction of the global theory to Japan). *Shizen* 34, no. 3 (1979): 60–67, and 34, no. 6 (1979): 62–69. 377

———. "Shīburoto to 'Nihon henkai ryakuzu'" シーボルトと『日本邊界略圖』(Siebold and his small map of Japan). *Nihon Yōgakushi no Kenkyū* 5 (1979): 101–28. 439

———. *Chizu no shiwa* ちずのしわ (Map creases; or, Essays on the history of cartography). Tokyo: Yūshōdō Press, 1985. 380, 465, 467, 610, 623

———. "Chikyūgi tsuki no bateren ningyō" 地球儀付きのバテレン人形 (A terrestrial globe with a padre doll), 248–50. 391

———. "Hashimoto Sōkichi sekaizu no ihan gihan mohōban" 橋本宗吉世界圖の異版・僞版・模倣版 (Some unusual fake and imitative editions of Hashimoto Sōkichi's world map), 305–18. 437

———. "Kinsei kankō no Nihonzu" 近世刊行の日本圖 (Maps of Japan printed in [early] modern times), 126–38. 414

———. "Tawamure no chizu" たわむれの地圖 (Amusing cartographic works) and "Zoku tawamure no chizu" 續たわむれの地圖 (Amusing cartographic works, continuation), 5–7, 8–17. 430, 431

———. "Min Shin ni okeru Mateo Ritchi kei sekaizu: Shutoshite shinshiryō no kentō" 明清におけるマテオ・リッチ系世界圖 —— 主として新史料の檢討 (Chinese world maps of the Ming and Qing dynasties derived from the work of Matteo Ricci: An examination of new and neglected materials). In *Shinhatsugen Chūgoku kagakushi shiryō no kenkyū: Ronkō hen* 新發現中國科學史資料の研究，論考篇 (Studies on recently discovered source materials for the history of Chinese science: Collected articles), ed. Yamada Keiji 山田慶兒 , 507–80. Kyōto: Research Institute for Humanistic Studies, Kyōto University, 1985. 373, 409

———. "Oranda shin'yaku chikyū zenzu ni okeru sanshōshiryō" 喝蘭新譯地球全圖における參照資料 (Reference materials in a Dutch map of the world newly translated). *Nihon Yōgakushi no Kenkyū* 7 (1985): 65–102. 437

———. "Faruku chikyūgi denrai no hamon" ファルク地球儀傳来の波紋 (The influence of the Valcks' globe on Japanese maps and globes). *Nihon Yōgakushi no Kenkyū* 8 (1987): 9–34. 433, 469

———. "Hokubei ni okeru Edo jidai chizu no shūshū jōkyō: Bīnzu Korekushon o chūshin to shite" 北米における江戸時代地圖の收集狀況 —— ビーンズ・コレクションを中心として (Some collections of Japanese maps of the Edo period in North America: Mainly on the Beans Collection). *Jinbun Chiri* 39, no. 2 (1987): 16–41. 352, 423

———. "Jingū Bunko shozō no Nanban kei sekaizu to nan'yō karuta" 神宮文庫所藏の南蠻系世界圖と南洋カルタ (A Nanban map of the world and a Japanese marine chart of Southeast and East Asia in the Jingū Library collection). *Nihon Yōgakushi no Kenkyū* 9 (1989): 9–36. 380

———. "Nihonjin to Shumisen" 日本人と須彌山 (The Japanese and Mount Sumeru). In *Ajia no uchūkan* アジアの宇宙觀 (Cosmology in Asia), ed. Iwata Keiji 岩田慶治 and Sugiura Kōhei 杉浦康平 , 349–71. Tokyo: Kōdansha, 1989. 392

———. "Mukanki Tōkaidō michiyuki no zu no ihan" 無刊記東海道路行之圖の異版 (Two undated editions of the *Tōkaido michiyuki no zu*, an itinerary map of the Tōkai road). *Gekkan Kochizu Kenkyū* 22, no. 6 (1991): 2–5. 422–23

———. "Shōhō kan 'Bankoku sōzu' no seiritsu to rufu" 正保刊「萬國總圖」の成立と流布 (The *Bankoku sōzu* [Map of all the countries] published in 1645 and its popularization). *Nihon Yōgakushi no Kenkyū* 10 (1991): 9–75. 405

———. " 'Bankoku sekai igyō zu' ni tsuite" 『萬國世界異形圖』について (On the map of all countries and picture of the strange people in the world). *Biburia* 99 (1992): 20–33. 405

Unno Kazutaka 海野一隆 , Oda Takeo 織田武雄 , and Muroga Nobuo 室賀信夫 , eds. *Nihon kochizu taisei* 日本古地圖大成 (Great collection of old Japanese maps). 2 vols. (Vol. 1, added title *Monumenta cartographica Japonica*. Vol. 2, *Nihon kochizu taisei sekaizu hen* 日本古地圖大成世界圖編 [Great collection of old Japanese maps, volume of world maps].) Tokyo: Kōdansha, 1972–75. 350, 351, 362, 364, 368, 373, 377, 379, 380, 399, 400, 401, 404, 405, 407, 409, 410, 411, 412, 413, 414, 415, 416, 420, 421, 422, 423, 424, 426, 429, 435, 436, 437, 438, 439, 441, 442, 445, 450, 453, 463, 465, 467, 469, 471, 472, 473, 474, 475, 476, 477

Wang Che 王牟 and Chen Xu 陈徐. "Luoyang Bei-Wei Yuan Yi mu di xingxiangtu" 洛阳北魏元乂墓的星象图 (The celestial map from the Northern Wei tomb of Yuan Yi at Luoyang). *Wenwu*, 1974, no. 12:56–60 and pl. 1. **531**

Wang Guowei 王國維. *Renjian cihua* 人間詞話 (Poetic remarks in the human world, ca. 1910). Hong Kong: Zhonghua Shuju, 1961. **128**

Wang Jianmin 王健民, Liang Zhu 梁柱, and Wang Shengli 王胜利. "Zeng Houyi mu chutu di ershiba xiu qinglong baihu tuxiang" 曾侯乙墓出土的二十八宿青龙白虎图象 (The twenty-eight lunar lodges and paintings of the Green Dragon and the White Tiger, from the tomb of Zeng Houyi). *Wenwu*, 1979, no. 7:40–45. **519**

Wang Meng'ou 王夢鷗. "Gu mingtang tu kao" 古明堂圖考 (An investigation of the plan of the ancient luminous hall). In *Sanli yanjiu lunji* 三禮研究論集 (A collection of articles on the three ritual classics), Li Yuegang 李曰剛 et al., 289–300. Taipei: Liming Wenhua Shiye, 1981. **212**

Wang Ningsheng 汪宁生. *Yunnan Cangyuan bihua di faxian yu yanjiu* 云南沧源崖画的发现与研究 (The rock paintings of Cangyuan County, Yunnan: Their discovery and research). Beijing: Wenwu Chubanshe, 1985. **4, 5, 19, 21**

Wang Yong 王庸. *Zhongguo dilixue shi* 中國地理學史 (History of geography in China). 1938; reprinted Taipei: Shangwu Yinshuguan, 1974. **28, 35, 64, 125, 128, 170, 208**

———. *Zhongguo dili tuji congkao* 中國地理圖籍叢考 (Collected studies on Chinese geographic maps and documents, 1st ed. 1947). Rev. ed. Shanghai: Shangwu Yinshuguan, 1956. **176**

———. *Zhongguo ditu shi gang* 中國地圖史綱 (Brief history of Chinese cartography). Beijing: Sanlian Shudian, 1958. **28, 51, 64, 125, 128, 133, 139, 170**

Watanabe Toshio 渡邊敏夫. *Kinsei Nihon tenmongaku shi* 近世日本天文學史 (History of modern Japanese astronomy). 2 vols. Tokyo: Kōseisha Kōseikaku, 1986–87. **433, 453, 579, 581, 582, 583, 587, 589, 590, 591, 593, 594, 596, 598**

Wei Qingyuan 韋慶遠. *Mingdai huangce zhidu* 明代黃冊制度 (Yellow book system of the Ming period). Beijing: Zhonghua Shuju, 1961. **101**

Wen Shaofeng 溫少峰 and Yuan Tingdeng 袁庭棟. *Yinxu buci yanjiu: Kexue jishu pian* 殷墟卜辞研究 —— 科学技术篇 (Studies on Yin oracle bone writings: Science and technology volume). Chengdu: Sichuan Shehui Kexue Chubanshe, 1983. **514**

Wu Chengluo 吳承洛. *Zhongguo duliangheng shi* 中國度量衡史 (History of Chinese weights and measures). Shanghai: Shangwu Yinshuguan, 1937. **286, 312**

Xi Zezong 席澤宗. "Seng Yixing guance hengxing weizhi di gongzuo" 僧一行觀測恆星位置的工作 (On the observations of star positions by the priest Yixing [683–729]). *Tianwen Xuebao* 4 (1956): 212–18. **538**

———. "Dunhuang xingtu" 敦煌星图 (A star map from Dunhuang). *Wenwu*, 1966, no. 3:27–38. **537**

Xia Nai 夏鼐. "Cong Xuanhua Liao mu di xingtu lun ershiba xiu he huangdao shier gong" 从宣化辽墓的星图论二十八宿和黄道十二宫 (Discussion of twenty-eight lodges and the twelve palaces on the ecliptic based on a star map from a Liao tomb at Xuanhua). *Kaogu Xuebao*, 1976, no. 2:35–58. Reprinted in *Kaoguxue he keji shi* 考古学和科技史 (Archaeology and the history of technology), by Xia Nai, 29–50 and pls. 11–12. Beijing: Kexue Chubanshe, 1979. **539, 549**

Xinjiang Weiwuer Zizhiqu Bowuguan 新疆维吾尔自治区博物馆 (Museum of the Xinjiang Uygur Autonomous Region). "Tulufan xian Asitana-Halahezhuo gu muqun fajue jianbao" 吐鲁番县阿斯塔那 —— 哈拉和卓古墓群发掘简报 (Preliminary report on the excavation of ancient tombs at Asitana and Halahezhuo, Turpan County). *Wenwu*, 1973, no. 10:7–27. **537**

Xu Yuhu (Hsü Yü-hu) 徐玉虎. *Mingdai Zheng He hanghai tu zhi yanjiu* 明代鄭和航海圖之研究 (Study of Zheng He's nautical chart from the Ming period). Taipei: Xuesheng Shuju, 1976. **53**

Yabuuchi Kiyoshi (Yabuuti Kiyosi) 藪內清. "Sōdai no seishuku" 宋代の星宿 (Description of the constellations in the Song dynasty). *Tōhō Gakuhō* (Kyoto) 7 (1936): 42–90. **548**

———. "Chūgoku, Chōsen, Nihon, Indo no seiza" 中國・朝鮮・日本・印度の星座 (Chinese, Korean, Japanese, and Indian constellations). In *Seiza* 星座 (Constellations), Shin Tenmongaku Kōza 新天文學講座 (New lecture series on astronomy), vol. 1, ed. Nojiri Hōei 野尻抱影, 123–56. Tokyo: Kōseisha, 1957. **579**

———. "Naniwakyū sōken jidai no hōi kettei" 難波宮創建時代の方位決定 (The determination of position at the time of constructing Naniwakyū). *Naniwakyū Shi no Kenkyū* 2 (1958): 77–82. **359**

———. *Chūgoku no tenmon rekihō* 中國の天文曆法 (The history of astronomy and calendrical science in China). Tokyo: Heibonsha, 1969; rev. ed. 1990. **513, 585, 588**

———. "Sekishi Seikyo no kansoku nendai" 「石氏星經」の觀測年代 (The observational date of the *Shi Shen Xingjing*). In *Explorations in the History of Science and Technology in China*, ed. Li Guohao 李國豪 et al., 133–41. Shanghai: Shanghai Chinese Classics Publishing House, 1982. **519, 529**

Yamaguchi Masayuki 山口正之. "Shōken seishi to Tō Jakubō" 昭顯世子と湯若望 (Prince Sohyŏn and Tang Ruowang [Adam Schall]). *Seikyū Gakusō* 5 (1931): 101–17. **249–50**

Yamamoto Takeshi 山本大, ed. *Kōchi ken no rekishi* 高知縣の歷史 (History of Kōchi Prefecture). Tokyo: Yamakawa Shuppansha, 1970. **469**

Yamato-Kōriyama Shi Kyōiku Iinkai 大和郡山市教育委員會 (Board of Education, Yamato-Kōriyama City). *Heijōkyō Rajōmon ato hakkutsu chōsa hōkoku* 平城京羅城門跡發掘調查報告 (Report of the excavation of the sites of the Rajō Gate, Heijōkyō). Yamato-Kōriyama, 1972. **359**

Yamori Kazuhiko 矢守一彦. *Toshizu no rekishi* 都市圖の歷史 (History of city maps). 2 vols. Tokyo: Kōdansha, 1974–75. **400**

Yan Dunjie 严敦杰. *Zhongguo gudai kejishi lunwen suoyin 1900–1982* 中国古代科技史论文索引一九〇〇 —— 一九八二 (Index of essays on the history of ancient Chinese science and technology, 1900–1982). Nanjing: Jiangsu Kexue Jishu Chubanshe, 1986. **28**

Yang Hongxun 杨鸿勋. "Zhanguo Zhongshan wang ling ji zhaoyu tu yanjiu" 战国中山王陵及兆域图研究 (A study of the mausoleum of the king of the Zhanguo period's Zhongshan kingdom and the mausoleum map). *Kaogu Xuebao*, 1980, no. 1:119–38. **37**

Yang Wenheng 杨文衡. "Shilun Changsha Mawangdui sanhao Han muzhong chutu ditu di shuli jichu" 试论长沙马王堆三号汉墓中出土地图的数理基础 (On the mathematical foundation of the maps excavated from Han tomb 3 at Mawangdui). *Keji Shi Wenji* 3 (1980): 85–92. **52**

Yi Ch'an 李燦 (Chan Lee). "Han'guk ŭi ko segye chido" 韓國의 古世界地圖 (Old Korean world maps). *Han'guk Hakpo* 2 (1976): 47–66 with 9 pls. **259, 263**

————. *Han'guk ko chido* 韓國古地圖 (Old Korean maps). Map commentaries by Che Honggyu 諸洪圭. Seoul: Han'guk Tosŏgwanhak Yŏn'guhoe, 1977. 237, 249, 254, 259, 267, 289, 291, 292, 294, 295, 303, 305, 307, 309, 312, 316, 317, 318, 319, 320, 321, 324, 328, 337

————. *Han'guk ŭi ko chido* 韓國의 古地圖 (Old maps of Korea). Seoul: Pŭm'usa, 1991. 237

Yi Chinhŭi 李進熙. "Kaihō go Chōsen kōkogaku no hatten: Kōkuri hekiga kofun no kenkyū" 解放後朝鮮考古學の發展 —— 高句麗壁畫古墳研究 (The development of postwar Korean archaeology: Studies of Koguryŏ wall-painted tombs). *Kōkogaku Zasshi* 45, no. 3 (1959): 43–64. 238

Yi Hongjik 李弘稙, comp. *Kuksa taesajŏn* 國史大事典 (Encyclopedia of Korean history). 4th ed. Seoul: Samyŏng Ch'ulp'ansa, 1984. 305

Yi Nŭnghwa 李能和. *Chosŏn kidokkyo kŭp oegyo sa* 朝鮮基督教及外交史 (History of Korean Christianity and foreign relations). Seoul: Chosŏn Kidokkyo Changmun Sa, 1928. 249

Yi Pyŏngdo 李丙燾. *Koryŏ sidae'ŭi yŏn'gu* 高麗時代의 研究 (Study of the Koryŏ period). Seoul: Ŭryu Munhwasa, 1954. 278

————. "Ch'ŏnggudo haeje" 靑邱圖解題 (Biographical note to the Ch'ŏnggudo). In *Ch'ŏnggudo* 靑邱圖 (Map of the Blue Hills, 1834), by Kim Chŏngho 金正浩, 2 vols., vol. 1, introductory pp. 1–6. Seoul: Minjok Munwa Ch'iyinhoe, 1971. 314, 318

————. "Taedong chiji haeje" 大東地志解題 (Bibliographical note to the Taedong chiji). In *Taedong chiji* 大東地志 (Administrative geography of the Great East [Korea], 1864), by Kim Chŏngho 金正浩, 8 unnumbered pages following p. 840. Seoul: Hanyang Taehakkyo Kukkak Yŏn'guwŏn, 1974. 314

Yi Shitong 伊世同. "Zuigu di shike xingtu—Hangzhou Wuyue mu shike xingtu pingjia" 最古的石刻星图 —— 杭州吴越墓石刻星图评介 (The oldest star map engraved in stone—An assessment of a star map engraved on stone from the Wuyue tomb at Hangzhou). *Kaogu*, 1975, no. 3:153–57. 539

————. "Liangtian chi kao" 量天尺考 (Study of a sky-measuring scale). *Wenwu*, 1978, no. 2:10–17. 286

————. *Quantian xingtu: 2000.0* 全天星圖 2000.0 (All-sky star atlas for epoch 2000.0). Beijing, 1984. 511

————. "Hebei Xuanhua Liao Jin mu tianwen tu jianxi—jianji xingtai tiezhong huangdao shier gong tu xiang" 河北宣化辽金墓天文图简析 兼及邢台铁钟黄道十二宫图象 (A brief investigation of the star map from the Liao-Jin tombs at Xuanhua in Hebei—Also the twelve zodiacal signs as found on the Jintai iron bell). *Wenwu*, 1990, no. 10:20–24. 549

Yin Difei 殷滌非. "Xi Han Ruyinhou mu chutu di zhanpan he tianwen yiqi" 西汉汝阴侯墓出土的占盘和天文仪器 (Divination board and astronomical instruments from the Western Han tomb of the marquis of Ruyin). *Kaogu*, 1978, 338–43. 527

Yokohama Shiritsu Daigaku Toshokan 橫濱市立大學圖書館 (Yokohama City University Library). *Ayusawa Shintarō Bunko mokuroku* 鮎澤信太郎文庫目錄 (Catalog of the Shintaro Ayusawa Collection). Yokohama: Yokohama Shiritsu Daigaku Toshokan, 1990. 351

Yomiuri Shinbun (Yomiuri newspaper). No. 13284, 20 October 1989. 353

Yu Jie 于杰 and Yi Shitong 伊世同. "Beijing gu guanxiangtai" 北京古观象台 (An ancient observatory in Beijing). In *Zhongguo gudai tianwen wenwu lunji* 中国古代天文文物论集 (Collected essays on ancient Chinese astronomical relics), ed. Zhongguo Shehui Kexueyuan Kaogu Yanjiusuo 中国社会科学院考古研究所 (Archaeological Research Institute, Chinese Academy of Social Science [Academica Sinica]), 409–14. Beijing: Wenwu Chubanshe, 1989. 550

Yu Yingshi 余英時 (Ying-shih Yü). "Qingdai sixiang shi di yige xin jieshi" 清代思想史的一個新解釋 (New interpretation of Qing intellectual history). In *Lishi yu sixiang* 歷史與思想 (History and thought), by Yu Yingshi, 121–56. Taipei: Lianjing Chuban Gongsi, 1976. 104

Yu Yŏngbak 유영박. "Yogye kwanbang chido" 遼薊關防地圖 (The Yogye kwanbang chido). *Tosŏgwan* 27, no. 11 (November 1972): 32–34. 337

Yuan Ke, ed. *Shanhai jing jiaozhu* (Edited and annotated Shanhai jing). See *Shanhai jing* (above).

Yunnan Sheng Lishi Yanjiusuo Diaochazu 云南省历史研究所调查组 (Investigative team of the Yunnan Historical Research Institute). "Yunnan Cangyuan yahua" 云南沧源崖画 (Cliff paintings of Cangyuan, Yunnan). *Wenwu*, 1966, no. 2:7–16 and 38. 4

Zeng Zhaoyue 曾昭燏 et al., eds. *Nan Tang er ling fajue baogao* 南唐二陵發掘報告 (Report on the excavation of two Southern Tang tombs). Beijing: Wenwu Chubanshe, 1957. 81

Zhan Libo 詹立波. "Mawangdui Han mu chutu di shoubei tu tantao" 马王堆汉墓出土的守备图探讨 (Investigation of the garrison map excavated from the Han tomb at Mawangdui). *Wenwu*, 1976, no. 1:24–27. 41

Zhang Cunwu 張存武 (Chang Ts'un-wu). "Qingdai Zhong-Han bianwu wenti tanyuan" 清代中韓邊務問題探源 (An inquiry into the Sino-Korean border question during the Qing dynasty). *Zhongyang Yanjiuyuan Jindaishi Yanjiusuo Jikan* 2 (1971): 463–503. 194, 298, 299, 301

Zhang Guogan 張國淦. *Zhongguo gu fangzhi kao* 中國古方志考 (Study of ancient local gazetteers in China). Beijing: Zhonghua Shuju, 1962. 89

Zhang Peiyu 張培瑜, Xu Zhentao 徐振韜, and Lu Yang 卢央. "Zhongguo zui zao qi di rishi jilu he gongyuanqian shisi zhi gongyuanqian shiyi shiji rishi biao" 中国最早期的日食记录和公元前十四至公元前十一世纪日食表 (China's earliest records of solar eclipses and a solar eclipse table for the fourteenth to the eleventh century B.C.). *Nanjing Daxue Xuebao* (1982): 371–409. 514

Zhang Shunhui, ed. *Shuowen jiezi yuezhu*. See *Shuowen jiezi* (above).

Zhang Weihua 張維華. *Ming shi Ouzhou si guo zhuan zhushi* 明史歐州四國傳注釋 (Commentary on the chapters on four European countries in the *History of the Ming*). 1934; reprinted Shanghai: Shanghai Guji Chubanshe, 1982. 171, 172

Zhang Xincheng 張心澂. *Weishu tongkao* 僞書通考 (Comprehensive study of forged books). 1939; reprinted Taipei: Hongye Shuju, 1975. 133

Zhang Xiugui 張修桂. "Tianshui 'Fangmatan ditu' di huizhi niandai" 天水《放马滩地图》的绘制年代 (Date of the maps from Fangmatan, Tianshui). *Fudan Xuebao*, 1991, no. 1:44–48. 38

Zhang Xuan 張瑄 (Chang Hsüan). *Zhongwen changyong sanqian zixing yishi / The Etymologies of 3000 Chinese Characters in Common Usage* 中文常用三千字形義釋. Hong Kong: Hong Kong University Press, 1968. 26

Zhang Yi 張怡. "Zhongguo gudai ditu zhi bijiao" 中國古代地圖之比較 (A comparison of ancient Chinese maps). *Dixue Zazhi* 2, no. 5 (1911): 1–8. 27

Zhang Zhidong 張之洞. *Zhang Wenxiang gong quanji* 張文襄公全集 (Complete works of the honorable Zhang Wenxiang [Zhidong], 1928). 1937; reprinted Taipei: Wenhai Chubanshe, 1970. 195

Zhao Gang (Chao Kang) 趙岡. "Ming-Qing diji yanjiu" 明清地籍研究 (Study of Ming and Qing land records). *Zhongyang Yanjiuyuan Jindaishi Yanjiusuo Jikan* 9 (1980): 37–59. 86

Zhao Gang (Chao Kang) 趙岡 and Chen Zhongyi (Ch'en Chung-i) 陳鍾毅. *Zhongguo tudi zhidu shi* 中國土地制度史 (History of Chinese land-tenure systems). Taipei: Lianjing Chuban Shiye Gongsi, 1982. **100–101**

Zhejiangsheng Wenwu Guanli Weiyuanhui 浙江省文物管理委员会 (Committee for the Management of Cultural Relics, Zhejiang Province). "Hangzhou Lin'an wudai muzhong di tianwen tu he *mise* ci" 杭州、临安五代墓中的天文图和秘色瓷 (Astronomical maps and specially glazed porcelains found in the Five Dynasties tombs at Hangzhou and Lin'an). *Kaogu*, 1975, no. 3:186–94. **539**

Zheng Xihuang 郑锡煌. "*Jiu yu shouling tu* yanjiu" 九域守令图研究 (A study of the *Jiu yu shouling tu*). In *Zhongguo gudai ditu ji* 中國古代地圖集, ed. Cao Wanru 曹婉如 et al., 1:35–40. Beijing: Wenwu Chubanshe, 1990–. **46**

Zhongguo Hanghai Shi Yanjiuhui 中国航海史研究会 (Research Association for the History of Chinese Navigation), ed. *Zheng He yanjiu ziliao xuanbian* 郑和研究资料选编 (Selected research materials on Zheng He). Beijing: Renmin Jiaotong Chubanshe, 1985. **53**

Zhongguo Kexueyuan Beijing Tianwentai 中國科學院北京天文臺 (Beijing Observatory, Chinese Academy of Sciences), ed. *Zhongguo difangzhi lianhe mulu* 中國地方志聯合目錄 (Union catalog of Chinese gazetteers). Beijing: Zhonghua Shuju, 1985. **89**

Zhongguo Shehui Kexueyuan Kaogu Yanjiusuo 中国社会科学院考古研究所 (Archaeological Research Institute, Chinese Academy of Social Science [Academia Sinica]). *Zhongguo gudai tianwen wenwu tuji* 中国古代天文文物图集 (Album of ancient Chinese astronomical relics). Beijing: Wenwu Chubanshe, 1980. **56, 81, 129, 130, 511–12, 522, 526, 531, 536, 537, 539, 540, 542, 545, 548, 552, 553, 554, 555, 572, 574, 575, 599, plate 31**

Zhu Jianqiu 朱鉴秋. " 'Zheng He hanghai tu' zai woguo haitu fazhanshizhong di diwei he zuoyong" 《郑和航海图》在我国海图发展史中的地位和作用 (The place and role of Zheng He's nautical chart in the history of the development of our country's nautical charts). In *Zheng He xia Xiyang lunwenji* 郑和下西洋論文集 (Collected essays on Zheng He's expedition to the Western Ocean), ed. Zhongguo Hanghai Shi Yanjiuhui 中国航海史研究会 (Research Association for the History of Chinese Navigation), 1:229–37. Beijing: Renmin Jiaotong Chubanshe, 1985. **64**

其他语种的资料

Abeel, David. *Journal of a Residence in China, and the Neighboring Countries, from 1829 to 1833*. New York: Leavitt, Lord, 1834. **722**

Abendanon, Edouard Cornelius. *Midden-Celebes-expeditie: Geologische en geographische doorkruisingen van Midden-Celebes (1909–1910)*. 4 vols. Leiden: E. J. Brill, 1915–18. **832**

Acker, William Reynolds Beal, trans. and annotator. *Some T'ang and Pre-T'ang Texts on Chinese Painting*. 2 vols. Leiden: E. J. Brill, 1954–74. **139**

Adler, Bruno F. "Karty pervobytnykh narodov" (Maps of primitive peoples). *Isvestiya Imperatorskogo Obshchestva Lyubiteley Yestestvoznaniya, Antropologii i Etnografii: Trudy Geograficheskogo Otdeleniya* 119, no. 2 (1910). **608**

Aguilar, José, ed. *Historia de la Cartografía: La tierra de papel*. Buenos Aires: Editorial Codex S.A., 1967. **373**

Aihara, Ryōichi. "Ignacio Moreira's Cartographical Activities in Japan (1590–2), with Special Reference to Hessel Gerritsz's Hemispheric World Map." *Memoirs of the Research Department of the Toyo Bunko* 34 (1976): 209–42. **376**

Akioka, Takejirō, and Nobuo Muroga. "The History of Cartography in Japan." In *A Catalogue of Old Maps of Japan, Exhibited at the Tenri Central Library, September, 1957*, ed. Takeo Oda, 1–6. Kyōto, 1957. **351**

———. "The Short History of Ancient Cartography in Japan." In *Proceedings of the International Geographical Union Regional Conference in Japan, 1957*, 57–60. Tokyo: Organizing Committee of the IGU Regional Conference in Japan and the Science Council of Japan, 1959. **351**

Alexander, Jonathan J. G. Review of volume 1 of *The History of Cartography*, "Mapping the Medieval World." *Journal of Historical Geography* 16 (1990): 230–33. **19**

Ammarell, Gene. "Sky Calendars of the Indo-Malay Archipelago: Regional Diversity/Local Knowledge." *Indonesia* 45 (1988): 84–104. **713**

———. "Navigation Practices of the Bugis Seafarers." Paper presented at the forty-first annual meeting of the Association for Asian Studies, Washington, D.C., 19 March 1989. **714**

Andersson, Johan Gunnar. *Children of the Yellow Earth: Studies in Prehistoric China*. Trans. from the Swedish by E. Classen. New York: Macmillan, 1934. **12, 13**

Ang, Tian Se. "I-Hsing (683–727 A.D.): His Life and Scientific Work." Ph.D. diss., University of Malaya, Kuala Lumpur, 1979. **538**

Anville, Jean Baptiste Bourguignon d'. *Nouvel atlas de la Chine, de la Tartarie chinoise et du Thibet*. The Hague: H. Scheurleer, 1737. **183, 299**

Argüelles, José, and Miriam Argüelles. *Mandala*. Berkeley, Calif.: Shambhala, 1972. **620**

Aris, Michael. *Bhutan: The Early History of a Himalayan Kingdom*. Warminster, Eng.: Aris and Phillips, 1979. **613, 614**

Arts: The Magazine for Members of the Minneapolis Institute of Arts. June 1992. **610**

Ashida, Koreto. "Old Maps of Hokkaido." In *Dainippon* (Great Japan), ed. Bunmei Kyōkai, 127–37. Tokyo: Bunmei Kyōkai, 1936. **443**

Aston, William George, trans. *Nihongi: Chronicles of Japan from the Earliest Times to A.D. 697*. 2 vols. in 1. 1896; reprinted Tokyo: Charles E. Tuttle, 1985. **353, 354, 355, 358, 371, 372**

Atlas van Tropisch Nederland. Batavia: Koninklijk Nederlandsch Aardrijkskundig Genootschap, 1938. **773**

Auer, Gerhard, and Niels Gutschow. *Bhaktapur: Gestalt, Funktionen, und religiöse Symbolik einer nepalischen Stadt im vorindustriellen Entwicklungsstadium*. Darmstadt: Technische Hochschule, 1974. **612, 613**

Aujac, Germaine, and the editors. "The Growth of an Empirical Cartography in Hellenistic Greece." In *The History of Cartography*, ed. J. B. Harley and David Woodward, 1:148–60. Chicago: University of Chicago Press, 1987–. **98**

Aung-Thwin, Michael. *Pagan: The Origins of Modern Burma*. Honolulu: University of Hawaii Press, 1985. **479**

Aurousseau, Leonard. Review of Charles B. Maybon, *Histoire moderne du pays d'Annam (1592–1820)*. In *Bulletin de l'Ecole Française d'Extrême-Orient* 20, no. 4 (1920): 73–121. **499, 500, 502, 506**

Ayusawa, Shintaro. "The Types of World Map Made in Japan's Age of National Isolation." *Imago Mundi* 10 (1967): 123–27. **404, 409, 426, 429, 439, 441, 442, 443**

Aziz, Barbara Nimri. "Tibetan Manuscript Maps of Dingri Valley." *Canadian Cartographer* 12 (1975): 28–38. **609, 617, 618, 653, 654, 670**

———. "Maps and the Mind." *Human Nature* 1, no. 8 (1978): 50–59. **609, 653, 654, 655, 670, 827**

———. *Tibetan Frontier Families: Reflections of Three Generations from D'ing-ri.* Durham, N.C.: Carolina Academic Press, 1978. **609, 617, 670, 677**

Aziz, Barbara Nimri, and Matthew Kapstein, eds. *Soundings in Tibetan Civilization.* New Delhi: Manohar, 1985. **654**

Bacon, Francis. *The New Organon.* In *The New Organon and Related Writings,* ed. Fulton H. Anderson. New York: Liberal Arts Press, 1960. **223**

Baddeley, John F. "Father Matteo Ricci's Chinese World-Maps." *Geographical Journal* 50 (1917): 254–70. **174**

———. *Russia, Mongolia, China; Being Some Record of the Relations between Them from the Beginning of the XVIIth Century to the Death of the Tsar Alexei Mikhailovich,* A.D. 1602–1676. 2 vols. London, 1919; reprinted New York: B. Franklin, 1964. **682**

Bagrow, Leo. *History of Cartography.* Rev. and enl. R. A. Skelton. Trans. D. L. Paisey. Cambridge: Harvard University Press; London: C. A. Watts, 1964. Reprinted and enlarged, Chicago: Precedent Publishing, 1985. **xxiii, 607, 690**

Bailey, Jane Terry. "Some Burmese Paintings of the Seventeenth Century and Later, Part II: The Return to Pagan." *Artibus Asiae* 40 (1978): 41–61. **696, 722**

Bajpai, K. D., ed. *The Geographical Encyclopaedia of Ancient and Medieval India.* Varanasi: Indic Academy, 1967–. **781**

Baker, Donald L. "Jesuit Science through Korean Eyes." *Journal of Korean Studies* 4 (1982–83): 207–39. **575**

Balazs, Etienne. *Chinese Civilization and Bureaucracy: Variations on a Theme.* Trans. H. M. Wright. Ed. Arthur F. Wright. New Haven: Yale University Press, 1964. **71, 87**

Ban Gu. *The History of the Former Han Dynasty.* 3 vols. Trans. Homer H. Dubs. Baltimore: Waverly Press, 1938–55. **71, 77, 524, 525, 527**

Banerjee, N. R. "A Painted Nepalese *Paubhā* in the Collection of the National Museum, New Delhi." In *Buddhist Iconography,* 154–63. New Delhi: Tibet House, 1989. **649, 650**

Banerjee, N. R., and O. P. Sharma. "A Note on a Painted Map of the Kathmandu Valley at the National Museum, New Delhi." *Marg* 38, no. 3 [1986]: 77–80. **649**

Bary, William Theodore de, and Irene Bloom, eds. *Principle and Practicality: Essays in Neo-Confucianism and Practical Learning.* New York: Columbia University Press, 1979. **24**

Bary, William Theodore de, Wing-tsit Chan, and Burton Watson, comps. *Sources of Chinese Tradition.* New York: Columbia University Press, 1960. **207, 222, 226**

Bastian, Adolf. *Ideale Welten nach uranographischen Provinzen in Wort und Bild: Ethnologische Zeit- und Streitfragen, nach Gesichtspunkten der indischen Völkerkunde.* 3 vols. Berlin: Emil Felber, 1892. **693, 720**

———. "Graphische Darstellung des buddhistischen Weltsystems." *Verhandlungen der Berliner Gesellschaft für Anthropologie, Ethnologie und Urgeschichte,* 1894, 203–15. In *Zeitschrift für Ethnologie,* vol. 26. **693, 717**

Baxter, William H. *A Handbook of Old Chinese Phonology.* Berlin: Mouton de Gruyter, 1992. **26**

Beans, George H. "Some Notes from the Tall Tree Library." *Imago Mundi* 11 (1954): 146–47. **474**

———. *A List of Japanese Maps of the Tokugawa Era.* Jenkintown, Pa.: Tall Tree Library, 1951. Supplements A, B, and C (1955, 1958, 1963). **352, 422, 429, 437, 473, 476**

Bechert, Heinz. " 'To Be a Burmese Is to Be a Buddhist': Buddhism in Burma." In *The World of Buddhism: Buddhist Monks and Nuns in Society and Culture,* ed. Heinz Bechert and Richard Gombrich, 147–58. London: Thames and Hudson, 1984. **777**

Beer, Arthur, et al. "An 8th-Century Meridian Line: I-Hsing's Chain of Gnomons and the Pre-history of the Metric System." *Vistas in Astronomy* 4 (1961): 3–28. **53, 123, 533**

Bennett, Paul J. "Two Southeast Asian Ministers and Reactions to European Conquest: The Kinwun Mingyi and Phan-thanh-Gian." In *Conference under the Tamarind Tree: Three Essays in Burmese History,* 103–42. New Haven: Yale University Southeast Asia Studies, 1971. **507, 789**

Bennett, Steven J. "Patterns of the Sky and Earth: A Chinese Science of Applied Cosmology." *Chinese Science* 3 (1978): 1–26. **154, 216, 217, 219, 220, 222, 276–77, 278**

Berg, L. S. *Otkrytie Kamchatki i ekspeditsii Beringa, 1725–1742* (The discovery of Kamchatka and the expeditions of Bering, 1725–42). Moscow: Izdatel'stvo Akademii Nauk SSSR, 1946. **445**

Bergman, Folke. "Travels and Archaeological Field-work in Mongolia and Sinkiang—A Diary of the Years 1927–1934." In *History of the Expedition in Asia, 1927–1935,* 4 vols., by Sven Anders Hedin, 4:1–192. Stockholm: [Göteborg, Elanders Boktryckeri Aktiebolag], 1943–45. **6**

Bernard, Henri. *Matteo Ricci's Scientific Contribution to China.* Trans. Edward Chalmers Werner. Beijing: Henri Vetch, 1935. **404**

Bernbaum, Edwin. *The Way to Shambhala.* Garden City, N.Y.: Anchor Press, 1980. **629**

———. "The Hidden Kingdom of Shambhala." *Natural History* 92, no. 4 (1983): 54–63. **629, 632**

Berthelot, René. *La pensée de l'Asie et l'astrobiologie.* Paris: Payot, 1949. **8**

Bezacier, Louis. *L'art viêtnamien.* Paris: Editions de l'Union Française, 1954. **480**

———. *Relevés de monuments anciens du Nord Viêt-nam.* Paris: Ecole Française d'Extrême-Orient, 1959. **480**

Biasio, Elisabeth, and Verena Münzer. *Übergänge im menschlichen Leben: Geburt, Initiation, Hochzeit und Tod in aussereuropäischen Gesellschaften.* Zurich: Völkerkundemuseum der Universität Zürich, 1980. **706**

Bielenstein, Hans. *The Bureaucracy of Han Times.* Cambridge: Cambridge University Press, 1980. **88**

———. "Han Portents and Prognostications." *Bulletin of the Museum of Far Eastern Antiquities* 56 (1984): 97–112. **521**

Biot, Edouard. *Le Tcheou-li; ou, Rites des Tcheou.* 3 vols. 1851; reprinted Taipei: Chengwen Chubanshe, 1969. **75**

Biot, J. B. Review of *Ueber die Zeitrechnung der Chinesen* by Ludwig Ideler. In *Journal des Savants,* 1839, 721–30, and 1840, 27–41. **525**

Bishop, Peter. *The Myth of Shangri-La: Tibet, Travel Writing and the Western Creation of Sacred Landscape.* London: Athlone Press, 1989. **629**

Blackmore, Thaung. *Catalogue of the Burney Parabaiks in the India Office Library.* London: British Library, 1985. **690, 692, 753, 755, 811**

Blair, Emma H., and James A. Robertson, eds. *The Philippine Islands, 1493–1898.* 55 vols. Cleveland: Arthur H. Clark, 1903–9. **390**

Bo, Shuren. "Astrometry and Astrometric Instruments." In *Ancient China's Technology and Science,* comp. Institute of the History of Natural Sciences, Chinese Academy of Sciences, 15–32. Beijing: Foreign Languages Press, 1983. **525**

———. "Sima Qian—The Great Astronomer of Ancient China." *Chinese Astronomy and Astrophysics* 9 (1985): 261–67. **528**

Boisselier, Jean. "Pouvoir royale et symbolisme architectural: Neak Pean et son importance pour la royauté angkorienne." *Arts Asiatiques* 21 (1970): 91–108. **733**

———. *Thai Painting*. Trans. Janet Seligman. Tokyo: Kodansha International, 1976. **720, 721, 722, 733**

Boltz, Judith M. *A Survey of Taoist Literature: Tenth to Seventeenth Centuries*. Berkeley, Calif.: Institute of East Asian Studies, 1987. **230**

———. "Cartography in the Taoist Canon." *Asia Major*, forthcoming. **230**

Bosch, Frederick David Kan. *De gouden kiem: Inleiding in de Indische symboliek*. Amsterdam: Elsevier, 1948. English translation, *The Golden Germ: An Introduction to Indian Symbolism*. The Hague: Mouton, 1960. **706, 723, 728**

Boulding, Kenneth Ewart. *The Image*. Ann Arbor: University of Michigan Press, 1956. **9**

Boulnois, L. *Bibliographie du Népal*, vol. 3, *Sciences naturelles*, bk. 1, *Cartes du Népal dans les bibliothèques de Paris et de Londres*. Paris: Editions du Centre National de la Recherche Scientifique, 1973. **609**

Brauen, Martin. *Heinrich Harrers Impressionen aus Tibet*. Innsbruck: Pinguin-Verlag, 1974. **653, 675**

———. *Feste in Ladakh*. Graz: Akademische Druck- u. Verlagsanstalt, 1980. **653**

Bray, Francesca. See Needham, Joseph. *Science and Civilisation in China*.

Brook, Timothy. *Geographical Sources of Ming-Qing History*. Ann Arbor: Center for Chinese Studies, University of Michigan, 1988. **188–89**

Brooks, Robert R. R., and Vishnu S. Wakankar. *Stone Age Painting in India*. New Haven: Yale University Press, 1976. **18**

Broughton, William Robert. *A Voyage of Discovery to the North Pacific Ocean*. London: T. Cadell and W. Davies, 1804; reprinted Amsterdam: Nico Israel and New York: Da Capo Press, 1967. **447**

Brown, Lloyd A. *The Story of Maps*. Boston: Little, Brown, 1949; reprinted New York: Dover, 1979. **690**

Brown, Philip C. "Never the Twain Shall Meet: European Land Survey Techniques in Tokugawa Japan." *Chinese Science* 9 (1989): 53–79. **396**

Brown, Robert L. "Bodhgaya and South-east Asia." In *Bodhgaya: The Site of Enlightenment*, ed. Janice Leoshko, 101–24. Bombay: Marg Publications, 1988. **696, 777, 783**

Buchanan, Francis. See Hamilton, Francis.

Bùi Thiêt. "Sắp xếp thế hệ các bản đồ hiện biết thành Thăng Long thời Lê" (Establishing the generations of known maps of the city of Thăng Long from the Lê dynasty, 1428–1787). *Khảo Cổ Học* (Archaeology) 52, no. 4 (1984): 48–55. **478, 482, 483, 490, 495, 499**

Bulling, A. Gutkind. "Ancient Chinese Maps: Two Maps Discovered in a Han Dynasty Tomb from the Second Century B.C." *Expedition* 20, no. 2 (1978): 16–25. **41**

Bush, Susan. *The Chinese Literati on Painting: Su Shih (1037–1101) to Tung Ch'i-ch'ang (1555–1636)*. Cambridge: Harvard University Press, 1971. **136**

Bush, Susan, and Hsio-yen Shih, comps. and eds. *Early Chinese Texts on Painting*. Cambridge: Harvard University Press, 1985. **143**

Buttinger, Joseph. *Vietnam: A Political History*. New York: Praeger, [1968]. **495**

Cahill, James F. *Chinese Painting*. Geneva: Editions d'Art Albert Skira, 1960; reprinted New York: Rizzoli International Publications, 1977. **225**

———. "Confucian Elements in the Theory of Painting." In *The Confucian Persuasion*, ed. Arthur F. Wright, 115–40. Stanford: Stanford University Press, 1960. **136**

———. "Style as Idea in Ming-Ch'ing Painting." In *The Mozartian Historian: Essays on the Works of Joseph R. Levenson*, ed. Maurice Meisner and Rhoads Murphey, 137–56. Berkeley and Los Angeles: University of California Press, 1976. **225**

———. *The Compelling Image: Nature and Style in Seventeenth-Century Chinese Painting*. Cambridge: Harvard University Press, 1982. **153**

The Cambridge History of Japan. Vol. 3, *Medieval Japan*. Ed. Kozo Yamamura. Cambridge: Cambridge University Press, 1990. **362**

Cammann, Schuyler. "The 'TLV' Pattern on Cosmic Mirrors of the Han Dynasty." *Journal of the American Oriental Society* 68 (1948): 159–67. **215**

———. "The Magic Square of Three in Old Chinese Philosophy and Religion." *History of Religions* 1 (summer 1961): 37–79. **204, 214**

Cao, Wanru. "Maps 2,000 Years Ago and Ancient Cartographical Rules." In *Ancient China's Technology and Science*, comp. Institute of the History of Natural Sciences, Chinese Academy of Sciences, 250–57. Beijing: Foreign Languages Press, 1983. **41**

———. "Ancient Maps Unearthed from Qin Tomb of Fangmatan and Han Tomb of Mawangdui: A Comparative Research." *Journal of Chinese Geography* 3, no. 2 (1992): 39–50. **39**

Cardim, Antonio Francisco. *Fasciculus e Iapponicis floribus, suo adhuc madentibus sanguine*. Rome: Typis Heredum Corbelletti, 1646. **388**

Cary, Otis. *A History of Christianity in Japan*. 2 vols. New York: Fleming H. Revell, 1909; reprinted 1987. **370, 376, 377**

Catalogue of the Tibetan Collection and Other Lamaist Material in the Newark Museum. 5 vols. Newark, N.J.: Newark Museum, 1951–71. **667, 679**

Chaffee, John W. *The Thorny Gates of Learning in Sung China: A Social History of Examinations*. Cambridge: Cambridge University Press, 1985. **71**

Chagdarsurung, Ts. "La connaissance géographique et la carte des Mongols." *Studia Mongolica*, vol. 3 (2) (1975): 345–70. **685**

Chamberlain, Basil Hall. *Japanese Things: Being Notes on Various Subjects Connected with Japan*. Tokyo: Charles E. Tuttle, 1985; reprinted from an edition of 1905. **370, 410, 411**

———, trans. *The Kojiki: Records of Ancient Matters*. 1882; reprinted Tokyo: Charles E. Tuttle, 1986. **353, 354**

Chang, Kang-i Sun. "Description of Landscape in Early Six Dynasties Poetry." In *The Vitality of the Lyric Voice: Shih Poetry from the Late Han to the T'ang*, ed. Shuen-fu Lin and Stephen Owen, 105–29. Princeton: Princeton University Press, 1986. **134**

Chang, Kuei-sheng. "The Han Maps: New Light on Cartography in Classical China." *Imago Mundi* 31 (1979): 9–17. **41, 51**

Chang, Kwang-chih. *The Archaeology of Ancient China*. Rev. and enl. New Haven: Yale University Press, 1977. **204**

———. *Shang Civilization*. New Haven: Yale University Press, 1980. **72**

———. *The Archaeology of Ancient China*. 4th ed. New Haven: Yale University Press, 1986. **130**

Chang, Sen-dou. "Manuscript Maps in Late Imperial China." *Canadian Cartographer* 11 (1974): 1–14. **191**

Chang, Yu-che. "Chang-Hen, a Chinese Contemporary of Ptolemy." *Popular Astronomy* 53 (1945): 122–26. **522**

Chatley, Herbert. "The Date of the Hsia Calendar *Hsia Hsiao Chêng*." *Journal of the Royal Asiatic Society of Great Britain and Ireland*, 1938, 523–33. **513**

Chavannes, Edouard. "Les deux plus anciens spécimens de la cartographie chinoise." *Bulletin de l'Ecole Française d'Extrême-Orient* 3 (1903): 214–47. **27, 35, 37, 113, 164**

———. "Le cycle turc des douze animaux." *T'oung Pao*, 2d ser., 7 (1906): 51–122. **537**

———. "L'instruction d'un futur empereur de Chine en l'an 1193." *Mémoires concernant l'Asie Orientale* 1 (1913): 19–64. **86**

———, trans. *Les mémoires historiques de Se-Ma Ts'ien.* See Sima Qian.

Chayet, Anne. "The Jehol Temples and Their Tibetan Models." In *Soundings in Tibetan Civilization*, ed. Barbara Nimri Aziz and Matthew Kapstein, 65–72. New Delhi: Manohar, 1985. **613**

Chen, Cheng-siang (Chen Zhengxiang). "The Historical Development of Cartography in China." *Progress in Human Geography* 2 (1978): 101–20. **113, 125**

Ch'en, Kenneth (Chen Guansheng). "Matteo Ricci's Contribution to, and Influence on, Geographical Knowledge in China." *Journal of the American Oriental Society* 59 (1939): 325–59. **173, 174, 176, 177**

Chen, Qi-xin, and Li Xing Guo. "The Unearthed Paperlike Objects Are Not Paper Produced before Tsai-Lun's Invention." *Yearbook of Paper History* 8 (1990): 7–22. **40**

Chen, Zhao Fu. "Ancient Rock Art in China." *Bollettino del Centro Camuno di Studi Preistorici* 23 (1986): 91–98. **4, 18**

———. *Cina: L'arte rupestre preistorica.* Italian trans. Giuliana Aldi Pompili. Milan: Jaca Books, 1988. **2, 4, 8, 18, 21**

Cheng, Yen-tsu. "Cosmological Theories in Ancient China." *Scientia Sinica* 19 (1976): 291–309. **117**

Cheung, Kwong-yue. "Recent Archaeological Evidence relating to the Origin of Chinese Characters." Trans. Noel Barnard. In *The Origins of Chinese Civilization*, ed. David N. Keightley, 323–91. Berkeley and Los Angeles: University of California Press, 1983. **130**

Chinese Cultural Art Treasures: National Palace Museum Illustrated Handbook. 3d ed. Taipei: National Palace Museum, 1967. **27**

Chou, Hung-hsiang. "Chinese Oracle Bones." *Scientific American* 240 (April 1979): 134–49. **514**

Christie, A. H. "The Megalithic Problem in South East Asia." In *Early South East Asia: Essays in Archaeology, History and Historical Geography*, ed. R. B. Smith and W. Watson, 242–52. New York: Oxford University Press, 1979. **9**

Chu, K'o-chên. "The Origin of the Twenty-eight Lunar Mansions." *Actes du VIIIᵉ Congrès International d'Histoire des Sciences (1956)*, 1:364–72. Florence: Gruppo Italiano di Storia delle Scienze, 1958. **518**

Cieslik, Hubert, ed. *Hoppō Tanken Ki* [Record of an exploration of the northern region]: *Foreigners' Reports on Ezo in the Genna Period.* Tokyo: Yoshikawa Kōbunkan, 1962. **444**

Cima, Ronald J., ed. *Vietnam: A Country Study.* Washington, D.C.: Federal Research Division, 1989. **495**

Clark, David H., and F. Richard Stephenson. *The Historical Supernovae.* Oxford: Pergamon Press, 1977. **511, 554, 566**

Clément, Sophie, Pierre Clément, and Shin Yong Hak. *Architecture du paysage en Asie orientale.* Paris: Ecole Nationale Supérieure des Beaux Arts, 1982. **276, 278, 283**

Cockburn, John. "On the Recent Existence of *Rhinoceros indicus* in the North Western Provinces, and a Description of a Tracing of an Archaic Rock Painting from Mirzapore Representing the Hunting of This Animal." *Journal of the Asiatic Society of Bengal* 52, pt. 2 (1883): 56–64. **17**

———. "Cave Drawings in the Kaimūr Range, North-West Provinces." *Journal of the Royal Asiatic Society of Great Britain and Ireland*, 1899, 89–97. **17**

Coedès, George. *The Vajirañāṇa National Library of Siam.* Bangkok: Bangkok Times Press, 1924. **743**

———. *Pour mieux comprendre Angkor.* Hanoi, 1943. English edition, *Angkor: An Introduction.* Ed. and trans. Emily Floyd Gardiner. Hong Kong: Oxford University Press, 1963. **740**

———. "The Traibhūmikathā Buddhist Cosmology and Treaty on Ethics." *East and West* (Rome) 7 (1957): 349–52. **720**

Coedès, George, and C. Archaimbault. *Les trois mondes (Traibhūmi Braḥ R'vaṅ).* Paris: Ecole Française d'Extrême-Orient, 1973. **696, 720**

Coen, J. C. *Reize van Maarten Gerritsz. Vries in 1643 naar het noorden en oosten van Japan. . . .* Amsterdam, 1858. **440**

Coleridge, Samuel Taylor. *Coleridge on the Seventeenth Century.* Ed. Roberta Florence Brinkley. Durham, N.C.: Duke University Press, 1955. **203**

Cordier, Henri. *Description d'un atlas sino-coréen manuscrit du British Museum. Recueil de voyages et de documents pour servir à l'histoire de la géographie depuis le XIIIᵉ jusqu'à la fin du XVIᵉ siècle, section cartographique.* Paris: Ernest Leroux, 1896. **259**

Cortazzi, Hugh. *Isles of Gold: Antique Maps of Japan.* Tokyo: Weatherhill, 1983. **351, 361, 367, 368, 370, 371, 373, 380, 388, 389, 400, 405, 412, 413, 414, 420, 424–26, 429, 440, 443, 444, 450, 453, 475**

Cortesão, Armando. *Cartografia e cartógrafos portugueses dos séculos XV e XVI.* 2 vols. Lisbon, 1935. English translation, *History of Portuguese Cartography.* 2 vols. Coimbra: Junta de Investigações do Ultramar-Lisboa, 1969–71. **828**

———. "Study of the Evolution of the Early Cartographic Representation of Some Regions of the World: Japan." In *Portugaliae monumenta cartographica*, 6 vols., by Armando Cortesão and Avelino Teixeira da Mota, 5:170–78 and 6:40–41 (addenda). Lisbon, 1960. Facsimile edition, Lisbon: Imprensa Nacional-Casa da Moeda, 1987. **370**

Cosgrove, Denis E. *Social Formation and Symbolic Landscape.* London and Sydney: Croom Helm, 1984. **10**

Courant, Maurice. *Bibliographie coréenne.* 3 vols. Paris: Ernest Leroux, 1894–96. **257, 259**

Couvreur, Séraphin, ed. and trans. *Li Ki; ou, Mémoires sur les bienséances et les cérémonies.* 2d ed. 2 vols. Paris: Cathasia, 1913. **519**

———, trans. *Tch'ouen Ts'ou et Tso Tchouan*, 3 vols. Hochienfu: Mission Press, 1914. **515**

Covarrubias, Miguel. *Island of Bali.* 1936. New York: Alfred A. Knopf, 1956. **723**

Creel, Herrlee Glessner. *Studies in Early Chinese Culture, First Series.* Baltimore: Waverly Press, 1937. **76**

Crinò, Sebastiano. "La prima carta corografica inedita del Giappone portata in Italia nel 1585 e rinvenuta in una filza di documenti riguardanti il commercio dei Medici nelle Indie Orientali e Occidentali." *Rivista Marittima* 64 (1931): 257–84. **370**

Crone, Gerald. *Maps and Their Makers: An Introduction to the History of Cartography.* London: Hutchinson University Library, 1953, and four subsequent editions up to 1978. **690**

Crump, J. I., Jr., trans. *Chan-kuo Ts'e.* Oxford: Clarendon Press, 1970. **73, 74**

Cullen, Christopher. "A Chinese Eratosthenes of the Flat Earth: A Study of a Fragment of Cosmology in *Huai Nan Tzu.*" *Bulletin of the School of Oriental and African Studies* 39 (1976): 106–27. **119**

Dagyab, Loden Sherap. *Tibetan Religious Art.* 2 vols. Wiesbaden: Otto Harrassowitz, 1977. **628**

Dahlgren, Erik W. *Les débuts de la cartographie du Japon.* Uppsala: K. W. Appelberg; 1911, reprinted Amsterdam: Meridian, 1977. **370**

Dalby, Andrew, and Sao Saimöng Mangrai. "Shan and Burmese Manuscript Maps in the Scott Collection, Cambridge University Library." Unpublished manuscript, [ca. 1984]. **690, 692, 699, 760, 761, 790, 791, 792, 794, 795**

Dallapiccola, Anna Libera, ed., in collaboration with Stephanie Zingel-Avé Lallemant. *The Stūpa: Its Religious, Historical and Architectural Significance*. Wiesbaden: Franz Steiner, 1980. **616**

Dalrymple, Alexander. *A Collection of Charts and Memoirs*. London, 1772. **838**

Đặng Phương-nghi. *Les institutions publiques du Viêt-Nam au XVIIIᵉ siècle*. Paris: Ecole Française d'Extrême-Orient, 1969. **486**

Dardess, John W. *Confucianism and Autocracy: Professional Elites in the Founding of the Ming Dynasty*. Berkeley and Los Angeles: University of California Press, 1983. **205**

Das, Sarat Chandra. *Indian Pandits in the Land of Snow*. 1893; reprinted Delhi: Delhi Printers Prakashan, 1978. **681**

———. *Journey to Lhasa and Central Tibet*. 1902; reprinted New Delhi: Mañjuśrī Publishing House, 1970. **668, 670**

Debergh, Minako. "A Comparative Study of Two Dutch Maps Preserved in the Tokyo National Museum—Joan Blaeu's Wall Map of the World in Two Hemispheres, 1648 and Its Revision ca. 1678 by N. Visscher." *Imago Mundi* 35 (1983): 20–36. **435**

Delano Smith, Catherine. In *The History of Cartography*, ed. J. B. Harley and David Woodward. Chicago: University of Chicago Press, 1987–.

"Cartography in the Prehistoric Period in the Old World: Europe, the Middle East, and North Africa," 1:54–101. **1, 2, 3, 6, 9, 13, 14, 15, 18**

"Prehistoric Maps and the History of Cartography: An Introduction," 1:45–49. **1, 20**

Desai, W. S. "A Map of Burma (1795) by a Burmese Slave." *Journal of the Burma Research Society* 26, no. 3 (1936): 147–52. **747, 803**

Destombes, Marcel. "Wang P'an, Liang Chou et Matteo Ricci: Essai sur la cartographie chinoise de 1593 à 1603." In *Actes du Troisième Colloque International de Sinologie: Appréciation par l'Europe de la tradition chinoise à partir du dix-septième siècle*, 47–65. Paris: Belles Lettres, 1983. **229**

Devlet, M. A. *Bol'shaya Boyarskaya pisanitsa/Rock Engravings in the Middle Yenisei Basin*. Moscow: Nauka, 1976. **3, 4, 5**

———. *Petroglify Ulug-Khema*. (Petroglyphs of Ulug-Khem). Moscow: Nauka, 1976. **6, 7, 21, 22**

———. *Petroglify Mugur-Sargola* (Petroglyphs of Mugur-Sargol). Moscow: Nauka, 1980. **6, 7, 21, 22**

Dictionary of National Biography: From Earliest Times to 1900. 22 vols. Ed. Leslie Stephen and Sidney Lee. First published in 66 vols., 1885–1901. Reprinted London: Oxford University Press, 1937–38. **836**

Dictionary of National Biography. Suppl. 1931–40. London: Oxford University Press, 1949. **760**

Dien, Albert E. "Chinese Beliefs in the Afterworld." In *The Quest for Eternity: Chinese Ceramic Sculptures from the People's Republic of China*, ed. Susan L. Caroselli, 1–15. Los Angeles: Los Angeles County Museum of Art, 1987. **80**

Dieux et démons de l'Himâlaya: Art du Bouddhisme lamaïque. Catalog of an exhibition at the Grand Palais, 25 March to 27 June 1977. Paris: Secrétariat d'Etat à la Culture, 1977. **614, 648, 668**

Dilke, O. A. W. In *The History of Cartography*, ed. J. B. Harley and David Woodward. Chicago: University of Chicago Press, 1987–.

"The Culmination of Greek Cartography in Ptolemy," 1:177–200. **114, 124**

"Maps in the Service of the State: Roman Cartography to the End of the Augustan Era," 1:201–11. **710–11**

Diringer, David. *Writing*. New York: Frederick A. Praeger, 1962. **17**

Dorn, Ronald I., Margaret Nobbs, and Tom A. Cahill. "Cation-Ratio Dating of Rock-Engravings from the Olary Province of Arid South Australia." *Antiquity* 62 (1988): 681–89. **15**

Dorzh, D. "Rock 'Art Galleries' of Mongolia." *Canada Mongolia Review* 1, no. 2 (1975): 49–55. **7**

Douglas, Nik. *Tantric Charms and Amulets*. New York: Dover, 1978. **621**

Drake, Fred W. *China Charts the World: Hsu Chi-yü and His Geography of 1848*. Cambridge: East Asian Research Center, Harvard University, 1975. **108**

Dubs, Homer H. "The Date of the Shang Period." *T'oung Pao* 40 (1951): 322–35. **514**

———, trans. *The History of the Former Han Dynasty*. See Ban Gu.

———. *The Works of Hsüntze*. See Xun Qing.

Dudley, Robert. *Dell'arcano del mare*. 3 vols. Florence, 1646–47. 2d ed. 1661. **388**

Du Halde, Jean Baptiste. *Description géographique, historique, chronologique, politique, et physique de l'empire de la Chine et de la Tartarie chinoise*. 4 vols. Paris: Lemercier, 1735. **181, 183, 299**

———. *A Description of the Empire of China and Chinese-Tartary, Together with the Kingdoms of Korea, and Tibet*. 2 vols. London: Edward Cave, 1738–41. **181, 185**

———, ed. *Lettres édifiantes et curieuses, écrites des missions étrangères par quelques missionnaires de la Compagnie de Jésus*. 27 vols. Paris: Nicolas le Clerc, 1707–49. **180**

Dumarçay, Jacques. "Notes d'architecture Javanaise et Khmère." *Bulletin de l'Ecole Française d'Extrême-Orient* 71 (1982): 87–147. **696**

Dumoutier, Gustave. "Etude sur un portulan annamite du XVᵉ siècle." *Bulletin de Géographie Historique et Descriptive* 11 (1896): 141–204. **490**

Durand, John D. "The Population Statistics of China, A.D. 2–1953." *Population Studies* 13 (1960): 209–56. **71**

Duroiselle, Charles. "The Rock-Cut Temples of Powun-daung." In *Archaeological Survey of India Annual Report, 1914–15*, 42–55. Calcutta, 1920. **726, 727**

Eade, J. C. *Southeast Asian Ephemeris: Solar and Planetary Positions, A.D. 638–2000*. Ithaca, N.Y.: Cornell Southeast Asia Program, 1989. **738**

Eberhard, W. "Untersuchungen an astronomischen Texten des chinesischen Tripitaka." *Monumenta Serica* 5 (1940): 208–62. **533, 539**

Eberhard, Wolfram. *Conquerors and Rulers: Social Forces in Medieval China*. 2d rev. ed. Leiden: E. J. Brill, 1965. **206**

Ecsedy, Ildikó. "Far Eastern Sources on the History of the Steppe Region." *Bulletin de l'Ecole Française d'Extrême-Orient* 69 (1981): 263–76. **11**

Edgerton, Samuel Y., Jr. *The Renaissance Rediscovery of Linear Perspective*. 1975; reprinted New York: Harper and Row, 1976. **145, 146**

Editorial Staff of Picture Albums, ed. *Korean Central Historical Museum*. P'yŏngyang: Korean Central Historical Museum, 1979. **556, 558, 559**

Edney, Matthew H. "John Brian Harley (1932–1991): Questioning Maps, Questioning Cartography, Questioning Cartographers." *Cartography and Geographic Information Systems* 19 (1992): 175–78. **xxiii**

Efimova (Yefimov), A. V. *Atlas geograficheskikh otkrytiy v Sibiri i v severo-zapadnoy Amerike XVII-XVIII vv.* (Atlas of geographical discoveries in Siberia and northwestern America, seventeenth to eighteenth century). Moscow: Nauka, 1964. **445**

Elia, Pasquale M. d'. "The Double Stellar Hemisphere of Johann Schall von Bell S.J." *Monumenta Serica* 18 (1959): 328–59. **569, 570, 572, 573**

————. *Galileo in China: Relations through the Roman College between Galileo and the Jesuit Scientist-Missionaries (1610–1640).* Trans. Rufus Suter and Matthew Sciascia. Cambridge: Harvard University Press, 1960. **569**

————. "Recent Discoveries and New Studies (1938–1960) of the World Map in Chinese of Father Matteo Ricci SJ." *Monumenta Serica* 20 (1961): 82–164. **171**

Eliade, Mircea. *The Sacred and the Profane: The Nature of Religion.* Trans. Willard R. Trask. New York: Harcourt, Brace and World, 1959. **19**

Elman, Benjamin A. "Geographical Research in the Ming-Ch'ing Period." *Monumenta Serica* 35 (1981–83): 1–18. **224**

————. *From Philosophy to Philology: Intellectual and Social Aspects of Change in Late Imperial China.* Cambridge: Council on East Asian Studies, Harvard University, 1984. **104**

Elwin, Verrier. *The Tribal Art of Middle India: A Personal Record.* Bombay: Geoffrey Cumberlege, Oxford University Press, 1951. **19**

Essen, Gerd-Wolfgang, and Tsering Tashi Thingo. *Die Götter des Himalaya: Buddhistische Kunst Tibets.* 2 vols. Munich: Prestel-Verlag, 1989. **629, 632, 637, 677**

Fang, Chaoying, and Else Glahn. "Mao K'un." In *Dictionary of Ming Biography, 1368–1644,* 2 vols., ed. Luther Carrington Goodrich and Chaoying Fang, 2:1042–47. New York: Columbia University Press, 1976. **82**

Fang Xuanling. *The Astronomical Chapters of the Chin Shu.* Trans. and annotated Ho Peng-yoke. Paris: Mouton, 1966. **210, 511, 512, 515, 518, 522, 530, 538**

Fawcett, F. "Notes on the Rock Carvings in the Edakal Cave, Wynaad." *Indian Antiquary* 30 (1901): 409–21. **12, 17**

Felber, Roland. "Neue Möglichkeiten und Kriterien für die Bestimmung der Authentizität des Zuo-Zhuan." *Archiv Orientální* 34 (1966): 80–91. **516**

Ferguson, John B. "The Symbolic Dimensions of the Burmese Sangha." Ph.D. diss., Cornell University, 1975. **717**

Ferrand, Gabriel. "Les voyages des Javanais à Madagascar." *Journal Asiatique,* 10th ser., 15 (1910): 281–330. **828**

————. "A propos d'une carte javanaise du XVᵉ siècle." *Journal Asiatique,* 11th ser., 12 (1918): 158–70. **828**

Feuchtwang, Stephan D. R. *An Anthropological Analysis of Chinese Geomancy.* Vientiane, Laos: Editions Vithagna, 1974. **216, 217, 219, 220, 221**

Filibeck, Elena Rossi. "A Guide-Book to Tsa-ri." In *Reflections on Tibetan Culture: Essays in Memory of Turrell V. Wylie,* ed. Lawrence Epstein and Richard F. Sherburne, 1–10. Lewiston, N.Y.: Edwin Mellen Press, 1990. **656**

Fisher, Charles A. *South-east Asia: A Social, Economic and Political Geography.* London: Methuen, 1964. **769**

Fisher, James F. *Sherpas: Reflections on Change in Himalayan Nepal.* Berkeley and Los Angeles: University of California Press, 1990. **619**

Fitzgerald, Charles Patrick. *China: A Short Cultural History.* 4th rev. ed. [London]: Barrie and Jenkins, 1976. **513**

Foley, N. "A Statistical Study of the Solar Eclipses Recorded in Chinese and Korean History during the Pre-telescopic Era." M.Sc. diss., University of Durham, 1989. **525–26**

Fong, Wen C. "Archaism as a 'Primitive' Style." In *Artists and Traditions: Uses of the Past in Chinese Culture,* ed. Christian F. Murck, 89–109. Princeton: Art Museum, Princeton University, 1976. **135**

————. "The Study of Chinese Bronze Age Arts: Methods and Approaches." In *The Great Bronze Age of China: An Exhibition from the People's Republic of China,* ed. Wen Fong, 20–34. New York: Metropolitan Museum of Art, 1980. **130**

Fontein, Jan, and Wu Tung. *Han and T'ang Murals Discovered in Tombs in the People's Republic of China and Copied by Contemporary Chinese Painters.* Boston: Museum of Fine Arts, 1976. **147**

Forman, Werner, and Bedrich Forman. *Art of Far Lands.* Ed. Lubor Hájek. Trans. W. Cungh and H. Watney. [London]: Spring Books, [1958?]. **679**

Forrest, Thomas. *Voyage from Calcutta to the Mergui Archipelago, Lying on the East Side of the Bay of Bengal.* London: J. Robson, 1792. **836, 837**

————. *A Voyage to New Guinea, and the Moluccas, from Balambangan, Including an Account of Magindano, Sooloo, and Other Islands . . . during the Years 1774, 1775, and 1776.* 2d ed. London: G. Scott, 1880; reprinted Kuala Lumpur: Oxford University Press, 1969. **838**

Foss, Theodore N. "A Western Interpretation of China: Jesuit Cartography." In *East Meets West: The Jesuits in China, 1582–1773,* ed. Charles E. Ronan and Bonnie B. C. Oh, 209–51. Chicago: Loyola University Press, 1988. **180, 181, 185, 186, 299**

Franke, Herbert. "Die Erforschung der Quellgebiete des Gelben Flusses in Nordosttibet unter dem Mongolenkaiser Qubilai." In *Der Weg zum Dach der Welt,* ed. Claudius C. Müller and Walter Raunig, 59–61. Innsbruck: Pinguin-Verlag, [1982]. **614**

————. "Sung Embassies: Some General Observations." In *China among Equals: The Middle Kingdom and Its Neighbors, 10th-14th Centuries,* ed. Morris Rossabi, 116–48. Berkeley and Los Angeles: University of California Press, 1983. **83**

Fraser, Douglas. *Village Planning in the Primitive World.* New York: George Braziller, 1968. **10**

Freedman, Maurice. *Chinese Lineage and Society: Fukien and Kwang-tung.* London: Athlone Press, 1971. **218**

Freeman, Michael D. "From Adept to Worthy: The Philosophical Career of Shao Yong." *Journal of the American Oriental Society* 102 (1982): 477–91. **225**

Freitag, Ulrich. "Geschichte der Kartographie von Thailand." In *Forschungsbeiträge zur Landeskunde Süd- und Südostasiens,* Festschrift für Harald Uhlig zu seinem 60. Geburtstag, vol. 1, ed. E. Meynen and E. Plewe, 213–32. Wiesbaden: Franz Steiner, 1982. **692, 742**

————. "Zur Periodisierung der Geschichte der Kartographie Thailands." In *Kartenhistorisches Colloquium Bayreuth '82, 18.-20. März 1982: Vorträge und Berichte,* ed. Wolfgang Scharfe, Hans Vollet, and Erwin Herrmann, 213–27. Berlin: Dietrich Reimer, 1983. **742**

Fróis, Luís. *Historia de Japam.* [ca. 1597]. **377**

Frumkin, Grégoire. *Archaeology in Soviet Central Asia.* Leiden: E. J. Brill, 1970. **16**

Fu, Lo-shu, comp., trans., and annotator. *A Documentary Chronicle of Sino-Western Relations (1644–1820).* 2 vols. Tucson: University of Arizona Press, 1966. **83, 84, 85**

Fu, Shen C. Y., et al. *Traces of the Brush: Studies in Chinese Calligraphy.* New Haven: Yale University Press, 1977. **158**

Fuchs, Walter. "Materialien zur Kartographie der Mandju-Zeit." *Monumenta Serica* 1 (1936): 386–427. **185**

————. *Der Jesuiten-Atlas der Kanghsi-Zeit.* 2 vols. Beijing: Fu Jen [Furen] University, 1943. **184, 185, 186**

————. *The "Mongol Atlas" of China by Chu Ssu-pen and the Kuang-yü-t'u.* Monumenta Serica Monograph 8. Beijing: Fu Jen [Furen] University, 1946. **60**

Fujita, Hiroki. *Tibetan Buddhist Art.* Tokyo: Hakusuisha, 1984. **637**

Galileo. *The Starry Messenger.* In *Discoveries and Opinions of Galileo,* trans. and annotated Stillman Drake. Garden City, N.Y.: Doubleday, 1957. **223**

Gaspardone, Emile. "Bibliographie annamite." *Bulletin de l'Ecole Française d'Extrême-Orient* 34 (1934): 1–173. **481, 482, 486, 495**

Gaubil, Antoine. *Correspondance de Pékin, 1722–1759.* Geneva: Librairie Droz, 1970. **180, 181**

Geertz, Clifford. *The Religion of Java.* Glencoe, Ill.: Free Press, 1960. **711, 738**

———. *Local Knowledge: Further Essays in Interpretive Anthropology.* New York: Basic Books, 1983. **20**

Genoud, Charles. *Buddhist Wall-Painting of Ladakh.* Trans. Tom Tillemans. Geneva: Edition Olizane, 1982. **615**

Gerasimov, Innokenty, ed. *A Short History of Geographical Science in the Soviet Union.* Moscow: Progress, 1976. **445**

Gerini, Gerolamo E. *Chūlākantamaṅgala; or, The Tonsure Ceremony as Performed in Siam.* Bangkok: Siam Society, 1976 [first published 1895]. **693, 716, 728**

Gerner, Manfred. *Architekturen im Himalaja.* Stuttgart: Deutsche Verlags-Anstalt, 1987. **615, 621–22, 623, 679, 681**

Gernet, Jacques. *China and the Christian Impact: A Conflict of Cultures.* Trans. Janet Lloyd. Cambridge: Cambridge University Press, 1985. **170**

Ghosh, Rai Sahib Manoranjan. *Rock-Paintings and Other Antiquities of Prehistoric and Later Times.* Memoirs of the Archaeological Survey of India, no. 24. Calcutta: Government of India, Central Publication Branch, 1932; reprinted Patna: I. B. Corporation, 1982. **2**

Gianno, Rosemary. *Semelai Culture and Resin Technology.* Memoirs of the Connecticut Academy of Arts and Sciences, vol. 22. New Haven, 1990. **710**

Giles, Lionel. *Descriptive Catalogue of the Chinese Manuscripts from Tunhuang in the British Museum.* London: British Museum, 1957. **536, 537**

Ginnaro, Berardin. *Saverio orientale; ò, Vero istorie de' Cristiani illustri dell'Oriente. . . .* Naples: Francesco Savio, 1641. **388**

Ginsburg, Henry. *Thai Manuscript Painting.* Honolulu: University of Hawaii Press, 1989. **719, 720, 722**

Giorgi, Antonio Agostino. *Alphabetum Tibetanum missionum apostolicarum.* Rome: Typis Sacrae Congregationis de Propaganda Fide, 1762. **608, 621**

Gleick, James. *Chaos: Making a New Science.* New York: Viking, 1987. **227**

Glover, I. C., B. Bronson, and D. T. Bayard. "Comment on 'Megaliths' in South East Asia." In *Early South East Asia: Essays in Archaeology, History and Historical Geography,* ed. R. B. Smith and W. Watson, 253–54. New York: Oxford University Press, 1979. **9**

Gold, Peter. *Tibetan Reflections: Life in a Tibetan Refugee Community.* London: Wisdom Publications, 1984. **621**

Gole, Susan. *Indian Maps and Plans: From Earliest Times to the Advent of European Surveys.* New Delhi: Manohar, 1989. **634, 646, 647, 649, 650**

———. "A Nepali Map of Central Asia." *South Asian Studies* 8 (1992): 81–89. **646, 647, 648**

Goloubew, Victor. "L'Age du Bronze au Tonkin et dans le Nord-Annam." *Bulletin de l'Ecole Française d'Extrême-Orient* 29 (1929): 1–46. **13**

Gombrich, Richard. "The Buddhist Way." In *The World of Buddhism: Buddhist Monks and Nuns in Society and Culture,* ed. Heinz Bechert and Richard Gombrich, 9–40. London: Thames and Hudson, 1984. **615**

Gordon, Antoinette K. *Tibetan Religious Art.* New York: Columbia University Press, 1952. **621, 623, 634, 638**

Gordon, Douglas Hamilton. "The Rock Engravings of Kupgallu Hill, Bellary, Madras." *Man* 51 (1951): 117–19. **6**

———. *The Pre-historic Background of Indian Culture.* Bombay: N. M. Tripathi, 1958. **1, 18**

Gordon, M. E., and Douglas Hamilton Gordon. "The Artistic Sequence of the Rock Paintings of the Mahadeo Hills." *Science and Culture* 5 (1939–40): 322–27, 387–92. **18**

Gosling, L. A. Peter. "Contemporary Malay Traders in the Gulf of Thailand." In *Economic Exchange and Social Interaction in Southeast Asia: Perspectives from Prehistory, History, and Ethnography,* ed. Karl L. Hutterer, 73–95. Ann Arbor: Center for South and Southeast Asian Studies, University of Michigan, 1977. **832**

Gourou, Pierre. *Les paysans du delta tonkinois: Etudes de géographie humaine.* 1936; reprinted Paris: Mouton, 1965. **484**

Graham, A. C. *Later Mohist Logic, Ethics and Science.* Hong Kong: Chinese University Press; London: School of Oriental and African Studies, University of London, 1978. **97**

Groot, J. J. M. de. *The Religious System of China: Its Ancient Forms, Evolution, History and Present Aspect.* 6 vols. Leiden: E. J. Brill, 1892–1910. Vol. 3, bk. 1, *Disposal of the Dead,* pt. 3, *The Grave.* Reprinted Taipei: Chengwen Chubanshe, 1972. **216, 217**

Groslier, Bernard Philippe, and Jacques Arthaud. *Angkor: Art and Civilization.* Rev. ed. Trans. Eric Ernshaw Smith. New York: Frederick A. Praeger, 1966. **740**

Groslier, George. *Angkor.* 2d ed. Paris: Librairie Renouard, 1931. **695, 740**

Gumilev, L. N., and B. I. Kuznetsov. "Dve traditsii drevnetibetskoy kartografii (landschaf i etnos, VIII.)." *Vestnik Leningradskogo Universiteta* 24 (1969): 88–101. Translated as "Two Traditions of Ancient Tibetan Cartography (Landscape and Ethnos, VIII)." *Soviet Geography: Review and Translation* 11 (1970): 565–79. **610, 614, 639, 640**

Gurung, Harka. *Maps of Nepal: Inventory and Evaluation.* Bangkok: White Orchid Press, 1983. **609**

Guy, R. Kent. *The Emperor's Four Treasuries: Scholars and the State in the Late Ch'ien-lung Era.* Cambridge: Council on East Asian Studies, Harvard University, 1987. **74, 104**

Habib, Irfan. *An Atlas of the Mughal Empire: Political and Economic Maps with Detailed Notes, Bibliography and Index.* Delhi: Oxford University Press, 1982. **781**

Hagstrum, Jean H. *The Sister Arts: The Tradition of Literary Pictorialism and English Poetry from Dryden to Gray.* Chicago: University of Chicago Press, 1958. **134**

Halén, Harry. *Mirrors of the Void: Buddhist Art in the National Museum of Finland.* Helsinki: Museovirasto, 1987. **plate 14**

Hall, Daniel George Edward. *A History of South-east Asia.* 3d ed. New York: St. Martin's Press, 1968. **753, 759, 768, 770, 789**

———. *Henry Burney: A Political Biography.* London: Oxford University Press, 1974. **754**

Hall, John Whitney. *Japan: From Prehistory to Modern Times.* New York: Delacorte Press, 1970. **205, 207, 355, 356, 359, 362**

Hamilton, Francis. "An Account of a Map of the Countries Subject to the King of Ava, Drawn by a Slave of the King's Eldest Son." *Edinburgh Philosophical Journal* 2 (1820): 89–95, 262–71. **743, 745, 746, 747, 803**

———. "Account of a Map of the Route between Tartary and Amarapura, by an Ambassador from the Court of Ava to the Emperor of China." *Edinburgh Philosophical Journal* 3 (1820): 32–42. **785, 817**

———. "Account of a Map of the Country North from Ava." *Edinburgh Philosophical Journal* 4 (1820–21): 76–87. **747, 748, 803**

————. "Account of a Map Constructed by a Native of Taunu, of the Country South from.Ava." *Edinburgh Philosophical Journal* 5 (1821): 75–84. 749, 803

————. "Account of a Map by a Slave to the Heir-Apparent of Ava." *Edinburgh Philosophical Journal* 6 (1821–22): 270–73. 805

————. "Account of a Map of the Country between the Erawadi and Khiaenduaen Rivers." *Edinburgh Philosophical Journal* 6 (1821–22): 107–11. 803

————. "Account of a Map of the Tarout Shan Territory." *Edinburgh Philosophical Journal* 7 (1822): 71–75. 805

————. "An Account of a Map of the Vicinity of Paukgan, or Pagan." *Edinburgh Philosophical Journal* 7 (1822): 230–39. 805

————. "Account of a Map Drawn by a Native of Dawae or Tavay." *Edinburgh Philosophical Journal* 9 (1823): 228–36. 752, 805

————. "An Account of a Map of Koshanpri." *Edinburgh Philosophical Journal* 10 (1823–24): 246–50. 805

————. "Account of Two Maps of Zaenmae or Yangoma." *Edinburgh Philosophical Journal* 10 (1823–24): 59–67. 749, 750, 751, 805

————. "Account of a Map of the Kingdom of Pegu." *Edinburgh Journal of Science* 1 (1824): 267–74. 807

————. "Account of a Map of Upper Laos, or the Territory of the Lowa Shan." *Edinburgh Journal of Science* 1 (1824): 71–73. 807

Han Feizi. *The Complete Works of Han Fei Tzŭ.* 2 vols. Trans. W. K. Liao. London: Arthur Probsthain, 1939–59. 73, 74

Harley, J. B., and David Woodward, eds. *The History of Cartography.* Chicago: University of Chicago Press, 1987–. xxiii, 27, 54, 279 *See also entries under individual authors.*

[Harmand]. "Im Innern von Hinterindien (nach dem Französischen des Dr. Harmand)." *Globus* 38, no. 14 (1880): 209–15. 699, 789

Harper, Donald J. "The Han Cosmic Board (*Shih* 式)." *Early China* 4 (1978): 1–10. 516, 527

Harrer, Heinrich. *Seven Years in Tibet.* Trans. Richard Graves. London: Rupert Hart-Davis, 1953. 654

————. *Return to Tibet.* Trans. Ewald Osers. New York: Schocken Books, 1984. 654

Harrison, John A. "Notes on the Discovery of Yezo." *Annals of the Association of American Geographers* 40 (1950): 254–66. 443, 445

Harvey, P. D. A. *The History of Topographical Maps: Symbols, Pictures and Surveys.* London: Thames and Hudson, 1980. 4, 126, 152, 690, 767, 768

Hasegawa, Koji. "Road Atlases in Early Modern Japan and Britain." In *Geographical Studies and Japan,* ed. John Sargent and Richard Wiltshire, 15–24. Folkestone, Eng.: Japan Library, 1993. 424

Hearn, Maxwell K. "The Terracotta Army of the First Emperor of Qin (221–206 B.C.)." In *The Great Bronze Age of China: An Exhibition from the People's Republic of China,* ed. Wen Fong, 353–68. New York: Metropolitan Museum of Art, 1980. 79

Hedin, Sven Anders. *History of the Expedition in Asia, 1927–1935.* 4 vols. Stockholm: [Göteborg, Elanders Boktryckeri Aktiebolag], 1943–45. 19

Heine-Geldern, Robert. "Weltbild und Bauform in Südostasien." *Wiener Beiträge zur Kunst- und Kulturgeschichte Asiens* 4 (1928–29): 28–78. 696, 720, 727, 728, 737

————. "Conceptions of State and Kingship in Southeast Asia." *Far Eastern Quarterly* 2 (1942): 15–30. 728, 737, 740

————. *Conceptions of State and Kingship in Southeast Asia.* Ithaca, N.Y.: Cornell University, 1956. 728

Heissig, Walther. "Über Mongolische Landkarten." *Monumenta Serica* 9 (1944): 123–73. 682, 684, 685

————. *Mongolische Handschriften, Blockdrucke, Landkarten.* Wiesbaden: Franz Steiner, 1961. 682, 685

————, ed. *Mongolische Ortsnamen.* 3 vols. Wiesbaden: Franz Steiner, 1966–81. 682, 684, 685

Henderson, John B. *The Development and Decline of Chinese Cosmology.* New York: Columbia University Press, 1984. 225

————. "Ch'ing Scholars' Views of Western Astronomy." *Harvard Journal of Asiatic Studies* 46 (1986): 121–48. 105

Heurck, Philippe van. "Description de la *thaṅ-ka* représentant le monastère de Drepung." *Bulletin des Musées Royaux d'Art et d'Histoire* 57, no. 2 (1986): 5–29. 668, 677

Hillier, Jack R. *The Japanese Print: A New Approach.* London: G. Bell and Sons, 1960. 410

Hirth, Friedrich. "The Story of Chang K'ién, China's Pioneer in Western Asia: Text and Translation of Chapter 123 of Ssï-ma Ts'ién's Shï-ki." *Journal of the American Oriental Society* 37 (1917): 89–152. 512

Ho, Peng-yoke. "Ancient and Mediaeval Observations of Comets and Novae in Chinese Sources." *Vistas in Astronomy* 5 (1962): 127–225. 527

————. "Natural Phenomena Recorded in the *Đại-Việt sŭ'-ky toan-thu',* an Early Annamese Historical Source." *Journal of the American Oriental Society* 84 (1964): 127–49. 512

————. "The Astronomical Bureau in Ming China." *Journal of Asian History* 3 (1969): 137–57. 210, 552

————. *Li, Qi and Shu: An Introduction to Science and Civilization in China.* Hong Kong: Hong Kong University Press, 1985. 513, 529, 550, 552

————, trans. and annotator. *The Astronomical Chapters of the Chin Shu.* See Fang Xuanling.

Ho, Ping-ti. *Studies on the Population of China, 1368–1953.* Cambridge: Harvard University Press, 1959. 71, 86

————. *The Ladder of Success in Imperial China: Aspects of Social Mobility, 1368–1911.* New York: Columbia University Press, 1962. 71

Hoàng Đạo Thúy. *Thăng Long, Đông Đô, Hà Nội.* Hanoi, 1971. 484, 502

Holle, K. F. "De Kaart van Tjiëla of Timbangantěn." *Tijdschrift voor Indische Taal-, Land- en Volkenkunde* 24 (1877): 168–76. 690, 767, 768, 770

Hopkins, Gerard Manley. *Gerard Manley Hopkins.* Ed. Catherine Phillips. Oxford: Oxford University Press, 1986. 165

Hose, Charles. "Various Methods of Computing the Time for Planting among the Races of Borneo." *Journal of the Straits Branch of the Royal Asiatic Society,* no. 42 (1905): 1–5. 19

Hose, Charles, and William McDougall. *The Pagan Tribes of Borneo: A Description of Their Physical, Moral and Intellectual Condition with Some Discussion of Their Ethnic Relations.* 2 vols. London: Macmillan, 1912. 703, 709, 710, 711, 712, 713

Hotaling, Stephen James. "The City Walls of Ch'ang-an." *T'oung Pao* 64 (1978): 1–46. 524

Hsu, Cho-yun. *Ancient China in Transition: An Analysis of Social Mobility, 722–222 B.C.* Stanford: Stanford University Press, 196? 206

Hsu, Francis L. K. *Under the Ancestors' Shadow: Kinship, Personality, and Social Mobility in Village China.* 1948; reprinte Garden City, N.Y.: Anchor Books, 1967. 215

Hsu, Mei-ling. "The Han Maps and Early Chinese Cartography." *Annals of the Association of American Geographers* 68 (1978): 45–60. 41, 46, 51, 52, 56, 64

Huard, Pierre, and Maurice Durand. *Connaissance du Việt-Nam.* Hanoi: Ecole Française d'Extrême-Orient, 1954. 481

Huber, Toni. "A Tibetan Map of lHo-Kha in the South-eastern Himalayan Borderlands of Tibet." *Imago Mundi* 44 (1992): 9–23. 654, 655, 656

Hulbert, Homer B. "An Ancient Map of the World." *Bulletin of the American Geographical Society of New York* 36 (1904): 600–605. Reprinted in *Acta Cartographica* 13 (1972): 172–78. **259**

Hulsewé, A. F. P. *China in Central Asia: The Early Stage, 125 B.C.-A.D. 23.* Introduction by Michael A. N. Loewe. Leiden: E. J. Brill, 1979. **512**

Hummel, Arthur. "Atlases of Kwangtung Province." In *Annual Report of the Librarian of Congress for the Fiscal Year Ended June 30, 1938*, 229–31. Washington, D.C.: United States Government Printing Office, 1939. **190**

———, ed. *Eminent Chinese of the Ch'ing Period, 1644–1912.* 2 vols. Washington, D.C.: United States Government Printing Office, 1943–44. **305**

Hummel, Siegbert. "Kosmische Strukturpläne der Tibeter." *Geographica Helvetica* 9 (1964): 34–42. **632**

Huntington, Susan L., and John C. Huntington. *Leaves from the Bodhi Tree: The Art of Pala India (8th-12th Centuries) and Its International Legacy.* Seattle: Dayton Art Institute in Association with the University of Washington Press, 1990. **613**

Huttman, William. "On Chinese and European Maps of China." *Journal of the Royal Geographical Society* 14 (1844): 117–27. **27**

Imperial Atlas of India. Survey of India, 1904; updated 1910. **794**

Imperial Gazetteer of India. New ed. 26 vols. Oxford: Clarendon Press, 1907–9. **791**

Jackson, David P., and Janice A. Jackson. *Tibetan Thangka Painting: Methods and Materials.* London: Serindia Publications, 1984. **616, 617, 621**

Jackson, Roger. "The Tibetan Tshogs Zhing (Field of Assembly): General Notes on Its Function, Structure and Contents." *Asian Philosophy* 2, no. 2 (1992): 157–72. **625, 628**

Jacobson, Esther. "Siberian Roots of the Scythian Stag Image." *Journal of Asian History* 17 (1983): 68–120. **7**

Jacquet, E. "Mélanges malays, javanais et polynésiens." *Nouveau Journal Asiatique,* 2d ser., 9 (1832): 97–132, 222–67. **838**

Jain, Jyotindra. *Painted Myths of Creation: Art and Ritual of an Indian Tribe.* New Delhi: Lalit Kala Akademi, 1984. **19**

Jarves, James Jackson. *A Glimpse at the Art of Japan.* 1876; reprinted Tokyo: Charles E. Tuttle, 1984. **370**

Jensen, Erik. *The Iban and Their Religion.* Oxford: Clarendon Press, 1974. **711**

Jeon, Sang-woon (Chŏn Sang'un). *Science and Technology in Korea: Traditional Instruments and Techniques.* Cambridge: MIT Press, 1974. **221, 252, 279, 284, 286, 288, 310, 511, 556, 557, 560, 561, 568, 576, 578, 586**

Jisl, Lumir. *Tibetan Art.* Trans. Ilse Gottheiner. London: Spring Books, 1957. **679**

"John Brian Harley, 1932–1991." *Cartographica* 28, no. 4 (1991): 92–93. **xxiii**

Jung, Carl Gustav. *Mandala Symbolism.* Trans. R. F. C. Hull. Princeton: Princeton University Press, 1972. **620**

Juynboll, Hendrik Herman. *Borneo.* 2 vols. Leiden: E. J. Brill, 1909–10. **708**

Kalinowski, Marc. "Les instruments astro-calendériques des Han et la méthode *liu ren.*" *Bulletin de l'Ecole Française d'Extrême-Orient* 72 (1983): 311–419. **115**

Karakhanyan, Grigor Hovhannesi, and Pavel Geworgi Safyan. *Syownik'i zhayrhapatkernerĕ* (Rock carvings of Syunik). Yerevan, 1970. **2, 3**

Karamustafa, Ahmet T. "Introduction to Islamic Maps." In *The History of Cartography,* ed. J. B. Harley and David Woodward, vol. 2.1 (1992), 3–11. Chicago: University of Chicago Press, 1987–. **27**

Karlgren, Bernhard. "Glosses on the *Ta Ya* and Sung Odes." *Bulletin of the Museum of Far Eastern Antiquities* 18 (1946): 1–198. Reprinted in Karlgren, *Glosses on the Book of Odes.* **72**

———. "Legends and Cults in Ancient China." *Bulletin of the Museum of Far Eastern Antiquities,* no. 18 (1946): 199–365. **213**

———. "Glosses on the *Book of Documents.*" *Bulletin of the Museum of Far Eastern Antiquities* 20 (1948): 39–315. **76**

———. *Grammata Serica Recensa.* Stockholm, 1957. Reprinted from the *Bulletin of the Museum of Far Eastern Antiquities* 29 (1957): 1–332. **26, 27**

———. *Glosses on the Book of Odes.* Stockholm: Museum of Far Eastern Antiquities, 1964. **72**

———, ed. and trans. "The *Book of Documents.*" *Bulletin of the Museum of Far Eastern Antiquities* 22 (1950): 1–81. **72, 76**

———. *The Book of Odes.* Stockholm: Museum of Far Eastern Antiquities, 1950; reprinted 1974. **72, 516**

Karrow, Robert W., Jr. *Mapmakers of the Sixteenth Century and Their Maps: Bio-bibliographies of the Cartographers of Abraham Ortelius, 1570.* Chicago: Speculum Orbis Press, 1993. **380**

Kashina, T. I. "Semantika ornamentatsii neoliticheskoy keramiki Kitaya" (Semantics of ornamentation of China's Neolithic pottery). In *U istokov tvorchestva* (At the sources of art), 183–202. Novosibirsk: "Nauka," 1978. **11**

Kawamura, Hirotada. "*Kuni-ezu* (Provincial Maps) Compiled by the Tokugawa Shogunate in Japan." *Imago Mundi* 41 (1989): 70–75. **397, 471**

Kawamura, Hirotada, Kazutaka Unno, and Kazuhiko Miyajima. "List of Old Globes in Japan." *Der Globusfreund* 38–39 (1990–91): 173–75. **469, 591**

Keates, John. Review of David Woodward, ed., *Art and Cartography: Six Historical Essays. Cartographic Journal* 25 (1988): 179–80. **96**

Keightley, David N. "The Religious Commitment: Shang Theology and the Genesis of Chinese Political Culture." *History of Religions* 17 (February-May 1978): 211–25. **204**

———. *Sources of Shang History: The Oracle-Bone Inscriptions of Bronze Age China.* Berkeley and Los Angeles: University of California Press, 1978. **72, 514**

———. "The Late Shang State: When, Where, and What?" In *The Origins of Chinese Civilization,* ed. David N. Keightley, 523–64. Berkeley and Los Angeles: University of California Press, 1983. **72**

Kempers, August Johan Bernet. *Ancient Indonesian Art.* Amsterdam: C. P. J. van der Peet, 1959. **697**

Kennedy, Victor. "An Indigenous Early Nineteenth Century Map of Central and Northeast Thailand." In *In Memoriam Phya Anuman Rajadhon: Contributions in Memory of the Late President of the Siam Society,* ed. Tej Bunnag and Michael Smithies, 315–48. Bangkok: Siam Society, 1970. **692, 699, 763, 765**

Keyes, Charles F. "Buddhist Pilgrimage Centers and the Twelve-Year Cycle: Northern Thai Moral Orders in Space and Time." *History of Religions* 15 (1975): 71–89. **777**

Kiang, T. "The Past Orbit of Halley's Comet." *Memoirs of the Royal Astronomical Society* 76 (1972): 27–66. **511**

———. "Notes on Traditional Chinese Astronomy." *Observatory* 104 (1984): 19–23. **525**

Kim, Yong-woon. "Structure of Ch'ŏmsŏngdae in the Light of the Choupei Suanchin." *Korea Journal* 14, no. 9 (1974): 4–11. **557**

Kirfel, Willibald. *Die Kosmographie der Inder nach Quellen dargestellt.* Bonn: Kurt Schroeder, 1920; reprinted Hildesheim:

Georg Olms, 1967; Darmstadt: Wissenschaftliche Buchgesellschaft, 1967. **714**

Kish, George. "The Cartography of Japan during the Middle Tokugawa Era: A Study in Cross-Cultural Influences." *Annals of the Association of American Geographers* 37 (1947): 101–19. **370**

———. "Some Aspects of the Missionary Cartography of Japan during the Sixteenth Century." *Imago Mundi* 6 (1949): 39–47. **370, 371, 376**

———. *La carte: Image des civilisations.* Paris: Seuil, 1980. **690**

Kitagawa, Kay. "The Map of Hokkaido of G. de Angelis, ca 1621." *Imago Mundi* 7 (1950): 110–14. **376, 444**

Kiyota, Minoru. *Shingon Buddhism: Theory and Practice.* Los Angeles: Buddhist Books International, 1978. **215**

Kjöping, Nils Matson. *Een Kort Beskriffning Vppå Trenne Reesor och Peregrinationer sampt Konungarijket Japan . . . III. Beskrifwes een Reesa till Ost Indien, China och Japan . . . aff Oloff Erickson Willman.* Wisingsborgh, 1667. **391**

Klér, Joseph. "A propos de cartographie mongole." *Bulletin de la Société Royale Belge de Géographie* 24, pts. 1–2 (1956): 26–51. **685**

Kloetzli, W. Randolph. *Buddhist Cosmology, from Single World System to Pure Land: Science and Theology in the Images of Motion and Light.* Delhi: Motilal Banarsidass, 1983. **714, 718**

———. "Buddhist Cosmology." In *The Encyclopedia of Religion,* 16 vols., ed. Mircea Eliade, 4:113–19. New York: Macmillan, 1987. **714, 716, 717**

Knechtges, David R., trans. and annotator. *Wen Xuan; or, Selections of Refined Literature.* See Xiao Tong.

Knobel, E. B. "On a Chinese Planisphere." *Monthly Notices of the Royal Astronomical Society* 69 (1909): 435–45. **566, 587**

———. "Inō Chūkei and the First Survey of Japan." *Geographical Journal* 42 (1913): 246–50. **450**

Koeman, Cornelis. "Die Darstellungsmethoden von Bauten auf alten Karten." *Wolfenbütteler Forschungen* 7 (1980): 147–92. **4**

Kohn, Livia. *Early Chinese Mysticism: Philosophy and Soteriology in the Taoist Tradition.* Princeton: Princeton University Press, 1992. **215**

Koninklijk Instituut voor de Tropen. *Aanwinsten op ethnografisch en anthropologisch gebied van de Afdeeling Volkenkunde van het Koloniaal Instituut over 1933.* Afdeeling Volkenkunde 6. Amsterdam, 1934. **692, 770, 772, 773**

Koppar, D. H. *Tribal Art of Dangs.* Baroda: Department of Museums, 1971. **19**

Kosasih, Engkos A. "Rock Art in Indonesia." In *Rock Art and Prehistory: Papers Presented to Symposium G of the AURA Congress, Darwin, 1988,* ed. Paul Bahn and Andrée Rosenfeld, 65–77. Oxford: Oxbow Books, 1991. **13**

Kraft, Eva. *Japanische Handschriften und Traditionelle Drucke aus der Zeit vor 1868 in München.* Stuttgart: Franz Steiner, 1986. **352**

Krogt, Peter van der. *Old Globes in the Netherlands: A Catalogue of Terrestrial and Celestial Globes Made prior to 1850 and Preserved in Dutch Collections.* Trans. Willie ten Haken. Utrecht: HES, 1984. **391**

Kšica, Miroslav. *Umění staré Eurasie: Skalní obrazy v SSSR* (The art of ancient Eurasia: Rock pictures in the Soviet Union). Brno: Dům Umění, [1974]. **11, 13, 16, 18**

Kudo, Chohei. "A Summary of My Studies of Girolamo de Angelis' Yezo Map." *Imago Mundi* 10 (1953): 81–86. **376, 444**

Kusch, Heinrich. "Rock Art Discoveries in Southeast Asia: A Historical Summary." *Bollettino del Centro Camuno di Studi Preistorici* 23 (1986): 99–108. **18**

Kusmiadi, Rachmat. "A Brief History of Cartography in Indonesia." Paper presented at the Seventh International Conference on the History of Cartography, Washington, D.C., 7–11 August 1977. **690, 767, 768**

Kvaerne, Per. "Tibet: The Rise and Fall of a Monastic Tradition." In *The World of Buddhism: Buddhist Monks and Nuns in Society and Culture,* ed. Heinz Bechert and Richard Gombrich, 253–70. London: Thames and Hudson, 1984. **614**

———. "Peintures tibétaines de la vie de sTon-pa-gçen-rab." *Arts Asiatiques* 41 (1986): 36–81. **638**

Kyakshto, N. B. "Pisanitsa Shaman-Kamnya" (The cliff drawings of Shaman-Kamnya). *Soobshcheniya Gosudarstvennoy Akademii Istorii Materialnoy Kul'tury* (GAIMK: Report of the State Academy for the History of Material Culture), July 1931, 29–30. **20**

Lang, David Marshall. *Armenia: Cradle of Civilization.* 3d corrected ed. London: George Allen and Unwin, 1980. **12**

Lau, D. C., trans. *Mencius.* See Mencius.

Lauf, Detlef Ingo. *Lhasa: De heilige stad van Tibet en haar omgeving.* Antwerp: Etnografisch Museum van de Stad, 1974. **648**

———. *Tibetan Sacred Art: The Heritage of Tantra.* Trans. Ewald Osers. Berkeley, Calif.: Shambhala, 1976. **621, 668, 677**

———. *Verborgene Botschaft tibetische Thangkas/Secret Revelation of Tibetan Thangkas.* Freiburg im Breisgau: Aurum, 1976. **629, 638**

———. *Secret Doctrines of the Tibetan Books of the Dead.* Trans. Graham Parkes. Boulder, Colo.: Shambhala, 1977. **620, 632**

Laufer, Berthold. "The Wang Ch'uan T'u, a Landscape of Wang Wei." *Ostasiatische Zeitschrift* 1, no. 1 (1912): 28–55. **152**

Law, Bimala Churn. *Rājagṛiha in Ancient Literature.* Memoirs of the Archaeological Survey of India, no. 58. Delhi: Manager of Publications, 1938. **783**

Lebedev, D. M. *Ocherki po Istorii Geografii v Rossii XVIII v. (1725–1800 gg.)* (Essays on the history of geography in Russia in the eighteenth century [1725–1800]). Moscow: Izdatel'stvo Akademii Nauk SSSR, 1957. **445**

Le Comte, Louis Henry. *Nouveaux mémoires sur l'état présent de la Chine.* 2 vols. Paris: Anisson, 1696. **551**

Ledderose, Lothar. "Some Taoist Elements in the Calligraphy of the Six Dynasties." *T'oung Pao* 70 (1984): 246–78. **136**

Ledyard, Gari. "Yamatai." In *Kodansha Encyclopedia of Japan,* 9 vols., 8:305–7. Tokyo: Kodansha International, 1983. **272**

Lee, Sang Hae. "Feng-Shui: Its Context and Meaning." Ph.D. diss., Cornell University, 1986. **216, 217, 218, 219**

Lee, Sherman E. *Chinese Landscape Painting.* Cleveland: Cleveland Museum of Art, 1954. **151**

Leeming, Frank. "Official Landscapes in Traditional China." *Journal of the Economic and Social History of the Orient* 23 (1980): 153–204. **125**

Legge, James. *The Chinese Classics.* 5 vols. 1893–95 editions; reprinted Hong Kong: Hong Kong University Press, 1960. **99, 515, 516, 518**

———, ed. and trans. *The Four Books.* 1923; reprinted New York: Paragon, 1966. **515**

Leonard, Jane Kate. *Wei Yuan and China's Rediscovery of the Maritime World.* Cambridge: Council on East Asian Studies, Harvard University, 1984. **192**

Le Roux, C. C. F. M. "Boegineesche zeekaarten van den Indischen Archipel." *Tijdschrift van het Koninklijk Nederlandsch Aardrijkskundig Genootschap,* 2d ser., 52 (1935): 687–714. **692, 697, 776, 832, 833, 834, 836, 838**

Leslie, D. D., and K. H. J. Gardiner. "Chinese Knowledge of Western Asia during the Han." *T'oung Pao* 58 (1982): 254–308. **231**

Lewis, G. Malcolm. "Indian Maps." In *Old Trails and New Directions: Papers of the Third North American Fur Trade Conference*, ed. Carol M. Judd and Arthur J. Ray, 9–23. Toronto: University of Toronto Press, 1980. **749**

————. "The Origins of Cartography." In *The History of Cartography*, ed. J. B. Harley and David Woodward, 1:50–53. Chicago: University of Chicago Press, 1987–. **1**

Lhalungpa, Lobsang P. *Tibet, the Sacred Realm: Photographs, 1880–1950*. Exhibition catalog, Philadelphia Museum of Art, 20 March-22 May 1983. [Millerton, N.Y.]: Aperture, 1983. **677**

Li, Jicheng. *The Realm of Tibetan Buddhism*. New Delhi: UBS Publishers' Distributors, 1986. **677, 679**

Li, Xueqin. *Eastern Zhou and Qin Civilizations*. Trans. Kwang-chih Chang. New Haven: Yale University Press, 1985. **78, 79**

Liang, Ch'i-ch'ao (Liang Qichao). *Intellectual Trends in the Ch'ing Period*. Trans. with introduction and notes by Immanuel C. Y. Hsü. Cambridge: Harvard University Press, 1959. **104**

Liao, W. K., trans. *The Complete Works of Han Fei Tzŭ*. See Han Feizi.

Libbrecht, Ulrich. *Chinese Mathematics in the Thirteenth Century: The Shu-shu Chiu-chang of Ch'in Chiu-shao*. Cambridge: MIT Press, 1973. **118**

Linschoten, Jan Huygen van. *Itinerario, voyage ofte schipvaert. . . .* 5 vols. The Hague: Nijhoff, 1910–39. Pt. 2, *Reys-Gheschrift vande navigatien der Portugaloysers*, 1595. **388**

Liu, Lizhong. *Buddhist Art of the Tibetan Plateau*. Ed. and trans. Ralph Kiggell. Hong Kong: Joint Publishing, 1988. **615, 638, 670, 677, 679, 681**

Liu Xie. *The Literary Mind and the Carving of Dragons*. Trans. Vincent Yu-chung Shih. Hong Kong: Chinese University of Hong Kong, 1983. **133**

Livingstone, David N. "Science, Magic and Religion: A Contextual Reassessment of Geography in the Sixteenth and Seventeenth Centuries." *History of Science* 26 (1988): 269–94. **65**

Loebér, J. A. "Merkwaardige kokersversieringen uit de zuider- en oosterafdeeling van Borneo." *Bijdragen tot de Taal-, Land- en Volkenkunde-Indie* 65 (1911): 40–52. **708**

Loehr, Max. "Some Fundamental Issues in the History of Chinese Painting." *Journal of Asian Studies* 23 (1964): 185–93. **135, 166**

————. "The Fate of the Ornament in Chinese Art." *Archives of Asian Art* 21 (1967–68): 8–19. **129**

————. *Ritual Vessels of Bronze Age China*. New York: Asia Society, 1968. **129**

Loewe, Michael A. N. "Manuscripts Found Recently in China: A Preliminary Survey." *T'oung Pao* 63 (1977): 99–136. **521**

————. *Ways to Paradise: The Chinese Quest for Immortality*. London: George Allen and Unwin, 1979. **80, 115, 521**

————. "The Han View of Comets." *Bulletin of the Museum of Far Eastern Antiquities* 52 (1980): 1–31. **521**

Longstreet, Stephen, and Ethel Longstreet. *Yoshiwara: The Pleasure Quarters of Old Tokyo*. Tokyo: Yenbooks, 1988. **431**

Lu, Gwei-djen. See Needham, Joseph. *Science and Civilisation in China*.

Lyons, Elizabeth. Review of Klaus Wenk, *Thailändische Miniaturmalereien*. *Artibus Asiae* 29 (1967): 104–6. **720, 722**

Ma, Chengyuan. "The Splendor of Ancient Chinese Bronzes." In *The Great Bronze Age of China: An Exhibition from the People's Republic of China*, ed. Wen Fong, 1–19. New York: Metropolitan Museum of Art, 1980. **130**

Ma Huan. *Ying-yai Sheng-lan: "The Overall Survey of the Ocean's Shores" [1433]*. Ed. and trans. J. V. G. Mills. Cambridge: Cambridge University Press, 1970. **53**

Ma, Laurence J. C. "Peking as a Cosmic City." In *Proceedings of the 30th International Congress of Human Sciences in Asia and North Africa: China 2*, ed. Graciela de la Lama, 141–64. Mexico City: El Colegio de México, 1982. **210**

Maass, Alfred. "Sternkunde und Sterndeuterei im Malaiische Archipel." *Tijdschrift voor Indische Taal-, Land- en Volkenkunde* 64 (1924): 1–172, 347–460, and appendix in 66 (1926): 618–70. **713**

Mabbett, I. W. "The Symbolism of Mount Meru." *History of Religions* 23 (1983): 64–83. **728**

McCune, Shannon. "Some Korean Maps." *Transactions of the Korean Branch of the Royal Asiatic Society* 50 (1975): 70–102. **299–301, 307**

————. "The Chonha Do—A Korean World Map." *Journal of Modern Korean Studies* 4 (1990): 1–8. **259, 263**

Macdonald, Alexander W., and Anne Vergati Stahl. *Newar Art: Nepalese Art during the Malla Period*. Warminster, Eng.: Aris and Phillips, 1979. **681**

Macdonald, Alexander W., and Pema Tsering. "A Note on Five Tibetan Thaṅ-kas of the Ge-sar Epic." In *Die Mongolischen Epen: Bezüge, Sinndeutung und Überlieferung (Ein Symposium)*, ed. Walther Heissig, Asiatische Forschungen, vol. 68, 150–57. Wiesbaden: Otto Harrassowitz, 1979. **637**

Mackay, A. L. "Kim Su-hong and the Korean Cartographic Tradition." *Imago Mundi* 27 (1975): 27–38. **263, 267, 268, 610, 641**

McMullen, David. *State and Scholars in T'ang China*. Cambridge: Cambridge University Press, 1988. **74, 120**

Maeda, Robert J. "*Chieh-hua*: Ruled-Line Painting in China." *Ars Orientalis* 10 (1975): 123–41. **142**

Maeyama, Yasukatsu. "On the Astronomical Data of Ancient China (ca. -100 ~ +200): A Numerical Analysis (Part 1)." *Archives Internationales d'Histoire des Sciences* 25 (1975): 247–76. **521, 529**

————. "The Oldest Star Catalogue of China, Shih Shen's Hsing Ching." In *Prismata: Naturwissenschaftsgeschichtliche Studien*, ed. Yasukatsu Maeyama and W. G. Salzer, 211–45. Wiesbaden: Franz Steiner, 1979. **519, 525, 529**

Mailla, Joseph-Anne-Marie de Moyriac de. *Histoire générale de la Chine ou annales de cet empire*. 13 vols. Paris: Grosier, 1777–85. **181, 185, 186**

Major, John S. "The Five Phases, Magic Squares, and Schematic Cosmography." In *Explorations in Early Chinese Cosmology*, ed. Henry Rosemont, Jr., 133–66. Chico, Calif.: Scholars Press, 1984. **110, 207**

Malleret, Louis, and Georges Taboulet, eds. "Foire Exposition de Saigon, Pavillon de l'Histoire, la Cochinchine dans le passé." *Bulletin de la Société des Etudes Indochinoises*, n.s., 17, no. 3 (1942): 1–133. **507**

Mannikka, Eleanor. "Angkor Wat: Meaning through Measurement." Ph.D. diss., University of Michigan, 1985. **479**

Mantegazza, Gaetano Maria. *La Birmania: Relazione Inedita del 1784 del Missionario Barnabita G. M. Mantegazza*. Rome: Ed. A. S., 1950. **698**

March, Benjamin. "Linear Perspective in Chinese Painting." *Eastern Art* 3 (1931): 113–39. **147**

Marchal, Henri. *Guide archéologique aux temples d'Angkor, Angkor Vat, Angkor Thom, et les monuments du petit et du grand circuit*. Paris: G. Van Oest, 1928. **740**

Marchand, Ernesta. "The Panorama of Wu-t'ai Shan as an Example of Tenth Century Cartography." *Oriental Art*, n.s., 22 (1976): 158–73. **152**

Marion, Donald J. "Partial Translation of *Chung-kuo ti-t'u shih kang* by Wang Yung: A Study of Early Chinese Cartography with Added Notes, an Introduction and a Bibliography." M.A. thesis, Graduate Library School, University of Chicago, 1971. 28

Markham, Clements R., ed. *Narratives of the Mission of George Bogle to Tibet and of the Journey of Thomas Manning to Lhasa.* 1876; reprinted New Delhi: Mañjuśrī Publishing House, 1971. **614, 637**

Martirosyan, A. A. "Sémantique des dessins rupestres des Monts de Guégam (Arménie)." Moscow, 1971. 12

Martirosyan, A. A., and A. R. Israelyan. *Naskal'nye izobrazheniya Gegamskikh gor* (The rock-carved pictures of the Gegamskiy Khrebet). Yerevan, 1971. **3, 12, 13, 18**

Martzloff, Jean-Claude. *Histoire des mathématiques chinoises.* Paris: Masson, 1988. 111

Mason, R. H. P., and J. G. Caiger. *A History of Japan.* Melbourne: Cassell Australia, 1976. 356

Maspero, Henri. "Le protectorat général d'Annam sous les T'ang (I): Essai de géographie historique." *Bulletin de l'Ecole Française d'Extrême-Orient* 10 (1910): 539–84. **490, 499, 500, 502, 506**

———. "L'astronomie chinoise avant les Han." *T'oung Pao* 26 (1929): 267–356, esp. 269–70. **518, 532**

———. "Le Ming-t'ang et la crise religieuse chinoise avant les Han." *Mélanges Chinois et Bouddhiques* 9 (1948–51): 1–70. 212

Massonaud, Chantal. "Le Bhoutan." In *Les royaumes de l'Himâlaya: Histoire et civilisation*, 67–116. Paris: Imprimerie Nationale, 1982. **622, 629**

Mather, Richard. "The Landscape Buddhism of the Fifth-Century Poet Hsieh Ling-yün." *Journal of Asian Studies* 18 (1958): 67–79. 136

Mathpal, Yashodhar. *Prehistoric Rock Paintings of Bhimbetka, Central India.* New Delhi: Abhinav Publications, 1984. **13, 15**

Maung Maung Tin, U, and Thomas Owen Morris. "Mindon Min's Development Plan for the Mandalay Area." *Journal of the Burma Research Society* 49, no. 1 (1966): 29–34. **692, 799, 800, 825**

Meacham, William. *Rock Carvings in Hong Kong.* Hong Kong: Christian Study Centre on Chinese Religion and Culture, 1976. 18

Meijer, M. J. "A Map of the Great Wall of China." *Imago Mundi* 13 (1956): 110–15. 189

Mencius. *Mencius.* Trans. D. C. Lau. Harmondsworth, Eng.: Penguin Books, 1970. 205

Metcalf, Peter. *A Borneo Journey into Death: Berawan Eschatology from Its Rituals.* Philadelphia: University of Pennsylvania Press, 1982. **703, 709**

Meyer, Jeffrey F. *Peking as a Sacred City.* Taipei: Chinese Association for Folklore, 1976. 212

———. "Feng-Shui of the Chinese City." *History of Religions* 18 (November 1978): 138–55. **217, 221**

Mills, J. V. "Chinese Coastal Maps." *Imago Mundi* 11 (1954): 151–68. 188

———, ed. and trans. *Ying-yai Sheng-lan: "The Overall Survey of the Ocean's Shores"* [1433]. See Ma Huan.

Mitchell, W. J. Thomas. *Iconology: Image, Text, Ideology.* Chicago: University of Chicago Press, 1986. 1

Mody, N. H. N. *A Collection of Nagasaki Colour Prints and Paintings.* 1939; reprinted Tokyo: Charles E. Tuttle, 1969. **407, 442, 476**

Mollat du Jourdin, Michel, and Monique de La Roncière. *Les portulans: Cartes marines du XIIIᵉ au XVIIᵉ siècle.* Fribourg: Office du Livre, 1984. English edition, *Sea Charts of the Early Explorers: 13th to 17th Century.* Trans. L. le R. Dethan. New York: Thames and Hudson, 1984. **382, 463, 465**

Montanus, Arnoldus. *Gedenkwaerdige gesantschappen der Oost-Indische maatschappy in 't vereenigde Nederland, aan de kaisaren van Japan.* Amsterdam: J. Meurs, 1669. **391**

Müller, Claudius C., and Walter Raunig, eds. *Der Weg zum Dach der Welt.* Innsbruck: Pinguin-Verlag, [1982]. **623, 653, 679**

Müller, G. P. *Voyages et découvertes faites par les Russes le long des côtes de la Mer Glaciale & sur l'Océan Oriental, tant vers le Japon que vers l'Amérique.* 2 vols. Amsterdam: Marc-Michel Rey, 1766. 445

Munakata, Kiyohiko. *Sacred Mountains in Chinese Art.* Urbana: University of Illinois Press, 1991. **63, 168**

Munro, Neil Gordon. *Prehistoric Japan.* Yokohama, 1911. **12, 13**

Munsterberg, Hugo. *The Japanese Print: A Historical Guide.* Tokyo: Weatherhill, 1982. **410, 424**

———. *The Arts of Japan: An Illustrated History.* Tokyo: Charles E. Tuttle, 1985. **365, 370, 424, 435**

Münzer, Verena. *Tod, Seelenreise und Jenseits bei den Ngadju Dajak in Kalimantan.* Lizentiatsarbeit, Universität Zürich, Philosophische Fakultät I, Abt.: Ethnologie. Zurich: published by the author, 1976. **703, 706**

Murdoch, John E. *Antiquity and the Middle Ages.* Album of Science. New York: Charles Scribner's Sons, 1984. 620

Muroga, Nobuo. "Geographical Exploration by the Japanese." In *The Pacific Basin: A History of Its Geographical Exploration*, ed. Herman R. Friis, 96–105. New York: American Geographical Society, 1967. 443

———. "The Development of Cartography in Japan." In *Old Maps in Japan*, ed. and comp. Nanba Matsutarō, Muroga Nobuo, and Unno Kazutaka, trans. Patricia Murray, 158–76. Ōsaka: Sōgensha, 1973. 351

Muroga, Nobuo, and Kazutaka Unno. "The Buddhist World Map in Japan and Its Contact with European Maps." *Imago Mundi* 16 (1962): 49–69. **255, 256, 263, 373, 375, 429**

Mus, Paul. *Barabudur: Esquisse d'une histoire du Bouddhisme fondée sur la critique archéologique des textes.* 2 vols. Hanoi: Imprimerie d'Extrême-Orient, 1935. 728

Myanma swezoun kyan. 2d ed. 15 vols. Rangoon, 1968. 724

Nakamura, Hiroshi. "Les cartes du Japon qui servaient de modèle aux cartographes européens au début des relations de l'Occident avec le Japon." *Monumenta Nipponica* 2, no. 1 (1939): 100–123. **370, 371**

———. "Old Chinese World Maps Preserved by the Koreans." *Imago Mundi* 4 (1947): 3–22. **255, 262, 610, 642, 643**

———. *East Asia in Old Maps.* Tokyo: Centre for East Asian Cultural Studies, 1962. **610, 829**

———. "The Japanese Portolanos of Portuguese Origin in the XVIth and XVIIth Centuries." *Imago Mundi* 18 (1964): 24–44. **381, 383, 384, 385, 463, 465**

Nakayama, Shigeru. "Characteristics of Chinese Astrology." *Isis* 57 (1966): 442–54. 539

———. *A History of Japanese Astronomy: Chinese Background and Western Impact.* Cambridge: Harvard University Press, 1969. **118, 355, 367, 393, 404, 432, 433, 434, 435, 450, 579, 588, 596**

———. *Academic and Scientific Traditions in China, Japan, and the West.* Trans. Jerry Dusenbury. Tokyo: University of Tokyo Press, 1984. 89

Nanba Matsutarō, Muroga Nobuo, and Unno Kazutaka, eds. and comps. *Old Maps in Japan.* Trans. Patricia Murray. Ōsaka: Sōgensha, 1973. **351, 373, 380, 388, 404, 407, 411, 412, 414, 416, 420, 422, 423, 426, 429, 439, 441, 447, 453, 465, 473, 476**

Nebenzahl, Kenneth. *Atlas of Columbus and the Great Discoveries.* Chicago: Rand McNally, 1990. **742**

Nebesky-Wojkowitz, Réne de. *Oracles and Demons of Tibet: The Cult and Iconography of the Tibetan Protective Deities.* The Hague: Mouton, 1956. **632**

Needham, Joseph. *Science and Civilisation in China.* Cambridge: Cambridge University Press, 1954–.
　Vol. 1, *Introductory Orientations* (1954). With Wang Ling. **512**
　Vol. 2, *History of Scientific Thought* (1956). With Wang Ling. **145, 216, 220, 265**
　Vol. 3, *Mathematics and the Sciences of the Heavens and the Earth* (1959). With Wang Ling. **10, 11, 28, 48, 57, 83, 110, 113, 118, 124, 125, 164, 170, 184, 186, 207, 246, 252, 253, 262, 289, 355, 511, 515, 517, 518, 521, 522, 525, 529, 530, 531, 532, 536, 541, 543, 550, 551, 587**
　Vol. 4, pt. 3, *Physics and Physical Technology: Civil Engineering and Nautics* (1971). With Wang Ling and Lu Gwei-djen. **142, 555**
　Vol. 5, pt. 1, *Chemistry and Chemical Technology: Paper and Printing* (1985). By Tsien Tsuen-hsuin. **137**
　Vol. 6, *Biology and Biological Technology*, pt. 2, *Agriculture* (1984). By Francesca Bray. **78**

Needham, Joseph, and Gwei-djen Lu. "A Korean Astronomical Screen of the Mid-Eighteenth Century from the Royal Palace of the Yi Dynasty (Chosŏn Kingdom, 1392–1910)." *Physis* 8 (1966): 137–62. **532, 567**

Needham, Joseph, Wang Ling, and Derek J. de Solla Price. *Heavenly Clockwork: The Great Astronomical Clocks of Medieval China.* 2d ed. Cambridge: Cambridge University Press, 1986. **522, 530, 531, 533, 541, 542, 550, 585**

Needham, Joseph, et al. *The Hall of Heavenly Records: Korean Astronomical Instruments and Clocks, 1380–1780.* Cambridge: Cambridge University Press, 1986. **252, 253, 286, 288, 511, 567, 568, 574, 576, 578, 596**

Neild, Ralph, H. F. Searle, and J. A. Steward. *Burma Gazetteer, Kyaukse District.* Vol. A. Rangoon: Government Printing and Stationery, 1925. **821**

Nelson, Howard. "Maps from Old Cathay." *Geographical Magazine* 47 (1975): 702–11. **268**

Nemeth, David J. "A Cross-Cultural Cosmographic Interpretation of Some Korean Geomancy Maps." In *Introducing Cultural and Social Cartography*, comp. and ed. Robert A. Rundstrom. Monograph 44. *Cartographica* 30, no. 1 (1993): 85–97. **283**

Neumayer, Erwin. *Prehistoric Indian Rock Paintings.* Delhi: Oxford University Press, 1983. **3, 4, 14, 15, 17, 18, 21**

Neven, Armand. *Etudes d'art lamaïque et de l'Himalaya.* Brussels: Oyez, 1978. **623, 635, 637**

Ngapo Ngawang Jigmei et al. *Tibet.* New York: McGraw-Hill, 1981. **679**

Ngô Sĩ Liên (fifteenth century). *Đại-Việt sử-ký toàn-thư.* 3 vols. Ed. Ch'en Ching-ho. Tokyo, 1984–86. **479, 481, 482, 490**

Nguyễn Khác Viện. *Vietnam: A Long History.* Hanoi: Foreign Languages Publishing House, 1987. **484**

Nguyen Thanh-nha. *Tableau économique du Viet Nam aux XVIIᵉ et XVIIIᵉ siècles.* Paris: Editions Cujas, 1970. **484, 490, 493**

Nguyễn Thế Anh. "La réforme de l'impôt foncier de 1875 au Viet-Nam." *Bulletin de l'Ecole Française d'Extrême-Orient* 78 (1991): 287–96. **507**

Nguyễn Trãi. "Dư địa chí" (Geographical record). In *Nguyễn Trãi Toàn Tập* (Complete collection of the works of Nguyễn Trãi), 186–227. Hanoi, 1969. **481**

Ni-ma-grags-pa. *Sgra yi don sdeb snań gsal sgron me bźugs so* (Tibetan Zhang-zhung dictionary). Reprinted Delhi, 1965. **638, 640**

Nivat, Dhani. "The Gilt Lacquer Screen in the Audience Hall of Dusit." *Artibus Asiae* 24 (1961): 275–82. **728**

Nivison, David S. "The Origin of the Chinese Lunar Lodge System." In *World Archaeoastronomy*, ed. A. F. Aveni, 203–18. Cambridge: Cambridge University Press, 1989. **518**

Nõda, Chūryō. *An Inquiry concerning the Astronomical Writings Contained in the Li-chi Yüeh-ling.* Kyōto: Kyōto Institute, Academy of Oriental Culture, 1938. **519**

Noma, Saburō. "Earthquake Map of Japan, 1624." *Geographical Reports of Tokyo Metropolitan University* 9 (1974): 97–106. **410**

Norwick, Braham. "Locating Tibet—The Maps." In *Tibetan Studies: Proceedings of the 4th Seminar of the International Association for Tibetan Studies, Schloss Hohenkammer, Munich, 1985*, ed. Helga Uebach and Jampa L. Panglung, 301–20. Munich: Kommission für Zentralasiatische Studien, Bayerische Akademie der Wissenschaften, 1988. **609**

———. "Modern Mapping of Tibet: A Cautionary Tale." Paper presented at the 6th IATS Seminar, August 1992. **609**

———. "Why Tibet Disappeared from 'Scientific' 16th-17th Century European Maps." In *Tibetan Studies: Proceedings of the 5th Seminar of the International Association for Tibetan Studies, Narita, 1989*, ed. Ihara Shōren and Yamaguchi Zuihō, 633–44. Narita: Naritasan Shinshoji, 1992. **609**

Novgorodova, E. A. *Alte Kunst der Mongolei.* Trans. Lisa Schirmer. Leipzig: E. A. Seemann, 1980. **6, 8, 9, 10, 21**

———. *Mir petroglifov Mongolii* (The world of Mongolian petroglyphs). Moscow: Nauka, 1984. **6, 8, 21**

Nunn, G. Raymond, ed. *Asia and Oceania: A Guide to Archival and Manuscript Sources in the United States.* 5 vols. New York: Mansell, 1985. **478**

Okladnikov, A. P. *Ancient Population of Siberia and Its Cultures.* Cambridge: Peabody Museum, 1959. **7, 9, 12, 13**

———. *Olen' zolotye roga* (Deer with the golden antlers). Leningrad, 1964. **7**

———. "The Petroglyphs of Siberia." *Scientific American* 221, no. 2 (1969): 78–82. **7**

———. *Yakutia before Its Incorporation into the Russian State.* Ed. Henry N. Michael. Montreal: McGill-Queen's University Press, 1970. **20**

———. *Der Hirsch mit dem goldenen Geweih: Vorgeschichtliche Felsbilder sibiriens.* Wiesbaden: F. A. Brockhaus, 1972. **7, 9, 21**

———. *Petroglify Mongolii.* Leningrad: Nauka, 1981. **8, 21**

Okladnikov, A. P., and A. I. Martynov. *Sokrovishcha tomskikh pisanits* (Treasures of the Tomsk petroglyphs). Moscow, 1972. **20**

Okladnikov, A. P., and V. D. Zaporozhskaya. *Petroglify Zabaykal'ya.* 2 vols. Leningrad: Nauka, 1969–70. **8, 9, 21**

Oldham, Charles E. A. W. "Some Remarks on the Models of the Bodh Gaya Temple Found at Nar-thang." *Journal of the Bihar and Orissa Research Society* 23 (1937): 418–28. **613**

Olschak, Blanche Christine. *Ancient Bhutan: A Study on Early Buddhism in the Himâlayas.* Zurich: Swiss Foundation for Alpine Research, 1979. **622**

———. *The Dragon Kingdom: Images of Bhutan.* Boston: Shambhala, 1988. **622**

Olschak, Blanche Christine, Augusto Gansser, and Andreas Gruschke. *Himalayas.* New York: Facts on File, 1987. **659, 681**

Olschak, Blanche Christine, and Geshe Thupten Wangyal. *Mystic Art of Ancient Tibet.* 1973. Boston: Shambhala, 1987. **616, 622, 623, 638, 659, 679**

Olson, Eleanor. "The Wheel of Existence." *Oriental Art*, n.s., 9 (1963): 204–9. **625**

Ong, Walter J. *Orality and Literacy: The Technologizing of the Word.* London: Methuen, 1982. **134**

Ossenbruggen, F. D. E. van. "De oorsprong van het Javaansche begrip Montjâ-pat, in verband met primitieve classificaties" (The origins of the Javanese concept of *Moncà-pat* in connection with primitive classifications). *Verslagen en Mededeelingen der Koninklijke Akademie van Wetenschappen, Afdeeling Letterkunde,* 5th ser., pt. 3 (1918): 6–44. **772**

Ōtani, Ryōkichi. *Tadataka Inō, the Japanese Land-Surveyor.* Trans. Kazue Sugimura. Tokyo: Iwanami Shoten, 1932. **450, 453**

Oxnam, Robert B. *Ruling from Horseback: Manchu Politics in the Oboi Regency, 1661–1669.* Chicago: University of Chicago Press, 1975. **177**

Pagès, Léon. *Histoire de la religion chrétienne au Japon, depuis 1598 jusqu'à 1651.* 2 vols. Paris: C. Douniol, 1869–70. **381, 391**

Pal, Pratapaditya. *The Arts of Nepal.* Pt. 2, *Painting.* Leiden: E. J. Brill, 1978. **663, 664**

———. *Art of Nepal: A Catalogue of the Los Angeles County Museum of Art Collection.* Berkeley: Los Angeles County Museum of Art in association with University of California Press, 1985. **613, 616**

Pan, Nai, and Wang De-chang. "The Huang-You Star of the Song Dynasty—A Chinese Star List of the Early Medieval Period." *Chinese Astronomy and Astrophysics* 5 (1981): 441–48. **548, 558**

Pandya, Vishvajit. "Movement and Space: Andamanese Cartography." *American Ethnologist* 17 (1990): 775–97. **796**

Papinot, E. *Historical and Geographical Dictionary of Japan.* 1910; reprinted Ann Arbor, Mich.: Overbeck, 1948. **355, 362, 366, 367, 382, 383, 450**

Pargiter, F. E. "An Indian Game: Heaven or Hell." *Journal of the Royal Asiatic Society of Great Britain and Ireland,* 1916, 539–42. **628**

Park, Seong-rae. "Portents and Neo-Confucian Politics in Korea, 1392–1519." *Journal of Social Sciences and Humanities* 49 (1979): 53–117. **512, 558**

Parkin, Harry. *Batak Fruit of Hindu Thought.* Calcutta: Christian Literature Society, 1978. **711, 712**

Parmentier, Henri. *L'art du Laos.* 2 vols. Paris: Imprimerie Nationale; Hanoi: Ecole Française d'Extrême-Orient, 1954. **727**

Parsamian, E. S. "Astronomical Notes from Prague." *Sky and Telescope,* November 1967, 297. **12**

Passin, Herbert. *Society and Education in Japan.* New York: Teachers College Press, Columbia University, 1965. **407**

Patris, Charles, and L. Cadière. *Les Tombeaux de Hué: Gia-Long.* Hanoi: Imprimerie d'Extrême-Orient, 1923. **508**

Paulides, H. "Oude en nieuwe kunst op Bali, tegen den achtergrond van het Westen." *Cultureel Indië* 2 (1940): 169–85. **771**

Pearn, B. R. "The Burmese Embassy to Vietnam, 1823–24." *Journal of the Burma Research Society* 47, no. 1 (1964): 149–57. **698, 789**

Pepper, Stephen C. *World Hypotheses: A Study in Evidence.* Berkeley and Los Angeles: University of California Press, 1942. **145**

Pfister, Aloys. *Notices biographiques et bibliographiques sur les Jésuites de l'ancienne mission de Chine, 1552–1773.* 2 vols. Shanghai: Mission Press, 1932–34. **254, 551**

Phillimore, Reginald Henry. "An Early Map of the Malay Peninsula." *Imago Mundi* 13 (1956): 175–79. **692, 697, 829, 831**

Phillips, George. "The Seaports of India and Ceylon, Described by Chinese Voyagers of the Fifteenth Century, Together with an Account of Chinese Navigation." *Journal of the Royal Asiatic Society, North China Branch* 20 (1885): 209–26. **555**

Pingree, David, and Patrick Morrissey. "On the Identification of the Yogatārās of the Indian Nakṣatras." *Journal for the History of Astronomy* 20 (1989): 99–119. **526**

Pires, Thome. *The Suma Oriental of Tomé Pires . . . and The Book of Francisco Rodrigues. . . .* Ed. and trans. Armando Cortesão. 2 vols. London: Hakluyt Society, 1944. **828**

Plutschow, Herbert E. *Historical Nagasaki.* Tokyo: Japan Times, 1983. **377, 393, 432, 440**

———. *Historical Nara.* Tokyo: Japan Times, 1983. **359, 373**

Pokora, Timoteus. "Pre-Han Literature." In *Essays on the Sources for Chinese History,* ed. Donald D. Leslie, Colin Mackerras, and Wang Gungwu, 23–35. Canberra: Australian National University Press, 1973. **516**

Pommaret-Imaeda, Françoise, and Yoshiro Imaeda. *Bhutan: A Kingdom of the Eastern Himalayas.* Trans. Ian Noble. Boston: Shambhala, 1985. **622**

Poppe, Nicholas. "Renat's Kalmuck Maps." *Imago Mundi* 12 (1955): 157–59. **682**

Porkert, Manfred. *The Theoretical Foundations of Chinese Medicine: Systems of Correspondence.* Cambridge: MIT Press, 1974. **136**

The Potala Palace of Tibet. Comp. Cultural Relics Administration Committee, Tibet Autonomous Region. Shanghai: People's Art Publishing House, 1982. **656**

Potter, Jack M. "Wind, Water, Bones and Souls: The Religious World of the Cantonese Peasant." *Journal of Oriental Studies* 8 (1970): 139–53. **220**

Powell, Joseph Michael. *Mirrors of the New World: Images and Image-Makers in the Settlement Process.* Folkestone, Eng.: Dawson; Hamden, Conn.: Archon Books, 1977. **20**

Pranavānanda, Swami. *Kailās-Mānasrōvar.* Calcutta: S. P. League, 1949. **659**

Prasad, Sri Nandan, ed. *Catalogue of the Historical Maps of the Survey of India (1700–1900).* New Delhi: National Archives of India, [ca. 1975]. **789**

Prescott, John Robert Victor. *Map of Mainland Asia by Treaty.* Carlton, Victoria: Melbourne University Press, 1975. **194**

Pullé, Francesco L. *La cartografia antica dell'India.* Studi Italiani di Filologia Indo-Iranica, Anno IV, vol. 4. Florence: Tipografia G. Carnesecchi e Figli, 1901. **608**

Pulleyblank, Edwin G. "Chinese and Indo-Europeans." *Journal of the Royal Asiatic Society of Great Britain and Ireland,* 1966, 9–39. **512**

———. *Lexicon of Reconstructed Pronunciation in Early Middle Chinese, Late Middle Chinese, and Early Mandarin.* Vancouver: UBC Press, 1991. **26**

Pye, Norman, and W. G. Beasley. "An Undescribed Manuscript Copy of Inō Chūkei's Map of Japan." *Geographical Journal* 117 (1951): 178–87. **450, 453**

Quirino, Carlos. *Philippine Cartography (1320–1899).* 2d rev. ed. Amsterdam: Nico Israel, 1963. **692, 741**

Ramaswami, N. S. "Prehistoric Rock Paintings Discovered in Tamil Nadu." *Indian News,* 6 February 1984, 7. **3**

Ramming, M. "The Evolution of Cartography in Japan." *Imago Mundi* 2 (1937): 17–22. **351, 362, 363**

Ravenhill, William. "John Brian Harley." *Transactions of the Institute of British Geographers,* n.s., 17 (1992): 120–25. **xxiii**

Rawson, Philip. *The Art of Southeast Asia.* London: Thames and Hudson, 1967. **694**

Renard, Louis. *Atlas de la navigation et du commerce qui se fait dans toutes les parties du monde.* Amsterdam, 1715. **434**

Revel, Nicole. *Fleurs de paroles: Histoire naturelle Palawan.* 3 vols. Paris: Editions Peeters, 1990. Vol. 2, *La maîtrise d'un savoir et l'art d'une relation.* 713, 715

Reynolds, Craig J. "Buddhist Cosmography in Thai History, with Special Reference to Nineteenth-Century Culture Change." *Journal of Asian Studies* 35 (1976): 203–20. 696, 698, 720, 722, 723

Reynolds, Frank E., and Mani B. Reynolds. *Three Worlds according to King Ruang: A Thai Buddhist Cosmology.* Berkeley, Calif.: Asian Humanities Press, 1982. 696, 720, 721, 722, 723, 729, 730, 733, 738

Reynolds, Valrae. *Tibet: A Lost World.* Exhibition catalog for the Newark Museum Collection of Tibetan Art and Ethnography. New York: American Federation of Arts, 1978. 667, 679

Rhie, Marilyn M., and Robert A. F. Thurman. *Wisdom and Compassion: The Sacred Art of Tibet.* San Francisco: Asian Art Museum, 1991. 624, 632, 648

Riccardi, Theodore, Jr. "Some Preliminary Remarks on a Newari Painting of Svayambhūnāth." *Journal of the American Oriental Society* 93 (1973): 335–40. 661–63, 681

Ricci, Matteo. *Storia dell'introduzione del Cristianesimo in Cina.* 3 vols. Ed. Pasquale M. d'Elia. Fonti Ricciane: Documenti Originali concernenti Matteo Ricci e la Storia delle Prime Relazioni tra l'Europa e la Cina (1579–1615). Rome: Libreria dello Stato, 1942–49. 120, 174, 175, 404

———. *China in the Sixteenth Century: The Journals of Matthew Ricci, 1583–1610.* Trans. Louis J. Gallagher from the Latin version of Nicolas Trigault. New York: Random House, 1953. 120, 137, 138, 171, 172, 174, 550, 569

Rickett, W. Allyn, trans. *Guanzi: Political, Economic, and Philosophical Essays from Early China.* Princeton: Princeton University Press, 1985–. 27, 73

Ripa, Matteo. *Memoirs of Father Ripa, during Thirteen Years' Residence at the Court of Peking in the Service of the Emperor of China.* Trans. and ed. Fortunato Prandi. London: John Murray, 1846. 181, 185, 186, 299

Robertson, Maureen. "Periodization in the Arts and Patterns of Change in Traditional Chinese Literary History." In *Theories of the Arts in China,* ed. Susan Bush and Christian Murck, 3–26. Princeton: Princeton University Press, 1983. 135

Robinson, Arthur H., and Barbara Bartz Petchenik. *The Nature of Maps: Essays toward Understanding Maps and Mapping.* Chicago: University of Chicago Press, 1976. 96

Rodgers, Susan. "Batak Religion." In *The Encyclopedia of Religion,* 16 vols., ed. Mircea Eliade, 2:81–83. New York: Macmillan, 1987. 702

Rogers, Michael C. "Sung-Koryŏ Relations: Some Inhibiting Factors." *Oriens* 11 (1958): 194–202. 241

———. "Factionalism and Koryŏ Policy under the Northern Sung." *Journal of the American Oriental Society* 79 (1959): 16–25. 241

———. "The Regularization of Koryŏ-Chin Relations (1116–1131)." *Central Asiatic Journal* 6 (1961): 51–84. 278

———. "P'yŏnnyŏn T'ongnok: The Foundation Legend of the Koryŏ State." *Korean Studies* 4 (1982–83): 3–72. 277, 278

Rossbach, Sarah. *Feng Shui: The Chinese Art of Placement.* New York: E. P. Dutton, 1983. 216, 220

Rowley, George. *Principles of Chinese Painting.* Princeton: Princeton University Press, 1959. 147

Rudolph, Richard C., ed. *Chinese Archaeological Abstracts.* Monumenta Archaeologica, vol. 6. Los Angeles: Institute of Archaeology, University of California, 1978. 4

Rufus, W. Carl. "The Celestial Planisphere of King Yi Tai-jo." *Transactions of the Korea Branch of the Royal Asiatic Society* 4, pt. 3 (1913): 23–72. 556, 560, 561

———. "Korea's Cherished Astronomical Chart." *Popular Astronomy* 23 (1915): 193–98. 561

———. "Astronomy in Korea." *Transactions of the Korea Branch of the Royal Asiatic Society* 26 (1936): 4–48. 556, 559, 560, 561, 563, 568

Rufus, W. Carl, and Celia Chao. "A Korean Star Map." *Isis* 35 (1944): 316–26. 561, 566

Rufus, W. Carl, and Won-chul Lee. "Marking Time in Korea." *Popular Astronomy* 44 (1936): 252–57. 252

Rufus, W. Carl, and Hsing-chih Tien. *The Soochow Astronomical Chart.* Ann Arbor: University of Michigan Press, 1945. 89, 124, 545, 546, 547

Rydh, Hanna. "On Symbolism in Mortuary Ceramics." *Bulletin of the Museum of Far Eastern Antiquities* 1 (1929): 71–120 and plates. 13

Rykwert, Joseph. *The Idea of a Town: The Anthropology of Urban Form in Rome, Italy and the Ancient World.* London: Faber and Faber, 1976. 10

Samutphāp traiphūm burān chabap Krung Thon Burī/Buddhist Cosmology Thonburi Version. Bangkok: Khana Kammakān Phichāranā læ Chatphim 'Ēkkasān thāng Prawattisāt, Samnak Nāyok Ratthamontrī, 1982. 720, 729, 730

Saγang Sečen (Ssanang Ssetsen). *Erdeni-yin Tobči: Mongolian Chronicle.* 4 vols. Ed. Antoine Mostaert. Cambridge: Harvard University Press, 1956. 685

Sande, Eduardo de. *De missione legatorum Iaponensium . . .* Macao, 1590; reprinted 1935. 377

Sangermano, Vincenzo. *A Description of the Burmese Empire Compiled Chiefly from Native Documents.* Trans. and ed. William Tandy. Rome: Oriental Translation Fund of Great Britain and Ireland, 1833. 698

Sānkrityāyana, Rāhula. "Second Search of Sanskrit Palm-Leaf MSS. in Tibet." *Journal of the Bihar and Orissa Research Society* 23 (1937): 1–57. 612–13

Sansom, George B. *A History of Japan.* 3 vols. Stanford: Stanford University Press, 1958–63. 354, 355, 359, 361, 371, 379, 386, 387, 396, 432, 433, 434, 436, 438, 445

———. *Japan: A Short Cultural History.* 2d rev. ed. New York: Appleton-Century-Crofts, 1962. 410

———. *The Western World and Japan: A Study in the Interaction of European and Asiatic Cultures.* New York: Alfred A. Knopf, 1962. 376, 377

Sanson d'Abbeville, Nicolas. *L'Asie en plusieurs cartes nouvelles et exactes.* Paris, 1652. 389

Santarém, Manuel Francisco de Barros e Sousa, Viscount of. *Atlas composé de mappemondes, de portulans et de cartes hydrographiques et historiques depuis le VIᵉ jusqu'au XVIIᵉ siècle.* 3 vols. Paris, 1849. Facsimile ed., *Atlas de Santarem,* with explanatory text by Helen Wallis and A. H. Sijmons. Amsterdam: R. Muller, 1985. 829

———. *Essai sur l'histoire de la cosmographie et de la cartographie pendant la Moyen-Age et sur les progrès de la géographie après les grandes découvertes du XVᵉ siècle.* 3 vols. Paris: Maulde et Renou, 1849–52. 607

Schafer, Edward H. "An Ancient Chinese Star Map." *Journal of the British Astronomical Association* 87 (1977): 162. 549

———. *Pacing the Void: T'ang Approaches to the Stars.* Berkeley and Los Angeles: University of California Press, 1977. 512, 537, 539

Schärer, Hans. "Die Vorstellungen der Ober- und Unterwelt bei den Ngadju Dajak von Süd-Borneo." *Cultureel Indië* 4 (1942): 73–81. 693, 703

————. *Die Gottesidee der Ngadju Dajak in Süd-Borneo*. Leiden: E. J. Brill, 1946. English translation, *Ngaju Religion: The Conception of God among a South Borneo People*. Trans. Rodney Needham. The Hague: Martinus Nijhoff, 1963. **693, 703, 705, 706, 710**

————. *Der Totenkult der Ngadju Dajak in Süd-Borneo*. 2 vols. Verhandelingen van het Koninklijk Instituut voor Taal-, Land- en Volkenkunde, vol. 51, pts. 1–2. The Hague: Martinus Nijhoff, 1966. **703**

Schilder, Günter. *Australia Unveiled: The Share of the Dutch Navigators in the Discovery of Australia*. Trans. Olaf Richter. Amsterdam: Theatrum Orbis Terrarum, 1976. **253**

————. "Willem Jansz. Blaeu's Wall Map of the World, on Mercator's Projection, 1606–07, and Its Influence." *Imago Mundi* 31 (1979): 36–54. **380**

————. *Three World Maps by François van den Hoeye of 1661, Willem Janszoon (Blaeu) of 1607, Claes Janszoon Visscher of 1650*. Amsterdam: Nico Israel, 1981. **380**

Schipper, Kristofer M., and Wang Hsiu-huei. "Progressive and Regressive Time Cycles in Taoist Ritual." In *Time, Science, and Society in China and the West*, Study of Time, vol. 5, ed. J. T. Fraser, N. Lawrence, and F. C. Haber, 185–205. Amherst: University of Massachusetts Press, 1986. **215**

Schlagintweit, Emil. *Buddhism in Tibet, Illustrated by Literary Documents and Objects of Religious Worship, with an Account of the Buddhist Systems Preceding It in India*. 1863. London: Susil Gupta, 1968. **632, 634**

Schlagintweit-Sakünlünski, Hermann von, Adolphe von Schlagintweit, and Robert von Schlagintweit. *Results of a Scientific Mission to India and High Asia*. Vol. 4. Leipzig: Brockhaus; London: Trübner, 1863. **609, 660, 661**

Schlegel, Gustave. *Uranographie chinoise; ou, Preuves directes que l'astronomie primitive est originaire de la Chine, et qu'elle a été empruntée par les anciens peuples occidentaux à la sphère chinoise*. 2 vols. Leiden: E. J. Brill, 1875; reprinted Taipei: Chengwen Chubanshe, 1967. **511**

Schleiermacher, Friedrich D. E. "The Hermeneutics: Outline of the 1819 Lectures." Trans. Jan Wojcik and Roland Haas. *New Literary History* 10 (1978): 1–16. **127**

Schuessler, Axel. *A Dictionary of Early Zhou Chinese*. Honolulu: University of Hawaii Press, 1987. **26, 27**

Schulz, Juergen. "Jacopo de' Barbari's View of Venice: Map Making, City Views, and Moralized Geography before the Year 1500." *Art Bulletin* 60 (1978): 425–74. **91**

Schurhammer, Georg, and J. Wicki, eds. *Epistolae S. Francisci Xaverii aliaque eius scripta*. 2 vols. Rome, 1944–45. **377**

Schütte, Joseph F. "Drei Unterrichtsbücher für japanische Jesuitenprediger aus dem XVI. Jahrhundert." *Archivum Historicum Societatis Iesu* 8 (1939): 223–56. **393**

————. "Map of Japan by Father Girolamo de Angelis." *Imago Mundi* 9 (1952): 73–78. **376, 444**

————. "Ignacio Moreira of Lisbon, Cartographer in Japan 1590–1592." *Imago Mundi* 16 (1962): 116–28. **376, 389**

————. "Japanese Cartography at the Court of Florence: Robert Dudley's Maps of Japan, 1606–1636." *Imago Mundi* 23 (1969): 29–58. **388, 389**

————, ed. *Monumenta historica Japoniae*. Rome, 1975–. **380**

Schüttler, Günter. *Die letzten tibetischen Orakelpriester: Psychiatrisch-neurologische Aspekte*. Wiesbaden: Franz Steiner, 1971. **615**

Schwartzberg, Joseph E. Section on South Asian Cartography in *The History of Cartography*, ed. J. B. Harley and David Woodward, vol. 2.1 (1992). Chicago: University of Chicago Press, 1987–.

　"Cosmographical Mapping," 332–87. **371, 526, 622, 632, 634, 693, 702, 712, 714, 717, 727, 733, 738, 739**

　"Geographical Mapping," 338–493. **609, 783**

　"Introduction to South Asian Cartography," 295–331. **607, 608, 613**

　"Nautical Maps," 494–503. **832**

————, ed. *A Historical Atlas of South Asia*. Chicago: University of Chicago Press, 1978. **641, 733, 781, 783**

Sebes, Joseph. *The Jesuits and the Sino-Russian Treaty of Nerchinsk (1689): The Diary of Thomas Pereira, S.J.* Rome: Institutum Historicum S.I., 1961. **194**

Ser-Odzhav, N. *Bayanligiyn Khadny Zurag* (Rock drawings of Bayan-Lig). Ed. D. Dorj. Ulan Bator, 1987. **2, 3**

Shagdarsurung. See Chagdarsurung, Ts.

Shah, Ikbal Ali. *Nepal: The Home of the Gods*. London: Sampson Low, Marston, [1938]. **648**

Sharma, R. K., and Rahman Ali. *Archaeology of Bhopal Region*. Delhi: Agam Kala Prakashan, 1980. **13**

Sher, Ya. A. *Petroglify Sredney i Tsentral'noy Azii* (Petroglyphs of Middle and Central Asia). Moscow: Nauka, 1980. **6**

Shih, Vincent Yu-chung, trans. *The Literary Mind and the Carving of Dragons*. See Liu Xie.

Shirley, Rodney W. *The Mapping of the World: Early Printed World Maps, 1472–1700*. London: Holland Press, 1983. **380**

Shore, A. F. "Egyptian Cartography." In *The History of Cartography*, ed. J. B. Harley and David Woodward, 1:117–29. Chicago: University of Chicago Press, 1987–. **13**

Shorto, H. L. "The Planets, the Days of the Week and the Points of the Compass: Orientation Symbolism in 'Burma.'" In *Natural Symbols in South East Asia*, ed. G. B. Milner, 152–64. London: School of Oriental and African Studies, 1978. **738**

Siebold, Philipp Franz von. *Nippon, Archiv zur Beschreibung von Japan und dessen Neben- und Schutzländern*. 4 vols. Leiden, 1832-[54?]. **439, 440**

————. *Manners and Customs of the Japanese in the Nineteenth Century*. 1841; reprinted Tokyo: Charles E. Tuttle, 1985. **436, 438, 440**

Siikala, A. L. "Finnish Rock Art, Animal Ceremonialism and Shamanic Worldview." In *Shamanism in Eurasia*, 2 vols., ed. Mihály Hoppál, 1:67–84. Göttingen: Edition Herodot, 1984. **13**

Sima Qian. *Les mémoires historiques de Se-Ma Ts'ien*. 5 vols. Trans. Edouard Chavannes. Paris: Leroux, 1895–1905. **513**

————. *Records of the Grand Historian of China*. 2 vols. Trans. Burton Watson. New York: Columbia University Press, 1961. **128, 129**

Sinaga, Anicetus B. *The Toba-Batak High God: Transcendence and Immanence*. Saint Augustin, West Germany: Anthropos Institute, 1981. **712**

Sivin, Nathan. *Cosmos and Computation in Early Chinese Mathematical Astronomy*. Leiden: E. J. Brill, 1969. **88**

————. "Shen Kua." In *Dictionary of Scientific Biography*, 16 vols., ed. Charles Coulston Gillispie, 12:369–93. New York: Charles Scribner's Sons, 1970–80. **83, 87**

————. "Wang Hsi-shan." In *Dictionary of Scientific Biography*, 16 vols., ed. Charles Coulston Gillispie, 14:159–68. New York: Charles Scribner's Sons, 1970–80. **104**

————. "Copernicus in China." In *Colloquia Copernicana 2: Etudes sur l'audience de la théorie héliocentrique*, Studia Copernicana 6, 63–122. Warsaw: Zakład Narodowy im. Ossolińskich, 1973. **186, 200**

————. "Why the Scientific Revolution Did Not Take Place in China—Or Didn't It?" *Chinese Science* 5 (1982): 45–66. **122**

————. "On the Limits of Empirical Knowledge in the Traditional Chinese Sciences." In *Time, Science, and Society in China and the West*, Study of Time, vol. 5, ed. J. T. Fraser, N. Lawrence, and F.

C. Haber, 151–69. Amherst: University of Massachusetts Press, 1986. **137**

———. "Science and Medicine in Imperial China—The State of the Field." *Journal of Asian Studies* 47 (1988): 41–90. **96, 122**

Skeat, Walter William. *Malay Magic: Being an Introduction to the Folklore and Popular Religion of the Malay Peninsula.* 1900; reprinted London: Macmillan, 1960. **702, 711**

Skeat, Walter William, and Charles Otto Blagden. *Pagan Races of the Malay Peninsula* 2 vols. London: Macmillan, 1906. **795**

Skinner, G. William. "The Structure of Chinese History." *Journal of Asian Studies* 44 (1985): 271–92. **24**

Skinner, Stephen. *The Living Earth Manual of Feng-Shui: Chinese Geomancy.* London: Routledge and Kegan Paul, 1982. **215, 220, 221, 222**

Sleeswyk, André Wegener. "Reconstruction of the South-Pointing Chariots of the Northern Sung Dynasty: Escapement and Differential Gearing in 11th Century China." *Chinese Science* 2 (1977): 4–36. **115**

Slusser, Mary Shepherd. "Serpents, Sages, and Sorcerers in Cleveland." *Bulletin of the Cleveland Museum of Art* 66, no. 2 (1979): 67–82. **609, 657, 670**

———. *Nepal Mandala: A Cultural Study of the Kathmandu Valley.* 2 vols. Princeton: Princeton University Press, 1982. **609, 613, 628, 657, 663, 664, 670, 679, 681**

———. "On a Sixteenth-Century Pictorial Pilgrim's Guide from Nepal." *Archives of Asian Art* 38 (1985): 6–36. **609, 664, 670, 677, 681**

———. "The Cultural Aspects of Newar Painting." In *Heritage of the Kathmandu Valley: Proceedings of an International Conference in Lübeck, June 1985,* ed. Niels Gutschow and Axel Michaels, 13–27. Saint Augustin: VGH Wissenschaftsverlag, 1987. **609, 663, 664, 670, 674, 677, 681**

Smith, Ralph B. "Sino-Vietnamese Sources for the Nguyễn Period: An Introduction." *Bulletin of the School of Oriental and African Studies* 30 (1967): 600–621. **499, 500, 501, 502, 506, 507**

———. "Politics and Society in Viêt-Nam during the Early Nguyễn Period (1802–62)." *Journal of the Royal Asiatic Society of Great Britain and Ireland,* 1974, 153–69. **499**

Smith, Richard J. *China's Cultural Heritage: The Ch'ing Dynasty, 1644–1912.* Boulder, Colo.: Westview Press, 1983. **204**

———. *Fortune-Tellers and Philosophers: Divination in Traditional Chinese Society.* Boulder, Colo.: Westview Press, 1991. **216, 217, 218, 219, 220, 222**

Smith, Vincent A. "Pygmy Flints." *Indian Antiquary,* July 1906, 185–95. **17**

Snellgrove, David L., ed. and trans. *The Nine Ways of Bon: Excerpts from "gZi-brjid."* London: Oxford University Press, 1967. **615, 624, 632, 640**

———. "Places of Pilgrimage in Thag (Thakkhola)." *Kailash* 7 (1979): 72–132; Tibetan text 133–70. **661**

Snellgrove, David L., and Hugh Richardson. *A Cultural History of Tibet.* London: Weidenfeld and Nicolson, 1968. **679**

Snodgrass, Adrian. *The Symbolism of the Stupa.* Ithaca, N.Y.: Southeast Asia Program, Cornell University, 1985. **615–16**

Sommai Prēmchit, Kamon Sīwichainan, and Surasingsamrūam Chimphanao. *Prachēdī nai Lānnā Thai* (Stupas in Lanna Thai). Chiang Mai: Khrongkan Suksā Wichai Sinlapa Sathapattayakam Lānnā, Mahāwitthayālai Chīang Mai, 1981. **720, 777, 784**

Soothill, William E. "The Two Oldest Maps of China Extant." *Geographical Journal* 69 (1927): 532–55. **113**

———. *The Hall of Light: A Study of Early Chinese Kingship.* London: Lutterworth Press, 1951. **513, 532**

Sopa, Geshe. "The Tibetan 'Wheel of Life': Iconography and Doxography." *Journal of the International Association of Buddhist Studies* 7, no. 1 (1984): 125–45. **616, 625**

Soper, Alexander C. "Early Chinese Landscape Painting." *Art Bulletin* 23 (1941): 141–64. **139**

Sotheby's. *The Library of Philip Robinson.* Pt. 2, *The Chinese Collection.* Catalog. Day of sale, 22 November 1988. **268**

Spence, Jonathan D. *Emperor of China: Self-Portrait of K'ang-hsi.* 1974; reprinted New York: Vintage-Random House, 1975. **87**

Stadtner, Donald M. "King Dhammaceti's Pegu." *Orientations* 37, no. 2 (1990): 53–60. **695**

Stanley-Baker, Joan. *Japanese Art.* London: Thames and Hudson, 1984. **355, 410**

Stein, Rolf A. "Jardins en miniature d'Extrême-Orient." *Bulletin de l'Ecole Française d'Extrême-Orient* 42 (1943): 1–104. **480**

———. "Peintures tibétaines de la vie de Gesar." *Arts Asiatiques* 5 (1958): 243–71. **637**

———. *Tibetan Civilization.* Trans. J. E. Stapleton Driver. London: Faber and Faber, 1972. **637, 638, 642**

———. *The World in Miniature: Container Gardens and Dwellings in Far Eastern Religious Thought.* Trans. Phyllis Brooks. Stanford: Stanford University Press, 1990. **479, 480, 507**

Stephenson, F. Richard. "Mappe celesti nell'antico Oriente." *L'Astronomia,* no. 98 (1990): 18–27. **566**

———. "Stargazers of the Orient." *New Scientist* 137, no. 1854 (1993): 32–34. **524**

Stephenson, F. Richard, and Kevin K. C. Yau. "Far Eastern Observations of Halley's Comet, 240 BC to AD 1368." *Journal of the British Interplanetary Society* 38 (1985): 195–216. **511, 527, 538**

———. "Astronomical Records in the Ch'un-ch'iu Chronicle." *Journal for the History of Astronomy* 23 (1992): 31–51. **515**

Stephenson, F. Richard, and C. B. F. Walker, eds. *Halley's Comet in History.* London: British Museum Publications, 1985. **520**

Sternstein, Larry. " 'Low' Maps of Siam." *Journal of the Siam Society* 73 (1985): 132–57. **699**

Stevens, Hrolf Vaughan. "Die Zaubermuster der Ôrang hûtan," pt. 2, "Die 'Toon-tong'-Ceremonie." *Zeitschrift für Ethnologie* 26 (1894): 141–88. **692, 795**

Stöhr, Waldemar. "Das Totenritual der Dajak." *Ethnologica,* n.s., 1 (1959): 1–245. **703**

———. "Über einige Kultzeichnungen der Ngadju-Dajak." *Ethnologica,* n.s., 4 (1968): 394–419. **703, 704, 705, 706, 708**

Stoll, Eva. "Ti-se, der heilige Berg in Tibet." *Geographica Helvetica* 21 (1966): 162–67. **657, 659**

Strickmann, Michel. "The Tao among the Yao: Taoism and the Sinification of South China." In *Rekishi ni okeru minshū to bunka: Sakai Tadao Sensei koki shukuga kinen ronshu* (Peoples and cultures in Asiatic history: Collected essays in honor of Professor Tadao Sakai on his seventieth birthday), 23–30. Tokyo: Kokusho Kankōkai, 1982. **24**

Strong, John S. *The Legend and Cult of Upagupta: Sanskrit Buddhism in North India and Southeast Asia.* Princeton: Princeton University Press, 1992. **777**

Sugimoto, Masayoshi, and David L. Swain. *Science and Culture in Traditional Japan:* A.D. *600–1854.* Cambridge: MIT Press, 1978. **24**

Sullivan, Michael. *The Birth of Landscape Painting in China.* Berkeley and Los Angeles: University of California Press, 1962. **131, 139**

———. *A Short History of Chinese Art.* Berkeley and Los Angeles: University of California Press, 1967. **225**

———. *The Three Perfections: Chinese Painting, Poetry, and Calligraphy.* London: Thames and Hudson, 1974. **158**

———. *The Arts of China.* 3d ed. Berkeley and Los Angeles: University of California Press, 1984. **204**

Suthiwong Phongphaibūn. *Phutthasātsanā Thæp Lum Thalēsāp*

Songkhlā Fang Tawan'ǫk samai Krung Sī 'Ayutthayā: Rāingān kānwičhǎi (Report on the research on the Buddhist religion around the Thale Sap basin on the eastern shore in the Ayutthaya period). Songkhla, 1980. **784**

Tạ Trọng Hiệp. "Les fonds de livres en Hán Nôm hors du Viet-nam: Eléments d'inventaires." *Bulletin de l'Ecole Française d'Extrême-Orient* 75 (1986): 267–93. **490, 506**

Tatz, Mark, and Jody Kent. *Rebirth: The Tibetan Game of Liberation.* Garden City, N.Y.: Anchor Books, 1977. **623, 628, 629**

Taylor, Keith W. "Notes on the *Việt Điện U Linh Tập.*" *Vietnam Forum* 8 (1986): 26–59. **484**

————. "The Literati Revival in Seventeenth-Century Vietnam." *Journal of Southeast Asian Studies* 18 (1987): 1–22. **487**

Taylor, Peter J. "Politics in Maps, Maps in Politics: A Tribute to Brian Harley." *Political Geography* 11 (1992): 127–29. **xxiii**

Teleki, Pál. *Atlas zur Geschichte der Kartographie der japanischen Inseln.* Budapest, 1909; reprinted 1966. **388, 389, 443**

Temple, Richard C. *The Thirty-seven Nats: A Phase of Spirit-Worship Prevailing in Burma.* London: W. Griggs, 1906. New edition with essay and bibliography by Patricia M. Herbert. London: P. Strachan, 1991. **693, 735, 736, 743**

Teng, Ssu-yü, and Knight Biggerstaff, comps. *An Annotated Bibliography of Selected Chinese Reference Works.* 3d ed. Harvard-Yenching Institute Studies 2. Cambridge: Harvard University Press, 1971. **204**

Thái Văn Kiểm. *Cố đô Huế* (The old capital of Huế). Saigon: Nha Văn-hóa Bộ Quốc-gia Giáo-dục, 1960. **478, 507**

————. "Interprétation d'une carte ancienne de Saigon." *Bulletin de la Société des Etudes Indochinoises,* n.s., 37, no. 4 (1962): 409–31. **478, 501, 502**

————. "Lời nói đầu" (Introduction). In *Lục tỉnh Nam-Việt (Đại-Nam nhất-thống chí)* (The six provinces of southern Vietnam [Record of the unity of Đại Nam]). Saigon: Phủ Quốc-vụ-Khanh Đặc-Trách Văn-Hóa, 1973. **478, 499, 500, 501, 506**

Than Tun. "Mandalay Maps." *Papers of the Upper Burma Writers' Society,* 1966. **825**

Thomassen à Thuessink van der Hoop, Abraham Nicolaas Jan. *Indonesische siermotieven.* [Batavia]: Koninklijk Bataviaasch Genootschap van Kunsten en Wetenschappen, 1949. **13, 19**

Thorp, Robert L. "Burial Practices of Bronze Age China." In *The Great Bronze Age of China: An Exhibition from the People's Republic of China,* ed. Wen Fong, 51–64. New York: Metropolitan Museum of Art, 1980. **80**

————. "An Archaeological Reconstruction of the Lishan Necropolis." In *The Great Bronze Age of China: A Symposium,* ed. George Kuwayama, 72–83. Los Angeles: Los Angeles County Museum of Art, 1983. **79**

————. "The Qin and Han Imperial Tombs and the Development of Mortuary Architecture." In *The Quest for Eternity: Chinese Ceramic Sculptures from the People's Republic of China,* ed. Susan L. Caroselli, 17–37. Los Angeles: Los Angeles County Museum of Art, 1987. **80**

————. *Son of Heaven: Imperial Arts of China.* Exhibition catalog. Seattle: Son of Heaven Press, 1988. **81, 130**

Thrower, Norman J. W., and Young Il Kim (Kim Yŏng'il). "Dong-Kook-Yu-Ji-Do: A Recently Discovered Manuscript of a Map of Korea." *Imago Mundi* 21 (1967): 30–49. **263, 307**

Tibetische Kunst: Katalog zu Ausstellung, 8.-30. März, 1969 Helmshaus, Zürich, 17 Apr. bis 11 Mai 1969, Gesellschaftshaus zu Schützen, Luzern. Bern: TIBETA, 1969. **677**

Tichy, Herbert. *Himalaya.* Vienna: Anton Schroll, 1968. **617, 654, 681**

Tondriau, Julien L. *20 rouleaux peints tibétains et népalais.* Brussels: Musées Royaux d'Art et d'Histoire, [1964–65?]. **638**

Toulmin, Stephen. *Human Understanding.* Princeton: Princeton University Press, 1972–. **96**

————. *Cosmopolis: The Hidden Agenda of Modernity.* New York: Macmillan, 1990. **65**

Traiphum chabap phasa khamen (The Cambodian manuscript of the *Trai phum* cosmography). Trans. Amphai Khamtho. Bangkok: Ammarin Printing Group, 1987. **740**

Trần Nghĩa. "Bản đồ cổ Việt Nam" (Old maps of Vietnam). *Tạp chí Hán Nôm* (Hán Nôm review) 2, no. 9 (1990): 3–10. **478**

Trần Văn Giáp. "Relation d'une ambassade annamite en Chine au XVIIIᵉ siècle." *Bulletin de la Société des Etudes Indochinoises,* n.s., 16, no. 3 (1941): 55–81. **496**

Trésors du Tibet: Région autonome du Tibet, Chine. Paris: Muséum National d'Histoire Naturelle, 1987. **615, 622, 632**

Trungpa, Chögyam. *Visual Dharma: The Buddhist Art of Tibet.* Berkeley, Calif.: Shambhala, 1975. **638, 667, 679**

Trương Bửu Lâm, ed. *Hồng-đức bản đồ* (Maps of the Hồng-đức period). Saigon: Bộ Quốc-gia Giáo-dục, 1962. **478, 481, 483, 484, 486, 487, 489, 490, 491, 493, 496, 503**

Tsien, Tsuen-hsuin. *Written on Bamboo and Silk: The Beginnings of Chinese Books and Inscriptions.* Chicago: University of Chicago Press, 1962. **138**

————. See also Needham, Joseph. *Science and Civilisation in China.*

Tsuda, Noritake. *Handbook of Japanese Art.* 1941; reprinted Tokyo: Charles E. Tuttle, 1985. **370, 410**

Tsutsihashi, P., and Stanislas Chevalier. "Catalogue d'étoiles observées à Pé-kin sous l'empereur K'ien-long (XVIIIᵉ siècle)." *Annales de l'Observatoire Astronomique de Zô-sè (Chine)* 7 (1911): I-D105. **511, 574, 576**

Tuan, Yi-fu. *Space and Place: The Perspective of Experience.* Minneapolis: University of Minnesota Press, 1977. **160**

Tucci, Giuseppe. *Tibetan Painted Scrolls.* 3 vols. Rome: Libreria dello Stato, 1949. **620**

————. *The Theory and Practice of the Maṇḍala, with Special Reference to the Modern Psychology of the Subconscious.* Trans. Alan Houghton Brodrick. New York: Samuel Weiser, 1970 [first published 1961]. **620**

Turner, Samuel. *An Account of an Embassy to the Court of the Teshoo Lama in Tibet.* London, 1800; reprinted New Delhi: Mañjuśrī Publishing House, 1971. **637**

Ungar, Esta S. "From Myth to History: Imagined Polities in 14th Century Vietnam." In *Southeast Asia in the 9th to 14th Centuries,* ed. David G. Marr and A. C. Milner, 177–86. Singapore: Institute of Southeast Asian Studies, 1986. **481**

Unno, Kazutaka. "Concerning a MS Map of China in the Bibliothèque Nationale, Paris, Introduced to the World by Monsieur M. Destombes." *Memoirs of the Research Department of the Toyo Bunko (the Oriental Library)* 35 (1977): 205–17. **229**

————. "Japan before the Introduction of the Global Theory of the Earth: In Search of a Japanese Image of the Earth." *Memoirs of the Research Department of the Toyo Bunko* 38 (1980): 39–69. **120, 371**

————. "The Asian Lake Chiamay in the Early European Cartography." In *Imago et mensura mundi: Atti del IX Congresso Internazionale di Storia della Cartografia,* 3 vols., ed. Carla Clivio Marzoli, 2:287–96. Rome: Istituto della Enciclopedia Italiana, [1985]. **610**

————. "Japan." In *Lexikon zur Geschichte der Kartographie,* 2 vols., ed. Ingrid Kretschmer, Johannes Dörflinger, and Franz Wawrik, 1:357–61. Vienna: Franz Deuticke, 1986. **351, 370**

———. "Japanische Kartographie." In *Lexikon zur Geschichte der Kartographie*, 2 vols., ed. Ingrid Kretschmer, Johannes Dörflinger, and Franz Wawrik, 1:361–66. Vienna: Franz Deuticke, 1986. 351

———. "Maps as Picture: The Old Chinese Views of Maps." Paper presented at the Thirteenth International Conference on the History of Cartography, Amsterdam and The Hague, 26 June to 1 July 1989. 153

———. "Extant Maps of the Paddy Fields Drawn in the Eighth Century Japan." Paper delivered at the Fourteenth International Conference on the History of Cartography, Uppsala, 1991. 352

———. "Government Cartography in Sixteenth Century Japan." *Imago Mundi* 43 (1991): 86–91. 396

———. "A Surveying Instrument Designed by Hōjō Ujinaya (1609–70)." Paper presented at the Seventh International Conference on the History of Science in East Asia, Kyōto, Japan, August 1993. 588

Valignani, Alessandro. *Sumario de las cosas de Japón*. Ed. José Luis Alvarez-Taladriz. Tokyo: Sophia University, 1954. 377

Vanderstappen, Harrie. "Chinese Art and the Jesuits in Peking." In *East Meets West: The Jesuits in China, 1582–1773*, ed. Charles E. Ronan and Bonnie B. C. Oh, 103–26. Chicago: Loyola University Press, 1988. 153

Van der Wee, Louis P. "A 'Cloister-City'—Tanka." *Journal of the Indian Society of Oriental Art*, n.s., 4 (1971–72): 108–20. 659, 668, 670, 681

———. "Rirab Lhunpo and a Tibetan Narrative of Creation." *Ethnologische Zeitschrift*, 1976, no. 2, 67–80. 621, 623, 624, 657

Van der Wee, Pia, Louis P. Van der Wee, and Janine Schotsmans. *Symbolisme de l'art lamaïque*. Brussels: Musées Royaux d'Art et d'Histoire, 1988. 648, 677

Van Zandt, Howard F. *Pioneer American Merchants in Japan*. Tokyo: Lotus, 1980. 443

Varley, H. Paul. *Japanese Culture*. 3d ed. Honolulu: University of Hawaii Press, 1984. 356, 359, 365

Varthema, Ludovic. *The Travels of Ludovico di Varthema in Egypt, Syria, Arabia Deserta, and Arabia Felix, in Persia, India, and Ethiopia, A.D. 1503 to 1508*. Trans. John Winter Jones. Ed. George Percy Badger. London: Printed for the Hakluyt Society, 1863. 697

Vergara, Paola Mortari, and Gilles Béguin, eds. *Dimore umane, santuari divini: Origini, sviluppo e diffusione dell'architettura tibetana/Demeures des hommes, sanctuaires des dieux: Sources, développement et rayonnement de l'architecture tibétaine*. Rome: Università di Roma "La Sapienza," 1987. 613, 614, 648, 668, 677, 679

Vergati, Anne. "Les royaumes de la vallée de Katmandou." In *Les royaumes de l'Himâlaya: Histoire et civilisation*, 164–208. Paris: Imprimerie Nationale, 1982. 677

Vink, Marcus. "The Dutch East India Company and the Pepper Trade between Kerala and Tamilnad, 1663–1795: A Geohistorical Analysis." Unpublished paper, University of Minnesota, December 1990. 831

Vitashevskiy, V., ed. "Izobrazheniya na skalkh po r. Olekme" (Drawings on the cliffs along the Olekma River). *Izvestiya Vostochno-Sibirskago Otdela Imperatorskago Russkago Geograficheskago Obshchestva* (East Siberian department of the Imperial Russian Geographical Society's News) 28, no. 4 (1897). 20

Vroklage, B. A. G. "Das Schiff in den Megalithkulturen Südasiens und der Südsee." *Anthropos* 31 (1936): 712–57. 708

Waddell, Laurence Austine. *The Buddhism of Tibet, or Lamaism, with Its Mystic Cults, Symbolism, and Mythology, and Its Relation to Indian Buddhism*. 2d ed. Cambridge: W. Heffer, 1935 [first published 1895]. 608, 609, 612, 616, 625, 628, 629, 632, 638, 677, 679

Wahid, Siddiq. *Ladakh: Between Earth and Sky*. New York: Norton, 1981. 681

Wakankar, Vishnu S. "Painted Rock Shelters of India." *IPEK: Jahrbuch für Prähistorische und Ethnographische Kunst* 21 (1964–65): 78–83. 13

———. "Bhimbetka—The Prehistoric Paradise." *Prachya Pratibha* 3, no. 2 (July 1975): 7–29. Reprinted (but without some illustration and appendix material) in *Indische Felsbilder von der Arbeitsgemeinschaft der Ge-Fe-Bi*, 72–93. Graz: Gesellschaft für Vergleichende Felsbildforschung, 1978. 2, 3

Wakeman, Frederic, Jr. *The Great Enterprise: The Manchu Reconstruction of Imperial Order in Seventeenth-Century China*. 2 vols. Berkeley and Los Angeles: University of California Press, 1985. 177, 178

———, ed. *Ming and Qing Historical Studies in the People's Republic of China*. Berkeley: Institute of East Asian Studies, University of California, Berkeley, Center for Chinese Studies, 1980. 100, 189

Wales, Horace Geoffrey Quaritch. *Siamese State Ceremonies: Their History and Function*. London: Bernard Quaritch, 1931. 728

———. *Prehistory and Religion in South-east Asia*. London: Bernard Quaritch, 1957. 13, 14, 19

———. "The Cosmological Aspect of Indonesian Religion." *Journal of the Royal Asiatic Society of Great Britain and Ireland*, 1959, 100–139. 702, 703, 738

———. *The Universe around Them: Cosmology and Cosmic Renewal in Indianized South-east Asia*. London: Arthur Probsthain, 1977. 701, 714, 728, 733, 737, 739

Waley, Arthur, trans. *The Book of Songs*. London: Allen and Unwin, 1937. 516

Waller, Derek. *The Pundits: British Exploration of Tibet and Central Asia*. Lexington: University Press of Kentucky, 1990. 652, 654

Wallis, Helen. "The Influence of Father Ricci on Far Eastern Cartography." *Imago Mundi* 19 (1965): 38–45. 120, 407

———. "Chinese Maps and Globes in the British Library and the Phillips Collection." In *Chinese Studies: Papers Presented at a Colloquium at the School of Oriental and African Studies, University of London, 24–26 August 1987*, ed. Frances Wood, 88–96. London: British Library, 1988. 124, 181

Wallis, Helen M., and Arthur H. Robinson, eds. *Cartographical Innovations: An International Handbook of Mapping Terms to 1900*. Tring, Hertfordshire: Map Collector Publications in association with the International Cartographic Association, 1987. 96, 117

Wang, Ju Hua. "The Inventor of Paper Technology—Ts'ai Lun." *Yearbook of Paper History* 8 (1990): 156–63. 40

Wang, Ling. See Needham, Joseph. *Science and Civilisation in China*.

Wang, Sung-hsing. "Taiwanese Architecture and the Supernatural." In *Religion and Ritual in Chinese Society*, ed. Arthur P. Wolf, 183–92. Stanford: Stanford University Press, 1974. 215

Wang, Yü-ch'üan. "An Outline of the Central Government of the Former Han Dynasty." *Harvard Journal of Asiatic Studies* 12 (1949): 134–87. 521

Wang, Zhongshu. *Han Civilization*. Trans. Kwang-chih Chang et al. New Haven: Yale University Press, 1982. 78

Watanabe, Akira. *Cartography in Japan: Past and Present*. Tokyo: International Cartographic Information Center, 1980. 351

Watson, Burton. *Early Chinese Literature*. New York: Columbia University Press, 1962. 515, 516

————, trans. *Records of the Grand Historian of China*. See Sima Qian.

Watters, Thomas. *On Yuan Chwang's Travels in India*. 2 vols. 1904–5; reprinted New York: AMS, 1970. **373**

Wayman, Alex. *The Buddhist Tantras: Light on Indo-Tibetan Esotericism*. New York: Samuel Weiser, 1973. **621, 623**

Wechsler, Howard J. *Offerings of Jade and Silk: Ritual and Symbol in the Legitimation of the T'ang Dynasty*. New Haven: Yale University Press, 1985. **212, 213**

Wenk, Klaus. *Thailändische Miniaturmalereien nach einer Handschrift der indischen Kunstabteilung der Staatlichen Museen Berlin*. Wiesbaden: Franz Steiner, 1965. **692, 720, 721, 722, 742**

————. "Zu einer 'Landkarte' Sued- und Ostasiens." In *Felicitation Volumes of Southeast-Asian Studies Presented to His Highness Prince Dhaninivat Kromamun Bidyalabh Bridhyakorn . . . on the Occasion of His Eightieth Birthday*, 2 vols., 1:119–22. Bangkok: Siam Society, 1965. **692, 741, 742, 743**

Wheatley, Paul. "A Curious Feature on Early Maps of Malaya." *Imago Mundi* 11 (1954): 67–72. **832**

————. *The Pivot of the Four Quarters: A Preliminary Enquiry into the Origins and Character of the Ancient Chinese City*. Chicago: Aldine, 1971. **10, 211**

Whitmore, John K. *Vietnam, Hồ Quý Ly, and the Ming (1371–1421)*. New Haven: Yale Center for International and Area Studies, 1985. **481**

————. "*Chung-hsing* and *Ch'eng-t'ung* in Đại Việt: Historiography in and of the Sixteenth Century." In *Textual Studies on the Vietnamese Past*, ed. Keith W. Taylor. Forthcoming. **485**

————. *Transforming Đại Việt: Politics and Confucianism in the Fifteenth Century*. Forthcoming. **482**

Wieder, Frederik Caspar. "Oude Kaartbeschrijving" section in "Kaartbeschrijving." In *Encyclopaedie van Nederlandsch-Indië*, 8 vols., 2:227–36. The Hague: Martinus Nijhoff, 1917–40. **690**

————. *Monumenta cartographica*. 5 vols. The Hague: Nijhoff, 1925–33. **380**

Wilhelm, Hellmut. *Change: Eight Lectures on the "I Ching."* Trans. Cary F. Baynes. 1960; reprinted New York: Harper and Row, 1964. **130**

Wilhelm, Richard, and Cary F. Baynes, trans. *The I Ching or Book of Changes*. 3d ed. Princeton: Princeton University Press, 1967. **130, 131**

Williams, John. *Observations of Comets from B.C. 611 to A.D. 1640*. London: Strangeways and Walden, 1871. **511**

Williamson, A., comp. *Burma Gazetteer, Shwebo District*. Vol. A. Rangoon: Superintendent Government Printing and Stationery, 1929. **821**

Willman, Oloff Erickson. See Kjöping, Nils Matson.

Wilson, Constance. "Cultural Values and Record Keeping in Thailand." *CORMOSEA* [Committee on Research Materials on Southeast Asia] *Bulletin* 10, no. 2 (1982): 2–17. **698**

Winter, Heinrich. "Francisco Rodrigues' Atlas of ca. 1513." *Imago Mundi* 6 (1949): 20–26. **697, 829**

Wise, James F. N. *Notes on the Races, Castes, and Tribes of Eastern Bengal*. London: Harrison, 1883. **651**

Wī thi bhum cañʻ chanʻ" puṃ simʻ puṃ. Rangoon: Ūʺ Poʻ Rańʻ-Doʻ Co Rańʻ, 1967. **739**

Wittfogel, Karl A. *Oriental Despotism: A Comparative Study of Total Power*. New Haven: Yale University Press, 1957. **97**

Wolters, O. W. *Two Essays on Đại-Việt in the Fourteenth Century*. New Haven: Council on Southeast Asia Studies, Yale Center for International and Area Studies, 1988. **481**

Wong, George H. C. "China's Opposition to Western Science during Late Ming and Early Ch'ing." *Isis* 54 (1963): 29–49. **120**

Woo, David. "The Evolution of Mountain Symbols in Traditional Chinese Cartography." Paper presented at the annual meeting of the Association of American Geographers, 1989. **483, 490**

Woodside, Alexander Barton. *Vietnam and the Chinese Model: A Comparative Study of Nguyễn and Ch'ing Civil Government in the First Half of the Nineteenth Century*. Cambridge: Harvard University Press, 1971. **497, 499, 500, 502, 503, 504**

Woodward, David. "Brian Harley, 1932–1991." *Map Collector* 58 (1992): 40. **xxiii**

————. "J. B. Harley: A Tribute." *Imago Mundi* 44 (1992): 120–25. **xxiii**

————. "John Brian Harley, 1932–1991." *Special Libraries Association, Geography and Map Division Bulletin* 167 (1992): 50–52. **xxiii**

Wray, Elizabeth, Clare Rosenfield, and Dorothy Bailey. *Ten Lives of the Buddha: Siamese Temple Paintings and Jataka Tales*. New York: Weatherhill, 1972. **722**

Wright, Arthur F. "The Cosmology of the Chinese City." In *The City in Late Imperial China*, ed. George William Skinner, 33–73. Stanford: Stanford University Press, 1977. **210, 213**

Wu, Silas H. L. *Communication and Imperial Control in China: Evolution of the Palace Memorial System, 1693–1735*. Cambridge: Harvard University Press, 1970. **91**

Wylie, Alexander. *Chinese Researches*. Shanghai, 1897. **511**

Xi, Zezong. "Chinese Studies in the History of Astronomy, 1949–1979." *Isis* 72 (1981): 456–70. **536**

————. "The Cometary Atlas in the Silk Book of the Han Tomb at Mawangdui." *Chinese Astronomy and Astrophysics* 8 (1984): 1–7. **521**

Xiao Tong. *Wen Xuan; or, Selections of Refined Literature*. Trans. and annotated David R. Knechtges. Princeton: Princeton University Press, 1982–. **77, 120, 132**

Xu, Zhentao, Kevin K. C. Yau, and F. Richard Stephenson. "Astronomical Records on the Shang Dynasty Oracle Bones." *Archaeoastronomy* 14, suppl. to *Journal for the History of Astronomy* 20 (1989): S61-S72. **514**

Xuanzhuang. *Mémoires sur les contrées occidentales*. 2 vols. Trans. Stanislas Julien. Paris, 1857–58. **373**

Xun Qing. *The Works of Hsüntze*. Trans. Homer H. Dubs. London: Arthur Probsthain, 1928. **74**

Yabuuchi Kiyoshi (Yabuuti Kiyosi). "Researches on the *Chiu-chih Li*—Indian Astronomy under the T'ang Dynasty." *Acta Asiatica* 36 (1979): 7–48. **512, 533**

————. "The Influence of Islamic Astronomy in China." In *From Deferent to Equant: A Volume of Studies in the History of Science in the Ancient and Medieval Near East in Honor of E. S. Kennedy*, ed. David A. King and George Saliba, 547–59. New York: New York Academy of Sciences, 1987. **119**

Yang, Ch'ing K'un. *Religion in Chinese Society: A Study of Contemporary Social Functions of Religion and Some of Their Historical Factors*. Berkeley and Los Angeles: University of California Press, 1961. **215**

Yee, Cordell D. K. "A Cartography of Introspection: Chinese Maps as Other Than European." *Asian Art* 5, no. 4 (1992): 29–47. **xxiv**

Yeomans, Donald K., and Tao Kiang. "The Long-Term Motion of Comet Halley." *Monthly Notices of the Royal Astronomical Society* 197 (1981): 633–46. **538**

Yi, Ik Seup (Yi Iksŭp). "A Map of the World." *Korean Repository* 1 (1892): 336–41. **259, 260**

Yoon, Hong Key. "The Expression of Landforms in Chinese Geomantic Maps." *Cartographic Journal* 29 (1992): 12–15. **221**

Yu, Pauline. "Formal Distinctions in Chinese Literary Theory." In *Theories of the Arts in China*, ed. Susan Bush and Christian Murck, 27–53. Princeton: Princeton University Press, 1983. **136**

Yü, Ying-shih. "Life and Immortality in the Mind of Han China." *Harvard Journal of Asiatic Studies* 25 (1964–65): 80–122. **80**

———. "New Evidence on the Early Chinese Conception of Afterlife—A Review Article." *Journal of Asian Studies* 41 (1981): 81–85. **151**

———. " 'O Soul, Come Back!' A Study in the Changing Conceptions of the Soul and Afterlife in Pre-Buddhist China." *Harvard Journal of Asiatic Studies* 47 (1987): 363–95. **80**

Yule, Henry, and A. C. Burnell. *Hobson Jobson: A Glossary of Colloquial Anglo-Indian Words and Phrases, and of Kindred Terms, Etymological, Historical, Geographical and Discursive.*

2d ed. Ed. William Crooke. 1903; reprinted Delhi: Munshiram Manoharlal, 1968. **788**

Zelin, Madeleine. *The Magistrate's Tael: Rationalizing Fiscal Reform in Eighteenth-Century Ch'ing China*. Berkeley and Los Angeles: University of California Press, 1984. **197**

Zeng, Zhaoyue, et al., eds. *Report on the Excavation of Two Southern T'ang Mausoleums: A Summary in English*. Beijing: Cultural Objects Press, 1957. **81**

Zimmermann, Philipp. "Studien zur Religion der Ngadju-Dajak in Südborneo." *Ethnologica*, n.s., 4 (1968): 314–93. **703–4**

Zwalf, Wladimir, ed. *Buddhism: Art and Faith*. London: British Museum Publications, 1985. **719, 731**

词汇对照表

词汇原文	中文翻译
al-Idrīsī	伊德里希
almanacs（lishu）	历书
Altai Mountains（petroglyphs）	阿尔泰山（岩画）
Altamira（cave paintings）	阿尔塔米拉（洞穴画）
altitude	海拔高度
Amakusas	天草诸岛
An Bang Province	安邦
An Ch'ŏlson	安哲孙
An Giang	安江省
An Nam Hình Thắng Đồ	《安南形胜图》
Long Biên Thành	龙边城
An pass	安村关
An Quảng	安广
Ancient Observatory of Beijing	北京古观象台
Andaman Islands	安达曼群岛
Andong ŭpto	《安东邑图》
Angular distortion	角度畸变
angular extent	距度
Anjin no hō	《按针之法》
Annam	安南
Annamite Cordillera	安南山脉
annotation	注解
Ansoku Koku	安息国
Antarctica	南极洲
Antares	心大星
Antonie Thomas	安多
Aōdō Denzen	亚欧堂田善
Aoga	青岛
Aoshima Shunzo	青岛俊藏
AoyamaSadao	青山定雄
apparent paths	视路径
Arabian Peninsula	阿拉伯半岛
Arabs	阿拉伯人
Arai Hakuseki	新井白石
Arakan yoma	若开山
Arakanese	阿拉干人
Arapya dhatu	空天
architectural plan	建筑平面图
Arctic Ocean	北冰洋

词汇原文	中文翻译
Area of the Red Karens	红克伦地区
Aries	白羊（星座）
Arima	马岛
Armenia	亚美尼亚
armillary clocks	浑仪钟
armillary spheres	浑天仪
art of the ornament	装饰性艺术
Arthurpurves phayre	阿瑟·珀维斯·法尔
Aryab	实兑
Asada Gōryū	麻田刚立
Asakura Takakage	朝仓孝景
Asano Hokusui	朝野北水
Ashida Koreto	芦田伊人
Ashimori noSho	足守庄
Ashizuri	室户
Asitana	阿斯塔那
Asō Bay	浅茅湾
Asoka	阿育王
asterisms	星官，星座
astral cartography	星体制图
astral chart of Longfu Temple	隆福寺星图
astrography	天文制图学
astrological almanac	占星历
astrological prediction	占星预测
astrology	占星术
astronomer-royal	太史令
astronomy	天文学
Asuha County	足羽郡
Asura	阿修罗
Atlas vanzeevaart	《航海地图集》
atlases	地图集
Ato no Sakanushi	阿刀酒主
Atsutasangu mandara	热田参宫曼荼罗
Austronesian culture	南岛语族文化
auxiliary island	属洲
Ava	阿瓦
Ayeyarwardy	伊洛瓦底江
Ayusawa Shintaro	鲇泽信太郎
Ayutthaya	大城府

词汇原文	中文翻译
azimuths	方位角
Azumakagami	《吾妻镜》
Azure Dragon（celestial palace）	青龙（天宫）

B

Ba Vinh Phố	三荣浦
Baba Sajūrō	马场佐十郎
Bắc Thành Địa Dư Chí	《北城地舆志》
Badao ditu	八道地图
Bago	勃固
Baiguan zhi	《百官志》
Balambangan	巴兰班甘
Bali	巴岛
Bali strait	巴海峡
Ban	版
bản đồ	版图
Banmang	班芒村
Bản quốc bản đồ tổng quát mục lục	《本国版图总括目录》
Banana Island	香蕉岛
Bandaaceh	班达亚齐
BandaSea	班达海
BandarSeri	斯里巴加
Bandung	万隆
Bangka	邦加岛
Bangkok	曼谷
Bankaku no zenzu	《万客之全图》
Bankoku chikyū saiken zenzu	《万国地球细见全图》
Bankoku chikyū zenzu	《万国地球全图》
Bankoku ezu	《万国绘图》
Bankoku fukikyū	《万国富喜球》
Bankoku no zu	《万国之图》
Bankoku shōka no zu	《万国掌菓之图》
Bankoku shūran zu	《万国集览图》
Bankoku sōkaizu	《万国总界图》
Bankoku sōzu	《万国总图》
Bankoku yochi zenzu	《万国舆地全图》
Bankoku zu	《万国图》
Bankokuzu kawa shōzu	《万国图革省图》
Banmauk	莫冈
Bantam	万丹

词汇原文	中文翻译
Bảo Thiên	宝天塔
Baozhang shi	保章氏
bar scales	线段比例尺
Barito	托河
bark cloth	树皮布
Barnabite	圣保罗教会
Baseler mission	巴塞尔使团
Bassac	巴塞河
Bastian	巴斯蒂安
Bataan Islands	巴丹群岛
Bataks	巴塔克人
Batanjin enzaki	《波丹人绘卷》
batik	蜡染
Bay of Wǒnsan	元山湾
Bayer Greek letter	巴耶尔希腊字母
Bayerische Staatsbibliothek	巴伐利亚州立图书馆
Bayon	巴容庙
Bean island	豆岛
bearing	方位
Bei Di	北狄
Beigong	北宫（天宫）
Beiji	北极
Beizhili	北直隶
Belitung	勿里洞岛
Benoist atlas	蒋友仁地图集
Benoist Michel	蒋友仁
Benzheng	本证
Berawan	柏拉旺
Berthold Laufer	伯特侯德·劳佛
Bhamo	八莫
Bhamoat	巴莫特
Bhimbetka（rock paintings）	比莫贝特卡（岩画）
Bhopal District	博帕尔地区
Bhutan	不丹
Bi	毕（宿）
Bibliotheque de l'Assemblee Nationale	法国国家图书馆
Big Dipper	北斗
Bihai	裨海
binary oppositions	二元对立

词汇原文	中文翻译
Bình Nam Chỉ Chưởng Nhật Trình Đồ	《平南指掌日程图》
Bình Nam Đồ	《平南图》
Bình Thuận	平顺
Biot	毕奥
bird's-eye perspective	鸟瞰视角
Bitchū	备中
Black River	黑水
Black Sea	黑海
Blue Hills	青丘
Bodh Gaya	菩提伽耶
Bogale	博葛礼
Bogor	茂物
Bohai（Parhae）kingdom	渤海国
Bonin Island	小笠原群岛
Bonne projection	彭纳投影
Borneo	婆罗洲
Borobudur（Yogyakarta）	婆罗浮屠（日惹）
Bosan	《簿赞》
boundary maps	边界地图
Bouvet Joachim	白晋
Boyar petroglyphs	波耶尔
Brahmaputra	布拉马普特拉河
breath-resonance	气韵
Breit（mergui）	丹老（墨吉）
Breuil Henri	亨利·布勒依
Brian Harley	布莱恩·哈利
bridges（cầu）	桥梁（桥）
brightness	亮度
Bronze age	青铜时代
Bronze Liver of Piacenza	皮亚琴察铜肝
Brunei	文莱
Budong chu	不动处
Buzan	《簿赞》
Buddhametteya［maitreya］	弥勒佛
Buddha's throne	菩萨宝座
Buddhist cosmography	佛教宇宙论
Buddhist manuscript	佛教写经
Buddhist temples（tự）	佛寺（寺）
Bugis	布吉人

词汇原文	中文翻译
Bùi Thiét	裴切
Bumhkang	本坎
Bundo no kiku	分度之规矩
Bundo yojutsu	《分度馀术》
Bungo	丰后
bunzu	文图
bureaucratization	官僚机构
burial maps	墓图
Burman	缅人
Burmese Historical Commission	缅甸历史委员会
Burney Collection	伯尼收藏
Buru	布鲁岛
Bushū Toshima gōri Edo no shō zu	《武州丰岛郡江户庄图》
Butian ge	《步天歌》
Buttress	围拱
Buzen no Suke Santoshi	丰前介实俊
Buzhou shan	不周山
byō	秒

C

C. C. F. M. Le roux	勒鲁
cadastral maps	地籍图
cadastral survey	地籍调查（检地）
CaiFangbing	蔡方炳
Cai Yong	蔡邕
Cakravāla	一世界
Calcutta	加尔各答
calibrate	校准
Cambodia（Chen-la）	柬埔寨（真腊）
Cambridge Scott Collection	剑桥斯科特收藏
Camelopardalis	鹿豹座
Cameron Highlands	金马伦高地
camps（đ　n）	军营（屯）
camps（tra：）	军营（寨）
canals（kinh）	运河（津）
Cancer	巨蟹座
Canglong	苍龙（天宫）
Canis Major	大犬座
Canopus	老人星
Cao Bằng	高平

词汇原文	中文翻译
Cao Bằng Phủ Toàn Đồ	《高平府全图》
Cao Miên Phủ	高棉府
CaoWanru	曹婉如
Cape Aniva, Nakashiretoko	知床岬
Cape of Good Hope	好望角
Cape Rakk	罗卡角
Capricorn (makara)	摩羯
Captainmichael symes	迈克尔·赛姆斯上尉
cardinal directions	基本方位
carpenter's square	方尺
carta	地图
cartographic imagery	制图意象
cartographic signs	地图符号
cartography	地图学
Schamburger Caspar	夏姆伯格·卡斯珀
Caspian Sea	里海
Cassiopeia	仙后座
Catalan atlas	《加泰罗尼亚地图集》
Catherine Delano Smith	凯瑟琳·德拉诺·史密斯
Catholicism.	天主教
Caucasus (prehistoric rock art)	高加索（史前岩画）
Cave of the Thousand Buddhasin Dunhuang	敦煌千佛洞
cave painting	洞穴画
Celebes seas	西里伯斯海
celestial cartography, celestial mapping	天体制图
celestial charts	天体图
celestial coordinates	天球坐标
celestial equator	天球赤道
celestial map	天体图
Celestial Market enclosure	天市垣
celestial observations	天体观察
celestial omen	天象
celestial palaces	天宫
celestial pole	天极
celestial pools	天池（罗盘）
celestial sphere	浑象
celestial sphere	天球
celestial vapors, nebulas	星气
census record	户籍

词汇原文	中文翻译
Ceram	塞拉姆岛
chain of islands	岛链
Chaldean	迦勒底人（的）
Champa	占婆
Champasak	占巴塞
chamra	查姆拉
Chan（Sŏn or Zen）Buddhism	禅宗
Chan River	潼水
Chang Kuei-sheng	张楷生
Chang'an	长安
Chang'an zhi	《长安志》
Changbai shan	长白山
Changjiang tushuo	《长江图说》
Changjiang wanli tu	《长江万里图》
Changjin	长津
Changshu Stone Planisphere	常熟全天图碑
Ch'angsŏng	昌城
Changsu	长水
channels（cửa）	渠道（门）
Chao Phraya	湄南河（昭披耶河）
chaos theory	混沌理论
Chaoshi congzai	《朝市丛载》
Chaoxian tu	《朝鲜图》
charts	海图
Chavanne，Edouard	沙畹
Chayŏn Island	紫燕岛
Che Honggyu	诸洪圭
Chech'ŏn Ch'ŏngp'ung Tanyang	《堤川·青风·丹阳》
chedi（stupa）	佛塔
Cheju Island	济州岛
Cheju Samŭpto	《济州三邑图》
Chemulp'o	旧济物浦
Chen Di	陈第
Chen Shengzhi	陈升之
Chen Shuozhen	陈硕真
Chen Xiang	陈襄
ChenYuanjing	陈元靓
Chen Zhuo	陈卓
Cheng Boer	程百二

词汇原文	中文翻译
Chevalier	舍瓦利耶
Chiang Mai	清迈
Chiang Rai	清莱
Chicago Manual of Style	《芝加哥格式手册》
Chidao	赤道
Chidao liang zong xingtu	《赤道两总星图》
chido	地图
chido p'yo	地图标
chido sik	地图式
chidori shiki	千鸟式
chiefdom	酋邦
chigu	地球
Chigu chŏnhudo	《地球前后图》
Chikoin	智光院
chikto	直道
Chikyū bankoku sankai yochi zenzusetsu	《地球万国山海舆地全图说》
Chikyū zenzu ryakusetsu	《地球全图略说》
Chikyū zu	《地球图》
Chikyūichiranzu	《地球一览图》
Chin tribal region	钦部落区
Chindwin	钦敦江
Chinhae	镇海
Chinhan peoples	辰韩
chinsan	镇山
Chion'in	知恩院
chip'yŏng	地平
Ch'ip'yongdo	《治平图》
Chiri chi nae p'alto chugundo	《地理志内八道州郡图》
Chishima	千岛
chisim	地心
Chittagong	吉大港
Chizu norekishi	《地图の歴史》
Chizu Sessei Benran	《地图接成便览》
chō	町
Ch'oe Hang et aI.	崔恒
Ch'oe Han'gi	崔汉绮
Ch'oe Sŏkchŏng	崔锡鼎
Ch'oe Yuch'ŏng	崔惟清
ch'ŏk	尺

词汇原文	中文翻译
Chŏlla Province	全罗道
Ch'ŏllyŏng	铁关
Ch'ŏlsan	铁山
Ch'ŏmsŏngdae	瞻星台
ch'on	寸
chŏndo	全图
Chŏng Ch'ŏk	郑陟
Chŏng Ch'ŏlcho	郑喆祚
Chŏng Hangnyong	郑恒龄
Chŏng Inji	郑麟趾
Chŏng Sanggi	郑尚骥
Chŏng Sanggi-style	郑尚骥型
Chong Tuwŏn	郑斗源
Chŏng Wŏlim	郑元霖
Chŏng Yagyong	丁若镛
Ch'ŏngch'ŏn River（Sal River）	清川江
Ch'ŏnggudo	《青邱图》
Chŏngjo King	正祖
Chŏngju	定州
Chongno	钟路
Chongzhen lishu	《崇祯历书》
Ch'ŏnha chegukto	《天下诸国图》
Ch'ŏnha chido	《天下地图》
Ch'ŏnha ch'ongdo	《天下总图》
Ch'ŏnha kogŭm taech'ong pyŏllamdo	《古今大总便览图》
Ch'ŏnhado	《天下图》
Ch'ŏnji	天池
Chŏnju	全州
Ch'ŏrong	铁瓮
Ch'ŏrongsong chŏndo	《铁瓮城全图》
Choryegi ch'ok	造礼器尺
Ch'osan	楚山
Chōsen nichinichi ki	《朝鲜日日记》
Chōsenkoku ezu	《朝鲜国绘图》
Chōsenkoku ezu	《朝鲜国绘图》
Chosŏn'guk p'alto t'onghapto	《朝鲜国八道统合图》
Chōtei bankoku zenzu	《重订万国全图》
Chousheng bilan	《筹胜必览》
Christianity	基督教

词汇原文	中文翻译
chronicles	编年体史书
chronology	年表
Chu（region）	楚国
chuch'ŏk	周尺
Chugokuzenzu	《中国全图》
Ch'unch'ugwan	春秋馆
ch'ŭng	层
Chŭngbo Munhŏn pigo	《增补文献备考》
Ch'ungch'ŏng to	忠清道
Chunggukto	《中国图》
chungmo	重模
Ch'ungmu	忠武
Chungsa	中祀
chungsŏn	中线
chŭ-nom	汉喃字
ChunqiuGuliang zhuan	《春秋谷梁传》
Chunyou tianwen tu	《淳祐天文图》
Chwahae yodo	《左海舆图》
ci	（岁）次
Cikurai	奇库赖
Cirbon	井里汶
circle of constant invisibility	恒隐圈
circle of constant visibility	恒显圈
circle of water（abmajala）	水轮
circumference	周天
circumpolar asterisms	拱极星座
circumpolar boundaries	环极圈
Cirebon	井里汶
cities	城市
City of Indra	帝释城
City oftavatiitisa（Thirty-three Gods）	善见城（三十一天神之城）
Civitatesorbis terrarum	《世界城市风貌》
cliff paintings	崖画
CloveIslands	丁香群岛
Cổ Loa	古螺
Coast of Borneo	婆罗洲海岸
coastal maps	沿海地图
Cochin china	交趾支那
cognitive value	认知价值

词汇原文	中文翻译
colatitude	余纬度
Comets	彗星
communication route	交通路线
compass directions	罗盘方位
compass points	罗经点
compass roses	罗盘玫瑰
Compendium Catholicae veritatis	《天主教纲要》
comprehensive gazetteers	总志
conical projections	圆锥投影
consistent scale	一致的比例尺
Constancewilson	康斯坦斯·威尔逊
constant compass course	罗盘恒向线
constantly invisible stars	恒显星
constellation patterns	星座图式
constellations	星座
constituent stars	组星
contract	协议
conventional symbols	程式化符号
conventionalization	程式化
convergent perspective	焦点透视
converging meridians	聚合子午线
coordinate circles	坐标圈
coordinate origin	坐标原点
Copernicus Nicolaus	尼古拉斯·哥白尼
copperplate engraving	铜版雕刻
copperplate version	铜版
copying	复制
corresponding values	对应值
cosmic boards	式盘
cosmographical diagram	宇宙示图
cosmography	宇宙图
cosmologicalsigns	宇宙论符号
cosmology	宇宙论
county gazetteers	县志
county seats	县治
courier stations	驿站
cowhide	牛皮
CuiYixuan	崔义玄
cultural boundary	文化疆界

词汇原文	中文翻译
cultural territory	文化疆土
cuneiform writing	楔形文字
Cunxing bian	《寸心编》
cup of wine	酒杯
curves	曲
custom	习俗
cycle of rebirth	轮回
cyclical change	周期变化

D

Da Dai Li ji	《大戴礼记》
Dajiao	大角（星座）
Đà Lạt	大叻
Da Mingyitong zhi	《大明一统志》
Đà Nẵng	岘港
Da Qinghuidian	《大清会典》
Da Qingyitong yutu	《大清一统舆图》
Da situ	大司徒
Da Tang Xiyu Ji	《大唐西域记》
Daxiang	大相
Dazang jing	《大藏经》
Da（black）	河（黑水河）
Dachen	大辰（星座）
Daeng Mamangung	德昂·马芒贡
Dafangdeng daji jing	《大方等大集经》
Dahuang	大荒
Dahuo	大火（星座）
Đại Man Quốc Đồ	《大蛮国图》
Đại Nam	大南
Đại Nam Bản Đồ	《大南版图》
Đại Nam Nhất Thống Chí	《大南一统志》
Đại Nam Nhất Thống Dư Đồ	《大南一统舆图》
Đại Nam Quốc Cương Giới Vị Biên [or Vựng Biên]	《大南国疆界汇编》
Đại Nam Thông Chí	《大南通志》
Đại Nam Toàn Đồ	《大南全图》
Dai Shinittō zu	《大清一统图》
Dai Shinkōyozu	《大清广舆图》
Đại Việt	大越
Đại Việt Sử ký Toàn Thư	《大越史记全书》
Daiyochi kyūgi	《大舆地球仪》

词汇原文	中文翻译
Dai yochi kyūgi	大舆地球仪
Daijōin	大乘院
Daimin sei zu	《大明省图》
Daiminkoku chizu	《大明国地图》
daimyo	大名
Dainihon dōchū hayabiki saiken zu	《大日本道中早引细见图》
Dainihon enkai jissoku roku	《大日本沿海实测录》
Dainihon enkai yochi zenzu	《大日本沿海舆地全图》
Dainihon hayakuri dōchū ki	《大日本早操道中记》
Dainihon kairiku shokoku dōchū zukan	《大日本沿陆诸国道中图鉴》
Dainihon shi	《大日本史》
Dainihonkoku jishin no zu	《大日本地震之图》
Dainihonkoku no zu	《大日本国之图》
Dainihonkoku zenbizu	《大日本全备图》
Dainihonkoku zu	《大日本国图》
Daizōho Nihon dōchū kōtei ki	《大增补日本道中行程记》
Dalem	首领
Đàm Nghĩa Am	谭义庵
dân tộc Thái	泰族
Dantu	《丹图》
Daoism	道教
Daoist book	素书
daoli	道里
Daozang	《道藏》
Dark Warrior (celestialpalace)	玄武（天宫）
De la Perouse Str.	拉贝鲁兹海峡
declination circles	赤纬圈
declination ring	赤纬环
defense maps	关防图
degrees from the pole	去极度
degrees of the celestial sphere	天度
delta (ngā ba)	叉口
Den Ken	田谦
Denglonggu	灯笼骨
denzu	田图
Department of Land Survey	国土勘查部
Der Jesuiten-Atlas der Kanghs-Zeit	《康熙朝耶稣会地图集》
Description. . . de la Chine et de la Tartarie chinoise (Jean Baptiste Du Halde)	《中华帝国全志》

词汇原文	中文翻译
Descriptiongéographique historique chronologique politique et physique de l' empire de la Chine	《中华帝国的地理、历史、年表、政治和自然》
descriptive note	描述性注记
deserts	沙漠
Dewa	出羽
Dhamma	达摩
Dhammacetiya	达磨支提
Dhyana	禅界
Di	氐（宿）
địa bộ	地簿
địa đồ	地图
Dianfu	甸服
Dienieuwe groote lichtende Zee-Fakkel	《新的巨大的照耀着的海洋火炬》
Dilichuoyu fuluantou gekuo	《地理琢玉斧峦头歌括》
Dilirenzi xuzhi	《地理壬子须知》
Dilitu	《地理图》
DingHenian	丁鹤年
Dipan	地盘
directions	方向
district gazetteer	区域地志
divination	占卜
Diwang	帝王（星座）
Dixing fangzhang tu	《地形方丈图》
Dixing tu	《地形图》
Djapara	贾帕拉
Đỗ Bá	杜伯
Dochō	土帐
Dōchū hitori annai zu m	《道中独案内图》
Dōchuzu	《道中图》
Dōhan bankoku yochi hōzu	《铜版万国舆地方图》
Dōhan ban-koku yochi hōzu	《铜版万国舆地方图》
Đồng Hới	同海
Đồng Khánh Địa Dư Chí Lược	《同庆舆地志略》
Đồng Khánh emperor	同庆皇帝
Dongbi	东壁（星座）
Dongdu fu	《东都赋》
Donggong	东宫
Dongjing	东井（星座）
Donglu Shan	东庐山

词汇原文	中文翻译
Dong-son	东山
Dongyue zhenxing tu	《东岳真形图》
Dorgon	多尔衮
Dou	斗（星座）
Dragon's lair configuration	龙穴构造
drainage systems	排水系统
Draught Ox	牵牛（星座）
Dư Địa Chi (Geographical record)	《舆地志》
dư đồ	舆图
DuHalde Jean Baptiste	杜赫德
DuShanhai jing	《读山海经》
Duanghuang Star Map	敦煌星图
Dukang map	《督亢图》
Dumen jiliie	《都门纪略》
Duy Tân emperor	维新皇帝
Dzungars	准噶尔

E

Easter island	复活岛
Ebi Gensui	衣裴玄水
Echigo Province	越后国
Echizen Province	越前国
eclipse	（日、月）食
ecliptic coordinates	黄道坐标
ecliptic extensions	黄道宿度
ecliptic latitude	黄道纬度
ecliptic pole	黄极
ecliptics	黄道
eclusion policy	锁国政策
Ecole Française dExtrême-Orient	法国远东学院
Edakal	伊达卡尔（岩画）
Edinburgh Journal of Science	《爱丁堡科学杂志》
Edinburgh Philosophical Journal	《爱丁堡哲学杂志》
Edokagaku koten sōsho	江户科学古典丛书
Edomeisho zue	《江户名所图会》
Edo period	江户时代
Ekū	慧空
elevated perspective	立面视角
elevation	高程
elites government by	精英政府

词汇原文	中文翻译
Emile Gaspardone	埃米尔·加斯帕东
empty space（akasa）	虚空
enclave	飞地
enclosure	围栏，闭合图形
Engi shiki	《延喜式》
engineering map	工程图
Engravings	雕刻
entrepot	转口港
Enzū	圆通
equator terrestrial	天赤道
equatorial angular extensions	赤道距度
equatorial coordinates	赤道坐标
equatorial extension	角间距
equatorial mounting	赤道式安装
equatorial stereographic projection	赤道立体平面投影
equidistant／polar projection	天极（等距）投影
equinoctial points	二分点
Er jing fu	《二京赋》
estuaries（môn）	城门（门）
estuary	河口
ethnic group	族群
ethnic identity	族属
European Renaissance	欧洲文艺复兴
Exclusion Decrees	锁国令
expressed scale	明确的比例尺
Ezo Matsumae zu	《虾夷松前图》
Ezo no kuni zenzu	《虾夷国全图》
Ezo zu	《虾夷图》
Ezochi	虾夷地
Ezochi zushiki	《虾夷地图式》
ezu	绘图
ezukata	绘图方

F

F. Richard Stephenson	理查德·斯蒂芬森
Fa（methods）	法
Fajie anli tu	《法界安立图》
FanKuan	范宽
Fang	房（宿）
FangYizhi	方以智

词汇原文	中文翻译
Fangmatan maps	《放马滩地图》
Fangmatan maps	放马滩地图
Fangxie	方邪
Fangyu shenglan	《方舆胜览》
Fangyu shenglue	《方舆胜略》
Fangzhang tu	《方丈图》
Fangzhi	方志
Fanyang map	《阳图》
Felix da Rocha	傅作霖
Feng River	沣水
Fengshui	风水
Feng Yingjing	冯应京
Feng Yunyuan	冯云鹓
Fenghuang（Bianmen）	凤凰城（边门）
Fengxiang shi	冯相氏
Fengyi	冯夷
Fenlū	分率
Fenye	分野
Ferdinand Verbiest	南怀仁
Fire Bird	火鸟星
Fish-scale maps	鱼麟图册
five aggregates	五蕴
five great continents	五大州
Five Indias maps	《五天竺国图》
Five Marchmounts	五岳
Five palaces	五宫
Five Planets	五纬
Flamsteed number	弗兰姆斯蒂德数字
flattened spherical projection	平面球体投影
flood protection	防洪
Flores	弗洛雷斯岛
Forbidden Purple enclosure	紫微垣
formal resemblance	形似
fortification	防御工事
fortress	要塞
Fortunate Isles	幸运岛
Fozu Tongji	《佛祖统记》
Francis Hamilton	弗朗西斯·汉密尔顿
Fray Juan Cobo	弗雷·胡安·库珀

词汇原文	中文翻译
Frederic Wakeman Jr.	魏斐德
Frenchndochina	法属印度支那
Fridelli Ehrenberg Xavier	费隐
Friedrich H. Handtke	弗里德里希. H. 汉特克
frontal oblique perspective	正面斜视图
fruit of fully perfected sainthood	罗汉果
Fu Zehong	傅泽洪
Fuchs Walter	福
Fujisangū mandara	富士参宫曼荼罗
Fujii Hanchi	藤井半知
FujimuraTanjō	藤村覃定
Fujishima Chōzō	藤岛长藏
Fujita Motoharu	藤田元春
Fujiwara no Hirotsugu	藤原广嗣
Fujiwara no Mitsuhiro	藤原光弘
Fujiwara no Sukeyo	藤原佐世
Fukansai Fabian	不干齐巴鼻庵
Fukōin kyūki hōkyō ezu	《普广院旧基封境绘图》
Fukui Prefecture	福井县
Fukui Seiko	福井成功
Fukushima Kitarō	福岛喜太郎
Fukushima Kunitaka	福岛国隆
fun	分
funakoshi	船越
Fusōkoku no zu	《扶桑国之图》
Fuxi	伏羲

G

词汇原文	中文翻译
G. U. Yule	尤尔
Gaetano Mantegazza	加埃塔诺·曼泰加扎
Gaikoku tokai no ezu	《外国渡海之绘图》
Gaitian theory	盖天说
Gaitu (hemispherical maps)	盖图（半球图）
Gan De	甘德
Gansutongzhi	《甘肃通志》
Gao xia	高下
Gao yuan	高远
Gaochang	高昌
garrison	要塞
garrison map	马王堆《驻军图》

词汇原文	中文翻译
Gaubil Antoine	宋君荣
Gautama Siddhārtha（Qutan Xida）	瞿昙悉达
gazetteers	地方志
Ge Heng	葛衡
Ge Hong	葛洪
Gedao	阁道（星座）
Gemini	双子座
Gemma Frisuis	杰马弗里西斯
Genbu	玄武
general map	总图
Geng Shouchang	耿寿昌
Genna kōkai sho	《元和航海书》
Genroku	元禄
geodetic coordinates	大地坐标
geodetic surveys	大地测量
Geografisch Instituut，Rijksuniversiteit Utrecht	乌特勒支大学地理研究所
geographic direction	地理方向
geographic extent	地理范围
geographic grid	地理方格
geographic records Chinese	地理记录
geographic specificity	地理特性
Geographical Institute in the Faculty of Letters at Kyoto University	京都大学文学部地理研究室
geographical map	地理地图
Geographical memoir	《地理回忆录》
geography	地理
geomancy	风水
geomantic compasses	风水罗盘
geometric cosmography	几何形宇宙图
geometric perspective	几何透视
George H. Beans Collection	约翰·比恩斯收藏
Georgetown	乔治城
Gerard Manley Hopkins	杰勒德·曼利·霍普金斯
GerardValck	杰拉德·法尔克
Getchi Katsuragawa shi chikyū zu	《月池桂川地球图》
Gewu	格物
Gia Định Province (the Saigon area)	嘉定省（西贡地区）
Gia Định Thành Thông Chí	《嘉定城通志》
Gia Long emperor	嘉隆皇帝

词汇原文	中文翻译
Giao Châu Dư Địa Đồ	《交州舆地图》
Gion Festival in Kyoto	祇园祭（京都）
Gion oyashiro ezu	《祇园御社绘图》
Gion Shrine	京都八坂神社
globes	地球仪
gnomons	日晷
Go（game）	围棋
Gobi Desert	大漠
Godō meisho no zenzu	《悟道迷所之全图》
Gogeisi Antonie	鲍友管
Golden chersonese	黄金岛
Golden earth	金轮
Gong	宫
Gongren	廿人
Goshuinjō	御朱印状
Goshuinsen	御朱印船
Gotenjiku no zu	《五天竺之图》
Gotenjiku zu	《五天竺图》
Gotenjiku zue	《五天竺图绘》
Gotenjikukoku no zu	《五天竺国之图》
Gotō Islands	五岛列岛
Gougu	句股
Governor-general of India	印度总督
Gozen chō	御前帐
graduated rods	测杆
graphic art	图形艺术
graphic communication	图形交流
graphic representations	图形展示
graticules	经纬网
graves	墓
Great Celestial Emperor	天大帝星
GreatKanta Earthquake	关东大地震
Great Wall	长城
Greeks	希腊人
grid	方格
grid map	方格地图
Gronden der sterrenkunde	《天文学基础》
Gu Jiegang	顾颉刚
GuKaizhi	顾恺之

词汇原文	中文翻译
Gu Yanwu	顾炎武
Gu Yewang	顾野王
Gu Yin	顾胤
Guadi zhi	《括地志》
Guang yutu	《广舆图》
Guangdongsheng quantu	《广东省全图》
Guangping fu zhi	《广平府志》
Guangping Prefecture	广平府
Guangyu zongtu	《广东通志》
Guanzi	《管子》
Guard stations/guard posts	卫所（巡）
Gui（compass）	规
Gui Xian	邽县
Gui Youguang	归有光
Guimo，Kyumo（scale）	规模
Gujarat	古吉拉特邦
Gujin Hua yi quyu zongyao tu	《古今华夷区域总要图》
Gujin tushu jicheng	《古今图书集成》》
Gujin xingsheng zhi tu	《古今形势之图》
Gulf of Martaban	马达班海湾
Gulf of Siam	暹罗湾
Gulf of Thailand	泰国湾
Gulf of Tomini	托米尼湾
Gulf of Tonkin	北部湾
Guo Pu	郭璞
Guo Shengchi	郭盛炽
Guo Shoujing	郭守敬
Guo Xi	郭熙
Guoyu	《国语》
Guo Zhongshu	郭忠恕
Gustave Dumoutier	古斯塔夫·迪穆捷
Gyōki	行基
Gyōki Bosatsu setsu Dainhihonkoku zu	《行基菩萨说大日本国图》
Gyōki nenpu	行基年谱
Gyōki-type maps	行基型地图
Gyokuyō	《玉叶》

H

Hà Tnh	河静
Hachijō	八丈岛

词汇原文	中文翻译
hachures	晕线
Hadong Chongssi taedongbo	《河东郑氏大同谱》
Haedong cheguk ch'ongdo	《海东诸国总图》
Haedong cheguk ki	《海东诸国纪》
Haedong yŏjido	《海东舆地图》
Haegu	大邱
Haenam	海南
Haesŏ（Hwanghae Province）	海西（黄海道）
Hâi Dương	海阳
Haiguo tuzhi	《海国图志》
Hainan Island	海南岛
Hainei Hua yi tu	《海内华夷图》
Hakodatezenzu	《箱馆全图》
hakuzu	白图
Hallerstein August von	刘松龄
Halley's comet	哈雷彗星
Halmahera	哈马黑拉岛
Hamgyŏng namdo	咸镜南道
Hamgyŏng to	咸镜道
Hamhŭng	咸兴
Hami	哈密
Hamilton Collection	汉密尔顿收藏
HanFeizi	《韩非子》
Hanazono tenno shinki	《花园天皇宸记》
Han'guk ko chido	《韩国古地图》
Hangzhoucheng tu	《杭州城图》
Hanoi（Tonkin）	河内（东京）
HansSchärer	汉斯·舍勒
Hanuman	哈奴曼
Hao Yixing	郝懿行
haori gata	半折型
Hapch'ŏn	陕川
Hara Nagatsune	原长常
Harame Sadakiyo	原目贞清
Harana Koku	波罗捺国
Harima Province	播磨国
Harvester	娄（宿）
Hashimoto Sōkichi	桥本宗吉
Hassendō Shujin	八仙堂主人

词汇原文	中文翻译
Hata Ahakimaro	秦檍丸
Hayashi Jōho	林净甫
Hayashi Razan	林罗山
Hayashi Sensei	林先生
Hayashi Shihei	林子平
Hayashi Yoshinaga	林吉永
Ha zama Shigetomi	间重富
He Guodong	何国栋
He Guozhu	何国柱
HeGuozong	何国宗
headwater	上源
heavenly body	天体
Hefang yilan	《河防一览》
Hegong qiju tushuo	《河工器具图说》
Heianja Motodachiuri yori Kuja made machinami no zu	《平安城本立卖九条ヨリ要迄町并之图》
Heianja tazainanboku machinami no zu	《平安城东西南北町并之图》
Heijo	平安京
Heikoshiki	平行式
Heilong（Amur）River	黑龙江
Heiten gi zukai	《平天仪图解》
heliacal apparition	偕日现
heliacal culminatio	中星
hemispheres	半球
Henantongzhi	《河南通志》
Hendrick Indijck	亨德里克·印迪克
Hendrik Floris van Langren	亨德里克·弗洛里斯·范·郎格特
Henri Maspero	马伯乐
Henri Maspero Collection	马伯乐收藏
Henry Burney	享利·伯尼
Hen'yō bunkai zukō	《边要分界图考》
Hercules	武仙座
Hetu	《河图》
Heyuan zhi	《河源志》
Hiden chiiki zuhōdaizensho	《秘传地域图法大全书》
Hiến Tông	宪宗
highly conventionalized	高度程化
Higuchi Kentei	樋口谦贞
Hinayana（theravada）buddhism	小乘佛教
Hinkai zu	《濒海图》

词汇原文	中文翻译
Hipparchus	希帕恰斯
Hirazumi Sen'an	平住专庵
Hiroshimamachimachi michishirube	《广岛町夕みちしるべ》
Hishikawa Moronobu	菱川师宣
Hishū Nagasaki no zu	《肥州长崎之图》
historical cartography	历史地图
Hitachi Province	常陆国
Hizen Province	肥前国
ho	步
Ho chi MinhCity（Saigon）	胡志明市（西贡）
Hồ regime	胡朝
Hŏ Wŏn	许远
Hóa Châu	化州
Hoàng Hữu Xứng	黄有秤
Hoàng Việt Địa Dư Chí	《皇越舆地志》
Hoen seizu	《方圆星图》
Hofu Tenmangu Shrine	天满宫
Hội An	会安
Hōjō Ujinaga	北条氏长
Hōjō Ujisuke	北条氏如
Hōki Province	伯耆国
Hokkaido	北海道
Hokkien	闽南语
Hokkyoku shibien kenkai kaisei zu	《紫微垣见界改正图》
Hokkyokuken	北极圈
Hoko	桑岛
Hokusa bunryaku	《北槎闻略》
Hokushin	北辰
Honchō zukan kōmoku	《本朝图鉴纲目》
Hồng Đức Bản Đồ	《洪德版图》
Hồng Đức period	洪德时期
Hong Kyŏngnae rebellion	洪景来叛乱
Hong Taeyong	洪大容
Hong（red）	红河
Honganji temple	本愿寺
Hongfan	《洪范》
Honglu si	鸿胪寺
Hongmun Kwan	弘文馆
Hong'ŭi Island	红衣（岛）

词汇原文	中文翻译
Hongwuzhangliang yulin tu	《洪武丈量鱼鳞图》
Hongxue yinyuan tuji	《鸿雪因缘记》
Honkoku yochi zenzu ryakusetsu	《翻刻舆地全图略说》
Honma Takao	本间隆雄
Honmyōji（temple）	本妙寺
Hōnpa chizukō	《本邦地图考》
Honpō chizu no hattatsu	《本邦地图の发达》
Honshu	本州
Hon'ya Hikoemon	本屋彦右卫门
Horiuchi Naotada	堀内直忠
horizon	地平线
horizontal circle	地平圈
horology	测时法
horoscopes	生辰占星学
horoscopic diagram	占星示图
Horyu Temple	法隆寺
Hōshoin	宝生院
Hosŏ（Ch'ungch'ŏng Province）	湖西（忠清道）
Hosoi Kotaku	细井广泽
Hōsshin Temple	发心寺
Hotaling Stephen James	霍塔林·斯蒂芬·詹姆斯
Hotta Nisuke	堀田仁助
Houfu	侯服
house on stilts	干栏式房屋
Hrolf Vaughan Stevens	霍罗夫·沃恩·史蒂文斯
Hsu Mei-ling	徐美龄
Hu Linyi etaI.	胡林翼
Hu Wei	胡渭
Hua Shan	华山
Huang Di	黄帝
Huang Ding	黄鼎
Huangfu	荒服
Huang Mingyudi zhi tu	《皇明舆地之图》
Huang Shang	黄裳
Huang Zongxi	黄宗羲
Huangce	黄册
Huangchao Zhongwai yitong yutu	《皇朝中外一统舆图》
Huangdao	黄道
Huangdao ershifen xingtu	《黄道二十分星图》

词汇原文	中文翻译
Huangdao nanbei liang zong xingtu	《黄道南北两总星图》
Huangdao zong xingtu	《黄道总星图》
Huangdizhai jing	《黄帝经》
Huanghe tu	《黄河图》
Huangyu quanlan tu	《皇舆全览图》
Huangyu quantu	《皇舆全图》
Huế	顺化
Hǔich'ǒn	熙川
Huidianguan	会典馆
Huihui Sitianjian	回回司天监
Huiji yutu beikao quanshu	《汇辑舆图备考全书》
Huiyi（ideograph）	会意
Hǔksan Island	黑山岛
Hūlāgū Khān	旭烈兀汗
Hulie zongguan（commander of the hunt）	护猎总管
humanism	人文主义
Hưng Hóa	兴化
Hùng Vương	雄王
Huntian	浑天说
Huntian xiang（celestial globe）	浑天象
Huntian yi	浑天仪
Huntian yitong xingxian quantu	《浑天壹统星象全图》
Hunyi（armillary sphere）	浑仪
Huo，Antares	火（星座）
Hurong	互融
Hwafgu（broadmouth）	阔口
Hwang Yǒp	黄烨
Hwanghae Province	黄海道
Hwangjong ch'ǒk	黄钟尺
Hwanyong chi	《寰瀛志》
hydraulic civilization	水利文明
hydrography	水文
Hyogo Prefecture	兵库县
Hyojong King	孝宗
Hyǒngse	形势
Hyǒngsedo	形势图

I

Ibans	伊班人
Ibaraki Prefecture	茨城县

词汇原文	中文翻译
Ichijōin	一乘院
Ichizaemon Sadashige	左卫门定重
Ich-Tengerin-Am	伊克-腾盖里-安
Ideale welten	《理想世界》
idealization	理想化
Iga	伊贺
Ignacio Moreira	伊格纳西奥·莫雷拉
Ignatio de Loyola	伊格纳西奥·德洛约拉
Ihara Yaroku	饭河直信
Ihara Yaroku	庵原弥六
Iizuka Jiizō	饭冢重三
Ikeda Koun	池田好运
Ikegawa Sokuro	池川总九郎
Iki Island	一歧（岛）
ikken ezu	实检绘图
Ikomamiya mandara	生驹宫曼荼罗
Ilbon Tae Myŏngdo	《日本大明图》
Ilbon Yugu kukto	《日本琉球国图》
Ilbon'guk Taemado chi to	《日本国对马岛之图》
Illana bay	伊湾
Illano（Mindanao and Sulu Island）	伊拉诺（棉兰老岛和苏禄岛）
Imago Mundi	《世界印象》
Imari	伊万里
imperial commissioner	钦差
imperial decree	诏令
Imperial gazetteer	《国家地理总志》
Imphal	帕尔
Inaba	因幡
Inaba Tsuryu	稻叶通龙
Inagaki Kōrō	稻垣光朗
Inagaki Shisen	稻垣子戬
Inch'ŏn	仁川
increments	增量
Indawgyi lake	因道支湖
indigenous maps	本土地图
Indochina	印度尼西亚
Indo-Pacific peninsula	印度-太平洋半岛
Inji ǔi	印地仪
Inner and outer circles	内外规

词汇原文	中文翻译
Inō Tadataka	伊能忠敬
Inoue Chikugo no Kami	井上筑后守
Inrō	印笼
inscape	内景
inside-out perspective	内外视角
instruments	仪器
Inya lake	茵雅湖
Iō Island	喜界岛
Irie Shūkei	入江修敬
Iron Age	铁器时代
Irrawaddy plain	伊洛瓦底平原
Isesangū meisho zue	《伊势参宫名所图会》
Ise-Koyomi	伊势历
Ishihara Akira	石原明
Ishikawa Ryusen	石川流宣
Ishikawa Shun'ei	石川春荣
Island of Banda	班达岛
Island of Borneo	婆罗洲岛
Island of Lombok	龙目岛
Island of Palawan	巴拉望岛
Island of Sulawesi（Celebes）	苏拉威西岛（旧称西里伯斯岛）
Islands of Gold	金岛
Isthmus of Kra	克拉地峡
isutarabiyo	星盘
Itō Jinsai	伊藤仁斋
Itoya Zuiemon	系屋随右卫门
Iwahashi Zenbei	岩桥善兵卫
Iwashimizu hachimangū mandara	《石清水八幡宫曼荼罗》
Izanagi	伊奘诺
Izanami	伊奘册
Izumimeisho zue	《和泉名所图绘》

J

J. C. Lammers van toorenburg	J. C. 兰姆·范托伦堡
Jacques Gernet	谢和耐
Jagatara kaijō bundo zu	《咬𠺕海上分度图》
Jakarta（batavia）	雅加达（巴达维亚）
Jamāl al-Dīn	扎马鲁丁
Jambu	阎浮树
James Low	詹姆斯·洛

词汇原文	中文翻译
JanHuygen van Linschoten	林斯霍滕
Jan van Elzerack	扬·范·埃泽拉克
Japanmit seinen neben und schutz ländern	《日本边界略图》
Japara	贾帕拉
Jata	雅塔
Jataka tales	《本生记》
Java sea	爪哇海
Jawi Temple	爪夷寺
Jayavarman VII	阇耶跋摩七世
Jean Baptiste Bourguignond'Anville	唐维尔
Jean François Gerbillon	张诚
Jean-Baptiste Régis	雷孝思
Jeon Sang-woon	全相运
Jeronimo Osorio	杰罗尼莫·奥索里奥
Jesuit	耶稣会士
Ji	箕（宿）
Ji	（岁）次
Ji River	济水
Jia Dan	贾耽
Jiabi	伽毗
Jiali	家礼
Jian River	涧水
Jianjie zong xingtu	《见界总星图》
Jiaqing chongxiu yitong zhi	《嘉庆重修一统志》
Jiehua	界画
Jieqi，Chŏlgi	节气
Jili guche	记里鼓车
Jing Ke	荆轲
Jing Zheng	敬征
Jingzhou tu fuji	《荆州图副记》
Jingding Jiankang zhi	《景定建康志》
Jinghong	景洪
Jingoji jiryō bōji ezu	《神护寺寺领牓示绘图》
Jingū Temple	神功寺
Jitō	地头
Jiu ding	九鼎
Jiufu	九服
Jiuyu deng tu	《九狱灯图》
Jiuyu shouling tu	《九域守令图》

词汇原文	中文翻译
Jiubian zongtu	《九边总图》
Jiuzhang suanshu	《九章算术》
Jiuzhou	九州
Jizhou zhi	《冀州志》
Joan Blaeu	约翰·布劳
João Rodrigues	陆若汉
Johann AdamSchall von Bell	汤若望
Johannes Hevelius	约翰内斯·赫维留
John Purdy	约翰·珀迪
Johor	柔佛
Jolo	霍洛岛
Jōri	条里
Joseph e. Schwartzberg	约瑟夫·E. 施瓦茨贝
Jōtok Temple	净得寺
Jōtoku-type maps	净得型地图
Ju	矩
Jue	角（宿）
Jūkai	重怀
Juran	巨然
Jurchens	女真
Jurokuseiki ni okeru Nihon chizu no hattatsu	《十六世纪日本地图の發達》
Jūrokusei zu	《十六省图》
Jūsen Nihon yochi zenzu	《重镌日本舆地全图》
Juxing（determinative stars）	距星

K

K. F. Holle	K. F. 霍利
Kabō Hyōzō	花坊兵藏
Kabō Sen'ichi	华坊宣一
Kadoya Shichirobee	角屋七郎兵卫
Kaemo	改模
Kaesŏng	开城
Kaga Island	可佳（岛）
Kagoshima Prefecture	鹿儿岛县
Kahayan river	卡哈扬河
Kaichūreki	《怀中历》
Kaihin shūkō zu	《海濒舟行图》
Kaihō Kōfu ezu	《怀宝甲府绘图》
Kairiku Nihon dōchū hitori annai	《海陆日本道中独案内》
Kaisei chikyū bankoku zenzu	《改正地球万国全图》》

词汇原文	中文翻译
Kaisei Dainihon bizu	《改正大日本备图》
Kaisei Dainihon zenzu	《改正大日本全图》
Kaisei Nagasaki zu	《改正长崎图》
Kaisei Nihon yochi rotei zenzu	《改正日本舆地路程全图》
Kaisei Nihon yochi rotei zenzu	《改正堺绘图纲目》
Kaisei Settsu Ōsaka zu	《改正摄津大坂图》
Kaiseijo	开成所
Kaitei zōho Nihon chirigaku shi	《改订增补日本地理学史》
Kaiyuanzhanjing	《开元占经》
Kajiki Genjirō	梶木源次郎
Kakinomotomiya mandara	《柿本宫曼荼罗》
Kakushū	觉洲
Kalemyo	吉灵庙
Kalimantan（Borneo）	加里曼丹（婆罗洲）
Kamakura shogunate	镰仓幕府
Kamchatka	堪察加半岛
kamikaze	神风
Kamono Arikata	贺茂在方
Kampongs	村庄
Kam'yga	堪舆家
Kam'yǒng	监营
Kanameishi	要石
Kanchūzenki	环中禅机
Kang	亢（宿）
Kang Hǔimaeng	姜希孟
KangYouwei	康有为
Kanggye	江界
Kanghwa Island	江华岛
Kangnido	《疆理图》
Kangnyǒng	康翎
Kangwǒn Province	江源道
Kangxijesuit atlas	康熙耶稣会地图集
Kanō Eitoku	狩野永德
Kanō Motonobu	狩野元信
Kanpan jissoku Nihon chizu	《宫版实测日本地图》
Kanshun	观舜
Kantō region	关东地区
Kaogong ji	《考工记》
kaozheng	考证

词汇原文	中文翻译
Kapilavastu（Kapilavātthu）	迦毗罗卫
Kappa-zuri	合羽刷
Kapsanbu hyǒngp'yǒndo	《甲山府形便图》
Kapuas river	卡普阿斯河
Karaeng Pattingalloang	卡兰·帕廷加隆
Karafune raichō zu Nagasaki zu	《唐船来朝图长崎图》
Karafuto	卡拉富图（库页岛）
KarlSohr	卡尔·苏尔
karpek	遗物箱
Karstic topography	喀斯特地貌
karuta	加留太
Kasan	嘉山
Kasuga gongen genki e	《春日权现验记绘》
Kasuga Shrine	春日大社
Kasugamiya mandara	春日宫曼荼罗
kata	图
katachi	形
Katagiri Ichinokami（Katsumoto）	片桐市正
Katō Kengo	加藤肩吾
Katō Kiyomasa	加藤清正
Katsuragawa Hoshū	桂川甫周
Katsushika Hokusai	葛饰北斋
kauruta	加留太
Kawachi meisho zue	《河内名所图会》
Kawachi no kuni ezu	《河内国绘图》
Kawada Takeshi	河田罴
Kawai Morikiyo	河合守清
Kawamori Kōji	河盛浩司
Kawamura Heiemon	河村平右卫门
Kawatani Keizan	川谷蓟山
Kaya kingdom	伽耶
Kaya River	伽耶津
Kayahara Hiroshi	茅原弘
Kayan	扬人
Kazusa	上总
Kazutaka Unno	海野一隆
Ke xing（guest star）	客星
Kedah	吉打州
Keichō map	庆长地图

词汇原文	中文翻译
Keinen	庆念（和尚）
ken	间
Kenchi chō	检地帐
Kengtung	景栋
Kenneth Ch'en	陈观胜
Kerala（rock paintings）	喀拉拉（岩画）
Kerguelen Island	凯尔盖朗群岛
Ketu	计都
keyhole-shaped mounds	锁孔形坟丘
Khánh Hòa	庆和
Khitans	契丹
Khmers	高棉人
Kich'uk	乙丑
Kiền Khôn Nhất Lãm	《乾坤一览》
Kii Province	纪伊国
Kija	箕子
Kijŏn（Kyonggi Province）	京畿（京畿道）
Kikai Island	鬼界岛
Kiku genpo choken bengi	《规矩元法长验辨疑》
KimChŏngho	金正浩
Kim Chongjik	金宗直
Kim Ian	金履安
Kim Pusik	金富轼
Kim Sahyŏng	金士衡
Kim Sangyong	金尚荣
Kim Sŏkchu	金锡胄
Kim Suhong	金寿弘
Kim Yangsŏn	金良善
Kimiya Yasuhiko	木宫泰彦
Kimp'o	金浦
Kimura Kenkadō	木村蒹葭堂
King Island	国王岛
King Manuel	曼努埃尔国王
King of Fire	火王
Kingdom of Mataram	马兰王国
Kingdom of Pajajaran	帕贾兰王国
Kingdom of Pegu	勃固王朝
Kingdom of Sukhothai	素可泰王朝
Kinh Bắc	京北

词汇原文	中文翻译
Kisaeng	妓生
Kisoji anken ezu	《木曽路安见绘图》
Kisoji meisho ichiran	《木曽路名所一览》
Kisoji meisho zue	《木曽路名所图会》
Kisoji Nakasendō Tōkaido ezu	《木曽路·中山道·东海道绘图》
Kisŏng chŏndo	《箕城全图》
Kita Ezochi	北虾夷地
Kitaezotō chizu	《北虾夷岛地图》
Kitajima Kenshin	北岛见信
Kiyohiko Munakata	宗像清彦
Kiyu	乙酉
Kŏ Chosŏn	古朝鲜
Kō Min yochi no zu	《皇明舆地之图》
Kōakoku enkai ritei zenzu	《皇国沿海里程全图》
Kobayashi Ataru	小林中
Kobayashi Gennosuke	小林源之助
Kochab	帝星
Kochi	高知
Kofuku Temple	奈良兴福寺
Kofun	古坟
Kogler Ignatius	戴进贤
Kōgon	光严
Koi	恋
Kŏje	巨济
Kojiki	《古事记》
Kojong	高宗
Kokoku michinori zu	《皇国道度图》
Koku	石
Kokugunzu	国郡图
Kokūryusai	黑龙齐
Kollur (rock paintings)	科鲁尔（岩画）
Kŏm River (Ungjin River)	熊津
Komai Shigekatsu	驹井重胜
Kōmō karuta zu	《红毛加留太》（荷兰海图）
Kōmō tenchi nizu zeisetsu	《红毛天地二图赘说》
Kōmoi Kairō zu	《红毛夷海路图》
Kōmōjin	红毛人
Kondo Morishige	近藤守重
Kon'en tendo gattai zu	《浑圆天度合体图》

词汇原文	中文翻译
Kushunnai	久春内
Kusinārā	拘尸那罗
Kusŏng	龟城
Kusooki	道守村
Kuwagata Keisai	锹形蕙斋
Kuwagata Shōi	锹形绍意
Kwaksan	郭山
Kwanbangdo	关防图
Kwangju	光州
Kwansangdae	观象台
Kwansanggam	观象监
Kwansanggam ilgi	《观象监日记》
Kwŏn	卷
Kwŏn Kŭn	权近
Kyaing tong	景栋
Kyasho	《九章》
Kyaukpyuo	皎漂
Kyauktawgyi Pagoda	乌库塔奇塔
Kyo sei	距星
Kyodong Island	乔桐
Kyŏl	结
Kyŏngdŏk King	景德王
Kyŏnggi Province	京畿道
Kyŏngguk taejŏn	《经国大典》
Kyŏnghŭng（Kongju）	庆兴
Kyŏngju	庆州
Kyongsan	庆山
Kyŏngsang Province	庆尚道
Kyŏngsŏng	镜城
Kyŏngwŏn	庆源
Kyōto	京都
Kyōya Yahee	京屋弥兵卫
Kyūhen zu	《九边图》
Kyuhyŏng	窥衡
Kyujanggak	奎章阁
Kyūshū	九州

L

L. A. Goss	L. A. ·戈斯
Labutta	拉布达

词汇原文	中文翻译
Laccadives	拉克沙群岛
Ladle	斗星
Lagoon	环礁湖
Lakeanotatta	无热恼湖
Lake Biwa	琵琶湖
Laketoba	托巴湖
Lakhajoar（rock paintings）	拉哈乔尔（岩画）
Lambert conformal conic projection	兰伯特正形圆锥投影
Lamphun	南奔
land communications	陆上交通
landscape features	景观要素
landscape painting	山水画
landscape poetry	山水诗
landscape type	景观类型
Lạng Sơn Province	谅山省
Lanna Thai	兰纳泰语
Lanzhen zi	《真子》
Lào Cai	老街
Lao-long	老龙国
Laos	老挝
Lara Janggrang Temple	拉腊让格寺
Lashio	腊戍
Later Paekche	后百济
Lateran Museum	拉特兰博物馆
Layer of wind	风轮
Lê dynasty	黎朝
Lê Hạo	黎灏
LêHoàn	黎桓
Lê Lợi	黎利
Lê Quang Định	黎光定
LêThánh Tông	黎圣宗
Lê Văn Duyệt	黎文悦
LêVăn Khôi	黎文
League	里格
Lee Chan	李燦
legends	图例
Leo Bagrow	里奥·巴格罗
Leonard Aurousseau	鄂卢梭
Leonard Valck	伦纳德·法尔克

词汇原文	中文翻译
Li Cang	利苍
Li Cheng	李成
Li Chunfeng	李淳风
Li Daoyuan	郦道元
Li ji	《礼记》
Li Ling	李陵
Li Shan	骊山
Li Xun	李恂
Li Zhizao	李之藻
Liang Qichao	梁启超
Liang Zhou	梁辀
Liangtian chi	量天尺
Liao dynasty	辽朝
Library of the Royal Commonwealth Society	皇家英联邦协会图书馆
Lidai dili zhizhang tu	《历代地理指掌图》
Lidai minghua ji	《历代名画记》
Liexing tu	《列星图》
Ligtende zee fakkel off de geheele Oost lndische waterweereldt	《照耀着整个东印度水上世界的海洋火炬》
Lin Zexu	林则徐
line cutting	线刻技术
linear perspective	线性透视
Lingga	林牙岛
Lingxian	《灵宪》
Lingyanghe	凌阳河
Linqing	临清
Lishui xian tu	《丽水县图》
literacy	识字
literary allusions	文学典故
literary criticism	文学批评
literature	文献
Liu	柳（宿）
Liu Hui	刘徽
Liu Xiang	刘向
Liu Xie	刘勰
Liu Xin	刘歆
Lixiang kaocheng	《历象考成》
local maps of manors	庄园地图
locational referent	定位参照

词汇原文	中文翻译
Loehr Max	罗越
Lombok	龙目岛
Long Continuer	长庚
Longchi jingdu	龙池竞渡
Longhouse	长屋
longitude	经度
Lou	娄（宿）
Louang namtha	琅南塔
Louangphrabang	琅勃拉邦
Louis J. Callagher	刘易斯·J·加勒弗尔
Louis Le Comte	李明
lowland	低地
Lu Dafang	吕大防
Lu Ji	陆绩
Lu Kun	吕坤
Lu Longqi	陆陇其
Lu Shiyi	陆世仪
Ludovic arthema	卢多维奇·瓦尔特马
Lunar lodges	二十八宿
Luo	洛
Luogao	《洛诰》
Luo Hongxian	罗洪先
Luo shu	《洛书》
LuoYagu（Giacomo Rho）	罗雅谷
Luojing	罗经
Luopan	罗盘
Luoxia Hong	落下闳
Luoyi	洛邑
Lushi Chunqiu	《吕氏春秋》
Luzon	吕宋
Lý	李朝
Lý Ông Trọng	李翁仲
Lý Thường Kiệt	李常杰

M

M. Ramming	M. 拉明
Ma Xu	马续
MaYongqing	马永卿
Ma Zhenglin	马征麟
Mabuchi Jikoan	马渊自藁庵

词汇原文	中文翻译
Mạc Đăng Dun	莫登庸
Mạc dynasty	莫朝
mch	脉
Maclaine Watson	麦克琳·沃森
Macrocosmos	大宇宙
Madang tribe ofSarawa	沙捞越马当部落
Madura	马都拉
Mae klong	湄空河
Maenam	湄南河（昭披耶河）
Maenam ping	宾河
Maeda Gen'i	前田玄以
maek	脉
Maeng Sasŏng	孟思诚
Maeyama	前山保胜
Maezono Sobu	前园噌武
magarigane	曲尺
Magellanic Clouds	麦哲伦星云
magic squares	九宫格
magnetized needles	磁针
Magway	马圭
Maha roruva	大号叫地狱
Mahan peoples	马韩
Mahasamudra	咸海
Mahatala	摩诃达拉
Mailla Joseph-Anne-Marie de Moyriac de	冯秉正
Maingkwan	孟关
Makara	海兽（座）
make some models	造小样
Makuni no Shō	真国庄
Malacca	马六甲
Malay archipelago	马来群岛
Malay Peninsula	马来半岛
Malay seafarers	马来航海者
Malay states	马来国
Malay world	马来世界
Malaysia	马来西亚
Maldives	马尔代夫
Mamiya Rinzō	间宫林藏
Mamiya Strait	间宫海峡

词汇原文	中文翻译
Manchu-Chinese dyarchy	满汉共治
Mandalay	曼德勒
Mùng（in Thai muang）	芒（泰语中的勐）
Manhkam	南坎
Manila	马尼拉
Manipur	曼尼普尔
Manor maps	图
Manuel Gonzalez	曼努埃尔·冈萨雷斯
Manuk River	马鲁克河
manuscript maps	手稿地图
Mao	昴（宿）
Mao Heng	毛亨
Mao Kun	毛坤
Mao Qiling	毛奇龄
MaoYuanyi	茅元仪
map media	地图
map of Jambudvlpa	南瞻部洲图
Maple Peaks	枫岳山
Mappaemundi	《世界地图》
mapping impulse	制图动力
Mapping of North America	《北美地图学史》
Maps from Buddhist cosmology	佛教宇宙地图
Maps of Jizhou	《冀州图》
maps of reclaimed land	开田图
maps of the night sky	夜空图
Mara	马罗岛
Maragheh observatory	马拉加天文台
marine charts	海图
Mars	火星
Marshall islanders	马歇尔岛民
Martaba	马达班
marume	圆周刻度
Masjaya	马萨亚
Massaid Singkoh	马赛德·辛科
Masuda Tarō	益田太郎
mathematics	数学
Matsubara Uchū	松原右仲
Matsuda Denjūrō	松田传十郎
Matsuda Sadahei	松田定平

词汇原文	中文翻译
Matsudaira Sadanobu	松平定信
Matsudaira Tadaakira	松平忠明
Matsudaira Terutsuna	松平辉纲
Matsumae chizu	《松前地图》
Matsumae ezochi ezu	《松前虾夷地绘图》
Matsumiya Toshitsugu	松宫俊仍
Matsumoto Dadō	松本陀堂
Matsumura Mototsuna（（Matsumura Genkō）	松村元纲
Matsuo Shrine	松尾大社
Matsura Shigenobu	松浦镇信
Matsusaka	松阪市
Matsushita Kenrin	松下见林
Matsuzaki tenjin engi emaki	《松崎天神缘起图》
Mawangdui	马王堆
Mawlaik	茂叻
Mawlamyine	毛淡棉
Maymyo	眉谬
McCune Shannon	香农
mean error	平均误差
mearsument	度量
Medan	棉兰
medieval estate plans	中世纪建筑规划图
Mediterranean Sea	地中海
medium scale maps	中等比例尺地图
Mei Wending	梅文鼎
Meiji Restoration	明治维新
Meiktila	密铁拉
Mekong	湄公河
Mekong Delta	湄公河三角洲
Melaka（malacca）	马六甲
Melchior Guilandini	梅尔基奥·吉兰迪尼
Mengxi bitan	《梦溪笔谈》
mensuration	丈量
mental maps	心象地图
Merbabu Volcano	默巴布火山
Mercator projection	墨卡托投影
Mercury	金星
Mergui archipelago	墨吉列岛
Meridian	子午线

词汇原文	中文翻译
Mesolithic era	中石器时代
metaphysical	形而上学
meteor	流星
Metsamor	米沙摩尔（史前天文观）
Mi Youren	米友仁
Michinoku	陆奥
microcosmos	小宇宙
microenvironment	微观环境
Middleworld	中界
Mie Prefecture	三重县
Mies van der Rohe Ludwig	路德维希·密斯·范德罗
Mihashi Chōkaku（Nakane Genran）	三桥钓客（中根玄览）
MikiIkkōsai	三木一光斋
military camps（doanh）	军营
military installations	军事设施
military maps	军事地图
military strategy	军事战略
Milky Way	银河，天汉
Min Mountains	岷山
Min River	岷江
Minamoto Mitsusuke	源详助
Minamoto no Yoritomo	源赖朝
Minangkabaus	米卡保人
Mindanao	棉兰老岛
Mindon	敏东（缅甸国王）
mindscape	心景
MingWanli jiu nian yulin tuce	《明万历九年鱼麟图册》
Mingtang	明堂
Minh Mạng emperor	明命皇帝
Minkhaung II	明恭二世
Mino noōkimi	三野王
Minsin	敏辛
Minwu	敏巫
Mirzapur（rock paintings）	米尔扎布尔（岩画）
Mithilā	弥萨罗
Mitsui Library	三井文库
Mitsukuri Shōgo	箕作省吾
Miura Baien	三浦梅园
Miyagi Kazunami	宫城和甫

词汇原文	中文翻译
Miyako meisho zue	《都名所图会》
Miyoshi Yukiyasu	三善行康
mizubakari	准绳
moats	城濠
Mogami Tokunai	最上德内
Mojiga Seki	门司港
Molucca islands	马鲁古群岛
Monastery	寺院
Mong mit	孟密
Mong si	孟昔
Mong ton	孟东
Mongmyǒksan（Namsan）	木岘山
monme	两
Mont Bégo（petroglyphs）	蒙贝戈（岩画）
Monthly observances	《月令》
Mori Kōan	森幸安
Morokoshi kinmō zui	《唐土训蒙图汇》
Morrisse	莫里西
Motoki Ryōei	本木良永
Motoki Seiei	本木正荣
Moulmein	毛淡棉
Mount Changli	长离山
Mount Changp'a	长坡
Mount Chiri	智异山
Mount Guangsang	广桑山
Mount Guangye	广野山
Mount Halla	汉拿山
Mount Kunlun	昆仑山
Mount Li	郦山
Mount Li'nong	丽农山
Mount Mani	摩尼山
Mount Meru	须弥山
Mount Myohyang	妙香山
Mount Paektu（Paektusan）	白头山
Mount Song'ak	松岳山
Mount Sumeru	须弥山
Mount Tiantai	天台山
Mountain of the South（NamSn）	南山
mountain terrain	山地

词汇原文	中文翻译
Mountains of the Moon	月亮山
Movable type	便携式
moving focus	移动焦点
Mozuizi	磨嘴子
Muang nan	难府
Muang phayao	帕尧
Mục Mã	牧马城
Much'ang	茂昌
Mujing suanfa	《木经算法》
Mukedeng	穆克登
multicolored woodblock prints	多色木版印刷
Munhŏn pigo（Documentary reference encyclopedia）	《文献备考》
Murai Masahiro	村井昌弘
Murakami Hiroyoshi	村上广仪
Murakami Shimanojō	村上岛之允
Mural	壁画
Murgur-Sargol（petroglyphs and rock paintings）	穆古尔萨尔戈（岩画）
Muroga Emiko	室贺惠美子
Murotsu	室津
Musan	茂山
Musashi	武藏
Muto Kinta	武藤金太
Mutsu	陆奥
Myeik	丹老
Myitkyina	密支那
Myoch'ŏng	妙清
myŏn（subdistricts）	面
myŏngdang	明堂
myŏngsan	名山
Mythology	神话

N

Na Hŭngyu	罗兴儒
Naba	纳巴
Nachisangu mandara	那智参宫曼荼罗
Naga	那伽
nagachi gata	长地型
Nagai Seigai	永井青崖
Nagakubo	长久保赤水
Nagakubo Atsushi	长久保厚

词汇原文	中文翻译
Nagasaki	长崎
Nagasaki ki	《长崎记》
Nagasaki oboegaki	《长崎觉书》
Nagasaki ōezu	《长崎大绘图》
Nagasaki proper	长崎本岛
Nagasaki saikenzu	《长崎细见图》
Nagata Zenkichi	永田善吉
Naginataboko	长刀鉾
Nagoya	名古屋
Nakai family	中井家族
Nakamura Hiroshi	中村拓
Nakamura Koichirō	中村小市郎
NakamuraYūzō	中村雄三
Nakane Genkei	中根元圭
Nakasen road	东海道
Nakatani Sōnan	中谷南
Nakatsukasa Munetada（Fujiwara Munetada）	中务宗忠（藤原宗忠）
Nakhonsi thammarat（ligor）	那空是贪玛叻（洛坤府）
Naksatras	纳沙特拉，（印度）星宿，月站
Naktong River（Kaya River）	伽耶津
Nālandā	那烂陀
Nam Bắc Kỳ Họa Đồ	《南北圻画图》
Nam Bắc Phiên Giới Địa Đồ	《南北藩界地图》
Nam Định	南定
Nam Giao	南郊坛
Nam Kuman	南九万
Nam Kỳ Hội Đồ	《南圻图会》
Nammao river（burmese shweli）	南毛河（缅甸瑞丽江）
Nam Tiến	南进
Nam-gifri	南境
Namlan	南兰
Namsai	南赛
Namsan（Mongmyŏksan）	南山
Namura Johaku	苗村丈伯
Nan	难河
Nan sembushū	南瞻部洲
Nanba Matsutaro	南波松太郎
Nanban goyomi	《南蛮历》
Nanban map	南蛮地图

词汇原文	中文翻译
Nancun chuogeng lu	《南村辍耕录》
Nandō	南道
Nandou	南斗
Nan'enbudai shokoku shūran no zu	《南阎浮提诸国集览之图》
Nangong Yue	南宫说
Naniwa no Miyako	难波京（今大阪）
Nankyoku kakansei kenkai kaisei zu	《南极河汉星见界改正图》
Nankyoku Rojin	南极老人（星）
Nankyoku shoseien kenkai seizu	《南极诸星垣见界星图》
Nankyokuken	南极圈
Nanmen	南门
Nanmkham	南坎
Nanning Prefecture	南宁府
Nansei Islands（Ryukyu Islands）	琉球群岛
Nansenbushu bankoku shoka no zu	《南瞻部洲万国掌菓之图》
Nansenbushū Dainihonkoku shōtō zu	《南瞻部洲大日本国正统图》
Nanyangfu zhi	《南阳府志》
Nanzhanbuzhou tu	南瞻部洲图
Nara period	奈良时代
National Archives of India	印度国家档案馆
National Archives of Japan	日本国立公文书馆
National College (Quốc Từ Giám)	国子监
National Diet Library	日本国会图书馆
National Endowment for the Humanities	国家人文基金会
National Library of Thailand	泰国国家图书馆
National Maritime Museum in Greenwich	格林威治国家海洋博物馆
National Museum of Japanese History	日本国家历史民俗博物馆
natural scale	自然比例
nautical charts	海图
nautical map	海图
naval museum	海洋博物馆
navigation	航海
navigator	领航员
nearest degree	精确到度
Needham Joseph	李约瑟
neighboring stars	邻星
Neiyang	内洋
Nemuro	根室
Nendaiki eiri	《年代记绘入》

词汇原文	中文翻译
Neo-Confucianism	新儒家
New ava	新阿瓦
New guinea	新几内亚
Ngaju Dayaks	恩加朱达雅克人
Nghệ An Province	乂安省
Nguyễn dynasty	阮朝
Nguyễn Văn Thành	阮文诚
Nha Trang	芽庄
Nhất thống chi	《一统志》
Nhất Thống Dư Địa Chí	《一统舆地志》
Niao	鸟（宿）
Nichūreki	《二中历》
Nicobar islands	尼科巴群岛
Nigi ryakusetsu	《二仪略说》
Nihon bun'iki shishō zu	《日本分域指掌图》
Nihon bun'ya zu	《日本分野图》
Nihon chirigaku shi	《日本地理学史》
Nihon chizu sokuryō shōshi	《日本地图测量小史》
Nihon Gakushiin	日本学士院
Nihon henkai ryakuzu	《日本边界略图》
Nihon kairiku hayabiki dōchū ki	《日本海陆早引道中记》
Nihon kaisan choriku zu	《日本海山潮陆图》
Nihon kochizu taisei	《日本古地图大成》
Nihon koki	《日本后记》
Nihon Koten Zenshū	《日本古典全书》
Nihon meisho no e	《日本名所绘》
Nihon Montoku Tenno jitsuroku	《日本文德天皇实录》
Nihon sandai jitsuroku	《日本三代实录》
Nihon sankai zudō taizen	《日本山海图道大全》
Nihon seizu	《日本正图》
Nihon shōen ezu shūsei	《日本荘园絵图集成》
Nihon shoki	《日本书纪》
Nihon koku genzaisho mokuroku	《日本国见在书目录》
Nihonkoku no zu	《日本国之图》
Nikolai Rezanov	尼古拉·列扎诺夫
Ningcheng	宁城
Ninguta	宁古塔
Ningzong emperor	宁宗
Ninh Bình	宁平

词汇原文	中文翻译
Ninh Sóc	宁朔
Ninna Temple	仁和寺
Ninoha-bushi 子ノ八星	北极星
Nippon	《日本》
Nishi hankyū	西半球
Nishi Zenzaburō	西善三郎
Nishida Katsubee	西田胜兵卫
Nishikawa Joken	西川如见
Nishikawa Masayasu	西川正休
Nishinomiya	西宫
Niu	牛（宿）
Niuxing（Pivot star）	纽星
Nobuo Muroga	室贺信夫
Non nước	河山
nonary cosmography	九宫格宇宙图
nonpolar celestial palaces	四方非极天宫
north circumpolar zone	北拱极区
north polar distance（NPD）	北极距
north Star	北极星
Notes to the Monthly observances	《月令章句》
Nouvel atlas de la Chine	《中国新图》
Nouvel atlas de la Chine（Jean Baptiste Bourguignon d'Anville）	《中国新地图集》
novas and supernovas	新星和超新星
Numajiri Bokusen	沼尻墨仙
numbering schemes	编号方案
Nŭngna Island	绫罗岛
Nurhaci	努尔哈赤
Nüwa	女娲
Nyaunglebin	良礼彬
Nyaungu	良乌

O

词汇原文	中文翻译
Ô Châu Cận Lục	《乌州近录》
O livro de Francisco Rodrigues	《弗朗西斯科·罗德里格斯之书》
O Yunbu	伍允孚
Ŏ Yuso	鱼有沼
Oblique perspective	倾斜视角
obliquity of the ecliptic	黄赤交角
observational towers	观象台

词汇原文	中文翻译
observatory	侯台
occidental constellations	西方星座
Ochikochi Dōin	远近道印
Och'onch'ukkuk to	《五天竺国图》
Oda Nobunaga	织田信长
Oda Takeo	织田武雄
Odo yanggyedo	《五道两界图》
ōei kinmei ezu	《应永钧绘图》
Ogilby John	约翰·奥吉尔比
Ogiu Sorai	荻生徂徕
ōishi Ippei	大石逸平
Oita	大分
Okada Keishi	冈田傒志
Okamoto Michiko	冈本道子
Okamoto San'emon	冈本三右卫门
Okamoto *Yoshitomo*	冈本良知
Okazawa Sagenta	冈泽佐玄太
Ōkishaku	大磁石
Okladnikov A. P.	A. P. 拉德尼科夫
Ōkochi Masatoshi	大河内正敏
oku no in	奥院
omens	征兆
Ōmi meisho zue	《近江名所图会》
Onmyō no Tsukasa	阴阳寮
Onsŏng	稳城
Ooka Shoken	大冈尚贤
Opener of Light（Lucifer）	启明
Ophiuchus	蛇夫座
oracle bone inscriptions	甲骨文
oracle bones	卜骨
Oranda chikyū zenzu	《喝兰地球全图》
Oranda chikyū zusetsu	《阿兰陀地球图说》
Oranda chizu ryakusetsu	《阿兰陀地图略说》
Oranda shintei chikyū zu	《和兰新定地球图》
Oranda shin'yaku chikyū zenzu	《喝兰新译地球全图》
Oranda tensetsu	《和兰天说》
Oranda zensekai chizusho yaku	《阿兰陀全世界地图书译》
Orankai	兀哈良
ordination hall	戒堂

词汇原文	中文翻译
organismic worldview	有机体世界观
orientation	朝向
Orion	猎户座
orthogonal view	俯瞰角度
orthography	题记
Osaka sangō machi ezu	《大坂三乡町绘图》
oscillating modes	震荡模式
Oshima	男岛
Ōshima Takeyoshi	大岛武好
Ossuary	藏骨堂
Ot Danum	奥特达努姆（部落）
Ōtani Ryōkichi	大谷亮吉
Ōtsuka Hachirō	大冢蜂郎
owen Emmanuel	伊曼纽尔·鲍恩
Ōya Gaikō	大屋恺合文
Ōzassho	《大杂书》

P

Pasak	巴塞河
paddy-field maps	稻田图
Pae River（Taedong River）	大同江
Paekche	百济
Paengni eh'ŏk	百里尺
Pagan	蒲甘
Pahang	彭亨
Painting	绘画
Pak Chiwon	朴趾源
Pak Tonji	朴敦之
Pak Yŏn	朴墣
Pakch'ŏn	博川
Pakokku	木各具
Pakun	北汕
palace treasury	内府
Palawan	巴拉望岛
Pale	勃莱
Palembang	巨港（巴邻旁）
Pali	巴利文
Pali annals	《巴利年鉴》
p'alto chido	《八地道图》
p'alto ch'ongdo	《八道总图》

词汇原文	中文翻译
p'alto kagil yanggyedo	《八道各一两界图》
p'alto sanch'ŏndo	《八道山川图》
P'altodo	《八道图》
Pan	盘
P'an	版
Pan Angxiao	潘昂霄
Pan Guangzu	潘光祖
Pan Jixun	潘季驯
p'ando sa	版图司
Pangyan	傍验
Pangzheng	旁证
p'ansim	版心
papier-mâché	纸制
parabaik	摺子纸
Paracel islands	西沙群岛
parallels	纬线
Parrenin Dominique	巴多明
Pasquale M. d'Elia	德礼贤
passes (âi)	隘口（隘）
passes mountain	山口
Pathein	勃生
Pathum Thani province	巴吞他尼府
Patriciaherbert	帕特里夏·赫伯特
Pattani	北大年
patterns	图案
Paulin Yu	余鲍林
Pedro Gomez	佩德罗·戈麦斯
Pegu	勃固
Pei Xiu	裴秀
Pelliot Paul	伯希和
Penang	槟城
pendulums	钟摆
Peninsular Malaysia	马来半岛
pennant	三角旗
Pepper	派珀
Perak	霹雳河
perihelion	近日点
periodization	分期
Persian Gulf	波斯湾

词汇原文	中文翻译
perspectives	透视，视角
Petrus Plancius	皮特鲁斯·普兰修斯
Phả Lại Tự	法来寺
Phạm Đình Hổ	范廷虎
Phanna	潘纳
Phật Tích Sơn	佛迹山
Phetchaburi	碧武里（佛丕）
Philipp Franz von Siebold	菲利普·弗兰兹·冯·西博尔德
Philipp Zimmermann	菲利普·齐默尔曼
Philippe Briet	菲利浦·布赖特
Phnompenh	金边
Phổ Minh Tự	普明寺
Phra bat somdet phra ramathibodi	一世朝的物流地图
Phra malai sutta	《马拉伊佛》
Phra Ruang	帕峦
Phrya Taksin	达信
Phù Cao Bằng	高平府
Phục Hòa	福和县
Phuket	普吉岛
Phụng Thiên	奉天
Phya Lithai	立泰
Pibo	裨补
Pibyŏnsa	边备司
pictograph writing	象形文字
pictographic symbol	象形符号
pictorial diagram	图画示图
pictorial representation	图画展示
pictorial scale	图画比例尺
pictorial symbols	绘画符号
pictorialism	图画式手法
picture map	图画式地图
Pierre Jartoux	杜德美
Pieter van denKeere	彼德·范·登·基尔
pilgrimage	朝圣
Pinlaung	宾朗
Ping	宾河
Ping yuan	平远
Pingjiang tu	《平江图》
Pingree	潘格雷

词汇原文	中文翻译
Pivot star	纽星
place-names, toponym	地名
plan maps	平面地图
plane	平面
planet Jupiter	木星
planet Venus	火星
planetary cosmology	行星宇宙学
planets	行星
planimetric perspective	平面视角
planisphere	全天图
plant sign	植物符号
Pleiades	昂宿星
Plow (constellation)	犁星
plumb lines	铅锤
Po	步
P'obaek ch'ok	布帛尺
points of interest	景点
polar altitude measurement	极高测量
Pole Star	极星
political culture	政治文化
political power	政治权力
Pŏmnye	凡例
Pongyŏk to	封域图
Ponjo p'alto chuhyondo ch'ongmok	《本朝八道州县图总目》
Pontianak	坤甸（庞提纳克）
Pope Clement XIV	克
Port of Semarang	三宝垄港
post stations	驿站
Posuch'ŏk	步数尺
pottery	陶器
Powun-daung (Powin Taung)	庞文栋
Prambanan	普兰巴南
Pratt K. L.	K. L. 普拉特
precession	岁差
precession of the equinoxes	二分点岁差
prefectural gazetteers	府志
prehistoric art	史前艺术
prehistoric maps	史前地图
pre-Jesuit period	前耶稣会时代

词汇原文	中文翻译
prime meridian	本初子午线
Prince Ise	伊势王子
Prince of Wales Island（Penang）	威尔士亲王岛（槟榔屿）
Prince Sŏhyon	昭显世子
profile	轮廓
Prognostications from the five planets	《五星占》
projections	投影
Prome	卑
provincial maps	省道图
Psawng	帕桑
Ptolemaic cartographic techniques	托勒密制图技术
Ptolemaic geography	托勒密地理学
Ptolemy Claudius	托勒密
Pukhan Mountain	北汉山
Pukkwan Changp'achido	《北关长坡地图》
Pukpŏl	北伐
Pulguksa	佛国寺
P'un	分
P'unggi chi kuyŏk	风气之区域
P'ungsu	风水
Purple Mountain Observatory	紫金山天文台
Purple Palace	紫宫
Purple Tenuity	紫微
Putli Karar India	普卡拉尔（印度）
Puyŏ peoples	扶余
Pyŏktong	碧潼江
P'yong'an Province	平安道
P'yŏng'ando yŏnbyŏndo	《平安道延边图》
P'yŏngsan	平山
P'yŏngyang	平壤
Pyonhanl peoples	卞韩
Pythagorean theorem	毕达哥拉斯定理
Pyu	骠人

Q

Qi fa	七法
Qi Shan	歧山
Qian Luozhi	钱乐之
Qian Yuanguan	钱元欢
Qian Zeng	钱曾

词汇原文	中文翻译
Qiankun wanguo quantu gujin renwu shiji	《乾坤万国全图古今人物事迹》
Qianlongneifu yutu	《乾隆内府舆图》
Qianlongshisan pai tu	《乾隆十三排图》
Qianlong star catalog	乾隆星表
Qin Jiushao	秦九韶
Qinding Da Qing huidian	《钦定大清会典》
Qingdai yitong ditu	《清代一统地图》
Qingjun	清濬
Qinling Mountains	秦岭山脉
Qintianjian	钦天监
Qiujidu（degrees from the pole）	球极度
Qixing	七星
quadrants	象限仪，四分仪
qualitative description	定性描述
Quảng Bình	广平
Quảng Nam	广南
quantitative information	量化信息
quantitative tradition	量化传统
Que Mountains	鹊山
quốc ngữ	国语
Quy Nhân	归仁
Quỳnh Lâm Tự	琼林寺

R

词汇原文	中文翻译
R. A. Skelton	R·A·斯凯尔顿
Rachmat kusmiadi	拉赫马特·库斯米阿迪
Raden Vijaya	拉登·维贾亚
Rahu	罗睺
Rajagaha	拉贾加哈
Rajum Hani	拉朱姆哈尼
Rakuchu ezu	《洛中绘图》
Rama I	拉玛一世
Rangaku	兰学
Rangoon	仰光
Ratchaburi	叻武里
real accuracy	真实精度
realism	现实主义
reality	现实
Realm of Nonform	空天
Red Bird	朱雀

词汇原文	中文翻译
Red Karen Area	红克伦地区
red pneuma	赤气
Red River Delta	红河三角洲
Red Sea	红海
reference numbers	参考编号
reference stars	参照星
referential elements	指示性元素
Régis Jean-Baptiste	雷孝思
reincarnation	轮回
Rekidai teikyo narabini sengi no zu	《历代帝京并僭伪图》
relief models	浮雕
relief printing	凸版印刷
religion	宗教
reliquary	圣骨匣
Renchao	仁潮
Renjian cihua	《人间词话》
representational art	展示性艺术
reservoir	水库
resource maps	资源地图
rhumb line	方位角线
rhumb lines	罗盘方位角
Riben xingji tu	《日本行基图》
Riben yi jian	《日本一鉴》
Ribenguo kaolue	《日本国考略》
Ricci Matteo	利窦
Ricci's world map	利窦世界地图
right ascension，RA	赤经
Rikkokushi	《六国史》
Rinsenji ryō ōi Gō kaihan ezu	《临川寺领大井乡界畔绘图》
Ripa Matteo	马国贤
rites of passage	过渡仪式
ritual	礼仪
riverine nature	水文属性
Ro Koro	卢高明
Ro Senti	卢千里
Ro Sōsetsu	卢草拙
road	道路
Robert B. Oxnam	安熙龙
Robert Bridges	罗伯特·布里奇斯

词汇原文	中文翻译
Robertforsyth scott	罗伯特·福赛斯·斯科特
rock art	岩画
rocky island	礁岛
Rodrigues	罗得里格斯岛
Rōkashi（Hōtan）	浪华子（凤潭）
Rōkoku（water clock）	漏刻（水钟）
Rolf Stein	石泰安
rolledout impression	拓片
Rongzhou	荣州
Ron'ō benshō	《论奥辨证》
Roruva	号叫地狱
route maps	路线图
Royal Commonwealth Society	皇家英联邦学会
Royal Geographical Society	皇家地理学会
Royal Museum inToksugung Palace	德寿宫王室博物馆
Royal Scottish Museum Edinburgh	苏格兰皇家博物馆
Royaume de Coree	《朝鲜王国》
rubbings	拓片
Ruggieri Michele	罗明坚
Ruiying tu	《瑞应图》
Rupert Brooke	鲁珀特·布鲁克
ruxiudu（degrees within a lodge）	入宿度
Ryōgi shūsetsu	《两仪集说》
Ryōno gige	《令义解》
Ryukyus	琉球

S

Sabah（northborneo）	沙巴州（北婆罗洲）
Sacral prostitution	神妓
sacred Tree	圣树
sacrifices	牺牲
Sada Kaiseki	佐田介石
Sado	佐渡
Sado Ch'on	沙图村
Sadŭng（Sand Stairs）	沙洞
Sagaing	实皆
Sagittarius	人马座
SaiHachijo Koku	西八女国
Saigokusuji kairiku ezu	《西国筋海陆绘图》
Saigon（now Ho Chi Minh City）	西贡（今胡志明市）

词汇原文	中文翻译
Saiiki zu	《西域图》
Saiiki zu sofuku nikō roku	《西域图蠡覆二校录》
Saimaly-Tash	马利塔什
Saitō Chōshū	齐藤长秋
Sakaguchi Shigeru	坂口茂
Sakai oezu kaisei komoku	《堺大绘图改正纲目》
Sakaisaiken ezu	《堺细见绘图》
Sakchu	朔州
Sakhalin	库页岛
Salween	萨尔温江
Sambas	三发
Samguk sagi	《三国史记》
samud khoi	折页书
San dufu	《三都赋》
Sanjue	三绝
San pan	散盘
Sanba	三巴
Sancai tuhui	《三才图会》
Sandakan	山打根
Sandamuni Pagoda	山达穆尼塔
Sandbar	沙洲
Sanfu huangtu	《三辅黄图》
Sang Qin	桑钦
sangiang	桑吉昂
Sanguo zhi	《三国志》
Sanhaedo	《山海图》
Sankassanagara	桑卡纳加拉
Sankeimandara	参诣曼陀罗
sanskrit	梵文
Sanson-Flamsteed projection	赛松佛南斯投影
Sansŏng	山城
Santa Clara	圣克拉拉
SaoSaimöng Mangrai	召·赛蒙·芒莱
SAO，Smithsonian Astrophysical Catalog	史密松尼亚星表
Sarawak	沙捞越
Sarnath	野鹿苑
Sathing phra peninsula	萨蒂法拉半岛
Satkunda	撒昆达
Sato Genrokuro	佐藤源六郎

词汇原文	中文翻译
Satō Masayasu	佐藤政养
Satō Tsunesada	佐藤常贞
Satsuma clan	萨摩（家族）
Saturn	土星
Sawada Kazunori	泽田员矩
sawah	水稻田
Sawan	萨万
sawbwa	酋邦
scale	比例尺
scale diagram	比例示图
Schall von Bell Johann Adam	汤若望
Scorpio	天蝎座
scrolls	卷
Se banghieng	色邦亨河
sea monsters	海怪
sea serpent	海蛇
seasonal markers	季节标志
Seba county	越后国
Seijutsu hongen taiyo kyuri ryokai shinsei Tenchi nikyū yōhō	《星术本源太阳穷理了解新制天地二球用法记》
Seimei kǒ	《星名考》
Seishōzu	《星象图》
Seiza no zu	《星座之图》
Seizu	星图
Seizu hoten ka	《星图步天歌》
Sejongsillok	《世宗实录》
Sekai bankoku chikyū zu	《世界万国地球图》
Sekai bankoku sozu	《世界万国总图》
Sekai ninkeizu	《世界人形图》
Sekaizu	世界图
Sekishi bosan	《石氏簿赞》
Sekishi seikei bosan	《石氏星经簿赞》
Senmyō calendar	宣明历
Senshu Sakai no zu	《泉州堺之图》
Settlement	聚落
settlement (phố)	聚居区（铺）
settlement (tổng)	村落（峒）
Settsumeisho zue	《摄津名所图会》
Settsu nokuni Yatabe gōri jōri zu	《摄津国八部郡条里图》
Settsu Province	摄津国

词汇原文	中文翻译
Shaanxi Province maps of	《山西省图》
Shahi	《周髀》
Shaku	平方尺
Shan states	掸邦
Shandongdili zhi tu	《山东地理之图》
Shandong Peninsula	山东半岛
Shangshu（Book of the Shang）	尚书
Shangqing lingbao dafa	《上清灵宝大法》
Shanhai yudi quantu	《山海舆地全图》
Shanjing	《山经》
Shanshui	山水
Shao Yong	邵雍
Shen	参（宿）
Shen Que	沈
Shen yuan	深远
Shengjing tongzhi	《盛京通志》
Shi Shen	石申
ShiShi bu zan	《石氏簿赞》
Shishinjū	四神兽
Shiba Kōkan	司马江汉
Shibata Shūzō	新发田收藏
Shibukawa Harumi	涩川春海
shiehi	市尺
Shierzhang fa	《十二杖法》
shifting cultivation	轮作
Shiho	四辅（星座）
Shihō shuku	四方宿
shiji bōji no zu	《四至牓示图》
Shijitsu tōshōgi zu	《视实等象仪图》
Shikoku	四国
Shilin guang ji	《事林广记》
Shima	志摩
Shimabaraya	岛原屋
Shimada Dokan	岛田道桓
Shimaya	岛谷
Shimaya Ichizaemon	左卫门
Shimaya Ichizaemon Sadashige	嶋谷市左卫门定重
Shimaya's record	岛谷档案
Shimazuke monjo	岛津家文书

词汇原文	中文翻译
Shimizu Takao	清水孝男
Shimogamo jinja ezu	《下鸭神社绘图》
Shimogamo Shrine	下贺茂神社
Shimokita	下北
Shimosa	下总
Shinnikei jūhassei yochi zenzu	《清二京十八省舆地全图》
Shinano	信浓国
Shinkai Nihon ōezu	《新改日本大绘图》
Shinkai Rakuyō narabini rakugai no zu	《新改洛阳并洛外之图》
Shinkan Nagasaki ōezu	《新刊长崎大绘图》
Shinkan yochi zenzu	《新刊舆地全图》
Shinkoku kaisei Tōkaidō saiken ōezu	《新刊改正东海道细见大绘图》
Shinpan Bushu Edo no zu	《新板武州江户之图》
Shinpan Edoōezu	《新板江户大绘图》
Shinpan Edosoto ezu	《新板江户外绘图》
Shinpan Heianjō tōzainanboku machinami rakugai no zu	《新板平安城东西南北町并洛外之图》
Shinpan Nagasakioezu	《新版长崎大绘图》
Shinpan Ōsaka no zu	《新板大板之图》
Shinpan Settsu Ōsaka tōzainanboku machi shima no zu	《新板摄津大坂东西南北町岛之图》
Shinpanzaho Edo zu	《新板增补江户图》
Shinro hanzu	针路版图
Shinsei bankoku yochi zenzu	《新制万国舆地全图》
Shinsei tenkyū seishō zu	《新制天球星象图》
Shinsei yochi zenzu	《新制舆地全图》
Shinsen sōkai zenz	《新镌总界全图》
Shinsen zoho Ōsaka oezu	《新撰增补大坂大绘图》
Shintei bankoku zenzu	《新订万国全图》
Shintei kon'yo ryakuzenzu	《新订坤舆略全图》
Shintei zoho kokushi taikei	《新订增补国史大系》
Shinto（shrines）	神社
Shin'yaku Orandakoku zenzu	《新译和兰国全图》
Shinzō bankoku chimei kō	《新增万国地名考》
Shirakuni	白国
shiro ezu	城绘图
Shitaji chūbun no zu	《下地中分图》
Shiva	大湿婆
Shizunoya（Ōtsuka Hachirō）	志都迺屋
Shōchūreki	《掌中历》
shōen	庄园

词汇原文	中文翻译
shōenzu	庄园图
Shōhi chiriki	《娼妃地理记》
Shōhō Shiro ezu	《正保城绘图》
Shokoku dōchū ōezu	《诸国道中大绘图》
Shoku Nihon kōki	《续日本后纪》
Shoku Nihongi	《续日本记》
Shomyo Temple	称名寺
Shōsōin	正仓院
Shōtei Kinsui（Nakamura Yasusada）	松亭金水（中村保定）
Shouling tu	《守令图》
Shoushi calendar	授时历
shrine	祠堂
Shuen-fu Lin	林顺夫
Shugaisho	《拾芥抄》
Shuijing zhu	《水经注》
ShuiMiyako meisho zue	《拾遗都名所图会》
Shuiyun yixiang tai	水运仪象台
Shukushōji zu	《缩象仪图》
Shumisengi zu	《须弥山仪图》
Shuowen jiezi	《说文解字》
Shushu jiuzhang	《数学九章》
Shwebo	瑞保
Shweli	瑞丽江
Shwezoon Pagada	瑞西光塔
Siamese	暹罗人
Siberia	西伯利亚
sighting board	照板
sighting instruments	观测仪器
sighting tubes	窥管
signs of divination	占卜符号
Sihai ceyan	四海测量
Sihai Hua yi zongtu	《四海华夷总图》
Sik	息
Silken map of the path of the moon	《月令帛图》
Silla Kingdom	新罗王国
Sim Tŏkpu	沈德符
Simonides of Ceos	凯奥斯岛的西摩尼得斯
simplified armillary	简仪
Sin Nak	申硈

词汇原文	中文翻译
Sin Sukchu	申叔舟
Sin U	辛禑
Sin'an（Chǒngju）	新安
Sinanche	司南车
Sinch'an chiri chi	《新撰地理志》
Singapore	新加坡
Singkep	新及岛
single line	单线
Singu	辛古
Sinju	神主
Sinjung Tongguk yoji sungnam	《新增东国舆地胜览》
Sino-Vietnamese	汉越语
Sir Henry Yule	亨利·尤尔爵士
Sirhak	实学
Sirius	天狼星
Sirkaartata	锡尔卡塔塔
Sitian jian	司天监
siting	择地，选址
siting configurations	风水配置
Sittang	锡当河
Sittwe	实兑
Six Principles	制图六体
sixty-day cycle	六十甲子
Sizhou zhi	《四洲志》
sketch maps of constellations	星座略图
sky chart	星空图
Sǒ Hosu	徐浩修
Sǒ Kǒjǒng	徐居正
Sǒ Myǒng'ǔng	徐命膺
Sǒbuk p'ia yanggye malli illam chi to	《西北彼我两界万里一览之图》
SociétéAsiatique	法国亚洲学会
Society of Jesus	耶稣会
Sǒhak	西学
Sohyǒn Crown Prince	昭显世子
Soil	土壤
Sǒk	石
Sōkaku	宗觉
Sōken kishō	《装剑奇赏》
Sǒkkuram	石窟庵

词汇原文	中文翻译
solar eclipses	日食
solar system	太阳系
solstices	二至点
Sơn Nam	山南
Sơn Tây	山西
Sonch'ŏn	宣川
Sŏndŏk Queen	善德女王
Song Inyong	宋应龙
Song Minqiu	宋敏求
Song Siyŏl	宋时烈
Songdo（Kaesŏng）	松都
Sŏn'gi okhyŏng	璇玑玉衡
Sŏn'gii okhyŏng	宋以颖
Sŏngjong sillok	《成宗实录》
Songkhla	宋卡
Songmai Premchit	宋迈·炳集
sŏnp'yo	线表
Soongsil University Library	崇实大学图书馆
Sosa	小祀
Sōshū Kamakura no moto ezu	《相州鎌仓之本绘图》
Sotani ōsei	曾谷应圣
Sŏun'gwan	书云观
south circumpolar region	南方拱极区
Sŏwŏn	书院
Sōyō	桑杨
space	空间
space cell	空间单元
specialization	专业化
spherical coordinate	球面坐标
spirit cults (miếu)	庙宇（庙）
spirit houses	灵屋
spiritual geography	精神地理
spiritual map	精神地图
square	方
square grid system	计里画方系统
standardization	标准化
star	经星，恒星
star catalogs，stellar catalogs	星表
star chart，star maps	星图

词汇原文	中文翻译
star configurations	恒星构形
star groups	星座，星群
stargazing	观星
Stein Mark Aurel	斯坦因
stellar coordinates	恒星坐标
stellar magnitudes	星等
stone stele map	石碑地图
straits of Tsushima	对马海峡
strategic area	战略要地
Stratit of Malacca	马六甲海峡
Stream	溪流
strong points（đim）	据点（店）
Stumpf Bernard	纪理安
Su Qin	苏秦
Su Shi	苏轼
Su Song	苏颂
Sứ Trình Thủy Hàng	《使臣水行》
Sualwesi（celebes）	苏拉威西岛（西里伯斯岛）
Suan wang lun	《算罔论》
Such'ŏn	隋川
Sue Fumito	须江文人
Sueyoshi Kanshiro	末吉勘四郎
Sueyoshi Magozaemon	末吉孙左卫门
Suifu	绥服
Suicha	岁差
Suiren	遂人
Sukchong King	肃宗
Sule	疏勒
Sulu archipelago	苏禄群岛
Sulu sea	苏禄海
Sumatra	苏门答腊
Sumbawa	松巴哇岛
suminawa	绳墨
sumisashi	绳芯
sumitsubo	墨斗
Sun Senghua	孙僧化
sun，moon and planets	七曜
Sunch'ŏn	顺川
Sunda kalapa	巽他加拉巴（雅加达的旧称）

词汇原文	中文翻译
Tai Shanquan tu	《泰山全图》
Taihei Okazakiezu	《泰平冈崎绘图》
Taihō ritsuryō	《大宝律令》
Taihua quan tu	《太华全图》
Taihua shan tu	《太华山图》
Taika Reforms	大化改新
Taiping Rebellion	太平天国
Taipingyulan	《太平御览》
Taiwei	太微
Tajima Ryūkei	田岛柳卿
Takagi Hidetoyo	高木秀丰
Takahashi Giemon	高桥仪右卫门
Takahashi Hiromitsu	高桥宽光
Takahashi Jidayū	高桥次太夫
Takahashi Kageyasu	高桥景保
Takahashi Tadashi	高桥正
Takahashi Yoshitoki	高桥至时
Takamatsuzuka	高松冢
Takami Senseki（Takami Tadatsune）	鹰见泉石
Takashima Hōdō	高岛凤堂
Takashina Takakane	高阶隆兼
Takebe Katahiro	建部贤弘
Takeda Kangod	武田简吾
Takedan Temple	泷谷寺
Takejiro Akioka	秋冈武次郎
Tamnathi	德曼迪
Tamon'in nikki	《多闻院日记》
tan	反
Tan Qixiang	谭其骧
Tanaka Hisashige	田中久重
Tanaka Ryōzō	田中良三
Tanega Island	种子岛
Tangliang jing chengfang kao	《唐两京城坊考》
Tang Yixingshan he liangjie tu	《唐一行山河两戒图》
Tan'gun	檀君
Tanino Ippaku	谷野一栢
Tanjongsillok	《端宗实录》
Tanuma Okitsugu	田沼意次
TaoZongyi	陶宗仪

词汇原文	中文翻译
Tartar lord（Mukedeng）	鞑靼领主（穆克登）
Taunggyi	东枝
Taunu（toungoo）	东吁
Taurus	金牛座
Tavoy（Tawoy）	土瓦
Tawadeintha	忉利天节
Tawmaw	道茂
Tây Sòn Dynasty	西山朝
Tay-kinh（theWestern Capital）	西京（即西都）
telegraph lines	电报线
telescopes	望远镜
Telomoyo	特洛莫约火山
temperature	温度
temple	庙宇
temple mountain	寺庙山
Temple of Asuka-dera	飞鸟寺
Temple of Seven Pagodas	七塔寺
Temple of Vn phúc	万福寺
temporary stars	暂星
Ten nozu	《天之图》
Tenasserim coast	丹那沙林海岸
Tenbun era	天文时代
Tenchi nikyū yōhō	《天地二球用法》
Tenchi nikyū yōhō kokumei	《天地二球用法国名》
Tenchi no zu	《天地の图》
Tendozu	《缠度图》
Tengaisei	天盖星
Tenjiku ezu	《天竺绘图》
Tenjiku no zu	《天竺之图》
Tenjiku zu	《天竺图》
Tenkei wakumon chūkai	《天经或问注解》
Tenkei wakumon chukai zukan	《天经或问注解图卷》
Tenkyū zu	《天球图》
Tenmei kaisei shokoku dōchū ki taisei	《天明改正诸国道中记大成》
Tenmon bun'ya no zu	《天文分野之图》
Tenmon keii mondō wakai shō	《天文经纬问答和解抄》
Tenmon keitō	《天文琼统》
Tenmon seishō zu	《天文成象图》
Tenmon seishō zu	《天文星象图》

词汇原文	中文翻译
Tenmon seishō zukai	《天文星象图解》
Tenmon sokuryō zu	《天文测量图》
Tenmon zukai	《天文图解》
Tenmonkata	天文方
Tenmonzu byōbu	《天文图屏风》
Tenpō	天保
Tenshi	天市（星座）
Tenshō hokusei no zu	《天象北星之图》
Tenshō kaisei no shin zu	《天象改正之真图》
Tenshō kanki shō	《天象管窥钞》
Tenshō nansei no zu	《天象南星之图》
Tenshō retsuji no zu	《天象列次之图》
Tenshō sasei no zu	《天象总星之图》
terrain maps	地形图
terrestrial globes	地球仪
terrestrial map	陆地地图
terrestrial sphere	轮广
territorial possession	领土权属
text	文本
textual scholarship	考据学
Tha chin	沙河
Thái Nguyên	太原
Thái Tổ	太祖
Thái Tông	太宗
Thái Văn Kiểm	蔡文检
Thais	泰人
Thalang	塔兰
Than Tun	丹吞
Thandwe Sandoway	丹兑（山多威）
Thăng Long（now Hanoi）	升龙（今河内）
ThanhHóa／Thanh-hoa Province	清化省
Thaniwin	萨尔温江
Theatrum orbis terrarum	《寰宇概观》
Thibaw	锡袍（缅甸国王）
Thiên Hạ Bản Đồ	《天下版图》
Thiên Nam Lộ Đồ	《天南路图》
Thiên Nam Tứ Chí lộ Đồ Thư	《天南四至路图书》
Thiên Nam Tứ Chí Lộ Đồ Thư Dẫn	《天南四至路图书引》
Thiên Phúc Tự	天福寺

词汇原文	中文翻译
Thiên Tái Nhàn Đàm	《千载闲谈》
Thiệu Trị emperor	绍治皇帝
Thomas Forrest	托马斯·福里斯特
Thonburi	吞武里
Thongwa	栋瓜（宋割）
three schools of astronomers	三家星官
three-dimensional maps	三维地图
three-ridge style	笔架山式
Thừa Chính	承政
Thừa Thiên	承天
Thuận An	顺安
Thuận Châu	顺州
Thuận Hóa	顺化
Ti Mi Yuanhui hua	《题米元晖画》
Tianjing huowen	《天经或问》
Tianmu shantu	《天目山图》
Tianpan	天盘
Tianwen da cheng guan kui jiyao	《天文大成管窥辑要》
Tianwen huichao	《天文汇钞》
Tianwen jingxing	《天文经星》
Tianwen tu	《天文图》
tide	潮汐
Tiền Lê Nam Việt Bản Đồ Mô Bản	《前黎南越版图模版》
tiles roofing	瓦
Tilin	提林
Timbanganten	廷班甘腾
Timor sea	帝汶海
TinMaung Oo	廷貌吴
Tō genjō sanzō	《唐玄奘三藏五天竺图》
Tō Temple	东寺
Tōan	道安
toàn đồ	全图
Toản Tập Thiên Nam Lộ Đồ Thư	《纂集天南路图书》
Tōdai Temple	东大寺
Tōdaiji sangai shishi no zu	《东大寺山界四至图》
togam	都监
tohwa	图画
Toin Kinkata	洞院公贤
tojŏk	图籍

词汇原文	中文翻译
Tojǔng	道证
Tok	渎
Tōkaido bungen ezu	《东海道分间绘图》
Tōkaidō Kanagawa onbōeki ba	《东海道神奈川贸易场》
Tōkaidō meisho ichiran	《东海道名所一览》
Tōkaidō meisho zue	《东海道名所图会》
Tōkaidō michiyuki no zu	《东海道路行之图》
toksǒdang	读书堂
Tokugawa Ieyasu	德川家康
Tokugawa Mitsukuni	德川光圀
Tokugawa shogunate	德川幕府
Tổng Quát Đồ	《总括图》
Tongguk chido	《东国地图》
Tongguk tae chido	《东国大地图》
Tongguk yǒji sǔngnam	《东国舆地胜览》
Tongnae Pusan ko chido	《东莱釜山古地图》
Tong'yǒ chido	《东舆地图》
Tong'yǒ ch'ongdo	《东国总图》
T'ongyǒng（Ch'ungmu）	统营
Tongzhan daxiangli xingjīng	《通占大象历星经》
Tongzhou zhi	《通州志》
Tonle Sap	洞里萨湖
Tonzang	栋赞
topographic map	地形图
topographic maps Chinese	中国地形图
topography	地形
topology	拓朴学
Tosa	土佐
Toshidama ryōmen dōchū ki	《年玉两面道中记》
Tosho zōho setsuyōshū taizen	《头书增补节用集大全》
Tōshōdai Temple	唐昭提寺
Tosǒn	道诜
Tosǒngdo	《都城图》
Tottori Prefecture	鸟取县
Toungoo	东吁
Town of Dawae（Tavoy）	土瓦城
Town of Korat（Nakhon Ratchasima）	呵叻镇
Tōyo shokoku kōkai zu	《东洋诸国航海图》
Toyotomi Hidetsugu	丰臣秀次

词汇原文	中文翻译
Toyotomi Hideyoshi	丰臣秀吉
Tōzai kairiku no zu	《东西海陆之图》
Traibhūmikathā（Trai phum）	《三界论》
Trần Dynasty	陈朝
Trần Văn Học	陈文学
Trần Vũ	真武观
trapezoidal projection	梯形投影
Trawulan	特拉武兰
Treaty of Yandabo	《杨达波条约》
tree of life	生命树
Trengganu	丁家奴
triangulation	三角法
Triệu Đà	赵佗
Trigault Nicolas	金尼阁
trigrams	卦
Trịnh Chúa	郑主
Trịnh Hoài Đức	郑怀德
tropic of Cancer	北回归线
true projection	直投影
Trung Đô (Thang-long[Hanoi])	中都（升龙，今河内）
Trương Bửu Lâm	张宝林
tsubo	坪
Tsuchimikado clan	土御门
Tsugaru	津轻
Tsurugaoka Hachimangū shūei mokuromi ezu	《鹤岗八幡宫修营目论见绘图》
Tsutsihashi	土桥八千太
Tự Đức emperor	嗣德皇帝
Tudi zhi tu	《土地之图》
Tuhua jianwen zhi	《图画见闻志》
tuji	图籍
tujing	图经
ture pole	真极
Tuva Republic（prehistoric maps）	图瓦共和国（史前地图）
tuxiang	图像
Tuxun	土训
Tuyên Quang	宣光
tuzhi	图志
Tweevoudigh onderwiis van de hemelsche en aerdsche globen	《天地球二分法》
two-dimensional map	平面地图

词汇原文	中文翻译
typical error	典型误差

U

UMaung Maung Tin	吴貌貌廷
Ubon（modern Ubon Ratchathani）	乌汶（今乌汶）
Uesugi	米泽上杉
Ŭiju	义州
Uji Islands	宇治群岛
Ukiyoe	浮世绘
Ula	乌喇
Ula difang tu	《乌喇地方图》
Ullŭng Island	郁陵（岛）
Ulrich Freitag	乌尔里希·弗雷塔格
Uma Michiyoshi	马道良
Umetani Tsunenori	梅谷恒德
Ump	得抚
Ŭnbyŏng	银瓶
underworld	阴间，下界
Unno Kazutaka	海野一隆
Unsan	云山
Unul	虞芮
Ŭp	邑
Ŭpchi	邑志
Upper Burma	上缅甸
upper world	上界
Ŭpto	邑图
urame	里木
uranography	星图学
Urati hieroglyph	乌拉提象形文字
Ursa Major	大熊星座
Usa Hachimangū ezu	《宇佐八幡宫绘图》

V

Vagnoni Alphonse	王丰肃
Vale of Manipur	曼尼普尔河谷
van Ossenbruggen	范·奥森布鲁根
vanishing point	没影点
variable perspective	变视角
variable scale	可变比例尺
variation	变异
Vauban style	沃邦式

词汇原文	中文翻译
Vedic	吠陀
Vegetation	植被
Vela	船帆座
Venus	金星
verbal descriptions	文字描述
verisimilitude	逼真
viceroy	总镇
Victorkennedy	维克多·肯尼迪
Viện Nghiên Cứu Hán Nôm	汉喃研究院
Vientiane	万象
Vincenzo Sangermano	温琴佐·圣杰马尔诺
Vịnh Cam Ranh	金兰湾
Virgo	处女座
visible sky	可见星空
Vương phù	王府

W

词汇原文	中文翻译
Wakasa	若狭
Wakasugi family	若杉家
Wakatsuki no Shō	若月庄
Wakayama Prefecture	和歌山县
walled cities（thành）	围城（城）
Walter Fuchs	瓦尔特·福赫斯
Wamyo ruiju sho	《倭名类聚钞》
Wang Fan	王蕃
Wang Fu	王黼
Wang Fuzhi	王夫之
Wang Guowei	王国维
Wang Ji	王伋
Wang Kǒn	王建
Wang Qi	王圻
Wang Tingxiang	王廷相
Wang Wei	王维
Wang Xichan	王锡阐
Wang Ximing（Dan Yuanzi）	王希明（丹元子）
Wang Xuance	王玄策
Wang Zhenpeng	王振鹏
Wang Zhiyua	王致远
Wangchuan tu	《辋川图》
Wangliang（constellation）	王良

词汇原文	中文翻译
Wangzhi	《王志》
Wanli changjiang tu	《万里长江图》
Wanli haifang tu	《万里海防图》
Washū Nanto ezu	《和州南都绘图》
Wat phra kho	帕刑寺
Wat Phrachettuphon	帕徹獨彭寺
Wat Rakang	瓦拉康寺
Watanabe Toshio	渡边敏夫
watarante（kuhadarantei）	四分仪
water clocks	水钟，漏刻
water communications	水上交通
water conservancy maps	水利图
water course	水道
water levels	水
water supply	供水
wayfinding	指路
Webster's New Geographical Dictionary	《韦伯斯特新地理学辞典》
Wei	危（宿）
Wei	尾（宿）
Wei	胃（宿）
Wei Jun	魏浚
Wei Yan	蒍掩
Wei Yuan	魏源
well-field system	井田制
Wen Fong	方闻
Wenfu	《文赋》
Wenxuan	《文选》
Wenxin diaolong	《文心雕龙》
West Lake	西湖
Western Capital（Tây Kinh）	西京
WesternYoma［Arakan range］	西山（阿拉干山系）
western zodiac	西方黄道带
westernization	西化
wheel maps	轮形地图
Whipple Museum of Sciencein Cambridge	剑桥惠普尔科学博物馆
White Horse Temple (Bạch Mã từ)	白马祠
White Tiger	白虎（天宫）
Wi Paekkyu	魏伯珪
widths of the xiu	宿度

词汇原文	中文翻译
Willem Verstegen	威廉·斯特凡
William Gibson	威廉·吉布森
Willow Palisade	柳条边
Winnowing Basket	箕星
Wisŏn	纬线
Wittfogel Karl A.	魏特夫
wŏn'gi	元气
Wŏnju	原州
woodblock map	木版地图
Wu Chengluo	吴承洛
Wufu	五服
Wu Hanyue	吴汉月
Wushi xianying zhi	《吴氏先茔志》
Wu Xian astronomical chart	巫咸星表
Wubei zhi	《武备志》
Wuguan sili	五官司历
Wujing zongyao	《武经总要》
Wulin shantu	《武林山图》
Wuxing dayi	《五行大义》
Wuxing zhan	《五星占》
Wuxing zhi	《五行志》
Wuyue（Five Marchmounts）	五岳

X

Xiaxiaozheng	夏小正
XianKejin	仙克谨
Xianjing	仙境
Xiao Ji	萧吉
Xici zhuan	《系辞传》
Xie He	谢赫
Xiêm La（Siam）	暹罗
Xigong	西宫（天文）
Xihu tu	《西湖图》
Xin	心（宿）
Xince ershiba shezazuo zhuxing ruxiu quji	《新测二十八舍杂座诸星入宿去极》
Xince wuming zhuxing	《新测无名诸星》
Xingtu	《性图》
Xingfang shi	形方氏
Xingjing	《星经》
Xingshu	《星述》

词汇原文	中文翻译
Xingshui jinjian	《行水金鉴》
Xingsi	形似
Xinyixiang fayao	《新仪象法要》
Xinyin	心印
Xinzeng xiangji beiyao tongshu	《新增象吉备要通书》
Xishan xing lü	《溪山行旅》
Xiu yao jing	《宿曜经》
Xiyu（western regions）	西域
Xu	虚（宿）
Xu Guangqi	徐光启
Xu Jiyu	徐继畬
Xu Shanji	徐善继
Xu Shanshu	徐善述
Xu Song	徐松
Xu Wenjing	徐文靖
Xu Ziyi	徐子仪
Xuanxiang shi	《玄象诗》
Xuan Yuan	轩辕
Xuanye theory	宣夜说
Xuanzang	玄奘
Xuanzhong ji	《玄中记》
Xunü	须女

Y

Yabuuchi	薮内清
Yaeyama group	八重山群岛
Yalu-Tumen frontier	鸭绿江-图们边地
Yamagata Prefecture	山形县
Yamaguchi Tetsugorō	山口铁五郎
Yamaji Akitsune	山路彰常
Yamaji Yukitaka	山路谐孝
Yamamoto Hisashi	山本久
Yamamoto Kakuan	山本格安
Yamashiro	山城
Yamashiromeishoshi zu sōzu	《山城名胜志图总图》
Yamatomeisho zue	《大和名所图会》
Yamato nokuni saiken ezu	《大和细见绘图》
Yamazaki Yoshinari	山崎美成
Yamoto state	大和国
Yan Ruoju	阎若璩

词汇原文	中文翻译
Yan Yanzhi	颜延之
Yan Yuan	颜元
Yang Huisuanfa	《杨辉算法》
Yang Ji	杨基
Yang Shui	漾水
Yang Sŏngji	梁诚之
Yang Yunsong	杨筠松
Yangch'on chip	《阳村集》
Yanggye taedo sodo	《两界大小图》
Yanggye yŏnbyŏn pangsudo	《两界沿边防戍图》
Yanglongkeng tu	《养龙坑图》
Yangshao culture	仰韶文化
Yantra	延陀罗
Yanzhou tu	《兖州图》
Yaodian	《尧典》
Yaofu	要服
Yao Shunfu	姚舜辅
Yasuda Raishū	安田雷洲
Yasui Santetsu	安井算哲
Yasuka shrine	八坂神社
Yellow Sea	黄海
Yelü Chucai	耶律楚材
Yenangyuang	仁安羌
Yesŏng River（Pyŏngnan River）	碧澜江
Yewŏn	豫原
Yi	翼（宿）
Yi Ch'ŏm	李詹
Yi Chunghwan	李重焕
Yi dynasty	李朝
Yi Hoe	李荟
Yilk Seup（Yi Iksŭp）	李益习
Yilmyŏng	李颐命
Yijing	《易经》
Yijing Laizhu tujie	《易经来注图解》
Yi Kyugyŏng	李圭景
Yi Minch'ŏl	李敏哲
Yi Mu	李茂
Yi Sŏnggye	李成桂
Yi Sunsuk	李淳叔

词汇原文	中文翻译
Yitu mingbian	《易图明辨》
Yi Yu	李濡
Yi Yuk	李陆
Yibi Guo	一臂国
Yi-fu Tuan	段义孚
Yin Shan	阴山
Yinghuan zhilue	《瀛寰志略》
Yingshi	营室
Yingwu Shan	鹦鹉山
Yingzao chi	营造尺
Yin-yang	阴阳
Yixiang	仪象
Yixiang kaocheng	《仪象考成》
Yixiang kaocheng xupian	《仪象考成续编》
Yixiangzhi	《仪象志》
Yixing	一行
Yŏ On	吕愠
Yochi jissoku roku	《舆地实测录》
Yochi kōkaizu	《舆地航海图》
Yochi zu	《舆地图》
Yodong sŏng	辽东城
Yodongdo	《辽东图》
Yōgaku	洋学
yogatara	联络星
Yogatūrās（determinative stars）	（印度）距星
Yogye kwanbang chido	《辽蓟关防地图》
Yojana	由旬
Yŏji chŏndo	《舆地全图》
Yŏji tosŏ	《舆地图书》
Yokohamameisaizu	《横滨明细图》
Yŏktae chewang honil kangnido	《历代帝王混一疆理图》
Yonakuni Island	那国岛
Yŏn'an	延安
Yŏnbyŏn sŏngjado	《沿边城子图》
Yŏng'ando yŏnbyŏndo	《永安图沿边图》
Yŏngbyŏn	宁边
Yŏngbyŏnbu chŏndo	《宁边府全图》
Yongch'ŏn	龙川
Yŏngdong（Kangwŏn Province）	岭东（江原道）

词汇原文	中文翻译
YŏngHo nam yŏnhae hyŏngp'yŏndo	《岭湖南沿海形便图》
yŏngjo ch'ŏk	营造尺
Yŏngjo King	英祖
Yongledadian	《永乐大典》
Yongnyu Island	龙游岛
Yongping fu zhi	《永平府志》
Yongping futu	《永平府图》
Yŏnhae Choundo	《沿海漕运图》
Yŏnhaengnok	《燕行录》
Yŏnsan Prince	燕山君
Yŏrō ritsuryō	《养老律令》
YoshidaSakubee	吉田作兵卫
You Yi	游艺
Yŏyŏn	闾延
Yŏyŏn Much'ang Unul samupto	《闾延茂昌芮三邑图》
Yu gong	《禹贡》
Yu gongdiyu tu	《禹贡地域图》
Yu gonghuijian	《禹贡会笺》
Yu gongtu	《禹贡图》
Yu gongzhuizhi	《禹贡锥指》
Yu Jicai	庾季才
Yu Shinan	虞世南
Yu T'akki	俞拓基
Yu zhi	迂直
Yuan	垣
Yuan Ke	袁珂
Yuan Shikai	袁世凯
Yuanhe junxian tuzhi	《元和郡县图志》
Yuanhe Xian	元和县
Yuanjin	远近
Yuanyi Mountain	猨翼之山
Yuanzhou lü	圆周率
Yudi shanhai quantu	《舆地山海全图》
Yudi tu	《舆地图》
Yudi zongtu	《舆地总图》
Yue duhai ze zhi tu	《岳渎海泽之图》
Yue Ke	岳珂
Yueling	《月令》
Yueling botu	《月令帛图》

词汇原文	中文翻译
Yueling zhangzhu	《月令章注》
Yueling zheng yi	《月令正义》
Yugui	舆鬼
Yuhuan shantu	《玉环山图》
Yulin tuce	鱼鳞图册
Yun Kwan	尹瓘
Yun P'o	尹誧
Yun P'o Myoji	尹誧墓志
Yun Yǒng	尹英
Yutu beikao	《舆图备考》
Yuzhong xianjing	域中仙境

Z

Zacharias Wagenaar	扎卡里亚斯·瓦格纳尔
Zakka hō	《杂卦法》
Zangshu	《葬书》
Zelin	泽林
Zen'aku meisho zue	《善恶迷所图会》
Zeng Gongliang	曾公亮
Zengding Guangyu ji quantu	《增订舆广记全图》
Zengguang Haiguo tuzhi	《增广海国图志》
Zenjō	禅成
Zhang Heng	张衡
Zhang Huang	章潢
Zhang Huiyan	张惠言
Zhang Qian	张骞
Zhang Shiqing	张世卿
Zhangde fu zhi	《彰德府志》
Zhang Yanyuan	张彦远
Zhao Da	赵达
Zhao Junqing	赵君卿
Zhaoqing Prefecture	肇庆府
Zhaoyu tu	《兆域图》
Zhejiangtongzhi	《浙江通志》
Zhen	轸（宿）
Zheng He	郑和
Zheng Qiao	郑樵
Zheng Xuan	郑玄
zhi (terrestrial branches)	地支
Zhifang langzhong	职方郎中

词汇原文	中文翻译
Zhifang shi	职方氏
Zhihe fanglüe	《治河方略》
Zhinan che	指南车
Zhonggong	中宫
Zhongnan shantu	《终南山图》
Zhongren	冢人
Zhongyong	《中庸》
Zhou	洲
Zhou foot	周尺
Zhoujiufu tu	《周九服图》
Zhou li	《周礼》
Zhou song	《周颂》
ZhouYinghe	周应合
Zhoubi suan jing	《周髀算经》
Zhouxian tigang	《州县提纲》
Zhu Siben	朱思本
Zhu Xi	朱熹
Zhuanyun shi	转运使
Zhuge Dan	诸葛诞
zhunwang	准望
Zhuyu	祝余
Zige tu	《紫阁图》
Zimmay（Chiang mai）	清迈
Ziwei（Forbidden Purple）	紫微（紫禁）
Ziwei gong	紫微宫
Zōho Ōsaka no zu	《增补大坂之图》
Zōho saihan Kyō ōezu	《增补再板京大绘图》
Zōjō Temple	增上寺
Zong Bing	宗炳
Zongshu chi	纵黍尺
zoomorphs	兽形图案
Zōshu kaisei Sesshu Ōsaka chizu	《增修改正摄州大阪地图》
Zou Yan	邹衍
Zouzhe	奏折
Zu Gengzhi	顾恺之
Zuixi	嘴觿（星座）
Zuo Qiuming	左丘明
Zuo Si	左思
Zushū Shimada minato no zu	《豆州下田港之图》

后　记

　　我与这套《地图学史》的因缘要从 10 年前说起，那时我正在翻译美国地图史学家马克·蒙莫尼尔的《会说谎的地图》一书，经常就书中的一些问题向作者请教。蒙莫尼尔教授不仅仔细回答我提出的问题，还十分善意地向我推介一些英文地图史书籍，其中就包括这套《地图学史》。按照他的指引，我在芝加哥大学出版社官网上找到并下载了全套电子书，翻阅之后不禁为它的体量与质量所震撼。2013 年，我尝试联系了几家出版社，问他们是否有意向引进这套书，但未有结果。不久，当时还在中国社科院历史所工作的成一农老师联系到我，告知经过历史所卜宪群所长的协调，中国社会科学出版社同意引进这套书。出版社有一些版权问题需要联系美国方面，问我能否通过蒙莫尼尔教授获得相关人士的联系方式。我立刻致信，也很快得到蒙莫尼尔教授的回复。就在当年，成一农邀请我、孙靖国、包甦、席会东、刘凤组成这套书的翻译小组，启动了翻译工作。2014 年，《地图学史》翻译工程荣列国家社会基金重大招标项目。从 2014 年到 2021 年，整整 8 年，《地图学史》的翻译成为我们几位日常生活的重心，某种程度上也是压力的来源。

　　我所承担翻译的第 2 卷第 2 分册《东亚与东南亚传统社会的地图学史》所论及的国家与地区，其地图学史在以往的世界地图学史著述中，处于相当边缘、甚至被完全无视的位置。作为以中国古代历史为研究对象的学者，我对本册所涉及的很多区域的历史相对陌生，何况书中所讨论的还是一种专门的历史——传统社会的地图学！即便是专攻这些国家和地区历史的研究者，也并不熟悉其中的很多内容，尤其是众多小地名和冷知识，想准确翻译真是难上加难。在这漫长的 8 年中，我得到了很多师友的帮助，最终得以提交一份让自己心安的译稿。我将按章次回忆那些美好的经历。

　　在复核第 3—7 章和第 9 章中国地图学史的过程中，我与这 6 章的作者余定国教授通过邮件交流翻译中遇到的问题。他通读了各章全文并提出个别存疑之处。他对我的翻译工作给予了很大的肯定，这增添了我的信心。此外，值得一提的是，2018 年初译完成后，我的富有写作才华的小朋友原媛帮我通读和润色了译文。同年，我为研究生组织了课外英语阅读小组，选择第 4 章作为阅读素材，余定国老师的精彩论述使他们受益不少。小组讨论也帮助我更加准确地理解个别疑难。2019 年，博士生王琳珂代为核对了 3—9 章引用的中国古代文献。我还带 2019 级和 2020 级中国古代史博士生精读了第 2 章和第 3 章原文。2021 年核对校样的过程中，我又组织研究生付邦、朱国兵、王琳珂、杨文浩、刘霞飞、范昊昊、姚江（曹流老师指导的硕士生）通读 1—9 章译文，一起讨论相关地图史问题，他们指出了译文中的个别错误，提出了一些积极的建议。在这一部分的翻译过程中，我还就具体的问题请教过中国科学院大学的汪前进老师、华南农业大学的余格格老师以及在加州大学伯克利分校访学的人民大学博士生郑旦。汪前进教授是我学习地图学史的老师，他总是在第一时间回答我的各种提问并毫不吝啬地为我提供翻译过程中需要的各种资料。

第 10 章朝鲜半岛地图学史的翻译受益于李好（现为韩国首尔大学科学史方向的博士研究生）。2016—2017 年李好还在北大攻读硕士学位的时候，便帮我初译了这一章。尽管最后并未采用他的译文，但他对照这一部分的韩文译本译出的人名、地名、书名等大量专有名词以及古文献引文为我的重译和审校提供了不可或缺的帮助。不仅如此，对于我所需要的种种协助，李好总是在第一时间响应。李好本来就对中朝关系史感兴趣，因这次翻译的带动，他现在打算以韩国地图史为题撰写博士论文。中国社会科学院历史研究所的李花子研究员是知名的韩国史专家，她花了很多时间认真审读了本章译文，为本书的顺利出版提供了坚实的学术支持。

第 11 章日本地图史的翻译颇费周章。我曾阅读过日本乐歌山大学王妙发教授（现为复旦大学教授）翻译的《地图的文化史》，其中有相当多的篇幅讲的是日本地图史。2018 年完成初译后，我决定邀请王教授担任本章审稿人。邮件联系后，王教授欣然应允，并且在承诺的时间内返还了审查过的稿件，他通读了全文并指出了一些误译之处。在翻译过程中，我多次就日本人名、地名、书名的翻译问题请教日本京都大学博士，现任教于北京理工大学的朱然老师。朱然博士有求必应，即便在加拿大访学期间，也是如此。我也就一些日本历史和日本译名问题请教过南京大学的马云超老师，他已有多部日译著作问世，每次请教他都认真作答。已故的丁晓雷老师（中国社会科学院考古研究所外文编辑，于 2019 年去世）知识渊博，有求必应，为我提供了不少日本史方面的英文资料和网站地图。丁老师英年早逝，令人惋惜。一些研究生也参与了这一章的辅助性工作。博士生朱国兵协助我翻译了部分脚注中的日文出版社名称，我院研究生智梅娟帮我核对了数百条日本人名、地名和论著的罗马字拼写。我的硕士生杨楠帮忙制作这一章的部分专有名词表。在最后校对过程中，我的同事、专攻日本宗教史的罗敏老师花了数天时间帮我找到了附表中近 20 个生僻小地名的译名。

第 12 章越南地图史的翻译受益于三位女士，其一是我的毕业研究生罗丹硕士，2017 年她帮我译出了这一章的初稿，并查阅了不少越南史原始文献，为我的重译和审校做了很好的准备；第二位是留学于中央民族大学的越南河内大学阮玉千金老师，她帮我翻译了全部的越南文人名、地名和书名；第三位是广西师范大学的秦爱玲老师（当时还是中国社科院历史研究所的博士研究生），2018 年我邀请她做本章审稿人。她不仅认真审读了全文，还为我制作了这一章的越南文名词表。

第 13 章中国和朝鲜星图、第 14 章日本的星图由中国科学院大学孙小淳教授为我把关。孙老师负责审查这两章的译文，而且帮我审查了 1—9 章的部分译文。在他的帮助下，我的英文翻译水平得到了进一步提高。

第 15—19 章（原书 16—20 章）东南亚部分的翻译得到了多位年轻学者的帮助。2018 年初译完成后，我邀请中央民族大学历史文化学院的同事严赛老师担任原书第 18 章"东南亚地理地图"的审稿人，她代为通读了全文，总体把握了其中的史实。原第 16 章涉及佛教宇宙观的很多术语，杨家刚博士（当时在清华大学博士后流动站）帮我核对原书表 16．1 的译名，我的博士生付邦也帮我从佛典中查出了数个无解的译名。2020 年审核初校稿时，我向莱顿大学区域研究学院的博士研究生徐冠勉（现为北京大学历史系教师）请教了本书荷兰文译名，他还在繁忙的博士论文写作之余，帮我通读了原 17、18 章，指出了一些错漏。

校对过程中，经由同事安劭凡老师的介绍，我得以请教澳门大学的东南亚史研究博士候选人张晨，他针对族群和地名翻译中未解决的疑难给出了很好的建议。我还就缅甸自然地理方面的一段译文请教过我的同学和同事彭建教授，他在第一时间跟我讨论，经过反复推敲，终于使其中的疑难冰释。

多年前，历史地理专业的硕士生朱国兵、钟一鸣、梁宇潇、洪安娜曾经帮我翻译了一部分词条，这个工作难度很大，他们的译名最后也没有采用，但在一过程中他们付出了辛苦，值得感谢。课题组包甦老师帮我挑选了中国和东南亚章节的词条，我采用了其中的一部分，感谢她的耐心相助。

在地图送审的关头，我的毕业研究生王跃硕士（原为中国地图出版社编辑、现为中央民族大学博士研究生）帮忙制作了中国部分的标准参考地图，他还根据外交部的审图意见，对东南亚部分的参考地图进行了修订。

由于翻译工作持续时间很长，难免遗漏很多人的帮助。在记忆中，我还曾就一些小问题零星请教过很多人，如宁波大学的龚缨晏老师、中央民族大学的同仁袁剑、黄金东老师、赵桅老师、我的家人和好友李丰禾、玛丽安·格雷（Marianne Grey）等人也随时回答欧洲语言方面的问题。

这 8 年，"《地图学史》翻译工程"课题首席专家、中国社会科学院历史研究所卜宪群所长和翻译团队的同仁也给予我很多帮助。作为本课题的首席专家和负责人，卜所长严把质量关，他通读了全文，指出中译本存在的一些问题，为翻译工作的顺利进行提供其他各种支持。我特别感谢课题组的孙靖国老师，他宅心仁厚，常能包容我的急脾气。翻译中每遇困难，他总是在第一时间伸出援手。孙靖国和成一农两位老师还通读了全文，提出了若干修改建议。与责任编辑吴丽平老师的相处非常愉悦，她的温和与耐心使我能安心完成三次校样的审核工作，没有她的敬业和博学，很难想象这部译著的顺利诞生。

当然，还应该感谢互联网。那些不知名的人们为我提供的帮助真是数不胜数，例如为了查询罗马字拼写的书名、作者、出版社，我成了日本国会图书馆的常客，还用多邻国 APP 自学了一点日语。一些地图网站给予的帮助尤其大，它们可以提供很多偏僻小地名的中译名并且给予定位。民大图书馆提供的电子书传递服务则帮我省去了跑国图的时间。很多网站提供了高分辨率地图，有助于理解书中内容。在翻译过程中积累的查找网络资料和多任务管理的经验，必将助力今后的教学和科研。

起初承接本册的翻译一方面是由于对地图学史的兴趣，这一兴趣来自业师唐晓峰教授的引导和蒙莫尼尔教授的指点；另一方面也是想通过翻译，使自己保持睁眼开世界的状态。我曾经希望自己对外国历史地理有更多的了解，对中国与周边国家交流史有更多的认识，通过翻译这册书，可以说达到了这个目标。地图学史是近年学术界的热门话题，古旧地图既能提供图像与文字史料，它本身也是一种人类创造的物质文化。古旧地图所涵盖的学术视野极其广大，可资探索的话题极其丰富。从地图中发现一个美丽新世界，可以说是这 8 年翻译最大的回报。

虽然已是竭尽全力，但中译本肯定还存在不少问题，欢迎细心的读者指出其中的错漏，以备再版时订正，我的电子信箱是 hyj@ pku. org. cn。

黄义军

2021 年 12 月 27 日